# 中国电源学会第二十三届学术年会（CPSSC2019）

中国电源学会第二十三届学术年会（CPSSC2019）11月在深圳召开

1600余位代表参加会议

# 中国电源学会第二十三届学术年会（CPSSC2019）

开幕式现场

大会主席、中国电源学会理事长徐德鸿教授致开幕词

中国电源学会副理事长韩家新研究员主持开幕式

深圳市坪山区人民政府区委副书记、区长李勇致欢迎词

大会技术程序委员会主席、浙江大学马皓教授介绍会议情况

大会报告人：美国工程院院士李泽元教授（Fred C. Lee）

大会报告人：IEEE PELS 主席
Frede Blaabjerg教授

大会报告人：斯坦福大学Juan Rivas教授

大会报告人：德州农工大学
Prasad N. Enjeti教授

大会报告人：株洲中车半导体罗海辉教授级
高级工程师

大会报告人：富士电机Tatsuhiko Fujihira博士

大会报告人：三菱电机宋高升总监

# 中国电源学会第二十三届学术年会（CPSSC2019）

专题讲座

主题分会场

墙报交流

大会评选出20篇优秀论文现场颁发证书

颁发优秀合作伙伴奖牌

展会现场

中国电源学会理事长徐德鸿教授（左）
向杰出贡献奖获奖人曹仁贤董事长颁奖

一等奖颁奖

二等奖颁奖

优秀产品创新奖颁奖

杰出青年奖颁奖

优秀青年奖颁奖

# GaN Systems杯第五届高校电力电子应用设计大赛

大赛启动仪式5月在清华大学举行

11月深圳决赛报告现场

决赛现场测试

大赛承办单位清华大学肖曦教授主持颁奖仪式

大赛主席徐德鸿教授颁发特等奖

为竞赛冠名赞助单位
GaN Systems、联合赞助单位希磁科技颁奖

“科技点亮生活，科研靓丽人生”电气女科学家论坛

知名专家与青年教师面对面–教学育人与科研实践经验交流会

第一次电力电子化电力系统及装备技术交流研讨会

第五届高校电力电子学科青年学者论坛

第六届全国电能质量学术会议

2019年全国无线电能传输技术及装置学术会议

2019中美电源产业创新论坛

电源科研成果交流会

2019电动汽车与智能制造中变频电源新技术学术论坛

2019年产学研合作青年论坛

电动汽车电磁兼容技术高级研修班

功率变换器磁技术分析、测试与应用高级研修班

光储系统设计与应用专题研修班

新能源车充电与驱动技术高级研修班

新一代功率半导体器件、驱动技术、系统集成及应用
高级研修班

高效率高功率密度电源技术与设计
高级研讨班

# 组织建设

中国电源学会八届三次全体理事会议

中国电源学会八届四次常务理事会议

中国电源学会八届五次常务理事会议

《电源学报》编委会议

中国电源学会电力电子化电力系统及装备专业委员会
正式成立

中国电源学会交通电气化专业委员会
正式成立

# 中国电源行业年鉴 2020

中国电源学会　编著

机 械 工 业 出 版 社

《中国电源行业年鉴 2020》由中国电源学会编著，对电源行业整体发展状况进行了综合性、连续性、史实性的总结和描述，是电源行业权威的资料性工具书。本书共分为八篇，前两篇：政策法规、宏观经济及相关行业运行情况，主要介绍了与电源行业相关领域的政策法规、宏观经济及相关行业运行情况，为电源行业的发展和各个单位的决策提供指导和参考；后六篇：电源行业发展报告及综述、电源行业新闻、科研与成果、电源标准、主要电源企业简介、电源重点工程项目应用案例及相关产品，从各个方面介绍了 2019 年度电源行业的发展状况。

《中国电源行业年鉴 2020》可供政府相关职能部门、生产企业、高等院校、科研院所、采购单位、检测服务机构和电源工程技术人员参考。

**图书在版编目（CIP）数据**

中国电源行业年鉴. 2020/中国电源学会编著. —北京：机械工业出版社，2020.8

ISBN 978-7-111-66117-7

Ⅰ.①中… Ⅱ.①中… Ⅲ.①电源-电力工业-中国-2020-年鉴 Ⅳ.①TM91-54

中国版本图书馆 CIP 数据核字（2020）第 127591 号

机械工业出版社（北京市百万庄大街 22 号 邮政编码 100037）
策划编辑：林春泉 责任编辑：林春泉 朱 林 闫洪庆
责任校对：王 欣 封面设计：鞠 杨
责任印制：张 博
三河市宏达印刷有限公司印刷
2020 年 9 月第 1 版第 1 次印刷
210mm×297mm · 34 印张 · 10 插页 · 1468 千字
001—900 册
标准书号：ISBN 978-7-111-66117-7
定价：298.00 元

| 电话服务 | 网络服务 |
|---|---|
| 客服电话：010-88361066 | 机　工　官　网：www.cmpbook.com |
| 010-88379833 | 机　工　官　博：weibo.com/cmp1952 |
| 010-68326294 | 金　　书　　网：www.golden-book.com |
| **封底无防伪标均为盗版** | 机工教育服务网：www.cmpedu.com |

# 《中国电源行业年鉴 2020》编辑委员会

（排名不分先后）

# 《中国电源行业年鉴 2020》编辑部

主　任：陈国珍

编　辑：杨乃芬　陈　帆　胡　珺
　　　　贾志刚　崔凌云　耿　越
　　　　张　楠　王炳旭

# 前 言

《中国电源行业年鉴》（简称《年鉴》）是由中国电源学会编著的电源行业权威的资料性工具书，每年出版一期，对上一年度电源行业整体发展状况进行综合性、连续性、史实性的总结和描述，为政府有关部门，为行业科研、生产、采购和应用提供服务和参考。

中国电源学会成立于1983年，是国家一级社团法人，以促进我国电源科学技术进步和电源产业发展为己任，既团结了全国电源界的专家学者和广大科技人员，也汇聚了众多的电源企业。中国电源学会经过30余年的努力和奋斗，为我国电源科技进步和产业发展做出了重要贡献，对电源行业发展状况有着深入和全面的了解，是编辑出版《年鉴》的最具权威性的单位。

本年度《年鉴》共分八篇，整体内容划分为两个部分。

第一部分是前两篇：政策法规、宏观经济及相关行业运行情况，主要介绍了与电源行业相关的国家政策法规和宏观经济环境及相关行业运行情况，为电源行业的发展和各个单位的决策提供指导和参考。

第二部分是后六篇：电源行业发展报告及综述、电源行业新闻、科研与成果、电源标准、主要电源企业简介、电源重点工程项目应用案例及相关产品，从各个方面介绍了2019年度电源行业的发展状况。

电源行业发展报告及综述篇，进一步丰富了市场分析的细分领域，同时增加了对于相关领域技术发展的综述性文章。

电源行业新闻篇，包括学会大事记及行业要闻，记录2019年度电源及相关领域的重大事件。

科研与成果篇包括第五届中国电源学会科学技术奖获奖成果、2019年度国家科学技术奖电源及相关领域获奖成果、2019年度国家自然科学基金电源及相关领域立项项目、2019年度高等学校科学研究优秀成果奖（科学技术）通用项目电源及相关领域获奖成果，同时通过学会渠道广泛征集更新了我国电源及相关领域科研团队信息及研究项目信息。

电源标准篇，对2019年新发布及新实施的标准做了介绍。同时，学会团体标准建设综述，包含了学会团体在2019年同时推进的三批团体标准的各阶段工作情况介绍，以及学会2019年发布的8项团体标准的节选内容。

主要电源企业简介篇，对企业按照地区和主要产品进行分类索引，方便读者查阅。

电源重点工程项目应用案例及相关产品篇，以目录形式收录了更多电源重点工程案例及新产品，以便读者把握行业发展态势，同时仍选择优秀产品进行了整版介绍。

在本年度《年鉴》编辑过程中，中国电源学会学术工作委员会、中国电源学会交通电气化专业委员会、中自产业服务集团、深圳市航嘉驰源电气股份有限公司等撰写了相关行业发展报告及技术综述。学会各专业委员会、会员企业、高等院校、科研院所为《年鉴》提供了内容素材，东莞市石龙富华电子有限公司、东莞市必德电子科技有限公司、西安爱科赛博电气股份有限公司等单位为《年鉴》的出版提供了经费支持，在此一并表示感谢。

《年鉴》是资料性工具书，是电源行业发展的历史记录，希望电源界各个团体，包括企业、高等院校、科研机构、标准制定和咨询服务机构等提供资料，撰写文章，使《年鉴》更全面地反映行业发展情况。

由于《年鉴》出版时间较短，编辑出版水平有待提高，希望社会各界多提意见和建议，对本年度《年鉴》的疏漏、错误之处，敬请批评指正。

《中国电源行业年鉴2020》编辑部

2020年5月

# 中国电源学会简介

中国电源学会（以下简称学会）成立于1983年，以电源科技界、学术界和企业界的凝聚优势，团结组织电源科技工作者，促进电源科学普及与技术发展，促进产学研相结合。

学会汇聚了全国电源界的科技工作者及众多的电源企业，目前有个人会员9000余人，他们当中有院士、科学家、工程技术人员、企业高管、教师及学生；有企业会员464家，其中副理事长单位8家，常务理事单位26家，理事单位60家，包含了国内外知名的电源企业。同时，学会与几千家企业保持着联系，形成了覆盖全国的服务和信息网络。

学会下设直流电源、照明电源、特种电源、变频电源与电力传动、元器件、电能质量、电磁兼容、磁技术、新能源电能变换技术、信息系统供电技术、无线电能传输技术及装置、新能源车充电与驱动、电力电子化电力系统及装备、交通电气化共14个专业委员会，以及学术、组织、专家咨询、国际交流、科普、编辑、标准化、青年、女科学家、会员发展共10个工作委员会。另外还有业务联系的10个具有法人资格的地方电源学会。

学会每年举办各种类型的学术交流会。两年一届的大型学术年会至今已经成功举办了23届，会议规模超过1600人，是国内电源界水平最高、规模最大的学术会议。每四年举办一届国际电力电子技术与应用会议暨博览会（IEEE International Power Electronics and Application Conference and Exposition，简称：IEEE PEAC），是中国电源领域首个国际性会议。此外学会每年还举办各种类型的专题研讨会。

中国电源学会的主要出版物有：《电源学报》（中文核心期刊）、《电力电子技术及应用英文学报》(CPSS-TPEA)、《中国电源行业年鉴》、电力电子技术英文丛书、《中国电源学会通讯》（电子版），还有学会微信公众号等。同时，学会还组织编辑出版系列中文丛书、技术专著以及各种学术会议论文集。

学会于2011年设立“中国电源学会科学技术奖”（简称电源科技奖），奖励在我国电源领域的科学研究、技术创新、新品开发、科技成果推广应用等方面做出突出贡献的个人和单位。电源科技奖于2020年由每两年评选一次调整为每年评选一次。

学会每年举办高校电力电子应用设计大赛，加强国内高校电力电子相关专业学生的相互交流，提高学生的创造力及工程实践能力。

学会于2016年正式启动团体标准工作，本着“行业主导、需求为先、系统规划、务实高效”的原则，大力推动团体标准建设，以满足行业发展需要，促进电源行业技术进步、自主创新和产业升级。

学会积极开展继续教育活动，每年举办不同主题的培训班。同时，开展一系列行业服务活动，如科技成果鉴定、技术服务、技术咨询、参与工程项目评价等。

学会地址：天津市南开区黄河道467号大通大厦16层　邮编：300110
电话：022-27680796　022-27634742　传真：022-27687886
网站：www.cpss.org.cn　邮箱：cpss@cpss.org.cn

# 中国电源学会组织机构名单

## 主要领导人名单

**理 事 长：** 徐德鸿

**副理事长：** 韩家新 罗 安 张 波 曹仁贤 陈成辉
刘进军 阮新波 汤天浩

**秘 书 长：** 张 磊

**副秘书长：** 陈 敏

## 常务理事名单

于 玮、马 皓、王 聪、邓建军、史平君、吕征宇、刘程宇、刘进军、刘 强、汤天浩、阮新波、孙耀杰、孙 跃、李崇坚、李耀华、肖 曦、吴煜东、张 波、张 磊、张庆范、张卫平、张 兴、陈 为、陈成辉、陈道炼、陈亚爱、卓 放、罗 安、周雒维、周志文、查晓明、耿 华、徐德鸿、徐殿国、高 勇、曹仁贤、盛 况、康 勇、彭 伟、韩家新、傅 鹏、谢少军

## 理 事 名 单

于 玮、于吉永、马 皓、马俊礼、马新群、王 聪、王兴贵、王明彦、王念春、王建国、王映波、王懿杰、车延博、牛新国、邓建军、卢 刚、叶德智、史平君、丘东元、白 维、白小青、吕征宇、朱国锭、朱忠尼、刘 扬、刘 芳、刘进军、刘树林、刘晓东、刘晓宇、刘程宇、刘 强、汤天浩、许建平、阮新波、孙向东、孙 跃、孙耀杰、苏义鑫、杜 雄、李 虹、李崇坚、李耀华、杨 旭、杨 耕、杨玉岗、杨成林、肖 飞、肖 曦、吴汉熙、吴煜东、何春华、佟为明、余克壮、汪之涵、沈国桥、张 波、张 森、张 磊、张卫平、张文学、张代润、张庆范、张 兴、张纯江、张承慧、张剑波、陆一星、陆益民、陈 为、陈 敏、陈一逢、陈子颖、陈永真、陈亚爱、陈成辉、陈国荣、陈桥梁、陈海荣、陈道炼、陈冀生、茆美琴、林 桦、卓 放、易扬波、罗 安、周 波、周世兴、周志文、周京华、周维来、周雒维、郑大鹏、孟海军、赵成勇、赵志刚、赵希峰、赵善麒、胡先红、胡家兵、查晓明、柏子平、段卫垠、侯振义、姚飞平、袁宝山、耿 华、钱 平、徐世六、徐仲周、徐国卿、徐殿国、徐德鸿、高 峰、高大庆、高 勇、涂春鸣、黄敏超、曹仁贤、盛 况、崔纳新、康劲松、康 勇、彭 伟、韩 雁、韩家新、程 泽、傅 鹏、焦海波、舒 杰、温旭辉、谢少军、蔡 旭、戴永军、戴瑜兴、鞠文耀

## 分支机构及主任委员名单

**工作委员会：**

| | |
|---|---|
| 学术工作委员会 | 马 皓 |
| 组织工作委员会 | 王 萍 |
| 编辑工作委员会 | 阮新波 |
| 科普工作委员会 | 章进法 |
| 国际交流工作委员会 | 刘进军 |
| 标准化工作委员会 | 康 勇 |
| 青年工作委员会 | 杜 雄 |
| 女科学家工作委员会 | 李 虹 |

| | |
|---|---|
| 会员发展工作委员会 | 汤天浩 |
| 专家咨询工作委员会 | 张　磊（兼） |

**专业委员会：**

| | |
|---|---|
| 直流电源专业委员会 | 张卫平 |
| 特种电源专业委员会 | 邓建军 |
| 元器件专业委员会 | 高　勇 |
| 电磁兼容专业委员会 | 张　波 |
| 磁技术专业委员会 | 陈　为 |
| 变频电源与电力传动专业委员会 | 李崇坚 |
| 照明电源专业委员会 | 徐殿国 |
| 电能质量专业委员会 | 卓　放 |
| 新能源电能变换技术专业委员会 | 曹仁贤 |
| 信息系统供电技术专业委员会 | 谢少军 |
| 无线电能传输技术及装置专业委员会 | 孙　跃 |
| 新能源车充电与驱动专业委员会 | 徐德鸿 |
| 电力电子化电力系统及装备专业委员会 | 袁小明 |
| 交通电气化专业委员会 | 李永东 |

## 地方学会及理事长名单

（按学会名称汉语拼音字母顺序排序）

| | |
|---|---|
| 重庆市电源学会 | 徐世六 |
| 福建省电源学会 | 陈道炼 |
| 广东省电源学会 | 张　波 |
| 陕西省电源学会 | 杨　旭 |
| 上海电源学会 | 蔡　旭 |
| 四川省电源学会 | 许建平 |
| 天津市电源研究会 | 程　泽 |
| 武汉市电源学会 | 林　桦 |
| 西安市电源学会 | 侯振义 |
| 浙江省电源学会 | 吕征宇 |

# 中国电源学会理事单位名单

（按单位名称汉语拼音字母顺序先行后列排序）

## 副理事长单位

广东志成冠军集团有限公司
科华恒盛股份有限公司
山特电子（深圳）有限公司
深圳市航嘉驰源电气股份有限公司
深圳市汇川技术股份有限公司
台达电子企业管理（上海）有限公司
阳光电源股份有限公司
中兴通讯股份有限公司

## 常务理事单位

安徽博微智能电气有限公司
安泰科技股份有限公司非晶制品分公司
北京动力源科技股份有限公司
北京中大科慧科技发展有限公司
东莞市石龙富华电子有限公司
弗迪动力有限公司电源工厂
广州金升阳科技有限公司
航天柏克（广东）科技有限公司
合肥华耀电子工业有限公司
鸿宝电源有限公司
华东微电子技术研究所
南京国臣直流配电科技有限公司
宁波赛耐比光电科技股份有限公司
深圳华德电子有限公司
深圳科士达科技股份有限公司
深圳市必易微电子有限公司
深圳市英威腾电源有限公司
深圳威迈斯新能源股份有限公司
深圳英飞源技术有限公司
石家庄通合电子科技股份有限公司
温州大学
温州现代集团有限公司
无锡芯朋微电子股份有限公司
西安爱科赛博电气股份有限公司
先控捷联电气股份有限公司
浙江东睦科达磁电有限公司

## 理事单位

爱士惟新能源技术（江苏）有限公司
北京大华无线电仪器有限责任公司
北京中科泛华测控技术有限公司
成都金创立科技有限责任公司
重庆荣凯川仪仪表有限公司
佛山市杰创科技有限公司
佛山市顺德区冠宇达电源有限公司
固纬电子（苏州）有限公司
广东创电科技有限公司
广州回天新材料有限公司
广州致远电子有限公司
国充充电科技江苏股份有限公司
杭州博睿电子科技有限公司
杭州飞仕得科技有限公司
合肥博微田村电气有限公司
核工业理化工程研究院
江苏固德威电源科技股份有限公司
江苏宏微科技股份有限公司
江苏普菲克电气科技有限公司
江西艾特磁材有限公司
龙腾半导体股份有限公司
罗德与施瓦茨（中国）科技有限公司
明纬（广州）电子有限公司
南京中港电力股份有限公司
南通新三能电子有限公司
宁夏银利电气股份有限公司

赛尔康技术（深圳）有限公司
上海超群无损检测设备有限责任公司
上海维安半导体有限公司
深圳超特科技股份有限公司
深圳罗马仕科技有限公司
深圳青铜剑科技股份有限公司
深圳市迪比科电子科技有限公司
深圳市商宇电子科技有限公司
深圳市智胜新电子技术有限公司
四川爱创科技有限公司
田村（中国）企业管理有限公司
西安伟京电子制造有限公司
厦门赛尔特电子有限公司
英飞凌科技（中国）有限公司
浙江德力西电器有限公司
郑州椿长仪器仪表有限公司
中国船舶工业系统工程研究院
山顿电子有限公司
上海科梁信息工程股份有限公司
上海远宽能源科技有限公司
深圳可立克科技股份有限公司
深圳欧陆通电子股份有限公司
深圳市铂科新材料股份有限公司
深圳市京泉华科技股份有限公司
深圳市英可瑞科技股份有限公司
深圳市中电熊猫展盛科技有限公司
苏州东灿光电科技有限公司
无锡新洁能股份有限公司
西安翌飞核能装备股份有限公司
厦门市爱维达电子有限公司
英飞特电子（杭州）股份有限公司
浙江榆阳电子有限公司
中国长城科技集团股份有限公司
珠海格力电器股份有限公司

# 目　　录



## 第一篇　政策法规



## 第二篇　宏观经济及相关行业运行情况



## 第三篇　电源行业发展报告及综述

## 第四篇 电源行业新闻

## 第五篇 科研与成果

## 第六篇 电源标准



## 第七篇 主要电源企业简介（同类企业按单位名称汉语拼音字母顺序排序）

## 第八篇 电源重点工程项目应用案例及相关产品

# 第一篇　政策法规

# 优化营商环境条例

发布单位：国务院

## 第一章 总 则

第一条 为了持续优化营商环境，不断解放和发展社会生产力，加快建设现代化经济体系，推动高质量发展，制定本条例。

第二条 本条例所称营商环境，是指企业等市场主体在市场经济活动中所涉及的体制机制性因素和条件。

第三条 国家持续深化简政放权、放管结合、优化服务改革，最大限度减少政府对市场资源的直接配置，最大限度减少政府对市场活动的直接干预，加强和规范事中事后监管，着力提升政务服务能力和水平，切实降低制度性交易成本，更大激发市场活力和社会创造力，增强发展动力。

各级人民政府及其部门应当坚持政务公开透明，以公开为常态、不公开为例外，全面推进决策、执行、管理、服务、结果公开。

第四条 优化营商环境应当坚持市场化、法治化、国际化原则，以市场主体需求为导向，以深刻转变政府职能为核心，创新体制机制、强化协同联动、完善法治保障，对标国际先进水平，为各类市场主体投资兴业营造稳定、公平、透明、可预期的良好环境。

第五条 国家加快建立统一开放、竞争有序的现代市场体系，依法促进各类生产要素自由流动，保障各类市场主体公平参与市场竞争。

第六条 国家鼓励、支持、引导非公有制经济发展，激发非公有制经济活力和创造力。

国家进一步扩大对外开放，积极促进外商投资，平等对待内资企业、外商投资企业等各类市场主体。

第七条 各级人民政府应当加强对优化营商环境工作的组织领导，完善优化营商环境的政策措施，建立健全统筹推进、督促落实优化营商环境工作的相关机制，及时协调、解决优化营商环境工作中的重大问题。

县级以上人民政府有关部门应当按照职责分工，做好优化营商环境的相关工作。县级以上地方人民政府根据实际情况，可以明确优化营商环境工作的主管部门。

国家鼓励和支持各地区、各部门结合实际情况，在法治框架内积极探索原创性、差异化的优化营商环境具体措施；对探索中出现失误或者偏差，符合规定条件的，可以予以免责或者减轻责任。

第八条 国家建立和完善以市场主体和社会公众满意度为导向的营商环境评价体系，发挥营商环境评价对优化营商环境的引领和督促作用。

开展营商环境评价，不得影响各地区、各部门正常工作，不得影响市场主体正常生产经营活动或者增加市场主体负担。

任何单位不得利用营商环境评价谋取利益。

第九条 市场主体应当遵守法律法规，恪守社会公德和商业道德，诚实守信、公平竞争，履行安全、质量、劳动者权益保护、消费者权益保护等方面的法定义务，在国际经贸活动中遵循国际通行规则。

## 第二章 市场主体保护

第十条 国家坚持权利平等、机会平等、规则平等，保障各种所有制经济平等受到法律保护。

第十一条 市场主体依法享有经营自主权。对依法应当由市场主体自主决策的各类事项，任何单位和个人不得干预。

第十二条 国家保障各类市场主体依法平等使用资金、技术、人力资源、土地使用权及其他自然资源等各类生产要素和公共服务资源。

各类市场主体依法平等适用国家支持发展的政策。政府及其有关部门在政府资金安排、土地供应、税费减免、资质许可、标准制定、项目申报、职称评定、人力资源政策等方面，应当依法平等对待各类市场主体，不得制定或者实施歧视性政策措施。

第十三条 招标投标和政府采购应当公开透明、公平公正，依法平等对待各类所有制和不同地区的市场主体，不得以不合理条件或者产品产地来源等进行限制或者排斥。

政府有关部门应当加强招标投标和政府采购监管，依法纠正和查处违法违规行为。

第十四条 国家依法保护市场主体的财产权和其他合法权益，保护企业经营者人身和财产安全。

严禁违反法定权限、条件、程序对市场主体的财产和企业经营者个人财产实施查封、冻结和扣押等行政强制措施；依法确需实施前述行政强制措施的，应当限定在所必需的范围内。

禁止在法律、法规规定之外要求市场主体提供财力、物力或者人力的摊派行为。市场主体有权拒绝任何形式的摊派。

第十五条 国家建立知识产权侵权惩罚性赔偿制度，推动建立知识产权快速协同保护机制，健全知识产权纠纷多元化解决机制和知识产权维权援助机制，加大对知识产权的保护力度。

国家持续深化商标注册、专利申请便利化改革，提高商标注册、专利申请审查效率。

第十六条 国家加大中小投资者权益保护力度，完善中小投资者权益保护机制，保障中小投资者的知情权、参与权，提升中小投资者维护合法权益的便利度。

第十七条　除法律、法规另有规定外，市场主体有权自主决定加入或者退出行业协会商会等社会组织，任何单位和个人不得干预。

除法律、法规另有规定外，任何单位和个人不得强制或者变相强制市场主体参加评比、达标、表彰、培训、考核、考试以及类似活动，不得借前述活动向市场主体收费或者变相收费。

第十八条　国家推动建立全国统一的市场主体维权服务平台，为市场主体提供高效、便捷的维权服务。

## 第三章　市场环境

第十九条　国家持续深化商事制度改革，统一企业登记业务规范，统一数据标准和平台服务接口，采用统一社会信用代码进行登记管理。

国家推进“证照分离”改革，持续精简涉企经营许可事项，依法采取直接取消审批、审批改为备案、实行告知承诺、优化审批服务等方式，对所有涉企经营许可事项进行分类管理，为企业取得营业执照后开展相关经营活动提供便利。除法律、行政法规规定的特定领域外，涉企经营许可事项不得作为企业登记的前置条件。

政府有关部门应当按照国家有关规定，简化企业从申请设立到具备一般性经营条件所需办理的手续。在国家规定的企业开办时限内，各地区应当确定并公开具体办理时间。

企业申请办理住所等相关变更登记的，有关部门应当依法及时办理，不得限制。除法律、法规、规章另有规定外，企业迁移后其持有的有效许可证件不再重复办理。

第二十条　国家持续放宽市场准入，并实行全国统一的市场准入负面清单制度。市场准入负面清单以外的领域，各类市场主体均可以依法平等进入。

各地区、各部门不得另行制定市场准入性质的负面清单。

第二十一条　政府有关部门应当加大反垄断和反不正当竞争执法力度，有效预防和制止市场经济活动中的垄断行为、不正当竞争行为以及滥用行政权力排除、限制竞争的行为，营造公平竞争的市场环境。

第二十二条　国家建立健全统一开放、竞争有序的人力资源市场体系，打破城乡、地区、行业分割和身份、性别等歧视，促进人力资源有序社会性流动和合理配置。

第二十三条　政府及其有关部门应当完善政策措施、强化创新服务，鼓励和支持市场主体拓展创新空间，持续推进产品、技术、商业模式、管理等创新，充分发挥市场主体在推动科技成果转化中的作用。

第二十四条　政府及其有关部门应当严格落实国家各项减税降费政策，及时研究解决政策落实中的具体问题，确保减税降费政策全面、及时惠及市场主体。

第二十五条　设立政府性基金、涉企行政事业性收费、涉企保证金，应当有法律、行政法规依据或者经国务院批准。对政府性基金、涉企行政事业性收费、涉企保证金以及实行政府定价的经营服务性收费，实行目录清单管理并向社会公开，目录清单之外的前述收费和保证金一律不得执行。推广以金融机构保函替代现金缴纳涉企保证金。

第二十六条　国家鼓励和支持金融机构加大对民营企业、中小企业的支持力度，降低民营企业、中小企业综合融资成本。

金融监督管理部门应当完善对商业银行等金融机构的监管考核和激励机制，鼓励、引导其增加对民营企业、中小企业的信贷投放，并合理增加中长期贷款和信用贷款支持，提高贷款审批效率。

商业银行等金融机构在授信中不得设置不合理条件，不得对民营企业、中小企业设置歧视性要求。商业银行等金融机构应当按照国家有关规定规范收费行为，不得违规向服务对象收取不合理费用。商业银行应当向社会公开开设企业账户的服务标准、资费标准和办理时限。

第二十七条　国家促进多层次资本市场规范健康发展，拓宽市场主体融资渠道，支持符合条件的民营企业、中小企业依法发行股票、债券以及其他融资工具，扩大直接融资规模。

第二十八条　供水、供电、供气、供热等公用企事业单位应当向社会公开服务标准、资费标准等信息，为市场主体提供安全、便捷、稳定和价格合理的服务，不得强迫市场主体接受不合理的服务条件，不得以任何名义收取不合理费用。各地区应当优化报装流程，在国家规定的报装办理时限内确定并公开具体办理时间。

政府有关部门应当加强对公用企事业单位运营的监督管理。

第二十九条　行业协会商会应当依照法律、法规和章程，加强行业自律，及时反映行业诉求，为市场主体提供信息咨询、宣传培训、市场拓展、权益保护、纠纷处理等方面的服务。

国家依法严格规范行业协会商会的收费、评比、认证等行为。

第三十条　国家加强社会信用体系建设，持续推进政务诚信、商务诚信、社会诚信和司法公信建设，提高全社会诚信意识和信用水平，维护信用信息安全，严格保护商业秘密和个人隐私。

第三十一条　地方各级人民政府及其有关部门应当履行向市场主体依法做出的政策承诺以及依法订立的各类合同，不得以行政区划调整、政府换届、机构或者职能调整以及相关责任人更替等为由违约毁约。因国家利益、社会公共利益需要改变政策承诺、合同约定的，应当依照法定权限和程序进行，并依法对市场主体因此受到的损失予以补偿。

第三十二条　国家机关、事业单位不得违约拖欠市场主体的货物、工程、服务等账款，大型企业不得利用优势地位拖欠中小企业账款。

县级以上人民政府及其有关部门应当加大对国家机关、事业单位拖欠市场主体账款的清理力度，并通过加强预算管理、严格责任追究等措施，建立防范和治理国家机关、事业单位拖欠市场主体账款的长效机制。

第三十三条　政府有关部门应当优化市场主体注销办理流程，精简申请材料、压缩办理时间、降低注销成本。对设立后未开展生产经营活动或者无债权债务的市场主体，可以按照简易程序办理注销。对有债权债务的市场主体，在债权债务依法解决后及时办理注销。

县级以上地方人民政府应当根据需要建立企业破产工作协调机制，协调解决企业破产过程中涉及的有关问题。

## 第四章　政务服务

第三十四条　政府及其有关部门应当进一步增强服务意识，切实转变工作作风，为市场主体提供规范、便利、高效的政务服务。

第三十五条　政府及其有关部门应当推进政务服务标准化，按照减环节、减材料、减时限的要求，编制并向社会公开政务服务事项（包括行政权力事项和公共服务事项，下同）标准化工作流程和办事指南，细化量化政务服务标准，压缩自由裁量权，推进同一事项实行无差别受理、同标准办理。没有法律、法规、规章依据，不得增设政务服务事项的办理条件和环节。

第三十六条　政府及其有关部门办理政务服务事项，应当根据实际情况，推行当场办结、一次办结、限时办结等制度，实现集中办理、就近办理、网上办理、异地可办。需要市场主体补正有关材料、手续的，应当一次性告知需要补正的内容；需要进行现场踏勘、现场核查、技术审查、听证论证的，应当及时安排、限时办结。

法律、法规、规章以及国家有关规定对政务服务事项办理时限有规定的，应当在规定的时限内尽快办结；没有规定的，应当按照合理、高效的原则确定办理时限并按时办结。各地区可以在国家规定的政务服务事项办理时限内进一步压减时间，并应当向社会公开；超过办理时间的，办理单位应当公开说明理由。

地方各级人民政府已设立政务服务大厅的，本行政区域内各类政务服务事项一般应当进驻政务服务大厅统一办理。对政务服务大厅中部门分设的服务窗口，应当创造条件整合为综合窗口，提供一站式服务。

第三十七条　国家加快建设全国一体化在线政务服务平台（以下称一体化在线平台），推动政务服务事项在全国范围内实现“一网通办”。除法律、法规另有规定或者涉及国家秘密等情形外，政务服务事项应当按照国务院确定的步骤，纳入一体化在线平台办理。

国家依托一体化在线平台，推动政务信息系统整合，优化政务流程，促进政务服务跨地区、跨部门、跨层级数据共享和业务协同。政府及其有关部门应当按照国家有关规定，提供数据共享服务，及时将有关政务服务数据上传至一体化在线平台，加强共享数据使用全过程管理，确保共享数据安全。

国家建立电子证照共享服务系统，实现电子证照跨地区、跨部门共享和全国范围内互信互认。各地区、各部门应当加强电子证照的推广应用。

各地区、各部门应当推动政务服务大厅与政务服务平台全面对接融合。市场主体有权自主选择政务服务办理渠道，行政机关不得限定办理渠道。

第三十八条　政府及其有关部门应当通过政府网站、一体化在线平台，集中公布涉及市场主体的法律、法规、规章、行政规范性文件和各类政策措施，并通过多种途径和方式加强宣传解读。

第三十九条　国家严格控制新设行政许可。新设行政许可应当按照行政许可法和国务院的规定严格设定标准，并进行合法性、必要性和合理性审查论证。对通过事中事后监管或者市场机制能够解决以及行政许可法和国务院规定不得设立行政许可的事项，一律不得设立行政许可，严禁以备案、登记、注册、目录、规划、年检、年报、监制、认定、认证、审定以及其他任何形式变相设定或者实施行政许可。

法律、行政法规和国务院决定对相关管理事项已作出规定，但未采取行政许可管理方式的，地方不得就该事项设定行政许可。对相关管理事项尚未制定法律、行政法规的，地方可以依法就该事项设定行政许可。

第四十条　国家实行行政许可清单管理制度，适时调整行政许可清单并向社会公布，清单之外不得违法实施行政许可。

国家大力精简已有行政许可。对已取消的行政许可，行政机关不得继续实施或者变相实施，不得转由行业协会商会或者其他组织实施。

对实行行政许可管理的事项，行政机关应当通过整合实施、下放审批层级等多种方式，优化审批服务，提高审批效率，减轻市场主体负担。符合相关条件和要求的，可以按照有关规定采取告知承诺的方式办理。

第四十一条　县级以上地方人民政府应当深化投资审批制度改革，根据项目性质、投资规模等分类规范投资审批程序，精简审批要件，简化技术审查事项，强化项目决策与用地、规划等建设条件落实的协同，实行与相关审批在线并联办理。

第四十二条　设区的市级以上地方人民政府应当按照国家有关规定，优化工程建设项目（不包括特殊工程和交通、水利、能源等领域的重大工程）审批流程，推行并联审批、多图联审、联合竣工验收等方式，简化审批手续，提高审批效能。

在依法设立的开发区、新区和其他有条件的区域，按照国家有关规定推行区域评估，由设区的市级以上地方人民政府组织对一定区域内压覆重要矿产资源、地质灾害危险性等事项进行统一评估，不再对区域内的市场主体单独提出评估要求。区域评估的费用不得由市场主体承担。

第四十三条　作为办理行政审批条件的中介服务事项（以下称法定行政审批中介服务）应当有法律、法规或者国务院决定依据；没有依据的，不得作为办理行政审批的条件。中介服务机构应当明确办理法定行政审批中介服务的条件、流程、时限、收费标准，并向社会公开。

国家加快推进中介服务机构与行政机关脱钩。行政机关不得为市场主体指定或者变相指定中介服务机构；除法定行政审批中介服务外，不得强制或者变相强制市场主体接受中介服务。行政机关所属事业单位、主管的社会组织及其举办的企业不得开展与本机关所负责行政审批相关的中介服务，法律、行政法规另有规定的除外。

行政机关在行政审批过程中需要委托中介服务机构开展技术性服务的，应当通过竞争性方式选择中介服务机构，并自行承担服务费用，不得转嫁给市场主体承担。

第四十四条 证明事项应当有法律、法规或者国务院决定依据。

设定证明事项，应当坚持确有必要、从严控制的原则。对通过法定证照、法定文书、书面告知承诺、政府部门内部核查和部门间核查、网络核验、合同凭证等能够办理，能够被其他材料涵盖或者替代，以及开具单位无法调查核实的，不得设定证明事项。

政府有关部门应当公布证明事项清单，逐项列明设定依据、索要单位、开具单位、办理指南等。清单之外，政府部门、公用企事业单位和服务机构不得索要证明。各地区、各部门之间应当加强证明的互认共享，避免重复索要证明。

第四十五条 政府及其有关部门应当按照国家促进跨境贸易便利化的有关要求，依法削减进出口环节审批事项，取消不必要的监管要求，优化简化通关流程，提高通关效率，清理规范口岸收费，降低通关成本，推动口岸和国际贸易领域相关业务统一通过国际贸易“单一窗口”办理。

第四十六条 税务机关应当精简办税资料和流程，简并申报缴税次数，公开涉税事项办理时限，压减办税时间，加大推广使用电子发票的力度，逐步实现全程网上办税，持续优化纳税服务。

第四十七条 不动产登记机构应当按照国家有关规定，加强部门协作，实行不动产登记、交易和缴税一窗受理、并行办理，压缩办理时间，降低办理成本。在国家规定的不动产登记时限内，各地区应当确定并公开具体办理时间。

国家推动建立统一的动产和权利担保登记公示系统，逐步实现市场主体在一个平台上办理动产和权利担保登记。纳入统一登记公示系统的动产和权利范围另行规定。

第四十八条 政府及其有关部门应当按照构建亲清新型政商关系的要求，建立畅通有效的政企沟通机制，采取多种方式及时听取市场主体的反映和诉求，了解市场主体生产经营中遇到的困难和问题，并依法帮助其解决。

建立政企沟通机制，应当充分尊重市场主体意愿，增强针对性和有效性，不得干扰市场主体正常生产经营活动，不得增加市场主体负担。

第四十九条 政府及其有关部门应当建立便利、畅通的渠道，受理有关营商环境的投诉和举报。

第五十条 新闻媒体应当及时、准确宣传优化营商环境的措施和成效，为优化营商环境创造良好舆论氛围。

国家鼓励对营商环境进行舆论监督，但禁止捏造虚假信息或者歪曲事实进行不实报道。

## 第五章 监管执法

第五十一条 政府有关部门应当严格按照法律法规和职责，落实监管责任，明确监管对象和范围、厘清监管事权，依法对市场主体进行监管，实现监管全覆盖。

第五十二条 国家健全公开透明的监管规则和标准体系。国务院有关部门应当分领域制定全国统一、简明易行的监管规则和标准，并向社会公开。

第五十三条 政府及其有关部门应当按照国家关于加快构建以信用为基础的新型监管机制的要求，创新和完善信用监管，强化信用监管的支撑保障，加强信用监管的组织实施，不断提升信用监管效能。

第五十四条 国家推行“双随机、一公开”监管，除直接涉及公共安全和人民群众生命健康等特殊行业、重点领域外，市场监管领域的行政检查应当通过随机抽取检查对象、随机选派执法检查人员、抽查事项及查处结果及时向社会公开的方式进行。针对同一检查对象的多个检查事项，应当尽可能合并或者纳入跨部门联合抽查范围。

对直接涉及公共安全和人民群众生命健康等特殊行业、重点领域，依法依规实行全覆盖的重点监管，并严格规范重点监管的程序；对通过投诉举报、转办交办、数据监测等发现的问题，应当有针对性地进行检查并依法依规处理。

第五十五条 政府及其有关部门应当按照鼓励创新的原则，对新技术、新产业、新业态、新模式等实行包容审慎监管，针对其性质、特点分类制定和实行相应的监管规则和标准，留足发展空间，同时确保质量和安全，不得简单化予以禁止或者不予监管。

第五十六条 政府及其有关部门应当充分运用互联网、大数据等技术手段，依托国家统一建立的在线监管系统，加强监管信息归集共享和关联整合，推行以远程监管、移动监管、预警防控为特征的非现场监管，提升监管的精准化、智能化水平。

第五十七条 国家建立健全跨部门、跨区域行政执法联动响应和协作机制，实现违法线索互联、监管标准互通、处理结果互认。

国家统筹配置行政执法职能和执法资源，在相关领域推行综合行政执法，整合精简执法队伍，减少执法主体和执法层级，提高基层执法能力。

第五十八条 行政执法机关应当按照国家有关规定，全面落实行政执法公示、行政执法全过程记录和重大行政执法决定法制审核制度，实现行政执法信息及时准确公示、行政执法全过程留痕和可回溯管理、重大行政执法决定法制审核全覆盖。

第五十九条 行政执法中应当推广运用说服教育、劝导示范、行政指导等非强制性手段，依法慎重实施行政强制。采用非强制性手段能够达到行政管理目的的，不得实施行政强制；违法行为情节轻微或者社会危害较小的，可以不实施行政强制；确需实施行政强制的，应当尽可能减少对市场主体正常生产经营活动的影响。

开展清理整顿、专项整治等活动，应当严格依法进行，除涉及人民群众生命安全、发生重特大事故或者举办国家重大活动，并报经有权机关批准外，不得在相关区域采取要求相关行业、领域的市场主体普遍停产、停业的措施。

禁止将罚没收入与行政执法机关利益挂钩。

第六十条 国家健全行政执法自由裁量基准制度，合理确定裁量范围、种类和幅度，规范行政执法自由裁量权的行使。

## 第六章 法治保障

第六十一条 国家根据优化营商环境需要，依照法定权限和程序及时制定或者修改、废止有关法律、法规、规章、行政规范性文件。

优化营商环境的改革措施涉及调整实施现行法律、行政法规等有关规定的，依照法定程序经有权机关授权后，可以先行先试。

第六十二条 制定与市场主体生产经营活动密切相关的行政法规、规章、行政规范性文件，应当按照国务院的规定，充分听取市场主体、行业协会商会的意见。

除依法需要保密外，制定与市场主体生产经营活动密切相关的行政法规、规章、行政规范性文件，应当通过报纸、网络等向社会公开征求意见，并建立健全意见采纳情况反馈机制。向社会公开征求意见的期限一般不少于30日。

第六十三条 制定与市场主体生产经营活动密切相关的行政法规、规章、行政规范性文件，应当按照国务院的规定进行公平竞争审查。

制定涉及市场主体权利义务的行政规范性文件，应当按照国务院的规定进行合法性审核。

市场主体认为地方性法规同行政法规相抵触，或者认为规章同法律、行政法规相抵触的，可以向国务院书面提出审查建议，由有关机关按照规定程序处理。

第六十四条 没有法律、法规或者国务院决定和命令依据的，行政规范性文件不得减损市场主体合法权益或者增加其义务，不得设置市场准入和退出条件，不得干预市场主体正常生产经营活动。

涉及市场主体权利义务的行政规范性文件应当按照法定要求和程序予以公布，未经公布的不得作为行政管理依据。

第六十五条 制定与市场主体生产经营活动密切相关的行政法规、规章、行政规范性文件，应当结合实际，确定是否为市场主体留出必要的适应调整期。

政府及其有关部门应当统筹协调、合理把握规章、行政规范性文件等的出台节奏，全面评估政策效果，避免因政策叠加或者相互不协调对市场主体正常生产经营活动造成不利影响。

第六十六条 国家完善调解、仲裁、行政裁决、行政复议、诉讼等有机衔接、相互协调的多元化纠纷解决机制，为市场主体提供高效、便捷的纠纷解决途径。

第六十七条 国家加强法治宣传教育，落实国家机关普法责任制，提高国家工作人员依法履职能力，引导市场主体合法经营、依法维护自身合法权益，不断增强全社会的法治意识，为营造法治化营商环境提供基础性支撑。

第六十八条 政府及其有关部门应当整合律师、公证、司法鉴定、调解、仲裁等公共法律服务资源，加快推进公共法律服务体系建设，全面提升公共法律服务能力和水平，为优化营商环境提供全方位法律服务。

第六十九条 政府和有关部门及其工作人员有下列情形之一的，依法依规追究责任：

（一）违法干预应当由市场主体自主决策的事项；

（二）制定或者实施政策措施不依法平等对待各类市场主体；

（三）违反法定权限、条件、程序对市场主体的财产和企业经营者个人财产实施查封、冻结和扣押等行政强制措施；

（四）在法律、法规规定之外要求市场主体提供财力、物力或者人力；

（五）没有法律、法规依据，强制或者变相强制市场主体参加评比、达标、表彰、培训、考核、考试以及类似活动，或者借前述活动向市场主体收费或者变相收费；

（六）违法设立或者在目录清单之外执行政府性基金、涉企行政事业性收费、涉企保证金；

（七）不履行向市场主体依法做出的政策承诺以及依法订立的各类合同，或者违约拖欠市场主体的货物、工程、服务等账款；

（八）变相设定或者实施行政许可，继续实施或者变相实施已取消的行政许可，或者转由行业协会商会或者其他组织实施已取消的行政许可；

（九）为市场主体指定或者变相指定中介服务机构，或者违法强制市场主体接受中介服务；

（十）制定与市场主体生产经营活动密切相关的行政法规、规章、行政规范性文件时，不按照规定听取市场主体、行业协会商会的意见；

（十一）其他不履行优化营商环境职责或者损害营商环境的情形。

第七十条 公用企事业单位有下列情形之一的，由有关部门责令改正，依法追究法律责任：

（一）不向社会公开服务标准、资费标准、办理时限等信息；

（二）强迫市场主体接受不合理的服务条件；

（三）向市场主体收取不合理费用。

第七十一条 行业协会商会、中介服务机构有下列情形之一的，由有关部门责令改正，依法追究法律责任：

（一）违法开展收费、评比、认证等行为；

（二）违法干预市场主体加入或者退出行业协会商会等社会组织；

（三）没有法律、法规依据，强制或者变相强制市场主体参加评比、达标、表彰、培训、考核、考试以及类似活动，或者借前述活动向市场主体收费或者变相收费；

（四）不向社会公开办理法定行政审批中介服务的条件、流程、时限、收费标准；

（五）违法强制或者变相强制市场主体接受中介服务。

## 第七章 附则

第七十二条 本条例自2020年1月1日起施行。

# 国务院办公厅关于在制定行政法规规章行政规范性文件过程中充分听取企业和行业协会商会意见的通知

发布单位：国务院办公厅

各省、自治区、直辖市人民政府，国务院各部委、各直属机构：

近年来，在制定与企业生产经营活动密切相关的行政法规、规章、行政规范性文件过程中，各地区、各部门通过扩大听取意见范围、拓宽听取意见渠道等方式，为企业和行业协会商会参与制度建设创造了条件，取得了积极成效，但听取意见对象覆盖面不广、代表性不足，征求意见事项针对性不强、程序不规范，意见采纳反馈机制不健全等问题还不同程度地存在，未能充分反映企业合理诉求、保障企业合法权益。为深入贯彻习近平新时代中国特色社会主义思想和党的十九大精神，推进政府职能转变和“放管服”改革，保障企业和行业协会商会在制度建设中的知情权、参与权、表达权和监督权，营造法治化、国际化、便利化的营商环境，经国务院同意，现就制定有关行政法规、规章、行政规范性文件过程中充分听取企业和行业协会商会意见通知如下：

## 一、科学合理选择听取意见对象

在制定有关行政法规、规章、行政规范性文件过程中，各地区、各部门要科学评估拟设立制度对各类企业、行业可能产生的影响及其程度、范围，对企业切身利益或者权利义务有重大影响的，要充分听取有代表性的企业和行业协会商会以及律师协会的意见。有关行政法规、规章、行政规范性文件对不同企业、行业影响存在较大差别的，要注重听取各类有代表性的企业和行业协会商会的意见，特别是民营企业、劳动密集型企业、中小企业等市场主体的意见，综合考虑不同规模企业、行业的发展诉求、承受能力等因素；涉及特定行业、产业的，要有针对性地听取相关行业协会商会的意见；涉及特定地域的，要充分考虑当地经济社会发展水平和产业布局特色，充分听取地方行业协会商会、律师协会的意见。听取企业意见时，要注重听取企业内部不同层级代表特别是职工代表的意见。

## 二、运用多种方式听取意见

行政法规、规章、行政规范性文件出台前，凡是与企业生产经营活动密切相关的，各地区、各部门都要通过多种方式听取企业和行业协会商会的意见，做好沟通协调，提高企业贯彻落实的积极性。除依法需要保密外，要通过网络、报纸等媒体向社会公开征求意见，并有针对性地设计有利于企业和行业协会商会参与公开征求意见的各项工作机制；要在政府或者政府部门门户网站上搭建公开征求意见平台，积极探索与知名商业网站、影响力较大的行业协会商会的网站建立链接；要保证公开征求意见的期限，杜绝走形式、走过场。采取召开听证会、座谈会、论证会方式听取意见的，要提供制度设计的背景、目的、适用范围以及对相关人员或群体可能产生的影响等资料，引导企业和行业协会商会围绕主要问题和不同意见，进行充分有效的讨论。采取问卷调查、书面发函方式听取意见的，要围绕直接关系企业切身利益、各方面分歧较大的问题，科学设计问卷、调查提纲等，积极探索委托专业机构进行调查。采取实地走访方式听取意见的，要找准问题、开诚布公、平等交流，认真倾听企业和行业协会商会的意见，深入了解其诉求。对争议较大的事项，可以引入第三方评估，全面充分听取利益相关方的意见。

## 三、完善意见研究采纳反馈机制

各地区、各部门对企业和行业协会商会提出的意见，要认真分析研究，充分考虑其利益诉求以及该利益诉求对其他相关企业、行业的影响，吸收采纳合理的意见。采纳情况要积极运用政府或者政府部门门户网站、移动客户端、微信公众号、报刊等方式向社会公布，或者通过电话、短信、电子邮件、信函等多种方式向有关单位反馈。对相对集中的意见未予采纳的，要通过适当方式进行反馈和说明。

## 四、加强制度出台前后的联动协调

制定与企业生产经营活动密切相关的行政法规、规章、行政规范性文件，要结合实际设置合理的缓冲期，增强制度的可预期性，为企业执行制度留有一定的准备时间。要加强新出台规章的备案审查和行政规范性文件的合法性审核，维护法制统一，确保文件合法有效，为企业发展提供制度保障。制度出台后，要注重执行过程中的上下联动，坚持实事求是，避免执行中的简单化和“一刀切”，不能让市场主体无所适从。要注重制度实施效果监测，开展后评估工作，充分听取企业和行业协会商会对有关制度的实施效果评价和完善建议，将后评估结果作为有关制度立改废释的重要依据。

## 五、注重收集企业对制度建设的诉求信息

拟订行政法规、规章、行政规范性文件制定计划时，要主动及时了解企业所需、困难所在，注重征集企业和行

业协会商会的意见，积极研究论证企业和行业发展急需的制度建设项目。要有效发挥人大代表建议、政协委员提案等的作用，充分利用网上政务平台、移动客户端、政务服务中心等线上线下载体，全面了解企业和行业协会商会在制度建设方面的相关诉求。探索在行业协会商会建立基层联系点等制度。加大对有关制度建设意见的收集整理力度，增强有关行政法规、规章、行政规范性文件的针对性、有效性、可操作性。

## 六、加强组织领导和监督检查

各地区、各部门要切实提高政治站位，坚持以人民为中心的发展思想，把在制度建设中充分听取企业和行业协会商会意见作为推进科学立法、民主立法、依法立法，加快建设法治政府，进一步优化营商环境的一项重要工作来抓。要加强组织领导，健全企业和行业协会商会参与制度建设工作机制，完善与企业的常态化联系，主动研究解决有关重大问题，多途径做好宣传工作，鼓励、支持、引导企业和行业协会商会积极有序参与制度建设。要加强综合协调和督促落实，广泛凝聚共识，形成工作合力，不断提高听取企业和行业协会商会意见的实效。要加强监督检查，建立健全行政法规、规章、行政规范性文件动态清理机制，加大规章备案审查和行政规范性文件合法性审核力度，对发现的问题及时纠正，对未按规定听取企业和行业协会商会意见的严格追究其责任。

# 国务院办公厅关于抓好赋予科研机构和人员更大自主权有关文件贯彻落实工作的通知

发布单位：国务院办公厅

各省、自治区、直辖市人民政府，国务院各部委、各直属机构：

党中央、国务院高度重视激发科研人员创新积极性。近年来，党中央、国务院聚焦完善科研管理、提升科研绩效、推进成果转化、优化分配机制等方面，先后制定出台了一系列政策文件，在赋予科研单位和科研人员自主权等方面取得了显著效果，受到广大科技工作者的拥护和欢迎。但在有关政策落实过程中还不同程度存在各类问题，有的部门、地方以及科研单位没有及时修订本部门、本地方和本单位的科研管理相关制度规定，仍然按照老办法来操作；有的经费调剂使用、仪器设备采购等仍然由相关机构管理，没有落实到项目承担单位；科技成果转化、薪酬激励、人员流动还受到相关规定的约束等。这些问题制约了政策效果，影响了科研人员的积极性主动性。为了进一步推动赋予科研单位和科研人员更大自主权有关文件精神落实到位，经国务院同意，现就有关事项通知如下。

## 一、充分认识赋予科研机构和人员自主权的重要意义

深入推进科技体制改革、赋予科研单位和科研人员更大自主权、切实减轻科研人员负担，对于调动科研人员积极性、充分释放创新创造活力、推进建设创新型国家、实现经济高质量发展具有十分重要的意义。各地区、各部门、各单位要坚持以习近平新时代中国特色社会主义思想为指导，深入贯彻党的十九大精神，增强“四个意识”，坚定“四个自信”，坚决做到“两个维护”，进一步统一思想，充分认识赋予科研单位和科研人员自主权的重要意义，坚决贯彻落实党中央、国务院各项部署要求，尊重规律，尊重科研人员，充分发挥市场在科技资源配置中的决定性作用，更好发挥政府作用，进一步发挥企业的技术创新主体作用，密切协调配合，精心组织实施，抓紧解决政策落实中存在的突出问题，杜绝形式主义、官僚主义等现象，真抓实干，务求实效，切实为科研单位和科研人员营造良好创新环境，进一步解放生产力，为实施创新驱动发展战略和建设创新型国家增添动力。

## 二、制定政策落实的配套制度和具体实施办法

对党中央、国务院已经出台的赋予科研单位和科研人员自主权的有关政策，各地区、各部门和各单位都要制定具体的实施办法，对现行的科研项目、科研资金、科研人员以及因公临时出国等管理办法进行修订，对与新出台政策精神不符的规定要进行清理和修改。各高校、科研院所、国有企业和智库以及其他承担科研任务的单位要按照上述原则修订和制定相关实施办法和制度。以上工作要在2019年2月底前完成。

## 三、深入推进下放科技管理权限工作

**（一）推动预算调剂和仪器采购管理权落实到位。**科技部、财政部和相关科技项目管理部门要按照《中共中央办公厅 国务院办公厅印发〈关于进一步完善中央财政科研项目资金管理等政策的若干意见〉的通知》和《国务院关于优化科研管理提升科研绩效若干措施的通知》等精神，分别修订相关科技计划项目和经费管理办法，将文件规定的有关预算调剂、科研仪器采购等事项交由项目承担单位自主决定，由单位主管部门报项目管理部门备案。

**（二）推动科研人员的技术路线决策权落实到位。**各地区、各部门在制定相关规定和具体办法时，要明确“赋予科研人员更大技术路线决策权”“科研项目负责人可以根据项目需要，按规定自主组建科研团队，并结合项目实施进展情况进行相应调整”。

**（三）推动项目过程管理权落实到位。**各项目管理部门对科研项目要由重过程管理向重项目目标和标志性成果转变，加强对科研项目结果及阶段性成果的考核，实施过程中的管理主要由项目承担单位负责。要精简信息和材料报送，有关单位不得随意要求项目承担单位填报各种信息或报送有关材料。

**（四）科研单位要健全完善内部管理制度。**项目管理专业机构不再承担已明确下放给科研单位管理的有关事项，请科技部、工业和信息化部、农业农村部、卫生健康委等部门在2019年2月底前完成。各地区、各有关部门根据有关规定，负责指导所属科研单位制定详细可操作的管理制度和办法，确保在落实科研人员自主权的基础上，突出成果导向，提高科研资金使用绩效，完成科研目标任务。项目管理部门要通过随机抽查等方式加强事中事后监管，防止发生违规行为。

## 四、进一步做好已出台法规文件中相关规定的衔接

**（一）明确科研人员兼职的操作办法。**各单位要认真执行《国务院关于印发实施〈中华人民共和国促进科技成果转化法〉若干规定的通知》和《中共中央办公厅 国务院办公厅印发〈关于实行以增加知识价值为导向分配政策的若干意见〉的通知》，与企业通过股权合作、共同研发、互派人员、成果应用等多种方式建立紧密的合作关系，支持科

研人员深入企业进行成果转化，落实“科研人员在履行好岗位职责、完成本职工作的前提下，经所在单位同意，可以到企业和其他科研机构、高校、社会组织等兼职并取得合法报酬”的规定。各地区、各有关部门和单位要进一步明确科研人员兼职兼薪问题的具体管理办法，明确审批程序，约定相关权利与义务。对担任领导职务的科研人员兼职，按中央有关规定执行。

**（二）明确科研人员获得科技成果转化收益的具体办法**。各高校、科研院所要按照《中华人民共和国促进科技成果转化法》的规定，制定本单位转化科技成果的专门管理办法，完善评价激励机制，对科技成果的主要完成人和其他对科技成果转化做出重要贡献的人员，区分不同情况给予现金、股份或者出资比例等奖励和报酬。请人力资源社会保障部会同有关部门按照《国务院关于优化科研管理提升科研绩效若干措施的通知》精神，落实“科研人员获得的职务科技成果转化现金奖励计入当年本单位绩效工资总量，但不受总量限制，不纳入总量基数”的要求，制定出台具体操作办法，推动各单位落实到位。

**（三）明确科技成果作为国有资产的管理程序**。请财政部落实《中华人民共和国促进科技成果转化法》，按照对科技成果价值“通过协议定价、在技术市场挂牌交易、拍卖等方式确定价格”的规定，提出对《国有资产评估管理办法》的修订建议，简化科技成果的国有资产评估程序，缩短评估周期，改进对评估结果的使用方式，研究建立资产评估报告公示制度，同时探索利用市场化机制确定科技成果价值的多种方式。要进一步优化国有资产产权登记和变更程序，提高科技成果转化效率。

**（四）明确有关项目经费的细化管理制度**。各地区、各部门、各单位要进一步推进产学研结合，并制定专门管理办法，对以市场委托方式取得的横向经费，由项目承担单位按照委托方要求或合同约定管理使用。请财政部在相关项目经费使用管理规定中明确，中央高校、科研院所要根据科研工作的特点，对科研需要的出差和会议按标准报销相关费用并简化相关手续。探索建立项目立项环节技术专家和财务专家共同审核机制，在科研项目评审的同时进行预算评审。

## 五、加强对政策贯彻落实工作的督查指导

**（一）开展对政策落实情况的自查和督查**。各地区、各部门要加强对科研单位的业务指导和督查，坚持问题导向，对本地区、本部门所属科研单位落实赋予科研单位和科研人员自主权有关文件精神情况进行全面自查，逐一梳理、明确责任，深入分析堵点难点并加以纠正解决，确保政策全面兑现。国务院办公厅要适时开展督促检查。

**（二）做好培训宣传工作**。科技部、财政部等有关部门要加强对党中央、国务院出台文件的宣传解读。对政策性比较强的管理问题和财务制度要开展培训，建立咨询渠道。对地方和单位的好做法、好经验、好案例，要做好宣传推广。

**（三）加强对政策落实的监督**

要加强审计监督，以是否符合中央精神和改革方向作为审计定性判断的标准，充分尊重科研规律，对于符合中央精神和改革方向，但不符合部门、地方、单位现有管理规定的行为，要有针对性地提出对具体规定修改调整的建议。加强社会监督，建立举报投诉渠道，鼓励科研单位和科研人员对政策落实情况进行监督，发现严重失职失责的要追究有关人员责任。

# 关于新时期支持科技型中小企业加快创新发展的若干政策措施

发布单位：科技部

科技型中小企业是培育发展新动能、推动高质量发展的重要力量，科技创新能力是企业打不垮的竞争力。为深入贯彻习近平总书记在民营企业座谈会上的重要讲话精神，切实落实中央办公厅、国务院办公厅《关于促进中小企业健康发展的指导意见》，加快推动民营企业特别是各类中小企业走创新驱动发展道路，增强技术创新能力与核心竞争力，现就支持科技型中小企业创新发展提出以下政策措施。

## 一、总体思路

以习近平新时代中国特色社会主义思想为指导，全面贯彻党的十九大和十九届二中、三中全会精神，以培育壮大科技型中小企业主体规模、提升科技型中小企业创新能力为主要着力点，完善科技创新政策，加强创新服务供给，激发创新创业活力，引导科技型中小企业加大研发投入，完善技术创新体系，增强以科技创新为核心的企业竞争力，为推动高质量发展、支撑现代化经济体系建设发挥更加重要的作用。

## 二、主要措施

### （一）培育壮大科技型中小企业主体规模。

1. 完善创新创业孵化体系建设。加强专业化众创空间在重点地区和细分领域的梯次布局，推动专业化众创空间提升服务能力，在若干行业领域推动建立专业孵化器联盟，支撑科技型中小企业培育孵化。

2. 鼓励科研人员创新创业。推动出台支持科研人员离岗创业的实施细则，完善科研人员校企、院企共建双聘机制。支持持有外国人永久居留证的外籍高层次人才创办科技型企业，给予与中国籍公民同等待遇。

3. 强化考核评估导向。将科技型中小企业培育孵化情况列入国家高新区、国家自主创新示范区以及创新型省份、创新型城市、创新型县（市）等相关评价指标体系。完善科技型中小企业评价办法，扩大全国科技型中小企业数据库入库规模。

### （二）强化科技创新政策完善与落实。

4. 加大政策激励力度。推动研究制订提高科技型中小企业研发费用加计扣除比例、科技型初创企业普惠性税收减免等新的政策措施。

5. 加强政策落实与宣讲。进一步落实高新技术企业所得税减免、技术开发及技术转让增值税和所得税减免、小型微利企业免增值税和所得税减免等支持政策，推动降低执行门槛。加强现有政策宣传推广，在科技园区、众创空间、孵化器中开展面向科技型初创企业的重点政策解读。

### （三）加大对科技型中小企业研发活动的财政支持。

6. 加大财政资金支持力度。通过国家科技计划加大对中小企业科技创新的支持力度，调整完善科技计划立项、任务部署和组织管理方式，对中小企业研发活动给予直接支持。鼓励各级地方政府设立支持科技型中小企业技术研发的专项资金。

7. 支持承担国家科技计划项目。在国家重点研发计划、科技创新2030—重大项目等国家科技计划组织实施中，支持科技型中小企业广泛参与龙头骨干企业、高校、科研院所等牵头的项目，组建创新联合体“揭榜攻关”。对于任务体量和条件要求适宜的，鼓励科技型中小企业牵头申报。

### （四）引导创新资源向科技型中小企业集聚。

8. 推动完善企业研发体系。鼓励科技型中小企业制定企业科技创新战略，完善内部研发管理制度，推广应用创新方法。支持有条件的科技型中小企业建立内部研发平台、技术中心等，引进培育骨干创新团队，申请认定高新技术企业。支持有条件的科技型中小企业参与建设国家技术创新中心、企业国家重点实验室等。

9. 鼓励开展产学研协同创新。研究出台新时期强化产学研一体化创新的政策措施，引导科技型中小企业通过组建产业技术创新战略联盟、共设研发基金、共建实验室、研发众包等方式，共享创新资源、开展协同创新。

10. 加大科技资源集聚共享。支持国家高新区打造科技资源支撑型、高端人才引领型等特色载体，引导科技型中小企业集聚和开展专业化分工协作。推动科研机构、高等学校、大型企业搭建科技资源开放共享网络管理平台，促进科研仪器、实验设施等向科技型中小企业开放共享。

### （五）扩大面向科技型中小企业的创新服务供给。

11. 推广科技创新券。支持地方设立科技创新券专项资金，以政府购买公共服务方式对各类服务科技型中小企业的服务载体进行奖励或后补助。

12. 加强科技服务机构培育建设。制订出台促进新型研发机构发展的政策举措，开展新型研发机构培育建设试点，引导面向科技型中小企业创新需求开展成果转化与创新服务。在高等学校、科研院所培育建设一批专业化技术转移机构，为科技型中小企业吸纳科技成果提供专业化服务。

13. 搭建特色服务载体。建设全国科技型中小企业信息服务平台，举办科技型中小企业创新产品博览会，开展科技成果直通车，提供政策咨询、融资对接、技术转移、政府采购等综合服务。

**（六）加强金融资本市场对科技型中小企业的支持。**

14. 加强创业投资引导。拓展国家科技成果转化引导基金功能，引导地方政府、社会资本成立专门投资科技型中小企业的“双创”基金，培育发展专注投资初创期科技型中小企业的天使投资。

15. 拓展企业融资渠道。开展贷款风险补偿试点，引导银行信贷支持转化科技成果的科技型中小企业。加强科技金融结合试点工作，加快推进投贷联动、知识产权质押、融资租赁等。实施“科技型中小企业成长路线图计划2.0”，为优质企业进入“新三板”、科创板上市融资提供便捷通道。

**（七）鼓励科技型中小企业开展国际科技合作。**

16. 强化“一带一路”合作交流。探索开展“一带一路”产权交易与技术转移相关工作，为更多科技型中小企业与“一带一路”沿线国家开展科技合作营造良好的环境。

17. 加强国际人才交流对接。优先支持科技型中小企业参与“国际杰青计划”，帮助科技型中小企业与相关领域外国青年人才进行对接。支持科技型中小企业选派专业技术人才参加中长期出国（境）培训。

## 三、组织实施

（一）加强组织领导。科技部成立推进科技型中小企业创新发展工作小组，统筹推进有关工作。各级科技管理部门要牢固树立“创新不问出身、不分大小”理念，切实把营造良好创新创业环境作为转变政府职能、提升服务意识的根本要求，因地制宜制定出台相关支持政策，加大力度推动科技型中小企业创新发展。

（二）强化任务落实。加强对各项任务的细化分解，明确责任分工和时间节点，以抓铁有痕的决心和久久为功的毅力，持续推动各项任务落实。适时开展政策落实情况评估，定期报告工作进展，确保各项任务落实到位。

（三）开展总结宣传。结合国家创新调查工作，监测科技型中小企业发展情况，及时调整完善政策措施。总结科技型中小企业创新经验，加强对企业家精神和重大创新成果的宣传推广，引领和带动更多科技型中小企业实现创新发展。

# 工业和信息化部办公厅　住房和城乡建设部办公厅　交通运输部办公厅　农业农村部办公厅　国家能源局综合司　国务院扶贫办综合司关于开展智能光伏试点示范的通知

发布单位：工业和信息化部办公厅　住房和城乡建设部办公厅　交通运输部办公厅　农业农村部办公厅　国家能源局综合司　国务院扶贫办综合司

各省、自治区、直辖市及计划单列市、新疆生产建设兵团工业和信息化、住房和城乡建设、交通运输、农业农村、能源、扶贫主管部门：

为推动光伏产业高质量发展，鼓励智能光伏产业技术进步和扩大应用，按照《智能光伏产业发展行动计划（2018—2020年）》（工信部联电子〔2018〕68号）有关工作部署，现组织开展智能光伏试点示范工作。现将有关事项通知如下：

## 一、试点示范内容

（一）支持培育一批智能光伏示范企业，包括能够提供先进、成熟的智能光伏产品、服务、系统平台或整体解决方案的企业。

（二）支持建设一批智能光伏示范项目，包括应用智能光伏产品，融合大数据、互联网和人工智能，为用户提供智能光伏服务的项目。

## 二、申报条件

（一）示范企业

示范企业申报主体为智能光伏领域的产品制造企业、系统集成企业、软件企业、服务企业等，并符合以下基本条件：

1. 应为中国大陆境内注册的独立法人，注册时间不少于2年；

2. 具有较强的智能光伏技术研发能力或创新服务能力；

3. 已提供先进、成熟的市场化应用产品、服务或系统；

4. 形成清晰的智能光伏商业推广模式和盈利模式；

5. 具备丰富的智能光伏项目建设经验。

（二）示范项目

示范项目申报主体为项目组织实施单位，可以是相关应用单位、制造企业、项目所在园区、第三方集成服务机构等，有关单位及项目应符合以下基本条件：

1. 已建成具有特色服务内容、贴近地区发展实际的智能光伏应用或服务体系；

2. 在工业园区、建筑及城镇、交通运输、农业农村、光伏电站、光伏扶贫及其他领域形成智能光伏特色应用；

3. 采用不少于3类智能光伏产品（原则上由符合《光伏制造行业规范条件》的企业提供）或服务，提供规模化（集中式10MW以上、分布式1MW以上）的智能光伏服务；对建筑及城镇领域智能光伏以及建筑一体化应用单个项目，装机容量不少于0.1MW；

4. 具备灵活的服务扩展能力，具备长期运营能力，有持续运营和盈利的创新模式，具有不断完善服务能力和丰富服务内容的发展规划。

## 三、组织实施

（一）申报单位填写智能光伏试点示范申报书，向所在省级工业和信息化主管部门提交申报材料。国家新型工业化产业示范基地、光伏“领跑者”基地所在地的企业和项目、光伏储能应用项目、建筑光伏一体化应用项目（BIPV）优先支持。

（二）省级工业和信息化主管部门会同同级住房和城乡建设、交通运输、农业农村、能源、扶贫主管部门进行实地考察和专家评审，根据评审结果推荐企业和项目，并出具推荐意见函。推荐意见函连同申报材料（包括纸质版一式两份和电子版光盘）于2019年10月20日前通过EMS或机要交换寄至工业和信息化部（电子信息司）。

（三）工业和信息化部会同住房城乡建设部、交通运输部、农业农村部、国家能源局、国务院扶贫办对申报的企业、项目进行评选。评选结果在有关部门官方网站及相关媒体上对社会公示，对公示无异议的企业、项目予以正式发布。

## 四、管理和激励措施

（一）示范企业、示范项目应贯彻落实《智能光伏产业发展行动计划（2018—2020年）》，努力树立行业标杆，切实发挥示范带动作用。

（二）工业和信息化部联合住房城乡建设部、交通运输部、农业农村部、国家能源局、国务院扶贫办建立工作机制，组织对示范企业、项目开展评估考核并对智能光伏试点示范名单进行动态调整。

（三）加大对示范企业、项目的宣传推介力度，利用相关部门官网、电视报纸网络等新闻媒体以及有关发布会、行业论坛等形式，提升试点示范影响力，扩大示范带动效应。

（四）鼓励各级政府部门和社会各界加大对试点示范工

作的支持力度，从政策、标准、项目、资源配套等多方面支持示范企业做大做强，支持示范项目建设和推广应用。

## 五、其他事项

（一）申报单位要严格按照通知要求和附件格式（可在工业和信息化部官网下载），规范填写申报材料。

（二）原则上，各省、自治区、直辖市推荐的示范企业不超过5家，示范项目不超过8个；计划单列市、新疆生产建设兵团推荐的示范企业不超过3家，示范项目不超过5个。各地要严格控制数量，超过推荐数量的推荐不予受理。

# 国家发展改革委关于完善风电上网电价政策的通知

发布单位：国家发展改革委

各省、自治区、直辖市及计划单列市、新疆生产建设兵团发展改革委（物价局），国家电网有限公司、南方电网公司、内蒙古电力（集团）有限责任公司：

为落实国务院办公厅《能源发展战略行动计划（2014—2020）》关于风电2020年实现与煤电平价上网的目标要求，科学合理引导新能源投资，实现资源高效利用，促进公平竞争和优胜劣汰，推动风电产业健康可持续发展，现将完善风电上网电价政策有关事项通知如下。

## 一、关于陆上风电上网电价

（一）将陆上风电标杆上网电价改为指导价。新核准的集中式陆上风电项目上网电价全部通过竞争方式确定，不得高于项目所在资源区指导价。

（二）2019年Ⅰ～Ⅳ类资源区符合规划、纳入财政补贴年度规模管理的新核准陆上风电指导价分别调整为每千瓦时0.34元、0.39元、0.43元、0.52元（含税，下同）；2020年指导价分别调整为每千瓦时0.29元、0.34元、0.38元、0.47元。指导价低于当地燃煤机组标杆上网电价（含脱硫、脱销、除尘电价，下同）的地区，以燃煤机组标杆上网电价作为指导价。

（三）参与分布式市场化交易的分散式风电上网电价由发电企业与电力用户直接协商形成，不享受国家补贴。不参与分布式市场化交易的分散式风电项目，执行项目所在资源区指导价。

（四）2018年底之前核准的陆上风电项目，2020年底前仍未完成并网的，国家不再补贴；2019年1月1日至2020年底前核准的陆上风电项目，2021年底前仍未完成并网的，国家不再补贴。自2021年1月1日开始，新核准的陆上风电项目全面实现平价上网，国家不再补贴。

## 二、关于海上风电上网电价

（一）将海上风电标杆上网电价改为指导价，新核准海上风电项目全部通过竞争方式确定上网电价。

（二）2019年符合规划、纳入财政补贴年度规模管理的新核准近海风电指导价调整为每千瓦时0.8元，2020年调整为每千瓦时0.75元。新核准近海风电项目通过竞争方式确定的上网电价，不得高于上述指导价。

（三）新核准潮间带风电项目通过竞争方式确定的上网电价，不得高于项目所在资源区陆上风电指导价。

（四）对2018年底前已核准的海上风电项目，如在2021年底前全部机组完成并网的，执行核准时的上网电价；2022年及以后全部机组完成并网的，执行并网年份的指导价。

## 三、其他事项

（一）风电上网电价在当地燃煤机组标杆上网电价（含脱硫、脱硝、除尘电价）以内的部分，由当地省级电网结算；高出部分由国家可再生能源发展基金予以补贴。

（二）风电企业和电网企业必须真实、完整地记载和保存相关发电项目上网交易电量、上网电价和补贴金额等资料，接受有关部门监督检查，并于每月10日前将相关数据报送至国家可再生能源信息管理中心。

上述规定自2019年7月1日起执行。

# 国家发展改革委关于完善光伏发电上网电价机制有关问题的通知

发布单位：国家发展改革委

各省、自治区、直辖市及计划单列市、新疆生产建设兵团发展改革委、物价局，国家电网有限公司、南方电网公司、内蒙古电力（集团）有限责任公司：

为科学合理引导新能源投资，实现资源高效利用，促进公平竞争和优胜劣汰，推动光伏发电产业健康可持续发展，现就完善光伏发电上网电价机制有关问题通知如下。

## 一、完善集中式光伏发电上网电价形成机制

（一）将集中式光伏电站标杆上网电价改为指导价。综合考虑技术进步等多方面因素，将纳入国家财政补贴范围的Ⅰ~Ⅲ类资源区新增集中式光伏电站指导价分别确定为每千瓦时 0.40 元（含税，下同）、0.45 元、0.55 元。

（二）新增集中式光伏电站上网电价原则上通过市场竞争方式确定，不得超过所在资源区指导价。市场竞争方式确定的价格在当地燃煤机组标杆上网电价（含脱硫、脱硝、除尘的电价）以内的部分，由当地省级电网结算；高出部分由国家可再生能源发展基金予以补贴。

（三）国家能源主管部门已经批复的纳入财政补贴规模且已经确定项目业主，但尚未确定上网电价的集中式光伏电站（项目指标作废的除外），2019 年 6 月 30 日（含）前并网的，上网电价按照《关于 2018 年光伏发电有关事项的通知》（发改能源〔2018〕823 号）规定执行；7 月 1 日（含）后并网的，上网电价按照本通知规定的指导价执行。

（四）纳入国家可再生能源电价附加资金补助目录的村级光伏扶贫电站（含联村电站），对应的Ⅰ~Ⅲ类资源区上网电价保持不变，仍分别按照每千瓦时 0.65 元、0.75 元、0.85 元执行。

## 二、适当降低新增分布式光伏发电补贴标准

（一）纳入 2019 年财政补贴规模，采用“自发自用、余量上网”模式的工商业分布式（即除户用以外的分布式）光伏发电项目，全发电量补贴标准调整为每千瓦时 0.10 元；采用“全额上网”模式的工商业分布式光伏发电项目，按所在资源区集中式光伏电站指导价执行。能源主管部门统一实行市场竞争方式配置的工商业分布式项目，市场竞争形成的价格不得超过所在资源区指导价，且补贴标准不得超过每千瓦时 0.10 元。

（二）纳入 2019 年财政补贴规模，采用“自发自用、余量上网”模式和“全额上网”模式的户用分布式光伏全发电量补贴标准调整为每千瓦时 0.18 元。

（三）鼓励各地出台针对性扶持政策，支持光伏产业发展。

本通知自 2019 年 7 月 1 日起执行。

# 国家发展改革委　国家能源局关于积极推进风电、光伏发电无补贴平价上网有关工作的通知

发布单位：国家发展改革委　国家能源局

各省、自治区、直辖市、新疆生产建设兵团发展改革委（能源局）、经信委（工信委、工信厅），各国家能源局派出机构，国家电网公司、南方电网公司、内蒙古电力公司、中国华能集团公司、中国大唐集团公司、中国华电集团公司、国家能源投资集团公司、国家电力投资集团公司、中国华润集团公司、中国长江三峡集团公司、国家开发投资公司、中国核工业集团公司、中国广核集团有限公司、电力规划设计总院、水电水利规划设计总院：

随着风电、光伏发电规模化发展和技术快速进步，在资源优良、建设成本低、投资和市场条件好的地区，已基本具备与燃煤标杆上网电价平价（不需要国家补贴）的条件。为促进可再生能源高质量发展，提高风电、光伏发电的市场竞争力，现将推进风电、光伏发电无补贴平价上网的有关要求和支持政策措施通知如下。

一、开展平价上网项目和低价上网试点项目建设。各地区要认真总结本地区风电、光伏发电开发建设经验，结合资源、消纳和新技术应用等条件，推进建设不需要国家补贴执行燃煤标杆上网电价的风电、光伏发电平价上网试点项目（以下简称平价上网项目）。在资源条件优良和市场消纳条件保障度高的地区，引导建设一批上网电价低于燃煤标杆上网电价的低价上网试点项目（以下简称低价上网项目）。在符合本省（自治区、直辖市）可再生能源建设规划、国家风电、光伏发电年度监测预警有关管理要求、电网企业落实接网和消纳条件的前提下，由省级政府能源主管部门组织实施本地区平价上网项目和低价上网项目，有关项目不受年度建设规模限制。对于未在规定期限内开工并完成建设的风电、光伏发电项目，项目核准（备案）机关应及时予以清理和废止，为平价上网项目和低价上网项目让出市场空间。

二、优化平价上网项目和低价上网项目投资环境。有关地方政府部门对平价上网项目和低价上网项目在土地利用及土地相关收费方面予以支持，做好相关规划衔接，优先利用国有未利用土地，鼓励按复合型方式用地，降低项目场址相关成本，协调落实项目建设和电力送出消纳条件，禁止收取任何形式的资源出让费等费用，不得将在本地投资建厂、要求或变相要求采购本地设备作为项目建设的捆绑条件，切实降低项目的非技术成本。各级地方政府能源主管部门可会同其他相关部门出台一定时期内的补贴政策，仅享受地方补贴的项目仍视为平价上网项目。

三、保障优先发电和全额保障性收购。对风电、光伏发电平价上网项目和低价上网项目，电网企业应确保项目所发电量全额上网，并按照可再生能源监测评价体系要求监测项目弃风、弃光状况。如存在弃风弃光情况，将限发电量核定为可转让的优先发电计划。经核定的优先发电计划可在全国范围内参加发电权交易（转让），交易价格由市场确定。电力交易机构应完善交易平台和交易品种，组织实施相关交易。

四、鼓励平价上网项目和低价上网项目通过绿证交易获得合理收益补偿。风电、光伏发电平价上网项目和低价上网项目，可按国家可再生能源绿色电力证书管理机制和政策获得可交易的可再生能源绿色电力证书（以下简称绿证），通过出售绿证获得收益。国家通过多种措施引导绿证市场化交易。

五、认真落实电网企业接网工程建设责任。在风电、光伏发电平价上网项目和低价上网项目规划阶段，有关省级能源主管部门要督促省级电网企业做好项目接网方案和消纳条件的论证工作。有关省级电网企业负责投资项目升压站之外的接网等全部配套电网工程，做好接网等配套电网建设与项目建设进度衔接，使项目建成后能够及时并网运行。

六、促进风电、光伏发电通过电力市场化交易无补贴发展。国家发展改革委、国家能源局会同有关单位组织开展分布式发电市场化交易试点工作。鼓励在国家组织实施的社会资本投资增量配电网、清洁能源消纳产业园区、局域网、新能源微电网、能源互联网等示范项目中建设无需国家补贴的风电、光伏发电项目，并以试点方式开展就近直接交易。鼓励用电负荷较大且持续稳定的工业企业、数据中心和配电网经营企业与风电、光伏发电企业开展中长期电力交易，实现有关风电、光伏发电项目无需国家补贴的市场化发展。

七、降低就近直接交易的输配电价及收费。对纳入国家有关试点示范中的分布式市场化交易试点项目，交易电量仅执行风电、光伏发电项目接网及消纳所涉及电压等级的配电网输配电价，免交未涉及的上一电压等级的输电费。对纳入试点的就近直接交易可再生能源电量，政策性交叉补贴予以减免。

八、扎实推进本地消纳平价上网项目和低价上网项目建设。接入公共电网在本省级电网区域内消纳的无补贴风电、光伏发电平价上网项目和低价上网项目，由有关省级能源主管部门协调落实支持政策后自主组织建设。省级电网企业承担收购平价上网项目和低价上网项目的电量收购责任，按项目核准时国家规定的当地燃煤标杆上网电价与

风电、光伏发电项目单位签订长期固定电价购售电合同（不少于20年），不要求此类项目参与电力市场化交易（就近直接交易试点和分布式市场交易除外）。

九、结合跨省跨区输电通道建设推进无补贴风电、光伏发电项目建设。利用跨省跨区输电通道外送消纳的无补贴风电、光伏发电项目，在送受端双方充分衔接落实消纳市场和电价并明确建设规模和时序后，由送受端省级能源主管部门具体组织实施。鼓励具备跨省跨区输电通道的送端地区优先配置无补贴风电、光伏发电项目，按受端地区燃煤标杆上网电价（或略低）扣除输电通道的输电价格确定送端的上网电价，受端地区有关政府部门和电网企业负责落实跨省跨区输送无补贴风电、光伏发电项目的电量消纳，在送受端电网企业协商一致的基础上，与风电、光伏发电企业签订长期固定电价购售电合同（不少于20年）。对无补贴风电、光伏发电项目要严格落实优先上网和全额保障性收购政策，不要求参与跨区电力市场化交易。

十、创新金融支持方式。国家开发银行、四大国有商业银行等金融机构应根据国家新能源发电发展规划和有关地区新能源发电平价上网实施方案，合理安排信贷资金规模，创新金融服务，开发适合项目特点的金融产品，积极支持新能源发电实现平价上网。同时，鼓励支持符合条件的发电项目及相关发行人通过发行企业债券进行融资，并参考专项债券品种推进审核。

十一、做好预警管理衔接。风电、光伏发电监测预警（评价）为红色的地区除已安排建设的平价上网示范项目及通过跨省跨区输电通道外送消纳的无补贴风电、光伏发电项目外，原则上不安排新的本地消纳的平价上网项目和低价上网项目；鼓励橙色地区选取资源条件较好的已核准（备案）项目开展平价上网和低价上网工作；绿色地区在落实消纳条件的基础上自行开展平价上网项目和低价上网项目建设。

十二、动态完善能源消费总量考核支持机制。开展省级人民政府能源消耗总量和强度“双控”考核时，在确保完成全国能耗“双控”目标条件下，对各地区超出规划部分可再生能源消费量不纳入其“双控”考核。

请各有关单位按照上述要求，积极推进风电、光伏发电平价上网项目和低价上网项目建设，各省（自治区、直辖市）能源主管部门应将有关项目信息报送国家能源局。国家发展改革委、国家能源局将及时公布平价上网项目和低价上网项目名单，协调和督促有关方面做好相关支持政策的落实工作。

对按照本通知要求在2020年底前核准（备案）并开工建设的风电、光伏发电平价上网项目和低价上网项目，在其项目经营期内有关支持政策保持不变。国家发展改革委、国家能源局将及时研究总结各地区的试点经验，根据风电、光伏发电的发展状况适时调整2020年后的平价上网政策。

# 国家标准化管理委员会　国家能源局关于加强能源互联网标准化工作的指导意见

发布单位：国家标准化管理委员会　国家能源局

各省、自治区、直辖市及新疆生产建设兵团市场监管局（厅、委）、发展改革委（能源局）：

能源互联网是以电能为核心，集成热、冷、燃气等能源，综合利用互联网技术，深入融合能源系统与信息通信系统，协调多能源的生产、传输、分配、存储、消费及交易，具有高效、清洁、低碳、安全等特点的开放式能源互联网络。当前是我国能源互联网建设的重要时期，开展能源互联网标准化工作对于促进能源互联网技术进步和产业健康发展、构建新型能源体系具有重要意义。为进一步加强能源互联网标准化工作，现提出以下指导意见。

## 一、总体要求

（一）指导思想。

以习近平新时代中国特色社会主义思想为指导，全面贯彻党的十九大和十九届二中、三中全会精神，落实中央财经领导小组第六次会议关于能源“四个革命，一个合作”战略思想以及国家深化标准化工作改革要求，建立跨行业、跨领域、适应我国技术和产业发展需要的能源互联网标准体系，充分发挥标准的规范、引领和支撑作用，推动能源互联网技术和装备进步，促进能源、互联网等相关产业协调发展。

（二）基本原则。

坚持广泛参与、协同推进。结合我国能源互联网技术和产业发展实际，调动有关示范项目单位和相关标准化组织共同参与能源互联网标准体系建设，形成多方参与、多元共建的能源互联网标准化工作格局，建立完善符合能源互联网发展需求的标准化组织体系。

坚持全面规划、顶层设计。制定我国能源互联网技术发展和标准化工作路线图，重点开展能源互联网标准化体系建设，加快术语、架构、用例等基础标准制定；结合智能电网、泛在电力物联网、智慧城市、智能网联汽车发展，制定能源互动标准。

坚持跨界融合、创新驱动。以建立新型能源体系为核心，构建跨行业、跨领域、跨部门协同发展、相互促进的工作机制，探索建立电、冷、热、燃气、交通等专业标准组织的协同机制，创新能源互联商业模式，实现能源交易，推动能源市场建设。

坚持示范先行、标准引领。结合雄安新区能源互联网标准化试点工作经验，推进技术创新与标准研制有效结合，及时将科技成果转化为标准并试点应用，形成可复制可推广的标准化典型模式。强化标准实施效果评价，形成技术研发、标准引领、产业发展的良性循环局面。

（三）发展目标。

到2020年，完成能源互联网标准化工作路线图和标准体系框架建设。制定30项以上能源互联网基础和通用标准，涵盖术语、概念模型、体系架构、通用用例、信息安全、示范试点验收和评价等方面技术要求，满足能源互联网示范试点项目建设需要和逐步应用需要。

到2025年，形成能够支撑能源互联网产业发展和应用需要的标准体系。制定50项以上能源互联网标准，涵盖主动配电网、微能源网、储能、电动汽车等互动技术标准，全面支撑能源互联网项目建设和技术推广应用。我国在能源互联网国际标准化工作中影响力大幅提升，发挥引领作用。

## 二、重点任务

（一）构建能源互联网标准体系。加强标准的顶层设计，构建系统、协调、兼容、开放的标准体系，有效指导能源互联网标准化的开展，为制定能源互联网标准规划、编制年度制修订计划奠定基础。

（二）完成能源互联网标准化工作路线图。梳理现有标准现状，分析标准缺失，提出标准年度工作计划。统筹规划，结合我国能源互联网发展进程和能源市场建设进展，提出能源互联网标准化工作重点及时间表。

（三）加快重点领域标准制定。研制能源互联网术语、概念模型、体系架构、通用用例等基础标准；结合相关产业发展，制定与主动配电网、微能源网、储能、电动汽车等互动技术相关标准；制定信息安全、示范试点验收和评价等标准，支撑能源互联网试点示范项目的验收评价工作。

（四）推进能源互联网标准的实施。推动标准实施，建立能源互联网试点示范项目与标准制定的正向反馈机制，开展能源互联网效益评价原理与方法的研究和分析，构建评价技术标准体系。

（五）加强与国际组织合作，推进全球能源互联网发展。与国际标准化机构和国际技术组织等在标准制定、国际交流等领域加强联系和合作，发挥标准在联通共建“一带一路”行动中的作用，推广全球能源互联网理念，提升我国在能源互联网国际标准化领域的影响力。

（六）建立能源互联网标准化工作协调机制和技术支撑机构。制定政策措施，加强能源互联网标准化宏观协调，研究重大问题。

## 三、保障措施

（一）创新标准化工作方式。鼓励团体标准在能源互联网标准化工作中发挥作用。根据不同标准类型特点，探索多种标准成果表现形式。建立更加及时的标准动态更新机制，满足能源互联网技术快速发展需要。

（二）加强人才培养和技术队伍建设。完善相关标准化技术组织，充分发挥现有能源互联网相关领域标准化技术组织的作用，建立能源互联网企业标准化工作队伍。

（三）加大资金投入。积极争取国家各类专项支持，引导行业、地方资金投入，调动企业积极性，形成多渠道投入、多主体参与的格局。

（四）提高宣传力度。利用示范试点工程以及标准化重大活动，借助报刊、网络等媒体，加大能源互联网标准化工作宣传力度，提高能源互联网标准化工作的影响力。

# 工业和信息化部 国家机关事务管理局 国家能源局 关于加强绿色数据中心建设的指导意见

发布单位：工业和信息化部 国家机关事务管理局 国家能源局

各省、自治区、直辖市及计划单列市、新疆生产建设兵团工业和信息化、机关事务、能源主管部门，各省、自治区、直辖市通信管理局，有关行业组织，有关单位：

建设绿色数据中心是构建新一代信息基础设施的重要任务，是保障资源环境可持续的基本要求，是深入实施制造强国、网络强国战略的有力举措。为贯彻落实《工业绿色发展规划（2016—2020 年）》（工信部规〔2016〕225号）、《工业和信息化部关于加强“十三五”信息通信业节能减排工作的指导意见》（工信部节〔2017〕77 号），加快绿色数据中心建设，现提出以下意见。

## 一、总体要求

（一）指导思想

以习近平新时代中国特色社会主义思想为指导，全面贯彻党的十九大和十九届二中、三中全会精神，坚持新发展理念，按照高质量发展要求，以提升数据中心绿色发展水平为目标，以加快技术产品创新和应用为路径，以建立完善绿色标准评价体系等长效机制为保障，大力推动绿色数据中心创建、运维和改造，引导数据中心走高效、清洁、集约、循环的绿色发展道路，实现数据中心持续健康发展。

（二）基本原则

政策引领、市场主导。充分发挥市场配置资源的决定性作用，调动各类市场主体的积极性、创造性。更好发挥政府在规划、政策引导和市场监管中的作用，着力构建有效激励约束机制，激发绿色数据中心建设活力。

改造存量、优化增量。建立绿色运维管理体系，加快现有数据中心节能挖潜与技术改造，提高资源能源利用效率。强化绿色设计、采购和施工，全面实现绿色增量。

创新驱动、服务先行。大力培育市场创新主体，加快建立绿色数据中心服务平台，完善标准和技术服务体系，推动关键技术、服务模式的创新，引导绿色水平提升。

（三）主要目标

建立健全绿色数据中心标准评价体系和能源资源监管体系，打造一批绿色数据中心先进典型，形成一批具有创新性的绿色技术产品、解决方案，培育一批专业第三方绿色服务机构。到 2022 年，数据中心平均能耗基本达到国际先进水平，新建大型、超大型数据中心的电能使用效率值达到 1.4 以下，高能耗老旧设备基本淘汰，水资源利用效率和清洁能源应用比例大幅提升，废旧电器电子产品得到有效回收利用。

## 二、重点任务

（一）提升新建数据中心绿色发展水平

1. 强化绿色设计

加强对新建数据中心在 IT 设备、机架布局、制冷和散热系统、供配电系统以及清洁能源利用系统等方面的绿色化设计指导。鼓励采用液冷、分布式供电、模块化机房以及虚拟化、云化 IT 资源等高效系统设计方案，充分考虑动力环境系统与 IT 设备运行状态的精准适配；鼓励在自有场所建设自然冷源、自有系统余热回收利用或可再生能源发电等清洁能源利用系统；鼓励应用数值模拟技术进行热场仿真分析，验证设计冷量及机房流场特性。引导大型和超大型数据中心设计电能使用效率值不高于 1.4。

2. 深化绿色施工和采购

引导数据中心在新建及改造工程建设中实施绿色施工，在保证质量、安全基本要求的同时，最大限度地节约能源资源，减少对环境负面影响，实现节能、节地、节水、节材和环境保护。严格执行《电器电子产品有害物质限制使用管理办法》和《电子电气产品中限用物质的限量要求》（GB/T 26572）等规范要求，鼓励数据中心使用绿色电力和满足绿色设计产品评价等要求的绿色产品，并逐步建立健全绿色供应链管理制度。

（二）加强在用数据中心绿色运维和改造

1. 完善绿色运行维护制度

指导数据中心建立绿色运维管理体系，明确节能、节水、资源综合利用等方面发展目标，制定相应工作计划和考核办法；结合气候环境和自身负载变化、运营成本等因素科学制定运维策略；建立能源资源信息化管控系统，强化对电能使用效率值等绿色指标的设置和管理，并对能源资源消耗进行实时分析和智能化调控，力争实现机械制冷与自然冷源高效协同；在保障安全、可靠、稳定的基础上，确保实际能源资源利用水平不低于设计水平。

2. 有序推动节能与绿色化改造

有序推动数据中心开展节能与绿色化改造工程，特别是能源资源利用效率较低的在用老旧数据中心。加强在设备布局、制冷架构、外围护结构（密封、遮阳、保温等）、供配电方式、单机柜功率密度以及各系统的智能运行策略等方面的技术改造和优化升级。鼓励对改造工程进行绿色测评。力争通过改造使既有大型、超大型数据中心电能使用效率值不高于 1.8。

3. 加强废旧电器电子产品处理

加快高耗能设备淘汰，指导数据中心科学制定老旧设备更新方案，建立规范化、可追溯的产品应用档案，并与产品生产企业、有相应资质的回收企业共同建立废旧电器电子产品回收体系。在满足可靠性要求的前提下，试点梯次利用动力电池作为数据中心削峰填谷的储能电池。推动产品生产、回收企业加快废旧电器电子产品资源化利用，推行产品源头控制、绿色生产，在产品全生命周期中最大限度提升资源利用效率。

（三）加快绿色技术产品创新推广

1. 加快绿色关键和共性技术产品研发创新

鼓励数据中心骨干企业、科研院所、行业组织等加强技术协同创新与合作，构建产学研用、上下游协同的绿色数据中心技术创新体系，推动形成绿色产业集群发展。重点加快能效水效提升、有毒有害物质使用控制、废弃设备及电池回收利用、信息化管控系统、仿真模拟热管理和可再生能源、分布式供能、微电网利用等领域新技术、新产品的研发与创新，研究制定相关技术产品标准规范。

2. 加快先进适用绿色技术产品推广应用

加快绿色数据中心先进适用技术产品推广应用，重点包括：一是高效IT设备，包括液冷服务器、高密度集成IT设备、高转换率电源模块、模块化机房等；二是高效制冷系统，包括热管背板、间接式蒸发冷却、行级空调、自动喷淋等；三是高效供配电系统，包括分布式供能、市电直供、高压直流供电、不间断供电系统ECO模式、模块化UPS等；四是高效辅助系统，包括分布式光伏、高效照明、储能电池管理、能效环境集成监控等。

（四）提升绿色支撑服务能力

1. 完善标准体系

充分发挥标准对绿色数据中心建设的支撑作用，促进绿色数据中心提标升级。建立健全覆盖设计、建设、运维、测评和技术产品等方面的绿色数据中心标准体系，加强标准宣贯，强化标准配套衔接。加强国际标准话语权，积极推动与国际标准的互信互认。以相关测评标准为基础，建立自我评价、社会评价和政府引导相结合的绿色数据中心评价机制，探索形成公开透明的评价结果发布渠道。

2. 培育第三方服务机构

加快培育具有公益性质的第三方服务机构，鼓励其创新绿色评价及服务模式，向数据中心提供咨询、检测、评价、审计等服务。鼓励数据中心自主利用第三方服务机构开展绿色评测，并依据评测结果开展有实效的绿色技术改造和运维优化。依托高等院校、科研院所、第三方服务等机构建立多元化绿色数据中心人才培训体系，强化对绿色数据中心人才的培养。

（五）探索与创新市场推动机制

鼓励数据中心和节能服务公司拓展合同能源管理，研究节能量交易机制，探索绿色数据中心融资租赁等金融服务模式。鼓励数据中心直接与可再生能源发电企业开展电力交易，购买可再生能源绿色电力证书。探索建立绿色数据中心技术创新和推广应用的激励机制和融资平台，完善多元化投融资体系。

## 三、保障措施

（一）加强组织领导。工业和信息化部、国家机关事务管理局、国家能源局建立协调机制，强化在政策、标准、行业管理等方面的沟通协作，加强对地方相关工作的指导。各地工业和信息化、机关事务、能源主管部门要充分认识绿色数据中心建设的重要意义，结合实际制定相关政策措施，充分发挥行业协会、产业联盟等机构的桥梁纽带作用，切实推动绿色数据中心建设。

（二）加强行业监管。在数据中心重点应用领域和地区，了解数据中心绿色发展水平，研究数据中心绿色发展现状。将重点用能数据中心纳入工业和通信业节能监察范围，督促开展节能与绿色化改造工程。推动建立数据中心节能降耗承诺、信息依法公示、社会监督和违规惩戒制度。遴选绿色数据中心优秀典型，定期发布《国家绿色数据中心名单》。充分发挥公共机构特别是党政机关在绿色数据中心建设的示范引领作用，率先在公共机构组织开展数据中心绿色测评、节能与绿色化改造等工作。

（三）加强政策支持。充分利用绿色制造、节能减排等现有资金渠道，发挥节能节水、环境保护专用设备所得税优惠政策和绿色信贷、首台（套）重大技术装备保险补偿机制支持各领域绿色数据中心创建工作。优先给予绿色数据中心直供电、大工业用电、多路市电引入等用电优惠和政策支持。加大政府采购政策支持力度，引导国家机关、企事业单位优先采购绿色数据中心所提供的机房租赁、云服务、大数据等方面服务。

（四）加强公共服务。整合行业现有资源，建立集政策宣传、技术交流推广、人才培训、数据分析诊断等服务于一体的国家绿色数据中心公共服务平台。加强专家库建设和管理，发挥专家在决策建议、理论指导、专业咨询等方面的积极作用。持续发布《绿色数据中心先进适用技术产品目录》，加快创新成果转化应用和产业化发展。鼓励相关企事业单位、行业组织积极开展技术产品交流推广活动，鼓励有条件的企业、高校、科研院所针对绿色数据中心关键和共性技术产品建立实验室或者工程中心。

（五）加强国际交流合作。充分利用现有国际合作交流机制和平台，加强在绿色数据中心技术产品、标准制定、人才培养等方面的交流与合作，举办专业培训、技术和政策研讨会、论坛等活动，打造一批具有国际竞争力的绿色数据中心，形成相关技术产品整体解决方案。结合“一带一路”倡议等国家重大战略，加快开拓国际市场，推动优势技术和服务走出去。

# 第二篇　宏观经济及相关行业运行情况

# 中华人民共和国<br>2019 年国民经济和社会发展统计公报（节选）

中华人民共和国国家统计局

2020 年 2 月 28 日

2019 年，面对国内外风险挑战明显上升的复杂局面，在以习近平同志为核心的党中央坚强领导下，各地区各部门以习近平新时代中国特色社会主义思想为指导，全面贯彻党的十九大和十九届二中、三中、四中全会精神，按照党中央、国务院决策部署，坚持稳中求进工作总基调，坚持新发展理念和推动高质量发展，坚持以供给侧结构性改革为主线，着力深化改革扩大开放，持续打好三大攻坚战，统筹稳增长、促改革、调结构、惠民生、防风险、保稳定，扎实做好稳就业、稳金融、稳外贸、稳外资、稳投资、稳预期工作，经济运行总体平稳，发展水平迈上新台阶，发展质量稳步提升，人民生活福祉持续增进，各项社会事业繁荣发展，生态环境质量总体改善，“十三五”规划主要指标进度符合预期，全面建成小康社会取得新的重大进展。

## 一、综合

初步核算，全年国内生产总值 990865 亿元，比上年增长 6.1%。其中，第一产业增加值 70467 亿元，增长 3.1%；第二产业增加值 386165 亿元，增长 5.7%；第三产业增加值 534233 亿元，增长 6.9%。第一产业增加值占国内生产总值比重为 7.1%，第二产业增加值比重为 39.0%，第三产业增加值比重为 53.9%。全年最终消费支出对国内生产总值增长的贡献率为 57.8%，资本形成总额的贡献率为 31.2%，货物和服务净出口的贡献率为 11.0%。人均国内生产总值 70892 元，比上年增长 5.7%。国民总收入 988458 亿元，比上年增长 6.2%。全国万元国内生产总值能耗比上年下降 2.6%。全员劳动生产率为 115009 元/人，比上年提高 6.2%。

图 1　2015—2019 年国内生产总值及其增长速度

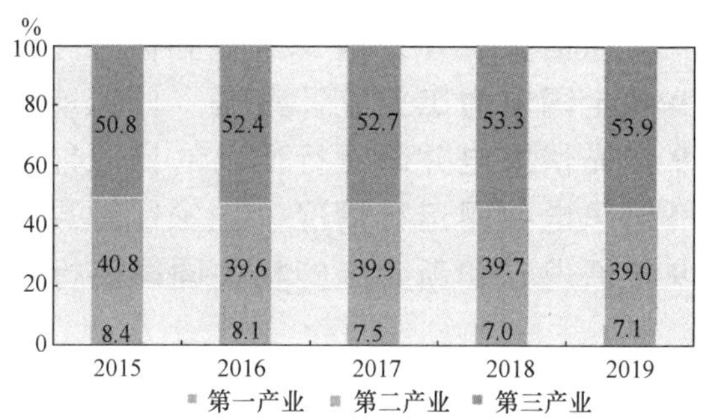


图 2　2015—2019 年三次产业增加值占国内生产总值比重

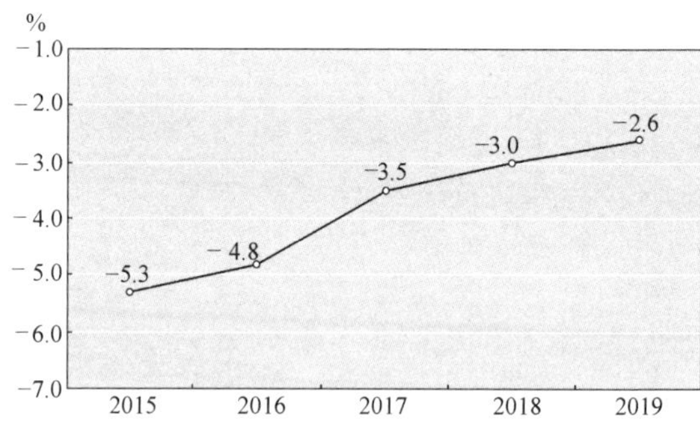


图 3　2015—2019 年万元国内生产总值能耗降低率

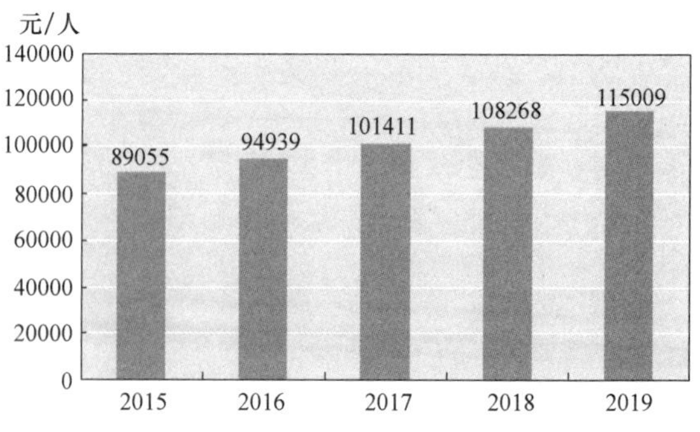


图 4　2015—2019 年全员劳动生产率

年末全国总人口 140005 万人，比上年末增加 467 万人，其中城镇常住人口 84843 万人，占总人口比重（常住人口城镇化率）为 60.60%，比上年末提高 1.02 个百分点。户籍人口城镇化率为 44.38%，比上年末提高 1.01 个百分点。全年出生人口 1465 万人，出生率为 10.48‰；死亡人口 998 万人，死亡率为 7.14‰；自然增长率为 3.34‰。全国人户分离的人口 2.80 亿人，其中流动人口 2.36 亿人。

**表 1　2019 年年末人口数及其构成**

| 指标 | 年末数(万人) | 比重(%) |
|---|---|---|
| 全国总人口 | 140005 | 100.0 |
| 其中:城镇 | 84843 | 60.60 |
| 　乡村 | 55162 | 39.40 |
| 其中:男性 | 71527 | 51.1 |
| 　女性 | 68478 | 48.9 |
| 其中:0~15 岁(含不满 16 周岁) | 24977 | 17.8 |
| 　16~59 岁(含不满 60 周岁) | 89640 | 64.0 |
| 　60 周岁及以上 | 25388 | 18.1 |
| 　其中:65 周岁及以上 | 17603 | 12.6 |

图 5　2015—2019 年常住人口城镇化率

全年居民消费价格比上年上涨 2.9%，工业生产者出厂价格下降 0.3%，工业生产者购进价格下降 0.7%，固定资产投资价格上涨 2.6%，农产品生产者价格上涨 14.5%。12 月份，70 个大中城市新建商品住宅销售价格同比上涨的城市个数为 68 个，下降的为 2 个。

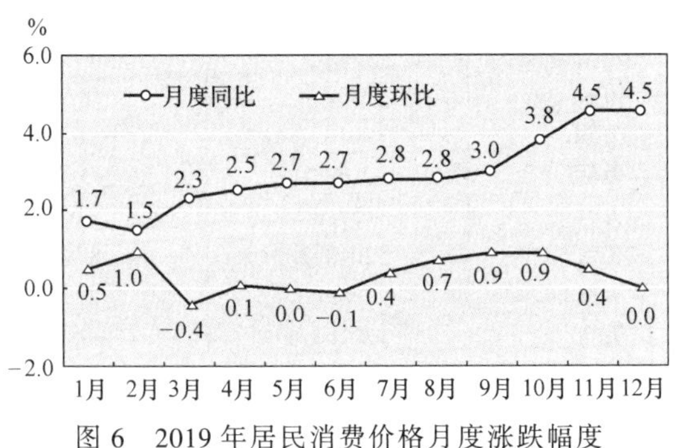


图 6　2019 年居民消费价格月度涨跌幅度

**表 2　2019 年居民消费价格比上年涨跌幅度**

单位:%

| 指标 | 全国 | 城市 | 农村 |
|---|---|---|---|
| 居民消费价格 | 2.9 | 2.8 | 3.2 |
| 其中:食品烟酒 | 7.0 | 6.7 | 7.9 |
| 　衣着 | 1.6 | 1.7 | 1.2 |
| 　居住 | 1.4 | 1.3 | 1.5 |
| 　生活用品及服务 | 0.9 | 0.9 | 0.8 |
| 　交通和通信 | -1.7 | -1.8 | -1.4 |
| 　教育文化和娱乐 | 2.2 | 2.3 | 1.9 |
| 　医疗保健 | 2.4 | 2.5 | 2.1 |
| 　其他用品和服务 | 3.4 | 3.5 | 3.1 |

供给侧结构性改革继续深化。全年全国工业产能利用率为 76.6%，比上年提高 0.1 个百分点。其中，黑色金属冶炼和压延加工业产能利用率为 80.0%，提高 2.0 个百分点；煤炭开采和洗选业产能利用率为 70.6%，与上年持平。年末商品房待售面积 49821 万平方米，比上年末减少 2593 万平方米。其中，商品住宅待售面积 22473 万平方米，减少 2618 万平方米。年末规模以上工业企业资产负债率为 56.6%，比上年末下降 0.2 个百分点。全年教育、生态保护和环境治理业固定资产投资（不含农户）分别比上年增长 17.7%和 37.2%。"放管服"改革持续深化，微观主体活力不断增强。全年新登记市场主体 2377 万户，日均新登记企业 2 万户，年末市场主体总数达 1.2 亿户。全年减税降费超过 2.3 万亿元。

新动能保持较快发展。全年规模以上工业中，战略性新兴产业增加值比上年增长 8.4%。高技术制造业增加值增长 8.8%，占规模以上工业增加值的比重为 14.4%。装备制造业增加值增长 6.7%，占规模以上工业增加值的比重为 32.5%。全年规模以上服务业中，战略性新兴服务业企业营业收入比上年增长 12.7%。全年高技术产业投资比上年增长 17.3%，工业技术改造投资增长 9.8%。全年服务机器人产量 346 万套，比上年增长 38.9%。全年网上零售额 106324 亿元，按可比口径计算，比上年增长 16.5%。

区域协调发展扎实推进。分区域看，全年东部地区生产总值 511161 亿元，比上年增长 6.2%；中部地区生产总值 218738 亿元，增长 7.3%；西部地区生产总值 205185 亿元，增长 6.7%；东北地区生产总值 50249 亿元，增长 4.5%。全年京津冀地区生产总值 84580 亿元，比上年增长 6.1%；长江经济带地区生产总值 457805 亿元，增长 6.9%；长江三角洲地区生产总值 237253 亿元，增长 6.4%。

## 二、工业和建筑业

全年全部工业增加值 317109 亿元，比上年增长 5.7%。规模以上工业增加值增长 5.7%。在规模以上工业中，分经济类型看，国有控股企业增长 4.8%；股份制企业增长 6.8%；外商及港澳台商投资企业增长 2.0%；私营企业增长 7.7%。分门类看，采矿业增长 5.0%；制造业增长 6.0%；电力、热力、燃气及水生产和供应业增长 7.0%。

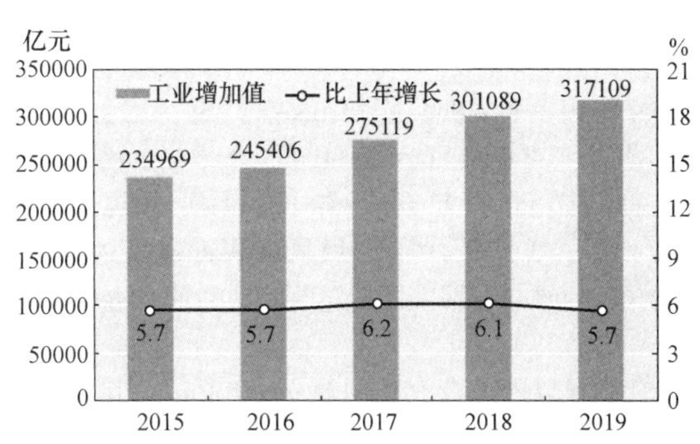


图 7　2015—2019 年全部工业增加值及其增长速度

全年规模以上工业中，农副食品加工业增加值比上年增长 1.9%，纺织业增长 1.3%，化学原料和化学制品制造业增长4.7%，非金属矿物制品业增长8.9%，黑色金属冶炼和压延加工业增长9.9%，通用设备制造业增长4.3%，专用设备制造业增长6.9%，汽车制造业增长1.8%，电气机械和器材制造业增长10.7%，计算机、通信和其他电子设备制造业增长9.3%，电力、热力生产和供应业增长6.5%。

表3 2019年主要工业产品产量及其增长速度

| 产品名称 | 单位 | 产量 | 比上年增长(%) |
|---|---|---|---|
| 纱 | 万吨 | 2892.1 | -6.1 |
| 布 | 亿米 | 575.6 | -17.6 |
| 化学纤维 | 万吨 | 5952.8 | 9.9 |
| 成品糖 | 万吨 | 1389.4 | 15.9 |
| 卷烟 | 亿支 | 23642.5 | 1.1 |
| 彩色电视机 | 万台 | 18999.1 | -3.5 |
| 其中:液晶电视机 | 万台 | 18689.7 | -1.5 |
| 家用电冰箱 | 万台 | 7904.3 | 6.3 |
| 房间空气调节器 | 万台 | 21866.2 | 4.3 |
| 一次能源生产总量 | 亿吨标准煤 | 39.7 | 5.1 |
| 原煤 | 亿吨 | 38.5 | 4.0 |
| 原油 | 万吨 | 19101.4 | 0.9 |
| 天然气 | 亿立方米 | 1761.7 | 10.0 |
| 发电量 | 亿千瓦小时 | 75034.3 | 4.7 |
| 其中:火电 | 亿千瓦小时 | 52201.5 | 2.4 |
| 水电 | 亿千瓦小时 | 13044.4 | 5.9 |
| 核电 | 亿千瓦小时 | 3483.5 | 18.3 |
| 粗钢 | 万吨 | 99634.2 | 7.2 |
| 钢材 | 万吨 | 120477.4 | 6.3 |
| 十种有色金属 | 万吨 | 5866.0 | 2.2 |
| 其中:精炼铜(电解铜) | 万吨 | 978.4 | 5.5 |
| 原铝(电解铝) | 万吨 | 3504.4 | -2.2 |
| 水泥 | 亿吨 | 23.5 | 4.9 |
| 硫酸(折100%) | 万吨 | 8935.7 | -1.3 |
| 烧碱(折100%) | 万吨 | 3464.4 | -0.3 |
| 乙烯 | 万吨 | 2052.3 | 10.2 |
| 化肥(折100%) | 万吨 | 5731.2 | 6.1 |
| 发电机组(发电设备) | 万千瓦 | 9274.1 | -14.9 |
| 汽车 | 万辆 | 2552.8 | -8.3 |
| 其中:基本型乘用车(轿车) | 万辆 | 1018.2 | -16.4 |
| 运动型多用途乘用车(SUV) | 万辆 | 876.0 | -3.6 |
| 大中型拖拉机 | 万台 | 27.8 | 5.9 |
| 集成电路 | 亿块 | 2018.2 | 8.9 |
| 程控交换机 | 万线 | 790.5 | -23.7 |
| 移动通信手持机 | 万台 | 170100.6 | -5.5 |
| 微型计算机设备 | 万台 | 34163.2 | 8.2 |
| 工业机器人 | 万台(套) | 17.7 | -3.1 |

年末全国发电装机容量201066万千瓦，比上年末增长5.8%。其中，火电装机容量119055万千瓦，增长4.1%；水电装机容量35640万千瓦，增长1.1%；核电装机容量4874万千瓦，增长9.1%；并网风电装机容量21005万千瓦，增长14.0%；并网太阳能发电装机容量20468万千瓦，增长17.4%。

全年规模以上工业企业利润61996亿元，比上年下降3.3%。分经济类型看，国有控股企业利润16356亿元，比上年下降12.0%；股份制企业45284亿元，下降2.9%，外商及港澳台商投资企业15580亿元，下降3.6%；私营企业18182亿元，增长2.2%。分门类看，采矿业利润5275亿元，比上年增长1.7%；制造业51904亿元，下降5.2%；电力、热力、燃气及水生产和供应业4816亿元，增长15.4%。全年规模以上工业企业每百元营业收入中的成本为84.08元，比上年增加0.18元；营业收入利润率为5.86%，下降0.43个百分点。

## 三、国内贸易

全年社会消费品零售总额411649亿元，比上年增长8.0%。按经营地统计，城镇消费品零售额351317亿元，增长7.9%；乡村消费品零售额60332亿元，增长9.0%。按消费类型统计，商品零售额364928亿元，增长7.9%；餐饮收入额46721亿元，增长9.4%。

在限额以上单位商品零售额中，粮油、食品类零售额比上年增长10.2%，饮料类增长10.4%，烟酒类增长7.4%，服装、鞋帽、针纺织品类增长2.9%，化妆品类增长12.6%，金银珠宝类增长0.4%，日用品类增长13.9%，家用电器和音像器材类增长5.6%，中西药品类增长9.0%，文化办公用品类增长3.3%，家具类增长5.1%，通信器材类增长8.5%，建筑及装潢材料类增长2.8%，石油及制品类增长1.2%，汽车类下降0.8%。

全年实物商品网上零售额85239亿元，按可比口径计算，比上年增长19.5%，占社会消费品零售总额的比重为20.7%，比上年提高2.3个百分点。

## 四、固定资产投资

全年全社会固定资产投资560874亿元，比上年增长5.1%。其中，固定资产投资（不含农户）551478亿元，增长5.4%。分区域看，东部地区投资比上年增长4.1%，中部地区投资增长9.5%，西部地区投资增长5.6%，东北地区投资下降3.0%。

在固定资产投资（不含农户）中，第一产业投资12633亿元，比上年增长0.6%；第二产业投资163070亿元，增长3.2%；第三产业投资375775亿元，增长6.5%。民间固定资产投资311159亿元，增长4.7%。基础设施投资增长3.8%。六大高耗能行业投资增长4.7%。

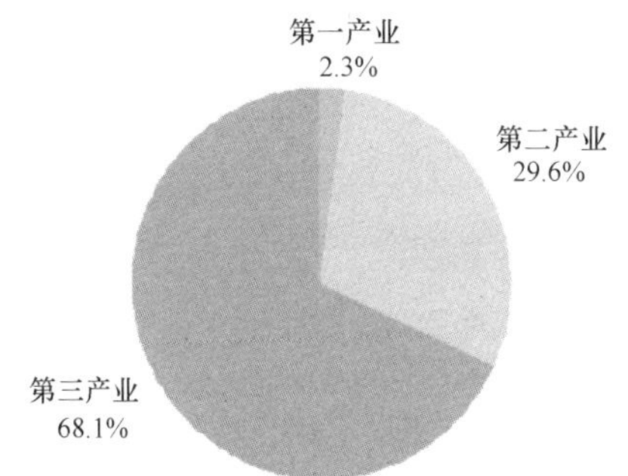

图8　2019年三次产业投资占固定资产投资（不含农户）比重

**表4　2019年分行业固定资产投资（不含农户）增长速度**

| 行　业 | 比上年增长(%) | 行　业 | 比上年增长(%) |
|---|---|---|---|
| 总计 | 5.4 | 金融业 | 10.4 |
| 农、林、牧、渔业 | 0.7 | 房地产业 | 9.1 |
| 采矿业 | 24.1 | 租赁和商务服务业 | 15.8 |
| 制造业 | 3.1 | 科学研究和技术服务业 | 17.9 |
| 电力、热力、燃气及水生产和供应业 | 4.5 | 水利、环境和公共设施管理业 | 2.9 |
| 建筑业 | -19.8 | 居民服务、修理和其他服务业 | -9.1 |
| 批发和零售业 | -15.9 | 教育 | 17.7 |
| 交通运输、仓储和邮政业 | 3.4 | 卫生和社会工作 | 5.3 |
| 住宿和餐饮业 | -1.2 | 文化、体育和娱乐业 | 13.9 |
| 信息传输、软件和信息技术服务业 | 8.6 | 公共管理、社会保障和社会组织 | -15.6 |

**表5　2019年固定资产投资新增主要生产与运营能力**

| 指标 | 单位 | 绝对数 |
|---|---|---|
| 新增220千伏及以上变电设备 | 万千伏安 | 23042 |
| 新建铁路投产里程 | 公里 | 8489 |
| 　其中：高速铁路 | 公里 | 5474 |
| 增、新建铁路复线投产里程 | 公里 | 6448 |
| 电气化铁路投产里程 | 公里 | 7919 |
| 新改建公路里程 | 公里 | 327626 |
| 　其中：高速公路 | 公里 | 8313 |
| 港口万吨级码头泊位新增通过能力 | 万吨/年 | 12022 |
| 新增民用运输机场 | 个 | 3 |
| 新增光缆线路长度 | 万公里 | 434 |

## 五、对外经济

全年货物进出口总额315505亿元，比上年增长3.4%。其中，出口172342亿元，增长5.0%；进口143162亿元，增长1.6%。货物进出口顺差29180亿元，比上年增加5932亿元。对“一带一路”沿线国家进出口总额92690亿元，比上年增长10.8%。其中，出口52585亿元，增长13.2%；进口40105亿元，增长7.9%。

图9　2015—2019年货物进出口总额

表6 2019年货物进出口总额及其增长速度

| 指　　标 | 金额(亿元) | 比上年增长(%) |
|---|---|---|
| 货物进出口总额 | 315505 | 3.4 |
| 货物出口额 | 172342 | 5.0 |
| 其中:一般贸易 | 99546 | 7.8 |
| 加工贸易 | 50729 | -3.7 |
| 其中:机电产品 | 100631 | 4.4 |
| 高新技术产品 | 50427 | 2.1 |
| 货物进口额 | 143162 | 1.6 |
| 其中:一般贸易 | 86599 | 3.1 |
| 加工贸易 | 28778 | -7.4 |
| 其中:机电产品 | 62596 | -1.8 |
| 高新技术产品 | 43978 | -0.8 |
| 货物进出口顺差 | 29180 | — |

表7 2019年主要商品出口数量、金额及其增长速度

| 商品名称 | 单位 | 数量 | 比上年增长(%) | 金额(亿元) | 比上年增长(%) |
|---|---|---|---|---|---|
| 钢材 | 万吨 | 6429 | -7.3 | 3699 | -7.1 |
| 纺织纱线、织物及制品 | — | — | — | 8283 | 5.5 |
| 服装及衣着附件 | — | — | — | 10447 | 0.3 |
| 鞋类 | 万吨 | 451 | 0.6 | 3290 | 6.3 |
| 家具及其零件 | — | — | — | 3730 | 5.3 |
| 箱包及类似容器 | 万吨 | 307 | -2.9 | 1878 | 5.1 |
| 玩具 | — | — | — | 2152 | 29.6 |
| 塑料制品 | 万吨 | 1424 | 8.5 | 3333 | 16.2 |
| 集成电路 | 亿个 | 2187 | 0.7 | 7008 | 25.3 |
| 自动数据处理设备及其部件 | 万台 | 148430 | 0.8 | 11415 | 0.5 |
| 手持或车载无线电话机 | 万台 | 99433 | -11.1 | 8611 | -7.8 |
| 集装箱 | 万个 | 242 | -29.0 | 459 | -33.0 |
| 液晶显示板 | 万个 | 150780 | -14.2 | 1475 | -3.4 |
| 汽车 | 万辆 | 122 | 6.1 | 1049 | 8.0 |

表8 2019年主要商品进口数量、金额及其增长速度

| 商品名称 | 单位 | 数量 | 比上年增长(%) | 金额(亿元) | 比上年增长(%) |
|---|---|---|---|---|---|
| 谷物及谷物粉 | 万吨 | 1785 | -12.8 | 358 | -7.0 |
| 大豆 | 万吨 | 8851 | 0.5 | 2437 | -2.6 |
| 食用植物油 | 万吨 | 953 | 51.5 | 438 | 39.9 |
| 铁矿砂及其精矿 | 万吨 | 106895 | 0.5 | 6995 | 39.6 |
| 煤及褐煤 | 万吨 | 29967 | 6.3 | 1605 | -1.1 |
| 原油 | 万吨 | 50572 | 9.5 | 16627 | 4.6 |
| 成品油 | 万吨 | 3056 | -8.7 | 1175 | -11.7 |
| 天然气 | 万吨 | 9656 | 6.9 | 2875 | 12.8 |
| 初级形状的塑料 | 万吨 | 3691 | 12.4 | 3670 | -1.3 |
| 纸浆 | 万吨 | 2720 | 9.7 | 1178 | -9.3 |
| 钢材 | 万吨 | 1230 | -6.5 | 973 | -10.2 |
| 未锻轧铜及铜材 | 万吨 | 498 | -6.0 | 2240 | -9.2 |
| 集成电路 | 亿个 | 4451 | 6.6 | 21079 | 2.4 |
| 汽车 | 万辆 | 105 | -7.6 | 3332 | 0.0 |

表 9 2019 年对主要国家和地区货物进出口金额、增长速度及其比重

| 国家和地区 | 出口额（亿元） | 比上年增长（%） | 占全部出口比重（%） | 进口额（亿元） | 比上年增长（%） | 占全部进口比重（%） |
|---|---|---|---|---|---|---|
| 欧盟 | 29564 | 9.6 | 17.2 | 19063 | 5.5 | 13.3 |
| 东盟 | 24797 | 17.8 | 14.4 | 19456 | 9.8 | 13.6 |
| 美国 | 28865 | -8.7 | 16.7 | 8454 | -17.1 | 5.9 |
| 日本 | 9875 | 1.7 | 5.7 | 11837 | -0.6 | 8.3 |
| 中国香港 | 19243 | -3.6 | 11.2 | 626 | 10.9 | 0.4 |
| 韩国 | 7648 | 6.6 | 4.4 | 11960 | -11.4 | 8.4 |
| 中国台湾 | 3799 | 18.3 | 2.2 | 11934 | 1.9 | 8.3 |
| 巴西 | 2453 | 10.8 | 1.4 | 5501 | 7.4 | 3.8 |
| 俄罗斯 | 3434 | 8.5 | 2.0 | 4208 | 7.5 | 2.9 |
| 印度 | 5156 | 2.1 | 3.0 | 1239 | -0.2 | 0.9 |
| 南非 | 1141 | 6.4 | 0.7 | 1784 | -0.8 | 1.2 |

全年服务进出口总额 54153 亿元，比上年增长 2.8%。其中，服务出口 19564 亿元，增长 8.9%；服务进口 34589 亿元，下降 0.4%。服务进出口逆差 15025 亿元。

全年外商直接投资（不含银行、证券、保险领域）新设立企业 40888 家，比上年下降 32.5%。实际使用外商直接投资金额 9415 亿元，增长 5.8%，折 1381 亿美元，增长 2.4%。其中“一带一路”沿线国家对华直接投资新设立企业 5591 家，增长 24.8%；对华直接投资金额（含通过部分自由港对华投资）576 亿元，增长 36.0%，折 84 亿美元，增长 30.6%。全年高技术产业实际使用外资 2660 亿元，增长 25.6%，折 391 亿美元，增长 21.7%。

表 10 2019 年外商直接投资（不含银行、证券、保险领域）及其增长速度

| 行业 | 企业数（家） | 比上年增长（%） | 实际使用金额（亿元） | 比上年增长（%） |
|---|---|---|---|---|
| **总计** | **40888** | **-32.5** | **9415** | **5.8** |
| 其中：农、林、牧、渔业 | 495 | -33.2 | 38 | -27.9 |
| 制造业 | 5396 | -12.3 | 2416 | -11.0 |
| 电力、热力、燃气及水生产和供应业 | 295 | 3.9 | 239 | -17.6 |
| 交通运输、仓储和邮政业 | 591 | -21.6 | 309 | -1.6 |
| 信息传输、软件和信息技术服务业 | 4295 | -40.5 | 999 | 29.4 |
| 批发和零售业 | 13837 | -39.5 | 614 | -4.5 |
| 房地产业 | 1050 | -0.3 | 1608 | 8.0 |
| 租赁和商务服务业 | 5777 | -36.5 | 1499 | 20.6 |
| 居民服务、修理和其他服务业 | 361 | -25.6 | 37 | -0.4 |

全年对外非金融类直接投资额 7630 亿元，比上年下降 4.3%，折 1106 亿美元，下降 8.2%。其中，对“一带一路”沿线国家非金融类直接投资额 150 亿美元，下降 3.8%。

表 11 2019 年对外非金融类直接投资额及其增长速度

| 行业 | 金额（亿美元） | 比上年增长（%） |
|---|---|---|
| **总计** | **1106.0** | **-8.2** |
| 其中：农、林、牧、渔业 | 15.4 | -13.0 |
| 采矿业 | 75.2 | -18.5 |
| 制造业 | 200.8 | 6.7 |

（续）

| 行业 | 金额<br>（亿美元） | 比上年增长<br>（%） |
|---|---|---|
| 电力、热力、燃气及水生产和供应业 | 25.2 | -20.5 |
| 建筑业 | 85.1 | 15.6 |
| 批发和零售业 | 125.7 | 18.6 |
| 交通运输、仓储和邮政业 | 55.5 | -4.3 |
| 信息传输、软件和信息技术服务业 | 61.2 | -10.5 |
| 房地产业 | 48.2 | 22.0 |
| 租赁和商务服务业 | 355.6 | -20.3 |

全年对外承包工程完成营业额11928亿元，比上年增长6.6%，折1729亿美元，增长2.3%。其中，对“一带一路”沿线国家完成营业额980亿美元，增长9.7%，占对外承包工程完成营业额比重为56.7%。对外劳务合作派出各类劳务人员49万人。

## 六、居民收入消费和社会保障

全年全国居民人均可支配收入30733元，比上年增长8.9%，扣除价格因素，实际增长5.8%。全国居民人均可支配收入中位数26523元，增长9.0%。按常住地分，城镇居民人均可支配收入42359元，比上年增长7.9%，扣除价格因素，实际增长5.0%。城镇居民人均可支配收入中位数39244元，增长7.8%。农村居民人均可支配收入16021元，比上年增长9.6%，扣除价格因素，实际增长6.2%。农村居民人均可支配收入中位数14389元，增长10.1%。按全国居民五等份收入分组，低收入组人均可支配收入7380元，中间偏下收入组人均可支配收入15777元，中间收入组人均可支配收入25035元，中间偏上收入组人均可支配收入39230元，高收入组人均可支配收入76401元。全国农民工人均月收入3962元，比上年增长6.5%。

全年全国居民人均消费支出21559元，比上年增长8.6%，扣除价格因素，实际增长5.5%。其中，人均服务性消费支出9886元，比上年增长12.6%，占居民人均消费支出的比重为45.9%。按常住地分，城镇居民人均消费支出28063元，增长7.5%，扣除价格因素，实际增长4.6%；农村居民人均消费支出13328元，增长9.9%，扣除价格因素，实际增长6.5%。全国居民恩格尔系数为28.2%，比上年下降0.2个百分点，其中城镇为27.6%，农村为30.0%。

图10 2015—2019年全国居民人均可支配收入及其增长速度

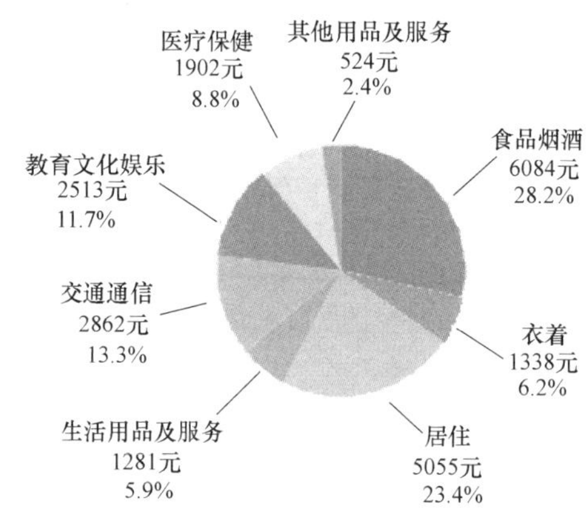


图11 2019年全国居民人均消费支出及其构成

## 七、资源、环境和应急管理

初步核算，全年能源消费总量48.6亿吨标准煤，比上年增长3.3%。煤炭消费量增长1.0%，原油消费量增长6.8%，天然气消费量增长8.6%，电力消费量增长4.5%。煤炭消费量占能源消费总量的57.7%，比上年下降1.5个百分点；天然气、水电、核电、风电等清洁能源消费量占能源消费总量的23.4%，上升1.3个百分点。重点耗能工业企业单位电石综合能耗下降2.1%，单位合成氨综合能耗下降2.4%，吨钢综合能耗下降1.3%，单位电解铝综合能耗下降2.2%，每千瓦时火力发电标准煤耗下降0.3%。全国万元国内生产总值二氧化碳排放下降4.1%。

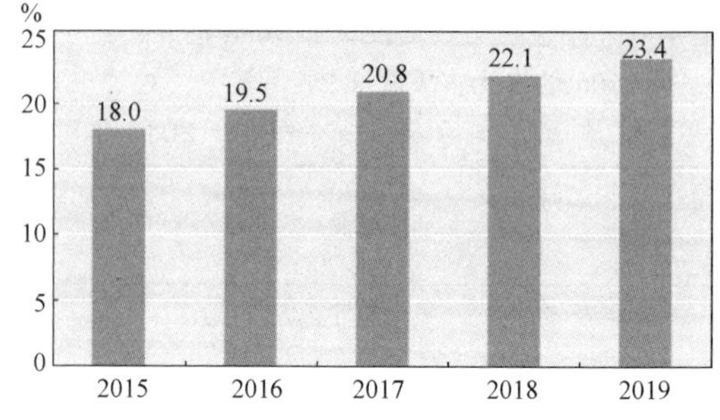


图12 2015—2019年清洁能源消费量占能源消费总量的比重

# 2019 年电子信息制造业运行情况

来源：工业和信息化部

## 一、总体情况

2019 年，规模以上电子信息制造业增加值同比增长 9.3%，增速比上年回落 3.8 个百分点。12 月，规模以上电子信息制造业增加值同比增长 11.6%，增速比上年提升 1.1 个百分点。

2019 年，规模以上电子信息制造业累计实现出口交货值同比增长 1.7%，增速比上年回落 8.1 个百分点。

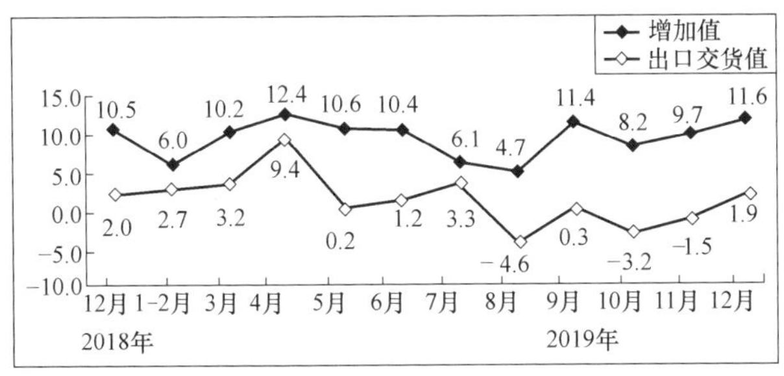


图 1 2018 年 12 月以来电子信息制造业增加值和出口交货值分月增速（%）

2019 年，规模以上电子信息制造业营业收入同比增长 4.5%，利润总额同比增长 3.1%，营业收入利润率为 4.41%，营业成本同比增长 4.2%，12 月末，全行业应收票据及应收账款同比增长 3.2%。

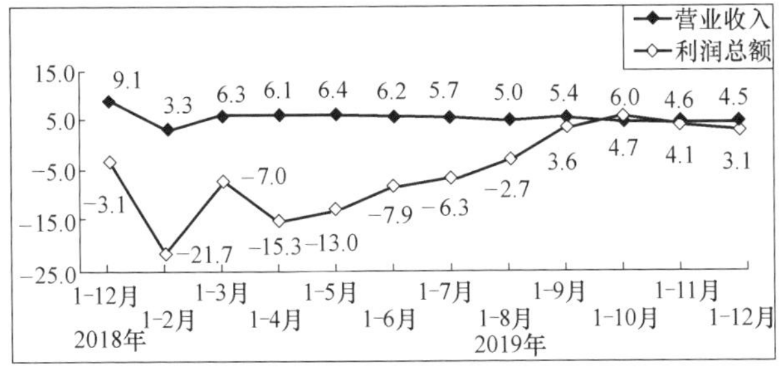


图 2 2018 年 12 月以来电子信息制造业营业收入、利润增速变动情况（%）

2019 年，电子信息制造业生产者出厂价格同比下降 0.9%。12 月份，电子信息制造业生产者出厂价格同比下降 2.6%，降幅与上月持平。

2019 年，电子信息制造业固定资产投资同比增长 16.8%，增速同比上年加快 0.2 个百分点，比上半年加快 8.3 个百分点。

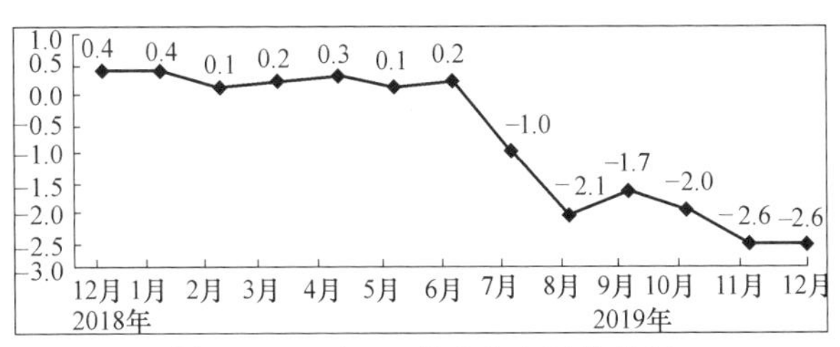


图 3 2018 年 12 月以来电子信息制造业 PPI 分月增速（%）

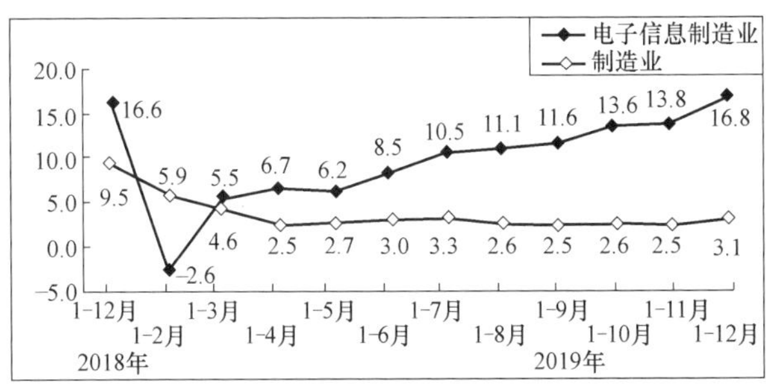


图 4 2018 年 12 月以来电子信息制造固定资产投资增速变动情况（%）

## 二、主要分行业情况

### （一）通信设备制造业

12 月，通信设备制造业增加值同比增长 9.4%，出口交货值同比下降 2.4%。主要产品中，手机产量同比增长 3.5%，其中智能手机产量同比增长 0.3%。

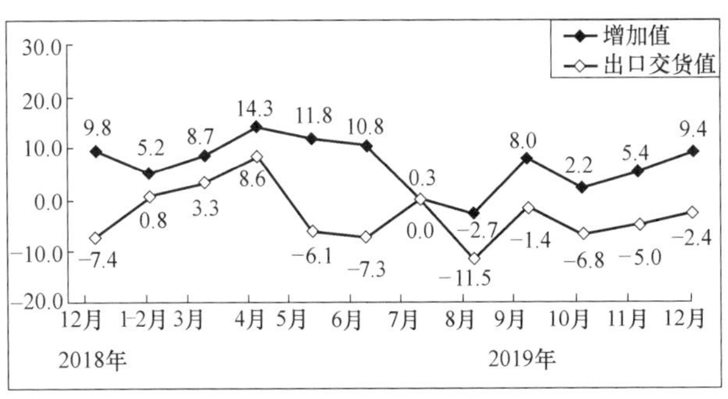


图 5 2018 年 12 月以来通信设备行业增加值和出口交货值分月增速（%）

2019 年，通信设备制造业营业收入同比增长 4.3%，利润同比增长 27.9%。

### （二）电子元件及电子专用材料制造业

12 月，电子元件及电子专用材料制造业增加值同比增长 20.7%，出口交货值同比下降 2.3%。主要产品中，电子元件产量同比增长 26.9%。

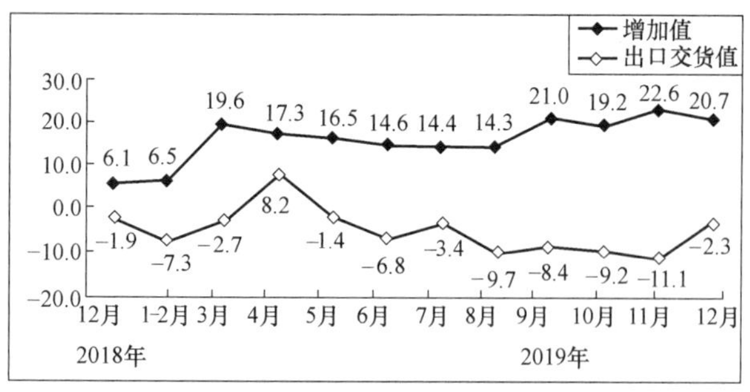


图 6　2018 年 12 月以来电子元件行业增加值和出口交货值分月增速（%）

2019 年，电子元件及电子专用材料制造业营业收入同比增长 0.3%，利润同比下降 2.1%。

**（三）电子器件制造业**

12 月，电子器件制造业增加值同比增长 8.3%，出口交货值同比增长 5.4%。主要产品中，集成电路产量同比增长 30%。

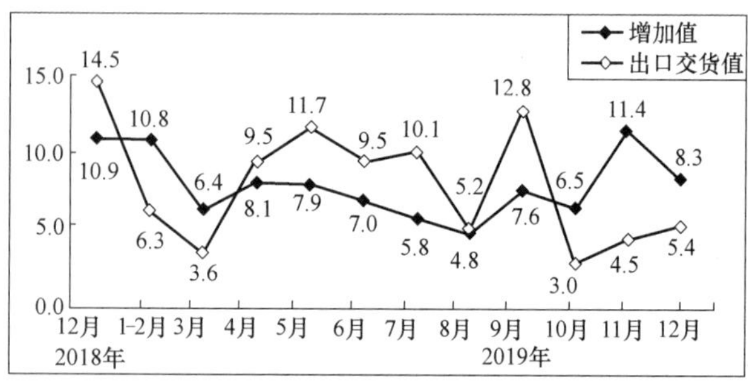


图 7　2018 年 12 月以来电子器件行业增加值和出口交货值分月增速（%）

2019 年，电子器件制造业营业收入同比增长 9.4%，利润同比下降 21.6%。

**（四）计算机制造业**

12 月，计算机制造业增加值同比增长 9.2%，出口交货值同比增长 5.6%。主要产品中，微型计算机设备产量同比增长 13.2%；其中，笔记本电脑产量同比增长 10.7%，平板电脑产量同比增长 25%。

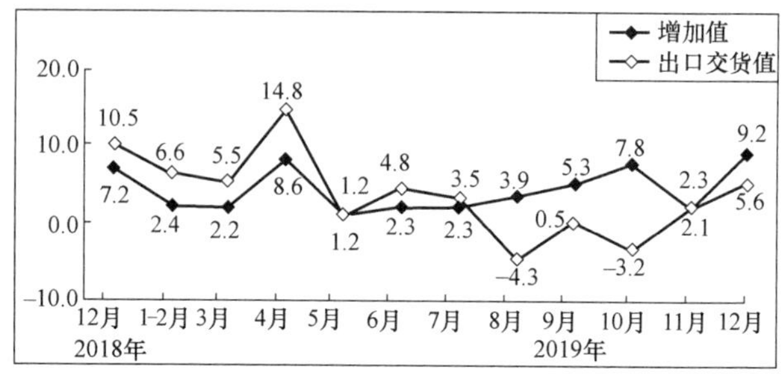


图 8　2018 年 12 月以来计算机制造业增加值和出口交货值分月增速（%）

2019 年，计算机制造业营业收入同比增长 3.9%，利润同比增长 2.6%。

（文中统计数据除注明外，其余均为国家统计局数据或据此测算）

# 2019年通信业统计公报

来源：工业和信息化部

2019年，我国通信业深入贯彻落实党中央、国务院决策部署，坚持新发展理念，积极践行网络强国战略，5G建设有序推进，新型信息基础设施能力不断提升，有力支撑社会的数字化转型。

## 一、行业保持平稳运行

### （一）电信业务收入企稳回升，电信业务总量较快增长

初步核算，2019年电信业务收入累计完成1.31万亿元，比上年增长0.8%。按照上年价格计算的电信业务总量1.74万亿元，比上年增长18.5%。

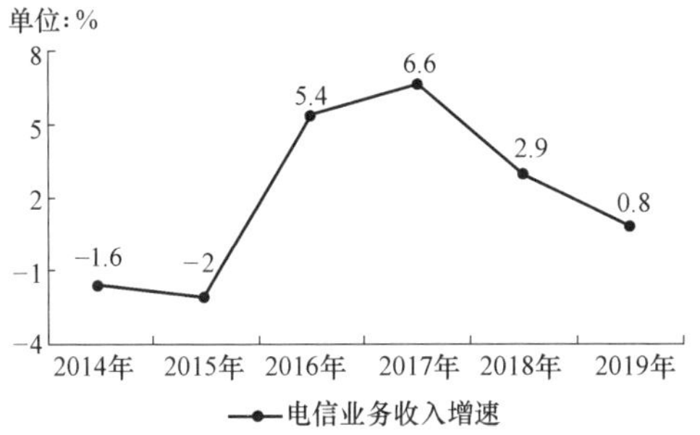


图1　2014—2019年电信业务收入增长情况

### （二）固定通信业务保持较快增长，占比持续提高

2019年，固定通信业务收入完成4161亿元，比上年增长9.5%，在电信业务收入中占比达31.8%，占比较上年提高2.6个百分点；移动通信业务实现收入8942亿元，比上年减少2.9%，在电信业务收入中占比降至68.2%。

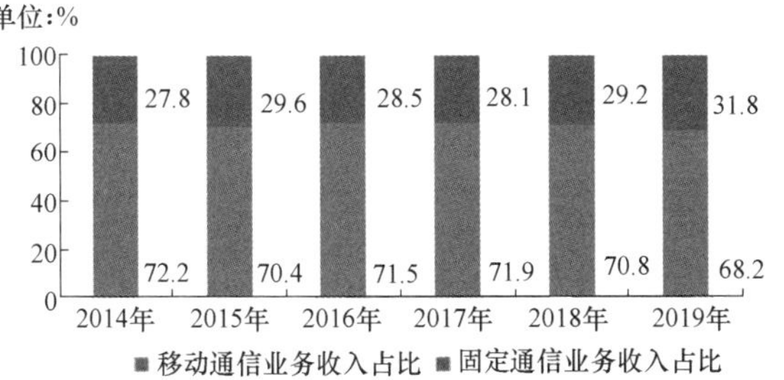


图2　2014—2019年移动通信业务和固定通信业务收入占比情况

在用户规模增长放缓、互联网应用替代等多种因素影响下，2019年话音业务收入完成1622亿元，比上年下降15.5%，在电信业务收入中的占比降至12.4%。

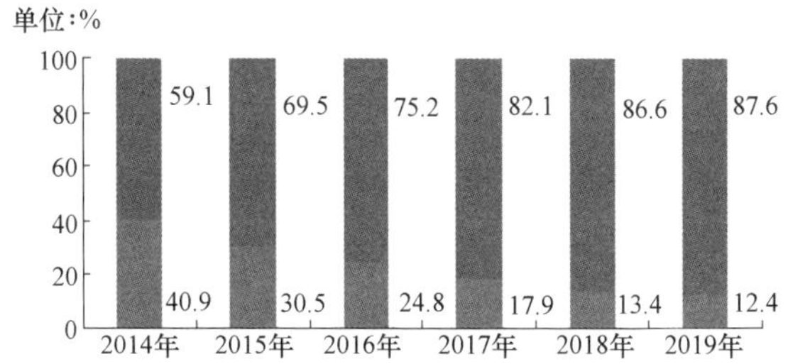


图3　2014—2019年电信收入结构（话音和非话音）情况

### （三）数据和互联网业务较快增长，新兴业务成新动力

密切配合地方政府，加快推动智慧城市等重大工程和项目建设，积极提供5G、物联网、大数据、云计算、人工智能等新兴业务，为政府注智、为行业赋能，固定增值及其他业务逐渐成为行业发展新动力。2019年，固定数据及互联网业务收入完成2175亿元，比上年增长5.1%，在电信业务收入中占比由上年的15.9%提升到16.6%；移动数据及互联网业务收入6082亿元，比上年增长1.5%；固定增值业务收入1371亿元，比上年增长21.2%，其中，IPTV（网络电视）业务收入294亿元，比上年增长21.1%；物联网业务收入比上年增长25.5%。

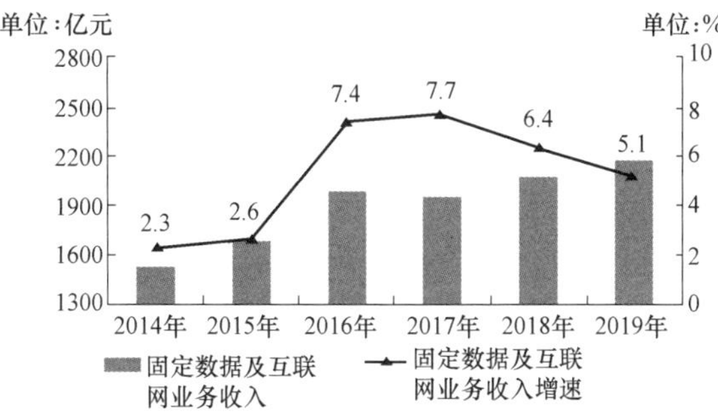


图4　2014—2019年固定数据及互联网业务收入发展情况

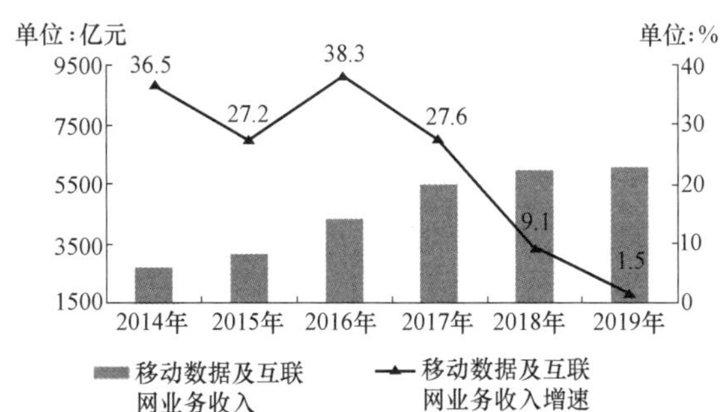


图5　2014—2019年移动数据及互联网业务收入发展情况

## 二、网络提速和普遍服务效果显著

### (一) 电话用户增速渐缓，移动电话普及率稳步提升

2019 年，全国电话用户净增 3420 万户，总数达到 17.9 亿户，比上年末增长 2.5%。其中因第二卡槽需求基本释放完毕，移动电话用户全年净增从上年 1.49 亿户降至 3525 万户，总数达 16 亿户，移动电话用户普及率达 114.4 部/百人，比上年末提高 2.2 部/百人。全国已有 26 个省市的移动电话普及率超过 100 部/百人。固定电话用户总数 1.91 亿户，比上年末减少 105 万户，普及率下降至 13.6 部/百人。

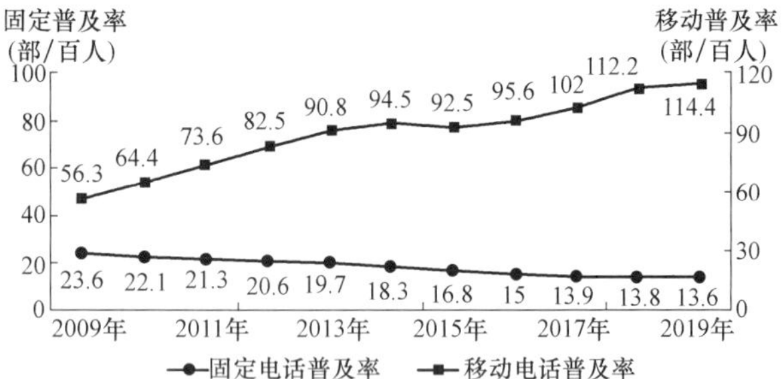


图 6 2009—2019 年固定电话及移动电话普及率发展情况

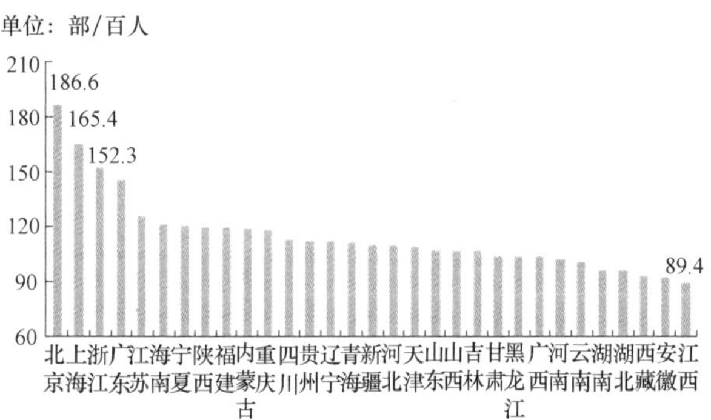


图 7 2019 年各省移动电话普及率情况

### (二) 固定宽带迈入千兆时代，4G 用户占比超八成

“双 G 双提”工作加快落实，网络提速卓有成效，固定宽带迈入千兆时代。截至 12 月底，三家基础电信企业的固定互联网宽带接入用户总数达 4.49 亿户，全年净增 4190 万户。其中，1000Mbit/s 及以上接入速率的用户数为 87 万户，100Mbit/s 及以上接入速率的固定互联网宽带接入用户总数达 3.84 亿户，占固定宽带用户总数的 85.4%，占比较上年末提高 15.1 个百分点。移动网络覆盖向纵深延伸，4G 用户总数达到 12.8 亿户，全年净增 1.17 亿户，占移动电话用户总数的 80.1%。

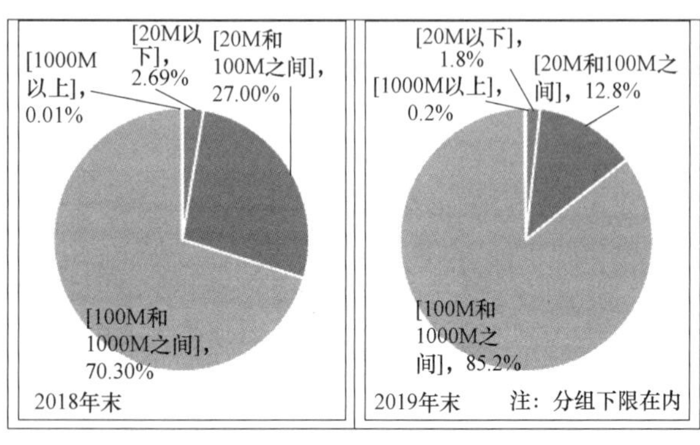


图 8 2018 和 2019 年固定互联网宽带各接入速率用户占比情况

### (三) 电信普遍服务成效显著，农村宽带用户快速增长

截至 12 月底，全国农村宽带用户全年净增 1736 万户，总数达 1.35 亿户，比上年末增长 14.8%，增速较城市宽带用户高 6.3 个百分点；在固定宽带接入用户中占 30%（上年同期占比为 28.8%），占比较上年末提高 1.2 个百分点。

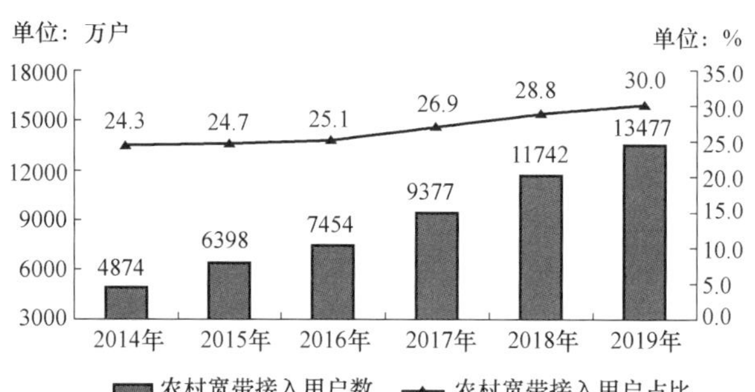


图 9 2014—2019 年农村宽带接入用户及占比情况

### (四) 新业态发展喜人，蜂窝物联网用户规模快速扩大

加强生态合作，聚焦物联网、云服务、智慧生活、垂直行业应用、5G 等重点领域，加快培育新兴业务。截至 12 月底，三家基础电信企业发展蜂窝物联网用户达 10.3 亿户，全年净增 3.57 亿户。IPTV（网络电视）用户全年净增 3870 万户，净增 IPTV（网络电视）用户占净增光纤接入用户的 78.9%。

## 三、移动数据流量消费规模稳步扩大

### (一) 移动互联网流量较快增长，用户均流量（DOU）稳步提升

线上线下服务融合创新保持活跃，各类互联网应用加快向四五线城市和农村用户渗透，使移动互联网接入流量消费保持较快增长。2019 年，移动互联网接入流量消费达 1220 亿 GB，比上年增长 71.6%，增速较上年收窄 116.7 个百分点。全年移动互联网月户均流量（DOU）达 7.82GB/

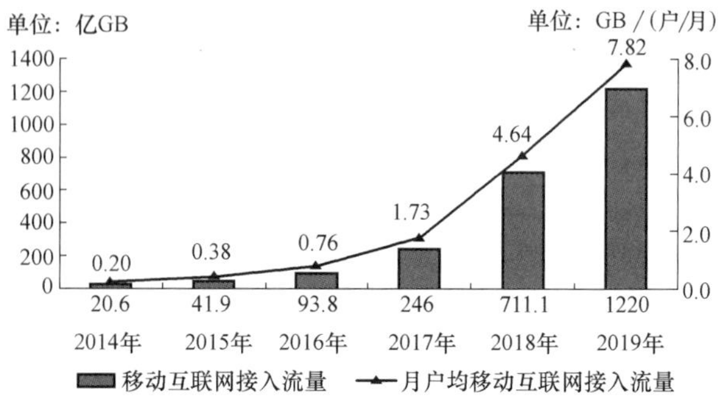


图 10 2014—2019 年移动互联网流量及月 DOU 增长情况

（户/月），是上年的1.69倍；12月当月DOU高达8.59GB/（户/月）。其中，手机上网流量达到1210亿GB，比上年增长72.4%，在总流量中占99.2%。

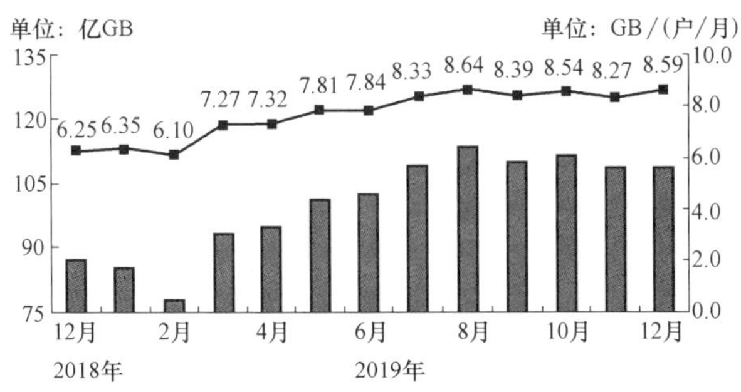


图11　2019年移动互联网接入当月流量及当月DOU情况

**（二）移动短信业务量较快增长，话音业务量小幅下滑**

网络登录和用户身份认证等安全相关服务不断渗透，大幅提升移动短信业务量。2019年，全国移动短信业务量比上年增长37.5%，增速较上年提高23.5个百分点；移动短信业务收入完成392亿元，与上年持平。

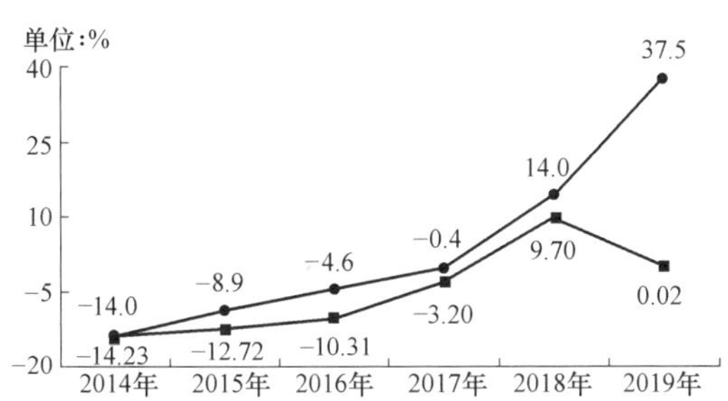


图12　2014—2019年移动短信业务量和收入增长情况

互联网应用对话音业务替代影响加深，2019年，全国移动电话去话通话时长2.4万亿分钟，比上年下降5.9%。

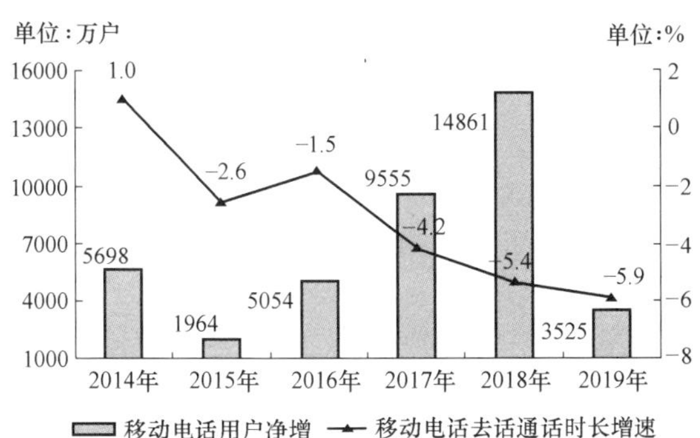


图13　2014—2019年移动电话用户和通话量增长情况

## 四、网络基础设施能力不断夯实

**（一）固定资产投资额小幅增长，移动通信投资加快**

2019年，三家基础电信企业和中国铁塔股份有限公司在5G相关投资快速增长的推动下，共完成固定资产投资比上年增长4.7%。其中，移动通信投资稳居电信投资的首位，占全部投资的比重达47.3%。

**（二）光网改造工作效果显著，5G网络建设有序推进**

推进网络IT化、软件化、云化部署，夯实智慧运营基础，构建云网互联平台，夯实为各行业提供服务的网络能力；4G覆盖盲点不断被消除、移动通信核心网能力持续提升，夯实5G网络建设基础。2019年，新建光缆线路长度434万公里，全国光缆线路总长度达4750万公里。互联网宽带接入端口“光进铜退”趋势更加明显，截至12月底，互联网宽带接入端口数量达到9.16亿个，比上年末净增4826万个。其中，光纤接入（FTTH/0）端口比上年末净增6479万个，达到8.36亿个，占互联网接入端口的比重由上年末的88.9%提升至91.3%。xDSL端口比上年末减少261万个，总数降至820万个，占互联网接入端口的比重由上年末的1.2%下降至0.9%。

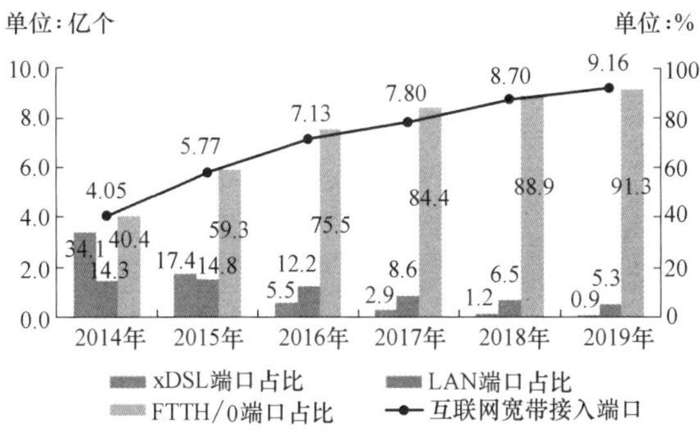


图14　2014—2019年互联网宽带接入端口发展情况

2019年，全国净增移动电话基站174万个，总数达841万个。其中4G基站总数达到544万个。5G网络建设顺利推进，在多个城市已实现5G网络的重点市区室外的连续覆盖，并协助各地方政府在展览会、重要场所、重点商圈、机场等区域实现室内覆盖。

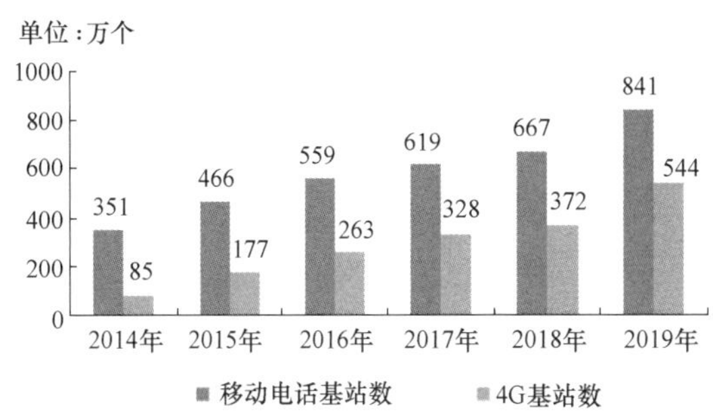


图15　2014—2019年移动电话基站发展情况

## 五、东中西部地区协调发展

**（一）东、中、西、东北地区电信业务收入份额稳定**

2019年，东部、西部地区占比分别为50.9%、23.7%，分别比上年提升0.3、0.1个百分点；中部、东北地区占比为19.6%、5.8%，分别比上年下滑0.1、0.3个百分点。

**（二）东北地区百兆及以上固定互联网宽带接入用户占比领先**

截至2019年底，东、中、西、东北地区100Mbit/s及

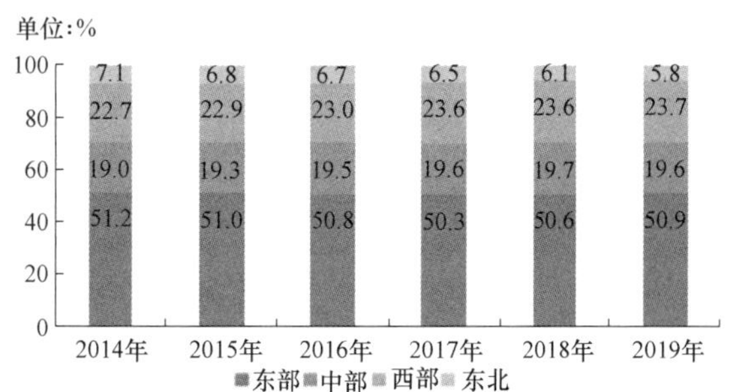


图 16　2014—2019 年东、中、西、东北地区电信业务收入比重

以上固定互联网宽带接入用户分别达到 17143 万户、9272 万户、9602 万户和 2360 万户，在本地区宽带接入用户中占比分别达到 86.1%、85.9%、83.3%和 87.5%。

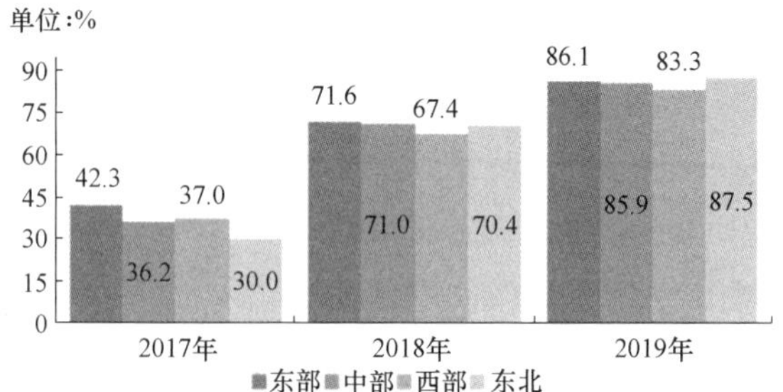


图 17　2017—2019 年东、中、西、东北地区 100Mbit/s 及以上固定宽带接入用户渗透率情况

### （三）西部地区移动互联网流量增速全国领先

2019 年，东、中、西、东北地区移动互联网接入流量分别达到 531 亿 GB、262 亿 GB、355 亿 GB 和 72.5 亿 GB，比上年分别增长 67.8%、75.2%、76.7%和 62.4%，西部增速比东部、中部和东北增速分别高 8.9、1.5 和 14.3 个百分点。2019 年 12 月，西部地区当月户均流量达到 9.5GB，比东部、中部和东北地区分别高 1.04GB、1.43GB 和 1.76GB。

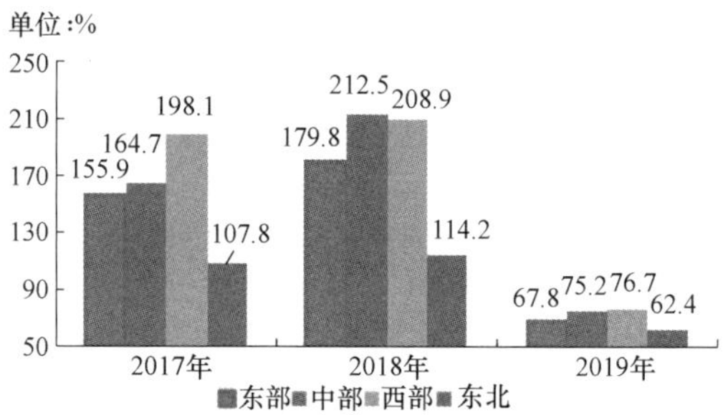


图 18　2017—2019 年东、中、西、东北地区移动互联网接入流量增速情况

# 2019年全国电力工业统计数据

## 来源：国家能源局

1月19日，国家能源局发布2019年全国电力工业统计数据，见表1。

表1 全国电力工业统计数据一览表

| 指标名称 | 计算单位 | 全年累计 | |
|---|---|---|---|
| | | 绝对量 | 增长 |
| 全国全社会用电量 | 亿千瓦时 | 72255 | 4.5 |
| 其中：第一产业用电量 | 亿千瓦时 | 780 | 4.5 |
| 第二产业用电量 | 亿千瓦时 | 49362 | 3.1 |
| 工业用电量 | 亿千瓦时 | 48473 | 2.9 |
| 第三产业用电量 | 亿千瓦时 | 11863 | 9.5 |
| 城乡居民生活用电量 | 亿千瓦时 | 10250 | 5.7 |
| 全口径发电设备容量 | 万千瓦 | 201066 | 5.8 |
| 其中：水电 | 万千瓦 | 35640 | 1.1 |
| 火电 | 万千瓦 | 119055 | 4.1 |
| 核电 | 万千瓦 | 4874 | 9.1 |
| 并网风电 | 万千瓦 | 21005 | 14 |
| 并网太阳能发电 | 万千瓦 | 20468 | 17.4 |
| 6000千瓦及以上电厂供电标准煤耗 | 克/千瓦时 | 307 | -0.7 |
| 全国线路损失率 | % | 5.9 | -0.4 |
| 6000千瓦及以上电厂发电设备利用小时 | 小时 | 3825 | -54 |
| 其中：水电 | 小时 | 3726 | 119 |
| 火电 | 小时 | 4293 | -85 |
| 电源基本建设投资完成额 | 亿元 | 3139 | 12.6 |
| 其中：水电 | 亿元 | 814 | 16.3 |
| 火电 | 亿元 | 630 | -20 |
| 核电 | 亿元 | 335 | -25 |
| 电网基本建设投资完成额 | 亿元 | 4856 | -9.6 |
| 发电新增设备容量 | 万千瓦 | 10173 | -20.4 |
| 其中：水电 | 万千瓦 | 417 | -51.4 |
| 火电 | 万千瓦 | 4092 | -6.6 |
| 新增220千伏及以上变电设备容量 | 万千伏安 | 23042 | 3.7 |
| 新增220千伏及以上输电线路回路长度 | 千米 | 34022 | -17.2 |

注：1. 全社会用电量指标是全口径数据。

2. 三次产业划分按照2018年3月《国家统计局关于修订〈三次产业划分规定（2012）〉的通知》（国统设管函〔2018〕74号）相应调整，为保证数据同口径可比，上年同期数据根据新标准重新进行了分类。

# 2019年光伏发电并网运行情况

## 来源：国家能源局

据行业统计，2019年全国新增光伏发电装机3011万千瓦，同比下降31.6%，其中集中式光伏新增装机1791万千瓦，同比减少22.9%；分布式光伏新增装机1220万千瓦，同比增长41.3%。光伏发电累计装机达到20430万千瓦，同比增长17.3%，其中集中式光伏14167万千瓦，同比增长14.5%；分布式光伏6263万千瓦，同比增长24.2%。

从新增装机布局看，华北地区新增装机858万千瓦，同比下降24.0%，占全国的28.5%；东北地区新增装机153万千瓦，同比下降60.3%，占全国的5.1%；华东地区新增装机531万千瓦，同比下降50.1%，占全国的17.5%；华中地区新增装机348万千瓦，同比下降47.6%，占全国的11.6%；西北地区新增装机649万千瓦，同比下降1.7%，占全国的21.6%；华南地区新增装机472万千瓦，同比下降5.1%，占全国的15.7%。

2019年全国光伏发电量达2243亿千瓦时，同比增长26.3%，光伏利用小时数1169小时，同比增长54小时。全国弃光率降至2%，同比下降1个百分点，弃光电量46亿千瓦时。从重点区域看，光伏消纳问题主要出现在西北地区，其弃光电量占全国的87%，弃光率同比下降2.3个百分点至5.9%。华北、东北、华南地区弃光率分别为0.8%、0.4%、0.2%，华东、华中地区无弃光。从重点省份看，西藏、新疆、甘肃弃光率分别为24.1%、7.4%、4.0%，同比下降19.5、8.2和5.6个百分点；青海受新能源装机大幅增加、负荷下降等因素影响，弃光率提高至7.2%，同比提高2.5个百分点。

表1　2019年光伏发电并网运行统计数据

| 省(区、市) | 累计装机容量(万千瓦) | | 新增装机容量(万千瓦) | |
|---|---|---|---|---|
| | | 其中:光伏电站 | | 其中:光伏电站 |
| 总计 | 20430 | 14167 | 3011 | 1791 |
| 北京 | 51 | 5 | 11 | 0 |
| 天津 | 143 | 104 | 15 | 7 |
| 河北 | 1474 | 962 | 240 | 106 |
| 山西 | 1088 | 857 | 224 | 176 |
| 内蒙古 | 1081 | 1001 | 153 | 88 |
| 辽宁 | 343 | 246 | 41 | 27 |
| 吉林 | 274 | 205 | 9 | 2 |
| 黑龙江 | 274 | 195 | 59 | 54 |
| 上海 | 109 | 6 | 20 | 0 |
| 江苏 | 1486 | 821 | 153 | 29 |
| 浙江 | 1339 | 414 | 201 | 52 |
| 安徽 | 1254 | 773 | 136 | 96 |
| 福建 | 169 | 38 | 21 | 1 |
| 江西 | 630 | 367 | 93 | 73 |
| 山东 | 1619 | 677 | 258 | 29 |
| 河南 | 1054 | 600 | 63 | 0 |
| 湖北 | 621 | 419 | 111 | 84 |
| 湖南 | 344 | 155 | 52 | 29 |
| 广东 | 610 | 302 | 83 | 20 |
| 广西 | 135 | 105 | 12 | 11 |

（续）

| 省(区、市) | 累计装机容量(万千瓦) | | 新增装机容量(万千瓦) | |
|---|---|---|---|---|
| | | 其中:光伏电站 | | 其中:光伏电站 |
| 海南 | 140 | 127 | 4 | 4 |
| 重庆 | 65 | 58 | 22 | 20 |
| 四川 | 188 | 169 | 7 | 2 |
| 贵州 | 510 | 491 | 340 | 330 |
| 云南 | 375 | 350 | 33 | 19 |
| 西藏 | 110 | 110 | 12 | 12 |
| 陕西 | 939 | 778 | 223 | 165 |
| 甘肃 | 908 | 836 | 79 | 57 |
| 青海 | 1101 | 1086 | 145 | 140 |
| 宁夏 | 918 | 844 | 102 | 82 |
| 新疆维吾尔自治区 | 1041 | 1027 | 88 | 75 |
| 新疆兵团 | 39 | 39 | 0 | 0 |

注：1. 以上统计不包括港澳台地区；
2. 数据来源：国家可再生能源中心。

# 2019年风电并网运行情况

## 来源：国家能源局

据行业统计，2019年，全国风电新增并网装机2574万千瓦，其中陆上风电新增装机2376万千瓦、海上风电新增装机198万千瓦，到2019年底，全国风电累计装机2.1亿千瓦，其中陆上风电累计装机2.04亿千瓦、海上风电累计装机593万千瓦，风电装机占全部发电装机的10.4%。2019年风电发电量4057亿千瓦时，首次突破4000亿千瓦时，占全部发电量的5.5%。

2019年，全国风电平均利用小时数2082小时，风电平均利用小时数较高的地区是云南（2808小时）、福建（2639小时）、四川（2553小时）、广西（2385小时）和黑龙江（2323小时）。2019年弃风电量169亿千瓦时，同比减少108亿千瓦时，平均弃风率4%，同比下降3个百分点，弃风限电状况进一步得到缓解。

2019年，弃风率超过5%的地区是新疆（弃风率14.0%、弃风电量66.1亿千瓦时），甘肃（弃风率7.6%、弃风电量18.8亿千瓦时），内蒙古（弃风率7.1%、弃风电量51.2亿千瓦时）。三省（区）弃风电量合计136亿千瓦时，占全国弃风电量的81%。

表1 2019年风电并网运行统计数据

| 省(区、市) | 累计并网容量 | 发电量 | 弃风电量 | 弃风率 | 利用小时数 |
|---|---|---|---|---|---|
| 全国 | 21005 | 4057 | 168.6 | 4.0% | 2082 |
| 北京 | 19 | 3 | | | 1816 |
| 天津 | 60 | 11 | | | 1965 |
| 河北 | 1639 | 318 | 16.0 | 4.8% | 2144 |
| 山西 | 1251 | 224 | 2.6 | 1.1% | 1918 |
| 内蒙古 | 3007 | 666 | 51.2 | 7.1% | 2305 |
| 辽宁 | 832 | 183 | 0.8 | 0.4% | 2300 |
| 吉林 | 557 | 115 | 3.0 | 2.5% | 2216 |
| 黑龙江 | 611 | 140 | 1.8 | 1.3% | 2323 |
| 上海 | 81 | 17 | | | 2065 |
| 江苏 | 1041 | 184 | | | 1973 |
| 浙江 | 160 | 33 | | | 2090 |
| 安徽 | 274 | 47 | | | 1809 |
| 福建 | 376 | 87 | | | 2639 |
| 江西 | 286 | 51 | | | 2028 |
| 山东 | 1354 | 225 | 0.3 | 0.1% | 1863 |
| 河南 | 794 | 88 | | | 1480 |
| 湖北 | 405 | 74 | | | 1960 |
| 湖南 | 427 | 75 | 1.4 | 1.8% | 1960 |
| 广东 | 443 | 71 | | | 1612 |
| 广西 | 287 | 61 | | | 2385 |
| 海南 | 29 | 5 | | | 1645 |
| 重庆 | 64 | 11 | | | 1996 |
| 四川 | 325 | 71 | | | 2553 |
| 贵州 | 457 | 78 | 0.3 | 0.4% | 1861 |
| 云南 | 863 | 242 | 0.6 | 0.2% | 2808 |

（续）

| 省(区、市) | 累计并网容量 | 发电量 | 弃风电量 | 弃风率 | 利用小时数 |
|---|---|---|---|---|---|
| 西藏 | 0.8 | 0.2 | | | 2173 |
| 陕西 | 532 | 83 | 0.5 | 0.6% | 1931 |
| 甘肃 | 1297 | 228 | 18.8 | 7.6% | 1787 |
| 青海 | 462 | 66 | 1.7 | 2.5% | 1743 |
| 宁夏 | 1116 | 186 | 3.6 | 1.9% | 1811 |
| 新疆 | 1956 | 413 | 66.1 | 14.0% | 2147 |

注：1. 容量单位：万千瓦；电量单位：亿千瓦时；

2. 并网容量、发电量、利用小时数来源于中电联；

3. 弃风电量、弃风率来源于国家可再生能源中心、相关电网企业。数据为空白的表示不存在弃风现象。

# 2019 年新发布和新实施的相关国家及行业标准

**室内照明用 LED 产品能效限定值及能效等级**

**标准编号**：GB 30255-2019 **实施日期**：2020/05/01

**发布部门**：国家市场监督管理总局、中国国家标准化管理委员会

**归口单位**：中国国家标准化管理委员会

**标准简介**：本标准规定了室内照明用 LED 筒灯、定向集成式 LED 灯、非定向自镇流 LED 灯的能效等级、能效限定值、显色指数、光通维持率和试验方法。本标准适用于以 LED 为光源、电源电压不超过 AC 250V、频率 50Hz、额定功率为 2W 及以上、光束角大于 60°的 LED 筒灯，不包括使用集成式 LED 灯的 LED 筒灯。本标准适用于额定电源电压为 AC 220V、频率 50Hz，灯头符合 GU10、B22、E14 或 E27 的要求，PAR16、PAR20、PAR30、PAR38 系列的定向集成式 LED 灯。本标准适用于额定电源电压为 AC 220V、频率 50Hz，额定功率大于或等于 2W、小于或等于 60W 的非定向自镇流 LED 灯，不包括具有外加光学透镜设计的非定向自镇流 LED 灯。本标准不适用于具有耗能的非照明附加功能或具备调光/调色功能的室内照明 LED 产品。

**道路和隧道照明用 LED 灯具能效限定值及能效等级**

**标准编号**：GB 37478—2019 **实施日期**：2020/05/01

**发布部门**：国家市场监督管理总局、中国国家标准化管理委员会

**归口单位**：中国国家标准化管理委员会

**标准简介**：本标准规定了道路和隧道照明用 LED 灯具的能效等级、能效限定值和试验方法。本标准适用于额定电压为 AC 220V、频率 50Hz 的道路和隧道照明用 LED 灯具（包括 LED 光源及其控制装置，不包括可独立安装的互联控制部件或其他与照明无关的功能附件）。

**电热和电磁处理装置的试验方法 第 6 部分：工业微波加热装置输出功率的测定方法**

**标准编号**：GB/T 10066.6—2018 **实施日期**：2019/07/01

**发布部门**：国家市场监督管理总局、中国国家标准化管理委员会

**归口单位**：全国工业电热设备标准化技术委员会（SAC/TC 121）

**标准简介**：GB/T 10066 的本部分规定了测定工业微波加热装置的微波可用输出功率、工作负载功率和有效功率，以及微波加热设备电效率和微波加热装置加热效率的试验方法。本部分仅适用于频率在 300MHz ~ 300GHz 范围内的工业微波加热设备和装置。注：国际上规定的微波加热专用频率是（915±25）MHz、（2450±50）MHz、（5800±75）MHz 以及（22125±125）MHz，常用的是前两个频段。本部分涉及的工业微波加热设备需在正常负载下运行。本部分不适用于家用或类似用途的（包含在 GB 4706.21）、商用的（包含在 GB 4706.90）或实验用（包含在 GB 4793.6）的电器。

**小型风力发电机组 第 3 部分：风洞试验方法**

**标准编号**：GB/T 19068.3—2019 **实施日期**：2020/03/01

**发布部门**：国家市场监督管理总局、中国国家标准化管理委员会

**归口单位**：全国风力机械标准化技术委员会（SAC/TC 50）

**标准简介**：GB/T 19068 的本部分规定了小型风力发电机组（以下简称“机组”）在低速风洞中进行试验的要求和方法。本部分适用于输出功率为 10kW 以下小型风力发电机组，其他形式的风能转换装置的鉴定评估也可参考使用。

**风力发电机组 异步发电机 第 2 部分：试验方法**

**标准编号**：GB/T 19071.2—2018 **实施日期**：2019/02/01

**发布部门**：国家市场监督管理总局、中国国家标准化管理委员会

**归口单位**：全国风力机械标准化技术委员会（SAC/TC 50）

**标准简介**：GB/T 19071 的本部分规定了并网、定速型风力发电机组异步发电机的试验方法。本部分适用于并网、定速型风力发电机组单速或双速异步发电机（以下简称“发电机”）的性能试验。

**变压器、电抗器、电源装置及其组合的安全 第 13 部分：恒压变压器和电源装置的特殊要求和试验**

**标准编号**：GB/T 19212.13—2019 **实施日期**：2020/05/01

**发布部门**：国家市场监督管理总局、中国国家标准化管理委员会

**归口单位**：全国小型电力变压器、电抗器、电源装置及类似产品标准化技术委员会（SAC/TC 418）

**标准简介**：GB/T 19212 的本部分规定了变压器、电抗器、电源装置及其组合的安全方面的要求，如电气、温度和机械等方面的安全要求。本部分适用于下列类型的干式变压器、电源（包括开关型电源）和电抗器，其绕组可以是包封式或非包封式。GB/T 19212 的本部分规定了一般用途恒压变压器和一般用途恒压电源装置的安全。带有电子电路的恒压变压器也包括在本部分中。

**电源电压为1100V及以下的变压器、电抗器、电源装置和类似产品的安全 第17部分：开关型电源装置和开关型电源装置用变压器的特殊要求和试验**

**标准编号**：GB/T 19212.17—2019 **实施日期**：2020/05/01

**发布部门**：国家市场监督管理总局、中国国家标准化管理委员会

**归口单位**：全国小型电力变压器、电抗器、电源装置及类似产品标准化技术委员会（SAC/TC 418）

**标准简介**：GB/T 19212的本部分规定了变压器、电抗器、电源装置及其组合的安全方面的要求，如电气、温度和机械等方面的安全要求。本部分适用于下列类型的干式变压器、电源（包括开关型电源）和电抗器，其绕组可以是包封式或非包封式。GB/T 19212的本部分规定了开关型电源装置和开关型电源装置用变压器的安全要求。带有电子线路的变压器也包括在本部分中。

**普通电源或整流电源供电直流电机的特殊试验方法**

**标准编号**：GB/T 20114—2019 **实施日期**：2020/01/01

**发布部门**：国家市场监督管理总局、中国国家标准化管理委员会

**归口单位**：全国旋转电机标准化技术委员会（SAC/TC 26）

**标准简介**：本标准适用于额定输出1kW及以上的整流电源供电、直流母线或其他直流电源供电的直流电机。本标准给出了用于确定普通电源或整流电源供电的直流电机特性参量的试验方法。本标准不包括特殊应用的直流电机。本标准给出的试验方法是对IEC 60034-1和IEC 60034-2-1的必要的补充。注：本标准所描述的任一项或全部试验项目都不宜理解为对任何指定电机都要求执行。

**变频调速专用三相异步电动机绝缘规范**

**标准编号**：GB/T 21707—2018 **实施日期**：2019/01/01

**发布部门**：国家市场监督管理总局、中国国家标准化管理委员会

**归口单位**：全国旋转电机标准化技术委员会（SAC/TC 26）

**标准简介**：本标准给出了变频器供电的三相异步电动机的绝缘规范，包括术语和定义、技术要求与检验规则。本标准适用于额定电压为1140V及以下变频调速专用三相异步电动机。

**互感器试验导则 第1部分：电流互感器**

**标准编号**：GB/T 22071.1—2018 **实施日期**：2019/07/01

**发布部门**：国家市场监督管理总局、中国国家标准化管理委员会

**归口单位**：全国互感器标准化技术委员会（SAC/TC 222）

**标准简介**：GB/T 22071的本部分给出了电流互感器的试验项目、试验顺序、一般试验条件和试验要求等。本部分适用于GB/T 20840.1和GB/T 20840.2中所规定的电流互感器（以下简称互感器）的型式试验、例行试验和特殊试验。作为产品验收时的交接试验也可采用本部分给出的试验方法。

**轨道交通 机车车辆设备 电力电子电容器 第1部分：纸/塑料薄膜电容器**

**标准编号**：GB/T 25121.1—2018 **实施日期**：2019/07/01

**发布部门**：国家市场监督管理总局、中国国家标准化管理委员会

**归口单位**：全国牵引电气设备与系统标准化技术委员会（SAC/TC 278）

**标准简介**：GB/T 25121的本部分规定了电力电子电容器的使用条件、质量要求和检验、过负载、安全要求、标识、安装和应用导则。本部分适用于轨道交通机车车辆中使用的电力电子电容器。本部分所涵盖的电容器的额定电压最高到10000V。使用此类电容器系统的工作频率通常低于15kHz，而脉冲频率可达到5~10倍的工作频率。电容器分为交流电容器和直流电容器。电容器作为部件安装在壳体中。

**轨道交通 机车车辆设备 电力电子电容器 第2部分：非固体电解质铝电解电容器**

**标准编号**：GB/T 25121.2—2018 **实施日期**：2019/07/01

**发布部门**：国家市场监督管理总局、中国国家标准化管理委员会

**归口单位**：全国牵引电气设备与系统标准化技术委员会（SAC/TC 278）

**标准简介**：GB/T 25121的本部分规定了电力电子电容器的使用条件、质量要求和检验、过负载、安全要求、标识、安装和应用导则。本部分适用于轨道交通机车车辆电力电子设备中使用的直流铝电解电容器（单元、模块或组）。注：本部分规定的电容器应用实例是直流滤波电容器。

**轨道交通 机车车辆设备 电力电子电容器 第3部分：双电层电容器**

**标准编号**：GB/T 25121.3—2018 **实施日期**：2019/07/01

**发布部门**：国家市场监督管理总局、中国国家标准化管理委员会

**归口单位**：全国牵引电气设备与系统标准化技术委员会（SAC/TC 278）

**标准简介**：GB/T 25121的本部分规定了双电层电容器的使用条件、质量要求和检验、过负载、安全要求、标识、安装和应用导则。本部分适用于在轨道交通车辆上使用的大功率直流双电层电容器单体及其组成的模块或组。

**轨道交通 机车车辆用电力变流器 第 1 部分：特性和试验方法**

**标准编号**：GB/T 25122.1—2018 **实施日期**：2019/07/01

**发布部门**：国家市场监督管理总局、中国国家标准化管理委员会

**归口单位**：全国牵引电气设备与系统标准化技术委员会（SAC/TC 278）

**标准简介**：GB/T 25122 的本部分规定了机车车辆用电力变流器的术语和定义、使用条件、一般特性和检验方法。本部分适用于为轨道交通机车车辆的牵引电路和辅助电路（动力车辆、客车及拖车）供电的电力变流器。本部分也可应用于其他牵引车辆（例如无轨电车等）的电力变流器。本部分适用于完整的变流器机组及其配置，包括：半导体器件组件；集成冷却系统；包括电感、电容、变压器、电阻、接触器、开关的集成组件；半导体驱动单元（Semiconductor Drive Units，SDU）及相关传感器；保护电路。本部分包含了下列类型的供电电源：交流接触网；直流接触网；车载电源（例如发电机、蓄电池以及其他电源）。本部分不适用于为半导体驱动单元（SDU）提供电气控制电源的变流器和为变流器工作相关的其他设备（如传感器）供电的变流器。

**轨道交通 机车车辆用电力变流器 第 3 部分：机车牵引变流器**

**标准编号**：GB/T 25122.3—2018 **实施日期**：2019/07/01

**发布部门**：国家市场监督管理总局、中国国家标准化管理委员会

**归口单位**：全国牵引电气设备与系统标准化技术委员会（SAC/TC 278）

**标准简介**：GB/T 25122 的本部分规定了交流传动机车牵引变流器的使用条件、系统构成、主要参数、技术要求、检验方法、检验规则、标志、包装、运输和贮存。本部分适用于交流传动机车牵引变流器（以下简称变流器），其他类似用途的牵引变流器可参照执行。

**轨道交通 机车车辆用电力变流器 第 4 部分：电动车组牵引变流器**

**标准编号**：GB/T 25122.4—2018 **实施日期**：2019/07/01

**发布部门**：国家市场监督管理总局、中国国家标准化管理委员会

**归口单位**：全国牵引电气设备与系统标准化技术委员会（SAC/TC 278）

**标准简介**：GB/T 25122 的本部分规定了电动车组用牵引变流器的使用条件、系统构成、主要参数、技术要求、检验方法、检验规则、标志、包装、运输和贮存。本部分适用于电动车组牵引变流器（以下简称变流器），其他类似用途的牵引变流器可参照执行。本部分不适用于城轨车辆用牵引变流器。

**轨道交通 机车车辆用电力变流器 第 5 部分：城轨车辆牵引变流器**

**标准编号**：GB/T 25122.5—2018 **实施日期**：2019/07/01

**发布部门**：国家市场监督管理总局、中国国家标准化管理委员会

**归口单位**：全国牵引电气设备与系统标准化技术委员会（SAC/TC 278）

**标准简介**：GB/T 25122 的本部分规定了城轨车辆牵引变流器的使用条件、系统构成、技术要求、检验方法、检验规则、标志、包装、运输和贮存。本部分适用于城轨车辆牵引变流器（以下简称变流器）。

**风力发电机组 运行及维护要求**

**标准编号**：GB/T 25385—2019 **实施日期**：2020/05/01

**发布部门**：国家市场监督管理总局、中国国家标准化管理委员会

**归口单位**：全国风力机械标准化技术委员会（SAC/TC 50）

**标准简介**：本标准规定了陆上风力发电机组（以下简称“机组”）运行和维护相关的安全、人员、设备、环境、管理要求。本标准适用于所有并网型陆上机组的运行维护。

**重要电力用户供电电源及自备应急电源配置技术规范**

**标准编号**：GB/T 29328—2018 **实施日期**：2019/07/01

**发布部门**：国家市场监督管理总局、中国国家标准化管理委员会

**归口单位**：全国电力监管标准化技术委员会（SAC/TC 296）

**标准简介**：本标准规定了重要电力用户的界定和分级、供电电源和自备应急电源的配置原则和主要技术条件。本标准适用于重要电力用户的供电电源及自备应急电源的配置。其他电力用户的供电电源和自备应急电源配置可参照执行。

**飞机混合式远程功率控制器通用要求**

**标准编号**：GB/T 36257—2018 **实施日期**：2019/01/01

**发布部门**：国家市场监督管理总局、中国国家标准化管理委员会

**归口单位**：全国航空器标准化技术委员会（SAC/TC 435）

**标准简介**：本标准规定了飞机混合式远程功率控制器的设计和性能通用要求。混合式远程功率控制器包括一个用于负载开关的电磁装置或电磁/固态组合装置和一个用于控制负载开关装置的固态控制电路。在飞机上，远程功率控制器用于接通和断开电路，并且当负载过载或短路时用以保护线路以及设备。负载开关装置和固态控制电路可以

安装于同一装置内，也可以作为两个相互连接的分离单元。注：在可行的前提下，混合式远程功率控制器的接口需尽量与固态功率控制器兼容。

**微电网监控系统技术规范**

**标准编号**：GB/T 36270—2018 **实施日期**：2019/01/01

**发布部门**：国家市场监督管理总局、中国国家标准化管理委员会

**归口单位**：中国电力企业联合会

**标准简介**：本标准规定了微电网监控系统的工作环境、结构及配置、系统功能、性能指标等技术要求。本标准适用于35kV及以下电压等级的新建、改建和扩建微电网。

**微电网能量管理系统技术规范**

**标准编号**：GB/T 36274—2018 **实施日期**：2019/01/01

**发布部门**：国家市场监督管理总局、中国国家标准化管理委员会

**归口单位**：中国电力企业联合会

**标准简介**：本标准规定了微电网能量管理系统的结构及配置、工作环境条件、系统功能、性能指标等技术要求。本标准适用于35kV及以下电压等级的新建、改建和扩建微电网。

**电动汽车充换电设施接入配电网技术规范**

**标准编号**：GB/T 36278—2018 **实施日期**：2019/01/01

**发布部门**：国家市场监督管理总局、中国国家标准化管理委员会

**归口单位**：中国电力企业联合会

**标准简介**：本标准规定了电动汽车充换电设施接入配电网的基本原则和技术要求。本标准适用于接入110kV及以下电压等级电网的电动汽车充换电设施。

**LED应用产品可靠性试验的点估计和区间估计（指数分布）**

**标准编号**：GB/T 36362—2018 **实施日期**：2019/01/01

**发布部门**：国家市场监督管理总局、中国国家标准化管理委员会

**归口单位**：中华人民共和国工业和信息化部（电子）

**标准简介**：本标准规定了LED应用产品可靠性试验的点估计和区间估计的数据获取和处理方法。本标准适用于服从指数分布或近似服从指数分布的LED应用产品的可靠性试验的实验室试验数据处理和现场使用数据处理。

**电动自行车用充电器技术要求**

**标准编号**：GB/T 36944—2018 **实施日期**：2019/07/01

**发布部门**：国家市场监督管理总局、中国国家标准化管理委员会

**归口单位**：全国自行车标准化技术委员会（SAC/TC 155）

**标准简介**：本标准规定了电动自行车用充电器的术语和定义、分类和代号、要求、试验方法、检验规则、标志、说明书、包装、运输和贮存。本标准适用于额定电压不超过250V的电动自行车用蓄电池充电器。本标准不适用于电动自行车用车载充电器。

**面向老年人的家用电器用户界面设计规范**

**标准编号**：GB/T 36947—2018 **实施日期**：2019/07/01

**发布部门**：国家市场监督管理总局、中国国家标准化管理委员会

**归口单位**：全国家用电器标准化技术委员会（SAC/TC 46）

**标准简介**：本标准规定了考虑老年人需求的家用和类似用途电器（以下简称器具）的用户界面要素、设计要求及设计评价。本标准适用于考虑老年人需求的器具用户界面的易用性设计。

**光伏建筑一体化系统防雷技术规范**

**标准编号**：GB/T 36963—2018 **实施日期**：2019/07/01

**发布部门**：国家市场监督管理总局、中国国家标准化管理委员会

**归口单位**：全国雷电防护标准化技术委员会（SAC/TC 258）

**标准简介**：本标准规定了光伏建筑一体化系统的直击雷防护、雷电电磁脉冲防护及相关雷电防护装置的检测与维护等要求。本标准适用于新建、改建、扩建光伏建筑一体化系统的防雷设计和施工，即有光伏建筑一体化系统的防雷设计和施工可参照使用。

**风力发电机组 电网适应性测试规程**

**标准编号**：GB/T 36994—2018 **实施日期**：2019/07/01

**发布部门**：国家市场监督管理总局、中国国家标准化管理委员会

**归口单位**：全国风力机械标准化技术委员会（SAC/TC 50）

**标准简介**：本标准规定了风力发电机组（以下简称风电机组）电网适应性测试的测试内容、测试设备、测试程序和测试报告内容。本标准适用于并网型风电机组。

**风力发电机组 故障电压穿越能力测试规程**

**标准编号**：GB/T 36995—2018 **实施日期**：2019/07/01

**发布部门**：国家市场监督管理总局、中国国家标准化

管理委员会

**归口单位**：全国风力机械标准化技术委员会（SAC/TC 50）

**标准简介**：本标准规定了风力发电机组（以下简称风电机组）故障电压穿越能力的技术要求、测试条件、测试内容、测试要求、测试程序和测试报告内容。本标准适用于并网型风电机组。

**冶金用变频调速设备**

**标准编号**：GB/T 37009—2018　**实施日期**：2019/07/01

**发布部门**：国家市场监督管理总局、中国国家标准化管理委员会

**归口单位**：全国变频调速设备标准化技术委员会（SAC/TC 518）

**标准简介**：本标准规定了冶金用变频调速设备的分类与额定值、使用条件、技术要求、试验项目及标志、包装、运输与贮存。本标准适用于额定输入电压为交流 1kV 等级及以下、额定输入频率为 50Hz 或 60Hz，输出电压 1kV 及以下，输出频率小于 300Hz 的高性能、重载型变频调速设备。

**无线充电设备的电磁兼容性通用要求和测试方法**

**标准编号**：GB/T 37132—2018　**实施日期**：2019/07/01

**发布部门**：国家市场监督管理总局、中国国家标准化管理委员会

**归口单位**：全国无线电标准化技术委员会（SAC/TC 79）

**标准简介**：本标准规定了无线充电设备的电磁兼容性要求，包括限值、性能判据和测量方法等。本标准适用于各类无线充电设备，不包括电动汽车无线充电系统。注：在有相关的专用产品或产品类电磁兼容标准的情况下，产品标准或产品类标准在各方面将优先于本标准。

**电动汽车用高压大电流线束和连接器技术要求**

**标准编号**：GB/T 37133—2018　**实施日期**：2019/07/01

**发布部门**：中华人民共和国工业和信息化部

**归口单位**：全国汽车标准化技术委员会（SAC/TC 114）

**标准简介**：本标准规定了由电动汽车用高压大电流线束和连接器组成的高压连接系统的一般要求、电气性能、物理性能、环境适应性、电磁屏蔽效能、试验方法和检验规则。本标准适用于符合 GB/T 18384.3-2015 规定的 B 级电压的电动汽车用高压连接系统。注：连接系统中用于传导非 B 级电压电路的部分可参考使用本标准。本标准不适用于电动汽车传导充电连接装置。

**城市公共设施　电动汽车充换电设施运营管理服务规范**

**标准编号**：GB/T 37293—2019　**实施日期**：2019/10/01

**发布部门**：国家市场监督管理总局、中国国家标准化管理委员会

**归口单位**：中国电力企业联合会

**标准简介**：本标准规定了电动汽车充电站、电池更换站和分散充电设施运营的总体要求、环境要求、标志标识、运营管理要求、服务要求、评价改进。本标准适用于电动汽车充电站、电池更换站和分散充电设施运营管理与服务。

**城市公共设施　电动汽车充换电设施安全技术防范系统要求**

**标准编号**：GB/T 37295—2019　**实施日期**：2019/10/01

**发布部门**：国家市场监督管理总局、中国国家标准化管理委员会

**归口单位**：中国电力企业联合会

**标准简介**：本标准规定了城市公共设施电动汽车充换电设施安全技术防范系统的总体要求，充电站、电池更换站、分散式充电设施和管理与维护等相关要求。本标准适用于新建、改建、扩建的城市公共设施电动汽车充换电设施视频安防监控、入侵报警、出入口控制等安全技术防范系统建设。

**船舶电力谐波滤波器**

**标准编号**：GB/T 37318—2019　**实施日期**：2019/10/01

**发布部门**：国家市场监督管理总局、中国国家标准化管理委员会

**归口单位**：全国船舶电气及电子设备标准化技术委员会（SAC/TC 531）

**标准简介**：本标准规定了船舶电力谐波滤波器的要求、试验方法、检验规则、标志、包装、运输和贮存等要求。本标准适用于工作频率为 50Hz、60Hz，额定工作电压不超过 1000V 的船舶有源电力谐波滤波器（以下简称滤波器）。

**电梯节能逆变电源装置**

**标准编号**：GB/T 37319—2019　**实施日期**：2019/10/01

**发布部门**：国家市场监督管理总局、中国国家标准化管理委员会

**归口单位**：全国电力电子系统和设备标准化技术委员会（SAC/TC 60）

**标准简介**：本标准规定了电梯节能逆变电源装置的术语和定义、型号规格和基本参数、技术要求、试验方法、检验规则，以及标志、包装、运输与贮存。本标准适用于电梯节能逆变电源装置（以下简称电源装置）。本标准不适用于电梯节能逆变回馈电网的电源装置。

**超级电容器用活性炭**

**标准编号**：GB/T 37386—2019　**实施日期**：2020/02/01

**发布部门**：国家市场监督管理总局、中国国家标准化

管理委员会

**归口单位：**全国钢标准化技术委员会（SAC/TC 183）

**标准简介：**本标准规定了超级电容器用活性炭的术语和定义、分类和代号、技术要求、试验方法、检测规则、包装、标志、储存和运输。本标准适用于超级电容器用活性炭。

**光伏发电并网逆变器技术要求**

**标准编号：**GB/T 37408—2019 **实施日期：**2019/12/01

**发布部门：**国家市场监督管理总局、中国国家标准化管理委员会

**归口单位：**中国电力企业联合会

**标准简介：**本标准规定了光伏发电并网逆变器的分类、环境条件、安全要求、电气性能、电磁兼容性能、标识、文档、包装、运输和储运等相关技术要求。本标准适用于并网型光伏逆变器。

**光伏发电并网逆变器检测技术规范**

**标准编号：**GB/T 37409—2019 **实施日期：**2019/12/01

**发布部门：**国家市场监督管理总局、中国国家标准化管理委员会

**归口单位：**中国电力企业联合会

**标准简介：**本标准规定了光伏发电并网逆变器的外观与结构、环境适应性、安全性能、电气性能、通信、电磁兼容性、效率、标识耐久性、包装、运输和储存方面检测的技术要求。本标准适用于并网型光伏逆变器的型式试验，出厂试验和现场试验也可参照执行。

**地面用太阳能光伏组件接线盒技术条件**

**标准编号：**GB/T 37410—2019 **实施日期：**2019/12/01

**发布部门：**国家市场监督管理总局、中国国家标准化管理委员会

**归口单位：**中国标准化研究院

**标准简介：**本标准规定了地面用太阳能光伏组件接线盒的结构要求和性能要求，以及测试方法。本标准适用于直流电压小于或等于 1500V 且符合标准 GB/T 20047.1—2006 中应用等级Ⅱ的光伏组件用接线盒。安装在组件上用于控制、监视或者类似操作的电子装置，可参考本标准。

**城市轨道交通再生制动能量吸收逆变装置**

**标准编号：**GB/T 37423—2019 **实施日期：**2019/12/01

**发布部门：**国家市场监督管理总局、中国国家标准化管理委员会

**归口单位：**全国城市轨道交通标准化技术委员会（SAC/TC 290）

**标准简介：**本标准规定了城市轨道交通列车再生制动能量吸收逆变装置（以下简称逆变装置）的使用条件、分类、规格及型号、技术要求、试验方法、检验规则、标志、包装、运输和贮存等。本标准适用于城市轨道交通直流牵引供电系统中以逆变回馈方式吸收列车再生制动能量的装置。

**海上风力发电机组 运行及维护要求**

**标准编号：**GB/T 37424—2019 **实施日期：**2019/12/01

**发布部门：**国家市场监督管理总局、中国国家标准化管理委员会

**归口单位：**全国风力机械标准化技术委员会（SAC/TC 50）

**标准简介：**本标准规定了海上风力发电机组（以下简称“海上机组”）运行和维护相关的安全、人员、设备、环境、管理要求。本标准适用于固定式基础的海上机组运行及维护。漂浮式海上机组可参照使用。

**电解铝行业能源管理体系实施指南**

**标准编号：**GB/T 37482—2019 **实施日期：**2020/03/01

**发布部门：**国家市场监督管理总局、中国国家标准化管理委员会

**归口单位：**全国能源基础与管理标准化技术委员会（SAC/TC 20）

**标准简介：**本标准提出了电解铝企业建立、实施、保持和改进其能源管理体系的系统性指导建议，旨在使企业能够科学、有效地建立、实施、保持和改进能源管理体系，确保其能源绩效目标的实现。本标准适用于各类不同规模的电解铝（不含铝用炭素和铝加工）企业。

**太阳能资源评估方法**

**标准编号：**GB/T 37526—2019 **实施日期：**2020/01/01

**发布部门：**国家市场监督管理总局、中国国家标准化管理委员会

**归口单位：**全国气候与气候变化标准化技术委员会风能太阳能气候资源分技术委员会（SAC/TC 540/SC 2）

**标准简介：**本标准规定了太阳能资源数据基本要求和处理方法、代表年数据订正方法及评估内容要求等。本标准适用于能源、建筑、气象、电力、农业等相关领域太阳能利用的规划、科研和产业中太阳能资源的计算和评估。

**LED 投光灯具性能要求**

**标准编号：**GB/T 37637—2019 **实施日期：**2020/01/01

**发布部门：**国家市场监督管理总局、中国国家标准化管理委员会

**归口单位：**全国照明电器标准化技术委员会（SAC/TC 224）

**标准简介：**本标准规定了电源电压不超过 1000V、以 LED 为光源的投光灯具（以下简称“灯具”）的性能要

求。本标准适用于在建筑、景观、艺术作品、公共场所、体育场馆等使用的灯具。本标准不适用于半峰边角小于 2°的灯具（如探照灯）。本标准不涉及由 GB/T 31897.1—2015 覆盖的使用 LED 灯的灯具。

**光伏与建筑一体化发电系统验收规范**

**标准编号**：GB/T 37655—2019 **实施日期**：2020/01/01

**发布部门**：国家市场监督管理总局、中国国家标准化管理委员会

**归口单位**：中国标准化研究院

**标准简介**：本标准规定了光伏与建筑一体化发电系统验收的术语和定义、验收的基本要求，以及结构相关工程验收、电气工程验收、系统整体验收等分项验收的内容。本标准适用于新建、改建和扩建的工业、民用建筑与太阳能光伏一体化系统工程，以及在既有工业与民用建筑上安装和改造已安装的光伏系统工程。

**并网光伏电站启动验收技术规范**

**标准编号**：GB/T 37658—2019 **实施日期**：2020/01/01

**发布部门**：国家市场监督管理总局、中国国家标准化管理委员会

**归口单位**：中国电力企业联合会

**标准简介**：本标准规定了光伏发电站启动验收的主要工作、程序和内容。本标准适用于通过 35kV 及以上电压等级并网，以及通过 10kV 电压等级与公用电网连接的新建、改建和扩建的光伏发电站的启动验收。

**柔性直流输电用电力电子器件技术规范**

**标准编号**：GB/T 37660—2019 **实施日期**：2020/01/01

**发布部门**：国家市场监督管理总局、中国国家标准化管理委员会

**归口单位**：全国输配电用电力电子器件标准化技术委员会（SAC/TC 413）

**标准简介**：本标准规定了柔性直流输电用电力电子器件的术语和定义、额定值和特性、试验、标志和订货单。本标准适用于柔性直流输电用 IGBT-二极管对，柔性直流输电用其他类型的全控型电力电子器件也可参照执行。

**湿热带分布式光伏户外实证试验要求 第 1 部分：光伏组件**

**标准编号**：GB/T 37663.1—2019 **实施日期**：2020/01/01

**发布部门**：国家市场监督管理总局、中国国家标准化管理委员会

**归口单位**：全国电工电子产品环境条件与环境试验标准化技术委员会（SAC/TC 8）

**标准简介**：GB/T 37663 的本部分规定了地面用晶体硅、薄膜光伏组件（聚光光伏组件除外）的户外实证试验要求，包括样品要求、试验条件、安装要求、试验过程、结果处理等。本部分适用于 GB/T 4797.1 规定的我国“湿热”气候区的分布式光伏发电系统中应用的光伏组件。大型地面光伏电站应用的光伏组件，以及我国“亚湿热”气候区也可参照执行。本部分不适用于双面光伏组件。

**湿热带分布式光伏户外实证试验要求 第 2 部分：光伏背板**

**标准编号**：GB/T 37663.2—2019 **实施日期**：2020/01/01

**发布部门**：国家市场监督管理总局、中国国家标准化管理委员会

**归口单位**：全国电工电子产品环境条件与环境试验标准化技术委员会（SAC/TC 8）

**标准简介**：GB/T 37663 的本部分规定了晶体硅组件封装用背板（以下简称“背板”）的户外实证试验要求，包括样品的制备、试验场地、性能测试、户外实证试验以及结果评定。本部分适用于晶体硅组件封装用背板，不包括应用于光伏组件外的其他种类背板。本部分适用于 GB/T 4797.1 规定的“湿热”区应用的光伏背板。对于“亚湿热”也可参照执行。

**湿热带分布式光伏户外实证试验要求 第 3 部分：并网光伏系统**

**标准编号**：GB/T 37663.3—2019 **实施日期**：2020/01/01

**发布部门**：国家市场监督管理总局、中国国家标准化管理委员会

**归口单位**：全国电工电子产品环境条件与环境试验标准化技术委员会（SAC/TC 8）

**标准简介**：GB/T 37663 的本部分规定了分布式并网光伏系统的户外实证试验要求，包括实证试验的基本要求，以及太阳能资源实证试验、发电效率实证试验、发电运行实证试验和并网性能实证试验的试验方法。本部分适用于 GB/T 4797.1 规定的“湿热”气候区的通过 AC 380V 电压等级接入电网，以及通过 AC10（6）kV 电压等级接入用户侧的新建、改建和扩建分布式并网光伏系统，不适用于聚光光伏组件组成的分布式并网光伏系统。大型地面光伏电站，以及“亚湿热带”气候区的并网光伏系统，也可参照执行。

**信息技术 电子信息产品用低功率无线充电器通用规范**

**标准编号**：GB/T 37687—2019 **实施日期**：2020/03/01

**发布部门**：国家市场监督管理总局、中国国家标准化管理委员会

**归口单位**：全国信息技术标准化技术委员会（SAC/TC 28）

**标准简介**：本标准规定了电子信息产品用低功率无线充电器类产品（以下简称产品）的要求、试验方法、质量

评定程序以及标志、包装、运输和贮存。本标准适用于电子信息产品用输出功率不大于 30W 的电磁感应式无线充电器类产品的设计、生产和交付验收。

**数据中心能源管理体系实施指南**

**标准编号**：GB/T 37779—2019　**实施日期**：2020/03/01

**发布部门**：国家市场监督管理总局、中国国家标准化管理委员会

**归口单位**：全国能源基础与管理标准化技术委员会（SAC/TC 20）

**标准简介**：本标准提出了数据中心按照 GB/T 23331—2012 建立、实施、保持和改进其能源管理体系的系统性指导建议。本标准适用于各类固定式数据中心，移动式数据中心可参照执行。

**地面光伏组件背轨粘接用有机硅胶粘剂**

**标准编号**：GB/T 37882—2019　**实施日期**：2020/07/01

**发布部门**：国家市场监督管理总局、中国国家标准化管理委员会

**归口单位**：全国胶粘剂标准化技术委员会（SAC/TC 185）

**标准简介**：本标准规定了地面光伏组件背轨粘接用有机硅胶粘剂的技术要求、试验方法、检验及标志、运输、贮存等。本标准适用于晶体硅光伏双玻组件和薄膜组件的背轨结构粘接用有机硅胶粘剂。本标准不适用于带聚光器的光伏组件。

**地面光伏组件用密封材料 压敏胶粘带**

**标准编号**：GB/T 37888—2019　**实施日期**：2020/07/01

**发布部门**：国家市场监督管理总局、中国国家标准化管理委员会

**归口单位**：全国胶粘剂标准化技术委员会（SAC/TC 185）

**标准简介**：本标准规定了地面光伏组件密封用压敏胶粘带的技术要求、试验方法、检验规则、标志、包装、运输和贮存等。本标准适用于地面光伏组件边框密封用压敏胶粘带。

**风力发电机组　吊装安全技术规程**

**标准编号**：GB/T 37898—2019　**实施日期**：2020/03/01

**发布部门**：国家市场监督管理总局、中国国家标准化管理委员会

**归口单位**：全国风力机械标准化技术委员会（SAC/TC 50）

**标准简介**：本标准规定了风力发电机组吊装作业的安全技术要求。本标准适用于风力发电机组吊装作业的施工安全技术管理。

**高海拔型风力发电机组**

**标准编号**：GB/T 37921—2019　**实施日期**：2020/03/01

**发布部门**：国家市场监督管理总局、中国国家标准化管理委员会

**归口单位**：全国风力机械标准化技术委员会（SAC/TC 50）

**标准简介**：本标准规定了高海拔型风力发电机组（以下简称“机组”）适用的外部条件、技术要求、试验方法、检验规则、运输、安装、运行和维护。本标准适用于安装在海拔高度为 2000～5000m 地区的并网型水平轴风力发电机组。

**风能发电系统　风力发电场可利用率**

**标准编号**：GB/T 38174—2019　**实施日期**：2020/05/01

**发布部门**：国家市场监督管理总局、中国国家标准化管理委员会

**归口单位**：全国风力机械标准化技术委员会（SAC/TC 50）

**标准简介**：本标准提供了风力发电场时间可利用率、服务产出可利用率性能指标的计算框架，描述了数据类别方法，并给出了应用这些数据计算可利用率指标的示例。本标准将 GB/Z 35482—2017 和 GB/Z 35483—2017 模型中的术语和定义应用到风力发电场。本标准的基本方法是假设可将整个风力发电场建模为单台风力发电机组，以代表整个风力发电场。该风力发电场为并网点处所有的风力发电机组、功能性服务及风力发电场配套设施组成的集合体。本标准的目的，不是规定时间可利用率和服务产出可利用率的计算方法，也不为功率曲线性能测量提供依据；关于功率曲线测量，见 IEC 61400-12。但其附录宜为可利用率指标计算方法提供详例和指南。

**港口船岸连接　第 1 部分：高压岸电连接（HVSC）系统　一般要求**

**标准编号**：GB/T 38329.1—2019　**实施日期**：2020/07/01

**发布部门**：国家市场监督管理总局、中国国家标准化管理委员会

**归口单位**：全国船舶电气及电子设备标准化技术委员会（SAC/TC 531）

**标准简介**：本部分规定了船上和岸上高压岸电连接（HVSC）系统以及从岸上向船舶输送电力的系统的相关要求。

**光伏发电站逆变器检修维护规程**

**标准编号**：GB/T 38330—2019　**实施日期**：2020/07/01

**发布部门**：国家市场监督管理总局、中国国家标准化管理委员会

**归口单位**：中国电力企业联合会

**标准简介**：本标准规定了光伏发电站逆变器检修、维护、试验等技术要求。本标准适用于光伏发电站。

**光伏发电站运行规程**

**标准编号**：GB/T 38335—2019 **实施日期**：2020/07/01

**发布部门**：国家市场监督管理总局、中国国家标准化管理委员会

**归口单位**：中国电力企业联合会

**标准简介**：本标准规定了光伏发电站的运行控制、巡视检查、日常维护、异常运行与故障处理等技术要求。本标准适用于大中型光伏发电站。

**超声波电动机及其驱动控制器通用技术条件**

**标准编号**：GB/T 38337—2019 **实施日期**：2020/07/01

**发布部门**：国家市场监督管理总局、中国国家标准化管理委员会

**归口单位**：全国微电机标准化技术委员会（SAC/TC 2）

**标准简介**：本标准规定了超声波电动机及其驱动控制器的术语和定义、分类、运行条件、技术要求和试验方法、检验规则、交付准备和质量保证期。本标准适用于旋转型超声波电动机（以下简称“超声电机”）及其驱动控制器（以下简称“驱动器”），直线型超声波电动机及其驱动控制器可参照使用。

**宇航用钽电容器用关键材料选用与控制要求**

**标准编号**：GB/T 38346—2019 **实施日期**：2020/07/01

**发布部门**：国家市场监督管理总局、中国国家标准化管理委员会

**归口单位**：全国宇航技术及其应用标准化技术委员会（SAC/TC 425）

**标准简介**：本标准规定了宇航用钽电容器用关键材料的识别、检验、贮存等要求及供方的管理办法。本标准适用于宇航用片式固体电解质钽电容器（以下简称片式钽电容器）、宇航用非固体电解质全钽电容器（以下简称全钽电容器）及宇航用金属外壳封装固体电解质钽电容器（以下简称固体钽电容器）承制方或供应商的材料控制及供方的管理。其他钽电容器可参照本标准执行。

**太阳能光伏橡胶组件**

**标准编号**：GB/T 38391—2019 **实施日期**：2020/11/01

**发布部门**：国家市场监督管理总局、中国国家标准化管理委员会

**归口单位**：全国橡胶与橡胶制品标准化技术委员会（SAC/TC 35）

**标准简介**：本标准规定了太阳能光伏橡胶组件的结构、技术要求、试验方法、检验规则及标志、包装、运输和贮存。本标准适用于太阳能光伏用橡胶组件（以下简称橡胶组件）。

**微电网 第1部分：微电网规划设计导则**

**标准编号**：NB/T 10148—2019 **实施日期**：2019/10/01

**发布部门**：国家能源局

**归口单位**：全国电压电流等级和频率标准化技术委员会（SAC/TC 1）

**标准简介**：本部分给出了微电网规划设计导则。本部分中的微电网指的是包含中、低压负载和分布式能源（Distributed Energy Resources，DER）的交流电气系统。本部分不涉及直流微电网。微电网分为并网型微电网和独立型微电网。独立型微电网和公用电网没有电气连接；并网型微电网是电力系统的一个受控部分，可以运行于以下两种模式：并网模式；孤岛模式。本部分主要包括以下内容：微电网应用范围、资源分析、发电预测、负荷预测；DER规划和微电网电力系统规划；对于DER、微电网接入配电网、微电网控制、保护和通信系统等的技术要求；微电网项目的评估。

**微电网 第2部分：微电网运行导则**

**标准编号**：NB/T 10149—2019 **实施日期**：2019/10/01

**发布部门**：国家能源局

**归口单位**：全国电压电流等级和频率标准化技术委员会（SAC/TC 1）

**标准简介**：本部分规定了微电网运行与控制导则。所指微电网是包含分布式能源（DER）和负荷的中、低压交流电力系统，不包括直流微电网。微电网分为独立型微电网和并网型微电网。独立型微电网与公用电力系统之间没有电气连接，且仅运行于孤岛模式。并网型微电网可作为一个可控单元与公用电力系统连接并可工作于以下两种模式：并网模式；孤岛模式。本部分提出的导则旨在提高微电网的安全性、可靠性和稳定性。本部分适用于并网型和独立型的交流微电网的运行与控制，包括：运行模式和模式转换；微电网的控制和能量管理系统；通信和监测过程；电储能；保护原则（包括：独立型微电网和并网型微电网的保护、反孤岛保护、同步和重合闸、电能质量）；调试、维护和测试。

**电动汽车自用充电设施安装服务认证要求**

**标准编号**：RB/T 008—2019 **实施日期**：2019/07/01

**发布部门**：中国国家认证认可监督管理委员会

**归口单位**：国家认证认可监督管理委员会

**标准简介**：本标准规定了电动汽车自用充电设施安装服务的服务要求、服务管理要求、服务认证评价要求等内容。本标准适用于电动汽车自用充电设施安装方（以下简称安装方）规范其安装服务活动，提升其服务质量，也适用于认证机构开展针对安装方提供的安装服务的服务认证活动。

# 第三篇　电源行业发展报告及综述

# 2019年中国电源学会会员企业30强名单

| 序号 | 企　业 | 主要产品领域 |
| --- | --- | --- |
| 1 | 阳光电源股份有限公司 | 光伏逆变器、风能变流器、储能变流器等 |
| 2 | 深圳市汇川技术股份有限公司 | 变频器、伺服驱动器、PLC、HMI、伺服/直驱电动机、传感器、一体化控制器及专机、工业视觉、机器人控制器、电动汽车电机控制器等 |
| 3 | 科华恒盛股份有限公司 | 信息化设备用UPS电源、工业动力UPS电源系统设备、建筑工程电源、数据中心产品、新能源产品、配套产品等 |
| 4 | 深圳麦格米特电气股份有限公司 | 变频器、伺服驱动器、驱动系统、车用电动机控制器、光伏逆变器等 |
| 5 | 广州东芝白云菱机电力电子有限公司 | 变频器、在线式不间断电源、交直流一体化电源/直流电源、应急电源等 |
| 6 | 深圳市航嘉驰源电气股份有限公司 | PC电源、机箱、电源适配器、移动电源、电源转换器、充电器等 |
| 7 | 深圳科士达科技股份有限公司 | UPS、光伏逆变器、储能等 |
| 8 | 深圳市英威腾电气股份有限公司 | 变频器、UPS电源、电动机控制器、光伏逆变器、新能源车电控系统等 |
| 9 | 深圳市禾望电气股份有限公司 | 风电变流器、光伏逆变器、模块及配件业务等 |
| 10 | 伊戈尔电气股份有限公司 | LED驱动电源、变压器等 |
| 11 | 北京动力源科技股份有限公司 | 交直流电源、高压变频器及综合节能等 |
| 12 | 杭州中恒电气股份有限公司 | 通信电源等 |
| 13 | 深圳可立克科技股份有限公司 | 开关电源、LED驱动电源、磁性器元件、新能源产品等 |
| 14 | 英飞特电子(杭州)股份有限公司 | LED驱动电源、开关电源等 |
| 15 | 北京新雷能科技股份有限公司 | 模块电源、厚膜工艺电源及电路、逆变器、特种电源等 |
| 16 | 广东志成冠军集团有限公司 | UPS、EPS、蓄电池、磷酸铁锂电池、锂电池等 |
| 17 | 伊顿电源(上海)有限公司 | 不间断电源和数据中心方案等 |
| 18 | 东莞市石龙富华电子有限公司 | 医疗电源、LED电源等 |
| 19 | 深圳欧陆通电子股份有限公司 | 电源适配器、工业电源等 |
| 20 | 深圳欣锐科技股份有限公司 | 车载充电机、车载电源集成产品、车载DC/DC变换器等 |
| 21 | 广州金升阳科技有限公司 | AC/DC、DC/DC、隔离变送器、IGBT驱动器、LED驱动器等系列产品 |
| 22 | 四川爱创科技有限公司 | 标准开关电源、平板电视电源、冰箱控制板、冰箱变频板、逆变器、适配器等 |
| 23 | 合肥华耀电子工业有限公司 | 工业开关电源、LED驱动电源、军品电源、新能源充电机等 |
| 24 | 亚源科技股份有限公司 | 电源供应器、光伏逆变器、智慧照明等 |
| 25 | 浙江德力西电器有限公司 | 充电设备、电源设备、消防设备、高低压电器、电子仪表等 |
| 26 | 佛山市顺德区冠宇达电源有限公司 | 5~250W电源适配器，5~250W充电器，30W~5kW内置电源等 |
| 27 | 航天柏克(广东)科技有限公司 | UPS、EPS、稳压电源、直流电源、机房一体化解决方案等 |
| 28 | 深圳奥特迅电力设备股份有限公司 | 不间断电源、电动汽车充电电源、电能质量治理装置等 |
| 29 | 合肥博微田村电气有限公司 | 变压器、电感器 |
| 30 | 北京英博电气股份有限公司 | 电能质量、储能系统等 |

注：1. 此名单以会员企业提供的2019年企业销售数据、上市公司年报等数据为依据得出，未提供数据的会员企业未进行排行。

2. 此名单中仅对主要产品为电源整机的会员企业进行了排行，主要产品为蓄电池、锂电池、功率器件等配套产品的会员企业未列入其中。

3. 同时涉及电源产品以外其他产品的会员企业，根据电源部分的经营数据进行排行。

# 2019年度中国电源行业发展报告

中自产业服务集团

## 一、调研背景

### （一）调查对象

在承继历届电源研究及调查优势与成功经验的基础上，2019年中国电源产业调查的范围延伸到了电源市场的各个板块，包括业内专家学者、厂商、传统渠道商、IT渠道商、系统集成等企业和机构。具体包括：最终用户、产品供应商、维护与支持提供商、渠道商、系统集成商。

### （二）数据来源与调查方法

本届调查主要采取了电话呼叫、问卷调查、线上调查、公开渠道搜集等方式收集信息，并辅助以焦点小组讨论，以及专家集中评审等多种方式，以期更加全面、科学地调查和评估中国电源产业发展状况、电源产品市场与企业的基本状况。在抽样过程中，综合运用了双重抽样、逐次抽样、分阶段抽样、分层抽样、整群抽样、等距抽样等多种方法，以确保调查数据的准确度，综合衡量其优劣。

### （三）样本分布

2019年中国电源产业调查样本区域分布见表1。

表1 2019年中国电源产业调查样本区域分布

| 区域 | 数量占比(%) |
|---|---|
| 华北(北京13、天津3、河北3) | 13.57 |
| 华东(上海13、江苏19、浙江10、安徽8、山东4、福建2、江西1) | 40.71 |
| 华南(广东51、广西0、海南0) | 36.43 |
| 华中(河南1、湖北1、湖南1) | 2.14 |
| 东北(辽宁2、黑龙江0、吉林0、内蒙古0) | 1.43 |
| 西南(重庆1、四川3、贵州0、云南0、西藏0) | 2.86 |
| 西北(陕西3、宁夏1、甘肃0、新疆0、青海0) | 2.86 |
| 合计(140家) | 100 |

数据来源：中国电源学会；中自集团2020年5月。

### （四）合作机构介绍

#### 1. 中国电源学会

中国电源学会成立于1983年，是在国家民政部注册的国家一级社团法人，业务主管部门是中国科学技术协会。中国电源学会的专业范围包括：通信电源、不间断电源（UPS）、通用交流稳定电源、直流稳压电源、变频电源、特种电源、蓄电池、变压器、元器件、电源配套产品等。

学会下设直流电源、照明电源、特种电源、变频电源与电力传动、元器件、电能质量、电磁兼容、磁技术、新能源电能变换技术、信息系统供电技术、无线电能传输技术及装置、新能源车充电与驱动、电力电子化电力系统及装备、交通电气化共14个专业委员会，以及学术、组织、专家咨询、国际交流、科普、编辑、标准化、青年、女科学家、会员发展共10个工作委员会。另外，还有业务联系的10个具有法人资格的地方电源学会。

学会每年举办各种类型的学术交流会。两年一届的大型学术年会至今已经成功举办了23届，会议规模超过1600人，是国内电源界水平最高、规模最大的学术会议。每四年举办一届国际电力电子技术与应用会议暨博览会（IEEE International Power Electronics and Application Conference and Exposition，IEEE PEAC），是中国电源领域首个国际性会议。此外学会每年还举办各种类型的专题研讨会。

中国电源学会的主要出版物有：《电源学报》（中文核心期刊）、《电力电子技术及应用英文学报》（CPSS-TPEA）、《中国电源行业年鉴》、电力电子技术英文丛书、《中国电源学会通讯》（电子版）学会微信公众号等。同时，学会还组织编辑出版系列中文丛书、技术专著以及各种学术会议论文集。

学会于2011年设立“中国电源学会科学技术奖”，奖励在我国电源领域的科学研究、技术创新、新品开发、科技成果推广应用等方面做出突出贡献的个人和单位。电源科技奖于2020年由每两年评选一次调整为每年评选一次。

学会每年举办高校电力电子应用设计大赛，加强国内高校电力电子相关专业学生的相互交流，提高学生的创造力及工程实践的能力。

学会于2016年正式启动团体标准工作，本着“行业主导、需求为先、系统规划、务实高效”的原则，大力推动团体标准建设，以满足行业发展需要，促进电源行业技术进步、自主创新和产业升级。

学会积极开展继续教育活动，每年举办不同主题的培训班。同时，开展一系列行业服务活动，如：科技成果鉴定、技术服务、技术咨询、参与工程项目评价等。

#### 2. 中自产业服务集团

中自产业服务集团（简称中自集团）是集杂志、网站、会议、研究及数字移动媒体为一体的中国自动化产业链整合传播、营销、咨询和投资服务机构，拥有网刊会及数字移动合一的专业平台以及政府部门、行业组织、专家学者、企业家、用户、投资机构等各种社会资源。旗下有《变频器世界》《智慧工厂》（原《PLC&FA》杂志）、《智能机器人》等品牌期刊，历经20年的发展，奠定了其在业界的权威地位，在国内外享有较高声誉。更有中自网 www.ca168.com、中自移动数字传媒 www.cadmm.com 等专业网站。中自集团通过传媒优势，整合各种资源，与国内外著名自动化组织、企业建立了广泛的联系和交流，每年举办数十个论坛和研讨会。其中“变频器行业企业家论坛”“电力电子论坛”“自动化大会”已成为每年一度的行业权威盛会，对推动中国自动化行业持续发展起到了积极的作用。

近 20 年来，中自集团致力于为中国自动化产业发展提供专业的传播、营销和咨询服务，推动这一市场持续快速发展。并随着企业对于跨越式发展的追求，于 2009 年涉足对这一产业的投融资服务，为业内高成长性企业对接资本市场提供专业支持。中自集团先后开展了一系列服务，协助十多家企业登陆资本市场，也为国际企业在中国市场实现成功并购提供专业咨询，典型案例包括但不限于：指导并协助多家企业获得发改委、科技部及工信部的专项基金支持，为上市打好坚实基础；为证监会发审委提供行业研究报告及相关企业业绩证明；为某企业引进投资、解决用地问题，协助登陆资本市场；参与并促成业内几宗大的并购；为业内企业上市及融资提供专业支持。

目前，中国自动化及新能源领域的高成长性企业不断涌现，经过集团筛选的、适合投资的企业也达到数十家。中自集团拟从种子期的培育、发展期的投资以及上市前的包装等各个阶段提供服务。同时，由于国内资本市场竞争激烈以及同一行业上市容量有限等因素，部分企业将选择海外上市等渠道；另一方面，海外有实力的企业也将在中国寻求并购等，以快速进入这一全球最大的市场。因此，中自集团也在与海外有关专业机构合作，为相关企业提供多渠道、多形式的投融资服务。

中自集团现已拥有 1000 余家企业合作伙伴，常年企业合作伙伴 300 余家，粉丝级合作伙伴 100 余家，拥有庞大数据的读者俱乐部、企业家俱乐部及媒体联盟，秉承铁肩担道义的传媒使命，经过近 15 年的发展，中自集团已由单一媒体成功转型为中国自动化产业立体传播、营销、咨询和投资服务机构。除了一如既往地做好整合传播和全产业链营销工作，在新的历史机遇面前，中自集团整合各种优质资源，打造创新服务平台，借此推进企业与高校、资本以及供应链的深入对接，加快创新成果转化，共建技术协作平台，借助资本推动，为业内成长性企业腾飞提供实质性保障，并一起联合更多相关机构为产业持续发展做出更大贡献。

## 二、2019 年电源行业市场概况分析

### （一）2019 年中国电源行业市场规模分析

2019 年是新中国成立 70 周年，是实施“十三五”规划、决胜全面建成小康社会的冲刺攻坚之年。随着 5G（第五代移动通信技术）时代即将来临，2019 年我国将建立包括云计算、物联网、大数据、产业互联网和工业互联网在内的“万物智联”的生态系统。云计算、物联网、大数据、产业互联网、工业互联网、轨道交通、新能源电动汽车等都瞄准新一代信息技术、高端装备等战略重点产业，成为电源行业新的增长点。

十九大报告中提出“加快建设制造强国，推动互联网、大数据、人工智能和实体经济深度融合，在中高端消费、创新引领、绿色低碳、共享经济、现代供应链、人力资本服务等领域培育新增长点、形成新动能”，明确了经济新动力主要方向。

“十三五”能源规划的提出，以新能源为支点的我国能源转型体系正加速变革，大力发展新能源已上升到国家战略高度。国家出台了一系列政策措施积极扶持新能源产业，风电、光伏发电、微网储能、分布式能源等成为新能源发展的重点，新能源行业已进入发展的快车道。

新能源电动汽车领域，迎来了快速发展的机遇期。根据统计，自 2008 年以来，我国共计出台新能源汽车产业国家及地区政策 200 余项，已逐步形成了较为完善的政策体系，从宏观统筹、推广应用、行业管理、财税优惠、技术创新、基础设施等方面全面推动了我国新能源汽车产业快速发展，并初步实现了引领全球的龙头作用。根据《“十三五”国家战略性新兴产业发展规划》要求，到 2020 年，纯电动汽车和插电式混合动力汽车生产能力达 200 万辆、累计产销量超过 500 万辆，燃料电池汽车、车用氢能源产业与国际同步发展。仅 2018 年前 10 月，国家出台了 20 项与新能源汽车相关的政策，引导新能源汽车健康有序的发展。

2019 年的核心主题是“新基建”，未来将充分享受政策红利的释放。基建的重心不再是房地产，而是城际交通、物流、市政基础设施，以及 5G、人工智能、工业互联网等新型基础设施建设。“新基建”有以下几个方向：1）5G 基站建设；2）特高压；3）城际高速铁路和城市轨道交通；4）新能源汽车充电桩；5）大数据中心；6）人工智能；7）工业互联网。上述几个方向中的特高压、铁路和轨道交通、新能源汽车充电桩等均为电源产品提供了大量广泛的应用场景，势必带动市场规模激增。

随着上述应用行业的高速发展，2019 年中国电源产业呈现出良好的发展态势，产值规模同比 2018 年增长率为 9.68%，总产值达 2697 亿元。中国电源行业的规模分析主要指产值，包含国内销售、出口、OEM/ODM 等几个部分，本报告涉及的数值如未特意表明均指产品产值（不包含港、澳、台等地区，以下相同）；另外报告分析的电源行业仅指电子电源，不包括化学电源和物理电源。2015—2019 年中国电源产业产值规模见表 2，如图 1 所示。

但是，因 2020 年初新型冠状病毒肺炎疫情而封城，第一季度经济几乎停滞。虽然 4 月开始，部分企业复工复产，但大多企业还都是在五一假期以后才开始复工。2020 年上半年预计所有经济都将同比大幅下降，电源行业也会受到相应的影响。

表 2 2015—2019 年中国电源产业产值规模

| 年份 | 2015 年 | 2016 年 | 2017 年 | 2018 年 | 2019 年 |
|---|---|---|---|---|---|
| 产值/亿元 | 1924 | 2056 | 2321 | 2459 | 2697 |
| 增长率(%) | 6.1 | 6.9 | 12.9 | 5.95 | 9.68 |

数据来源：中国电源学会；中自集团 2020 年 5 月。

数据来源：中国电源学会；中自集团 2020 年 5 月。

图 1 2015—2019 年中国电源产业产值规模

### （二）2019 年中国电源行业市场特征分析

#### 1. 中国电源行业进入门槛分析

（1）技术壁垒

电源技术是采用半导体功率器件、电磁元件、电池等元器件，运用电气工程、自动控制、微电子、电化学、新能源等技术，将粗电加工成高效率、高质量、高可靠性的交流、直流、脉冲等形式的电能的一门多学科交叉的科学技术。高性能电源产品具有高效率、高可靠性、高功率密度、优良的电磁兼容性等要求，需要专精于电路、结构、软件、工艺、可靠性等方面的技术人员构成的团队共同进行研发，其中高端电源领域对制造工艺、可靠性设计等方面的要求更高，需要长期、大量的工艺技术经验积累和研发投入。按照国际行业标准建立开发、测试的管理平台，需要更高水平的知识产权识别和管理能力，同时需要投入大量满足国际标准的测试仪器设备。

（2）企业资质认证壁垒

通信、航空、航天、国防、铁路等领域的设备制造商需要对电源厂家的资产规模、管理水平、历史供货情况、生产能力、产品性能、销售网络和售后服务保证能力等方面进行综合评审，只有通过设备厂商的资质认定，电源厂家才能进入其采购范围。为获得以上所述行业设备厂商的资质认证，企业一般需要先行通过行业或管理机构的第三方认证。国防军工行业客户一般要求 GJB 9000 军工产品质量管理体系认证等资质；国际通信客户一般要求 ISO 9000、ISO 14000 等资质；新能源汽车客户一般要求 ISO/TS 16949、ISO 14000、ISO 9000、ISO 26262 等资质。

（3）规模效应壁垒

电源产品所选用的电子元器件及配套材料具有很强的通用性，因此可以形成规模效应。电源生产企业只有形成规模效应，通过批量生产产品，才能有效地降低产品成本，取得价格优势，获得相应的市场份额。

#### 2. 中国电源行业市场集中度与竞争分析

电源产业在欧美发达国家技术较为成熟，中国市场发展相对较晚。近年来，随着国际产业转移、中国信息化建设的不断深入以及航空、航天及军工产业的持续发展，下游行业快速发展对电源行业的有力拉动，中国电源产业市场迎来了前所未有的商机。

中国电源企业主要分布在三个区域——华东长江三角洲：上海、江苏、浙江、安徽、山东、福建一带；华南珠江三角洲：广东深圳/东莞/广州/珠海/佛山、广西等地；华北：北京及周边地区，如河北。武汉、西安、成都等地也有一定分布。这三大区域经济发展最快，轻重工业均较发达，信息化建设和科技研发水平较高，为技术密集型的电源行业的研发、生产、销售提供了充分的条件和便利的场所。中国电源行业已形成了高度市场化的状态，生产电源产品的厂商数量众多，市场集中度较低，且企业规模普遍差别很大。

除去国外企业以及国内一流电源企业，多数电源供应商由于研发能力、制造水平、服务响应能力有限，以生产单一类型的中低端电源产品为主，产品的技术含量和附加值较低，市场竞争尤为激烈，纷纷采用降低产品价格等手段维持一定的销售份额，导致该部分企业的盈利能力逐渐下降，市场的应变能力以及抵抗外部风险的能力较弱。

具有较强研发实力的电源企业，产品工艺水平不断取得突破，能够满足客户对新产品、新工艺的要求，产品利润仍能保持在较高的水平；同时，通信、航空、航天、军工、铁路、电力以及节能环保新能源等多个领域的深度开拓对这部分企业的盈利能力也产生了积极的影响。近年来，全球的电源行业正逐步向中国台湾和大陆转移，国内电源企业的生产工艺及技术水平与国际先进水平差距逐步缩小，国内技术水平较高的电源企业开始拓展海外市场，并与国外厂商展开竞争。

（1）开关电源

开关模式电源又称交换式电源、开关变换器，是一种高频化电能转换装置，是电源供应器的一种。其功能是将一个位准的电压，透过不同形式的架构转换为用户端所需求的电压或电流。开关电源的输入多半是交流电源（例如市电）或是直流电源，而输出多半是需要直流电源的设备。中国电源供应器分类见表 3。

表 3 中国电源供应器分类

| 名称 | 具体内容 |
|---|---|
| 开关电源 | 利用现代电力电子技术，控制开关负责开通和关闭的时间比率，维持未定输出电压 |
| UPS 电源 | 即不间断电源，利用变换器、控制部件和储能部件，实现为电子设备提供储备、稳定、不间断电能供应的装置。主要用于备用电源，防止重要设备突然断电带来的重大损失 |
| 线性电源 | 先将交流电经过变压器降低电压幅值，再经过整流电路整流后，得到脉冲直流电，后经滤波得到带有微小纹波电压的直流电压的电源 |
| 逆变器 | 将直流电转化为交流电的装置 |
| 变频器 | 利用电力半导体器件的通断作用将工频电源变换为另一频率的电能控制装置 |
| 其他电源 | 除以上电源外，具有特定功能的电源 |

开关电源的研究和应用开始于 20 世纪 50 年代。20 世纪 60 年代，开关电源技术基本成型。第一民用标准化开关电源诞生于 20 世纪 70 年代，并于 20 世纪 80 年代中期出现了符合全球通用规格的开关电源。随着上游元器件技术水平和电力电子关键技术的不断发展，开关电源技术取得了

飞速发展，迅速成长为电子工业的重要基础产品。开关电源的研究应用历程如图 2 所示。

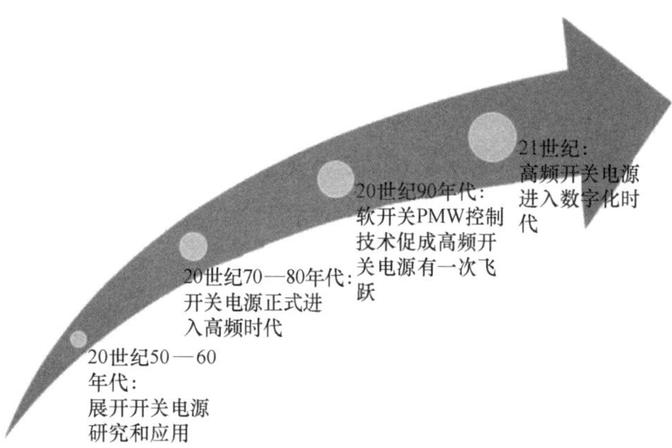


图 2　开关电源的研究应用历程

中国开关电源行业市场化程度较高，呈现完全竞争的市场格局。开关电源主要的原材料是变压器、功率器件、电感器、电抗器等。开关电源属于电子工业的基础产品，下游涉及国民经济众多领域，包括电信、邮政、银行、证券、铁路、民航、税务、工商、石油、海运、航空航天、军队等。

目前，开关电源行业已形成了完善的产业链，上游国际主流元器件供应商控制了开关电源 IC 芯片的制造技术，中游电源制造商根据其掌握的不同水平的电源制造专业技术和生产能力为下游客户提供不同技术水平、类型的电源产品。开关电源行业下游为行业用户，主要包括：工业自动化控制、军工设备、科研设备、LED 照明、工控设备、通信设备、电力设备、仪器仪表、医疗设备、半导体制冷制热、空气净化器、安防监控等；其他个人、家庭产品包括：电子冰箱、液晶显示器、LED 灯具及灯袋、通信设备、视听产品、电脑机箱、数码产品和仪器类等。开关电源产业链上下游如图 3 所示。

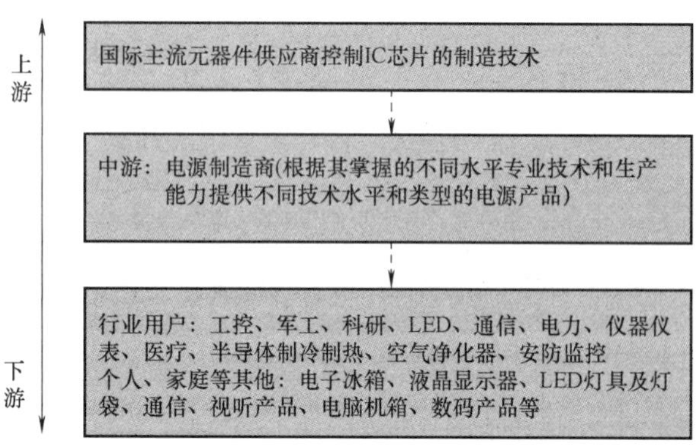


资料来源：中自集团 2020 年 5 月。

图 3　开关电源产业链上下游

我国开关电源在发展的过程中呈现出小型化、薄型化、轻量化、高频化趋势。因为随着开关电源应用领域的不断拓展，用户对开关电源便携性要求越来越高。而在一定范围内，开关频率的提高，不仅能有效地减小电容、电感及变压器的尺寸，而且还能够抑制干扰，改善系统的动态性能，因此小型化、薄型化、轻量化、高频化将是开关电源的主要发展方向。

开关电源作为用电设备中必不可少的重要组成设备，应用领域众多，且不存在替代设备，因此其市场规模庞大。数据显示，近年来中国开关电源销售额保持持续稳定的增长。

（2）UPS 电源

在国内市场，从产品来看，虽然电容量在 20kVA 以下的中小功率市场规模持续缩水，但销售额从 2018 年的 83 亿元上升至 2019 年的 109 亿元，连续五年增长。一方面是中小功率的 UPS 产品价格相对较为低廉；另一方面是 UPS 市场持续向大功率（电容量在 20kVA 以上的 UPS 产品）迁移，主要应用在电信、工业、金融、政府等行业的大型数据中心和高端市场。近年来国家在公路、轨道交通等交通领域加大投资，电力、医疗、海洋等附属设施和信息化建设等行业也有大规模的投资，带动了大功率 UPS 产品的应用。因此，从行业分布来看，电信、互联网、政府、银行、制造是 UPS 市场销售额前五行业。

而大部分发展中国家的市场成熟度较低，小功率 UPS 市场需求巨大，在线式 UPS 中高端产品市场尚处于培育期，跨国 UPS 巨头对当地市场介入程度不深，本土制造厂商缺乏竞争实力。因此，市场竞争以经销商进口产品为主，市场呈自由竞争格局。鉴于发展中国家的市场潜力巨大，发展迅速且市场进入门槛不高，本土公司可采取与当地知名经销商合作的策略，扩大中低端市场份额，确立差异化竞争优势，逐步树立自有品牌形象，并在中高档产品方面发挥比较成本优势，积极与跨国企业展开竞争。

（3）模块电源

在模块电源领域，行业集中度较低，外资企业凭借较高的技术水平、品牌优势和遍及全球的营销网络等迅速抢占国内市场份额，而内资企业则相对逊色，技术含量不高，市场占有率较低，尤其是在中大功率领域，模块电源效率低、体积大，不能满足要求。我国约有几百家模块电源生产厂家，以私营企业、小型企业为主，整体竞争力水平较低，行业集中度较低，市场排名前 10 名厂商的市场占有率不到 60%，且多数是国际品牌，本土品牌较少。在中低端模块电源产品市场，行业基本呈现竞争状况，而在高端产品市场，由于相应的技术、工艺水平等的制约，市场集中度较高，但行业市场规模较小，市场份额主要被领先的国际跨国公司占领。

从销售收入占比来看，市场份额前三名均被国外企业占领。行业应用市场较广泛，模块电源以其更高的转换效率，稳定耐用的性能特点，可适用于各种恶劣的工作环境，使用方便、易于维护，广泛应用于铁路、通信、航空航天、军工、船舶、电子信息、电力、新能源、工控、仪器仪表、电讯、交通车载等领域。而电子信息产业、航空航天、新能源等应用领域是国家计划优先鼓励发展的产业，受到国家政策扶持。尤其是在高可靠和高技术领域发挥着不可替代的重要作用。从模块电源产品的上游行业技术发展来看，随着电子、纳米以及新材料技术的进步，以及尖端设备和用户的需求，模块电源将会继续向小型化、系统化、片式化、高集成、高精密、高性能、高可靠性、高抗辐射和低功耗等方向发展。

产业上游竞争分散，下游市场集中度较高。模块电源产业链主要包括原材料供应商、电源制造商、设备制造商和行业应用客户。原材料供应商处于产业链上游，提供控制芯片、功率器件、变压器、PCB板等电子器件；电源生产企业处于产业链中游，主要完成对电源产品的研发、生产和销售；下游主要为设备制造商，这些设备制造商负责根据行业用户对相关产品的需求，采购相应型号、规格的电源产品。

从产业链各环节竞争局势来看，模块电源产业链的上游较为分散，除芯片领域外，基本处于完全竞争；下游集中度相对较高，且以大客户为主。模块电源位于产业链中游，向上面临人工成本上行和原材料价格波动的风险，向下面临产品降价的压力，因此从长期来看，通过研发投入保证技术持续升级和产品迭代更新是模块电源厂商的核心竞争优势。现阶段，虽然我国模块电源厂商众多，但是技术水平大多数比较落后。模块产业链如图4所示。

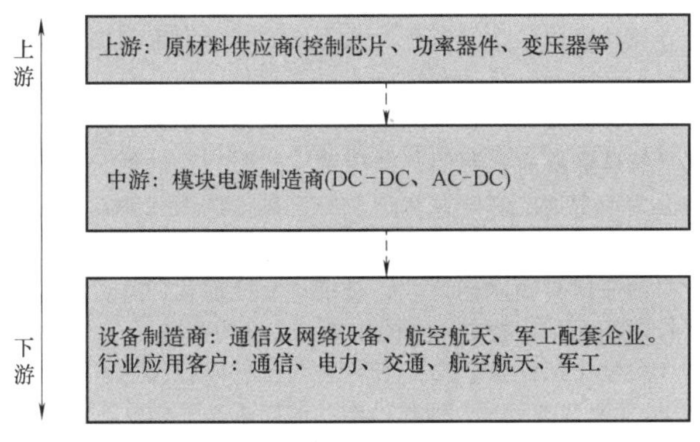


资料来源：中自集团2020年5月。

图4　模块电源产业链上下游

（4）新能源电源

随着国内光伏逆变器市场表现出巨大的潜力，逆变器市场竞争更为激烈，逆变器价格越来越接近盈利临界点。大型光伏逆变器企业间并购整合与资本运作日趋频繁。更低的价格对光伏逆变器生产厂商的技术研发水平、产品生产实力等方面都提出极高要求。缺乏自主研发技术，以购买元器件组装为主的中小逆变器生产企业将面临生存考验，难以获得持续发展。而注重技术积累和技术创新，具有深厚技术研发能力的主流厂商，凭借各方面所拥有的综合优势将获得更大的发展空间。

国内风电变流器厂商整体起步较晚，在风电行业发展初期，主要的风电变流器厂商包括ABB集团、西门子（中国）有限公司、Converteam公司等。随着国家支持政策的陆续出台，风电变流器的进口替代与国产化率显著提升，以深圳市禾望电气股份有限公司为代表的国内产品在国内市场逐渐占据主导地位，进口产品的市场占有率逐年下滑，部分企业甚至淡出了国内风电市场竞争。国内风电变流器市场的主流产品为1.5MW、2MW，国内厂商通过多年的研发在技术实力上已经达到了国外领先厂商的水平。

（5）变频器电源

国内大部分企业成立时间不长，产品进入市场的时间也较短，因此在产品成熟度和知名度方面还很难与国外品牌媲美，与国外品牌仍存在一定差距。

低压变频器市场集中度有所下降，除了两大巨头ABB、西门子公司占据21%的市场份额，3~10名的市场占率相差不大，外资品牌在国内变频器市场的占有率仍维持在60%~70%。而国产品牌今年内虽有上升趋势，但是市场占有率提升方面仍不明显，如深圳市汇川技术股份有限公司（简称汇川技术）市场占有率为6%，位列第三位；深圳市英威腾电气股份有限公司（简称英威腾）为4%，跻身前十大低压变频器厂商。

国内品牌如汇川技术等，与国际品牌ABB集团、西门子（中国）有限公司的差距日渐缩小。ABB集团、西门子公司等以中高端市场为主，产品应用主要集中在起重、冶金、建材、机床和食品饮料等项目型市场；而处于第二阵营的汇川技术、台达电子东莞有限公司（简称台达）、施耐德电气有限公司（简称施耐德）等则主要专注于中低端的OEM和高端风机泵类市场。从市场份额来看，汇川技术目前牢牢占据低压变频器市场份额第三的位置。

**3. 中国电源行业利润情况分析**

近年来，中国电源行业利润总额呈现波动态势，经历了2013年下降之后，2014年开始连续增长。近三年来，受新能源汽车和分布式电站的发展，行业盈利能力不断提升。

2018年大多数电源行业上市企业利润均实现增长。2019年归属上市公司股东的净利润最多的为汇川技术，净利润为9.52亿元。其次是阳光电源股份有限公司，归属于上市公司股东的净利润为8.93亿元。2019年，我国电源行业毛利润总额约为170亿元，但净利润总额只有十几亿，因很多上市企业亏损，净利润为负值。

（1）行业产品获利能力趋于平稳

2011—2017年，中国电源行业毛利率保持平稳态势，维持在16%左右。2018年电源行业上市企业的毛利率普遍下降1%~30%不等，2019年电源行业上市企业的毛利率也普遍下降，汇川技术的毛利率下降了9.95%，阳光电源的毛利率下降了4.22%。25家上市企业里只有6家毛利率实现了两位数的增长，分别是石家庄通合科技股份有限公司（简称通合科技）为21.57%、茂硕电源科技股份有限公司（简称茂硕）为20.68%、北京科士达为20.61%、英飞特电子（杭州）股份有限公司（简称英飞特）为11.84%、深圳市科陆电子科技股份有限公司（简称科陆）为11.38%、易事特集团股份有限公司（简称易事特）为16.61%。分析样本企业得出，大多数企业生产的产品为低端产品，产能过剩、价格下降、盈利空间缩小；部分企业出现成本费用控制力削弱的现象，三项费用增长率较高，导致毛利率出现大幅度下降。

（2）行业盈利能力相对平稳

从数值上看，2011—2015年，中国电源行业加权净资产收益率平稳，这主要是由于2011年以来，大量电源企业上市，融资能力增强，经过新项目的实施、运营之后，资产获利能力均保持在一个稳定的水平。2016年，受利润增长的影响，大幅提升；2017 年较 2016 年有所下降，但仍维持在较高水平；2018 年较 2017 年还是有所下降；2019 年，平均加权净资产收益率为-0.2708%，原本 25 家上市企业中有 7 家企业加权净资产收益率在两位数以上，分别是麦格米特电气股份有限公司（简称麦格米特）为 20.02%、汇川技术股份有限公司（简称汇川技术）为 13.79%、科士达为 12.82%、茂硕电源为 11.3%、阳光电源为 10.93%、英飞特为 10.61%、新雷能科技股份有限公司（简称新雷能）为 10.61%，只因为有些企业加权净资产收益率为负值，拉低了平均水平，尤其是科陆电子为-98.67%。

（3）行业资本运营水平稳定

大多数上市企业总资产周转率都在 1%之下，平均为 0.55%，资产运营效率相对较弱。应收账款周转天数同比增长，回款几乎都在 3 个月到一年，平均回款周期在半年左右，只有 4 家企业应收账款周转天数在两个月左右：英飞特、麦格米特、上海鸣志电器股份有限公司（简称鸣志电器）、伊戈尔电气股份有限公司（简称伊戈尔）。60%上市企业的资产负债率在 20%~40%，40%上市企业的资产负债率在 40%~90%，资产负债率普遍高于 2018 年，平均水平在 42%左右；科陆电子 2019 年资产负债率高达 89.37%，同比 2017 年增长了 22.8%；资产负债率最低的中恒电气股份有限公司（简称中恒电气）2019 年资产负债率为 18.44%，比 2018 年的 12.44%同比增长了 48.23%；2012—2019 年，行业资本运营水平比较稳定。

（4）2019 年行业利润水平分析

影响行业利润规模的影响因素主要包括：销售量、生产成本、价格、税收，还有企业自有的运营能力：效率和效益两方面。

“十三五”期间，我国将加快分布式电源建设。放开用户侧分布式电源建设，推广“自发自用、余量上网、电网调节”的运营模式，鼓励企业、机构、社区和家庭根据自身条件，投资建设屋顶式太阳能、风能等各类分布式电源。鼓励在有条件的产业聚集区、工业园区、商业中心、机场、交通枢纽及数据存储中心和医院等推广建设分布式能源项目，因地制宜发展中小型分布式中低温地热发电、沼气发电和生物质气化发电等项目。支持工业企业加快建设余热、余压、余气、瓦斯发电项目。再加上 2019 年的核心“新基建”，这些举措将有效推动电源行业的需求增长。

从成本来看，在电源整体成本中，电阻占比不大，在 3%左右；不过电容却占到材料成本的 10%，2018 年涨幅已经超过 100%，这等于电源毛利直接减少 10 个百分点，所以材料成本压力比较大。激烈的市场竞争环境促使电源大厂也在不断调整价格，电源成品价格已经探底。目前，中小功率电源本身毛利率就不高，电源企业已基本无法自我消化材料涨价带来的成本压力。

再加上电源行业企业的普遍运营能力一般，毛利率平均在 32%，但净利率的平均值却为负值，25 家上市企业的净利率均在 15%以下，28%为负值，52%企业的净利率为 0~10%，10%~15%企业的净利率只有 20%，均低于所有上市企业净利率平均水平 15%。

（三）2019 年中国电源行业市场结构分析

1. 中国电源产品结构分析

由于电源产品覆盖的产品种类众多，同时还大量存在各种非标准化的定制化电源产品。根据中国电源学会长期跟踪研究，对 UPS 电源、通信电源、电力电源等重点电源进行了重点的分析研究。当前，对于电源的分类，还没有形成统一的口径，我们的研究主要从以下几个维度进行细分：

按功率变换形式分类，目前的输入功率主要有：交流电源（AC）和直流电源（DC）两类，负载要求也主要有 AC 和 DC 两类。所以电力电子电源产品有 4 大类：AC-DC 电源转换产品、DC-DC 电源转换产品、DC-AC 电源转换产品、AC-AC 电源转换产品。

按电源产品功能和效果分类，主要有开关电源（包含通信电源、照明电源、PC 电源、服务器电源、适配器、电视电源、家电电源等）；不间断电源（简称为 UPS，包含 AC UPS 和 DC UPS 等）；逆变器（包含光伏逆变器、车载逆变器等）；线性电源（包含电镀电源、高端音响电源等）；其他（包含变频器、特种电源等）。

按照电源生产的商业模式不同，可分为定制电源和标准电源；定制电源是利用电力电子器件、相关自动化控制技术及嵌入式软件技术对电能进行变换及控制，并为满足客户特殊需要而定制的一类电源。按照行业的细分又可以划分为消费类定制电源和工业类定制电源两大类。标准电源是根据国内外的电源标准和要求制造的电源，标准电源针对的是所有需求的用户，是统一、标准化的产品，不是仅针对满足某些特定需求的用户而定制的产品。

根据中国电源学会的研究表明，规模较大的电源类型有 IT 及消费类电源、通信电源、照明电源、UPS、变频器、逆变器等。

开关电源应用十分广泛，主要使用于工业自动化控制、军工设备、科研设备、LED 照明、工控设备、通信设备、电力设备、仪器仪表、医疗设备、半导体制冷制热、空气净化器、电子冰箱、液晶显示器、视听产品、安防、计算机机箱、数码产品和仪器类等领域。目前，除了对直流输出电压的纹波要求极高的场合外，开关电源已经全面取代了线性稳压电源，主要用于小功率场合。在许多中等容量范围内，开关电源逐步取代了相控电源，例如：通信电源领域、电焊机、电镀装置等的电源。

其中照明电源又可以分为镇流器、LED 驱动电源、其他等三类。计算机电源主要指传统 PC 电源和一体化 PC 电源两类，传统 PC 电源基本趋于饱和，增长乏力，但是一体化 PC 电源成长性非常好。通信类电源主要包含通信电源、直放站电源等，随着国家 4G 的落实和 5G 的启动，预计“十三五”期间通信电源会保持较好的增长势头。

逆变器主要包含光伏逆变器、便携式逆变器、车载逆变器等类型。其中，光伏逆变器随着绿色能源的兴起，成为最重要的逆变器品类，取得了快速的增长。

UPS 主要分为后备式、在线式和在线互动式三种类型，其中在线式 UPS 占据整体规模的 80%左右。UPS 主要应用在数据中心、办公场所、工业生产、交通等领域和行业。

随着数据中心在中国的快速发展，UPS 的市场规模也会持续发展。

变频器主要分为低压变频器和中高压变频器，当前以低压变频器为主，但高压变频器的市场潜力更大一些。传统的起重行业、电梯行业以及注塑机等行业增长速度虽然有所减缓，但数字城市和智能交通的高速建设和发展将带动变频器细分产品的平稳增长。

线性电源主要应用在研究机构、工矿企业以及其他工业领域，需求比较平稳，每年市场规模变化不大。

受益于国家相关政策的推动，新能源汽车充电站、充电桩以及相关驱动控制器市场出现爆发式增长，市场规模日渐扩大。

再加上 2019 年提出的“新基建”，未来应该有大幅的需求增长，但 2020 年因新型冠状病毒肺炎疫情的影响，上半年的经济几乎处于停滞状态，渴望下半年好转，但势必影响 2020 全年的产值和市场规模，从而影响企业的销售收入、回款、现金流。预计 2021 以后市场反馈和增幅应该从逐渐回暖到快速增长。

### 2. 2019 年中国电源区域结构分析

从中国电源产业的区域分布结构来看，目前大部分的电源仍在华南、华东两大区域生产，这些区域也正是中国制造业最为发达和集中的区域。根据对电源学会会员企业资料统计分析，华南占比最大，华东次之，然后是华北，详情见表 4。

**表 4　2019 年中国电源区域结构分析结果**

（以会员企业为样本）

| 区域 | 数量占比（%） | 市场占比（%） |
|---|---|---|
| 华北（北京 13、天津 3、河北 3） | 13.57 | 13.43 |
| 华东（上海 13、江苏 19、浙江 10、安徽 8、山东 4、福建 2、江西 1） | 40.71 | 33.15 |
| 华南（广东 51、广西 0、海南 0） | 36.43 | 50.60 |
| 华中（河南 1、湖北 1、湖南 1） | 2.14 | 0.64 |
| 东北（辽宁 2、黑龙江 0、吉林 0、内蒙古 0） | 1.43 | 0.34 |
| 西南（重庆 1、四川 3、贵州 0、云南 0、西藏 0） | 2.86 | 0.91 |
| 西北（陕西 3、宁夏 1、甘肃 0、新疆 0、青海 0） | 2.86 | 0.93 |
| 合计（140 家） | 100 | 100 |

数据来源：中国电源学会；中自集团 2020 年 5 月。

### 3. 2019 年中国电源行业结构分析

随着新兴行业的快速发展，以往占市场比重不大的行业，如新能源汽车、新能源、LED 驱动、IT 通信等对电源的需求将呈现出快速增长的势头，增长速度相对较快。从具体市场结构来看，IT 及消费类电子、工业控制、新能源、医疗和其他领域占应用市场前列，占比分别约为 51.45%、34.1%、5.37%、3.24%；LED 驱动为 3.03%；新电动车为 2.81%。2019 年中国电源行业结构如图 5 所示。

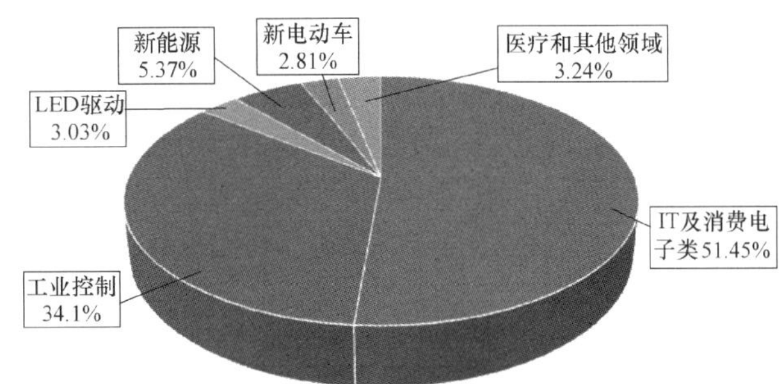


数据来源：中国电源学会；中自集团 2020 年 5 月。

图 5　2019 年中国电源行业结构示意图

## 三、2019 年中国电源企业整体概况

### （一）2019 年中国电源企业数量分布

由于电源产业相关产品的多样性以及产品应用的广泛性，使得电源产业中相关的电源企业数量相对较多。同时，由于电源产品制造的技术门槛以及资金要求都不是太高，这也客观上导致了电源产品相关研发和生产的企业数量众多。但随着近年来电源产品标准化程度和竞争程度不断提高，以及市场对产品技术水平的要求日益提升，一些缺乏核心技术和开发能力的中小企业生存环境日趋严苛，电源产业显现出由分散向相对集中转变的态势。2018 年中国电源企业数量将近 1.6 万家，2019 年快速增长到 2.2 万家。2015～2019 年中国电源企业数量分析见表 5，如图 6 所示。

**表 5　2015—2019 年中国电源企业数量分析**

| 年份 | 2015 年 | 2016 年 | 2017 年 | 2018 年 | 2019 年 |
|---|---|---|---|---|---|
| 企业数量/千家 | 17.8 | 17.1 | 16.0 | 15.9 | 22.15 |
| 增长率（%） | 0.89 | -3.93 | -6.43 | -0.62 | 39.31 |

数据来源：中国电源学会；中自集团 2020 年 5 月。

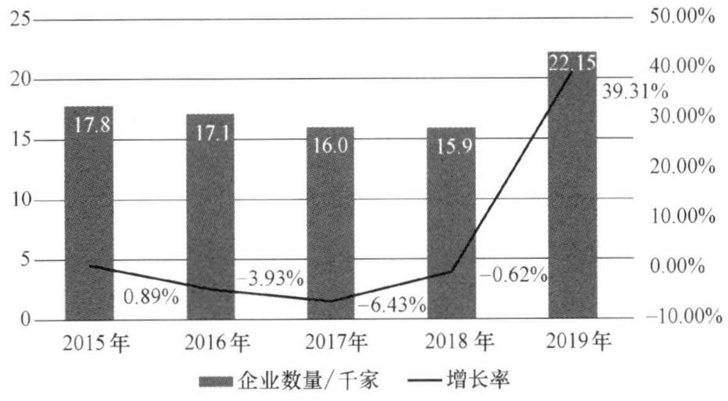


数据来源：中国电源学会；中自集团 2020 年 5 月。

图 6　2015—2019 年中国电源企业数量分析

### （二）2019 年中国电源企业区域分布

中国电源企业主要分布在三个区域，一是珠江三角洲，主要有深圳、东莞、广州、珠海、佛山等地；二是长江三角洲，主要有上海、苏南、杭州、合肥一带；三是北京及周边地区；武汉、西安、成都等地也有一定的分布。这三大区域经济发展最快，轻重工业均较发达，信息化建设和

科技研发水平较高，为技术密集型的电源行业的研发、生产以及销售提供了充分的条件和便利的场所。2019 年中国电源企业区域分布如图 7 所示。

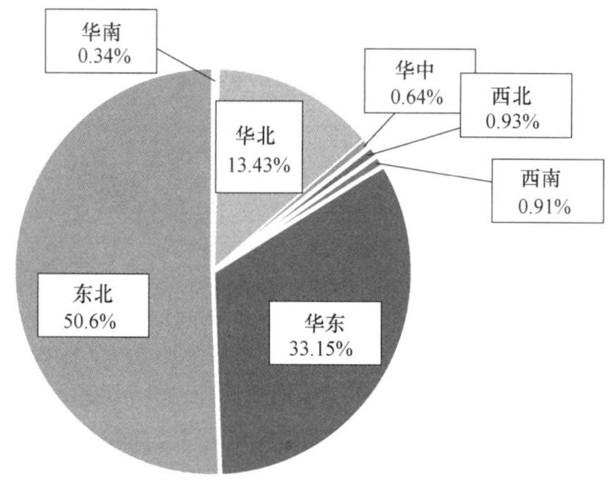


数据来源：中国电源学会；中自集团 2020 年 5 月。

图 7 2019 年中国电源企业区域分布示意图

### （三）2019 年中国电源企业类型分布

我国电源市场经过历练得到了长足的发展，形成了较完整的产业链，各产品领域发展已先后进入竞争激烈期，企业数量大都增长缓慢，甚至出现负增长。根据电源学会会员企业资料，2019 年中国电源企业类型分布大致如图 8 所示。

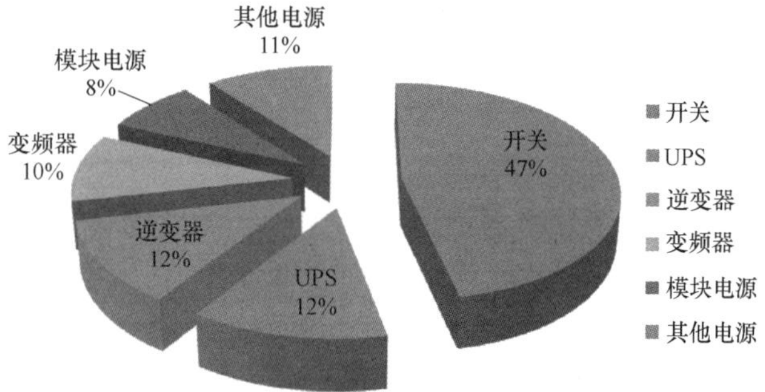


数据来源：中国电源学会；中自集团 2020 年 5 月。

图 8 中国电源企业类型分布

## 四、2019 年电源市场产品结构分析

电源是向电子设备提供功率的装置，也称电源供应器，能够将电力能源的形式进行控制、转换的装置。电源产品覆盖的产品种类众多，同时还大量存在各种非标准化的定制化电源产品，当前对于电源的分类，还没有形成统一的口径，根据中国电源学会长期跟踪研究，主要从以下几个维度进行细分。

1. 按转换类型的不同

1）根据转换的形式分类：AC-AC、AC-DC、DC-DC、DC-AC；

2）根据转换的方法分类：线性电源、开关电源；

3）根据调控的效果分类：稳压、恒流、调频、调相。但电源应用范围广泛，电源产品种类繁多，同时还大量存在各种非标准化的定制化电源产品。

2. 按电源功能的不同

1）开关电源（包含通信电源、照明电源、PC 电源、服务器电源、适配器、电视电源、家电电源等）；

2）不间断电源（简称为 UPS，包含 AC UPS 和 DC UPS 等）；

3）逆变器（包含车载逆变器，光伏逆变器等）；

4）变频器和其他电源等。

2019 年电源产品类型如图 9 所示。

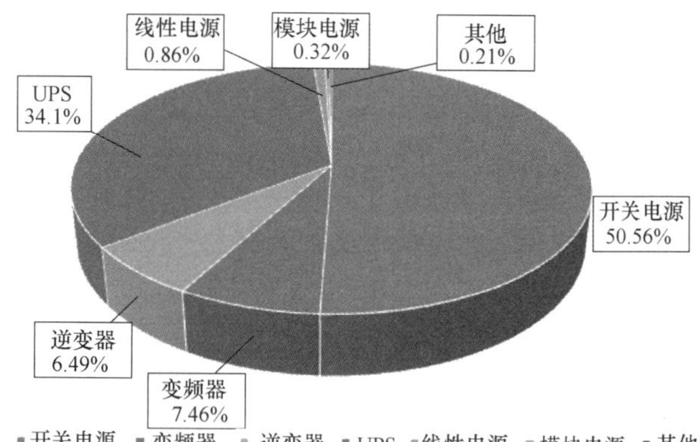


数据来源：中国电源学会；中自集团 2020 年 5 月。

图 9 2019 年电源产品类型

根据统计的便利性，下面按电源功能分类进行产品结构分析：

### （一）开关电源市场分析

近年来，我国开关电源市场稳定增长，由于其具有小体积、重量轻、高功率密度、高效率、低功耗、高可靠性、稳定输出等众多优势，广泛应用于各大领域。开关电源可分为标准化产品和非标准化产品，标准化产品主要应用在消费电子及 PC 电源领域，非标准化产品主要应用在工业、新能源、通信等领域。根据下游应用行业发展情况，预计开关电源行业当前的销售额平均每年有 7%～10% 的增长幅度。

在开关电源十大品牌当中有：施耐德公司、西门子公司、朝阳电源有限公司（简称朝阳电源）4NIC、（Omron）欧姆龙中国有限公司（简称欧姆龙）、（PHOENIX）菲尼克斯有限公司（简称菲尼克斯）、台达、ABB、TDK-Lambda、茂硕（MOSO）和德力西电气有限公司。

根据电源学会对会员企业的统计分析，包括占市场份额较大的 TDK-Lambda（无锡东电化兰达电子有限公司）、台达、深圳可立克科技股份有限公司、茂硕等。其中 TDK-Lambda 立足中国超过 20 年，保持全球工业电源最大市场占有率，TDK-Lambda 在 2019 年销售额为 13630 亿日元。2019 年开关电源市场整体增长率约为 5.14%，市场规模约为 1503 亿元。2015—2019 年中国开关电源产品市场分析见表 6，市场规模变化趋势如图 10 所示。

表 6 2015—2019 年中国开关电源产品市场分析

| 年份 | 2015 年 | 2016 年 | 2017 年 | 2018 年 | 2019 年 |
|---|---|---|---|---|---|
| 开关电源/亿元 | 1149.8 | 1215.3 | 1323.3 | 1429.5 | 1503 |
| 增长率(%) | 5.10 | 5.70 | 8.89 | 8.03 | 5.14 |

数据来源：中国电源学会；中自集团 2020 年 5 月。

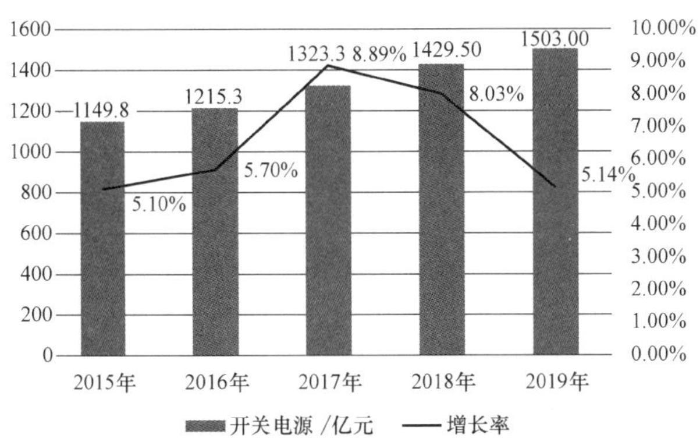


数据来源：中国电源学会；中自集团 2020 年 5 月。

图 10 2015—2019 年开关电源市场规模变化趋势

从我国开关电源的应用领域来看，目前我国开关电源主要集中在工业领域，占比达 53.94%，其次为消费电子类领域，占比达 33.05%。两者总占比超过 85%以上，行业需求领域集中度非常高。未来，随着一些新兴行业的快速发展，预计以往占市场比重不大的行业如电力、交通、新能源等对开关电源的需求将呈现出快速增长的势头，增长速度相对较快。开关电源按应用领域细分市场分布如图 11 所示。

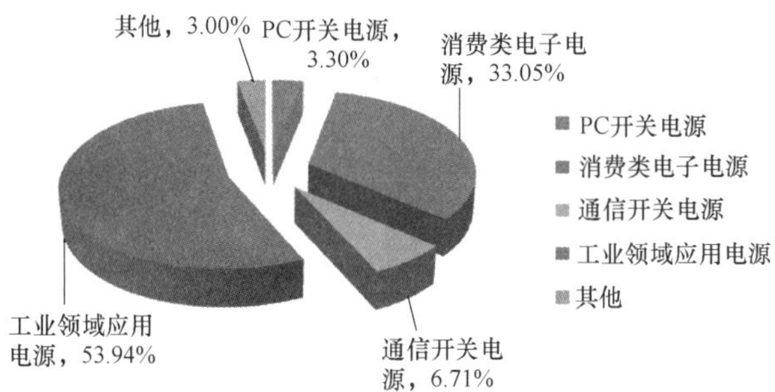


数据来源：中国电源学会；中自集团 2020 年 5 月。

图 11 开关电源按应用领域细分市场分布图

全国开关电源的供应商主要分布在华北、华东和华南，分布在其他区域的企业只有 26%。从产业集群来看，主要形成了珠三角地区、长三角地区，以及北京、天津、河北附近的首都经济圈地区三大产业区，另外在西安、武汉也有少量开关电源企业分布。

中国开关电源行业发展趋势分析：

1）高频化技术的发展：目前，社会的快速发展无疑也对开关电源技术的发展提出了新的要求。现阶段，开关变换器的开关频率已经比以往有着较大程度的提高。与此同时，随着频率的日益提高，开关变换器的体积也处于不断减少的态势之中，所以也为开关电源技术的不断完善提供了机遇。然而，高频化开关电源技术的出现，无疑也会加速开关内部元器件的损耗程度，并且也会引发一系列问题的出现。

2）数字化技术的发展：对于传统开关电源而言，模拟信号对控制部分的工作起到引导作用。现阶段，数字化控制已经是绝大部分设备所采用的控制方式，而开关电源同样也是数字化技术今后应用的主要领域。现阶段，数字化电源技术的研究已经成为科研人员公关的主要方向，并且也收获了很多的科研成果，这无疑对推动开关电源数字化技术的发展起到了关键的推动作用。

3）低输出电压技术的发展：众所周知，半导体在开关电源中有着极为重要的作用，并且半导体技术的发展程度，将直接对开关电源技术的发展起到积极的作用。现阶段，对于微型处理器以及便携电子设备而言，其工作电压的稳定程度对于设备的使用方面有着关键作用，所以要求今后半导体装置变换器可以用更低的电压来确保微型处理器以及电子设备可以得到高质量的工作，同时也为开关电源技术的发展再一次明确了方向。

4）模块化技术的发展：这里的模块化技术，可以分为两个方面去解读，一方面是功率器件，另一方面是电源单元。通过模块化技术，可以极大地减少开关电源的体积，但为了在不损失电源系统的可靠性的情况下，需要整合所有的硬件，以芯片的形式模块化安装到一个单元中去。

**（二）不间断电源市场分析**

UPS 是不间断电源的简称，主要作用是计算机系统在停电之后继续工作一段时间以使用户能够紧急存盘，使用户不致因停电而影响工作或丢失数据。因此，UPS 产品广泛应用于现代信息技术发展的各行业数据中心机房，为各行业数据中心机房提供高可靠、绿色、节能、环保的电力保障。

从细分市场来看，UPS 产品主要应用在政府、电信、金融、互联网、制造等 5 大行业，销售额占比超过 50%，交通、医疗、保险行业增速最快。因此，UPS 应用程度与工业化和信息化程度高度正相关。不间断电源在 20 世纪 70 年代进入我国市场，但在 1990 年之前，我国 UPS 市场主要依靠进口。在 1991 年以后，随着国外领先的 UPS 厂商开始纷纷在中国投资建厂，我国不间断电源才逐步发展起来。

过去，UPS 主要应用于工业制造领域，近几年 UPS 新增市场空间主要来自于国内各行业的信息化建设。2017 年随着“互联网+”时代的到来，IT 技术的迅速发展，移动互联网、物联网、云计算等数据业务需求呈现爆炸式增长。我国作为一个发展中的新兴数据中心市场，近几年保持 40%左右的增速发展，从而带动 UPS 产品的需求快速增长。而且随着电信、轨道交通等领域信息化加大建设，以及由资源共享需求和绿色节能驱动规模化、集约化大型数据中心的建设，中大功率 UPS（≥10kVA）市场份额逐步提升，已逐渐取代小功率 UPS 成为市场的主角。

目前，我国大数据发展如火如荼，5G 商业化渐行渐近，智慧城市建设不断提速，UPS 作为其中必不可少的基础设备，市场需求仍将持续快速释放。未来随着各行业智能化、信息化升级，以及云计算等新技术的促进，UPS 市场前景持续向好。

从行业发展前景来看，我国 UPS 行业具有如下两方面利好因素。

首先，国内信息化建设提速。2016 年 7 月 27 日，中共中央办公厅、国务院办公室印发《国家信息化发展战略纲要》，纲要明确了信息化应贯穿我国现代化始终，在生态、法治、军队、教育、工业等各领域建设都要起到关键作用。

可以预见，未来很长一段时间国家将进一步加大在各行业特别是金融、教育等领域信息化建设的投资。UPS 作为信息化建设基础设施的重要组成部分，受益颇多。

其次，互联网数据中心业务市场爆发。数据中心是云计算的基础设施，互联网数据中心业务（IDC）牌照放开后，阿里云、腾讯云、华为等巨头进入市场。数据显示，2019 年全球公有云服务市场从 2018 年的 1758 亿美元增长 17.3%，达到 2062 亿美元。云系统基础设施服务（基础设施即服务或 IaaS）为该市场增长最快的领域，2019 年市场规模达到 445 亿美元，2018 年为 310 亿美元。国内云计算 2019 年市场规模高达 33 亿美元。

云计算的加速发展助推了数据中心的不断升级和扩容。由于 IDC 是高速互联网调控中心，用户对信息资源的远程处理、存储和转送的时效性要求极高，即使是几秒钟的停机也会给整个互联网的安全运行和用户的生产经营带来无法估量的损失，因此 UPS 是 IDC 建设不可或缺的部分，UPS 行业将会因此而受益。

在需求持续释放下，UPS 行业市场规模迎来稳步增长。根据电源学会对市场主要企业（占市场份额 60%左右）的分析统计，2019 年 UPS 的市场增长率约为 16.9%，销售额约为 97.03 亿元。2019 年排名靠前的企业有：美世乐（广东）伺服技术有限公司（简称美世乐）、施耐德、美国爱默生电气公司、伊顿电气有限公司、科华恒盛股份有限公司、深圳科士达科技股份有限公司、山特电子（深圳）有限公司。2009—2019 年国内 UPS 产品销售额及增长率见表 7 和图 12 所示。

表 7 2009—2019 年国内 UPS 产品销售额及增长率

| 年份 | 2009 年 | 2010 年 | 2011 年 | 2012 年 | 2013 年 | 2014 年 | 2015 年 | 2016 年 | 2017 年 | 2018 年 | 2019 年 |
|---|---|---|---|---|---|---|---|---|---|---|---|
| 销售额/亿元 | 31.7 | 34 | 37.2 | 38.3 | 41 | 47.6 | 57 | 68.4 | 73.4 | 83 | 97.03 |
| 增长率(%) | — | 7.26 | 9.41 | 2.96 | 7.05 | 16.10 | 19.75 | 20.00 | 7.31 | 13.08 | 16.9 |

数据来源：中国电源学会；中自集团 2020 年 5 月。

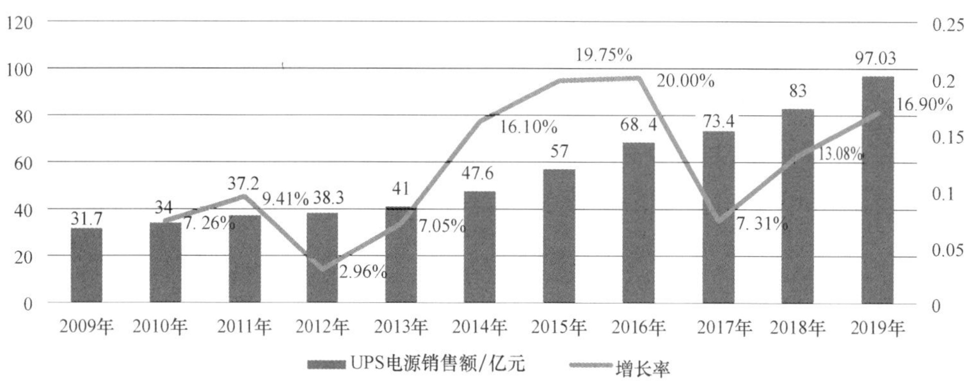


数据来源：中国电源学会；中自集团 2020 年 5 月。

图 12 2009—2019 年国内 UPS 电源销售额及增长率

国内 UPS 应用结构如图 13 所示。

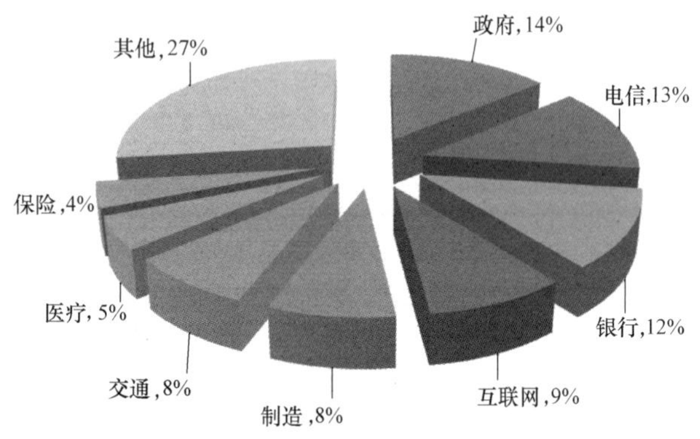


数据来源：中国电源学会；中自集团 2020 年 5 月。

图 13 国内 UPS 应用领域结构

**（三）逆变器市场分析**

根据中国海关公布进出口数据，注册于中国大陆的逆变器企业 2019 全年出口总金额已达 29.11 亿美元（约合人民币 200.53 亿元）。

华为技术有限公司、阳光、宁波锦浪新能源科技股份有限公司位列前三，三家企业出口占比达 30%，前 5 大逆变器企业出口额超过 10 亿美元。固德威电源科技有限公司、爱士惟新能源技术（江苏）有限公司（原SMA 中国）、深圳古瑞瓦特新能源股份有限公司等紧随其后。与 2018 年度相比，锦浪科技排名快速上升至第 3 位。

在全球市场中，阳光、锦浪科技、正泰集团股份有限公司合力拿下美国市场 4.74 亿美元的市场份额，2019 年四季度开始，中国对美国逆变器出口额月均超过 5000 万美元。中国光伏企业也加速挺进印度市场，全年出口金额接近 1.5 亿美元。欧洲方面，据欧洲光伏协会数据显示，2019 是近年来欧盟光伏发展最好的一年，当年欧盟地区新增装机 16.7GW，增幅达到 104%。根据进出口海关数据显示，荷兰作为中国出口欧洲的重要中转站，占据了 16%的出口份额外，2019 年中国出口逆变器到德国、英国等市场均在 5000 万美元以上，同时下半年波兰、乌克兰等市场持续发力。

中国逆变器企业在全球市场上的表现依然抢眼，不管是出货量还是销售额占比，都占据了显赫的位置。2019 年全球逆变器的出货量为 126.735GW，同比增长 18%。前 10 大公司依次是：华为、阳光电源、SMA、Power Electronics、Fimer、上能电气、SolarEdge、古瑞瓦特、TMEIC、锦浪科技。这些厂商中，一半为中国公司。需要留意的是，由于 SMA 公司在去年进行了股权重组，从中国区板块独立出来并更名为爱士惟，因此 2019 年的 SMA 出货量及以下各地区排名，均可能包含爱士惟的出货。而固德威、Fronius、Ingeteam、特变电工、科士达、正泰电源系统等也名列前茅。华为、阳光电源、SMA 当之无愧是全球前三大逆变器巨头，但以上能电气股份有限公司、古瑞瓦特、锦浪科技、固德威、爱士惟、正泰等为代表的中国逆变器厂商，上升势头十分明显。尽管中国逆变器厂家经历了 2018 年光伏发展的艰难时期，但依然保持了旺盛的增长态势。

逆变器是光伏发电系统的大脑，将组件所发的直流电转化成交流电，并跟踪光伏阵列的最大输出功率，将其能量以最小的变换损耗、最佳的电能质量馈入电网。除了负责将太阳能电池板所发直流电转换为交流电，光伏逆变器还对整个电站系统的运行状态起监控、调节和记录的作用。

为推动光伏发电从高速增长向高质量发展转变，降低行业发展对国家补贴的依赖，2019 年 5 月 30 日，国家能源局发布《2019 年风电、光伏发电项目建设有关事项的通知》（以下简称《通知》）。本次《通知》表示 2019 年光伏项目分为：1）光伏扶贫项目；2）户用光伏；3）普通光伏电站；4）工商业分布式光伏发电项目；5）国家组织实施的专项工程或示范项目。其中光伏扶贫项目的补贴政策按照国家政策执行，户用项目采用固定补贴方式对应补贴预算 7.5 亿元，新建户用光伏 350 万 kW；其余补贴竞价项目按 22.5 亿元补贴（不含光伏扶贫）总额进行竞价。新增集中式光伏电站指导价分别确定为每千瓦时 0.40 元（含税，下同）、0.45 元、0.55 元。

竞价指标落地，装机放量确定。2019 年 5 月 20 日，国家发改委能源局联合发布了《关于公布 2019 年第一批风电、光伏发电平价上网项目的通知》，公布了 2019 年平价光伏项目名单，光伏装机容量为 14.78 万 GW。2019 年 7 月 11 日，国家能源局官方网站发布了《关于公布了 2019 年光伏发电项目国家补贴竞价结果的通知》，公布了 2019 年光伏发电项目国家补贴竞价结果，3921 个项目纳入 2019 年国家竞价补贴范围，总装机容量为 22.79GW。

竞价项目引入显著降低度电补贴，平价上网需求促进系统成本下降。根据纳入 2019 年光伏发电国家竞价补贴范围的项目申报电价，各省市普通光伏电站竞价项目的加权竞价申报上网电价为 0.32～0.5 元/kW·h，均低于各类资源区的上网指导电价，补贴电价为 0.03～0.12 元/kW·h。在当前上网电价下，项目收益率为 8%时，各省市系统成本为 3.52～4.88 元/kW，若实现平价上网 irr＝8%，则系统成本需降低至 2.78～4.02 元/kW，降幅最高达 30%，对应的度电成本为 0.25～0.44 元/kW·h。

1500V 光伏电站系统已成为国际主流，预计 2019 年 DC 1500V 逆变器份额增至 74%。在全球范围内，1500V 已成为大型光伏项目的必要条件。除中国外 2017 年 DC 1500V 逆变器占全球光伏市场三相逆变器出货量的 40%，2018 年提升至 62%，全面超越 DC1000V。预计未来两年内全球 1500V 光伏电站规模将突破 100GW，2020 年占比突破 80%。

光伏逆变器按照适用场所分为集中式逆变器、集散式逆变器、组串式逆变器以及微型逆变器。2019 年，光伏逆变器市场仍然主要以集中式逆变器和组串式逆变器为主，微型和集散式逆变器占比较小。随着分布式光伏市场的快速增大及集中式光伏电站中组串式逆变器占比的增高，组串式逆变器在 2019 年的市场占比达到了 60.2%。集散式光伏逆变器相比集中式逆变器提升 MPPT 控制效果，且相比组串式逆变解决方案拥有较低的建造成本。因此，市场份额呈现出逐年上升的趋势。2018—2025 年不同类型逆变器的市场份额预测如图 14 所示。

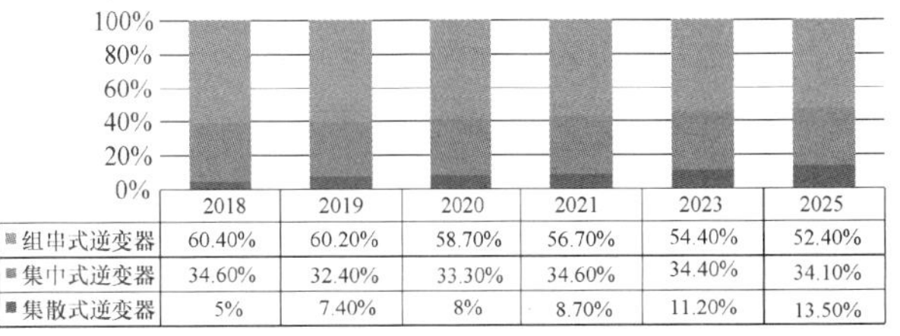


| | 2018 | 2019 | 2020 | 2021 | 2023 | 2025 |
|---|---|---|---|---|---|---|
| 组串式逆变器 | 60.40% | 60.20% | 58.70% | 56.70% | 54.40% | 52.40% |
| 集中式逆变器 | 34.60% | 32.40% | 33.30% | 34.60% | 34.40% | 34.10% |
| 集散式逆变器 | 5% | 7.40% | 8% | 8.70% | 11.20% | 13.50% |

数据来源：中国电源学会；中自集团 2020 年 5 月。

图 14　2018—2025 年不同类型逆变器的市场份额预测

2019 年，集中式逆变器的中国效率平均在 98.45%左右，集散式逆变器在 98.43%左右，组串式逆变器在 98.48%左右。逆变器内部的功率半导体器件以及磁性器件在工作过程中所产生的损耗是影响逆变器效率的重要因素。随着未来硅半导体功率器件技术指标的进一步提升，碳化硅等新型高效半导体材料工艺的日益成熟，磁性材料单位损耗的逐步降低，并结合更加完善的电力电子变换拓扑和控制技术，逆变器效率未来仍有进一步提升的空间。图 15 所示为 2018—2025 年不同类型逆变器中国效率变化趋势。

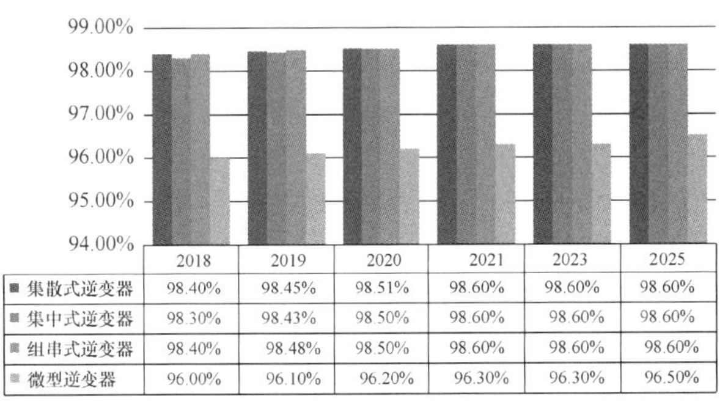


| | 2018 | 2019 | 2020 | 2021 | 2023 | 2025 |
|---|---|---|---|---|---|---|
| 集散式逆变器 | 98.40% | 98.45% | 98.51% | 98.60% | 98.60% | 98.60% |
| 集中式逆变器 | 98.30% | 98.43% | 98.50% | 98.60% | 98.60% | 98.60% |
| 组串式逆变器 | 98.40% | 98.48% | 98.50% | 98.60% | 98.60% | 98.60% |
| 微型逆变器 | 96.00% | 96.10% | 96.20% | 96.30% | 96.30% | 96.50% |

数据来源：中国电源学会；中自集团 2020 年 5 月。

图 15　2018—2025 年不同类型逆变器的中国效率趋势

未来几年，全球越来越多地使用更高的平均额定功率，例如 1MW 以上的电表，以及更多直流耦合或混合逆变器，可以处理住宅应用中的太阳能和储能。交流耦合解决方案仍然是改造的首选解决方案。但是，在预测期内，预计大型直流耦合逆变器将越来越多地安装在美国和中国等前端市场，因为能源存储越来越多地与太阳能共存。但是，另一方面由于存储装置的广泛地理分布以及越来越多的新供应商进入市场，能量存储逆变器领域的竞争格局仍然“高度不稳定”。因此，合并、收购和退出的数量将继续增加。其他领先的供应商，如 Dynapower，正在与 SMA 和 Raychem 等某些供应商合作，以帮助其在美国和印度等市场销售直流耦合逆变器。

2019 年，我国光伏产业继续保持稳增长态势。一是产业规模保持增长，多晶硅、硅片、电池片、组件产量均保持不同程度的同比增长；二是技术水平不断提升，在内外部环境的共同推动下，我国光伏企业加大工艺技术研发力度，生产工艺水平不断进步；三是对外贸易平稳增长，在产品价格继续下滑的情况下，受全球光伏市场继续增长以及我国海外基地产能逐步释放的拉动，我国光伏产品出口量继续增长，各环节出口量再创新高；四是国内市场保持平稳。2019 年逆变器产品销售额为 109.57 亿元人民币，同比增长 28.78%，见表 8 和图 16。

表 8 2014—2019 年中国逆变器销售额及增长率

| 年份 | 2014 年 | 2015 年 | 2016 年 | 2017 年 | 2018 年 | 2019 年 |
|---|---|---|---|---|---|---|
| 逆变器销售额/亿元 | 42.08 | 50.49 | 60.08 | 71.5 | 85.08 | 109.57 |
| 增长率(%) | — | 19.99 | 18.99 | 19.01 | 18.99 | 28.78 |

数据来源：中国电源学会；中自集团 2020 年 5 月。

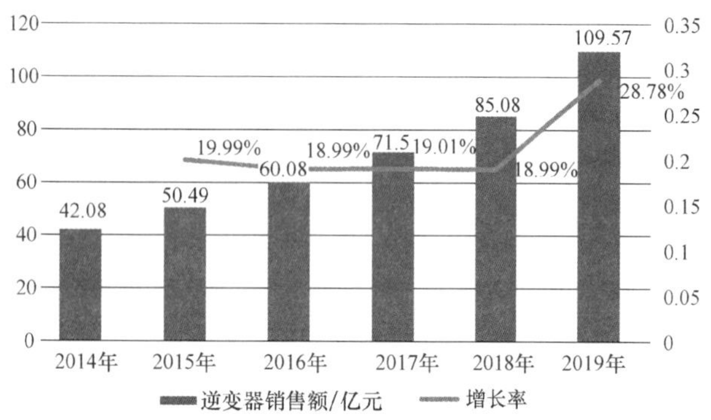


数据来源：中国电源学会；中自集团 2020 年 5 月。

图 16 2014—2019 年中国逆变器销售额及增速

中国逆变器行业发展趋势分析：

1）组串式逆变器成为主流：组串式智能解决方案高效、高可用率、多路 MPPT，带来更高发电量的同时，无易损件、无熔丝设计大幅降低初始投资和运营成本，增加系统可靠性，系统 BOS 成本每瓦可节省 4.5 分钱。

2）1500V 逆变器成为行业主流：从系统端着眼，兼具降本与增效的 1500V 逆变器逐渐成为大型地面电站的主流方案，尤其是新兴市场，如印度、中东非、拉美市场已全面切换至 1500V 逆变器。相比 1100V 逆变器、1500V 逆变器以更高的电压、更长的组串长度，大幅减少设备成本、线缆成本及施工成本，系统 BOS 成本每瓦至少降低 5 分钱。全球低电价及无补贴光伏项目均采用 1500V 逆变器方案设计。据统计，全球 2018 年大型地面场景 1500V 逆变器发货量已经超越 62%（除中国）。从 2011 年开始，历经 7 年时间的概念期、新品期、验证期，2018 年包括逆变器在内的 1500V 逆变器设备已大规模发货，成为大型地面电站迈过平价的首选方案。

3）双面+跟踪+组串式逆变器：随着双面组件、跟踪支架系统的普及与应用，与之匹配的双面逆变器升级成为必然。双面跟踪智能逆变器一手降低组串失配损失，一手融合跟踪支架控制、供电、通信管理，可大幅度提高系统发电量。

4）光储系统：储能对于光伏等新能源大规模并网的重要性不言而喻。尽管掣肘于成本因素，光储产业化仍处于示范效应及补贴驱动发展阶段，但市场化步伐正加速落地。而光储系统的应用，进一步驱动逆变器向电站能源管理中心演进。

5）分布式主动安全防护：毫无疑问，光伏电站的一切价值均构建于“安全”之上。直流拉弧检测、组件快速关断和保护等技能加身的逆变器将光伏电站的安全防护由被动型向主动型演变。

6）数字化、智能化，AI 使能光伏行业：光伏行业在高速发展过程中，传统的降本增效手段效果已接近极限，光伏行业的数字化转型成为大势所趋。未来光伏行业都将建立在数字化的基础上，随着大数据、云计算、物联网、移动互联等相关技术的不断发展实现管理可视化、运维高效化等要求。

**（四）变频器市场分析**

自 2012 年以来，我国传统经济面临着去库存与调结构的局面。受之影响，工业自动化产品所服务的下游 OEM 设备制造、项目型市场都承受着较大的转型压力。

变频器 10 大品牌：ABB、台达、安川电机（中国）有限公司、西门子、丹佛斯、英威腾、三菱中国有限公司、爱默生、施耐德、深圳市汇川技术股份有限公司。在国内变频器市场中，以西门子公司为代表的欧系品牌在技术和品牌认可度上明显超越日系和国产，目前欧系品牌变频器仍然占据主要地位，2020 年一季度欧系品牌占比达 56%，日系和国产则分别占比为 13%、31%，国产品牌主要集中在 OEM 市场，在产品技术实力和品牌认可度上仍有较大的提升空间。

变频器市场通常细分为中高压和低压两个部分，低压变频器是其中最重要的细分市场。低压变频器调速范围广、操作简单，能够实现工艺调节、节能、软起动、改善效率等功能，低压变频器下游较为分散，在电梯、纺织机械、起重机械、电力、冶金等领域均有应用。

低压变频器市场在经过 2017 年的快速增长以后，近两年市场增速明显放缓。2019 年中国低压变频器同比呈现小幅度下滑。2019 年上半年，受社会融资增速放缓、中美贸易战焦灼不下、3C 产品销售市场低迷、汽车行业持续下行等因素影响，低压变频器市场同比出现明显滑坡，三季度开始，随着项目型市场的活跃，以及部分 OEM 行业的回暖，抑制了 2019 年全年低压变频器市场的下滑幅度，我国低压变频器整体市场有望在新的一年出现转机。然而，2020年开年，一场突如其来的新型冠状病毒肺炎疫情，一时让大部分行业陷入停滞，工厂的生产与制造，产业供应链的供给与需求，以及消费端等都将造成不小的负面影响。新变化形势下，中国低压变频器机遇与挑战并存的市场亟待探究。MIR报告从以下三大亮点模块洞悉市场现状及未来走向：

1）从本土、日韩、欧美三大系别供应商来看，欧美厂商市场份额有所增长，本土品牌快速扩张的势头有所抑制，日韩企业继续下行。2019年之前，本土品牌增长较快、势头向好，欧美厂商，日韩厂商都承受着一定的压力，而2019年项目型市场出现明显回暖迹象，欧美企业在此市场优势明显，市场份额有所增长，日韩企业大多以传统OEM市场为主，2019年市场份额进一步萎缩，本土企业份额在多年持续扩大的背景下，首次出现“熄火”现象，国产几大厂商发展都不及预期，增速放缓严重。

2）从通用型、工程型、专用型低压变频器来看，专用型变频器开始广受市场青睐，份额持续上升。目前市面上，汇川技术的电梯一体化专机，空压机一体机CP700都取得了较好的成绩，专用型变频器成为近年来各大厂商纷纷角逐的领域，各厂商新品的发布也逐步向专用性布局，例如，西门子公司针对风机泵领域推出新产品G120X、G120XA，严格来讲不是专用型变频器，却是西门子公司的所有低压变频器产品系列中专用性较强的产品系列。另外，工程型变频器与项目型市场的发展息息相关，存在周期性变化，而通用型变频器市场增长乏力，随着市场对定制化需求的逐步提升，专用型变频器或将成为市场主要拉动力。

3）从机械负载、提升负载、风机水泵三大运用领域来看，风机水泵成为近年来热点话题。除了西门子公司的G120X，XA以外，汇川技术针对水泵领域也开始试水水泵一体机，风机泵市场依然是各大厂商重点布局所在，增长较为稳定，另外提升负载中典型的电梯和起重机械行业整体较为平稳。

近几年我国低压变频器由于下游应用于增速较稳定的OEM市场，表现好于中高压变频器，但近三年低压变频器市场规模整体有所下滑。中高压变频器则主要应用于项目型市场，主要为外资垄断；中压市场主要应用于煤炭行业，竞争厂商少，汇川技术为国产品牌领导者。

高压变频器下游大多为高耗能的国有大中型企业，需求旺盛；同时在环保、节能等趋势下，一系列政策为我国高压变频器市场提出了指导方向，“十三五”规划也强调实施全民节能行动计划。高压变频器应用领域涉及电力等多种行业，我国高压变频器市场一直保持稳定增长。2019年我国高压变频器市场规模为133亿元，同比增长6%。2019年变频器整体市场规模为251.93亿元，同比增长24.33%。

近年来，变频器市场中我国自主研发能力有所提升，特别是高压变频器在2017年的专利申请数稳定在160项以上。同时，在实体经济的拉动作用下，变频器将冲入新能源领域，在冶金、煤炭、石油化工等工业领域将保持稳定增长，在城市化率提升的背景下，变频器在市政、轨道交通等公共事业领域的需求也会继续增长，从而促进市场规模扩大，预计到2025年我国变频器市场规模将达到883亿元。2012—2019年国内变频器市场分析见表9，中国变频器市场规模及增长情况如图17所示。

表9　2012—2019年中国变频器市场分析

| 年份 | 2012年 | 2013年 | 2014年 | 2015年 | 2016年 | 2017年 | 2018年 | 2019年 |
|---|---|---|---|---|---|---|---|---|
| 变频器/亿元 | 234.65 | 237.76 | 231.3 | 208.03 | 176 | 195.5 | 202.8 | 251.93 |
| 增长率(%) | -14.36 | 1.33 | -2.72 | -10.06 | -15.40 | 11.08 | 3.73 | 24.33 |

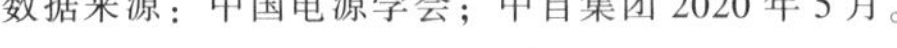
数据来源：中国电源学会；中自集团2020年5月。

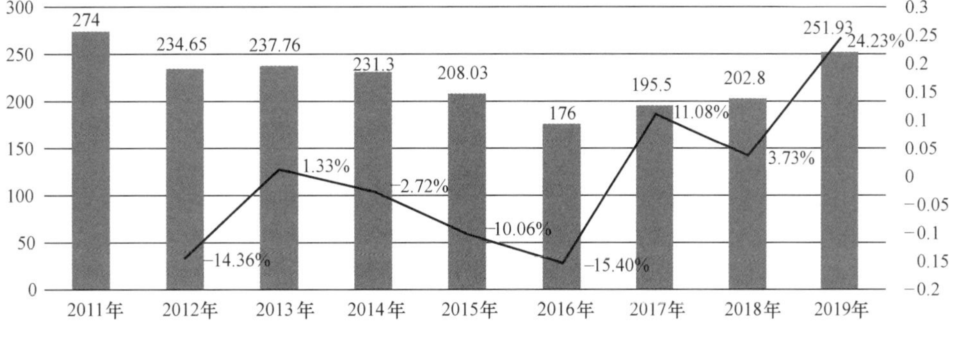


变频器/亿元　——增长率

数据来源：中国电源学会；中自集团2020年5月。

图17　中国变频器市场规模及增长情况

**（五）模块电源市场分析**

模块电源是新一代的电源产品，目前在诸多领域均有应用，主要应用于民用、工业和军用等众多领域，包括交换设备、接入设备、移动通信、微波通信以及光传输、路由器等通信领域和汽车电子、航空航天等。其中，通信电源领域、国防领域、新能源汽车领域是模块电源行业主要应有的三大领域。由于采用模块组建电源系统具有设计周期短、可靠性高、系统升级容易等特点，模块电源的应用越来越广泛。尤其近几年由于数据业务的飞速发展和分布式供电系统的不断推广，再加上5G、军民融合政策及新能源扶持政策的多起利好事件，让模块电源行业在通信、国防及新能源汽车等领域的应用进一步渗透，模块电源发展十分迅速。市场规模稳步增长，行业竞争日趋激烈。

目前，国内电源模块行业的竞争相当激烈，大量新晋电源厂商的涌入，以及客户对电源产品性价比的日益追求，加速了产品价格战的“白热化”，企业之间的兼并战也愈演愈烈，很多传统电源模块公司被收购、并购，行业经历着不断的“洗牌”和重建。在国际上，国际模块电源跨国公司通过投资兼并与重组在其他国家设立合资子公司、控股子公司，扩大其业务范围，利用原公司的销售渠道等抢占市场份额，降低其市场拓展成本。在国内，我国模块电源企业倾向通过并购切入下游军工领域。例如2019年4月和7月，航天长峰和航锦科技的两次并购，其目的均是加强在下游军工电子领域的竞争力。

中国市场成为国际输配电巨头盈利的重要来源，中国长期发展的前景还将继续吸引国外同行。国际跨国企业的技术、品牌处于绝对优势地位，预计在行业处于调整时还将有大量的外资并购发生，这对国内企业来说既是快速发展的活力，也是面临的强大压力。近些年，我国模块电源行业并购主要呈现出三大特点：

1）外资企业将继续通过并购国内企业增加市场份额。一般而言，外资企业进入新兴市场考虑到便捷性，刚开始多以成立合资公司的方式。但进入中国市场之后为占领更大的中国市场，投资形式从以合资为主逐渐转向独资或合资控股为主。

2）外资企业通过混合并购实现多元化发展。进入中国的电源企业，如艾默生、爱立信公司等，模块电源均只是其在华投资的一部分，以艾默生为例，其在华投资不仅包括模块电源，还延伸至家用电器、空调器、流体、工业、通风、密封以及汽车和精密电机等领域。目前，艾默生的业务遍布世界范围的100多个国家和地区，在绝大多数国家都实行了多元化发展。

3）国内模块电源企业将进一步加强在下游军工领域的布局。数据显示，近年来，我国模块电源市场需求呈现稳步上升的态势，行业发展迅速，2018年模块电源的需求量约为80亿元，2019年则约为85.9亿元，增长率为7.38%。2009—2019年中国模块电源市场分析见表10。2009—2019年中国模块电源市场规模及增长情况如图18所示。

表10 2009—2019年中国模块电源市场分析

| 年份 | 2009年 | 2010年 | 2011年 | 2012年 | 2013年 | 2014年 | 2015年 | 2016年 | 2017年 | 2018年 | 2019年 |
| --- | --- | --- | --- | --- | --- | --- | --- | --- | --- | --- | --- |
| 模块电源销售额/亿元 | 31 | 32 | 34 | 35 | 39 | 45 | 51 | 60 | 64.7 | 80 | 85.9 |
| 增长率(%) | | 3.23 | 6.25 | 2.94 | 11.43 | 15.38 | 13.33 | 17.65 | 7.83 | 23.65 | 7.38 |

数据来源：中国电源学会；中自集团2020年5月。

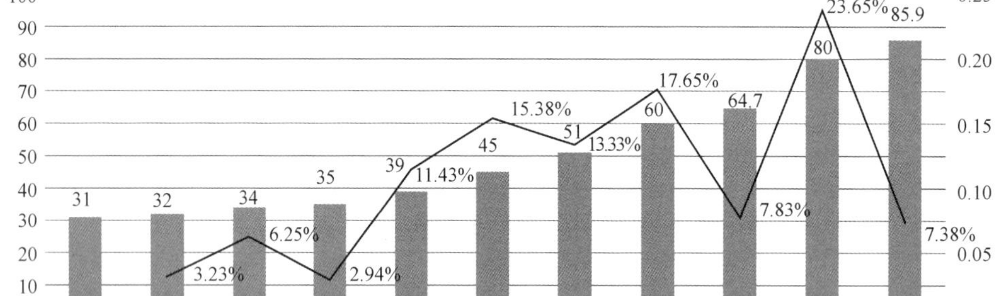


数据来源：中国电源学会；中自集团2020年5月。

图18 2009—2019年中国模块电源市场规模及增长情况

## 五、2019年中国电源市场应用行业结构分析

作为服务于各个领域的基础行业，电源行业的发展受下游拉动的影响很大，如果下游行业的政策利好发展迅猛，电源行业会得到相应的快速拉动。随着中国通信网络设施的建设升级，中国航空、航天及军工产业的投入持续加大，高速铁路建设的速度加快，以及“十三五”期间中国战略性新兴产业的大力发展，预计未来几年中国电源市场仍然将继续增长。

### （一）IT及消费电子行业

#### 1. 通信行业分析

在国内市场，电源的重要应用领域之一是通信设备领域，主要用于基站通信设备、光通信网络设备、宽带通信设备、程控和网络交换机、环境及监控设备等为设备提供电源保障。因此，通信设备等通信固定资产的投资规模很大程度反映了电源的消费规模。

“十三五”期间，我国将加快光纤宽带网络、下一代互联网和新一代移动通信基础设施建设，基本建成宽带、融合、泛在、安全的新一代通信基础设施。通信业将推动电信普遍服务从“行政村通”延展到“自然村通”，普遍服务内容逐步从语音业务扩展到互联网业务，基本实现村村通宽带。

中国的通信行业正在经历走出去的历史阶段，广阔的海外市场同时拉动了中国通信企业的发展。此外，除了传统的通信电源市场，基于IP的增值应用设备和新兴的无线通信技术所用电源也展现出了巨大的发展潜力。随着高可靠小体积智能电子设备的普及应用，电源在新兴行业的市场需求得以逐渐挖掘。综上所述，信息产业的发展为国内通信设备制造商的发展提供了良好的发展契机，同时也带动了电源行业的快速发展。

2019年，全国净增移动通信基站174万个，总数达841万个；市场规模达137亿元，同比增长7.03%。2015—2019年中国通信电源产品市场分析见表11。2015—2019年中国通信电源行业市场规模如图19所示。

表11 2015—2019年中国通信电源产品市场分析

| 年份 | 2015年 | 2016年 | 2017年 | 2018年 | 2019年 |
|---|---|---|---|---|---|
| 通信电源/亿元 | 85 | 102 | 120 | 128 | 137 |
| 增长率(%) | 18.50 | 20 | 17.65 | 6.67 | 7.03 |

数据来源：中国电源学会；中自集团2020年5月。

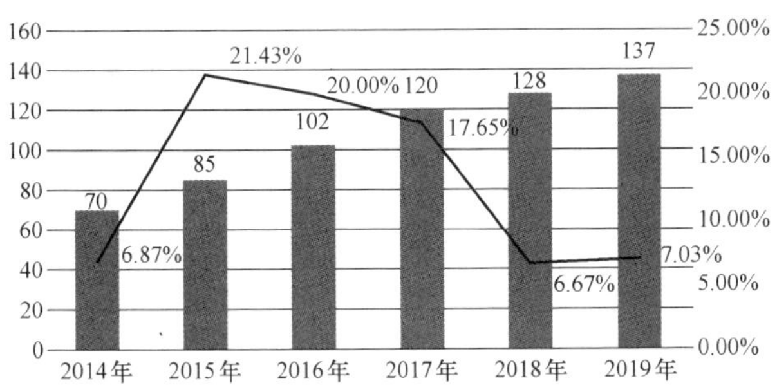


数据来源：中国电源学会；中自集团2020年5月。

图19 2014—2019年中国通信电源行业市场规模

2014—2019年中国移动电话基站设备数量如图20所示。

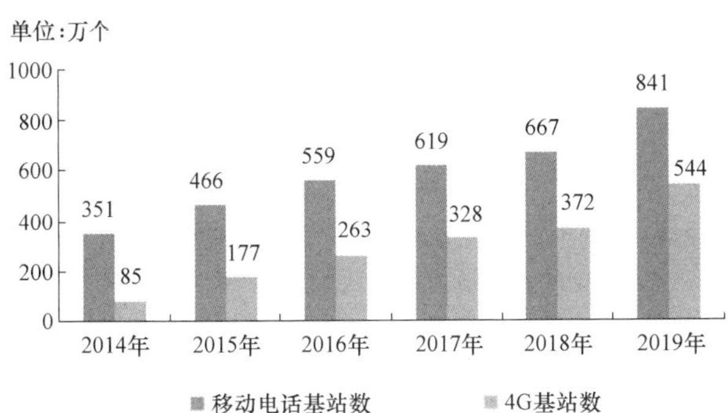


图20 2014—2019年中国移动电话基站设备数量

2014—2019年中国移动通信基站设备变化趋势如图21所示。

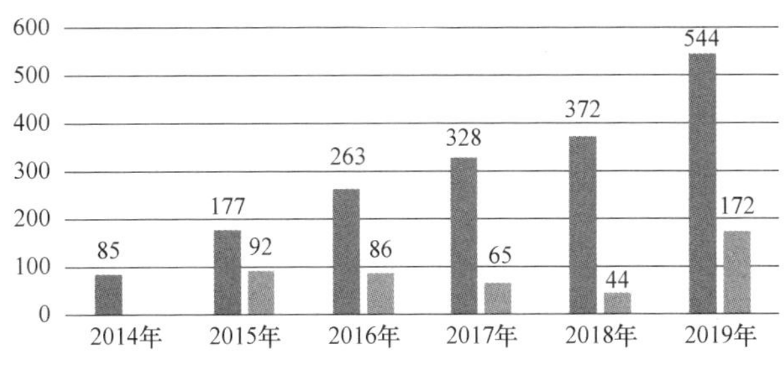


图21 2014—2019年中国移动通信基站设备变化趋势

2018年政府工作报告将5G规划进“中国制造2025”，我国有望率先实现5G商用引领全球，5G时代即将到来。中国联通公布了最新5G商用时间表：2018年进行5G规模试验，2019年进行5G预商用、2020年正式商用5G。

2019年作为5G元年，真正的建设时间实际不足半年，因为在前半年基本处于观望态度，即便是三大通信运营商在做年度工作规划时，对5G也未有充分重视，只说做好实验网的测试工作。但没想到5G商用牌照提前至6月6日正式发放，而且国家推动5G快速发展的意志越来越坚定，故下半年整个产业链呈现快马加鞭的发展情况。据通信主管部门数据表明，截至2019年底，全国共建5G基站数已超13万个。据GSMA预测，到2025年，全球将有12亿个5G连接，中国将占据其中约1/3的份额，领先欧洲的19%和美国的16%。根据中国信息通信研究院（工信部电信研究院）2017年6月发布的《5G经济社会影响白皮书》，5G商用将开启运营商的网络大规模建设高峰，尤其是初期，设备制造商将成为最大的经济产出单位（收益者）。预计2020年电信运营商在5G网络设备商的投资将超过2200亿元。且随着5G商用的持续深入，其他行业在5G设备上的支出将稳步增长，到2030年预计各行业、各领域在5G设备上的支出将超过5200亿元，设备制造企业在总收入中的占比接近69%。通信电源作为网络设备运行不可或缺的配套设备，销售额也将随之增长。运营商和各行业5G网络设备收入预计如图22所示。

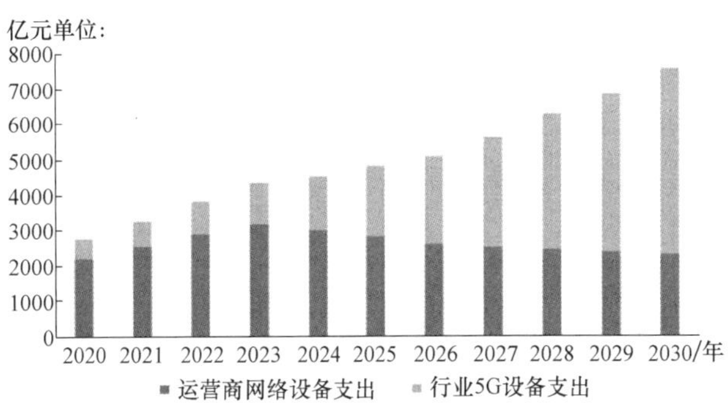


数据来源：《5G经济社会影响白皮书》。

图22 运营商和各行业5G网络设备收入预计

通信电源行业市场竞争特点：

1）通信电源行业内部竞争加剧的原因有如下几种：

① 行业增长缓慢，对市场份额的争夺激烈；

② 竞争者数量较多，竞争力量大抵相当；

③ 竞争对手提供的产品或服务大致相同；

④ 某些企业为规模经济的利益，扩大生产规模，市场均势被打破，产品大量过剩，企业开始诉诸于削价竞销。

2）通信电源行业顾客的议价能力：行业顾客可能是行业产品的消费者或用户，也可能是商品买主。其议价能力表现在能否促使卖方降低价格，提高产品质量或提供更好的服务。

3）通信电源行业供货厂商的议价能力：表现在供货厂商能否有效地促使买方接受更高的价格、更早的付款时间或更可靠的付款方式。

4）通信电源行业潜在竞争对手的威胁：潜在竞争对手是指那些可能进入行业参与竞争的企业，它们将带来新的生产能力，分享已有的资源和市场份额，结果是行业生产成本上升，市场竞争加剧，产品售价下降，行业利润减少。

5）通信电源行业替代产品的压力：是指具有相同功能，或能满足同样需求从而可以相互替代的产品竞争压力。

市场竞争是市场经济的基本特征，在市场经济条件下，企业从各自的利益出发，为取得较好的产销条件、获得更多的市场资源而竞争。通过竞争，实现企业的优胜劣汰，进而实现生产要素的优化配置。

**2. 数据中心分析**

互联网数据中心（Internet Data Center，IDC）是集中计算、存储数据的场所，是为了满足互联网业务以及信息服务需求而构建的应用基础设施，可以通过与互联网的连接，凭借丰富的计算、网络及应用资源，向客户提供互联网基础平台服务（服务器托管、虚拟主机、邮件缓存、虚拟邮件）以及各种增值服务（场地的租用服务、域名系统服务、负载均衡系统、数据库系统、数据备份服务等）。

全球进入“互联网+”时代，万物互联、云计算、AI、大数据等技术在各行各业广泛渗透，并伴随着5G时代的即将来临，数据的产生、处理、交换、传递呈几何级增长，从而驱动数据中心产业加速发展。

5G时代，超大型云计算IDC和小型的边缘计算IDC有望成为未来数据中心的主要发展方向。5G时代，更高速、高容量的网络有望带来更多的数据，全新的网络架构（边缘计算MEC）以及新增应用场景需求（低延时高可靠通信）有望带动运营商边缘数据中心的建设。根据中国联通的统计，供电基础设施建设和运营成本分别占数据中心CAPEX和OPEX的50%和28%，未来高效的供电技术方案发展潜力巨大。目前，主流的数据中心电源系统有UPS和HVDC两种。相较于UPS，HVDC具有运行效率高、占地面积少、投资成本和运营成本低的特点，有望成为未来市场主流。

目前，数据中心供电系统有UPS和HVDC两种方案：UPS（Uninterruptible Power System）为不间断电源，是一种输入和输出均为交流电的电源。当市电输入正常时，将其稳压后供应给设备使用；当市电中断后，将电池的直流电能转换为交流电供给设备（负载）使用。HVDC（High Voltage Direct Current）为高压直流电源（相对传统的-48V直流通信电源而言，有240V和336V两种制式），是一种输入市电交流电，输出直流电的电源。相较于UPS，HVDC在备份、工作原理、扩容以及蓄电池挂靠等方面存在显著的技术优势，因而具有运行效率高、占地面积少、投资成本和运营成本低的特点。

整体行业在绿色节能的主题背景下，高密度场景应用需求、能耗、资源整合等多方面的挑战给当前的数据中心产业提出更高的要求，在此市场需求推动下，数据中心将朝着模块化、集约化、规模化的趋势发展：模块化的数据中心能实现快速部署、柔性扩充等方面的建设需求；集约化数据中心部署则可以节省数据中心之间的交互成本，有利于降低部署和运维成本；规模化的数据中心则是可以充分满足海量数据的处理需求。

2014—2018年，全球IDC市场规模不断提升，年均复合增长率在20%以上，到2019年持续增长到5032.2亿元，同比增长率为13.02%。2014—2019年中国互联网数据中心市场规模见表12和图23所示。

**表12 2014—2019年全球互联网数据中心市场规模**

| 年份 | 2014年 | 2015年 | 2016年 | 2017年 | 2018年 | 2019年 |
|---|---|---|---|---|---|---|
| 互联网数据中心投资规模/亿元 | 2019.86 | 2369.14 | 3118.11 | 3689.43 | 4444.6 | 5032.2 |
| 增长率(%) | -17.42 | 17.29 | 31.61 | 18.32 | 20.47 | 13.02 |

数据来源：中国电源学会；中自集团2020年5月。

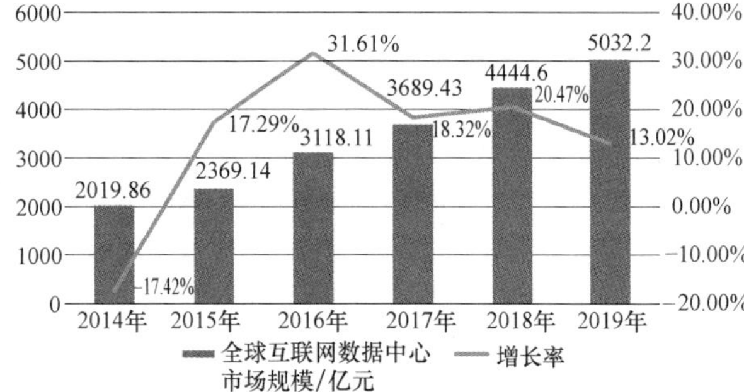


图23 2014—2019年全球互联网数据中心市场规模

2014—2018年，我国IDC市场规模也随之不断提升，年均复合增长率在45%以上，到2018年中国IDC市场总规模为1277.2亿元，同比增长35%。2019年持续增长到1508.3亿元，同比增长率18.09%。2014—2019年，中国互联网数据中心在全球占比逐年递增，依次为18.42%、21.89%、22.91%、25.64%、28.74%、30.03%。

过去几年间我国政府大力推动云计算、大数据、5G等现代信息产业发展，对于信息产业基础设施建设提出了较高要求。2014—2019年中国互联网数据中心市场规模见表13和图24，2014—2019年中国互联网数据中心全球市场占比如图25所示。

表 13　2014—2019 年中国互联网数据中心市场规模

| 年份 | 2014 年 | 2015 年 | 2016 年 | 2017 年 | 2018 年 | 2019 年 |
|---|---|---|---|---|---|---|
| 互联网数据中心投资规模/亿元 | 372.14 | 518.51 | 714.5 | 946.1 | 1277.2 | 1508.3 |
| 增长率(%) | 41.8 | 39.33 | 37.8 | 32.41 | 35 | 18.09 |

数据来源：中国电源学会；中自集团 2020 年 5 月。

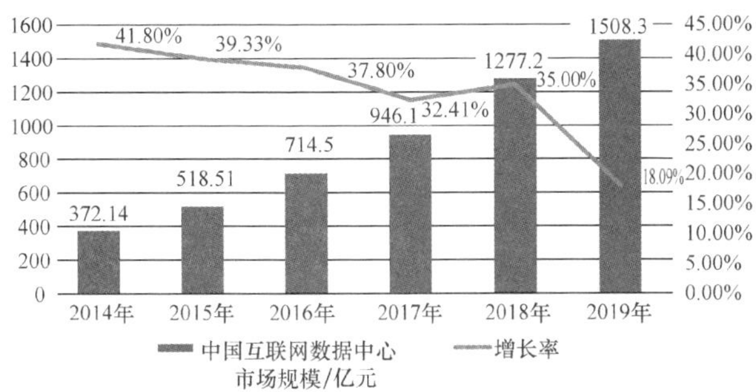


数据来源：中国电源学会；中自集团 2020 年 5 月。

图 24　2014—2019 年中国互联网数据中心市场规模

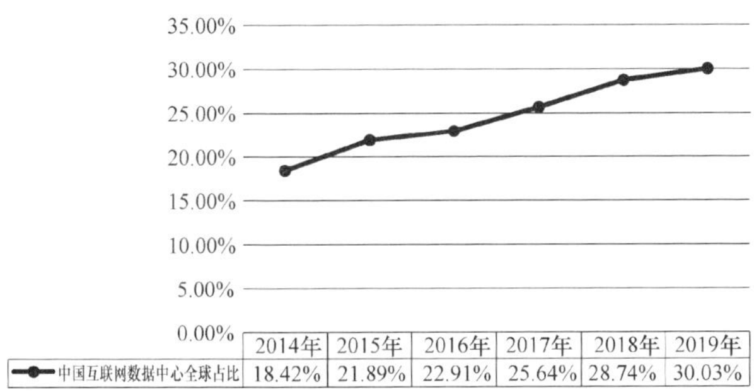


数据来源：中国电源学会；中自集团 2020 年 5 月。

图 25　2014—2019 年中国互联网数据中心全球市场占比

1）2012 年，工信部电信管理局发布了《关于进一步规范因特网数据中心（IDC）业务和因特网接入服务（ISP）业务市场准入工作的实施方案》，鼓励符合条件的企业进入 IDC 和 ISP 领域。在 2016 年的 IDC 服务大会上，中国信息通信研究院院长刘多女士表示，截至 2016 年 10 月底，国家已经发出 327 张跨地区的 IDC 业务经营许可证和 844 张省内 IDC 的经营许可证。

2）2017 年初，工信部信软司发布《大数据产业发展规划（2016—2020 年）》以下解读，其中提到大数据产业的健康发展，是国家做出的重大战略部署，是实施国家大数据战略，实现我国从数据大国向数据强国转变的重要举措。而在其中提到的 7 项重点任务中，完善大数据产业支撑体系，合理布局大数据基础设施建设等被单独作为一项重点任务提及。并在《规划》中提出，总体目标方面，到 2020 年，大数据产业体系基本形成，大数据相关产品和服务业务收入突破 1 万亿元，年均复合增长率保持 30%左右。市场巨大的大数据产业，30%稳定复合增速的目标，政策鼓励的支持，都有望带动底层基础设施的发展，引领 IDC 行业的前进方向。

3）2017 年 11 月，中共中央办公厅、国务院办公厅印发《推进互联网协议第六版（IPv6）规模部署行动计划》，要求推进 IPv6 规模部署，高效支撑移动互联网、物联网、工业互联网、云计算、大数据、人工智能等新兴领域快速发展。在 2018 年 5 月工信部发布的关于贯彻落实《推进互联网协议第六版（IPv6）规模部署行动计划》的通知中提到，推进应用基础设施 IPv6 改造，落实配套设施保障措施。数据中心作为其中一环，担任着重要任务。

IDC 行业市场规模较大，在国内仍处于发展期，且作为新兴信息产业最重要的基础设施之一，需求方兴未艾、潜力尚有较大空间。未来，国内的 IDC 服务商也将向产业链上下游延伸。由于 IDC 上游市场格局相对成熟，向下游延伸更加符合企业发展方向。对于外资云计算企业来讲，该规定增加了行业进入门槛，但是对于国内 IDC 服务商来讲，反而迎来了政策红利，因为帮助外资云落地国内，合作开展云计算业务成为一种新机遇。此外，国内具有一定技术实力的 IDC 服务商也可顺应市场发展趋势，开展云计算业务。互联网数据中心行业发展趋势如下所述：

1）5G 即将部署扩展应用场景，进一步挖掘流量需求：2019 年 6 月 6 日，工信部向中国移动、中国联通、中国电信三大运营商和中国广播电视网络有限公司正式发放 5G 牌照，批准这 4 家企业经营“第五代数字蜂窝移动通信业务”。2019 年 10 月，工信部向华为颁发中国首个 5G 无线电通信设备进网许可证，2019 年 10 月 31 日举行的 2019 年中国国际信息通信展览会上，工信部与三大运营商举行 5G 商用启动仪式。中国移动、中国联通、中国电信正式公布 5G 套餐和全国首批 50 个 5G 商用城市名单，并于 11 月 1 日正式上线 5G 商用套餐。结合 5G 的主要应用方向以及 5G 的部署，大流量场景将继续增加，带动全球网络数据量激增，数据中心的重要地位进一步彰显。

2）专业 IDC 服务商发展空间巨大：目前，国内存量数据中心市场中，电信基础运营商仍占绝对主导地位，与美国早期市场较为相似。由于运营商在 IDC 运营中，人员成本、客户响应能力等方面不具备比较优势，而且运营商机房网络一般具有排他性，因此随着产业的发展，运营商市场地位会逐渐削弱，随着客户结构日益复杂和对运营服务需求的提升，国内专业 IDC 服务商优势将更加凸显。

3）传统 IDC 同质化竞争激烈，向云计算数据中心升级是未来趋势：IDC 市场竞争日渐激烈，传统单纯 IDC 服务利润率较低，IDC 服务商需要在服务器托管的传统业务基础上拓展更多增值服务。随着越来越多的企业进军 IDC 领域，传统 IDC 服务的同质化日渐严重，单纯 IDC 服务商利润率越来越低，因此传统 IDC 服务商需要在原有业务基础上开发更多增值服务，提高产品的毛利率。云计算数据中心中托管的不再是客户的设备，而是计算能力和 IT 可用性。数据在云端进行传输，云计算数据中心为其调配所需的计算能力，并对整个基础构架的后台进行管理。从软件、硬件两方面运行维护，软件层面不断根据实际的网络使用情况对云平台进行调试，硬件层面保障机房环境和网络资源正常运转调配。数据中心完成整个IT的解决方案，客户可以完全不用操心后台，就有充足的计算能力可以使用。传统IDC只有向云计算数据中心升级才能在激烈的同质化竞争中脱颖而出，增加客户黏性的同时提升业务盈利水平。

4）我国公有云互联网巨头独大，私有云未来增长空间明显：我国公有云市场保持高速增长。2018年我国云计算整体市场规模达到962.8亿元，增速为39.2%。其中，公有云市场规模达到437亿元，相比2017年增长65.2%，预计2019—2022年仍将处于快速增长阶段，到2022年市场规模将达到1731亿元。公有云服务收入主要由公有云服务商龙头提供，包括阿里巴巴、百度、腾讯等大型互联网企业。其中阿里云自2014年以来营业收入爆发增长，已经连续6个季度保持三位数增长。2018年私有云市场规模达到525亿元，较2017年增长为23.1%，预计未来几年将保持稳定增长，到2022年市场规模将达到1172亿元。由于广大的中小金融机构在资金、人才和经验等方面都存在很多不足，大型金融机构将大概率自建私有云，并对中小金融机构提供金融行业云服务，进行科技输出；中型金融机构核心系统自建私有云，外围系统采用金融行业云作为补充，私有云市场潜力巨大，具有明显的增长空间。

5）一线城市周边成为IDC新建热点区域：金融机构、互联网企业主要集中在一线城市，对于数据中心访问时延、运维便捷以及安全性有较高要求，伴随数据量持续增加，数据中心需求持续上升。而一线城市土地、电力资源稀缺，加之政策监管趋严，数据中心的供给已经达到天花板。供需失衡导致一线城市数据中心缺口较大，在一线城市有资源储备的专业IDC服务商机柜利用率高、议价能力强，将获得更多行业红利。

**3. 移动智能终端行业**

智能硬件是继智能手机之后的一个科技概念，通过软硬件结合的方式，对传统设备进行改造，进而让其拥有智能化的功能，智能硬件又称智能终端产品。智能穿戴、智能手机等产业的兴起使得作为其动力源的电池技术的地位愈发重要，移动电源在当前的生活中已经广泛应用在智能终端等设备中作为后备动力源。随着智能穿戴、智能手机等产业的兴起，移动电源的应用会更加广泛，成为最重要的补充动力来源之一。移动电源作为一个处于快速增长且每年都有大量企业进入的新产业，近年在移动互联网和智能手机的带动下呈现出了稳定发展的状态。

智能硬件终端的功能：1）硬件智能化之后，具备连接的能力，实现互联网服务的加载，形成“云+端”的典型架构，具备了大数据等附加价值；2）软件应用连接智能硬件，操作简单，是企业获取用户的重要入口。

移动智能终端配件是指使用智能手机、平板电脑等移动智能终端时适配的附件产品，主要包括壳套保护类、电源配件类、耳机视听类、外设拓展类、饰品配件类等。移动电源（俗称“充电宝”）是一种个人可随身携带、自身能储备电能、可为移动式设备尤其是手持式设备（如手机、平板电脑等）充电的电源产品。移动电源通常应用在没有外部电源供应的场合，其主要组成部分包括存储电能的电池、充电管理电路、放电管理电路等，典型产品为直流5V输入、直流5V输出。

受智能手机终端等移动设备销量增长放缓，作为终端配件之一的移动电源同样面临增长乏力的困境。但因消费者对移动智能终端的更换周期较短，出货量依旧会处在一个很高的水平。而且行业处于创新阶段，新产品新技术不断涌现，如可穿戴设备、AR/VR等领域。

移动数码产品的发展趋势一是外观追求小型化，二是功能追求多样化。外观小型化必然要减小电池体积（容量）；功能多样化，特别是使用彩色LCD显示屏时，会加速电池能量的消耗，大幅度缩短移动设备的工作时间。在未来相当长的时间内，要大幅度提高电池容量几乎是不可能的。统计数据表明，电池容量每10年才提高20%。因此，如何随时随地为移动数码产品充电、供电，延长移动数码产品的使用时间，是目前和未来移动数码产品用户所面临的最大问题。移动电源可作为数码产品的充电电源或外接电源使用，既可对数码产品进行多次充电，也可对数码产品进行长时间连续供电，可解决数码产品在户外条件下无法充电和不能长时间工作的问题。移动电源产品未来的市场潜量很大，但目前尚处于进入市场的初期导入期。一旦市场被启动，成长速度会很快，会立即进入高速成长期。

据统计，2018年全球移动电源行业市场规模为84.9亿元，从移动电源容量大小来看，3000mA以下移动电源市场规模为13.3亿美元，3001~8000mA移动电源市场规模为24.6亿美元，8001~20000mA移动电源市场规模为29.3亿美元，2万mA以上的移动电源市场规模为17.7亿美元。中国移动电源市场规模稳步上升，2019年为351.7亿元，同比增长4.52%。2014—2019年中国移动电源产品市场分析见表14，2014—2019年中国移动电源市场规模如图26所示。

**表14 2014—2019年中国移动电源产品市场分析**

| 年份 | 2014年 | 2015年 | 2016年 | 2017年 | 2018年 | 2019年 |
|---|---|---|---|---|---|---|
| 移动电源/亿元 | 268.3 | 284.9 | 301.1 | 320.4 | 336.5 | 351.7 |
| 增长率(%) | 4.4 | 6.19 | 5.69 | 6.41 | 5.02 | 4.52 |

数据来源：中国电源学会；中自集团2020年5月。

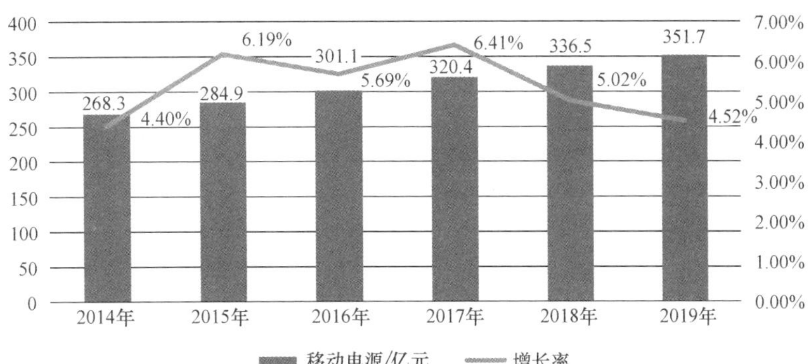


数据来源：中国电源学会；中自集团 2020 年 5 月。

图 26　2014—2019 年中国移动电源市场规模

从 2014 年起，我国陆续有相关协会或监管部门对移动电源进行了抽检，一定程度上反映了移动电源产品的整体质量。据国家市场监督管理总局发布的 2019 年抽检情况显示，对移动电源 61 批次产品进行检验，发现 25 批次产品不合格，不合格发现率为 41.0%。从历年来不同单位组织的监督抽查结果可以看到，移动电源产品的不合格率居高不下，我国移动电源行业亟需有效监管。

从移动电源产品的结构来看，锂电池、电路板和外壳是移动电源的主要组成部分。安全事故的多发部件是锂电池，作为移动电源的储电单元，锂电池的容量越大，相同空间内的能量密度越高，一旦发生爆炸，破坏力也会越大。

移动电源的电路板主要起控制作用，包括充电保护、放电保护、温度保护等。一些山寨小作坊的电路板常有偷工减料，该类电路板在发生故障时无法及时监控到异常，不能立即切断电路，任由异常情况继续，进而发生起火爆炸等事故。某些不良商家甚至使用性能低劣的“垃圾”电芯或水泥电芯，简单包装后蒙混过关，应用在全新的移动电源产品内。这些劣质的电芯多数在车站、街边售卖，消费者购买这些产品，完全得不到该有的充电效果，还给自身带来安全隐患。

根据历年来的抽检结果，移动电源主要的不合格项目包括：输出容量、标记和说明、常温外部短路（内部电池）、过充电（内部电池）、材料阻燃、自由跌落等。

在移动互联网时代，移动设备一个很重要的性能指标就是其待机或可使用时间，无论其拍照或处理器性能多么优异，若使用一会儿就没电的话，手机、平板电脑或其他电子产品也无法充分发挥其功能，因此必须依靠高质量的移动电源补充电能。根据现有的技术特点及发展趋势，预计移动电源行业将会有如下新的发展方向：

1）太阳薄膜电池的应用：移动电源要想取得更大突破，首先必须在储能部件，比如锂电池上下功夫。目前，国内移动电源使用锂电池的居多，使用太阳薄膜电池的很少。太阳薄膜电池生产成本较低，技术也比较成熟。当前光电转化率最高的是铜铟镓硒太阳薄膜电池，其光电转化率可达 20%，但与超过 30% 的理论值仍相距甚远，主要难题是材料中的铟、镓分布和比例难以达到理想值。

尽管薄膜电池的技术要求较高，但国内已经拥有薄膜太阳电池组件的生产、研发以及晶体硅太阳电池组件的生产能力，目前生产的铜铟镓硒太阳薄膜电池属于第二代光伏技术中光电转换效率最高的太阳薄膜电池，很适合应用在移动电源产品上。太阳能应用的效率和清洁性毋庸置疑，太阳薄膜电池的实际使用，对于移动设备的使用扩展将起到非常明显的推动作用。太阳能应用如果能在移动电源电芯上取得突破，那么该行业无疑将取得更大的发展。

2）突破接口限制的无线充电：随着苹果手机及更多的手机支持无线充电，手机配件领域紧跟技术前沿，出现了可以无线充电的移动电源，无线充电因其独特的充电方式，在充电效率、安全保护等方面都会有特殊的限制。目前，主流的充电技术为“Qi”，带有“Qi”标识的各企业不同品牌的手机直接放在移动电源上就可完成充电。无线充电的移动电源还能自动识别不同的设备和能量需求，适时地启用快充模式。

目前，国内市场上已经出现了无线充电的各种移动电源，但还有诸多问题尚待解决，例如与手机兼容性的问题、接口限制的问题、转换效率的问题。这些问题全部解决好了，无线充电的移动电源才能受到广大消费者的欢迎。

3）移动电源的多功能化：功能的多样化也是未来移动电源的发展方向之一，作为智能设备的必备产品，移动电源除了提供电能补充，还可以集成信息传输、网络传输等其他功能。随着新技术的不断兴起，很多厂家推出了多功能的移动电源，通过功能整合集中的方式提高移动电源的附加值。

比如，移动电源增加了 Wi-Fi 模块，就可以当作随身 Wi-Fi 路由器、无线网卡使用，既能充电也能为用户提供稳定可靠的无线网络连接。其实这些功能只是在传统移动电源的基础上，加入相应的功能模块。类似的多功能整合是一个很好的技术思路，让移动电源不再只是单一的充电储能产品，应该说移动电源未来整合其他功能的空间还很大。

4）移动电源的轻便化和共享化：因为移动电源要随身携带，其重量就是一个必须考虑的因素，轻薄化是移动电源发展的另一主要方向。摒弃笨重的 18650 圆柱电池，改为采用更轻、更薄、更具可塑性的软包装锂电池已是大势所趋。另外，由于互联网技术和共享商业模式的日趋火热，无须购买、可以随租随用的共享移动电源（俗称“共享充电宝”）也将有很好的发展前景。

4. 无线充电

无线充电技术又称感应充电技术或非接触式感应充电技术，源于无线电力输送技术，指有电池的装置无须借助导电线，利用电磁波感应原理或其他相关交流感应技术，在接收端和发送端使用响应的设备来发送和接收产生感应的交流信号而进行充电的一项技术。由于充电器与用电装置之间以电感耦合传送能量，二者之间无须使用电线连接，因此无线充电器及用电装置可以做到无导电接点外露。

无线充电具备多重优势，未来市场空间广阔。在iPhone8 和 iPhoneX 搭载无线充电技术后，全球无线充电市场已被激活。随着无线充电方案技术瓶颈的不断突破，无线充电有望成为智能手机、智能家居乃至整个物联网设备的标配。与传统有线充电相比，无线充电在安全性、灵活性和通用性等方面具有优势，在智能手机、可穿戴设备、汽车电子、家用电器等领域具备广阔的应用前景，市场空间巨大。预计到 2024 年，支持无线充电的智能手机每年出货量将超过 12 亿台。全球无线充电市场规模在 2016 年约 30 亿美元，2019 年攀升到将近 90 亿美元，预计到 2022 年会增长至 140 亿美元，年均增长率达到 27%。目前已有的无线充电技术包括电磁感应式、磁共振式、无线电波式、超声波式、红外激光式和电场耦合式。

伴随着行业龙头苹果、三星等手机厂商的主力推进无线充电功能，无线充电技术将加快普及速度，逐步从智能手机向平板电脑、笔记本电脑、医疗设备等多方面渗透，带动行业整体发展。利好产业链无线充电方案设计、电源芯片企业、磁性材料、FPC、模组封装企业。2015—2019 年全球无线充电市场规模如图 27 所示。

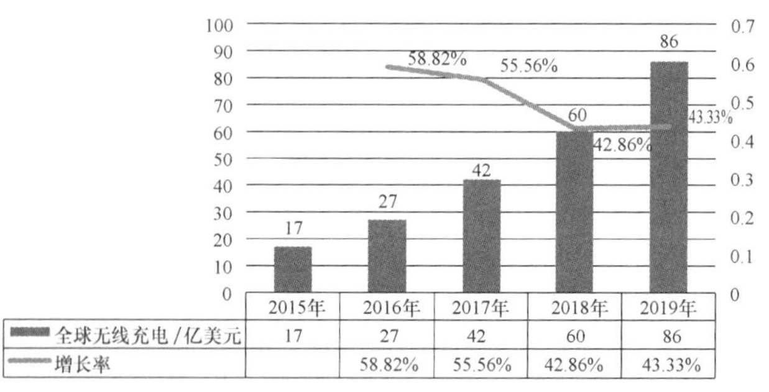


| | 2015年 | 2016年 | 2017年 | 2018年 | 2019年 |
|---|---|---|---|---|---|
| 全球无线充电/亿美元 | 17 | 27 | 42 | 60 | 86 |
| 增长率 | | 58.82% | 55.56% | 42.86% | 43.33% |

数据来源：中国电源学会；中自集团 2020 年 5 月。

图 27 2015—2019 年全球无线充电市场规模

我国无线充电市场发展落后于国外，无论在智能手机还是在新能源汽车领域整体应用仍处于推广阶段，产品存在充电效率低、充电距离短、标准混乱等问题，市场规模较小。2014—2016 年，我国无线充电技术市场保持了高速增长，市场应用以智能手机无线充电器为主，2019 市场规模增加到 2.38 亿元，同比增长 121.4%。2015—2019 年中国无线充电市场规模分析见表 15，如图 28 所示。

**表 15 2015—2019 年中国无线充电市场规模分析**

| 年份 | 2015 年 | 2016 年 | 2017 年 | 2018 年 | 2019 年 |
|---|---|---|---|---|---|
| 无线充电/亿元 | 0.8 | 1.5 | 2.4 | 2.43 | 5.38 |
| 增长率(%) | 150 | 87.5 | 60 | 1.25 | 121.4 |

数据来源：中国电源学会；中自集团 2020 年 5 月。

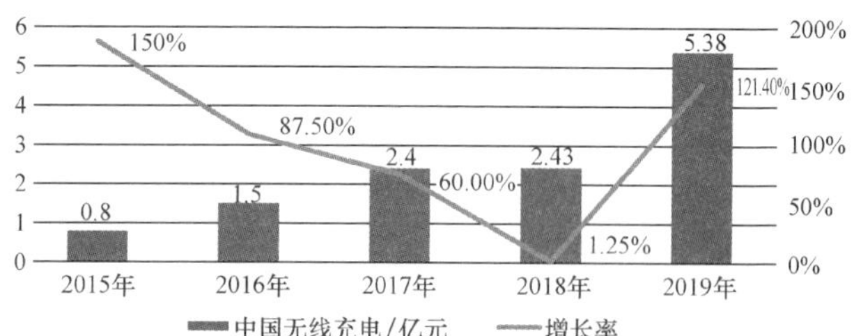


数据来源：中国电源学会；中自集团 2020 年 5 月。

图 28 2015—2019 年中国无线充电市场规模分析

行业发展的有利因素：

1）良好的政策环境：2016 年 4 月，国家发改委、国家能源局联合印发《能源技术革命创新行动计划（2016—2030 年）》。（以下简称《计划》）《计划》提出，到 2020 年，我国能源技术创新体系初步形成；到 2030 年，能源产业可支撑我国能源产业与生态环境协调可持续发展，进入世界能源技术强国行列。该行动计划部署了现代电网关键技术创新等 15 项重点任务，明确提出，到 2020 年，能源自主创新能力大幅提升，一批关键技术取得重大突破，能源技术装备、关键部件及材料对外依存度显著降低。无线充电技术在汽车领域的应用多次被提及，其中包括现代电网关键技术创新的重要任务——突破电动汽车无线充电技术。可见无线充电技术的发展有着良好的政策环境。

2）无线充电市场潜力巨大：无线充电在消费电子领域市场巨大。近年来，消费电子巨头纷纷推出具有无线充电功能的产品，除运用于智能手机之外，无线充电技术还将用于智能手表等可穿戴设备、平板电脑等诸多消费电子终端产品。随着科技的进步，后续将有更多配备无线充电功能的消费电子产品推出，未来有很大市场空间，潜力巨大。

行业发展的不利因素：

1）面临技术挑战：目前，无线充电技术在发展过程中面临诸多问题与挑战，不论是电磁感应技术还是电磁共振技术均存在未能克服的技术缺陷与困扰。一是电磁波辐射对人体健康的影响。联合国人类环境大会已将电磁辐射列为四大公害，其对人体有诸多影响。因此，无线充电技术必须保证电磁波只辐射到电子设备接收部分，而不会影响人体健康。二是电能转化率低，与节能时代的前进方向不符。目前，基于电磁感应、电磁共振技术的无线充电器，即便近距离充电，转化率也只能达到 70%~80%。三是无法克服充电距离问题。市场上的无线充电器大部分利用电磁感应原理，充电时必须与充电器接触才能满足充电要求，并非真正意义上的无线充电。

2）国际竞争力不足：从全球来看，日本是无线充电专利布局规模最大的国家，全球约四分之一的专利在日本申请，其次是美国、中国和韩国。日本、美国对全球市场的争夺非常激烈，相较而言，中国的专利申请总量虽不少，但是专利保护体系不够完善，重点关注国内市场，鲜见在国外的专利申请。无线充电主要专利申请人中，松下电器位居榜首，是无线充电技术的领先企业。丰田汽车排名第二，是汽车行业中的佼佼者。排名第三、第四位的分别是韩国科学技术院和三星电子。在全球专利申请人排名前40位的企业中，日本占26家，而中国无一企业上榜，相比之下，中国的研发实力较弱，国际竞争力不足。

3）缺乏统一标准：我国目前还缺乏统一的无线充电产品标准，国外主要的无线充电标准有Qi、AirFuelAlliance和TIRJ2954。Qi是全球首个无线充电技术组织WPC（无线充电联盟）所推出的无线充电标准。英特尔牵头的AirFuelAlliance无线充电标准由PMA和A4WP两大无线充电组织合并后推出。美国汽车工程师协会（SAE）发布了无线充电准则TIRJ2954。无线充电技术在全球范围内尚未能形成一个通用的标准，不同运营商的终端供电参数不同，造成无线充电技术只能在局部地区、部分产品中应用。

**（二）交通行业**

**1. 新能源汽车行业**

据中汽协数据显示，2018年，新能源汽车产销分别完成127万辆和125.6万辆，比上年同期分别增长59.9%和61.65%。其中纯电动汽车产销分别完成98.6万辆和98.4万辆，比上年同期分别增长47.9%和50.8%；插电式混合动力汽车产销分别完成28.3万辆和27.1万辆，比上年同期分别增长122%和118%；燃料电池汽车产销均完成1527辆。

2019年，中国新能源汽车产销分别完成124.2万辆和120.6万辆，同比分别下降2.3%和4.0%。其中纯电动汽车生产完成102万辆，同比增长3.4%；销售完成97.2万辆，同比下降1.2%；插电式混合动力汽车产销分别完成22.0万辆和23.2万辆，同比分别下降22.5%和14.5%；燃料电池汽车产销分别完成2833辆和2737辆，同比分别增长85.5%和79.2%。2011—2019年中国新能源汽车销量见表16，如图29所示。

**表16 2011—2019年中国新能源汽车销量**

| 年份 | 2011年 | 2012年 | 2013年 | 2014年 | 2015年 | 2016年 | 2017年 | 2018年 | 2019年 |
|---|---|---|---|---|---|---|---|---|---|
| 销售/辆 | 0.8159 | 1.2791 | 1.7642 | 7.4763 | 33.1092 | 50.6 | 77.7 | 125.6 | 120.6 |
| 同比(%) | — | 56.77 | 37.93 | 323.78 | 342.86 | 52.83 | 53.56 | 61.65 | -3.98 |

数据来源：中国电源学会；中自集团2020年5月。

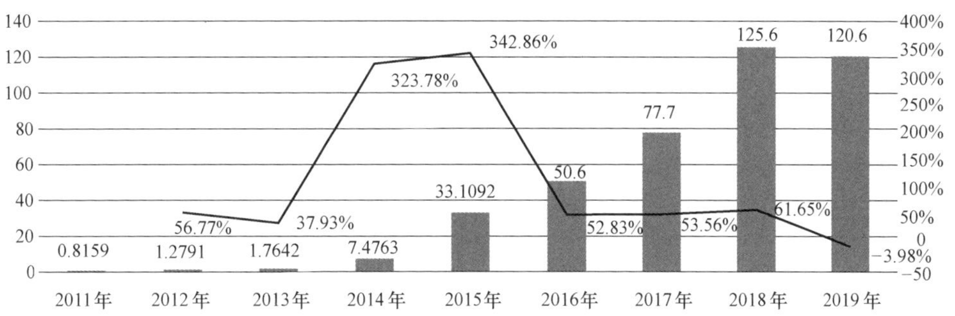


数据来源：中国电源学会；中自集团2020年5月。

图29 2011—2019年中国新能源汽车销量

全球新能源汽车销售量从2011年的8159辆增长至2019年的120.6万辆，7年时间销量增长150多倍。未来随着支持政策持续推动、技术进步、消费者习惯的改变、配套设施普及等因素影响的不断深入，预计2022年全球新能源汽车销量将达到600万辆，全球电动汽车锂电池需求量将超过325GW·h。新能源汽车“三电系统”如图30所示。

车载充电机是新能源汽车必不可少的核心零部件，其市场规模随着新能源汽车市场的快速增长而扩大。2019年，电动汽车车载充电机市场规模约60亿元，未来几年随着新能源汽车产量的逐年提升，笔者预计到2020年国内电动汽车车载充电机市场规模将达到77亿元。2015—2020年中国车载充电机市场规模如图31所示，车载充电机、交流/直流充电桩如图32所示。

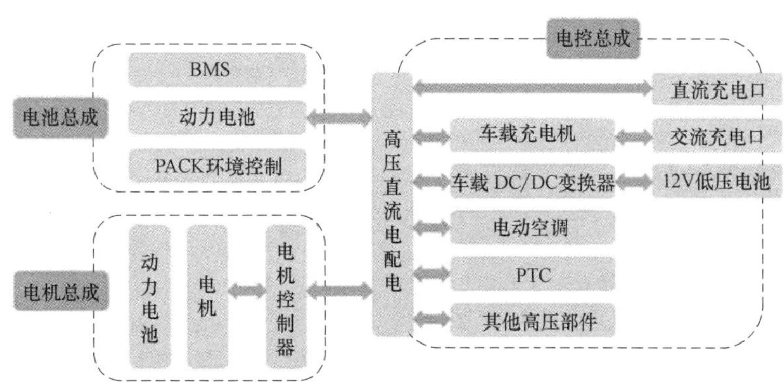


数据来源：中国电源学会；中自集团2020年5月。

图30 新能源汽车“三电系统”

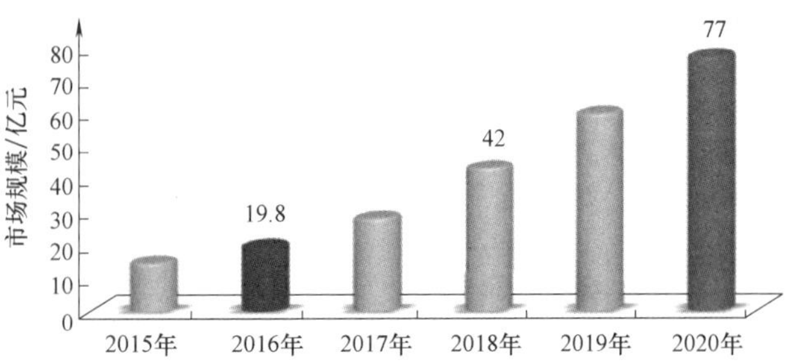


数据来源：中国电源学会；中自集团2020年5月。

图31 2015—2020年中国车载充电机市场规模

图32 车载充电机、交流/直流充电桩

2. 充电站/桩

目前，我国的充电桩行业尚处在基础设施完善的初期，除了几个一线城市之外，人们很少能找到比较明显的充电站。但随着这几年国家的大力支持，近几年我国的充电桩企业与充电桩与日俱增，发展速度迅速。

据能源局披露的数据显示，截至2017年底，我国各类充电桩达到45万个，其中全国私人专用充电桩为24万个，公共充电桩为21万个，保有量位居全球首位，是2014年的14倍。尽管目前建设数量较大，但仍然滞后新能源汽车发展，目前新能源汽车车桩比约为3.5∶1，远低于1∶1的建设目标。随着整个新能源汽车产业链的逐渐成熟以及市场需求的逐步释放，充电桩等配套基础设施建设提速已成燃眉之急。而且目前公共充电桩利用率不足15%，由于布局不合理，维护不到位，部分地区也出现了不少的故障和僵尸桩。

截至2018年底，公共类充电桩为30万台，其中交流充电桩为19万台、直流充电桩为11万台、交直流一体充电桩为0.05万台。2018年12月较2018年11月公共类充电桩增加1万台。2018年12月同比增长40.1%。与2017年底数据相比，2018年公共类充电桩新增8.6万台。2018年月均新增公共类充电桩为7154台，2017年月均新增公共类充电桩为6054台，增速提高18.2%。

运营商方面，截止到2018年底，30万台公共充电基础设施中，特来电运营为12.1万台、国网运营为5.7万台、星星充电运营为5.5万台、上汽安悦运营为1.5万台、中国普天运营为1.4万台，这五家运营商占总量的87.2%，其余的运营商占总量的12.8%。

从中国充电基础设施促进联盟了解到，截至2019年12月，联盟内成员单位总计上报公共类为51.6万台，其中交流充电桩为30.1万台、直流充电桩为21.5万台、交直流一体充电桩为488台。2019年12月较2019年11月公共类充电桩增加2.1万台，2019年12月同比增长55.9%。

其中，全国充电运营企业所运营充电桩数量超过1万台的共有8家，分别为特来电运营14.8万台、星星充电运营12万台、国网运营8.8万台、云快充运营4万台、依威能源运营2.5万台、上汽安悦运营1.8万台、中国普天运营1.4万台，深圳车电网运营1.3万台。这8家运营商占总量的90.2%，其余的运营商占总量的9.8%。

根据国家发改委在《电动汽车充电基础设施发展指南（2015~2020年）》中提出的目标，到2020年，新增集中式充换电站超过1.2万座，分散式充电桩超过480万个，以满足全国500万辆电动汽车充电需求。目前，慢充充电桩单价约为1万元，快充充电桩价格约为10万元，按照北京目前7∶3的建造比例来计算，我国2020年充电桩行业规模大约为1800亿元。

充电桩的建设和运营仍保持较高的集中度，特来电新能源有限公司、国家电网、星星充电、普天新能源有限责任公司等四大运营商的市场占比约为86%。其中国家电网投资63.3亿元，建设42304个，占比61%、青岛特锐德电气股份有限公司投资30亿元，建设97559个，占比29%、万帮新能源投资集团有限公司投资8.1亿元，建设28521个，占比8%、中国普天投资2.1亿元，建设14660个，占比2%。

（三）光伏行业分析

我国光伏市场热度不退。户用光伏因其具有见效快、投资小、并网简单、补贴及时等优点，是目前最具发展潜力的领域。2017年底，户用光伏已达到50万套；2018年约为80万套。考虑到屋顶资源丰富，户用光伏没有指标瓶颈，“隔墙售电”突破限制，电网代收电费不用再担心违约问题等有利因素。同时，当前光伏扶贫政策作为精准扶贫的重要组成部分将持续开展，光伏扶贫有不拖欠补贴、保证消纳等优势，政策风险很小，补贴资金及时到位等优点。

进入2018年，产业链各环节新增产能与技改产能逐步释放，而需求侧新增市场规模增速预计会放缓，此消彼长的局面将导致光伏市场供需失衡，上下游各环节产品价格将进一步下跌，企业将会承受较大压力。同时，企业间分化迹象加剧，各个环节竞争激烈，没有品质和成本优势的企业将会出局。

2019年，宏观政策和行业政策突变的后遗症加剧，中美博弈带来的经济下行压力，财政部门主观的不想为和客观的不作为以及行业内部的产业变革都给行业带来太多的压力。受惠于国外市场的井喷，民营经济占据主导的中国光伏企业艰难地渡过了史无前例的这一年。很多人认为，2019年最抢眼的关键字是一个“难”字，高压政策影响并作用下的成本、资金都逼至了极限。

2008年全球组件出货量突破10GW，当年组件价格大于20元/W；2019年组件出货量超过120GW，而当下组件价格小于1.8元/W。10多年间出货量增加10余倍，但组件价格也只有当年的不到1/10，很多人将光伏产业当作成长行业来看待，但它其实是周期性行业，过去几年一些公司的成长性来自于产业格局的变迁以及行业集中度的提高，并非行业自身的成长。

过去 4 年真正受益的玩家是辅材：硅料、硅片、电池、组件 4 个主序产业环节轰轰烈烈的技术革命带来的是效率提升、产能革新、成本下滑，最终的结果是一轮又一轮的价格厮杀。硅料从 2017 年的 160 元下滑到现在的 70 元；硅片从 2017 年的 6 元下滑到现在的不到 3 元；电池从 2017 年的 2 元下滑到 0.9 元，而辅材整体价格并未有显著下滑，辅材在组件中的成本占比越来越高，多晶组件辅材成本占比终于在今年历史性地突破 50%，光伏辅材才是过去几年真正的成长行业。辅材厂过去几年的好日子本质上是来自于硅料、硅片、电池片的自我牺牲，轰轰烈烈的价格战带动行业需求的快速增长，进而给辅材企业带来了一段幸福甜蜜的日子，而 2020 年平平淡淡的光伏产业也会使得辅材厂的日子归于平静。

### （四）医疗行业分析

医疗设备与现代医疗诊断、治疗关系日益密切，任何医疗设备都离不开高效稳定的电源，一台医疗设备在医院是否能够发挥最大效能，除了与机器本身的技术性能有直接关系外，还与供电电源的质量有着极其密切的关系，电源品质的好坏，将直接影响医疗设备运行的稳定性和可靠性。随着全球人口数量的持续增加、社会老龄化程度的提高以及健康保健意识的不断增强，全球医疗设备市场在近几年保持持续增长。随着世界经济的一体化发展，发达国家逐渐将其医疗设备等高端设备制造业向中国转移，为我国医疗设备电源行业的发展提供了良好的机遇。

随着全球人口数量的持续增加、社会老龄化程度的提高以及健康保健意识的不断增强，全球医疗设备市场在近几年保持持续增长。我国人口老龄化速度正在加快。根据数据显示，2018 年我国 65 岁以上老龄人口超过 1.5 亿，占总人口比例的 11%，预计到 2030 年，中国 65 岁以上老龄人口将超过 2.4 亿，占中国人口总量的 17.1%，占全球老龄人口的 1/4。全球医疗器械行业持续增长，推动了医疗设备电源需求。

2017 年，全球医疗器械市场规模为 4030 亿美元，较上年增长 4.13%；2018 年为 4250 亿美元，较上年增长 5.46%；2019 年市场规模已达 4519 亿美元，同比增长 6.33%。2017 年，我国医疗器械市场规模为 5233 亿元，同比增长 8.39%；2019 年达到 5992 亿元，同比增长 7%左右。2012—2019 年全球医疗器械市场规模如图 33 所示。

2012—2019 年中国医疗器械市场销售收入及增速如图 34 所示。

未来，医疗器械行业发展将呈现如下趋势：

1）医疗器械行业在经济发展的新周期中表现抢眼。随着国家经济新周期的到来，政府的大部制改革，重新明确了政府各个部门的职责，各项政策对研发、注册、采购、生产、配送、销售、质量、代理等各个环节的责任也进行了重新定位。医疗器械上市许可持有人制度（MAH）的试点和推行，更是从“责任”的角度明确产品持有人的责任，行业发展面临前所未有的机遇。

2）政策和产业规划引导医疗器械行业集中度提高，兼并重组整合在未来的 2~3 年中将加剧，集中度快速提升。医疗器械行业整体较为分散，未来将趋于集中，随着“两票制”“营改增”“94 号文”“行业整风”等政策的推行，以及新版 GSP 对企业采购、验收、储存、配送等环节做出更高要求的规定，行业整合加剧，集中度在未来的 2~3 年中将快速提升。

3）国家对行业的监管愈加严格，不规范企业被淘汰，行业市场环境将会逐步改善；大力度的飞行检查，肃清行业不正之风。2018 年政策合规管控的力度加大，规范经营和财务成为对传统营销模式的考验，打击垄断、行政干预、商业贿赂政策持续发力。据预测，合规企业才是未来的希望，违法企业将会逐渐被淘汰，行业环境将会逐步改善。

4）新技术能为医疗服务机构与患者创造效率、节省费用，还能够让医疗器械企业在预防、诊断、治疗和护理等方面发挥更广泛的作用。预测未来 3~5 年，医疗器械行业将引入大量的创新产品，传统诊断和治疗将根本性颠覆。

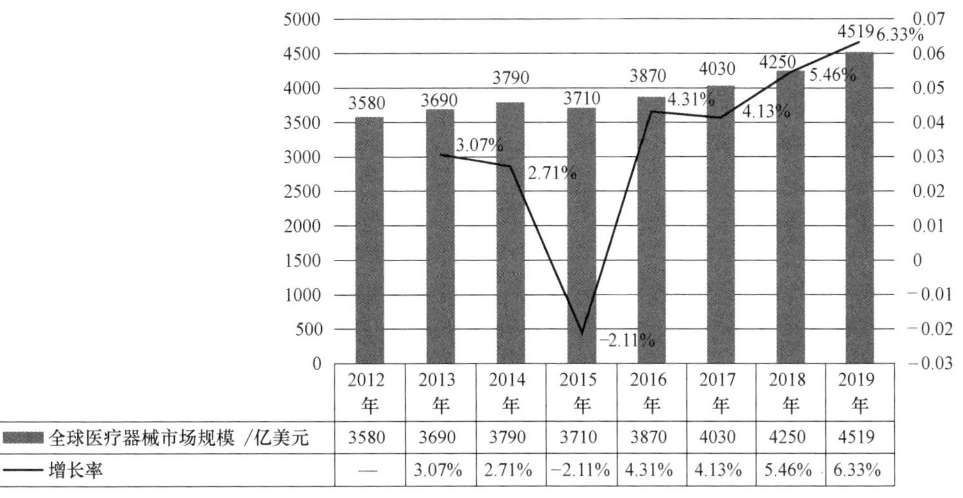


| | 2012年 | 2013年 | 2014年 | 2015年 | 2016年 | 2017年 | 2018年 | 2019年 |
|---|---|---|---|---|---|---|---|---|
| 全球医疗器械市场规模 /亿美元 | 3580 | 3690 | 3790 | 3710 | 3870 | 4030 | 4250 | 4519 |
| 增长率 | — | 3.07% | 2.71% | −2.11% | 4.31% | 4.13% | 5.46% | 6.33% |

数据来源：中国电源学会；中自集团 2020 年 5 月。

图 33　2012—2019 年全球医疗器械市场规模

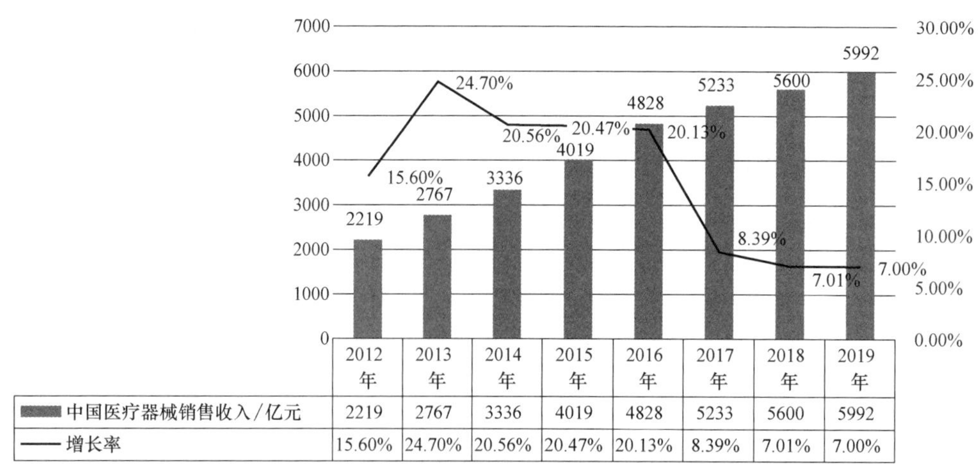


| | 2012年 | 2013年 | 2014年 | 2015年 | 2016年 | 2017年 | 2018年 | 2019年 |
|---|---|---|---|---|---|---|---|---|
| 中国医疗器械销售收入/亿元 | 2219 | 2767 | 3336 | 4019 | 4828 | 5233 | 5600 | 5992 |
| 增长率 | 15.60% | 24.70% | 20.56% | 20.47% | 20.13% | 8.39% | 7.01% | 7.00% |

数据来源：中国电源学会；中自集团 2020 年 5 月。

图 34　2012—2019 年中国医疗器械市场销售收入及增速

5）“互联网+医疗”助力行业发展，互联网与器械行业紧密结合，全行业的信息化程度将普遍提升，实现产品的信息可追溯，用信息化手段对医疗器械生产、流通进行全过程的监管。随着 5G 时代的到来，万物互联将大大提高医疗器械的广泛应用。目前，医疗器械领域的信息追溯机制、体系、编码等还不够完善，有待于进一步的提高。

6）在市场和临床应用方面将催生新的“药品+器械一体化”的模式。药品和器械在医疗机构的诊疗和患者健康保健中发挥着协同的作用，近年来，部分生产企业探索“药械一体化”的融合式营销模式，取得了成功，如乐普医疗、阿斯利康等；部分医药商业企业也从器械中找寻发展的突破点，形成“药品+器械共同发展”的模式。

7）资本助力医疗器械行业的跨台阶发展。国际国内器械领域兼并重组方兴未艾，2018 年资本向着高质量的投资方向发展，给予医疗器械企业发展的无限动力。

8）人工智能应用服务将飞速发展。人工智能技术、医用机器人、大型医疗设备、应急救援医疗设备、生物三维打印技术和可穿戴设备等方面将出现突破性进步。2018 年 4 月 25 日，《关于促进“互联网+医疗健康”发展的意见》（国办发〔2018〕26 号）由国务院办公厅印发，明确提出：“推进‘互联网+’人工智能应用服务。研发基于人工智能的临床诊疗决策支持系统，开展智能医学影像识别、病理分型和多学科会诊以及多种医疗健康场景下的智能语音技术应用，提高医疗服务效率”“加强临床、科研数据整合共享和应用，支持研发医疗健康相关的人工智能技术、医用机器人、大型医疗设备、应急救援医疗设备、生物三维打印技术和可穿戴设备等”。从政策层面为人工智能医疗的发展提供了保障。

### （五）LED 照明行业

随着全球各国日益关注节能减排，作为最具优势的新型高效节能照明产品 LED 成为世界各国节能照明重点推广产品，导致全球 LED 照明市场迅速发展。

LED 驱动电源是 LED 照明产品不可或缺的一部分，也是影响 LED 照明产品稳定性的主要因素。全球 LED 照明市场的快速增长推动了 LED 照明驱动电源行业不断发展，高工产研 LED 研究所（GGII）统计数据显示，在 LED 照明应用市场的快速增长推动下，国内 LED 驱动电源的市场需求也呈增长趋势。根据高工产研 LED 研究所（GGII）的统计，我国 LED 驱动电源产值由 2015 年的 172 亿元增长至 2018 年的 280 亿元，2017 年和 2018 年同比增长率分别达到 23.74%和 14.29%。2019 年中国 LED 驱动电源产值规模达到 315 亿元，同比增长 12.5%，到 2020 年，中国 LED 照明驱动电源市场规模有望达到 389 亿元。2015—2019 年中国 LED 照明驱动电源市场规模及增速如图 35 所示。

2014—2019 年中国 LED 通用电源市场规模及增速如图 36 所示。

2014—2019 年中国 LED 景观电源市场规模及增速如图 37 所示。

2016—2019 年中国 LED 电源市场规模及增速如图 38 所示。

截至 2018 年底，中国具有一定规模的 LED 照明驱动电源企业约有 400 家左右，其中 9 成驱动电源企业涉及 LED 照明驱动电源。LED 驱动电源主要包括功能驱动电源和景观照明驱动电源，LED 功能驱动市场规模大，进入者多，但规模相对分散，导致小企业市场订单少，经营困难而退出市场。2015—2019 年全球 LED 照明产业规模及增速如图 39 所示。

LED 驱动电源的销售市场主要集中在中国、欧洲、美国和日本市场等区域。中国是 LED 驱动电源的主要生产基地，特别是珠江三角洲和长江三角洲，由于电子配套产业链完善，并且劳动力成本（包括研发人员成本）相对较低，已成为全球 LED 驱动电源行业的主要集聚地。2015 年全球接近 69%的 LED 驱动电源由中国内地企业生产，销售额达到 24.50 亿美元。

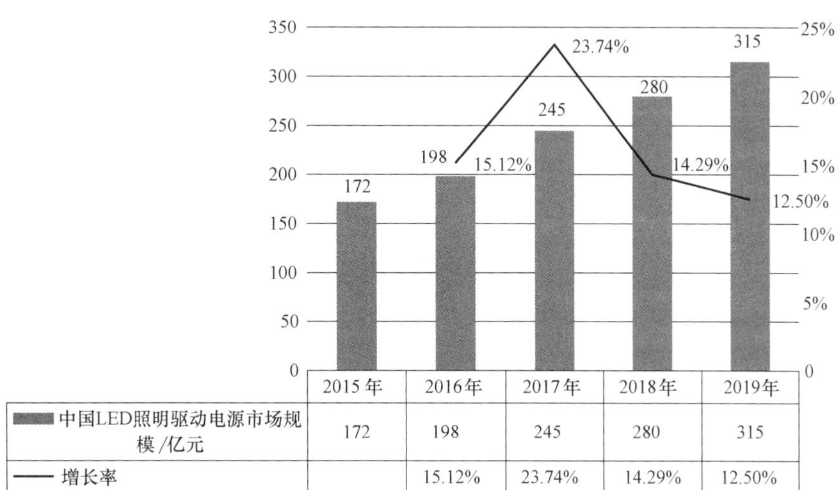

| | 2015年 | 2016年 | 2017年 | 2018年 | 2019年 |
|---|---|---|---|---|---|
| 中国LED照明驱动电源市场规模/亿元 | 172 | 198 | 245 | 280 | 315 |
| 增长率 | | 15.12% | 23.74% | 14.29% | 12.50% |

数据来源：中国电源学会；中自集团 2020 年 5 月。

图 35　2015—2019 年中国 LED 照明驱动电源市场规模及增速

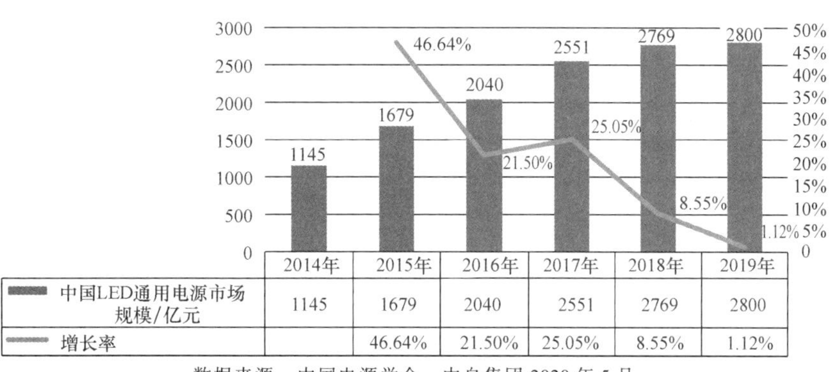

| | 2014年 | 2015年 | 2016年 | 2017年 | 2018年 | 2019年 |
|---|---|---|---|---|---|---|
| 中国LED通用电源市场规模/亿元 | 1145 | 1679 | 2040 | 2551 | 2769 | 2800 |
| 增长率 | | 46.64% | 21.50% | 25.05% | 8.55% | 1.12% |

数据来源：中国电源学会；中自集团 2020 年 5 月。

图 36　2014—2019 年中国 LED 通用电源市场规模及增速

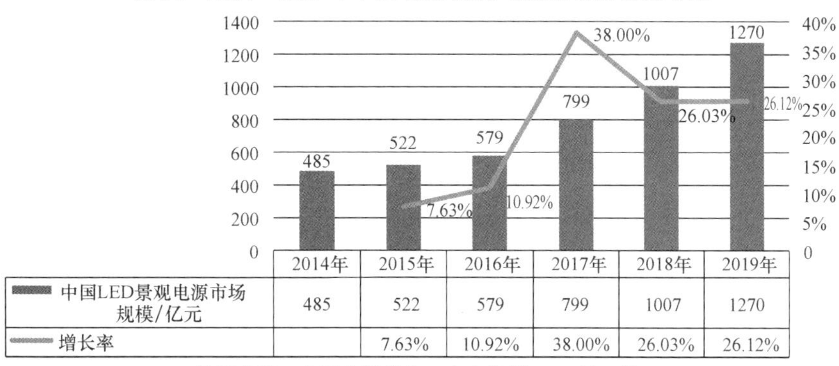

| | 2014年 | 2015年 | 2016年 | 2017年 | 2018年 | 2019年 |
|---|---|---|---|---|---|---|
| 中国LED景观电源市场规模/亿元 | 485 | 522 | 579 | 799 | 1007 | 1270 |
| 增长率 | | 7.63% | 10.92% | 38.00% | 26.03% | 26.12% |

数据来源：中国电源学会；中自集团 2020 年 5 月。

图 37　2014—2019 年中国 LED 景观电源市场规模及增速

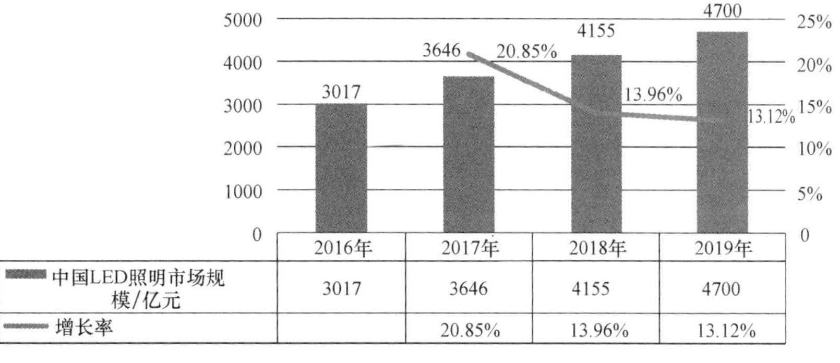

| | 2016年 | 2017年 | 2018年 | 2019年 |
|---|---|---|---|---|
| 中国LED照明市场规模/亿元 | 3017 | 3646 | 4155 | 4700 |
| 增长率 | | 20.85% | 13.96% | 13.12% |

数据来源：中国电源学会；中自集团 2020 年 5 月。

图 38　2016—2019 年中国 LED 电源市场规模及增速

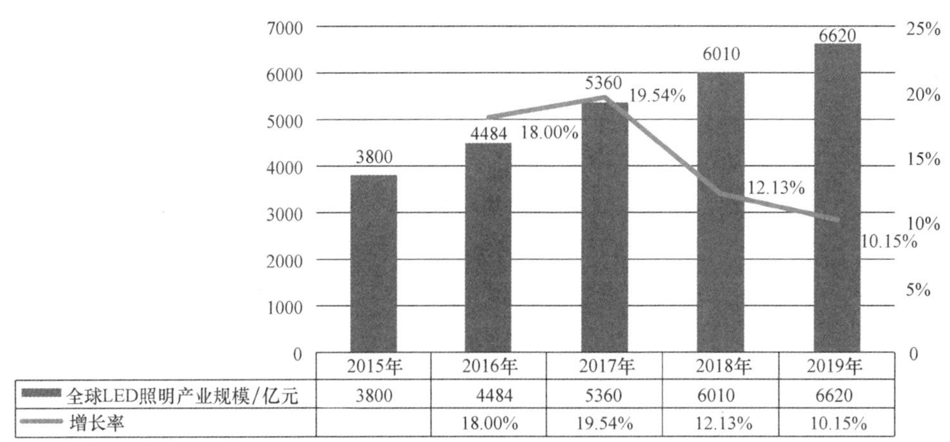

| | 2015年 | 2016年 | 2017年 | 2018年 | 2019年 |
|---|---|---|---|---|---|
| 全球LED照明产业规模/亿元 | 3800 | 4484 | 5360 | 6010 | 6620 |
| 增长率 | | 18.00% | 19.54% | 12.13% | 10.15% |

数据来源：中国电源学会；中自集团 2020 年 5 月。

图 39 2015—2019 年全球 LED 照明产业规模及增速

LED 驱动电源因为其具有较高的技术壁垒、品牌壁垒和产品认证壁垒，市场集中度比较高。在全球 LED 驱动电源市场上，明纬（广州）电子有限公司、飞利浦和英飞特等企业占据领导地位，国内市场还有茂硕电源、上海鸣志、崧盛电子股份有限公司、深圳市健森科技有限公司、广州凯盛电子科技有限公司、石龙富华电子有限公司等。随着行业竞争的不断加剧，价格竞争日趋激烈，特别是中小功率市场，很多公司的毛利率已经降至 15%左右。

在市场渗透率方面，目前中大功率 LED 驱动电源主要匹配的户外和工业 LED 照明应用的市场渗透率仍相对较低。未来，随着户外和工业 LED 照明应用市场渗透率的上升以及新应用领域的不断拓展，中大功率 LED 驱动电源潜在市场需求的增速会相对较快。

在市场竞争格局方面，由于中、大功率 LED 驱动电源主要配套用于户外、工业等 LED 照明领域，产品在恒压、恒流技术方面，在高可靠性和安全性以及应对恶劣应用环境等方面的要求较高，其技术壁垒和行业进入壁垒相对较高，其市场集中度和行业利润空间也相对较高。

## 六、2019 年中国电源市场区域结构分析

中国电源企业主要分布在三个区域，一是珠江三角洲，主要是广东的深圳、东莞、广州、珠海、佛山等地；二是长江三角洲，主要是上海、苏南、杭州、山东和安徽一带；三是北京及周边地区；武汉、西安、成都等地也有一定的分布。这三大区域经济发展最快，轻重工业均较发达，信息化建设和科技研发水平较高，为技术密集型的电源行业的研发、生产以及销售提供了充分的条件和便利的场所。中国电源行业已形成了高度市场化的状态，生产电源产品的厂商数量众多，市场集中度较低，且企业规模普遍差别很大。

### （一）华东区域分析

华东地区正在向“国际制造业基地”发展。其工业生产总值不仅占据全国重要地位，而且增长率也高于全国水平。作为国内最具综合经济实力、最高人口密集度、最富裕、最强市场购买力的区域之一，华东区域历来被企业视为重点布局区域。华东地区包含上海市、江苏省、浙江省、安徽省、山东省、江西省等省市。第一类：常州、嘉兴、无锡、上海、舟山、南京、苏州、宁波、绍兴、湖州等地区，其中常州、嘉兴、无锡、上海、舟山为一类，南京、苏州、宁波、绍兴、湖州为一类。华东地区总体上已经进入工业化中期，工业化总体水平高于全国平均水平，工业化发展速度也快于全国平均速度。第二类：泰州、杭州、扬州。导致华东地区工业化进程差异的原因是地区之间经济发展水平（指标为人均收入水平）、产业结构（指标为三次产业占 GDP 比重）。依靠发展第二产业是迅速推进工业化重要手段。华东地区各省市的各地级市工业化进程也不均衡。从华东地区各地级市的工业化进程来看，各地级市之间的工业化进程差异也很大。上海市工业化水平最高，处于后工业化阶段，内部差异小。

### （二）华南区域分析

华南地区一般包含广西壮族自治区、广东省、海南省、福建省、台湾省以及香港、澳门两个特别行政区。珠江三角洲经济区，简称珠三角经济区，是组成珠江的西江、北江和东江入海时冲击沉淀而成的一个三角洲，面积大约 10000 多 $km^2$。一般来说它的最西点定义在三水。2009 年 1 月 8 日，《珠江三角洲地区改革发展规划纲要（2008—2020 年）》。规划范围以广东省的广州、深圳、珠海、佛山、江门、东莞、中山、惠州和肇庆市为主体，辐射泛珠江三角洲区域。

### （三）华北区域分析

华北地区包括北京、天津、河北、山西、内蒙古等省市自治区。华北地区有发展经济得天独厚的条件，两大直辖市北京、天津作为华北经济圈的核心城市，130km 的超近距离，使两者联系起来极为便利，且河北的一些城市穿插其间，构成了区域特色。北京作为中国的首都，是全国政治、文化中心和国际交流中心，又是全国公路、铁路枢纽，有全国最大的航空港，具有特殊的区位优势；北京高新技术产业发达，资金雄厚。人力资源丰富，有中国其他城市无法比拟的优越性。天津是老工业基地，轻工业比较发达，并且是国际性现代化港口城市；天津的滨海新区有 120 多 $km^2$ 的土地资源。河北省面积为 18.8 万 $km^2$，在空

间地理位置上构成北京、天津的腹地，为其提供充足的土地和劳动力等生产要素，也是北京、天津产业转移的大后方。

（四）其他区域分析

西部大开发的范围包括重庆、四川、贵州、云南、西藏、陕西、甘肃、青海、宁夏、新疆、内蒙古、广西等12个省、自治区、直辖市，面积为685万$km^2$，占全国的71.4%。2002年末人口为3.67亿人，占全国的28.8%。2016年国内生产总值为156529.19亿元，占全国的21%。西部地区资源丰富，市场潜力大，战略位置重要。但由于自然、历史、社会等原因，西部地区经济发展相对落后，人均国内生产总值仅相当于全国平均水平的三分之二，不到东部地区平均水平的40%，迫切需要加快改革开放和现代化建设步伐。当前和今后一段时期，是西部地区深化改革、扩大开放、加快发展的重要战略机遇期。要重点抓好基础设施和生态环境建设；积极发展有特色的优势产业，推进重点地带开发；发展科技教育，培育和用好各类人才；国家要在投资项目、税收政策和财政转移支付等方面加大对西部地区的支持，逐步建立长期稳定的西部开发资金渠道；着力改善投资环境，引导外资和国内资本参与西部开发；西部地区要进一步解放思想，增强自我发展能力，在改革开放中走出一条加快发展的新路。

## 七、中国电源产业发展趋势

### （一）上下游产业发展对未来电源行业成本价格影响的分析

电源产业链上中下游分别为原材料供应商、电源制造商、整机设备制造商、行业应用客户。

1）上游主要为控制芯片、功率器件、变压器、PCB板等电子器件供应商。

2）中游主要为模块电源、定制电源、大功率电源及系统制造商。

3）下游主要为通信设备、航空航天及军工整机、铁路设备等制造商。

1. 供应商议价能力

根据前面对电源行业原材料市场的分析和财务报表中应付账款及资产周转率等可以得出，现阶段电源行业原材料供应商对电源行业的议价能力较弱。电源行业供应商议价能力的分析见表17。

表17 电源行业供应商议价能力的分析

| 指标 | 表现 | 结论 |
|---|---|---|
| 企业数量 | 电源行业各类原材料供应商数量众多，市场呈现完全竞争状态 | 企业数量较多，议价能力较弱 |
| 产品独特性 | 电源需要的原材料基本为普通材料，没有太多的特殊要求。因此，产品独特性较低 | 同质化导致其议价能力较低 |
| 前向一体化能力 | 电源行业需要的原材料为一些基本材料，与电源制造差距较大。因此，材料供应商实现前向一体化的能力较弱 | 运营商前向一体化能力较弱 |

2. 购买商议价能力

综合来看，电源行业主要实行定制的生产模式，且存在较大的转换成本。因此，电源购买商对电源行业的议价能力较强。电源行业购买商议价能力的分析见表18。

表18 电源行业购买商议价能力的分析

| 指标 | 表 现 | 结论 |
|---|---|---|
| 用户数量 | 电源产品广泛应用于通信、电力、轨道交通、计算机、医疗等多领域，客户数量众多 | 用户数量多，市场大，议价能力较弱 |
| 购买数量 | 电源产品在下游产品中所占的比重较小，用户购买数量较小 | 议价能力较弱 |
| 转换成本 | 应用于不同领域的电源产品差异性较大，产品异质性较高，转换成本较高 | 议价能力较强 |
| 同质化程度 | 应用于不同领域的电源产品差异性较大，产品异质件较高，且大多下游企业要求电源生产企业为其定制相应的产品 | 议价能力较强 |
| 应收账款周转天数 | 大多数上市企业总资产周转率都在1之下，应收账款周转天数同比增长，回款几乎都在3个月到1年 | 议价能力较强 |

3. 替代品威胁

电源作为用电设备中必不可少的设备，不存在替代品。因此，替代品威胁较小。但是，随着下游市场对所需的电源产品越来越专业，技术、环保等各方面的要求越来越高，将会存在高端产品对中低端产品的替代。

4. 总结

综合行业五方面力量对比，可以看出整体的竞争强度较大，竞争激烈，原材料价格上涨，人工成本近年来不断上升，决定了电源的生产成本出现大幅下降的可能性不大。而行业技术日益成熟，产品供给不断增加，电源产品的价格呈现下降趋势。

（二）未来行业发展趋势的分析

首先，电源产品将呈现绿色化、高频化。21世纪的节电和环境保护，将使多种智能开关技术广泛应用，电源供电结构由集中式向分布式发展。分布供电方式具有节能、可靠、经济、高效和维护方便等优点。该方式不仅被现代通信设备采用，而且已为计算机、航空航天、工业控制系统等采纳，还是超高速型集成电路的低电压电源的最理想的供电方式。在大功率场合，比如电镀、电解电源、电力机车牵引电源、中频感应加热电源、电动机驱动电源等领域也有广阔的应用前景。同时，电源已由传统集中供电制向分布式供电制发展。采用分布式式供电制后，单模块电源的容量一般较小，因而可以实现高频化。

随着产品性能发展到一定阶段后，人性化设计显得尤为重要，为了让用户更轻松、更自如地应用产品，产品的使用方便性、全自动功能、环境适用功能、环保和节能功能越来越多，为用户的安装和使用提供方便。

对电源企业而言，未来要更多地直接与用户接触，了解用户需求，使产品设计更加适合用户需求，推动电源产品的发展，使得产品更加成熟，从产品结构而言，一体化、多元化的电源产品将是未来发展的趋势。因此，设计服务将是电源最重要的增值服务之一，尤其是为客户提供实际的解决方案，在行业技术要求比较强的定制电源制造业，从OEM到ODM在价值链上增加了设计环节，向产业链上游延伸，逐步占领高端增值环节。

此外，电源产品由于其产品的多样性以及应用的广泛性，使得未来电源企业在销售的渠道模式上将不能简单采取某种固定的渠道模式。未来的渠道销售模式，一定是根据产品自身的特点以及产品应用的行业特征进行一种多样性的渠道策略组合，即采用网络销售、体验式销售、垂直营销等相结合的多种销售渠道。

（三）未来电源产业市场发展的预测

近年来，全球经济体动荡不安，多国经济下滑，受经济和市场下行的影响，行业需求持续疲软，尤其是出口受到重创。但国内宏观经济持续稳步发展和全球产业加速转移，我国在全球电源市场发展占比稳步提升，成长起来一批在细分领域具有一定规模和核心竞争力的企业。同时，随着国内宏观经济的持续发展，尤其是国内对新能源汽车、光伏发电、数据中心、LED照明等产业的持续性投入，进一步推动了国内电源产业的迅速增长。

根据电源行业历史数据，以及相关因素影响的分析，中国电源产业产值预计见表19。

表19 2020—2023年中国电源产业产值增长速度预计

| 年份 | 2020年 | 2021年 | 2022年 | 2023年 |
|---|---|---|---|---|
| 产值/亿元 | 3355 | 3603 | 3897 | 4221 |
| 增长率(%) | 5.21 | 7.39 | 8.16 | 8.31 |

数据来源：中国电源学会；中自集团2019年5月。

2020—2023年中国电源产业产值增长速度预测如图40所示。

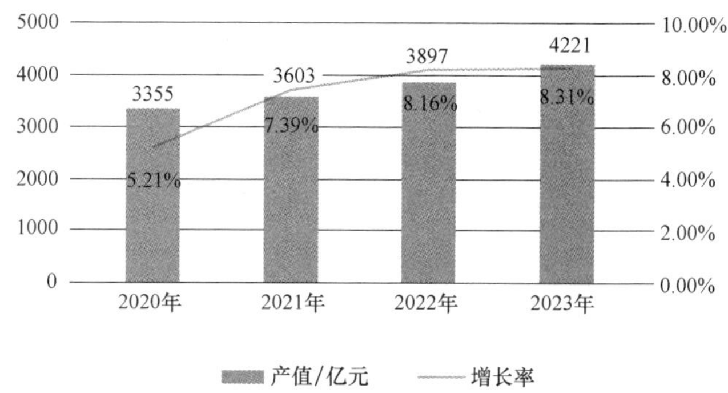


数据来源：中国电源学会；中自集团2020年5月。

图40 2020—2023年中国电源产业产值增长速度预测

## 八、鸣谢单位

**按照中国总部所在地区汉语拼音首字母排序：**

东北

辽宁大连芯冠科技有限公司

辽宁朝阳航天长峰朝阳电源有限公司

北京安泰科技股份有限公司非晶制品分公司

北京中达电通股份有限公司

北京中国船舶工业系统工程研究院

北京昌平弗迪动力有限公司电源工厂

北京大华无线电仪器有限责任公司

北京动力源科技股份有限公司

北京航天星瑞电子科技有限公司

北京汇众电源技术有限责任公司

北京森社电子有限公司

北京索英电气技术有限公司

北京新雷能科技股份有限公司

北京英博电气股份有限公司

北京智源新能电气科技有限公司

河北石家庄通合电子科技股份有限公司

河北沧州河北远大电子有限公司

河北石家庄先控捷联电气股份有限公司

天津安晟通（天津）高压电源科技有限公司

天津奥林佰斯特自动化技术有限公司

天津市鲲鹏电子有限公司

华东

安徽合肥博微田村电气有限公司

安徽合肥华耀电子工业有限公司

安徽合肥科威尔电源系统股份有限公司

安徽马鞍山豪远电子有限公司

安徽宁国市裕华电器有限公司

安徽合肥安徽博微智能电气有限公司

安徽合肥华东微电子技术研究所（中国电科第43研究所）

安徽合肥阳光电源股份有限公司

福建厦门赛尔特电子有限公司
福建厦门科华恒盛股份有限公司
江苏南京国臣信息自动化技术有限公司
江苏南京时恒电子科技有限公司
江苏南京研旭电气科技有限公司
江苏南通新三能电子有限公司
江苏苏州东灿光电科技有限公司
江苏苏州锴威特半导体股份有限公司
江苏苏州纽克斯电源技术股份有限公司
江苏苏州西伊加梯电源技术有限公司
江苏无锡芯朋微电子股份有限公司
江苏无锡新洁能股份有限公司
江苏扬州凯普科技有限公司
江苏常州江苏坚力电子科技股份有限公司
江苏常州雷诺士（常州）电子有限公司
江苏苏州爱士惟新能源技术（江苏）有限公司
江苏苏州固纬电子（苏州）有限公司
江苏苏州太仓电威光电有限公司
江苏泰州江苏兴顺电子有限公司
江苏无锡江苏中科君芯科技有限公司
江苏镇江江苏普菲克电气科技有限公司
江西宜春市江西艾特磁材有限公司
山东济南晶恒电子有限责任公司
山东临沂昱通新能源科技有限公司
山东济南山东镭之源激光科技股份有限公司
山东济南山东山大华天科技集团股份有限公司
上海登钛电子技术（上海）有限公司
上海台达电子企业管理（上海）有限公司
上海伊顿电源（上海）有限公司
上海大周信息科技有限公司
上海航裕电源科技有限公司
上海吉电电子技术有限公司
上海科梁信息工程股份有限公司
上海科泰电源股份有限公司
上海申睿电气有限公司
上海伊意亿新能源科技有限公司
上海鹰峰电子科技股份有限公司
上海瞻芯电子科技有限公司
上海灼日新材料科技有限公司
浙江杭州飞仕得科技有限公司
浙江杭州精日科技有限公司
浙江杭州祥博传热科技股份有限公司
浙江杭州易泰达科技有限公司
浙江创力电子股份有限公司
浙江大维高新技术股份有限公司
浙江德力西电器有限公司
浙江东睦科达磁电有限公司
浙江温州鸿宝电源有限公司
浙江长春电器有限公司
华南
广东东莞立德电子有限公司
广东东莞市必德电子科技有限公司
广东东莞市捷容薄膜科技有限公司
广东东莞市石龙富华电子有限公司
广东佛山市杰创科技有限公司
广东佛山市力迅电子有限公司
广东佛山市顺德区冠宇达电源有限公司
广东佛山市新辰电子有限公司
广东广州德珑磁电科技股份有限公司
广东广州东芝白云菱机电力电子有限公司
广东广州回天新材料有限公司
广东广州金升阳科技有限公司
广东广州科谷动力电气有限公司
广东广州市昌菱电气有限公司
广东广州致远电子有限公司
广东航天柏克（广东）科技有限公司
广东深圳超特科技股份有限公司
广东深圳可立克科技股份有限公司
广东深圳欧陆通电子股份有限公司
广东深圳市必易微电子有限公司
广东深圳市铂科新材料股份有限公司
广东深圳市迪比科电子科技有限公司
广东深圳市航嘉驰源电气股份有限公司
广东深圳市金威源科技股份有限公司
广东深圳市巨鼎电子有限公司
广东深圳市瑞必达科技有限公司
广东深圳市商宇电子科技有限公司
广东深圳市斯康达电子有限公司
广东深圳市英可瑞科技股份有限公司
广东深圳市英威腾电源有限公司
广东深圳市优优绿能电气有限公司
广东深圳市振华微电子有限公司
广东深圳市中电熊猫展盛科技有限公司
广东深圳市中科源电子有限公司
广东深圳威迈斯新能源股份有限公司
广东深圳易通技术股份有限公司
广东深圳英飞源技术有限公司
广东珠海格力电器股份有限公司
广东珠海山特电子有限公司
广东珠海市海威尔电器有限公司
广东东莞广东志成冠军集团有限公司
广东东莞全天自动化能源科技（东莞）有限公司
广东佛山广东创电科技有限公司
广东深圳赛尔康技术（深圳）有限公司
广东深圳山特电子（深圳）有限公司
广东深圳协丰万佳科技（深圳）有限公司

广东深圳亚源科技股份有限公司
广东深圳英富美（深圳）科技有限公司
广东深圳中国长城科技集团股份有限公司
广东顺德三扬科技股份有限公司
广东中山市电星电器实业有限公司
华中
河南郑州椿长仪器仪表有限公司
湖北武汉武新电气科技股份有限公司
湖南科瑞变流电气股份有限公司
西北
宁夏银利电气股份有限公司
陕西西安伟京电子制造有限公司
陕西西安爱科赛博电气股份有限公司
陕西西安龙腾半导体股份有限公司
西南
四川成都航域卓越电子技术有限公司
四川成都金创立科技有限责任公司
四川绵阳四川爱创科技有限公司
重庆荣凯川仪仪表有限公司

# 中国电源技术研究发展情况
# ——基于2019年中国电源学会第二十三届学术会议

中国电源学会学术工作委员会
马皓、陈仲、白志红

## 一、引言

电力电子技术依靠半导体功率器件对电能实现高效率的变换和控制，其产生与发展使得电气工程始终保持着强大的活力，对于节能、减小环境污染、提高生产效率等起到了非常重要的作用，为各类的自动化系统提供了高效的执行机构以及高质量的优化控制的功率源，已经成为国民经济建设中的关键基础性技术之一。近年来，随着我国社会经济的快速发展，基于电力电子技术的新型设备在电力系统中得到大规模应用，电力电子技术呈现出快速发展的趋势，其作为高效电能转换和传输的关键支撑技术，被国内外研究人员广泛关注。

电力电子技术按照发展内容主要分为器件制造技术和电能变换技术。器件制造技术是电力电子技术的发展基础，而电能变换技术则是电力电子技术的核心。对于器件制造技术，其以半导体物理作为理论基础，从传统的电流型控制器件，如晶闸管、功率晶体管（GTR）、门极可关断型晶闸管（GTO），发展到现今的电压型控制器件如功率MOSFET、IGBT等。智能功率模块（IPM）的出现将功率器件与其驱动、保护等电路集成在一个硅片或一个模块上，形成了电力电子集成化、智能化的概念。大功率、高频化、低功耗、驱动场控化已经成为功率器件发展的重要特征。近年来，在传统的Si型半导体器件的基础上，为了实现更高的系统效率、更优异的动态性能以及更高的电压/电流应力，以SiC和GaN为代表的第三代新型宽禁带功率半导体器件被广泛研究。新型宽禁带半导体器件大幅提高了功率器件的性能指标和应用外延，为电力电子技术的发展带来了新的活力与崭新的发展前景。在太阳能光伏领域、UPS以及电动汽车驱动等领域，新型功率器件正在逐步投入使用。

另一方面，对于电能变换技术，其与电力电子器件同步发展，在传统的直流（DC）和交流（AC）电源之间相互转换的基础上，近年来众多功率变换电路的新型拓扑以及控制方案被提出，并涌现了众多前沿热点技术与新型应用。在新能源发电以及分布式电网系统方面，智能化的控制管理体系成为研究热点，通过将信息与能源技术相结合形成综合性的能源网络，在进一步扩大光伏并网和风机发电系统单机容量的基础上，实现智能化、集成化的电网管理。在开关电源等直流变换技术方面，高功率密度、高转换效率、低成本、小体积以及高性能成为研究的发展方向，结合新型宽禁带半导体器件以及LLC等具有软开关特性的电路拓扑，可以在宽电压增益范围的基础上实现能量的高效传输。另外，高频应用也对电路中磁性元件的设计与磁集成技术提出了更高的挑战，利用PCB绕组等设计方案将磁性元件的设计标准化。在电动汽车车载充电方面，随着国家对于电动汽车产业的推进式发展，车载充电器的市场份额逐年提高，多端口功率传输与系统集成、高功率快充系统构建、液冷热管理系统与电池管理系统相结合、新型宽禁带半导体器件的应用等成为热门的研究方向。此外，双向车载充电器与智能电网相结合并拓展为新型的V2G技术，该技术利用电动汽车的储能源作为电网和可再生能源的缓冲，并对电动汽车的充电进行系统化智能管理。车载充电器与感应式电能传输技术以及自动驾驶技术等相结合并拓展为更加安全便捷的静态式或动态式的无线充电技术，针对无线充电技术耦合系数低、泊车错位耐受量小、多级系统协调控制等应用问题，新型的松散耦合变压器设计、高阶补偿拓扑设计、阻抗匹配控制策略以及异物检测、电磁屏蔽等技术成为热门的研究方向。随着电力电子变换器运行工况的越来越复杂，实现对故障快速、准确的检测，保证电力电子变换器的不间断运行，对于改善系统的可靠性具有重要意义，因此针对单类型以及多类型的故障诊断技术以及故障冗余技术成为研究热点。此外，随着电力电子技术的发展，新的功率器件、控制方法、应用领域以及实用产品的不断出现，在传统的拓扑变换以及控制技术不断完善的同时，传感器技术、计算机技术、信息处理技术、人工智能技术等方面的最新研究成果必然会源源不断地注入到现代电力电子系统当中。

现今，硬件与软件相结合、能量与信息相结合、线性与非线性网络相结合、离散与连续混杂相结合以及多时间尺度的协调性构成了电子电力技术发展中的独特性，大功率、高频化、高功率密度、集成化、智能化、高可靠性也正是电力电子技术的发展趋势，无论对改造传统工业，还是对新兴高技术产业和高效利用能源都起到了至关重要的作用。在国家颁布的“十三五规划”中提出，要推动新能源汽车、新能源和节能环保产业快速壮大，构建可持续发展新模式，其中电力电子是实现这些目标至关重要的技术。可以预见，未来相当长的时间内电力电子产业仍将维持高速发展。作为高技术应用性的行业，中国电源产业也将有更大的发展空间和更多的机遇，同时也要面临国外企业的激烈竞争。

值此之际，2019年11月1~4日，中国电源学会第二十三届学术年会在深圳市顺利召开。两年一届的中国电源学会学术年会是中国电源界规模最大、级别最高的电源学术盛会，已有30多年历史，在电源界具有广泛影响。本届年会汇聚国内外电源界知名学者、企业和政府部门的高层人士以及在校研究生等专业人士，通过大会报告、分会场报告、专题讲座、技术报告、工业报告、墙报交流、现场展览等形式对电源各个领域的新理论、新技术、新成果及新工艺进行深入交流与研讨，促进中国电源产业的技术创新和技术进步。本届年会录用论文506篇，设置了7场特邀大会报告，9场专题讲座，52个主题272场技术报告，12个主题35场工业报告，2个墙报交流时段，展览会展位规模超过100个，参会人数超过1600人。同期举办了“第五届中国电源学会科学技术奖”颁奖仪式、“GaN Systems杯第五届高校电力电子应用设计大赛”决赛、“电源科研成果交流会”、中美电源产业创新论坛、青年电源人才论坛、电源女科学家论坛等丰富活动。本文基于此次学术会议，介绍中国电源技术研究的发展情况。

## 二、中国电源技术研究发展概况

### 1. 新颖开关电源：直流变换技术、功率因数校正技术

现代开关电源正朝着高功率密度、高转换效率、低成本、小体积以及高性能的方向发展，其中开关电源的高频化可以显著减小电源体积，成为主要的发展方向。为了降低高频应用下器件的开关损耗，新型宽禁带半导体器件的发展显著提升了器件的导通与关断速度，另外软开关技术也是高频应用下实现系统高效率的重要途径。近年来，谐振型LLC变换器和双有源桥DAB变换器拓扑凭借其优异的软开关特性而受到广泛研究与应用，实现更宽范围的电压增益、更稳定的功率传输以及准确的软开关成为研究热点。另外，很多用电设备输入端电能来自交流电网，为了减小对电网的谐波污染，提高电源的功率密度，功率因数校正技术的应用也备受关注。与传统的有源PFC变换器相比，一些具有更高效率更高性能的新的PFC架构如交错并联PFC变换器与无桥PFC变换器被广泛研究。

西南交通大学的马红波副教授等针对中频输入下传统Boost PFC变换器中输入电流超前的问题，提出了基于数字平均电流控制的双boost无桥PFC的解决方案，改善了输入电流畸变问题并实现了系统效率的提高，该方法采用数字控制方案使得控制算法的实现更为灵活。浙江大学的陈敏副教授等考虑了非理想条件下外加解耦支路对原电路性能带来的影响，针对单相PFC解耦电路中无源储能元件引起的无功功率导致功率因数降低的问题，提出了相应的优化方法。该方法在双环控制的基础上引入内电流相位基准校正策略，实现了在改善PFC拓扑电能质量的同时获得良好的功率解耦性能。上海科技大学的王浩宇研究员等提出了一种基于复合调制策略和复合桥结构的新型双有源桥变换器拓扑来满足宽电压范围的要求，该复合桥结构工作在全桥和半桥的中间态，通过非对称脉冲宽度调制实现隔直电容的直流偏置电压连续可调。该控制方法易于实现，且具有更宽的软开关范围和更低的循环电流。哈尔滨工业大学的吴凤江副教授等分析了在三重移相控制的双有源桥变换器拓扑中，死区会导致电感器电流中的直流偏置和直流侧回流，因此提出了将与死区时间相关的相移补偿添加到原本三重移相控制的理想相移中的解决方案，重新计算开关控制信号，从而提升了变换器的效率。浙江大学的马皓教授等为拓宽直流变换器的输出电压范围并提升系统效率，提出了一种在变换器原边增加两个谐振腔，在副边增加一个整流桥的LLC谐振变换器。该拓扑可以在全输出电压范围内实现零电压开关，并且其工作模式均采用脉冲频率调制方法，以避免移相调制方法所带来的较大环流损耗和滞后桥臂难以实现软开关的缺陷，从而在全输出电压范围内实现系统效率的显著提升。

### 2. 逆变器及其控制技术

逆变器广泛应用于工业生产的各个方面。现今逆变技术的发展随着电力电子技术、微电子技术和现代控制理论的进步不断改进，正朝着高频化、高效率、高功率密度、高可靠性、智能化、小型化的方向发展。随着光伏、风电等新能源行业的飞速发展，逆变器的装机容量逐年大幅上升，具有越来越高的市场份额，交直流并联、逆变器的模块化、多重化等技术不断进步与完善。逆变器技术的发展与功率器件的发展紧密结合，近年来，如SiC、GaN等新型宽禁带半导体器件的发展拓宽了逆变器的应用范围，可以实现更高耐受电压与电流密度、更高开关频率以及更高温度下的稳定运行。另外，多电平技术的发展也使逆变器具有更高的电压等级、更高的功率密度以及更大的单机功率。并网发电、无功补偿、有源滤波等功能也伴随着逆变器控制技术的发展有了更加深入的研究。国内很多学者对逆变器及其控制技术进行了较为深入的研究，取得了许多研究成果。

开关空间矢量调制方法（SVM）是一种常用的逆变器调制策略，可以实现高直流母线电压利用率。浙江大学的徐德鸿教授等提出了一种适用于任意功率因数输出的零电压空间矢量调制方法，该方法通过调整空间矢量的作用时序，可以实现辅助开关管在一个开关周期内只需动作一次便能够实现三相逆变器全部开关管的零电压开通。浙江大学的李武华教授等基于使用SiC MOSFET与Si IGBT器件相混合的有源中点箝位变换器（ANPC）变换器拓扑，提出了一种混合频率调制技术。该方法充分利用ANPC变换器的冗余状态来调整SiC器件和Si器件的开关频率比例，从而实现不同类型器件结温的相对均衡，达到变换器功率容量的最大化的目标。山东大学的高峰教授等提出了一种基于开关电容的九电平高增益逆变器拓扑结构。与传统的多电平逆变器相比较，该拓扑采用较少的开关器件，无需任何磁元件即可实现高电压增益。另外，电路中的电容电压可实现自动均衡，有效降低了系统控制的复杂度。南京航空航天大学的陈仲副教授等以载波层叠调制策略为基础，提出了一种采用1/2输出周期脉冲调整的功率均衡控制策略，揭示了在功率均衡条件下载波分布的普遍规律，并将其推广应用至$n$单元级联拓扑。该方法不仅可以保证逆变器输出电压具有最优谐波特性，同时能够实现不同级联单元间的功率均衡控制，优化载波数量和载波调整次数。对于大

功率应用场合下的多逆变器并联技术，上海交通大学的李睿教授等采用PQ下垂控制策略，在传统电压电流双闭环控制的逆变器并联系统的基础上引入了一个直流偏置电流反馈环节，有效地降低了逆变器之间的环流，实现了有功功率和无功功率的平均分配，大幅提高了系统的稳定性和可靠性。

3. SiC、GaN器件、新型功率器件及其应用

近年来，由于电力电子变换器高频率、高效率、高电流密度以及高可靠性的系统要求，以SiC和GaN为代表的新型宽禁带半导体功率器件受到广泛的关注与研究。其在相应的电气特性与制备工艺得到进一步研究与发展的同时，也在各类变换器拓扑中体现出优异的性能。在工艺方面，国内不少研究团队致力于提高新型功率器件的最高阻断电压。通过采用厚漂移区外延材料，使得器件阻断能力不断提高，当前SiC二极管的最高阻断电压已超过20kV。在应用方面，利用SiC和GaN等新型功率器件来提高电力电子变换器的能量转换效率、功率密度和可靠性，并且降低系统的整体成本是近年来的研究热点。在太阳能光伏领域、UPS以及电动汽车驱动等领域，新型功率器件正在逐步投入使用。

电子科技大学张波教授等对应用于10kV领域的SiC PiN功率二极管进行了设计与优化，采用多区场限环调制结终端（MRM-JTE）技术，对JTE终端结构的最优剂量和最优长度进行了优化设计，实现了优异的正、反向特性的同时，扩大了注入剂量窗口，降低工艺要求，为研制高压大电流SiC PiN二极管提供了良好的借鉴意义。安徽工业大学周郁明教授等利用SiC器件具有更低的通态电阻、更高的热导率的特点，采用常通型SiC JFET器件作为直流电源系统断路器的主开关，在较小的线路杂散电阻条件下，实现了960A的短路故障电流的开断。东南大学孙伟锋教授等对650V增强型GaN功率HEMT的高温特性进行了研究，针对目前电力系统中的Cascode GaN和p-GaN HEMT这两种商用增强型GaN器件进行了对比分析。在分析导致两种器件特性差异的相关物理机制的基础上，得出了高温下Cascode GaN FET的阈值电压稳定性较差，p-GaN HEMT的栅极漏电流较大的结论。北方工业大学张卫平教授等针对寄生参数对低压增强型GaN器件开关过程的影响做了研究。利用双脉冲实验平台，测得了GaN的开关特性，在实验中加入了额外寄生电感，造成比较明显的波形振荡，并且通过选取不同的驱动电阻，能够有效地减小器件的过冲和损耗。在此基础上，提出了一种新型的RCCD缓冲电路，与常用缓冲电路相比，在有效解决关断的过电压和振荡问题的同时，不会增加额外的关断损耗。

4. 高频磁元件和集成磁技术

电子产品向微型化、低成本和多功能化方向发展是近年来形成的一种基本趋势。在功率变换模块中，磁性元件由于具有体积较大、重量较重、杂散特征明显等缺点，限制了模块的功率密度与效率的提高。因此，高频化、集成化和平面化设计是实现磁性元件小型化、多功能的重要途径，可以降低寄生参数、降低损耗、提高功率密度并有利于系统散热。随着信息处理技术的发展进步，磁元件的分析与设计可以在计算机上得到快速的仿真模拟，这在传统的磁路分析的基础上进一步助推了磁集成技术的发展。近年来，GaN等宽禁带半导体器件的快速发展将功率变换器的工作频率推向MHz的频率范围，这对于磁性材料的选取以及磁性元件的设计提出了更高的挑战，基于新型半导体器件和PCB绕组的设计方案成为热门的研究重点，并在此基础上发展出多种新颖的变压器的磁集成、系统磁元件集成的设计方案。

对于磁性元件在这些方面发展过程中遇到的问题，众多学者与工程师也在不断探索。浙江大学的吴新科教授等针对目前DC-DC变换器中变压器与电感所占体积过大的问题，采用分裂绕组变压器结构，构造较大漏感来取代外加电感从而实现磁元件的集成。针对现有分裂绕组磁元件设计时可能导致的磁心饱和问题，提出了考虑电感和变压器磁密叠加的集成磁元件优化设计方法，从而大幅提升系统效率。东南大学的陈武教授等针对利兹线绕制高频变压器的漏感，在二维极坐标系中分别考虑了趋肤效应、邻近效应以及填充系数的影响，在研究利兹线漏磁能量模型的基础上，提出了一种精确计算高频变压器漏感的解析模型，准确计算了磁元件的漏感，为其磁集成提供参考。福州大学的陈为教授等针对高频磁元件磁心损耗测量精度低的问题，在已有的直流功率法测量的基础上，引入宽禁带GaN器件，建立了MHz频率级磁心损耗的直流功率测量装置，对磁心损耗进行精确测量与计算。台达电子的杨海军工程师等针对采用耦合电感且具有多路独立输出的Buck电路中非工作支路的微弱感应电压问题，进行了深入的磁理论和对电路耦合通道的机理分析，提出了一种采用公用柱无组合气隙的全新解耦集成方法，维持多种电压输出要求的同时降低了变换器内部磁件集成的体积和重量。

5. 新能源电能变换技术

每一次能源的变革都会极大地推动人类社会的发展。目前，传统能源以最为常见的化学燃料石油、煤炭等为主，其在使用中面临着诸如资源不可再生、转换效率低、环境污染大等问题。面对人类日益增长的能源需求和能量形式转变的迫切性，太阳能、风能等新能源发电产业得到了国家的大力支持，在电网中的渗透率不断提高，近年来的热门研究方向也开始逐渐着重于应用化，以新能源系统的可靠性研究与成本控制为主，例如多系统间的协同控制、能量的最优控制、气候影响分析及功率预测。相对应的电能变化技术也从新型器件、功率控制方法等角度开展功率变换器的低复杂度、低成本及高可靠性研究。

清华大学的耿华教授等采用BP神经网络方法辨识多风电机组之间的尾流交互模型，并在风电场层通过粒子群优化方法在线求解多风电机组协同功率优化的指令，在风电机组层由各机组控制器实现指令跟踪，实现了风电场整体发电功率的优化。浙江大学的何湘宁教授等介绍了一种基于碳化硅-硅异质功率器件混合的五电平单向整流器拓扑，该拓扑只需要部分使用低压碳化硅MOSFET，且拓扑中的硅功率二极管均实现工频开关动作，进一步提高了风电机组机侧整流器的功率密度而不显著增加装置的成本。西安交通大学的卓放教授等针对无人航空器飞行巡航中不同阶

段的任务剖面，提出了一种综合能量最优控制策略，实现多种工作模式下的协同运行及系统的源-储-荷实时能量平衡和快速响应，以最大限度利用系统能量。山东大学的高峰教授等结合人工神经网络（ANN）对云团性质进行分析，并结合光伏电站结构，建立了高精度光伏电池模型、人工神经网络以及光伏电站模型，对未来数分钟内的光伏出力进行高精度预测。南京航空航天大学的陈新教授等以基于重复控制的三相LCL型并网逆变器为例，对逆变器输出阻抗进行建模，通过阻抗分析法研究基于重复控制的逆变器与电网的交互稳定性，并采用混合阻尼与优化重复控制器结构的方法增强了并网交互稳定性。南京航空航天大学的陈仲副教授等在传统反激单级式逆变器的基础上加入辅助电路，实现了逆变器的功率解耦，使输入功率不再含有二次纹波，避免了输入端大电解电容的使用，增加了逆变器的功率密度，提高了逆变器的使用寿命。这些研究进展为新能源与电能变化的相关设计提供了很好的指导。

**6. 电能质量技术、分布式系统、智能电网与微型电网**

随着全球环境污染问题和化石能源危机的不断加剧，分布式电网作为一种新的电网形式，具有高渗透率、灵活并网等优点，其中可再生能源和分布式发电单元通常以电力电子设备作为接口接入微电网。受到长距离输电线路以及变压器的影响，高渗透率分布式电网会呈现出高谐波、高电网阻抗的弱电网特性。分布式电源、不平衡负载、储能型设备的大规模接入，也会造成配电网的电能质量恶化。因此，改善新能源发电系统的稳定性和供电质量成为现今相关研究团队的关注点。为实现上述目标，通过智能化的控制管理体系，将信息与能源技术结合形成综合性的能源网络成为分布式电网系统的发展方向。电能质量的治理也将向智能化、集成化的综合治理方向发展。

南京航空航天大学的谢少军教授等通过对现有逆变器并网系统中的电网电压前馈策略进行归纳，分析了弱电网应用场合对逆变器稳定性的影响，并对各类前馈策略的特点和应用场合进行了分类和说明，为弱电网场合下逆变器电路及控制的设计提供了参考依据。针对常规强电网并网逆变器的控制器参数无法在弱电网中共用的问题，合肥工业大学张兴教授等采用D分割法对弱电网应用中的并网逆变器PI控制参数进行选取，通过对相角裕度和幅值裕度等闭环特性的分析，实现了系统多目标的优化设计，可准确、快速得到满足系统稳定性的参数范围，有效地消除了系统谐振等不稳定问题。基于下垂控制的并网逆变器模拟了传统同步发电机的外特性，能够不依赖通信线实现功率均分，具有即插即用、并离网运行灵活切换等优势，在交流微电网中被广泛应用。西安交通大学刘进军教授等通过对下垂控制下三相逆变器的 $dq$ 坐标系小信号端口导纳模型的建模，分析得出了影响下垂逆变器并网运行稳定性的关键因素。通过减小有功下垂斜率，增大电压控制比例和积分系数，增大配电线等效电感值，可有效抑制低频振荡，增强变换器并网系统运行的稳定性。合肥工业大学张兴教授等提出了一种基于阻抗辨识的下垂控制并网逆变器孤岛检测方法。该方法克服了已有策略存在检测盲区，特殊功率点频率正反馈失效等问题，可以快速、准确地检测出下垂控制并网逆变器的孤岛效应，同时具有对并网电流质量影响小，无须对下垂控制进行改造的优势。

**7. 照明电源与消费电子相关技术**

LED作为第四代新光源，具有无污染、光效高、寿命长等优点，得到了广泛的应用，如LED的背光照明、路灯照明、家居照明，以及装饰照明灯等。为了保证LED高效稳定地工作，其驱动电源在整个照明系统中尤为重要。为了实现LED驱动器高效率以及高功率密度的设计目标，国内研究团队关注两个主要的研究方向。其中一个研究方向采用新型GaN等宽禁带半导体器件和硬开关型电路拓扑，可使变换器工作在MHz级的开关频率下，从而有效降低电路中储能元件的体积和重量，获得更高的功率密度和系统效率。另外一个研究方向采用如LLC等软开关型电路拓扑，降低高频下的开关损耗，提升系统效率。近年来研究热点主要集中于通过交错并联降低输出纹波提高效率，电路拓扑或工作模态改进以获得更宽的增益范围，调制策略优化以提高轻载效率等方面。

哈尔滨工业大学的徐殿国教授等为了解决因实现系统软开关特性而导致的电压增益范围较窄以及在宽电压增益范围下系统效率明显下降等问题，提出了一种基于层叠半桥结构的宽电压增益范围LED驱动器。在输入电压宽范围变化时，双工作模式LLC电路可以通过在低输入电压模式和高输入电压模式之间切换工作模式来有效地调节电压增益，适合输入电压变化范围较大或LED负载电压变化较大的应用场合，可以保证较高、较稳定的系统效率。哈尔滨工业大学王懿杰教授等提出了一种新型具有软开关特性的基于SEPIC电路的高频高升压比变换器，其能够同时满足高电压增益和低系统损耗的要求。该变换器拓扑集成了开关器件和部分无源器件，使开关管工作在零电压状态，适合GaN器件的高频应用，提升系统的工作效率。重庆大学的罗全明教授等为了解决在两级式LED驱动电源中固定直流母线电压不能够实现对系统整体最大效率的跟踪问题，提出一种基于扰动观察（P&O）的驱动电源系统实时最大效率跟踪方法。该方法通过对系统数据的实时测量，对直流母线电压进行扰动实现其动态调节，在单位控制周期内实现对驱动电源系统最大效率点的实时跟踪，实现了两级式LED驱动电源的最大效率控制。西南交通大学马红波副教授等以实现单级交错并联Boost-LLC变换器在全输入电压下的可靠高效运行为目标，从调制、控制及功率级参数优化设计入手对该变换器进行深入研究和讨论，提出了基于母线电压比例前馈的PFM/PWM混合控制策略，可以有效地稳定母线电压，同时保持了高效率与高功率因数。

**8. 特种电源**

特种电源是为特殊用电设备供电专门设计制造的电源，其技术指标要求不同于通用电源，对输出的电压、电流波形，以及输出频率等有特殊要求，一般对电源的稳定度、精度、动态响应及纹波要求特别高。特种电源技术与存在广泛市场需求的通用电源技术相比，其与物理、材料科学与工程、高新装备、航空航天等科研、军事、工程领域的发展关系更为紧密，在工业、环保、医疗、国防和科研等方面具有广泛应用。在开关技术方面，在单次工作模式的高功率闭合开关的基础上，重复频率高功率开关成为近年来开关技术研究领域的重点；在储能技术方面，电容器仍是常用的储能器件，金属化膜电容器和陶瓷基电容器成为热门研究；在系统设计技术方面，高重复频率固态脉冲功率源技术研究、精密特种电源及调制器技术、大电流能库电源技术等方面的研究有着显著发展。

中国工程物理研究院的王传伟研究员等针对小型化紧凑型脉冲源的应用需求，开展了电感存在互耦准方波脉冲形成网络的设计技术研究，提出了一种基于坐标轮换-直接搜索法的网络优化技术，获得了准方波脉冲形成网络的电感、电容值以及准方波的解析表达式，并给出了全网络各元件值的求解算法。该方法可获得较理想的准方波脉冲输出，并且基于互耦电感有利于实现紧凑型准方波脉冲形成网络的设计。华中科技大学的邹旭东教授等设计了一款模块化的高压电容器充电机，该充电机由15个统一且独立的充电模块相串联而成，每个单独的充电模块采用Buck电路控制为恒流输出，并采用四相交错并联的方式减小了电流纹波，降低了对电路中功率器件的要求。哈尔滨工业大学的鄂鹏教授等与中国工程物理研究院的李洪涛研究员等进行联合研究，提出了脉冲磁场调控等离子体及脉冲电源的关键技术，并给出脉冲磁场调控等离子体的初步实验结果。基于环向磁场线圈的设计需求，结合仿真计算分析确定了脉冲电流源的主要参数，并对晶闸管组件和脉冲电流源进行测试验证，以满足开关需求和环向磁场线圈的运行需求。

**9. 电磁兼容技术**

随着开关电源逐渐向高频率、高功率密度发展，其电磁环境也趋于恶劣和复杂，电磁干扰（EMI）成为电源设计中一个不可忽视的问题。恶劣的电磁干扰不但会影响附近无线电子设备的正常工作，也会使功率变换器及其供电的电器、系统的电磁兼容认证失败。因此，有效地抑制电磁干扰对提高电力电子设备的可靠性具有非常重要的意义，成为电力电子领域一个重要的研究方向。在分析电磁干扰源和干扰路径的基础上，传统的电磁防护通过设计多级EMI滤波器分别抑制差模干扰和共模干扰，近年来面向电路拓扑优化、电磁屏蔽优化以及EMI滤波器优化成为热门研究，通过寻找电路拓扑对称性、设计合理屏蔽层以及对空间耦合磁场进行分析等方法，为电磁兼容技术提供了理论依据与支撑。

北京交通大学的李虹教授等与华南理工大学的张波教授等针对模块化多电平换流器中存在的共模电磁干扰问题，提出了一种应用于MMC的混沌载波移相脉宽调制方法，通过仿真验证混沌CPS-SPWM可以改变共模电压的频谱分布，从而抑制MMC共模电压开关频率处及其倍数频率处的谐波峰值。此外，李虹教授等还针对由四象限变流器和LLC变换器级联构成的电动汽车全SiC电源模块，介绍了其干扰源，并为该拓扑设计了双Π型EMI滤波器，使得全SiC电源模块在较宽范围内实现了良好的效率以及电磁兼容设计的有效性。苏州大学的季清副教授等将基于拓扑的干扰源模型应用于滤波器设计，提出以基于拓扑的混合模型分析滤波器不对称时，滤波器的电压插入增益以及变换器主电路参数对传导干扰的影响。华中科技大学的裴雪军教授等利用电磁仿真建立了线缆串扰的EMI模型，并通过数值分析得到分布参数，结合EMI流通路径，建立了近场串扰EMI的数学模型，提出能够有效预测线缆串扰的方法。南京航空航天大学的王世山副教授等以Boost功率变换器为例，分析了其辐射噪声源，确定了共模电流流通路径并进一步等效成一种新型的辐射预测模型，从而可以预估实际变换器的远场辐射。西安交通大学的陈文洁教授等针对植入式的谐振耦合无线传输系统的高频传导干扰和辐射干扰进行了研究，并利用MATLAB进行了建模和仿真探究电路各参数对EMI的影响机制。

**10. 无线电能传输技术**

相比较传统的接触式充电，无线电能传输技术不需要物理线路的连接，具有更高的安全系数，可以有效避免环境因素所造成的短路、断路等危险，更加适用于一些严苛的充电环境。在节能环保的全球理念下，无线充电技术更加清洁、高效、便捷，并且能提供更安全的充电环境。为了解决松散耦合变压器的耦合系数低、泊车错位耐受量小、多级系统协调控制等应用问题，近年来无线电能传输技术的研究热点主要集中于如下几个方面：新型松散耦合变压器结构设计以实现正对以及泊车偏移条件下更强的耦合能力和更强的偏移自适应性，耦合变压器补偿网络优化以降低高阶系统的设计复杂度，负载侧阻抗匹配与负载识别以实现电能传输效率的最大化，系统控制策略环路设计以增强系统功率传输的稳定性，能量传输环境内的异物检测方法研究和新型电磁屏蔽结构设计以提升系统的安全系数，能量与信息同步传输技术研究以增强原副边信息交互可靠性等。

针对电动汽车停泊时的偏移容限问题，浙江大学的马皓教授等提出了一种具有高偏移容限特性的无线电能传输系统设计。该设计给出了新型变压器结构和相应的电路拓扑匹配条件，充分利用变压器线圈在偏移下耦合互补的特性，使系统具有良好的偏移容限特性。重庆大学的戴欣教授等针对具有多个拾取机构且发射设备与接收设备之间相距较远的无线电能传输系统，提出了一种无线电能多级传输模式。该方法不仅可以增加传输距离，并且可以实现电能的多级输出，通过合理的参数设计可以降低各级负载上输出电压关于负载变化的敏感性，从而提高系统的稳定性。哈尔滨工业大学的徐殿国教授等设计了一种基于交错并联Boost逆变器和S-LCC补偿拓扑的高效无线电能传输系统。该系统通过调节输入级交错并联Boost逆变器的占空比，实现更宽的电压增益调节范围，使无线传输一级实现定频工作，提高系统的传输效率和稳定性。为解决强耦合条件下非接触滑环系统中谐波含量大的问题，南京航空航天大学的陈乾宏教授等提出了一种新型基波-谐波双通道并行传能的非接触滑环系统。该系统的原边双频谐振网络对基波与谐波分别进行选频，并在副边双通道中实现对基波与谐波的解耦能量传输。与单通道系统相比，该方法可以提升系统效率和功率传输能力。在磁耦合式无线电能传输系统外，电容耦合式无线电能传输系统也受到广泛研究。西南交通大学的麦瑞坤教授等针对具有任意端口数的多输入多输出的电容耦合系统，给出一种通用的数学模型。该模型考虑所有耦合极板间的交叉耦合电容，根据电网络理论建立了耦合机构的互容矩阵，从而确定任意端口间的互容参数，达到降低耦合机构分析复杂度的目的。

**11. 信息系统供电技术：UPS、直流供电、电池管理**

不间断电源UPS由于其输出电压具有高精度、高稳定性的特点，可用于在电网扰动甚至在电网电压出现间断时，为用电设备提供稳定不间断的电能供应，因此广泛应用于运输、航天、通信、医疗和国防等领域。如今，随着新一代信息技术的快速发展，互联网、大数据、人工智能与制造业融合的持续深化，云计算技术推动着UPS技术的持续发展，现今UPS的主要发展方向为智能化、网络化以及绿色化等。智能化要求UPS能够自主预见可能会发生的情况，采用智能控制等方案进行自动管理和调整；网络化要求UPS拥有更大的蓄电量，能够实现负载之间的动态配置；绿色化则要求UPS能够实现节能低耗与绿色环保。另外，直流供电技术的应用，不但能显著地提高电能的传输效率，并且能简化电能的传输过程，降低传输成本，因此在可持续发展、绿色发展中有着不可忽视的重要作用。但是，直流供电系统在设备故障检测以及复杂工况下的控制策略等问题依然有待研究和解决。

浙江大学的何湘宁教授等从直流输电系统的运行和稳定等角度考虑，利用直流系统全电力电子化特征，提出了一种基于母线电压扰动的直流孤岛检测方法。该方法建立了直流微电网基本模型，并基于该模型阐述了无意识直流孤岛产生的机理。另外，该方法结合直流孤岛发生后的系统特征，阐述了基于母线电压扰动的直流孤岛检测方法原理，通过谐振控制器实现了母线电压扰动的零误差控制。该方法可及时检测系统直流孤岛的发生，并切换至孤岛运行模式或停止供电，以避免系统在发生孤岛效应时，降低供电质量和可靠性。东南大学的陈武教授等对光伏系统的控制方法进行了研究，考虑了不同光照强度与温度下的光伏电源出力的动态变化曲线，提出了一种直流变压器的统一控制策略，集成多种控制功能，在系统运行方式或状态发生变化时，无须进行控制模式的切换。西安理工大学的孙向东教授等针对直流微电网中分布式电源输出功率不稳定造成的系统功率不均衡及直流母线电压波动的问题，提出一种基于模型预测的直流母线电压稳定控制方法。相比较传统的双环PI控制方法，该控制算法更为简便，并且在实现系统功率均衡、直流母线电压稳定基础上，提升系统的动态性能。此外，该方法还可防止高频变压器的磁饱和现象。

**12. 电动汽车充电与驱动**

现今，全球主要国家政府、组织、汽车生产商、能源供应商和风险投资企业共同行动起来，推动全球汽车工业产业结构升级和动力系统电动化战略转型，促进具有多层次结构的电动汽车社会基础产业的形成。电动汽车车载电池是电动汽车的核心储能元件，其充电过程中的功率转换通过车载充电器（OBC）来实现。近年来，随着电动汽车保有量的上升，车载充电器的市场份额逐年大幅上升，其具有如下的发展方向：将多级功率传输以及多个功率输出端口进行集成化，实现变换器成本和体积的最优化；增加车载充电器的充电功率水平，高功率充电以缩短大容量车载电池的充电时间；新型液冷热管理与电池管理系统相结合，以实现功率的稳定传输；双向OBC可与智能电网功能相兼容，通过V2G技术为电网反馈电能，实现能量储备；与无线电能传输技术以及自动驾驶功能相结合，通过静态充电或动态充电方式实现更加安全便捷的能量传输。此外，SiC等新型宽禁带半导体功率器件的发展也为车载充电器的设计提供了更宽的应用范围。

浙江大学的徐德鸿教授等提出了一种新型车载充电机拓扑，在传统的桥式PWM整流和全桥移相DC-DC变换器的基础上，通过引入辅助谐振支路，实现了充电机中所有开关管均工作于零电压开通状态，同时引入适用于本拓扑的PWM调制策略来提高车载充电机的变换效率和功率密度。浙江大学的马皓教授等针对功率因数校正整流器（PFC）和双有源桥式DC-DC变换器（DAB）的工作特性，结合其损耗等问题提出了一种输入母线电压可调节的优化方案。通过结合PFC变换器的工作特性，使DAB变换器的输入母线电压可控，因此仅利用移相控制（SPS）即可根据所需要的输出电压进行调节。该级联优化控制策略保证更宽的软开关范围，优化系统满载和轻载时的变换器效率，同时减小了变换器工作时的电磁干扰。重庆大学的陆帅教授等针对三相交错并联三电平DC-DC变换器，提出了一种通过近似临界导通模式（Near-CRM）实现零电压软开关（ZVS）的方法。该方法基于电感电流纹波特性，推导了纹波峰峰值解析表达式，通过纹波反向电流的方法实现全负载范围的零电压开关，降低了开关损耗。南京航空航天大学的吴红飞教授等研究了一种基于具有多电平特性的双直流母线的单相隔离型双向充电机，该充电机由三端口双向直流变压器（TP-DCX）和双直流端口双向逆变/整流器（DDPC）组成。变换器的直流输入电压被TP-DCX分成恒定的直流母线电压和可变的直流母线电压，且均由DDPC调节。通过采用基于自适应载波的PWM策略，可以实现对两个直流母线的电压和功率调节以及交流电网电流的调节，进而优化系统的工作效率。

**13. 电动机驱动与控制**

从19世纪末至今，电动机的应用伴随着整个人类社会的飞速发展。电动机作为机电能量转换的重要装置，是电气传动的基础部件，其耗电量占据了全部用电量的60%以上，对国民经济、能源利用、环境保护和人民生活质量的提高都起到十分重要的作用。在现今的工业4.0时代，随着自动控制系统、计算装置的发展以及智能机器人、汽车电子等市场的兴起，电动机的驱动与控制技术成为电动机研究的热门，电动机控制器的市场规模也将逐步提升。目前，国内不同团队主要集中于新型电动机控制方式如弱磁控制、矢量控制等方向的研究，并探讨了诸如无速度传感器下的系统控制方法，以高可靠性、高精度、快速响应作为研究目标。

华中科技大学的蒋栋教授等完整地介绍了具有直流励磁能力的新型电动机控制器的演变和研究进展，从功率器件容量和控制自由度两个方面对于电路拓扑进行改进，并提出一种不对称的功率开关方案和三相串联绕组拓扑结构，逐步降低了新型电动机控制器的成本、体积和功率损耗，为带直流偏置正弦电流的磁阻电动机提供了更好的研究视角。北方工业大学的张永昌研究员等针对双馈电动机的并网发电，在传统的矢量表直接功率控制（SDPC）的基础上，深入研究了双矢量直接功率控制（DDPC）和基于空间矢量调制的直接功率控制（DPC-SVM）。三种功率控制方法分别在参数鲁棒性、系统稳态性能和系统采样率方面有着各自的优势，从而为实际应用中控制算法的选择提供了理论和实验依据。南京航空航天大学的张卓然教授等采用麦克斯韦应力法推导了一种考虑气隙边缘效应与铁心饱和影响的新型非线性悬浮力模型，分析了不同电枢电流、不同励磁电流下悬浮力模型的精度。该模型有效地拓宽了无轴承电励磁双凸极电动机工作区域，为磁饱和状态下的悬浮控制和悬浮力脉动抑制提供了理论依据。关于无刷直流电动机（BLDCM）的控制研究，为了降低其运行过程中的转矩脉动，浙江大学的姚文熙副教授等基于最大转矩电流（MTPA）控制策略，采用改进的磁场定向控制（FOC）方案，为梯形波设计了合适的参考电流，使得电动机的电磁转矩为恒定值，大幅降低了电动机的转矩脉动。东南大学的王政教授等提出了一种基于高频注入方法的电流源型同步磁阻电动机系统的无位置控制策略。该方法在矢量控制的基础上，在预测的转子磁链坐标系上注入高频正弦信号，并对电流源型变换器的直流母线电感、输出侧的三相滤波电容和同步磁阻电动机的非线性特性等因素进行了详细的分析，从而实现准确地预测电动机的转子位置和转速的目标。

**14. 电力电子变换器的可靠性设计，故障检测及冗余技术**

电力电子变换器广泛应用于新能源发电、电动汽车驱动等领域。作为连接供电端与用电负载的关键设备，其安全运行是系统能量稳定传递和流动的保障。然而，电网扰动、电磁干扰、负载切换等因素综合作用产生的复杂工况提高了变换器发生故障的概率，使其成为系统中的薄弱环节。因此，实现对故障快速、准确的检测，保证电力电子变换器的不间断运行，对于改善系统的可靠性具有重要意义。对故障分析和检测的研究，由针对单类型器件的故障诊断逐渐发展为多类型元器件故障的综合诊断策略，并成为现今的研究热点。此外，保证电力电子变换器故障检测在复杂工况下的可靠性，增强其适应能力、辨识能力和学习能力，也成为一个值得关注的研究方向。为保证系统的连续不间断运行，故障冗余技术可以在发生故障后，通过对变换器拓扑及控制策略进行相应变换，保证系统对负载的持续供电。相比于对故障后的系统进行重新配置，故障预测技术则可以在系统发生故障前即对故障进行有效预测，准确定位退化或故障的部位，从而实现系统的自主式保障。对于提高故障预测技术在电力电子变换器中的普遍应用和准确辨识，仍需要进一步研究和探索。

燕山大学郭小强教授提出了一种应用于汽车驱动系统中电流源逆变器功率器件故障的诊断策略，该策略通过对电路闭环系统中电流反馈信号和参考信号的分析，可准确定位发生开路故障的开关器件。此方法无须增加额外传感器，不增加额外设计成本，且具有较强的鲁棒性，不易受噪声和采样延时等因素的干扰。浙江大学马皓教授等提出了一种针对传统电压源逆变器中多种元器件的综合故障诊断方法。该方法基于平均输出电压偏差模型，通过比较输出线、相电压的测量值和估计值实现对开关器件和传感器的故障定位。具有诊断速度快、计算量小、实现方便、无传感器需求等优点。同时，针对多电平逆变器，还提出了一种基于共享冗余单元的逆变器拓扑结构和控制策略。所提出的方法可以使T型三电平逆变器在多个功率开关管开路故障的条件下维持正常运行，避免输出波形发生降额或失真等情况。此外，与传统的T型逆变器相比，冗余拓扑在正常运行期间不产生额外的功率损耗，因此，在需要不间断供电等高可靠性场合具有较好的应用前景。南京航空航天大学的龚春英教授等为解决传统故障预测方案中混杂模型无法实现精确辨识参数的问题，提出了一种改进的局部线性模型，可消除实际情况下对功率器件辨识产生的误差。同时，通过在检测功率管旁串联辅助开关管，利用辅助开关端电压峰值计算漏电流大小，解决了以往的方法中漏电流检测困难的问题。新的故障预测策略可对功率器件的参数进行精确的在线监测和故障预警，以充分保证系统的健康运行。

# 2019年中国电源上市企业年报分析

中国电源学会

2019年，面对国内外风险挑战明显上升的复杂局面，中国经济继续保持中高速增长。电源行业作为国民经济的重要支撑产业，市场规模也进一步扩大。2019年总产值达到2697亿元，同比增长9.68%。

另一方面，资本市场推出了一系列改革，总体走出了2018年寒冬，上市企业数量和融资额双双攀升。但电源行业近两年在资本市场一直不太活跃，2018年只有1家企业上市，2019年更是零IPO。截至2019年底，沪深两市电源上市企业数量共25家，与2018年持平。

这里统计的电源上市企业是指以生产、销售电源整机为主营业务的沪深交易所上市企业。（考虑公司上市的稳定性，此次统计不包括新三板挂牌企业以及在新推出的科创板注册的企业）电源企业产品包括不间断电源（UPS）、开关电源、LED驱动电源、模块电源、充电桩/充电电源、电动机控制器、光伏逆变器、变频器、特种电源等；不包括为电源企业生产或研发配套产品的企业，如功率器件及半导体芯片、集成电路、滤波器、电阻、电容器、变压器、磁性材料等厂商；另外，电源业务只占小部分的综合型上市企业，因无法准确剥离电源相关业务数据，也未统计在内。

总体来看，电源上市企业数量虽然不多，但其公司规模、市场占有率、财务表现、研发投入等多项指标均领跑电源行业，是产业发展以及技术创新的风向标。本文通过解读其2019年度财务报告，并对比最近几年的财务数据，希望在一定程度上反映电源行业的发展情况，为电源企业提供参考。

## 一、总体情况概述

### （一）电源企业上市板块及所属主要行业情况

报告中列出的电源上市企业共25家，其中上证主板3家，深证中小板10家，深证创业板12家，如图1。

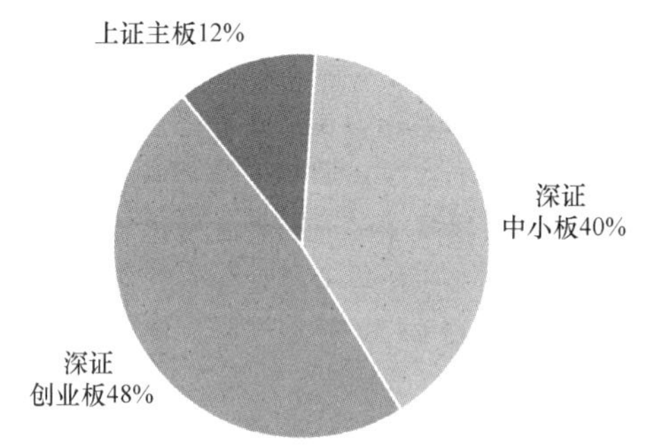


图1　电源上市企业所属板块

按照证监会规定的行业分类，其中21家企业属于电气机械和器材制造业，另外4家企业属于计算机、通信和其他电子设备制造业。

按照申万标准分类，11家属于电源设备，6家属于电气自动化设备，3家属于电子制造，另有5家企业分别属于电动机、高低压设备、光学光电子、其他电子行业和汽车零部件行业。

按照全球行业分类，17家属于资本品行业，7家属于技术硬件与设备行业，1家属于汽车与汽车零部件行业。

具体情况见表1（同一板块中上市企业按上市时间排序，本报告中图表无特殊说明，排序同表1）。

表1　电源企业上市板块及所属主要行业

| 上市板块 | 企业名称 | 证券代码 | 上市时间 | 所属主要行业 | | |
|---|---|---|---|---|---|---|
| | | | | 证监会分类 | 申万分类 | 全球行业分类 |
| 上证主板 | 动力源 | 600405 | 2004/4/1 | 计算机、通信和其他电子设备制造业 | 电源设备 | 资本品 |
| | 鸣志电器 | 603728 | 2017/5/9 | 电气机械和器材制造业 | 电源设备 | 资本品 |
| | 禾望电气 | 603063 | 2017/7/28 | 电气机械和器材制造业 | 电源设备 | 资本品 |
| 深证中小板 | 科陆电子 | 002121 | 2007/3/6 | 电气机械和器材制造业 | 电气自动化设备 | 资本品 |
| | 奥特迅 | 002227 | 2008/5/6 | 电气机械和器材制造业 | 电源设备 | 资本品 |
| | 英威腾 | 002334 | 2010/1/13 | 电气机械和器材制造业 | 电气自动化设备 | 资本品 |
| | 科华恒盛 | 002335 | 2010/1/13 | 电气机械和器材制造业 | 电气自动化设备 | 资本品 |
| | 中恒电气 | 002364 | 2010/3/5 | 电气机械和器材制造业 | 电气自动化设备 | 资本品 |
| | 科士达 | 002518 | 2010/12/7 | 电气机械和器材制造业 | 电源设备 | 资本品 |

（续）

| 上市板块 | 企业名称 | 证券代码 | 上市时间 | 所属主要行业 | | |
|---|---|---|---|---|---|---|
| | | | | 证监会分类 | 申万分类 | 全球行业分类 |
| 深证中小板 | 茂硕电源 | 002660 | 2012/3/16 | 计算机、通信和其他电子设备制造业 | 电子制造 | 技术硬件与设备 |
| | 可立克 | 002782 | 2015/12/22 | 计算机、通信和其他电子设备制造业 | 电子制造 | 资本品 |
| | 麦格米特 | 002851 | 2017/3/6 | 电气机械和器材制造业 | 电子制造 | 技术硬件与设备 |
| | 伊戈尔 | 002922 | 2017/12/29 | 电气机械和器材制造业 | 其他电子 | 资本品 |
| 深证创业板 | 合康新能 | 300048 | 2010/1/20 | 电气机械和器材制造业 | 电气自动化设备 | 资本品 |
| | 汇川技术 | 300124 | 2010/9/28 | 电气机械和器材制造业 | 电气自动化设备 | 技术硬件与设备 |
| | 阳光电源 | 300274 | 2011/11/2 | 电气机械和器材制造业 | 电源设备 | 资本品 |
| | 易事特 | 300376 | 2014/1/27 | 电气机械和器材制造业 | 电源设备 | 资本品 |
| | 通合科技 | 300491 | 2015/12/31 | 电气机械和器材制造业 | 电源设备 | 技术硬件与设备 |
| | 蓝海华腾 | 300484 | 2016/3/22 | 电气机械和器材制造业 | 高低压设备 | 资本品 |
| | 英飞特 | 300582 | 2016/12/28 | 计算机、通信和其他电子设备制造业 | 光学光电子 | 技术硬件与设备 |
| | 新雷能 | 300593 | 2017/1/13 | 电气机械和器材制造业 | 电源设备 | 技术硬件与设备 |
| | 英搏尔 | 300681 | 2017/7/25 | 电气机械和器材制造业 | 电动机 | 资本品 |
| | 盛弘股份 | 300693 | 2017/8/22 | 电气机械和器材制造业 | 电源设备 | 技术硬件与设备 |
| | 英可瑞 | 300713 | 2017/11/1 | 电气机械和器材制造业 | 电源设备 | 资本品 |
| | 欣锐科技 | 300745 | 2018/5/23 | 电气机械和器材制造业 | 汽车零部件 | 汽车与汽车零部件 |

从表1中也可以看出，相对其他成熟行业，电源行业的上市历程依然处于起步阶段，发展速度也较为缓慢。从2004年第一家电源企业——动力源登陆上证主板到2016年，13年间。电源上市企业数量逐步增加到16家。2017年，一方面电源作为重要支撑产业的战略地位提升；另一方面IPO审核加速，电源企业上市步伐明显开始加快，一年新增8家。2018年，由于资本市场经济、政策环境变化，全年只新增1家。2019年，电源行业无企业在主板、中小板及创业板首发上市。

数据显示，2010年也较为特殊，这一年新增电源上市企业6家。这与当时国内外经济环境和资本市场政策也有关系。走过2008年、2009年金融风暴的低谷，世界经济企稳复苏，中国经济继续保持平稳而繁荣的增长态势，投资者信心逐步恢复，中国企业上市及融资热情高涨。同时由创业板开闸引起的企业上市浪潮仍在持续，全年共有347家企业在境内资本市场上市，融资额为720.59亿美元，上市数量和融资额分别均刷新了2007年的记录。这6家电源上市企业也是当年上市大军的一部分。

除此以外，2010年电源企业集中上市也是国内电源行业阶段性发展的结果。当年上市的几家企业如科华恒盛、科士达、英威腾、合康新能、汇川技术、中恒电气集中在UPS、变频器、通信电源领域。这些产品标准化程度较高，有利于企业开展规模化经营并率先在资本市场取得突破。

2004—2018年上市企业数量统计如图2所示。

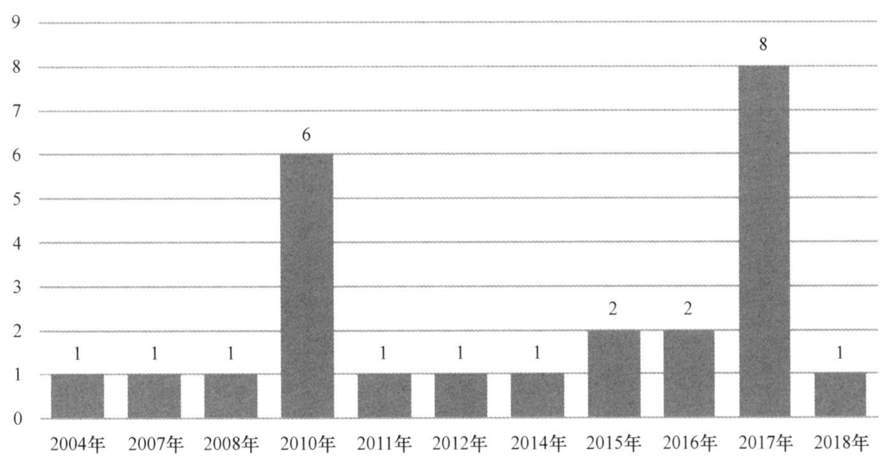


图2 2004—2018年上市企业数量统计（未标记年份为0）

（二）电源企业主要产品及业务情况

本次报告所摘录的电源企业主体业务主要分布在新能源、新能源汽车、电力、工业自动化控制、轨道交通、节能环保、通信等行业，与国家近几年的基础建设投资及政策重点关注行业领域高度一致。各企业主要产品及业务情况见表2。

表2 电源上市企业主要产品及业务情况

| 企业名称 | 主营产品和服务 |
| --- | --- |
| 动力源 | 交直流电源、高压变频器及综合节能等 |
| 鸣志电器 | 控制电动机及其驱动系统、LED控制与驱动类 |
| 禾望电气 | 风电变流器、光伏逆变器、模块及配件业务 |
| 科陆电子 | 智能电网、综合能源管理及服务、储能 |
| 奥特迅 | 不间断电源、电动汽车充电电源、电能质量治理装置 |
| 英威腾 | 变频器、UPS、电动机控制器等 |
| 科华恒盛 | 信息化设备用UPS、工业动力UPS系统设备、建筑工程电源、数据中心产品、新能源产品、配套产品 |
| 中恒电气 | 通信电源等 |
| 科士达 | UPS、光伏逆变器、储能 |
| 茂硕电源 | 开关电源、LED驱动电源、光伏逆变器 |
| 可立克 | 开关电源磁性元件等 |
| 麦格米特 | 变频器、伺服驱动器、驱动系统、车用电动机控制器、光伏逆变器等 |
| 伊戈尔 | LED驱动电源、变压器等 |
| 合康新能 | 高、中低压及防爆变频器在内的全系列变频器产品、伺服产品、新能源汽车及相关产品 |
| 汇川技术 | 变频器、伺服驱动器、PLC、HMI、伺服/直驱电动机、传感器、一体化控制器及专机、工业视觉、机器人控制器、电动汽车电动机控制器等 |
| 阳光电源 | 光伏逆变器、风能变流器、储能变流器等 |
| 易事特 | UPS、EPS(应急电源)、光伏逆变器及光伏发电系统集成产品、电动汽车充电桩 |
| 通合科技 | 充电桩、电动汽车车载电源、电力操作电源模块和电力操作电源系统 |
| 蓝海华腾 | 电动汽车电动机控制器、中低压变频器 |
| 英飞特 | LED驱动电源、开关电源等 |
| 新雷能 | 模块电源、厚膜工艺电源及电路、逆变器、特种电源等 |
| 英搏尔 | 电动机控制器为主,车载充电机、DC-DC变换器等 |
| 盛弘股份 | 电能质量设备、电动汽车充电桩等 |
| 英可瑞 | 汽车充电电源、电力电源、通信电源、工业电源等 |
| 欣锐科技 | 车载充电机、车载电源集成产品、车载DC-DC变换器等 |

这25家企业，按照其重点产品可以进一步归类（注：这里的重点产品是指近两年内销售收入占企业营业收入40%以上的产品，无重点产品的企业归入多元产品一类），见表3和如图3所示。

表3 电源上市企业按重点产品分类（同类别企业按上市时间先后排序）

| 重点产品 | 上市企业 | 企业数(家) | 占比(%) |
| --- | --- | --- | --- |
| 开关电源(包括通信电源、LED驱动电源等) | 动力源、中恒电气、茂硕电源、可立克、英飞特、伊戈尔 | 6 | 24 |
| 不间断电源(UPS) | 奥特迅、科华恒盛、科士达 | 3 | 12 |
| 变频器 | 英威腾、合康新能、汇川技术 | 3 | 12 |
| 充电桩/充电电源 | 通合科技、英可瑞、盛弘股份、欣锐科技 | 4 | 16 |
| 电动机控制器、驱动系统 | 蓝海华腾、鸣志电器 | 2 | 8 |
| 新能源电源 | 阳光电源、禾望电气 | 2 | 8 |
| 模块电源 | 新雷能 | 1 | 4 |
| 智能电网 | 科陆电子 | 1 | 4 |
| 多元产品 | 易事特、麦格米特、英搏尔 | 3 | 12 |
| 总计 | | 25 | 100 |

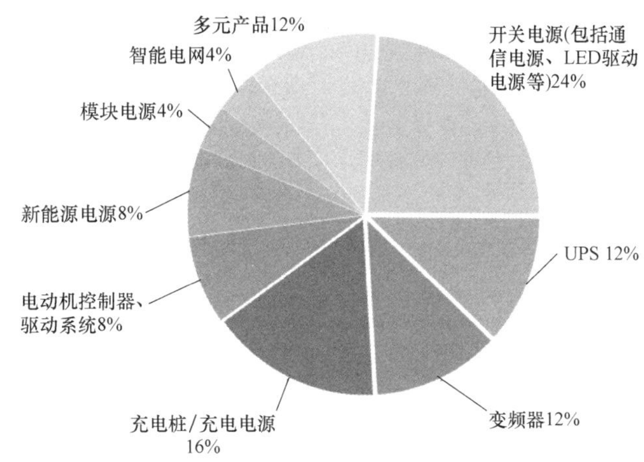

图 3　电源上市企业主要产品分类

**（三）2019 年电源上市企业规模分析**

营业收入、资产总额和企业人数是一个企业的基础数据，也是反映企业规模的主要指标。25 家电源上市企业 2019 年的营业收入（包括主营业务收入和非主营业务收入）、资产总额、企业人数见表 4。

**表 4　电源上市企业 2019 年营业收入、资产总额、企业人数**（按 2019 年度营业收入排序）

| 企业名称 | 证券代码 | 营业收入/亿元 | 资产总额/亿元 | 企业人数/人 |
|---|---|---|---|---|
| 阳光电源 | 300274 | 130.00 | 228.19 | 3891 |
| 汇川技术 | 300124 | 73.90 | 148.86 | 11214 |
| 易事特 | 300376 | 38.70 | 78.32 | 3815 |
| 科陆电子 | 002121 | 38.70 | 126.77 | 1738 |
| 科华恒盛 | 002335 | 35.60 | 39.46 | 3076 |
| 科士达 | 002518 | 32.00 | 101.14 | 3585 |
| 麦格米特 | 002851 | 26.10 | 38.64 | 2882 |
| 英威腾 | 002334 | 22.40 | 26.74 | 3350 |
| 鸣志电器 | 603728 | 20.60 | 26.51 | 2960 |
| 茂硕电源 | 002660 | 17.90 | 42.44 | 1185 |
| 合康新能 | 300048 | 13.00 | 37.55 | 1742 |
| 禾望电气 | 603063 | 13.00 | 14.18 | 2133 |
| 可立克 | 002782 | 12.50 | 16.33 | 2063 |
| 伊戈尔 | 002922 | 12.40 | 25.87 | 2468 |
| 中恒电气 | 002364 | 11.70 | 26.47 | 1661 |
| 英飞特 | 300582 | 11.10 | 118.96 | 3532 |
| 动力源 | 600405 | 10.10 | 17.35 | 935 |
| 欣锐科技 | 300745 | 7.72 | 14.18 | 1555 |
| 英搏尔 | 300681 | 6.36 | 10.76 | 724 |
| 盛弘股份 | 300693 | 5.96 | 15.35 | 994 |
| 新雷能 | 300593 | 3.39 | 12.79 | 582 |
| 蓝海华腾 | 300484 | 3.20 | 86.09 | 412 |
| 奥特迅 | 002227 | 3.18 | 9.45 | 831 |
| 英可瑞 | 300713 | 2.89 | 10.76 | 511 |
| 通合科技 | 300491 | 2.77 | 8.60 | 584 |
| 总计 | | 555.17 | 1281.76 | 58423 |

2019年度营业收入在100亿元以上的企业有1家（阳光电源），50亿~100亿元有1家（汇川技术），20亿~50亿元有7家，10亿~20亿元有8家，4亿~10亿元有3家，1亿~4亿元有5家。25家电源上市企业2019年的营业收入总额为555.17亿元。相比2018年497.43亿元，同比上升11.61%（见图4）。

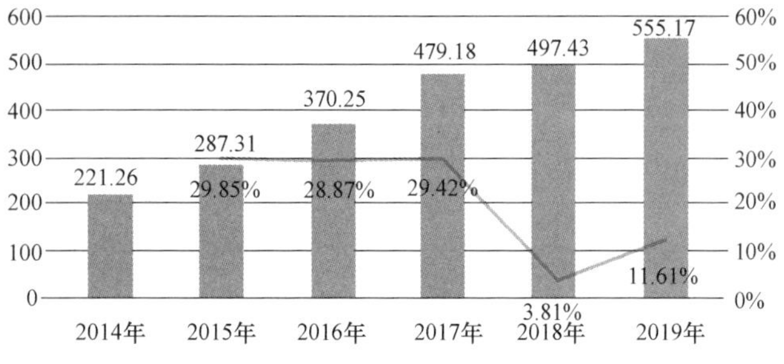


图4 电源上市企业2014-2019年度营业总收入

2019年25家电源上市企业资产总额总计为1281.76亿元，其中资产总额为100亿元以上的有5家（与上年持平），50亿~100亿元有2家（较上年增加1家）；10亿~50亿元有16家（较上年增加1家）。10亿元以下的有2家（较上年减少2家）。阳光电源以228.19亿元的资产总额排在第一位。

2019年25家电源上市企业在职总人数为58425人，其中人员规模在1000人以上的有17家，300~1000人的有8家，汇川技术以11214人排名第一。

按照国家统计局发布的《统计上大中小微型企业划分办法（2017）》中工业类大中小企业划分标准，25家电源上市企业中有17家属于大型企业，8家属于中型企业，无小型企业。

值得注意的是，25家电源上市企业中有20家营业收入在40000万元以上，高于大型企业营业收入的最低标准，动力源、英博尔、盛弘股份3家企业是由于企业人数低于1000人，下划一档归入中型企业。这也是由于电源上市企业大部分技术装备程度比较高，所需劳动力或手工操作的人数比较少。

电源行业有2.2万多家企业，大部分都是中小型企业。从表4可以看出，电源上市企业是行业中规模较大、实力较强的龙头企业。

## 二、财务数据分析

通过年报数据对电源上市企业分析，主要通过以下4个方面进行，分别是营运能力（包括总资产周转率、应收账款周转天数、存货周转天数3个指标）；获利能力（包括毛利率、净利率、加权净资产收益率、每股收益4个指标）；偿债能力（包括流动比率、速动比率、资产负债率3个指标）；发展潜力（营业收入增长率、净利润增长率两个指标）。

### （一）营运能力指标分析

企业的营运能力是指企业充分利用现有资源创造价值的能力，主要是从企业资金使用的角度来进行的。营运能力的强弱关键取决于周转速度。

本报告从总资产周转率、应收账款周转天数、存货周转天数3个指标进行一一列举分析。

#### 1. 总资产周转率

总资产周转率是综合评价企业全部资产的经营质量和利用效率的重要指标，通常被定义为营业收入与平均资产总额之比。周转率越大，说明总资产周转越快，销售能力越强。2014—2019年电源上市企业总资产周转率见表5。

表5 2014—2019年电源上市企业总资产周转率

| 公司名称 | 2014年 | 2015年 | 2016年 | 2017年 | 2018年 | 2019年 | 平均 |
|---|---|---|---|---|---|---|---|
| 动力源 | 0.55 | 0.55 | 0.51 | 0.44 | 0.33 | 0.48 | 0.48 |
| 科陆电子 | 0.51 | 0.3 | 0.28 | 0.32 | 0.26 | 0.27 | 0.32 |
| 奥特迅 | 0.51 | 0.35 | 0.36 | 0.35 | 0.32 | 0.28 | 0.36 |
| 科华恒盛 | 0.81 | 0.63 | 0.43 | 0.43 | 0.5 | 0.5 | 0.55 |
| 英威腾 | 0.62 | 0.56 | 0.57 | 0.73 | 0.67 | 0.74 | 0.65 |
| 合康新能 | 0.34 | 0.3 | 0.34 | 0.28 | 0.27 | 0.33 | 0.31 |
| 中恒电气 | 0.55 | 0.59 | 0.42 | 0.33 | 0.38 | 0.45 | 0.45 |
| 汇川技术 | 0.53 | 0.52 | 0.53 | 0.56 | 0.61 | 0.59 | 0.56 |
| 科士达 | 0.66 | 0.65 | 0.65 | 0.82 | 0.74 | 0.69 | 0.70 |
| 阳光电源 | 0.7 | 0.78 | 0.65 | 0.64 | 0.6 | 0.63 | 0.67 |
| 茂硕电源 | 0.57 | 0.61 | 0.63 | 0.76 | 0.71 | 0.75 | 0.67 |
| 易事特 | 0.93 | 1.06 | 0.77 | 0.73 | 0.41 | 0.31 | 0.70 |
| 可立克 | 1.21 | 0.92 | 0.83 | 0.85 | 0.98 | 0.97 | 0.96 |
| 通合科技 | 0.66 | 0.48 | 0.41 | 0.37 | 0.29 | 0.4 | 0.44 |
| 蓝海华腾 | 0.94 | 1 | 0.99 | 0.55 | 0.37 | 0.33 | 0.70 |

（续）

| 公司名称 | 2014 年 | 2015 年 | 2016 年 | 2017 年 | 2018 年 | 2019 年 | 平均 |
|---|---|---|---|---|---|---|---|
| 英飞特 | 1. 08 | 0. 79 | 0. 51 | 0. 48 | 0. 64 | 0. 61 | 0. 69 |
| 新雷能 | 0. 76 | 0. 71 | 0. 69 | 0. 52 | 0. 45 | 0. 56 | 0. 62 |
| 麦格米特 | 0. 7 | 0. 8 | 0. 9 | 0. 8 | 0. 87 | 1 | 0. 85 |
| 鸣志电器 | 1. 38 | 1. 21 | 1. 3 | 0. 96 | 0. 82 | 0. 8 | 1. 08 |
| 英搏尔 | 1. 87 | 1. 5 | 0. 92 | 0. 78 | 0. 61 | 0. 29 | 1. 00 |
| 禾望电气 | 0. 65 | 0. 66 | 0. 47 | 0. 38 | 0. 36 | 0. 45 | 0. 50 |
| 盛弘股份 | 1. 06 | 1. 13 | 1. 07 | 0. 71 | 0. 63 | 0. 65 | 0. 88 |
| 英可瑞 | 0. 93 | 1. 26 | 1. 22 | 0. 61 | 0. 32 | 0. 29 | 0. 77 |
| 伊戈尔 | 1. 09 | 1. 08 | 1. 1 | 1. 05 | 0. 81 | 0. 94 | 1. 01 |
| 欣锐科技 | 1. 7 | 1. 22 | 0. 87 | 0. 49 | 0. 5 | 0. 36 | 0. 86 |
| 平均 | 0. 85 | 0. 79 | 0. 70 | 0. 60 | 0. 54 | 0. 55 | — |

根据深交所发布的《上市公司 2019 年报实证分析报告》，2019 年深市公司总资产周转率为 0. 6 次，近几年波动不大，整体保持稳定。

从表 5 中可以看出，2019 年，深证中小板上市的麦格米特、可立克、伊戈尔的资产周转率在电源上市企业中排名前三，分别为 1、0. 97 和 0. 94；而 2014 ~ 2019 年六年平均值，排在前三位的是鸣志电器、伊戈尔、英博尔，分别为 1. 08、1. 01 和 1. 00。这些企业在同行业中资产周转速度快，资产利用率较高。

总体来看，2014—2018 年，电源上市企业的六年总资产周转率呈现逐年下降的趋势，说明市场竞争日趋激烈，行业赚钱越来越难。到 2019 年情况略有改善，同比小幅增长 1. 85%，实现了 2014 年以来首次回升（见图 5）。

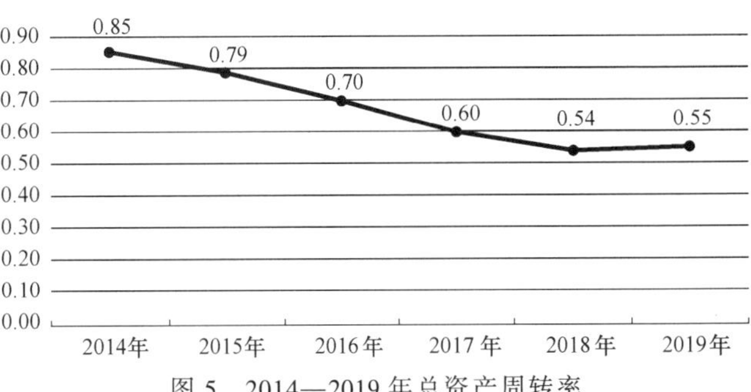


图 5　2014—2019 年总资产周转率

2. 应收账款周转天数

应收账款周转天数 = 360/应收账款周转率。应收账款周转率是指企业的应收账款在一定时期内周转的次数，是销售收入与应收账款平均值的比率，用来估计营业收入变现的速度和管理的效率。应收账款周转率越高，或应收账款周转天数越短，表明公司收账速度快，平均收账期短，坏账损失少，资产流动快，偿债能力强。

**表 6　2014—2019 年电源上市企业应收账款周转天数**

| 公司名称 | 2014 年 | 2015 年 | 2016 年 | 2017 年 | 2018 年 | 2019 年 | 平均 |
|---|---|---|---|---|---|---|---|
| 动力源 | 241. 63 | 245. 12 | 265. 49 | 277. 42 | 323. 06 | 234. 75 | 264. 58 |
| 科陆电子 | 199. 43 | 267. 29 | 270. 62 | 243. 57 | 272. 23 | 231. 1 | 247. 37 |
| 奥特迅 | 230. 12 | 317. 76 | 273. 4 | 264. 87 | 268. 6 | 255. 51 | 268. 38 |
| 科华恒盛 | 137. 08 | 163. 03 | 163. 52 | 145. 55 | 137. 31 | 144. 92 | 148. 57 |
| 英威腾 | 63. 75 | 91. 43 | 97. 53 | 103. 04 | 138. 73 | 119. 55 | 102. 34 |
| 合康新能 | 364. 06 | 355. 7 | 234. 54 | 274. 65 | 298. 41 | 243. 07 | 295. 07 |
| 中恒电气 | 210. 63 | 214. 08 | 246. 29 | 276. 71 | 272. 9 | 265. 67 | 247. 71 |
| 汇川技术 | 67. 77 | 82. 57 | 94. 04 | 96. 07 | 103. 82 | 107. 2 | 91. 91 |
| 科士达 | 129. 41 | 141. 65 | 149. 8 | 129. 36 | 161. 53 | 157. 13 | 144. 81 |
| 阳光电源 | 189. 35 | 202. 09 | 204. 3 | 178. 43 | 197. 18 | 179. 75 | 191. 85 |
| 茂硕电源 | 165 | 153. 52 | 150. 14 | 116. 44 | 126. 82 | 133. 53 | 140. 91 |
| 易事特 | 148. 59 | 133. 48 | 162. 51 | 156. 13 | 249. 28 | 302. 82 | 192. 14 |
| 可立克 | 88. 08 | 96. 14 | 89. 92 | 90. 48 | 86 | 99. 42 | 91. 67 |
| 通合科技 | 98. 71 | 111. 34 | 138. 06 | 204. 71 | 285. 87 | 231. 57 | 178. 38 |

（续）

| 公司名称 | 2014 年 | 2015 年 | 2016 年 | 2017 年 | 2018 年 | 2019 年 | 平均 |
|---|---|---|---|---|---|---|---|
| 蓝海华腾 | 96.44 | 147.07 | 117.64 | 184.35 | 290.01 | 289.74 | 187.54 |
| 英飞特 | 57.73 | 59.86 | 71.48 | 80.69 | 67.49 | 77.25 | 69.08 |
| 新雷能 | 121.7 | 107.98 | 97.83 | 118.24 | 126.71 | 104.65 | 112.85 |
| 麦格米特 | 98.53 | 96.25 | 86.37 | 88.51 | 83.96 | 69.28 | 87.15 |
| 鸣志电器 | 83.68 | 82.7 | 79.81 | 85.19 | 78.65 | 75.84 | 80.98 |
| 英搏尔 | 60.54 | 82.31 | 136.23 | 123.04 | 126.21 | 200.96 | 121.55 |
| 禾望电气 | 216.58 | 229.24 | 329.9 | 342.89 | 309.67 | 242.3 | 278.43 |
| 盛弘股份 | 158.91 | 164.75 | 171.54 | 187.72 | 181.18 | 171.34 | 172.57 |
| 英可瑞 | 137.91 | 117.01 | 140.63 | 221.51 | 343.09 | 327.99 | 214.69 |
| 伊戈尔 | 74 | 68.74 | 63.29 | 58.59 | 70.85 | 75.14 | 68.44 |
| 欣锐科技 | 71.08 | 110.52 | 98.95 | 142.65 | 167.17 | 235.55 | 137.65 |
| 平均 | 140.43 | 153.67 | 157.35 | 167.63 | 190.67 | 183.04 | — |

2014—2019 年应收账款周转天数如图 6 所示。

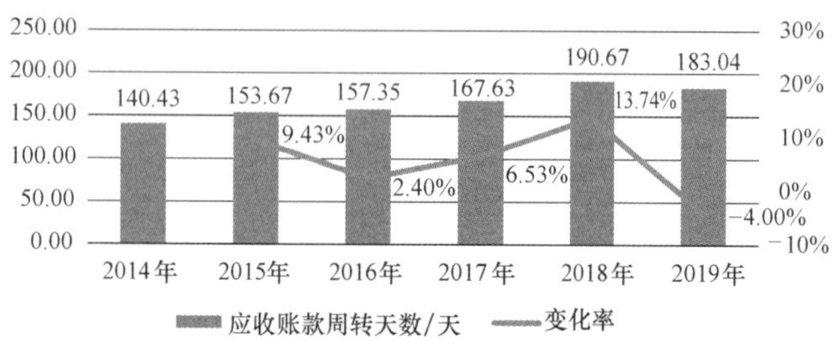


图 6　2014—2019 年应收账款周转天数

总体来看，这 25 家电源上市企业 2019 年平均应收账款天数是 183.04 天。

根据深交所发布的《上市公司 2019 年报实证分析报告》，2019 年深市非金融公司应收账款周转天数 60 天，与往年基本持平。而从表 6 可以看出，深市电源上市企业全部高于 60 天。一方面这与行业本身生产周期长、设备安装复杂、产品投入运营时间长等特点有关，另一方面也反映出电源企业在产业链中缺乏足够的议价能力。

不过相对于 2014—2018 年，2019 年的情况有所改观，实现了 6 年来首次下降。

3. 存货周转天数

存货周转天数 = 360/存货周转率。存货周转率是营业成本与存货平均总额的比率。存货周转天数是反映企业销售能力的强弱、存货是否过量和资产流动能力的一个指标，也是衡量企业生产经营各环节中存货运营效率的一个综合性指标。周转天数越少，说明存货变现的速度越快。存货占用资金时间越短，存货管理工作的效率越高。2014—2019 年电源上市企业存货周转天数见表 7，存货周转天数如图 7 所示。

**表 7　2014—2019 年电源上市企业存货周转天数**

| 公司名称 | 2014 年 | 2015 年 | 2016 年 | 2017 年 | 2018 年 | 2019 年 | 平均 |
|---|---|---|---|---|---|---|---|
| 动力源 | 158.09 | 139.3 | 132.91 | 127.53 | 171.64 | 121.75 | 141.87 |
| 科陆电子 | 120 | 135.29 | 151.67 | 144.11 | 164.01 | 180.93 | 149.34 |
| 奥特迅 | 225.99 | 320.96 | 342.62 | 387.9 | 336.2 | 342.44 | 326.02 |
| 科华恒盛 | 66.12 | 81.01 | 83.56 | 58.76 | 56.48 | 60.56 | 67.75 |
| 英威腾 | 93.66 | 116 | 149.45 | 126.99 | 141.33 | 123.62 | 125.18 |
| 合康新能 | 331.36 | 350.08 | 221.87 | 217.77 | 265.86 | 234.94 | 270.31 |
| 中恒电气 | 208.03 | 183.68 | 196.01 | 174.78 | 163.94 | 129.73 | 176.03 |
| 汇川技术 | 122.88 | 128.06 | 125.81 | 122.35 | 120.85 | 116.15 | 122.68 |
| 科士达 | 99.27 | 99.99 | 101.34 | 74.62 | 73.09 | 71.45 | 86.63 |
| 阳光电源 | 125.09 | 110.15 | 105.81 | 103.37 | 111.62 | 105.35 | 110.23 |
| 茂硕电源 | 59.37 | 61.59 | 68 | 56.5 | 56.85 | 48.55 | 58.48 |
| 易事特 | 76.46 | 48.56 | 39.55 | 36.57 | 56.97 | 53.59 | 51.95 |
| 可立克 | 46.51 | 54.99 | 53.03 | 52.93 | 51 | 47.46 | 50.99 |
| 通合科技 | 111.19 | 122.35 | 96.08 | 95.45 | 144.06 | 137.35 | 117.75 |

（续）

| 公司名称 | 2014 年 | 2015 年 | 2016 年 | 2017 年 | 2018 年 | 2019 年 | 平均 |
|---|---|---|---|---|---|---|---|
| 蓝海华腾 | 139.27 | 122.47 | 104.59 | 149.01 | 218.31 | 266.41 | 166.68 |
| 英飞特 | 51.34 | 53.25 | 59.2 | 83.89 | 84.45 | 76.73 | 68.14 |
| 新雷能 | 228.22 | 269.44 | 236.19 | 258.03 | 279.04 | 227.29 | 249.70 |
| 麦格米特 | 143.08 | 156.78 | 152.14 | 145.54 | 139.76 | 113.35 | 141.78 |
| 鸣志电器 | 68.82 | 82.67 | 77.48 | 82.89 | 86.1 | 92.25 | 81.70 |
| 英搏尔 | 126.97 | 135.19 | 165.34 | 140.2 | 125.09 | 237.73 | 155.09 |
| 禾望电气 | 305.32 | 258.01 | 262.3 | 207.99 | 182.03 | 188.71 | 234.06 |
| 盛弘股份 | 147.58 | 104.96 | 129.53 | 155.41 | 136.08 | 124.14 | 132.95 |
| 英可瑞 | 203.07 | 134.3 | 112.49 | 112.11 | 170.17 | 188.58 | 153.45 |
| 伊戈尔 | 64.79 | 67.09 | 78.43 | 74.89 | 76.58 | 59.92 | 70.28 |
| 欣锐科技 | 110.58 | 120.96 | 116.53 | 198.4 | 174.64 | 221.79 | 157.15 |
| 平均 | 137.32 | 138.29 | 134.48 | 135.52 | 143.45 | 142.83 | — |

25 家电源上市企业的 2019 年存货周转天数平均值为 142.83，2018 年为 143.45，同比略有降低（见图 7）。

**（二）获利能力分析**

对电源上市企业获利能力的分析，本报告从毛利率、净利率、加权平均净资产收益率和每股收益 4 个指标进行。2014—2019 年电源上市企业毛利率见表 8，净利率见表 9。毛利率、净利率曲线如图 8 所示。

图 7　2014—2019 年存货周转天数

**表 8　2014—2019 年电源上市企业毛利率（%）**

| 公司名称 | 2014 年 | 2015 年 | 2016 年 | 2017 年 | 2018 年 | 2019 年 | 平均 |
|---|---|---|---|---|---|---|---|
| 动力源 | 33.79 | 32.31 | 32.87 | 31.98 | 30.82 | 32.47 | 32.37 |
| 科陆电子 | 30.99 | 32.29 | 31.86 | 29.89 | 26.44 | 29.45 | 30.15 |
| 奥特迅 | 41.39 | 33.63 | 33.21 | 40.88 | 31.79 | 33.32 | 35.70 |
| 科华恒盛 | 32.2 | 34.58 | 36.9 | 33.72 | 29.96 | 31.02 | 33.06 |
| 英威腾 | 42.59 | 42.69 | 39.52 | 37.79 | 37.26 | 35.70 | 39.26 |
| 合康新能 | 36.21 | 39.03 | 35.57 | 22.43 | 27.87 | 29.29 | 31.73 |
| 中恒电气 | 46.01 | 41.84 | 44.45 | 32.97 | 33.2 | 33.65 | 38.69 |
| 汇川技术 | 50.23 | 48.47 | 48.12 | 45.12 | 41.81 | 37.65 | 45.23 |
| 科士达 | 30.43 | 33.99 | 36.81 | 32.84 | 29.74 | 35.87 | 33.28 |
| 阳光电源 | 25.22 | 23.7 | 24.59 | 27.26 | 24.86 | 23.81 | 24.91 |
| 茂硕电源 | 14.7 | 21.23 | 22.2 | 19.64 | 18.96 | 22.88 | 19.94 |
| 易事特 | 24.08 | 17.45 | 17.26 | 19.23 | 25.52 | 29.76 | 22.22 |
| 可立克 | 21.82 | 21.68 | 23.8 | 22.1 | 23.44 | 22.63 | 22.58 |
| 通合科技 | 50.62 | 50.26 | 40.35 | 35.44 | 36.2 | 44.01 | 42.81 |

（续）

| 公司名称 | 2014 年 | 2015 年 | 2016 年 | 2017 年 | 2018 年 | 2019 年 | 平均 |
|---|---|---|---|---|---|---|---|
| 蓝海华腾 | 48.52 | 46.59 | 44.75 | 39.85 | 37.45 | 34.89 | 42.01 |
| 英飞特 | 37.12 | 38.47 | 35.28 | 32.3 | 33.53 | 37.50 | 35.70 |
| 新雷能 | 43.95 | 47.89 | 47.69 | 45.23 | 42.71 | 41.28 | 44.79 |
| 麦格米特 | 25.46 | 29.01 | 33.77 | 31.33 | 29.49 | 25.88 | 29.16 |
| 鸣志电器 | 34.24 | 36.68 | 39.17 | 38.14 | 34.99 | 37.87 | 36.85 |
| 英搏尔 | 31.74 | 35.78 | 28.4 | 31.86 | 23.98 | 11.43 | 27.20 |
| 禾望电气 | 58.91 | 55.77 | 55.43 | 57.46 | 44.95 | 36.40 | 51.49 |
| 盛弘股份 | 67.72 | 51.74 | 51.34 | 49.99 | 46 | 47.90 | 52.45 |
| 英可瑞 | 54.61 | 46.52 | 43.58 | 40.57 | 37.5 | 31.70 | 42.41 |
| 伊戈尔 | 25.74 | 26.21 | 29.94 | 28.3 | 22.76 | 23.99 | 26.16 |
| 欣锐科技 | 37.85 | 44.29 | 44.56 | 38.68 | 26.74 | 18.10 | 35.04 |
| 平均 | 37.85 | 37.28 | 36.86 | 34.60 | 31.92 | 31.54 | — |

表 9　2014—2019 年电源上市企业净利率（%）

| 公司名称 | 2014 年 | 2015 年 | 2016 年 | 2017 年 | 2018 年 | 2019 年 | 平均 |
|---|---|---|---|---|---|---|---|
| 动力源 | 4.9 | 4.49 | 2.14 | 1.7 | -30.57 | 0.84 | -2.75 |
| 科陆电子 | 6.6 | 8.93 | 8.76 | 9.04 | -32.09 | -84.26 | -13.84 |
| 奥特迅 | 17.72 | 2.55 | 2.5 | 4.08 | 2.94 | 3.56 | 5.56 |
| 科华恒盛 | 9.24 | 9.44 | 10.18 | 18.26 | 2.65 | 5.59 | 9.23 |
| 英威腾 | 15.12 | 13.89 | 4.91 | 10 | 7.98 | -19.62 | 5.38 |
| 合康新能 | 7.66 | 8.62 | 15.69 | 4.08 | -23.27 | -0.87 | 1.99 |
| 中恒电气 | 20.92 | 17.44 | 18.2 | 6.8 | 7.22 | 6.25 | 12.81 |
| 汇川技术 | 30.77 | 30.1 | 26.78 | 22.84 | 20.58 | 13.67 | 24.12 |
| 科士达 | 10.91 | 15.1 | 17.15 | 13.61 | 8.53 | 12.32 | 12.94 |
| 阳光电源 | 9.25 | 9.33 | 9.1 | 11.41 | 7.88 | 7.01 | 9.00 |
| 茂硕电源 | -7.88 | 3.34 | 1.07 | 1.51 | -20.42 | 5.21 | -2.86 |
| 易事特 | 8.78 | 7.57 | 8.97 | 9.75 | 12.46 | 10.91 | 9.74 |
| 可立克 | 7.88 | 7.69 | 7.09 | 6.21 | 7.77 | 2.01 | 6.44 |
| 通合科技 | 24.83 | 23.04 | 18.43 | 4.94 | -8.74 | 10.84 | 12.22 |
| 蓝海华腾 | 24.76 | 22.9 | 22.91 | 22.15 | 6.1 | -47.72 | 8.52 |
| 英飞特 | 14.64 | 17.68 | 10.23 | 3.28 | 7.28 | 10.52 | 10.61 |
| 新雷能 | 9.02 | 11.18 | 12.65 | 10.28 | 7.84 | 9.70 | 10.11 |
| 麦格米特 | 6.36 | 8.01 | 13.07 | 10.44 | 10.76 | 10.25 | 9.82 |
| 鸣志电器 | 8.32 | 8.36 | 10.64 | 10.2 | 8.8 | 8.48 | 9.13 |
| 英搏尔 | 15.18 | 21.66 | 16.04 | 15.72 | 8.11 | -24.91 | 8.63 |
| 禾望电气 | 33.62 | 34.94 | 32.45 | 26.49 | 8.89 | 4.62 | 23.50 |
| 盛弘股份 | 19.94 | 14.04 | 14.3 | 10.2 | 9.13 | 9.76 | 12.90 |
| 英可瑞 | 22.37 | 23.68 | 25.13 | 22.14 | 5.04 | -9.03 | 14.89 |
| 伊戈尔 | 3.35 | 15.89 | 8.09 | 6.78 | 3.66 | 4.36 | 7.02 |
| 欣锐科技 | 11.63 | 26.59 | 21.58 | 18.65 | 11.5 | 4.53 | 15.75 |
| 平均 | 13.44 | 14.66 | 13.52 | 11.22 | 2.00 | -1.84 | — |

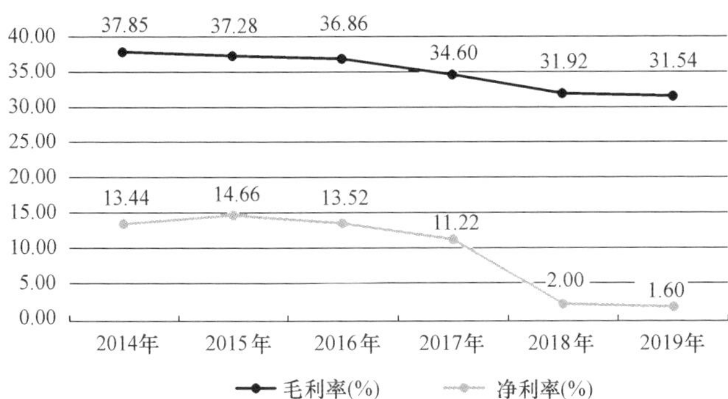


图 8 2014—2019 年毛利率、净利率（剔除异常值）曲线

1. 毛利率

毛利率是毛利与销售收入（或营业收入）的百分比，反映的是一个商品经过生产转换内部系统以后增值的那一部分。

由表 8 可以看出，2019 年电源行业上市企业平均毛利率为 31.54%，最高值盛弘股份为 47.90%，最低值英博尔也达到 11.43%。数据显示，剔除金融类行业，在申万一级行业中，A 股销售毛利率排名前五位的传统行业，2019 年整体销售毛利率均超 30%。另外，2019 年深市公司非金融公司毛利率为 22.8%。

电源上市企业的毛利率总体来说处于 A 股高位，也说明企业具有较强的技术研发能力，产品附加值较高。但近几年在逐年小幅下降。

2. 净利率

净利率是在毛利率的基础上，考虑了企业期间费用、税负等因素的净利润与营业收入的比值，更进一步反映了企业真实的经营状况和费用控制水平。

2019 年电源行业上市企业净利率增长的有 20 家，净利润负增长的有 6 家，剔除科陆电子异常值-84.26%，其余 24 家电源上市企业净利率平均增长率为 1.60%。

虽然作为行业领军企业的电源上市企业，毛利润表现高于行业平均水平，但由于行业上游原材料涨价以及人工成本增加等，但净利润空间也已经被严重压缩。随着电源行业竞争愈发激烈，电源企业保持高额利润空间以及良好业绩依然面临着诸多挑战。

3. 加权净资产收益率

加权净资产收益率是指报告期内净利润与平均净资产的比率，强调经营期间净资产赚取利润的结果，是一个动态的指标，反映的是企业的净资产创造利润的能力。一般来说，企业净资产收益率越高，企业自有资本获取收益的能力越强，运营效果越好，对企业投资人、债务人的保证程度越高。2014—2019 年电源上市企业加权净资产收益率见表 10 和如图 9 所示。

表 10 2014—2019 年电源上市企业加权净资产收益率（%）

| 公司名称 | 2014 年 | 2015 年 | 2016 年 | 2017 年 | 2018 年 | 2019 年 | 平均 |
|---|---|---|---|---|---|---|---|
| 动力源 | 6.25 | 6.47 | 3.3 | 1.8 | -22.46 | 1.02 | -0.60 |
| 科陆电子 | 9.05 | 9.82 | 11.01 | 10.96 | -29.63 | -98.67 | -14.58 |
| 奥特迅 | 11.6 | 1.26 | 1.16 | 1.85 | 1.28 | 1.38 | 3.09 |
| 科华恒盛 | 11.82 | 12.16 | 7.02 | 13.1 | 2.22 | 6.44 | 8.79 |
| 英威腾 | 11.83 | 9.92 | 3.94 | 12.94 | 12.66 | -17.33 | 5.66 |
| 合康新能 | 2.9 | 3.37 | 7.47 | 2.74 | -10.04 | 1.04 | 1.25 |
| 中恒电气 | 14.05 | 13.54 | 9.96 | 2.74 | 3.38 | 3.59 | 7.88 |
| 汇川技术 | 20.55 | 21.91 | 21.49 | 20.98 | 19.99 | 13.79 | 19.79 |
| 科士达 | 10.32 | 14.28 | 16.07 | 17.72 | 9.89 | 12.82 | 13.52 |
| 阳光电源 | 13.04 | 16.35 | 12.6 | 15.47 | 11.05 | 10.93 | 13.24 |
| 茂硕电源 | -7.5 | 1.95 | -0.21 | 1.51 | -35.4 | 11.30 | -4.73 |
| 易事特 | 17.38 | 23.11 | 20.31 | 17.86 | 12.23 | 8.14 | 16.51 |
| 可立克 | 14.06 | 12.37 | 7.41 | 6.99 | 10.39 | 2.74 | 8.99 |
| 通合科技 | 21.96 | 21.14 | 10.26 | 2.62 | -3.41 | 4.97 | 9.59 |
| 蓝海华腾 | 30.48 | 31.97 | 32.02 | 19.57 | 3.47 | -24.39 | 15.52 |
| 英飞特 | 25.61 | 27.69 | 16.06 | 2.73 | 7.37 | 10.61 | 15.01 |
| 新雷能 | 12.63 | 11.26 | 13.02 | 6.75 | 6.28 | 10.61 | 10.09 |
| 麦格米特 | 7.47 | 10.25 | 17.27 | 10.06 | 13.92 | 20.02 | 13.17 |
| 鸣志电器 | 18.16 | 16.52 | 22.46 | 12.93 | 9.45 | 9.07 | 14.77 |
| 英搏尔 | 128.97 | 90.96 | 27.91 | 27.17 | 8.26 | -13.07 | 45.03 |

（续）

| 公司名称 | 2014 年 | 2015 年 | 2016 年 | 2017 年 | 2018 年 | 2019 年 | 平均 |
|---|---|---|---|---|---|---|---|
| 禾望电气 | 31.95 | 33.42 | 20.41 | 12.74 | 2.26 | 2.74 | 17.25 |
| 盛弘股份 | 38.45 | 32.95 | 29.5 | 12.61 | 8.17 | 9.81 | 21.92 |
| 英可瑞 | 28.71 | 53.38 | 50.68 | 24.21 | 1.68 | -3.09 | 25.93 |
| 伊戈尔 | 7.29 | 38.77 | 16.52 | 16.27 | 4.7 | 6.28 | 14.97 |
| 欣锐科技 | 74.7 | 74 | 39.17 | 13.98 | 9.01 | 2.48 | 35.56 |
| 平均 | 22.47 | 23.55 | 16.67 | 11.53 | 2.27 | -0.27 | — |

图 9 2014—2019 年加权净资产收益率（%）（剔除异常值）

加权净资产收益率高于同期银行利率是上市公司经营的合格线。电源上市企业 2014—2017 年加权净资产收益率的平均值分别为 22.47%、23.55%、16.67%、11.53%，远高于同期银行利率，也高于当年 A 股整体净资产收益率。但 2018 年大幅下跌到 2.27%，与同期银行利率基本持平。剔除科陆电子异常值，其余 24 家企业的加权净资产收益率为 3.67%。

数据显示，2019 年深市公司净资产收益率为 6.5%。横向对比，电源上市企业的加权净资产收益率近两年都处于比较低的水平。

每股收益是衡量上市公司盈利能力最重要的财务指标。它反映普通股的获利水平。该指数越高，表明企业所创造的利润越多。一般绩优股的每股收益要稳定在 0.3 元以上。2015—2019 年电源上市企业每股收益见表 11 和如图 10 所示。

**表 11 2015—2019 年电源上市企业每股收益（元）**

| 公司名称 | 2015 年 | 2016 年 | 2017 年 | 2018 年 | 2019 年 | 平均 |
|---|---|---|---|---|---|---|
| 动力源 | 0.117 | 0.062 | 0.04 | -0.499 | 0.02 | -0.052 |
| 科陆电子 | 0.4383 | 0.2293 | 0.2898 | -0.8663 | -1.6871 | -0.3192 |
| 奥特迅 | 0.0438 | 0.0413 | 0.0673 | 0.0472 | 0.0512 | 0.05016 |
| 科华恒盛 | 0.66 | 0.67 | 1.55 | 0.27 | 0.76 | 0.782 |
| 英威腾 | 0.2081 | 0.0933 | 0.2992 | 0.2972 | -0.3949 | 0.10058 |
| 合康新能 | 0.15 | 0.23 | 0.06 | -0.22 | 0.02 | 0.048 |
| 中恒电气 | 0.27 | 0.29 | 0.11 | 0.14 | 0.14 | 0.19 |
| 汇川技术 | 1.03 | 0.59 | 0.65 | 0.71 | 0.58 | 0.712 |
| 科士达 | 0.79 | 0.67 | 0.64 | 0.4 | 0.55 | 0.61 |
| 阳光电源 | 0.65 | 0.41 | 0.71 | 0.56 | 0.61 | 0.588 |
| 茂硕电源 | 0.06 | -0.01 | 0.05 | -0.93 | 0.24 | -0.118 |
| 易事特 | 1.11 | 0.9 | 0.31 | 0.24 | 0.18 | 0.548 |
| 可立克 | 0.4475 | 0.1383 | 0.1348 | 0.1995 | 0.0523 | 0.19448 |
| 通合科技 | 0.71 | 0.51 | 0.07 | -0.1 | 0.19 | 0.276 |
| 蓝海华腾 | 1.82 | 1.59 | 0.62 | 0.12 | -0.73 | 0.684 |
| 英飞特 | 0.94 | 0.68 | 0.13 | 0.36 | 0.54 | 0.53 |
| 新雷能 | 0.39 | 0.51 | 0.31 | 0.31 | 0.38 | 0.38 |
| 麦格米特 | 0.4247 | 0.8232 | 0.6873 | 0.7236 | 0.7751 | 0.68678 |
| 鸣志电器 | 0.4084 | 0.6534 | 0.579 | 0.4345 | 0.4198 | 0.49902 |
| 英搏尔 | 1.69 | 1.15 | 1.31 | 0.7 | -1.05 | 0.76 |
| 禾望电气 | 0.92 | 0.73 | 0.6 | 0.13 | 0.16 | 0.508 |
| 盛弘股份 | 0.73 | 0.93 | 0.61 | 0.35 | 0.45 | 0.614 |
| 英可瑞 | 1.43 | 2.3 | 1.9 | 0.13 | -0.1494 | 1.12212 |
| 伊戈尔 | 1.42 | 0.72 | 0.79 | 0.32 | 0.43 | 0.736 |
| 欣锐科技 | 1.19 | 1.55 | 1.07 | 0.8 | 0.24 | 0.97 |
| 平均 | 0.72 | 0.66 | 0.54 | 0.19 | 0.11 | — |

图 10　2015—2019 年电源上市企业每股收益（元）

2015—2017 年 25 家上市电源企业平均每股收益为 0.72 元、0.66 元、0.54 元，均处于比较“值钱”的行列，但近两年下跌幅度较大，2018 年下降到 0.19 元，2019 年继续下降到 0.11 元。

### （三）偿债能力分析

对于负债偿债能力分析，报告从流动比率、速动比率以及资产负债率 3 个指标进行。

#### 1. 流动比率

流动比率是企业流动资产对流动负债的比率，用来衡量企业流动资产在短期债务到期以前，可以变为现金用于偿还负债的能力。一般说来，比率越高，说明企业资产的变现能力越强，短期偿债能力亦越强；反之则弱。一般认为流动比率应在 2 以上比较安全。2014—2019 年电源上市企业流动比率见表 12。

表 12　2014—2019 年电源上市企业流动比率（%）

| 公司名称 | 2014 年 | 2015 年 | 2016 年 | 2017 年 | 2018 年 | 2019 年 | 平均 |
|---|---|---|---|---|---|---|---|
| 动力源 | 1.27 | 1.19 | 1.02 | 1.3 | 1.15 | 1.06 | 1.17 |
| 科陆电子 | 0.96 | 0.84 | 1.05 | 1.04 | 0.9 | 0.78 | 0.93 |
| 奥特迅 | 3.83 | 3.65 | 3.97 | 2.96 | 2.7 | 2.6 | 3.29 |
| 科华恒盛 | 1.78 | 1.31 | 2.42 | 1.41 | 1.27 | 1.29 | 1.58 |
| 英威腾 | 5.24 | 4.52 | 2.81 | 1.79 | 1.7 | 1.68 | 2.96 |
| 合康新能 | 3.61 | 2.62 | 2.01 | 1.59 | 1.65 | 1.74 | 2.20 |
| 中恒电气 | 5.01 | 2.86 | 7.48 | 7.27 | 6.56 | 4.24 | 5.57 |
| 汇川技术 | 4.09 | 2.97 | 2.24 | 2.24 | 2.19 | 1.81 | 2.59 |
| 科士达 | 2.96 | 2.68 | 3.22 | 2.22 | 2.67 | 2.31 | 2.68 |
| 阳光电源 | 1.81 | 1.45 | 1.77 | 1.67 | 1.56 | 1.51 | 1.63 |
| 茂硕电源 | 1.57 | 1.25 | 1.04 | 1.03 | 0.94 | 1.07 | 1.15 |
| 易事特 | 1.76 | 1.1 | 1.41 | 1.07 | 1.08 | 1.24 | 1.28 |
| 可立克 | 1.7 | 3.68 | 3.37 | 2.62 | 2.79 | 2.53 | 2.78 |
| 通合科技 | 3.75 | 4.48 | 2.88 | 2.68 | 3.95 | 2.85 | 3.43 |
| 蓝海华腾 | 4.15 | 2.95 | 2.42 | 2.38 | 2.52 | 2.42 | 2.81 |
| 英飞特 | 1.32 | 0.64 | 1.49 | 0.99 | 1 | 1.11 | 1.09 |
| 新雷能 | 2.67 | 3.36 | 3.19 | 5.16 | 2.55 | 2.42 | 3.23 |
| 麦格米特 | 1.77 | 1.66 | 1.7 | 2.15 | 1.77 | 1.57 | 1.77 |
| 鸣志电器 | 1.98 | 1.62 | 1.89 | 3.66 | 3.37 | 2.63 | 2.53 |
| 英搏尔 | 1.1 | 1.67 | 2.11 | 3.73 | 1.86 | 2.38 | 2.14 |
| 禾望电气 | 2.96 | 3.4 | 4.53 | 6.92 | 3.34 | 2.32 | 3.91 |
| 盛弘股份 | 2.47 | 1.88 | 2.17 | 3.62 | 2.98 | 2.27 | 2.57 |
| 英可瑞 | 2.91 | 1.84 | 3.04 | 4.32 | 3.63 | 2.77 | 3.09 |
| 伊戈尔 | 0.86 | 1.5 | 1.29 | 2.15 | 1.92 | 1.64 | 1.56 |
| 欣锐科技 | 1.33 | 1.8 | 3.02 | 2.53 | 2.49 | 2.99 | 2.36 |
| 平均 | 2.51 | 2.28 | 2.54 | 2.74 | 2.34 | 2.05 | — |

由表 12 可以看出，2019 年电源上市企业的流动比率均值是 2.05，处在相对安全的区间。

2. 速动比率

速动比率指速动资产对流动负债的比率。它是衡量企业流动资产中可以立即变现用于偿还流动负债的能力。一般认为不应该低于 1。2019 年电源上市企业的速动比率均值是 1.64，结合流动比率，可以看出电源上市企业的短期偿债能力较强，财务安排相对谨慎。2014—2019 年电源上市企业速动比率见表 13。曲线如图 11 所示。

表 13 2014—2019 年电源上市企业速动比率（%）

| 公司名称 | 2014 年 | 2015 年 | 2016 年 | 2017 年 | 2018 年 | 2019 年 | 平均 |
|---|---|---|---|---|---|---|---|
| 动力源 | 1 | 0.93 | 0.83 | 1.07 | 0.88 | 0.87 | 0.93 |
| 科陆电子 | 0.79 | 0.7 | 0.85 | 0.85 | 0.74 | 0.62 | 0.76 |
| 奥特迅 | 2.87 | 2.57 | 2.6 | 1.99 | 1.67 | 1.65 | 2.23 |
| 科华恒盛 | 1.51 | 1.1 | 2.2 | 1.27 | 1.08 | 1.12 | 1.38 |
| 英威腾 | 4.57 | 3.83 | 2.19 | 1.39 | 1.26 | 1.32 | 2.43 |
| 合康新能 | 2.52 | 1.96 | 1.49 | 1.17 | 1.21 | 1.23 | 1.60 |
| 中恒电气 | 3.61 | 2.19 | 6.34 | 6.32 | 5.54 | 3.73 | 4.62 |
| 汇川技术 | 3.64 | 2.6 | 1.97 | 1.91 | 1.83 | 1.48 | 2.24 |
| 科士达 | 2.48 | 2.28 | 2.73 | 1.9 | 2.3 | 2.05 | 2.29 |
| 阳光电源 | 1.48 | 1.11 | 1.52 | 1.37 | 1.3 | 1.24 | 1.34 |
| 茂硕电源 | 1.38 | 1.05 | 0.86 | 0.85 | 0.82 | 0.94 | 0.98 |
| 易事特 | 1.5 | 0.94 | 1.31 | 0.95 | 1.02 | 1.15 | 1.15 |
| 可立克 | 1.3 | 3.18 | 2.92 | 2.24 | 2.32 | 2.18 | 2.36 |
| 通合科技 | 3.19 | 4.03 | 2.64 | 2.4 | 3.46 | 2.37 | 3.02 |
| 蓝海华腾 | 3.41 | 2.36 | 2.04 | 2.04 | 2.06 | 1.95 | 2.31 |
| 英飞特 | 1.02 | 0.46 | 1.34 | 0.7 | 0.73 | 0.89 | 0.86 |
| 新雷能 | 1.76 | 2.27 | 2.24 | 3.76 | 1.73 | 1.65 | 2.24 |
| 麦格米特 | 1.19 | 1.04 | 1.14 | 1.56 | 1.2 | 1.14 | 1.21 |
| 鸣志电器 | 1.47 | 1.19 | 1.41 | 3.13 | 2.72 | 2.11 | 2.01 |
| 英搏尔 | 0.52 | 1.05 | 1.29 | 2.94 | 1.47 | 1.53 | 1.47 |
| 禾望电气 | 2.17 | 2.77 | 3.9 | 6.41 | 2.83 | 1.82 | 3.32 |
| 盛弘股份 | 2.09 | 1.55 | 1.71 | 3.14 | 2.56 | 2 | 2.18 |
| 英可瑞 | 2.12 | 1.32 | 2.47 | 3.92 | 3.18 | 2.36 | 2.56 |
| 伊戈尔 | 0.61 | 1.17 | 0.87 | 1.75 | 1.52 | 1.31 | 1.21 |
| 欣锐科技 | 0.85 | 1.41 | 2.58 | 1.99 | 2.02 | 2.26 | 1.85 |
| 平均 | 1.96 | 1.80 | 2.06 | 2.28 | 1.90 | 1.64 | — |

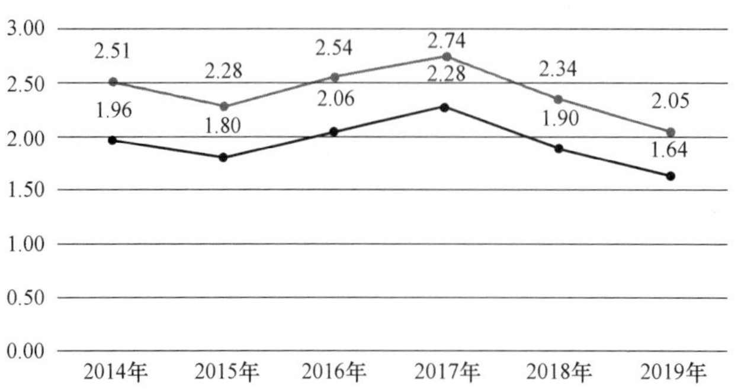


图 11 2014—2019 年流动比率、速动比率

3. 资产负债率

资产负债率是期末负债总额与资产总额的比率。资产负债率反映在总资产中有多大比例是通过借债来筹资的，也可以衡量企业在清算时保护债权人利益的程度。

如果资产负债率过高，表明企业财务风险较大。过低则意味着没有充分利用资金杠杆。2014—2019 年电源上市企业资产负债率见表 14 和图 12。

表 14　2014—2018 年电源上市企业资产负债率（%）

| 公司名称 | 2014 年 | 2015 年 | 2016 年 | 2017 年 | 2018 年 | 2019 年 | 平均 |
|---|---|---|---|---|---|---|---|
| 动力源 | 58.11 | 64.86 | 67.92 | 52.02 | 58.32 | 58.66 | 59.98 |
| 科陆电子 | 68.42 | 76.38 | 77.15 | 67.88 | 72.76 | 89.37 | 75.33 |
| 奥特迅 | 21.07 | 22.93 | 20.5 | 24.53 | 27.73 | 35.84 | 25.43 |
| 科华恒盛 | 41.55 | 51.98 | 35.66 | 40.83 | 52.98 | 56.06 | 46.51 |
| 英威腾 | 15.28 | 17.13 | 27.92 | 39.22 | 41.02 | 41.78 | 30.39 |
| 合康新能 | 19.78 | 25.74 | 45.97 | 43.56 | 43.59 | 38.07 | 36.12 |
| 中恒电气 | 20.29 | 24.33 | 9.74 | 11.27 | 12.44 | 18.44 | 16.09 |
| 汇川技术 | 21.95 | 27.86 | 37.52 | 36.71 | 36.74 | 39.97 | 33.46 |
| 科士达 | 27.33 | 30.04 | 29.24 | 40.54 | 31.53 | 35.29 | 32.33 |
| 阳光电源 | 51.5 | 58.19 | 48.84 | 56.78 | 57.85 | 61.63 | 55.80 |
| 茂硕电源 | 38.47 | 46.34 | 54.4 | 55.93 | 67.35 | 62.27 | 54.13 |
| 易事特 | 56.8 | 69.51 | 59.51 | 59.11 | 58.33 | 56.54 | 59.97 |
| 可立克 | 33.46 | 19.4 | 21.02 | 27.42 | 23.81 | 31.76 | 26.15 |
| 通合科技 | 27.9 | 24.84 | 26.71 | 28.41 | 19.82 | 21.34 | 24.84 |
| 蓝海华腾 | 23.42 | 31.52 | 39.11 | 36.99 | 33.44 | 35.97 | 33.41 |
| 英飞特 | 42.02 | 54.41 | 46.52 | 37.14 | 38.7 | 38.78 | 42.93 |
| 新雷能 | 32.42 | 26.8 | 36.82 | 26.52 | 44.95 | 41.86 | 34.90 |
| 麦格米特 | 40.91 | 45.63 | 47.06 | 38.05 | 47.07 | 50.62 | 44.89 |
| 鸣志电器 | 37.6 | 39.68 | 36.2 | 22.08 | 25.03 | 24.17 | 30.79 |
| 英搏尔 | 83.69 | 51.74 | 42.91 | 29.05 | 46.96 | 40.37 | 49.12 |
| 禾望电气 | 33.88 | 29.67 | 23.01 | 15.31 | 32.9 | 39.48 | 29.04 |
| 盛弘股份 | 41.81 | 51 | 45.38 | 27.06 | 31.31 | 38.48 | 39.17 |
| 英可瑞 | 28.72 | 50.48 | 30.65 | 21.78 | 23.36 | 26.18 | 30.20 |
| 伊戈尔 | 61.07 | 44.35 | 46.98 | 35.07 | 33.17 | 34.52 | 42.53 |
| 欣锐科技 | 79.79 | 55.8 | 32.44 | 37.63 | 38.08 | 28.49 | 45.37 |
| 平均 | 40.29 | 41.62 | 39.57 | 36.44 | 39.97 | 41.84 | — |

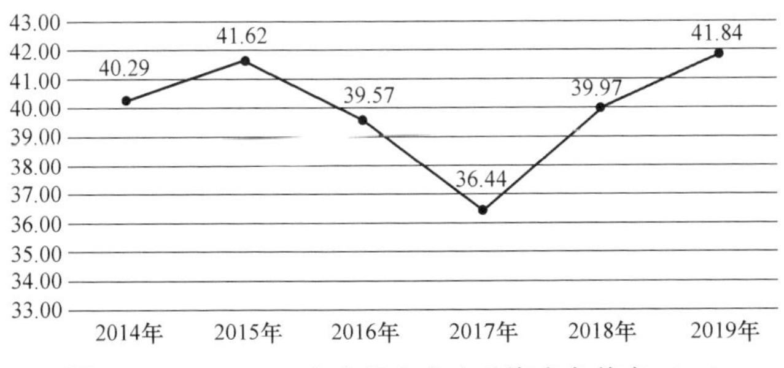


图 12　2014—2019 年电源上市企业资产负债率（%）

一般认为，资产负债率在 40% ~ 60% 比较适宜。而 2019 年电源上市企业的平均资产负债率是 41.84%。处于偿债安全区间，经营较为稳健。但是仍有大空间增大财务杠杆，提升资金利用效率。

（四）发展潜力

对电源上市企业发展潜力的分析，从营业收入增长率、净利润增长率两个指标进行。

1. 营业收入增长率

营业收入增长率可以用来衡量公司的产品生命周期，判断公司发展所处的阶段。一般来说，如果营业收入增长率超过 10%，说明公司产品处于成长期，将继续保持较好的增长势头，尚未面临产品更新的风险，属于成长型公司。如果主营业务收入增长率为 5% ~ 10%，说明公司产品已进入稳定期，可能不久进入衰退期，需要着手开发新产品。

如果该比率低于 5%，说明公司产品已进入衰退期，保持市场份额已经很困难，一般认为，当主营业务收入增长率低于-30%时，说明公司主营业务大幅滑坡，预警信号产生。

数据显示，2019 年深市公司营业总收入同比增长 10.2%。由表 15 可以看出，2019 年 25 家电源上市企业营业总收入增长率为 10.95%，总体高于深市平均值，2015 年以来增长率首次回升。但各个企业差异较大，10 家企业高于 10%，8 家公司出现了负增长。2015—2019 年电源上市企业营业收入增长率见表 15，同比增长率如图 13 所示。

表 15 2015—2019 年电源上市企业营业收入增长率（%）

| 公司名称 | 2015 年 | 2016 年 | 2017 年 | 2018 年 | 2019 年 | 平均 |
|---|---|---|---|---|---|---|
| 动力源 | 18.96 | 14.36 | -4.38 | -25.56 | 36.85 | 8.05 |
| 科陆电子 | 15.7 | 39.82 | 38.4 | -13.36 | -15.72 | 12.97 |
| 奥特迅 | -24.94 | 5 | 1.54 | -3.82 | -3.89 | -5.22 |
| 科华恒盛 | 12.39 | 6.01 | 36.29 | 42.63 | 12.58 | 21.98 |
| 英威腾 | 2.41 | 22.21 | 60.3 | 4.98 | 0.63 | 18.11 |
| 合康新能 | 20.99 | 75.52 | -4.69 | -10.71 | 8.08 | 17.84 |
| 中恒电气 | 40.09 | 5.86 | -2.81 | 13.62 | 19.26 | 15.20 |
| 汇川技术 | 23.54 | 32.11 | 30.53 | 22.96 | 25.81 | 26.99 |
| 科士达 | 9.99 | 14.67 | 55.94 | -0.55 | -3.85 | 15.24 |
| 阳光电源 | 49.21 | 31.39 | 48.01 | 16.69 | 25.41 | 34.14 |
| 茂硕电源 | 46.79 | 40.21 | 27.77 | -19.02 | -6.72 | 17.81 |
| 易事特 | 87.01 | 42.44 | 39.51 | -36.43 | -16.74 | 23.16 |
| 可立克 | 0.17 | 11.65 | 11.26 | 18.33 | 1.46 | 8.57 |
| 通合科技 | 23.65 | 20.04 | -2.59 | -25.31 | 70.83 | 17.32 |
| 蓝海华腾 | 51.34 | 118.79 | -14.58 | -30.6 | -20.34 | 20.92 |
| 英飞特 | 16.9 | 24.08 | 16.79 | 26.47 | 4.5 | 17.75 |
| 新雷能 | 3.62 | 15.44 | -0.69 | 37.65 | 62.06 | 23.62 |
| 麦格米特 | 28.12 | 41.98 | 29.48 | 60.17 | 48.71 | 41.69 |
| 鸣志电器 | 4.53 | 25.7 | 10.43 | 16.31 | 8.65 | 13.12 |
| 英搏尔 | 125.52 | -4.34 | 31.56 | 22.09 | -51.35 | 24.70 |
| 禾望电气 | 30.78 | -15.12 | 8.71 | 34.53 | 51.2 | 22.02 |
| 盛弘股份 | 95.54 | 45.82 | 1.03 | 17.72 | 19.69 | 35.96 |
| 英可瑞 | 173.68 | 51.97 | -2.13 | -19.27 | -5.79 | 39.69 |
| 伊戈尔 | -0.94 | 10.29 | 30.47 | -5.27 | 19.14 | 10.74 |
| 欣锐科技 | 229.67 | 69.35 | -16.17 | 46.14 | -16.82 | 62.43 |
| 平均 | 43.39 | 29.81 | 17.2 | 7.62 | 10.95 | — |

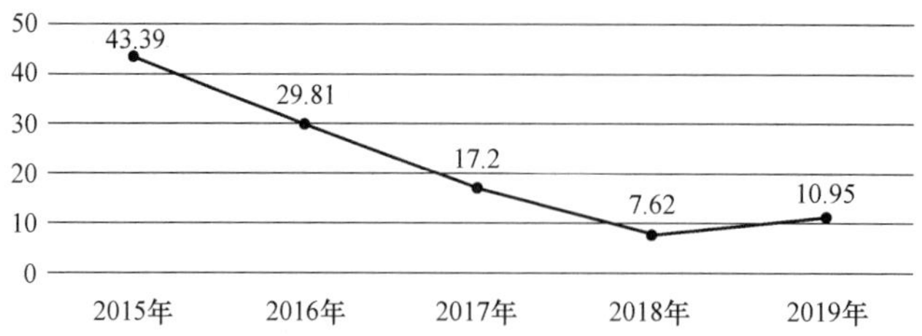


图 13 2015—2019 年电源上市企业营业收入同比增长率（%）

### 2. 净利润增长率

净利润增长率越高，说明企业获利能力越强，企业发展所需的自有资金积累越充分，发展基础越牢固，反之，说明企业获利能力越弱，发展基础越弱。

2019 年 25 家电源上市企业中，适用这一指标的 20 家企业，净利润增长率为正的有 12 家。其余 8 家净利润负增长。整体表现优于 2018 年。2015—2019 年电源上市净利润增长率见表 16。

表 16　2015—2019 年电源上市净利润增长率（%）

| 公司名称 | 2015 年 | 2016 年 | 2017 年 | 2018 年 | 2019 年 |
|---|---|---|---|---|---|
| 动力源 | 9.23 | -45.57 | -26.4 | -1501.62 | — |
| 科陆电子 | 56.09 | 38.53 | 68.75 | -411.19 | — |
| 奥特迅 | -88.29 | -4.67 | 62.8 | -28.91 | 8.53 |
| 科华恒盛 | 14.94 | 17.57 | 148.42 | -82.46 | 174.06 |
| 英威腾 | -8.05 | -54.28 | 231.81 | -0.74 | -232.76 |
| 合康新能 | 18.79 | 244.64 | -62.22 | -450.72 | — |
| 中恒电气 | 14.14 | 10.32 | -59.71 | 20.15 | 0.12 |
| 汇川技术 | 21.46 | 15.14 | 13.76 | 10.08 | -18.42 |
| 科士达 | 53 | 26.75 | 25.55 | -38.05 | 39.38 |
| 阳光电源 | 50.17 | 30.14 | 85 | -20.95 | 10.24 |
| 茂硕电源 | — | -111.14 | — | -2057.6 | — |
| 易事特 | 60.82 | 69 | 51.4 | -20.93 | -27.08 |
| 可立克 | -2.33 | 2.99 | -2.5 | 48.03 | -73.78 |
| 通合科技 | 14.73 | -3.98 | -73.88 | -232.17 | — |
| 蓝海华腾 | 39.95 | 118.88 | -17.39 | -80.88 | -721.32 |
| 英飞特 | 41.58 | -28.17 | -62.59 | 180.9 | 51.04 |
| 新雷能 | 28.41 | 30.59 | -19.26 | 0.54 | 73.86 |
| 麦格米特 | 50.13 | 93.85 | 6.73 | 72.66 | 78.67 |
| 鸣志电器 | 5.51 | 59.97 | 5.85 | 0.53 | 4.67 |
| 英搏尔 | 221.82 | -29.16 | 28.94 | -37.04 | -249.49 |
| 禾望电气 | 35.92 | -21.17 | -11.24 | -76.91 | 23.49 |
| 盛弘股份 | 37.69 | 48.5 | -27.95 | 5.36 | 27.99 |
| 英可瑞 | 189.72 | 61.26 | -13.78 | -85.74 | -278.4 |
| 伊戈尔 | 385.55 | -43.46 | 8.55 | -46.52 | 37.97 |
| 欣锐科技 | 654.03 | 37.44 | -27.56 | -9.88 | -67.21 |
| 平均 | — | 22.56 | — | -193.76 | — |

## 三、企业研发情况

电源行业已逐步发展为技术驱动型行业，对于各电源企业来说，要想在激烈的行业竞争中生存，掌握相应的核心技术才是最根本的手段，所以从研发资金和人员投入等方面在一定程度上能看出企业的竞争力以及发展潜力。各企业年报中的情况分析见表 17、表 18。

表 17　2017—2019 年电源上市企业研发资金投入

| 企业名称 | 2017 年 | | 2018 年 | | 2019 年 | |
|---|---|---|---|---|---|---|
| | 资金投入/元 | 营业收入占比(%) | 资金投入/元 | 营业收入占比(%) | 资金投入/元 | 营业收入占比(%) |
| 动力源 | 114242189.73 | 9.35 | 131678896.82 | 14.48 | 1282591.22 | 10.30 |
| 科陆电子 | 301697317.28 | 6.89 | 364480744.38 | 9.61 | 304133035.25 | 9.52 |
| 奥特迅 | 42846918.99 | 11.69 | 33157637.72 | 9.40 | 34073240.01 | 10.05 |
| 科华恒盛 | 210929179.53 | 9 | 287476997.47 | 8.36 | 273661684.46 | 7.07 |

（续）

| 企业名称 | 2017 年 | | 2018 年 | | 2019 年 | |
|---|---|---|---|---|---|---|
| | 资金投入/元 | 营业收入占比(%) | 资金投入/元 | 营业收入占比(%) | 资金投入/元 | 营业收入占比(%) |
| 英威腾 | 237225026.59 | 11.18 | 258952358.82 | 11.62 | 292888467.14 | 13.06 |
| 合康新能 | 135961171.43 | 10.06 | 104446295.25 | 8.66 | 98429042.41 | 7.55 |
| 中恒电气 | 97069370.26 | 11.21 | 99008754.70 | 10.06 | 855558906.30 | 11.58 |
| 汇川技术 | 592208629.65 | 12.40 | 711805836.12 | 12.12 | 108443891.27 | 9.24 |
| 科士达 | 127792349.69 | 4.68 | 40752920.94 | 5.18 | 157886027.78 | 6.05 |
| 阳光电源 | 352242228.54 | 3.96 | 482297536.91 | 4.65 | 635873987.32 | 4.89 |
| 茂硕电源 | 62328089.01 | 3.77 | 58476084.06 | 4.37 | 50318593.18 | 4.03 |
| 易事特 | 221481264.61 | 3.03 | 196696966.18 | 4.23 | 149821073.90 | 3.87 |
| 可立克 | 27548753 | 2.98 | 35878507.88 | 3.28 | 39676897.89 | 3.58 |
| 通合科技 | 30555204 | 14.09 | 24666582.26 | 15.23 | 36211593.90 | 13.09 |
| 蓝海华腾 | 49879998.19 | 8.61 | 41650052.96 | 10.36 | 49860360.08 | 15.58 |
| 英飞特 | 71620553 | 9.38 | 64545873.30 | 6.69 | 71425156.43 | 7.08 |
| 新雷能 | 69470373.50 | 20.06 | 82398768.72 | 17.29 | 125949753.78 | 16.31 |
| 麦格米特 | 176521296.57 | 11.81 | 251890221.92 | 10.52 | 335469543.96 | 9.42 |
| 鸣志电器 | 76361143.96 | 9.71 | 93861686.73 | 4.96 | 134963523.93 | 6.56 |
| 英搏尔 | 34404351.93 | 6.42 | 46016246.20 | 7.03 | 52468140.71 | 16.47 |
| 禾望电气 | 106863097.36 | 12.17 | 120448770.03 | 10.20 | 151891236.99 | 8.50 |
| 盛弘股份 | 42773293.01 | 9.48 | 48303900 | 9.09 | 63735491.79 | 10.02 |
| 英可瑞 | 25348949.87 | 6.66 | 37550132.61 | 12.22 | 53638668.34 | 18.53 |
| 伊戈尔 | 49226061.96 | 4.28 | 53734829.68 | 4.94 | 61982284.22 | 4.78 |
| 欣锐科技 | 60239960.31 | 12.28 | 66421052.23 | 9.26 | 76124933.47 | 12.76 |
| 平均 | 132673470.89 | 9 | 149463906.16 | 9 | 168630725.03 | 9.60 |

**表 18 2017—2019 年电源上市企业研发人数**

| 企业名称 | 2017 年 | | | 2018 年 | | | 2019 年 | | |
|---|---|---|---|---|---|---|---|---|---|
| | 研发人数 | 研发人数占比(%) | 总人数 | 研发人数 | 研发人数占比(%) | 总人数 | 研发人数 | 研发人数占比(%) | 总人数 |
| 动力源 | 401 | 14.14 | 2835 | 471 | 17.61 | 2675 | 489 | 19.81 | 2468 |
| 科陆电子 | 1972 | 39.62 | 4977 | 1564 | 34.96 | 3975 | 1272 | 35.48 | 3585 |
| 奥特迅 | 276 | 40.06 | 689 | 221 | 35.99 | 614 | 229 | 39.35 | 582 |
| 科华恒盛 | 948 | 25.00 | 3792 | 1027 | 25.43 | 4038 | 892 | 23.38 | 3815 |
| 英威腾 | 1239 | 42.01 | 2949 | 1357 | 42.00 | 3426 | 1407 | 42.00 | 3350 |
| 合康新能 | 602 | 24.46 | 2461 | 423 | 23.42 | 1806 | 424.00 | 24.34 | 1742 |
| 中恒电气 | 569 | 29.22 | 1947 | 542 | 30.40 | 1783 | 499 | 30.04 | 1661 |
| 汇川技术 | 1697 | 25.63 | 6619 | 2006 | 25.82 | 7769 | 2512 | 22.40 | 11214 |
| 科士达 | 395 | 14.16 | 2789 | 410 | 15.06 | 2723 | 428 | 14.85 | 2882 |
| 阳光电源 | 983 | 36.94 | 2661 | 1367 | 39.96 | 3421 | 1627 | 41.81 | 3891 |
| 茂硕电源 | 273 | 10.41 | 2622 | 175 | 10.07 | 1738 | 157 | 7.61 | 2063 |
| 易事特 | 705 | 43.54 | 1619 | 618 | 41.37 | 1626 | 597 | 34.35 | 1738 |
| 可立克 | 107 | 3.04 | 3520 | 169 | 5.04 | 3355 | 154 | 4.36 | 3532 |
| 通合科技 | 117 | 28.46 | 411 | 112 | 29.17 | 384 | 172 | 29.45 | 584 |

（续）

| 企业名称 | 2017年 | | | 2018年 | | | 2019年 | | |
|---|---|---|---|---|---|---|---|---|---|
| | 研发人数 | 研发人数占比(%) | 总人数 | 研发人数 | 研发人数占比(%) | 总人数 | 研发人数 | 研发人数占比(%) | 总人数 |
| 蓝海华腾 | 212 | 42.48 | 499 | 206 | 44.98 | 458 | 178 | 43.20 | 412 |
| 英飞特 | 215 | 17.92 | 1200 | 214 | 20.54 | 1042 | 220 | 23.53 | 935 |
| 新雷能 | 370 | 35.54 | 1041 | 512 | 34.66 | 1477 | 554 | 35.63 | 1555 |
| 麦格米特 | 661 | 28.04 | 2357 | 715 | 26.66 | 2682 | 1084 | 35.24 | 3076 |
| 鸣志电器 | 253 | 10.01 | 2527 | 270 | 9.00 | 3000 | 296 | 10 | 2960 |
| 英搏尔 | 110 | 14.29 | 770 | 149 | 15.47 | 963 | 173 | 20.82 | 831 |
| 禾望电气 | 229 | 32.25 | 710 | 287 | 34.25 | 838 | 323 | 27.26 | 1185 |
| 盛弘股份 | 195 | 0.3213 | 607 | 205 | 30.01 | 683 | 222 | 30.66 | 724 |
| 英可瑞 | 62 | 22.22 | 279 | 132 | 27.67 | 477 | 163 | 31.90 | 511 |
| 伊戈尔 | 243 | 7.87 | 3089 | 285 | 11.58 | 2461 | 291 | 13.64 | 2133 |
| 欣锐科技 | 274 | 25.58 | 1071 | 315 | 25.24 | 1208 | 299 | 30.08 | 994 |
| 平均 | 524.32 | 25.80 | — | 550.08 | 26.25 | — | 586 | 26.85 | — |

首先，从研发资金投入占营业收入的比例看。按照国家高新技术企业认定标准中对于研发费用的规定，对于最近一年销售收入在20000万元以上的企业，研发投入比例需要达到3%以上。2019年25家电源上市企业中全部高于这个比例平均占比高达9.6%，可见大多数企业对于研发方面非常看重。

其次，从研发人员数量和占比看。年报反映出电源上市企业普遍研发人员占比较高。2017年、2018年和2019年25家电源企业研发人数占比平均值分别为25.8%、26.25%和26.85%。2019年占比在10%以上的有23家，行业前10名占比都在30%以上。

## 四、小结

总体来看，电源上市企业是电源行业中的领军企业，规模比较大，财务安排相对稳健。以上市企业为代表的电源行业都非常重视研发，经历了高毛利率、高净利率的时期，营运能力、获利能力也快速增长。经历了2018年的业绩低谷，2019年财务指标有所改善，尤其是总资产周转率、应收账款周转天数以及6年来存货周转天数等指标首次向好。营业收入增长率也实现5年来首次回升。

也要注意到，虽然同是电源上市企业，但所属行业细分领域不同，各家企业的业绩表现、财务状况也有很大差异，要对每家企业做出准确的判断，还必须结合实际情况，深入企业内部，对其商业模式、战略管理，以及公司治理等进行更深入的分析。

# 地铁车辆辅助变流器发展趋势综述

中国电源学会交通电气化专业委员会
张志学
株洲中车时代电气股份有限公司
张小勇、赵清良、饶沛南、周帅、周峰武

## 一、引言

地铁车辆均以直流电网供电，供电制式主要有750V和1500V两种。辅助变流器包括辅助逆变器（以下简称为SIV）和充电机两种产品。辅助变流器是车辆牵引控制系统的重要组成部分，其中SIV将直流输入电压逆变成三相四线制的3×380V（有效值）/220V（有效值）/50Hz交流电压输出，为车辆客室空调机组及通风装置、空压机、电加热器、交流照明等交流负载提供三相与单相交流电源；充电机将直流输入电压通过高频DC-DC变换为DC110V电压输出，或者将SIV输出的稳定的三相380V（有效值）通过高频AC-DC变换为DC110V电压输出，为车辆各系统控制电路、直流照明、电动车门及车载信号与通信设备提供直流电源并给蓄电池组充电。在车辆正常运行过程中，辅助变流器直接影响整个车辆的可靠性、稳定性和安全性，一个优良的辅助变流器的设计不仅能满足车辆的基本需求，还能延长车辆的寿命，缩减运营成本。

辅助变流技术主要包括半导体器件应用、高频变压器设计、输出电压低谐波含量控制、输出滤波、输出并联控制技术、应急启动、降噪、整机防护、冷却和电磁兼容等，集机械、电磁、热和声学等多物理场的综合技术。在工程化应用中，辅助变流器需重点关注输入供电特性、输出特性、动态特性及安全设计等关键要素。

## 二、总体特性

### 1. 输入供电特性

设置一条高压列车线为辅助电源系统专用，通过辅助高压母线与所有车上的辅助变流器输入端并行连接起来，以避免输入接触网跳弓或通过第三轨断电区时辅助系统输入电压中断，保证高可用性。并用二极管与牵引供电线路隔开，二极管防止电流回流至牵引设备。辅助变流器的直流输入电路应设置熔断器进行短路保护，同时辅助高压母线也应设置母线熔断器进行短路保护。

辅助变流器的输入供电能通过输入接触网或第三轨受流获得，也可转换到车间电源取得。因此，在每列车的头车须各设置一个车间电源插座。从安全上考虑，车间电源电路与接触网或受流器电路应互锁，两车间电源插座间也应相互联锁，即当一个电源插座连接后，其他插座失效。

辅助变流器输入供电采用直流供电，供电特性满足GB/T 1402—2010 轨道交通　牵引供电系统电压。供电主要有750V和1500V两种电压制式，电压范围见表1，其中在$U_{max1}$和$U_{max2}$之间持续时间不超过5min。

表1　供电电压

| 供电系统 | 最低非持续电压 $U_{min2}$/V | 最低持续电压 $U_{min1}$/V | 标称电压 $U_n$/V | 最高持续电压 $U_{max1}$/V | 最高非持续电压 $U_{max2}$/V |
|---|---|---|---|---|---|
| 750V | 500 | 500 | 750 | 900 | 1000 |
| 1500V | 1000 | 1000 | 1500 | 1800 | 1950 |

### 2. 输出特性

辅助变流器容量应满足列车各种负载工况的辅助用电要求，并具有一定的冗余度。

对采用集中供电方式或分散供电方式的辅助电源系统，SIV输出容量必须考虑在其中一台SIV故障的情况下，正常工作的SIV能够给全列车或该2台SIV所供负载的基本负载供电，基本负载是指车辆切除一半空调压缩机负载后的全部负载。对采用并联供电方式的辅助电源系统，必须考虑系统任一台SIV故障的情况下，剩余正常工作的SIV输出总容量能满足列车全部负载正常运行的要求，系统任两台SIV故障的情况下，仅需要切除部分负载。

一台充电机的容量应满足全列车所有直流负载供电容量要求，并能提供5%～10%的额外冗余。即在一台充电机故障时，由另一台正常工作的充电机向全列车直流负载供电，全部直流负载维持正常运行。

辅助变流器输出包括3AC380V/50Hz交流输出和直流110V输出，其中交流输出为准正弦波；直流输出具有限流功能，可对蓄电池进行恒流充电、恒压快充和恒压浮充，并具有温度补偿功能，可根据蓄电池温度进行可编程输出，从而最大限度地提高蓄电池使用寿命。辅助变流器具体输出特性见表2。

表2 输出特性

| 项目 | 交流输出 | 直流输出 |
| --- | --- | --- |
| 输出电压 | 3AC380V(准正弦波)/1AC220V | DC110V |
| 输出电压精度 | ≤±5% | ≤±1.5% |
| 输出频率 | 50Hz | — |
| 输出频率精度 | ≤±1% | — |
| 输出过载 | 120%,1min<br>150%,10s | — |
| 输出电压谐波总含量 | ≤5% | — |
| 输出电压纹波因数 | — | ≤5% |
| 输出限流 | — | $1.1I_{O\_N}$ |

注：$I_{O\_N}$ 为直流额定输出电流。

**3. 动态特性**

辅助变流器应适应宽范围输入工作电压，输出电压和电流稳定，不出现振荡。同时，辅助变流器具有良好的动态特性，对输入电压和负载突变具有良好的鲁棒特性，其具体动态特性应满足以下基本要求：

1）输入电压突变能力：在输入电压突升或突降（±20%/20ms）时，辅助变流器能正常工作，以承受列车运行在电网分段区时或者由牵引系统引起的输入电压突变。

2）输入电压瞬时中断能力：在列车因跳弓引起输入电压瞬时中断（10~20ms）的情况下，辅助变流器应能正常工作。

3）负载突变能力：在正常条件下，系统能无故障地承受负载的阶跃变化，保护装置不动作。SIV应具备允许空压机、通风机、空调压缩机等负载直接起动和切除的能力，其输出电压的瞬时值变化不超过+15%和-20%，并且在300ms时间内恢复稳定，以满足SIV在带有部分负载的情况下，空压机、空调压缩机等负载的频繁投切要求。

**4. 控制与保护特性**

辅助变流器应采用高性能微处理器进行控制和调节，以保证良好的静态特性和动态性能。

SIV采用输出闭环及高频控制，以保证输出电压谐波含量小、负载与输入电压突变时输出电压波动小，并降低系统噪声。充电机控制应符合蓄电池恒压、限流充电要求的输出特性，具有温度补偿功能以有效延长蓄电池使用寿命。

辅助变流器应具有完善的保护功能，并对保护进行分级，不论是在正常运行或是在起动时，均应能自动保护。大部分故障应能自动恢复，而无需人工干预，如果同类故障次数在一定时间内达到规定次数，变流器被封锁，需要手动复位。故障有一个重复限制，为了避免故障扩大，控制单元将监视来自于司机室的复位信号，只允许从司机室进行三次手动复位。

辅助变流器控制电路应具有自诊断及故障数据自动记录与储存功能，故障数据即储存的故障波形与故障代码识别数据，故障数据应通过符合国际标准的USB或以太网接口下载。用户使用安装在PC上的地面故障处理软件（PTU）与辅助变流器通信，进行在线状态监视和故障数据查询、统计、分析、打印、清除等操作，通过该标准接口还可更新控制软件。

辅助变流器应具有网络控制和监视功能，以方便使用和维护。控制电路通过与车辆总线连接将故障信息及工作状态信息提交列车控制与诊断系统。

**5. 电磁兼容**

辅助变流器具有良好的电磁兼容性能，并满足GB/T 24338.4—2018轨道交通电磁兼容第3-2部分：机车车辆设备要求。辅助变流器本身能抵御外界的电磁干扰；同时，产生的电磁干扰应有效抑制，不得对任何车载电子设备或轨旁设备产生干扰，如信号系统、牵引和制动控制系统等，也不应影响各种线路设施的正常工作。

**6. 安全环保**

系统在高压输入端设置隔离接地开关。当辅助变流器运行时，隔离接地开关与输入进线相连，当检修时隔离接地开关与地相连。

辅助变流器与高压输入断开后5min之内，变流器内部滤波电容器两端电压应下降到DC50V以下。系统输入与输出间应通过变压器隔离，并且具有良好的接地，以保证人身和负载设备的安全。

系统设备安装于车底，应具备适应恶劣环境的工作能力，其设备箱体必须具有IP54或以上的防护等级，以满足列车在各种环境下正常运行的要求。应尽可能地降低辅助变流器的运行噪声，以保证乘客乘车的舒适性。

## 三、辅助变流器现状

早期的城轨地铁辅助逆变器采用旋转式电动发电机组的供电方案。电动机从第三轨受电，发电机输出三相交流电压向负载供电，对于采用直流DC110V的部分用电设备，仍需通过三相变压器和整流装置提供电源。这种供电方式机组体积大、输出容量小、效率低，电源易受直流发电机组工况变化的影响，输出电压波动大、可靠性差。

随着电力电子技术、计算机技术和自动控制技术的发展，辅助逆变器系统发展进步为静止式逆变器。该逆变器系统直接从地铁动车第三轨受电，通过三相DC-AC逆变输出三相交流电压向负载供电，电路采用变压器隔离形式。这种辅助逆变电源的优点是输出电压品质因数好，电源使用效率高，工作性能安全可靠。目前，静止式逆变器和高频式充电机已成为辅助变流器的必然选择。

**1. 辅助逆变器**

随着城轨车辆的高速发展和对交通品质需求的增加，辅助逆变器的拓扑形式逐渐多样化，性能需求、稳定性和可靠性也有所提升。目前，城轨车辆辅助逆变器的拓扑结构分类标准很多，根据隔离变压器的工作频率可分为两大类：一是使用工频变压器隔离，这种类型的拓扑方案一般是对直流输入电压进行滤波处理后就直接逆变，逆变得到的输出电压经工频变压器隔离后供给负载。二是使用高频变压器隔离，即先对直流输入电压进行斩波稳压，之后经高频变压器隔离，送给逆变器处理，逆变输出的电压经滤波后供给负载。

（1）工频隔离辅助逆变器

1）二电平辅助逆变器。二电平辅助逆变器加工频变压器隔离的拓扑结构比较常见，如图 1 所示，目前国内地铁通常采用该方案。此方案的优点在于电路结构简洁、需要的功率开关器件较少、控制方便、稳定性好，工频变压器可以提供三相四线制输出电压，方便为单相 220V 负载供电，并且变压器也没有偏磁问题。缺点是输出电压谐波含量较高，滤波器的尺寸相应较大，另外，直接逆变使得开关器件承受的电压等级高，工频变压器体积和重量大，耗能大，影响系统效率的提高。

由于该逆变电路直接与电网相连，因此输出电压容易受电网输入电压的波动影响，输出的电压品质因数差、谐波含量大，为提高供电质量，满足规定的总谐波畸变系数，改善输出波形，必须在直流侧以及变压器一次侧串入较高要求、较重的滤波器，滤波器重量体积大同时也是噪声源。

在该方案中，IGBT 承受的电压应力等于输入电压，以 1500V 供电制式为例，最高输入电压高达 1950V，因此 IGBT 需选用 3300V 等级的器件。由于 3300V 等级 IGBT 损耗大，开关频率低，导致输出变压器体积笨重。为了降低逆变电路开关的电压应力，可采用如下三种办法：

a. 前级增加降压斩波电路；

b. 采用三电平技术，逆变 IGBT 可选用 1700V 等级的 IGBT；

c. 采用两级逆变串联技术。

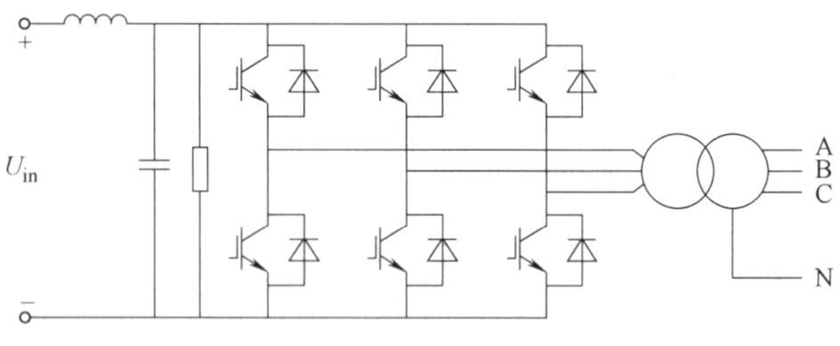


图 1 二电平辅助逆变器

2）降压斩波+二电平辅助逆变器。在二电平辅助逆变器结构前级增加一级降压斩波电路，便形成了如图 2 所示的结构，在上海地铁一号线上有所应用。与图 1 相比，该拓扑只需要采用一个大功率高耐压的 IGBT，就可以使逆变电路的 IGBT 承受较低的电压。斩波电路作为中间级，避免了逆变电路与电网直接相连，因此可大幅提升逆变器的网压适应能力；同时通过斩波变换，可将宽范围的输入电压斩波成稳定的直流电压供给逆变电路，有利于逆变输出电压品质提升。由于整机增加了降压斩波电路，结构变得复杂，而且还要额外对斩波电路进行闭环控制，增加了控制电路，从而增加了整个控制系统的复杂性。

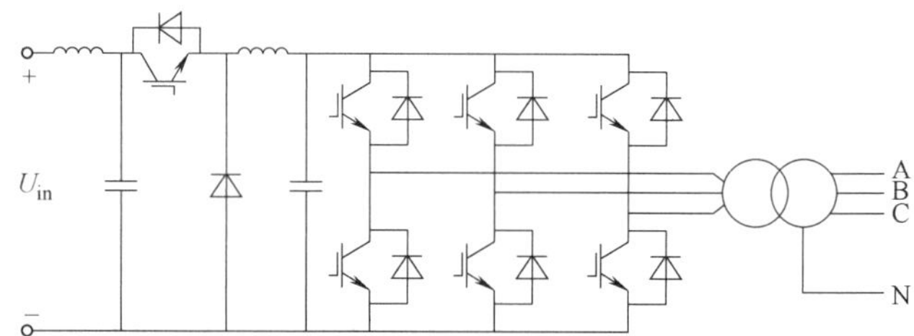


图 2 降压斩波+二电平辅助逆变器电路

3）三电平辅助逆变器。NPC 型三电平辅助逆变器拓扑结构如图 3 所示，沈阳地铁一号线应用了此方案。该电路采用二极管箝位（NPC）型三电平逆变技术，相对于二电平辅助逆变器，三电平辅助逆变器的优势在于开关器件承受的电压低，最高为输入电压的一半，开关耗能少，适合用于大功率场合；输出电压波形畸变小，滤波器尺寸相应较小。但是，这种方案所用开关器件多，系统比较复杂，控制难度大，需要对分压电容额外地采取均压控制策略，增加了控制的复杂性。在对成本和控制难易程度要求高的场合不宜用此方案。

在实际工程应用中，NPC 型三电平逆变电路存在两个问题：1）每个功率开关管在选取时只用考虑一半的直流电压即可，但在实际应用中这样会存在一个安全隐患，如果控制信号出现故障，容易导致 IGBT 出现过电压击穿。2）存在各个开关管频率不均衡的问题，两个内管的开关频率会高于两个外管，各个功率开关管的开关频率不均衡，会限制整个逆变器的输出最大频率，同时，会导致各个器件不同的老化周期，给现场维护带来了不便，降低了逆变器的可靠性。

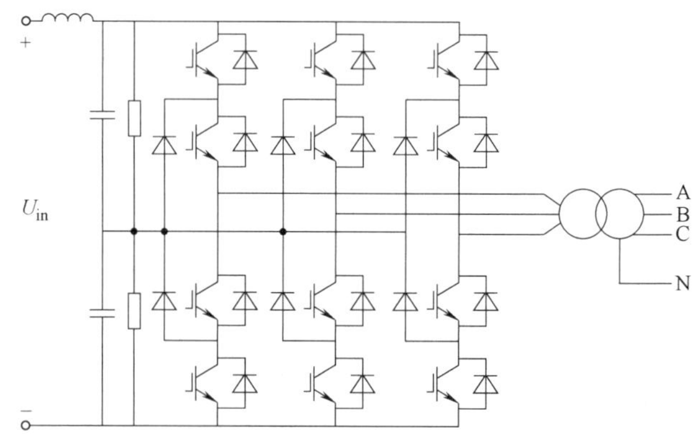


图 3 NPC 型三电平辅助逆变器拓扑结构

为了解决 NPC 型三电平逆变器工程应用的问题，可采用 T 型三电平逆变技术，T 型三电平逆变电路拓扑结构如图 4 所示。相对于 NPC 型三电平逆变，每个桥臂的开关管数量不变，但取消了箝位二极管，电路更为简洁，且在 P 状态和 N 状态下，只有一个开关管参与工作，因此可大幅降低开关的整体损耗。在 T 型三电平中，每个桥臂主管的电压应力等于母线电压，辅管的电压应力等于母线电压的一半，从而避免 NPC 型三电平逆变控制误动作导致 IGBT 过电压击穿的问题。由于 T 型三电平逆变的主管电压应力等于母线电压，因此 T 型三电平逆变多用于电压等级相对较低的场合，比如高频辅助逆变器的 DC-AC 逆变环节，该 DC-AC 逆变电路的输入电压为稳定 DC700V 等级，因此可选用 1200V 的开关管。

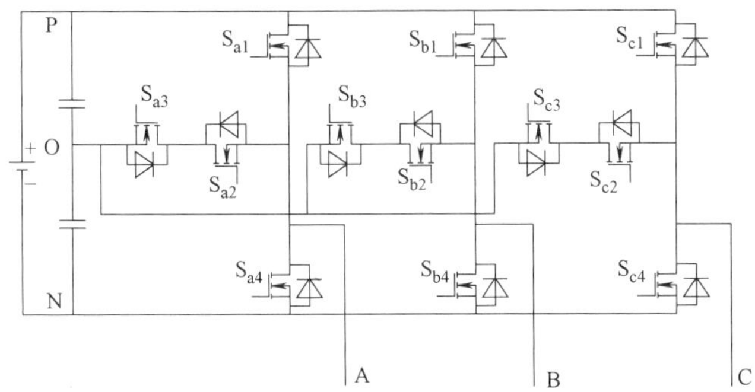


图 4　T 型三电平逆变电路拓扑结构

4）12 脉冲辅助逆变器。图 5 所示为 12 脉冲辅助逆变器拓扑，它是双逆变器结构，在北京和南京的国产化地铁、香港地铁上有所应用。该方案是对应于大功率逆变器的应用，在六阶梯波基础上产生的。该方案在变压器初级采用串联全桥逆变器，在两个工频变压器分别采用 Dy 和 Dz 形式耦合，变压器次级串联输出。采用 Dz 型的逆变模块相位超前 Dy 型逆变模块 π/6。通过多重移相叠加阶梯波合成逆变技术，可以合成一个周期阶梯数为 12 的阶梯波，其阶梯高按照正弦规律变化。12 阶梯波逆变器可以抵消 5、17、29 等 $12k+5$（$k=0$，1，2，…，$k$）次谐波，从而大大降低总的谐波含量 THD，使输出电压质量提高，因此大大减轻了输出滤波器的重量。但是双逆变器形式存在开关器件明显增多、变压器设计制造复杂、功率密度小、系统故障率高及成本高等缺点。

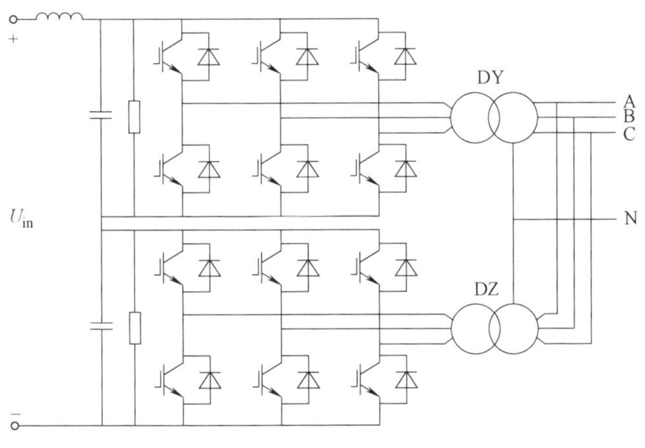


图 5　12 脉冲辅助逆变器

（2）高频隔离辅助逆变器

传统的辅助逆变器采用工频变压器隔离方式，不但体积大、重量大、噪声大，而且效率低、动态响应性差，不利于车载设备的轻量化和高密度化。随着 DC-DC 软开关技术的发展，轻量化高效化的高频隔离辅助逆变器应运而生。高频隔离辅助逆变器典型电路结构如图 6 所示，主要包括 4 个环节：输入滤波环节、高频 DC-DC 环节、逆变环节和输出滤波环节。宽范围的输入电压通过高频 DC-DC 变换输出稳定 DC700V 母线电压，再经过 DC-AC 逆变及三相 $LC$ 滤波后输出准正弦三相 AC380V。在高频 DC-DC 变换环节，通常采用 DC-DC 软开关技术，从而大幅减小器件开关损耗，进而提升开关频率，降低变压器和滤波电容体积、重量。同时，相对于工频隔离辅助变流器，DC-AC 逆变前级输入为稳定的直流母线电压，通过设计合理调制比，从而使逆变输出电压具有更高的精度和更小的谐波含量。

由于高频隔离辅助逆变器采用半导体器件+小型轻便的高频变压器替代原先笨重的工频变压器，不但可以大幅提高产品功率密度，还非常适合模块化设计，根据电路功能划分出高频 DC-AC 模块、高频 AC-DC 模块和 DC-AC 逆变模块，在保证产品性能的同时，极大地提高产品的可维护性。

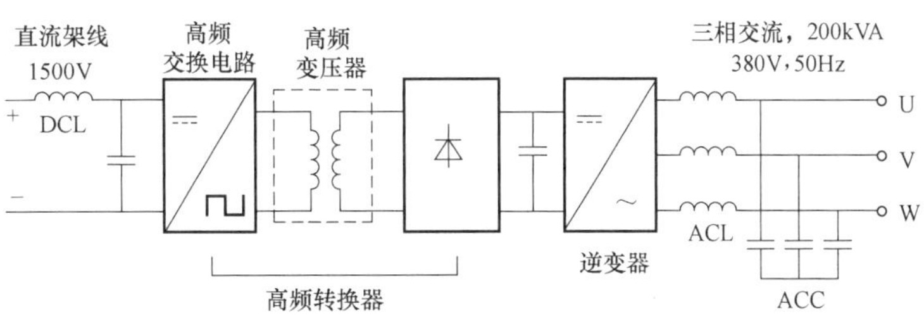


图 6　高频辅助逆变器原理框图

1）高频隔离电路拓扑。目前，地铁高频辅助逆变器的高频隔离环节所采用的电路拓扑形式多样，如：日立采用三电平半桥软开关，ABB 和庞巴迪采用移相全桥软开关，西门子、SMA、POWERTECH 和中车时代电气、汇川电气均采用 $LLC$ 谐振软开关。下面将分别介绍三种电路拓扑。

a. 三电平半桥软开关。三电平半桥 DC-DC 电路拓扑如图 7 所示，原边采用 NPC 型半桥三电平，副边采用全桥整流，与两电平单相全桥比较，施加在各 IGBT 的电压为一半，因此可以采用耐压低的 IGBT，具有减少元件损耗等优点。为了实现原边 IGBT 软开关，在副边设置辅助换流电路，由漏感 $L_r$、电容 $C_3$ 和辅管 $Q_5$ 串联组成，在主开关管（$Q_1$ ~ $Q_4$）关断时进行电路复位，确保主开关管在零电流时进行关断，从而大幅降低主开关管的开关损耗。该电路主要用在 DC1500V 供电制式的高频辅助逆变器中，相对工频方案，变压器重量可降低 76%，变压器损耗可降低 72%，整机效率提升 2%，整机降重 25%。由于采用 IGBT 作为辅助开关管，不但增加了控制难度，而且辅管在开通时引入额外的导通损耗，同时导通电流会折射到原边开关管上，增加原边开关管的导通损耗。

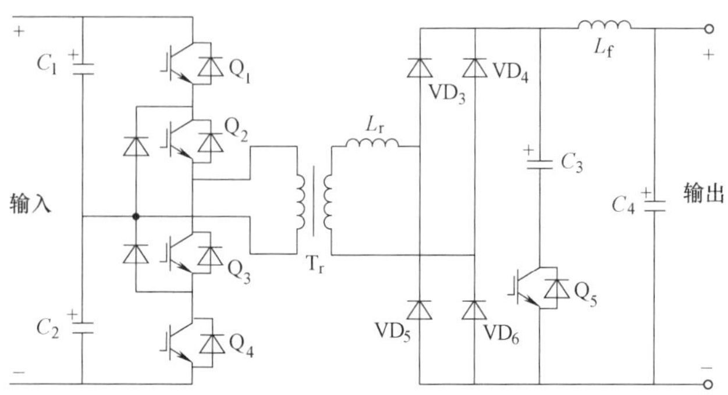


图 7　三电平半桥 DC-DC 电路拓扑

b. 移相全桥软开关。采用全桥变换器时，无需任何辅助电路，全桥变换器利用谐振电感和开关管的结电容就能实现软开关。根据超前臂和滞后臂实现软开关的方式不同，可将全桥变换器的 PWM 软开关方式分为两类：1）ZVS（Zero Voltage Switching）方式，超前臂和滞后臂均实现 ZVS；2）ZVSZCS 方式，超前臂实现 ZVS，滞后臂实现 ZCS（Zero Current Switching）。

图 8 所示为基本 ZVS PWM 全桥变换器的电路结构。在该变换器中，开关管工作在零电压开关条件下，可以大大减小开关损耗，提高开关损耗，有利于提高开关频率，减小变换器的体积和重量。但是，在该变换器中，超前桥臂利用输出滤波电感和变压器漏感能量来实现零电压开关，由于输出滤波电感较大，因此超前桥臂容易实现 ZVS；而

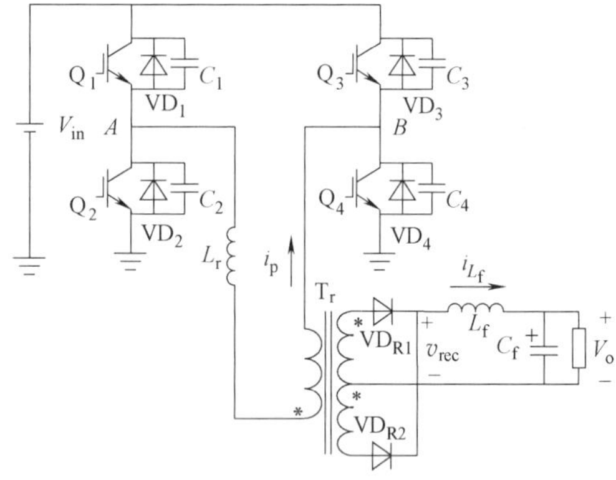

图 8　基本 ZVS PWM 全桥变换器的电路结构

滞后桥臂利用变压器漏感来实现 ZVS，而变压器漏感一般很小，因此滞后桥臂实现 ZVS 较为困难。为了实现滞后桥臂的 ZVS，可以增大变压器漏感或者在变压器原边串联一个谐振感。但漏感的增加和串入谐振电感会导致占空比的丢失，在输入电压最低负载最大时，占空比丢失最为严重。

ZVZCS 移相全桥变换器电路拓扑较多，实现滞后臂 ZCS 方法很多，应用较为广泛的方案是采用副边复位电路，图 9 所示为两种典型方案，其中图 9a 为主动复位电路，复位开关采用主动器件 IGBT 实现；图 9b 为被动复位电路，复位开关采用被动二极管实现。由于辅助逆变器通常采用 IGBT 作为开关器件，而 IGBT 在关断时会有一个较大的拖尾电流，造成关断损耗大。显然，ZCS 更适合采用 IGBT 作为开关器件的辅助逆变器。如前面半桥软开关变换器一样

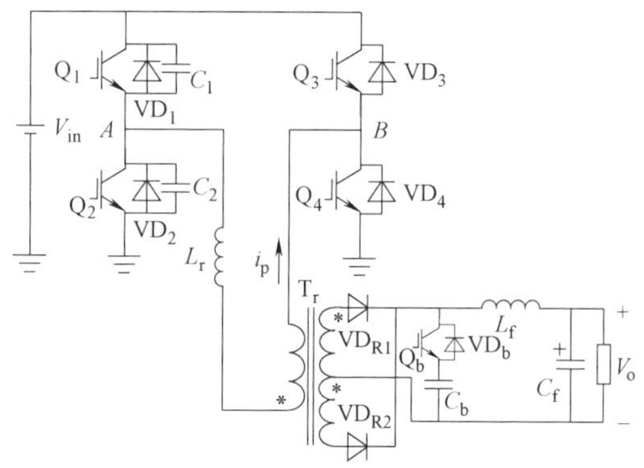

a) 主动复位电路

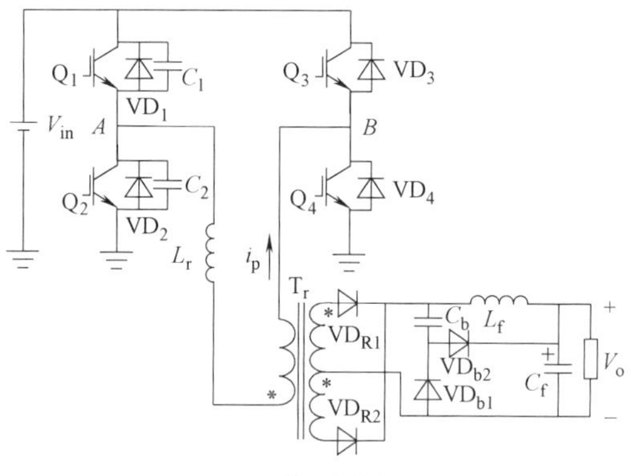

b) 被动复位电路

图 9　利用副边复位电路的 ZVZCS PSFB 变换器

也存在复位电路中额外损耗的缺点，增加的辅管在开通时引入额外的导通损耗，同时导通电流会折射到原边开关管上，增加原边开关管的导通损耗。

c. LLC 谐振软开关。LLC 谐振开关变换器具有谐振开关变换器的优点外，同时兼具空载工作能力和允许输入电压范围宽而体现出普通串联谐振变换器和并联谐振变换器无法比拟的优势，得到了广泛的应用。LLC 谐振变换器是在传统 LC 二阶谐振变换器的基础上增加一个并联电感改进而来的，因此相对于普通串联、并联谐振变换器，其在特性上有明显的改善。它常采用变频 PFM（Pulse Frequency Modulation）控制技术。LLC 谐振变换器主要有以下优点：

a）可以实现全负载范围的零电压开通（ZVS），开关管开通损耗小；

b）变换器可以实现高效率；

c）变换器采用电容滤波，避免大体积电感；

d）输出二极管可以实现零电流关断（ZCS），关断损耗小；

e）变换器易于实现磁集成。

LLC 谐振软开关主要有三种结构形式：对称半桥 LLC 谐振电路、不对称半桥 LLC 谐振电路和全桥 LLC 谐振电路，其电路拓扑如图 10 所示。工程应用中，半桥 LLC 谐振电路结构简单，电路中元器件少，设计方便，此种半桥式 LLC 谐振电路适合中小功率应用场合；全桥 LLC 谐振电路适合输入电压较高，输出功率较大的应用场合。

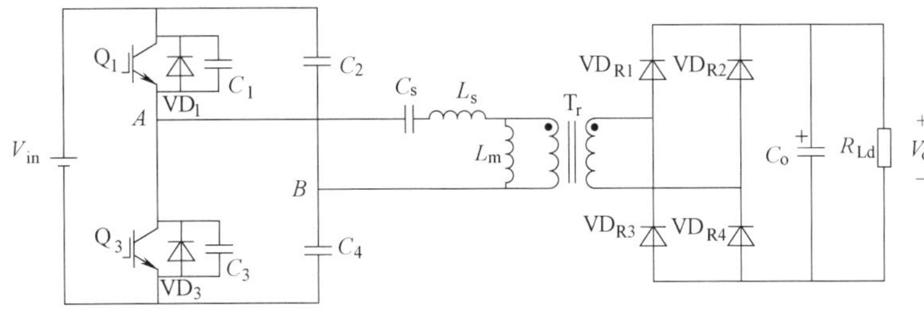


a) 对称半桥 $LLC$ 谐振电路

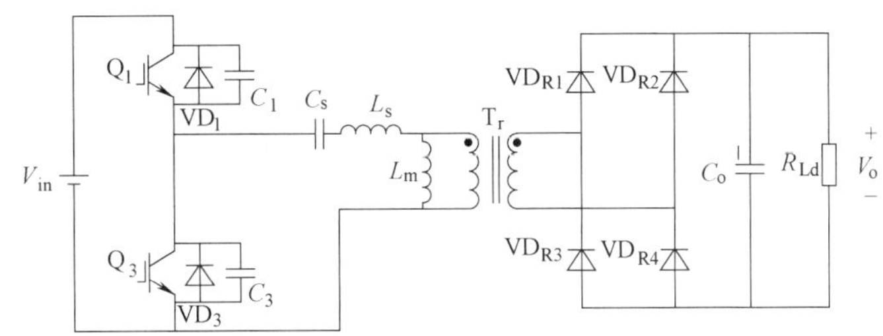


b) 不对称半桥 $LLC$ 谐振电路

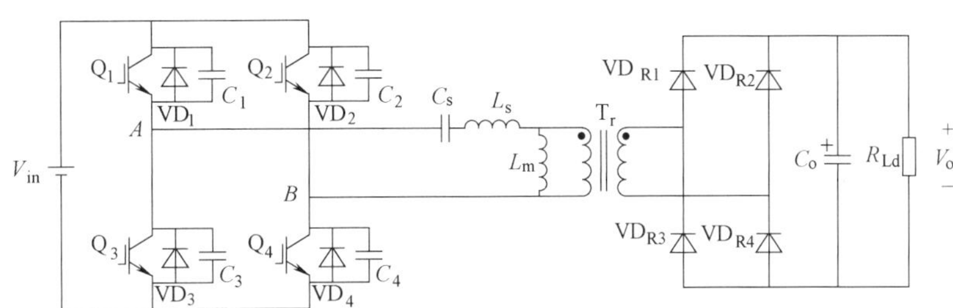


c) 全桥 $LLC$ 谐振电路

图 10　*LLC* 谐振变换器

2）无工频变压器三相四线制输出。城轨地铁车辆上存在多种交流负载，按其特点可以分为三相平衡负载和不平衡负载。不平衡负载的存在会导致输出三相电压不均衡，三相相电压出现漂移，还有可能出现直流分量，严重时甚至会烧毁输出滤波电容和用电设备，所以输出需采用三相四线制结构。对于工频辅助逆变器，由于存在工频变压器，可以采用△/Y0 工频变压器直接提供中线输出。但在高频辅助逆变器中，由于高频变压器取代了工频变压器，因此需采用其他方式提供中线输出。下面将详细介绍三种常用的无工频变压器三相四线制输出形式。

a. 带中点形成变压器的辅助逆变器。中点形成变压器实际上是一个 1∶1 的自耦变压器，其主要作用就是形成中性点以提供零序电流。当接不平衡负载时，零序电流只能在中点形成变压器中流通，从而产生零序磁通，并感应出三个大小相同，相位也相同的零序电势，叠加于变压器原有的三个对称电势上。零序磁通只能走漏磁回路，中性点的偏移与零序阻抗压降成正比。虽然这种结构原理简单、稳定性高，但是中点形成变压器的体积和重量仍然很大。图 11 所示为带中点形成变压器的辅助逆变器。

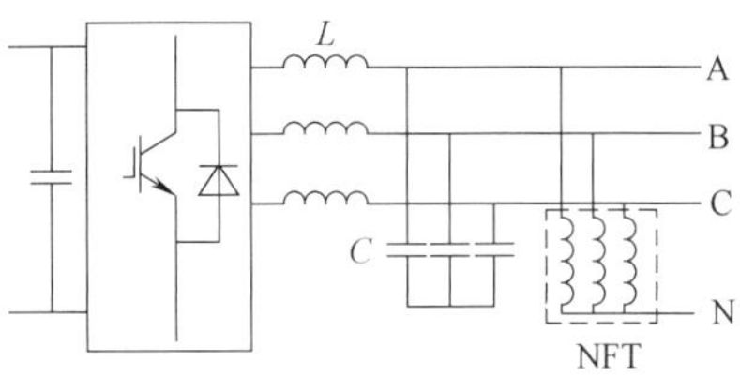


图 11　带中点形成变压器的辅助逆变器

b. 分裂电容式辅助逆变器。这种逆变器的特点就是将直流侧电容中点和交流侧滤波电容中点相连以提供不平衡电流。这种逆变器结构非常简单，但是因为纹波电流和不平衡电流都从中性线上流入分裂电容，所以会缩短分裂电容的使用寿命，并且如果要使逆变器输出三相均衡电压则必须要能保证中性点电位为 0，即要求分裂电容电压相等。图 12 所示为带分裂电容式辅助逆变器。

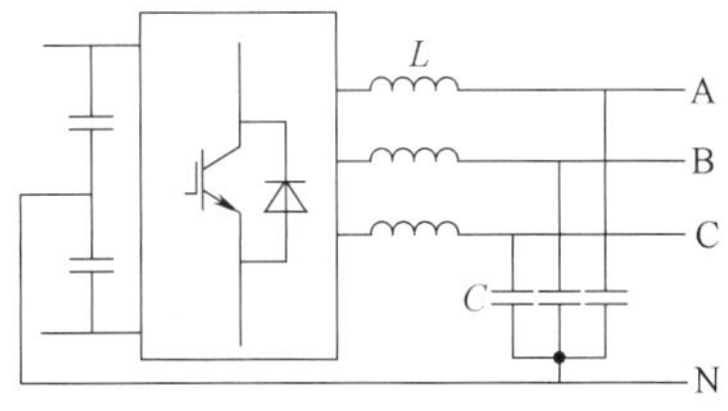


图 12　带分裂电容式辅助逆变器

c. 三相四桥臂式辅助逆变器。这种逆变器最早由美国GE公司提出。其原理是在三相逆变桥的基础上再加入一个桥臂来构成中点，并将滤波电容的中点接在此中点上，利用新加入的桥臂来控制中点电压，并且提供中线电流。这样没有分裂电容式逆变器的支撑电容寿命缩短的问题，但新增加的桥臂增加了控制的复杂程度。图13所示为三相四桥臂式辅助逆变器。

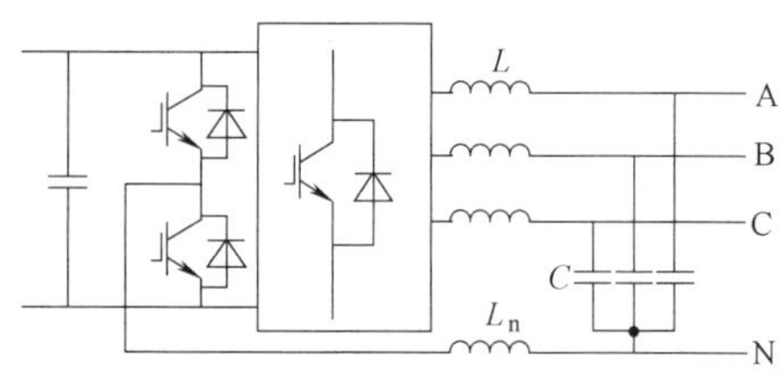


图13　三相四桥臂式辅助逆变器

2. 充电机

（1）工频隔离式充电机

工频隔离式充电机主电路如图14所示，输入侧采用工频隔离整流，之后进行斩波降压输出。由于采用工频变压器，其体积较大重量较重，目前充电机已逐渐采用高频隔离式方案。

（2）高频隔离式充电机

1）半桥硬开关。半桥式高频变换充电机主电路如图15所示，高频变压器初级侧由两个功率开关管及两个换相电容构成半桥逆变电路，经隔离变压及整流滤波后输出可以调节的直流电压。半桥DC/DC电路结构具有自动抗不平衡能力，可防止变压器直流偏磁饱和，但开关管工作在硬开关下，电路开关频率不宜过高。

2）全桥软开关。全桥式高频变换充电机主电路如图16所示，高频变压器初级侧由四个功率开关管组成，通过初级侧电感 $L_r$ 与电容 $C_1 \sim C_4$ 谐振工作，实现电路的软开关，初级侧电流应力为半桥DC/DC的一半。为防止高频变压器偏磁饱和，通常在原边侧串联隔直电容 $C_{cb}$。该电路功率开关管工作在软开关下，电路开关频率相对较高。

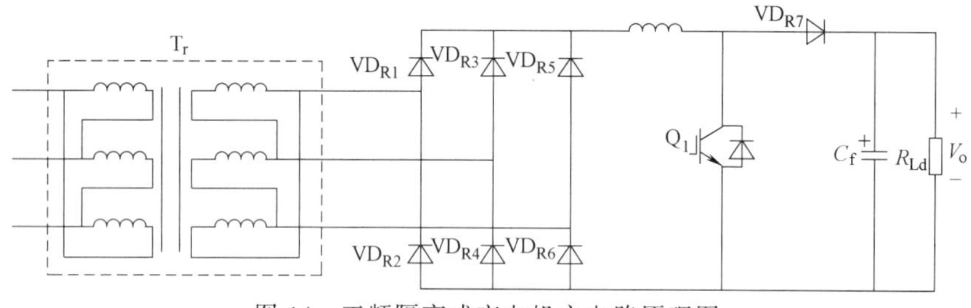


图14　工频隔离式充电机主电路原理图

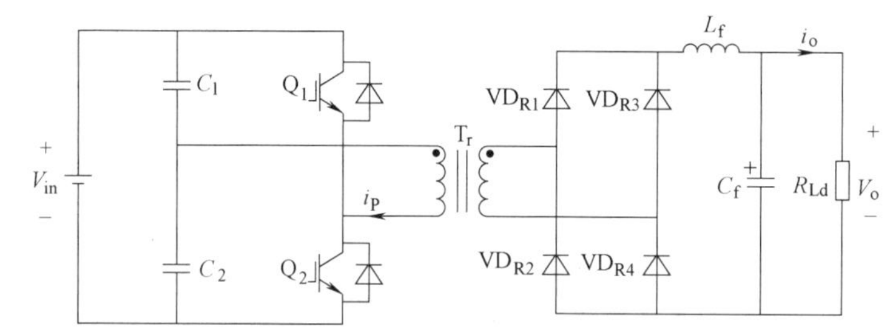


图15　半桥式高频变换充电机主电路

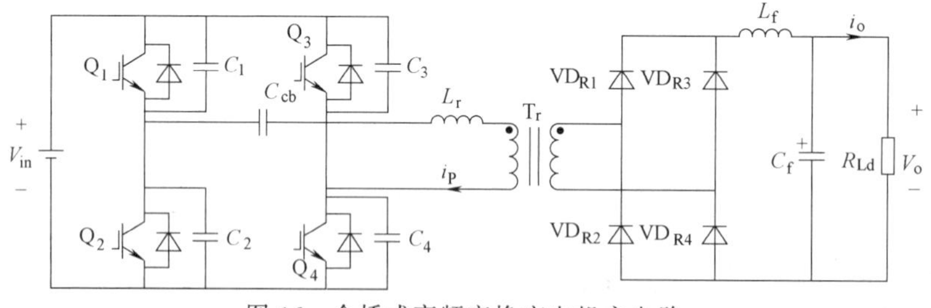


图16　全桥式高频变换充电机主电路

## 四、关键技术发展趋势

随着我国轨道交通装备的高速发展，用户对车载辅助变流器的要求越来越高，高频化、高效化、小型轻量化及能源互联化成为当前辅助变流器的发展方向。其中，软开关技术、SiC应用技术、高频磁件技术及能源路由技术是实现辅助变流技术发展的关键所在。

1. 软开关技术

为了实现车辆辅助变流器的高效节能，进一步减小体积和重量并降低噪声，高频化是功率开关器件、电力电子技术发展的必然方向。如采用硬开关技术，由于开关管在开关过程中产生大量的开关损耗，因此阻碍开关频率的提升，且由于辅助变流器工作电压高、输出容量大，因此，当前采用硬开关技术的辅助变流器开关频率一般低于

10kHz，在低压小功率充电机的开关频率可以做到15kHz。相对硬开关技术，软开关技术可以通过设置谐振回路或采用特殊的控制方法，实现开关器件的零电压开通或零电流关断，从而大幅降低开关过程产生的开关损耗，同时可降低硬开关较大的 d*v*/d*t* 或 d*i*/d*t* 产生的电磁干扰，提高整机的电磁兼容性能。

当前，软开关技术在辅助变流器的应用主要有两类：移相全桥软开关和 *LLC* 谐振软开关。其中，*LLC* 谐振软开关相对于移相全桥软开关，效率更高，但增益调节范围小。在城轨地铁车辆辅助电源应用中，充电机由于需要根据对蓄电池进行温度补偿输出，且在蓄电池深度限流充电时，输出电压很低，从而导致充电机输出范围宽，因此，充电机多采用移相全桥软开关。而辅助逆变器由于输出功率大，对效率要求高，因此，高频辅助逆变器多采用 *LLC* 谐振软开关，且为了保证 *LLC* 谐振变换器工作在最佳点，通常在 *LLC* 谐振变换器前级增加一级稳压电路，将宽范围的输入电压变换成稳定的中间直流电压，使得 *LLC* 谐振流变换器无须进行调频控制，此时，*LLC* 谐振变换器相当于直流变压器，在实现电气隔离和电压变换的同时，保证整机的高效节能工作。移相全桥软开关和 *LLC* 谐振软开关对比见表3。

表3　移相全桥软开关和 *LLC* 谐振软开关对比

| 项目 | 优点 | 缺点 |
|---|---|---|
| 移相全桥软开关 | 1)超前管实现ZVS,滞后管可实现ZVS或ZCS<br>2)采用PWM控制,增益范围大 | 1)存在占空比丢失,降低有效占空比<br>2)存在环流损耗或谐振回路损耗<br>3)轻载时,滞后臂实现ZVS困难 |
| *LLC* 谐振软开关 | 1)原边实现零电压开通和近似的零电流关断,次边二极管零电流关断,整体效率高<br>2)无须外部增加谐振回路,电路结构简单,可靠性高<br>3)可在全负载范围内实现软开关 | 1)对高频变压器的励磁电感和漏感都有特定要求,变压器设计困难<br>2)采用PFM控制,增益调节范围小,通常需要在前级增加稳压电路 |

目前，国内外城轨地铁车辆辅助变流器都已经实现了软开关技术的应用，产品的效率和功率密度都得到了一定提升，但与工业界的高端变流器还是存在差距，特别是多级系统的高频辅助变流器。由于高频辅助变流器通常由前级斩波稳压电路+中间高频DC/DC隔离电路+后级逆变电路组成，当前的软开关技术应用只局限在中间DC/DC隔离电路中，而前级稳压电路和后级逆变电路依然采用硬开关技术，开关频率难以提升，导致斩波输出和逆变输出的 *LC* 电路体积重量成为辅助变流器小型轻量化的瓶颈。在今后辅助变流器的应用中，斩波软开关和逆变软开关技术将成为软开关应用的重点研究内容，进而实现逐级变换的软开关，推动辅助变流器由当前混合软时代进入全新的全软时代。

## 2. SiC应用技术

第三代半导体材料中碳化硅目前发展最成熟，随着生产成本的降低，碳化硅半导体正逐步取代一、二代半导体。碳化硅具备低导通电阻、高开关频率、耐高温与耐高压等优势，可应用于1200V以上高压环境。相较氮化镓，碳化硅耐高温、耐高压性能更优，更适合应用于严苛环境，应用层面更加广泛。

在城轨地铁中大功率辅助变流器的应用方面，SiC半导体器件则主要以功率模块为主。如图17所示，辅助逆变器采用“SiC-SBD（碳化硅-肖特基二极管）+硅基IGBT半导体模块封装”。

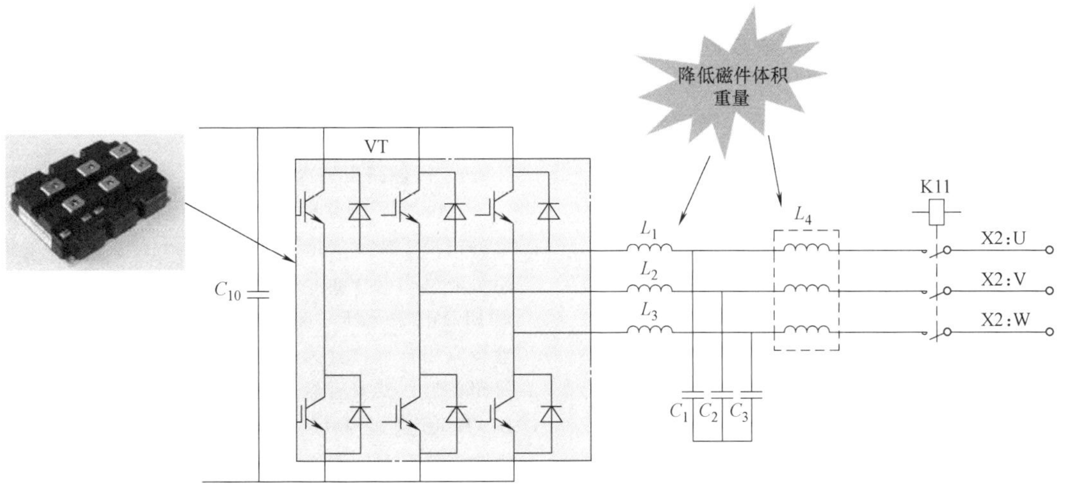


图17　混合SiC模块在辅助逆变器的应用

混合 SiC 模块采用 SiC-SBD 替代 Si-FRD（硅基快速恢复二极管），IGBT 导通开关电流尖峰以及二极管反向恢复电流大大降低，由此减小开关过程损耗，改善系统电磁兼容性能，同时也有利于提高开关频率，降低电抗器等磁件重量体积，实现产品轻量化。其与同类硅基 IGBT 模块产品对比（见表 4）产品优势明显。

表 4　混合 SiC 变流器对比表

| 对比项目 | 硅基 IGBT 变流器 | 混合 SiC 变流器 |
|---|---|---|
| 功率密度 | 1 | 1.2 |
| 开关损耗 | 1 | 0.68 |

在城轨地铁小功率辅助变流器应用方面，SiC 半导体器件则主要以分立器件为主。如图 18 所示，充电机主电路输入侧采用 SiC-MOSFET 用于 PFC 整流，使电路在满足相同功率因数条件下，提升开关频率，减少三相电抗器容量；在桥式逆变采用 SiC-MOSFET 与 SiC-SBD，降低开关损耗及反向恢复损耗，实现电路频率整体提升，也进一步减少了变压器、输出滤波电感、滤波电容的尺寸容量，最终实现产品的小型轻量化。

相对 Si 器件而言，SiC 器件性能优势明显，但成本偏高，特别是 SiC 功率模块是普通 Si 器件的 6～10 倍，因此，极大地限制了 SiC 在大功率辅助变流器的推广应用。目前，

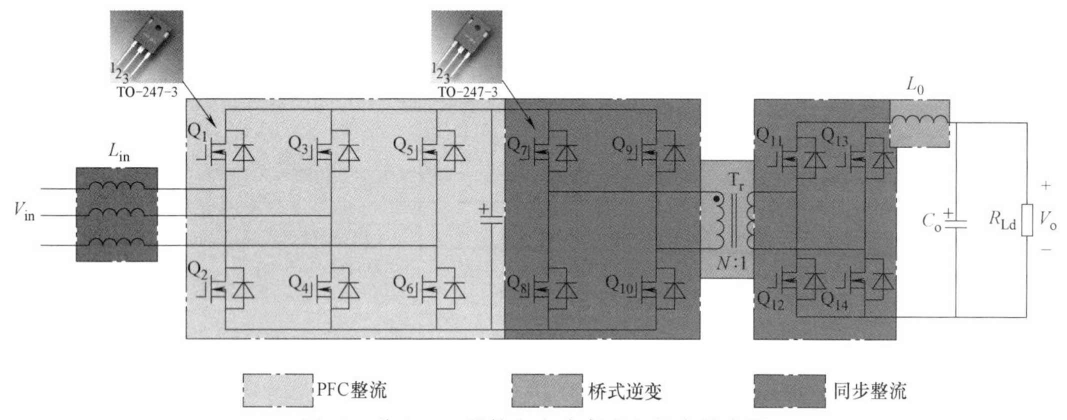

图 18　分立 SiC 器件在小功率充电机中的应用

SiC 辅助变流器研究及应用都只局限在工程样机阶段，并没形成批量化和产业化。随着 SiC 晶圆切割技术的愈发成熟和其他行业用量大幅提升，SiC 的成本也随之大幅下降。预计 3～5 年后，SiC 将全面推广至辅助变流器中，助推辅助变流器技术升级换代。

### 3. 高频磁件技术

随着辅助变流器高频化的发展，高频磁件应用越来越广泛，尤其在高频辅助逆变器和充电机中，高频磁件成为其核心器件，高频磁件的体积重量占辅助变流器的绝大部分，也决定了辅助变流器的体积重量。

城轨地铁辅助变流器用高频磁件应用环境复杂多样，需对其过电压、污染等级、振动冲击及电磁环境进行综合评估。相对普通工业应用，城轨地铁辅助变流器用高频磁件的工作电压更高、工作温度范围更宽、容量更大，且随着工作频率的提升，集肤效应和邻近效应作用更加明显，高频磁件的分布参数对电源的影响愈发凸显，导致高频磁件的热设计和绝缘设计非常困难，绕制工艺也是特别复杂。在高频磁件设计中，除了选用高饱和磁密、低损耗的高性能磁心材料外，在大功率高频磁件设计中，还可运用立绕技术和混合磁路技术来提高产品性能。

图 19 所示为采用立绕技术的高频电感，通过立绕技术的应用，可带来如下优点：

1）减少线圈的邻近效应；

2）无层间电容，EMI 特性优良；

3）结构紧凑、体积小、重量轻；

4）良好的散热效果；

5）自动化绕制，提高绕线效率及可靠性。

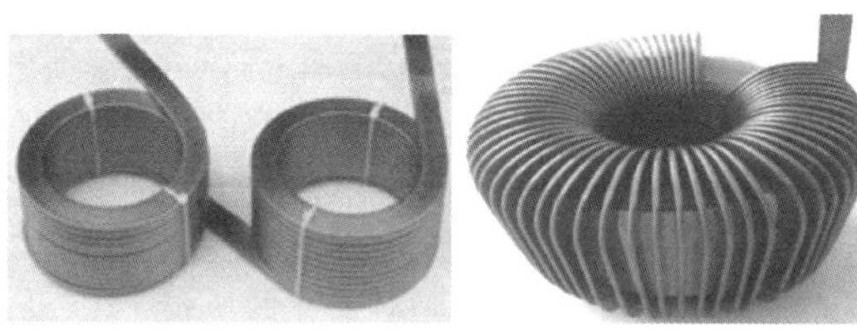
a) 立绕绕组　　b)立绕高频电感

图 19　立绕技术典型应用

图 20 所示为混合磁路技术的典型应用图，通过混合磁路技术的应用，可带来如下优点：

1）磁心损耗低，热点均衡，降低温升；

2）偏置特性好，低负载时感量大，利于减小纹波；

3）优化重量减少尺寸；

4）降低噪声。

### 4. 能源路由技术

2008 年美国北卡罗来纳州立大学在美国国家科学基金会的资助下提出的未来可再生能源传输与管理系统（Future Renewable Electric Energy Delivery and Management System，FREEDM），又称能源互联网（Energy Internet）。能量路由器按应用背景可分为：交流电网能量路由器与直流电网能量路由器，其中直流能量路由器拓扑中，由多个双向隔离 DC/DC 变换器构成的基本变换单元高压侧串联低压侧并联组合连接。双向隔离 DC/DC 变换器有很多种，其中最常用的是双向 CLLC 谐振变换器和双有源桥（DAB）变换器。CLLC 谐振型软开关变换器具有自然软开关的特点，通过优

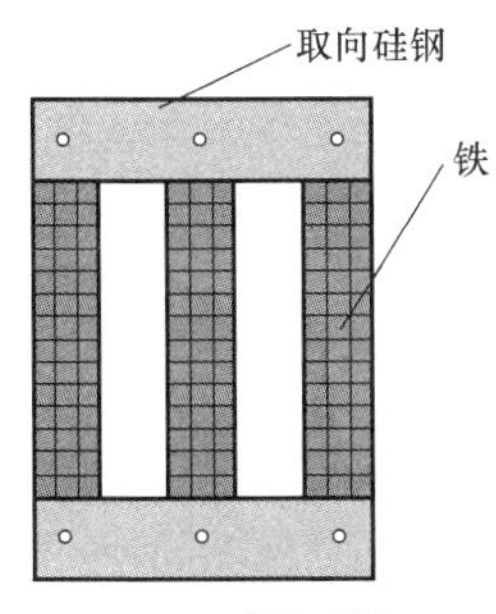


a) 混合磁路

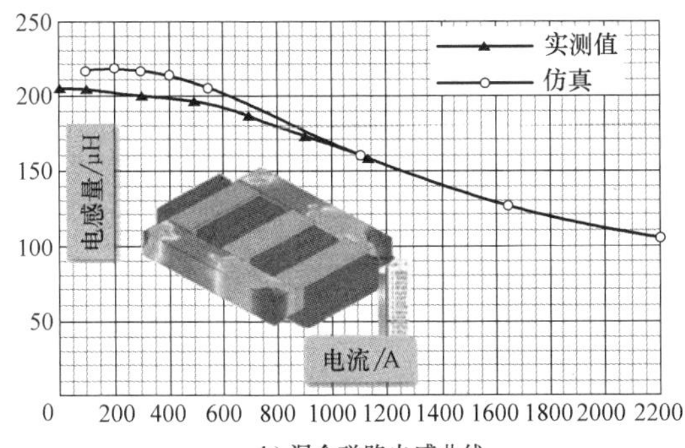


b) 混合磁路电感曲线

图 20 混合磁路技术典型应用

化系统参数设计，则实现在全负载范围内实现开关管的 ZVS 和整流管的 ZCS，具有高效率、高功率密度和高开关频率的特点，获得了越来越广泛的研究。DAB 变换器具有电流应力小、功率密度大、系统惯性小、动态响应快、能量流动方向在线无缝切换、定频工作、可实现 ZVS 软开关等优点，在工业应用特别是大功率场合得到了非常广泛的认可。

在城轨地铁车辆辅助供电系统中，可利用能量路由器实现蓄电池的应急供电以及应急牵引功能，典型能量路由器结构如图 21 所示。辅助变流能量路由系统工作逻辑如下：

正常供电时，能量路由系统将电网提供的直流电压通过双向 DC-DC 降压隔离后，一路通过 DC-AC 输出三相交流 380V/50Hz 电压，为车辆交流辅助设备供电；另一路输出直流 110V 为车辆直流负载供电，同时给蓄电池充电。

当电网无电或故障时，能量路由系统进入应急供电模式，整车由蓄电池提供能量，蓄电池经双向 DC/DC 升压隔离后，一部分能量输出至直流母线，经过牵引逆变器为牵引电动机供电，实现应急牵引功率；另一部分能量再经过 DC/AC 输出三相交流 380V/50Hz 电压，为车辆紧急风机等舒适性负载进行应急供电。

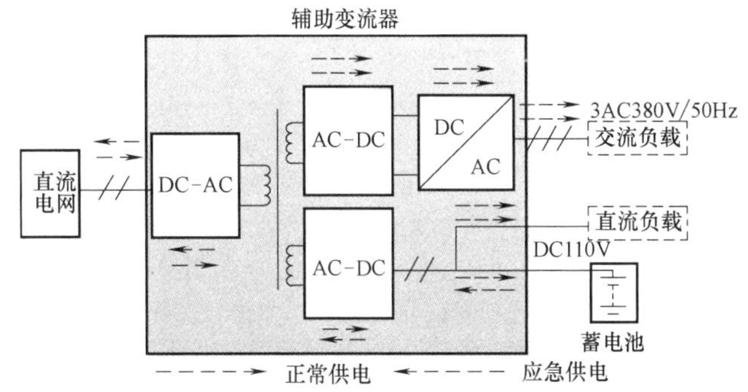


图 21 辅助变流能量路由系统典型应用

## 五、结语

城轨地铁车辆辅助变流器在我国经过多年的研究及应用，从原先笨重低效的工频辅助变流器发展成小型高效的高频辅助变流器。同时，伴随着新拓扑和新器件的发展及用户需求的提升，软开关技术和能源路由技术必将在辅助变流器全面推广应用，全力助推辅助变流器的高效化、高功率密度和能源互联化发展。

# PC 电源发展趋势

深圳市航嘉驰源电气股份有限公司

## 一、摘要

个人电脑（Personal Computer）近年来发展迅猛，体积、重量越来越小，功能和功率越来越强，这促使与之适配的开关电源功率密度越来越大，功率密度似乎是一个永恒的主题。

高端的 PC 在开机以及其外设（如显卡）启动时，要求 PC 电源能提供更大的峰值电流，Intel 新发布的电源规范中，峰值电流甚至达到其额定电流的 2.5 倍以上。而这些改变都要求在原有的结构、体积下完成。

另外，PC 电源的智能化、高效、节能、环保，也是现代社会不可或缺的元素。

随着高频开关元件 GaN HEMT 应用技术的日趋完善，以及软开关技术的成熟，还有智能芯片的推出，为研制满足上述要求的电源提供了物质基础。由以上的需求来推论，PC 电源已开始并将深入的发展趋势是：高频化、数字化、无桥化、软开关化。

以下就从这四个概念来阐述 PC 电源的发展趋势。

## 二、PC 电源概况

### 1. PC 电源的结构

PC 经历了 40 年的发展，几乎已普及到每家每户，也成为各行各业必备的办公设备。早期的 PC 电源 AT、ATX 等都是金属壳结构的内置电源。近 20 年来，随着笔记本电脑的崛起，促使外置电源 ADP 产品得以迅速发展。近 10 年来，又出现一种一体式 PC 机，风靡了 PC 市场。一体式 PC 机电源，既有外置的 ADP，也有嵌入式的 AIO 电源。

PC 适应社会需求的速度总是让人惊喜。从桌面台式电脑，到便携移动的笔记本电脑，还有一体式 PC 和家庭服务器式的 PC 机，有两个趋势，一是向便携式发展，二是向高功能发展。但都在向功能更强、体积更小、成本更低的方向发展，这也是 PC 电源所追寻的目标。

PC 电源从 50W 左右的 ADP，到 1000W 以上的台式 PC 电源，满载效率从 60% 提升到 90%，甚至更高，这些都得益于开关电源拓扑的发展和元器件性能的进步。

PC 电源有几种结构，如 ATX、TFX、SFX、AIO、ADP 等，其中 AIO 和 ADP 的结构形式更是多样化。如图 1 所示为外形结构。

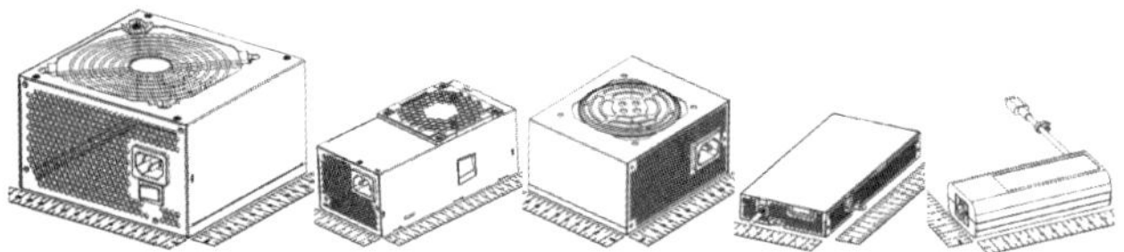

图 1　ATX、TFX、SFX、AIO、ADP 外形结构

### 2. PC 电源的主要元器件的发展状况

开关电源是由电阻、电容、半导体元件、磁性元件以及连接线组成。除了电源控制电路外，半导体元件、软磁元器件、电容元件，这三种元器件是开关电源的关键元素。几十年来，这些元器件在材料和工艺水平上虽有不同程度的进步，但都显得较缓慢，十几年，甚至几十年才有一个跨越性的发展。

（1）磁性元器件

PC 电源的软磁材料要求集高饱和磁通密度、低损耗、高稳定性、低成本于一体。虽然软磁材料有很多种，如：硅钢、铁氧体、坡莫合金、非晶及纳米合金，有的具有很优良的特性，但从性价比来考量，铁氧体材料最具优势。铁氧体材料应用于 PC 电源 40 年来，性能虽有改善，但相当缓慢。

（2）电容元件

电容元件的材料有很多，我们这里谈的是功率储存及滤波所用的电容器，因为这类电容的容量极大，在开关电源中占据相当大的空间和成本的份额。

铝电解从高容量和低成本的角度来考量，是其他材料的电容无法比拟的，几十年来一直被大量使用。由于铝电解的频率特性，在更高频率的开关电源中，滤波电容被固态电容所取代。

由于材料、生产工艺的局限，单位体积的电容容量已发展到了极限，再难提高。

（3）功率半导体元件

开关电源的功率半导体元件的发展相对要快一些。从双晶硅、单晶硅、SiC 到 GaN，开关速度、开关损耗、导通损耗、驱动损耗以及驱动技术一直在不断地改善。

从硬件材料的角度来说，开关管的发展速度对整个开关电源的发展起到关键的作用。也正是由于功率半导体元件 GaN HEMT 的技术突破，将导致 PC 电源一个飞跃性的发展。

## 三、PC 电源的高频化趋势

### 1. 高频化的目的

开关电源高频化，旨在减小电源的体积和重量。前文讲过，磁性元器件和电容元件在开关电源中占有很大的体积、重量，而其材料和工艺发展较缓慢，想从其自身的优化来达到减小体积和重量的目的是很困难的。

我们知道，电感、变压器和电容是通过充电和放电的过程来完成能量的储存和转换的。这样，我们可以通过增加充放电的次数，也就是加大开关频率，来达到在相同体积下转换更多能量的目的。

（1）磁性元器件与开关频率的关系

每一种磁性材料都有一个饱和磁通密度，当电路中的磁性元器件的最大磁通密度 $B_{max}$ 超过这个值时，磁性电路就会崩溃。由：$B_{max}=V_{max}T_{on}/(A_eN)$，其中 $T_{on}=TD_{max}=D_{max}/F$，得出，$B_{max}$ 与开关频率 $F$ 成反比。所以，提高开关频率可以减小磁通密度，也就是说，提高开关频率，可以避免磁性元件的饱和现象，始终工作在安全区。

从变压器的计算公式：

$$AP=A_WA_C=\frac{P_{in}\cdot 10^2}{2FB_mJK_uK_i}$$

可得出更直观的结论，变压器的有效体积 $AP$ 值与开关频率 $F$ 成反比，也就是说，相同功率时，频率提高一倍，变压器的体积就减小一半。

（2）滤波电容与开关频率的关系

开关电源输出纹波的完整计算很复杂，不同的拓扑、不同的负载阻抗以及不同的电容 ESR、ESL，都会产生不同的滤波效果。我们一般都是通过估算加上测试来确定滤波电容的参数。

从连续模式下滤波电容的估算公式：

$$C\geqslant I_{O\max}D_{\max}/(\Delta UF)$$

式中，$C$ 为电容的容量；$I_{O\max}$ 为最大输出电流；$D_{\max}$ 为占空比；$\Delta U$ 为纹波幅度；$F$ 为开关频率。

由上式得出，电容的容量与开关频率成反比，也就是说，开关频率越大，电容的容量就更小，也就是体积会更小。

从以上两点来看，提高开关频率将有效地减小开关电源的体积，提高开关电源的功率密度，这就是我们孜孜以求开关电源高频化的目的。

**2. 实现高频化的契机**

过去 40 年，PC 电源的开关频率虽然在逐步提高，但停滞在 100kHz 左右有十几年没有突破。有多方面的原因，但主要是 Si 基开关管到了功率密度的极限。主流半导体材料的特性参数见表 1。

一般来说，一个 MOSFET 工作在 50～100kHz，其开关损耗与导通损耗相近。开关频率大于 150kHz 时，由于米勒效应和反向恢复时间的原因，其开关损耗会急速上升，导致温度超标、效率降低，甚至无法工作。

这个时候，具有低寄生电容、零反向恢复时间的 GaN HEMT 的出现，很好地弥补了这些缺陷。

**表 1　主流半导体材料的特性参数**

| 材料 | Si | GaAs | 4H-SiC | GaN |
|---|---|---|---|---|
| 禁带宽度/eV | 1.12 | 1.42 | 3.25 | 3.4 |
| 相对介电常数 | 11.8 | 12.8 | 9.7 | 9 |
| 击穿电场/(MV/cm) | 0.3 | 0.4 | 3 | 4 |
| 饱和漂移速度($10^7$cm/s)峰值 | 1 | 1 | 2 | 3 |
| 热导率/(W/cmK) | 1.5 | 0.5 | 4.9 | 2.3 |

相对于 Si 元件，GaN 有更快的开关速度、更高的带宽、较高的载流子迁移率、禁带宽度大、导热率高，可在 200℃ 以上高温下工作，能够承载更高的能量密度。

随着 GaN HEMT 应用技术的日趋完善，将使 PC 电源开关高频化得以普及。

**3. PC 电源开关频率的发展历程和趋势**

过去人们称开关频率 20kHz 以上的电源都叫高频开关电源，这里所说的高频化电源，指的是开关频率在 200kHz 以上的电源。PC 电源开关频率趋势图如图 2 所示。

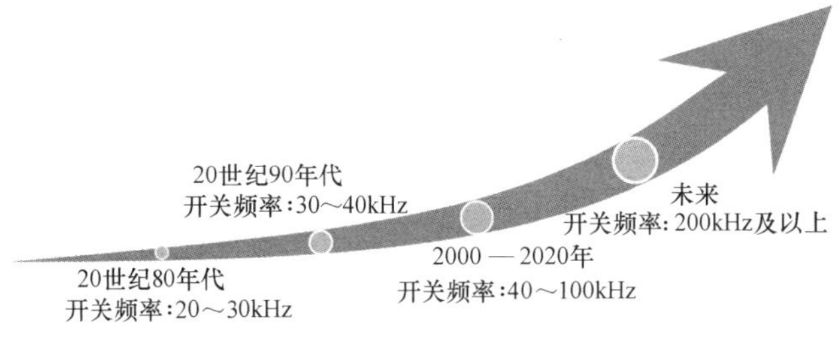


图 2　PC 电源开关频率趋势图

PC 作为家庭和办公用品，人们希望其体积更小、重量更轻、功能更强，高频化的趋势会越来越快。

## 四、PC 电源的数字化趋势

**1. 智能管理的需求**

随着智能科技的飞速发展，智能家居的互联互通将成为趋势。PC 机或将成为家庭智能化管理的工作站——家庭数据管理中心。能源信息是其中重点管理的项目，包括 PC 电源的功率、温度、效率等状况，都需要实时传送到家庭数据管理中心，数字化的 PC 电源看来是必然的趋势。PC 作为智能家居工作站如图 3 所示。

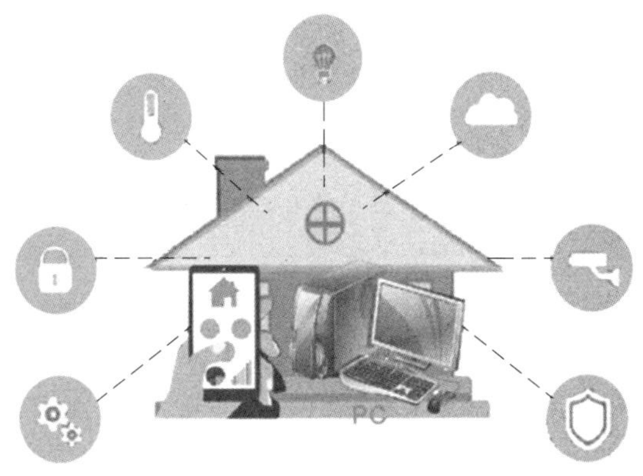


图 3　PC 将作为智能家居工作站

**2. 数字电源性能优势明显**

数字电源性能优势如下：

1）数字电源可设置多个环路补偿参数和瞬态响应模式，有效提高了电源的稳定性和精度。

2）可优化各个工作点的参数，提高各种负载下的效率。

3）方便检测和存储电源各项参数，并与管理中心通信。

4）能检测和处理开关状态，使软开关变得更容易实现。

5）能方便移植电源系统，减少开发周期和成本。

**3. 数字化 PC 电源的发展状况**

几个主要的电源芯片供应商开发的专用数字电源控制芯片已在推广中，使数字开发门槛和成本变得更低，如 TEA2016、HR1210、MP6924A，在航嘉、长城、光宝等专业电源厂商得到广泛的应用。

基于 DSP 平台的数字电源，在高端 PC 电源中也有应用。许多专业方案厂商提供了软件的原代码，并提供技术支持，以便电源开发工程师能快捷应用。

模拟控制对信号状态的反应是瞬时的，而数字电源需要一个采样、量化和处理的过程来对负载的变化做出反馈，因此它对负载变化的响应速度还比不上模拟电源。开关电源的高频化给数字电源控制单元的指令周期带来压力，目前高速的 DSP 或 MCU 可以支持 300kHz 的开关频率。

另外，数字电源建模难度较大，这也给理论研究制造了一些屏障，使人们对数字电源的可靠性产生疑虑。但数字电路技术和控制理论算法的发展速度远大于功率元器件的发展速度，相信数字芯片及其应用技术应该不会拖高频化开关电源的后腿。

## 五、PC 电源的无桥化趋势

**1. 交流市电整流损耗大**

PC 电源要把 50/60Hz 的 AC 电压整流成平稳的直流电压，经 BOOST PFC 升压后，再做 DC-DC 变换。我们一直使用的整流桥，是由四个慢速二极管组成，其正向压降在 1V×2 左右，直接影响整机效率 1.5%～2%。

业界有一个改善整流桥损耗的方案，是用控制 IC+MOSFET 来代替四个整流二极管。这个方案能有效提高效率 1.3%左右，电路简单，但成本极高，民用级的 PC 电源也只能放弃。

**2. 无桥 PFC 方案的探索**

鉴于整流桥的损耗是电源效率的硬伤，笔者认为无桥 PFC 才是目前 PC 电源最大的亮点。20 多年前，人们就开始研究无桥 PFC 方案，推出了 Dual-Boost 和图腾柱式无桥 PFC 方案。天桥 PFC 方案图如图 4 所示。

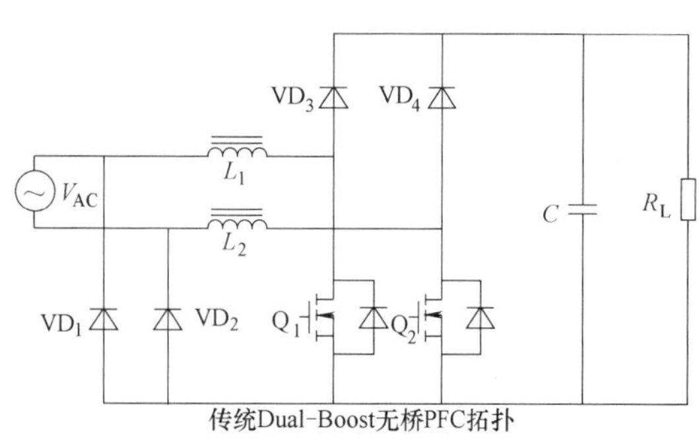

传统Dual-Boost无桥PFC拓扑

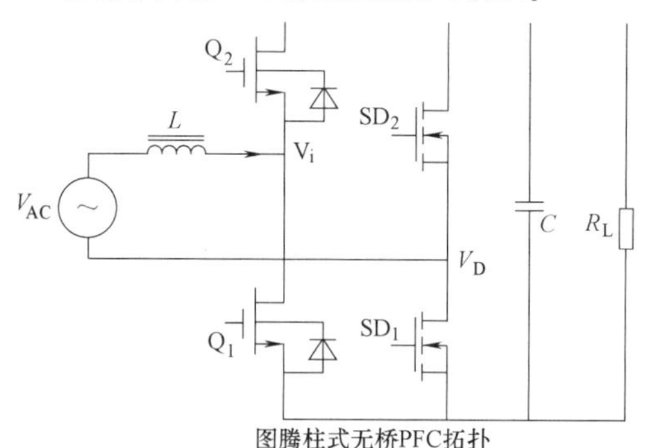

图腾柱式无桥PFC拓扑

图 4 无桥 PFC 方案图

但因电路较复杂、成本较高，并且因 MOSFET 反向恢复时间长，在 CCM 工作模式下的图腾柱式无桥 PFC 方案运行很不可靠，所以在 Si 基的 MOSFET 时代，在 PC 电源领域，无桥 PFC 拓扑没有得到普及。

**3. 无桥 PFC 方案的机遇**

随着 GaN HEMT 技术的成熟，具有低寄生电容、零反向恢复时间的 GaN HEMT，成为高频 CCM 图腾柱无桥 PFC 方案开关管的最佳选择。基于 GaN HEMT 的无桥 PFC 方案已成功应用在 PC 电源上，PFC 的效率达到 98.5%～99%。

功率元件的技术突破，给电源拓扑带来了春天，在开关电源的发展历程中，每一个关键元件的技术突破，都会给电源带来飞跃式的进步。

## 六、PC 电源的软开关化趋势

**1. 开关损耗**

由于开关管不是理想器件，在开通和关断这段时间里，电流和电压有一个交叠区，产生损耗，这种工作状态称之为“硬开关”。工作在硬开关状态下的电源开关损耗很大，并随开关频率的提高，损耗也随之增大。图 5 和图 6 所示分别为硬开关关断时的损耗（阴影部分）和软开关关断时的损耗（阴影部分）。

软开关技术有效地解决了这个问题。所谓软开关，就是利用谐振原理，使开关器件中的电流或电压按正弦规律

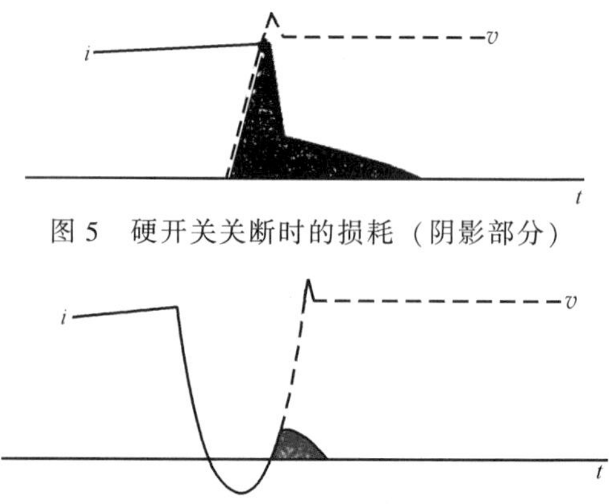

图 5 硬开关关断时的损耗（阴影部分）

图 6 软开关关断时的损耗（阴影部分）

变化，实现 ZCS 或 ZVS，从而减小电流和电压的交叠区，也减少了大部分开关损耗。图 7 所示为硬开关电流和电压波形，图 8 所示为 Buck ZVS 仿真波形。

2. 开关噪声

由于开关电源中的开关管存在寄生电感和电容，在快速变化的电流和电压的作用下，产生电压尖峰和电流尖峰：$U_L=Ldi_L/dt$ 和 $I_C=Cdu_C/dt$，并伴随着高频振铃。这就是开关电源最主要的噪声源。

如何来消除这些噪声呢？加入吸收电路是一个方法，但会产生额外的损耗。更好的方法是引入软开关技术，使开关管上的电流和电压在开和关的时刻，按正弦规律变化。避免了高的 $U_L=Ldi_L/dt$ 和 $I_C=Cdu_C/dt$，从而降低了噪声源。

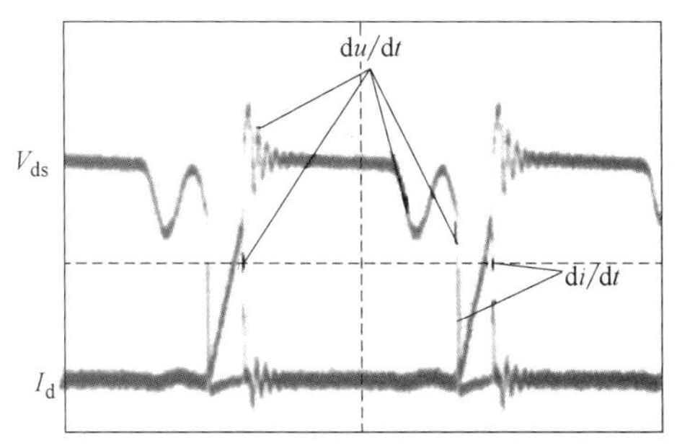


图 7 硬开关电流和电压波形

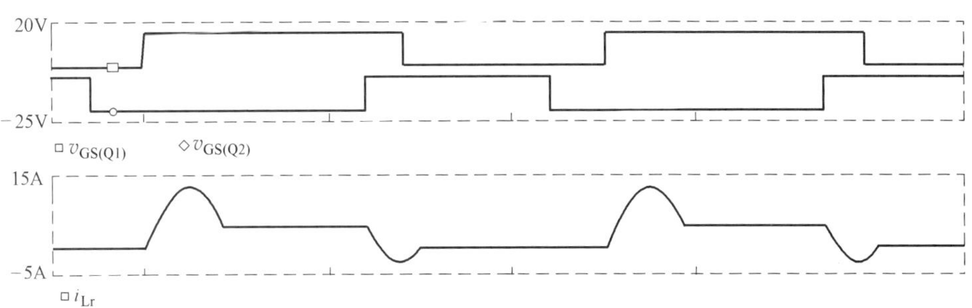


图 8 Buck ZVS 仿真波形

3. 技术的进步和成本的降低将促使软开关普及

开关电源行业的技术人员一直在努力开发各种软开关电源拓扑。在通信电源领域，软开关技术已成为其标配，但在 PC 电源领域，因成本的要求还没有普及。

伴随着元器件性能的提高，特别是数字控制电路不断地进步和普及，实现软开关技术变得容易起来。

PC 电源的 DC-DC 转换中，已广泛使用的 *LLC* 方案就是成功的谐振软开关拓扑，很大幅度提高了整机效率，同时又降低了开关噪声。如果 PFC 电路实现软开关技术，将是对 PC 电源一次跨时代的提升。

## 七、综述

当今的电源指标已经达到相当高的水准，从材料、工艺、拓扑方面，似乎都进入了发展的瓶颈阶段。但是，科学是无止境的，各行各业都有大量的科技工作者在努力探索，相信各种技术难关都将不断得以突破。

虽然功率开关管 GaN HEMT 还有一些诸如动态阻抗不稳定、SOA 不易做大等问题，业界有许多关于超级结 MOS 和 GaN HEMT 发展前景的争论，但笔者更倾向于 GaN HEMT，这种新材料、新技术的突破会很快到来，将使开关电源进入一个快速发展的阶段。

纵观现代社会科技与环保的发展速度和趋势，开发新一代高效率、高功能、低成本、低噪声的 PC 电源，已成为电源厂商和技术人员的现实目标。

目前，一款无桥 PFC+LLC+SR 的 PC 电源，峰值效率已达到 96%，功率密度达到 22W/Inch3。这样的电源产品，不仅为 PC 行业带来更大的拓展空间，更为社会节约了可观的电能。这肯定不是 PC 电源的终极目标，随着 PC 电源的高频化、数字化、无桥化、软开关化的发展和普及，更加优秀的 PC 电源产品将进入千家万户。

**撰稿单位简介：**

深圳市航嘉驰源电气股份有限公司隶属于航嘉机构旗下。航嘉机构（Huntkey）成立于 1995 年，总部位于深圳，是国际电源制造商协会（PSMA）会员、中国电源行业协会（CPSS）副理事长单位、中国电动汽车充电技术与产业联盟会员单位。在美国、日本等地设有分公司，在巴西、阿根廷、印度等多国拥有合作工厂。自主设计、研发、制造开关电源、计算机机箱、显示器、适配器等 IT 周边产品，手机等移动电子产品充电器、旅行充等消费周边产品，智能插座、智能小家电、智能 LED 照明等智能家居产品，充电桩、新能源汽车车载电源（充电机、DC/DC 等）。

目前拥有深圳、河源、合肥三地工业园区近百万平方米。企业目前有员工合计 3000 余人，其中研发人员 400 余人。多年来，为联想、海尔、DELL、BESTBUY 等国内外大型企业提供优质可靠的产品和解决方案，获得了优质大客户的高度认可和信赖。同时，航嘉也致力于促进行业的健康发展，主持起草与参与起草的国家标准以及行业标准 21 项，广东省科学技术厅也授予公司“广东省绿色智能电源工程技术研究中心”的称号。

# 第四篇　电源行业新闻

## 学会大事记

# 精英齐聚 再创新高——中国电源学会第二十三届学术年会成功召开

中国电源学会第二十三届学术年会（CPSSC2019）于2019年11月1~4日在深圳成功召开。在以往年会的基础上，本届年会在会议主题、嘉宾级别、参会人数、同期活动等方面全面升级，规模和影响力再创新高。

两年一届的中国电源学会学术年会是中国电源界规模最大、级别最高的电源学术盛会，已有30多年历史，在电源界具有广泛的影响。本届年会汇聚境内外电源学术界、产业界、政府部门的高层人士和广大科研技术人员，参会人数超过1600人。中国电源学会理事长徐德鸿教授，党委书记兼副理事长韩家新研究员，中国工程院院士、装甲兵工程学院臧克茂教授，美国国家工程院院士、弗尼吉亚理工大学李泽元教授，IEEE电力电子学会主席Frede Blaabjerg教授，美国电源制造商协会主席Stephen Oliver先生，美国德州农工大学Prasad N. Enjeti教授，斯坦福大学Juan Rivas博士，中国电源学会监事长台达电子企业管理（上海）有限公司章进法博士，副理事长华南理工大学张波教授，阳光电源股份有限公司曹仁贤董事长，南京航空航天大学阮新波教授，西安交通大学刘进军教授，上海海事大学汤天浩教授等领导和嘉宾出席。会议共录用论文506篇，设置7场特邀大会报告，9场专题讲座，52个主题272场技术报告，12个主题35场工业报告，2个墙报交流时段，展览会参展企业76家，展位规模超过100个。

同时，会展赛奖四位一体也是本届年会的一大特色。年会同期举办了“第五届中国电源学会科学技术奖”颁奖仪式及成果展示、“GaN Systems杯”第五届高校电力电子应用设计大赛决赛及作品展示、电源科研成果交流会、中美电源产业创新论坛、青年电源人才论坛、电源女科学家论坛等丰富活动。年会日程紧凑、形式多样、亮点纷呈，全方位展示了目前电源技术的发展水平，对电源各个领域的新理论、新技术、新成果及新工艺进行了深入地交流与研讨，为与会者带来了一场空前的饕餮学术盛宴。

### 同步亮相 亮点频出

11月1日，年会正式开幕前，组委会邀请国内外相关领域的知名专家开设了9场专题讲座，围绕业界关心的微网储能变流器、多电平变换器拓扑与控制、SiC功率器件、发电机高性能控制、新型氮化镓器件、并网变流器韧性分析、变流器设计、锂离子电池建模与仿真和多电平变换器仿真等技术等话题进行了深入的讲解。

### 大会报告 大咖云集

11月2日上午8点半，年会开幕式暨第五届中国电源学会科学技术奖颁奖仪式正式开始，中国电源学会副理事长韩家新研究员主持开幕式。大会主席、中国电源学会理事长、浙江大学徐德鸿教授致开幕辞，深圳市坪山区人民政府区委副书记、区长李勇致欢迎词，会议技术程序委员会主席、浙江大学马皓教授介绍了会议的主要内容。

在大会报告环节，特邀包括美国工程院院士、弗吉尼亚理工大学李泽元教授（Fred C. Lee），IEEE PELS主席、丹麦奥尔堡大学Frede Blaabjerg教授，斯坦福大学Juan Rivas博士，Texas A&M大学Prasad N. Enjeti教授，中国中车资深技术专家、教授级高级工程师、株洲中车时代半导体有限公司副总经理罗海辉，富士电机首席技术官Tatsuhiko Fujihira博士，三菱电机半导体大中国区技术总监宋高升等7位国际知名专家作大会特邀报告。7位专家以国际视野的全新角度，紧扣电力电子领域发展的不同热点议题，分享了对于该领域的前瞻思考和独到见解，7场精彩主题演讲受到了与会者的热烈欢迎。

展览会也同时开幕，本次会议共有76家电源及相关配套产品企业参加展览，展位超过100个，为业界搭建了理想的交流平台。

### 分会场报告 精彩纷呈

11月3、4日，大会分会场交流正式开启，52个主题272场技术报告，12个主题35场工业报告，精彩纷呈。与会论文作者和产业界资深工程师就电力电子全领域的最新成果进行了充分的交流和探讨，内容涉及新颖开关电源、直流变换技术、功率因数校正技术；逆变器及其控制技术；SiC、GaN器件、新型功率器件及其应用；磁元件和集成磁技术；无线电能传输技术；控制、建模、方针和系统可靠性；新能源电能变换及储能技术；以及电力电子技术在输配电、电动汽车、铁路、海运、航空、照明、消费电子、数据中心和通信等领域的应用等精彩话题。此外，会议还进行了两个主题的墙报交流活动，总计234篇论文在这一环节进行了交流。本次会议特设优秀分会场报告人评选活动，最终74位报告人获选，由会场主席现场颁发了证书。

11月3日晚，会议颁奖仪式隆重举行。经过会议程序委员会及各专题主席的推荐和评选，本次会议共评选出20篇优秀论文，现场颁发了证书。

同时，向为本次会议提供了大力支持的株洲中车时代半导体有限公司、富士电机（中国）有限公司、三菱电机机电（上海）有限公司、Navitas Semiconductor等4家钻石合作伙伴，GaN Systems Inc、深圳基本半导体有限公司、艾德克斯电子有限公司、罗姆半导体（深圳）有限公司、无锡芯朋微电子股份有限公司等5家白金合作伙伴颁发了牌匾。

会议期间还举办了第五届中国电源学会科学技术奖颁奖仪式和获奖成果展示、中美电源产业创新论坛、电源科研成果交流会、青年电源人才论坛和电源女科学家论坛等丰富活动。

为期4天的会议，于11月4日落下帷幕，1600余位国内外专家、学者和科研技术人员在进行深入探讨的同时，会老友、结新朋，使本次会议成为一场大咖云集的学术盛宴。

## 第五届中国电源学会科学技术奖颁奖仪式11月隆重举行

2019年11月2日，第五届中国电源学会科学技术奖颁奖仪式在深圳举行。在仪式中，向阳光电源股份有限公司董事长曹仁贤先生颁发杰出贡献奖，同时颁发一等奖4项、二等奖8项、优秀产品创新奖6项、杰出青年奖1人，优秀青年奖3人。学会副理事长韩家新研究员主持颁奖仪式，中国电源学会理事长、浙江大学徐德鸿教授，中国工程院院士、装甲兵工程学院臧克茂教授，美国国家工程院院士、弗尼吉亚理工大学李泽元教授，IEEE电力电子学会主席Frede Blaabjerg教授，美国电源制造商协会主席Stephen Oliver先生，美国德州农工大学Prasad N. Enjeti教授，斯坦福大学Juan Rivas博士，中国电源学会监事长台达电子章进法博士，副理事长华南理工大学张波教授，阳光电源股份有限公司曹仁贤董事长，南京航空航天大学阮新波教授，西安交通大学刘进军教授，上海海事大学汤天浩教授等领导和嘉宾出席，同时有来自境内外电源学术界、产业界和政府部门的1600余位专业人士共同见证了这场盛大的颁奖仪式。

“中国电源学会科学技术奖”（国科奖社证字第0220号）是由国家科技部批准，在国家科技奖励办公室登记备案，代表本行业、本专业在全国范围内评选的最高科技奖励，奖励在我国电源领域的科学研究、技术创新、新品开发、科技成果推广应用等方面做出突出贡献的个人和单位。

该奖项自2011年设立以来，每两年评选一届，至2019年共成功评选五届，共计获奖项目79个，获奖人516名。评奖活动本着公开、公平、公正的原则，力求如实反映我国电源科技发展的最高水平。

第五届中国电源学会科学技术奖于2019年4月15~7月15日公开接受项目申报，共收到项目类推荐46项，个人类推荐17项。经过108位相关领域专家参与的初评、评审会会审、公示、审批等一系列环节，最终评选出项目一等奖4项、二等奖8项，优秀产品创新奖6项，个人类杰出贡献奖1人、杰出青年奖1人、优秀青年奖3人。

获得第五届中国电源学会科学技术奖一等奖获奖项目包括中兴通讯股份有限公司完成的《5G网络供电方案》，天津大学等单位完成的《车用高密度功率模块封装关键技术、材料与应用》，科华恒盛股份有限公司等单位完成的《高压直流供电系统关键技术的研究及应用》，广州供电局有限公司等单位完成的《城市电网与电压暂降敏感用户兼容技术研究》。

中国电源学会副理事长、南京航空航天大学阮新波教授为一等奖获奖项目颁发获奖证书。中兴通讯股份有限公司能源产品胡先红总工、天津大学梅云辉副教授、科华恒盛股份有限公司研发中心王志东总监、广州供电局有限公司马智远高工分别作为项目代表上台领奖。

之后，中国电源学会副理事长、上海海事大学汤天浩教授，中国电源学会学术委员会主任、浙江大学马皓教授为本届电源科技奖二等奖获奖项目颁奖。8个获奖项目分别是《基于光伏微型逆变器的大型分布式电站高效安全运行研究》《节能提效型电除尘器大功率高压电源关键技术开发及应用》《特高压GIS现场标准雷电冲击试验电源研发与应用》《用于航天器通信黑障消除的特种电源研究》《电感器的结构优化设计》《电动汽车无线充电关键技术研究及“三合一”电子公路系统研制》《大水电送端异步电网频率精确实时仿真与多直流协调控制技术》《多源配电网高质量运行关键技术》。

此外，第五届中国电源学会科学技术奖还评选出优秀产品奖获奖项目6项。分别是《超小型60W USB PD Type-C电源适配器》《面向4G/5G基站的高效高功率密度电源系列》《长城高效率数字化通用电源》《中压、低压有源电压质量控制器系列产品（AVQR）》《WXHSVG-10kV/（0-10）Mvar高压静止无功发生器》《WLD2300铁路净化电源装置》。中国电源学会副理事长、西安交通大学刘进军教授为获奖单位颁奖。

近年来，电源领域优秀青年科技人才不断涌现，本届青年奖项竞争尤为激烈。最终重庆大学杜雄教授荣获第五届中国电源学会科学技术奖杰出青年奖，由中国国电源学会副理事长、台达电子企业管理（上海）有限公司设计中心主任章进法博士为杜雄教授颁发奖杯和证书。

东南大学陈武教授、华中科技大学陈宇副教授、合肥工业大学马铭遥教授获得第五届中国电源学会科学技术奖优秀青年奖。中国电源学会副理事长、华南理工大学张波教授为三位获奖人颁发了奖杯和证书。

颁奖活动最后宣布的是第五届中国电源学会科学技术奖杰出贡献奖获得者——阳光电源股份有限公司曹仁贤董事长。曹仁贤先生专注于新能源发电领域和电力电子技术研究20多年，长期致力于推动我国新能源发电和电源行业的整体发展，积极组织推动本领域产学研合作和成果转化，搭建产业与政府间的沟通桥梁，带动行业的整体进步，在新能源电源领域取得了杰出成就，为促进我国新能源电源产业和技术发展做出了突出贡献。

中国电源学会理事长、浙江大学徐德鸿教授为曹仁贤先生颁发了杰出贡献奖奖杯和证书。曹先生在获奖致辞中表示对于获得这份大奖感到十分荣幸，同时感谢中国电源学会、广大行业企业、专家、同行及公司团队对于自己和整个行业的长期支持，台下的与会代表也对这位新能源发电领域的产学研带头人报以热烈的掌声。

至此，第五届中国电源学会科学技术奖评奖活动圆满落幕。本届电源科技奖评奖活动汇聚了电源行业顶尖人才和优秀成果，有效地促进了电源科技创新和科技成果的产业化，进一步推动了电源科技事业的发展，得到了行业企业和广大科技工作者的广泛认可。鉴于电源技术和产业的快速发展，为进一步鼓励和促进电源科技创新，经中国电源学会常务理事会审批，中国电源学会科学技术奖评选周期将由两年改为一年，第六届电源科技奖评奖活动将于2020年举行。

## GaN Systems杯第五届高校电力电子应用设计大赛11月圆满结束

2019年11月1日，GaN Systems杯第五届高校电力电子应用设计大赛在中国电源学会第二十三届学会年会期间同期举行。浙江大学代表队在众多参赛队伍中脱颖而出，斩获决赛特等奖。此外，2 支队伍获得一等奖，2 支队伍获得二等奖，7 支队伍获得优胜奖。

高校电力电子应用设计大赛是中国电源学会自 2015 年发起的一项面向全国高校学生的具有探索性工程实践的活动，是全国电力电子领域高水平的大学生竞赛，已成功举办了四届。本届大赛由中国电源学会、中国电源学会科普工作委员会主办，清华大学承办，得到了冠名赞助商 GaN Systems Inc. 和联合赞助商宁波希磁科技有限公司的大力支持。

第五届大赛以“高效率高功率密度 AC/DC 电源”为题目，于 2019 年 2 月 28 日发布竞赛方案征集通知，之后共吸引了来自全国 40 所高校的 40 支队伍报名参赛。参赛学校涵盖面广泛，既有电力电子技术领域的老牌强校，又有近年来成长迅猛的新兴院校。

5 月 19 日，大赛组委会在清华大学举行了启动仪式，并召开了评审委员会会议，对报名参赛的项目计划书进行首次评审，评选出 30 支队伍进入初赛，同时给各参赛队提出方案的改进意见。

进入初赛的各参赛队采用赞助商免费提供的 GaN 器件及芯片级电流传感器开始了参赛作品的设计工作，并于 8 月中旬提交了阶段研究报告。8 月 31 日，在清华大学电机系召开大赛中期评审会议，最终评出 12 支队伍获得本次决赛参赛资格。

在本次决赛开幕式上，中国电源学会监事长、竞赛主席章进法博士致辞，对进入决赛的参赛队表示了热烈的祝贺，同时对各位评审专家、赞助商代表等与会者的到来表示了欢迎，并表示高校电力电子应用设计大赛为广大高校电力电子及相关专业学生提供了一个学以致用、理论联系实践的展示平台，激励更多学生进行电力电子技术领域的创新。同时，也有利于推动高等学校专业教学改革，促进电力电子技术产业化人才的培养。

GaN Systems 公司副总裁 Paul Wiener 先生以及 GaN Systems 公司中国区工程部经理李锐先生亲临开幕式。李锐先生发表致辞，向与会者介绍了新型 GaN 器件的优势和前景，并肯定了中国电源学会主办的高校电力电子应用设计大赛对促进新型功率器件的普及和发展所起的重要作用。

本届大赛的联合赞助商宁波希磁科技有限公司白建民先生也发表致辞，预祝大赛圆满成功。

之后的决赛环节，分样机性能测试和汇报答辩两个环节。今年比赛题目极具挑战性，一方面涉及 GaN 器件的应用；另一方面性能指标要求高，输出电压要稳定、谐波要小，同时输入电流纹波要小。参赛队伍提出的技术方案非常新颖，且各具特色。经过初评、预赛的不断改进，汇报的方案都有很大的完善和提升，在回答评委答辩时逻辑清晰，思路敏捷，展现出当代电源领域在校大学生的专业素质和个人风采。

此外，决赛作品非常精致，性能、功率密度都很高。GaN Systems 公司的 Paul Wiener 先生与评审专家热烈讨论，对决赛作品赞不绝口。

经过评审委员会的严格而又慎重的评审，本次大赛唯一的特等奖花落浙江大学代表队，华中科技大学以及北方工业大学获得一等奖，南京航空航天大学、黑龙江科技大学获得二等奖。杭州电子科技大学、清华大学、哈尔滨工业大学、昆明理工大学、上海海事大学、燕山大学和重庆理工大学获得优胜奖。

11 月 3 日晚，GaN Systems 杯第五届高校电力电子应用设计大赛颁奖仪式隆重举行。1000 多人的会场座无虚席。颁奖仪式由中国电源学会理事、竞赛承办单位清华大学肖曦教授主持并致辞，回顾了本次大赛的精彩过程，介绍了今年大赛参赛队伍多以及参赛水平高等特点。

在现场向获奖参赛队颁发了证书，同时向大赛冠名赞助商 GaN Systems Inc. 以及联合赞助商宁波希磁科技有限公司颁发了证书。

下届竞赛将移师武汉。承办单位华中科技大学电气与电子工程学院副院长林磊教授致辞，并表示力争明年大赛的规模和水平都将再上一个台阶，也欢迎各高校积极组队参赛。

## 中国电源学会第二批 8 项团体标准 7 月正式发布

2019 年 7 月 31 日，中国电源学会第二批 8 项团体标准正式发布。这是继 2018 年发布首批 8 项团体标准以后，中国电源学会开展行业标准化体系建设的又一重要成果。

根据《深化标准化工作改革方案》等文件的要求，依照《中国电源学会团体标准管理办法》，中国电源学会于 2016 年启动中国电源学会团体标准工作，之后每年定期开展新的团体标准制订项目。

首批团体标准经立项、起草、审查等各项工作，于 2018 年 6 月 6 日正式对外发布。2017 年 10 月，中国电源学会第二批团体标准项目启动。2019 年 4 月召开的中国电源学会团体标准评审会议，对 2017 年度启动的 9 项团体标准及 2016 年首批团体标准中立项延期完成标准 2 项、修后重审标准 1 项，共计 12 项团体标准报审稿进行了审查。

最终，8 项团体标准通过审查，之后经修改、审批等环节，此次正式发布。这 8 项团体标准，涉及电源不同领域的技术或检测规范，达到了业界先进水平，填补了相关行业空白，有助于指导行业规范化。

中国电源学会将继续推进先进标准体系建设，积极发挥行业主体作用，以高标准引领行业高质量发展。

本批团体标准全文可在中国电源学会官方网站-团体标准栏目免费下载，学会官网网址：www.cpss.org.cn。

附录：中国电源学会发布 8 项团体标准，标准及编号：

［T/CPSS 1001—2019］低压混合式动态无功补偿装置

［T/CPSS 1002—2019］低压有源电压偏差补偿装置

［T/CPSS 1003—2019］交流输入电压暂降与短时中断的低压直流型补偿装置技术规范

［T/CPSS 1004—2019］智能变电站电能质量测量方法

［T/CPSS 1005—2019］中压链式静止无功发生器

［T/CPSS 1006—2019］锂离子电池模组测试系统技术规范

［T/CPSS 1007—2019］超级不间断电源

［T/CPSS 1008—2019］基于晶闸管的聚变电源用四象限整流系统技术规范

## 中国电源学会青工委“教学育人与科研实践经验交流会——知名专家与青年教师面对面”4月顺利召开

“教学育人与科研实践经验交流会——知名专家与青年教师面对面”于2019年4月13日在西安交通大学顺利召开，本次会议由中国电源学会青年工作委员会主办。出席本次会议的领导和嘉宾有中国电源学会理事长、浙江大学徐德鸿教授，中国电源学会副理事长、湖南大学罗安院士，华南理工大学张波教授，南京航空航天大学阮新波教授和西安交通大学刘进军教授，中国电源学会女科学家工作委员会主任、北京交通大学李虹教授以及中国电源学会青年工作委员会主任、重庆大学杜雄教授。参会代表共计100余人。

会议由青工委副主任湖南大学陈燕东教授和西安交通大学王来利教授主持。张波副理事长代表中国电源学会致辞，张波教授指出本次活动是为了激发国内电力电子与电力传动领域青年教师的教学与科研激情，邀请本学科领域的知名专家与青年学者代表，分享在立德树人、自主创新、勇攀科学高峰的教学与科研实践经验，给青年教师提供一个教学与科研互动学习交流的平台。杜雄主任介绍了中国电源学会青工委的宗旨和本届青工委的工作思路，以及青工委今年将陆续开展的系列活动，包括“高校电力电子青年学者论坛”“青年学者与企业专家面对面”“青年企业家论坛”、电源学报青工委专辑以及CPSS-Springer电力电子英文丛书青年学者选题等。

本次会议邀请到了南京航空航天大学阮新波教授、西安交通大学刘进军教授和北京交通大学李虹教授分别作了《正确处理好几个关系——与青年教师共勉》、《电力电子学术会议概况及参会建议》以及《浅谈科研的态度》的大会报告。

大会报告结束后，特邀嘉宾湖南大学罗安院士、浙江大学徐德鸿教授、华南理工大学张波教授、南京航空航天大学阮新波教授和西安交通大学刘进军教授与参会青年师生互动交流“教学育人与科研实践经验”。5位专家向青年才俊分享了他们的宝贵经验，并提出了殷切的期望。

本次会议流畅和谐，氛围轻松活跃，与会的青年才俊发言积极。至此，“教学育人与科研实践经验交流会——知名专家与青年教师面对面”圆满落下帷幕。

## 中国电源学会“科技点亮生活 科研靓丽人生”电气女科学家论坛4月顺利召开

2019年4月12日，由中国电源学会女科学家工作委员会主办的主题为“科技点亮生活，科研靓丽人生”电气女科学家论坛在西安交通大学成功举办。本次论坛集学术报告、主题讨论、互动交流于一体，旨在助力电气女科技工作者和青年女学者的成长与发展。

本次学术论坛的主讲嘉宾有教育部“长江学者”特聘教授、中组部“万人计划”领军人才、西安交通大学电气工程学院杨旭教授和中国电源学会照明分会副秘书长、东南大学电气工程学院曲小慧教授。讨论环节邀请的嘉宾有“国家优秀青年基金获得者”“湖南省青年科技奖”获得者、湖南大学电气工程学院帅智康教授和中组部青年千人、“国家优秀青年基金获得者”、清华大学电机系张品佳教授。论坛由西安交通大学陈文洁教授和华南理工大学丘东元教授主持。

论坛首先由中国电源学会女科学家工作委员会主任、北京交通大学李虹教授致辞并作报告，介绍了女工委情况。李虹教授从女工委设立意义和目的、女工委开展的工作、委员组成以及工作计划4个方面进行了介绍，随后由女科学家工作委员会秘书长、江西艾特磁材有限公司董事长毛圣华进行致辞，并对各位嘉宾和与会人员的到来表示热烈的欢迎。

随后会议进入特邀报告阶段，杨旭教授做了“Wide Band Gap Material Devices and DC Utility Grid in China”的学术报告。杨旭教授指出，由于中国人口和城市化的快速发展，使得直流公用电网在中国迅速发展，电力电子变压器在直流电网中发挥着重要作用，并面临着高压高效的挑战。同时，基于宽禁带半导体器件的优点，将其应用在直流电网中有望解决上述问题。报告结束后，杨旭教授与各位参会者就电力电子变压器的拓扑选型，隔离变压器设计等问题上进行了深入讨论。

第二个特邀报告是由曲小慧教授做的“青年教师如何准备基金申报”。曲小慧教授从如何进行基金选题，如何撰写立项依据、创新点及拟解决的关键问题等方面展开了论述，并在可行性分析、课题的团队组成等撰写方面分享了自己的经验，为青年教师撰写基金申请书提出了切实可行的参考建议。

之后论坛进入了面对面交流互动环节，此活动由现场参会人员向湖南大学帅智康教授、清华大学张品佳教授、东南大学曲小慧教授进行提问。全体参会人员积极参与、各抒己见，针对如何成为一名优秀的博士生，硕士毕业之后如何选择读博还是就业，如何判断创新点是否具有意义等科研问题进行了深入的探讨和交流，三位受邀嘉宾根据自己的成长经验为现场的青年学者以及研究生进行了解答。最后，在互动环节的三位嘉宾针对女科技工作者在学习和成长中存在的困惑分别提出了自己的宝贵建议。

互动环节结束后，女科学家工作委员会主任李虹教授对此次论坛作了总结，表达了自己和所有委员将全力以赴地做好相关工作，让女科学家工作委员会这个平台更好地发挥作用，助力女科技工作者的成长。最后，全体参会人员进行了合影留念，为此次“科技点亮生活，科研靓丽人生”论坛画上完美句号！

本次活动得到杭州鼎伟电子有限公司和致茂电子的赞助，得到第十三届中国高校电力电子与电力传动学术年会组委会的大力支持，特此鸣谢。

## 中国电源学会电力电子化电力系统及装备专业委员会成立大会暨第一次技术交流研讨会6月顺利召开

中国电源学会电力电子化电力系统及装备专业委员会成立大会暨第一次技术交流研讨会于2019年6月21~22日在湖北省武汉市顺利召开。本次会议由中国电源学会电力电子化电力系统及装备专业委员会（以下简称“专委会”）主办，华中科技大学电气与电子工程学院、华中科技大学强电磁工程与新技术国家重点实验室承办，专委会秘书处单位深圳市禾望电气股份有限公司协办。

6月21日晚，专委会成立大会在华中科技大学八号楼召开，会议由中国电源学会张磊秘书长主持。会议伊始，中国电源学会副理事长、南京航空航天大学阮新波教授致辞，并宣读了《关于同意召开中国电源学会电力电子化电力系统及装备专业委员会成立大会的批复》。随后，华中科技大学林磊教授代表专委会筹备组介绍了专委会的酝酿和筹备过程。

然后，张磊秘书长宣读了选举规则，来自全国各地科研院所、高校、企业的委员及其授权代表经无记名投票选举产生了由56名专家学者组成的中国电源学会第一届电力电子化电力系统及装备专委会。新当选的委员经过第二轮选举产生了专委会主要领导，袁小明教授当选为专委会的主任委员，阮新波、刘进军、查晓明、贺之渊、李岩、周党生、迟永宁、郭春义当选为副主任委员，全体委员表决通过了主任委员提名的郑大鹏为专委会秘书长，以及林磊、朱国荣、黄萌为副秘书长的提议。

最后，中国电源学会秘书长张磊祝贺当选的全体委员，新当选主任委员袁小明教授作总结发言。

会议同期6月22日，在华中科技大学电气大楼报告厅举办了专委会第一次技术交流研讨会，共约370名来自全国各地的专家学者参加了本次研讨会。研讨会伊始，中国电源学会张磊秘书长、华中科技大学电气与电子工程学院文劲宇院长先后致辞，对专委会的成立表示祝贺，对参会的各位专家学者表示热烈欢迎。

随后，中国电力科学研究院有限公司郭剑波院士、南京航空航天大学阮新波教授、西南交通大学何正友教授、南网科研院李岩教授级高工、中国电力科学研究院有限公司迟永宁教授级高工、华为技术有限公司刘云峰博士、禾望电气股份有限公司周党生总工、国网西北电力调控分中心王吉利副处长、西安交通大学宋国兵教授、华中科技大学袁小明教授等10名知名专家学者，分别就电力电子化电力系统及装备研究中的一些热点问题和最新科技进展进行了大会报告和交流。

至此，中国电源学会电力电子化电力系统及装备专业委员会成立大会暨第一次技术交流研讨会圆满落下帷幕。

## 第五届高校电力电子学科青年学者论坛7月在杭州顺利召开

第五届高校电力电子学科青年学者论坛于2019年7月12~14日在美丽的西子湖畔顺利召开，本论坛由中国电源学会青年工作委员会主办，浙江大学承办。出席本次论坛的领导和嘉宾有：中国电源学会理事长、浙江大学徐德鸿教授，中国工程物理研究院流体物理研究所所长、邓建军院士，973项目首席科学家、华中科技大学袁小明教授，中国电源学会副理事长、华南理工大学张波教授，中国电源学会副理事长、南京航空航天大学阮新波教授，浙江大学何湘宁教授，中国电源学会张磊秘书长，浙江大学电气工程学院汤海旸书记，中国电源学会青年工作委员会主任、重庆大学杜雄教授等。论坛共包括特邀专家大会报告、特邀青年学者大会报告、“青年教师的职业规划与学术成长”主题沙龙三个环节。出席论坛的嘉宾和代表共计260余人。

论坛开幕式由青工委副主任浙江大学陈敏教授主持。中国电源学会徐德鸿理事长、浙江大学电气工程学院汤海旸书记、青工委主任杜雄教授分别代表中国电源学会、承办单位以及主办方致辞。徐德鸿理事长指出，现在正处于能源变革的关键时期，青年学者们恰逢其时，希望青年学者们根据需求确定研究方向，找准一个方向静下心来坚持做下去。

特邀专家大会报告环节，中国工程院院士邓建军教授、华中科技大学袁小明教授以及弗吉尼亚理工大学郦强副教授分别作了《高功率脉冲加速器及应用》《并网变换器控制：要研究什么?》和《Ultra-high density Electric vehicle charger with integrated magnetics》的精彩报告。

在特邀青年学者大会报告环节，湖南大学帅智康教授、清华大学张品佳研究员、浙江大学杨树研究员、英飞凌IPC技术总监陈立烽先生、Chroma公司黄麟砚先生、中科院电工所李子欣研究员、华中科技大学彭晗教授、东南大学肖华锋教授、南京航空航天大学吴红飞教授、杭州飞仕得科技有限公司程加昌先生等10名青年学者分别作了《孤岛微电网的电压和频率优化控制方法》《基于漏电流的非侵入式电气设备在线监测理论与方法》《基于界面电荷调控的垂直型氮化镓电力电子器件》《英飞凌碳化硅技术及应用》《Chroma新产品应用与电力电子高校实验室案例分享》《具有10kV交流端口的3MVA四端口电力电子变压器效率测试》《宽禁带器件在常规和微能量变换系统中的应用》《高功率密度非隔离逆变器技术研究》《双直流母线AC-DC变换系统及其协同控制》和《基于系统的IGBT驱动设计与模组特性评估研究》的精彩分享。

大会报告环节结束后，举行了“青年教师的职业规划与学术成长”主题沙龙。华南理工大学张波教授、南京航空航天大学阮新波教授、西南交通大学宋文胜教授以及山东大学张祯滨教授分别向在座的青年学者分享了题为《想象力与学科交叉》、《潜心研究，追求高品位学术贡献》、《一个“土青椒”的成长经历与感悟》和《新能源变流器与电驱系统模型预测控制》的心得体会。重庆大学杜雄教授和北京交通大学李虹教授分别介绍了中国电源学会青年工作委员会基本情况和中国电源学会女科学家工作委员会基本情况。

青工委今年将开展的工作有：①《电源学报》“电力电子前沿技术与应用”青工委专辑（2020年第1期出版）；②青年学者与企业家面对面，华东，2019年10月；③青年企业家论坛，深圳，2019年11月；④CPSS-Springer电力电子英文丛书青年学者选题等。

本次论坛流畅和谐，学术氛围浓郁，与会的电源青年才俊热情团结。第五届高校电力电子学科青年学者论坛圆满落下帷幕。2020年第六届论坛将由华中科技大学电气工程学院承办。

本次论坛受到中茂电子（深圳）有限公司、英飞凌科技公司、杭州飞仕得科技有限公司以及瑞士Plexim GmbH公司的友情赞助。

## 2019年全国无线电能传输技术及装置学术会议9月圆满召开

2019年9月27~29日，由中国电源学会无线电能传输技术及装置专委会主办，青岛大学电气工程学院、重庆大学承办，得到中国电工技术学会无线电能传输技术专委会、世纪电源网支持的2019年全国无线电能传输技术及装置学术会议“无线世界，魅力无限”，于青岛大学国际学术交流中心隆重召开。重庆大学孙跃教授担任会议主席，重庆大学戴欣教授主持会议。无线电能传输技术领域的专家学者及相关专业学生200余人出席了会议。大会共收到论文近80篇，录取70篇。会议设置了1个主会场，2个分会场，1个工业展览会场以及1个墙报展示会场。

会议由戴欣教授主持开幕式。天津理工大学杨庆新教授，哈尔滨工业大学朱春波教授，华南理工大学张波教授，南京航空航天大学陈乾宏教授，同济大学李云辉教授，西南交通大学麦瑞坤教授，重庆大学孙跃教授等多位著名学者受邀请作学术报告，内容涉及无线电能传输技术相关的前沿研究领域，引起了与会代表们的热烈讨论和积极反响。

本次会议通过学术交流，推动了我国无线电能传输技术的研究与应用发展，为无线电能传输技术的理论研究和在电工装备、电动汽车、轨道交通等诸多方面的应用提供了具有重要参考价值的学术成果。

## 中国电源学会交通电气化专业委员会成立大会暨第一次技术交流会10月顺利召开

中国电源学会交通电气化专业委员会成立大会暨第一次技术交流研讨会于2019年10月30日在湖南省株洲市召开，本次会议由中车株洲电力机车研究所有限公司承办。共有来自高校、科研院所和企业的近100名专家学者参加了成立大会，会议由东南大学花为教授和中车株洲电力机车研究所有限公司张志学博士主持。

中国电源学会副理事长汤天浩教授首先代表学会宣读了《中国电源学会关于同意召开中国电源学会交通电气化专业委员会成立大会的批复》，中车株洲电力机车研究所有限公司副总经理、总工程师冯江华致欢迎辞。随后，中国电源学会交通电气化专业委员会（以下简称“专委会”）筹备组副组长、清华大学郑泽东副教授代表筹备组介绍了专委会筹备情况和委员酝酿情况。按照选举规则，与会专家投票选举产生了由79名专家学者组成的专委会第一届委员会。新当选的委员选举产生了由24名专家组成的第一届专委会常务委员会和第一届专委会主要负责人。清华大学李永东教授当选为专委会主任委员，冯江华、李明勇、曲荣海、宋文胜、郑琼林、郑泽东等当选为副主任委员。会议根据主任委员的提名，全体委员表决通过了主任委员提名的张志学为专委会秘书长，王琛琛、王奎、李奇、徐旺为副秘书长的提议。汤天浩副理事长代表学会祝贺专委会的成立。主任委员李永东教授致辞并介绍了专委会成立后的工作计划。

10月31日，中国电源学会交通电气化专业委员会召开了第一次技术交流研讨会，清华大学李永东教授、华中科技大学曲荣海教授、东南大学花为教授、中船重工712所李明勇副所长、中车首席专家张志学博士、中车四方厂张志强博士分别从不同学术方向和应用领域对交通电气化中的技术发展、产业重大工程和需求等方面做了大会报告，与会专家进行了热烈的技术讨论和交流。

交通电气化是电力电子、电力传动技术的重要应用领域，也是未来能源技术革命的主战场。习总书记在十九大报告中提出了建设交通强国的重要战略部署，此次成立交通电气化专业委员会，就是要推动我国交通领域关键技术的研究和产业化，促进交流与合作。专委会成立后将大力推动高校、研究机构和行业企业之间的学术交流和技术合作，通过会议研讨、参观交流等形式不断地深化了解、凝练共识、加强合作，使专委会成为中国交通电气化技术交流的桥梁和产业发展的中坚力量，为使我国的交通电气化事业从并跑到引领做出贡献。

## 中国电源学会新能源电能变换前沿技术青年学术论坛11月成功召开

11月30日，2019新能源电能变换前沿技术青年学术论坛在合肥召开。本次论坛由中国电源学会新能源电能变换技术专业委员会（以下简称“专委会”）主办，专委会秘书处挂靠单位是阳光电源股份有限公司、合肥工业大学电气与自动化工程学院、可再生能源接入电网技术国家地方联合工程实验室、光伏系统教育部工程研究中心并联合承办。专委会部分委员以及来自国内的优秀青年专家、学者，共计100余人参加了此次论坛。

上午8点15分，中国电源学会常务理事、专委会常务副主任张兴教授主持并宣布会议正式开始，阳光电源股份有限公司副总裁、专委会秘书长张友权，合肥工业大学电气与自动化工程学院院长丁立健教授分别致辞，随后12场精彩的主题报告依次展开。

来自西安交通大学的杨旭教授首先分享了《直流配电网与电力电子变压器》报告，湖南大学的帅智康教授重点介绍了《微电网暂态特性分析与建模方法》，南京航空航天大学的张之梁教授探讨了《应用宽禁带器件的高频电力电子变换技术》，电子科技大学的胡维昊教授阐述了《人工智能在新能源系统中的应用》，阳光电源股份有限公司的徐君博士报告了《高效光伏逆变器的发展趋势》，华中科技大学的胡家兵教授分析了《并网风电快速频率响应控制及相关问题》。

短暂的午休后，下午的报告精彩依旧。浙江大学的陈敏副教授带来了《模块化光伏应用中的微型逆变器和功率优化器研究》主题报告，西安理工大学的尹忠刚教授则分享了《交流电机驱动系统模型失配分析及其性能提升》，东南大学的王政教授比较了《更多的维度、更好的性能：双三相电机驱动的控制优势》，中国电力科学研究院有限公司的汤海雁博士阐述了《新能源并网的系统问题与技术标准工作》，哈尔滨工业大学的张学广副教授介绍了《弱电网下基于阻抗模型的三相并网变流器优化控制技术》。最后，专委会副秘书长、合肥工业大学的王佳宁副教授汇报了《SiC 器件极限运用关键问题——电磁环境与干扰》，为本次论坛画上圆满的句号。

此次青年学术论坛围绕着新能源电能变换前沿技术，从系统到设备再到器件，开展系统、深入、广泛的学术交流，专委会也将继续为广大青年工作者提供交流学习和展示自我的平台。

## 中国电源学会“青年电源人才论坛”11 月顺利召开

由中国电源学会青年工作委员会主办的“青年电源人才论坛”于 2019 年 11 月 1 日晚 19：00 在深圳市坪山格兰云天国际酒店会议中心隆重召开。出席本次会议的领导及嘉宾有：中国电源学会理事长、浙江大学徐德鸿教授，中国电源学会副理事长、华南理工大学张波教授，中国电源学会副理事长、西安交通大学刘进军教授，中国电源学会副理事长、南京航空航天大学阮新波教授，青年工作委员会主任、重庆大学杜雄教授等。参会代表共计 200 余人。

中国电源学会理事长徐德鸿教授代表中国电源学会致辞，对青工委近期的工作给予了肯定，指出青工委举办的本次“青年电源人才论坛”为优秀青年才俊提供了交流展示的舞台，邀请到 6 位优秀青年学者代表及企业专家，促进了学术界和企业界的交流；希望学术界更多与企业界面对面交流，通过不同的背景、不同思路以及不同方向的年轻朋友一起交流，促进思想碰撞，并促进学术界与企业界的合作；青年朋友应该多参与国家项目，包括自然科学基金和科技部重点专项等，这样方便组建跨学校的团队，一起合作和研发；此外，鼓励青年朋友多参加专委会以及学报（包括电源学报和英文学报）等相关事务。

中国电源学会青年工作委员会主任杜雄教授主持论坛开幕式并代表主办方致辞，主要介绍了中国电源学会青工委的宗旨，本届青工委的工作思路，以及已经开展和即将开展的工作。

青工委副主任委员、清华大学郑泽东教授和浙江大学陈敏教授主持了本次论坛的报告环节。

本次论坛邀请了东南大学曲小慧教授、西安交通大学刘增副教授、华中科技大学陈宇副教授、武汉大学黄萌副教授、浙江大学百人计划李楚杉研究员以及深圳基本半导体有限公司和巍巍总经理分别作了《无线电能传输系统的补偿技术》、《交流分布式电源系统协调控制与稳定性分析》、《一名高校青椒的电源研发之路》、《电力电子交流并网系统非线性研究》、《探索高密度大容量电力电子变换技术》以及《碳化硅功率器件技术及应用》的精彩报告。

本次论坛的与会青年才俊热情高涨，踊跃发言，本系列活动旨在团结全国广大电源青年工作者，通过开展电源技术相关的学术交流和产学研活动，为广大电源青年工作者提供交流学习和展示自我的平台，不忘初心、牢记使命，为我国电源行业的发展做出贡献。

## 巾帼追梦新时代　传承建功绽芳华——中国电源学会“电气女科学家论坛”系列活动 11 月成功举办

2019 年 11 月 2 日，由中国电源学会女科学家工作委员会主办的“巾帼追梦新时代，传承建功绽芳华”电气女科学家论坛在深圳坪山成功举办。本次论坛集学术报告、主题讨论、互动交流于一体，旨在助力电气女科技工作者和青年女科学家的成长与发展。

本次学术论坛邀请了中国电源学会副理事长、华南理工大学张波教授。三位主讲嘉宾，分别是欧洲科学院院士、发展中国家科学院院士、香港城市大学陈关荣教授，“国家优秀青年科学基金获得者”、浙江大学电气学院黄晓艳教授和香港英国保诚保险有限公司的资深经理钟小芬女士。此外，三位参与面对面环节的特邀嘉宾分别是“黄山青年学者”、合肥工业大学马铭遥教授，“工业和信息化部国防科技进步一等奖获得者”、西北工业大学皇甫宜耿教授和西安理工大学的黄晶晶教授。论坛由西南交通大学杨平教授和华南理工大学丘东元教授主持。

首先，中国电源学会副理事长、华南理工大学张波教授致辞。张波副理事长对三位主讲嘉宾进行了简要介绍，并对各位嘉宾和与会人员的到来表示热烈欢迎。随后中国电源学会女科学家工作委员会主任、北京交通大学李虹教授致辞并介绍了新中国成立 70 年来电气女科技工作者的成长经历。

在主题报告阶段，首先由陈关荣教授为大家带来“科学并不在意你的性别”的精彩报告。陈关荣教授以中国第二批女飞行员苗晓红为例引出报告的题目，接着讲述了清代女科学家王贞仪在文学、数学与天文学方面所做的杰出贡献，以及她的事迹被《自然》杂志刊登并受到科学界的高度评价的故事。接着，陈关荣教授对科学创新进行了一场漫谈，从中国的一笔画历史、著名的“七桥问题”谈到莱布尼茨的“数字二进制”，并由此引发大家对“超越不等于原创，技术不等于科学”的思考。最后陈关荣教授借用王贞仪的诗句“始信须眉等巾帼，谁言儿女不英雄”结束了报告，紧密呼应了报告主题。

第二个特邀报告是由黄晓艳教授的“轨道交通牵引电机系统”。黄晓艳教授基于高铁电机的应用背景，首先将异步牵引系统与永磁牵引系统进行比较，并提出高效率、高可控性与高可靠性的永磁牵引系统将成为下一代列车的主要特征。接着对国内外永磁牵引系统的研究现状及其发展历史进行了介绍，并针对目前面临的主要挑战介绍了她的最新研究成果。最后，黄晓艳教授还与大家分享了自身在工作与家庭间取得平衡的个人心得，引起了参会学者的共鸣。

接着，钟小芬女士进行了第三个特邀报告“女士健康保障条款和案例分享”。钟小芬女士从高校教师的常见健康隐忧、女性健康体检和“疫苗预防知多少”、女性如何正确选择家庭保障产品、女性家庭保障条款及投保案例分享等内容为参会者进行了讲解，帮助与会者实现家庭保障一站通。

之后，论坛进入面对面交流互动环节，此环节由现场参会人员向三位主讲嘉宾及几位特邀嘉宾进行提问。全体参会人员积极参与、各抒己见，针对科学与技术在创新上的区别与实现科学创新的建议，如何进行团队建设与青年教师的培养、家庭保险如何配置、工作与家庭如何更好取得平衡、如何更好地指导女学生等问题进行了深入地探讨和交流，几位嘉宾根据自身经验为对这些问题进行了耐心解答，并以一些具体案例进行了详细、深入的分析。

互动环节结束后，女工委秘书长、江西艾特磁材有限公司董事长毛圣华对此次论坛作了总结，表达了秘书处将配合女科学家工作委员会全力以赴做好相关工作，让女科学家工作委员会这个平台更好地发挥作用，助力女科技工作者的成长。

最后，丘东元教授对全体参会人员进行了致谢，全体参会人员进行了合影留念，为此次“巾帼追梦新时代，传承建功绽芳华”论坛画上完美句号！

本次活动得到了阳光电源股份有限公司、上海远宽能源科技有限公司的赞助，得到了中国电源学会第二十三届学术年会组委会和女工委秘书处江西艾特磁材有限公司的大力支持，特此鸣谢。

## 中国电源学会青年工作委员会 2019年产学研合作青年论坛12月顺利召开

“中国电源学会青年工作委员会2019年产学研合作青年论坛”于2019年12月21日在上海顺利召开。本次论坛由中国电源学会青工委主办，上海交通大学承办，上海市电源学会协办。出席本次会议的领导和嘉宾有：中国电源学会副理事长、华南理工大学张波教授，中国电源学会副理事长、上海海事大学汤天浩教授，中国电源学会监事长章进法教授，中国电源学会张磊秘书长，上海市电源学会理事长、上海交通大学蔡旭教授，上海交通大学电气工程系总支书记朱淼教授，中国电源学会青年工作委员会主任委员、重庆大学杜雄教授，中国电源学会青年工作委员会副主任委员、湖南大学陈燕东教授等。参会代表共计60余人。

张磊秘书长代表中国电源学会致辞。上海电源学会理事长、上海交通大学蔡旭教授代表协办方致辞。青工委杜雄主任向与会人员汇报了本年度青工委致力于完成的主要工作。论坛由中国电源学会青年工作委员会副主任委员、上海交通大学李睿教授主持。

本次论坛邀请到华南理工大学张波教授作了《电动汽车无线充电技术及产业化进程》的精彩报告，张波教授向与会人员讲述了国际、国内无线充电技术的产业化进程，并以个人的经历向大家传授了产学研发展的宝贵经验；论坛还邀请到台达电子企业管理（上海）有限公司设计中心主任章进法博士、深圳供电局赵宇明博士、哈尔滨工业大学杨明教授、北京交通大学王琛琛教授以及上海交通大学张建文教授分别作了《台达上海研发20年发展及展望》《低压直流配用电典型场景分享》《伺服驱动技术发展趋势展望》《交流电力机车牵引变流器控制策略》以及《互联化交直流配电网中的电能路由器》的大会报告。

12月21日下午，与会人员前往台达电子上海研发中心进行参观交流。章进法博士就台达目前的发展情况、研究领域、先进技术、工作环境等向大家做了详细介绍，参观结束后，大家与章进法博士就电力电子的应用、台达未来发展等方面进行探讨与交流，并就产学研合作表达了相关意向。

本次产学研合作青年论坛为青工委的年度收官之作，青工委一直致力于贯彻加强中国电源行业青年才俊的沟通、交流与合作的宗旨。本次产学研合作青年论坛是为了促进高校青年教师和企业的交流，加强产学研合作而创办的一个专题活动。

一年来，青工委主要开展了以下4项活动：①4月在西安举行了“知名专家与青年教师面对面”；②7月在杭州进行了“高校电力电子学科青年学者论坛”；③11月在深圳举行了“青年电源人才论坛”；④12月在上海举行的“产学研合作青年论坛”。

青工委除了服务广大青年电源工作者之外，也为服务学会开展了大量的工作：①针对学会的中文刊物《电源学报》，策划了电源学报“电力电子前沿技术与应用”青工委专辑，该专辑将于2020年第一期出版；②针对学会CPSS Springer电力电子英文丛书，策划了青年学者选题，成功推荐了3本选题到Springer出版社；③为学会发展青年会员1838名；④推荐优秀青年人才。

本次产学研合作青年论坛的顺利召开，增强了国内电源行业青年学者与工业界的交流互动，打通了高校、专业研究机构与产业界间的壁垒，促进了产学研合作。

中国电源学会青年工作委员会将继续团结全国广大电源青年工作者，通过开展电源技术相关的学术交流和产学研活动，为广大电源青年工作者提供交流学习和展示自己的平台，不忘初心、牢记使命，为我国电源行业的发展做出杰出贡献。

## 电动汽车电磁兼容高级技术研修班4月圆满结束

由中国电源学会主办，中国电源学会电磁兼容专业委员会、中国电源学会科普工作委员会、上海海事大学承办的“电动汽车电磁兼容高级技术研修班”于2019年4月26~28日在上海海事大学（临港校区）物流工程学院成功举办。

本次研修班特邀中国电源学会副理事长、中国电源学会电磁兼容专业委员会主任委员、华南理工大学电力学院张波教授，中国电源学会监事长、中国电源学会科普工作委员会主任委员、台达电子企业管理（上海）有限公司章进法博士分别致开班贺词。课程邀请到北京交通大学李虹教授，哈尔滨工业大学深圳研究生院和军平副教授，敏业科技信息（上海）有限公司黄敏超博士，清研理工（重庆）电子技术有限公司贾晋博士担任主讲老师。来自全国企事业单位、高校、在校研究生等30余人参加了此次研修班。

本次研修班涉及电磁传导、辐射干扰的原理及模型；电磁噪声源及噪声传播途径；开关电源电磁干扰滤波器技术；电磁干扰主动抑制机理与方法；电磁噪声仿真软件及建模；最新 EMC 标准解读；电动汽车法规解读；电磁兼容诊断方法及实验演示；电动汽车的零部件整改流程及整改案例；电动汽车的整车整改流程及整改案例。

经过三天的紧张授课，研修班圆满结束，大家对本次研修班给予了充分的认可，认为在授课内容设置上理论与实践相结合，对于工程师的实际研发工作具有很强的针对性和指导性。

## “礼赞共和国　追梦新时代”科技志愿服务行动——中国电源学会功率变换器磁技术分析、测试与应用高级研修班 5 月圆满结束

在第三个全国科技工作者日到来之际，由中国电源学会主办的“礼赞共和国　追梦新时代”科技志愿服务行动——中国电源学会功率变换器磁技术分析、测试与应用高级研修班于 2019 年 5 月 25~27 日在福州成功举办。中国电源学会磁技术专业委员会、科普工作委员会、福州大学高频功率电磁技术实验室承办本次活动，来自全国各企事业单位百余名代表参加了本次研修班。

为全面贯彻落实习近平新时代中国特色社会主义思想和党的十九大精神，进一步为科技工作者办实事，中国电源学会自 5 月下旬组织开展系列活动，以实际行动共同庆祝科技工作者自己的节日。本次课程即是系列活动之一。

本次研修班，旨在梳理电磁基本理论的基础上，结合功率变换器产品中磁元件的具体分析、设计、测试与应用，使工程师能从电磁场机理上深入认识磁元件的各项性能及其影响因素以及设计考虑点，改变传统设计方法的局限性。

中国电源学会常务理事、磁技术专业委员会主任委员，福州大学电气工程与自动化学院陈为教授作为本次研修班的总策划及主讲专家，从高频磁技术电磁基本概念与应用、磁性元件电磁干扰特性分析与设计技术、磁性材料电气和损耗特性及其应用、磁性材料及其应用等方面进行了系统深入的讲解。福州大学陈庆彬副教授、林苏斌副教授、谢文燕老师更是对磁元件绕组高频损耗分析与绕组设计、电磁场仿真分析的方法和软件使用进行了讲解授课。

本次培训班理论讲解结合实际工程案例，加入了很多的实例讲解的环节，对于反激变压器、PSFB 和 LLC 电路、变压器共模噪声特性测量与影响因素分析等问题做了具体的分析和讲解。同时演示了 4 个专题实验，包括：交流功率计法测量磁心损耗；变压器绕组交流电阻测量及损耗计算；变压器共模噪声抑制特性的评估；EMI 滤波器磁场近场耦合实验。通过实验，使学员对于相关理论知识有了直观的认识，加深了对于相关内容的理解，提高了学员实际解决问题的能力。通过对磁波的测试，直观地了解了磁元件的各种特性，使学员充分体会了实验环节对于本次研修的作用。

在正式授课时间之外，为使大家能够更加充分地交流和提问，每天课程结束后，专门安排半个小时自由交流时间。授课老师与各位学员充分交流，并针对每个学员的问题给予细致的答疑解惑。

经过三天的紧张授课，研修班圆满结束，大家对本次研修班给予了充分的认可，认为在授课内容设置上理论与实践相结合，实验教学加深了学员对授课内容的直观理解，对于工程师的实际研发工作具有很强的针对性和指导性。

## “礼赞共和国　智慧新生活”中国电源学会 2019 年光储系统设计与应用专题研修班 7 月圆满结束

在 9 月 14~20 日全国科普日即将到来之际，由中国电源学会主办，合肥工业大学、中国电源学会新能源电能变换技术专业委员会、科普工作委员会承办的光储系统设计与应用专题研修班于 2019 年 7 月 27~29 日在合肥成功举办，来自全国各院校及企事业单位 60 余名代表参加了本次研修班。

2019 年是中华人民共和国成立 70 周年，是全面建成小康社会关键之年。为深入贯彻习近平新时代中国特色社会主义思想，贯彻落实党的十九大和十九届二中、三中全会精神，推动“创新、协调、绿色、开放、共享”的发展理念深入人心，弘扬科学精神、普及科学知识，推动全民科学素质全面提升，促进科学普及与科技创新协同发展。中国电源学会自 7 月下旬组织开展系列活动，以实际行动共同庆祝全国科普日。本次课程即是系列活动之一。

本次专题研修班承办单位是合肥工业大学电气与自动化工程学院，张兴教授主持开幕式并致开幕辞。本次专题研修内容包括当前大规模光伏系统和储能技术应用新趋势、弱网下光伏并网电源设计、基于宽禁带器件的光伏电源设计、储能变流器及其系统调频技术、光伏阵列匹配优化技术、光伏交直流微电网技术、光伏虚拟同步机技术等，全面解读了国内光伏与储能产业新技术、新动向。课程理论联系实际，从提高我国光伏、储能产业技术人员的技术水平和创新能力的角度出发，着眼设计基础，同时也聚焦热点问题，通过授课与大型光伏电站现场考察、研讨相结合的方式，有效地提高了学员的技术及应用能力，推动了我国光伏产业的进一步发展。

本次研修邀请到合肥工业大学张兴教授、上海交通大学蔡旭教授、南京航空航天大学谢少军教授、北方工业大学张卫平教授、清华大学谢小荣教授、中国电力科学研究院有限公司储能与电工新技术研究所李建林博士、浙江省电力公司电力科学研究院赵波博士、阳光电源电站事业部副总裁张彦虎博士等 8 位国内知名学者专家从多角度分析光伏产业的发展前景及技术新方法。研修内容涵盖了百 MW 级和 GW 级电池储能功率转换系统技术方案探讨，规模化储能系统工程示范及关键技术，并网发电系统的振荡问题及其分析、抑制方法，高密度分布式光伏并网消纳关键技术的研究，弱电网下并网逆变器的强鲁棒性控制技术，光伏系统设计的新进展，大型 PV 阵列与锂电池储能阵列的基本问题及其功率优化，基于虚拟同步机的光伏并网系统及其控制等。通过本次研修，使工程师们提升了在实际工作中分析、解决问题的能力，提升了对光储系统的设计水平和技术含量。

7月29日上午，全体学员现场考察了安徽淮南顾桥镇煤矿采煤沉陷区150MW水面漂浮光伏电站项目，该光伏电站是目前全球最大的、已建成的水面漂浮光伏电站。通过现场工程师的讲解，学员对于水上光伏电站系统的建设、检测与维护有了直观的认识，收获颇丰。

经过两天半的紧张授课，研修班圆满结束，大家对本次研修班给予了充分的认可，认为在授课内容设置、理论讲解与参观考察相结合，对于工程师在光储系统设计的实际研发具有很强的针对性和指导性。

## “礼赞共和国 智慧新生活”中国电源学会系列科普讲座——电磁兼容性技术科普讲座9月圆满结束

在2019年全国科普日到来之际，由中国电源学会主办，中国电源学会科普工作委员会、合肥工业大学、北京交通大学承办的电磁兼容性技术科普讲座于2019年9月17日及19日在合肥、北京成功举办，来自全国各院校及企事业单位共计200余名代表参加了本次科普讲座。

2019年是中华人民共和国成立70周年，是全面建成小康社会关键之年。为深入贯彻习近平新时代中国特色社会主义思想，贯彻落实党的十九大和十九届二中、三中全会精神，推动“创新、协调、绿色、开放、共享”的发展理念深入人心，弘扬科学精神、普及科学知识，推动全民科学素质全面提升，促进科学普及与科技创新协同发展。中国电源学会自7月下旬组织开展系列活动，以实际行动共同庆祝全国科普日。本次讲座即是系列活动之一。

本次科普讲座特邀中国电源学会科普工作委员会副秘书长黄敏超博士作为主讲老师。黄敏超博士现担任敏业科技信息（上海）有限公司的资深咨询师，主攻电力电子系统的电磁兼容解决方案和可靠性解决方案的研究和实践，具有丰富的电磁兼容方面的理论和实践经验，拥有多项国内外专利。

通过邀请专家讲解，向大学生及公众作电磁兼容方面的科普讲座，了解电磁场的理论与实际电磁技术的应用关联。现场用专用的电磁场检测仪器演示了电磁场的方向，以及相互感应互生，生动地展示了电子产品干扰抑制以及抗干扰设计的重要性。

本次科普系列讲座在各方面的大力配合及支持下，圆满完成。中国电源学会通过开展各类科普宣传和学习活动，进一步加大了科普知识宣传力度。此次校园科普联合行动，促进大学生及公众了解并理解高新科技，及时释疑解惑，促进了公众科学文化素养和精神文明水平的双提升，进一步践行了“讲科学、爱科学、学科学、用科学”的良好风尚，弘扬了“发展必须依靠科技进步和创新”等科普理念。

## 2019年新一代功率半导体器件、驱动技术、系统集成及应用高级研修班11月圆满结束

由中国电源学会主办，上海海事大学承办的国际高端专家先进技术课程——“新一代功率半导体器件、驱动技术、系统集成及应用高级研修班”于2019年11月20~22日在上海海事大学物流工程学院成功举办。

这是连续第七年在上海海事大学物流工程学院举办此类高级研修班，特邀德国科学院院士、国际著名电力电子专家Leo Lorenz博士担任主讲，他曾在全球各地的著名高等学校、研究机构和国际会议讲授过该类课程，深受欢迎。同时还邀请了西安交通大学裴元庆教授等中外著名专家与英飞凌、Gan Systems、台达等一流企业共同授课。来自全国企事业单位、高校、在校研究生等70余人参加了此次研修班。

在本次研修班上，Leo Lorenz博士全面地介绍了新一代高频开关器件的结构、原理、参数特性、器件选择与保护等方面内容，使学员了解了宽禁带功率半导体器件的基本原理；同时深入地介绍了新型电路拓扑结构设计以及电力电子集成与封装技术，使学员们深刻地理解了新一代功率半导体器件，为掌握关键技术及应用奠定了坚实的技术基础。另外，西安交通大学的裴云庆教授、德国英飞凌科技中国有限公司、加拿大Gan Systems公司、台达电子企业管理（上海）有限公司等知名企业高级研发人员也对碳化硅器件技术与应用、GaN器件特性及应用、大功率IGBT数字驱动技术等课题作出了精彩的宣讲。在课堂间隙，学员对于工作中、学习中不甚了解的问题提出了疑问，老师们则认真地回答了学员们的问题，不时地引起大家的惊呼和鼓掌。经过3天的学习，学员们纷纷表示此次活动物超所值，真正地学到了相应的技术，对于以前一些模糊不清的理念和技术难点有了茅塞顿开的感觉。

## 高效率高功率密度电源技术与设计高级研讨班12月圆满举办

由中国电源学会主办，南京航空航天大学、中国电源学会科普工作委员会承办的“高效率高功率密度电源技术与设计高级研讨班”于2019年12月7、8日在南京航空航天大学自动化学院成功举办，来自全国各企事业单位、高校科研院所的代表80余人参加了本次研讨班。

这是中国电源学会连续第五次和南京航空航天大学联合举办此专题高级研讨班。本次研讨特邀南京航空航天大学自动化学院副院长、博士生导师、“长江学者”特聘教授、中国电源学会副理事长、学术工作委员会副主任阮新波教授，台达（上海）电力电子设计中心主任，中国电源学会监事长章进法博士，北方工业大学、中国电源学会直流电源专业委员会主任委员张卫平教授，西安交通大学杨旭教授等国内知名专家学者担任本次研讨的主讲老师。同时邀请了南京航空航天大学陈杰副教授、南京理工大学姚凯副教授、苏州大学季清副教授共同授课。

本次研讨是面向企业技术人员开展的一次综合性电力电子技术理论知识培训，内容涉及高效率电源变换器技术；三电平变换器及其软开关技术；开关变换器的建模-控制与仿真；氮化镓器件的应用与集成化；变换器中的PFC和输出电容ESR及C的非侵入式在线监测技术；开关电源传导EMI预测与抑制技术以及航空电源技术。课程的理论讲解结合实例分析，让参会人员快速地掌握高效率、高功率密度电源的设计方法，拓展技术人员的知识面，提高企业人

员的研发设计能力。

参加本次研讨班的代表们绝大部分为企业总工程师、高级工程师以及研究员、教授、副教授等高级技术人才。几位老师精彩的讲解和对一些问题有针对性的解答得到了代表们的认同。课间代表们围住了老师，对工作中、技术上遇到的问题和技术难点提出了询问，老师以图文并茂的解答方式不时地引起代表们的感叹。

8 日下午，参加研讨班的代表们参观了南京航空航天大学自动化学院阮新波老师的实验室，从电源整机到各类变换器样机，在每一件样品前代表们都在驻足观看。调试设备前更是人头攒动，实验室的老师对设备的讲解以及实验演示使代表们充满了兴趣。

经过两天的紧张授课，本次研讨班圆满结束，大家对本次研讨班的举办给予了充分的认可，认为在授课内容理论与实践相结合，使代表们加深了对各类变换器设计的直观理解，对实际研发工作具有很强的针对性和指导性。

2020 年中国电源学会将继续举办其他电源技术课程的研修班、研讨班，课程内容涉及电磁兼容（EMI/EMC）技术、功率变换器磁技术分析、测试与应用、光储系统设计与应用、新能源车充电与驱动技术、新一代功率半导体器件、高效率高功率密度电源技术与设计、电能质量，欢迎大家参加。

## 中国电源学会召开团体标准培训研讨会

2019 年 8 月 22 日下午，由中国电源学会主办、中国电源学会电能质量专业委员会承办的团体标准培训研讨会暨第六届全国电能质量学术会议同期召开。

本次培训研讨会邀请了中国电源学会标准工作委员会秘书长、广东志成冠军集团有限公司总工程师李民英，教授级高级工程师、国家电力电子产品质量监督检验中心常务副主任蔚红旗担任特邀讲师。来自中国科学院等离子体物理研究所、福州大学、亚洲电能质量产业联盟等单位的 20 余位学会团体标准起草单位代表参加了此次培训研讨会。特邀讲师为参会单位代表就学会团体标准工作流程、标准编制的要求进行了介绍，并以实例分析了标准编写规范，向参会起草单位代表进行了深入浅出的讲解。参会代表就编写实操中遇到的问题进行了现场答疑与讨论，大家表示受益匪浅。

中国电源学会于 2016 年正式启动团体标准制定工作以来，已于 2018 年、2019 年连续发布共计 16 项团体标准，涉及电源不同领域的技术或检测规范，达到了业界先进水平，受到学术及产业界的高度评价。

## 行业要闻

# 2019 年中国电力发展情况综述

2019 年，在以习近平同志为核心的党中央坚强领导下，全国各地区各部门深入贯彻落实党的十八大、十九大精神，坚持稳中求进工作总基调，坚持以提高发展质量和效益为中心，统筹推进“五位一体”总体布局和协调推进“四个全面”战略布局，以供给侧结构性改革为主线，统筹推进稳增长、促改革、调结构、惠民生、防风险各项工作，砥砺奋进，攻坚克难，经济运行稳中有进、稳中向好、好于预期，经济社会发展主要预期目标全面实现，开启了高质量发展时代新征程。

2019 年，全国国内生产总值实现 82.7 万亿元，增长 6.9%、增速比上年加快 0.2 个百分点，为 2011 年以来首次回升；第三产业增加值比重为 51.6%，与上年持平。规模以上工业增加值比上年增长 6.6%、增速提高 0.6 个百分点，高技术制造业和装备制造业增加值分别比上年增长 13.4%和 11.3%，工业生产稳步回升、产品结构向价值链中高端延伸发展。固定资产投资比上年实际增长 7.0%，其中基础设施投资增长 19.0%，民间固定资产投资增长 6.0%，增速分别回升 1.6 和 2.8 个百分点，对固定资产投资的支撑作用增强。全社会消费品零售总额比上年实际增长 10.2%，最终消费支出对经济增长的贡献率为 58.8%，比资本形成总额高 26.7 个百分点，消费的基础性作用有效发挥。外贸进出口总额为 27.8 万亿元，比上年增长 14.2%；全年累计顺差 2.9 万亿元。人均国内生产总值为 8813 美元。

2019 年，全国一次能源生产总量为 35.9 亿 t 标准煤，比上年增长 3.6%；其中，原煤生产 35.2 亿 t、增长 3.3%，天然气生产 1480 亿 $m^3$、增长 8.2%。能源消费总量为 44.9 亿 t 标准煤，比上年增长 2.9%。其中，煤炭消费占能源消费的比重为 60.4%，比上年降低 1.6 个百分点；天然气、水电、核电、风电等清洁能源消费量占能源消费总量的 20.8%，比上年提高 1.3 个百分点。

2019 年，电力行业按照党中央、国务院统一部署，积极落实能源“四个革命、一个合作”发展战略，在保障电力系统安全稳定运行和可靠供应、提供电力能源支撑的同时，加快清洁能源发电发展，加大电力结构优化调整力度，持续推进电力市场化改革，大力推动电力科技创新，狠抓资源节约与环境保护，积极应对气候变化，倡导构建全球能源互联网，持续扩大电力国际合作，电力行业发展取得新的成绩，为国家经济社会发展、能源转型升级和落实国家“一带一路”倡议做出了重要贡献。

## 一、电力供应和电网输送能力进一步增强，电源和电网结构进一步优化

### 供应能力持续增强　电源结构持续优化调整

截至 2019 年年底，全国全口径发电装机容量为 177708 万 kW，比上年增长 7.7%，增速比上年回落 0.5 个百分点。其中，水电为 34359 万 kW（其中抽水蓄能发电为 2869 万 kW、增长 7.5%），增长 3.5%；火电为 110495 万 kW（其中煤电为 98130 万 kW、增长 3.7%），增长 4.1%；核电为 3582 万 kW，增长 6.5%；并网风电为 16325 万 kW，增长 10.7%；并网太阳能发电为 12942 万 kW（其中分布式光伏发电为 2966 万 kW），增长 69.6%。全国人均装机规模 1.28kW，比上年增加 0.09kW，超过世界平均水平，电力供应能力持续增强。全国非化石能源发电装机容量为 68865 万 kW，占全国总装机容量的 38.8%，分别比上年和 2010 年提高 2.2 个和 11.7 个百分点；100 万 kW 级火电机组达到 103 台，60 万 kW 及以上火电机组容量所占比重达到 44.7%、比上年提高 1.3 个百分点，非化石能源发电装机及大容量高参数燃煤机组比重继续提高，电源结构持续优化调整。

1. 新增装机规模创历年新高，新增装机的结构和地区布局进一步优化

全国基建新增发电生产能力为 13118 万 kW，比上年多投产 975 万 kW，是新增装机规模最大的一年；主要是光伏扶贫、光伏领跑者、光伏发电上网电价调整等政策促进了太阳能发电装机容量新增 5341 万 kW，比上年多投产 2170 万 kW。新增水电 1287 万 kW，比上年多投产 108 万 kW；新增并网风电 1819 万 kW，比上年略有减少；新增核电 218 万 kW，是 5 年来核电新增规模最小的一年。新增火电 4453 万 kW（其中新增煤电 3504 万 kW），国家防范化解煤电产能过剩风险措施初见成效，火电及煤电新增规模连续三年缩小。2019 年，新增非化石能源发电装机容量 9044 万 kW，占全国新增发电装机容量的 68.9%，比上年提高 3.6 个百分点，新增装机结构进一步优化；东、中部地区新增新能源发电装机容量占全国新增新能源发电装机的 76.0%，比上年提高 18.1 个百分点，新能源发电布局继续向东中部转移。2019 年，全国新增抽水蓄能发电装机容量为 200 万 kW，北方地区累计完成 10 个电厂、共计 725 万 kW 火电机组灵活性改造项目，对电网调节能力和新能源消纳能力提升起到了积极作用。

2. 电网规模稳步增长，跨省区输送能力大幅提升

全国新增 110kV 及以上交流输电线路长度和变电设备容量为 58084km 和 32595 万 kV · A，分别比上年多投产 1406km 和少投产 1990 万 kV · A；新增直流输电线路和换流容量分别为 8339km 和 7900 万 kW，分别比上年多投产 4948km 和 4660 万 kW。截至 2019 年年底，全国电网 35kV 及以上输电线路回路长度为 183 万 km、比上年增长 4.0%，变电设备容量为 66 亿 kV · A，比上年增长 5.3%。其中，220kV 及以上线路长度为 69 万 km、增长 6.2%，变电设备容量为 40 亿 kV · A、增长 9.1%。2019 年，全国共投产 5 条直流、2 条交流特高压项目，新增跨区输电能力为 4350 万 kW，极大提高了电网跨大区能源资源优化配置能力和清洁能源消纳能力。年底全国跨区输电能力达到 1.3 亿 kW；其中，交直流联网跨区输电能力超过 1.1 亿 kW，跨区点对网送电能力为 1344 万 kW。

3. 煤电投资大幅下降，特高压项目投资快速增长

全国主要电力企业①电源工程建设完成投资为2900亿元，是2011年以来最低水平，比上年下降14.9%；其中，太阳能发电投资增长18.2%；水电投资基本持平，抽水蓄能电站投资为142亿元、增长68.6%，是抽水蓄能电站建设投资最多的一年；核电、风电投资分别下降9.9%和26.5%；常规煤电投资为706亿元，比上年下降27.4%，带动火电投资（858亿元）下降23.4%。全国电网工程建设完成投资为5339亿元，继续保持很高的投资规模；其中，特高压输电和配电网建设项目仍是电网投资建设的重点，±1100kV、±800kV电压等级投资增加较多，带动特高压建设投资1017亿元、增长16.9%；全国小城镇中心村电网改造全面完成、惠及农村居民1.8亿人，实现平原地区机井通电全覆盖、惠及1.5亿亩农田，贫困村基本通动力电、惠及3.35万个村庄，全年配电网投资为2826亿元，电力普遍服务能力持续增强。

## 二、电力生产较快增长，新能源发电增量对电量增长的贡献作用显著增强

1. 新能源发电增量对电力生产的贡献作用显著增强

全国全口径发电量为64171亿kW·h，同比增长6.5%，增速比上年提高1.6个百分点。其中，水电为11931亿kW·h，增长1.6%；火电为45558亿kW·h，增长5.3%（其中煤电发电量41498亿kW·h，增长5.2%）；核电为2481亿kW·h，增长16.4%；并网风电为3034亿kW·h、增长26.0%；并网太阳能发电为1166亿kW·h，增长75.3%。2019年，水电、核电、并网风电和太阳能发电等非化石能源发电量合计比上年增长10.1%，占全口径发电量的比重为30.3%、比重比上年提高1.0个百分点。青海、甘肃、宁夏、内蒙古、新疆、河北、吉林、黑龙江和西藏9个省份新能源发电量占本省发电量的比重超过10%，新能源发电已经成为内蒙古、新疆、河北等12个省份的第二大发电类型；新能源发电量增量对全国发电量增长的贡献率为28.6%，山东、云南、甘肃等14个省份的新能源发电量增量超过火电发电量增量，新能源对发电生产的贡献作用显著增强。

2. 弃风、弃光现象明显改善

2019年，国家陆续出台了《关于促进西南地区水电消纳的通知》《解决弃水弃风弃光问题实施方案》等政策文件，行业企业也积极行动，综合施策推动解决“三弃”问题，全国弃风弃光现象明显改善。据国家能源局数据，2019年，全国弃风电量为419亿kW·h、同比减少78亿kW·h，弃风率12%、同比下降5.2个百分点，是三年来首次弃风电量和弃风率“双降”；弃光电量73亿kW·h，弃光率6%、同比下降4.3个百分点。据调研，四川、云南弃水电量也分别比上年有所减少。

3. 新能源发电设备利用小时同比增加较多，火电利用小时回升

全国并网风电设备利用小时数为1949h，比上年增加204h，已经连续两年增加；太阳能发电设备利用小时数为1205h，比上年增加76h。受电力消费增长回暖拉动、以及水电发电量低速增长等因素影响，火电设备利用小时数为4219h，比上年提高33h，是自2019年开始连续三年下降后首次回升。水电设备利用小时数为3597h，比上年降低22h；核电设备利用小时数为7089h，比上年增加28h。综合来看，受发电装机结构变化等因素的影响，全国6000kW及以上电厂发电设备利用小时数为3790h，比上年降低7h，呈现持续下降趋势。

4. 电力建设及生产运行安全可靠

全国没有发生重大以上电力人身伤亡事故，没有发生较大以上设备事故，没有发生电力安全事故，没有发生水电站大坝漫坝、垮坝以及对社会有较大影响的电力安全事件。主要电力可靠性指标总体保持在较高水平，其中10万kW及以上煤电机组、4万kW及以上水电机组、燃气轮机组、核电机组等效可用系数分别为92.76%、92.55%、92.60%、91.10%，除煤电机组略有下降外，其他三类机组分别提高0.11个、0.30个和2.33个百分点。架空线路、变压器、断路器三类主要输变电设施的可用系数分别为99.497%、99.856%、99.942%。直流输电系统合计能量可用率、能量利用率分别为95.35%、54.42%，分别比上年提高0.68和0.25个百分点；总计强迫停运33次，比上年减少7.5次。全国10(6、20)kV供电系统用户平均供电可靠率为99.814%，比上年提高0.009个百分点。用户平均停电时间为16.27h/户，减少0.84h/户；用户平均停电次数为3.28次/户，减少0.29次/户。

## 三、电力消费需求进一步回升，电力供需总体宽松

1. 电力消费需求进一步回升

受宏观经济持续稳中向好、新业态和新兴产业蓬勃发展以及夏季高温天气等因素影响，全国全社会用电量为63625亿kW·h，同比增长6.6%，增速连续两年回升。其中，第一产业用电量为1175亿kW·h，比上年增长7.5%；第二产业用电量为44922亿kW·h，比上年增长5.5%，增速比上年提高2.7个百分点，拉动全社会用电量增长3.9个百分点，是全社会用电量增速提高的最主要动力（其中制造业用电量增长5.8%，拉动全社会用电量增长3.0个百分点）；第三产业用电量为8825亿kW·h，增长10.7%（其中信息传输、计算机服务和软件业用电量增长14.7%）；城乡居民生活用电量为8703亿kW·h，增长7.7%，分别拉动全社会用电量增长1.4和1.0个百分点。第一、第二、第三产业和城乡居民生活用电量占全社会用电量的比重分别为1.8%、70.6%、13.9%和13.7%；与上年相比，第三产业和城乡居民生活用电量占比分别比上年提高0.5和0.2个百分点；第二产业及其四大高耗能行业用电量占比均降低0.7个百分点。2019年，全国人均用电量和人均生活用电量分别为4589kW·h和628kW·h，分别比上年增加268kW·h和44kW·h。

2. 电能替代成效显著

2019年，在居民采暖、工（农）业生产制造、交通运输、电力供应与消费、家庭电气化及其他领域，大力推进电能替代，成效显著。《北方地区冬季清洁取暖规划

（2019—2022年）》发布实施，京津冀及周边“2+26”城市完成煤改电127万户。据统计，国家电网有限公司（以下简称“国家电网”）和中国南方电网有限责任公司（以下简称“南方电网”）经营区域共推广完成电能替代电量为1286亿kW·h，占全国全社会用电量的2.0%；其中，居民采暖领域替代电量为88亿kW·h，工（农）业生产制造领域替代电量为773亿kW·h，交通运输领域替代电量为128亿kW·h，电力供应与消费领域替代电量为239亿kW·h，家庭电气化及其他领域替代电量为57亿kW·h。

3. 积极推进电力需求侧管理

国家有关部委印发了《关于深入推进供给侧结构性改革　做好新形势下电力需求侧管理工作的通知》，并同时修订了《电力需求侧管理办法》，明确了新形势下电力需求侧管理的新定义与新内容，补充了实施主体，增加了实施领域与方向；继续开展工业领域电力需求侧管理专项行动计划（2019—2020年）。行业企业积极推进电力需求侧管理工作，截至2019年年底，全国已有171家单位通过电能服务机构能力评定；国家电网、南方电网、内蒙古电力（集团）有限公司（以下简称“内蒙古电力”）和陕西省地方电力（集团）有限公司（以下简称“陕西地电”）超额完成2019年度电力需求侧管理目标任务，共节约电量为157亿kW·h、电力为395万kW，有力保障了电力供需平衡，促进了能源电力资源的优化配置。

4. 电力供需形势总体宽松

2019年，全国电力供需延续总体宽松态势，区域间供需形势差异较大。分区域看，华北区域主要是迎峰度夏期间偏紧，7月中旬受持续高温天气影响，区域内绝大部分省级电网用电负荷均创历史新高，河北、山东、天津等地执行有序用电；华中区域电力供需基本平衡；华东和南方区域电力供需平衡有余；东北和西北区域电力供应能力富余较多。

## 四、行业绿色发展水平进一步提高，节能减排取得新成绩

1. 能效水平持续提高

全国6000kW及以上火电厂供电标准煤耗为309g/kW·h，比上年降低3g/kW·h，煤电机组供电煤耗水平持续保持世界先进水平；电网线损率为6.48%，比上年降低0.01个百分点；由于煤电超低排放改造、负荷率下降等原因，6000kW及以上火电厂厂用电率为6.04%，比上年提高0.03个百分点；火电厂单位发电量耗水量为1.25kg/kW·h，比上年降低0.05kg/kW·h。

2. 污染物排放大幅下降

根据中电联统计分析，截至2019年年底，全国燃煤电厂100%实现脱硫后排放。其中，已投运煤电烟气脱硫机组容量超过9.4亿kW，占全国煤电机组容量的95.8%；其余煤电机组主要为循环流化床锅炉采用燃烧中脱硫技术；已投运火电厂烟气脱硝机组容量约为10.2亿kW，占全国火电机组容量的92.3%；其中，煤电烟气脱硝机组容量约为9.6亿kW，占全国煤电机组容量的98.4%。常规煤粉炉以选择性催化还原（SCR）脱硝技术为主，循环流化床锅炉则以选择性非催化还原（SNCR）脱硝技术为主；全国累计完成燃煤电厂超低排放改造7亿kW，占全国煤电机组容量比重超过70%，提前两年多完成2020年改造目标任务。2019年，全国电力烟尘、二氧化硫和氮氧化物排放量分别约为26、120和114万t、分别比上年下降25.7%、29.4%和26.5%；单位火电发电量烟尘排放量、二氧化硫排放量和氮氧化物排放量分别为0.06、0.26和0.25g/kW·h，比上年分别下降0.02、0.13和0.11g/kW·h；单位发电量废水排放量为0.06kg/kW·h，与上年持平；全国燃煤电厂粉煤灰综合利用率为72%，与上年持平；脱硫石膏综合利用率为75%，比上年提高1个百分点。

3. 应对气候变化贡献突出

单位火电发电量二氧化碳排放约为844g/kW·h，比2005年下降19.5%。以2005年为基准年，2006—2019年，通过发展非化石能源、降低供电煤耗和线损率等措施，电力行业累计减少二氧化碳排放约为113亿t，有效地减缓了电力二氧化碳排放总量的增长，其中供电煤耗降低对电力行业二氧化碳减排贡献率为45%，非化石能源发展贡献率为53%。

## 五、科技创新取得新进展，创新成果获多项大奖

1. 特高压技术继续引领世界大电网技术发展

率先研发应用了特高压直流分层接入技术，全面攻克了±1100kV直流输电工程系统成套技术，掌握了1000kV特高压交流和±800kV特高压直流输电关键技术，特高压技术继续引领世界大电网技术发展；世界首台机械式高压直流断路器投运，世界首台特高压柔直换流阀研制成功，我国柔性输电技术取得长足进步；世界上电压等级最高、容量最大的苏南500kV统一潮流控制器建成投运，全球规模最大的冀北新能源虚拟同步机系统实现并网，建成了集成可再生能源主动配电网示范工程，电网控制和新能源接纳能力显著提高；电动汽车、分布式电源的灵活接入取得重要进展，在数量规模、运营关键技术、电动汽车与电网互动技术领域，均走在世界前列。

2. 电源科技创新取得新进展

二次再热发电技术具备自主开发制造能力，燃煤耦合生物质发电技术实现示范应用，超超临界关键前沿技术研究有序推进，化石能源清洁高效利用取得新进展；以CAP1400和“华龙一号”为标志，中国核电已达到三代核电技术的先进水平，并拥有完整的自主知识产权和核心制造能力；风电开发运行逐步向信息化、数字化、智能化、高可靠性方向发展；百万kW水电机组关键部件成功问世，奠定了中国水电技术的世界领导者地位。

3. 电力科技创新成果获多项大奖

电力行业科技项目共获得国家科学技术奖20项。其中，“特高压±800kV直流输电工程”获国家科学技术进步奖特等奖，“600MW超临界循环流化床锅炉技术开发、研制与工程示范”获国家科学技术进步奖一等奖，“燃煤机组超低排放关键技术研发及应用”获国家技术发明奖一等奖。

## 六、电力市场建设加快推进，电力市场交易更加活跃

1. 电力市场体系和试点建设加快推进

国家围绕全面深化电力改革出台了一系列涉及输配电价、售电侧改革、增量配电网放开、电力交易规则等方面的政策措施，各省政府也结合实际积极制定电力改革和市场化交易试点方案，有力支持和推进了电力市场体系构建和电力市场交易试点。截至2019年年底，售电侧改革试点扩大到10个省份，一大批售电企业准入市场交易，活跃了市场环境；22个省份开展了电力改革综合试点，改革措施各具特点，市场发育日益完善；新批复增量配电业务改革试点89个，累计批复试点195个，增量配电业务改革有序推进；确定南方（广东起步）、蒙西等8个地区作为电力现货市场建设试点，电力市场交易品种逐步丰富。此外，还组织在东北等地区开展电力辅助服务市场建设。中国电力企业联合会受政府委托开展电力行业信用体系建设与评价工作，并配合有关政府在健全信用工作体系、联合奖惩制度、制定信用评价管理办法、推进市场主体信息采集等方面出台了一系列政策性文件，升级编制包括发电、电网、设计、建设、售电、电能服务、电力大用户等7个专业领域的信用评级规范，为行业信用体系建设提供了政策和实施保障。

2. 市场化交易比重大幅提高

截至2019年年底，全国共成立北京、广州2个区域性电力交易中心和32个省级电力交易中心。国家加快放开发用电计划，各类市场主体积极参与电力交易，有力地促进了煤电市场化率加快提高，也鼓励了清洁能源发电积极参与市场交易，电力市场化交易规模大幅增加。初步统计，全年市场化交易电量约为1.6万亿kW·h，同比增长超过60%，市场化交易电量占全社会用电量的25.9%，比重比上年提高7个百分点；其中10家大型发电集团②合计市场化交易电量占全国市场化交易电量的66%，占这10家大型发电集团上网电量的33%（即上网电量市场化率）。

3. 行业支撑实体经济降成本效果显著

继续推进输配电价改革，历经三年、全面完成各省级电网输配电价核定，核定后的全国平均输配电价比原购销价降低近1分/kW·h，核减32个省级电网（除西藏外）准许收入约480亿元；降低在电价环节征收的政府性基金及附加标准25%，减轻社会用电成本160亿元；取消通过电价征收的城市公共事业附加、电气化铁路还贷电价和向发电企业征收的工业企业结构调整专项资金，涉及金额为800亿元。以上措施共降低社会用电成本超过1400亿元，有力扶持了实体经济发展、助推产业转型升级。此外，国家调整降低了风电和太阳能光伏发电项目上网电价。

## 七、电力企业主营收入快速增长，火电利润大幅下降

1. 电网企业主营业务收入快速增长

据国家统计局数据，全国规模以上电力供应企业资产总额为5.8万亿元，比上年增长4.9%；负债总额为3.0万亿元，比上年增长3.4%。据中电联调查，2019年，受宏观经济稳中向好、工业生产形势改善、电能替代加快推进等因素带动电力消费较快增长影响，国家电网、南方电网、内蒙古电力、陕西地电合计主营业务收入为29117亿元，比上年增长11.1%；国家电网和南网电网合计公司利润总额为1091亿元，比上年增长1.1%。

2. 火电企业利润大幅下降

据国家统计局数据，全国规模以上发电企业资产总额为7.6万亿元，比上年增长4.2%；负债总额为5.1万亿元，比上年增长3.8%；受电煤价格大幅上涨、市场化交易量增价降等因素影响，全国规模以上火电企业仅实现利润为207亿元，比上年下降83.3%，直接拉动发电企业利润同比下降32.4%。据中电联调查，截至2019年年底，五大发电集团③电力业务收入为9559亿元，比上年增长9.1%；电力业务利润总额为310亿元、比上年下降64.4%，其中火电业务亏损132亿元，继2008年后再次出现火电业务整体亏损。

## 八、全球能源互联网加快推进，电力合作成为“一带一路”合作新的亮点

1. 全球能源互联网加快推进

按照习近平总书记在“一带一路”国际合作高峰论坛上“建设全球能源互联网，实现绿色低碳发展”的倡议，全球能源互联网建设加快推进，全球能源互联网理念赢得国际认可，并纳入联合国工作框架。全球能源互联网合作组织会员数量增长至5大洲22个国家和地区的265家，组织体系逐步完善；《全球能源互联网发展战略白皮书》《跨国跨洲电网互联技术与展望》《全球能源互联网发展与展望2019》等多项课题成果陆续发布；积极组织和宣传全球能源互联网发展理念，为全球能源互联网建设营造良好发展环境。

2. 国际交流影响力不断增强

电力行业企业与国际知名能源电力行业组织、企业保持密切联系与合作，积极参与、主导、组织各类国际组织交流活动，国际交流更加频繁，参与国际能源电力事务的能力、影响力和话语权不断增强。2019年，主办和承办的国际性会议49场，境内外国际展览69个，对外签署重要协议及备忘录60项。截至2019年底，国内电力行业、企业分别加入了125个国际主要行业技术组织与机构，并在其中的48个组织或机构担任主要角色单位，102位各类专家、学者在上述组织担任主要职务；国内电力企业在境外的128个国家和地区共设立有效分支机构或办事处600个。

3. 电力国际合作有新突破，“一带一路”合作呈现新的亮点

我国对外投资建设的一大批电源、电网项目顺利投产，非洲最大的水电站——安哥拉卡古路·卡巴萨水电站开启了中国企业在非洲水电建设新纪元，巴西美丽山水电送出特高压工程一期投产运行，中核集团建设的巴基斯坦恰希玛核电站一期工程全面建成，中广核集团投资建设的英国欣克利角核电站C项目主体工程正式动工。2019年，主要电力企业实际完成对外投资193亿美元，新增电力对外投资项目26项；对外承包工程新签合同额488亿美元，境外承包项目中投产火电机组1227万kW、水电机组166万kW；出口设备和技术合计超过52亿美元。电力项目合作是“一带一路”合作新的亮点和明星领域，全年主要电力

企业在“一带一路”沿线国家完成电力投资项目 12 项、合计项目总投资金额为 126 亿美元，承担大型承包项目 194 个、合计合同金额为 306 亿美元，涵盖火电、水电、风电、太阳能发电、核电和输配电等工程领域。

## 九、问题与展望

党的十九大提出了“中国特色社会主义进入新时代”的重大论断，我国经济已由高速发展阶段转入高质量发展阶段。在我国发展新的历史方位下，能源电力行业要推进能源生产和消费革命，构建清洁低碳、安全高效的能源体系，这是能源电力行业的历史性重任，也是建设现代化经济体系的重要基础和支撑。但从当前电力发展改革现状来看，还存在很大差距，仍面临着较为严峻的形势和挑战。

1. 电力系统安全稳定运行面临严峻考验

随着我国电力快速发展和持续转型升级，大电网不断延伸、电压等级不断提高、大容量高参数发电机组不断增多，新能源发电大规模集中并网，电力系统形态及运行特性日趋复杂，特别是信息技术等新技术应用带来的非传统隐患增多，对系统支撑能力、转移能力、调节能力提出了更高的要求，给电力系统安全稳定运行带来了严峻考验。此外，各类自然灾害频发，保障电力系统安全的任务更为艰巨，发生大面积停电的风险始终存在。

2. 清洁能源消纳问题依然突出

2019 年，在各方的共同努力下，通过综合施策，弃风、弃光率有所下降，云南、四川弃水电量有所减少，辽宁、福建核电限电情况有所缓解，但并没有从体制机制上解决清洁能源消纳的问题。清洁能源发展面临的问题依然突出，如发展协调性不够、系统灵活性不足导致调峰困难、输电通道建设不匹配导致大范围消纳受限、水电流域统筹规划和管理较为薄弱、新能源自身存在技术约束、需求侧潜力发挥不够、市场机制不完善、政策措施有局限等问题依然没有得到较好的解决，未来核电和大规模新能源发电并网消纳、西南水电开发与送出的压力和挑战会越来越大，难以适应国家“推进能源生产和消费革命，构建清洁低碳、安全高效的能源体系”的总要求。

3. 煤电企业经营困难，保障煤电清洁发展能力较弱

煤电发电量占全国发电量的 65%，长期以来在电力系统中承担着电力安全稳定供应、应急调峰、集中供热等重要的基础性作用，在未来二三十年内，煤电在清洁发展的基础上，仍将发挥基础性和灵活性电源作用，仍是为电力系统提供电力、电量的主体能源形式。但 2019 年下半年以来，煤炭供需持续紧张，电煤价格上涨并长期高于国家设定的 500~570 元/t 的“绿色区间”，据调研测算，2019 年五大发电集团到场标煤单价比上年上涨 34%，导致电煤采购成本比上年提高的 920 亿元；全国煤电行业因电煤价格上涨导致电煤采购成本提高约 2000 亿元，导致煤电行业大面积亏损。煤电长期经营困难甚至亏损，不利于电力安全稳定供应，也极大地削弱了煤电清洁发展的能力，煤电清洁发展的任务更加艰巨。

4. 核电建设发展停滞

核电是可以大规模替代煤炭，为电力系统提供稳定可靠电力的清洁能源发电类型，是实现国家 2020 年和 2030 年非化石能源发展目标、构建清洁低碳、安全高效能源体系的重要手段。但近两年核电发展停滞，已连续两年没有核准新的核电项目（除示范快堆项目外），核电投资规模也连续两年下降，在建规模减少到 2019 年底的 2289 万 kW，核电发展进度明显慢于《国家电力发展“十三五”规划》，可能会影响国家非化石能源消费比重目标完成，也与核电产业链（核电特殊性：建设周期长、安全要求高、人才培养慢）宜平稳发展这一产业特殊性要求有较大差距。

5. 电力改革与市场化建设进入深水区

两年多来，电力改革全面推进、成效显著，接下来的电力改革将逐步进入攻坚克难、啃硬骨头的深水区。综合体现在：一是政策多门、各地各异。导致各类试点在具体落实过程中，中央各部门之间、中央与地方之间、政府与市场主体之间、电力企业与社会之间协调难度大，规则不规范，市场准入标准各地各异。二是跨省区交易存在壁垒障碍。市场交易体系不健全、品种不完善、信息不对称，制约清洁能源跨区交易与消纳规模，难以体现市场对资源配置的优势。三是电价体系有待完善。当前电力上游至电力各产业链乃至用户侧价格仍以计划调控为主导，缺乏合理的市场化疏导机制，导致发电企业尤其是煤电企业的合理利润空间被肆意挤压，输配电成本归集和电价交叉补贴没有科学化的监审标准，电网和社会企业投资增量配电网积极性受挫，行业可持续发展能力减弱。四是支撑增量配电业务试点的相关政策规范和发展规划缺乏、相关法规不清晰，配电存量与增量的区域划分与建设发展困难重重，投资效益不确定，安全运营风险加大。

2019 年是全面贯彻党的十九大精神的开局之年，是改革开放 40 周年，是决胜全面建成小康社会、实施“十三五”规划承上启下的关键一年。我国电力发展也进入转方式、调结构、换动力的关键时期，电力供需多元化格局越来越清晰，电力结构低碳化趋势越来越明显，电力系统智能化特征越来越突出。电力行业将按照党的十九大报告提出的“推进能源生产和消费革命，构建清洁低碳、安全高效的能源体系”的总要求，以习近平新时代中国特色社会主义思想为指导，继续遵循能源“四个革命、一个合作”战略构想，深入研究社会主要矛盾变化对能源电力行业的影响，准确把握能源电力发展大趋势，立足当前、着眼长远，持续推进电力供给侧结构性改革，持续优化供给结构、提高供给质量、满足有效需求，着力解决电力安全稳定运行、清洁能源消纳、煤电企业经营困难及保障清洁发展能力弱、核电发展停滞等突出矛盾和问题，继续加快推进电力改革，扩大电力市场化电量比重，持续推动电力发展质量变革、效率变革和动力变革，努力实现电力行业平稳健康可持续发展。

注：①纳入中电联统计口径的 26 家大型发电企业：中国华能集团有限公司（以下简称“华能集团”）、中国大唐集团有限公司（以下简称“大唐集团”）、中国华电集团有限公司（以下简称“华电集团”）、国家能源投资集团有限责任公司（以下简称“国家能源集团”）、国家电力投资集团有限公司（以下简称“国家电投集团”）、中国长江三峡

集团有限公司（以下简称“三峡集团”）、中国核工业集团有限公司（以下简称“中核集团”）、中国广核集团有限公司（以下简称“中广核集团”）、广东省粤电集团有限公司（以下简称“粤电集团”）、浙江省能源集团有限公司（以下简称“浙能集团”）、北京能源投资（集团）有限公司、申能股份有限公司、河北省建设投资集团有限公司、华润电力控股有限公司、国投电力控股股份有限公司、新力能源开发有限公司、甘肃省电力投资集团公司、安徽省皖能股份有限公司、江苏省国信资产管理集团有限公司、江西省投资集团公司、广州发展集团有限公司、深圳能源集团股份有限公司、黄河万家寨水利枢纽有限公司、中铝宁夏能源集团公司和山西国际电力集团有限公司。

②参加中电联电力交易信息共享平台的华能集团、大唐集团、华电集团、国家能源集团、国家电投集团、三峡集团、中核集团、中广核集团、粤电集团和浙能集团。

③指华能集团、大唐集团、华电集团、国家能源集团和国家电投集团。

## 2019年新能源发展成绩单 新能源发电将迈向高质量发展新阶段

刚刚过去的2019年，我国新能源发电保持平稳增长，新能源消纳水平再创新高。2020年是实现《清洁能源消纳行动计划（2018—2020年）》目标的收官之年，在平价上网、竞争性配置、电力消纳保障机制等政策的驱动下，我国新能源发电将迈入高质量发展的新阶段。

### 2019年新能源消纳水平创新高 发电量及其占比持续“双升”

我国新能源发电保持平稳增长。截至2019年年底，我国新能源（风电和太阳能发电）发电装机容量约为4.1亿kW。其中，国家电网有限公司经营区新能源装机3.5亿kW，占全国新能源总装机的84%，同比增长13.7%。截至2019年年底，在国家电网公司经营区内，海上风电累计装机达到569万kW，提前一年实现“十三五”海上风电规划目标，呈现加快发展势头；分布式光伏发电新增装机1072万kW，占全部太阳能发电新增装机的44%，同比提高19个百分点。

从布局来看，新能源装机仍主要集中在三北（华北、东北、西北）地区，多个千万千瓦级新能源基地建成。截至2019年年底，三北地区风电装机总容量为1.27亿kW；8个省级电力公司经营区风电装机均超过1000万kW，依次为新疆、冀北、甘肃、山东、山西、宁夏、蒙东、江苏。三北地区太阳能发电累计装机容量为1.03亿kW；8个省（自治区）太阳能发电装机超过1000万kW，依次为山东、江苏、浙江、安徽、青海、河南、新疆和山西。

新能源消纳水平再创新高，新能源发电量及其占比持续“双升”。2019年，国家电网公司经营区新能源累计发电量为5102亿kW·h，同比增长14.0%，占总发电量的比例为9.2%、同比提高1个百分点。其中，青海、宁夏、甘肃、新疆等10个省份新能源发电量占比超过15%。国家电网新能源利用率为96.80%，同比提高2.6个百分点，提前一年实现国家规定的新能源利用率95%以上目标。其中，风电利用率为96.2%，太阳能发电利用率为97.8%。在甘肃、新疆等地区，新能源消纳问题明显改善，利用率分别同比提升10.1个和8.9个百分点。

### 新能源利用率提升靠什么？

合理控制装机规模，全国统一调度，扩大市场交易规模是主因。

在新能源装机占比进一步提升、用电增长放缓的大背景下，合理控制装机规模、强化实施全国统一调度、扩大市场交易规模等措施，是促进新能源利用率提前一年达到95%以上的主要原因。

装机规模控制方面，国家风光预警要求得到严格落实，新疆、甘肃等2019年红色预警省份新增装机仅为平价和扶贫项目；橙色、绿色地区新增规模和开发时序优化，2019年新增装机主要集中在中东南部等消纳形势较好的省区。最新政策要求新能源项目建设必须以电网消纳能力为前提，避免出现新的新能源消纳问题。

调度运行方面，国家电网公司挖掘火电调峰潜力，2017—2019年累计推动火电灵活性改造超过9000万kW；推动东北、西北、华北调峰辅助服务市场试点建设；完善适应高比例新能源运行的技术和管理体系，打破分省备用模式，不断优化区域和跨区旋转备用共享机制，提高新能源消纳水平。

电力市场交易方面，2019年国家电网经营区域内省间新能源交易电量累计完成880亿kW·h，同比增长22%。青海在“绿电15日”期间依托全国大电网和统一交易市场，达成30亿kW·h交易电量，通过市场化交易方式送往外省电量达到11亿kW·h。

与此同时，国家电网公司加快张北—雄安特高压交流、青海—河南特高压直流、张北柔性直流等输电通道建设，扩大清洁能源发电配置范围；在换流站和风电场安装调相机，提升三北地区特高压直流外送能力。

### 新能源发电怎样实现更好发展？

进一步完善监测预警机制，利用市场机制科学引导新能源开发和布局。

2019年，国家发展改革委、国家能源局相继发布风电、光伏发电平价上网及电力消纳保障机制等政策，着力促进新能源消纳，提高新能源发电的经济性和竞争力，推进我国新能源向更高质量、更合理的方向发展。

一是通过落实消纳责任权重，解决清洁能源消纳问题。国家发展改革委、国家能源局发布《关于建立健全可再生能源电力消纳保障机制的通知》，对电力消费设定可再生能源电力消纳责任权重，明确各省级能源主管部门牵头承担消纳责任权重落实责任，售电企业和电力用户协同承担消纳责任，电网企业负责组织实施经营区的消纳责任权重落实工作。二是《关于积极推进风电、光伏发电无补贴平价上网有关工作的通知》发布，提出平价上网项目由各省区自行组织开展，且不受规模限制，优先配置消纳空间。三是国家能源局发布《关于2019年风电、光伏发电项目建设有关事项的通知》，进一步通过市场手段促进技术进步和成本下降，进一步加大竞争性配置力度，全面落实电力送出和消纳条件，推动新能源产业向高质量发展。

在平价上网、竞争性配置、电力消纳保障机制等政策的驱动下，我国新能源发电将迈入高质量发展的新阶段。从发展规模来看，当前我国正处于能源转型加速的关键阶段，新能源作为能源转型的重要力量，未来仍将保持快速发展态势。从短期来看，2020 年是实现《清洁能源消纳行动计划（2018—2020 年）》目标的收官之年，同时受近期上网电价政策和补贴调整的影响，我国新能源建设将迎来“平价时代”前的“抢装潮”。

预计 2020 年，风电、光伏发电新增装机超过 6000 万 kW，累计装机将达到 4.8 亿 kW 左右。从远期来看，国家发展改革委和国家能源局制定的《能源生产和消费革命战略（2016—2030）》提出，2030 年、2050 年我国非化石能源占一次能源消费比重分别达到 20%和 50%。据此推算，2030 年、2050 年我国新能源装机将分别达到 11.5 亿 kW、28.0 亿 kW，占全国电源总装机的比重提升至 40%、53%。

从运行消纳来看，近年来，风电新增装机呈现出向中东部地区加快转移的趋势，为三北地区风电消纳改善作出重要贡献。受最新平价政策的影响，未来风电项目向三北地区回流趋势的可能性加大。甘肃、新疆、黑龙江、吉林等风电消纳困难地区的消纳矛盾可能反弹，需要进一步完善监测预警机制，坚持“以消纳定装机”原则，优化调整新能源消纳重点地区的新增规模、布局和时序，确保源网协调发展和行业平稳发展。

从市场机制来看，平价上网政策为新能源与常规电源平等参与市场竞争创造了条件，有利于推动新能源产业摆脱依靠补贴的发展方式，利用市场机制科学引导不同类型新能源开发和布局。可再生能源电力消纳保障机制则通过超额消纳量交易、绿证自愿认购等市场化方式，给予市场主体适度激励，平衡全国范围内可再生能源消纳差异，促进可再生能源本地消纳和跨省跨区大范围内优化配置。

## 2019 年中国水电十大新闻

### 习近平主持召开黄河流域生态保护和高质量发展座谈会并发表重要讲话

2019 年 9 月 18 日上午，中共中央总书记、国家主席、中央军委主席习近平在郑州主持召开黄河流域生态保护和高质量发展座谈会并发表重要讲话。

习近平指出，“黄河宁，天下平”。他强调，黄河流域是我国重要的生态屏障和重要的经济地带，是打赢脱贫攻坚战的重要区域。黄河流域生态保护和高质量发展，是重大国家战略。

黄河用占全国 2%的水资源量，承载了 15%的土地、12%的人口，水电装机容量 2000 万 kW，形成了 3000 多万 kW 的风光水电力互补的清洁能源基地。为黄河流域生态保护和高质量发展打下了坚实基础。

### 澜沧江黄登水电站全面建成投产　数字化建造技术引领水电建设

2019 年 1 月 1 日 0 时，华能黄登水电站 4 号机组顺利通过 72h 试运行投产发电。至此，黄登水电站 4 台机组全部投产发电。2019 年 11 月，澜沧江黄登水电站荣获“水库大坝国际里程碑工程奖”，黄登水电站 200m 级高碾压混凝土坝数字化建设创新及实践获“中国大坝工程学会科技进步一等奖”。

黄登水电站是澜沧江上游河段梯级开发的第五级水电站。坝高 203m，是中国已建成的最高碾压混凝土重力坝。水库总库容为 16.7 亿 $m^3$，季调节，电站装机容量为 190 万 kW，于 2018 年底全部建成投产。

黄登水电站首次在高碾压混凝土重力坝坝身表孔采用新型燕尾坎。

首次在 200m 级高坝建设了升鱼机。黄登水电站碾压混凝土坝建设取得一系列关键技术的重大突破，引领中国乃至世界碾压混凝土坝迈向数字化建设新阶段。

### 金沙江上游水电开发稳步推进　拉哇水电站正式核准开工

2019 年 1 月 4 日，金沙江上游拉哇水电站获得国家发改委核准。金沙江上游川藏段规划 8 级电站，总装机容量为 943.6 万 kW，是“十三五”中央支持西藏经济社会发展的重大项目、“西电东送”接续基地、加快“三区三州”深度贫困区能源开发助力脱贫攻坚的重点水电项目，是我国水电开发的主战场。目前，已有苏洼龙、叶巴滩、巴塘、拉哇 4 座电站核准开工，在建总装机容量为 619 万 kW。

拉哇水电站装机容量为 200 万 kW，最大坝高为 239m，是世界最高混凝土面板堆石坝。电站的开发建设，对我国水电开发、藏区经济社会发展、提高流域防灾减灾能力具有重要意义。

### 国家电网 5 座抽水蓄能电站同时开工　但由于持续降低电价压力　电网企业已宣布不再新开工抽水蓄能

2019 年 1 月 8 日，河北抚宁、吉林蛟河、浙江衢江、山东潍坊、新疆哈密抽水蓄能电站工程开工。5 座抽水蓄能电站总装机容量为 600 万 kW，计划于 2027 年前全部竣工投产。

加快建设抽水蓄能电站，对推进能源革命，构建清洁低碳、安全高效的能源体系，保障供电安全、促进清洁能源消纳、防治大气污染、拉动经济增长，具有重要的战略意义。然而，尽管抽水蓄能电站是电网中最具优势的调峰调频手段，在能源革命电力转型的过程中作用巨大。但由于我国目前的尚未开启以煤电逐步退出为标志的电力转型，以至于大量过剩的煤电机组不得不在电网中承担着具体的调峰任务，使得抽水蓄能的实际作用难以发挥，投资收益无法体现。在国家持续减低电价的压力下，为避免增加不必要的电力成本，电网企业纷纷宣布停止新开工建设抽水蓄能电站。

## 世界水电大会在巴黎召开 中国水电积极参会成果丰硕

5月14~16日，2019年世界水电大会在法国巴黎召开。来自70多个国家的750多位嘉宾，在大会及27个分论坛，以“发挥水的力量、构建可持续的互联世界”为主题，进行了广泛的研讨。中国水电界共有15家单位60多人参会，11人作为特邀嘉宾做主题发言。

在国际水电协会设立的三个国际性奖项中，中国电力建设集团有限公司党委书记、董事长、中国科协第九届委会委员晏志勇荣获“莫索尼水电杰出成就奖”，武汉大学副研究员杨威嘉荣获“青年研究员奖”。经过竞选，来自中国河海大学的中国移民研究中心主任、亚洲研究中心主任施国庆教授当选国际水电协会水电可持续性评估理事会新兴发展中国家委员会主席。中国水电的国际影响力进一步提高。

## 锦屏二级水电站、小湾水电站、三峡升船机获2019年菲迪克工程项目奖

9月10日，在墨西哥召开的国际咨询工程师联合会基础设施大会上，我国的雅砻江锦屏二级水电站、澜沧江小湾水电站、三峡水利枢纽升船机工程三个项目，荣获2019年菲迪克工程项目优秀奖。

雅砻江锦屏二级水电站，安装了世界上水头最高、结构最复杂的大容量混流式机组，建设了世界埋深最大、规模最大、建设条件最复杂的长引水式电站。

澜沧江小湾水电站大坝为混凝土双曲拱坝，总库容约为150亿$m^3$，具有多年调节能力，使澜沧江中下游枯水期径流量从占全年的21%提高到41%，在应对2016年湄公河流域干旱中发挥了重要作用。

三峡升船机工程规模是世界上最大的。三峡升船机建成投产，增加了600万t的快速过坝能力，将船舶过坝时间由3.5h缩短为40min，使长江黄金水道的经济和社会效益得到进一步充分发挥。

中国获得菲迪克大奖的这三个项目，不仅充分体现了创新、高质量和技术的卓越性，在理论、技术和方法等方面均有重大创新和突破，具有国际先进水平。

## 丰满水电站（重建）工程首台机组投产发电

2019年9月20日，丰满水电站全面治理（重建）工程首台机组投产发电。重建后的丰满水电站总装机容量达148万kW，电站安装了智能化机组，能够进行自主学习，通过大数据分析，自动给出最优运行方案。

丰满水电站大坝的重建，从根本上消除了安全隐患，使老丰满焕发出青春，更好地承担了发电、调峰、防洪、灌溉、供水和生态保护等综合任务，继续造福人民。

## 建国70周年大庆业内代表郑守仁院士荣获新中国“最美奋斗者”称号

2019年9月25日上午，为隆重庆祝新中国成立70周年，中央宣传部等7部委组织的“最美奋斗者”表彰大会在人民大会堂举行，从事水利水电工程建设事业56年的郑守仁院士获此殊荣。

郑守仁院士先后负责过乌江渡、葛洲坝工程导截流设计，隔河岩等水电站全过程设计，荣获40余项省部级以上奖励。大家称赞他是“大坝的基石”，是“当代大禹”，是“工程师的脊梁”。

他作为水利部长江水利委员会原总工程师，三峡工程设计总负责人，为建设三峡，实现中华民族伟大复兴的中国梦，顽强拼搏、不懈奋斗，用智慧和汗水铸就了长江三峡这座自主创新、兴利除害的大国重器。

## “一带一路”巴基斯坦苏基·克纳里水电站实现大江截流

巴基斯坦苏基克纳里水电站9月28日成功截流，该项目是“一带一路”中巴经济走廊第一批优先项目清单中的重点工程，总装机容量为884MW，总投资约为19.6亿美元。该项目由中国能建葛洲坝集团投资建设，开工两年多来，采用中国标准和施工技术，攻克了120m防渗墙、642m世界最深压力竖井群等诸多世界级难题。

巴基斯坦苏基克纳里水电站工程是中国水电投资、管理、标准、技术走出去，服务一带一路建设发展的杰出代表。

## 白鹤滩、乌东德水电站建设进入关键阶段

2019年11月26日0点，世界上最大的在建电站白鹤滩水电站智能建造大屏上显示11月份浇筑混凝土72仓，方量27.3万$m^3$，刷新了大坝浇筑以来单月最高纪录，创造了同类工程单月浇筑的世界纪录。

2019年是白鹤滩水电站大坝混凝土浇筑的最高峰年，是深孔复杂结构施工的攻坚之年，标志着大型水电工程施工组织管理能力得到大幅提升，代表着三峡集团引领世界“大水电”建设管理水平。

2019年11月5日，乌东德水力发电厂正式揭牌成立，12月20日12坝段混凝土浇筑至坝顶高程，为2020年7月乌东德水电站首批机组投产发电打下坚实的基础。

## 2019年风电发电量突破4057亿kW·h 清洁能源更“风光”

首次突破4000亿kW·h！2019年我国风电发电量4057亿kW·h，差不多相当于4个三峡电站的发电量。

弃风率、弃光率下降，近年我国风电、光伏发电已经提前实现了消纳目标。近年来，在风电、光伏发电等装机和发电量比重快速提升的同时，清洁能源利用水平正接近并部分超过国际公认的平均合理水平。

在甘肃玉门市，我国首个平价风电示范项目并网发电，平价上网时代越来越近；在广东阳江市，南鹏岛珍珠湾风场的风机巍然矗立、迎风转动，海上风电“家族”规模不断壮大；在青海互助土族自治县，随着装机容量2.37万kW的村级光伏扶贫2号电站的投产，全省贫困村实现光伏扶贫项目全覆盖……

我国风电、光伏发电行业持续稳步发展。近日，国家能源局发布2019年风电和光伏发电并网运行情况，能源绿

色低碳转型步伐不断加快。

### “风光”装机规模稳步扩大

首次突破 4000 亿 kW·h！2019 年我国风电发电量 4057 亿 kW·h，占全部发电量的 5.5%。4057 亿 kW·h 是什么概念？差不多相当于 4 个三峡电站 2019 年的发电量。

截至去年底，全国风电累计装机容量为 2.1 亿 kW，其中陆上风电累计装机容量为 2.04 亿 kW、海上风电累计装机容量为 593 万 kW，风电装机占全部发电装机容量的 10.4%。

2019 年，全国风电平均利用小时数为 2082h，平均利用小时数较高的省份为云南、福建、四川、广西和黑龙江。

“虽然累计装机容量仍集中在‘三北’地区，但风电装机向中东部地区转移趋势明显。”国网能源研究院新能源与统计研究所所长李琼慧分析。

光伏发电方面，2019 年全国光伏发电量达 2243 亿 kW·h，同比增长 26.3%。新增光伏发电装机容量为 3011 万 kW，同比下降 31.6%。虽然同比有所下降，我国新增和累计光伏装机容量仍继续保持全球第一。

国家发改委能源研究所可再生能源发展中心副主任陶冶分析“2019 年，光伏项目管理、上网指导价格政策、补贴政策有所调整，电站开发融资难度加大，许多因素导致全年新增并网项目规模有所下滑。”但是受益于海外市场的增长，光伏发电产业各环节发展平稳，产能规模保持快速增长势头。

中国光伏行业协会副理事长王勃华介绍，2019 年我国光伏产品出口额为 207.8 亿美元，同比增长 29%；出口额创历史第二高。

### 弃风率、弃光率均有所下降

2019 年弃风电量为 169 亿 kW·h，平均弃风率 4%，同比下降 3 个百分点，弃风限电状况进一步得到缓解。弃风率超过 5% 的省份为新疆、甘肃和内蒙古，三省（区）弃风电量合计为 136 亿 kW·h，占全国弃风电量的 81%。

弃光电量为 46 亿 kW·h，弃光率降至 2%。从重点区域看，光伏消纳问题主要出现在西北地区，弃光电量占全国的 87%，弃光率同比下降 2.3 个百分点至 5.9%。华北、东北、华南地区弃光率分别为 0.8%、0.4%、0.2%，华东、华中无弃光。

从重点省份看，西藏、新疆、甘肃弃光率分别为 24.1%、7.4%、4.0%，同比下降 19.5、8.2 和 5.6 个百分点；青海受新能源装机大幅增加、负荷下降等因素的影响，弃光率提高至 7.2%，同比提高 2.5 个百分点。

“部分西北地区清洁能源消纳问题较为突出，主要是因为资源和需求逆向分布。新疆、甘肃等地区新能源装机占比高，热电机组装机规模也较大，部分特高压通道输电能力不足；另一方面，用电负荷又主要集中在中东部和南方地区，导致跨省区输电压力较大。”陶冶认为。

### 合理把握“风光”发展规模和节奏

根据《清洁能源消纳行动计划（2018—2020 年）》，2020 年，确保全国平均风电利用率达到国际先进水平（力争达到 95%左右），弃风率控制在合理水平（力争控制在 5%左右）；光伏发电利用率高于 95%，弃光率低于 5%。

从这个指标看，2019 年我国风电、光伏发电已经提前一年实现了消纳目标。在陶冶看来，解决清洁能源消纳问题，还有进一步努力的空间，可以继续通过行业监测预警、消纳保障机制、电力市场改革调控等多种举措，提升风电和光伏发电的利用率。

那么，弃风弃光率是不是越低越好？百分之百完全消纳是不是最好的选择？“从整个能源系统经济性和全社会用电成本的角度来看，结合电力系统自身的特性，清洁能源消纳存在一个经济合理的利用率范围，片面追求百分之百消纳，将极大提高系统的备用成本，限制电力系统可承载的新能源规模。”国家能源局电力司有关负责人介绍。

实际上，近年来我国在风电、光伏发电等装机和发电量比重快速提升的同时，清洁能源利用水平正逐步接近并部分超过国际公认的平均合理水平。对于未来的发展，国家能源局有关负责人表示，2020 年要有序发展风电、光伏发电，健全完善管理政策，加大竞争配置力度，积极推进陆上风电和光伏发电项目平价上网。

## 2019 年，中国光伏产业创造了哪些“行业之最”？

岁末年终，又是一年总结时。2019 年，中国光伏产业创造了哪些“行业之最”？

### 平价上网步伐最不可挡：第一批项目装机量 14.78GW

2019 年，光伏平价市场的启动及发展势头势不可挡。今年 5 月 20 日，国家能源局公布了第一批风光平价上网示范项目名单。根据中国光伏协会的数据，第一批光伏平价项目总计涉及 12 个省份，装机容量共计 14.78GW，预计 2019 年并网 4.47GW。从目前公开资料看，预计年底前投产 1GW。传统的平价热点地区集中在河北、山东、山西、陕西等；而广东、广西，合计获批容量超过 4GW。

平价上网之后，对于中国企业的制造、运营、管理、销售、配套等诸多环节将带来全面考量，降本挖潜及竞争力的提升将让最优质的公司更快脱颖而出，也会让管理者更全面、更深入地思考企业参与各个项目，如竞标、光伏电站运营等方向。

### 户用光伏装机量最高：仅用 5 个月超额完成任务

根据国家能源局公布的 10 月新增户用光伏项目信息，据公告显示，10 月新纳入国家补贴户用光伏项目总装机容量为 101 万 kW，截止到 2019 年 10 月底，全国户用指标已经累计 5.3GW。

受政策影响，2019 年装机不如预期，但值得注意的是，户用市场猛然崛起。在今年的户用装机名单中，山东、河北两地较为抢眼，分别完成了 187.73 万 kW、83.68 万 kW 的装机任务，占全国的 51.2%。此外，河南、浙江、山西、江苏、广东等省份也突破了 20 万 kW 装机大关，成为装机大省。

从政策落地到收官，仅5个月的时间便超额完成任务，超越装机规模最辉煌的年代，暂居户用装机排行首位，而2019年便是户用成长史上的关键之年。

### 光伏产品出口历史最高：前10个月即超2018全年水平

据光伏行业协会统计，2019年1～10月，我国光伏出口创历史新高。1～10月出口总额达177.4亿美元，超过2018年全年水平，预计2019全年出口总额将超过200亿美元。其中组件出口额大幅增长39.6%，出货量达58GW左右，同比增长75%。另一方面，出口地区多元化的趋势也越来越明显，组件出口额过亿美元的地区已超过26个，出货量超过1GW的国家达到13个。

### 国企与光伏关系最“铁”：国有资本大量进入光伏产业

2019年，多家国有传统发电企业强势进入光伏领域，除国电投、三峡、中广核、中节能等传统光伏投资央企之外，华能新能源、中核集团、浙能等也成为最近一年表现活跃的收购方。

国有资本越来越重视光伏发电等新能源产业，并不断投入大量的财力，既是国有资产保值、增值的需要，也是国家能源战略的需要。随着央企及国企的混改深入，未来民营公司与央企之间的合作也将逐步增强。

另一方面，国企虽资本雄厚，但在户用市场中，民企在渠道下沉、客户服务、电站后期运维等方面依然具有独特优势。

### 南方电网西电东送电量创新高：风电光伏基本全额消纳

根据南方电网公司发布的数据，2019年南方电网西电东送电量为2265亿kW·h，创历史新高。风电、光伏发电基本实现全额消纳。南方五省区非化石能源电量占比52.9%，远高于全国平均水平。南方电网公司连续三年开展了清洁能源消纳专项行动，通过完善交易机制、实施清洁能源调度、加强电网建设等系列措施，最大限度地消纳了清洁能源。

## 2019年风电行业十大事件

即将到来的平价时代正深刻改变着风电产业的格局。

2019年，大变革席卷整个风电行业。

5月24日，国家发改委下发《关于完善风电上网电价政策的通知》，吹响平价上网时代来临的号角。

这一剧变成为风机大兆瓦化的催化剂。明阳智能、上海电气、金风科技相继获得大兆瓦之战的入场券，而曾经实力较弱的东方电气则凭借中国首台10MW风机一鸣惊人。

就在整机商为平价时代打磨利器之时，下游开发商却为争抢窗口期掀起抢装潮，风机价格一扫前几年颓势，一度突破4000元/kW的大关。

抢装潮中，整个风电供应链全面吃紧。而业界对于质量与事故的担忧也不绝于耳。

即将到来的平价时代正深刻改变着风电产业的格局。利润摊薄，迫使越来越多的民企退出下游发电端，将战线收缩至上游制造端，并开拓运维疆土。而下游舞台不断涌入的新主角，则是那些高举能源转型旗帜、资金实力雄厚的央企和地方国企。

变革仍在蔓延。北京角马能源科技有限公司选出2019年风电十大事件，通过这些标志性事件折射出风电行业当下正在经历的深刻变革。

### 平价上网政策落地

2019年5月24日，国家发改委下发《关于完善风电上网电价政策的通知》，首度明确风电去补贴时间表。

通知规定，2018年底之前核准的陆上风电项目，2020年底前仍未完成并网的，国家不再补贴；2019年1月1日至2020年底前核准的陆上风电项目，2021年底前仍未完成并网的，国家不再补贴。自2021年1月1日开始，新核准的陆上风电项目全面实现平价上网，国家不再补贴。

陆上风电政策明确的8个月后，有媒体援引知情人士消息称，2021年之后将取消海上风电国家补贴。

中国风电行业即将全面进入后补贴时代。

### 东方电气10MW风机下线

2019年9月26日，东方电气在福建三峡产业园下线中国首台10MW风机。

平价时代降成本压力下，风机大兆瓦之战愈演愈烈。截至目前，获得入场券的整机商还有明阳智能（MySE8-10MW），金风科技（GW168-8MW），上海电气（SG 8MW-167，引进）。即将拿到门票的还有中国海装（HZ210-10MW海上风电机组，预计明年下线）。

不过，东方电气推出的这款“利器”首征市场却宣告失利。11月29日，福建省公共资源交易电子公共服务平台发布消息，长乐外海海上风电场C区项目第一批80MW风电机组及附件设备采购项目终止。东方电气10MW风机首次中标项目被迫流标。

### 风机涨价

在2019年下半年华能的一次风机招标中，某头部整机商投出4150元/kW高价。

此前一年，风机价格曾一度跌破3000元/kW。平价政策出台掀起的抢装潮，给风机价格带来触底反弹的机会。

截至2019年9月，主力机型2.5MW投标均价恢复到3898元/kW，较前期低点累计反弹17%；3MW机型投标价格稳定在3900元/kW附近，个别项目招标价格突破4000元/kW的高价。

### 首个海上风电竞价项目落地

全面进入平价时代之前，竞价与平价并行成为风电行业发展的主旋律。

2019年8月28日，上海市发改委发布《关于奉贤海上风电项目竞争配置评审结果的公示》。上海电力股份有限公司、上海绿色环保能源有限公司联合体以0.73元/kW·h

的电价中标奉贤海上风电项目。

这是中国首个海上风电竞价项目，装机规模为 20 万 kW。首个竞价项目的竞价流程和标准既可以被后续竞价项目所效仿，最终确定的上网电价也将为后续项目指引方向。

## 华能“1600 亿计划”

2019 年 5 月 19 日，华能集团宣布，将在江苏省投入 1600 亿元打造华能江苏千万千瓦级海上风电基地。

年初华能董事长舒印彪到任时，为华能定下“大力发展新能源”的新战略，明确今后几年将风电、光伏作为做优增量的主攻方向。

根据年报披露，华能 2019 年资本支出计划总额为 354 亿元，其中风、光投资支出合计 240.28 亿元，占比 67.8%。

在能源转型和火电大面积亏损的背景下，五大发电集团均加大向新能源转型的力度。去年 6 月国电投发布的数据显示，其旗下新能源装机占比已超过一半。

## 龙源电力换帅

2019 年 9 月 24 日，龙源电力发布公告称，贾彦兵接替乔保平担任该公司董事长。

这家全球第一大风电开发商成立于 1993 年，现隶属于国家能源集团。2017 年 11 月，原国电集团和神华集团合并成立国家能源集团，成为全球最大的煤炭生产公司、火力发电公司、风力发电公司和煤制油煤化工公司。

龙源电力换帅的同时，整个电力央企界也掀起人事变动的高潮。

## 中海油重启海上风电

2019 年 7 月 2 日，中海油旗下中海油融风能源有限公司在上海成立，正式重启海上风电业务。此前，其位于江苏的首个 300MW 海上风电项目已经开工。

这并非中海油首次进入风电领域。事实上，中海油是中国最早一批探索海上风电的公司之一。

早在 2006 年，中海油曾成立中海油新能源投资有限责任公司，进军海上风电。但由于多年亏损等原因，该公司于 2014 年剥离海上风电业务。

## 国网宣布削减电网投资

2019 年 12 月 20 日，国家电网在京召开稳投资保民生推动电网高质量发展新闻发布会，透露出削减电网投资的信息。

该公司称，2019 年预计完成电网投资 4500 亿元左右，开工 110（66）kV 及以上输电线路 5.2 万 km、变电容量 3.1 亿 kV·A；投产 110（66）kV 及以上输电线路 5.1 万 km、变电容量 3 亿 kV·A。

此前一年，该公司电网投资额还高达 4889.4 亿元。

在三北地区弃风限电问题尚未完全解决的情况下，电网建设进程放缓，或将使当下风电抢装潮陷入困境。

## 民勤倒塔事故

4 月 12 日，甘肃民勤周家井风电场一台风机塔筒倒塌，6 名检修人员中，4 人死亡，1 人重伤，1 人轻伤。

3 个多月后，武威市人民政府公布事故调查报告。报告显示，事故主要原因为运维公司层层转包，运维人员未经专业培训，且无证上岗作业。

截至 2018 年底，并网五周年以上的风电机组，突破 7500 万 kW，占总规模的 41%。

大量风机出质保期促使风电运维行业爆发。但专业运维人才短缺、施工标准缺失、运维技术不成熟等问题也逐渐暴露。

## GE 签署外资在华最大陆上风电订单

2019 年 11 月 6 日，GE 与华能在第二届中国国际进口博览会上宣布签署机组供货协议，双方将在中国河南省濮阳市新建的 715MW 风电场项目上进行合作。

这是迄今为止外资品牌风机制造商在中国签订的单笔最大的陆上风电机组供货订单。

中美贸易摩擦大背景下，GE 加速在华布局。截至 12 月 23 日，该公司 2019 年全年在中国拿下陆上风机订单共计 1215MW。

该公司在海上风电领域也势头正劲。7 月 19 日，GE 中国与广东黄埔区、广州开发区签署合作备忘录，将在此设立其亚太地区的首个海上风电运营和开发中心。

同期，该公司宣布将在揭阳设立 GE 海上风电机组总装基地，生产 Haliade-X12MW 海上风电机组。该基地预计将于 2021 年建成并投入生产。

# 2019 年中国逆变器出口 29.11 亿美元：华为、阳光电源、锦浪居前三

近日，中国海关公布进出口数据，根据数据注册于中国大陆的逆变器企业（包含全球其他地区逆变器在中国代工的数据）2019 年全年出口总金额已达 29.11 亿美元（约合人民币 200.53 亿元）。

华为、阳光、锦浪科技位列前三，三家企业出口占比达 30%，前五大逆变器企业出口额超过 10 亿美元。固德威、爱士惟（原 SMA 中国）、古瑞瓦特等紧随其后。与 2018 年度相比，锦浪科技排名快速上升至第 3 位。

## 重点市场方面

在美国，阳光、锦浪、正泰合力拿下 4.74 亿美元逆变器市场份额，2019 年四季度开始，中国对美国逆变器出口额月均更是超过 5000 万美元。印度市场中国光伏企业也加速以挺进，全年出口金额接近 1.5 亿美元。

欧洲方面，据欧洲光伏协会数据显示，2019 是近年来欧盟光伏发展最好的一年，当年欧盟地区新增装机 16.7GW，增幅达到 104%。根据进出口海关数据显示，荷兰作为中国出口欧洲的重要中转站，占据了 16% 的出口份额，2019 年中国出口逆变器到德国、英国等市场均在 5000 万美元以上，同时下半年波兰、乌克兰等市场持续发力。

此外，东南亚的越南、马来西亚，南半球的澳大利亚、南非，中南美洲的墨西哥、巴西光伏市场纷纷涌现中国逆变器的身影。

## 2019年欧洲太阳能市场爆发 新增装机同比翻一番

根据欧洲太阳能行业协会（SolarPower Europe）本周发布的统计数据，2019年欧洲的太阳能光伏产业以104%的增长率增长，正在经历“安装热潮”，是欧洲太阳能光伏行业历史上发展最好的一年。

数据显示，欧洲地区在2019年增加了16.7GW的太阳能安装量，同比增长104%，是一年前增加的8.2GW的两倍多。

SolarPower Europe首席执行官Walburga Hemetsberger表示：“安装的热潮表明欧洲的太阳能正步入正轨。2019年，我们进入了太阳能发展的新时代，新增的安装量超过任何其他发电技术。”

SolarPower Europe政策总监Auré lieBeauvais认为，太阳能安装量的急剧增长主要是由于太阳能光伏组件成本的急剧下降所致。

但是，良好的表现还受到政策措施的推动，欧盟国家要在2020年之前达到其具有法律约束力的可再生能源目标的最后期限。

2019年，西班牙是欧洲最大的市场，新增规模达到4.7GW。其次是德国（4GW）、荷兰（2.5GW）、法国（1.1GW）和波兰（784MW）。

到2019年底，SolarPower Europe表示欧盟将拥有总计131.9GW的太阳能装机容量，比2018年增长14%。

## 国家发展改革委：2019年太阳能发电量同比增长13.3%

日前，国家发展改革委发布2019年太阳能发电量情况。

据国家发展发改委介绍，2019年全国规模以上工业发电量同比增长3.5%。其中，火电、水电、核电、风电、太阳能发电同比分别增长1.9%、4.8%、18.3%、7.0%和13.3%。

12月份，全国发电量同比增长3.5%，增速比上月回落0.5个百分点。

从用电看，2019年全社会用电量比上年增长4.5%。其中，一产、二产、三产和居民生活用电量分别增长4.5%、3.1%、9.5%和5.7%，三产用电继续保持较快增长。

分地区看，全国28个省（区、市）用电正增长，其中广西、西藏2个省（区）实现10%以上的两位数增长。

## 国际标准《微电网规划和设计规程》正式发布

日前，中国能建规划设计集团湖南院参编的微电网国际标准《IEEE Recommended Practice for the Planning and Design of the Microgrid》《微电网规划和设计规程》正式发布，该标准提出微电网在规划和设计阶段应重点考虑的问题，对微电网系统规划、设计及方案评估等提出建议方案。

本推荐规程涵盖了规划和设计微电网时应考虑的因素。它提供了规划和设计中需要考虑的方法和良好实践，包括系统配置、电气系统设计、安全、电能质量监控、电能计量和方案评估。本推荐规程适用于可连接电网或独立电网的交流微电网。

## 全国最大规模5G智能电网实验网初步落成

近日，全国最大规模的5G智能电网实验网在青岛崂山金家岭、西海岸古镇口、青岛奥帆中心和青岛国网调度中心大楼等地初步落成，标志着国网青岛供电公司、中国电信青岛分公司（以下简称“青岛电信”）、华为三方在5G智能电网领域的创新合作向前迈出一大步。5G与智能电网的结合，将为全社会提供更加优质、高效、绿色和创新的电力服务。

作为新一代移动通信技术，5G不仅在带宽上实现大幅提升，后续还将具备“超低时延”和“海量连接”等重大特性，能够满足视频巡检、配网自动化、自动抄表等智能电网各种业务场景下对于大带宽、低时延和大连接的网络要求。而5G与MEC（边缘计算）、网络切片等技术的结合，更能为有高度数据安全要求的电网提供一张安全隔离的虚拟专网。7~9月间，青岛电信与华为在青岛崂山金家岭、西海岸古镇口、青岛奥帆中心等地完成多处5G网络覆盖，部署5G站点30余个，在国网青岛供电公司大楼内署了一套MEC解决方案，并于近期完成切片管理系统的部署。

经过三方及相关领域合作伙伴的通力协作，近期各方成功验证了基于5G的智能分布式配电自动化和配电差动保护的应用。基于分布式智能的馈线自动化系统，STU之间通过5G通信网络相互交换故障信息与控制信息，实现非故障区段的停电时间缩短至秒级；验证了5G端到端切片满足电网数据安全隔离的依据的应用；根据电力监控系统安全防护总体方案要求，结合5G承载电网业务模型，端到端分析和评估5G电力切片网络的安全隔离能力。未来，各方还将结合AI的能力，通过5G+MEC+AI实现输电线路无人机智能巡检、配电房智能视频监控等业务。

同时，国网青岛供电公司与青岛电信结合5G基站在电力消耗上的关键特征，双方联合尝试了5G基站的电力供应削峰填谷方案，通过在用电低峰时段储存能源，在高峰时段使用储存的能源为5G基站供电，从而降低了在高峰时段对电网的整体负荷，在一定程度上减少了高峰时段工业用电对居民用电的影响，也提升了运营商的经济效益。

10月18~20日，恰逢2019跨国公司青岛峰会在青岛国际会议中心召开，国网青岛供电公司、青岛电信和华为创新性地为峰会提供了5G+保电服务。未来，三方还将基于中国电信的5G和云网融合的优势，围绕青岛电网安全、高效、绿色的供电要求，在输电、配电、变电等电网业务的多个领域持续展开联合创新，将更好的通信技术与电力输送和电力保障相结合，为全社会提供更好的电力服务。

## 2019年数据中心行业十大事件

2019年，在国家“新基建”战略引导之下，中国的数字经济迎风再起，带来了新的发展机遇。数据中心作为支撑数字经济的基础设施，在这一年中经历了产业生态、产品形态的种种变化。作为从业者，我们也一起经历、参与了一件又一件行业大事。其中每一个事件，都将是见证中国数字经济发展的里程碑。

让我们共同回顾一下影响了 2019 年数据中心产业进程的十大事件。

## 三部门关于加强绿色数据中心建设的指导意见

2 月 12 日，工业和信息化部、国家机关事务管理局、国家能源局共同发布了《三部门关于加强绿色数据中心建设的指导意见》，提出以提升数据中心绿色发展水平为目标，大力推动绿色数据中心创建、运维和改造。《意见》要求，打造一批绿色数据中心先进典型，形成一批具有创新性的绿色技术产品、解决方案，培育一批专业第三方绿色服务机构。到 2022 年，数据中心平均能耗基本达到国际先进水平。

## 工信部发放 4 张 5G 牌照

6 月 6 日早 8 点 40 分，工业和信息化部举行 5G 发牌仪式，持续半个小时，三大运营商+广电+铁塔董事长参会。会上，工信部向三大运营商中国电信、中国移动、中国联通以及中国广电各颁发一张 5G 商用牌照。从全球范围看，中国是第 5 个向运营商颁发 5G 牌照的国家。而根据之前的媒体报道，中国的 5G 牌照原计划在 9 月份左右发布，现在提前了约 3 个月。这标志着在全球竞争加剧的背景下，中国 5G 商用在国家意志层面正式加速。

## 沙钢集团出资 558 亿人民币收购欧洲最大数据中心

运营商 Global Switch（GS）8 月 28 日消息，中国上市公司江苏沙钢集团发布《关于披露重大资产重组预案（修订稿）后的进展公告》，据公告显示，沙钢集团将斥资 18 亿英镑（158 亿人民币），收购英国数据中心运营商 Global Switch（以下简称“GS”）剩余 24.01%的股权，以实现对 GS 的 100%全资控股。在此次收购之前，中国资本已经对 GS 投入至少 45 亿英镑（约 400 亿人民币），其中 75.99%的股份也是由沙钢集团持有。

## 首家海外运营商获批在华电信许可证

1 月 25 日，英电通讯信息咨询（上海）有限责任公司收到了中国工信部颁发的中国国内 IPVPN 许可证和中国全国互联网服务提供商（ISP）许可证。这两个“增值牌照”允许英国电信直接与中国国内用户签订合约，并以人民币结算。

## 国家新型互联网交换中心方案评审通过

今年 10 月，工业和信息化部批复同意在杭州开展国家级新型互联网交换中心试点，挂牌“国家（杭州）新型互联网交换中心”。国家新型互联网交换中心，又简称为“新交中心”，集中汇聚网络资源和互通流量，实现“一点接入，全网连通”，能有效提升网络性能，降低网络接入和流量交换成本，促进网络资源开放共享，是重要的网间互联基础设施。

## 《粤港澳大湾区规划纲要》发布

2 月 18 日，中共中央、国务院印发了《粤港澳大湾区规划纲要》，该规划是指导粤港澳大湾区当前和今后一个时期合作发展的纲领性文件。规划近期至 2022 年，远期展望到 2035 年。

纲要要求，推进“广州-深圳-香港-澳门”科技创新走廊建设，共建粤港澳大湾区大数据中心。优化提升信息基础设施，全面布局基于互联网协议第六版（IPv6）的下一代互联网，推进骨干网、城域网、接入网、互联网数据中心和支撑系统的 IPv6 升级改造。

## 撬动 IDC 产业新一轮投资热潮 科创板来了

1 月 23 日，中央召开了全面深化改革委员会第六次会议，会议审议通过了《在上海证券交易所设立科创板并试点注册制总体实施方案》、《关于在上海证券交易所设立科创板并试点注册制的实施意见》等内容，意味着科创板的正式上线。科创板旨在补齐资本市场服务科技创新的短板，人工智能、云计算、大数据、互联网、软件、物联网等与 IDC 相关新一代信息技术产业将更容易上市融资。

## 5G 商用正式启动 50 个城市入选首批开通城市名单

10 月 31 日，在 2019 中国国际信息通信展览会上，工信部与三大运营商等举行了 5G 商用启动仪式，经过多时酝酿，5G 终于迎来正式商用。三大运营商也同时在其官网营业厅发布了 5G 套餐的详情，起步最低价格为 128 元/月。此外，运营商也披露了最新的 5G 商用城市名单，共有 50 个城市入选 5G 首批开通城市名单。

直辖市：北京、天津、上海、重庆；

省会城市：合肥、福州、兰州、广州、南宁、贵阳、海口、石家庄、郑州、哈尔滨、武汉、长沙、长春、南京、南昌、沈阳、呼和浩特、银川、西宁、济南、太原、西安、成都、拉萨、乌鲁木齐、昆明、杭州；

计划单列市：大连、青岛、宁波、厦门、深圳；

其他城市：雄安、张家口、苏州、温州。

## 上海信管局开具 4.2 亿罚单 因企业无证经营电信业务

9 月初，上海市通信管理局发布两则行政处罚公告，上海两公司因无证经营电信业务被行政处罚。其中上海莹嘉科技有限公司被依法处罚没收违法所得 1.05 亿、罚款 3.15 亿，合计 4.2 亿，该数字创下中国互联网发展史上的最高额罚款纪录。随着近年来云计算、大数据等技术的蓬勃发展，我国互联网网络接入服务市场迎来难得的发展机遇，主管部门也对其中的无序发展乱象多次出台整治措施。

### 多地广电进军数据中心

2019年9月，国家广电总局科技司发布了《全国有线电视网络云数据中心技术规范第5部分：数据中心互联》文件，为各地广电系统建设数据中心提供指导。今年以来，广电系统已经在新疆、广东、河北等多地建设了数据中心。广电行业的数据中心建设有别于传统数据中心，业务更多集中在县级融媒体、高清视频等领域。在5G牌照发放后，广电在网络资源、业务体系、牌照等方面都将拥有一定的优势，有利于其开展数据中心业务。

## 2019年全球数据中心相关并购交易首次突破100笔

Synergy Research的新数据显示，2019年数据中心相关的并购交易数量首次突破100件大关，相比2018年增长了6%，是2016年完成的交易数量的两倍以上。

Synergy Research的新数据显示，2019年数据中心相关的并购交易数量首次突破100件大关，相比2018年增长了6%，是2016年完成的交易数量的两倍以上。

在过去五年中，数据中心相关并购交易完成了近350笔。2019年的一个重大变化是私募股权交易大幅增加50%，足以抵消上市公司并购交易完成量45%的下滑。尽管2019年交易量增加，但由于平均交易额减少24%，这些交易的总价值下降，并延续了2018年的趋势。在2017年，由于三笔数十亿美元的交易和三笔超过十亿美元的交易，该年度的平均交易额达到一个峰值。而接下来的2018年和2019年，上十亿美元的交易数量都下滑了。

### 2019年全球数据中心相关并购交易

据Synergy Research统计，自2015年初以来，已完成的数据中心相关并购交易达到348笔，总交易额为750亿美元。在过去的五年中，上市公司和私募股权收购者几乎各占总交易额的一半，在交易数量方面，私募股权收购者占了交易总量的57%。

自2015年以来，最大的几笔交易是Digital Realty对DuPont Fabros的收购（76亿美元）、Equinix收购Verizon的数据中心（36亿美元），以及Equinix收购Telecity（33亿美元）。在2015年至2019年期间，最大的投资者是Digital Realty和Equinix——世界上两大领先的托管服务提供商。在此期间，它们合计占总交易额的31%。Digital Realty还有一项未完成的交易，该公司在2019年10月底宣布以84亿美元的价格收购Interxion，如果交易顺利完成，这将是有史以来最大的数据中心交易。其他进行了系列收购的数据中心运营商还包括CyrusOne、Iron Mountain、Digital Bridge/DataBank、NTT、GI Partners、Carter ValidUS、GDS、QTS和Keppel。

Synergy Research首席分析师John Dinsdale表示："云服务的激进增长和外包趋势推动了数据中心运营商扩大规模和地理覆盖范围，从而又刺激了数据中心的并购活动。数据中心作为高价值和具有战略意义的资产，也吸引了越来越多的私人股本活动。同样值得注意的是，即使是最大型的上市数据中心运营商，也越来越多地寻求与外部投资者建立合资企业，以获得更多资金和稳固其资产负债表。"

## 2019年全球储能市场回顾

在经历了2018年全球电化学储能市场的迅猛发展之后，市场增速开始理性地回落调整。正如中关村储能产业技术联盟（CNESA）研究部和咨询公司Wood Mackenzie所预料，处于商业化初期的电力储能产业规模尚不能持续高位增长，一轮高速发展之后，必将出现回调。

根据CNESA全球储能项目库初步统计，截至2019年底，包括抽水蓄能、压缩空气储能、飞轮储能和熔融盐储热在内的全球储能累计装机规模为182.8GW，年增长率为0.99%；其中电化学储能的累计装机规模为8089.2MW，年增长率为22.1%，较2018年126.4%的高增长有所回落，但仍维持了前几年全球市场的平稳发展态势。但从正在整理中的四季度新增规模看，全球市场似乎又进入了下一轮高增长的预备期。CNESA数据显示，全球第四季度电化学储能新增装机规模为490.8MW，环比增长有望超过200%。

2019年，纵观全球储能市场的发展，可以发现储能应用在不断深化，厂商加紧布局，更多政策出台以直接补贴或以市场化方式支持储能，技术创新在继续，资本市场深度参与业务发展；同时也有不少储能系统安全性、产品性能、系统成本过高、现有电力市场监管政策和规则需要重新定义储能的参与作用和价值等问题也暴露了出来。CNESA研究部通过对全年市场信息的跟踪和分析，总结了2019年全球储能市场的6大趋势。

### 光储应用成主流　可再生能源场站标配储能或成趋势

近年全球光伏发电比例不断增加，为保障电能质量、提升电网的灵活性、提高分布式光伏自发自用比例，降低用户的用电成本，又加之锂离子电池系统成本的大幅下降，循环寿命不断提高等原因，使光伏整合储能技术的系统建设成为储能全球应用的主流。这一应用在美国、英国、澳大利亚、中国以及一些新增储能项目的国家非常明显。

以美国为例，内华达州公用事业委员会（PUCN）已批准Quinbrook与NV Energy签订为期25年的PPA，用于克拉克的690 MW AC Gemini太阳能+电池存储项目。该项目将展示将光伏技术与储能相结合的能力，以捕获和利用内华达州丰富的可再生太阳能资源，为NV Energy的客户提供低成本的电力，在太阳下山后长时间保持照明，并可以为内华达州电力需求激增的傍晚高峰期进行调度。美国能源公司PacifiCorp发布了其长期能源计划草案，首次将电池储能确定为最低成本组合的一部分，到2025年规划的所有储能资源都将与新型太阳能发电相配套。

包括韩国、美国、中国、日本、澳大利亚、英国、法国、新西兰、智利等国在可再生能源场站增加储能单元，有助于形成储能与可再生能源发电标配的大趋势，储能的加入被普遍认为是可再生能源中最有希望的技术进步，并对于实现这些国家的低碳、零碳目标至关重要。项目建设为当地带来了更多的就业机会和经济发展价值。

例如，Iberdrola英国子公司Scottish Power将在苏格兰

539MW 的 Whitelee 陆上风力发电项目基础上，再增加一块 50MW 的锂离子电池，这将是英国最大的锂离子电池项目之一。储能电池将为电网提供“无功功率和频率响应”，并在高需求或低风速时提供绿色电力。这将是英国第 4 个安装储能的风能项目。

Tesla 在南澳大利亚州建设的 129MW · h 的 Hornsdale 电池储能系统可以提供电网安全性保障、调整风电场出力、参与辅助服务。2018 年 1 月，发生电网跳闸事件后，维多利亚州和南澳大利亚州的电力现货价格猛涨至 12900 澳元/MW · h 和 14200 澳元/MW · h。Hornsdale 电池储能系统选择在价格尖峰时刻出力，在时间轴上利用自身快速的充放电性能曲线跟随现货价格波动曲线，低买高卖，获得了巨大的经济收入。另外，根据澳大利亚能源市场运营商（AEMO）公布的数据，这套储能系统获得了调频辅助服务（FCAS）所有收入的 55%，也使南澳大利亚州 8 个 FCAS 市场的辅助服务价格降低了 90%，给开发商增加收入的同时也为电力消费者节省约 4000 万美元。储能系统的良好性能和经济性潜能给可再生能源配置储能模式的推广以信心，澳大利亚正在积极部署更多的风光储项目。

现阶段在国际市场，许多光伏或是风电配置储能的项目还能够得到政府的补贴或者无息、低息贷款。这也缓解了项目建设初期的资金压力，推动了光储、风储项目的实施，趋近了全球多国清洁能源高比例发展的目标。

## 储能在参与传统能源替代中崭露头角

根据美国咨询公司 Wood Mackenzie 的研究结果，2022 年之后，全生命周期的 4h 储能系统建设成本与燃气电站相比，已经具有很强的竞争力。根据 AEMO 和 CSIRO 的预测，到 2020 年，风电或光伏配置 2h 电池储能的平准化成本（LCOE）在某些场景下能够与燃气调峰机组相竞争。储能系统成本的下降、传统能源价格上升以及国家对清洁能源应用的要求使得独立储能系统、传统发电厂与储能结合或可再生能源场站配置储能替代老旧传统能源成为可能。根据 IRENA 和 Navigant Research 的研究，在美国，光储的平准化度电成本（23～36 美元/MW · h）已经低于核电和煤电，接近燃气联合循环机组，替代传统发电机组的趋势明显。

AES Alamitos（AES 公司的子公司）宣布，将为 Alamitos Energy Center（AEC）建设一个 100MW/400MW · h 的电池储能系统，作为对现有 AES Alamitos 电站更新替换工程的一部分。就目前情况，通过高效的联合循环燃气轮机与电池储能系统的结合来替代老旧的燃气调峰电站，以满足峰值电力需求是可行的。

美国的印第安纳州、纽约州、夏威夷，澳大利亚以及一些海岛国家也纷纷实施或规划储能参与清洁能源供电系统或通过储能参与传统电厂的运行来逐步替代传统能源。

## 用户侧光储系统为虚拟电厂的发展奠定基础

户用或工商业光储形成的大规模、分布式用户侧储能系统正在被积极地用作虚拟电厂（VPP）建设的基本元素。虚拟电厂的优势是可降低对发电设备的初期投资，并提高日后灵活购买光伏电力的能力。通过虚拟电厂也为业主提供余电使用的用电方式，从而达到合理电力调配的目的。

根据日本经济产业省相关数据，其国内可供虚拟电厂收集的太阳能电力规模预计将在 30 年内增加到 37.7GW，相当于 37 个大型火力发电站的发电量，可见作为电力调配的虚拟电厂势必有大发展。京瓷、罗森等企业也已纷纷投资虚拟电厂。2019 年 10 月，南澳大利亚州数百户家庭光储系统形成的虚拟电厂项目，通过向澳大利亚全国电力市场供能，成功地应对了昆士兰州发生的一次大规模停电事故。目前，该虚拟电厂已安装了 900 多个系统，由 Tesla 牵头，得到了南澳大利亚州政府和能源零售商 Energy Locals 的支持。

尽管虚拟发电厂还处于发展初期阶段，但它已经展现出为大型常规发电机提供电网支持的能力；同时也证明了通过协调户用电池充放电，可以使包括其他消费者在内的更广泛的电力系统受益。由大量分散在用户侧的光储系统构成虚拟电厂应用正受到多国政府和电力公司的重视，有关虚拟电厂的研究和示范也在进行中。

## 储能系统起火事故引发极大关注，相关各方积极应对

锂离子电池的安全性一直是其发展过程中的一个瓶颈。从 2017 年 8 月发生的第一次火灾算起，截至 2019 年底韩国已经发生了 27 起储能电池系统的火灾事故。韩国政府叫停国内储能电站运行，并开展事故调查。出台的调查报告显示，火灾原因主要是来自于：电池保护系统不良、运营环境管理不良、安装疏忽、储能系统集成（EMS，PCS）不良等 4 种因素。同时调查发现，一些电池存在制造缺陷但在模拟测试中并未造成火灾。事故的发生给韩国储能系统建设以及 LG 化学和三星 SDI 的电池应用带来很大影响。也在一定程度上使全球储能用户和潜在用户对锂离子储能系统产生了质疑。

在一个新兴领域，无论是储能厂商还是用户都需要正向、理性、积极地面对问题。包括中国在内的多个国家已经在储能预警系统开发、储能安全标准制定以及消防手段等方面展开了研究工作，美国尤其突出。

美国消防协会（NFPA）关于储能系统火灾危险和安全建设的标准 NFPA 855《Standard for the Installation of Stationary Energy Storage Systems》已正式发布。该标准被 ANSI 批准为美国国家标准。UL 发布的 UL 9540A，主要用来评估电池储能系统热失控的测试方法，如果超出 NFPA 855 中的容量限制或距离限制等情况，需要根据 UL 9540A 的测试结果，由相关部门来评估该储能系统的火灾风险。另外，纽约州消防部门也发布了关于室外定置电池系统设计、安装和应急管理程序指南。美国还有 27 家能源公司签署储能企业责任承诺，致力保障储能安全。

## 政府补贴持续推动储能系统的应用和发展

为了推动低碳社会、高比例可再生能源的发展，多个国家、地区或州政府出台补贴政策，促进储能的生产以及在不同领域的安装和应用。补贴政策的持续给多国的储能

规模增加和应用扩展提供了原动力，美国加州的 SGIP 政策和德国、澳大利亚部分州政府的户用储能补贴政策都起到了非常好的作用。

## 储能市场的收购、合资与合作依然活跃

企业间的并购、合资和合作增强了双方或多方的实力，是储能技术和应用发展的有益补充，也是丰富全球储能应用类型和规模化发展的有力方式。中关村储能联盟研究部通过对 2019 年厂商信息的整理发现储能市场的收购、合资、合作十分活跃，传统的大型能源公司、电力/电网企业、储能产业链上下游都在积极实现合作合资，扩大应用覆盖，扩展海外业务，加紧对全球储能市场的布局。

2019 年市场上最有代表性的合作方式包括三类。一是大型能源集团收购新兴储能技术及系统集成商，将储能业务契合进其传统能源业务；如：Shell New Energies 收购 Sonnen，EDF 公司收购 Pivot Power 公司。二是储能系统集成商为扩展技术覆盖或扩大应用类型，收购其他储能企业，或采用合作、合资方式，如：Tesla 收购 Maxwell Technologies，Inc.，Stem 公司与 NEC 公司开展合作，优化太阳能+储能项目部署及运营，比亚迪联合伊藤忠商事建立合资企业，发力储能电池。最后一类是储能系统集成商与地方电力公司或公用事业公司及其子公司进行合资或合作，布局储能业务或跨国储能应用，如：SolarEdge 与 AGL 就住宅侧电池项目达成战略合作，RWE 与 Georgia Power 签署“太阳能+储能”PPA 协议。

## 结　束　语

与 2018 年 126%的增长率相比，2019 年全球储能的发展速度放缓。但这并不代表储能市场在萎缩，或是应用停滞。用高增长后理性调整的态度看待市场发展规律应该更为恰当。欧美等多国都以 100%可再生能源、低碳或零碳、去煤、去核为下一步能源目标，传统电源的关停和退出需要大规模可再生能源的迅速补充，这对电力系统的调节能力、安全保障能力形成巨大挑战，而储能则是应对挑战的重要武器，也是帮助电力企业和用户降低成本的有效工具。可再生能源接入比例的提高使储能成为电力系统的刚需，这使得储能商业化应用能够首先在电力市场化程度高的国家或区域得以稳步持续地发展，局部时间发展速度有可能减缓，但储能在电力系统应用不断深化的大趋势不会变。

中关村储能联盟研究部对 2019 年多国储能市场和政策进行了研究，发现在市场增速减缓的同时，储能应用领域和类型却日渐明晰，在英、美、德等国，储能已经深度参与到电力市场各类服务中去，储能系统可实现多重价值的优势正在被挖掘，储能的运行经验正在向其他国家传导。多国的电力监管机构也表示，正在通过多项研究和示范加深对储能作用和价值的了解，以调整监管政策，给储能更恰当的身份，制定相应的规则和定价机制。

另据 CNESA 全球储能项目库初步统计，从 2019 年四季度开始，市场似乎已开启增速引擎；全球 2020—2022 年电化学储能新增投运规划超过 16GW，市场发展仍然乐观。我们希望 2019 年装机增速减缓正是市场留给产业修炼内功、解决问题的缓冲期，储能应用和商业化发展仍将以其积极稳健的步伐向前推进。

# 2019 年半导体行业年终盘点

从 2018 下半年开始，以存储器为代表的半导体行业进入了下行周期，产业的各项数据同比都出现了大幅下滑。2019 对于半导体人来说是突变的一年，拿着一手牌，打哪一张都感觉会输。原本低迷的行业在搅动之下，逐渐出现了一些变数，全球人都开始关注半导体行业。但是，是生机还是死路？需要好几年来检验。

牵一发而动全身，就连财报亮丽的芯片大厂，也在全球各处奔走。不说大富大贵，只要供应链不断，就是岁月静好。

2019 年，倒更像一次大逃亡。

## 英特尔花 109 亿美金在以色列建芯片厂

以色列人在全球逃亡了一百多年，但是在人类文明的进程中却有着举足轻重的作用，在光学、医学、电子等领域都领先世界。英特尔也是看准了这一点，在英特尔一系列设厂和收购计划中，都有以色列人参与其中。

2019 年 1 月，英特尔投资约 109 亿美元（约合人民币 735 亿元），在以色列修建新的芯片制造工厂。这为以色列南部地区带来成千上万的新工作岗位。

不只是英特尔，包括德州仪器、三星、苹果和高通等世界五百强企业均在以色列有工厂，以色列的技术优势明显，另外以色列开发的投资环境、巨大的区位优势和聪明的工程师团队等，造就了如今的以色列芯片王国，而这正是英特尔看好以色列的关键原因。

## 紫光展锐发布首款 5G 芯片

国产芯片一直处于落后状态，并且是落后一大截的那种落后。国产芯片中唯一能拿得出手的也就是紫光系。从清华校企发源，经历一系列并购和公司架构调整，今年的紫光终于开始稳定下来了。

2019 年 1 月 26 日，紫光展锐在世界移动通信大会发布了 5G 通信技术平台——马卡鲁及其首款 5G 基带芯片——春藤 510。性能虽不能说最优，但总算使紫光展锐进入全球 5G 第一梯队，和全球最顶尖的移动芯片企业站到了一起。在全球 5G 芯片竞争中，紫光展锐算五分之一。

## 恩智浦 17.6 亿美金收购 Marvell 无线连接业务

2019 年 5 月，荷兰芯片制造商恩智浦半导体宣布，将以 17.6 亿美元现金收购 Marvell Technology 的无线连接业务，该交易预计将于 2020 年第一季度完成。

近些年来，Marvell 在无线网络技术领域的市场地位不断上升，在 Wi-Fi、GPS、Zigbee 等技术方面均有布局。因此，收购 Marvell 无线连接业务后，恩智浦可以为其工业、汽车和通信基础设施领域客户提供更全面的服务。

## 被列实体名单 华为“备胎”计划一夜转正！

5 月 18 日凌晨 2 点，华为海思总裁何庭波发表了致员

工的一封信。消息一出，立马刷爆了朋友圈。“为了这个以为永远不会发生的假设，走上了科技史上最为悲壮的长征，为公司的生存打造‘备胎’”。就在华为被美国商务部列入管制“实体名单”这一“极限而黑暗的时刻”，所有曾经打造的“备胎”芯片，一夜之间全部转正！今后的路，不会再有另一个10年来打造备胎然后再换胎了，缓冲区已经消失，每一个新产品一出生，将必须同步‘科技自立’的方案。

在对华为进行制裁后，美国商务部再次将大疆、海康威视、科大讯飞等8家中国企业列入“实体名单”。

## 中芯国际从美国退市

2019年5月24日晚间，中芯国际集成电路制造有限公司发公告称，自愿将其美国预托证券股份从纽约证券交易所退市，并撤销该等美国预托证券股份和相关普通股的注册。

关于退市原因，中芯国际表示，美国预托证券股份的交易量与其全球交易量相比有限，以及为维持美国预托证券股份在纽约证券交易所上市及在美国证券交易委员会注册并遵守交易法的定期报告和相关义务中所涉及的重大行政负担和成本。

## 英飞凌收购赛普拉斯

2019年6月3日，英飞凌官方宣布，英飞凌与赛普拉斯双方已签署最终协议，英飞凌将会以每股23.85美元现金收购赛普拉斯，总价值为90亿欧元（约101亿美元）。该交易已获赛普拉斯董事会和英飞凌监事会批准，预计将在2019年底或2020年初完成。

英飞凌前身为西门子集团的半导体部门，1999年正式从西门子独立，在汽车电子、功率半导体、安全芯片等领域均处于全球前列位置；赛普拉斯成立于1982年，主要为汽车、工业、电子消费品等提供嵌入式解决方案。

多年来半导体行业兼并整合不断，英飞凌和赛普拉斯两家老牌半导体企业的合并对行业的影响无疑是不小。业界认为，两者合并将影响汽车电子市场格局，催生新一家汽车电子巨头。

## 日本加强对韩国半导体材料出口的管制

8月7日，日本再颁布政令，在简化出口审批手续的贸易对象“白名单”中删除韩国，该政令于8月28日起正式施行。韩国亦对于日本的做法做出回应，8月12日韩国政府决定将日本从本国“白名单”中剔除，9月生效。

虽然日本对韩国加强出口管制及两国相互将对方从“白名单”中剔除，都只是让相关厂商增加作业而并非禁止出口，但日本把持着全球过半的半导体材料市场，这次贸易纷争仍让韩国相关厂商十分担忧，同时亦向韩国及全球各国半导体产业敲响了警钟。

## 科创板首批公司7月22日上市，首批芯片企业出炉

科创板吸引了很多创业型公司加入，2019年7月22日，筹备8个月的科创板正式开板，上市企业成为众人瞩目的焦点，其中芯片企业也闪耀科创板，首批科创板上市的芯片企业有三家，它们是乐鑫科技、睿创微纳、澜起科技，科创板是独立于现有主板市场的新设板块，并在该板块内进行注册制试点。在开市初期，人们对科创板的关注度和前景非常看好，很多企业市值直线飙升，其中上面这三家也受益。

## 苹果10亿美元收购英特尔基带芯片

通信领域有一句至理名言，那就是得基带芯片者得天下，基带芯片是通信的核心，最关键的技术之一。

苹果和高通闹掰之后，因为通信问题iPhone也久遭诟病，对基带芯片的青睐已经不是一时半会儿的事情了。美国7月25日，苹果公司和英特尔公司签订协议，苹果将以10亿美元的价格收购英特尔的大部分智能手机调制解调器业务。

与此同时，此前为苹果供应智能手机调制解调器的英特尔宣布，将退出5G智能手机调制解调器业务。“对于智能手机调制解调器业务而言，显然已经没有明确的盈利和获取回报的路径。”英特尔公司首席执行官司睿博（Bob Swan）表示。

## 三大运营商推出5G套餐开启国内5G商用

2019年被称为5G元年，全球5G部署进入关键阶段、商用建设加速。2019年6月6日，工信部正式向中国电信、中国移动、中国联通、中国广电发放5G商用牌照。紧接着，各运营商开始密集推进5G建设及测试；9月底，三大运营商开启5G套餐预约。

10月31日，在2019年中国国际信息通信展览会开幕式上，工信部宣布5G商用正式启动。随后，工信部与三大运营商、中国铁塔联合举行了5G商用启动仪式，标志着中国正式进入5G商用时代。11月1日，三大运营商正式上线5G商用套餐。

## 松下公司宣布退出半导体市场

据了解，松下公司于1952年与飞利浦成立合资公司正式进入半导体领域，1990年前后其半导体业务销售额曾跻身世界10强，但随着其他国家和地区半导体产业的崛起，松下公司半导体业务经营业绩持续恶化，多年来一直致力于重组亏损业务。

业界认为，此次松下公司出售半导体业务是一个标志性事件，意味着日本将终结20世纪末的芯片制造龙头地位，转型成为供应半导体设备和材料的供应商，主要服务于中国和韩国的半导体公司，随着松下公司的退出，日本半导体产业的结构调整将告一段落。

## 美国将源自美国技术降至10%围堵华为14nm或转单中芯国际

近日，美国将“源自美国技术标准”从25%比重调降至10%，以全力阻断台湾积体电路制造股份有限公司（简称台积电）等非美企业供货给华为。原本给华为供货的大厂台积

电将遭遇“危险”。据台积电内部评估，7nm 源自美国技术比率不到 10%，仍可继续供货，但 14nm 将受到限制。

一方面，华为旗下主力芯片厂海思加速将芯片产品转进至 7nm 和 5nm 先进制程；另一方面，将 14nm 产品分散到中芯国际投片，避开美方牵制。

## 2019 新能源汽车直面市场深度调整

在我国新能源汽车产业的发展历程中，2019 年无疑是具有重要意义的一年。这一年，补贴进一步退坡，销量现“冰火两重天”；这一年，跨国巨头纷纷转型电动化并瞄准中国市场展开攻势；这一年，“寒冬”笼罩下的整个产业链洗牌加剧，破产、兼并等屡见不鲜；但也同样是在这一年，《新能源汽车产业发展规划（2021—2035 年）》（征求意见稿）发布，为低迷的新能源车市注入一股强劲信心……

本期我们遴选出一年来新能源汽车行业的十大热点新闻，与读者一起回顾行业深度调整的 2019 年。

### 补贴退坡重塑市场

如果要选出 2019 年中对新能源汽车产业影响最大的一件事，恐怕非补贴退坡莫属。3 月 26 日，财政部、工信部、科技部及国家发改委联合发布《关于进一步完善新能源汽车推广应用财政补贴政策的通知》，宣布补贴新政从 2019 年 6 月 26 日起实施，其中 3 月 26 日至 6 月 25 日为过渡期。

此次补贴调整堪称新能源汽车史上力度最大的一次——不仅地方政府补贴取消，国家补贴标准也降低了 50%以上，整体补贴退坡幅度超过 50%。而大幅度的补贴退坡也成为新能源汽车产业发展态势的“拐点”——6 月过渡期结束后，不仅此前一路上扬的新能源汽车产销量开始下滑，产业链上诸如动力电池等相关领域的形势也渐趋严峻。

然而，虽然目前补贴退坡给车市带来巨大压力，但同时也给了企业进行战略调整的空间。毕竟依赖补贴不是长久之计，行业发展终需“断奶”。压力即动力，如何在不依赖补贴的情况下，成长为拥有全产业链核心技术和规模效应，具备真正市场竞争力的企业，是新能源车企必须经历的“成长”历程。

值得注意的是，补贴逐步退出虽是必然之举，但有利的政策环境无疑仍是当前新能源汽车行业发展的必需品。尽快出台并落实非补贴支持政策，如购置税优惠，放宽部分地区限行、限购等仍是业内呼吁的重点。

### 十五年规划稳预期

12 月 3 日，工信部发布了《新能源汽车产业发展规划（2021—2035 年）》（征求意见稿）（下称《征求意见稿》）。消息一出，新能源汽车板块股价大涨。

《征求意见稿》提出，到 2025 年，动力电池、驱动电力、车载操作系统等关键技术取得重大突破，新能源汽车新车销量占比达 25%左右，智能网联汽车达 30%，高度自动驾驶智能网联汽车实现限定区域和特定场景应用，纯电动乘用车新车平均电耗降至 12kW · h/百公里，插电式混合动力（含增程式）乘用车新车平均油耗降至 2L/百公里。

在此前很长一段时间里，新能源汽车市场主要是由政策主导，并高度依赖补贴等传统扶持政策，导致补贴退坡后，新能源车市瞬间陷入低迷。

《征求意见稿》则为“后补贴时代”的新能源汽车市场打下了重要的政策基调，甚至被称为车市“寒冬”中的一缕“暖风”。但如何让这缕“暖风”吹来新能源汽车产业真正的“暖春”，实现设定的诸多目标，仍有待时间检验。

### 销量集体“跳水”

今年 11 月，我国新能源汽车产销量分别完成 11 万辆和 9.5 万辆，同比分别下降 36.9%和 43.7%——而这已是今年 7 月份以来，连续第 5 个月销量下滑。

本次销量下跌几乎覆盖了所有新能源车企，甚至像比亚迪、北汽这样的“巨头”也未能幸免，市场情况不容乐观。中汽协甚至预测，今年全年新能源汽车销量或现 10 年来首次负增长。

而造成“五月连降”的主要原因，目前业内普遍认为是由补贴进一步退坡造成。但究其根本，是因为新能源汽车尚无法满足消费者的真实需求。虽说从长远来看，汽车电动化的大趋势不会改变，但在 2020 年补贴或将完全退出的背景下，市场洗牌加剧，如何提升消费者购买意愿，确保 2020 年新能源车市不进一步下滑，已是当前政府部门及新能源车企面临的共同难题。

### “双积分”重靴落地

在 7 月 9 日发布《乘用车企业平均燃料消耗量与新能源汽车积分并行管理办法》修正案（征求意见稿）两个月后，9 月 11 日，工信部再次调整“双积分”政策，并公开征求意见。

此次“双积分”政策修改有诸多亮点，如将甲醇汽车纳入其中，修改了新能源汽车车型积分计算方法，完善了传统能源乘用车燃料消耗量引导和积分灵活性措施等。

在新能源汽车补贴逐步退出的背景下，“双积分”被视为鼓励车企继续生产新能源汽车的接档政策。但业内普遍认为，现行的“双积分”政策效率不高。看来，要真正实现“双积分”政策作为一种非政府补贴激励政策的作用，保障实现电动车销量占比逐年上升的目标，还需进一步研究调整其实施方案。

### 特斯拉搅动车市

今年是特斯拉入华频遇“绿灯”的一年。先是 11 款车型上榜第 26 批免征车辆购置税的新能源汽车车型目录，后是在工信部 11 月公告的第 325 批批量许可目录里拿到了在中国生产落地的“准生证”，最后又在《新能源汽车推广应用推荐车型目录》中“露脸”，中国制造的 Model3 得以享受国家新能源汽车补贴。

品牌优势明显的特斯拉顺利入华，对本就处于车市“寒冬”中的中国新能源车企来说，可谓“雪上加霜”。当然，这位“优等生”的示范带动作用也不容被忽视。国内自主品牌要在“鲶鱼”特斯拉的扰动下顺利完成利用新能源汽车“弯道超车”的艰难任务并非易事，但显然眼下单纯的焦虑无济于事。或许，唯有尽快提升自身实力、掌握核心技术、打造品牌效应，才能扛住特斯拉入华带来的巨大冲击。

### 传统车企全速电动化

从2019年下半年开始，我国加大对外资车企开放程度：先是国务院明确提出外资新能源汽车可享受同等市场准入待遇，后是特斯拉和大众进入《道路机动车辆生产企业及产品公告》——外资新能源汽车在中国实现大规模量产和交付将不再是梦。

在此背景下，中国市场逐渐成为跨国汽车巨头角逐的新赛场。如，大众汽车计划与合作伙伴于2020年在中国投资超40亿元，其中40%将投向电动车领域。奔驰EQC、奥迪e-tron已在中国上市，宝马ix3也计划于明年“登陆”中国。此外，大众与福特也在电动汽车和自动驾驶领域达成联盟……

虽然在新能源汽车领域我国自主品牌车企相对于传统跨国车企来说是“先行者”，但跨国巨头们无疑具备更强大的资金、技术、品牌等优势。长期以来，高端品牌燃油车市场一直被部分跨国巨头占据。在新能源化转型中，我国自主品牌车企能否在扭转这一局面，跻身乃至“坐稳”高端市场，仍面临诸多变数。但可以肯定的是，当前是我国车企与国际水平差距最小的时期，甚至在动力电池、车联网等领域还处于领先地位。借助这些优势，找准市场定位，我国新能源汽车自主品牌亦可不惧挑战。

### 电池企业“一损俱损”

新能源汽车市场进入调整期，带动电池行业进入“冬眠期”。在国际市场，博世宣布不再自行生产动力电池单元，日本索尼则出售了锂电池业务。在国内市场，此前一度被看好的行业新秀深圳沃特玛正式告别动力电池行业。

目前，动力电池行业的投资热度正随着新能源车市的低迷逐步降温，并渐趋理性。裁员瘦身、破产重组、业绩预冷等消息频出，市场新一轮深度洗牌已然开启。

当然，行业内也不乏正能量。近期，比亚迪和宁德时代新研发的电池包体积能量密度明显提升，动力电池技术屡获突破的消息再次重燃市场信心。

事实上，对于动力电池企业将迎来洗牌的预测早在一两年前就已出现。以补贴要求为市场布局方向，同质化竞争加剧、低端产能过剩高端产能不足等问题早已显现。如今，市场化竞争更趋激烈，大浪淘沙般的洗礼倒逼动力电池企业谋变，未尝不是行业迈向高质量发展之幸事。

### “换电”迎来重生

此前一直处于电动汽车技术边缘的换电技术，在今年迎来政策“拐点”。7月，北京市交通委明确，对于2018~2020年到期报废、更新为纯电动车的出租汽车，“具备充换电兼容技术，以快速更换电池为主”为其获得政策奖励的必要技术条件；10月底，北京市城市管理委员会再发文件明确指出，经营性集中式充换电设施只需满足固定条件，即可享受国家规定的电价政策。

除了政策的支持，北汽新能源、蔚来汽车等也一直在坚持探索换电模式。

目前，新能源汽车补贴政策已逐渐从“补车”转向“补电”，而换电技术作为“补电”的重要一环，正日益受到业内重视。然而，换电站建设成本太高、新能源车主认可度不高等问题，目前仍然制约着换电技术的推广。虽然有了政策的进一步支持，但换电市场想要真正迎来“春天”，仍需要下一番力气。

### 氢能车飘在“风口”

自加氢站建设被写入今年两会政府工作报告后，氢燃料电池汽车接连迎来多项利好政策，一大批企业及多地纷纷制定氢燃料电池汽车发展规划，氢能汽车一时可谓“风头无两”。

然而值得注意的是，虽然目前我国正大力推动氢燃料汽车的发展，但由于起步较晚，相关技术研发仍处于初级阶段，多项关键技术尚未成熟，行业距离真正规模化仍有不小距离。

但好在国家政策给氢燃料电池汽车的发展鼓足了气。目前，氢燃料电池汽车国家补贴未退出，且部分地方政府也给氢燃料电池汽车发展提供了诸多支持。企业若能抓紧研发相关核心技术，并解决氢能运输、车载储氢和加氢站建设三大难题，在温度较低的北方地区，及弃风弃电弃水和副产氢较富余的地区，氢燃料电池汽车市场或能率先取得突破。

### 造车新势力“渡劫”

要问谁对新能源车市“寒冬”感触最深，恐怕非造车新势力莫属。

据终端交强险数据显示，2019年1~11月，造车新势力累计销量为5.71万辆，仅占同期乘用车销量的0.3%。其中，11月销量超1000辆的仅有蔚来、合众、威马和小鹏4家；其他新势力的成绩则不乐观，如云度汽车11月销量仅为200辆，而电咖、时空电动和领途汽车等品牌在11月的销量甚至为0。

不可否认，造车新势力为我国新能源车市注入了新鲜血液，尤其在推动跨界融合方面贡献明显，而这恰是新能源汽车产业的必备要求。

然而，运营成本过高、产能不足、产品单一、消费者认可度低、融资难等问题，都使造车新势力们疲于应对。而在即将到来的2020年，更深度地洗牌或将来临——届时，造车新势力将面临补贴完全退出、合资品牌技术进一步成熟、外资车企大量涌入等诸多挑战。如果说自主品牌车企在下一阶段需要思考的问题是“如何突围”，那么造车新势力更需要思考的恐怕就是“如何存活”了。

## 2019年新能源汽车行业大事记

### 2019年新能源汽车补贴新政落地

3月26日，财政部、工信部、科技部及发改委联合发布了《关于进一步完善新能源汽车推广应用财政补贴政策的通知》，补贴新政从 2019 年 3 月 26 日起实施，3 月 26 日至 6 月 25 日为过渡期。

在国补框架下，过渡期内，各类车型的补贴全部退坡，而在正式版中，250km 以下续航里程的车型补贴全部退坡，400km 续航里程的车型，补贴也缩水了一半。并且地方补贴全部取消。

这次的政策，给新能源车市场带来的影响是巨大而深远的。从 7 月份开始，新能源车销量的增速就开始由正转负，开启了一路下滑模式。

## 新能源公交车补贴政策实施

5 月 8 日，财政部、工信部、交通运输部、发改委等四部门联合发布通知，明确中央财政支持新能源公交车推广使用政策有关事项。通知自 2019 年 5 月 8 日起实施，5 月 8 日至 8 月 7 日为过渡期。

从 2019 年开始，新能源公交车辆完成销售上牌后提前预拨部分资金，满足里程要求后可按程序申请清算。在普遍取消地方购置补贴的情况下，地方可继续对购置新能源公交车给予补贴支持。落实好新能源公交车免征车辆购置税、车船税政策。

在补贴退坡的背景下，中大型公交车基本没法通过配置的调整优化到手的补贴额。因此地补的存续可以有效地缓解车企下半年压力，上牌预拨付补贴、以奖代补、加快充电设施建设，可驱动运营效率提升。

## 《绿色出行行动计划（2019—2022 年）》

5 月 20 日，交通运输部、中宣部、国家发改委、工信部、公安部、财政部、生态环境部、住房城乡建设部、国家市场监督管理总局、国家机关事务管理局、中华全国总工会、中国铁路总公司等 12 部委联合发布了《绿色出行行动计划（2019—2022 年）》，到 2022 年，初步建成布局合理、生态友好、清洁低碳、集约高效的绿色出行服务体系，绿色出行环境明显改善。

文件的主要内容有两点，重点在呵护运营端和充电桩：

1）推进绿色车辆规模化应用。以实施新增和更新节能以及新能源车辆为突破口，在城市公共交通、出租汽车、分时租赁、短途道路客运、旅游景区观光、机场港口摆渡、政府机关及公共机构等领域，进一步加大节能和新能源车辆推广应用力度。完善行业运营补贴政策，加速淘汰高能耗、高排放车辆和违法违规生产的电动自行车、低速电动车。

2）加快充电基础设施建设。加快构建便利高效、适度超前的充电网络体系建设，重点推进城市公交枢纽、停车场、首末站充电设施设备的规划与建设。鼓励高速公路服务区配合相关部门推进充电服务设施建设。加大对充电基础设施的补贴力度，将新能源汽车购置补贴资金逐步转向充电基础设施建设及运营环节。推广落实各种形式的充电优惠政策。

## 汽车动力电池企业放开

2019 年 6 月，工信部发布《汽车动力蓄电池行业规范条件》（工业和信息化部公告 2015 年第 22 号），第一、第二、第三、第四批符合规范条件企业目录同时废止。此规定出台后，在业内存在近 4 年的新能源汽车动力电池“白名单”正式取消。

2015 年工信部制定了《汽车动力蓄电池行业规范条件》后，入围工信部《规范条件》的企业有 57 家国产动力电池企业，直接导致 LG、三星、松下等外资电池企业淡出中国市场。国内动力电池企业快速发展，宁德时代更是成为全球动力电池装机量第一的企业。

此次废止《规范条件》，此前因“白名单”暂离中国市场的日韩动力电池巨头有望加速回归，国内中小企业动力电池产业或将迎来新一轮竞争。

## 新能源汽车继续免征购置税

6 月 28 日，财政部、税务总局发布《关于继续执行的车辆购置税优惠政策的公告》，自 2018 年 1 月 1 日至 2020 年 12 月 31 日，对购置新能源汽车免征车辆购置税，公告自 2019 年 7 月 1 日起施行。

补贴退坡后，政策持续呵护。免除新能源车购置税，不仅能够促进新能源汽车行业的发展，也是刺激消费市场的重要举措，同时能够对冲补贴退坡的压力。

## “双积分”管理办法征求意见稿再修改

在 7 月 9 日发布《乘用车企业平均燃料消耗量与新能源汽车积分并行管理办法》修正案（征求意见稿）公开征求意见两个月后，工信部 9 月 11 日对双积分政策的修改做出进一步调整，并向社会公开征求意见。

此次文件修改了对传统能源乘用车的定义，将能够燃用醇醚燃料的乘用车纳入考核。2021—2023 年度，新能源汽车积分比例要求分别为 14%、16%、18%。2024 年度及以后年度的新能源汽车积分比例要求，由工业和信息化部另行公布。

双积分政策有两个方面的作用，建立企业传统能源乘用车节能水平与新能源汽车正积分结转的关联关系，以及降低低油耗乘用车核算新能源汽车积分达标值的基数。

新能源汽车补贴额度逐年降低，预计 2020 年底完全退出。双积分政策将成为鼓励车企继续生产新能源车的接档政策，通过积分交易让新能源汽车的推广更加市场化。

## 氢能、燃料电池写入鼓励产业目录

8 月 27 日，国家发改委发布《产业结构调整指导目录（2019 年本）》，首次将氢能、燃料电池相关内容列入鼓励类中，加氢设施建设也有专职负责部门。

此前，氢能在今年首次写进了国务院《政府工作报告》：“推进充电、加氢等设施建设”，财政部等联合发布《关于进一步完善新能源汽车推广应用财政补贴政策》，提出过渡期后不再对新能源汽车给予购置补贴，转为用于支持充电（加氢）基础设施“短板”建设和配套运营服务等方面。

随着政策的推行，氢能行业持续升温，多地也出台产业化政策配合国补政策的出台。

## 新能源汽车产业2035规划出炉

12月3日，工信部发布《新能源汽车产业发展规划(2021—2035年)》(征求意见稿)。规划延续了2012年实施的《节能与新能源汽车产业发展规划（2012—2020年)》，继续护航我国新能源汽车产业的快速成长。

规划要求，2025年新能源汽车新车销量占比达到25%左右，纯电动乘用车新车平均电耗降至12.0kW·h/百公里，插电式混合动力（含增程式）乘用车新车平均油耗至2.0L/百公里。在新增的“保障措施”章节中，可以很明显地看到政策呵护。

新能源汽车销量的短期低迷，并不能否认新能源汽车产业长期发展的潜力。作为国家的战略性产业，领导层对新能源汽车产业长期发展的坚定信心，通过长达15年的产业发展规划再次得到确认。

# 年终纪事2019——充电桩市场的宝岛与暗礁

又是一年岁末时。回望2019年，新旧力量正面交锋，科技创新加速格局重构，商业生态发生巨大变革。

经历了前几年的跑马圈地，充电桩市场在2017年陷入沉寂，先入场的玩家们意识到野蛮生长只能让盈利遥遥无期。痛定思痛，经历了两年的调整，充电桩市场在2019年又焕发了生机。这一年，充电桩数量快速增长，资本热度逐渐升温，聚合式平台及地方性平台纷纷涌现，这些现象的背后有哪些驱动力量，对现有市场格局又有怎样的影响?

## 市场逐渐升温

盈利一直是充电桩市场的核心话题。由于最初几年运营商没有考虑到充电桩布局的合理性，前期盲目建设，后期运维跟不上，导致了很多桩都成为僵尸桩，整体使用率极低，盈利情况不及预期。

2017年开始，伴随着新国标升级，运营商开始对现有充电桩进行优化，同时建桩也更加谨慎。通过系统评估后新建的充电桩，在使用效率上有了大幅提升。充电桩市场从2018年下半年开始回温，根据充电联盟数据，截至2019年11月，我国公共充电桩数量达到49.6万个，其中2019年新建充电桩为16.5万个。

充电桩市场的回温，是市场和政策的双向呼应。星星充电战略市场中心总经理向冀认为，新能源汽车推广量的不断增加以及新能源汽车产品的成熟，给了充电桩运营商一定信心，规模化的充电运营平台在持续加大充电桩市场的投入。

另外，出租车、网约车等出行平台的电动化转型也大大鼓舞了充电运营商。对于充电运营商来讲，几天充一次电的私家车并不是其主要客户，而每天要充1~2次电的运营车辆才是核心客户。

除此之外，新能源汽车补贴政策向充电基础设施转向，也增强了充电运营商的信心。在2019年3月发布的《关于进一步完善新能源汽车推广应用财政补贴政策的通知》中，明确要求，地方政府不得对新能源汽车给予购置补贴，要将补贴转为用于支持充电、加氢基础设施“短板”建设和配套运营服务。

深圳车电网总经理李璞指出，在补贴政策转向的背景下，许多地方性资本也开始进入充电桩市场，地方性平台往往有一定建桩资源和车辆资源，他们看重的是快速收益。这些地方性平台的出现活跃了充电桩市场，但也不可避免地与现存运营商进行竞争。

云快充商务总监张思冬认为：充电桩市场在2020年会更热。尽管新能源汽车补贴会在2020年进一步下滑直至退出，但他认为这并不会对充电桩市场产生过大的冲击，补贴政策影响最大的是私人消费领域，对公共运营领域的影响较小。

## 聚合式平台涌现

随着市场热度的增加，更多的玩家开始涌入，除了上文提及的地方性平台，最值得关注的就是聚合类平台的出现。“这是充电市场发展到一定阶段和规模的必然现象”，向冀这样评价。

滴滴出行旗下的北京小桔科技有限公司充电是关注度最高的聚合类平台，除此之外，由国家电网有限公司、中国南方电网有限责任公司、特来电新能源科技有限公司和星星充电共同投资的联行科技也属于这一类型。高德地图、百度地图等地图商，以及车企推出的用户端App也都可以被称为聚合类平台。

滴滴平台上有超过60万辆电动网约车，凭借这一优势，滴滴与特来电、星星充电等多家规模化充电桩平台达成合作，但是好景不长，蜜月期很快便结束了。

2019年4月，特来电、星星充电、万马爱充三方宣布和小桔充电终止合作。两个月后，联行科技有限公司在北京发布其互联互通基础平台，并同步发布了该平台第一款面向大众的衍生品“联行逸充App”。

尽管联行科技早在2018年底就已经成立，撤出滴滴平台或许并不是其成立的主要原因。但这两个动作先后发生，也难掩呼之欲出的“杀气”。

滴滴否认了竞争者的角色。滴滴旗下的小桔车服在给我们采访的书面回复里表示，小桔充电与运营商是互利共赢的合作关系，而不是对手。小桔车服进一步介绍了布局充电桩市场的初衷：小桔车服是以租车为主线，深度打造车企、养车、能源三大业务板块，小桔充电作为能源板块之一，将与租车、养车、加油等业务形态发挥协同效应，帮助车主降低用车成本。

而事实上，双方的关系似乎并没有滴滴讲的那样一团和气。据一位业内人士透露，按照约定，小桔充电仅提供平台服务，不应该介入线下充电场站建设，但小桔充电一方面和运营商合作，接入运营商平台数据，另一方面则自建充电桩。在线上层面，小桔充电则通过补贴引导车主进行充电桩选择，与运营商争夺资源。运营商不甘心为他人做嫁衣，才撤离了小桔充电。

对于撤离小桔充电的运营商来讲，来自滴滴的竞争压力依然存在。滴滴在自建充电桩的同时，也开始扶植一些体量较小规模的运营商。据滴滴介绍，自2018年1月正式上线以来，小桔充电已经与上百家运营商建立了合作关系。

不仅是滴滴，地图商对于充电桩市场也有所“觊觎”。针对在充电桩领域的布局情况，高德地图拒绝了我们采访，并表示充电桩业务还在内部保护期。一位行业人士谈到，总的来看，充电市场规模还不够大，等足够大的时候，大资本肯定要下场。

李璞认为，尽管充电桩市场多方力量并起，但合作共赢还是当前主旋律。未来的充电桩市场不会一家独大，但也不排除会出现新的势力和新的商业模式。

### 车企建桩的考量

在充电桩市场，另外一股不可忽视的势力就是车企。与国内运营商主导市场不同，国外的充电桩几乎都是车企牵头布局的。在国内市场，目前成规模建桩的中国车企主要有上海汽车集团股份有限公司、比亚迪股份有限公司和蔚来汽车科技有限公司，外资车企则以特斯拉和宝马为主，随着首款纯电动车型奔驰 EQC 的上市，奔驰也开始建设充电桩。

向冀认为，车企建充电桩主要是为了弥补现有充电桩不足，打造品牌形象，提升客户体验。对于车企来讲，充电桩的前期投入可能并不算高，但是却需要大规模的运维团队。车企的核心业务还是汽车产品，随着新四化的到来，车企在电动化和自动驾驶领域的投资都捉襟见肘，在充电桩市场是否投入过多的资源，无疑需要考虑投入产出比。

以小鹏汽车为例，这家造车新势力曾规划在 2019 年完成 30 个城市 200 多个充电站建设，3 年内完成 1000 座充电桩建设。但目前，小鹏汽车已经基本不再新建专用场站，而是转向整合现有资源。小鹏汽车的内部人士透露，由于资金的原因，小鹏汽车已经放缓了自建充电桩的进程。

12 月 11 日，小鹏汽车宣布与蔚来汽车达成合作。小鹏汽车车主可以使用小鹏汽车 App 扫码启动蔚来汽车 NIOPower 超充桩充电。据充电联盟统计，截至 2019 年 11 月，蔚来汽车已经建设 1123 个公共充电桩，在所有企业中排在第 22 位。排在第 21 位是比亚迪，建设充电桩 1210 个，但比亚迪充电桩基本都是早期所建，后来就基本没有新增。

和充电运营商有所不同，车企布局充电桩是为了服务私人用户。总的来看，大部分车企还是以聚合运营商平台充电桩为主。同时，为了优化用户体验，车企会策略性地自建一部分充电桩。

### 机遇与危机并存

相比前两年，充电运营商们对市场的预期显然要更为乐观，但也表示依然面临着一些有待解决的问题和潜在的危机，这主要体现在盈利困难、扩大布局受限、市场竞争激烈和技术前景不确定等方面。

充电运营商们普遍反馈，虽然新能源汽车总量在逐年增长，但充电桩市场还依然较小，没有真正形成规模效应，因此充电运营商较难盈利。另外，在政策的要求下，各地充电服务费已经被压得非常低，一位运营商笑称，“我们干的就是几分几毛的生意”。

从另一个层面来看，布局新桩越来越难，尤其是在北上广深一线城市，这涉及了土地资源和电力资源的问题。随着地方性尾端运营商变得越来越多，运营商们对资源的争夺也越来越激烈。

张思冬指出：市场热度的提升还伴随着另外一个问题，就是如何监管这些多、杂、乱的小规模尾端运营商，这是随着市场发展新衍生出的现象，此前一直未被探讨过。

最后，技术前景的不确定性也是运营商们比较关注的问题。星星充电董事长邵丹薇此前就曾谈到，技术升级对于投资者来讲是巨大风险，她以充电桩功率提升为例，2015 年建设的充电桩以 10~20kW 为主，2016 年就提升到了 20~40kW，2017 年又提升到了 60kW。而目前，业内都在关注 350kW 大功率充电桩的到来和普及。

一旦新技术成熟且得到认可，就意味着充电桩市场可能面临再次推倒重来，这正是运营商们急切关注和紧张的问题。

### 总　结

充电桩市场正在变得越来越值得期待，但与此同时，入场的玩家也正变得越来越多，这其中既包括了滴滴这样的体量型选手，也有地方性的尾端玩家，他们对于现有规模化充电桩的平台来讲可谓上下夹击。市场活跃度增加的同时，也必然会引发一些新模式的出现，而这又会产生什么样的化学反应，是否会打破现有的市场格局？答案大概率是肯定的。面对即将到来的 2020 年，已经入局充电桩市场的企业，必须要在暗流涌动的市场中，发挥自身优势，找到合适的位置。

## 2019 年中国集成电路行业总结

集成电路是一种微型电子器件，简称“芯片”，是指通过采用一定的工艺，将电路中所需的晶体管、二极管、电阻、电容、电感等元器件通过布线互连，制作在半导体晶片或介质基片上，然后封装在管壳内，成为具有所需电路功能的微型电子器件。

2019 年，风云变幻、跌宕起伏、极不平凡。中美贸易摩擦和华为事件让半导体行业在国内得到前所未有的审视和关注。那么，2019 年集成电路产业发展如何呢？

### 2019 年集成电路行业十大事件

#### 华为事件引爆国产替代潮

2019 年 5 月 16 日（美国当地时间 2019 年 5 月 15 日），美国总统特朗普签署行政命令宣布美国进入紧急状态，要求企业不得使用对国家安全构成风险的企业所生产的电信设备，并要求商务部与其他政府机构合作，在 150 天内制定一份实施计划。行政命令引《国际紧急经济权力法》规定，赋予总统在紧急状态下实施商业管制权力。华为遭遇美国制裁推动了中国芯片行业上游材料端的国产替代进程的步伐。

#### EDA 工具受关注

随着华为事件的发酵，EDA 的战略性、重要性已经被推到空前高度，从业公司也受到资本追捧。国家多次组织专家赴各地调研，以找到破局之路。

2019年，两家新的EDA公司，分别在数字综合布局布线、硬件仿真（鸿芯微纳，深圳）及Foundry EDA（全芯智造，合肥）方向上拥有很强的实力。而更受业界关注的是2019年底，概伦电子收购博达微，打造建模仿真领域的最强团队。

## 大基金二期成立

2019年10月22日，国家集成电路产业投资基金二期股份有限公司正式注册成立，注册资本为2041.5亿元人民币。

据悉，二期“大基金”将明确拒绝两类项目：一是那些利用非正常手段进行竞争的项目，二是造成国内产业布局不合理或者过热的项目。大基金二期有27个股东，其中国家财政部出资225亿元，占比11.02%；国开金融220亿元，占比10.78%；中国烟草认缴150亿元，占比7.35%。

## 存储产业获进展

2019年我国存储产业捷报频传：在2019年9月2日，长江存储官宣64层3D NAND Flash投产；而在8月26日，64层3D NAND已在重庆智博会正式亮相。而据悉128层3D NAND Flash也已经取得重大突破，2020年量产可期。此外，9月20日，合肥长鑫正式宣布在DRAM取得新突破，正式量产19nm8GbDDR4；同时17nm产品的研发也取得了重大突破。

## 14nm先进工艺获进展　中芯国际投产　华虹集团工艺全线贯通

2019年8月8日，中芯国际宣布在14nm FinFET技术开发上获得的重大进展，14nm FinFET制程已进入客户风险量产阶段，预期2019年底贡献有意义的营收。第二代FinFET N+1技术平台已开始进入客户导入，我们将与客户保持长远稳健的合作关系，把握5G、物联网、车用电子等产业的发展机遇。

华虹集团28nm工艺（28LP/28HK/28HKC+）均实现量产；22nm研发快速推进；14nm研发或重大进展，工艺全线贯通。

## 5G拉动换机潮　利好芯片企业

2019年被称全球5G部署进入关键阶段、商用建设加速。2019年6月6日，工信部正式向中国电信、中国移动、中国联通、中国广电发放5G商用牌照。紧接着，各运营商开始密集推进5G建设及测试；9月底，三大运营商开启5G套餐预约。10月31日，工信部宣布5G商用正式启动。随后，工信部与三大运营商、中国铁塔联合举行了5G商用启动仪式，标志着中国正式进入5G商用时代，相关芯片企业纷纷看好5G的换机潮。

## 中国集成电路路线图发布

2019年10月18日，以“全球科技创新中心下的上海集成电路”为主题的“2019中国（上海）集成电路创新峰会”在上海科学会堂举行，并发布了国家集成电路创新中心牵头制定的《中国集成电路技术路线图（初稿）》，这是我国首次发布集成电路技术路线图。

## 科创板开板　集成电路版块独领风骚

2019年7月22日，筹备8个月的科创板正式开板，上市企业成为众人瞩目的焦点。科创板是独立于现有主板市场的新设板块，并在该板块内进行注册制试点。在开市初期，人们对科创板的关注度和前景非常看好，很多企业市值直线飙升。

其中，半导体产业首批科创板上市的有5家，分别是睿创微纳、澜起科技、中微半导体、乐鑫科技、安集科技，截至目前登录科创板的企业达到12家。

## 成熟特色工艺产能快速扩张

2019年中国成熟特色工艺产能得到了极大地扩展，继华虹无锡和广州粤芯相继投产后，芯恩青岛、积塔半导体相继搬入设备，士兰集科12in厂房也顺利封顶。

## RISC-V放异彩　兆易创新推出全球首颗基于RISC-V内核的MCU

RISC-V开源架构为国内CPU/MCU产业带来新的机遇，也为国内芯片公司提供了新的选择。RISC-V具备成本与低功耗的优势，正成为国内嵌入式CPU/MCU迈向物联网（IoT）的首选基础架构之一。

2019年8月22日，国内32位通用MCU产品供应商兆易创新（GigaDevice）携手芯来科技（Nuclei）推出全球首款基于RISC-V内核的GD32V系列通用MCU--GD32VF103，提供从芯片到程序代码库、开发套件、设计方案等完整工具链支持并持续打造RISC-V开发生态。

2019年9月28日，格兰仕宣布首次推出物联网芯片BF-细滘，采用RISC-V架构、40nm工艺制程，已经应用于包括微波炉、空调、冰箱等16款产品中。格兰仕后续还将推出AI处理器芯片NB-狮山，为专属场景定制芯片，同样采用RISC-V架构，会有高、中、低三条产品线，将在2020年陆续进入格兰仕的全线家电产品中。

## 政策支持行业发展

近年来，集成电路产业政策频出。政府先后出台了一系列规范和促进集成电路行业发展的法律法规和产业政策，同时通过设立产业投资基金、鼓励产业资本投资等多种形式为行业发展提供资本助力。如2020年1月，商务部等8部门印发《关于推动服务外包加快转型升级的指导意见》，《意见》指出，将企业开展云计算、基础软件、集成电路设计、区块链等信息技术研发和应用纳入国家科技计划（专项、基金等）支持范围。

## 集成电路产量稳步增长

据国家统计局数据显示：2019年我国集成电路产量为2018.2亿块，同比增长16%，总体呈现稳步增长趋势发展。

### 产业规模不断扩大

近年来，中国集成电路产业快速发展，市场规模和技术水平都在不断提高，以人工智能、智能制造、汽车电子、物联网、5G 等为代表的新兴产业快速崛起，集成电路是我国信息技术发展的核心。据数据显示，我国集成电路产业规模从 2015 年的 3609.8 亿元提升至 2019 年的 7591.3 亿元，年复合增长率达到 22.88%，技术水平显著提升，有力推动了国家信息化建设。

从我国集成电路产业结构来看：IC 设计为集成电路主导市场。数据显示：2019 年我国 IC 设计产业规模为 2947.7 亿元，芯片制造产业规模为 2149.1 亿元，封装测试产业规模则为 2494.5 亿元。

### 进口量增额降

从进口来看，近 5 年来中国集成电路进口数量不断增加。2019 年中国集成电路进口数量为 4451.34 亿个，同比增长 6.6%；在进口金额方面，2019 年中国集成电路进口金额为 3055.5 亿美元，同比下降 2.1%。

从进口均价来看，近年来，进口均价基本保持稳定状态。2019 年中国集成电路进口均价为 0.69 美元/个，2018 年中国集成电路进口均价为 0.75 美元/个。

### 出口创新高

根据中国海关最新公布的数据显示，2019 年中国集成电路出口量约为 2187 亿块，再创新高，虽然与 2018 年的出口量 2171 亿块相比，仅增长了 0.7%（2018 年的增长率为 6.2%）。

但是，从集成电路出口的金额来看，2019 年中国集成电路出口金额达到了 1015.8 亿美元，相比 2018 年的 846.4 亿美元，增长了 20%，也创下了历史新高。

## 2019 年动力电池产业链十大关键词

摘要：从需求端来看，真正市场化的竞争呼唤更多具备高端动力电池供给的企业进入，而这其中具备车企基因的动力电池企业，毫无疑问就拥有更多的先天优势；从供给侧的角度看，中国动力电池产业正在进入淘汰洗牌的深水区。以史为鉴，下面就让我们通过关键词的方式，来回顾 2019 年行业的点点滴滴。

2019 年对整个动力电池产业链来说，这是煎熬的一年，是大起大落的一年，同时也是“黑天鹅”频现的一年。这一年，受补贴退坡影响，动力电池真正进入到关乎生死存亡的紧要关头。在资金压力下，行业洗牌提速，激流勇进者，收获满满；故步自封者，已黯然离场。

在这一年里，整个行业呈现冰火两重天的格局。C、B 两大巨头的市场份额持续增长，订单拿到手软，与国际车企合作不断；而二、三梯队企业生存艰难，如沃特玛、湖北猛狮等已走上破产清算的道路。受下游新能源汽车的影响，动力电池全产业链价格呈现下滑趋势，增收不增利的压力已是日益凸显。

即便补贴即将归零，仍然不断有新的入局者和外部力量汇入，包括脱胎于车企的蜂巢能源和 AESC，房企巨头恒大集团，以及紧盯着无补贴市场的日韩锂电巨头，这些鲶鱼的进入或者回归或将重塑现有的动力电池市场格局。时至今日，动力电池领域的角力和赛跑似乎刚完成热身，准备正式起跑。

从需求端来看，真正市场化的竞争呼唤更多具备高端动力电池供给的企业进入，而这其中具备车企基因的动力电池企业，毫无疑问就拥有更多的先天优势；从供给侧的角度看，中国动力电池产业正在进入淘汰洗牌的深水区。以史为鉴，下面就让我们通过关键词的方式，回顾 2019 年行业的点点滴滴。

### 补贴腰斩

2019 年 3 月底，新的新能源汽车补贴政策终于“靴子落地”。根据财政部、工信部、科技部和发展改革委等四部委联合发布的《关于进一步完善新能源汽车推广应用财政补贴政策的通知》。根据通知要求，补贴退坡幅度超过 50%，直接腰斩。本次补贴调整，在补贴方面“做减法”的同时，在服务和监管方面着力“做加法”。

综合来看，补贴新政主要有 4 大变化：1）续航里程要求再次提高，电动乘用车方面，250km 以下车型取消补贴；2）能量密度门槛提高，其中纯电动乘用车动力电池系统的质量能量密度要求不低于 125Wh/kg；3）设置补贴过渡期，3 月 26 日至 6 月 25 日为过渡期；4）取消地补以及购置补贴，转为补贴充电等基础设施。

如此大力度的退坡政策，立即在新能源汽车市场产生了巨大反响。虽然按照《通知》，补贴新政从发布当日，也即 2019 年 3 月 26 日起就已正式实施，可谓无缝切换。退坡实施后，多数企业并未应声上调价格，甚至有的企业造出了“新政前夜”补贴红利倒计时的氛围，自掏腰包补贴消费者，迎来退坡实施前的订单小高潮。

### 先抑后扬

以 2019 新补贴政策实施为分割线，动力电池市场随同新能源车市出现先扬后抑态势。统计数据显示，2019 年 1~10 月我国新能源汽车生产约为 91.6 万辆，同比增长 14%，动力电池装机量约为 46.38GW · h，同比增长 34%。其中，上半年国内动力电池装机总电量约为 30.01GW · h，同比增长 93%，且 1~7 月均呈现出同比增长的情况。

自 7 月开始，动力电池装机量开始出现同比或环比的下滑。数据显示，7 月动力电池装机总量约为 4.7GW · h，同比增长 40%，环比下降 29%；8 月动力电池装机量为 3.64GW · h，同比下降 13%，环比下降 22%；9 月动力电池装机量为 3.95GW · h，同比下降 31%，环比微增 9%；10 月装车量共计 4.1GW · h，同比下降 31.4%，环比上升 3.1%。

截至目前，大部分动力电池企业的开工率均不达预期，产能扩张进度也已经延迟或放缓。从市场反馈的情况来看，11 月及 12 月出现大幅翘尾情况较难，悲观情绪正在整个产业链扩大蔓延。在补贴退坡压力下，主机厂选择电池供应商会从产品价格、产能规模、产品性能和商业条款等综合考量，不具备优势的企业将被抛弃。

## 四　连　降

自6月底补贴新政发布以来，新能源车市场开启“跌跌不休”模式。数据显示，7月我国新能源车销量完成7.4万辆，同比下降6%，环比下降43%；8月新能源车销量完成8.5万辆，比上年同期下降15.8%；9月新能源车销量完成8万辆，比上年同期下降34.2%。自此，新能源车销量已经完成创历史的“三连降”。

揪心的是，今年新能源乘用车市场没有迎来“金九”，同样也没有等来“银十”。中汽协数据显示，今年10月新能源乘用车销量为7.5万辆，同比下降45.6%，这样的数据着实让人大跌眼镜。此前一直被誉为车市寒冬中唯一亮点的新能源车市场会迎来四连跌，而且跌幅在不断加大，相比6月的15.2万辆跌去大半。

中汽协认为，持续下滑的新能源车市不会对我国新能源汽车未来发展造成影响。反而是我国新能源汽车经历高增长后，开始反思的好机会。“少了新能源补贴支持，可以让我们反思此前新能源销量中，有多少来自消费者真正需求，又有多少用于出行营运车辆。否则，容易让新能源车企产生行业前景光明的错觉。”

## 冰　与　火

11月13日晚，坚瑞沃能公告称，深圳市中级人民法院已于2019年11月7日裁定受理黄子廷申请深圳市沃特玛电池有限公司破产清算案。公告显示，沃特玛对外负债约197亿元，拖欠559家供应商债权约54亿元。此后不久，猛狮科技发布公告称，其全资子公司湖北猛狮新能源科技有限公司也将申请破产清算。

今年下半年，动力电池行业开始进入到“多事之秋”，因资金链不畅导致的欠薪、列为被执行人，甚至是申请破产事件集中发生。业内人士称，今年动力电池已经迎来至暗时刻，“黑天鹅”到处飞将会成为常态。然而，一面是二、三梯队企业持续暴雷，而另一面则是头部电池企业在国际业务方面不断地斩获大单。

以宁德时代为例，近日宝马将与宁德时代在2018年签署的价值40亿欧元电池订单增加到73亿欧元，供货时间为2020年至2031年；与丰田汽车公司在新能源汽车动力电池的稳定供给和发展建立全面合作；与沃尔沃签订动力电池合作协议，将为其提供动力电池；2027年前为本田供应约56GW·h锂动力电池。

## 欧洲攻略

7月9日，长城控股全资子公司蜂巢能源对外公布未来即将量产的低成本无钴电芯以及四元材料电芯。与此同时，还公布了将斥资20亿欧元在欧洲建动力电池厂的计划。根据蜂巢能源出台的计划，项目将于2020年开始一期建设，2022年建成投产，规划产能24GW·h，并配套正极材料工厂和电池技术中心。

而就在此前的6月25日，宁德时代发布公告称，公司通过了《关于对欧洲生产研发基地项目增加投资的议案》，同意扩大对欧洲生产研发基地项目的投资规模，增加后项目投资总额将不超过18亿欧元。按照计划，宁德时代在欧洲投资的新工厂计划将于2021年投产，2022年全部达产后将形成14GW·h年产能。

与之对应的是，孚能科技也正式启动欧洲生产中心项目，并在德国斯图加特开设办事处，配备业务开发、工程和企业人员。与此同时，孚能科技计划在德国萨克森-安哈尔特州比特菲尔德-沃尔芬镇建立电动车电池厂，新电池厂投入逾6亿欧元。工厂将于2022年完工，初始产能为6GW·h年，全部达产后产能将逐年提升至10GW·h。

## 大　手　笔

今年是新能源汽车补贴退坡实施的关键之年，虽然工信部老早就放出话来：自今年六月起新能源车的补贴会大降50%以上，但动力电池厂商对未来新能源汽车产业发展的信心却并未因此而减少，不少动力电池项目依旧被提上日程，据不完全统计，今年动力电池新建、拟建项目超30个，投资额超2000亿元，产能超350GW·h。

从具体情况来看，今年动力电池投资呈现出几大特点：首先，投资金额较大，大部分项目的投资额都在10亿元以上，100亿元以上的投资占1/4以上；其次，从技术路线来看，三元软包和固态聚合物电池项目逐渐增多；再次，头部企业动作频频，中小企业显得比较保守，与动力电池集中度持续攀升的趋势遥相呼应。

其中最引人注目的当属恒大集团。6月11日，广州市人民政府与恒大集团签署战略合作框架协议。恒大将投资1600亿元在广州市南沙区建设新能源汽车、动力电池以及电机厂三大基地项目。其中，新能源电池研发生产基地将建成年产能达50GW·h生产规模的动力电池超级工厂，可配套100万辆新能源车整车。

## 规模召回

据不完全统计，2019年初至今，新能源车自燃已经发生超过20起。更重要的是，作为新能源汽车“明星”的特斯拉和蔚来相继发生电动车自燃，更容易引发人民对电动车自燃事件的关注。新能源车“自燃”已成为人们茶余饭后的谈资，甚至有人调侃停车别停在新能源车旁边。而在安全事故频发的背后，是大规模召回。

6月27日，蔚来汽车发布声明，即日起召回搭载2018年4月2日至2018年10月19日期间生产的NEV-P50模组电池包的车辆，共计4803辆。不久之后，北汽也宣布自2019年7月13日起，召回2018年6月11日至2018年11月30日生产并售出的北汽威旺407EV系列电动厢式运输车，涉及车辆1389辆。

而在2019年的世界新能源汽车大会上，国家市场监督管理总局就发布数据显示，截至2019年上半年，国内新能源汽车共召回12.3万辆。而仅仅今年，新能源汽车累计发生了9起召回事件，涉及29976辆车。其中1/5召回的原因是部分车辆在使用过程中可能发生电池包内部过热的现象，存在热失控起火风险。

### 价格下跌

12月3日，彭博新能源财经发布2019全球锂离子电池组价格调研报告，2019年全球锂离子电池组的平均价格为156美元/kW·h，较2010年的1100美元/kW·h下降87%。其中中国市场锂电池组平均价格已低至147美元/kW·h，为世界最低。相比于去年，今年动力电池价格整体又下降了20%左右。

报告还提到，2019年全球锂离子电池组的价格下降主要归功于电动车销量上升、电池订单增加和高能量密度正极材料的快速推广应用。另外，新的电池包结构设计的引入和更低的生产成本，也在短期内推动着电池价格的下降。而动力电池价格下降波及整个产业链，包括碳酸锂、钴、隔膜、设备等价格下降。

截至目前，电池级碳酸锂目前价格已下跌至5.9万/t，相比于上半年均价7.8万/t，下降了24%。行业预计Q4锂盐均价将比Q3更低，意味着碳酸锂价格将还有下探空间；电解钴也从年初的35万/t，下降至目前的26万/t；今年干法隔膜均价已跌破1元/$m^2$，而湿法隔膜基膜价格下探至1.5元/$m^2$；设备普遍降价20%左右。

### 电池回收

中汽协统计数据显示，截至今年7月底，我国新能源汽车产量累计达373万辆，动力蓄电池总装配量超过176GW·h，产业规模位居世界首位。业内人士表示，不久的将来，动力电池将大量退役，威胁公共安全，造成环境污染。预计到2020年，我国退役动力电池量累计将达到25GW·h（约20万t），2025年约116GW·h（约78万t）。

最新数据显示，截至今年9月，共有63家国内新能源车企和3家进口商设立了2882个动力蓄电池回收服务网点，累计报送4145条网点信息，整车企业、电池企业、梯次利用企业和再利用企业等，都在开展积极的探索和实践。整车企业积极落实回收主体责任，通过地区开展协作、共建共用回收网络等措施，取得阶段性成果。

近日，工信部对2016年发布的《新能源汽车废旧动力蓄电池综合利用行业规范条件》和《新能源汽车废旧动力蓄电池综合利用行业规范公告管理暂行办法》进行了修订并正式向社会公开征求意见。针对当前行业发展的现状进行修改和完善，同时也对动力电池综合利用行业提出三个方向的更高要求：更完善、更安全、更节能环保。

### 外资解禁

2018年7月，我国新能源汽车外资股比限制逐步开始取消。2019年起，新能源车核心部件动力电池外资来华门槛，也将被扫除。2019年初，国家发改委、商务部等牵头开展《外商投资产业指导目录》《中西部地区外商投资优势产业目录》的修订工作，并在合并两个目录基础上形成了新的《鼓励外商投资产业目录（征求意见稿）》。

相比2017年修订版，涉及新能源车产业链的条款明显增多，包括燃料电池、正负极材料、BMS系统、智能汽车及关键零部件等。其中重要的是，新的目录还放开了对动力电池项目投资的限制。因为在2017年修订版第236条中提到，鼓励外商投资但特别强调“新能源汽车能量型动力电池除外”。在新版中则删除了这个限制。

而在2019年3月召开的全国两会上，又对《外商投资法草案》进行投票表决。草案如果正式生效的话，意味着实施多年的“外资三法”（《中外合资经营企业法》《资企业法》《中外合作经营企业法》）将不再适用，新的《外商投资法》将成为外国投资者在中国境内投资统一适用的法律，意味着外商投资已实现准入前的国民待遇。

## 2019年哪些政策让动力蓄电池产业“变天”？

愈临近财政补贴退坡的时间节点，市场的阵痛就愈加明显。当然，在阵痛之中也孕育着剧变。很显然，2019年整个动力电池产业就是处于强烈阵痛和剧变之中。财政补贴大幅退坡，动力电池产业大门对外开放，“白名单”成为历史，新能源汽车及动力电池安全排查及约谈一轮接着一轮，国内新能源汽车领域的召回也不再是新鲜事……

细数之下，哪一项都与政策的出台、调整或退出有关。从政府的角度来看，为了完善市场运营环境及监管，政策必不可少；从市场角度来看，任何一项政策的变动，都会对产业发展造成深远影响，甚至可能会决定企业的前途；从个人来看，唯有政策不断完善，大家才可以用得起、用得好、用得放心。

2019年对动力电池、新能源汽车产业来说，都有哪些牵动产业神经的政策或出台，或调整，或退出？又对产业发展产生了何许影响？电池中国网启动“2019年度复盘”活动，带你一探究竟。今天，我们将从政策角度，梳理2019年对动力电池、新能源汽车产业发展影响较为至深的产业政策。

### 关于进一步完善新能源汽车推广应用财政补贴政策的通知

**关键词**：2019年补贴政策、补贴退坡

**发文机构**：财政部、工业和信息化部、科技部、发展改革委

**发布日期**：2019年3月26日（过渡期：2019年3月26日至2019年6月25日）

**政策要点**：

1）补贴金额在2018年基础上下滑超过50%（纯电动乘用车补贴下滑超50%，客车补贴下滑70%左右）；

2）乘用车动力电池系统能量密度低于125W·h/kg无补贴；

3）电动乘用车续航里程为250km、客车为200km以下的车型取消补贴；

4）地补取消，转为补贴充电基础设施等；

5）不再对系统能量密度160W·h/kg以上车型设置奖励系数，均按1倍补贴。

纵观近10年我国新能源汽车、动力电池产业发展历程可看，补贴政策对于产业的贡献度在所有政策中一直超过50%。2019年财政补贴政策大幅退坡，对产业发展造成了非常大的冲击。

**市场反应：**

自6月25日新政过渡期结束，新能源汽车产销迎来5连降。并且多位业内人士预计今年全年产销将持平，甚至负增长。这与年初当时不少机构给出的160万辆销量目标相差较大。据电池中国网统计，实际上今年国内几家自主品牌的新能源汽车销量也不尽如人意。

财政补贴大幅退坡，新能源汽车制造成本明显上升，产业链各环节技术创新降成本的速度赶不上财政补贴退坡力度，产业发展出现放缓。进而出现一连串反映，导致新能源汽车、动力电池、锂电设备等产业链洗牌加速，产业优胜劣汰比预期来得更早。

日前，中国汽车工业协会原秘书长董扬建议，政府采取“稳政策”措施，明确宣布明年政府财政补贴政策不变。

**详情：**新版财政补贴带来不眠夜　新能源车企想好怎么涨价了吗？

## 切实加强新能源汽车安全监管开展安全隐患排查工作

**关键词：**新能源汽车安全、动力电池安全

**发文机构：**工业和信息化部装备工业发展中心

**发布日期：**2019年6月17日

**政策要点：**

一是强化整车运行监控体系；二是切实加强新能源汽车安全监管；三是健全安全标准规范体系；四是加强行业自律，做好宣传引导。

**具体工作：**

6月17日，工信部装备工业发展中心发布《关于开展新能源汽车安全隐患排查工作的通知》，促请各新能源汽车生产企业对本公司生产的新能源汽车开展安全隐患排查工作。重点对已售车辆、库存车辆的防水保护、高压线束、车辆碰撞、车载动力电池、车载充电装置、电池箱、机械部件和易损件开展安全隐患排查工作。

随着新能源汽车保有量的增加，自2018年下半年以来，新能源汽车安全事故呈上升态势，2019年相关安全事故频发，引起了全社会的广泛关注。这是工信部自2018年9月以来发布的第三份关于新能源汽车安全隐患排查的文件，较前两次要求更加严谨，且首次对车企提出了“应当主动向主管部门备案召回”的要求。

## 市场监管总局办公厅关于进一步加强新能源汽车产品召回管理的通知

**关键词：**新能源汽车、召回

**发文机构：**市场监管总局办公厅

**发布日期：**2019年3月15日

**政策要点：**

1）有关生产者（主要为汽车）获知其生产、销售或进口的新能源汽车在中国市场上发生交通碰撞、火灾等相关事故，应按规定，立即组织调查分析，并向市场监管总局（质量发展局）报告调查分析结果。

2）动力电池、电机和电控系统等零部件生产者获知新能源汽车可能存在缺陷的，应按照规定，向市场监管总局（质量发展局）报告，并通报生产者。同时，配合缺陷调查、召回实施等相关工作。

3）新能源汽车生产者应按规定和要求，建立健全新能源汽车可追溯信息管理制度，落实产品安全主体责任。经调查分析发现存在缺陷的，应立即停止生产、销售、进口缺陷汽车产品，并实施召回。

事实上，随着新能源汽车安全事故的增多，市场监督管理总局在10月9日又发布了《市场监管总局质量发展局关于进一步规范新能源汽车事故报告的补充通知》，对新能源汽车召回提出了更严格的要求和规范。

市场反应：召回管理通知出台后，新能源汽车召回也有法可依。今年以来，包括蔚来汽车、北汽新能源、南京金龙客车、湖南江南汽车等陆续有新能源汽车因安全问题被召回。召回工作不仅给企业带来巨大的经济损失，还给企业品牌造成不可估量的损失。对产品保持足够的“敬畏之心”已成为电池企业的生存法则之一。

## 《新能源汽车产业发展规划（2021—2035年）》（征求意见稿）

**关键词：**新能源汽车2035、动力电池、氢燃料电池

**发文机构：**工业和信息化部装备工业司

**发文日期：**2019年12月3日

**政策要点：**

1）力争经过15年努力，纯电动汽车成为主流，燃料电池汽车实现商业化应用，公共领域用车全面电动化；

2）到2025年，新能源汽车新车销量市场占比将达到25%左右；

3）以资本市场为依托，发挥各类基金的协同作用，推动新能源汽车整车、动力电池等零部件企业优化重组，提高产业集中度；

4）加快固态动力电池技术研发及产业化被列为“新能源汽车核心技术攻关工程”；

5）攻克氢能储运、加氢站、车载储氢等氢燃料电池汽车应用支撑技术；

6）开展高压气态、低温液态及固态等多种形式储运技术示范应用，探索建设氢气运输管道，逐步降低氢燃料储运成本。健全氢气储运、加注等标准体系；

7）大力推动充换电网络等基础设施建设。

**政策解析：**

《新能源汽车产业发展规划（2021—2035年）》作为未来15年中国新能源汽车产业发展的政策纲领性文件，对我国未来新能源汽车发展具有重要作用。里面涉及动力电池、氢燃料电池等多项建议，将对产业发展具有重要指导作用。

**详情：**工信部：推动动力电池企业优化重组，提高产业集中度

**关于支持新能源公交车推广应用的通知**

**关键词：**新能源公交车

**发文机构：**财政部、工业和信息化部、交通运输部、发展改革委

**发布日期**：2019 年 5 月 8 日

**政策要点**：

1）地方可继续对购置新能源公交车给予补贴支持；

2）落实好新能源公交车免征车辆购置税、车船税政策；

3）应将除公交车外的新能源汽车地方购置补贴资金集中用于支持充电基础设施“短板”建设和配套运营服务等环节；

4）从 2020 年开始，采取“以奖代补”方式重点支持新能源公交车运营。

**政策解析**：

通知要求，地方政府应制定新能源公交车推广应用实施方案，明确新能源公交车替代目标和时间表，于 2019 年 8 月 1 日前按程序报送至交通运输部、财政部、工业和信息化部、发展改革委备案。

**详情**：新能源公交车地补不取消，各地应尽快制定替代目标及时间表

推动公共交通领域新能源化，仍然是我国政府推动新能源汽车产业发展的重要一环。同时，由于政府的支持，新能源客车产量也在稳步增长，对磷酸铁锂装机量的贡献也非常不错。

**《汽车动力蓄电池行业规范条件》废止**

**关键词**：动力电池白名单

**发文机构**：工业和信息化部

**发布日期**：2019 年 6 月 21 日

**政策要点**：

工信部决定自 2019 年 6 月 21 日起废止《汽车动力蓄电池行业规范条件》（工业和信息化部公告 2015 年第 22 号），第一、第二、第三、第四批符合规范条件企业目录同时废止。

“白名单”的实施，极大程度上促进了本土动力电池产业的高速发展，为本土企业争取了宝贵的时间。经过多年发展，我国已出现一批优秀电池企业。废止《汽车动力蓄电池行业规范条件》，外资动力电池企业与国内企业同台竞争，将能够进一步引入有效竞争，促进产业技术进步和市场环境优化。

当然，只给这个政策三颗星，是因为随着补贴将于 2020 年年底退出，《汽车动力蓄电池行业规范条件》对于国内整车企业配套外资电池几乎无约束力。

**详情**：完成使命！中国动力电池“白名单”成为过去式

最后，值得一提的是，2019 年燃料电池汽车的财政补贴政策最终还是没有出台。2020 年，对于新能源汽车、动力电池产业来说是极为重要和关键的一年，未来的“政策”是否具有延续性、稳健性，仍受产业界重点关注。

## 迎接 5G 落地　台达大功率 UPS 及创新 IDC 供电方案蓄势待发

因应 5G 热潮、移动互联网服务的迅速普及以及边缘运算的需求愈发增多，全球电源管理与散热解决方案提供商台达举办“台达大功率 UPS 媒体交流会”，分享大功率不间断电源（UPS）系统和 10kV 直转 DC 240V（或 DC 336V）的巴拿马电源在 IDC、通信、电子制造等领域的新技术方案。当前趋势下，国内互联网企业数据中心建设投资持续活跃，数据中心的管理者对供配电方案的可靠度与整体效能要求也益趋严峻。台达凭借超过 40 年电源管理与散热解决方案的研发与制造经验，已经为全球众多大型 IDC 数据中心和重要基础设施提供高效率且可靠的供配电整体解决方案。

台达-中达电通关键基础架构解决方案产品处总监李南在表示，“台达持续以高效电源及散热核心技术为基础，开发创新节能产品及解决方案。其中，台达大功率 UPS 解决方案兼具运行与管理可靠度、可用性、安全性与高效率的优势；针对 IDC 行业的特定需求，台达也量身定做符合需求的创新供电技术方案，比如最新发布的数据中心巴拿马电源，力求以持续研发创新满足用户巨幅成长的需求。”

在“台达大功率 UPS 媒体交流会”现场，台达-中达电通关键基础架构解决方案产品处高级产品经理叶新平向到场的专业媒体朋友们重点分享了两款大功率 UPS 的明星产品：Ultron DPS 系列 UPS 与 Modulon DPH 系列模块化 UPS。

### 专为大型云数据中心设计的 Ultron DPS 系列 UPS

明星大功率 UPS 产品之一是 Ultron DPS 系列，专为满足大型云计算中心与租赁托管营运商需求而设计，最多可并联 8 台、总共高达 9.6MW 的电源功率，可满足电力扩容或 $N+X$ 冗余，符合大型或超大型数据中心对电力的需求。除了具备大功率，DPS 系列也拥有“轻载高效”的特点，在 30% 负载率以上就能达到 96% 高效率，即便是在数据中心常见的轻度负载率 20%～30% 的情况下，UPS 整机效率也能达到 95% 以上，能省下可观的电费成本。

此外，台达先进的数字 PFC 控制技术可实现低输入谐波失真（iTHD<3%）以及高输入功率因数（>0.99），使得 Ultron DPS 系列 UPS 能提供优异的电源保护、能源效率以及优于同级产品的总拥有成本（TCO）。针对大型云数据中心的应用需求，Ultron DPS 系列提供高级事件分析和诊断，支持 10000 个事件日志、关键参数和波形记录；关键部件的寿命和故障预测功能，可帮助用户提前预知风险。

### 高功率密度解决空间挑战的 Modulon DPH 系列 UPS

另一款明星大功率 UPS Modulon DPH 系列，19in 机柜的空间达到 500kVA 高功率密度，可提供 MW 等级电源保护，为数据中心解决空间受限的挑战。Modulon DPH 系列模块化 UPS，具有“自我侦测预警”“可靠与节能的完美平衡”“全模块备份冗余设计”“业界最高功率密度设计”等显著优势。台达凭借丰富的数据经验积累，对 UPS 内部最易老化损伤的部件，如电容、IGBT、风扇等深入研究，得出其“寿命密码”。可凭借其充放电性能、温度曲线及转速变化等状态，精确判断其状态并提前预警，以实现及时修复更换，让 UPS 危险的最后一刻永远不会来临。

作为能耗大户，超大规模的 IDC 面临着巨额电费的运维压力。Modulon DPH 系列 UPS 设计高可靠系统休眠功能，根据客户负载系统每 30s 关掉一个电源模块进入休眠模式实现节能目标，当遇到供电故障时，系统会在 2ms 内迅速

启动UPS全部电源模块，进入工作状态，实现可靠与节能的完美平衡。

DPH系列还具有业界最大10寸触摸全面屏、全模块备份冗余设计、兼容铁锂电池设计、兼容单体电池监控设计、兼容环境温度设计、模块休眠功能设计、500kVA最高功率密度设计等领先科技。作为模块化UPS的代表，具备单机架扩容和系统并机扩容两种，大大提高供电系统的可靠性及扩容方案的选择性，有效地降低了初期投资。业界功率密度最高模块仅仅3U高，方便一人安装。以电源模块为50kW扩容，单机系统到600kW，可组成高达4800kW最高等级的供电系统。

## 台达携手阿里巴巴推出“数据中心巴拿马电源”开创IDC供电技术创新应用

全球电源管理与散热解决方案提供商台达，2019年11月20日在北京宣布携手阿里巴巴推出全新IDC（互联网数据中心，Internet Data Center）供电方案——数据中心巴拿马电源。其功率模块的效率高达98.5%，架构简洁可靠性高，可确保供电系统5年不间断运行。相比传统数据中心的供电方案，其设备和工程施工量可节省40%，占地面积减少50%。巴拿马电源颠覆了传统IDC供电架构，将电路和磁路融合创新，从中压AC 10kV直转DC 240V，取代了传统架构从中压引入到直流输出之间的众多中间设备，让供电传输一步到位，更加高效和可靠。

阿里巴巴数据中心基础架构高级专家刘水旺表示，巴拿马电源与传统IDC供电方案相比，功率模块效率达98.5%，能减少40%的设备数量。台达的电源管理技术与阿里巴巴在云计算领域的丰富经验相结合，共同开发了10kV直转DC 240V（或DC 336V）巴拿马电源，推动IDC供电技术迈向新阶段。

在2019数据中心年度峰会现场，阿里巴巴数据中心基础架构高级专家刘水旺、台达数据中心电源研发负责人詹智强、杭州中恒电气总经理赵大春共同宣布“数据中心巴拿马电源”正式推出。正如1914年开凿完成的巴拿马运河极大地缩短了太平洋和大西洋之间的航程，数据中心巴拿马电源的诞生，将为IDC供电方案带来全新的突破。

巴拿马电源集成了AC10kV配电、隔离变压、模块化直流电源和输出配电单元等环节。使得该产品具有超高效率、高可靠性、高功率密度、高功率容量、兼维护方便等特点。因可模块化扩容，单套系统容量可达2.5MW以上，契合未来数据中心的产品化、高可靠、智慧化、高效能、快速部署等核心需求。

台达以电力电子为核心技术能力，在电源领域深耕数十载，现已在全球范围内为众多客户提供高效节能的电源管理解决方案。随着全球互联网大数据爆发性增长，对数据中心的能耗、可靠度都提出了更高要求。台达本次与阿里巴巴合作推出的巴拿马电源，可提升数据中心供电效率3%，减少供配电总投资成本20%，是专为解决互联网企业和通信运营商数据中心直流供电需求的最新一代直流电源产品。现已成功应用于浙江阿里某数据中心及江苏阿里某数据中心。

## 55MW/110MW·h风光储多能互补型电站并网成功

近日，由阳光电源参与建设的55MW/110MW·h青海共和、乌兰风电配套储能项目成功进入并网阶段。该项目由黄河上游水电开发有限责任公司投资建设，是国内率先风光储多能互补型电站示范应用实例。项目的建成将进一步提升青海清洁能源供给比例，且将参与黄河上游千万千瓦级水风光储多能互补协调控制运行，具有重要社会效应和示范意义。

近年来，风电装机规模不断提高，但其固有的间歇性、波动性及随机性等特点，不仅给电力系统的运行、调度与控制等带来了诸多挑战，也极大地限制了风电的规模化利用。此次青海共和、乌兰风电项目配套储能系统，将为大规模风电的可靠接入及应用提供有效的解决途径。

项目采用阳光电源一体化储能系统解决方案，高度集成的储能变流器和锂电池系统，不仅安装便捷、调试简单、易于维护，且配置的高能量密度锂电池，循环寿命长、深度充放电性能优越，能够满足电站调频需求，进一步提升电网友好性。同时，整套储能系统极大提高了机组的AGC调节性能指标与AGC补偿收益，减小考核成本，增加电站的收入，为客户带来巨大的经济效应。

青海共和项目负责人说：“阳光电源在储能市场丰富的应用经验是此次我们能够达成合作的基础，两个风电场配套储能项目均采用了阳光电源储能产品，可以最大程度地减少弃风限电的损失，同时也能够提高跟踪计划出力的精度，充分满足西北地区最新版‘两个细则’的考核标准”。

如今，阳光电源的储能系统解决方案广泛应用于调峰调频、辅助新能源并网、需求侧响应、微电网等多种应用场景，公司相继参与了众多典型项目，如山西9MW/4.5MW·h“火电+储能”联合调频项目、江苏17MW/38.7MW·h国内最大单体用户侧锂电储能项目、德国16MW/8.5MW·h独立储能调频电站和英国27MW/30MW·h最大无补贴光储融合项目等。今年，阳光电源在储能领域的布局也进一步加大，截至目前，已参与全球重大储能项目超800个。

## 阳光电源逆变设备全球率先累计出货突破1亿kW

12月10日，“阳光电源出货1亿kW仪式”在阳光产业园隆重举行。当装载着全球功率最大的1500V组串逆变器的货车驶离厂区，阳光电源也正式成为了全球率先突破“亿”kW的逆变器企业。从1997年到2019年，从0到1亿kW，从见证、参与中国新能源起步到世界领先，阳光电源用自己的执着与坚守，为全球能源行业贡献了自己的一份力量。

阳光电源董事长曹仁贤在仪式上表示：“为了绿色清洁梦，阳光电源坚定地走了22年，专注于将逆变技术做到最好、做到极致。今天，我们的逆变设备出货突破了1亿kW（100GW），这些离不开客户的支持和信赖，事实证明，以客户为导向，以规模为目标，不断为行业和客户推出更尖端、更极致的新品，我们才能走得更好更远！”

正是在这个信念下，22 载风雨路上，阳光电源将专注与创新发展的魅力展现得一览无遗：研制出中国首台具有完全自主知识产权的光伏并网逆变器，转换效率从 90%提升至 99%，价格从十几元/W 降至 0.2 元/W；率先推出 1500V 逆变器、户外集中逆变器、风光储一体化逆变器……相继为“西部送电到乡”工程、“光伏、风电特许权”“金太阳示范工程”及“领跑者”项目提供产品和解决方案；首创“光伏扶贫”模式，建立中国首个大型平价上网光伏项目；建设非洲最大的光储柴微网项目，为“一带一路”沿线国家送去绿色电力，参与欧洲最大无补贴光储融合项目建设……

1 亿 kW 的背后，是无数客户对阳光电源的殷切期盼，1 亿 kW 的背后，阳光电源的每一步都走的坚定而精彩，1 亿 kW 的背后，也隐藏着这样一组数据：每年可发清洁电力为 1290 多亿 kW · h，相当于 5 个三峡水电站的装机规模，每年为地球减排二氧化碳 1.03 亿 t 以上，可以为全球 60 多个国家和地区送去绿色清洁电力。

“1 亿 kW 是阳光电源的新起点，也是我们承担更多行业、社会责任的新起点。”曹仁贤说：“我们将继续坚持技术创新，努力成为清洁电力转换技术的全球领跑者；坚持成就客户，为全面平价上网，为‘让人人享用清洁电力’的使命拼搏奋斗！”

## 首个 5G 磁悬浮上海开测　上海电信携手中兴通讯实现超高速中的超高速

近日，上海电信联合中兴通讯在上海启动了全球第一个 5G 磁悬浮高速线路商用网络测试。实现代表地表最高速度的磁悬浮列车时速接近 500km 情况下，5G 商用终端的全程稳定，轻松支撑各种高速移动宽带业务，标志着 5G 网络可为磁悬浮列车提供理想的宽带通信服务。

上海磁悬浮是世界率先商业运营的磁悬浮线路，也是速度最快的商业运营高速列车，开通以来一直是上海乃至中国的名片。此次 5G 网络由上海电信和中兴通讯共同建设，采用中兴通讯全套 5G 系统设备，完美实现乘客们在快捷的旅程中获得稳定的高速率数据接入，进行移动办公、视频会议、高清/超高清视频、互动游戏等业务，享受全新的通信体验。

由于特殊的场景限制，如何为高速列车提供高质量的网络覆盖，一直是运营商和设备商共同面临的重要挑战。当 5G 网络部署在相对于 2/3/4G 网络更高的频率时，情况更加复杂。为了解决这些问题，中兴通讯和上海电信经过多次技术探讨和试验，不断挑战技术极限，在下面几个方面取得了突破性的进展：通过专有的多普勒频移信道补偿技术，解决列车高速移动造成的无线信道恶化，支持 500km/h 以上的移动速度，满足各种磁悬浮、高铁的超高速需求；再者，多基站联合实现单个小区 6～12km 长度的带状小区覆盖，减少列车运行中 90%的小区间切换，保证连续稳定地接入和极佳的用户体验；此外，相比于 2/3/4G 网络普遍采用的 2T2R 产品，中兴通讯在 5G 业界率先推用 8T8R RRU 做高铁线路覆盖，多通道设备结合 5G 特色信道及波束扫描等技术增强覆盖，可实现显著的覆盖提升。值得一提的是，方案通过基站网络侧技术创新实现，对终端无特殊要求。

目前，高速轨道交通进入快速发展时期，全球高铁里程已超过 40000km。在中国，2018 年的高铁客运量已达到 20.3 亿，是民用航空的三倍以上。高速列车的移动通信是一个普遍需求，高质量的宽带网络对高铁乘客的用户体验和运营商的品牌竞争力都具有重要意义。此次用于磁悬浮线路的 5G 网络方案可以为高速列车宽带通信提供一整套的网络设备，射频产品能够支持 N41、N78 等全球主流的 5G 频段，上海磁悬浮列车的最高时速是全球商业运营的高速列车中最高的，这意味着该方案可推广到不同国家的各种高速铁路和磁浮线路，具有巨大的市场潜力。

多年以来，通过联合的技术创新和建网探索，中兴通讯和中国电信携手为高速轨道交通打造宽带信息通道，目前已经为多条高铁线路部署了 LTE 覆盖，得到了用户的积极评价。下一步，双方会继续优化 5G 网络的商用性能，结合具体业务的特点，稳步推进各种测试验证，共同为无处不在的高速宽带接入而努力。

中兴通讯是全球领先的综合通信解决方案提供商。公司通过为全球 160 多个国家和地区的电信运营商和企业网客户提供创新技术与产品解决方案，让全世界用户享有语音、数据、多媒体、无线宽带等全方位沟通。目前，中兴通讯已全面服务于全球主流运营商及企业网客户。随着全球首批 5G 规模商用部署的展开，中兴通讯已在全球获得 35 个 5G 商用合同，覆盖中国、欧洲、亚太、中东等主要 5G 市场，与全球 60 多家运营商展开 5G 合作。

## 中兴通讯荣获第五届中国电源学会“科学技术奖”

2019 年 11 月 2 日，中国电源学会学术年会在深圳举行。在“第五届中国电源学会科学技术奖”颁奖仪式上，中兴通讯“5G 电源解决方案”荣获“科技进步一等奖”。中兴通讯“面向 4G/5G 基站的高效高功率密度电源系列”产品荣获“优秀产品创新奖”。

5G 网络电源方案基于“端-边-云”架构和 ABC 大平台（AI、Big Data、Cloud Computing），由支持微站、宏站、边缘 DC、核心网 DC 全网络全场景应用的一系列电源、电池、集中控制器和网管系统组成，可灵活组合应用，实现快速部署、平滑扩容，减少（免）维护，从而降低 TCO，提升经营利润，体现按需建设、平滑升级、高效节能、智能运维的先进理念；同时为 5G 网络提供完整的能源方案，推动 5G 网络的快速部署。

中兴通讯长期关注产品创新和技术进步，在 5G 电源方案和产品技术上持续投入。本次产品和方案获奖，说明中兴通讯在 5G 电源解决方案和产品创新上已经获得行业和专家的充分认可。”

## 再创新“高”　科华恒盛中标西藏萨嘎、仲巴　220kV 储能电站项目

近日，科华恒盛中标阿里-藏中电力互联工程中西藏萨

嘎、仲巴 220kV 两个变电站新建工程储能 PCS 设备采购项目。据悉，仲巴变电站海拔 4576m，萨嘎变电站海拔 4690m，这既是目前世界上海拔最高的 220kV 变电站，也是科华恒盛目前参与的海拔最高的储能项目，具有突破性的示范意义。

西藏中部地区太阳能、风能资源非常丰富，具备建设大规模光伏电站和风电场等新能源项目的资源条件。但截至 2018 年底，唯独阿里地区电网是孤网运行，且气候资源极其匮乏，现有电网覆盖范围及供电能力无法保障经济社会发展和人民生活水平提升用电需求。

2019 年 4 月，被誉为迄今为止世界上海拔最高、最具挑战性的输变电工程，阿里-藏中电力互联工程可行性研究报告获得国家发展改革委批复，9 月 17 日正式开工建设。该工程跨越西藏 2 个地市 10 个区县，是继青藏、川藏、藏中联网之后的“第四条电力天路”，是一项突破生命禁区、挑战生存极限的世界超高海拔、超大难度的输变电工程。建成投运后标志着我国大陆最后一个地级行政区接入大电网，将彻底结束阿里电网长期孤网运行的历史，有效地提高了阿里电网的供电可靠性，并形成面向南亚开放的大通道，促进西藏清洁能源开发外送，实现更大范围配置清洁能源，实现西藏电网全面互联。

据了解，萨嘎、仲巴变电站均配置 500kW/3.16MW · h 储能。由于地理位置特殊，安装运维过程中必须克服低压、缺氧、严寒、大风、强辐射等地理气候条件，对设备的安全性、可靠性，以及项目团队的后勤保障能力等都提出了严峻考验。根据储能系统特征和环境条件，科华恒盛在该项目中充分发挥自身在储能领域的优势，为项目设计提供技术先进、性能稳定、安全可靠、耐高海拔、低温、耐腐、耐酸碱的储能双向变流器、能量管理系统及其他相关的安装辅助材料与设备，可确保在近 5000m 的海拔条件下可靠运行。

近年来，科华恒盛先后参与了青海德令哈光伏发电领跑者项目、科尔寺光储微电网项目、四川阿坝红源 20MW 集中式光伏扶贫电站项目、西藏协合山南措美 30MW 光伏发电项目、云南 20MW 并网光伏电站项目等，积累了丰富的高海拔与复杂电网条件下的新能源应用经验，产品也在严苛的环境中得到了充分验证。

基于 31 年电力电子转换技术的积累以及多样化、多场景融合解决方案的经验，科华恒盛持续坚持技术创新，助推清洁能源绿色发展，将以更加卓越的实力再创新高！

## 科华恒盛助力打造全国首例光伏超跑者储能示范项目

位于陕西省铜川市的 250MW 领跑者光伏发电项目，既是国内率先实施的光伏发电技术领跑者项目，也是全国首例光伏超跑者储能示范项目，被誉为光伏行业“风向标”。科华恒盛作为储能整体解决方案独家提供商，深度布局此项目的设计规划。项目方整合光伏与储能领先技术解决方案，采用“光伏+储能+农业+旅游”综合能源利用模式，打造既能满足高效发电需求，又集观光旅游、光储领先技术解决方案展示于一体的智慧能源精品项目。

西北地区丰富的光照资源与东南地区的负荷需求不平衡，并且当地消纳能力有限，长期以来的弃光限电问题严重制约了西北地区可再生能源的长足发展。储能作为关键解决方案与光伏等可再生能源进行深度融合，可从运行层面平滑输出波动、提升系统发电效益，促进光伏的并网与就地消纳。

作为光伏技术领跑者项目，该项目采用 N 型双面双玻高效组件配置，结合科华恒盛领先的 AC/DC 侧储能方案，可有效吸收高效组件带来的超发过剩电能，减少日照峰值电站弃光，促进可再生能源消纳；通过储能稳定系统输出，提升光功率预测精确度，实现光伏出力可控、可预测，保障电网安全稳定运行，也规避了电站因功率输出波动受到“两个细则”的考核风险。此外，组件超配结合储能设计，还可优化逆变器后端整个系统的设备利用率，提升整体发电收益。

为探索储能不同接入方式对光伏电站的影响，科华恒盛结合自主研发的核心储能产品，将储能方案设计分为直流侧接入和交流侧接入两种接入点类型进行对比验证。针对直流侧，采用集成 SPT250K-H 双向直流变换器、500kW · h 电池系统、保护系统于一体的箱式储能系统；交流侧，采用集成 BCS500K-B 双向储能变流器、升压箱变、500kW · h 电池系统、EMS 能量管理系统及相应保护系统的交流储能集装箱。两种解决方案互为参照对比，可为储能不同接入方式的应用效果进行重要的技术评估和实践验证。

同期，科华恒盛又成功中标另一光伏技术领跑者基地储能项目——长治光伏发电技术领跑者基地黎城县 250MWp 光伏发电储能项目，将再度作为独家储能系统设计及解决方案提供商布局储能与光伏超跑者项目。

2019 年 7 月 23 日，新疆维吾尔自治区发改委、国家能源局新疆监管办联合发布了《新疆维吾尔自治区第一批发电侧光伏储能联合运行试点项目清单》，在此契机之下，作为全国首例光伏超跑者储能示范项目，铜川、长治光伏技术领跑者储能项目的顺利实施，不但代表着当前光储行业最高的技术水平，也对储能技术在光伏发电系统中的普及应用起到了积极的先锋引领作用。科华恒盛将依托长久以来的储能案例积累，携崭新领先的储能技术解决方案，不断助推光储产业升级和成本下降，促进光储新平价时代的到来！

作为领先的智慧能源整体解决方案提供商，科华恒盛是国内较早布局储能业务的企业之一。通过持续的内功修炼，技术加码，近年来，公司储能业绩节节攀升，在用户侧、电网侧、发电侧、微电网、辅助服务等储能场景中积累了成熟的应用经验。截至目前，科华恒盛全球储能项目累积装机量超过 350MW，荣膺 2018 年中国新增投运电化学储能 PCS 装机量首位。

## “筋斗云”装上汇川 MD880 我国首艘自主航行货船首航

2019 年 12 月 15 日上午 9 点，珠海东澳岛，随着一声汽笛响起，装载岛上特产的“筋斗云 0 号”正式启航，驶向港珠澳大桥 1 号码头。这是国内自主研发的首艘具备自主航行功能的货船，这次是它成功完成的首次自主航行。其中，全船电力推进系统的变频器和混动系统变流器，来自汇川技术。

首航当天，来自中国科学院和中国工程院的9名院士，以及来自港澳、内地知名高校和科研院所的70多位专家教授亲临现场共同见证。

### 首航成功突显自主航行技术优势

首航前，“筋斗云0号”已完成多次远程遥控和自主航行试验，这次首航是我国首次自主航行货船货物运载试验。中国工程院院士严新平表示：“‘筋斗云0号’是推动智能船舶技术进步和产业发展的重要平台，此次成功实现载运货物的自主航行首航，正式开启了自主航行的探索和实践，以其推动智能航运发展进程，共同迎接智能航运时代的到来。”

### 国产高性能变频器提供技术加持

“筋斗云0号”全船电力推进系统采用汇川技术MD880高性能变频器及混合动力变流器，得益于汇川技术AFE变频器和多功能并网变流器的支持，该船推进系统的设计得到了很大程度的优化，使得推进系统更加简洁、可靠、高效，同时减少了推进系统的电气柜数量，解决了船体紧凑空间内电气柜的布局难题。

船舶自主航行的研究在于通过减少驾驶员直至实现无人自主航行，辽宁舰总设计师、中国工程院院士朱英富表示，自主航行可减少人为误操作，提高运动控制精度，优化航行路径，降低燃油消耗，发展前景非常广阔，但目前全球的自主航行技术都还处在“半自主”的阶段，离真正的船舶智能化还有一段距离。他认为，目前很多行业都已经在开展智能化研究应用，船舶和航运行业在这方面的进步也很快，相关企业单位应该按照《智能船舶规范（2015）》等规范要求，加快推动自主智能技术的发展。

随着智能船舶标准、测试与验证体系的逐步建立，以自主航行为核心的智能船舶技术与产业发展正式进入快车道。“筋斗云0号”货船首航成功，对国内乃至全球自主船舶技术发展具有重要的里程碑意义，汇川技术也将以自己的专业所长，持续推进我国船舶电力推进系统核心设备取得突破。

## 汇川技术获全球风电变桨驱动器鉴衡认证

近日，汇川技术自主研发生产的PD800/802系列变桨驱动器通过北京鉴衡认证中心（简称“鉴衡”“CGC”）评估认证，这是国内率先对风电变桨驱动器的全面技术认证，对打造高效、安全、易维护的变桨系统，赋能风力发电机组具有重要意义。

“设计评估”重点审核了变桨系统设计方案、系统功能、安全保护等内容；“型式试验”共开展了振动试验、温升试验、高低温试验、过载能力试验等12项测试；“制造能力评估”重点审查了生产研发体系文件记录，并开展了生产现场实地考察。审核专家一致认为，汇川技术变桨驱动器制造水平完全符合国家标准及有关规定，可以通过评估认证。

风电变桨驱动器作为风电机组关键电控系统的一部分，其性能和运行可靠性直接影响风电机组的安全可靠和发电效率。汇川技术变桨系统解决方案，采用硬件冗余+软件冗余的安全顺桨策略，有效地执行紧急收桨动作，为风机安全保驾护航。集成CoDeSys完全开放平台可编程PLC，灵活易用，降低故障，提高风机利用率。汇川技术的变桨驱动器已在5家主机厂客户风场批量使用或挂机运行。

### 强大的技术和平台支撑

汇川技术在工业自动化领域深耕16载，建立了国内领先的智能制造体系，率先实现国内SMT、插件、喷涂全流程自动化，为风电驱控产品提供强大的技术和平台支撑。

鉴衡认证中心已经开展了15年的风电认证工作，对超过200个风电机型开展过检测认证业务，鉴衡的证书已经帮助国产风电设备出口到全球20多个国家，证书被国际广泛认可。鉴衡认证对标国际，接轨全球，助推中国新能源企业国际化进程。

通过鉴衡认证提升了汇川技术产品在国际市场上的“软实力”，以认证为契机进一步提升企业管理水平，全面保持“持续”的验证状态，夯实管理基础，抓住风电建设大发展的历史机遇，为助力国内风电企业走向世界迈出了坚实的一步。

## 山特UPS价值新主张 Winpower助力银行业数据中心智慧运营

在承担核心业务、划分多个重要业务功能区的大型总行级数据中心需要应用怎么样的基础设施才能为数据中心运营提供可靠的电力保障和管理？山特服务的一家商业银行就对其总行数据中心和下属的十几个支行的UPS系统应用和管理提出了全新需求。

作为在该地区金融行业具有重要地位和影响力的银行，业务发展与信息技术的深入融合，使数据中心安全运营事关所有核心业务的稳定开展，保障其业务运行的任何一个环节都显得至关重要，而UPS供电系统的建设就是最为关键的一环，任何电力供应中断都是绝对不可接受的。因此，该商业银行对UPS系统的产品技术和管理方案提出了严苛要求，以确保核心业务的安全运行。

山特在项目之初了解到，总行数据中心配备了UPS专业值班技术人员24h现场值班，及时发现UPS告警信息并妥善处理，保障安全稳定供电。而在各支行机房的UPS机组无法做到24h监控，也不具备充分的技术力量处理高级别的警告信息。为了整个银行业务的安全可靠运行，需要利用总行数据中心UPS专业技术人员来监控分行UPS机组，通过远程技术支持及时协助支行运维人员进行处理。

在实际建设中，山特为该项目提供了上百套UPS产品，并为之搭建了UPS局域网监控Winpower PlusDB解决方案。运用互联网思维，利用网络连接不同支行UPS系统，使电源监测和管理做到了内部运维的互联互通，让该商业银行总行数据中心和支行机房的运维管理人员通过短信和邮件实时接收预警，实现了故障提前预警、及时定位，大幅度提升了维护管理的效率。

从总行和支行的业务关系出发，山特 Winpower PlusDB 通过群组功能设置了客户权限分级，为不同群组授予不同区域的管理权限。例如，总行的用户可以随时监控所有支行的 UPS 系统，而支行的用户只能监测管理所在支行 UPS 系统的运行情况，不能越级管理其他区域的设备。同时，Winpower PlusDB 通过事件警告类型设置，必须由总行 UPS 系统运维人员处理的告警才通过短信和邮件通知，实现了告警消息统一管理，有效减少海量告警对运维人员的干扰，提升问题解决的效率。

对于 UPS 系统的重要组成部分——电池，客户提出了更高的监控要求，更侧重于是否能够实时查看电池的充放电历史数据、电池容量和可使用时间。Winpower PlusDB 解决方案的数据库自定义表单很好地满足了该项需求，能够让客户方便快捷地获取到想要的数据。同时，可以通过 Winpower PlusDB 设置定期放电，从电池维护环节解决了放电过程的安全问题。

对设备事件记录和数据的统计，可以通过采集必要的数据，分析并快速定位问题。该银行客户通过 Winpower PlusDB 解决方案的自定义数据表，可以对海量监控数据和历史数据进行分析和异常检测，通过分析和关联分析变“事后运维”为“全程监控和事先预判”，这是提升核心基础设施可靠性及可用性的关键手段。

在银行业总行级数据中心，确保安全等级和高效管理是核心诉求。山特 UPS 产品方案在实际性能和技术指标上表现突出，特别是 Winpower PlusDB 解决方案的实施，在综合性能上达到了项目建设的所有要求，实现了为数据中心运营提供足够安全可靠电力保障的预期效果。

## 金升阳主导编制直流-直流电源行业标准权威发布

2019 年 11 月 4 日，广州金升阳科技有限公司（以下简称“金升阳”）主导编制的电源行业标准《定压输入非稳压输出隔离型直流-直流模块电源》（标准编号：NB/T 10285—2019）已通过国家能源局审核，并已发布。此行业标准的制定，将更好地规范和指导电源企业对该类电源的设计、制造、检测等工作。

### 21 年铸就卓越品质

1998—2019 年，从第一款 DC-DC 模块电源产品面市，到如今拥有 9 大产品线的“一站式电源解决方案”专家，金升阳始终秉承着“创新是技术型企业立业之本”的理念，以服务客户为原则，运用创新技术赋能企业不断成长与发展。

成熟的产品和技术实力是金升阳领导行业标准的基础。21 年前，金升阳纵观国内模块电源市场，企业规模小、产品同质化严重是当时的普遍现象。本着实业报国的宗旨，金升阳在之后 10 年的时间里重点研究微功率电源技术，持续推出高可靠性、高稳定性、小体积的定压小功率电源产品。截至目前，金升阳已推出第三代定压 DC-DC 电源产品，突破第二代产品的技术难点，全面提升了产品性能减小了产品体积。

### 扎实基础　放眼未来

金升阳并不只做定压小功率产品。2010 年后，在 DC-DC 电源技术已经非常成熟的基础上，金升阳跳出微功率电源的荣誉圈，放眼整个工业电源市场，同步推出 AC-DC、宽压、IC 等产品，并逐渐丰富产品线。

### 不忘初心　砥砺前行

在今后的发展道路中，金升阳将以自己领先的技术实力和高品质的电源产品，促进中国电源行业向规范化、标准化发展。

## 先控模块化 UPS 新品获德国友商高度赞誉

2019 年 9 月 11 日，秋风萧萧、金风送爽，德国友商在先控捷联电气股份有限公司（简称先控电气）总经理陈冀生先生和副总经理刘亚峰先生的陪同下，对先控电气公司进行了友好参观访问，并对先控电气旗下 CMS 系列模块化 UPS 新品——CMS600/75 进行了详尽的测试。

十年磨一剑，先控电气成立于 2003 年，至今已有 16 年之久。目前，公司拥有各项商标、专利和软件著作权共计 100 多项，是中国电源学会常务理事单位、守合同重信用企业，连续多年被评为 10 强企业、河北省著名商标，并且获得科学技术创新奖、优秀解决方案奖等荣誉。作为行业的领跑者，数十年来先控电气不仅在国内占据较大的市场占有率，在国际舞台也是大放光彩，产品覆盖全球 50 多个国家和地区。

此次测试的 CMS-600/75 电源产品是先控电气遵循“节能、绿色、环保”的新概念而推向市场的一款高端模块化 UPS，其主要优势为：1）高效节能：系统具有极高的能量密度；输出功率因数为 1，带载能力大幅增强；可设置模块休眠功能，系统根据带载量自动调节工作模块数。2）卓越的可靠性及可用性：采用先进的 DSP 数字控制技术、无主从并联、多级分散式控制技术，无运行瓶颈、性能可靠；具备双旁路控制、双回路系统并机控制等多重冗余措施，最大限度地减少系统瓶颈；任一功率模块均具有输入、输出和充电功率的平衡分配功能，具有完善的故障隔离措施；采用冷热风道隔离的方式，有效提高散热效率。3）极高的可维护性：系统采用模块式结构，由监控模块、旁路模块、系统控制模块和 $N$ 个功率模块并联组成，功率模块 $N+X$ 冗余，各模块均可在线热插拔，根据用户需求进行在线升级扩容，零风险，可在线快速修复、扩容和升级等。

此次测试结果尽如人意，超高的性能指标震撼了德国友商，德国友人表示此次中国之行大大超出预期，不虚此行。先控人专业的技术、优质的服务、耐心的解答，一次次突破了德国友商的认知，德国制造是我们熟知的，德国人的严谨也是我们一直学习的榜样，这次得到德国友商的高度认可，作为先控人感到非常自豪。

因为专注，所以专业。我们通过不断地研发，逐步对现有产品进行更新迭代，研制出适合不同使用场景的不间断电源产品，为重要用电设备提供了可靠、稳定的电源保护，使用户端变得更完美，将先控卓越制造带给全世界！

## 英威腾荣获“国家知识产权优势企业”称号

近日，国家知识产权局对2019年度“国家知识产权优势示范企业评审和复验结果”进行了公示，深圳市英威腾电气股份有限公司（简称英威腾）被认定为“国家知识产权优势企业”“国家知识产权优势示范企业”是国家对企业知识产权创造、运用、保护、管理等方面工作突出授予的最高荣誉，也是国家给予企业知识产权管理工作的最高评价。

英威腾获评“国家知识产权优势企业”，表明英威腾具备了自主知识产权创造能力，积极开展了知识产权保护和运用，建立了全面的知识产权管理体系，是对英威腾自主研发和知识产权建设的高度肯定和认可。

近年来，英威腾坚持研发创新，注重知识产权建设，积极培育高价值专利，不断完善知识产权管理体系，实现了企业知识产权工作的专业化、系统化、规范化管理。目前，英威腾集团专利申请总量超过1200件，专利授权率达92%，其中发明专利的授权率高达80%，国内外商标申请注册总数超过170件，计算机软件著作权登记总量达220件。

英威腾将以此为新起点，加快技术创新进程，挖掘创造自主知识产权，积极拓展知识产权运用渠道，以更高的标准布局知识产权战略规划，高标准、高质量地开展知识产权工作，以知识产权助推企业高质量发展，为建设创新强国做出应有的贡献，向国家知识产权示范企业标准看齐，实现知识产权强企的发展目标。

## 北京动力源EPS应急电源为港珠澳大桥保驾护航

2018年10月24日，珠港澳大桥全线贯通，中国再次成为世界瞩目的亮点。港珠澳大桥从规划开始，前后历经14年的努力，创造了多项世界第一，为中国制造添上了浓重的一笔色彩。北京动力源应急电源荣幸地成为港珠澳大桥应急电源的供应商，为港珠澳大桥的安全运行保驾护航！

北京动力源科技股份有限公司（简称北京动力源）是国内领先的应急电源生产商，致力于为客户提供全面的应急电源解决方案，产品取得公安部消防产品评定中心的“强制产品认证证书”，产品广泛应用体育馆（鸟巢、水立方等）、机场（首都机场、上海浦东机场等）、会展中心（大连、济南、南宁国际会展中心等）、运输枢纽（北京西客站、南宁东站等）、城铁交通（北京地铁、深圳地铁、杭州地铁）、高速公路（秦岭终南山隧道、京承高速）、石油石化、水力电力及其他建筑群体的消防、照明及办公设备应急供电领域。

可并联模块化应急电源是动力源集20年电力电子技术及产品的研发、制造经验推出的应急电源产品，业内领先的高性能DSP全数字控制与可并联冗余的模块化设计，为用户提供可靠、安全、高效、灵活扩展的应急供电解决方案。

### 高　效

电源模块化设计，逆变充电一体化，减少系统配电复杂度，增强系统可靠性。

电源后备运行，市电优先供电，最大限度地减少用户用电耗损。

### 柔　性

模块化，可并联，$N+1$冗余，可灵活升级扩容，模块体积小、重量轻，支持热插拔，方便用户安装、维护。

积木式设计：功率模块可并联，积木式搭接，实现单、三相系统按需扩展；电池积木式配置，可根据用户容量和后备时间灵活配置电池组数。

### 安　全

切换时间≤3ms，保证切换时用户设备不断电，用户使用更安心，可靠全面的保护机制，标配多项电压、电流、电池保护及异常告警功能，具备开机自检及自动年月检。

支持历史故障记录保存10年，系统参数不会因断电而丢失。

### 智　能

智能监控，RS485通信接口，支持FAS、BAS、远程监控，设备状态用户随时掌握。

支持电池容量和内阻检测，方便用户对电池的管理和维护电池充电电流可设，满足不同容量电池的充放电需求。

北京动力源将继续用智慧和力量持续创造一流的应急电源产品，为客户提供满意服务！

## 丰田与比亚迪就合资成立纯电动车研发公司达成协议

（2019年11月7日，北京）丰田汽车公司（以下简称“丰田”）与比亚迪股份有限公司（以下简称“比亚迪”）就成立纯电动车的研发公司签订合资协议。新公司将于2020年在中国正式成立，丰田与比亚迪各出资50%。新公司将开展纯电动车及该车辆所用平台、零件的设计、研发等相关业务。该公司将由双方从事相关业务的人员组建。

对于新公司的成立，比亚迪高级副总裁廉玉波表示“期待通过此次合作，实现比亚迪在‘纯电动车市场的竞争力’‘研发能力’等方面与丰田在‘品质’‘安全’等方面强强联合，并根据市场的需要尽快推出受消费者喜爱的纯电动车。”

丰田的寺师茂树副社长表示“对于推进电动化发展这一共同目标，很高兴能够与比亚迪超越竞争关系成为‘合作伙伴’。希望通过与比亚迪成立的新公司开展的相关业务，让双方的合作得到深化、发展。”

比亚迪（BYD，全称Build Your Dreams）于1995年起步于电池事业，掌握电池、IGBT、电机、电控等电动车的核心技术，现已成为能够提供包括电动车以及动力电池在内的新能源整体解决方案的企业。比亚迪于2008年在世界率先推出量产的插电式混合动力车型（PHEV），并从2015年起，连续4年实现了新能源汽车（PHEV和EV）全球销量领先。

丰田于1997年推出世界首款量产混合动力车型以来，

作为电动化车辆开发的先驱，以混合动力车型为主在全世界累计销售了超过1400万辆电动化车辆。在电动化车辆的研发、制造、销售方面具备丰富的经验。

在中国，丰田汽车研发中心（中国）有限公司与一汽丰田技术开发有限公司以及广汽丰田汽车有限公司的研发职能，共同组成了中国研发事业的“三驾马车”，共同努力为中国消费者提供更好的汽车产品。

丰田与比亚迪希望通过开发和普及受消费者喜爱的纯电动车，努力满足消费者需求，同时为中国的环境改善贡献力量。

## 三大主业迎新基建风口　科士达加速融合型项目布局

国家电网党组日前召开会议强调，要紧盯目标方向，除了抓好特高压在建项目建设以外，要加快研究推动新能源汽车充电桩的建设。

新能源汽车充电桩作为深圳科士达股份有限公司（简称科士达）三大主业的其中一项，公司已具备研发生产模块和整机能力，并可以根据客户需求实现定制化服务。科士达董事长秘书范涛表示：“在各项政策支持和鼓励下，‘新基建’建设提速，新能源汽车充电桩的基础建设也必将加速，公司面临政策与市场的双重利好。”

事实上，除新能源汽车充电桩外，科士达的另两大主业——数据中心关键基础设施、新能源光伏及储能业务也都全面受益“新基建”。范涛表示：“公司将继续围绕电力电子行业开展相关业务，保持数据中心业务稳定增长为基础，这是公司的根基。此外，还将大力发展新能源光伏、储能及充电桩业务，重点布局推进，着重发展，未来业绩爆发点将期待新能源板块业务。”

在经历了2018年短暂的业绩下滑后，2019年，科士达为投资者交出一份满意的答卷。公司发布的业绩快报显示，去年公司实现归属于上市公司股东的净利润3.2亿元，同比增长38.44%。其中，数据中心板块业务的稳步增长是业绩增长的主要动力之一。

科士达数据中心产品目前已趋向多元化、集成化发展，UPS（不间断电源）是公司的拳头业务，2018年其收入近14亿元，占公司营收的半壁江山。针对5G时代对硬件设施的高品质要求，公司还推出了5G通信电源系列。

2015年起，科士达开始储能的研发储备，目前已经形成较完备的储能产品、系统解决方案。范涛对《证券日报》记者表示：“储能项目具备非常广的应用前景，包括可再生能源并网、分布式发电及微网、电力输配等领域的应用。‘数据中心备电系统’‘光储项目’‘光储充一体化项目’等都将是未来可发展的重点方向，公司今年将积极布局储能行业，加大这些领域的研发投入，并推出适应市场需求的全新产品。”

通过技术和市场上的优势积累，科士达目前已经从“发电侧”到“储能侧”，再到“用电侧”，构筑了完整的生态链。谈到未来战略布局时，范涛对《证券日报》记者表示：“公司的行业赛道决定了未来业绩将主要靠政策的助力和市场需求的刺激，目前基于储能业务及三块业务融合型项目的布局，实际上就是公司未来3~5年最重要的战略布局。”

科士达融合型项目的布局指的是数据中心+储能备电、新能源光伏+储能、储能+充电桩、光储充一体化的布局。其中，在全球数字信息化建设步伐加快、5G基站建设和边缘计算对数据中心基础设施建设的需求推动下，数据中心业务有望保持较为稳定的增速；新能源光伏方面，国内光伏市场回暖以及海外光伏及储能市场的放量，都将助力公司业绩增长。此外，国内新能源汽车保有量的激增对充电桩的需求也将带动充电桩业务的增长。

## 必易微电子重磅推出大功率超级快充电源芯片方案

近日，深圳市必易微电子有限公司（Kiwi Instruments Corp.）重磅推出了大功率超级快充电源芯片方案——适用于宽压输出的高性能PWM驱动控制器KP2201以及适应CCM \ QR \ DCM的高性能快充同步整流驱动器KP4050，此组合方案特别适用于高性能的27W或以上功率的快充电源设计。

为了满足PD3.0、QC4.0+对于输出电压高精度调节的要求，KP2201作为一款SSR PWM控制器不仅外围简单、集成度高，还具备更多的亮点。

### 超宽的芯片供电范围高达80V

芯片采用独有的工艺技术进行设计，VDD最高可以承受高达80V的耐压，正常工作电压推荐10~70V，以保证系统可靠，在外围器件优化设计的情况下对于3.3~20V的输出应用可以省去其他芯片所需的LDO，不仅节省BOM成本，还可以帮助缩小电源体积、降低待机时间，属于行业领先的性能表现。

### 高压工艺与超低待机控制技术加持下的超低待机表现<30mW@230VAC

对于一款高性能的AC、DC电源，不仅需要启动快——一般小于200ms，还需要具备低待机的表现。因为，快充电源作为日常频繁使用又会长时间可能处于待机状态下的一种设备，即插即用和绿色节能的表现对于提升用户体验十分关键。KP2201集成有700V高压启动电路，可以做到超快启动；同时，KP2201通过高压电路可以实现低电压、欠电压保护和对X电容的放电功能，不仅降低了待机时间，还可以做到低压输入下的安全保护。

### 自适应的环路增益控制　优化宽压输出5~20V下的性能表现

快充电源有别与传统AC、DC电源的最大区别就是输出电压范围宽，以65W电源为例，如果输出为20V、3.25A且工作在65kHz，那么5V、3A以下输出时可能系统会很快进入打嗝模式中，这样可能会由于功率过大打嗝而出现噪声，同时还会引起输出电压纹波过大。KP2201为此引入了自适应环路增益调节技术，根据输出电压的不同，自动调节环路增益，使得系统在5V、9V、12V、15V和20V输出时满载频率接近，负载变化时系统都能具备优良的性能。

作为高功率密度电源的必备产品，同步整流的选择和设计在电源设计中举足轻重。KP4050 不仅把同步整流的效率发挥到了极致，同时还考虑到快充应用的特殊性，采用了独特工艺开发了专利的自供电技术，大大降低了系统的外围成本并增加了设计的灵活性。

### 优秀的同步整流算法 良好兼容 CCM \ QR \ DCM 多种模式工作 不仅效率高而且器件应力低

KP4050 采用实时比较和专利的驱动自调节技术，可以做到极短的开通延时和关断延时，典型值小于 20ns，这样大大降低了二次侧同步整流 MOSFET 体二极管导通的损耗；同时对于 CCM 与 QR 模式下的器件应力得到了良好的控制。

### 专利的高压自供电技术 可以支持多种二次侧拓扑结构 无须辅助绕组的设计

最新的 PD3.0 的 PPS 模式需要输出降低到 3.3V 仍然要可靠工作，此时传统的同步整流都需要辅助绕组来提供芯片供电，这样就增加了变压器设计的复杂度。KP4050 设计有高压供电电路，自动识别输出电压范围，在 PPS 模式下仍然可以维持 VDD 供电正常，让二次侧高效可靠地工作。这种设计也就可以支持二次侧“高边侧”和“低边侧”的两种架构，对于 PCB 布局和 EMC 优化提供了便利。

### 高达 220V 的检测脚耐压

KP4050 采用特有工艺设计而成，其高压检测脚可以承受高达 220V 的耐压，在反激应用中可以支持输出电压 24V 内安全可靠工作。

## 鸿宝大功率电力稳压器在国外项目应用又有新突破

鸿宝电汽集团股份有限公司（简称鸿宝）是电源领域专业从事科研、开发、生产、销售、信息及服务为一体化的大型高新技术企业。公司研制的 SBW-F 系列三相分调式全自动补偿电力稳压器是 SBW 系列产品加以改进的稳压器，适用于三相电压输入不平衡的电网，当电网波动或负载电流变化时，稳压器三相输出电压能自动调整平衡且保持输出电压稳定。

为积极响应“一带一路”的倡仪构思，实现“中柬经济走廊”的目标，我国企业在柬埔寨加大了旅游度假及工业项目的投资，鉴于当地电网质量较差、电压极不稳定，无法保证项目配套设施的正常运行。客户经多方考察，在了解鸿宝品牌 SBW-F 系列大功率补偿式电力稳压器的优良性能及相应的应用案例后，果断订购了 1 台超大容量的 SBW-F2500kVA 三相全自动补偿式电力稳压器。

4 月 26 日，柬埔寨客户 QC 工程师来鸿宝电源对此台 SBW-F2500KVA 补偿式电力稳压器进行验货检测，在公司销售总监王丽慧及相关技术工程师的陪同下，对稳压器的各项性能指标进行了严格检测，检测结果均高于行业标准及客户订货要求，客户 QC 工程师不禁竖起了大拇指，对鸿宝大功率稳压器产品质量连连称赞，并表示后续将继续与鸿宝保持合作，将会有更多的鸿宝大功率补偿式电力稳压器应用于柬埔寨电网。

近年来，鸿宝品牌的 SBW/SBW-F 系列大功率补偿式电力稳压器在国外的应用案例主要有：SBW-500kV · A/800kV · A 多台应用于泰国大型超市项目；SBW-F600kV · A/F1000kV · A 多台应用于巴基斯坦军方及民用项目；SBW-F1000kV · A 多台应用于尼尔利亚工业项目；SBW-F1200kV · A/F1800kV · A 多台应用于孟加拉工业项目；SBW-F1600kV · A 多台应用于西班牙军方项目；SBW-F2000kV · A 多台应用于安哥拉工业项目；SBW-F2500kV · A 多台应用吉尔吉斯斯坦金矿。

此台大功率稳压器的顺利交付，标志着鸿宝 SBW-F 系列大功率补偿式电力稳压器，在国外项目电网稳压应用中又有新突破。

## 通合科技携充电模块 亮相德国 eMove360

2019 年 10 月 15～17 日，第十一届德国（慕尼黑）欧洲新能源车博览会（eMove360°Europe 2019）于德国慕尼黑新国际展览中心开幕，本次展览主要涉及车辆（电动化、车联网、自动驾驶）、充电和能源、电池和动力总成、城市和移动设计、材料和工程等诸多重点领域。石家庄通合电子科技股份有限公司（简称通合科技）作为中国充电模块企业，与特斯拉、ABB、西门子、台达等世界顶尖品牌一同在该展会上亮相各自的先进技术和产品。

在今年的博览会上，超过 300 家电动汽车领域的顶级制造商向观众们展示了其最新技术成果和商业化产品。特斯拉、奔驰、PORSCHE、ABB、IES 和 CHAdeMO 协会等展示了其最新型和更大功率直流大功率快速充电桩或者交直混合充电桩。

本次展会通合科技一共带了 3 台不同型号的充电模块样机参展，包括 20kW 恒功率、30kW 和 20kW 充电模块。由于其模块体积小、功率大、设计又精致，而且符合 CE 标准，一开展就受到了众多参展人员的青睐。

此次展期，收获多名意向客户，并现场签订样机订单及意向订单。与多个欧洲厂商约定展会结束后，安排样机测试。

自 2007 年以来，通合科技一直聚焦于汽车充电桩的核心部件，主要生产充电桩所使用的充电模块，提供整体解决方案。充分发挥通合科技 20 余年在电源领域的技术积累优势。

正是因为有这样的基础，通合科技才得以在打造出了专门用于直流充电桩的 20kW 恒功率充电模块、30kW 高功率密度充电模块系列产品。尤其是 2019 年初首推的 20kW 恒功率充电模块，率先推出满足“国网 330～750V 恒功率”的产品，由于其转换效率高，产品性能卓越，成本优势明显，迅速抢占了高端大功率直流快充市场。并且成功拿到 CE 证书，正逐步向海外市场推广。

在过去，欧洲的产品是高质量、高性能的代名词。而现在，随着中国政府对新能源汽车的大力支持，中国企业奋起直追，目前我国研发的充电桩相关产品已达到国际领先水平。而且由于中国的人工成本要远低于欧洲，所以中国产品的性价比优势非常明显。此次通合科技的充电模块首次亮相欧洲，必将作充电设备核心部件的中国品牌代表"服务全球用户"。

## 华耀顺利通过国家（CNAS）国防（DILAC）监督评审

2019年4月，中国合格评定认可委员会（CNAS）和国防科技工业实验室认可委员会（DILAC）专家评定组对合肥华耀电子工业有限公司（简称华耀）测试中心进行了现场监督评审。华耀党支部书记胡国良，品质管理部经理王文利及相关人员参加了评审接待。

会议首先由胡书记致辞，欢迎专家评审组莅临华耀测试中心审查指导工作。胡书记在会议上强调指出，测试中心要积极配合评审组保障顺利完成评审工作，同时要虚心向专家组学习、请教。

评审组依据CNAS、DILAC认可准则及相关应用说明，对测试中心全部要素和申请认可的技术能力进行了评审。同时，评审组对测试中心管理体系文件、内外部质量控制、人员管理、内部审核、管理评审、溯源情况、期间核查、方法验证和检测报告等技术、质量资料进行了抽样检查。此外，评审老师抽取了4项现场试验。最终，评审组对测试中心管理体系质量和技术能力给予肯定，并提出宝贵意见。通过本次监督评审，表明实验室具备在认可范围内持续提供合格评定服务的能力。

最后，王文利表示，将以此次监督评审为契机，继续秉承"公正、科学、优质、高效"的质量方针，严格按照认可准则和应用说明的要求，不断提升测试中心的管理水平和技术能力，为公司的长足发展提供持续有力的支撑。

## 首套直流母线失压补偿装置在燕山湖电厂顺利验收投运

2019年11月10日，经过南京国臣信息自动化技术有限公司工程项目团队的共同努力，首套直流母线失压补偿装置在燕山湖电厂顺利验收投运！

朝阳燕山湖发电有限公司隶属于国家电投集团东北电力有限公司，是国家电投坚持煤电联营市场定位，在辽宁省朝阳市建设的大型火力发电企业。

南京国臣信息自动化技术有限公司安装的直流母线失压补偿装置位于2＊600MW机组2号机。燕山湖发电厂2×600MW工程，是2009年辽宁省经国家核准的最大能源项目，是国家电投（原中电投）集团公司在辽宁发电企业"上大压小"的第一个项目，是东北公司成立以来第一个直接管理的单机600MW等级的发电机组，是集团公司连接东北与华北电网的重要电源支撑点。项目建成后，使蒙东、辽西电源布局更加合理，对缓解辽宁省用电紧张、朝阳地区电力供应不足以及东北电网主干架薄弱、省外受电能力受到制约的矛盾，推动地方经济可持续发展，具有重要的战略意义和重大的社会意义。

通过在2号机DC110V、DC220V直流系统加装南京国臣信息自动化技术有限公司的直流母线失压补偿装置，有效避免发电厂在全厂停电时蓄电池组由于故障而不能放电情形的发生，从而避免了发电厂全厂停电后的事故扩大，对电网及发电安全稳定运行提供了保证。

作为在国家电投集团东北电力有限公司的首个直流母线失压补偿装置示范项目，客户从项目初期就在技术上对设备提出了极高要求。为了项目的顺利交付，南京国臣信息自动化技术有限公司从一开始就深入参与了项目，为项目提供了从项目前期调研、可行性分析、立项、项目设计、工程管理、运维等涵盖项目全生命周期的直流技术服务和解决方案。凭借南京国臣信息自动化技术有限公司直流配电专业团队及多年在直流配电积累的经验，即使在紧张的工期下还是按时完成了项目投运。

该项目直流母线失压补偿装置的成功投运，不仅解决了直流电源系统母线失压问题，也起到很好的示范作用，对电网及发电安全稳定运行提供了保证。同时该项目的成功投运，也为低压直流配电技术应用提供一个新的应用场景。

## 固德威获颁TÜV莱茵新版4110德国中压并网证书

近日，德国莱茵TÜV集团（以下简称"TÜV莱茵"）向江苏固德威电源科技股份有限公司（以下简称"固德威"）MT系列智能光伏逆变器颁发TÜV莱茵首张中压并网VDE-AR-N 4110证书。

德国中高压并网标准是欧洲并网标准中最严苛的标准，新版标准对光伏逆变器及系统的并网要求较以往版本更严格，对制造商的产品设计和当地电力企业带来了更大的并网挑战。同时，对第三方认证机构的综合服务能力也提出了更高的要求。

TÜV莱茵作为具备低中高并网全范围授权资质的认证机构，凭借遍布全球的本土化服务优势以及德国当地技术专家团队的资源，以专业优质的服务，助力固德威打通德国市场，为国内逆变器企业走向高端市场保驾护航。

此次项目通过前期的有效沟通和交流，双方在充分了解产品特点及标准要求的前提下，通过共同努力在最短的时间内完成了TR3测试、TR4建模、仿真比对及TR8发证等，一次性通过全面测试和评估，充分体现了双方的技术实力和专业水平。

VDE-AR-N 4110是德国于2018年颁布的新版中压并网指令，用以取代过去的BDEW指令，后者已于2019年4月起正式失效。

德国中压并网指令的认证包含型式测试、模型比对以及发证三个部分，分别依照FGW（德国风能委员会）标准TR3、TR4以及TR8执行。

VDE-AR-N 4110的测试必须在通过ISO 17025评审且有最新TR3标准资质的实验室进行，除测试外，还需要对所测机型建模仿真，仿真数据与测试数据比对，误差必须小于TR4标准所规定的限值。

此次获得认证的产品是固德威MT系列智能光伏逆变器，其广泛应用于工商业屋顶，山地丘陵，农光、渔光互补等分布式和地面电站项目。MT系列智能光伏逆变器采用先进的拓扑结构及创新的逆变控制技术，显著提高发电量及用户投资收益，其通信方式灵活多样，支持 PLC 电力载波通信，极大地节省了通信线缆和施工成本。

同时，MT 系列智能光伏逆变器拥有全方位的保护措施，组串级智能监控可快速定位故障，提升系统发电量。另外，其安全性能也尤为突出，拥有端子温度检测功能和业界领先的直流拉弧检测（AFCI）功能，高防水防尘等级和四路 MPPT 等特点，全方位保证逆变器长期高效、可靠地安全运行。

## 英飞凌率先推出面向新一代 AI 和 5G 网络的 1000 A 直流稳压器解决方案

2019 年 3 月 29 日，德国慕尼黑讯——英飞凌科技股份公司（FSE 代码：IFX / OTCQX 代码：IFNNY）率先推出 16 相数字 PWM 控制器 XDPE132G5C，进一步壮大其大电流系统芯片组解决方案产品阵营。该产品方案可针对高端人工智能（AI）服务器和 5G 数据通信设备所使用的新一代 CPU、GPU、FPGA 和 ASIC 等，提供 500~1000 A 甚至更高的供电电流。

随着 CPU 电流要求不断提高，以支持新一代人工智能和网络工作负载，直流-直流稳压器（VR）需要提供超过 500 A 的电流。借助 16 相数字 PWM 引擎和经优化的高级算法，XDPE132G5C 控制器可以满足这些大电流多相应用的电源需求。电源各相之间的主动均流技术能实现可靠、紧凑和成本优化的设计。不仅如此，它无需像如今的多相产品通常所做的那样，配置额外的多个 PWM 逻辑倍增 IC 以实现大电流的能力。

在现代通信系统中，运用前沿工艺的 ASIC 和 FPGA 一般都要求 Vout 控制步长不超过 1mV。而这正是 XDPE132G5C 与生俱来的特性，它允许以 0.625mV 增量对 Vout 进行微调。此外，它可以满足通信设备的自动重启要求，当发生电源或系统故障时，能够减少远程站点维护的需求。

XDPE132G5C 采用 7mm×7mm 56 引脚 QFN 封装，最大输出 16 相 PWM 控制信号。它采用全数字可编程控制，符合 PMBus 1.3 和 AVSBUS 标准，具备全面的遥测功能。结合业内效率和散热性能最高的集成式功率级 TDA21475，XDPE132G5C 控制器能够高效地提供 1000A 以上电流。

额定值为 70A 的 TDA21475 功率级采用 5mm×6mm 封装，效率高达 95%以上，居于行业领先水平。得益于先进的模压封装，成功实现顶部金属外露的设计将热阻 Rth（j-top）从 19℃/W 大幅降低至 1.6℃/W。因此，在实际的应用中，可在封装顶部实现高效的散热，从而带来卓越的功率密度设计和优化的 VR 相数和尺寸。为了最大限度地提升 CPU/ASIC 的功能，TDA21475 还提供智能过电流和过电压保护，并且可以向 XDPE132G5C 控制器提供准确的实时温度和电流信息。

10 相 PWM 数字控制器 IR35223 进一步完善了英飞凌的大电流芯片组解决方案产品组合。对于电流要求高达 500 A 的 VR 解决方案，它是一个经济划算的选择。IR35223 采用 6mm×6mm、48 引脚 QFN 封装，具备先进的瞬态控制性能和遥测功能，符合 PMBus 1.3/AVSBUS 总线标准。

## 商宇 UPS 斩获数据中心 10 项实用新型专利

近日，深圳市商宇科技有限公司（简称商宇）再次斩获国家知识产权局授权的 10 项实用新型专利，该 10 项专利全部涉及数据中心领域。作为数据中心行业高新技术企业，商宇公司打破传统的制造行业的生产经营理念，一直追求行业产品的自主创新和研发。目前，公司获得国家知识产权局关于数据中心的多达 27 项专利，25 项软件著作权。

此次获得的专利分别是：

UPS 模块的快速电器插接结构、工频模块化设计 UPS 及电子设备。

机架式精密空调及机柜、盲板及新型机柜及多排冷通道机柜组。

一种独立风道的 UPS 模块、一种工频架构的并联一体化结构 UPS 电源。

一种机柜 LED 灯带、一种冷通道机柜天窗系统。

一种模块化不间断电源系统、一种一体化 UPS 不间断电源。

商宇公司虽已取得了如此骄人的成绩，但是技术革新和技术研发的步伐不会就此停止，我们会一如既往，通过公司研发团队的不断努力和技改项目的不断实施，继续得到社会各界人士的认可与好评！

## 青铜剑科技发布全碳化硅器件解决方案 助力新能源汽车产业发展

2019 年 9 月 19 日，在深圳青铜剑科技股份有限公司（简称青铜剑）10 周年庆典活动上，青铜剑科技、基本半导体联合发布了面向新能源汽车电机控制器的全碳化硅器件解决方案，采用自主研发的 1200V 碳化硅 MOSFET 芯片及车规级功率模块封装，配合稳定可靠的碳化硅门极驱动器，将有效地提升新能源汽车电驱动系统关键部件的性能。

根据《节能与新能源汽车技术路线图》的要求，“到 2020 年，提升电驱动系统关键部件性能，满足纯电动和插电式混合动力汽车动力性能的要求……逆变器性能和可靠性达到国际先进水平……电机控制器实现比功率不低于 30kW/L（SiC）……”。

碳化硅功率器件具有低损耗、高频率等特点，广泛应用于新能源发电、新能源汽车、轨道交通和智能电网等领域，发展潜力极大、市场空间广阔。基本半导体充分发挥企业在碳化硅器件材料制备、芯片设计、制造工艺、封装测试、驱动应用等产业链布局的独特优势，自主研发的碳化硅肖特基二极管、碳化硅 MOSFET、车规级全碳化硅功率模块等产品已达到国际领先水平。

一辆搭载了基本半导体碳化硅 MOSFET 和碳化硅肖特基二极管的新能源汽车，至今已累计无故障行驶 150 天、运行里程超过 1 万 km，是企业乃至行业在坚持自主创新、芯片国产化道路上一座重要的里程碑。

基本半导体推出的车规级全碳化硅功率模块，内部集成两单元 1200V/200A 碳化硅 MOSFET 和碳化硅续流二极管，通过单面水冷散热形式为高效电动机控制器设计提供便利。产品充分发挥碳化硅功率器件的性能优势，采用最新的碳化硅 MOSFET 设计生产工艺，栅极电输入电容、内部寄生电感、热阻等多项参数达到业内领先水平。

根据不同的应用需求，青铜剑科技针对不同厂家的碳化硅器件配套推出了碳化硅 MOSFET 驱动方案，具有 60~100kHz 高工作频率、100kV/μs 高抗干扰能力、快速短路保护响应等特点。青铜剑科技碳化硅 MOSFET 驱动方案有助于充分发挥碳化硅功率器件高温、高频、高压的优势，可广泛应用于汽车的传动系统、电池充电器、直流变换器，以及工业的光伏逆变器、电动机驱动器、不间断电源和开关模式电源等领域。

新能源汽车电驱控制器厂商采用车规级全碳化硅功率模块及碳化硅门极驱动器，可研制新一代新能源汽车驱动逆变器，实现最大功率 150kW@800Vdc，最大工作开关频率 100kHz，输入电压范围为 DC300~800V，三相输出电流为 240A，功率密度达 30kW/L。

## 铂科新材在深交所成功挂牌

2019 年 12 月 30 日，深圳市铂科新材料股份有限公司（简称“铂科新材”）成功登陆 A 股市场，正式在深圳证券交易所挂牌交易。公司股票简称“铂科新材”，股票代码“300811”，本次公开发行股票总数量 1440 万股，网上发行 1440 万股，占本次发行总量的 100%，发行价格为 26.22 元/股。截至上午 10 点，铂科新材股价上涨 44%，公司股价表现亮眼。

深圳市南山区副区长练聪女士、铂科新材董事长杜江华先生、广发证券股份有限公司副总经理张威先生等人士共同为“铂科新材”股票敲响开市宝钟。

董事长杜江华表示：铂科新材成立于 2009 年，是国内少数自主掌握完整铁硅合金软磁制造技术的磁性材料企业，自成立以来一直从事合金软磁粉、合金软磁粉芯及相关电感元件产品的研发、生产和销售，目前在行业内已取得领先地位。

得益于国家对磁性材料行业的大力支持，经过 10 余年的努力奋斗和拼搏，铂科新材的产品及解决方案广泛应用于变频空调、光伏发电、UPS、新能源汽车和充电桩等众多新兴电能变换领域，积累了众多优质用户，并与国内外知名厂商建立了稳定的合作关系，主要服务对象包括 ABB、伊顿、华为、格力、美的、比亚迪等。

铂科新材的愿景是“成为全球领先的金属粉芯生产商和服务提供商”，为客户提供“高效率、小体积、低噪声”的环保节能产品，为人们创造更加美好的生活。今天，铂科新材成功登陆国内资本市场，是公司发展历程中的一个重要里程碑，铂科新材将以本次上市为契机，不忘初心、砥砺前行，加快发展的步伐，努力使公司发展成为具有强大竞争优势和可持续增长能力的一流企业，争取用丰厚的业绩回报股东、回报社会！

## 华龙一号海外首堆 500kV 倒送电圆满成功

11 月底的巴基斯坦卡拉奇阳光明媚，温暖如夏，由中核中原总承包建设的华龙一号海外首堆工程再传佳音。当地时间 11 月 29 日 1 时 46 分，巴基斯坦卡拉奇核电工程 2 号机组 500kV 组合开关并网带电运行，主变和高厂变进入 24h 试运行状态，500kV 电力已成功送至核岛，标志着华龙一号海外首堆 500kV 主电源系统可用，500kV 倒送电工作顺利完成。

500kV 倒送电的成功，为华龙一号海外首堆冷试完成及后续热试、装料等工作提供了可靠的电源保证，是核电建设的重要里程碑节点。

K-2/K-3 项目部充分意识到 500kV 倒送电实现的艰难，提前谋划，组织调试单位、安装单位组建了跨单位的 500kV 倒送电专项工作组和 500kV 倒送电青年突击队，发挥多个单位大团队协作精神，并创新工作方法，横向协同，纵向贯通，极大地推进了项目进展，500kV 倒送电最终获得了圆满成功。

## 阿里巴巴推出浸没式液冷电源并开源浸没式液冷数据中心规范

2019 年底阿里巴巴宣布推出适用于“浸没式液冷数据中心技术规范”的浸没式液冷服务器电源。

该浸没式液冷电源为 1U（40.6mm）宽×1U（40.6mm）高，属目前业内最窄的电源尺寸。这不仅提升了电源的功率密度，也给机柜腾出了更多的空间，从而使液冷数据中心对前面板维护的需求得以很好的实现。除此之外，数据中心浸没式液冷电源拥有众多创新设计，颠覆了传统风冷电源设计概念，具有低温升、高可靠、低噪声、长寿命等突出特点。相比较传统风冷电源，阿里巴巴打造的全新浸没式液冷电源可帮助元器件温升大大降低，电解电容寿命可增长 83%，光耦寿命增长 30%，增加了电源可靠性。浸没式液冷电源不需防尘处理，对湿度无限制，更具备静音及故障率低的特点。阿里巴巴此前部署了大规模液冷集群，运行两年多的质量数据显示，浸没式液冷电源比普通的风冷电源的故障率大幅下降，优化幅度超过 86%。另外，浸没式液冷电源及服务器被浸泡在冷却液里，运算产生热量可被直接吸收进入外循环冷却，用于散热的能耗可以大幅降低。这种形式的热传导效率比传统的风冷要高百倍，节能效果超过 70%。

浸没式液冷电源的研发对提高电源的功率密度，乃至提高数据中心的功率密度都将有巨大贡献。阿里巴巴追求绿色节能，持续研发创新，建设中国云数据中心生态，为打造绿色可持续发展的新一代数据中心而不断努力前行。

# 第五篇　科研与成果

# 第五届中国电源学会科学技术奖获奖成果

## 一等奖

### 5G 网络供电方案

**项目类别：** 科技进步奖

**完成单位：** 中兴通讯股份有限公司

**完成人：** 胡先红、刘明明、熊勇、周建平、韦树旺、林东华、杨运东、韩小宾、周保航、滕凌巧

**项目亮点：** 通过把互联网、物联网、云计算、大数据和 AI 等先进信息通信技术融入能源基础设备的控制、管理和交互体系中，实现了能源利用效率的最大化，促进了能源管理集成体系的建立和高效运营，保障了在节能减排目标约束下的能源安全、清洁、节约和可持续发展，解决了 5G 网络在全球快速应用中的网络部署、网络运维、可靠性等方面的严峻挑战。

**项目介绍：**

2019 年 6 月 6 日，工信部向中国电信等运营商颁发 5G 牌照，标志着我国进入 5G 商用元年。5G 网络带来了高带宽、低延迟、海量连接的广阔前景，并与 AI、大数据相融合，开创了一个万物互联的全新时代。

网络架构上，5G 网络相对 3G/4G 网络有很大变化（如通信机房 DC 化、宏站功耗剧增、Small Cell 站点爆炸式增长等），对通信能源提出了网络部署、网络运维、可靠性等方面的严峻挑战。

中兴通讯是世界著名电信设备制造商，也是通信电源行业内主流设备商，为解决 5G 网络供电难题、加速 5G 网络部署，推出了整体解决方案：

（1）数据中心：97%高效的 HVDC 电源，解决 CO 重构、通信用定制服务器向 DC 标准化服务器转换后的困难；拉远远端无需备电，节省电池投资。

（2）室内/室外宏站：单站点功耗剧增，同时存在市电引入困难、AAU 拉远距离限制、现网容量不足、难扩容、初始投资高等困难。主要解决产品和技术：

1）高效高密度的电源。容量 600～1000A 不等，整流器功率密度 $50W/in^3$、效率 98%；减少扩容空间，降低供电成本。

2）铁锂电池组和智能化的削峰控制算法，降低市电引入成本。

3）DC/DC 模块和负载联动调压控制算法，提升了拉远供电的可用度。

4）室内嵌入式电源，即插即用，按需扩容。

5）SmartLi 智能化锂电池合用器，实现了电池的利旧和混用。

（3）小微站点：小型、轻型、易安装的 PAD 电源、PAD 电池，满足海量末梢站点供电需求。PAD 电源能效 97%，功率密度 $6.3W/in^3$，可快速部署，模块化，平滑扩容，自冷免维护；支持 AAU 带内传输，节省组网成本。

（4）智能化的运维管理系统：采用 COMPA 技术，开展分析和本地策略/全局策略对接，实现自动化智能化运维，保障网络可靠运行、节能降耗、运维成本降低；同时，依托大数据、AI、PaaS 平台、微服务及自主知识产权的电信级分布式数据库等技术，实现了对外开放能力，支持快速定制开发、业务创新和敏捷化运营。

中兴通讯的 5G 网络电源方案，结合了功率变换和信息通信技术优势，帮助客户快速部署、平滑扩容、减少（免）维护、降低 TCO，提升经营利润，充分体现了按需建设、平滑升级、高效节能、智能运维的先进理念，目前已在 14 个国家的 16 个运营商实现 5G 网络部署，累计发货 5 万多基站，为推动全球 5G 的快速建设、推动人类新一轮的信息技术革命做出了突出的贡献。

### 车用高密度功率模块封装关键技术、材料与应用

**项目类别：** 技术发明奖

**完成单位：** 1. 天津大学
2. 中国科学院电工研究所
3. 扬州国扬电子有限公司

**完成人：** 梅云辉、宁圃奇、王玉林、李欣、范涛、滕鹤松、王美玉、陈刚、温旭辉、牛立刚

**项目亮点：** 模块设计用三维映射模型、纳米银焊膏及其无压低温烧结工艺和高密度双面散热封装技术达到国际领先水平。

**项目介绍：**

车用电机驱动系统是新能源汽车的关键技术之一。我国在功率密度、产品体积及可靠性三方面与国外比仍存在较大差距。因此，研制可大幅提高车用电机驱动功率密度并控制成本的高密度功率模块，对推动我国新能源汽车技术具有重要意义。

我国长期不掌握先进车用电机控制器用核心功率器件的核心技术，项目攻关长期面临两方面难题：①现有互连材料和互连方法可靠性较低，难以满足 15 万千米运行无故障的要求；② 在车用电机控制器关键功率模块方面，IGBT 模块、混合模块和 SiC 模块完全依赖进口，导致电机控制器功率密度是国外产品的 1/2～2/3。

在国家与省部级科技项目支持下，经过项目团队 6 年持续自主创新，该项目在车用高密度功率模块封装设计、

材料、工艺与应用等方面取得重大技术突破：

1）建立了功率模块的三维映射模型，优化了电气、散热、热应力的传统评估算法，显著提高了计算速度。原创性提出模块布局优化算法，保证了设计速度与精度，能够在电、热、机三方面快速平衡。

2）开发了纳米银焊膏及其无压低温烧结工艺，突破了传统焊料合金和高辅助压力低温烧结的瓶颈，实现了功率芯片的低空洞、低温无压可靠互连，满足了其高温、可靠应用需求。

3）突破了 Si IGBT 模块、混合模块和 SiC MOSFET 模块的铜键合线、多芯片低感均流、应力缓冲等关键封装工艺，研制了多种规格型号的高密度功率模块，实现了国产化批量生产，打破了国外技术垄断，填补了国内行业空白。

项目经中国电工技术学会鉴定，认为项目设计方法新颖、工艺技术先进、具有多项自主知识产权，项目总体达到了国际先进水平；其中，模块设计用三维映射模型、纳米银焊膏及其无压低温烧结工艺和高密度双面散热封装技术达到国际领先水平。

该项目共申请中国发明专利 38 项，获授权 31 项，申请中国实用新型专利 3 项，获授权 3 项；发表论文 32 篇；出版专著 2 部；制定企业标准 1 项。产品取得了显著的经济与社会效益，近两年累计销售 3977.46 万元。

## 高压直流供电系统关键技术的研究及应用

**项目类别：** 科技进步奖

**完成单位：** 1. 科华恒盛股份有限公司
2. 漳州科华技术有限责任公司

**完成人：** 王志东、曾奕彰、王绍煦、林艺成、赖熙庭、易龙强、崔福军、黄詹江勇、汤贤椿

**项目亮点：** 高压直流供电系统采用自适应功率因数校正算法和智能休眠算法，电网侧指标高，适应性能力强，系统运行经济、可靠。

**项目介绍：**

高压直流供电系统是一项优秀科技成果，已列入国家火炬计划产业化示范项目和厦门市 2014 年第一批重点技术创新项目并通过项目验收。

项目产品已通过第三方权威检测，达到 YD/T 3089—2016《通信用 336V 直流供电系统》和 YD/T 2378—2011《通信用 240V 直流供电系统》行业标准的要求，关键技术指标达到国际先进水平。项目产品具有新颖性，主要技术创新突出，采用低冲突数据流控制与实时竞争机制结合的软件抗扰技术以及适应多种总线架构的硬件抗扰技术等多重抗扰技术的 CAN 通信架构，实现大规模电源系统的高可靠并联运行、采用智能休眠算法的节能技术，实现高压直流系统的经济、可靠运行、采用自适应算法的功率因数校正技术，实现大规模并联情况下电网侧的优异指标与高适应性，满载 THDI 小于 3%，半载 THDI 小于 5%，项目具有技术新颖性和先进性。项目获得国家授权知识产权共 16 项，其中发明专利 7 项，实用新型专利 4 项，外观专利 1 项，软件著作权 4 项。此外，项目组参与制定标准 9 项，其中已发布 5 项。

项目成果在科华公司实现了规模化生产，近三年新增销售收入达 27895.55 万元，新增利润 2711.56 万元，新增税收 2063.36 万元，已成功应用于腾讯上海宝之云数据中心、中国工商银行数据中心（上海）、江苏移动南京江北数据中心（腾讯）、上海移动惠而浦数据中心等大型数据中心项目上，有效推动科技进步和国内数据中心市场电源产业升级，经济和社会效益显著，具有很好的推广应用前景。

## 城市电网与电压暂降敏感用户兼容技术研究

**项目类别：** 科技进步奖

**完成单位：** 1. 广州供电局有限公司
2. 华北电力大学
3. 华南理工大学
4. 四川大学
5. 武汉科力源电气有限公司公司

**完成人：** 莫文雄、王勇、马智远、许中、钟庆、肖先勇、徐永海、瞿李锋、陶顺、汪颖

**项目亮点：** 针对城市电网与高端制造业用户电压暂降耐受经济兼容问题，开展用户耐受感知、电压扰动监测与数据挖掘、兼容能力评估、治理策略制定及装置开发等关键技术研究，项目成果在多家省级电科院和电力用户实现推广应用。

**项目介绍：**

该项目属于电气工程学科，涉及电力系统、电力电子和计算机应用。

针对城市电网电压扰动与高端制造业用户电压暂降耐受经济兼容问题，开展用户耐受感知、电压扰动监测与数据挖掘、兼容能力评估、治理策略制定及装置开发等关键技术研究，在南方电网公司重点科技项目计划支持下，取得系列创新成果：

1）电压暂降敏感用户感知技术研究提出了设备耐受曲线高效测试方法，开发了电压耐受曲线数据管理系统，首次实现了行业数据共建共享；提出了工业过程暂降免疫力检测方法，实现了基于 PIT 的薄弱环节精准定位。

2）城市电网电压暂降监测技术研究研制了多功能、小型化电压暂降监测装置，开发了基于大数据的电压暂降数据分析平台，实现了电压暂降监测数据挖掘和可视化展示。

3）电网与用户兼容技术研究首次提出了基于最大熵法的兼容概率评估方法，实现了电网和用户的电压暂降兼容能力准确评价；提出了计及电压暂降特性和用户耐受的电压暂降严重度评估方法，开发了评估软件，实现了电压暂降严重度精确评估。

4）面向用户体验的电压暂降治理技术提出了考虑负载适应性和电网适应性的电压暂降治理装置性能检测方法，研制了基于四桥臂双向变流器、无隔离变压器 380V/100kVA～1MVA 并联型电压暂降治理装置。

项目提出的电压暂降严重度评估和 VTC 曲线测试方法已在国内 5 家省级电科院推广应用；研制的监测治理装置已实现成果转化；建成广州敏感用户档案库，为广汽本田、北汽、万力轮胎等 30 余家用户开展监测评估分析并提供综合解决方案，

完成电源侧差异化防雷改造，并应用研制的治理装置完成用户侧治理，为用户避免了因电压暂降引起的生产中断损失，提高了客户满意度，产生直接经济效益1650万元。

项目编制国家标准5项、团体标准2项；出版专著2部，发表论文37篇（SCI和EI 21篇），授权发明专利21项，授权实用新型专利5项，授权软件著作权5项；经南方电网公司科技成果鉴定，项目成果整体达到国际领先水平。

## 二等奖

### 基于光伏微型逆变器的大型分布式电站高效安全运行研究

**项目类别：** 科技进步奖

**完成单位：** 1. 上海大学
2. 上海岩芯电子科技有限公司
3. 苏州东安岩芯能源科技股份有限公司

**完成人：** 汪飞、吴春华、冯夏云、李智华、黄建明、许德志

**项目亮点：** 该项目通过产学研联合攻关，重点突破了高效光伏并网微型逆变器、微型逆变器集群稳定运行机理与控制、组件级智能安全检测诊断等关键技术，并实现大规模产业化应用。

**项目介绍：**

近年来我国将分布式发电作为重点优先发展领域，由于分布式光伏电站多铺设在房屋楼宇的外墙或屋顶，且具有排布不规则、阴影遮挡多、降尘覆盖大、逆变器集群运行等应用特点，而面临效率低、易失稳、热斑失效、组件老化、拉弧易燃等关键技术挑战与安全问题，严重制约分布式光伏发电的大规模推广和应用。为此，该项目历经10年的联合攻关，突破了基于光伏微型逆变器的大型分布式电站高效安全运行的关键技术，主要技术创新与进步如下：

（1）高效光伏并网微型逆变器技术

发明了高效光伏并网微型逆变器拓扑结构及高频变换控制技术，解决了组件级功率跟踪、直流拉弧、阴影遮挡等分布式光伏电站面临的问题，所研制的微型逆变器并网电流谐波小于3%，优于国际标准40%；最高电能变换效率95.7%，国内领先；功率密度达0.48W/$cm^3$，超出美国Enphase（国际同类销量第一产品）60%；研制了全球首台独立四核功率跟踪微型逆变器，单位功率成本降低60%。

（2）微型逆变器集群稳定运行机理与控制技术

在国际上率先研究微型逆变器集群失稳机理，并面向光伏微型逆变器提出基于准谐振峰值电流的非线性控制方法，可重点改善其集群运行下的系统稳定性，实现了全球首个基于组件级逆变器的最大单体5MW容量的分布式电站应用案例，并联微型逆变器变器数达到4200台。

（3）组件级智能安全检测诊断关键技术

针对大规模分布式光伏电站运维中组件热斑、老化衰退等组件级故障定位与诊断的技术难题，探明了光伏组件故障失效机理与特征，发明了基于人工智能的组件级热斑诊断与老化评估方法，实现了光伏电站组件级智能安全检测与诊断。该成果应用于500多个工商业屋顶分布式光伏电站，实现故障诊断率达98%，未发生安全事故。

该成果获授权发明专利10项，实用新型专利7项，软件著作权10项，发表学术论文54篇，参与编制国家或行业标准4项，通过2项高新技术转化认定，项目整体技术成果处于国际领先地位，开发了250～1200W的全系列微型逆变器产品，通过了CQC、光伏领跑者等多项权威认证。近三年累计产值8.57亿元，利润1.39亿元，税收1120.4万元。

### 节能提效型电除尘器大功率高压电源关键技术开发及应用

**项目类别：** 科技进步奖

**完成单位：** 1. 南京国电环保科技有限公司
2. 东南大学

**完成人：** 陈武、刘宇芳、凌雁波、曲震、黄艺、虞敏、宁光富

**项目亮点：** 历时10年先后研制了高频高压除尘电源、高压脉冲除尘电源、高压纳秒电源三代节能环保产品，拥有多项技术创新，累计销售额达12亿元，国内市场占有率第一，经济效益和社会效益显著。

**项目介绍：**

该项目涉及的大功率高压除尘电源属于环保设备领域。为满足日益严格的环保标准要求，保证燃煤电厂烟尘减排的同时最大幅度节约电能，加快我国烟尘深度净化技术的工业化应用进程，项目自主研发了电除尘器用高压直流除尘电源和高压脉冲除尘电源。

首次发现了工作于电流断续模式的串联谐振变换器具有两种磁密完全不同的工作模式，提出了一种定脉宽变频调制策略，不但实现了IGBT的零电流开关，降低了开关损耗，还彻底解决了高频变压器磁饱和问题，大幅降低了高频变压器的设计难度与成本，同时设计了一款能够有效满足高绝缘耐压要求的高压侧多绕组骨架结构。随着国家对烟气排放标准的越加严格，在高压直流除尘电源基础上，开发了除尘和节能效果更佳的高压脉冲电源，提出了具有完全自主知识产权的高压脉冲电路拓扑，主开关器件电压应力降低一半，大幅降低成本。

项目研发的高压直流电源已成功应用于全国最大（至2011年）的上海外高桥第三发电有限责任公司1000MW机组，除尘器出口烟尘浓度由35～50mg/$m^3$降低到10～23mg/$m^3$，烟尘排放浓度下降25%～60%；同时电除尘器高压电源的总功耗由871kW降低到266kW，节能69.5%。高压脉冲电源成功应用于多家火力发电厂的300～1000MW燃煤机组，打破了国外产品在行业内垄断的局面，可实现烟尘减排30%～70%、PM2.5减排≥50%，节约能耗40%～80%，具有显著的烟尘减排和节能降耗效果。

截至目前，已有6000多台高压直流电源、500多台高压脉冲电源覆盖了我国火电企业400多台机组，累计销售额达12亿元，国内市场占有率第一，达到40%。根据火电企业除尘电源改造前后的检测数据统计，项目研制的大功率高压电源应用每年可为企业减排烟尘45000t，节电31500万kWh，相当于节约标准煤9.9万t，折合每年减排二氧化

碳22万t、二氧化硫2000t和氮氧化物950t，年节电效益约12100万元，经济效益和社会效益十分显著。南京国电环保科技有限公司是全国最大的除尘电源生产与研发基地，建有国内唯一的省级电除尘器高压电源研究中心，有效地促进了我国电除尘器电源行业的科技进步。

## 特高压GIS现场标准雷电冲击试验电源研发与应用

**项目类别：**科技进步奖

**完成单位：**1. 国网江苏省电力有限公司电力科学研究院
2. 西安交通大学
3. 扬州市鑫源电气股份有限公司

**完成人：**陶风波、赵科、文韬、贾勇勇、李洪涛、黄强、马勇

**项目亮点：**该项目结合淮上特高压工程实践，在特高压GIS冲击电压下的绝缘击穿特性、现场标准雷电冲击试验装置、现场冲击试验实践技术等方面开展了广泛而深入的研究，研制了特高压GIS现场雷电冲击试验装置，提出了特高压GIS现场标准雷电冲击试验方法，编制了特高压GIS现场冲击试验标准，形成全套特高压GIS现场冲击试验理论及实践技术体系，并首次在特高压工程中实现了应用。

**项目介绍：**

气体绝缘全封闭开关设备（Gas-Insulated metal-enclosed Switchgear，GIS）相比传统的敞开式开关设备具有占地面积少、维护简单、检修周期长等显著优点，得到了广泛的应用。随着特高压工程建设的稳步推进，目前，1100kV GIS在全部已投运与在建特高压变电站中得到应用，已成为特高压电网中最重要的开关类设备。

现场标准雷电冲击耐压试验是检查GIS绝缘性能最严格、最有效的试验方法之一。但标准雷电冲击耐压试验受制于试验电源装备本体感抗降低技术、波形参数集中调节技术、多级火花开关同步触发技术等技术难题，以及试验装备小型化、便捷化等设计难点，仅在出厂试验阶段开展，以往特高压工程均不具备开展特高压GIS现场标准雷电冲击试验的技术条件。

为解决特高压GIS现场冲击试验技术中存在的试验电源、工程应用等技术难点，项目围绕特高压GIS冲击电压下的绝缘击穿特性、现场标准雷电冲击试验装置、现场应用技术等方面开展深入研究工作，在此基础上研制了特高压GIS现场标准雷电冲击试验装置，形成特高压GIS现场标准雷电冲击试验技术体系，具体介绍如下：

1）开展适用于特高压GIS现场标准雷电冲击试验装置研制。发明波形参数集中调节和多级火花开关同步触发方法，创新采用$SF_6$气体绝缘及串级布置方式，研制的充气试验装置与传统敞开式装置相比，高度从12m缩减至7.8m，本体电感量减少80%，波前时间在80ns~3μs范围内可调，并集成于移动式履带底盘车，避免了设备的重复拆装，填补国内外技术空白。

2）开展现场冲击试验的推荐波形类别及波形参数研究。分析不同电压波形对GIS绝缘缺陷灵敏度考核的影响，得出标准雷电冲击和振荡冲击下的绝缘击穿特性，推荐现场冲击试验中优先选用快速上升沿的标准雷电冲击电压波形，波前时间小于3μs。

3）开展特高压GIS现场冲击试验中的加压时间间隔及电压极性研究。发现了GIS击穿放电中多次放电关联性的跟随现象，确定现场冲击试验中两次试验间隔不短于5min；发现正负极性击穿电压差异的极性反转现象，确定高气压下负极性标准雷电冲击试验较正极性试验对GIS缺陷考核更灵敏。

4）开展特高压GIS现场冲击试验技术体系研究。结合试验装置负载能力、击穿过电压水平分析，明确试验负载范围与冲击电压波形参数、过电压幅值的关系特性，编制了现场试验方案、作业指导书、试验标准，形成了特高压GIS现场雷电冲击试验技术体系，并实现工程应用。

该项目的理论及实践成果已全面应用于淮上特高压工程1100kV GIS现场特殊性交接试验等工程，具有良好的经济价值和示范效应。

## 用于航天器通信黑障消除的特种电源研究

**项目类别：**科技进步奖

**完成单位：**1. 哈尔滨工业大学
2. 中国工程物理研究院流体物理研究所

**完成人：**鄂鹏、马勋、凌文斌、李洪涛、于治国、徐风雨、毛傲华

**项目亮点：**该项目提出了多模块分时放电和电感型负载并联二极管续流的方式补偿脉冲电流平顶的技术方案，解决了传统方式对线圈负载实现较长平顶脉冲电流输出时能量耦合效率低下的问题。

**项目介绍：**

该项目属于特种电源科学技术领域。

在制空天权时代，缓解航天器的通信黑障具有重要意义。脉冲磁窗技术利用脉冲磁场缓解黑障，与稳态磁窗相比，脉冲磁窗系统的体积和质量显著降低。具有较长平顶的脉冲大电流源是开展脉冲磁窗技术研究的关键技术之一。

针对在数十μH负载上产生长脉宽平顶大电流的需求，该项目提出了多模块分时放电和电感型负载并联二极管续流的方式补偿脉冲平顶电流的技术方案。主要技术内容为

1）优化了脉冲形成电感和开关组件的动态缓冲电路设计，解决了由于负载具有较大初始电流和模块耦合效应导致的晶闸管开关自击穿问题。

2）研究了影响晶闸管在大电流放电条件下器件绝缘恢复特性的因素、各模块参数设计和放电时序对输出脉冲波形的影响规律、放电过程中开关器件上瞬态脉冲电压的形成机制和抑制方法，解决了模块之间放电隔离失效和波形调控问题。

3）提出了二极管反向注入电流上升率控制方法和动态电压均衡调节方法，实现了大电流二极管在峰值电流30kA、重复频率1kHz下的可靠运行。

4）优化了晶闸管开关器件及触发电路板空间布局，结合屏蔽和触发隔离措施解决了瞬态电磁场环境下开关触发

电路受干扰误动作的问题。

5）提出了基于各放电模块输出电流波形在线实时分析的电源运行控制策略，提高了电源系统的运行可靠性和抗故障冲击能力。

该项目在 39.6μH/6.5mΩ 线圈负载上实现了峰值电流 30kA、平顶宽度 12ms 的脉冲电流输出。相比电容器组或脉冲形成网络方式，该项目使耦合至负载的能量效率分别提高了 32 倍和 22 倍，相应电源系统储能仅分别为前两者的 3% 和 5.5%。通过调整投入运行的放电模块数量和放电时序，可以实现输出脉冲电流波形的灵活调节。该项目研制的长平顶脉冲大电流源已经在脉冲磁场调控等离子体鞘套的研究中得到了应用，获得了脉冲磁场调控等离子体的规律，解决了航天器通信黑障消除的技术难题。此外，该电源技术对电磁发射、电磁成型等研究和工业应用具有重要拓展价值。

## 电感器的结构优化设计

**项目类别：**科技进步奖

**完成单位：**1. 青岛大学

2. 青岛云路新能源科技有限公司

**完成人：**王春芳、郑建芬、王世伟、王建刚、曾平

**项目亮点：**创新发明了多种电感器的磁心结构、线圈结构及绕线工艺，建立了电感器件的设计理论体系。

**项目介绍：**

电感器是电能变换电路的关键元件，其电磁热场参数相互耦合，经常存在温度场分布不均、温度梯度过高、噪声较大、绝缘薄弱等困扰企业发展的难题。该项目较好地解决了这些问题，其属于电源技术领域。

（1）主要科技内容

针对电感器的具体应用电路，采用耦合模理论建立该电感器件的电磁热场与电路系统耦合的全状态模型，获得电压、电流等模拟曲线并进行采样；对电感器铁心材料建立新媒质（复合媒质）特性模型、建立磁阻、趋肤渗透等表面响应模型；建立多目标、多约束的电感器结构参数非线性规划（NLP）模型；建立 3D 有限元仿真模型，通过仿真得到该电感器的三维磁场分布、温度场分布及噪声分布云图；基于 Pareto 最优思想及交叉熵理论，形成一种结构参数的优化设计方法。

（2）技术经济指标

电感器是非标元件，其技术经济指标受制于电路拓扑、开关频率、空间容量、散热条件、效率要求、噪声要求等，该项目涉及青岛云路多个电感器的结构创新及传统电感器的结构参数优化方法。仅以个别创新产品的技术指标和经济指标为例。

以中央空调用三相等磁路全粉芯立体电感为例，其功率密度、温度、欧洲效率 3 个重要技术指标全面超过同类产品的国际一流水平；以家庭空调用新型 PFC 电感器为例，结构参数优化后每只成本比传统结构降低 0.4 元，年产 1000 万只，产值 9200 万元，增加净利润 400 万元。

（3）促进行业科技进步作用

该项目形成了多个结构创新产品及适用于所有产品的结构参数优化设计方法，新产品研发周期由原来的 3 个月缩短到 1 周，有力地促进了企业的快速发展及我国电源事业的发展，特别是新能源发电及新能源汽车的发展。

（4）应用推广情况

从 2016 年度到 2018 年度，公司相关产品的销售收入从 7.2 亿元上升到了 12.5 亿元，新增销售额 5.2622 亿元，新增利润 1481 万，外汇创收 175 万美元；另外仅 2018 年度新增利润 3056 万元，税收 400 万元。

## 电动汽车无线充电关键技术研究及“三合一”电子公路系统研制

**项目类别：**科技进步奖

**完成单位：**1. 江苏方天电力技术有限公司

2. 重庆大学

**完成人：**王成亮、孙跃、王金虎、水为涟、杨庆胜、徐妍、黄郑

**项目亮点：**国际首创光伏发电、无线充电和无人驾驶三项技术的融合应用。

**项目介绍：**

随着科技的发展以及人们对绿色出行需求的增长，未来交通出行领域必然会朝着全面普及电动汽车的方向发展，这对电动汽车的电能供应及补给提出了巨大的挑战，同时，城市交通拥堵问题以及人为驾驶的安全问题的日益严重也催生了无人驾驶技术及智慧交通技术的高速进步。

作为面向未来交通出行的一次革命性尝试，该项目创新地将光伏发电、无线充电和无人驾驶有机融合于一体，形成“三合一”电子公路。无人驾驶的电动汽车行驶上铺设了光伏组件和无线充电模块的新型路面时，自动开启无线充电功能，即可从路面实时获取能量，这种“边走边充”的效果有效解决了电动汽车的续航焦虑问题。同时，光伏发电路面实现了无额外占地、无污染排放，充分利用了公路路面空间资源，贴近用电需求，缩短了输电距离；无线充电技术提高了电动汽车能量补给的灵活性与便利性，实现了电动汽车高效、非插电式即停即充与边开边充的新型能量供给模式；无人驾驶技术从根本上改变了传统的“人—车—路”闭环控制方式，将不可控的驾驶员从该闭环系统中请出去，从而大大提高了交通系统的效率和安全性。

该项目着眼于面向未来的智能绿色交通出行需求，以智能光伏路面技术为载体、无线电能传输技术为核心、智慧交通技术为指向，集成了能源供给、传输、消费全过程的前沿技术，从光伏发电路面、无线充电、无人驾驶及电子公路智能管控及调度等四个方面开展技术攻关和工程应用，建成了世界最长的动态无线充电道路。公路总长约 500m，承压和耐磨能力不低于二级公路水平，路面光伏发电容量为 178kWp，采取磁场谐振耦合传输技术实现了 10kW 功率等级的电能无线传输，引入了智慧交通理念，集成了 LED 路面标识、电子斑马线和融雪化冰等功能。

## 大水电送端异步电网频率精确实时仿真与多直流协调控制技术

**项目类别：**科技进步奖

**完成单位**：1. 南方电网科学研究院有限责任公司
2. 中国南方电网电力调度控制中心
3. 北京四方继保自动化股份有限公司

**完成人**：郭琦、廖梦君、袁艺、李书勇、梅勇、郭海平、朱益华

**项目亮点**：针对大水电送端异步电网（典型如南方电网的云南电网、国网的川渝电网）的频率分析与控制难题，研发了适用于大电网频率精确实时仿真的大型水电机组调速系统非线性实时仿真器、反映大电网负荷响应特性的动态负荷实时仿真模型，提出了基于多回直流协调控制的电网频率稳定控制方法，研发了基于WAMS广域信息的异步互联电网频率稳定控制与超低频振荡抑制系统。

**项目介绍**：

该成果依托南网公司科技项目“多直流孤岛馈入系统协调控制特性实时仿真研究和工程应用”（项目编号：K-KY2014-035）与“面向交直流互联电网暂态分析的广义负荷区域动态特性RTDS仿真研究与开发”（项目编号：WYKJ00000011），针对大水电送端异步电网（典型如南方电网的云南电网、国网的川渝电网）的频率分析与控制难题，研发了适用于大电网频率精确实时仿真的大型水电机组调速系统非线性实时仿真器、反映大电网负荷响应特性的动态负荷实时仿真模型，提出了基于多回直流协调控制的电网频率稳定控制方法，研发了基于WAMS广域信息的异步互联电网频率稳定控制与超低频振荡抑制系统，成果包括：

1）研发了反映水电机组频率响应的调速系统非线性仿真模型，精确模拟了调速器、水轮机以及压力引水管道水锤效应的控制与物理动态响应全过程。基于高性能多核计算机开发了水轮机调速系统实时仿真器，实现与大电网实时仿真系统（如RTDS）的跨平台混合实时仿真。同时，通过自定义建模方法开发了反映交直流电网频率动态特性的负荷模型。基于上述混合实时仿真方法，实现了大水电送端电网频率的精确仿真。在金中直流孤岛机网协调研究项目中，基于上述仿真方法准确模拟了金中直流被动孤岛的运行特性，并提出了调速控制策略优化措施，为现场孤岛调试和孤岛运行提供了支持。

2）基于频域法分析了电网超低频振荡负阻尼特性，提出了大水电直流送出电网直流定功率控制模式刚性负荷特性、水轮机组水锤效应、调速闭环控制系统过大死区引起的负阻尼机理，以及振荡模式的稳定分析等效模型。在云南异步联网系统性整体验证以及金中直流被动孤岛调试工作中，针对现场的超低频振荡问题，分析了调速系统关键参数对系统频率振荡的影响，成功复现了现场振荡现象，为控制策略优化提供理论与仿真依据。

3）提出了基于实时运行状态的多回直流送、受端相互影响因子的多直流协调控制功率紧急支援策略，以及面向电网超低频振荡的直流功率PD调制广域阻尼控制方法，研发了基于WAMS广域信息的多直流协调控制系统，协调回直流输电系统以提高大水电送端异步电网频率稳定性。基于协调控制系统，实现了直流闭锁等严重扰动后3s内稳定送端电网频率在±0.1Hz内，以及对大水电送端电网超低频振荡的监视并在2个振荡周期内有效抑制振荡。

项目获得授权专利10项（其中发明专利3个）、软件著作权1项，发表论文13篇，研究成果在云南异步电网的调度运行分析以及安全稳定控制等领域得到了应用，有效支撑了南方电网的安全稳定运行。项目成果具有很好的推广应用前景，研发的模型和控制系统可推广至含高比例水电送端电网机网协调控制、系统安全稳定分析与控制等多个领域。

## 多源配电网高质量运行关键技术

**项目类别**：科技进步奖

**完成单位**：1. 南京工程学院
2. 国网江苏省电力有限公司电力科学研究院
3. 南京鼎牌电器有限公司

**完成人**：郝思鹏、葛乐、袁晓冬、张仰飞、刘海涛、吕干云、孟高军

**项目亮点**：针对包含高比例分布式电源的多源配电网高质量运行技术难题，通过校企联合攻关，在分布式电源不确定性建模及复杂电能质量分析技术、光储柔性并网技术、配电网潮流灵活控制技术和配电台区三相不平衡治理技术等四个方面取得突破，有力促进了分布式能源高效消纳，显著提升了配电网的运行质量，推动了可再生能源、智能电网、节能减排等产业的技术升级。

**项目介绍**：

随着分布式可再生能源高比例接入与电力电子负荷的增长，配电网运行不确定性和电能质量等问题日益严重。针对包含高比例分布式电源的多源配电网高质量运行技术难题，通过校企联合攻关，在分布式电源不确定性建模及复杂电能质量分析技术、光储柔性并网技术、配电网潮流灵活控制技术和配电台区三相不平衡治理技术等四个方面取得突破。主要创新成果如下：

1）提出了基于参数识别的风光系统机理建模方法和基于输出外特性的风电场非机理建模方法，提出了基于改进小波广义S变换和非线性自适应滤波的稳态和暂态电能质量检测技术，为主动配电网潮流分析和电能质量治理提供了模型基础。

2）提出了柔性变流器电流跟踪自适应控制技术和基于电流预测的无模型控制技术，研制了具备电能质量治理和参与配电网优化运行功能的光储柔性并网装置，为电能质量治理及优化运行提供了技术支持。

3）提出了基于模型预测控制的柔性互联配电网“源—网—荷—储”运行优化技术，研制了多端背靠背柔性直流互联装置，为可再生能源消纳提供了灵活的网架和潮流控制能力，实现了配电网电网层潮流的灵活控制。

4）提出了综合序分量和量测量的三相不平衡度量新方法，研制了三相不平衡治理装置，实现了配电台区三相负荷间功率的可控制转移，为主动配电网高品质运行提供了终端层技术支持。

依托该项目已建成配电网智能技术与装备江苏省协同创新中心、主动配电网江苏省重点实验室等省级科研平台。项目成果已获授权发明专利 37 项，在国内外权威学术期刊发表 33 篇高水平论文，出版学术专著 2 部。中国电工技术学会组织的成果鉴定评价为“研究成果创新性强，示范引领作用突出，处于国际领先水平。”项目所研制的设备已通过国网电力科学研究院等权威机构检测，相关核心技术已在南京鼎牌电器有限公司、江苏天华电力技术有限公司、南京丰道电力科技有限公司等企业实现了成果转化并量产，已在江苏南通、连云港、海安等地区配电网成功应用，产生了显著的经济和社会效益，近 3 年累计新增经济效益 4.9 亿元。该项目有力促进了分布式能源高效消纳，显著提升了配电网的运行质量，推动了可再生能源、智能电网、节能减排等产业的技术升级。

## 优秀产品创新奖

### 超小型 60WUSB PD Type-C 电源适配器

**完成单位：**台达电子企业管理（上海）有限公司

**项目亮点：**业内第一颗超小型 USB PD Type-C 智能电源适配器，引领智能充电技术新潮流。

**项目介绍：**

由于充电电压和充电接口的不统一，作为人们日常随身必需品的笔记本电脑和智能手机等手持式电子产品，通常需要各自专属的电源适配器，这不仅给人们的携带出行造成不便，同时还造成了资源的浪费。USB PD Type-C 规范统一了手持式电子产品的充电接口，使电源适配器具备可变电压输出能力，从而有望实现电源适配器的通用化。

该项目超小型 USB PD Type-C 电源适配器应电源适配器通用化的发展方向研究开发。根据最新 USB PD Type-C 规范的要求，该电源适配器具备 20V/15V/12V/9V/5V 等 5 种可变的输出电压，可以满足不同电子产品的充电需求。该产品以体积小、效率高引领市场发展方向。为了实现体积小、效率高的设计目标，在设计开发过程中采用了多项创新技术设计，包括：采用平面变压器设计以减小变压器体积和漏感损耗，并进一步提出创新型线圈排布设计来减少寄生电容以减小开关损耗；通过提出和采用绕组屏蔽设计技术和噪声抵消原理来抑制 EMI 噪声源及其传播途径，从而优化了 EMI 性能，减小了滤波器的体积和滤波损耗；通过采用新型降频控制技术来优化轻载效率，以及创新型立体结构设计来提高空间利用率以减小体积。相关技术及其创新设计已经获得包括中国、美国、欧洲、日本在内的共 16 项专利授权。该产品业已取得 CCC、CB、CE、UL、NRCan、PSB 等认证并于 2018 年 3 月实现量产。该产品引领了电源适配器行业的小型化和高效率的发展趋势，已取得了良好的经济效益和社会效益。

该产品的主要技术指标如下：

1）输入电压范围：AC［(100～240)±10%］V，50～60Hz。

2）输出电压：20V/15V/12V/9V/5V。

3）输出最大电流：3A。

4）输出最大功率：60W。

5）变换效率：≥92%（全输入电压范围及满载工况）。

6）空载损耗：<60mW。

7）尺寸大小：30.4mm×30.4mm×60mm。

8）重量：85g。

9）同时具有过电流、过电压、过温度、过功率以及输出短路等保护措施。

### 面向 4G/5G 基站的高效高功率密度电源系列

**完成单位：**中兴通讯股份有限公司

**项目亮点：**该基站电源系列，提供了业界领先的宽输入、高效、高功率密度、高可靠、低成本的电源解决方案，解决了 4G/5G 基站对电源降功耗、降体积、减重量、高可靠、低成本的系列关键需求。

**项目介绍：**

该系列电源面向 4G/5G 开发，此高效高功率密度特性为基站产品的减重、降体积做出重要贡献，目前已广泛应用于中国移动、中国电信、中国联通等运营商的 4G 基站中，为 4G 基站的主力发货电源产品，解决了机房环境紧张、上塔资源有限的问题，性能优异，节能减排效果显著。

该系列电源产品针对 5G 基站功耗大、供电线路压降大的特性，支持更远的拉远供电距离，运营商 5G 综合建网成本更低。由于 5G 设备功耗大、电源工作环境温度高的特性，采用创新性的专利拓扑进一步提升电源效率及可靠性，同时引入更优良的散热材料提升电源功率密度，为公司打造 5G 先锋产品提供了领先的电源解决方案。

### 长城高效率数字化通用电源

**完成单位：**中国长城科技集团股份有限公司

**项目亮点：**长城高效率数字化通用电源，具备高效率、高功率密度、数字化智能控制等特点，性能处于国际先进水平。

**项目介绍：**

长城高效率数字化通用电源通过对开关电源数字控制技术和新型高效率线路技术研究应用，实现开关电源高效率、智能化和小型化，满足信息产业降低系统整体功耗、提升数据处理能力和提高智能调度管理水平的需求。可广泛应用于服务器、通信、工控、AI 等数据中心和信息系统。

电源模块硬件设计前端功率因数校正采用基于数字芯片 UCD3138/C2000 控制的数字无桥 PFC。后端+12V 功率变换采用 C2000 系列控制交错全桥 LLC 谐振拓扑及 DC 输出电源管理。通过数字调节 PFC 电压跟随、电流采样相位调整、数字环路补偿器、动态死区调节等独特控制方式，极大改善转换效率和功率因数，全面提升系统性能。系列产品最高转换效率达到 96.3%，功率密度达到 60W/in$^3$。

电源软件功能包括基于最大电流法的自动均流控制系统及数字隔离传输技术，支持 $N+1(0\leqslant N\leqslant 7)$，高均流精度及检测回报精度，实现系统的热插拔、冷备份、智能冗余节能、物理在位监测等功能。软件基于标准化的电气接口设计，数据处理采用 PMBus 通信，实现电压、电流、功率、温度、风机转速等参数的采样与控制，并通过 PMBus 总线将相关信息上报主机，接收主机的控制命令和执行相应的控制功能。软件具备在线升级软件和日志记录功能。

技术特点包括：

1）高转换效率，最高转换效率达到96.3%。

2）高功率密度，功率密度达到60W/in$^3$。

3）高均流精度，均流精度达2%。

4）数字隔离采样，数字二级PID补偿的隔离数字控制电路，解决了采样隔离器件非线性和环境温度造成的参数漂移的问题，性价比高，控制灵活，精度高，稳定性高。

5）智能化管理，基于I$^2$C/PMBus通信的智能冗余备份技术，提升了系统低负载效率和电源模块的智能化管理水平。

推广情况：

长城高效率数字化服务器电源已通过浪潮、曙光、宝德等知名服务器厂商和海康、中兴、烽火等行业客户的验收，累计出货103.66万台，在性能优于国外竞争对手的前提下，成本更优。此外长城对国内中小型行业客户推行供电解决方案逐步替代由外资企业提供的定制电源方案，成本可以降低35%以上，交期缩短60%。该电源的技术可以用于多种行业电源产品，具有极强的可扩展性和极高的性价比，市场前景广阔。

## 中压、低压有源电压质量控制器系列产品（AVQR）

**完成单位：** 西安爱科赛博电气股份有限公司

**项目亮点：** 中压、低压有源电压质量控制器系列产品（AVQR）在中压、低压配电系统的应用，可以有效地解决配网的低电压、电压不平衡、谐波等电压质量问题，符合当前智能电网以及泛在电力物联网的发展要求，具有比较大的社会、经济效益。

**项目介绍：**

该系列产品包括低压400V有源电压质量控制器、中压10kV有源电压质量控制器。随着经济的发展，工业生产、居民用电设备的增多，中、低压系统的电压质量问题（低电压、高电压、谐波、暂降、暂升等）对工业及居民的安全生产和生活产生的影响越来越严重，中压系统和低压系统的电压质量问题也各有各的特殊点，需要有针对性的不同的解决方案。低压400V有源电压质量控制器采用无变压器的直挂式拓扑结构，有效地降低了整机的体积、重量、效率和成本，同时针对低压系统的安装及维护的便利性，针对性地进行了10kVA单模块12kg以下的小体积设计（便携、便于维护），大容量的需求采用小模块并联的方式进行扩容。10kV中压系统采用串联的方案解决电压质量问题，首要问题是安全，需要拓扑结构的安全以及旁路技术的高可靠性，中压10kV有源电压质量控制器采用背靠背变流器拓扑+串联升压变压器的结构，同时采用低压与高压的双旁路技术达到高可靠性的要求。产品填补了国内空白，技术指标达到国际领先水平。

## WXHSVG-10kV/(0-10)Mvar高压静止无功发生器

**完成单位：** 武汉武新电气科技股份有限公司

**项目亮点：** 该公司WXHSVG产品具有完全自主知识产权，实现高性能低成本方案，满载THDi<0.3%，最小工作电流不大于1A，满足各种现场要求的高低压穿越要求，是高性能与低成本的完美结合。

**项目介绍：**

HSVG的研制经过了研发立项、功能性样机制作、功能性样机测试、正式样机研发、正式样机性能测试、小批量生产与应用、项目总结共七个步骤。自主开发基于IGBT的级联式HSVG，输出典型6~35kV/4Mvar功率段产品，解决功率单元驱动和保护可靠性问题、光纤通信响应速度与可靠性问题，突破50V以内直流稳压控制等HSVG关键技术，完成新型控制器硬件和软件研发，输出产品在响应时间、补偿效果和稳压性能上均处于较高端的SVG产品。

## WLD2300铁路净化电源装置

**完成单位：** 1. 珠海万力达电气自动化有限公司

2. 陕西兴安润通电气化有限公司

**项目亮点：** 利用电力电子变换与控制技术实现了宽范围输入高精度输出、27500V向10000V、单相向三相的高压大功率电能变换，攻克了应用过程中面临的一系列关键技术，解决了电气化铁路规划建设中铁道电力电源匮乏、成本高昂的难题。

**项目介绍：**

新疆、青海、西藏等西部地区自然条件恶劣、电网极为薄弱，以格库铁路、青藏铁路、川藏铁路项目为例，铁路沿线穿越了罗布泊荒漠、戈壁、高原、冻土层等人迹罕至地带，周围没有公用电网。沿线站场通信、信号、调度、防灾报警、行车及现场人员生活等重要负荷长期以来都无法得到供电保障，供需矛盾都异常突出，严重制约了西部铁路的发展。同时，中东部发达地区土地资源有限，很多因经济发展需求新建的铁路站点，如西安高铁站、天津站等，在铁道电力电源引入车站时，因线路走廊铺设涉及大量征地、拆迁、城市规划等问题一拖再拖、建设缓慢。WLD2300铁路净化电源装置项目正是为了解决上述难题，并攻克一系列高压大功率电能变换技术研发而成的大型电能变换装备。

铁路净化电源装置采用电力电子变换技术，依托现代控制理论，实现了单相19~31kV宽范围电压输入，10kV三相稳定输出；输出电压质量符合《供电电压偏差》《电力系统频率偏差》《三相电压不平衡度》《公用电网谐波》等电能质量标准。其电力电子变换器采用多级功率单元级联式结构，构建多电平波保障输出电压畸变率处于较低水平。其主控制器采用国外进口高速数字化处理器完成对多个模拟量数据的采集与运算，通过数千赫兹的控制速度保障在输入电压宽范围内波动时输出保持稳定，且产品具有电力电子化、智能化、信息共享化等多种优势。经现场验证当输出10kV侧发生单相接地故障时，铁路净化电源装置具有持续为铁道电力供配电系统进行供电的能力。同时产品具有如下主要创新点及技术特点：

1）单相19~31kV宽电压输入，三相10kV稳压稳频输出。

2）高压链式多电平控制技术，等效开关频率高，输出谐波含量低。

3）功率单元模块化设计，可替换性、可维护性高。

4）多级电压反馈、电压电流叠加控制，控制精度高，鲁棒性强。

5）具有 $N-1/N-2$ 冗余控制功能，可靠性高，供电恢复速度快。

6）具有就地/远程专家监控诊断系统，实时监控各种数据、状态、温度等信息。

7）控制增益随冲击电流变化，抗涌流能力强。

8）液晶显示屏，具有背光、屏幕保护功能，操作简单、人机界面良好。

WLD2300 铁路净化电源装置项目的实施攻克了拓扑方案、多目标控制方法、协同控制等多个关键技术难题，其产品的实现解决了中国西部及一带一路穿越地区铁道电力电源匮乏的难题，大大降低了铁路勘察设计、建设施工、运行维护等的难度和投资成本，具有巨大的市场前景和技术创新性。

## 杰出贡献奖

**曹仁贤**

阳光电源股份有限公司董事长

**个人亮点：**曹仁贤先生专注于可再生能源发电领域和电力电子技术研究 20 多年，带领团队研发出中国第一台具有自主知识产权的并网光伏逆变器，主持制定了 3 项国家标准，获得了 1000 余项科研成果和专利，在国内率先解决了光伏、风力发电系统安全接入电网的关键技术，开发出多项行业领先的光伏逆变器成果，研发产品技术性能已达到国际一流水平，连续四年保持发货量世界第一位，打破了国外产品对中国市场的垄断，对促进我国新能源产业的发展，提高我国光伏产业在全球的知名度做出了突出贡献。

**获奖人简介：**

曹仁贤先生，研究员，第十三届全国人民代表大会代表，中国电源学会副理事长，中国光伏行业协会副理事长，安徽省新能源协会会长，安徽省总商会副会长，合肥工业大学博士生导师（兼）。

曹仁贤长期专注于可再生能源发电领域和电力电子技术研究，是我国光伏、风能发电行业的知名专家，先后主持了多项国家重大科技计划项目，获得了 1000 余项科研成果和专利。现任阳光电源股份有限公司董事长，他带领团队研制的太阳能、风能、储能等产品的技术性能达到国际一流水平，其中光伏逆变器销售连续多年位居国内首位，并销往德国、美国、英国、日本、澳大利亚、智利、印度、菲律宾、泰国等多个国家和地区，出货量全球第一。先后荣获全球环境基金“熊猫奖”、中国机械工业科技进步特等奖、中国光伏大会特别奖、安徽省重大科技成就奖、安徽省科技进步一等奖、合肥市科技杰出贡献奖等奖项，并被评为全国建设小康社会先进个人、安徽省优秀民营科技企业家、安徽省杰出专业技术人才等多项荣誉。

## 杰出青年奖

**杜雄**

重庆大学电气工程学院教授、博士生导师、副院长

**个人亮点：**致力于提升交直流电力电子装备与系统的安全稳定运行能力。

**获奖人简介：**

杜雄，博士，重庆大学电气工程学院教授、博士生导师、副院长。分别于 2000 年、2002 年、2005 年获得重庆大学电气工程专业学士、硕士和博士学位。主要从事电力电子变流器及其系统相关研究工作，共主持国家自然科学基金项目 5 项（其中重点项目 1 项），主持承担其他科研项目 30 余项。发表学术论文 100 余篇，其中 SCI 收录 30 余篇，获授权发明专利 20 余项。获全国百篇优秀博士论文，省部级自然科学一等奖（排名第 2）、二等奖（排名第 1）、三等奖（排名第 2）各一项，教育部新世纪人才，重庆市杰青、青年拔尖人才、青年科技创新杰出奖等，受邀在国内外学术会议做大会/特邀报告 10 余次。

担任中国电源学会理事、青年工作委员会主任、编辑工作委员会副主任以及电能质量等四个专委会委员，中国电工技术学会电气节能专委会委员、电气传动专委会委员，中国自动化学会电控专委会委员等；电力电子领域顶级国际会议 IEEE ECCE 2019 技术委员会副主席，IEEE ECCE-Asia 工业技术委员主席；以会议主席身份举办学术会议 2 次。

近年来主要围绕电力电子变流器及其系统安全可靠运行开展研究，主要学术贡献如下：

1）针对电力电子变流器面临的性能和效率间的矛盾，提出了双频功率变换方法和整流桥直流侧有源电力滤波技术，从变流器拓扑的角度出发，为变流器性能的提升和应用领域的拓展提供了解决方案。

2）针对电力电子变流器状态监测和安全评估难的问题，提出了多时间尺度结温估算方法，提出了一种变流器热网络参数的状态监测方法，实现了功率半导体器件热疲劳老化的准在线监测和寿命评估。

3）针对变流器的强非线性特征，建立了并网变流器的自导纳和伴随导纳模型，提出了基于幅相特性等值线图的稳定性判据，揭示了新能源并网系统中一种持续振荡的产生机理，成功解释了实际工程中出现的双频率谐波现象。

上述研究成果已成功应用于我国新能源发电、直流输电、航空航天以及舰船等领域。

## 优秀青年奖

**陈武**

东南大学教授、博士生导师、先进电能变换技术与装备研究所所长

**个人亮点：**以推动学科发展和创造社会价值为己任，在高压大功率电力电子功率变换领域取得

较为突出的研究成果，部分研究成果成功实现转化并打破国外相关技术和产品的垄断。

**获奖人简介：**

陈武，工学博士，教授。分别于2003年、2006年和2009年在南京航空航天大学自动化学院获得学士、硕士和博士学位，2009年至2010年在香港城市大学从事高级研究助理工作，2010年至2011年在美国北卡罗来纳州立大学从事博士后工作，2011年10月至今于东南大学电气工程学院任教，现任教授、博士生导师、先进电能变换技术与装备研究所所长。

长期从事高效率高可靠性电力电子功率变换及其应用领域的研究工作，在全桥直流变换器软开关理论、多变换器串并联组合系统稳定性与控制、LED驱动等方面取得了较为突出的成绩。主持国家自然科学基金3项、国家重点研发计划子课题2项、省部级项目5项；作为研究骨干参加国家“863”项目1项，以及企业课题10余项。与某企业历时10年合作研制了高频高压除尘电源、高压脉冲除尘电源、高压纳秒电源三代节能环保产品，拥有多项技术创新，累计销售额达12亿元，国内市场占有率第一，经济效益和社会效益十分显著。

研究成果以第一作者/通信作者发表SCI/EI论文70余篇，其中SCI期刊论文20余篇；出版英文专著 *Control of Series-Parallel Conversion Systems* 和《多变换器模块串并联组合系统》（第二作者）；已获授权美国专利4项、中国发明专利23项（1项已转让）。因在电力电子功率变换技术领域取得了比较突出的学术成绩，获全国优秀博士学位论文提名奖（2012年）、教育部自然科学一等奖（2014年，排名第2）、国家自然科学基金优秀青年基金（2019年）、中国电源学会科学技术奖二等奖（排名第1）、南京市优秀发明专利奖（第一发明人），入选江苏省“六大人才高峰”高层次人才计划。

指导3位硕士研究生获得江苏省优秀硕士学位论文；指导研究生获中国西电集团第二届“智慧电气杯”创新大赛二等奖、中国电机工程学会第三届“直流输电与电力电子创新杯大赛”三等奖；指导东南大学代表队获得中国电源学会GaN Systems杯第三届高校电力电子应用设计大赛优胜奖。

分别发起举办了2017年高压脉冲功率技术在环保领域应用专题研讨会和2018年“六朝松”电气青年学者论坛，有效加强了高校之间以及高校与企业的技术交流，助推电力电子行业应用发展。

担任的主要社会兼职包括：IEEE高级会员；担任中国电源学会直流电源专委会副主任委员和青年工作委员会副主任委员；担任江苏省电除尘器高频电源工程技术研究中心理事；担任IEEE Trans. Industrial Electronics、Journal of Power Electronics、CESS Journal of Power and Energy Systems以及中国电源学会英文会刊CPSS Trans. Power Electronics and Applications的副编辑（Associate Editor）；担任IEEE ECCE等多个国际会议分会主席和技术程序委员会委员；在国际会议（ECCE-Asia）组织了大功率电力电子技术在新能源并网中应用的专题（special session）；担任电源学报“电力电子前沿技术与应用”专辑主编。

**陈宇**

华中科技大学副教授，博士生导师

**个人亮点：**从事各类电力电子电源的开发与研究工作，在直流电力电子电源拓扑、交流电力电子电源控制以及中压配网接口电源设计三个研究方向取得了系统性进展，技术已应用于船舶、航空、电动汽车及电子辐照加速器等场合。

**获奖人简介：**

陈宇，博士，副教授，博士生导师。2006年和2011年在华中科技大学电气与电子工程学院分别获得学士与博士学位。博士毕业后留校工作，2014年晋升副教授。

多年来一直从事各类电力电子电源的开发与研究工作。在直流电力电子电源拓扑、交流电力电子电源控制以及中压配网接口电源设计三个研究方向取得了系统性进展。

1）提出了电力电子变换系统的元件复用理论与方法，为减少电力电子电源体积、提高功率密度提供了新的思路。

2）提出了两类重要交流系统（无刷双馈轴带发电系统与逆变电源供电系统）的电力电子电源设计方法，解决了小源荷容量比运行条件下的控制难题，充分满足多种场合要求。

3）针对未来配电网向中压直流发展的趋势，提出了基于模块化封装与拓扑集成的设计思路，为中压配电网到用户侧低压的高性能电能变换提供了技术储备。

基于上述理论创新，共计授权中国发明专利10项，美国发明专利1项。发表SCI/EI论文60余篇，总引用1000余次，总H指数18（源于Google Scholar）；在IEEE/IET等权威期刊发表/接收SCI论文29篇，其中第一/通讯作者SCI论文23篇，第一/通讯作者SCI论文H指数11，研究成果得到国内外同行的高度认可。

研制的直流变换器已形成24V与28V两个系列产品；研制的逆变器已形成六个系列产品；研制的直流应急电源已部署于某型电驱产品中；所开发的交流应急电源已应用于我国某型飞机中；为高效节能绝缘芯变压器型电子辐照加速器样机设计的热阴极电子枪供电电源在高电压、高气压及散热不良的腔体环境中可靠运行，已支撑加速器样机顺利实现200kV下稳定输出20mA电子束流。

已主持国家自然科学基金项目2项；参与国家自然科学基金项目2项、国家重点研发计划2项；主持或参与国家电网、ABB、光宝、台达、东风、博世等知名企业研发项目10余项。获华中科技大学华中学者、华中科技大学教学竞赛一等奖等荣誉；获全国百篇优秀博士论文提名奖1项、教育部科技进步奖一等奖1项（排名第6），国家科技进步奖二等奖1项（排名第7）。

**马铭遥**

合肥工业大学教授、博士生导师

**个人亮点：**从事光伏发电系统及电能变换装置在线状态监测技术、故障诊断方法和故障穿越策略等研究工作，专注于与阳光电源股份有限公司的产学研合作，为提升光伏电站运行可靠性和实现智慧化运维做出了基础性贡献。

**获奖人简介：**

马铭遥，教授，博士生导师。2004 年和 2010 年分别于浙江大学电气学院获得电子信息工程专业学士与电气工程专业博士学位。2010 年至 2011 年在浙江大学从事博士后研究工作，2011 年至 2012 年在美国中佛罗里达大学从事访问学者研究工作，2012 年至 2015 年在英国纽卡斯尔大学从事助理研究员工作。

2014 年加入合肥工业大学电气与自动化工程学院，任职至今。受聘安徽省“百人计划”特聘专家，合肥工业大学黄山青年学者，中国电源学会女科学家专委会委员，中国电源学会元器件专委会委员，中国自动化学会电气自动化专业委员会委员，CJEE 杂志编委。曾担任 2016 年 ECCE Asia 国际会议的大会秘书处主席，2019 IET RPG 国际会议、IEEE ICIEA 国际会议等的分会场主席，2019 欧洲 ESREF 国际会议的技术委员会委员等。

目前主要从事新能源发电系统的高效变换与高可靠运行相关方面的研究，具体在新能源发电系统在线状态监测、智能化故障诊断及灵活故障重构等方面已开展了持续的研究工作。相关工作也得到了国家自然科学基金、国家重点研发计划、中英国际合作项目、企业委托项目等 10 余项课题的大力支持。已发表 SCI/EI 论文近 60 篇，其中 IEEE、IET 等 SCI 收录期刊论文 18 篇，已授权发明专利 7 项（其中国际专利 1 项），论文他引 300 余次。相关科研成果得到了多位院士及 IEEE Fellow 的正面引用和好评。曾获 2019 IEEE ICIEA 国际会议最佳论文奖，2009 年浙江省科技进步一等奖。

主要的学术工作和科研成果包括：

提出了 IGBT 功率器件热敏参数与外电路运行参数多时间尺度非线性关联特性分析模型，采用主动适配参数提取的变换器 PWM 改进调制策略，实现非侵入式的 IGBT 功率模块在线结温提取及健康状态评估，解决了在现场运行环境下需要停机才能对 IGBT 功率模块进行失效状态评估的在线监测问题。

提出了光伏发电系统组件级 *I-V* 运行特性实时提取的数据驱动模型构建方法，基于深度特征快速提取解决多种组件级缺陷的识别和定位，以及组件间功率失配的成因分析，实现了无人值守光伏电站组件特征数据的自动收集和智能化运维。

研究揭示了光伏发电系统关键设备间故障相互传导和耦合的动稳态机理，提出了基于物理建模和数据驱动相融合的故障诊断方法，解决了光伏发电系统随机多故障并发的故障诊断的难题；提出了基于冗余电路特性的逆变器软件故障重构方法，实现了大型光伏发电系统逆变器开关管类硬件故障等的无停机平滑稳定持续运行。

基于上述理论研究成果，在技术产业化应用方面也推进了相关工作。在与阳光电源股份有限公司的长期而持续的产学研合作中，上述成果成功在大型电站完成现场测试验证并实际运行。运行效果表明，该技术成果可大大降低运维成本，提高运维效率，可为提升电站发电量起到促进作用，创造可观的经济效益。

# 2019年度国家科学技术奖电源及相关领域获奖成果

| 序号 | 项目名称 | 奖种 | 获奖等级 | 主要完成人 | 主要完成单位 |
|---|---|---|---|---|---|
| 1 | 碳纳米管复合纤维锂离子电池 | 自然科学奖 | 二等奖 | 彭慧胜，王永刚，任婧，孙雪梅，陈培宁 | 复旦大学 |
| 2 | 大型低速高效直驱永磁风力发电机关键技术及应用 | 技术发明奖 | 二等奖 | 黄守道，龙辛，赵祥，李进泽，陈习坤，何静 | 湖南大学，湘电风能有限公司，新疆金风科技股份有限公司，中车株洲电机有限公司，湖南工业大学 |
| 3 | 高压大电流IGBT芯片关键技术及应用 | 技术发明奖 | 二等奖 | 刘国友，盛况，罗海辉，覃荣震，黄建伟，肖海波 | 株洲中车时代电气股份有限公司，浙江大学 |
| 4 | 极端环境特种电机系统技术体系创建与应用 | 技术发明奖 | 二等奖 | 邹继斌，徐永向，陈强，禹国栋，邹继明，葛发华 | 哈尔滨工业大学，贵州航天林泉电机有限公司，贵州航天林泉电机有限公司 |
| 5 | 青藏地区可再生能源独立供电系统关键技术及工程应用 | 科学技术进步奖 | 二等奖 | 王伟胜，刘纯，丁明，何国庆，许洪华，唐成虹，李光辉，余勇，刘晓明，刘芳 | 中国电力科学研究院有限公司，合肥工业大学，国电南瑞科技股份有限公司，北京科诺伟业科技股份有限公司，阳光电源股份有限公司，国网西藏电力有限公司，龙源西藏新能源有限公司 |
| 6 | 电制热储热提升电网消纳风电能力的关键技术与规模化应用 | 科学技术进步奖 | 二等奖 | 葛维春，黄其励，陈群，朱建新，王建国，邢作霞，刘富家，李家珏，王顺江，葛延峰 | 国网辽宁省电力有限公司，沈阳世杰电器有限公司，沈阳工业大学，东北电力大学，清华大学，北京科东电力控制系统有限责任公司，国网吉林省电力有限公司 |
| 7 | 千万千瓦级风光电集群源网协调控制关键技术及应用 | 科学技术进步奖 | 二等奖 | 汪宁渤，徐泰山，马世英，王多，鲁宗相，周强，刘文颖，周识远，马彦宏，王昊昊 | 国网甘肃省电力公司，国电南瑞科技股份有限公司，中国电力科学研究院有限公司，清华大学，华北电力大学，许继集团有限公司，国电甘肃电力有限公司 |
| 8 | 高性能MEMS器件设计与制造关键技术及应用 | 科学技术进步奖 | 二等奖 | 黄庆安，周再发，聂萌，徐波，夏长奉，黄见秋，李伟华，唐洁影，朱真，王磊 | 东南大学，江苏英特神斯科技有限公司，无锡华润上华科技有限公司 |
| 9 | 面向柔性光电子的微纳制造关键技术与应用 | 科学技术进步奖 | 二等奖 | 陈林森，方宗豹，周小红，浦东林，朱鹏飞，魏国军，叶燕，朱昊枢，朱鸣，张恒 | 苏州大学，苏州苏大维格科技集团股份有限公司 |
| 10 | 新能源汽车能源系统关键共性检测技术及标准体系 | 科学技术进步奖 | 二等奖 | 杨世春，吴志新，王芳，张彩萍，张欣，陈飞，刘震，周荣，秦兴才，刘桂彬 | 北京航空航天大学，中国汽车技术研究中心有限公司，北京交通大学，福建星云电子股份有限公司，天津力神电池股份有限公司 |

# 2019 年度国家自然科学基金电源及相关领域立项项目

| 序号 | 项目类别 | 项目名称 | 依托单位 | 项目负责人 |
|---|---|---|---|---|
| 1 | 国际（地区）合作与交流项目 | 多能协同的分布式可再生能源高比例消纳与高效利用 | 天津大学 | 王成山 |
| 2 | 国际（地区）合作与交流项目 | 新能源电力系统与设备 | 西安交通大学 | 李盛涛 |
| 3 | 联合基金项目 | 高比例可再生能源电力系统供需平衡理论及方法 | 中国电力科学研究院有限公司 | 王伟胜 |
| 4 | 专项项目 | 《电气科学与工程学科发展战略研究报告（2021—2025）》研究 | 清华大学 | 陈维江 |
| 5 | 面上项目 | 混合式高压直流断路器大电流分断的杂散参数作用机制 | 华北电力大学 | 齐磊 |
| 6 | 面上项目 | PLC-VLC-RF 异构网络的室内信息能效传输机制研究 | 重庆邮电大学 | 刘焕 |
| 7 | 面上项目 | 纳米晶软磁复合材料高频微观磁作用机制与磁—热性能协同优化方法 | 山东大学 | 邹亮 |
| 8 | 面上项目 | 多目标无线电能传输系统自平衡谐振机理及关键技术研究 | 天津大学 | 张镇 |
| 9 | 面上项目 | 基于新型柔性叠层纳米晶的无线充电高性能电磁耦合方法研究 | 天津工业大学 | 张献 |
| 10 | 面上项目 | 基于电磁加载的金属声弹性响应及应力在役检测研究 | 河北工业大学 | 张闯 |
| 11 | 面上项目 | 广域空间风电场的多目标动态电磁散射理论及其 多普勒特性参量表征 | 三峡大学 | 唐波 |
| 12 | 面上项目 | 单电容耦合 WPT 系统电能传输机理及关键技术研究 | 重庆大学 | 苏玉刚 |
| 13 | 面上项目 | 面向无线电能传输系统的微元化涡流磁场异物检测技术研究 | 哈尔滨工业大学 | 宋凯 |
| 14 | 面上项目 | 基于虚拟能量总线的非对称结构无线电能传输系统能量分享方法 | 西华大学 | 李艳玲 |
| 15 | 面上项目 | 现代电工装备电磁特性云计算分析及自学习优化方法 | 天津工业大学 | 金亮 |
| 16 | 面上项目 | 强风骤雨条件下特高压直流电气设备电晕特性及数值模拟方法 | 武汉大学 | 杜志叶 |
| 17 | 面上项目 | 特异电磁材料体系与电子电路中的宇称时间对称性研究 | 西安交通大学 | 董天宇 |
| 18 | 面上项目 | 无线电能传输系统数据驱动建模与控制研究 | 武汉大学 | 邓其军 |
| 19 | 青年科学基金项目 | 提升磁谐振无线电能传输水平的有源中继技术研究 | 大连理工大学 | 齐琛 |

（续）

| 序号 | 项目类别 | 项目名称 | 依托单位 | 项目负责人 |
| --- | --- | --- | --- | --- |
| 20 | 青年科学基金项目 | 基于输入串联输出等效并联逆变器的无线电能传输拓扑与控制 | 湖北第二师范学院 | 刘姜涛 |
| 21 | 面上项目 | 高压大功率 DC/DC 变换器故障预测与健康管理理论与方法研究 | 武汉大学 | 何怡刚 |
| 22 | 地区科学基金项目 | 复杂电气环境下高速铁路轨道电路暂态响应研究 | 兰州交通大学 | 赵斌 |
| 23 | 面上项目 | 光学电压互感器的温漂问题研究 | 福州大学 | 徐启峰 |
| 24 | 青年科学基金项目 | 柔性微型超级电容器（MSC）与无芯片射频身份识别（RFID）集成系统的研究 | 厦门大学 | 王浩 |
| 25 | 青年科学基金项目 | 液晶填充微型孔缺陷芯光子晶体光纤高灵敏度电场传感方法研究 | 东北大学 | 刘强 |
| 26 | 青年科学基金项目 | 轮毂轴承广谱漏磁无损检测传感方法与应用研究 | 四川大学 | 李二龙 |
| 27 | 青年科学基金项目 | 三光束干涉型微纳光纤光子器件与液态电光/磁光介质耦合结构的全光纤电磁场传感机理研究 | 西安交通大学 | 韩春阳 |
| 28 | 专项项目 | 第二十四届电磁无损评估国际研讨会 | 电子科技大学 | 田贵云 |
| 29 | 重点项目 | 脉冲功率电容器用高储能复合电介质结构性能调控的基础理论与演示验证 | 清华大学 | 党智敏 |
| 30 | 青年科学基金项目 | 高压交流电场下 EHD 附壁射流电导机理及其流态转捩特性研究 | 上海海事大学 | 闫泽陆 |
| 31 | 青年科学基金项目 | 同质纤维和强磁场调控大长径比 MnZn 铁氧体轴向结晶与性能 | 中国科学院电工研究所 | 段中夏 |
| 32 | 青年科学基金项目 | 重复频率双极性电压下环氧/电极界面电荷行为与介质损伤研究 | 西安交通大学 | 王诗航 |
| 33 | 青年科学基金项目 | 周期性脉冲电场下电力电子装备绝缘空间电荷特性研究 | 山东大学 | 何东欣 |
| 34 | 面上项目 | 直流电压下绝缘材料温阻特性的相变调控和电场优化研究 | 新疆大学 | 周远翔 |
| 35 | 面上项目 | 基于微纳界面结构优化设计的聚合物基复合介质高温储能特性与机理研究 | 哈尔滨理工大学 | 迟庆国 |
| 36 | 面上项目 | 高场下电子给-受离域型电压稳定剂提高交联聚乙烯耐电性能及其机理研究 | 浙江大学 | 陈向荣 |
| 37 | 面上项目 | 高储能耐高温聚合物复合电介质设计、制备及结构与性能联调的基础理论 | 清华大学 | 查俊伟 |
| 38 | 联合基金项目 | 高压直流金属化薄膜电容器绝缘失效机理与抑制方法研究 | 天津大学 | 杜伯学 |
| 39 | 青年科学基金项目 | 基于微尺度绝缘层空间电荷三维定位调控和半导体/绝缘体界面形貌优化的薄膜场效应晶体管 | 西安交通大学 | 朱远惟 |
| 40 | 青年科学基金项目 | 具有优异电驱动特性的介电弹性体设计、制备及其性能调控机制 | 郑州大学 | 赵玉 |
| 41 | 青年科学基金项目 | 叠层结构 MXene@氟化石墨烯/铁电聚合物复合薄膜的构筑及其介电储能增强机理研究 | 西安交通大学 | 王国隆 |

（续）

| 序号 | 项目类别 | 项目名称 | 依托单位 | 项目负责人 |
| --- | --- | --- | --- | --- |
| 42 | 青年科学基金项目 | “侧链偶极”聚酰亚胺薄膜电介质的分子设计与性能调控 | 中国科学院电工研究所 | 佟辉 |
| 43 | 面上项目 | 含分布式电源供用电系统的故障漏电特征识别与保护策略的研究 | 河北工业大学 | 武一 |
| 44 | 重点项目 | 低压直流断路器服役性能演化机理与运行可靠性预测的研究 | 河北工业大学 | 李奎 |
| 45 | 国际（地区）合作与交流项目 | 为新一代机电系统的前瞻性开发建立科学基础 | 哈尔滨工业大学 | 崔淑梅 |
| 46 | 青年科学基金项目 | 基于高频振荡横向磁场的直流真空电弧模式演变及开断机理研究 | 西安交通大学 | 马慧 |
| 47 | 面上项目 | 直流多触点换流式气体电弧均压分断调控机理研究 | 北京航空航天大学 | 武建文 |
| 48 | 面上项目 | 银镁镍合金内氧化起泡抑泡机制及力学电学性能研究 | 东北大学 | 刘绍宏 |
| 49 | 面上项目 | 开关电器旋转开断机理及在真空开断中的应用研究 | 沈阳工业大学 | 曹云东 |
| 50 | 重点项目 | 超高压大容量快速真空断路器多断口短时燃弧开断物理过程研究 | 西安交通大学 | 王建华 |
| 51 | 国际（地区）合作与交流项目 | 考虑实际触头材料、外部磁场以及阳极活跃条件下真空电弧特性的理论和计算机仿真研究 | 西安交通大学 | 王立军 |
| 52 | 地区科学基金项目 | 三元层状陶瓷颗粒增强银基复合材料的界面及载流摩擦磨损机制研究 | 昆明贵金属研究所 | 刘满门 |
| 53 | 优秀青年科学基金项目 | 高速铁路受流回流关键技术 | 西南交通大学 | 高国强 |
| 54 | 面上项目 | 基于多目标优化的 C4F7N 混合气体断路器灭弧室结构与气体性质匹配设计的基础研究 | 西北工业大学 | 赵虎 |
| 55 | 面上项目 | 环保型罐式多断口真空断路器静动态自均压机理与协同调控 | 郑州大学 | 程显 |
| 56 | 国际（地区）合作与交流项目 | 超导限流式直流断路器特性研究 | 西安交通大学 | 刘志远 |
| 57 | 联合基金项目 | 高压直流电流阻尼式开断机理及其应用研究 | 西安交通大学 | 荣命哲 |
| 58 | 面上项目 | 基于三网融合特性的大规模电动汽车参与电网互动基础性研究 | 武汉大学 | 杨军 |
| 59 | 面上项目 | 综合能源系统通用建模与多系统协同规划研究 | 华北电力大学 | 刘自发 |
| 60 | 面上项目 | 多层机器学习驱动的主动配电网自趋优运行控制理论研究 | 四川大学 | 刘友波 |
| 61 | 面上项目 | 风电渗透下柔性负荷实施低频减载的机理与策略 | 广西大学 | 刘辉 |
| 62 | 面上项目 | 基于数据特征辅助的微网群优化理论与方法研究 | 北京交通大学 | 李鹏 |
| 63 | 面上项目 | 网络攻击下能源互联网数据容侵评估及可靠存储机制研究 | 南京邮电大学 | 邓松 |

（续）

| 序号 | 项目类别 | 项目名称 | 依托单位 | 项目负责人 |
|---|---|---|---|---|
| 64 | 面上项目 | 规模化电动汽车接入下微电网群落的互动机制与协同进化方法研究 | 华中科技大学 | 陈昌松 |
| 65 | 重点项目 | 综合能源系统的动力学模型及规划、运行基础理论研究 | 华南理工大学 | 陈皓勇 |
| 66 | 国家杰出青年科学基金 | 电力系统振荡的分析与控制 | 清华大学 | 谢小荣 |
| 67 | 国际(地区)合作与交流项目 | 中英可持续电力研究研讨会 | 河海大学 | 鞠平 |
| 68 | 国际(地区)合作与交流项目 | 中英可持续电力研究研讨会 | 天津大学 | 贾宏杰 |
| 69 | 国际(地区)合作与交流项目 | 中英可持续电力研究研讨会 | 西安交通大学 | 别朝红 |
| 70 | 联合基金项目 | 基于制度有效性理论的综合能源系统运营机制及关键技术研究 | 清华大学 | 夏清 |
| 71 | 联合基金项目 | 交直流混合主动配电网数据-模型融合感知与安全域约束调度 | 河海大学 | 卫志农 |
| 72 | 联合基金项目 | 雅砻江流域千万千瓦级风、光、水多能互补多级协同智能调度模式与关键技术研究 | 西安交通大学 | 李更丰 |
| 73 | 青年科学基金项目 | 基于无人机遥感成像及分布式数据协作的光伏发电预测理论研究 | 西安交通大学 | 张耀 |
| 74 | 青年科学基金项目 | 考虑不确定性和时空特征的新能源容量价值评估模型及方法研究 | 国网能源研究院有限公司 | 徐志成 |
| 75 | 青年科学基金项目 | 极端天气下多阶段主动配电网弹性评估与提升方法研究 | 上海交通大学 | 王旭 |
| 76 | 青年科学基金项目 | 极端天气事件下电力—天然气综合能源系统的弹性策略研究 | 河海大学 | 王冲 |
| 77 | 青年科学基金项目 | 基于随机矩阵理论和深度学习技术融合的配电网故障高维判据构建及其智能诊断方法研究 | 上海交通大学 | 贺兴 |
| 78 | 青年科学基金项目 | 面向共享电动汽车的充电定价和负荷时空管理机理研究 | 华北电力大学 | 丁肇豪 |
| 79 | 青年科学基金项目 | 面向高比例可再生能源的综合能源系统优化规划及其方法研究 | 华中科技大学 | 陈新宇 |
| 80 | 地区科学基金项目 | 面向综合能源微网的多能协调鲁棒优化运行模型与方法 | 广西大学 | 白晓清 |
| 81 | 面上项目 | 多元化电源随机动态耦合的电力系统发电调度知识型决策方法研究 | 华南理工大学 | 朱建全 |
| 82 | 面上项目 | 基于不确定性量化的智能配电软开关运行优化与规划方法 | 天津大学 | 赵金利 |
| 83 | 面上项目 | 考虑极端事件恢复力与常态运行经济性均衡的交直流混联配电网规划方法研究 | 中国农业大学 | 张璐 |
| 84 | 面上项目 | 基于信息驱动的综合能效电厂弹性能量管理与运营策略研究 | 东南大学 | 喻洁 |

（续）

| 序号 | 项目类别 | 项目名称 | 依托单位 | 项目负责人 |
|---|---|---|---|---|
| 85 | 面上项目 | 基于时空间相关性的风电集群功率预测的主动控制策略研究 | 中国农业大学 | 叶林 |
| 86 | 面上项目 | 川藏铁路“源—网—荷—储”型牵引供电系统规划方法研究 | 西南交通大学 | 杨健维 |
| 87 | 面上项目 | 基于能源细胞理论的区域综合能源系统双层状态估计研究 | 中国农业大学 | 杨德昌 |
| 88 | 面上项目 | 基于重采样机制的电力系统小概率高危风险评估理论与应用研究 | 中国农业大学 | 王越 |
| 89 | 面上项目 | 基于群智进化的分布式能源系统群演化模型与优化引导方法 | 北京交通大学 | 王小君 |
| 90 | 面上项目 | 面向高渗透率可再生能源消纳的区域电-热耦合网络综合需求响应机理和策略研究 | 天津大学 | 王丹 |
| 91 | 面上项目 | 基于图嵌入理论的电网弹性评估及其恢复力提升优化方法研究 | 华南理工大学 | 唐文虎 |
| 92 | 面上项目 | 高比例新能源集中接入大电网失步振荡机理与解列策略研究 | 武汉大学 | 唐飞 |
| 93 | 面上项目 | 考虑多元源荷深度互动的交直流混合配电网谐波耦合特性与传播规律研究 | 山东大学 | 孙媛媛 |
| 94 | 面上项目 | 多能流系统故障耦合传播机理及其负荷裕度演变风险特征研究 | 长沙理工大学 | 马瑞 |
| 95 | 面上项目 | 复杂交直流混合配电系统可靠性评估与优化研究 | 天津大学 | 罗凤章 |
| 96 | 面上项目 | 考虑火电多维度灵活性提升的多能源电力系统协同运行与容量配置优化研究 | 华中科技大学 | 娄素华 |
| 97 | 面上项目 | 具有复杂耦合和时滞特性的园区综合能源微网优化调度研究 | 华南理工大学 | 林舜江 |
| 98 | 面上项目 | 促进新能源灵活消纳的集群多元可控负荷协调控制方法 | 上海电力大学 | 林顺富 |
| 99 | 面上项目 | 计及燃料电池系统集群健康状态评估的多源混合发电系统协调控制方法研究 | 西南交通大学 | 李奇 |
| 100 | 面上项目 | 协同网络攻击下电网CPS跨空间级联故障演化机理及早期防御研究 | 武汉大学 | 李俊娥 |
| 101 | 面上项目 | 交直流电网中可再生能源不确定性斜坡事件的概率预测与主动平抑理论 | 东北电力大学 | 李江 |
| 102 | 面上项目 | 模型—数据混合驱动的综合能源系统运行可靠性评估研究 | 西安交通大学 | 李更丰 |
| 103 | 面上项目 | 高渗透率电力系统有效惯量与一次调频相互作用机理及优化控制研究 | 上海电力大学 | 李东东 |
| 104 | 面上项目 | 含时滞大规模电力系统的特征分析方法和阻尼控制器设计研究 | 西安交通大学 | 李崇涛 |

（续）

| 序号 | 项目类别 | 项目名称 | 依托单位 | 项目负责人 |
|---|---|---|---|---|
| 105 | 面上项目 | 综合能源系统中多能流动态优化混杂调控机理 | 广西大学 | 黎静华 |
| 106 | 面上项目 | 考虑新能源波动性影响的自适应时间颗粒度优化调度理论与方法 | 湖南大学 | 黎灿兵 |
| 107 | 面上项目 | 计及大功率驱动的电力电子化复杂电力系统谐波耦合机理分析与抑制方法研究 | 福州大学 | 金涛 |
| 108 | 面上项目 | 基于数据驱动的电力系统暂态稳定安全评估研究 | 浙江大学 | 江全元 |
| 109 | 面上项目 | 平行输电路线分布参数非解耦精确测量理论与方法研究 | 武汉大学 | 胡志坚 |
| 110 | 面上项目 | 计及潮流外溢效应的多区域电力市场协调理论研究 | 清华大学 | 郭烨 |
| 111 | 面上项目 | 计及联合循环机组灵活性的电力系统多阶段非预期随机优化调度 | 西安交通大学 | 丁涛 |
| 112 | 面上项目 | 变流器密集并网风电次同步振荡随机特性建模与机理研究 | 江苏大学 | 陈武晖 |
| 113 | 面上项目 | 高比例新能源电力系统惯性-频率时空响应特性及惯量优化配置策略研究 | 东北电力大学 | 蔡国伟 |
| 114 | 国际(地区)合作与交流项目 | 中英可持续电力研究研讨会 | 清华大学 | 康重庆 |
| 115 | 联合基金项目 | 含巨型梯级水电的风光水互补发电系统短期调度模式与增益分配机制 | 河海大学 | 谢俊 |
| 116 | 联合基金项目 | 多类型分布式电源接入配电网规划与运行控制理论研究 | 合肥工业大学 | 吴红斌 |
| 117 | 联合基金项目 | 多时空尺度储能规划与运行优化及综合效能评估 | 太原理工大学 | 韩肖清 |
| 118 | 联合基金项目 | 含大规模风电的电力系统多时间尺度同步机制和稳定控制研究 | 中国电力科学研究院有限公司 | 迟永宁 |
| 119 | 联合基金项目 | 面向清洁能源消纳的区域综合能源系统规划方法研究 | 上海交通大学 | 程浩忠 |
| 120 | 联合基金项目 | 面向大电网的网络攻击智能识别与安全防控理论与方法 | 长沙理工大学 | 曹一家 |
| 121 | 青年科学基金项目 | 电—气互联能源网络分层协同恢复在线决策优化方法研究 | 上海交通大学 | 周云 |
| 122 | 青年科学基金项目 | 网络攻击下虚拟电厂互动影响评估与深度弹性调控方法 | 清华大学 | 周建国 |
| 123 | 青年科学基金项目 | 基于分段变目标控制的限流型双馈风电场连续故障穿越研究 | 四川大学 | 郑子萱 |
| 124 | 青年科学基金项目 | 有限信息环境下低压配电系统潮流回溯与动态调度方法研究 | 上海电力大学 | 赵健 |
| 125 | 青年科学基金项目 | 不确定性环境下含多端智能软开关的高可靠主动配电网规划方法 | 上海交通大学 | 张沈习 |

（续）

| 序号 | 项目类别 | 项目名称 | 依托单位 | 项目负责人 |
| --- | --- | --- | --- | --- |
| 126 | 青年科学基金项目 | 人—信息—能量耦合的城市能源互联网灾变分析与动态预警 | 清华大学 | 臧天磊 |
| 127 | 青年科学基金项目 | 区域综合能源系统的数字孪生运行模拟方法研究 | 天津大学 | 于浩 |
| 128 | 青年科学基金项目 | 面向风电消纳的电采暖负荷群多维时移特性建模及协调调度机理研究 | 东北电力大学 | 杨玉龙 |
| 129 | 青年科学基金项目 | 特高压直流分层接入系统强度评估方法及应用研究 | 华中科技大学 | 肖浩 |
| 130 | 青年科学基金项目 | 计及电动汽车不确定性的配电网分布式状态估计研究 | 深圳大学 | 吴婷 |
| 131 | 青年科学基金项目 | 基于动态阻抗量测的风电系统次同步谐振扰动源定位研究 | 四川大学 | 王杨 |
| 132 | 青年科学基金项目 | 基于动态可行域聚合的虚拟电厂市场运行理论与方法 | 华北电力大学 | 王剑晓 |
| 133 | 青年科学基金项目 | 高比例风电接入电力系统机电振荡阻尼特性精细化分析与调控策略研究 | 东北电力大学 | 孙正龙 |
| 134 | 青年科学基金项目 | 非参数型可再生能源多区间预测及基于 Copula 的场景生成方法研究 | 南京理工大学 | 权浩 |
| 135 | 青年科学基金项目 | 基于伊藤理论的高比例可再生能源电力系统分析与控制技术研究 | 清华大学 | 邱一苇 |
| 136 | 青年科学基金项目 | 基于自适应基稀疏多项式混沌理论的规模化可再生能源承载能力动态概率评估方法研究 | 同济大学 | 倪菲 |
| 137 | 青年科学基金项目 | 计及风速风向时空特征和三维混合地形影响的风电场并网系统可靠性评估和优化研究 | 三峡大学 | 缪书唯 |
| 138 | 青年科学基金项目 | 考虑辅助服务市场化与辅助资源兼容性的综合能源服务能力提升方法 | 青海大学 | 马恒瑞 |
| 139 | 青年科学基金项目 | 面向多能源互联的区域综合能源系统动态协同优化运行技术研究 | 昆明理工大学 | 骆钊 |
| 140 | 青年科学基金项目 | 连接弱交流电网的高压柔性直流输电换流器宽频带振荡特性分析及自适应抑制 | 华中科技大学 | 鲁晓军 |
| 141 | 青年科学基金项目 | 多元不确定环境下微网群和配电网动态自适应鲁棒优化方法研究 | 天津大学 | 刘一欣 |
| 142 | 地区科学基金项目 | 不确定环境下园区能源互联网参与电力市场的竞价策略与风险管理 | 南通大学 | 刘扬洋 |
| 143 | 地区科学基金项目 | 运行可靠性与保险机制相结合的发电系统风险抑制方法研究 | 太原理工大学 | 梁定康 |
| 144 | 青年科学基金项目 | 基于旋转降维和稀疏谱逼近的微能源网随机优化运行方法 | 浙江大学城市学院 | 李静 |
| 145 | 青年科学基金项目 | 复杂电网环境下时变谐波在线检测新方法及应用研究 | 湖南师范大学 | 李建闽 |

（续）

| 序号 | 项目类别 | 项目名称 | 依托单位 | 项目负责人 |
|---|---|---|---|---|
| 146 | 青年科学基金项目 | 考虑分布式能源差异性和需求灵活性的电能分级交易机制、模型与方法研究 | 湖南大学 | 李佳勇 |
| 147 | 青年科学基金项目 | 考虑动态频率响应特性的低惯量电力系统规划方法研究 | 清华大学 | 杜尔顺 |
| 148 | 青年科学基金项目 | 基于故障穿越全过程解析的新能源发电统一等值建模方法研究 | 哈尔滨工业大学 | 晁璞璞 |
| 149 | 青年科学基金项目 | 基于广义转矩分析法的电力系统宽频振荡分析与控制研究 | 中国电力科学研究院有限公司 | 毕经天 |
| 150 | 地区科学基金项目 | 基于大数据驱动—分布鲁棒优化理论的多能源电力系统最小弃水机理研究 | 广西大学 | 韦化 |
| 151 | 地区科学基金项目 | 多尺度耦合风电系统的簇发振荡机理及控制研究 | 新疆大学 | 王聪 |
| 152 | 地区科学基金项目 | 贵州电力市场环境下基于大数据的智能配电网实时状态估计模型的构建 | 贵州大学 | 刘敏 |
| 153 | 优秀青年科学基金项目 | 高比例新能源电力系统稳定性分析和控制 | 浙江大学 | 辛焕海 |
| 154 | 优秀青年科学基金项目 | 电力系统多频段振荡阻尼特性分析与振荡源定位 | 清华大学 | 陈磊 |
| 155 | 面上项目 | 基于直流系统强度的新型协同式虚拟同步机研发 | 天津大学 | 朱介北 |
| 156 | 面上项目 | 网络物理攻击背景下自动发电控制系统的安全分析与防御策略研究 | 东南大学 | 张凯锋 |
| 157 | 面上项目 | 风轮被动变速运行机理及其与变桨协调的风电机组 AGC 控制方法研究 | 南京理工大学 | 殷明慧 |
| 158 | 面上项目 | 基于容错控制理论的大规模新能源并网系统宽频振荡抑制 | 中国电力科学研究院有限公司 | 徐式蕴 |
| 159 | 面上项目 | 复杂工况下直流船舶微电网的高能效运行控制与稳定方法研究 | 天津工业大学 | 肖朝霞 |
| 160 | 面上项目 | 虚拟同步化微电网控制参数优化与群级鲁棒协调控制 | 东南大学 | 吴在军 |
| 161 | 面上项目 | 基于光纤散射光谱的电力 OPGW 线路全景状态监测机理及系统研究 | 安徽工业大学 | 吕立冬 |
| 162 | 面上项目 | 互联多微电网的中压柔性直流配电系统灵活功率控制与稳定性研究 | 天津大学 | 李霞林 |
| 163 | 面上项目 | 计及网络攻击的时滞电力系统分析与控制关键技术研究 | 电子科技大学 | 李坚 |
| 164 | 面上项目 | 经济型高可靠性集成模块化即插即用串联型有源谐波隔离器机理研究 | 华中科技大学 | 李达义 |
| 165 | 面上项目 | 基于可再生能源的混合热—电站运行特性与控制方法研究 | 华中科技大学 | 陈霞 |
| 166 | 国际（地区）合作与交流项目 | 中英可持续电力研究研讨会 | 华中科技大学 | 陈霞 |

（续）

| 序号 | 项目类别 | 项目名称 | 依托单位 | 项目负责人 |
|---|---|---|---|---|
| 167 | 青年科学基金项目 | 高比例新能源微电网群多尺度宽频域动态特性分析及分布式模型预测镇定控制研究 | 广东工业大学 | 赵卓立 |
| 168 | 青年科学基金项目 | 智能发电控制的里程最优前景调度及其知识迁移理论 | 汕头大学 | 张孝顺 |
| 169 | 青年科学基金项目 | 基于MMC的直流电网暂态稳定性分析与控制研究 | 西南大学 | 阎发友 |
| 170 | 青年科学基金项目 | 适应新型调频资源的柔性调频服务及其调度方法研究 | 东南大学 | 王颖 |
| 171 | 青年科学基金项目 | 含风储联合系统的输电系统恢复协同优化决策理论与方法 | 合肥工业大学 | 孙磊 |
| 172 | 青年科学基金项目 | 基于惯量削弱量责任分担的风电场虚拟惯性补偿控制方法 | 三峡大学 | 李世春 |
| 173 | 面上项目 | 交直流混合点状网络能量动态平衡机理及其逆功率保护策略研究 | 中国石油大学(华东) | 仉志华 |
| 174 | 面上项目 | 柔性直流输电网控保协同技术研究 | 天津大学 | 薛士敏 |
| 175 | 面上项目 | 含调谐半波长输电线路继电保护关键问题研究 | 昆明理工大学 | 束洪春 |
| 176 | 面上项目 | 高压直流输电系统虚拟换相过程构建与换相失败抑制方法研究 | 西南交通大学 | 林圣 |
| 177 | 国际(地区)合作与交流项目 | 中英可持续电力研究研讨会 | 华北电力大学 | 毕天姝 |
| 178 | 国际(地区)合作与交流项目 | Research on Wideband Frequency Characteristics for LCC based HVDC Converter Station | 西安交通大学 | Bilal Masood |
| 179 | 青年科学基金项目 | 领域知识监督下基于行波暂态波形图像认知的输电线电气扰动检测与定位 | 昆明理工大学 | 张广斌 |
| 180 | 青年科学基金项目 | 具备强解释性的深度神经网络透明化智能电网故障诊断模型 | 贵州大学 | 熊国江 |
| 181 | 青年科学基金项目 | 基于新型MMC的中压直流配电网故障清除与系统恢复方法研究 | 天津大学 | 温伟杰 |
| 182 | 青年科学基金项目 | 主动防护接地MMC换流器方案及不对称能量极间交互机制研究 | 武汉大学 | 王朋 |
| 183 | 青年科学基金项目 | 适配换流器极限耐受能力的多端柔直电网非边界依赖型主保护判据研究 | 华中科技大学 | 童宁 |
| 184 | 青年科学基金项目 | 适应高比例可再生能源系统的混合动态状态估计 | 山东大学 | 金朝阳 |
| 185 | 青年科学基金项目 | 川藏铁路牵引供电系统安全风险评估方法研究 | 西南交通大学 | 冯玎 |
| 186 | 地区科学基金项目 | 基于人工免疫算法的母线差动保护采样值攻击识别方法及继电保护信息安全防御系统模型 | 广西大学 | 莫峻 |
| 187 | 面上项目 | πFBGs局部放电感知灵敏度提升方法与单光纤分布式高频自适应解调拓扑研究 | 华北电力大学 | 马国明 |
| 188 | 面上项目 | 风力发电机叶片碳纳米管涂层主被动协同防除冰研究 | 重庆大学 | 胡琴 |

（续）

| 序号 | 项目类别 | 项目名称 | 依托单位 | 项目负责人 |
|---|---|---|---|---|
| 189 | 面上项目 | 考虑雷电流多分量特征的雷电电弧扫掠特性及其多场损伤效应研究 | 上海交通大学 | 傅正财 |
| 190 | 创新研究群体项目 | 高电压与绝缘技术 | 清华大学 | 何金良 |
| 191 | 青年科学基金项目 | 计及细观尺度结构的电力变压器绕组短路电磁力分布规律研究 | 西安交通大学 | 文韬 |
| 192 | 优秀青年科学基金项目 | 高压直流输电系统电磁暂态分析与抑制 | 清华大学 | 余占清 |
| 193 | 面上项目 | 高频脉冲对变频电机匝间绝缘起始放电及耐电晕寿命影响机制研究 | 四川大学 | 王鹏 |
| 194 | 面上项目 | 考虑介质阻挡和多状态油流的换流变压器油道内金属微粒运动规律及放电特性 | 武汉大学 | 潘成 |
| 195 | 面上项目 | 基于频域介电响应的换流变压器油纸绝缘老化聚合度无损评估方法研究 | 哈尔滨理工大学 | 刘骥 |
| 196 | 面上项目 | 高电压复合绝缘子酥朽断裂试验模拟及断裂机理研究 | 清华大学 | 梁曦东 |
| 197 | 面上项目 | 流、电、热多物理场共同作用下绝缘油中固体杂质微粒动力学行为和其对绝缘油特性影响研究 | 西安交通大学 | 贺博 |
| 198 | 面上项目 | 基于超宽频电压传感的特高压 GIL 故障精确定位方法研究 | 清华四川能源互联网研究院 | 丁登伟 |
| 199 | 面上项目 | 空气中先导-流注放电发展随机特性及分支机理 | 湖南大学 | 陈赦 |
| 200 | 面上项目 | 基于耗尽型氮化镓晶体管并联的 650V，N＊50A（N＝2～6）共源共栅型功率模块关键技术研究 | 西安交通大学 | 卓放 |
| 201 | 面上项目 | 大功率风电变流器级联结构高效模型预测控制 | 山东大学 | 张祯滨 |
| 202 | 面上项目 | 网侧电感分离式一体化车载充电系统拓扑及其运行控制 | 天津大学 | 张云 |
| 203 | 面上项目 | 直流配电网中直流变压器的暂态控制与短路故障穿越研究 | 华中科技大学 | 张宇 |
| 204 | 面上项目 | 电压源型双馈风电机组并网振荡机理与抑制方法研究 | 哈尔滨工业大学 | 张学广 |
| 205 | 面上项目 | 针对大功率逆变器特定低频间谐波的频谱搬迁 PWM 研究 | 武汉大学 | 张慧 |
| 206 | 面上项目 | 面向智慧矿山的本安变流器多信源数据与能量同步传输关键技术研究 | 中国矿业大学 | 于东升 |
| 207 | 面上项目 | 基于 GaN 晶体管的高性能多电平变换器 | 湖南大学 | 尹新 |
| 208 | 面上项目 | 基于端口阻抗的有源电力滤波器动态特性及其与源荷系统的交互影响研究 | 西安交通大学 | 易皓 |
| 209 | 面上项目 | 电网短路故障下双馈风电基地的大干扰失稳机理与暂态致稳控制技术研究 | 重庆大学 | 姚骏 |
| 210 | 面上项目 | 柔性直流输电交流侧故障下换流器多桥臂主动应对的能量调控机理及穿越控制研究 | 长沙理工大学 | 夏向阳 |
| 211 | 面上项目 | 分布式电源系统中的电力电子变流器能量编码技术研究 | 浙江大学 | 吴建德 |

（续）

| 序号 | 项目类别 | 项目名称 | 依托单位 | 项目负责人 |
|---|---|---|---|---|
| 212 | 面上项目 | 机载高峰均比低频脉冲功率系统关键技术 | 南京航空航天大学 | 吴红飞 |
| 213 | 面上项目 | 分布式储能用高频高增益多谐振双向直流变换器及其运行控制 | 天津大学 | 王议锋 |
| 214 | 面上项目 | 基于平面耦合电感技术的阻抗源微型逆变器研究 | 哈尔滨工业大学 | 王卫 |
| 215 | 面上项目 | 多端混合直流输电系统谐波不稳定研究 | 四川大学 | 王顺亮 |
| 216 | 面上项目 | 基于 Si IGBT 和 SiC MOSFET 智能混合功率模块的研究 | 湖南大学 | 王俊 |
| 217 | 面上项目 | 六端口三相滤波器的有源实现及其稳定、可靠运行关键技术研究 | 武汉理工大学 | 王怀 |
| 218 | 面上项目 | 永磁直驱电力机车牵引电机控制策略研究 | 北京交通大学 | 王琛琛 |
| 219 | 面上项目 | 耦合谐振网络型多路谐振变换器拓扑、无源均流机理和控制技术研究 | 湖南大学 | 汪洪亮 |
| 220 | 面上项目 | 面向时变结构下多态直流微网的变流器运行控制关键技术研究 | 上海大学 | 汪飞 |
| 221 | 面上项目 | 直流配电网主动响应外部扰动的控制策略研究 | 长沙理工大学 | 唐欣 |
| 222 | 面上项目 | 单向电流型全桥 MMC 及其新型直流组网方式研究 | 清华大学 | 宋强 |
| 223 | 面上项目 | 孤岛微电网的电压和频率优化控制方法研究 | 湖南大学 | 帅智康 |
| 224 | 面上项目 | 采用模块化串并联接的单级高频隔离式双向 AC-DC 充放电变流器研究 | 北京理工大学 | 沙德尚 |
| 225 | 面上项目 | 基于投切状态矩阵的模块化多电平变流器电压自平衡控制方法 | 武汉大学 | 秦亮 |
| 226 | 面上项目 | 电力电子系统强弱电耦合建模预测及干扰抑制 | 华中科技大学 | 裴雪军 |
| 227 | 面上项目 | 轨道交通无线牵引供电系统功率波动机理及其抑制方法研究 | 西南交通大学 | 麦瑞坤 |
| 228 | 面上项目 | 新能源汽车宏观运行工况反馈的电驱系统 IGBT 功率模块热阻抗模型自适应结温估算研究 | 合肥工业大学 | 马铭遥 |
| 229 | 面上项目 | 基于极化电场分析方法的水下航行器电容耦合型无线能量传输系统研究 | 浙江大学 | 马皓 |
| 230 | 面上项目 | 适应于新能源接入的高速铁路多端口功率调节器及其协同控制研究 | 湖南大学 | 马伏军 |
| 231 | 面上项目 | 碳化硅功率 MOSFET 的栅氧质量可靠性研究 | 湖南大学 | 卢继武 |
| 232 | 面上项目 | 基于 SiC 器件的高功率密度 MMC 子模块关键技术研究 | 华中科技大学 | 林磊 |
| 233 | 面上项目 | 规模化组串型光伏逆变器谐振机理及分层协同控制策略研究 | 湖南工业大学 | 李圣清 |
| 234 | 面上项目 | 基于高频变压器隔离的单级式谐振型 AC/DC 变换器关键技术研究 | 南京航空航天大学 | 胡海兵 |
| 235 | 面上项目 | 多源异构孤岛微网多尺度失稳机理与鲁棒无源增强控制方法研究 | 电子科技大学 | 韩杨 |

（续）

| 序号 | 项目类别 | 项目名称 | 依托单位 | 项目负责人 |
|---|---|---|---|---|
| 236 | 面上项目 | 双辅助谐振极逆变器拓扑改进及调制策略的研究 | 东北大学 | 褚恩辉 |
| 237 | 面上项目 | 海浪发电新型圆筒直线发电机系统基础研究 | 中国矿业大学 | 陈昊 |
| 238 | 重点项目 | 基于电网状态估计的新能源发电混合模式并网变流器多模型控制及系统优化研究 | 合肥工业大学 | 张兴 |
| 239 | 重点项目 | 交直流混联电力电子网络的电磁暂态小干扰稳定性研究 | 重庆大学 | 杜雄 |
| 240 | 国家杰出青年科学基金 | 新能源功率变换与运行调控 | 浙江大学 | 李武华 |
| 241 | 国际(地区)合作与交流项目 | 基于人工智能的电动车电机实时安全运行机理及健康预测方法研究 | 哈尔滨工业大学 | 王高林 |
| 242 | 国际(地区)合作与交流项目 | 中英可持续电力研究研讨会 | 南京航空航天大学 | 阮新波 |
| 243 | 国际(地区)合作与交流项目 | 电动车辆开关磁阻驱动电机系统基础研究 | 中国矿业大学 | 陈昊 |
| 244 | 国际(地区)合作与交流项目 | Electrical harmonics and Peak to peak Current Ripple in Multilevel Converters for High-Power Electric Drive Systems：Analysis and Mitigations | 福州大学 | Daniel Legrand MON NZONGO |
| 245 | 联合基金项目 | 面向快速安全高效的智能化 SiC 充电系统关键技术研究 | 山东大学 | 张承慧 |
| 246 | 联合基金项目 | 基于烧结平面互联的新型高压碳化硅功率模块封装技术与失效机制研究 | 西安交通大学 | 王来利 |
| 247 | 联合基金项目 | 压接型 IGBT 器件封装老化失效演化机理及测评方法 | 重庆大学 | 李辉 |
| 248 | 青年科学基金项目 | 弱电网故障下无 Crowbar 双馈风电机组的暂态稳定性分析与优化控制研究 | 华中科技大学 | 朱东海 |
| 249 | 青年科学基金项目 | 含多类 FACTS 装置的高压直流输电系统换相失败机理及其抑制方法研究 | 湖南大学 | 周小平 |
| 250 | 青年科学基金项目 | 高速磁浮列车电容式无线辅助供电系统功率提升策略研究 | 西南交通大学 | 周玮 |
| 251 | 青年科学基金项目 | 动力电池充电系统中的高适应性直流变换器关键技术研究 | 汕头大学 | 赵雷 |
| 252 | 青年科学基金项目 | SiC 槽栅型功率器件可靠性研究与器件结构设计 | 深圳大学 | 张蒙 |
| 253 | 青年科学基金项目 | 离子引擎供电电源的超高增益变换器及最佳负载点运行控制 | 广东工业大学 | 张桂东 |
| 254 | 青年科学基金项目 | 超高速磁悬浮列车高频牵引变流器拓扑及控制策略研究 | 中国科学院电工研究所 | 张波 |
| 255 | 青年科学基金项目 | 多逆变器混合运行模式系统的谐波谐振机理、评估与抑制 | 合肥学院 | 余畅舟 |
| 256 | 青年科学基金项目 | 基于开关电容的混合级联多电平系统研究 | 广东工业大学 | 叶远茂 |
| 257 | 青年科学基金项目 | 高功率脉冲负载接入的舰船中压直流电网与超级电容储能接口双向变换器研究 | 中国人民解放军海军工程大学 | 杨国润 |

（续）

| 序号 | 项目类别 | 项目名称 | 依托单位 | 项目负责人 |
|---|---|---|---|---|
| 258 | 青年科学基金项目 | 基于 PCB 绕组磁集成变压器的双有源桥 DC-DC 变换器效率优化及控制研究 | 中南大学 | 许国 |
| 259 | 青年科学基金项目 | 高带宽强抗扰 PCB 罗氏线圈在 SiC MOSFET 短路保护中的关键技术研究 | 河北工业大学 | 辛振 |
| 260 | 青年科学基金项目 | 微电网中多个微源间的暂态交互影响分析与对策研究 | 湖南大学 | 肖凡 |
| 261 | 青年科学基金项目 | 兼具融冰的电气化铁路牵引直流供电拓扑及控制方法研究 | 长沙理工大学 | 吴传平 |
| 262 | 青年科学基金项目 | 基于多回路解耦的高开关性能碳化硅功率模块研究 | 华中科技大学 | 王智强 |
| 263 | 青年科学基金项目 | MHz 级应用下 GaN 器件损耗机理及损耗抑制技术 | 西安交通大学 | 王康平 |
| 264 | 青年科学基金项目 | 基于在线辨识建模的微电网模型参考自适应二次频率控制研究 | 合肥工业大学 | 施永 |
| 265 | 青年科学基金项目 | 基于三角形串联 H 桥与交叉连接分裂电容结构的固态配电变压器 | 西安交通大学 | 欧阳少迪 |
| 266 | 青年科学基金项目 | 风电场与柔直送端 MMC 换流站交互振荡机理及抑制方法研究 | 上海交通大学 | 吕敬 |
| 267 | 青年科学基金项目 | 基于多目标满意优化的自均压 ANPC 五电平逆变器控制机理与方法研究 | 江苏师范大学 | 刘战 |
| 268 | 青年科学基金项目 | 基于新型均压子模块的 MMC-STATCOM 拓扑及其控制策略的研究 | 东北林业大学 | 刘一琦 |
| 269 | 青年科学基金项目 | 高比例电力电子并网接口振荡模式交互机理及优化控制研究 | 合肥工业大学 | 刘芳 |
| 270 | 青年科学基金项目 | 频繁冲击负荷下动态无线供电系统高效率保持方法研究 | 西南交通大学 | 李勇 |
| 271 | 青年科学基金项目 | 基于氢储能的 100%可再生园区能源系统联合建模与优化控制研究 | 东北电力大学 | 孔令国 |
| 272 | 青年科学基金项目 | 基于二次侧谐振回路的高增益变换器及阻抗问题研究 | 北方工业大学 | 贾鹏宇 |
| 273 | 青年科学基金项目 | 一种新型四电平嵌套中点钳位的多相 H 桥变频器悬浮电容电压平衡控制优化研究 | 中国人民解放军海军工程大学 | 胡亮灯 |
| 274 | 青年科学基金项目 | 非同步旋转坐标变换应用于并网变换器的机理分析与关键技术研究 | 山东大学 | 蒿天衢 |
| 275 | 青年科学基金项目 | 基于混合功率器件 ANPC 电路的高效率双有源桥 DC/DC 变换器研究 | 华中科技大学 | 关清心 |
| 276 | 青年科学基金项目 | 高速列车电力电子牵引变压器复合故障在线诊断方法研究 | 西华大学 | 苟斌 |
| 277 | 青年科学基金项目 | 面向交流传动的相间耦合型 MMC 低频运行优化模型预测控制研究 | 中国矿业大学 | 公铮 |

（续）

| 序号 | 项目类别 | 项目名称 | 依托单位 | 项目负责人 |
|---|---|---|---|---|
| 278 | 青年科学基金项目 | 基于高频隔离的电池储能变换器控制优化与级联稳定性研究 | 上海海事大学 | 高宁 |
| 279 | 青年科学基金项目 | 基于多性能兼容新型构造模块的输配电直流变压器 | 西安交通大学 | 杜思行 |
| 280 | 青年科学基金项目 | 基于图论的非隔离多端口变换器拓扑自动演绎方法研究 | 厦门大学 | 陈桂鹏 |
| 281 | 地区科学基金项目 | 银纳米颗粒焊膏低温无压连接铜基-SiC器件的无氧烧结机理研究 | 桂林电子科技大学 | 闫海东 |
| 282 | 地区科学基金项目 | 电子变压器电感器的优化设计及其可视化算法 | 南昌航空大学 | 伍家驹 |
| 283 | 地区科学基金项目 | 基于MMC半桥微源逆变器串联结构的微电网系统关键技术研究 | 兰州理工大学 | 王兴贵 |
| 284 | 地区科学基金项目 | 储能型九开关变换器改善分散式风电灵活功率调节与优化运行特性 | 内蒙古工业大学 | 任永峰 |
| 285 | 地区科学基金项目 | 大规模串联锂离子电池系统高性能均衡器关键技术研究 | 昆明理工大学 | 刘红锐 |
| 286 | 面上项目 | 变工况下汽车尾气温差发电系统多场耦合机理与能量动态规划研究 | 江苏大学 | 周卫琪 |
| 287 | 面上项目 | 空间燃料电池低温液态氢氧供储过程的共轭传热机理与气热耦合规律研究 | 西北工业大学 | 周大明 |
| 288 | 面上项目 | 离子限域效应调控碳基超级电容器自放电行为及其机制研究 | 西南交通大学 | 张海涛 |
| 289 | 面上项目 | 面向物理模型与非均一性的锂离子电池组健康状态评估与管理方法 | 北京交通大学 | 张彩萍 |
| 290 | 面上项目 | kW级车载热电发电分布式能源系统热电耦合机理与能效优化研究 | 武汉理工大学 | 谢长君 |
| 291 | 面上项目 | 高安全水系锌离子电池嵌入型负极材料的结构调控及机理研究 | 华中科技大学 | 王康丽 |
| 292 | 面上项目 | 类高尔夫球表面结构增强风致振动压电能量俘获性能机理与方法 | 郑州大学 | 王军雷 |
| 293 | 面上项目 | 面向梯次利用的大规模退役锂电池多维度快速分选原理及方法研究 | 上海理工大学 | 来鑫 |
| 294 | 面上项目 | 高密度Ti3C2Tx钠离子混合电容器自支撑负极的构筑、表面改性及高体积比容兼具高倍率储能特性研究 | 湖南大学 | 解修强 |
| 295 | 面上项目 | 车用动力电池系统复杂故障状态多域耦合特性与热失控预测方法研究 | 东北大学 | 陈泽宇 |
| 296 | 面上项目 | 锂浆料电池的失效机理与修复再生研究 | 中国科学院电工研究所 | 陈永翀 |
| 297 | 国际（地区）合作与交流项目 | 中英可持续电力研究研讨会 | 中国科学院电工研究所 | 陈永翀 |

（续）

| 序号 | 项目类别 | 项目名称 | 依托单位 | 项目负责人 |
|---|---|---|---|---|
| 298 | 联合基金项目 | 安全高比能低成本磷酸铁锂储能系统 | 华中科技大学 | 谢佳 |
| 299 | 青年科学基金项目 | 柔性输电线缆巡检机器人无动力下坡制动与能量回收方法研究 | 湖北工业大学 | 杨智勇 |
| 300 | 青年科学基金项目 | 锂硫电池用单离子聚合物基功能化改性隔膜的构筑及多硫阴离子穿梭效应抑制研究 | 盐城师范学院 | 徐国栋 |
| 301 | 青年科学基金项目 | 杂原子掺杂催化提升碳电极-活性电解液体系电容性能研究 | 山东理工大学 | 吴小中 |
| 302 | 青年科学基金项目 | 车用动力电池不一致性多尺度特征聚类模型及均衡预测控制研究 | 福州大学 | 王亚雄 |
| 303 | 优秀青年科学基金项目 | 新能源汽车动力电池系统智能管理与优化控制 | 北京理工大学 | 熊瑞 |

# 2019年度高等学校科学研究优秀成果奖（科学技术）通用项目电源及相关领域获奖成果

| 序号 | 项目名称 | 奖种 | 获奖等级 | 主要完成人 | 主要完成单位 |
| --- | --- | --- | --- | --- | --- |
| 1 | 锂硫电池中电化学反应的调控原理与方法 | 自然科学奖 | 一等奖 | 张强，黄佳琦，彭翃杰，陈翔，元喆，魏飞，侯廷政，赵梦强 | 清华大学 |
| 2 | 电极化储能复合电介质材料结构性能联调的基础理论与方法 | 自然科学奖 | 一等奖 | 党智敏，查俊伟，王东瑞，郑明胜，杨万泰 | 北京科技大学，北京化工大学，清华大学 |
| 3 | 面向高性能储能电池隔膜和电极材料的研究 | 自然科学奖 | 一等奖 | 王海辉，王素清，廉培超，李忠 | 华南理工大学 |
| 4 | 配用电“信息-能量”协同调控理论与方法 | 自然科学奖 | 二等奖 | 刘念，周振宇，伍军，张建华，李鹏，陈奇芳，雷金勇 | 华北电力大学，上海交通大学，南方电网科学研究院有限责任公司 |
| 5 | 纳米结构太阳电池的器件级光-电-热仿真、性能调控与实现 | 自然科学奖 | 二等奖 | 李孝峰，叶继春，高平奇，吴绍龙，张程，杨阵海 | 苏州大学，中国科学院宁波材料技术与工程研究所 |
| 6 | 大功率燃料电池系统优化控制理论与混合动力能量管理方法 | 自然科学奖 | 二等奖 | 陈维荣，李奇，戴朝华，马磊，郭爱，韩莹 | 西南交通大学 |
| 7 | 大容量电力电子系统电磁瞬态过程分析与控制技术 | 技术发明奖 | 一等奖 | 赵争鸣，袁立强，鲁挺，陈凯楠，张春朋，孙晓瑛 | 清华大学 |
| 8 | 面向基础设施的长寿命智能无线传感网技术及其应用 | 技术发明奖 | 一等奖 | 杨华中，刘勇攀，李冷，秦世耀，章立峰，王鹏军 | 清华大学，中国科学院微电子研究所，中国电力科学研究院有限公司，中国电建集团华东勘测设计研究院有限公司，北京源清慧虹信息科技有限公司，无锡源清慧虹信息科技有限公司 |
| 9 | 低压非隔离逆变器及其并网应用关键技术 | 技术发明奖 | 二等奖 | 肖华锋，黄敏，过亮，朱卫平，王政，王伟 | 东南大学，国电南瑞科技股份有限公司，江苏固德威电源科技股份有限公司，国网江苏省电力有限公司 |
| 10 | 电动汽车无线充电关键技术及示范应用 | 技术发明奖 | 二等奖 | 黄学良，谭林林，刘瀚，陈中，王维，闻枫 | 东南大学，国网江苏省电力有限公司 |
| 11 | 电动汽车动力电池系统管控关键技术与应用 | 技术发明奖 | 二等奖 | 陈宗海，汪玉洁，刘新天，何耀，钟国彬，曾传兴 | 中国科学技术大学，合肥工业大学，安徽锐能科技有限公司，广东电网有限责任公司电力科学研究院，东莞中汽宏远汽车有限公司 |
| 12 | 大电网调度运营决策的高效建模与优化关键技术及工程应用 | 科学技术进步奖 | 一等奖 | 康重庆，钟海旺，张宁，陈启鑫，夏清，杨知方，汪洋，赖晓文，汪洋，王斌，王毅，徐帆，张波，涂孟夫，庞传军 | 清华大学，北京清能互联科技有限公司，国电南瑞科技股份有限公司，北京科东电力控制系统有限责任公司 |

（续）

| 序号 | 项目名称 | 奖种 | 获奖等级 | 主要完成人 | 主要完成单位 |
|---|---|---|---|---|---|
| 13 | 电能质量分析控制关键技术与核心装备研发应用 | 科学技术进步奖 | 二等奖 | 肖湘宁，姜齐荣，徐永海，陶顺，王同勋，袁晓冬，迟忠君，袁敞，齐林海，王金浩，陈鹏伟，陈文波，安哲，于希娟，史明明 | 华北电力大学，清华大学，全球能源互联网研究院有限公司，国网江苏省电力有限公司电力科学研究院，国网北京市电力公司电力科学研究院，国网山西省电力公司电力科学研究院，南京国臣信息自动化技术有限公司 |
| 14 | 多重改性聚阴离子型正极材料制备关键技术、产品研发及锂电池应用 | 科学技术进步奖 | 二等奖 | 罗绍华，刘延国，王庆，张亚辉，包硕，诸葛福长，田勇，李辉，王晓薇，郝爱民 | 东北大学，甘肃大象能源科技有限公司，秦皇岛科维克科技有限公司 |
| 15 | 全数字化绿色“三低型”高频逆变焊接电源关键技术及应用 | 科学技术进步奖 | 二等奖 | 王振民，张芩，吴祥淼，黄石生，邱光，罗卫红 | 华南理工大学，深圳市佳士科技股份有限公司，深圳市瑞凌实业股份有限公司 |
| 16 | 电磁传感与电磁传能材料、器件和应用创新研究 | 科学技术进步奖 | 二等奖 | 黄琦，田贵云，周永川，刘逊，李坚，高斌，胡维昊，张真源，孙敏，潘思铭 | 电子科技大学，中国电子科技集团公司第九研究所，成都市易冲半导体有限公司，国网四川省电力公司电力科学研究院 |

# 电源相关科研团队简介
## （按照团队名称汉语拼音字母顺序排序）

### 1. 安徽大学——工业节电与电能质量控制省级协同创新中心

**地址：**安徽省合肥市九龙路111号，安徽大学磬苑校区理工B座

**邮编：**230601

**电话：**0551-63861862

**传真：**0551-63861862

**网址：**http：//www3.ahu.edu.cn/jdcx/

**团队人数：**127

**团队带头人：**王群京

**主要成员：**李国丽、郑常宝、赵吉文、胡存刚、陈权

**研究方向：**高节能电机及其控制、电力电子装置、电能质量检测与治理

**团队简介：**

工业节电与电能质量控制协同创新中心（以下简称“中心”）是安徽大学牵头，联合东南大学、安徽省电力公司、马钢（集团）控股有限公司、安徽皖南电机股份有限公司、合肥通用机械研究院等作为核心共建单位，由共同致力于提升科技创新能力和拔尖创新人才培养能力、服务和引领工业节电与电能质量控制领域技术创新、应用和推广的高等院校、科研院所、企业和国际创新机构等单位联合组建的非法人实体组织。

中心的宗旨是，面向制约区域可持续发展的节能和能源安全等重大问题，本着“优势互补，深度融合，协同创新，利益共享，对外开放，支撑发展”的原则，在安徽省能源局指导下，基于长期项目和人才合作，依托安徽大学和东南大学国家级重点学科和平台，以安徽电力、马钢、皖南电机等重点企业及其技术中心为工程化示范和产业化基地，改革协同创新模式和机制，联合共建“工业节电与电能质量控制协同创新中心”，在工业节电和用电质量及安全等重点领域，搭建高技术研发平台、技术转移平台、公共技术服务平台、科技型企业孵化平台和高层次人才培养平台，建成服务全省，辐射周边，在国内具有较大影响的公共协同创新中心，通过政产学研合作机制，整合各类资源，开展联合技术创新，推动高耗能传统产业技术升级，提高能源、钢铁等支柱产业经济和社会效益，孵化和催生节电产品战略性新兴产业，促进区域经济社会可持续发展。

通过中心实现政产学研实质性联合，发挥政府职能部门主导作用，建立高等院校与企业间的产学研合作对口支援关系，实现能力互补和研发风险的分担；融合高校和企业各自的人才优势、技术优势，集聚和培养一批高层次技术人才；面向产业，建立产学研结合的公共科技创新平台，形成一批在国内具有一流水平的产学研开发基地和产业化基地，加快学校科学技术向企业转移；承担和实施一批国家和省级重大科技项目，不断缩短企业产品技术研发周期，提升产业创新水平，加快相关产业的科技进步；攻克一批制约产业发展的工业节能和用电安全共性关键技术，形成具有国际竞争力的自主品牌、自主知识产权，形成系列化的国家、行业以及地方标准；通过中心的技术辐射、产品辐射和服务辐射功能，为行业单位和用户提供多层面、专业化的服务。

### 2. 安徽工业大学—优秀创新团队

**地址：**安徽省马鞍山市马向路新城东区电气与信息工程学院

**邮编：**243032

**电话：**0555-2316595

**团队邮箱：**liuxiaodong@ahut.edu.cn

**团队人数：**8

**团队带头人：**刘晓东

**主要成员：**葛芦生、陈乐柱、郑诗程、方炜、胡雪峰、刘宿城、杨云虎

**研究方向：**电力电子功率变换技术

**团队简介：**

本团队包括教授6人、副教授2人，其中7人具有博士学位，涉及电力电子、高电压技术、电力系统和控制理论工程等多个相关学科。围绕着“电力电子功率变换技术”核心研究方向，主要从事以下方面的研究：1）数字开关电源开发和应用；2）新能源发电及智能微电网技术的研究；3）特种电源及其应用。本团队已获得国家自然科学基金7项、国家外专局项目1项、安徽省科技攻关项目1项、安徽省自然科学基金4项、安徽省教育厅基金项目6项、马鞍山市科技局项目1项，申请国家专利30余项，发表论文200余篇。与此同时，基于在开关电源和新能源变换等技术方面积累的较为丰富的理论和实践经验，团队成员积极地将部分先进的研究成果向应用领域转化，扩大了电力电子功率变换技术在国民经济领域的应用范围，促进了地方经济的发展。

### 3. 北方工业大学—新能源发电与智能电网

**地址：**北京市石景山区晋元庄路5号

**邮编：**100144

**电话：**010-88803905

**团队邮箱：** zjh@ncut.edu.cn

**团队人数：** 10

**团队带头人：** 周京华

**主要成员：** 陈亚爱、胡长斌、温春雪、朴政国、宋晓通、景柳铭、张海峰、章小卫、张贵辰

**研究方向：** 新能源变换与控制、智能电网优化运行与调度、电能质量综合治理、储能系统功率变换

**团队简介：**

团队为北京市"新能源发电与智能电网"高水平创新团队。团队成员长期从事新能源变换与控制、智能电网优化运行与调度等方面的研究，并在新能源并网发电、储能变换与控制、电能质量治理、先进能效管理等关键性理论及技术实现上取得了部分成果。成员之间科研方向具有互补性，长期以来一直在开展科研合作，形成了稳定的合作关系、扎实的合作基础。团队成员主持4项国家自然科学基金、6项北京市自然科学基金、45项企业委托开发项目，承担2项国家863计划课题，出版专著2部、译著7部，授权发明专利20项。所获得的关键技术已成功应用于相关企业的工业化产品及近50个智能微电网示范工程中，带来了较大的经济效益与社会效益。

## 4. 北京交通大学—电力电子与电力牵引研究所团队

**地址：** 北京市海淀区上园村3号北京交通大学电气工程楼602

**邮编：** 100044

**电话：** 010-51687064

**传真：** 010-54684029

**网址：** http://ee.bjtu.edu.cn/xisuo/dianlidianzisuo.php

**团队人数：** 18

**团队带头人：** 郑琼林、游小杰

**主要成员：** 杨中平、林飞、李虹、孙湖、郝瑞祥、贺明智、王琛琛、李艳、刘建强、郭希铮、黄先进、王剑、杨晓峰、周明磊

**研究方向：** 轨道交通牵引供电与传动控制（高速列车、重载列车和城轨列车），特种电源（工业、军工），电力电子技术在电力系统中的应用，光伏发电并网与控制，高性能低损耗电力电子系统，宽禁带器件应用，能源互联网

**团队简介：**

北京交通大学电力电子与电力牵引研究所（简称"电力电子研究所"）成立于2004年，主要从事电力电子和电力牵引领域的研究工作，是电力牵引教育部工程研究中心的依托单位。所在的电力电子学科为北京市重点学科。北京交通大学是台达电力电子科教基金资助的十所高校之一，中国高校电力电子学术年会四个发起单位之一。北京交通大学电力电子研究所团队有教授5人，副教授7人，讲师4人，博士生和硕士生130余人，近年来发表学术论文200余篇，其中SCI论文近40篇，EI论文100余篇，出版科技专著9部，已授权发明专利30余项，获软件著作权20余项，获省部级科技进步奖二等奖和三等奖各1项，培养优秀硕士/博士毕业生和荣获国家级奖学金学生20余人次。

近年来研究所围绕高速列车牵引传动与控制、重载列车牵引传动与控制、特种工业电源、特种军用电源、宽禁带器件应用、光伏发电并网与控制、柔性直流输电技术、电能质量控制技术、能源互联网等领域开展研究工作，研制出多个系列电能变换与节能装备，并成功实现了产业化。研究所自成立以来，承担并完成了许多国家科技支撑项目、国家重大研究计划、国家自然科学基金项目、863项目、铁道部项目、国防科技项目、台达科教基金项目、企业横向课题等许多科研项目，在这些项目中，研究所在国内率先研制成功了交流传动互馈试验台，可用于大功率牵引电机及其他电机的控制、试验、测试等；建设了国内先进的电力牵引综合实验平台，并在该平台上开发了大功率电力机车牵引传动控制系统；完成了国内最大功率的航天试验用电源，特种军用电源，大功率电解、电镀等工业电源的研制。

北京交通大学电力电子研究所与许多科研机构和公司建立了长期的密切合作关系。与世界最大的SVC制造商——荣信电力电子股份有限公司签署协议共建电力牵引教育部工程研究中心；与中国中车股份有限公司、北京卫星制造厂等单位签署了产学研战略联盟协议；与北京京仪椿树整流器有限责任公司签署了共建电力电子联合实验室的协议；此外，还与北京京仪绿能电力系统工程公司、北京敬业电工集团等十余家知名企业建立了产学研合作关系，为企业的核心技术研发提供技术支持，同时也获得了研究所发展所需要的资金支持，并为研究生的培养提供了实践基地。

## 5. 重庆大学—电磁场效应、测量和电磁成像研究团队

**地址：** 重庆市沙坪坝区沙正街174号重庆大学

**邮编：** 400044

**电话：** 023-65105242

**传真：** 023-65105242

**团队人数：** 9

**团队带头人：** 何为

**主要成员：** 熊兰、杨帆、张占龙、徐征、王平、肖冬萍、毛玉星、汪金刚、刘坤

**研究方向：** 电磁场测量与成像

## 6. 重庆大学—高功率脉冲电源研究组

**地址：** 重庆市沙坪坝区沙正街174号重庆大学A区电气工程学院高压系

**邮编：** 400044

**电话：** 023-65111795

**传真：** 023-65102442

**网址：** http://www.cee.cqu.edu.cn/pulse/

**团队人数：** 40

**团队带头人：** 姚陈果

**主要成员：** 米彦、李成祥、董守龙

**研究方向：** 全固态微秒/纳秒/皮秒脉冲的产生与测控技术，脉冲电场的生物医学应用，输配电设备绝缘在线监测与故障诊断技术

**团队简介：**

重庆大学高功率脉冲电源研究组成立于20世纪90年代末，依托于重庆大学输配电装备及系统安全与新技术国家重点实验室，一直从事高功率脉冲电场/磁场的产生与测控技术，及其在输配电设备绝缘在线监测和生物电磁学方面的应用研究。研究组的相关研究成果在*IEEE Trans.*、《中国电机工程学报》等国内外高水平期刊上发表论文90余篇，被SCI收录40余篇；授权发明专利20余项，其中一项以1000万元实现成果转让；培养研究生30余名。研究组在生物电磁学方面的应用研究形成了较鲜明的特色，在国内外具有一定的学术影响力。

## 7. 重庆大学—节能与智能技术研究团队

**地址：**重庆市沙坪坝区重庆大学汽车工程学院

**邮编：**400044

**电话：**023-65106243

**传真：**023-65106243

**网址：**https://www.researchgate.net/profile/Xiaosong_Hu2

**团队邮箱：**xiaosonghu@ieee.org

**团队人数：**6

**团队带头人：**胡晓松（"国家青年千人计划"）

**主要成员：**谢翌、张财智、唐小林、卢少波、杨亚联

**研究方向：**节能与智能技术

**团队简介：**

团队面向国家新能源汽车技术发展的重大战略需求，以"中国制造2025"及国家重点研发计划为支撑，结合重庆优越的汽车工业环境，依托重庆大学机械传动国家重点实验室、重庆自主品牌汽车协同创新中心及汽车工程学院，以储能系统动力学、动态系统控制与优化为主要切入点，重点研究先进动力电池/超级电容管理算法和机电复合动力传动系统优化与控制，为新能源汽车产业提供必要的理论基础与应用技术。

团队针对车辆工程学科特色，以基础理论研究为先导、工程应用研究为落脚点，坚持理论与实践并行的理念，针对新能源汽车动力电池、动力总成最优设计与控制等热点领域存在的前沿共性问题展开系统和深入研究。团队通过与国内外同行紧密协同，围绕动力电池/超级电容管理、混合动力系统优化等方向，建立国内领先的高水平科研团队。

团队现有正高级职称者2人，副高级职称者3人，中级职称者1人，在读硕士、博士共计30余人。

## 8. 重庆大学—无线电能传输技术研究所

**地址：**重庆市沙坪坝区沙正街重庆大学自动化学院

**邮编：**400044

**电话：**13508368896

**网址：**http://www.wptchina.com.cn/

**团队人数：**8

**团队带头人：**孙跃

**主要成员：**苏玉刚、戴欣、王智慧、唐春森、叶兆虹、余嘉、朱婉婷

**研究方向：**无线电能传输系统关键技术与实现

**团队简介：**

重庆大学无线电能传输技术研究所（WPTCQU）前身为重庆大学电力电子与控制工程研究所，成立于2005年。专业从事无线电能传输技术及系统的理论研究、技术开发与工程实现。

研究所核心研发团队教授3人、副教授3人、中级职称2人。固定合作研究与技术开发人员5人，外聘国际高级专家3人。研究所招收和培养全日制硕士研究生、博士研究生和在职工程硕士研究生。在校全日制研究生60余人。

研究所紧密围绕无线电能传输技术，从事应用基础理论、技术开发与推广工作。先后承担国家863计划项目、国家自然科学基金项目、重庆市政府计划项目共20项。承担企业委托和合作研发重要科技开发项目50余项。累计科研和科技项目经费3000余万元。

先后获得国家教育部、重庆市、中国电源学会、中国仪器仪表学会科学技术奖5项。在国际国内重要刊物上发表高水平论文300余篇，其中SCI、EI核心检索150余篇。受理与授权国家发明专利近60余项。

研究所拥有"无线电能传输技术国际联合研究中心（国家级）""中国—新西兰无线电能传输技术国际联合研究中心""无线电能传输技术重庆市工程研究中心""重庆市无线电能传输技术工程实验室"。

研究所拥有各类无线电能传输技术试验平台、先进测试/分析仪器，具有良好的科学研究软/硬环境，为全方位培养研究生的科学研究、技术开发与工程实践等科技能力和人文素质提供良好的工作条件。

## 9. 重庆大学—新能源电力系统安全分析与控制团队

**地址：**重庆市沙坪坝区沙正街174号重庆大学电气工程学院

**邮编：**400044

**电话：**13638301298

**传真：**023-65112740

**团队人数：**6

**团队带头人：**熊小伏

**主要成员：**卢继平（教授）、雍静（教授）、周念成（教授）、姚俊（教授）、欧阳金鑫（副教授）、王强钢（讲师）

**研究方向：**电力系统保护与控制，电能质量分析与治理

**团队简介：**

研究团队主要围绕智能电网从事相关基础理论及应用研究，立足于风力发电、光伏发电等新能源以及微电网、智能变电站等新技术的研究前沿，致力于智能电网的安全分析技术、防护技术以及智能控制技术的研究。在新能源并网故障分析与保护控制、智能变电站运行安全技术与计量、电力系统风险评估与气象灾害预警等研究领域积累了较强的技术基础。

## 10. 重庆大学—新型电力电子器件封装集成及应用团队

**地址：** 重庆市沙坪坝区沙正街 174 号重庆大学电气工程学院

**邮编：** 400044

**电话：** 13883801036

**团队人数：** 10

**团队带头人：** 冉立

**主要成员：** 李辉、周林、曾正、陈民铀、徐盛友

**研究方向：** 电力电子器件可靠性及状态监测，碳化硅 SiC 器件封装和定制化设计，新型电力电子系统集成及应用

**团队简介：**

团队由 10 名教师组成，其中团队负责人为国家“千人计划”人才、教育部“长江学者”冉立教授。团队成员结构合理且研究方向涉及器件、变流器及新能源电力系统的应用，团队成员几乎都有海外留学或在著名国际企业工作的经历，且团队成员之间具有长期协作和合作的基础。团队一直从事电力电子技术及其在新能源电力系统应用的研究，在电力电子器件可靠性以及新能源发电系统的状态监测与运行控制方面有着坚实的研究基础。

团队建有中英碳化硅电力电子技术联合实验室，以新型电力电子器件及其系统应用的安全可靠性为研究方向，以提高综合效益包括系统安全和可靠性为目标，研究新一代电力电子装备（包括用电设备），并且追求全新的集器件和变流器系统一体化的技术，开展新型电力电子器件封装集成及应用的研究。

## 11. 重庆大学—周雒维教授团队

**地址：** 重庆市沙坪坝区沙正街 174 号重庆大学 A 区 6 教 6221-3

**邮编：** 400044

**电话：** 023-65102287

**传真：** 023-65102287

**团队人数：** 教师 5 人，学生 48 人

**团队带头人：** 周雒维

**主要成员：** 杜雄、罗全明、卢伟国、孙鹏菊

**研究方向：** 功率变流器的可靠性研究，电力电子系统分析、建模及智能控制，电力电子电路拓扑结构及控制算法的研究，半导体照明驱动电源及系统研究，光伏直流微网系统研究，电动汽车与电网互动技术研究，电能质量测量与控制

**团队简介：**

团队从 20 世纪 80 年代就开始从事电力电子技术理论和应用研究，承担了国家自然科学基金、重庆市自然科学基金、教育部春晖计划、教育部博士点科研基金等项目。进行了有源电力滤波器（APF）、人工神经网络在电力谐波监测和控制、功率因数校正（PFC）技术等方面的研究，先后提出了有源电力滤波器谐波电流检测和控制新方法、基于神经网络的自适应谐波电流检测方法、单周控制有源滤波器、直流侧 APF、双频变换器等方法和思路。其中，双频变换器的研究构想为团队首创，在国内外共发表了近 20 篇高水平论文；在功率因数校正研究方面，团队首次将 APF 技术应用到直流侧，并取得了良好的效果，获得了中国高校自然科学二等奖和重庆市电力科学技术奖，并发表国内外高水平论文近 30 篇。团队在功率因数校正方面也取得了一定的研究成果，先后承担了国家自然科学基金 2 项、重庆市自然科学基金 1 项，在国内外发表高水平论文十余篇。目前团队依然奋斗在电力电子学科研究的第一线，承担了多个研究项目，如国家科学基金重点项目“可再生能源发电中功率变流器的可靠性研究”等。

近十年来，课题组培养了一大批优秀的博士、硕士研究生，如杜雄（全国百篇优博获得者）、卢伟国（全国百篇优博提名）、孙鹏菊（重庆市优博）、杜茗茗（重庆市优硕）等，这些博士后来都成长成为实验室的骨干力量。

## 12. 大连理工大学—特种电源团队

**地址：** 辽宁省大连市高新园区凌工路 2 号大连理工大学电气工程学院

**邮编：** 116024

**电话：** 13889626136

**传真：** 0411-84706489

**团队人数：** 10

**团队带头人：** 李国锋

**主要成员：** 王宁会、王志强、戚栋、杨振强

**研究方向：** 高压脉冲电源，高精度直流高压电源，交流/直流电弧炉供电系统

**团队简介：**

大连理工大学特种电源团队多年来从事脉冲功率技术、电磁兼容技术、无损检测与探伤技术、新型电源技术、大功率电弧冶炼装置及控制系统、电磁场理论和应用技术研究工作，研究成果成功应用于材料冶金、资源环境、海军舰船维修保障等领域，取得了良好的社会经济意义和国防意义。团队重视与国内外电气、化工、材料领域主要研究单位的合作，注重学科交叉、融合，已经形成了高等院校、科研院所、有色金属企业的产-学-研联合体，有利于基础研究成果直接转化为企业的创新技术。先后承担了和正在承担国家高技术研究发展计划（863 计划）新材料技术领域“新型平板显示技术”重大专项“PDP 用 MgO 晶体材料技术研究及产业化”；国家高技术研究发展计划（863 计划）资源环境技术领域“低品位菱镁矿高效制备电熔镁砂的节能减排技术与装备”专题项目“菱镁矿高效制备电熔镁节能减排技术与装备”；国家国际科技合作专项项目“菱镁矿绿色生产电熔镁关键技术及装备合作研究”。在低温等离子体发生器、电弧热等离子体、电弧射流等离子体、等离子体材料改性、超大功率装备检测及控制等方面，具备较强的技术力量和扎实的理论基础。

## 13. 大连理工大学—压电俘能、换能研究团队

**地址：** 辽宁省大连市甘井子区凌工路 2 号大连理工大学大黑楼 A 座 422

**邮编：** 116023

**电话：** 0411-8470009-3422

**团队人数：** 12

**团队带头人：** 董维杰

**主要成员：** 白凤仙、孙建忠

**研究方向：** 基于压电材料的振动能量的研究

**团队简介：**

主要研究领域为机电系统测量与控制、功能材料传感器与执行器。

## 14. 大连理工大学—电气学院运动控制研究室

**地址：** 辽宁省大连市高新区凌工路2号大连理工大学电气工程学院

**邮编：** 116023

**电话：** 0411-84708490

**团队人数：** 15

**团队带头人：** 张晓华

**主要成员：** 郭源博、李林、张铭、李伟、李浩洋、张宇、夏金辉

**研究方向：** 智能机器人与运动控制，电力牵引交流传动控制，无功补偿与谐波抑制

**团队简介：**

大连理工大学电气工程学院运动控制研究室现有教授1人，讲师1人，博士研究生6人，硕士研究生7人。多年来从事智能机器人与运动控制、电力牵引交流传动控制、无功补偿与谐波抑制等领域的研究工作。先后承担“基于超长波的管道机器人示踪定位技术”“海底管道内爬行器及其检测技术”和“X射线实时成像检测管道机器人的研制”等多项国家863计划项目，以及“故障条件下电能质量调节器的强欠驱动特性与容错控制研究”“传感缺失条件下电力牵引变流器的动态参数辨识与控制技术”“灵长类仿生机器人悬臂运动仿生与控制策略研究”等多项国家自然科学基金项目。在电力电子系统建模与非线性控制、电力电子系统故障诊断与容错控制、土木工程结构振动主动控制等方面具有坚实的工作基础和较强的技术力量。

## 15. 电子科技大学—功率集成技术实验室

**地址：** 四川省成都市建设北路二段四号电子科技大学沙河校区科技实验大楼8楼

**邮编：** 610054

**电话：** 028-83202151

**传真：** 028-83207120

**网址：** http://www.ese.uestc.edu.cn/kxyj/kytdl/gljcjssys1.htm

**团队邮箱：** zwang@uestc.edu.cn

**团队人数：** 22

**团队带头人：** 张波（教授）

**主要成员：** 李肇基（教授）、罗萍（教授）、李泽宏（教授）、方健（教授）、罗小蓉（教授）、陈万军（教授）、乔明（教授）、邓小川（教授）、周琦（研究员）等

**研究方向：** 功率半导体技术

**团队简介：**

电子科技大学功率集成技术实验室（PITEL）隶属于电子科学与工程学院，是“电子薄膜与集成器件国家重点实验室”和“电子科技大学集成电路研究中心”的重要组成部分。现有11名教授/研究员、10名副教授/副研究员，222名在读全日制硕士研究生和40名博士研究生，被国际同行誉为“全球功率半导体技术领域最大的学术研究团队”和“功率半导体领域研究最为全面的学术团队”。

实验室瞄准国际一流，致力于功率半导体科学和技术研究，研究内容涵盖分立器件（从高性能功率二极管MCR、双极型功率晶体管、功率MOSFET、IGBT、MCT到RF LDMOS，从硅基到SiC和GaN）、可集成功率半导体器件（含硅基、SOI基和GaN基）和功率集成电路（含高低压工艺集成、高压功率集成电路、电源管理集成电路、数字辅助功率集成及面向系统芯片的低功耗集成电路等）。

历经二十载创新，实验室发展了具有普适性的理论、技术和工艺平台，达到国际先进或领先水平，取得显著的经济和社会效益。

近年来共发表SCI收录论文300余篇。在电子器件领域顶级刊物IEEE Electron Device Letters（EDL）和IEEE Transactions on Electron Devices（T-ED）上共发表论文60余篇。实验室继2015年在电子器件行业国际顶级刊物T-ED和EDL上发表10篇文章以后，2016年和2017年团队又在T-ED和EDL上分别发表10篇和9篇文章，发表论文数继续位居全球前列。本领域国际排名前列学术会议IEEE ISPSD（International Symposium on Power Semiconductor Devices and ICs）收录论文数自2006年实现零的突破后，从2011年起，实验室在ISPSD上的入选论文数一直居全球研究团队前列，并在ISPSD 2013、ISPSD 2017上论文录取数居全球研究团队第一，近十年在ISPSD上发表论文39篇，列全球团队第一。

实验室牵头或参研十余项国家科技重大专项；在研国家自然科学基金项目16项。申请发明专利1100余项（含32项国际专利）；已获授权美国专利16项，已获中国发明专利授权533项。据中国专利局2013年报告，团队在IGBT等多个领域专利授权数居国内前列。团队牵头获2010年国家科技进步二等奖、2009年和2016年四川省科学技术进步一等奖、2014年高等学校科学研究优秀成果自然科学二等奖和首届四川电子科学技术一等奖（2015）；与中国电子科技集团公司24所合作获2011年中国电子科技集团公司科技发明一等奖；与上海华虹NEC合作获2011年中国电子学会电子信息科学技术二等奖；与企业合作承担了国家高技术产业发展计划、四川省产业发展关键重大技术项目、江苏省产业化转化项目、广东省教育部产学研结合项目、粤港关键领域重点突破项目等产业化项目；面向市场研发出100余种产品；为企业开发出60~600V功率MOS、600~900V超结（SJ）MOS、IGBT、120~700V BCD、高压SOI等生产平台，部分产品打破国外垄断、实现批量生产，已销售数亿只。

实验室已培养博士55名、硕士700余名，其中多人成为国内外本领域骨干。实验室负责人入选2010年ISPSD的

TPC成员和2014年IEEE功率半导体器件与集成电路技术委员会的12名委员之一，并于2015年选为IEEE T-ED编辑。

## 16. 电子科技大学—国家863计划强辐射实验室电子科技大学分部

**地址：** 四川省成都市建设北路二段四号电子科技大学沙河校区逸夫楼416

**邮编：** 610054

**电话：** 028-83202103

**传真：** 028-83201709

**团队邮箱：** tianming@uestc.edu.cn

**团队人数：** 7

**团队带头人：** 李天明

**主要成员：** 李浩、汪海洋、周翼鸿、胡标

**研究方向：** 高功率微波、毫米波技术

**团队简介：**

项目研究小组所在的实验室为国家863计划强辐射重点实验室电子科技大学分部，在实验室建设方面得到了国家有关部门的强有力的资助。团队拥有三套强流电子束加速器，可以从事低阻、高阻与重复脉冲等各类高功率微波源的实验研究，拥有各类适用于大功率、高功率真空电子器件的电源与磁场系统。在国家“211”“985”建设及学校的支持下，团队花费了近400万元购置了从厘米波到亚毫米波的测试设备，建立了微波暗室。同时，实验室拥有自主开发的粒子模拟软件CHPIC，以及引进的用于粒子模拟的MAGIC、MAFIA及高频场分析的HFSS、CST软件包。另外，电子科技大学自20世纪50年代建校时就设有电真空器件系，是国内微波管研制的“两所、两厂、一校”之一，具有完整的微波管加工工艺线。

## 17. 东南大学—江苏电机与电力电子联盟

**地址：** 江苏省南京市玄武区四牌楼2号东南大学动力楼

**邮编：** 210096

**电话：** 025-83794152

**传真：** 025-83791696

**网址：** http://www.jempel.org/

**团队人数：** 143

**团队带头人：** 程明（教授）

**主要成员：** 花为（教授）、张建忠（研究员）、樊英（副教授）、王政（副教授）、王伟（讲师）

**研究方向：** 电机与电力电子、电机驱动及应用、新能源发电、电动汽车、轨道交通等领域

**团队简介：**

江苏电机与电力电子联盟（Jiangsu Electrical Machines & Power Electronics League，JEMPEL）是由国内电机与控制学科领域首位IEEE Fellow、著名电机与控制专家、东南大学特聘教授程明博士领衔，东南大学电气工程学院六名专任教师为核心，多名长江学者、千人计划等专家为支撑，50余名博士后和博士、硕士研究生为骨干的科研团队，研究领域涵盖电机与电力电子及其在新能源发电、电动汽车、轨道交通、伺服系统等领域的应用。

JEMPEL在电机与电力电子及其在新能源发电、电动汽车、轨道交通、伺服系统等领域的应用技术方面，开展了长期的研究，积累了丰富的成果。先后承担了国家973计划、863计划、国家自然科学基金重点项目、国家自然科学基金重大国际合作研究项目等各类课题90余项；共发表论文370余篇，其中SCI收录140余篇；申请中国发明专利100余件，已获授权发明专利60多件。

JEMPEL以培养电机与控制领域高水平人才为己任，以高水平科学研究促进高层次人才培养，始终践行东南大学“止于至善”的人才培养理念，先后为社会培养了近百位电机与控制领域英才，其中包括一名IEEE Fellow，两名国家优秀青年基金获得者，两位全国优秀博士学位论文提名奖获得者，四位江苏省优秀博士学位论文获得者。

JEMPEL以国际化作为加强人才培养和促进科学研究的重要推手，全体教师均有至少一年以上的海外留学经历，博士研究生大部分具有一年以上的海外联合培养经历。迄今为止，先后与美国、加拿大、英国、法国、意大利、丹麦等国的知名高校开展项目合作或联合人才培养。此外，JEMPEL成员活跃于国内外的各种学术交流活动，追踪国际学术前沿动态，与国内外同行分享科研成果和经验。

为了及时交流电机与电力电子领域的最新科研成果，促进产学研合作，同时为毕业研究生与企业对接提供平台，JEMPEL建立了自己的会员体系，JEMPEL殷切期盼与联盟有过合作关系或者有合作意向、有志于电机与电力电子技术进步的创新企业加入联盟，与JEMPEL共创新型电机及其控制技术的美好未来。

## 18. 东南大学—先进电能变换技术与装备研究所

**地址：** 江苏省南京市四牌楼2号

**邮编：** 210096

**网址：** http://ee.seu.edu.cn/2017/0508/c13614a188809/page.htm

**团队邮箱：** chenwu@seu.edu.cn

**团队人数：** 7

**团队带头人：** 陈武

**主要成员：** 郑建勇、赵剑锋、梅军、尤鋆、曲小慧、曹武

**研究方向：** 高压大功率电力电子技术在电力系统及工业应用

**团队简介：**

先进电能变换技术与装备研究所依托于东南大学电气工程学院，主要从事电力电子与电能变换领域的重大基础理论与前沿关键技术研究，包括直流电网装备、交直流输配电装备、新能源并网发电、电能质量治理、分布式储能、高压大功率工业电源、无线电能传输和LED照明驱动等，多项研究成果已成功得到工业应用。

近年来，研究所承担参与了国家863计划、国家自然科学基金、江苏省自然科学基金、江苏省重点研发计划、国家电网科技支撑等科研项目80余项，年均科研经费600

万元。研究所现有研究人员 50 余人，包括教授 3 人，副教授 3 人，讲师 1 人，博士后、硕博士研究生 40 余人。

## 19. 福州大学—功率变换与电磁技术研发团队

**地址：** 福建省福州市闽侯县上街镇学园路 2 号福州大学电气工程与自动化学院

**邮编：** 350116

**电话：** 0591-22866583

**团队人数：** 40 余人

**团队带头人：** 陈为

**主要成员：** 毛行奎、董纪清、陈庆彬、林苏斌、汪晶慧、张丽萍、谢文燕

**研究方向：** 开关电源高频电磁技术，超高频（百兆赫兹）薄膜电感，传导 EMI 预测诊断与抑制，无线电能传输技术，磁性元件高频损耗，磁性元件磁集成，平面磁性元件

**团队简介：**

福州大学功率变换与电磁技术研发团队将电磁技术与电力电子功率变换技术结合，在国家级、省部级项目的资助下，在国内率先开拓了电力电子高频磁技术的研究方向，十多年来持续开展了大量和系统的基础和应用基础研究以及与企业界的广泛技术合作，内容涉及与电力电子、电力系统、电器等领域相关的电磁技术的各个方面，获得国内外学术界和工业界广泛认可，建立了年富力强的研发团队和先进仪器设备的实验室。现有高级职称教师 5 人，中级职称教师 2 人，实验员 1 人，在读博士生 6 人，硕士生 30 多人。

研究团队目前以开关电源高频电磁技术、超高频（百兆赫兹）薄膜电感、传导 EMI 预测诊断与抑制、无线电能传输技术、磁性元件高频损耗、磁性元件磁集成、平面磁性元件等为研究方向，涵盖了开关电源中电磁技术的各个方面。在研究广度和深度上都处于国内外领先水平。

## 20. 福州大学—智能控制技术与嵌入式系统团队

**地址：** 福建省福州市大学新区学园路 2 号福州大学电气学院

**邮编：** 350116

**传真：** 0591-22866581

**团队人数：** 9

**团队带头人：** 王武

**主要成员：** 蔡逢煌、林琼斌、柴琴琴

**研究方向：** 新能源的控制技术，嵌入式技术开发

**团队简介：**

团队专注于研究智能控制、嵌入式软硬件协同设计、信号处理技术、嵌入式计算机系统等。主要开展了先进控制理论与控制算法及其在工程中的应用研究，优化控制技术理论及其在复杂工业过程的应用技术研究，网络化系统控制技术及网络安全运行研究，人工智能在生物信息系统的应用研究，电力电子系统建模、算法分析以及数字化实现的应用研究。

团队负责人为王武博士、教授。形成了结构合理、多学科交叉的科研教学团队，其中高级职称 2 人，博士 5 人。团队成员依托福建省医疗器械与医药技术重点实验室和福州大学-厦门科华恒盛股份有限公司联合实验站，目前培养了研究生 30 余人。多年来完成了 5 项国家自然科学基金项目和数项省部级科学研究项目，在学术会议与期刊发表 160 多篇研究论文，获得福建省科学进步奖三等奖 3 项，并将学科研究成果引入教学领域和生产领域，促进产、学、研相辅相成，互相促进。团队目前承担省自然科学基金项目 2 项和企业合作项目 4 项。在嵌入式系统研究方面，与国际多家知名企业建立了联合实验室：福州大学-freescale 嵌入式系统设计及应用实验室、福州大学-英飞凌嵌入式技术共建实验室、福州大学-TI 嵌入式技术共建实验室。

## 21. 福州大学—定制电力研究团队

**地址：** 福建省福州市福州大学城新区学园路 2 号新楚楼

**电话：** 15860838359

**团队邮箱：** zhangyi@ fzu. edu. cn

**团队人数：** 15

**团队带头人：** 张逸

**团队带头人简介：** 张逸，男，33 岁，博士（后），福州大学副教授，硕士生导师，福州大学引进人才。四川大学博士、浙江大学博士后、丹麦技术大学访问学者、美国电气和电子工程师协会电力与能源协会会员（IEEE PES Member）、全国电压电流等级与频率标准化委员会通信委员、中国电源学会电能质量专业委员会委员、国网电能质量分析实验室学术委员会委员，曾在国网福建省电力有限公司电力科学研究院工作近 6 年。

**研究方向：** 主要从事智能配电网中的电能质量问题、主动配电网技术和大数据技术在智能配电网中的应用等研究

**团队简介：**

依托产学研协同创新模式，为能源电力、高端制造等行业用户提供决策支持技术服务、高品质供电和智能管控软硬件解决方案。

## 22. 广西大学—电力电子系统的分析与控制研究团队

**地址：** 广西壮族自治区南宁市大学路 100 号广西大学电气工程学院

**邮编：** 530004

**电话：** 13878809870

**团队人数：** 6

**团队带头人：** 陆益民

**主要成员：** 陈延明、李国进、黄洪全、黄良玉、陈苏

**研究方向：** 电力电子系统的非线性分析与控制，工业特种电源开发，电气精密测量技术

**团队简介：**

广西大学电气工程学院“电力电子系统分析与控制”研究团队共有 6 名教师，其中教授 3 人、副教授 2 人、讲

师 1 人。研究团队一直致力于电力电子系统基础理论及其应用技术的研究。近年来围绕电力电子系统的拓扑结构、稳定性分析和控制方法、工业特种电源开发、电气精密测量技术等方面开展了大量的研究工作，并取得了一系列的研究成果。团队承担 4 项国家自然基金项目、1 项国家科技型中小企业技术创新基金项目以及多项省部级科研项目和企业横向项目。研制了医用 X 射线机电源、通信电源、焊接电源、冲击接地电阻、电气设备介质损耗测量装置、无功补偿装置快速复合继电器等电力电子装置。在 *International Journal of Circuit Theory and Applications*、*International Journal of Bifurcation and Chaos*、《中国电机工程学报》《电工技术学报》《控制理论与应用》《机械工程学报》等学术刊物和 IEEE 等重要国际会议发表论文 60 多篇，获得国家专利授权多项。

## 23. 国网江苏省电力公司电力科学研究院—电能质量监测与治理技术研究团队

**地址**：江苏省南京市江宁区帕威尔路 1 号

**邮编**：211103

**电话**：025-68686380

**传真**：025-68686000

**团队人数**：15

**团队带头人**：袁晓冬

**主要成员**：陈兵、史明明、罗珊珊、李强、柳丹、朱卫平

**研究方向**：电网海量电能质量数据分析与高级应用技术，面向优质电力园区的定制电力技术，新能源、储能及微电网技术研究及应用

**团队简介**：

国网江苏省电力公司电力科学研究院电能质量监测与治理技术研究团队建成了国内规模最大、功能最全的省级电能质量监测网，覆盖了 1365 个监测点，覆盖了大型污染源负荷、电气化铁路和新能源发电企业等非线性用户，具有谐波、间谐波、电压不平衡度、电压偏差、频率偏差及电压波动和闪变的实时在线监测分析功能，具备电能质量综合评估、指标异常预警等功能，为省公司运维检修部生产管理提供有力支撑。

实验室自主研发了电能质量在线监测终端和电压监测仪的一键式检测系统，可实现电能质量在线监测设备功能、精度和通信协议的完整检验，为省公司物质招标检测把好入网关。

实验室还承担了省内变电站的普测评价、新能源发电企业的技术监督和污染源用户电能质量问题治理分析工作，其中电能质量现场测试、动态无功补偿现场试验和低电压穿越检测项目已获得中国合格评定国家认可委员会（CNAS）的认证。

近年来，实验室积极开展电力电子技术在电网中的应用研究，承担了优质电力园区的设计开发、高压直流输电换流阀、统一潮流控制器 MMC 换流阀的研究工作。相关研究成果获得省部级科技进步奖 7 项、省公司科技进步奖 11 项，申请发明专利 36 项、软件著作权 7 项，发表学术论文 58 篇，制定国家、行业、国网标准 22 项。

## 24. 国网江苏省电力公司电力科学研究院—主动配电网攻关团队

**地址**：江苏省南京市江宁区帕威尔路 1 号

**邮编**：211000

**电话**：025-68686850

**传真**：025-68686000

**团队邮箱**：1838658@qq.com

**团队人数**：14

**团队带头人**：袁晓冬

**主要成员**：陈兵、李强、朱卫平、史明明、柳丹、陈亮、孔祥平、李斌、杨雄、吕振华、贾萌萌、韩华春、吴楠

**研究方向**：品质电力，协调控制，友好互动，弹性控制，试验检测

**团队简介**：

主动配电网攻关团队主要研究方向为品质电力、协调控制、友好互动、弹性控制、试验检测。具备 4 个科研小组，基于国网及省公司科技项目，结合主动配电网实验室建设，旨在培养一支具有高技术水平和创新能力的联合攻关研究人才队伍。

## 25. 哈尔滨工业大学—电力电子与电力传动课题组

**地址**：黑龙江省哈尔滨市南岗区一匡街哈工大科学园 K824

**邮编**：150001

**电话**：0451-86413420

**传真**：0451-86413420

**网址**：http://peed.hit.edu.cn/

**团队邮箱**：WGL818@hit.edu.cn，xiangjunzh@hit.edu.cn

**团队人数**：20

**团队带头人**：徐殿国

**主要成员**：高强、杨明、刘晓胜、王高林、王懿杰、于泳、张学广、张相军、贵献国、李彬彬、武键、管乐诗、姚友素、张国强、王勃、王盼宝、赵楠楠、杨华、吕辛

**研究方向**：信息网络家电及其智能控制技术、交流电机效率提升技术、系统可靠性分析与控制关键技术研究、变频调速系统的故障诊断与容错控制、照明电子技术、高功率密度特种电源技术、磁集成智能电机技术、级联多电平变换器拓扑与控制技术、大功率交流同步电机驱动与无传感器控制技术、交流感应电机无速度传感器矢量控制、电机多物理场综合设计与优化、永磁电机与驱动器协同设计技术、宽禁带电力电子器件应用技术、智能电网通信技术、电能质量控制技术与稳定性分析理论、智能油井与数字化油田技术、可再生能源发电变换器拓扑与控制技术、交流伺服技术

**团队简介**：

课题组面向国家重大需求和国际学术前沿，立足国际最新电力电子学科理论与技术成果，以国家发展战略重大需求为牵引，探索具有国际先进性与国家特色的当代电力电子与电力传动领域重大科学问题和重大工程技术问题。在学科的研究领域方面，课题组以先进电机驱动控制、电力电子化电力系统为主要研究方向，以提高现有能源的利用效率和开发利用新能源为目标，通过国家科技重大专项、国家重点研发计划、国家科技支撑计划、国家自然科学基金项目、台达电力电子科教发展计划重大项目和重点项目、黑龙江省科技计划项目等项目支撑，在新能源、装备制造、节能降耗、电动机能效提升、油田潜油电机驱动等领域，展开了广泛、深入的研究，并取得了突出的研究成果。课题组是电驱动与电推进技术教育部重点实验室、国际先进电驱动技术创新引智基地（111 计划）、可持续能源变换与控制技术黑龙江省重点实验室、黑龙江省现代电力传动与电气节能工程技术研究中心的主要建设力量，为我国电力电子与电力传动学科发展贡献了力量。

## 26. 哈尔滨工业大学—电能变换与控制研究所

**地址：**黑龙江省哈尔滨市南岗区西大直街 92 号哈工大 403 信箱

**邮编：**150006

**电话：**0451-86412811

**传真：**0451-86402211

**网址：**http：//pe.hit.edu.cn

**团队邮箱：**lihy@hit.edu.cn

**团队人数：**17

**团队带头人：**李浩昱

**主要成员：**杨世彦、王卫、贲洪奇、邹继明、郑雪梅、杨威、刘晓芳、刘桂花、刘鸿鹏等

**研究方向：**电力电子系统数字控制技术，特种电源理论及应用，极端环境电力电子技术，新能源并网逆变及稳定性研究，交/直流微电网技术，电能存储系统高效变换

**团队简介：**

哈尔滨工业大学电能变换与控制研究所主要围绕可再生能源发电、分布式能源与微网系统以及特种电能变换等领域，在电路拓扑、控制方法、工程应用等方面开展科学研究。经过 30 多年在该方向上几代人的积淀，目前在人才培养、研究应用等方面均取得一定的成就，并保持平稳、持续的发展趋势。近年来积极与美、英、日等国外与国内高校开展学术交流，与相关研究机构及科研人员建立了良好的学术合作关系。此外，研究所与国内外诸如国际整流器、艾默生、台达电子、华为等相关企业，国家电网、航天科技、中航工业等所属研究院所均保持良好的科研合作关系，同时每年向其输送大量的本科、硕士、博士毕业生，实现了优势互补、可持续发展的产、学、研一体合作模式。

电能变换与控制研究所科研团队现有专职教师 17 人，包括教授 7 人、副教授 7 人、讲师 3 人，其中国家级教学名师 1 人、博士生导师 5 人。累计毕业博士、硕士研究生近 300 人，目前在读研究生 50 余人，本科生 60 余人。团队教师获国家级和省部级教学、科研成果奖 10 项，出版专著、教材 10 部，发表 SCI/EI 科研论文 300 余篇，拥有国家发明专利 30 余项。目前，在研国家自然科学基金 7 项、其他企业合作科研项目 5 项，年平均科研经费 300 余万元，为团队持续深入的科学研究提供充足的资金支持。

## 27. 哈尔滨工业大学—动力储能电池管理创新团队

**地址：**黑龙江省哈尔滨市西大直街 92 号哈尔滨工业大学逸夫楼 603-605

**邮编：**150001

**电话：**0451-86416031

**传真：**0451-86416031

**网址：**http：//homepage.hit.edu.cn/pages/lvchao

**团队邮箱：**lu_chao@hit.edu.cn

**团队人数：**15

**团队带头人：**吕超

**主要成员：**张刚、宋彦孔、张滔、张禄禄、夏博妍、赵云伍、绳亿、马堡钊、魏刚、赵言本、吴奇、韩依彤、张爽、闫胜来

**研究方向：**基于电化学模型的锂离子电池电、热行为仿真，基于时频域联合分析的锂离子电池内部健康状态原位快速测量，基于电化学模型的锂离子电池高精度 SOC/SOH 估计，基于内部析锂抑制的电池低温健康预热，基于热耦合电化学模型的电池系统热仿真与热优化

**团队简介：**

团队致力于锂离子电池电化学建模、仿真、测试技术的研究。经过多年的积累，已经初步突破了电化学阻抗谱在线快速测量，电化学时域仿真模型参数离线测试、在线跟踪等瓶颈问题，并逐步将电化学模型应用于电池管理，包括：基于阻抗谱在线快速测量的电池性能评估、基于电化学模型参数跟踪的电池全寿命 SOC/SOH 联合估计、基于热耦合电化学模型的锂离子电池系统热仿真与热优化。

## 28. 哈尔滨工业大学—模块化多电平变换器及多端直流输电团队

**地址：**黑龙江省哈尔滨市南岗区西大直街 92 号哈尔滨工业大学电机楼 10018

**邮编：**150001

**电话：**0451-86418442

**传真：**0451-86413420

**网址：**http：//hitee.hit.edu.cn/

**团队人数：**12

**团队带头人：**徐殿国

**主要成员：**杨荣峰、张学广、武健、李彬彬、于燕南、刘瑜超、刘怀远、周少泽、石邵磊、张毅、王倩楠等

**研究方向：**模块化多电平拓扑、模拟、控制与应用，多端直流输电，电网稳定性

**团队简介：**

团队隶属于哈尔滨工业大学电气工程及自动化学院，电力电子与电力传动专业，是一支以教授、博士研究生为主的高水平专业研究团队，获得政府与企业多项资助。团队与国内企业如哈尔滨同为电气股份有限公司开展了级联型中压无功补偿装置研究，与上海新时达开展了中压电机驱动的级联变频器研究，形成了产学研用四位一体战略联盟，解决了多项企业技术难题。

## 29. 哈尔滨工业大学(威海)—可再生能源及微电网创新团队

**地址：**山东省威海市文化西路 2 号

**邮编：**264209

**电话：**0631-5687208

**传真：**0631-5687208

**网址：**http://homepage.hit.edu.cn

**团队邮箱：**quyanbin@hit.edu.cn

**团队人数：**7

**团队带头人：**曲延滨

**主要成员：**孟凡刚、宋蕙慧、侯睿、李莉、吴世华、李军远

**研究方向：**风力发电、光伏发电控制技术，微电网控制技术，控制理论及应用，电力电子与电力传动

**团队简介：**

可再生能源及微电网创新团队由 1 名教授、2 名副教授、4 名讲师组成。

团队已承担了国家自然科学基金面上项目 3 项，国家自然科学基金国际合作交流项目 1 项，国家自然科学基金青年基金 2 项，山东省自然基金 3 项，山东省中青年科学家基金 2 项，山东省科技攻关项目 2 项。

## 30. 哈尔滨工业大学—先进电驱动技术创新团队

**地址：**黑龙江省哈尔滨市南岗区一匡街 2 号，哈尔滨工业大学科学园 2C 栋

**邮编：**150080

**电话：**0451-86403086

**传真：**0451-86403086

**网址：**http://blog.hit.edu.cn/zhengping

**团队邮箱：**zhengping@ hit. edu. cn

**团队人数：**5

**团队带头人：**郑萍

**主要成员：**刘勇、佟诚德、白金刚、隋义

**研究方向：**永磁电机系统，新能源汽车

**团队简介：**

团队依托于哈尔滨工业大学电磁与电子技术研究所。团队有教师 5 人，博士、硕士研究生 20 余人，教师中有教授 2 人、副教授 1 人、讲师 2 人，所有教师均具有博士学位。团队带头人郑萍教授获国家杰出青年基金、教育部长江学者特聘教授，并入选国家“万人计划”领军人才；团队青年教师佟诚德入选哈尔滨工业大学“青年拔尖人才”选聘计划，并破格晋升为副教授。

团队指导的博士、硕士研究生成绩突出，获国家、省、校级奖励及荣誉称号 50 多项，其中获全国优秀博士学位论文提名奖 1 人，教育部“博士研究生学术新人奖”1 人，黑龙江省优秀硕士学位论文 4 人，黑龙江省优秀博士毕业生 4 人，黑龙江省优秀硕士毕业生 7 人，哈尔滨工业大学研究生“十佳英才”3 人。毕业的研究生有国外博士后、国内 985 高校教师、企业和科研院所的部门主管及研发骨干。

## 31. 海军工程大学—舰船综合电力技术国防科技重点实验室

**地址：**湖北省武汉市解放大道 717 号

**邮编：**430033

**电话：**027-65461920

**传真：**027-65461969

**团队人数：**固定研究人员 142 人、博士后 13 人，在读博士生 95 人、硕士生 55 人

**团队带头人：**马伟明

**主要成员：**肖飞、王东、付立军、鲁军勇、汪光森、孟进、刘德志

**研究方向：**实验室主要从事舰船综合电力、电磁发射和新能源接入三大技术领域的科学研究和人才培养任务，研究层次涵盖应用基础理论研究、关键技术攻关和重大装备研制。

**团队简介：**

舰船综合电力技术国防科技重点实验室源于 1986 年由张盖凡教授牵头组建的多相电机课题组，1996 年经海军批准成立电力电子技术研究所，2003 年经国防科工委、总装备部批准建设舰船综合电力技术国防科技重点实验室，马伟明院士任实验室主任。

30 年来，实验室始终瞄准世界科技发展前沿和国防装备发展需求，在舰船能源与动力、电磁发射武器与装备、新能源接入等领域开展了一系列应用基础理论研究、关键技术攻关和重大装备研制，取得了一批具有革命性意义的原创性成果，成为电气领域的创新研发中心，为国家科技进步、国防装备现代化建设和高层次人才培养做出了重大贡献。

## 32. 合肥工业大学—张兴教授团队

**地址：**安徽省合肥市屯溪路 193 号合肥工业大学屯溪路校区逸夫楼 203

**邮编：**230009

**电话：**13605601932

**团队邮箱：**honglf@ustc.edu.cn

**团队人数：**115

**团队带头人：**张兴

**主要成员：**谢震、杨淑英、马铭遥、王付胜、王佳宁、刘芳、李飞

**研究方向：**新能源发电系统稳定控制技术，智能化光伏并网逆变技术，超大功率风电变流器及

其控制，虚拟同步机技术，微网逆变器及储能技术，电动汽车电驱动技术

**团队简介：**

自1998年以来，以张兴教授为核心的科研团队以太阳能、风力并网发电技术为主攻方向，依托电力电子与电力传动国家重点学科和教育部光伏工程研究中心，专心致力于我国逆变器龙头企业——阳光电源股份有限公司的产学研合作，在太阳能光伏并网、风电变流器、微网逆变器及储能控制以及电动汽车电驱动等技术研究方面取得了丰硕的科研成果，并且为包括阳光电源股份有限公司在内的新能源电源企业输送了一批包括博士、硕士在内的高素质人才，取得了良好的社会、经济效益。

目前，团队有硕士、博士研究生107人，研究生导师8人，其中：教授4人，副教授3人，讲师1人。团队具备先进的实验室条件，拥有光伏并网、风力发电变流器、微电网及储能实验室，并在阳光电源股份有限公司联合建立了多个产学研工程研究平台，为研究成果的产业化提供了必要的研究实验条件。

## 33. 河北工业大学—电池装备研究所

**地址：**天津市红桥区河北工业大学

**邮编：**300130

**电话：**15822197288

**团队邮箱：**gyuming@163.com

**团队人数：**35

**团队带头人：**关玉明

**主要成员：**肖艳军、商鹏、许波、刘伟

**研究方向：**机电一体化成套设备及关键技术

**团队简介：**

团队是以关玉明教授为科研带头人，以肖艳军副教授、商鹏副教授、许波实验师、刘伟讲师为骨干的一个集产学研为一体的科研团队。团队多年来致力于机电一体化成套设备及其关键技术的研究，受多家公司委托，设计开发和改进了多个生产线及其相关设备。近两年来与团队合作过的公司包括：邢台海裕锂能公司、广州明佳包装机械有限公司、赤峰卉源建材有限公司、清河汽车研究院等；团队设计加工的设备包括：吸音板自动生产线设备、布料设备、3M无纺棉大卷自动包装线、3M滤芯自动包装线、轧机设备、锌空电池设备等。

目前重点研究新能源电池装备及相关电池制造工程化技术，投入主要精力在动力锂离子电池自动化生产线设计研发方面，在研设备包括：电池原材料干燥装置、极片干燥装置、浆料制备装置、电芯干燥装置、注液装置、加速浸润装置等，并且电芯干燥装置已经处于产品加工阶段。

## 34. 河北工业大学—电器元件可靠性团队

**地址：**天津市红桥区丁字沽河北工业大学电气工程学院

**邮编：**300130

**电话：**022-60204360

**传真：**022-26549256

**团队人数：**8

**团队带头人：**李志刚

**主要成员：**李玲玲、姚芳、唐圣学、黄凯

**研究方向：**寿命预测，失效分析，新能源可靠性

## 35. 湖南大学—电动汽车先进驱动系统及控制团队

**地址：**湖南省长沙市岳麓区麓山南路湖南大学电气与信息工程学院

**邮编：**410082

**网 址：**http://eeit.hnu.edu.cn/index.php/dee/dee-lecturer/835-150107221

**团队人数：**10

**团队带头人：**刘平

**主要成员：**姜燕、卢继武、李慧敏、樊鹏、陈叶宇、孙千志等

**研究方向：**电动汽车高性能变换器系统及电机驱动控制

**团队简介：**

团队研究方向为电动汽车高性能变换器系统及电机驱动控制。研究方向涉及电动汽车、电力电子、电机控制等。主要内容包括：电动汽车动力总成系统级匹配优化与建模仿真、电动汽车用高密度新型电力电子变换器及数字控制、电机状态估计与无传感器牵引控制、电动汽车驱动系统的主动热管理等。

团队负责人刘平博士，2005年本科，2008年硕士和2013年博士皆毕业于重庆大学电气工程学院国家重点实验室，2012年为香港理工大学研究助理，2013~2014年在加拿大Mcmaster大学MacAuto研究中心从事加拿大自然科学与工程研究基金项目“下一代卓越效率与性能的电气化车辆动力总成”的博士后研究。2014年11月回国就职于湖南大学电气与信息工程学院。目前团队成员中有副教授2名、博士2名、助理教授1名、硕士生3名、兼职科研人员2名，以及本科生若干。

## 36. 湖南大学—电能变换与控制创新团队

**地址：**湖南省长沙市岳麓区麓山南路湖南大学电气与信息工程学院

**邮编：**410082

**电话：**15116268089

**传真：**0731-88823700

**网址：**http://www.hnu.edu.cn

**团队人数：**150

**团队带头人：**罗安院士

**研究方向：**大功率特种电源系统，配电网电能质量控制，新能源发电建模与控制，企业综合电气节能，大功率电力电子器件

**团队简介：**

团队依托于湖南大学国家电能变换与工程技术研究中心，长期从事大功率特种电源、大功率电力电子器件、电能质量控制、新能源发电建模与控制等领域的科学研究与工程应用。20多年来，团队突破了多项大功率电能变换与控制关键技术，研制出世界领先的宽厚板坯电磁搅拌系统、

中间包电磁加热系统、国内首套高精度50kA大电流铜箔电解电源系统、兆瓦级海岛特种电源系统、高压混合有源滤波器等核心装备，为我国国民经济发展与国防安全做出了重要贡献。目前，团队拥有中国工程院院士1人、国家万人计划“中青年科技领军人才”1人、国家万人计划“青年拔尖人才”1人、国家自然科学基金优秀青年基金获得者1人、国家青年千人计划获得者3人等优秀人才。

## 37. 湖南科技大学—特种电源与储能控制

**地址：**湖南省湘潭市雨湖区桃园路湖南科技大学信息与电气工程学院

**邮编：**411201

**电话：**0731-58290114

**团队邮箱：**xiaohuagen@163.com

**团队人数：**16

**团队带头人：**肖华根

**主要成员：**张敏、谭文、陈超洋、谢斌、李燕

**研究方向：**电源拓扑结构设计，电源系统集成设计，大功率电源运行与控制，电源设备故障诊断，储能系统能量管理与运行控制，数字控制系统设计

**团队简介：**

湖南科技大学特种电源与储能控制研究团队现有研究人员16名，其中教授2名、副教授3名、博士讲师6名。团队致力于工业生产用特殊电源设备和企业储能电站的技术研究和设备研发，主要包括电源拓扑结构设计、电源系统集成设计、大功率电源运行与控制、电源设备故障诊断、储能系统能量管理与运行控制、数字控制系统设计等六个方面。团队正在承担和完成的项目有国家级项目4项、省部级项目10项、企业委托项目12项；发表SCI或EI检索学术论文80余篇；获得授权发明专利16项；获得省部级科研成果奖励4项。

## 38. 华北电力大学—电气与电子工程学院新能源电网研究所

**地址：**北京市昌平区北农路2号

**邮编：**102206

**电话：**010-61773741

**传真：**010-61773744

**团队邮箱：**xxn@ncepu.edu.cn

**团队人数：**10

**团队带头人：**肖湘宁

**主要成员：**赵成勇、徐永海、颜湘武、郭春林、陶顺、郭春义、杨琳、袁敞、许建中

**研究方向：**柔性直流输电，电力系统电能质量，多FACTS协调，电动汽车与电网融合

**团队简介：**

华北电力大学电气与电子工程学院下设12个研究所（取消教研室编制），新能源电网研究所于2005年成立，组成人员主要来自全国知名高校博士毕业生。现有教授5人，其中博导4人，副教授3人，讲师2人。目前全所科研项目主要承担国家科技部、国家自然科学基金和国网公司重大项目。现有在校博士生15人，在校硕士研究生89人。几年来科研任务经费位居全院前3名。团队成员定期成为“新能源电力系统国家重点实验室”专职研究人员，负责“高电压大容量电力变换”子实验室、“柔性直流输电”子实验室、“电力系统电能质量”子实验室和“电动汽车与新能源电网融合”子实验室建设和相应研究方向的科研任务。

## 39. 华北电力大学—先进输电技术团队

**地址：**北京市昌平区北农路2号华北电力大学教五楼D204

**邮编：**102206

**电话：**010-61773733

**传真：**010-61773844

**团队人数：**8

**团队带头人：**崔翔

**主要成员：**李琳、卢铁兵、张卫东、赵志斌、齐磊、焦重庆、卞星明

**研究方向：**先进输电技术，大功率电力电子器件，电力系统电磁兼容

**团队简介：**

研究团队隶属新能源电力系统国家重点实验室（华北电力大学），长期从事先进输电技术研究。主要研究领域包括电磁场理论及其应用、电磁环境与电磁兼容、特高压交直流输电技术与装备、高电压大容量电力电子装备、高电压大功率电力电子器件等。

## 40. 华北电力大学—直流输电研究团队

**地址：**北京市昌平区北农路2号华北电力大学

**邮编：**102206

**电话：**010-61773744

**网址：**http://www.vsc-hvdc.com/

**团队人数：**4

**团队带头人：**赵成勇

**主要成员：**郭春义、许建中、张建坡

**研究方向：**传统直流，柔性直流，混合直流

**团队简介：**

全部科研项目围绕直流输电，已结题项目30余项，在研横向课题15项。

## 41. 华东师范大学—微纳机电系统课题组

**地址：**上海市东川路500号华东师范大学信息楼

**邮编：**200241

**电话：**021-54345160

**传真：**021-54345119

**团队人数：**15

**团队带头人：**王连卫

**主要成员：**徐少辉、朱一平、熊大元

**研究方向：**锂离子电池，超级电容器，电化学传感器

**团队简介：**

团队目前主要从事微细加工用于新型高效微型储能装置，例如开展基于硅微通道板的三维锂离子电池研究，基于微通道板结构，发展出宏孔导电网络，开展纳米氧化物/

纳米石墨烯/宏孔导电网络为电极的大体积比容量的超级电容器研究。

## 42. 华南理工大学—电力电子系统分析与控制团队

**地址：** 广东省广州市天河区五山路 381 号华南理工大学 30 号楼宏生科技楼

**邮编：** 510641

**电话：** 020-87112508

**传真：** 020-87110613

**网址：** http://www.scut.edu.cn/ep

**团队邮箱：** epbzhang@ scut. edu. cn

**团队人数：** 60

**团队带头人：** 张波

**主要成员：** 丘东元、杜贵平、陈艳峰、王学梅、肖文勋、谢帆、张玉秋

**研究方向：** 电力电子系统的非线性分析与控制，高效电能变换拓扑，无线电能传输技术，可靠性分析

**团队简介：**

团队经过 10 多年的共同努力和发展，已经成为国内外电力电子学科有较大影响力的团队，是全国电工学科唯一连续获得 2 项国家自然科学基金重点项目资助的团队（2009. 1—2014. 12，基金号：50937001；2015. 1—2019. 12，基金号：51437005），在电力电子系统的非线性分析与控制、高效电能变换拓扑、无线电能传输技术、可靠性分析等方面处于领先水平。

## 43. 华中科技大学—半导体化电力系统研究中心

**地址：** 湖北省武汉市珞喻路 1037 号华中科技大学电气学院

**邮编：** 430074

**电话：** 027-87558627

**传真：** 027-87558627

**网址：** http://csps.seee.hust.edu.cn/

**团队人数：** 50~60

**团队带头人：** 袁小明教授

**主要成员：** 胡家兵（教授）、占萌（教授）

**研究方向：** 大规模风力发电复杂电力系统分析与控制，柔性直流输电技术等

**团队简介：**

华中科技大学电气与电子工程学院袁小明教授领导建立的实验室成立于 2011 年 9 月。实验室主要的研究方向是大规模风力发电复杂电力系统分析与控制，研究内容包括：风力发电接入电力系统的独特性、风电电力系统的复杂性、风力发电控制系统的稳定性以及大规模风电的可预测性。

因电力电子变流器在负荷端（储能装置）、发电端（可再生能源）及输电线路（高压直流输电）的大量应用，传统电力系统正经历大的历史变革，即需要考虑电力电子化或者说是半导体化电力系统的运行与控制。基于此，实验室从早期的可再生能源与电力系统研究中心（Center for Renewable Energy and Power System）更名为半导体化电力系统研究中心（Center for Semiconducting Power System）。

目前，实验室专任教师从早期的 2 名发展为 4 名：袁小明教授、胡家兵教授、占萌教授、张喜成工程师。研究生也从早期的 20 名发展到现今约 50 名。在袁小明教授的带领下，课题组先后主持 973 项目（大规模风力发电并网基础科学问题研究），承担国家电网项目（风机建模及大规模风电对电力系统低频振荡影响的机理分析）、国家自然科学基金重大项目（随机-确定性耦合电力系统动态稳定控制的理论与方法）、科技支撑计划（风光储输示范工程关键技术研究）等。

21 世纪是能源、信息、材料、生命科学的时代。课题组朝着眼能源、放眼世界、引领潮流的目标前进，欢迎各位有志青年加入，一起探索新变革。

## 44. 华中科技大学—创新电机技术研究中心

**地址：** 湖北省武汉市洪山区珞喻路 1037 号华中科技大学

**邮编：** 430074

**电话：** 027-87559483

**传真：** 027-87544355

**网址：** http://caemd.seee.hust.edu.cn

**团队邮箱：** machine@ hust. edu. cn

**团队人数：** 86

**团队带头人：** 曲荣海

**主要成员：** 蒋栋、李健、李大伟、孔武斌、孙海顺、孙伟、高玉婷

**研究方向：** 电机设计、分析、驱动及控制系统集成

**团队简介：**

创新电机技术研究中心（以下简称“中心”）依托华中科技大学电气与电子工程学院、强电磁工程与新技术国家重点实验室和新型电机技术国家地方共建联合工程研究中心，由国家“千人计划”专家曲荣海教授创立于 2011 年 9 月，以满足国家和地方电机企业技术需求为目标，以雄厚的科研实力和先进的研发理念为手段，围绕高端电机设计、分析、驱动及控制系统集成开展工作，从拓扑结构和理论方面开拓创新。

中心注重人才汇聚和培养，拥有一支充满活力、具有海内外科研背景的研究团队，包括国家“千人计划”特聘专家，青年“千人计划”专家，湖北省“百人计划”专家，以及博士后创新人才支持计划和青年人才托举工程项目获得者，同时拥有两位中国工程院院士和两位美国工程院院士作为顾问。此外，还有博士后 3 名、助理 3 名、博士研究生 26 名、硕士研究生 34 名。中心近年毕业研究生 28 人，其中硕士研究生 21 人，博士研究生 7 人，另有出站博士后 3 人。中心培养的研究生中有 2 人获湖北省优秀硕士/博士学位论文奖，2 人获批 2017 博士后创新人才支持计划，4 人进入国内大学任教，4 人赴美国、德国等知名高校继续深造。

中心重视先进成果转化，致力发展成为世界一流的电机及系统研究中心，推进我国电机技术进步和产品升级。研究对象包括但不限于各类新型电机及系统，如磁场调制电机、电动汽车和高铁永磁牵引电机、超导发电机、永磁风力发电机、高速

同步电机、伺服电机、低速超大转矩电机、直线电机等。

## 45. 华中科技大学—电气学院高电压工程系高电压与脉冲功率技术研究团队

**地址：** 湖北省武汉市珞喻路 1037 号华中科技大学电气学院高压楼

**邮编：** 430074

**电话：** 027-87544242

**传真：** 027-87559349

**网址：** http://www.husthv.com/

**团队人数：** 30

**团队带头人：** 林福昌

**主要成员：** 戴玲、李化、李黎、张钦、刘毅、王燕、黄汉深

**研究方向：** 脉冲功率器件及其可靠性评估，脉冲功率电源，电力系统过电压，绝缘在线监测，电力设备故障诊断，气体放电等

**团队简介：**

华中科技大学电气学院高电压工程系脉冲功率与高电压新技术研究组是一支具有高度团结拼搏精神、踏实肯干的研究团队。现有教师 8 人，其中教授 1 人、副教授 3 人、讲师 1 人、工程技术人员 3 人。现有博士研究生、硕士研究生 30 余人。研究组承担国家自然科学基金项目、国家 863 计划、国防预研项目、教育部新世纪优秀人才支持计划，参与了多项国家大科学工程的工作，完成了大量横向开发课题。

课题组主要研究方向为脉冲功率技术、高电压与绝缘技术、高电压新技术。

在脉冲功率方向，研究内容包括脉冲功率电源集成技术，高储能密度脉冲电容器技术，高功率、大通流开关技术，高精度控制与测量技术等；在高电压与绝缘技术方面，研究内容包括外绝缘积污特性，变压器状态评估与诊断方法，电缆绝缘状态评估与检测方法，新型直流滤波和交流高压干式电容器技术，电力系统过电压与绝缘配合等；在高电压新技术方面，积极拓展脉冲功率技术在石油勘探，高压大容量直流断路器，高集成度、高可靠性柔性直流换流阀，新型可控串联补偿快速开关方面的研究。

研究成果获教育部科学技术进步奖一等奖 1 项，发表 SCI、EI 收录论文百余篇，获得中国国家发明专利和软件著作权 10 余项。

## 46. 华中科技大学—高性能电力电子变换与应用研究团队

**地址：** 湖北省武汉市洪山区珞喻路 1037 号华中科技大学

**邮编：** 430074

**电话：** 13607136896

**传真：** 027-87559303

**团队人数：** 15

**团队带头人：** 康勇

**主要成员：** 陈坚、彭力、戴珂、张宇、裴雪军、邹旭东、林新春、陈宇、陈材、梁琳

**研究方向：** 电力电子与电力传动

**团队简介：**

团队由陈坚教授创建，自 20 世纪 70 年代开始研制船用电力电子变流装置，现组长为康勇教授，组员 15 人。多年来，在电力电子装置的高可靠性、高性能数字化控制、新型电力电子拓扑、交流传动、模块化及并联冗余技术、电磁兼容、电能质量控制、风力发电等领域开展了深入研究。

从 2013 年开始，团队依托华中科技大学强电磁工程与新技术国家重点实验室，通过培养、引进人才与协同创新，建立了先进半导体与封装集成实验室，在校内建成约 310$m^2$ 的超净实验室，研究人员专业背景涵盖电力电子器件、封装、集成与应用，从事包括宽禁带功率器件、半导体脉冲功率器件、大功率 IGBT 封装、高功率密度变换器等方向的研究工作。并于 2015 年参加"Google Little Box"全球竞赛，成功研制出性能指标超竞赛要求的全碳化硅封装集成一体化电源，是最终有实物及验证结果的 80 多个世界顶尖团队之一，亚洲唯一团队。

该团队与 10 余家电源企业建立了合作关系，研制过多种电源产品，曾荣获多项省部级奖励。

## 47. 华中科技大学—特种电机研究团队

**地址：** 湖北省武汉市洪山区珞喻路 1037 号华中科技大学

**电话：** 18986166527

**团队邮箱：** cuixiupeng2521@163.com

**团队人数：** 20

**团队带头人：** 王双红

**主要成员：** 孙剑波、吴荒原、崔秀朋、赵建培、王江辉、刘辉、毕少华

**研究方向：** 高速开关磁阻电机系统，高速永磁同步电机系统

**团队简介：**

团队核心成员来自华中科技大学电气工程学院电机系实验室，深耕永磁同步电机、开关磁阻电机领域多年，有成熟的永磁同步/开关磁阻电机设计/驱动方案，圆满完成了国家、军工等单位委托的重大项目，目前在高速永磁/开关磁阻电机领域有所突破，与军工单位联手将特种电机推向实用阶段。

## 48. 吉林大学—地学仪器特种电源研究团队

**地址：** 吉林省长春市西民主大街 938 号

**邮编：** 130026

**电话：** 0431-88502473

**传真：** 0431-88502382

**网址：** http://ciee.jlu.edu.cn/

**团队人数：** 4

**团队带头人：** 于生宝

**主要成员：** 李刚、周逢道、王世隆

**研究方向：** 地球物理仪器中的电源技术

**团队简介：**

吉林大学仪器科学与电气工程学院地学仪器特种电源研究团队承担国家科技支撑计划重点项目课题、国家高技术研究发展计划（863计划）重大项目课题、国土资源部公益性行业科研专项课题等国家、省部级项目，研究经费1000多万元。在地学仪器研究方向取得多项有创新的研究成果。曾获得国家科技发明奖2项、教育部科技发明一等奖1项、教育部科技进步二等奖2项、吉林省科技进步一等奖1项、二等奖1项，在国内外发表学术论文40多篇，授权国家发明专利5项。

## 49. 江南大学—新能源技术与智能装备研究所

**地址：**江苏省无锡市滨湖区江南大学物联网学院

**邮编：**214122

**电话：**15961809365

**团队人数：**22

**团队带头人：**颜文旭

**主要成员：**惠晶、方益民、吴雷、樊启高、许德智、卢闻洲、沈锦飞、肖有文等

**研究方向：**智能电网技术，电能质量控制，新能源技术（风，光伏，燃料电池），特种电机控制，电力电子技术

**团队简介：**

江南大学新能源技术与智能装备研究团队在负责人颜文旭教授的带领下，负责科研项目约25项，包括多个国家自然科学基金项目、省部级资助项目等；团队培养毕业研究生约50名，目前在读硕士生20余名。

## 50. 江苏省物联网应用技术重点建设实验室

**地址：**江苏省无锡市钱荣路68号无锡太湖学院13号楼419室

**邮编：**214064

**电话：**18261537678

**团队邮箱：**1905447@qq.com

**团队人数：**3

**团队带头人：**刘剑滨

**主要成员：**李莎、张喆

**研究方向：**开关电源，LED照明，智能控制，物联网技术应用等

**团队简介：**

团队核心成员3人，刘剑滨、张喆为具有20余年企业工作经验、3年高校工作经验的高级工程师，具有丰富的研发及产业化经验；李莎为具有10余年高校工作经验的副教授，具有扎实的理论基础。

团队长期从事开关电源、电力电子、物联网应用方面的研究。

## 51. 江苏师范大学—电驱动机器人

**地址：**江苏省徐州市铜山区上海路101号

**电话：**15190668262

**团队邮箱：**xznu_zmw@163.com

**团队人数：**6

**团队带头人：**赵明伟

**主要成员：**刘丽俊、李春杰、赵强、甘良志、刘海宽

**研究方向：**电力电子及电力驱动，电驱动机器人，电动汽车，电气传动中的控制策略与优化

## 52. 兰州理工大学—电力变换与控制团队

**地址：**甘肃省兰州市兰工坪路287号

**邮编：**730050

**电话：**0931-2973506

**传真：**0931-2973506

**团队邮箱：**Wangxg8201@163.com

**团队人数：**6

**团队带头人：**王兴贵

**主要成员：**陈伟、杨维满、郭永吉、林洁、李晓英、郭群、王琢玲

**研究方向：**电力电子技术，运动控制系统，新能源发电控制技术

**团队简介：**

团队主要研究人员有8人，其中教授2人、副教授3人、讲师3人。团队带头人王兴贵教授具有丰富的工程实践经验，现为甘肃省“555”跨世纪学术技术带头人，甘肃省第一层次领军人才。团队近年来共完成和在研各类科研项目20多项。

团队主要研究应用于电力系统、电气传动、特种电源等领域的新型变流器拓扑结构、相关控制理论和技术。主要内容涉及高压大容量单元串联变流器、大容量单元并联变流器、并网逆变器、双向变流器、多功能变流器、无电网污染整流器及其控制技术。

近年来主要致力于：适用于微电网、新能源发电和分布式发电中的逆变器、储能双向变流器、风力发电变流器及其控制策略的研究；适用于矿井提升机和石油电驱动钻机的单元串、并联大功率变流器拓扑结构和控制技术，高能脉冲电源主电路拓扑和控制技术，通用变换器的关键技术研究。

## 53. 辽宁工程技术大学—电力电子与电力传动磁集成技术研究团队

**地址：**辽宁省葫芦岛市龙湾南大街188号

**邮编：**125105

**电话：**0429-5310899

**团队邮箱：**447987957@qq.com

**团队人数：**8

**团队带头人：**杨玉岗

**主要成员：**付兴武、李洪珠、荣德生、刘春喜、郭瑞、闫孝姮、韩占岭

**研究方向：**电力电子技术及其磁集成技术，数据中心高性能电压调节电源，新能源发电系统和电动汽车用双向直流开关电源，开关磁阻型电磁调速系统，无人机中电磁干扰滤波器，铁路信号电源，本安防爆型交流电机

软启动，逆变器输出端无源滤波器

团队简介：

辽宁工程技术大学电力电子与电力传动磁集成技术研究团队成立于2003年，现有教师8人，其中教授4人，副教授3人，7人具有博士学位，团队带头人为辽宁省特聘教授，两位教授获批辽宁省百千万人才工程，在读博士和硕士研究生60余人，主要从事电力电子变换器及其磁集成技术的研究工作，团队所在的电力电子与电力传动学科是辽宁省重点学科。团队承担国家自然科学基金、省部级项目和企业合作项目20余项，出版著作2部，发表200余篇，SCI和EI收录70余篇，授权和在审发明专利20余项，获得省级科技奖和教学成果奖10余项。指导博士和硕士研究生300余人，其中考取985高校博士6人，获得国家奖学金20余人，获得辽宁省优秀硕士学位论文3人，获得校级优秀硕士学位论文30余人，获得辽宁省优秀毕业生8人，获得校级优秀毕业生20余人。毕业研究生大多就业于北京、上海、广州、深圳、苏州、杭州、沈阳、大连、天津、太原等地的高等院校、科研院所、电网公司和电源类科技企业。近年来，团队成员多次与国内外著名高校进行合作交流，与国内多家电源和变压器企业进行合作，为企业提供技术支持、技术培训和技术服务，为企业输送优秀毕业生。

## 54. 南昌大学—吴建华教授团队

**地址：**江西省南昌市学府大道999号南昌大学信息工程学院

**邮编：**330031

**电话：**0791-83968358

**传真：**0791-83969338

**网址：**http://www.ncu.edu.cn

**团队人数：**5

**团队带头人：**吴建华

**主要成员：**石晓瑛、肖露欣、刘国强、徐春华

**研究方向：**数字图像处理，图像加密，电力信号检测与识别，电力信号扰动检测与识别

## 55. 南昌大学—信息工程学院能源互联网研究团队

**地址：**江西省南昌市学府大道999号南昌大学自动化系

**邮编：**330031

**电话：**13870809767

**传真：**0791-83969681

**网址：**http://ies.ncu.edu.cn/

**团队人数：**6

**团队带头人：**余运俊（副教授）

**主要成员：**万晓凤（教授）、王淳（教授）、杨胡萍（教授）、聂晓华（副教授）、夏永洪（副教授）

**研究方向：**光伏发电智能控制，能源路由器，低碳电力，电力电子装置及其数字控制，包括：电能质量控制设备，如APF、UPQC、SVC、dSTATCOM；新能源与分布式发电并网、组网及储能技术；PEBB（系统集成）技术应用及高可靠性、模块化技术；新型电机及控制系统

**团队简介：**

南昌大学能源互联网研究团队包括3名教授、3名副教授及博士研究生和硕士研究生40多名。目前团队在研科研项目约20项，包括多个重大项目、国家自然科学基金项目、国际科技合作项目等。团队已培养毕业研究生50多名。

## 56. 南京航空航天大学—高频新能源团队

**地址：**江苏省南京市江宁区将军大道29号南京航空航天大学

**邮编：**211106

**电话：**18912946722

**网址：**http://www.nuaa.edu.cn/

**团队邮箱：**zlzhang@nuaa.edu.cn

**团队人数：**40

**团队带头人：**张之梁

**研究方向：**高频高功率密度宽禁带器件的电力电子变换技术

**团队简介：**

南京航空航天大学自动化学院模块电源组，由张之梁教授领军，主要研究高频电力电子、高频低功率芯片、电力电子在新能源变换中的应用技术、电动汽车电力总成。

## 57. 南京航空航天大学—航空电力系统及电能变换团队

**地址：**江苏省南京市江宁区胜太西路169号

**邮编：**211106

**团队人数：**10

**团队带头人：**杨善水

**主要成员：**戴泽华、王丹阳、吴静波、刘力、唐彬鑫

**研究方向：**飞机供配电系统、电能管理等

**团队简介：**

团队属于南京航空航天大学自动化学院电气工程系，主要研究方向为航空供配电系统及飞机电能管理领域，导师理论水平扎实、工程经验丰富，团队成员对科研工作充满热情、勤奋好学、团队意识突出。团队与中国商飞、中航工业115所、609所、105所等合作紧密，完成了多个研究任务，在航空供配电研究方面经验丰富。

## 58. 南京航空航天大学—先进控制实验室

**地址：**江苏省南京市江宁区将军大道29号

**邮编：**211106

**电话：**025-84892301

**网址：**http://cae.nuaa.edu.cn/showSz/470-1043

**团队邮箱：**melvinye@nuaa.edu.cn

**团队人数：**10

**团队带头人：**叶永强

**主要成员：**赵强松、任建俊、熊永康、竺明哲、曹永锋

**研究方向：**电力电子先进控制、逆变器抗扰控制、电机抗扰控制等

团队简介：

团队成员均为高学历的中青年科研人员，其中教授1名、副教授1名、博士生3名、硕士生5名。

## 59. 南京航空航天大学—航空电能变换与能量管理研究团队

地址：江苏省南京市江宁区胜太西路169号

邮编：211106

电话：13912988096

传真：025-84893500

团队人数：8

团队带头人：龚春英

主要成员：王慧贞、张方华、陈新、秦海鸿、陈杰、邓翔、王愈

研究方向：航空二次电源（TRU&ATRU、航空静止变流器、直流变换器），微型电网电能变换装置和能量管理，分布式发电系统建模及稳定性分析，宽禁带半导体器件的高频与高温应用，高功率密度电能变换，电力电子变换器的可靠性提升与寿命预测，电力电子变换器的电磁兼容性

团队简介：

南京航空航天大学电气工程系航空电能变换与微型电网能量管理团队，包括4名教授、2名副教授、1名高级工程师、1名讲师，团队指导在读博士研究生10名、硕士研究生50名。团队包括航空电能变换技术实验室、微型电网能量管理实验室、航空起动发电技术实验室、高温电力电子变换技术实验室。在航空二次电源领域，主要研究高功率因数整流、高功率密度逆变技术、高功率密度直流变换技术、电力电子变换器的故障诊断和寿命预测、直流微电网的瞬态功率抑制、宽禁带半导体器件的高温和高频应用技术、航空起动发电技术等方向的研究；在微型电网能量管理领域，主要研究微型电网中新能源的电能预测与管理、微型电网的稳定性分析、大功率储能变流器、大功率并网逆变器、电动汽车充放电机、高可靠LED驱动器等方向的研究。

龚春英，教授/博导，承担国家973、国防型号、NSF基金等项目，研究方向为航空二次电源。

王慧贞，研究员，国家863、国防型号等项目，研究方向为起动/发电、电机控制、电能变换。

张方华，教授/博导，承担国家863、国防型号、NSF基金等项目，研究方向为航空二次电源和特种电源、微网电能变换器、LED驱动器等。

陈新，教授，承担国家863、企业合作等项目，研究方向为微型电网系统稳定性分析和控制、能量管理。

秦海鸿，副教授，承担NSF基金等项目，研究方向为新型宽禁带半导体器件的应用。

陈杰，副教授，承担NSF基金等项目，研究方向为微网电能变换器和微型电网控制。

邓翔，高工，承担多项校企合作项目，承担企业合作项目，研究方向为航空二次电源。

王愈，讲师/博士，研究方向为微型电网电能管理。

## 60. 南京航空航天大学—模块电源实验组

地址：江苏省南京市江宁区将军大道29号南京航空航天大学

邮编：211100

电话：025-84896662

传真：025-84896662

网址：http://ruanxb.nuaa.edu.cn/

团队人数：7

团队带头人：阮新波

主要成员：陈乾宏、金科、张之梁、刘福鑫、方天治、任小永

研究方向：电力电子系统集成，包络线电源跟踪，超高频电力电子变换技术，无频闪无电解电容LED驱动电源，并网型逆变器，开关电源传导电磁干扰的建模与抑制

团队简介：

团队现有教师7名，其中教育部长江学者特聘教授1人，国家杰出青年基金获得者1人，江苏省“333高层次人才培养工程”中青年科学技术带头人1人，江苏省“青蓝工程”中青年学术带头人1人，教授4人，副教授3人。近年来，主持国家科技重大专项项目及课题、国家杰出青年基金、国家自然科学重点基金、863计划课题、国家自然科学基金等科技项目10余项，并承担多项省部级科技项目。在阮新波教授的带领下，团队已建设成为研究特色鲜明、研究方向明确、研究成果突出、教学水平优良、科研条件良好、管理制度健全的优秀科研团体。

## 61. 南京航空航天大学—国防科工局“航空电源技术”国防科技创新团队、“新能源发电与电能变换”江苏省高校优秀科技创新团队

地址：江苏省南京市江宁区将军大道29号南京航空航天大学自动化学院（江宁区将军路校区）

邮编：211106

电话：13611590061

传真：02584892368

团队邮箱：zhoubo@nuaa.edu.cn

团队人数：27

团队带头人：周波

主要成员：龚春英、谢少军、邢岩、张卓然、王惠贞、黄文新、张方华、肖岚、刘闯、王莉、张之梁

研究方向：航空电源系统，电能变换技术，电机及其控制技术

团队简介：

团队现有人员27人，其中具有工学博士学位26人，教授（含研究员）12人，副教授14人，讲师1人。团队重点研究航空电源系统、电能变换技术、电机及其控制技术。近年来主持国家、省部级科研项目及横向科研课题数十项，获国家技术发明二等奖、日内瓦国际发明展金奖、国防技术发明一等奖各1项，省部级二等奖、三等奖多项；每年获

授权发明专利20多件，每年100多篇论文被国际三大检索收录。团队成员共有16人次进入国家、省部级人才计划，其中包括：国家自然科学基金优秀青年基金获得者2人，国家“万人计划”领军人才1人，教育部新世纪优秀人才支持计划1人，“511”国防科技人才计划1人，江苏省“333”工程培养对象第二层次1人、第三层次5人，江苏省“六大人才高峰”高层次人才3人，江苏省青蓝工程（学术带头人）3人；12人次获得国家、省部级荣誉称号，其中包括：全国模范教师、享受国家政府特殊津贴专家、全国优秀科技工作者、国防科技工业百名优秀博士/硕士、江苏省优秀（先进）科技工作者、江苏省有突出贡献中青年专家、江苏省十大杰出专利发明人等。研究团队继2008年被评为国家国防科工局“航空电源技术”国防科技创新团队后，2011年又被评为江苏省高校优秀科技创新团队。

## 62. 南京理工大学—先进电源与储能技术研究所

**地址：** 江苏省南京市孝陵卫街200号南京理工大学自动化学院

**邮编：** 210094

**电话：** 13951658614

**团队邮箱：** yangfei@njust.edu.cn

**团队人数：** 26

**团队带头人：** 李磊

**主要成员：** 姚凯、权浩、李文龙、王韬、嵇保健、柳伟、李强、江宁强、汪诚、孙乐、颜建虎、杨飞、姚佳、季振东、孙金磊、王谱宇、赵志宏、徐妲、蒋雪峰、顾玲、闻枫、刘晋宏、雷加智、耿伟伟、万援

**研究方向：** （1）特种电源研究与应用。电外科射频能量发生器电源、电火花加工脉冲电源、军用模块电源、便携设备无线充电器等。研究成果应用于精密医疗器械、先进加工制造、军用便携设备、消费电子等领域。

（2）现代电力系统及其电力电子化装置研究与应用。太阳能光伏并网逆变器、模块化多电平变换器、电能质量治理装置、直流潮流控制器、电力电子变压器等。研究成果应用于新能源发电、现代电力系统、轨道交通等领域。

（3）车辆电驱系统研究与应用。电机容错驱动技术、故障诊断技术、磁通切换电机、混合励磁电机设计及控制研究等。

**团队简介：**

团队紧跟国际高水平研究方向与成果，面向国民经济发展建设需要，逐步形成自己的研究特色和优势。近年来，团队先后承担并完成多项国家自然科学基金和江苏省自然科学基金项目，获得多项省部级科技进步奖，取得了一批具有自主知识产权的科研成果，产业化成果尤其显著，取得了良好的经济与社会效益。团队主要研究领域涵盖电力电子变换器、功率因数校正和参数在线监测、高频环节多电平交流直接变换和逆变技术、电火花脉冲特种电源设计、医用高频电刀脉冲电源设计、电磁干扰预测诊断、电力系统中大功率电力电子装置设计、电力系统多区间预测、新型永磁电机本体设计与控制、容错电机设计与控制、高温超导应用与装置设计等领域。

近五年来团队主持和参与了20余项纵向科研项目和数十项横向科研项目，科学研究水平不断提高。在IEEE Transactions on Industrial Electronics、IEEE Transactions on Power Electronics、Renewable Energy、IEEE Transactions on Power System、IEEE APEC、ECCE、IECON、《中国电机工程学报》《电工技术学报》等国内外重要期刊、会议上发表高质量的学术论文100余篇。出版了《多电平交-交直接变换技术及其应用》学术专著。已申请中国发明专利和实用新型专利数十项。团队成员获得江苏省科技进步一等奖、国防科技进步二等奖等多项奖励。多名教师担任国家自然科学基金、江苏省自然科学基金等项目的评审专家和IEEE Transactions on Industrial Electronics、IEEE Transactions on Power Electronics、IEEE ECCE、IEEE IECON、《中国电机工程学报》《电工技术学报》等国内外专业期刊和会议的审稿专家。

团队与国内外相关高校、学术组织建立了广泛的联系，与南瑞集团、国网电科院、国电南瑞科技、南车集团、南京地铁、熊猫电子、华为、中兴、台达、艾默生、通用电气、德国柏林工业大学、德国轨道技术研究院等知名公司和院校保持着良好的交流与合作关系。

## 63. 清华大学—电力电子与电气化交通团队

**地址：** 北京市海淀区清华园西主楼2-304

**邮编：** 100084

**电话：** 010-62772450

**传真：** 010-62772450

**团队人数：** 30

**团队带头人：** 李永东

**主要成员：** 肖曦、郑泽东、孙凯、姜新建、王善铭、陆海峰、许烈、王奎、孙宇光

**研究方向：** 大容量电力电子变换器及其在调速节能领域的应用，交流电机的全数字化控制及其在数控机床/机器人、高铁电力牵引和舰船电力推进中的应用，新能源发电及储能。

**团队简介：**

目标：发挥团队在现代电力电子技术方向的传统优势，力争把已掌握的核心技术及最新的科技成果在现代电气化交通系统，如高铁、电动汽车、船舰、大飞机及数控机床/机器人等高端应用中得到推广。

研究方向：电力电子与电机控制，电气化交通，特种电源系统。电力电子与电机控制是团队成员的学科方向，包括电力电子变换器、电机控制与电力传动系统、电机设计及故障诊断等，需要进一步深入研究，并作为研究团队的学科和学术支撑；电气化交通（包括轨道交通、电动汽车、船舰和大飞机等）的多电和全电化驱动，包括相应的局域电力系统，是高性能电机控制系统和电力电子技术的最高端应用，是未来能源消费领域的重要革命；特种电源系统包括军用甚低频通信电源、大飞机电源系统、特种电

机驱动系统等。其中军用通信电源采用电力电子高频变换器代替传统的模拟电路，实现通信电源的高效、高动态响应和高精度控制，频率的改变比较灵活，是对潜通信的重大革命性变化。大飞机电源系统包括起动发电一体化、环控、电除冰和电作动等，是影响我国C919、929供电核心技术国产化的关键。

## 64. 清华大学—电力电子与多能源系统研究中心（PEACES）

**地址：**北京市海淀区清华大学自动化系中央主楼702
**邮编：**100084
**电话：**010-62770559
**传真：**010-62786911
**团队邮箱：**genghua@tsinghua.edu.cn
**团队人数：**15
**团队带头人：**耿华
**主要成员：**杨耕、赵晟凯
**研究方向：**大功率电能质量治理技术及装置，新能源并网技术，储能技术及应用
**团队简介：**

清华大学电力电子与多能源系统研究中心（前身为新能源与节能控制研究中心）创建于2006年，挂靠清华大学自动化系（一级学科为控制科学与工程，在历次全国学科评估中均名列全国第一）。为更好面向国家重大需求，瞄准学科发展前沿，同时有效继承课题组的传统，课题组于2018年正式更名为电力电子与多能源系统研究中心，英文全称为Research Center of Power Electronics And inter-Connected multi-Energy System（PEACES）。中心现有教师3人（教授/特别研究员/助理研究员各1人），中心主任为耿华博士。中心早期主要开展电力驱动技术研究，后逐步拓展到电能质量和多能源系统等领域。长期以来，中心系统性地将非线性控制、智能优化方法等先进控制理论应用到电力电子和多能源系统的稳定和优化运行中，取得一系列成果，并得到国内外同行的长期广泛关注。在国内较早开展了电能质量治理技术、大规模新能源并网技术等研究，与企业长期合作，成功开发相关产品并量产应用。先后主持国家重点研发项目、国家高技术发展计划（863计划）课题、国家自然科学基金重点、优青、面上等项目，以及其他省部级和企业合作课题多项。

## 65. 清华大学—汽车工程系电化学动力源课题组

**地址：**北京市海淀区清华大学李兆基科技大楼
**邮编：**100084
**电话：**010-62787815
**网址：**http://thueps.org/
**团队邮箱：**leizhao@ mail.tsinghua.edu.cn
**团队人数：**14
**团队带头人：**张剑波
**主要成员：**李哲、葛昊、孙瑛、汪尚尚、黄福森、吴正国、司德春、滕冠兴、刘中孝、方儒卿
**研究方向：**（1）大型锂离子电池的热设计：锂离子电池的热参数测量，锂离子电池的产热率测量，锂离子电池的热电耦合模拟及验证，锂离子电池的热设计优化。
（2）锂离子电池的老化和耐久性研究：多应力耦合研究，老化机理研究。
（3）电池管理系统：荷电状态（State of Charge，SOC）估计，健康状态（State of Health，SOH）估计，析锂机理研究，锂离子电池低温充电。
（4）大电流和低箔载量下的膜电极设计：膜电极的构效关系，梯度化膜电极设计，有序化膜电极设计。
（5）燃料电池零下启动研究：零下启动机理研究。
**团队简介：**

电化学动力源研究室采用实验、模型、模拟相结合的方法，研究车用锂离子电池和质子交换膜燃料电池的性能、老化机理、寿命预测、设计等问题，重点关注电化学能量存储与转换装置大型化后出现的分布不均匀现象。

## 66. 山东大学—分布式新能源技术开发团队

**地址：**山东省济南市经十路17923号
**邮编：**250061
**电话：**0531-81696186
**传真：**0531-88399385
**团队邮箱：**lshuqin2014@163.com
**团队人数：**21
**团队带头人：**刘淑琴
**主要成员：**边忠国、郭人杰、王黎明、钱保岐、李德广、赵方、于文涛、梁振光、张川、张宇喆、周君民、刘明芬
**研究方向：**垂直轴风力发电机，风光互补小功率电源
**团队简介：**

山东大学高度重视磁悬浮轴承技术的人才培养和创新团队建设，充分利用自身的人、财、物优势给予各方面的支持，形成了以学科带头人刘淑琴教授为核心，以科研基地和多个重大科研项目为载体，结构合理、团结协作的学术研究团队。目前团队共有成员21人，具备丰富的理论知识和动手实践经验，其中具有高级职称5人，具有博士学位8人。

## 67. 山东大学—新能源发电与高效节能系统优化控制团队

**地址：**山东省济南市经十路17923号山东大学千佛山校区
**邮编：**250061
**电话：**0531-88392906
**传真：**0531-88392906
**团队人数：**16

**团队带头人**：张承慧

**主要成员**：陈阿莲、段彬、崔纳新、杜春水、王光臣、李珂、孙波、李岩、邢国靖、张奇、商云龙、邢相洋、张关关、张帅、卢建波

**研究方向**：新能源发电与能量高效利用，新能源汽车与动力电池系统，高效电气节能系统及控制技术

**团队简介**：

团队始终面向国家新能源与节能减排重大战略需求，依托山东大学控制理论与控制工程国家重点学科，紧密围绕制约我国新能源发电与高效节能系统性能和效率提升的共性科技难题，深入开展新能源发电与高效节能系统优化控制基础理论、关键技术和工程应用的创新性研究。2012年入选教育部创新团队，2016年验收优秀并获滚动支持。2018年团队入选获国家自然科学基金委员会创新研究群体。团队建有新能源与高效节能国家地方联合工程研究中心和电力电子节能技术与装备教育部工程研究中心。团队现有成员16人，其中教育部长江学者特聘教授1人（张承慧），国家杰出青年基金获得者1人（王光臣），百千万人才工程国家级人选2人（张承慧、陈阿莲）；国家教学名师1人（张承慧）；山东省齐鲁青年学者2人（商云龙、段彬）。

近年来团队获国家科技进步二等奖1项、教育部科技进步一等奖1项、山东省科技进步一等奖1项、省部级科技进步奖励二等奖7项；获国家级教学成果二等奖2项，省部级教学成果特等奖1项、一等奖2项；获宝钢教育基金优秀教师特等奖1项。在国际权威期刊和会议上发表论文300余篇，授权国家发明专利120余件，出版教材/著作4部。

## 68. 陕西科技大学—新能源发电与微电网应用技术团队

**地址**：陕西省西安市未央大学园区陕西科技大学

**邮编**：710021

**电话**：029-86168631

**传真**：029-86168631

**网址**：http://www.sust.edu.cn

**团队邮箱**：chenjwskd@163.com

**团队人数**：5

**团队带头人**：孟彦京

**主要成员**：石勇、陈景文、刘宝泉、王素娥

**研究方向**：风力发电控制技术，光伏发电及储能技术，电力传动技术，微电网控制技术等

**团队简介**：

陕西科技大学新能源发电与微电网应用技术团队是以孟彦京教授为负责人，从事风力发电控制技术、光伏发电及储能技术、电力传动技术、微电网控制技术等方面研究与实践工作的团队，成员包括5名教师（其中教授2名、副教授2名、讲师1名）和博、硕士研究生16名，近年来主持各类横纵向科研课题20余项，总经费1000余万元，获得省级政府奖励3项，授权专利50余项，在核心以上级别期刊发表行业论文100余篇，其中SCI、EI收录10篇。

团队从事的核心工作是应用技术的推广工作，以与企业为主，特别是在轻工自动化（如造纸机传动系统、复卷机传动系统等）领域享有较高的声望，近几年，在新能源应用方面也取得一定成就，自2008年起开始从事风力发电控制技术的研究工作，2011年起从事光伏发电的研究工作，2012年在金太阳工程的支持下在校园屋顶建设了876kW容量的光伏电站，年发电量近70万kWh。目前主要以新能源应用技术和电力传动技术为主要研究方向开展相关的研究和应用推广工作。

## 69. 上海大学—电机与控制工程研究所

**地址**：上海市宝山区南陈路333号9号楼125A

**邮编**：200444

**电话**：021-56331563

**团队邮箱**：gqxu@shu.edu.cn

**团队人数**：23

**团队带头人**：徐国卿

**主要成员**：汪飞、罗建、张少华、张琪、宋文祥、陈息坤、李雪、周岐斌、邵定国、代颖、吴春华、杨影、赵剑飞

**研究方向**：新能源汽车电机与驱动系统，电力电子变换与新能源智能电网技术，机器人与智能运动系统

**团队简介**：

团队研究队伍共23人，其中正高级职称人员11人，副高级职称人员9人，中级职称3人。其中具有博士学位人员20人，占比87%，有海外经历教师16人，占比70%。研究团队40周岁以下9人，占比40%；40~50周岁6人，占比26%；50~60周岁7人，占比30%；60周岁以上1人，占比4%。

新能源汽车电机与驱动系统研究方向，致力于节能与新能源汽车用电机、电力电子与智能驱动控制技术等方向的研发，合作研制的新能源汽车电机系统产品覆盖市场50%，是最早在上海市实现电动汽车电驱动系统产业化的团队。团队提出并发明电驱动车辆防滑控制与深度能量回收控制技术。

电力电子变换与新能源智能电网技术研究方向，致力于光伏微型逆变器、光伏电站优化运行控制术与智能运维、电网电能质量、新能源电力系统经济调度等方面的研究。电力电子变换与新能源智能电网技术研究方向，承担10余项国家和上海市重大项目课题和重大横向项目，取得多项国内首创理论成果，在IEEE等权威期刊发表SCI论文10余篇。团队发明电力电子变电站技术，实现西部地区既有电网供电半径延伸，大大节省建设投资。

机器人与智能运动系统研究方向，致力于机器人电伺服控制、智能视觉技术、机器人与电动汽车智能运动控制等方面的研究。团队建立室内图像大数据平台，物品识别率达到98%，在无人零售、无人货柜以及家庭机器人中推广应用；研制仿人行为的机械臂-灵巧手机器人系统，大大推动养老助残服务产业。

## 70. 上海海事大学—电力传动与控制团队

**地址：**上海市浦东新区海港大道1550号

**邮编：**201306

**网址：**http://www.shmtu.edu.cn/

**团队人数：**12

**团队带头人：**汤天浩

**主要成员：**Benbouzid、汪懿德、谢卫、陆凯元、王天真、韩金刚、姚刚、王润新、Nicolas、陈昊、彭越

**研究方向：**船舶电力系统及其控制，新能源及其电力电子装置，港航设备自动检测、故障诊断与容错控制

**团队简介：**

团队以港口、船舶等航运系统及海洋开发等领域的电气工程技术应用为特色，重点研究船舶电力系统及其控制，新能源及其电力电子装置，港航设备故障诊断与容错控制。近年来发表学术论文100余篇，其中SCI/EI检索论文80余篇；获得国家级和省部级项目20余项。

## 71. 上海交通大学—风力发电研究中心

**地址：**上海市闵行区东川路800号上海交通大学智能电网大楼523室

**邮编：**200240

**电话：**021-34207001

**传真：**021-34207001

**团队人数：**9

**团队带头人：**蔡旭

**主要成员：**朱淼、李睿、谢宝昌、高强、张建文、曹云峰、郑毅、施刚

**研究方向：**风力发电系统，风力发电交直流输电，大容量储能

**团队简介：**

上海交通大学风力发电研究中心致力于风力发电、直流输电以及储能技术的科研和教学工作，主要从事风电机组电气控制系统、大规模风电交直流并网以及大容量电池储能接入技术研究。

团队与上海电气集团联合研发了1.25MW、2MW和3.6MW双馈风电变流器、整机控制器以及2MW风机电动变桨控制系统并实现了产业化（上海电气集团）；研究了模块智能化风电变流器关键技术并应用于3MW全功率风电变流器中。提出了电网友好型风电场的架构及指标体系、机组及风电场的动态控制模型、风储联合发电策略，成果得到示范应用。形成了面向复杂电力电子控制应用的控制器平台、面向机电系统控制的监控平台和风电机组气动-机-电实时联合仿真系统。

团队研制的大容量电池储能系统的高压直挂接入装备已通过国家863验收，研究了面向微电网的电池储能系统关键技术，对储能系统如何提高风电接入能力进行了研究。

在风电机组及风电场的动态建模技术方面，基于Power Factory和PSCAD针对国内主要厂商的机组建立了动态镜像模型，为含有大型风电场的电网仿真奠定了基础，研究了大规模电网友好型风电场关键技术以及多风电场集群控制系统。

对海上风电直流网采用直流汇聚传输进行了系统分析和经济评估，取得了一系列理论成果，针对直流网的关键装备DC-DC变换器做了系统的理论研究及试验样机开发。

团队与国内外学术机构长期保持学术沟通，承接并完成国家级、省部级研究项目及国内外企业委托项目，取得了一系列论文及专利成果。

## 72. 四川大学—高频高精度电力电子变换技术及其应用团队

**地址：**四川省成都市一环路南一段24号四川大学电气信息学院

**邮编：**610065

**电话：**028-85469866

**传真：**028-85400976

**团队人数：**10

**团队带头人：**张代润

**主要成员：**赵莉华、李媛、佃松宜、刘宜成、肖勇、段述江、吴坚

**研究方向：**高频射频开关电源技术，高精度电力电子变换技术，电力电子仿真技术，新型电力电子控制技术

**团队简介：**

研究团队主要由教师、研究生组成，致力于高频、射频开关技术和高精度电力电子变换技术的基础理论、仿真技术、控制技术等方面的研究、开发和应用工作。

## 73. 天津大学—自动化学院电力电子与电力传动课题组

**地址：**天津市南开区卫津路92号天津大学自动化学院

**邮编：**300072

**电话：**13602064036

**团队邮箱：**pingw@ tju. edu. cn

**团队人数：**13

**团队带头人：**王萍

**主要成员：**贝太周、张志强、王慧慧、陈博、王耕籍、毕华坤、张博文、周雷、赵晨栋、王智爽、傅传智、闫瑞涛

**研究方向：**分布式新能源发电及电能质量控制，分布式光伏并网系统运行与控制，直流微电网

**团队简介：**

在人员结构层次上，团队现有1名科研学术带头人（教授职称）、6名博士研究生以及6名硕士研究生，目前主要从事直流微电网、分布式新能源并网发电及电能质量方面的相关研究。在团队带头人的领导和影响下，团队成员始终以锐意进取的科研情怀、求真务实的首创理念，勤勉互助、精诚协作、继往开来，不断取得丰硕的科研成果。近年来，团队发表国内外高水平论文近30篇。

## 74. 天津工业大学—电工电能新技术团队

**地址：**天津市西青区宾水西道 399 号

**邮编：**300387

**电话：**13752736409

**团队邮箱：**xiaozhaoxia@tiangong.edu.cn

**团队人数：**62

**团队带头人：**杨庆新

**主要成员：**肖朝霞、李阳、张献、金亮、祝丽花、薛明、刘雪莉

**研究方向：**无线电能传输，多能互补系统，电磁场云计算

**团队简介：**

团队共有教师 8 人，硕、博士生 60 余人。2014 年被评为“天津市创新团队”。团队多年来从事分布式发电系统与微电网、无线电能传输、电磁场数值计算等方面的研究，具有坚实的研究基础。2014 年，在天津工业大学成立中国首个无线电能传输技术专业委员会，同年，出版了国内第一本无线电能传输领域的专著。2018 年完成的“基于风光互补智能微电网的电动汽车无线充电系统关键技术及产业化”获得天津市科技进步一等奖。

## 75. 同济大学—电力电子可靠性研究组

**地址：**上海市曹安公路 4800 号同济大学电气工程系

**邮编：**201804

**电话：**15909393698

**团队人数：**9

**团队带头人：**向大为

**主要成员：**许哲雄、李巍

**研究方向：**电力电子状态监测与故障诊断技术，新能源发电，电机运行与控制

**团队简介：**

课题组以提高电力电子系统运行可靠性为目标，研究相关监测、诊断、控制以及测试新技术。

## 76. 同济大学—电力电子与电气传动研究室

**地址：**上海市曹安公路 4800 号同济大学电信学院电气工程系

**邮编：**201804

**电话：**17721085566

**团队邮箱：**kjs@tongji.edu.cn

**团队人数：**24

**团队带头人：**康劲松

**主要成员：**向大为、项安、袁登科、韦莉

**研究方向：**电动汽车电驱动技术，轨道车辆牵引控制，电力电子可靠性状态检测，新能源发电

**团队简介：**

多年来，研究团队始终围绕电动汽车、高速列车、低速磁浮列车的高性能电气传动技术开展了大量研究工作，在永磁电机弱磁控制、牵引变流器可靠性评估、IGBT 状态检测与故障预诊断等方面取得了大量成果，有效提高了传动系统的运行性能和可靠性。目前部分研究成果已取得产业化应用与推广，产生了良好的社会与经济效益。

## 77. 同济大学—电力电子与新能源发电课题组

**地址：**上海市嘉定区曹安公路 4800 号

**邮编：**201804

**电话：**13867150432

**团队邮箱：**tqian@tongji.edu.cn

**团队人数：**11

**团队带头人：**钱挺

**研究方向：**功率变换器的新型拓扑与超快速控制，新能源转换与控制，新器件在功率变换器中的应用，功率变换器的芯片集成，有源滤波器的控制方案等

**团队简介：**

团队带头人钱挺，1977 年 12 月生，博士，教授，同济大学电气工程系主任，第五批“国家青年千人计划”入选者，IEEE Transactions on Power Electronics，Associate Editor。1999 年 6 月和 2002 年 3 月分别获得浙江大学学士和硕士学位；2008 年 1 月获得美国东北大学（Northeastern University）博士学位；2007 年 10 月至 2013 年 2 月留美工作，任美国得州仪器公司（Texas Instruments）系统工程师；2013 年 6 月至今在同济大学工作，先后任副教授、教授。已以第一作者发表 9 篇 SCI 国际期刊论文（其中 7 篇为 IEEE Transactions 论文）和 12 篇 EI 收录论文。

团队依托同济大学电气工程系开展电力电子与新能源方向的研究工作，目前有教授 1 人，研究生 10 人，主要研究方向包括：功率变换器的新型拓扑与超快速控制、新能源转换与控制、新器件在功率变换器中的应用、功率变换器的芯片集成、有源滤波器的控制方案等。课题组一直致力于学术探索与工程应用相结合的研究，长期与美国东北大学 Brad Lehman 教授的电力电子团队保持紧密合作，并与领域内的知名公司开展合作研究。

## 78. 同济大学—磁浮与直线驱动控制团队

**地址：**上海市曹安公路 4800 号同心楼 505 室

**邮编：**201804

**电话：**13651743710

**网址：**http://www.tongji.edu.cn

**团队邮箱：**12154@tongji.edu.cn

**团队人数：**12

**团队带头人：**林国斌

**主要成员：**任敬东、廖志明、徐俊起、高定刚、潘洪亮、荣立军、吉文、韩鹏、胡杰

**研究方向：**磁浮车辆设计，悬浮控制，直线驱动控制，悬浮电磁铁，直线电机

**团队简介：**

国家磁浮交通工程技术研究中心下属车辆研究室，专业从事磁浮车辆整车设计和关键部件设计。牵头设计制造了中国第一列高速磁浮试验样车和中国第一列面向工程应用的国产化样车。

### 79. 武汉大学—大功率电力电子研究中心

**地址**：湖北省武汉市武汉大学工学部
**邮编**：430072
**电话**：027-68775879
**网址**：http://cgpes.whu.edu.cn/
**团队邮箱**：xmzha@whu.edu.cn
**团队人数**：7
**团队带头人**：查晓明
**主要成员**：孙建军、潘尚智、刘飞、宫金武、黄萌、田震、刘懿
**研究方向**：电力电子变流器建模与控制，高比例电力电子装备的电力系统分析，功率在环电网模拟试验系统，多端口变流器拓扑与控制，高效率高功率密度电力电子变换器设计，主动配电网灵活性分析与设计
**团队简介**：

研究中心团队以“大功率电力电子技术”课题组为研究主体，依托于武汉大学电气与自动化学院，与国内外大功率电力电子研究领域的专家学者进行广泛技术交流与合作，不断探寻大功率电力电子技术研究领域的最新科研动态和技术前沿。团队在查晓明教授的带领下已发展成为一个拥有3名教授、3名副教授、2名博士后、40余名研究生的人员结构合理、分工明确、目标统一的科研团队。

团队成立以来始终坚持“基础理论研究与工程应用实践并重”的原则，紧跟电力科技领域的大功率电力电子技术前沿，充分发挥自身优势，合理运用武汉大学丰富的科研与教学资源，与国家电网公司、南方电网公司等国内多家企业保持良好和持久的合作关系，在大功率电力电子变换装置及其应用系统等领域取得了良好的成绩，并力争成为国内大功率电力电子领域一流的创新团队。

### 80. 武汉理工大学—夏泽中团队

**地址**：湖北省武汉市洪山区珞狮路205号
**邮编**：430070
**电话**：18771025810
**团队人数**：10
**团队带头人**：夏泽中
**主要成员**：唐智、纪晓泳、马一鸣、欧阳雷
**研究方向**：DC-DC变换器，双向AC-DC变换器
**团队简介**：

年轻有活力的团队，对电力电子有兴趣，大家都在探索中不断成长。

### 81. 武汉理工大学—自动控制实验室

**地址**：湖北省武汉市洪山区珞狮路205号武汉理工大学马房山校区东院自动化学院实验楼
**邮编**：430070
**电话**：15827553507
**团队人数**：43
**团队带头人**：苏义鑫
**主要成员**：张丹红、谌刚、姜文、顾文磊、朱敏达、金铸浩、左立刚、夏慧雯等
**研究方向**：网络通信，嵌入式控制，电机运行与控制
**团队简介**：

团队有43人，主要包括几位导师、在读研究生，主要研究方向包括：神经网络算法与应用、风力发电并网运行与控制、永磁同步电机运行与控制等。

### 82. 武汉理工大学—电力电子技术研究所

**地址**：湖北省武汉市珞狮路122号
**电话**：027-87859049
**团队邮箱**：zhgr_55@whut.edu.cn
**团队带头人**：朱国荣
**主要成员**：林德焱、黄云辉、徐应年、张侨、邓翔天、熊松、康健强、罗冰洋、孟培培、王菁
**研究方向**：电力电子，电池储能，船舶电气
**团队简介**：

电力电子技术研究所是武汉理工大学自动化学院内设机构，由朱国荣、康健强、黄云辉等10多名导师以及数十名硕、博士生共同组建的多个导学团队。主要从事电力电子相关的教学科研工作，专注于电池储能的理论研究和船舶电气的应用开发。

### 83. 西安电子科技大学—电源网络设计与电源噪声分析团队

**地址**：陕西省西安市太白南路2号西安电子科技大学电路CAD研究所376信箱
**邮编**：710071
**电话**：029-88203008
**传真**：029-88203007
**网址**：http://seeweb.710071.net/iecad/index.asp
**团队人数**：20
**团队带头人**：李玉山
**主要成员**：初秀琴、刘洋、路建民、李先锐、史凌峰、代国定、王君
**研究方向**：电源完整性分析与电源分配网络设计，EBG结构、DC-DC稳压源芯片设计
**团队简介**：

负责人李玉山教授/博士生导师，教育部超高速电路设计与电磁兼容重点实验室学术委员会副主任；初秀琴副教授/硕士生导师，电路CAD研究所常务副所长，教育部超高速电路设计与电磁兼容重点实验室副主任；史凌峰 教授/电路与系统学科博士生导师；代国定副教授/硕士生导师；刘洋 副教授/硕士生导师；李先锐副教授/硕士生导师；路建民讲师；王君博士。

### 84. 西安交通大学—电力电子与新能源技术研究中心

**地址**：陕西省西安市咸宁西路28号交大电气学院
**邮编**：710049
**电话**：029-82667858

**传真：** 029-82665223

**网址：** http://www.perec.xjtu.edu.cn/

**团队人数：** 16

**团队带头人：** 刘进军

**主要成员：** 杨旭、卓放、裴云庆、肖国春、王跃、王来利、甘永梅、贾要勤、何英杰、张笑天、雷万钧、王丰、刘增、易皓、张岩

**研究方向：** 电力电子技术在电能质量控制、输配电系统中的应用，电力电子技术在新能源发电及新型电能系统中的应用，开关电源与特种电源技术，电力传动及运动控制技术，电力电子集成封装技术

**团队简介：**

团队学术带头人刘进军教授大学就读于西安交通大学电气工程系，于1992年和1997年先后获得工学学士学位和工学博士学位，随即留校在电气工程学院任教至今。1999年12月至2002年2月，在美国弗吉尼亚理工大学电力电子系统研究中心做博士后访问研究。2002年8月晋升教授，2005~2010年兼任电气工程学院副院长，2009年4月~2015年1月兼任西安交通大学教务处处长。2014年获聘教育部长江学者特聘教授。2014年获得“全国优秀科技工作者”荣誉称号。2015年入选西安交通大学首批“领军学者”。现为IEEE电力电子学会副主席、学报副编辑，中国电工技术学会电力电子学会副理事长，中国电源学会副理事长，中国电机工程学会直流输电与电力电子专业委员会委员，教育部全国电气类专业教学指导委员会副主任委员。

团队共有教师16人，其中长江学者1人，科技部中青年科技创新领军人才1人，中组部“青年千人计划”入选者1人，教育部新世纪优秀人才计划入选者3人，教授7人。主要从事电力电子技术的应用基础研究，研究方向涵盖了电力电子技术的各个方面，部分教师还涉及计算机控制网络与微机控制技术。团队是国内电力电子技术领域研究水平居于领先地位的团队之一，也有广泛的国际交流与合作，形成了重要的国际影响。

## 85. 西安理工大学—光伏储能与特种电源装备研究团队

**地址：** 陕西省西安市金花南路5号110信箱

**邮编：** 710048

**电话：** 029-82312013

**团队邮箱：** sxd1030@163.com

**团队人数：** 7

**团队带头人：** 孙向东

**主要成员：** 任碧莹、张琦、安少亮、陈桂涛、杨惠、张晓滨

**研究方向：** 光伏储能技术，微电网控制技术，特种开关电源技术

**团队简介：**

研究团队主要由7人组成，其中教授1人、副教授3人，7人都具有博士学位，5人具有国外留学或进修经历。团队主要从事光伏储能技术、微电网控制技术、特种开关电源技术等三个研究方向。光伏储能与微电网控制技术主要涉及光伏发电技术、蓄电池、飞轮和超级电容器等储能技术、微电网电压频率控制技术等。特种开关电源技术主要研究铝镁合金等轻金属微弧氧化电源控制技术、磁控溅射电源技术、电磁搅拌电源技术、感应加热电源技术等。

## 86. 西安理工大学—交流变频调速及伺服驱动系统研究团队

**地址：** 陕西省西安市金花南路5号西安理工大学电气工程学院

**邮编：** 710048

**电话：** 029-82312650

**传真：** 029-82312650

**团队邮箱：** zhgyin@xaut.edu.cn

**团队人数：** 7

**团队带头人：** 孙向东

**主要成员：** 尹忠刚、王建渊、徐艳平、赵纪龙、周长攀、张延庆

**研究方向：** 新型交流变频调速装置，交流电机设计及控制，伺服驱动，电力电子技术及应用

**团队简介：**

团队依托西安理工大学电气工程陕西省重点学科、西安市电力电子器件与高效电能变换重点实验室，主要从事高性能交流电机控制及伺服驱动系统及其信息化、智能化、集成化的相关基础研究与应用研究。目前，团队主要由7人组成，其中教授2人、副教授2人、讲师3人，其中新疆天山学者1人，陕西省“特支计划”青年拔尖人才1人，陕西省青年科技新星1人；此外，在读博士研究生5人，在读硕士研究生32人。在研国家级项目4项，省部级项目9项，企业合作项目5项。主要研究方向为新型交流变频调速装置、交流电机智能化控制、高效永磁电机设计、伺服驱动、电力电子技术及应用等。

## 87. 西南交通大学—高功率微波技术实验室

**地址：** 四川省成都市二环路北一段111号

**邮编：** 610031

**电话：** 028-87601752

**传真：** 028-87603134

**团队人数：** 20

**团队带头人：** 刘庆想

**主要成员：** 李相强、张健穹、王庆峰、张政权、王邦继等

**研究方向：** 电能变换与控制，高功率微波天线，脉冲功率技术，高功率微波器件，电机驱动与控制

**团队简介：**

高功率微波技术实验室成立于2003年，实验室瞄准国家重大战略需求，主要从事高功率微波技术及其相关领域的研究工作。实验室以“尽职尽责、团结和谐，挖掘每个

人的潜能，创造更大价值，服务于社会”为理念，本着“想别人所不想的，做别人所不能做的”的信念，近五年来，承担了20余项国家863计划项目以及10余项横向项目，年科研经费突破1000万元，形成了一支团结和谐、勤于钻研、勇于创新的年轻科研团队。在研究过程中，实验室重视开展创新性的研究，目前已在电能变换与控制技术、电机控制技术、高功率微波辐射技术等方面取得了多项研究成果，并在新能源汽车、工业控制系统与机器人、微波天线与波导元器件、脉冲功率系统及微波源、高储能密度薄膜电容器技术等方向积累了深厚的技术储备。

## 88. 西南交通大学—列车控制与牵引传动研究室

**地址：** 四川省成都市二环路北一段111号西南交通大学九里校区电气馆3231室

**邮编：** 610031

**电话：** 028-86465637

**传真：** 028-86465637

**团队人数：** 52

**团队带头人：** 冯晓云

**主要成员：** 丁荣军、葛兴来、宋文胜、熊成林、王青元、孙鹏飞

**研究方向：** 电力牵引交流传动系统控制与仿真，电力牵引系统稳定性分析，电力牵引系统故障预测、诊断及容错控制，电力电子变压器，动力集成设计研究，虚拟同相柔性供电系统，列车运行节能优化，车线匹配评估与列车在线跟踪，重载列车辅助驾驶

**团队简介：**

由冯晓云教授创建于2000年的列车控制与牵引传动研究室（Train Control & Traction Drive Lab，TCTD），以国家重点（培育）学科“电力电子与电力传动”为依托，以轨道交通行业为背景，主要开展轨道交通电力牵引传动及其控制、电力电子变流技术、列车运行控制、优化控制与辅助驾驶领域的教学和科研工作。著名的交流传动控制专家丁荣军院士（西南交通大学双聘）也在团队指导博士和硕士研究生。目前，研究室现有教师7人，其中院士1人，教授2人，副教授1人，讲师1人，助理研究员2人；博士生7人，硕士生40人。在科学研究方面，长期以来研究室逐渐形成了以学生为主体，以项目为依托，以创新为目标的科学研究方式，本着严谨治学、求实务真的态度不断努力提升科研能力。

## 89. 西南交通大学—汽车研究院

**地址：** 四川省成都市金牛区二环路北一段111号

**邮编：** 610031

**电话：** 18628264826

**团队人数：** 30

**团队带头人：** 胡广地

**主要成员：** 刘伟群、祝乔、郭峰、刘丛志等

**研究方向：** 新能源汽车与汽车工程相关方向

**团队简介：**

西南交通大学汽车研究院概况：

机构性质：西南交通大学校内独立二级单位；中国振动工程学会机械动力分会理事单位；中国内燃机学会大功率柴油机分会会员单位；中国汽车工程学会振动噪声分会会员单位；四川省新能源汽车产业推进办成员单位。

发展定位：整合校内优势资源，树立西南交大汽车领域强势学科形象，实现“大交通”战略。

技术重点：以发展新能源汽车、汽车电子、汽车节能减排为主。

建设资金：将汽车学科列为西南交大重点学科，初期投入2000万建设资金，及300万/年汽车学科发展资金。

主要职能：校内协同创新、检验检测与认证、技术成果孵化与转化、人才培养。

## 90. 西南交通大学—电能变换与控制实验室

**地址：** 四川省成都市郫都区犀安路999号

**邮编：** 611756

**电话：** 028-66366733

**团队人数：** 98

**团队带头人：** 许建平

**主要成员：** 教师8人、博士生15人、硕士生75人

**研究方向：** 开关变换器建模与控制，电力电子系统数字控制技术，分布式发电与并网逆变技术，储能系统及其能量管理，功率因数校正变换器技术，LED照明电源电路及控制技术，无线电能传输技术，现代电力电子动力学分析

**团队简介：**

电能变换与控制实验室（Power Conversion and Control Lab，PCC Lab），是依托于西南交通大学国家重点（培育）学科“电力电子与电力传动”、磁浮技术与磁浮列车教育部重点实验室的研学团队，以电力电子技术与新能源行业为背景，重点开展开关变换器建模与控制、电力电子系统数字控制技术、分布式发电与并网逆变技术、储能系统及其能量管理、功率因数校正变换器技术、LED照明电源电路及控制技术、无线电能传输技术、现代电力电子动力学分析等方面的教学和科研工作。

10多年来，实验室共指导博士生30余人、硕士生150余人，实验室指导的博士生和硕士生分别获得了全国优秀博士论文、四川省优秀博士论文、四川省优秀硕士论文、西南交通大学优秀博士学位论文培育基金、西南交通大学博士生创新基金、中央高校基本科研业务费专项资金优秀学生资助、詹天佑铁道科学技术奖专项奖、国际会议最佳论文奖等荣誉/奖励。

实验室长期致力于与国内外教育机构和企业单位的学术交流、合作，并保持与毕业博士生和毕业硕士生的深度联系。多名研究生赴弗吉尼亚理工大学、得克萨斯大学奥斯汀分校、俄亥俄州立大学、思克莱德大学、利兹大学、里尔中央理工学院、奥尔堡大学、香港理工大学、香港城市大学等著名高校进行深造、访问、进修；多名研究生在东方电气集团、华为、易事特、中电29所、Intel、O2 Micro、Emerson等著名企业参观、实习、就业；实验室邀请

著名专家来访交流，接收多名来自越南、国内高校的访问、交流学者；实验室成员积极参加国际、国内学术会议，与国内外专家、学者进行了广泛的学术交流和探讨。

## 91. 西南科技大学—新能源测控团队

**地址**：四川省绵阳市涪城区青龙大道中段59号

**邮编**：621010

**电话**：0816-6089326

**传真**：0816-6089326

**网址**：http：//www.jcyjs.com/

**团队邮箱**：497420789@qq.com

**团队人数**：16

**团队带头人**：王顺利

**主要成员**：邹传云、于春梅、范永存、曹文、熊莉英、靳玉红、乔静、陈蕾、刘春梅、张丽、张小京、王瑶、周长松、张良、潘小琴

**研究方向**：聚焦开展以锂电池状态协同估计为核心的新能源测控研究

**团队简介**：

西南科技大学信息工程学院新能源测控研究团队，聚焦新能源领域测控需求，开展信号检测与估计、抗干扰处理和控制策略探索，进行动力锂电池组的状态检测与控制研究。近年来承担国家自然科学基金、省科技厅、省教育厅和市科技局等科研项目50余项，基于课题研究在Applied Energy（SCI-1区［IF：7.182］）、Journal of Power Sources（SCI-1区［IF：6.945］）、《电源技术》和《电源学报》等期刊上发表论文60余篇，申请国家发明专利20余项和软件著作权1项，撰写专著1部，编著教材3本，获“青年学者”等荣誉称号或奖励20余项，得到“遂宁市高校·企业创新人才团队支持计划”的持续支持。

团队积极开展与国内外同行在新能源测控学科领域的合作与交流，与英国罗伯特高登大学的Carlos Fernandez博士研究团队、清华大学的杜玖玉博士研究团队、北京理工大学的熊瑞博士研究团队、中国科学技术大学的陈宗海教授研究团队、重庆大学的胡晓松教授研究团队、九院五所的孟凡明研究员团队联合开展研究，担任ICRAE等国际会议编委，应邀成为Applied Energy、IEEE Transactions on Control Systems Technology、Journal of Electrical Engineering & Technology和Environmental Progress & Sustainable Energy等国际期刊的经常性审稿人，为IEEE、中国自动化学会和中国电子学会等学会的会员，参加International Conference on Energy Development and Environmental Protection、International Conference on Robotics and Automation Engineering和International Conference on Energy Engineering and Environmental Protection等国际会议并做报告多次。

基于相关研究，与中国科学院成都有机化学有限公司、绵阳市产品质量监督检验所、四川华泰电气股份有限公司、四川长虹电源有限责任公司、深圳市亚科源电气有限公司、唐山奇点科技有限公司和多氟多新能源科技有限公司等单位合作，研发了多台/代动力锂电池组自动化测控设备，提高了其可靠性并逐步扩展其应用领域，社会和经济效益显著。

研究简介见http：//www.jcyjs.com，日常进展介绍见http：//jcyjs.com。

## 92. 厦门大学—微电网课题组

**地址**：福建省厦门市翔安区新店镇厦门大学能源学院和木楼A111

**邮编**：361102

**电话**：15960221861

**团队人数**：6

**团队带头人**：孟超

**主要成员**：孙纯鹏、杨赟、纪承承、魏闻、陈颖

**研究方向**：直流微电网及其控制策略，能源互联网与园区能源规划，不间断电源设备，电能质量治理与装备

**团队简介**：

厦门大学微电网研究团队主要致力于直流微电网系统建模、控制策略分析及其工程产业化。在此基础上，团队积极延伸研究领域，正在配合国内某大型能源集团共同向国家能源局申请某大型科技园区能源互联网示范项目，并作为主要参与人及子课题负责人参与其中。电力电子变换器是能源互联网和微电网的核心设备，在该研究领域，团队先后开展了高性能大功率不间断电源、有源电力滤波器、静止无功补偿器、双向AC/DC变换器等技术和设备的研究，并取得了一些成果，部分研究成果已经实现产业化。

## 93. 湘潭大学—智能电力变换技术及其应用研究团队

**地址**：湖南省湘潭市湘潭大学信息工程学院

**邮编**：411105

**电话**：58292224

**团队人数**：4

**团队带头人**：邓文浪

**主要成员**：谭平安、李利娟、陈才学

**研究方向**：电力电子技术及其应用

**团队简介**：

湘潭大学智能电力变换技术及应用研究团队主要从事电力电子技术及其应用方面的研究，近10年来在新型电力电子拓扑及其控制、电网安全 、功率半导体器件建模及可靠性、无线电能传输、风力发电控制技术等方面开展科学研究。承担了多项国家自然科学基金、湖南省自然科学基金等项目。

## 94. 燕山大学—可再生能源系统控制团队

**地址**：河北省秦皇岛市海港区河北大街西段438号燕山大学电气工程学院

**邮编**：061001

**团队人数**：教师6人，学生若干

**团队带头人**：张纯江

**主要成员**：李珍国、阚志忠、王晓寰、郭忠南、董杰

**研究方向**：逆变器并网控制，微电网运行控制，风力发电

**团队简介：**

团队成立于 2005 年，由张纯江教授为带头人，由李珍国副教授、阚志忠副教授、王晓寰副教授、郭忠南讲师、董杰讲师为主要成员，开展可再生能源系统控制相关研究。已经完成国家基金项目 4 项，河北省基金项目 2 项，在研的国家基金项目 1 项，省级项目 3 项，建立风力双馈、直驱发电平台 2 个，光伏发电平台 1 个，逆变器并网平台 1 个，开关磁阻电机运行平台 1 个。发表论文 70 余篇，申请专利 4 项，培养博士生 5 名，硕士生近百余名。

## 95. 浙江大学—GTO 实验室

**地址：**浙江省杭州市西湖区浙江大学玉泉校区应电楼 103

**邮编：**310012

**电话：**0571-87951950

**团队人数：**21

**团队带头人：**吕征宇、姚文熙

**主要成员：**靳晓光、胡进、黄龙、刘威、虞汉阳、陈发毅、王斌斌、黄羽西、谢良等

**研究方向：**电力电子系统集成，电力电子功率变换及其控制技术，变模态柔性变流器，电机控制

**团队简介：**

团队属于浙江大学电气工程学院电力电子技术研究所，主要由 1 名教授、1 名副教授，及博士研究生和硕士研究生组成。主要研究方向为电力电子系统集成，电力电子功率变换及其控制技术，变模态柔性变流器，电机控制等。

## 96. 浙江大学—陈国柱教授团队

**地址：**浙江省杭州市西湖区浙大路 38 号浙江大学玉泉校区电气工程学院

**邮编：**310027

**电话：**13958133125

**团队人数：**25

**团队带头人：**陈国柱

**主要成员：**陈国柱教授、博士生、硕士生

**研究方向：**电力电子装置及其数字控制，包括：电能质量控制及节能电气装备，如 APF、UPQC、SVC、dSTATCOM 及 dFACTS；新能源与分布式发电并网、组网及储能技术；PEBB（系统集成）技术应用及高可靠性、模块化技术；特种电力电子变换电源

**团队简介：**

浙江大学电力电子与电力传动学科（国家重点）研究团队带头人陈国柱教授、博士生导师、留美博士后，兼任中国能源学会副理事长、江苏省风力机高技术设计重点实验室学术委员会委员、浙江省电源学会理事、江苏省电力电器产业技术创新战略联盟技术委员会委员，是中国“教育部新世纪优秀人才”（2006）、浙江省重点“新能源电力电子技术创新团队核心成员（2010）”、“南太湖科技精英计划人才”（2012）、浙江省“千人计划”人才（2013）。负责科研项目约 25 项，包括多个重大项目、国家自然科学基金项目、国际资助项目等；培养毕业研究生约 40 名，目前在读硕士生 10 名、博士生 13 名、留学生 2 名、合作博士后 1 名。

## 97. 浙江大学—电力电子技术研究所徐德鸿教授团队

**地址：**浙江省杭州市西湖区浙大路 38 号浙江大学玉泉校区应电楼 105 室

**邮编：**310027

**电话：**0571-87953103

**传真：**0571-87951797

**团队人数：**27

**团队带头人：**徐德鸿

**主要成员：**陈敏、胡长生、林平、谌平平、杜成瑞、董德智、张文平、何宁、李海津、陈烨楠、严成、施科研、朱晔、贾晓宇、朱楠、马杰、王昊、王晔、胡锐、王小军、刘超、朱应峰、叶正煜、刘亚光、邱富君、吴俊雄

**研究方向：**高效率不间断电源，新能源和电动汽车用电力电子变换器，高可靠性多能源储能系统，功率半导体器件封装及应用

**团队简介：**

科研团队的带头人徐德鸿教授是 IEEE fellow、中国电源学会理事长、浙江大学电力电子技术研究所所长，长期从事电力电子领域科学研究和产品开发。团队在新能源发电用电力电子装置、大功率不间断电源、高效率高可靠性功率变换器设计等研究方向均有丰富的研究和实践经验。

## 98. 浙江大学—电力电子先进控制实验室

**地址：**浙江省杭州市西湖区浙大路 38 号浙江大学玉泉校区电气工程学院应电楼 109 室

**邮编：**310027

**团队人数：**21

**团队带头人：**马皓

**研究方向：**电力电子技术及其应用，电力电子先进控制技术，电力电子系统故障诊断理论和方法，新型高效功率变换拓扑与控制技术，电力电子系统网络控制技术，逆变器无线并联技术，电能非接触传输技术，电动汽车中电力电子技术等

**团队简介：**

团队属于浙江大学电力电子与电力传动学科（国家重点学科）研究团队、浙江省重点科技创新团队。带头人马皓教授，现任浙江大学伊利诺伊大学厄巴纳香槟校区联合学院副院长；浙江省科协委员；中国电源学会常务理事、学术工作委员会主任、直流电源专业委员会副主任、无线电能传输技术及装置专业委员会副主任；浙江省电源学会副理事长、秘书长。团队完成科研项目 50 余项，包括国家自然科学基金项目、国家高技术研究发展计划（863 计划）项目、国际合作项目、企业合作项目等。培养毕业研究生 79 名，目前在读硕士生 9 名、博士生 9 名。

## 99. 浙江大学—石健将老师团队

**地址**：浙江省杭州市浙江大学玉泉校区工业电子楼102室
**邮编**：310027
**电话**：18268874591
**团队邮箱**：1916512011@qq.com
**团队人数**：9
**团队带头人**：石健将
**主要成员**：何昕东、侯庆会、李竟成、汪洋等
**研究方向**：高频电力电子变流技术，高可靠性中大功率高频组合直流变换器，高可靠性高功率密度航空静止变流器，单相/三相中大功率高频逆变器（包括输出50Hz工频和400Hz中频两类），三相高功率因数高频PWM整流器，固态电力变压器（SST），光伏发电，智能电网等
**团队简介**：
团队有9名成员，1名博士。

## 100. 浙江大学—微纳电子所韩雁教授团队

**地址**：浙江省杭州市西湖区浙大路38号浙江大学玉泉校区信电学院微电子楼
**邮编**：310027
**电话**：0571-87953116
**传真**：0571-87953116
**网址**：http：//www.isee.zju.edu.cn/IC
**团队人数**：15
**团队带头人**：韩雁
**主要成员**：张世峰、韩晓霞
**研究方向**：集成电路与功率器件设计
**团队简介**：
团队共有教授1名、副教授1名、讲师1名、专职科研岗教师1名、博士生5名、硕士生6名。

## 101. 浙江大学—智能电网柔性控制技术与装备研发团队

**地址**：浙江省杭州市西湖区浙大路38号
**邮编**：310027
**电话**：0571-87951541
**团队人数**：50
**团队带头人**：江道灼
**主要成员**：甘德强、赵荣祥、梁一桥、文福拴、李海翔、丘文千、江全元、郭创新、周浩
**研究方向**：交直流电力系统运行与控制，柔性输配电控制技术与装备
**团队简介**：
团队由浙江大学牵头，合作单位为浙江省电力公司（含其下属企业）、浙江省电力设计院。团队规模约50人，拥有副高以上技术职称人数约占57%；核心成员10人，其中中科院院士1人，教育部“新世纪优秀人才支持计划”入选者3人，浙江大学求是特聘教授1人。

团队依托浙江大学电气工程国家一级重点学科（涵盖电力系统及其自动化、电力电子技术、电机与电器3个国家二级重点学科）、电力电子应用技术国家工程研究中心和电力电子技术国家专业实验室，汇集了浙江省乃至全国一流的业界专家，且团队成员有着长期紧密的合作历史和合作基础。团队注重产学研结合，并将紧密围绕分布式发电与并网技术、特高压交直流输电技术、智能电网技术等国内外电力行业最新发展趋势，针对浙江省重大需求开展创新性研究，为浙江省电力工业的现代化改造与发展提供基础理论和核心技术支撑。

## 102. 浙江大学—何湘宁教授研究团队

**地址**：浙江省杭州市浙大路38号浙江大学电气工程学院
**邮编**：310027
**团队人数**：39
**团队带头人**：何湘宁
**主要成员**：石健将、邓焰、吴建德、李武华、胡斯登
**研究方向**：电力电子技术及其工业应用，包括大功率变换器与智能控制系统，特种电源及其网络化系统，电力电子器件、电路和系统的建模、仿真和测试等
**团队简介**：
SEEDS（Sustainable & Efficient Electric Energy Delivery Systems）团队依托于浙江大学电力电子技术国家专业实验室。团队目前拥有教授3名、副教授3名。主要研究方向为电力电子技术及其工业应用，包括大功率变换器与智能控制系统，特种电源及其网络化系统，电力电子器件、电路和系统的建模、仿真和测试等。与美国通用电气、日本富士电机、台达、中国电科院、上海电气等公司及研究机构保持密切的交流合作。

## 103. 浙江大学—电力电子学科吕征宇团队

**地址**：浙江省杭州市浙大路38号浙大电气学院
**邮编**：310027
**网址**：http：//ee.zju.edu.cn/
**团队邮箱**：eeluzy@cee.zju.edu.cn
**团队人数**：15
**团队带头人**：吕征宇
**主要成员**：姚文熙、张德华
**研究方向**：电力电子学科
**团队简介**：
团队由浙江大学电气工程学院电力电子学科教师组成，拥有教授博导、副教授、博士生、硕士生等，与国家科研院所、国内外多家企业有长期合作关系，具有研究、设计及后续工程研究开发能力，完成过多项国家与企业委托开发及咨询项目。近年来致力于新能源微网、车载充电、电蓄电池充放电管理、新型电机驱动、工业特种电源等开发，具有整合前端探索性研究、应用型原型样机研究，以及工程样机开发的能力，愿意为推动产学研合作做出贡献。

## 104. 中国东方电气集团中央研究院—智慧能源与先进电力变换技术创新团队

**地址**：四川省成都市高新西区西芯大道18号

**邮编：** 611731
**电话：** 18602832917
**传真：** 028-87898139
**网址：** http://www.dongfang.com
**团队邮箱：** tangjian@dongfang.com
**团队人数：** 15
**团队带头人：** 唐健
**主要成员：** 田军、周宏林、杨嘉伟、刘静波、刘征宇、代同振、舒军、肖文静、何文辉、王多平、吴小田、边晓光、武利斌、王正杰
**研究方向：** 智能电网与微电网，新能源发电与并网，大功率变流器与系统，新器件与应用

**带头人简介：**

唐健，男，34岁，博士，高级工程师。唐健博士2010年毕业于华中科技大学，获电气工程专业博士学位；2007~2008年留学英国STAFFORD，从事智能电网高压直流输电及无功功率控制方面的研究工作；2010年至今，就职于东方电气集团中央研究院，从事电力电子及电能变换领域相关研究工作。现为东方电气集团中央研究院电力电子技术研究室副主任。近五年来，唐健博士共主持承担省级重点科研项目两项：主持承担四川省科技支撑计划项目“光伏发电逆变系统及光伏电池组件关键技术研究”，项目经费200万；主持承担四川省重大技术装备创新研制项目“3MW直驱风电全功率变流器及集成化电控系统研制”，项目经费120万。

**团队简介：**

唐健博士带领的“智慧能源与先进电能变换技术”创新团队直属中国东方电气集团中央研究院，始创于2010年，团队创建之初紧密围绕企业级创新团队的特点，明确了自主研发掌握重大关键技术、核心技术为产品创新和产业升级服务的目标。近年来，在国家、地方政府以及集团公司的高度关怀与重视下，在国家产业结构升级的大背景下，智慧能源与先进电能转换技术团队高速稳定发展，团队成员全部毕业于国内外知名高校，现已形成以4名博士、15名硕士为核心成员的富有活力与创造力的年轻化创新团队，核心人员队伍涵盖电力电子、电机与驱动、电力系统、自动控制、计算机、测量技术等专业。团队研究方向紧密围绕国家、行业发展需要，做到关键技术提前布局、提前预研，目前已形成“互联网+”智慧能源互联网、电厂远程监测与诊断、智能微电网、大型发电设备与分布式能源发电控制、高效大功率电力电子变流等稳定的研究方向，开展实施电力电子、微电网、光伏发电、风力发电、光热发电、大容量储能、电动汽车功率组件及车载电源、电厂远程监测与诊断、大型同步发电机励磁控制等多项课题，发表论文数十篇，形成一批专利、软件和核心技术，完成一项MW级风光储微电网示范工程，团队还承担了风电、光伏领域两项省级重点项目。团队采用协同管理模式，做到人员梯队分层和核心人员复用，保证团队高效运转与密切协作。

东方电气集团中央研究院现已为智慧能源与先进电能转换技术团队基础实验设施建设投资逾千万元，已建成实验场地近400m$^2$，建成4RACK等级RTDS数字实时仿真平台、基于RTLAB的同步/异步电机拖动实验平台、远程信息显示发布平台、具有电网模拟功能的发电能量转换与控制实验平台、大功率电力电子组件动态测试平台、高压大容量电力电子装置去离子循环水冷系统测试实验平台等先进实验平台；在建实验场地近600m$^2$，容量与电压等级达5MW/35kV，内循环实验能力达20Mvar，达到国际先进水平。

## 105. 中国工程物理研究院流体物理研究所—特种电源技术团队

**地址：** 四川省绵阳市绵山路64号
**邮编：** 621000
**电话：** 0816-2491069
**传真：** 0816-2485139
**团队邮箱：** Lihongtao-ifp@caep.cn
**团队人数：** 7
**团队带头人：** 李洪涛
**主要成员：** 马勋、王传伟、马成刚、栾崇彪、肖金水、易晗
**研究方向：** 特种电源技术及其应用

**带头人简介：**

李洪涛，博士研究生导师，担任中国博士后基金评审委员会专家，中国电源学会特种电源专委会秘书长，中国兵工学会复杂电磁环境专委会委员，全国高电压试验技术委员会测试技术与设备专家组委员等学术职务。从事特种电源技术研究20余年，主持或主要参加国家大科学工程专项等科研项目20余项，发表SCI/EI论文50余篇，在大功率开关技术、脉冲形成方法、真空放电物理等领域有较高的学术造诣，带领团队研制成功4MV/500kA激光触发多级多通道气体开关、500kV全固态Marx发生器、基于光导开关的全固态重复频率功率源、天蝎-I闪光X光机、6MV低抖动Marx发生器等，总体技术和研究能力处于国内外领先水平，相关研究成果引起美国桑迪亚国家实验室等国际同行广泛关注，并为我国首台自主研制、达到国际先进水平的多路并联超高脉冲功率输出装置聚龙一号（8~10MA电流）研制成功做出重要贡献，获得军队科技进步一等奖等学术奖励10余项。

**团队简介：**

流体物理研究所电子技术应用团队主要从事特种电源技术及其应用研究，在固态脉冲功率技术及器件物理、真空放电物理、高压大电流产生技术、精密时序控制和高速采集技术等方面具有数十年的积累，研制出系列中低能闪光X光机、高性能固态脉冲功率源、高压脉冲触发系统和高压电源，团队研究成果不仅为我国流体动力学实验研究做出了重要贡献，也在国内科研单位、高等院校中得到较多应用。

## 106. 中国科学院电工研究所—大功率电力电子与直线驱动技术研究部

**地址：** 北京市海淀区中关村北二条6号
**邮编：** 100190
**电话：** 010-82547068
**网址：** http://www.iee.ac.cn
**团队邮箱：** gqx@mail.iee.ac.cn
**团队人数：** 60

**团队带头人**：李耀华

**主要成员**：严陆光、王平、葛琼璇、史黎明、杜玉梅、李子欣、韦榕、张树田、王晓新、王珂、刘洪池、朱海滨、吕晓美、程宁子、刘育红、胜晓松、李伟、董贯洁、陈敏洁、张瑞华、徐飞、张志华、李雷军、高范强、赵鲁、马逊、楚遵方、殷正刚、张波等

**研究方向**：（1）轨道交通牵引变流与控制系统：高速磁悬浮交通牵引变流与控制技术，直线电机轨道交通牵引变流与牵引控制技术，高速列车牵引变流与牵引控制技术；（2）新能源与智能电网用电力电子装置：高压柔性直流输电技术，电力电子变压器技术，有源滤波技术和动态无功补偿技术；（3）高压大功率变流基础理论研究：高压大功率变流系统的拓扑和应用研究，高压大功率变流系统测量与评估基本理论与技术

**团队简介**：

中国科学院电工研究所大功率电力电子与直线驱动技术研究部主要面向国家能源、电力和交通的战略需求，重点解决电力电子与电能变换领域的重大应用基础理论和战略高技术问题，是中国科学院电力电子与电气驱动重点实验室的重要组成部分。主要从事大功率电力电子与电能变换、高功率密度电力驱动、大功率直线驱动等方向的核心关键技术和重要基础理论研究工作。现有固定人员 30 人，其中中国科学院院士 1 名、正高级职称研究人员 6 名。

总体目标：面向国家能源、电力和交通的战略需求，重点解决电力电子与电气驱动领域的重大应用基础理论和战略高技术问题，为我国电力电子与电气驱动及相关领域的发展，发挥重要的支撑和骨干引领作用。

研究部在“十五”“十一五”“十二五”期间先后承担了多项国家项目，取得了一系列研究成果，培养了一大批年轻有为的中青年技术骨干，形成了一支由多名学术带头人引领、一批技术骨干为支撑以及众多基础扎实、研究和技术经验丰富的高素质研究人员为基础的研究团队。

近年来研究部主要承担的科研项目包括：

承担南方电网世界电压等级最高、容量最大科研示范工程项目“云南电网与南方电网主网鲁西背靠背直流异步联网工程”——±350kV/1044MW 换流站及阀控系统的研制任务。项目实施过程中，所研制 MMCon-G4 换流器控制保护系统完成了数千项 FPT、DPT 测试试验。所研制的云南鲁西柔直工程广西侧换流器于 2016 年 8 月 29 日成功投运，测试和运行结果表明，系统运行稳定可靠，性能满足设计。云南异步联网柔直工程的顺利建成投运创造该技术领域新的世界纪录：单台柔性直流换流器容量最大——1044MW，直流电压最高——±350kV，换流器电路最复杂——高压环境下 5616 只 IGBT 同时实时协调工作。

完成全球首个±160kV 多端柔直柔性直流输电示范工程中青澳换流站换流器及阀控系统的攻关研制工作。攻克了多端柔性直流输电控制保护这一世界难题，成为世界第一个完全掌握多端柔性直流输电成套设备设计、试验、调试和运行全系列核心技术的企业，建成了世界上第一个多端柔性直流输电工程，在中国乃至世界电力发展史上具有划时代的重要意义。

在高效轨道交通牵引驱动系统研发与应用领域：

承担了“十二五”国家科技支撑计划重大项目子课题“高速磁浮半实物仿真多分区牵引控制设备研制”任务，完成了高速磁悬浮列车牵引控制系统、高速磁浮多分区牵引控制系统、1.5km 试验线双分区升级和 28km 半实物仿真系统牵引控制系统设备研制、7.5MVA IGCT 高压大功率牵引变流器、新型 15MVA 四象限变流器系统、满足三步法供电的 15MVA 变流器研制；建立并完善了大功率同步直线电机控制理论，解决了大功率交直交变流器的理论、控制、模块化设计、制造、集成及工程试验等重大难题。首次在国内研制成功具有自主知识产权的基于 VME 的高速磁悬浮列车牵引控制系统，在上海高速磁悬浮试验线实现了磁悬浮列车的双分区、双端供电、双车无人驾驶智能牵引控制，填补了国内空白。

研制成功了国内单机容量最大的 7.5MVA IGCT 交直交牵引变流器，研究成果获 2009 年度中国电工技术学会科技进步一等奖、2009 年度北京市科技进步一等奖、2010 年度国家科技进步二等奖。

在高速铁路牵引控制及牵引变流器方面：

承担了基于场路耦合的高速列车牵引电机控制特性研究、高速铁路 TCU 控制系统研制；深入研究了高速铁路电机牵引特性、多场耦合机理、牵引控制关键技术、系统工程化优化设计方法，突破了高铁牵引控制技术难题，研制成功了具有自主知识产权的三型车牵引控制系统，完成了 TCU 系统的电磁兼容测试和功能测试，填补了国内空白。

在城市轨道交通牵引控制及牵引变流器方面：

承担了大功率非粘着直线电机轨道车辆牵引系统研制与应用、A 型地铁车辆大功率牵引变流器研发与应用、高性能有轨电车牵引传动系统研发与应用、机场线直线电机牵引变流系统国产化工程应用等项目。突破了大功率直线异步电机高性能控制技术难题，研制了 190kW 直线异步电机，1.3MVA 大功率直线电机牵引变流器及牵引控制系统，已应用在北京机场线直线车辆上完成了 10 万公里考核验证，性能与庞巴迪进口产品相当，具备了全面替代进口系统进行应用的技术能力。研究成果获 2013 年度北京市科技发明一等奖和 2013 年度中国电工技术学会科技一等奖。

研制了系列化兆瓦级城轨车辆牵引变流器及全数字化高性能牵引控制器，并通过了各项型式试验并获得国家相关认证。已批量应用于大连低地板有轨电车线路上，已安全载客运营超过 7 万公里。

承担并完成中车唐山机车车辆公司的无弓受流系统研制任务，研制成功国内第一套轨道交通车辆用百千瓦无接触受流系统装置系统样机，安装在一辆实际车辆的转向架，测试表明，实际输出功率 160kW、效率 83%，满足轨道交通非接触式供电运行要求。同时研制成功满足磁浮列车非接触车辆供电的“多模块化”高频无线电能传输工程样机，包括敷设于轨道沿线的高频线缆绕组、高耦合车载接收板、并联式高频逆变模块，满足实际磁浮列车供电需求。可在磁浮交通、城市轨道交通供电领域推广应用。

承担了国家高技术研究发展计划（863 计划）“新型超

大功率场控电力电子器件的研制及其应用”项目中子课题“新型高压场控型可关断晶闸管器件的研制与应用”科研任务。研究新型高压场控型可关断晶闸管器件芯片的设计、工艺、制造与测试技术，研制出满足高电压、大电流需求的芯片样片；研究新型高压场控型可关断晶闸管器件的智能化驱动、封装及测试技术，研制出满足高电压、大电流需求且具有智能化低驱动功率特性的器件样片；研究新型高压可关断晶闸管器件的测试技术，研制一套具有自动检测和监控功能的新型高压可关断晶闸管器件测试平台；基于该课题研制的新型高压场控型可关断晶闸管器件，研制了一台5MVA三电平大功率变流器样机，推动了基于大功率新型高压场控型可关断晶闸管器件相关技术的跨越式发展和相关产品的产业化。

## 107. 中国矿业大学—电力电子与矿山监控研究所

**地址：**江苏省徐州市大学路1号中国矿业大学

**邮编：**221116

**电话：**0516-83590819

**团队人数：**10

**团队带头人：**伍小杰

**主要成员：**原熙博、戴鹏、周娟、夏晨阳、张同庄、宗伟林、于月森、耿乙文、王颖杰

**研究方向：**电机与控制，有源电力滤波器，无线电能传输，本安防爆电器，光伏并网发电，无功补偿与谐波治理，矿井无线通信等

**团队简介：**

中国矿业大学电力电子与矿山监控研究所团队主要从事电力电子、电力传动与电控、矿井电气自动化及通信方面的研究。目前团队成员10人，其中教授4人、副教授5人、讲师1人，团队目前有10名博士、90多名硕士，科研实力强劲。

## 108. 中国矿业大学—信电学院505实验室

**地址：**江苏省徐州市泉山区中国矿业大学文昌校区505室

**邮编：**221000

**团队人数：**22

**团队带头人：**周娟

**主要成员：**魏琛（博士）、郑婉玉（硕士）、甄远伟（硕士）、刘刚（硕士）、王超（硕士）、宋振浩（硕士）、董浩（硕士）等

**研究方向：**电能质量控制

**团队简介：**

主要针对基于三相三线制及三相四线制有源电力滤波器的谐波检测方法、调制方法及电流控制策略算法进行理论研究，提出改进方法，进行MATLAB仿真验证，并搭建实验平台编写DSP程序进行实验验证。

## 109. 中国矿业大学（北京）—大功率电力电子应用技术研究团队

**地址：**北京市海淀区学院路丁11号中国矿业大学（北京）逸夫实验楼701

**邮编：**100083

**电话：**010-62331257

**传真：**010-62331370

**网址：**http://jdxy.cumtb.owvlab.net/virexp/

**团队邮箱：**wangc@cumtb.ed.cn

**团队人数：**10

**团队带头人：**王聪

**主要成员：**程红（教授）、卢其威（副教授）、邹甲（工程师）

**研究方向：**大功率电力电子应用技术、大功率电力电子传动控制技术、电力电子技术在煤矿中的应用

**团队简介：**

科研团队所在实验室依托中国矿业大学（北京）“电力电子与电力传动”国家级重点学科及北京市电气工程实验教学示范中心的科研优势，先后得到国家“211工程”、国家普通高校修购专项以及基于校企联合实验室的国际知名公司大学计划等多项建设项目的投入和资助，已具有完善的从事电力电子相关领域科学研究的实验条件和设备。同时自主研制了光伏并网发电系统实验平台、100kW三电平静止无功发生器实验系统用于后续研究。另外，课题组多年从事电力电子与电力传动技术和理论的教学与研究，取得了一系列高水平的学术成果，使得课题组具备从事电力电子相关研究的能力与经验。

## 110. 中科院等离子体物理研究所—ITER电源系统研究团队

**地址：**安徽省合肥市蜀山湖路350号等离子体物理研究所

**邮编：**230031

**电话：**0551-65593257

**网址：**http://psdb.ipp.ac.cn

**团队邮箱：**fupeng@ipp.ac.cn

**团队人数：**38

**团队带头人：**傅鹏

**主要成员：**高格、许留伟、黄懿赟、宋执权

**研究方向：**大功率电源系统设计和单元研发

**团队简介：**

团队现有人员38人，其中正高级职称6人，副高级职称5人，具有博士学位者12人，专业、职称、学历结构合理，具有较为雄厚的科研实力。

团队近年来承担国家973计划、ITER磁约束聚变专项、科技部国际合作项目十余项，对现代聚变电源系统进行了深入的研究。项目组成员针对电源、负载、系统的特点，创新性地在系统和单元两个层面，集成了多项技术，提出了无功超前计算、新型四象限运行模式、一体化设计，完成了系统和单元的研发。项目组对ITER磁体电源系统所进行的分析、设计和提出的解决方案，得到了国际独立专家组认可，并通过了试验验证，被ITER组织作为设计基准采纳。

团队不仅与国内相关机构和科研院所保持良好的交流

合作，同时还与国际相关组织与团队保持良好的沟通与交流，如法国 ITER 组织、韩国 KSTAR 超导核聚变装置研究团队、美国 DIII-D 装置研究团队、美国通用原子能公司等。

## 111. 中国科学院—近代物理研究所电源室

**地址**：甘肃省兰州市南昌路 509 号

**邮编**：730000

**电话**：0931-4969539

**传真**：0931-4969560

**网址**：http：//www.impcas.ac.cn

**团队邮箱**：Gaodq@impcas.ac.cn

**团队人数**：50

**团队带头人**：高大庆

**主要成员**：周忠祖、闫怀海、吴凤军、黄玉珍、张华剑、上官靖斌、赵江、燕宏斌、封安辉、芦伟

**研究方向**：离子加速器用直流电源技术，脉冲电源技术，脉冲功率及高压电源技术，数字控制技术，电气技术，电磁兼容等

**团队简介**：

电源室由电源组、电气组、电气安全与电子兼容组、数字组和脉冲功功率高压组组成。主要负责：

（1）加速器系统交流供配电系统的运行维护、调试改进，及全所各实验室供配电系统设计施工、监督和验收。

（2）研制和生产了各种功率等级的加速器用直流稳流电源 300 多台，满足了 HIRFL 磁场系统的需要，填补了当时国内空白。从 1998 年起，承担了兰州重离子加速器冷却储存环（HIRFL-CSR）电源系统的研制任务，开展了各种脉冲电源的研究工作，相继研制成功了晶闸管脉冲电源、IGBT 脉冲开关电源，以及 KICKER 电源、BUMP 电源、三角波扫描电源等各种用途的特种电源，填补国内多项电源技术空白。

（3）正在进行的重离子肿瘤治疗专用装置的电源研制。

## 112. 中山大学—第三代半导体 GaN 电力电子材料与器件研究团队

**地址**：广东省广州市海珠区新港西路 135 号中山大学

**邮编**：510275

**电话**：020-39943836

**传真**：020-84037549

**团队人数**：52

**团队带头人**：刘扬

**主要成员**：张佰君、江灏、黄丰、付青、黄智恒、王自鑫、陈辉、陈鸣、杜晓荣、郭建平、粟涛、胡杰峰

**研究方向**：宽禁带半导体 GaN 基电力电子材料与器件

**团队简介**：

团队的研究工作主要依托于中山大学光电材料与技术国家重点实验室下属的宽禁带半导体 GaN 材料与器件研发平台、电力电子及控制技术研究所。研发团队主要成员均来自于该领域国内外的知名研究院所，集中了一批 GaN 电力电子领域内的知名专家和学者，共同打造一支校企强强联合的国际化研究开发团队（52 人），其中教授 9 名、副教授 6 名、高级工程师 7 名、讲师 3 名、研究员 1 名、博士研究生 29 人、硕士研究生 8 人及工程技术人员若干。科研团队的学科背景涵盖凝聚态物理、材料物理、化学、微电子学与固体电子学、电力电子学等多个方面。每年还有大批客座研究人员到实验室开展科研工作。

团队是国内首批开展第三代半导体 GaN 功率电子材料与器件研究的科研团队之一，早在 2006 年他们就开始组建研发平台，团队核心成员均来自国际著名的 Si 衬底异质外延研究机构——日本名古屋工业大学极微器件系统研究中心，主要定位于 GaN 功率电子材料、器件制备及其产业化关键技术的研发。团队有别于国内其他研究单位的主要特点是同时关注 GaN 的材料和器件两个方面，从器件研究引导材料开发，而材料质量的改进有利于器件性能的提升。经过多年积累，该平台拥有世界一流、功能完备的材料外延、芯片制备、器件封装及分析表征的仪器设备，可以完成 GaN 电力电子器件全链条技术的开发，近年在 GaN 电力电子材料与器件制造方面取得了重要进展，并于 2014 年末被广东省科技厅认证为“广东省第三代半导体 GaN 电力电子材料与器件工程技术研究中心”。

## 113. 中山大学—广东省绿色电力变换及智能控制工程技术研究中心

**地址**：广东省广州市番禺区大学城外环东路 132 号中山大学工学院 C 栋 5 楼

**电话**：18928990068

**团队邮箱**：fuqing@mail.sysu.edu.cn

**团队带头人**：付青

**主要成员**：余向阳、陈鸣、戴正、丁喜冬、郑寿森、祁新梅、王东海、林国淙、陈岚

**研究方向**：电力系统、电源技术、新能源微电网、太阳能光伏、分布式智慧能源系统、区块链及物联网技术在能源系统中的应用

**团队简介**：

工程中心致力于绿色能源开发利用技术、电力电子应用技术及软件、分布式智能源管理平台、区块链与物联网融合能源系统的开发方面的研究，注重与企业、高校和研究院所的交流合作，合作申报和承担政府项目，参与企业技改和产品开发，联合建设先进电源创新科技研究院、光伏发电与电能质量综合实验平台、电力安全智能防误研发实验平台、新能源微电网仿真模拟实验平台等大型研究实验平台，面向电力电子应用学科前沿，立足创新，理论与实践并重，为企业和社会培养技术精英，为高校和科研院所提供高级研发人员及预备人才。近年来承担各类科研项目 20 多项，为企业创造经济效益 10 多亿元。

# 电源相关企业科研团队简介
# （按照中国电源学会会员单位级别、同级别汉语拼音字母顺序排序）

## 1. 广东志成冠军集团有限公司（副理事长单位）

**地址：**广东省东莞市塘厦镇田心工业区

**邮编：**523718

**电话：**0769-8728 2699

**传真：**0769-87927259

**团队人数：**70

**团队带头人：**李民英

**研究方向：**UPS 电源，EPS 电源，海岛电源，大功率特种电源等

**团队简介：**

团队以国内著名高校专家为指导，平均拥有超过 10 年的行业经验，专注于电力电子、电源、电池领域的技术发展，拥有超过 20 年的研发与生产制造经验，具备丰富的产业经验，取得了丰硕的技术成果。成为“全国电力电子标准化技术委员会不间断电源分技术委员会秘书处单位”，专利 ZL00135897.9“大容量不间断电源”荣获全国第十届发明专利金奖；专利 ZL200710026450.8“一种的多制式 UPS 电源及其实现方法”荣获中国专利优秀奖。“海岸工程兆瓦级特种变流电源关键技术及应用”荣获教育部科学技术进步一等奖。“海岛/岸基大功率特种电源系统关键技术与成套装备及应用”荣获中国机械工业科学技术特等奖。此外还荣获了多项省市级科技进步及专利奖项。

## 2. 科华恒盛股份有限公司（副理事长单位）

**地址：**福建省厦门市火炬高新区火炬园马垄路 457 号

**邮编：**361006

**电话：**0592-5160516

**传真：**0592-5162166

**团队人数：**1000 多

**团队带头人：**陈四雄

**研究方向：**智慧电能，云基础服务，新能源

**团队简介：**

科华恒盛本着“自主创新，自有品牌”的发展理念，经过 31 年的行业实践积累了深厚的技术沉淀。当前，公司组建了以自主培养的 4 名享受国务院特殊津贴专家为核心的 1000 多人研发团队，先后承担国家级与省部级火炬计划、国家重点新产品计划、863 计划等项目 30 余项，参与了 90 多项国家和行业标准的制定，获得国家专利、软件著作权等知识产权近 800 多项。依托“国家认定企业技术中心”平台优势，与清华大学、浙江大学等 10 余所高等院校及科研机构积极开展产学研合作，不断加强自主创新能力，实现了科研成果快速市场化。

## 3. 深圳市航嘉驰源电气股份有限公司（副理事长单位）

**地址：**广东省深圳市龙岗区坂田街道雪象村航嘉工业园 2#厂房二楼 A 区

**电话：**0755-89606870

**团队人数：**280

**团队带头人：**East

**研究方向：**充电器、适配器等消费类电源，PC、通信、医疗、LED 驱动、工控服务器等开关电源产品，新能源充电桩，电工，LED 照明，智能家居，汽车电子，以及电源、显示屏、小家电、电子变压器及模组、结构件等智能制造技术

**团队简介：**

公司具有高素质的研发团队，技术中心现有在职专业研发人员 800 余名，其中高级职称及具有博士学位的人员有 100 余人，中级职称及具有硕士学位的人员有 300 余人。技术中心研究开发出的多项技术成果，取得了良好的经济及社会效益，为客户创造了不菲的市场价值。相关技术成果对公司核心产品研发、核心竞争力提升起到了支撑作用。

## 4. 台达电子企业管理（上海）有限公司（副理事长单位）

**地址：**上海市浦东新区民雨路 182 号

**邮编：**201209

**电话：**021-68723988

**传真：**021-68723996

**团队人数：**16

**团队带头人：**李华斌

**研究方向：**智能照明，含户外大功率性照明、室内智能面板控制系统等

**团队简介：**

团队主要负责智能照明产品的开发，如 HVDC 解决方案、后台管理软件、室内智能控制面板、直流智能驱动器、交流智能驱动器等。团队目前有成员 16 名，其中电子工程师 6 名、软件工程师 4 名、机构工程师 5 名及 layout 工程师 1 名。

团队不仅在照明技术上处于行业前端，更注重将客户的需求转化成为稳定可靠，性价比及附加值均高的产品。团队成员大多是理科出身，在机械、软件、电子、工业造型、散热等各学科都有研究，能更好地将客户的需求实现。

### 5. 阳光电源股份有限公司（副理事长单位）

**地址**：安徽省合肥市高新区习友路 1699 号

**邮编**：230088

**电话**：0551-65327878

**团队人数**：1400 多

**团队带头人**：李顺

**研究方向**：光伏逆变器，储能变流器，储能系统，水面光伏浮体等

**团队简介**：

自 1997 年成立以来，公司始终专注于新能源发电领域，坚持以市场需求为导向、以技术创新为企业发展的动力源，培育了一支研发经验丰富、自主创新能力较强的专业研发队伍，研发人员占比 40%多，先后承担了 20 余项国家重大科技计划项目，主持起草了多项国家标准，是行业内为数极少的掌握多项自主核心技术的企业之一。截至 2019 年年底，公司累计申请专利 2000 余项，持有数居业内第一，并且依托领先的技术储备，公司积极推动行业内相关标准的制定和优化，已先后组织起草了多项中国国家标准。团队核心研发人员均毕业于北京大学、浙江大学、合肥工业大学等国内知名高校，行业从业经验超 10 余年。

### 6. 安徽博微智能电气有限公司（常务理事单位）

**地址**：安徽省合肥市香樟大道 168 号

**邮编**：230088

**电话**：0551-62724770

**团队人数**：26

**团队带头人**：万静龙

**研究方向**：大功率电力电子变换及控制技术，大功率模块化不间断电源技术，新型电力电子装置及应用，新能源汽车电力电子变换技术，电力电子磁性器件技术，数据机房基础设施供电和管理

**团队简介**：

团队主要研究方向包括大功率电力电子变换及控制技术、大功率模块化不间断电源技术、新型电力电子装置及应用、新能源汽车电力电子变换技术、电力电子磁性器件技术、数据机房基础设施供电和管理。近年来已成功开发数字阵列模块化 UPS 系列、大功率医疗设备电源系统、车载充电及 DC 系统、高频充电系统、大功率 SST 固态变压器、净化高压电源等产品，广泛应用在数据机房、医疗、新能源、汽车电子、轨道交通等行业。

### 7. 北京中大科慧科技发展有限公司（常务理事单位）

**地址**：北京市海淀区东北旺村南 1 幢 5 层 517 号

**邮编**：100094

**电话**：010-82484848

**传真**：010-82484848-8006

**团队人数**：15

**团队带头人**：李根群

**团队简介**：

北京中大科慧科技发展有限公司有一批从事银行业数据中心（机房）建设和管控的行业最权威的专家团队。

北京中大科慧科技发展有限公司的技术团队是一批年轻的、专业的技术团队，平均年龄 28 岁，均是大专以上学历，有着上百个数据中心技术服务的团队，集软硬件调试、安装、服务于一身的多能型人才团队。

### 8. 东莞市石龙富华电子有限公司（常务理事单位）

**地址**：广东省东莞市石龙镇新城区黄洲富华电子产业园

**邮编**：5233265

**电话**：0769-86022222

**传真**：0769-86023333

**团队人数**：160

**团队带头人**：孙文利

**研究方向**：通信电源，医疗电源，工业电源，无线充电，LED 驱动电源等

**团队简介**：

公司拥有由 160 多名研发工程师组成的工程技术研究开发中心；拥有创新型省级企业技术中心、硕士科研工作站；拥有行业内先进的检测设备，如全自动光学检测设备（AOI）、在线测试仪（ICT）、全自动编程老化检测房、X 射线荧光光谱仪、开关电源多功能自动检测仪（ATE）、EMI 传导测试仪、谐波电流测试仪、静电放电发生器、脉冲群发生器、雷击浪涌发生器、周波跌落模拟器，以及用于 LED 测试的积分球。公司将在新建研发大楼建设国家级实验室。

### 9. 航天柏克（广东）科技有限公司（常务理事单位）

**地址**：广东省佛山市禅城区张槎一路 115 号华南电源创新科技园 4 座 6 楼

**邮编**：528051

**电话**：0757-82207158

**传真**：0757-82207159

**团队人数**：45 人，其中外聘教授级技术顾问 7 人

**团队带头人**：罗蜂

**研究方向**：光伏储能分布式发电及其能源互联网系统开发与产业化，基于三电平技术高效节能型模块化 UPS 电源研发

**团队简介**：

航天柏克是国家高新技术企业、广东省民营科技企业、广东省企业技术中心、博士后创新实践基地、广东省名牌。航天柏克企业技术中心实行公司董事会领导下的主任负责制。中心设主任 1 名，由公司董事长叶德智担任；副主任 1 名，由公司常务副总裁兼总工程师罗蜂担任，全面管理技术中心日常事务。

技术中心成立技术委员会和专家委员会，技术委员会由公司内各部门主要负责人组成，专家委员会主要由公司

聘请的国内外知名专家、学者组成，负责公司重大专项的技术咨询认证工作。

技术中心下设综合管理办公室、战略委员会、信息资源部、项目管理部、研发中心和检测中心。

## 10. 合肥华耀电子工业有限公司（常务理事单位）

**地址：** 安徽省合肥市蜀山区淠河路 88 号

**邮编：** 230031

**电话：** 0551-62731110

**传真：** 0551-68124419

**团队人数：** 20

**团队带头人：** 李善庆

**研究方向：** 大型独立用电设备绿色智能型供配电系统，主要包括低谐波整流电源、智能配电柜、高功率密度 DC/DC 电源、数字化模块电源等

**团队简介：**

团队成立于 2014 年，依托合肥华耀电子工业有限公司国家级企业技术中心，拥有高工 6 人，其中研究员级高工 2 人，工程师 14 人，主要核心成员包括电路开发工程师、软件工程师、工艺工程师、结构和热设计工程师、电磁兼容设计工程师等，具有多年电源研发和管理经验。

团队面向大型、复杂用电场合提供低损耗、高智能型的供配电系统，研发了几十种电源系列产品，填补国内空白，技术水平国内领先，在多个研究所的大型供电系统中成功应用，实现绿色环保、低碳智能用电。

## 11. 鸿宝电源有限公司（常务理事单位）

**地址：** 浙江省乐清市象阳工业区

**邮编：** 325619

**电话：** 18958728125

**传真：** 0577-62777738

**团队人数：** 10

**团队带头人：** 陈运意

**研究方向：** 新品的设计开发

**团队简介：**

公司成立了鸿宝电源研究所，由公司董事长任所长，与清华大学、浙江大学、福州大学、杭州电子科技大学、温州大学等 12 所高等院校建立了良好的合作关系，同时，聘请了国内电源界具有“东方骄子”之称的张广明、张乃国、何湘宁、阮秉涛等专家，以及省际电源界知名专家刘长樵、朱丰毅、林周布等 20 多位专家、学者。研究所对原有产品的优、缺点进行了无数次的测试和反复市场论证，又成功地开发了 SJW-WB 微电脑无触点补偿式电力稳压器和高频在线式 UPS，该产品采用单片机进行逻辑选择，并具有补足和抵消两大功能。在激烈的国内国际市场竞争中，以上乘的质量、独特的设计、适中的价格、完美的服务赢得了国内外客户的信赖，其中，稳压器在市场上占有量不仅在国内第一，而且超过了以稳压电源起家的日本松永株式会社。新研制和开发了风能、太阳能转换装置，被浙江省科技厅评为浙江省重大科技项目，绿色环保电瓶车被评为乐清市重大科技项目。同时研究开发了许多科技含量高、性能好的高新技术产品，如风力发电机、太阳能/风能并网逆变器、太阳能路灯控制器、直流电源柜，UPS 新研究开发了-E 型、-S 型、-G 型，变频器新研究开发了 V9 型、S9 型等新产品，使产品始终走在时代的前列。新产品的研制和开发方面，团队吸收了国内外产品的优点，采用了最新的科技成果，使产品外形美观、高效节能、调节快速、价格合理。

## 12. 南京国臣直流配电科技有限公司（常务理事单位）

**地址：** 江苏省南京市江宁区福英路 1001 号联东 U 谷 9 号楼

**邮编：** 211100

**电话：** 025-52162458

**团队带头人：** 陈文波

**研究方向：** 电力电子变换器，直流电力系统故障和继电保护，建筑直流系统，电压暂降监测与治理，直流电器

**团队简介：**

陈文波，董事长，高级工程师，公司创始人，先后担任国网火电厂辅机低电压穿越专家组成员、CIGRE C6 中国专委会委员、中电联直流配电标委会委员、中国电源学会电能质量专委会委员、直流电源系统专业技术委员会蓄电池技术工作组技术专家、中美清洁能源联合研究中心建筑节能联盟专家委员会委员、中国石油大学企业导师、四川大学企业导师，拥有 20 多个电压暂降治理与定制电力国家专利，在国际国内会议及专业期刊上发表电压暂降治理、直流微电网、交直流混合供电、本质安全化直流系统、直流系统主动式保护等方面的专业论文 20 余篇，并多次获教育部、国家电网公司、中国电源学会、中国电力装备协会、山西省科技厅等科技成果奖励。

李忠，总经理，正高级工程师，先后担任 IEEE PES 直流电网分委会常务委员、中国电源学会电能质量专委会委员、中国电工技术学会直流配电网标委会专家组成员、江苏省电机工程学会电磁兼容专委会委员、中国石油大学和南京工程学院的企业导师；长期从事电力系统继电保护、故障录波、电能质量监测与治理、低压直流配电保护与控制领域的研发和实践工作，共发表了 20 多篇学术论文，授权专利 10 余项。

梅中华，常务副总经理，从事安规测试仪表、电能质量治理、直流配电销售工作近 20 年，是国臣早期创业团队重要成员（入职超 10 年），对行业应用解决方案和客户需求有较深入的研究和独到的理解，了解行业竞争格局和发展动态，拥有丰富的销售团队管理经验，参与了火电厂低电压穿越、重要负荷供电原则、电压暂降敏感度测试、直流型电压暂降治理设备规范等多个行业标准。为公司开拓了火电、化工化纤、半导体及汽车制造等行业，树立了国臣在电压暂降治理市场的领先地位。

## 13. 宁波赛耐比光电科技股份有限公司（常务理事单位）

**地址：** 宁波市高新区科达路 56 号

**邮编：** 315100

**电话**：0574-27902725
**传真**：0574-27902591
**团队人数**：25
**团队带头人**：曲志华
**研究方向**：超薄、超细、大功率、低能耗驱动电源的研发，智能调光系统的研发
**团队简介**：

公司团队中级职称的有4人，硕士研究生学历的有2人，本科以上学历的有12人，项目成员在公司研发中心长期从事LED驱动电源研究工作，具备专业知识背景和丰富的实践经验，是一支勇于进取、敢于创新、高效务实的队伍。

## 14. 深圳市必易微电子有限公司（常务理事单位）

**地址**：浙江省杭州市滨江区火炬大道581号三维大厦C-1201
**邮编**：310053
**电话**：0571-87958612
**传真**：0571-87955363
**团队带头人**：张波
**研究方向**：智能照明，高效率同步整流控制技术，高频快充控制技术，功率因数校正控制技术，高性能高压混合BCD工艺开发技术
**团队简介**：

团队主要成员来自于MPS、linear Tech、OB等国内外知名半导体企业，多年从事电源管理芯片的设计和定义工作，平均工作时间15年以上，拥有多项国内外发明专利。作为芯片设计公司，具备工艺开发、系统架构和方案定制的完整研发能力。

## 15. 深圳市英威腾电源有限公司（常务理事单位）

**地址**：深圳市南山区桃源街道长源社区学苑大道1001号南山智园A7栋501
**邮编**：518055
**电话**：0755-27535034
**传真**：0755-26782664
**团队人数**：15
**团队带头人**：黄政中
**研究方向**：提高产品功率密度和整机效率，不断创新，保证产品安全性，增加顾客满意度
**团队简介**：

团队研发人员90%为本科及以上学历，均在本行业有多年的丰富经验，在研发工作领域取得不凡业绩，具有非凡的创新能力。

## 16. 石家庄通合电子科技股份有限公司（常务理事单位）

**地址**：河北省石家庄市漓江道350号
**电话**：0311-66685604
**团队带头人**：徐卫东
**研究方向**：高频开关电源，电动汽车充换电技术，电动汽车车载电源技术，电力操作电源系统技术，光伏逆变技术等
**团队简介**：

长期专注电力电子技术的研发，并将电力电子技术应用于电力、新能源汽车等行业中。拥有发明、实用新型专利等共59项。

## 17. 无锡芯朋微电子股份有限公司（常务理事单位）

**地址**：江苏省无锡市新区龙山路4号旺庄科技创业中心C幢13楼
**邮编**：214028
**电话**：0510-85217718
**传真**：0510-85217728
**团队人数**：104
**团队带头人**：易扬波
**研究方向**：模拟及数模混合集成电路的研发
**团队简介**：

公司注重科技创新和人才队伍建设，公司建有国家级博士后流动工作站和江苏省功率集成电路工程技术中心。拥有一支由数十名海外专家和博士、硕士领衔的100余人的国际化科研开发团队。技术团队在电路设计、半导体器件结构设计、特殊性能的优化、器件模型提取等方面积累了丰富经验。他们在知识结构和工作经历方面相互补充、强强互补。研发团队积极开展多种形式的国内合作、国际合作和学术交流。主要包括：邀请国内外同行专家来工程中心讲学或合作研究；同国内外有关单位建立合作关系，开展联合研究；鼓励优秀中青年参加学术会议和技术交流活动。历经多年发展，造就了一支年龄结构合理、凝聚力强的多元化、高素质的专业技术队伍。

## 18. 西安爱科赛博电气股份有限公司（常务理事单位）

**地址**：陕西省西安市高新区信息大道12号
**邮编**：710119
**电话**：029-85691870
**传真**：029-85692080
**团队人数**：156
**团队带头人**：石涛
**研究方向**：电力电子电能变换和控制核心技术
**团队简介**：

公司十分重视研发团队建设，目前公司有150人的技术研发队伍。公司总部所在地西安是全国第三大高校聚集地，为公司人才的引进提供良好的先机。经过多年积累，公司陆续引进技术带头人、博士、专家等10余人，目前已建立了一支专业配置完备、年龄结构合理、工作经验丰富、创新意识较强的优秀团队，核心技术团队中有多名国内电力电子电能变换和控制领域的资深专家。同时，公司还通过在职研究生培养、国内外研修进修、在职培训等多种方式，支持技术骨干深造提高，以使得公司研发团队在业内具有持续竞争力。目前大部分核心技术人员均持有公司股份，团队凝聚力较强。

## 19. 爱士惟新能源技术（江苏）有限公司（理事单位）

**地址：** 江苏省苏州市向阳路 198 号

**邮编：** 215011

**电话：** 0512-69370998

**传真：** 0512-69373159

**团队人数：** 70

**团队带头人：** 廖小俊

**研究方向：** 光伏并网逆变器技术，包括相关电力电子技术、控制技术和软件技术等

**团队简介：**

团队成员 50% 以上具有研究生学历，核心成员具有 10 年以上光伏逆变器产品研发经验，多个成员来自德国总部或具有国外工作经验。

团队非常重视技术创新，截至 2017 年已授权专利 80 余件，其中已授权发明专利 20 余件，正在受理审查的专利 70 余件，在国内光伏逆变器行业处于前列。研发团队完成的项目和产品荣获多项大奖，得到国内外专家的一致好评。户用型单相光伏逆变器得到 PHOTON A+的评级，获得亚洲最佳逆变器评价，在欧洲和澳大利亚销售量一直保持领先。分布式三相光伏逆变器是国内最早通过德国低压 VDE-AR-4105 和中压 BDEW 认证的产品，大量应用于鱼塘、丘陵等复杂环境下。

团队坚持以德国品质为基本目标，中德两国工程师近些年已联合开发了多个产品，相关产品获得市场的高度认可。中德两地研发团队保持频繁高效的技术交流，保证中国研发团队一直处于国际领先水平。团队采用德国最先进的产品开发流程和质量管理体系，在每个专业技术领域都采用国际上最先进的软件工具，确保系统建模、开发设计、测试验证等环节都能够高效、高质量的完成。

团队还与浙江大学、复旦大学等著名高校保持密切的技术交流和项目合作，把握最新科技进展，把高新技术和实际产品开发设计相结合。同时不断吸引优秀的人才加入团队，增强团队的发展活力和创新动力。

## 20. 成都金创立科技有限责任公司（理事单位）

**地址：** 四川省成都市新都区斑竹园镇斑大路 752

**邮编：** 610506

**电话：** 13688396792

**传真：** 028-83948431

**团队人数：** 6

**团队带头人：** 李裔红

**研究方向：** 等离子体应用

**团队简介：**

公司团队主要以等离子体技术研发、应用、推广为发展方向，开发、生产了先进的逆变电源、脉冲电源、真空镀膜电源、大功率开关电源、专用脉冲电源、高压电源和专用自动控制系统等设备，尤其在等离子体专用电源及电弧等离子体发生器上有相当高的技术优势和经验积累，在等离子体应用技术的推广及研发方面是公司始终追求的目标。公司目前拥有多项发明专利和实用新型专利。

## 21. 佛山市杰创科技有限公司（理事单位）

**地址：** 广东省佛山市南海区狮山镇罗村下柏第三工业区兴发路 16 号

**电话：** 0757-86795444

**团队带头人：** 任航

**研究方向：** 高频开关电源关键技术和产品研究开发

**团队简介：**

公司建立了佛山市工程技术研究中心，拥有一支技术能力突出、研发经验丰富的开发团队，专门从事高频开关电源关键技术和产品研究开发。专职研发和管理人员包括高级工程师、工程师、会计师、助理工程师等共 12 人，兼职从事研究开发人员 6 人，每年投入上百万元研发费用。

## 22. 广州回天新材料有限公司（理事单位）

**地址：** 广东省广州市花都区新华街岐北路 6 号

**邮编：** 510800

**电话：** 020-36867996

**传真：** 020-36867991

**团队人数：** 14

**团队带头人：** 张银华

**团队简介：**

回天研发团队与中科院成立工程技术中心，现有国家千人计划专家 1 名、18 名博士、120 名硕士研发人员。回天研发团队分 25 个课题组，研发方向包括硅胶、环氧胶、UV 胶、聚氨酯、丙烯酸酯等不同体系产品的高新技术。

## 23. 杭州博睿电子科技有限公司（理事单位）

**地址：** 浙江省杭州市萧山区蜀山街道万源路一号

**邮编：** 313200

**电话：** 0571-82616510

**传真：** 0571-82610970

**团队人数：** 25

**团队带头人：** 武俊灿

**研究方向：** 中大功率 LED 驱动电源，中大功率高压激光电源，高频正弦波逆变器，电动汽车智能充电器，工业和通信电源，医疗电源等

**团队简介：**

公司研发团队均毕业于国内知名高校，有多年的大型开关电源企业任职经历，对中大功率 LED 驱动电源、中大功率高压激光电源、高频大功率正弦波逆变器、电动汽车智能充电器、工业和通信电源、医疗电源等，有较深的研究和实际的项目开发管理经验。

## 24. 杭州飞仕得科技有限公司（理事单位）

**地址：** 浙江省杭州市拱墅区祥园路 99 号 1 号楼 7 楼

**电话：** 0571-88172737

**团队人数：** 34

**团队带头人：** 施贻蒙

**研究方向：** 智能 IGBT 驱动器、功率模组分析设备的研发

**团队简介：**

公司自 2011 年成立以来，一直致力于功率半导体器件及配套产品的研发和销售，公司注重产品创新，于 2011 年创立之初便成立研发部门，2013 年初成立企业内部研发中心，2017 年荣获杭州市研发中心称号，2018 年荣获浙江省研发中心称号，拥有 $1500m^2$ 研发试验场地，目前共有研发人员 34 人，其中硕士及以上学历人员 8 人，80%以上是本科学历人员，专业涉及电力电子、电气工程及自动化、机械设计与制造、自动化控制等，同时公司研发团队人员曾就职于通用电气、华为、汇川等知名企业，公司团队人员年龄结构合理、专业技术知识扎实、实践经验丰富，为企业的科技创新提供了有力的人才保障。

## 25. 江苏固德威电源科技股份有限公司（理事单位）

**地址：**江苏省苏州市高新区紫金路 90 号

**邮编：**215011

**电话：**0512-62397998

**团队人数：**145

**团队带头人：**方刚

**研究方向：**智能光伏、储能逆变器及智慧能源管理系统的研发

**团队简介：**

研发中心设有产品开发部、软件部、应用网络部、机构部、LAYOUT 部及技术支援部等部门，全面负责技术管理、技术创新及新产品开发。拥有研发人员 140 多人，成员多为长期从事太阳能光伏逆变器开发的优秀人才，具有在电力相关行业从业的经历，能敏锐把握行业、产品的技术发展方向。获批了研究生站、博士后建站、高新技术产品、重点实验室等一系列资质。在研发管理和流程管理方面，推动了 IPD 流程的全面开展，研发培训和组织活动都取得很好的工作成效。

## 26. 宁夏银利电气股份有限公司（理事单位）

**地址：**宁夏回族自治区银川市经济技术开发区光明路 45 号

**邮编：**750021

**电话：**0951-5045200-8018

**传真：**0951-6837827

**团队人数：**14

**团队带头人：**焦海波

**研究方向：**团队主要研究领域为应用于高铁牵引系统、辅助电源系统的高频大功率电磁元件开发，新能源汽车电源平台，电控平台电磁元件开发，电磁元件仿真技术研究，磁性材料参数与工艺研究

**团队简介：**

公司技术团队拥有多年高频大功率电力电子电磁元件的研发经验，各应用领域设计、制造产品达 2000 多种。同时，团队配备变压器参数测试系统、交/直流负载电感测试系统、APF 谐波电感测试系统、局放测试系统等专业研发实验设备，为团队的研发设计提供了强有力的保障。同时，团队与西安交通大学、华中科技大学、中科院等院校和科研机构开展了广泛的合作，并多次参与国际交流合作，先后与德国西门子、法国阿尔斯通等国际企业开展不同形式的技术合作。在合作交流的过程中，吸收对方的技术理念，消化再创新。公司技术团队近年研究开发新产品、新工艺达 200 余种，承担了国家创新基金、国家火炬计划、科技支撑计划等多项科研项目，申请发明专利 9 项。

## 27. 上海科梁信息工程股份有限公司（理事单位）

**地址：**上海市宜山路 829 号海博 1 号楼 2 楼、海博 2 号楼 1-3 楼

**邮编：**200233

**电话：**021-54234718

**传真：**021-54234721

**团队人数：**104

**团队带头人：**邹毅军

**研究方向：**电力系统控制保护装置的半实物仿真测试技术，电力电子系统仿真测试技术，新能源汽车动力总成系统测试技术

**团队简介：**

团队拥有研发人员 104 人，占公司总人数的 53%，拥有硕士及以上学历 56 人，占科研团队总人数 54%。近年来科研团队在机电系统与电力电子系统控制相关测试技术、EMC 测试解决方案等方面都完成了重要领域的技术研究，并奠定了基础。

2016 年，公司被认定为上海市徐汇区技术中心，进一步完善了企业技术创新体系，形成有效运行机制，为充分调动科技人员的积极性，进一步提高企业的市场反应能力和自主创新能力，营造了良好的创新环境，从根本上提高了企业的核心竞争能力和发展动力。

目前公司已取得发明专利 6 项，实用新型专利 5 项，软件著作权 30 项，申请中的发明专利 36 项，有 32 篇专业论文被国内科技核心期刊、学术会议录用/发表。

## 28. 上海远宽能源科技有限公司（理事单位）

**地址：**上海市杨浦区长阳路 2588 号科技园 306 室

**邮编：**200090

**电话：**021-65011357

**传真：**021-65011629

**团队人数：**10

**团队带头人：**汪新星

**研究方向：**公司致力于将电力系统仿真算法与多核 CPU、FPGA 等最新的硬件技术结合，向客户提供功能强大的实时仿真系统，协助客户一起应对可再生能源、电动汽车、微网等应用中的实时仿真（硬件在环测试）挑战。

**团队简介：**

远宽能源技术研发团队由 10 名核心成员组成，分为研发一部和研发二部，均拥有丰富的电力专业知识与软件开发经验，具备 LabVIEW 开发认证 CLD 与 CLED，有着多年实时仿真系统与建模经验，从产品设计、立项、研发及过程管控，再到产品的优化、完善管理，有着严格的体系要求和流程。

## 29. 深圳超特科技股份有限公司（理事单位）

**地址**：广东省深圳市宝安区华丰国际商务大厦 516

**邮编**：518100

**电话**：400-808-5676

**团队人数**：5

**团队带头人**：沈勋

**研究方向**：微模块数据中心机房基础建设，精密配电

**团队简介**：

团队成员是来自不同地区的人，其中有思维敏捷的策划者，有实战经验丰富的营销者，有能说会道的演讲者，还有一流水准的操作者，更有高瞻远瞩的领导者。因为同一个梦想相聚了，组建了团队。每一个团队成员就如同人的五官，缺一不可。如果缺少了一个，这个人将不能健康地活着。团队以实力为盾、自信为矛、团结为勇气，组成了激情无畏的团体，每个人都应该挑战自我，超越自我，坚信成功靠朋友，成长靠对手，成就靠团队。

## 30. 深圳可立克科技股份有限公司（理事单位）

**地址**：广东省深圳市宝安区福海街道新田社区正中工业厂区厂房 7 栋 2 层

**电话**：0755-29918302

**团队带头人**：周明亮

**研究方向**：快速充电器和智能高效适配器

**团队简介**：

公司技术研发中心主要下设两个事业处和一个试验中心：变压器研发事业处拥有 45 名研发技术人员，主要从事各类功率磁性器件的研发设计；电源研发事业处拥有 55 名研发技术人员，主要从事高效低耗开关电源技术的研发和大功率动力电池充电技术的研发设计；试验中心主要从事产品研发设计技术的试验、测试和验证工作。为实现公司可持续快速发展战略，制定了公司中长期发展规划蓝图及发展目标，以引导公司稳健向前。

## 31. 深圳青铜剑科技股份有限公司（理事单位）

**地址**：广东省深圳市南山区粤海街道高新区南区南环路 29 号留学生创业大厦二期 22 楼

**邮编**：518057

**电话**：0755-33379866

**传真**：0755-33379855

**团队人数**：50

**团队带头人**：汪之涵

**研究方向**：电力电子核心器件及整体解决方案的研发

**团队简介**：

研发团队以国家“千人计划”特聘专家汪之涵博士为核心，由英国剑桥大学、美国得克萨斯农工大学、清华大学、电子科技大学等一流大学的博士、硕士组成，组成了层次高、结构合理、专业性强的研发队伍。

团队带头人汪之涵博士，“千人计划”特聘专家，入选国务院侨办重点华侨华人创业团队、中国留学人员回国创业启动支持计划、广东省科技创业领军人才、深圳市孔雀计划等人才计划，荣获中国侨界贡献奖、中国电源学会青年奖、深圳市青年科技奖、南山区青年创新创业成长之星等荣誉。

团队核心成员高跃博士，电气工程博士，研究员，硕士生导师，中国电工技术学会电控系统与装置专业委员会委员，现任公司副总裁兼整机事业部总经理。曾任中船重工第七一二研究所系统控制与永磁推进事业部研发部部长，先后荣获工信部颁发的国防科技进步奖一等奖、湖北青年五四奖章、中国船舶重工集团公司有突出贡献专家、中国船舶重工集团公司装备预先研究先进个人等荣誉。

团队核心成员和巍巍博士，清华大学电气工程专业学士，英国剑桥大学电力电子专业博士，负责公司的碳化硅器件研发团队，获得深圳市高层次专业人才认定，具有丰富的电力电子器件研发经验和团队管理经验。

## 32. 深圳市保益新能电气有限公司（理事单位）

**地址**：广东省深圳市宝安区 67 区隆昌路大仟工业园 2 号楼 5 楼 08、09、10、11A 室

**邮编**：518000

**电话**：0755-36698873

**传真**：0755-36698870

**团队带头人**：李伦全

**研究方向**：逆变器，模块电源，UPS 电源等

**团队简介**：

公司的研发团队有 16 年逆变器产品及其他高性能电源产品研发经验，管理层及绝大部分研发人员都具有世界 500 强著名公司工作经验。目前研发团队已有 40 余人，40% 以上为硕士研究生学历，并有外聘专家教授团队，主要专攻军工、铁路、电动汽车、锂电池等特种应用领域。

## 33. 深圳市铂科新材料股份有限公司（理事单位）

**地址**：广东省深圳市南山区高新技术产业园北区朗山路 28 号 2 栋 3 楼

**邮编**：518057

**电话**：0755-26654881

**传真**：0755-29574277

**团队带头人**：郭雄志

**研究方向**：研发中心形成了 5 个稳定的研究方向：（1）气雾化合金软磁粉末的研究开发；（2）合金软磁粉体的改性研究，包含粉末绝缘、造粒、扁平化处理研究；（3）高频低损耗合金软磁材料的研究开发；（4）高频电感研究开发；（5）吸波材料及高速钢等新材料的研究开发

**团队简介**：

铂科研发中心成立于 2012 年，于 2018 年获得广东省科技厅“合金软磁材料及应用工程技术研究中心”的认定。目前研发中心占地面积 500$m^2$，由深圳和惠州基地组成，下设战略规划部、工程中心、高频产品开发部、FAE、检测中心等。研发中心在合金软磁材料应用基础研究和工程产业化方面有鲜明特色，拥有一支朝气蓬勃、结构合理的高水平研发队伍。近年来承担国际合作、广东省科技厅、深圳市科创委和深圳市发改委等重要科研攻关项目，取得

显著研发和应用成果，并在高层次人才培养方面取得卓越成绩，开展了卓有成效的对外交流与合作，现已成为我国合金软磁材料工程领域规模最大的研究中心之一。其中2018年项目“新能源用高频低损耗合金软磁粉芯及关键制备技术”荣获中国有色金属协会科技进步一等奖 。

## 34. 深圳市商宇电子科技有限公司（理事单位）

**地址：**广东省深圳市光明区甲子塘社区森阳科技园A栋401

**邮编：**518000

**电话：**13902901805

**团队人数：**25

**团队带头人：**刘桂平

**研究方向：**高频高密度模块化

**团队简介：**

不断创新的技术是商宇追求的目标。设立于深圳的电源研发中心，拥有世界一流的研发条件，拥有大量研发人员，其中80%具有本科以上学历，10%具有高级技术职称。强大的研发能力，保证了商宇产品的先进性和创新性，并能持续不断推出更具市场竞争力的机种，满足用户对UPS高可靠性和高智能化的需求。

## 35. 深圳市智胜新电子技术有限公司（理事单位）

**地址：**广东省深圳市宝安区西乡固戍航城大道安乐工业区B1栋

**电话：**0755-83526100

**传真：**0755-83526199

**团队人数：**15

**团队带头人：**马义勋

**研究方向：**400V、450V电解液的性能改进，500V、550V 105℃电解液研发，600~750V电解液研发，700~750V超高压铝电解电容器的研发，焊针型105℃超大纹波电流铝电解电容器的研发，螺栓型105℃超大纹波电流铝电解电容器的研发，105℃超小尺寸铝电解电容器的研发，125℃焊针型铝电解电容器的研发

**团队简介：**

智胜新科研团队掌握铝电解电容器的核心技术，创新多项制造工艺，拥有8项自主开发专利、13项实用新型专利和6项软件著作权，并与西安交通大学成立研发中心，与广东工业大学建立产学研合作基地，为企业技术提供了可靠地保障。

智胜新科研团队共20余人，核心研发团队共10人，均具有15年以上的铝电解电容器产品研发经验。其中，部分资深研发人员源于rubycon与国内合资工厂的技术团队。

2011年引进EPCOS团队，大大增强了企业的综合研发能力；智胜新在大型铝电解电容器的市场占有率和工厂产能都居国内前五名。

2011年公司成功研发出宽温高压铝电解电容器用工作电解液，电解液成功应用在公司400~450V 105℃产品上。

2012年研发出105℃ 400V 5000h螺栓产品。

2013年成功研发出TJ快速充放电系列产品，充放电次数达100万次；2014年成功研发出105℃ 400V 10000h螺栓产品，LF、TA系列85℃ 600V产品，以及650~700V超高压铝电解电容器工作电解液等。

2015年成功研发出400V大牛角产品（Snap-in $\phi$42~$\phi$50mm），TA系列700V产品；目前正在开发TA与LF系列750V产品，以及小体积大纹波系列产品等。

## 36. 深圳市中电熊猫展盛科技有限公司（理事单位）

**地址：**广东省深圳市坪山区龙田街道老坑社区锦绣中路19号美讯数码科技园A栋701、B栋701、801

**邮编：**518118

**电话：**0755-86238746

**传真：**0755-86238829

**团队人数：**15

**团队带头人：**陈国荣

**研究方向：**近年来随着国家大力提倡节能环保产业的发展，公司始终注重自主研发和科技创新，主要研究方向为新能源智能充电模块，智能照明LED驱动，安防监控、UPS计算机服务、金融智能打印机电源等领域产品

**团队简介：**

团队核心成员10人，深圳市后备级人才1人，硕士2人，中高级工程师6人。公司现有科研研发人员29人，占公司总人数的20%，其中高级工程师6人，工程师12人，本科生17人，大专生12人。公司有大约1000$m^2$的研发办公场地及研发实验室，共有高端精密研发设备50多台，设备原值800多万元。另外，公司每年投入销售额的8%以上作为研发费用。

## 37. 田村（中国）企业管理有限公司（理事单位）

**地址：**上海市黄浦区淮海中路527号新国际购物中心A座13楼

**邮编：**200001

**电话：**021-63879388-238

**传真：**021-63879268

**团队人数：**25

**团队带头人：**佐伯英人

**研究方向：**主要从事高频电抗器、变压器、共模电感等磁性元器件的研发

**团队简介：**

从事高频电感、变压器、共模电感等磁性元器件的研发多年，在技术上处于行业前端。在电气、结构、生产技术上有丰富的工作经验，能够深刻地理解和满足客户的要求，为客户提供满意的产品。磁性元器件的产品具有独特的田村新技术，如磁集成技术、混合磁路技术、Spike Blocker技术、超大型磁粉芯技术、大功率立绕工艺等。具有专业的磁仿真、热传导仿真、对流换热仿真、结构强度仿真、

树脂成型流动仿真等、能够对磁性元器件的各种参数进行测试和验证。

## 38. 英飞特电子(杭州)股份有限公司（理事单位）

**地址：** 浙江省杭州市滨江区江虹路459号英飞特科技园A座

**邮编：** 310052

**电话：** 0571-56565800

**传真：** 0571-86601139

**团队人数：** 115

**团队带头人：** 华桂潮

**研究方向：** LED驱动电源的研发

**团队简介：**

英飞特技术团队有合作院士1人，拥有专职技术研发人员115人，培养及引进国家“千人计划”人才1名、浙江省“千人计划”人才2名、市“115”引智人才2名、省“151”人才2名，市“131”人才3名、钱江特聘专家1名、中高级工程师20余名。团队相继承担国家科技支撑计划、国家863计划、国家重点研发计划、浙江省重点研发计划、杭州市重大专项等10余项重点科技项目。

## 39. 北京力源兴达科技有限公司（会员单位）

**地址：** 北京市海淀区西三旗建材城中路12号院

**邮编：** 100096

**电话：** 010-82922202

**传真：** 010-82923776

**团队人数：** 65

**研究方向：** 电力自动化配网智能电源、工业自动化控制系统电源、轨道交通信号智能控制电源的设计开发

## 40. 北京英博电气股份有限公司（会员单位）

**地址：** 河北省廊坊市经济技术开发区荷花道68号

**电话：** 010-63805588

**团队带头人：** 马丰民

**研究方向：** 大功率储能变流器，大功率再生能馈装置，大功率储能型再生电能吸收装置，电压补偿器

**团队简介：**

河北廊坊研发中心成立于2010年，拥有由70余位海内外一流电力电子和软件工程人才组成的强大产品研发团队，致力于能源管理系统、电能质量监测系统、能源管理信息平台软件开发与推广，以及定制化产品开发和非标准化响应，曾先后被评为河北省技术中心、廊坊市电能质量技术研发中心等，并建立了河北省博士后创新实践基地。

## 41. 北京智源新能电气科技有限公司（会员单位）

**地址：** 北京市大兴区金苑路26号A613

**邮编：** 100000

**电话：** 13439289923

**传真：** 010-62947495

**团队人数：** 15

**团队带头人：** 马建立

**研究方向：** 电能质量治理设备相关方向，充电桩装置相关方向，风光柴储系统相关方向

**团队简介：**

研发团队拥有独立的研发中心和检验中心，由教授专家和博士硕士组成的核心研发团队共18人。公司坚持产学研相结合，与清华大学、中国矿业大学、兰州理工大学、北方工业大学等高等院校积极开展合作，积累了比较丰富的产学研管理经验，取得众多技术成果。目前掌握电力电子功率变换和控制领域相关的自主知识产权和核心技术，共取得和获受理专利8项，其中发明专利4项，软件著作权15项，取得了中关村高新技术企业及国家级高新技术企业证书。

## 42. 长沙竹叶电子科技有限公司（会员单位）

**地址：** 湖南省长沙市高新区尖山路39号中电软件园5栋601

**邮编：** 414100

**电话：** 0731-85149001

**传真：** 0731-85144728

**团队人数：** 8

**团队带头人：** 朱润贵

**研究方向：** 低纹波通信电源，超低输出车载电源

**团队简介：**

长沙竹叶电子科技有限公司成立于2010年，研究团队成员均具有军工行业工作经验，团队主要围绕模块电源在通信、车载、航空航天等领域的应用展开研究，立足于模块电源研究的最前沿，致力于为客户提供最优的解决方案。团队研发的产品获得了多家国企的高度认可。

团队研究的产品被广泛应用于军工、通信、铁路、航空航天、电力、医疗等行业。

## 43. 常熟凯玺电子电气有限公司（会员单位）

**地址：** 江苏省常熟市高新技术产业开发区金麟路16号3B

**邮编：** 215500

**电话：** 0512-52956256

**传真：** 0512-52956530

**团队人数：** 12

**团队带头人：** 袁斌

**研究方向：** 工业用特种电源

**团队简介：**

团队由袁教授主持工作，由刘永坦院士担任顾问，并由多名高级工程师及工程师组成研发集体，拥有完整的实验设备，大胆创新并拥有多项发明专利。团队多次获得省市表彰。

## 44. 东莞市捷容薄膜科技有限公司（会员单位）

**地址：** 广东省东莞市南城区建设路南城科技大厦

**电话：** 0769-89799128

**团队带头人：** 汤小荣

**研究方向：**安规电容的应用

**团队简介：**

捷容薄膜科技有限公司注册资金为 500 万元，为民营独资企业，主要产品有聚丙烯薄膜、X2 安规电容、CBB21 金属化薄膜电容、MLCC 独石电容、CC 高压陶瓷电容、Y1Y2 安规电容、CL11 涤纶电容。产品主要应用在大功率电源、数字电表、小家电控制板、充电桩、新能源汽车、消防器材。产品已通过 UL 认证和 VDE 认证，产品环保指标符合 ROHS2.0 版指令要求。公司以自主品牌研发为主，全供应链压缩控费，拥有快反能力，有效实现成本控制、质量把控、高快反能力等经营目标。

## 45. 佛山市顺德区瑞淞电子实业有限公司（会员单位）

**地址：**广东省佛山市顺德区北滘镇坤洲工业区

**邮编：**528312

**电话：**0757-26666876

**传真：**0757-26606087

**团队人数：**17

**团队带头人：**徐海洪

**团队简介：**

佛山市顺德区瑞淞电子实业有限公司成立于 2005 年，是专业从事整流桥器件设计、研发、生产和销售的企业。凭借准确的市场定位、强大的生产能力、可靠的品质保证、严格的成本管理，确保公司制造出的产品在当今激烈的市场竞争中仍然保持优良的性价比。公司的整流桥产品已经越来越被国内外众多的电子电器制造商认知和采用。

公司秉承诚信原则，加强同客户的联系和合作，采取有效改善措施和服务方式，满足合作伙伴的需求。在未来的发展中，公司将致力于新产品开发，提高品质，降低成本，提供优质产品和服务，让顾客满意，正派经营，执事规范，共赢发展。

## 46. 佛山市欣源电子股份有限公司（会员单位）

**地址：**广东省佛山市南海区西樵科技工业园富达路

**邮编：**528211

**电话：**0757-86866051

**传真：**0757-86816598

**团队人数：**40

**团队带头人：**王占东

**研究方向：**电源专用电容器

**团队简介：**

欣源股份的技术团队具有深厚的专业理论知识和多年的研发经验，是一支强有力的专业电容器研发团队。其管理团队稳定有序，赢得了国内外知名客户的信任和口碑，品牌、技术和管理的积淀深厚。专业的客户技术服务团队，能针对客户的需求量身定制出最优的方案，解决技术难题，赢得成本优势。

## 47. 杭州中恒电气股份有限公司（会员单位）

**地址：**浙江省杭州市滨江区东信大道 69 号

**邮编：**310053

**电话：**0571-56532188

**传真：**0571-86699755

**团队人数：**168

**团队带头人：**郭卫农

**研究方向：**电力电子制造，电力信息化，能源互联网

**团队简介：**

中恒科研团队，积极走技术进步和技术创新之路，不断加大人才的吸收和培养，增强中心的科研实力，同步提高中恒的核心竞争力。企业技术中心拥有一批长期从事电源行业开发工作的高素质人才，科研团队共有成员 168 人，大专及以上学历占总人数的 90% 以上。团队研发骨干人员基本保持长期稳定，专业从事为电力、通信、轨道交通事业的建设与发展提供高质量的技术产品、解决方案和系统集成的工作。现有研发人员的知识储备主要涉及电力、通信、电子系统、网络应用设计、计算机、自动化控制、人工智能等领域。中恒电气与研究机构、大专院校有广泛的合作关系，与浙江大学、南京航空航天大学、浙江省电力设计研究院等多家研究机构建立了长期密切的关系。公司逐渐形成了以自主开发为主，联合研发为辅的整合式研发模式，充分利用院校的前沿技术资源，促进了优势互补，增加了研发活动的灵活性，不仅为在研产品开发的质量和效率提供了技术支持和保障，而且为后续新产品的开发提供了信息来源和构想。

## 48. 湖南晟和电源科技有限公司（会员单位）

**地址：**湖南省长沙市高新开发区桐梓坡西路 468 号威胜科技园二期工程 11 号厂房 101 三楼 1-8 号

**邮编：**410205

**电话：**0731-88619957

**传真：**0731-88619957

**团队人数：**12

**团队带头人：**龙志进

**研究方向：**仪器仪表电源及芯片解决方案，开关电源模块，PoE，车载新能源电源管理等

**团队简介：**

湖南晟和电源科技有限公司成立于 2016 年，是一家专业从事电源整体解决方案研发与应用的高新技术企业。

公司重点关注仪器仪表、新能源、轨道交通、音视频、通信、PoE、适配器、充电器等行业客户需求，并为其提供专业而完整的电源技术服务及相关配套产品。

公司成立以来，已与威胜集团等行业标杆企业建立了长期战略合作关系，并得到了合作伙伴的高度认可。

公司位于长沙高新区，自成立以来，坚持以市场需求为导向，引进多项国内外先进的生产及试验设备，并与多家高校、科研院所展开合作。依托于高水平、高学历的专业研发队伍，已成功申报多项自主知识产权的专利技术，所研发的技术解决方案和专业产品在众多领域得到了广泛应用。

公司重视产品与服务质量，在同行业中率先通过了 ISO 9001 质量管理体系认证，并按照体系要求运行及持续改进，

提升内部管理水平。

未来，公司将秉承“电源解决方案与服务专家”的使命，坚持“至诚至精，合作共赢”的经营宗旨，积极倡导电源技术创新，为客户提供优质的电源产品和解决方案，力争成为电源行业标杆。

## 49. 溧阳市华元电源设备厂（会员单位）

**地址：**江苏省溧阳市昆仑开发区民营路3号

**邮编：**213300

**电话：**0519-87383088

**传真：**0519-87383088

**团队人数：**3

**团队带头人：**李杏元

**研究方向：**高效节能型高频开关电源的新技术、新产品研发

**团队简介：**

团队不具有高学历、高职称的优势，但有长期从事开关电源技术和产品开发生产的较丰富的实践经验。在实践中能运用自己的经验和教训，针对国内外的同类产品的优缺点，采用缺点发明法，努力开创出自主的具有独特技术特色的新技术和新产品，特别突出自己的“高可靠、节能环保”的技术特色，受到了用户的欢迎。

## 50. 南京泓帆动力技术有限公司（会员单位）

**地址：**江苏省南京市江宁区诚信大道885号

**邮编：**210000

**电话：**025-52168511

**传真：**025-52168511

**团队人数：**10

**团队带头人：**张侃

**研究方向：**复杂电力电子系统实时控制平台，基于模型的实时系统开发技术

**团队简介：**

公司核心研发成员具有超过8年商用风电变流器和光伏逆变器的开发设计经验，在新能源并网技术和柔性输电技术方面拥有丰富的经验和全面的技术积累。在储能变流器、充电机和SVG等设备领域也都有丰富的工业产品设计经验。

## 51. 南京研旭电气科技有限公司（会员单位）

**地址：**江苏省南京市浦口高新区新科一路6号

**邮编：**210032

**电话：**025-58747116

**传真：**025-58747106

**团队人数：**5

**团队带头人：**张卿杰

**研究方向：**智能微电网及关键设备、新能源发电并网控制技术与嵌入式系统相关的基础理论和应用研究；双馈式风力发电平台、直驱式风力发电平台、快速原型控制器等产品的研制；多种逆变器、仿真器、开发板等研制；YXSPACE半实物仿真套件、功率硬件模组YXPHM、基于模型开发电力电子和运动控制教学实训平台等系列产品研发；MBD技术在电源、电力系统行业的应用与推广，PEBB智能化、成熟可靠、高性价比的电力电子模块，多端口能源路由器，储能逆变器，光伏并网逆变器，微电网系统

**团队简介：**

公司团队研发实力雄厚，有多名博士、博士后、博导、教授共同参与产品研发以及方案定制。公司以嵌入式开发平台为基础，陆续开发出各种工业应用产品，包括智能微电网科研系统、光伏和风力新能源系列工业变流器、故障检测类智能仪表等。

## 52. 青岛威控电气有限公司（会员单位）

**地址：**山东省青岛市即墨区大信镇天山三路42号

**邮编：**266299

**电话：**0532-82530096

**团队人数：**15

**团队带头人：**初升

**研究方向：**大功率变频器

**团队简介：**

研发团队拥有完备的软、硬件研发能力，是国内煤矿隔爆变频器组件核心供应商，公司自主研发的煤矿用两象限、四象限防爆变频器，性能先进，质量可靠，销量稳定，市场占有率达到40%以上，产品性能已达到国内领先水平，公司自主研发的3300VAC系列矿用三电平变频器，是国内首套研发并投入现场使用的煤矿生产核心设备，经专家鉴定，性能已达到国际先进水平，比肩西门子、ABB等跨国企业。

公司顺应国家政策号召，响应国家推进节能减排，实现能源可持续发展的宏远目标，积极向风力发电储能，风、光、电融合的智能微电网等领域进行拓展，致力于清洁能源、智能电网方面产品的研究，并取得了较好的社会效应和环境效应，协同研发了国内首台风储互补演示验证系统，公司研发的针对铅酸、锂电、全钒液流电池、锌溴电池、飞轮等化学、物理储能系统的PCS、DC/DC变换器等，已在英利集团863课题“园区智能微电网关键技术研究与集成示范”、国家电网辽宁省电力有限公司电力科学研究院风光储微电网系统、中科院大连化学物理研究所的全钒液流电池系统等项目中投入并验收通过。公司研发的智能微电网系统，已获得科技部中小企业创新基金扶持。公司目前正在承担国家重点研发计划“智能电网技术与装备”重点专项2017年度项目“10MW级液流电池储能技术”（项目编号2017YFB0903500）中的多模式运行三电平PCS设备的研制工作。

## 53. 山东镭之源激光科技股份有限公司（会员单位）

**地址：**山东省济南市高新区颖秀路1356号

**邮编：**250000

**电话：**0531-88190005

**团队人数：**10

**团队带头人：**王传祥

**研究方向：**高压开关电源，大功率开关电源，线性电源，电机驱动器

**团队简介：**

镭之源研发部深耕激光电源技术 20 余年，形成了全系列二氧化碳激光电源产品，全系列医美电源产品，拓展了以步进电机驱动系统为代表的产品。近年，镭之源研发部不断开拓，形成了以大功率半导体激光电控系统为代表的新产品。团队具有各有专攻、技术雄厚、能打能拼、活泼向上的独特气质，团队会继续拼搏奋进，为激光电源行业、为中国智造贡献自己的力量。

## 54. 上海航裕电源科技有限公司（会员单位）

**地址：**上海市松江区车墩镇联营路 615 号 9 号楼 403

**邮编：**201611

**电话：**021-67285228

**传真：**021-67285228

**团队人数：**14

**团队带头人：**李广

**研究方向：**可编程电源开发应用

**团队简介：**

公司核心研发人员 14 人，占员工总数的 51.85%，核心团队成员均为本科及以上学历，成员普遍处于创新能力旺盛、年富力强的阶段。

## 55. 上海科泰电源股份有限公司（会员单位）

**地址：**上海市青浦区天辰路 1633 号

**邮编：**201722

**电话：**021-59758000

**传真：**021-69758500

**团队人数：**61

**团队带头人：**田智会，杨少慰

**研究方向：**柴油发电机组，电源车，混合能源

**团队简介：**拥有 2 名高级工程师，7 名中级工程师

## 56. 上海文顺电器有限公司（会员单位）

**地址：**上海市浦东新区沈梅路 290 号

**邮编：**201318

**电话：**021-50864311

**传真：**021-64293473

**团队人数：**25

**团队带头人：**陆峰

**研究方向：**智能电力负载测试系统

**团队简介：**

专注于智能控制，自动化负载测试领域的研究，针对新能源太阳能光伏逆变器、电动汽车充电桩、电焊机领域研发智能型负载测试系统，产品应用于国内各大制造商和研究院所。团队以为用户创造更大的价值为核心，主导产品的发展方向，提供完善的电力负载测试解决方案。

## 57. 上海瞻芯电子科技有限公司（会员单位）

**地址：**上海市浦东新区南汇新城镇海洋一路 333 号 8 号楼 3 楼

**邮编：**210306

**电话：**021-60870175

**传真：**021-60870172

**团队人数：**18

**团队带头人：**张永熙

**研究方向：**碳化硅功率器件和驱动芯片

**团队简介：**

上海瞻芯电子科技有限公司是一家由海归博士领衔的碳化硅（SiC）高科技芯片公司，2017 年 7 月成立于上海临港科技城园区。公司从海内外齐集了一支经验丰富的 SiC 工艺及器件设计、SiC MOSFET 驱动芯片设计、电力电子系统应用、市场推广、产品运营等方面的高素质核心团队。公司致力于开发以碳化硅为核心的高性价比的功率半导体器件和驱动控制 IC 产品，为电源和电驱动系统的小型化、轻量化和高效化提供完整的半导体解决方案。

## 58. 深圳市库马克新技术股份有限公司（会员单位）

**地址：**广东省深圳市宝安区石岩街道塘头宏发工业园 3 栋 2 楼

**邮编：**518108

**电话：**0755-81785111

**团队人数：**260

**团队带头人：**张中丽

**研究方向：**高、中、低压系列智能变频器

**团队简介：**

库马克公司成立于 2001 年 3 月 19 日，是专注于电力电子传动与自动化产品研发、生产和销售的国家级高新技术企业，依靠优异的技术和多年的行业应用经验，为用户提供高效可靠的智能驱动产品和自动化解决方案。

## 59. 深圳市瑞必达科技有限公司（会员单位）

**地址：**广东省深圳市宝安区福永街道桥头社区富桥第二工业区北 A3 幢

**电话：**0755-33850600

**传真：**0755-29912756

**团队人数：**36

**团队带头人：**谢宝棠

**研究方向：**智能健康保健按摩椅、电动床、升降桌、电动沙发马达推杆驱动电源以及智能电池充电器的开发设计以及制造生产

**团队简介：**

研发团队有 36 人，其中主力设计工程师有 8 人，均有在大型开关电源设计及生产公司的工作经历，设计经验丰富，能够独当一面担当起项目整个开发过程，所设计的产品口碑良好，得到客户的极大认可，性价比高。团队向心力强，责任心强，协作意识超前。

## 60. 深圳易通技术股份有限公司（会员单位）

**地址：**广东省深圳市宝安区石岩光明路第二工业区 3

号厂房

**电话：**13418988260

**团队人数：**8

**团队带头人：**李仕华

**研究方向：**智能备电柜、通信电源等

**团队简介：**

团队成员来自五湖四海，怀着共同的一个梦想，组成了一支钢铁团队。其中有思维严密的策划者，更有实力雄厚的领导者，大家各尽所长，优势互补。团队成员共同挑战，相互协作，建立了深厚的友谊和良好的默契，为团队提供动力，为研发新产品提供活力。

## 61. 苏州纽克斯电源技术股份有限公司（会员单位）

**地址：**江苏省苏州市相城区黄埭镇春兰路81号

**邮编：**215143

**电话：**0512-65907797

**团队人数：**64

**团队带头人：**邱明

**研究方向：**智慧交通、智慧农业、城市照明、智能电源、通信电源、照明驱动电源、特种电源、物联网控制系统及相关产品的研发

**团队简介：**

研发团队由副总经理邱明做团队带头人，提升了研发团队的技术水平。团队内目前有研发人员64名，占公司总人数的20.7%，其中博士后1人，博士2人，硕士2人，本科36人。核心团队的成员均拥有丰富的跨国电子企业和国内领先电子企业的从业经历，研发和管理经验丰富，技术专业度一直走在行业前列。

设立博士后工作站，与政府部门对接，引进专业性人才，建立人才培养与团队建设任务管理制度。坚持以“内部培养为主，外部培养为辅”的原则。建立完善的研发人员绩效考核与奖励制度。鼓励员工利用业余时间进行自学，积极参加专业技术资格评审和考试，进一步扩大专业技术人才队伍规模，提高专业技术人才创新能力。

公司每年平均投入500多万用于升级和完善研发的实验室建设，目前已配备了数十台先进型研发设备，其中多数为国外进口的一流设备，如电波暗室电磁兼容测试、HAAS2000光色电测试系统、GO-2000配光性能分析系统、IPX1-X7测试设备等。可以覆盖所有驱动电源及周边主要配套产品的测试项目，可以有效保障研发设计输出的有效性和及时性。

同时外部技术资源丰富，与外部高端技术团队保持着经常性的协同开发。多年行业深耕，与上下游配套厂商都保持着紧密而良好的合作关系。与苏州大学、南京农业大学建立了长期合作关系，共享实验、检测设施，形成合作基地。

## 62. 武汉武新电气科技股份有限公司（会员单位）

**地址：**湖北省武汉市武湖工业园立山路

**电话：**027-82341783

**传真：**027-82341251

**团队人数：**40

**团队带头人：**方四安

**研究方向：**大功率电力电子技术在电力系统中应用，包括高低压静止无功发生器、光伏逆变器、智慧能源管理平台

**团队简介：**

武汉武新电气研发中心专注于电力电子与能源数字化管理方向的研究与产业化。团队近50人，均拥有本科及以上学历，是一支勇于开拓、执行力强的研发队伍。主研产品包括APF、高低压SVG、有源不平衡补偿装置、低电压复合调压装置、光伏并网逆变器、电动汽车充电桩、微机综合保护装置、电能质量在线监测装置、智慧能源管理云平台等。

中心拥有一流的研发试验平台：电能质量高低压全载试验平台、750kW级光伏并网逆变模拟试验平台、电动汽车拟试验平台、泰克混合图像示波器等价值3000多万设备与仪器，主持国家电网和南方电网横向项目各1项、武汉市科技项目2项、企业合作项目多项，并与清华大学、华中科技大学等高校密切合作。

团队秉承“主人翁心态，认真、快、守承诺，追求好结果”理念，坚持自主创新，恪守产品领先战略，先后被评为电网智能控制与装备省工程技术研究中心、光伏在线监测省工程研究中心，获发明专利10余项，省市科技鉴定2项；中心所研发的高低压SVG、APF等产品已在电力、通信、医疗、造船、汽车制造、芯片制造、煤矿、油井开采等行业得到大批量应用，产值逾6亿元，依靠科技创新服务节能社会，为高效环保、可持续发展不断贡献团队力量。

## 63. 浙江艾罗网络能源技术有限公司（会员单位）

**地址：**浙江省杭州市西湖区西溪路525号浙大科技园A西506

**邮编：**310007

**电话：**0571-56260099

**传真：**0571-56075753

**团队人数：**大于100

**团队带头人：**郭华为

**研究方向：**公司长期专注于光伏新能源、储能等领域产品和技术解决方案的研究

## 64. 浙江巨磁智能技术有限公司（会员单位）

**地址：**浙江省嘉兴市昌盛南路36号嘉兴智慧产业创新园4号楼101室

**邮编：**314001

**电话：**0573-83853278

**传真：**0573-83853277

**团队人数：**20

**团队带头人：**陈全

**研究方向：**传感器

# 电源相关科研项目介绍
# （按照项目名称汉语拼音顺序排列）

## 1. XXMW 级变频调速装置关键制造工艺研究与样机制造

**主要完成人：**肖飞、胡亮灯、楼徐杰

**完成单位：**中国人民解放军海军工程大学

**项目来源：**部委计划

**项目时间：**2016 年 1 月—2017 年 12 月

**项目简介：**

研制背景：

综合电力系统技术是舰船动力平台的一次跨越式发展，代表了舰船动力系统的发展方向。电力推进系统作为大型舰船动力平台中核心和关键模块之一，是整个舰船基本航行功能的保障。该项目主要研究内容为新型护卫舰综合电力系统大容量推进变频调速装置深化研究，关键部组件、初样机及正样机优化设计、制造及试验。

主要成果：

1）提出了一种中点电压平衡控制策略，实现了无中性线控制，增强了装置可靠性及布置灵活性。

2）提出了一种振动抑制策略，使推进电机高频振动明显降低，进一步提高了综合电力推进系统的各项性能。

3）提出了完善的故障分级保护策略，提高了变频调速装置的运行可靠性。

成果应用：

该成果已应用于××舰综合电力系统研制等。该成果还可推广应用于豪华游轮、大型渡轮、科考船等大型民用船舶的电力推进，以及机车牵引、采矿机械、盾构机等民用大容量交流传动领域，具有重大的军事及经济效益。

## 2. XXMW 级推进电机及其配套变频调速装置研制

**主要完成人：**王东、肖飞、余中军、胡亮灯、艾胜

**完成单位：**中国人民解放军海军工程大学

**项目来源：**部委计划

**项目时间：**2016 年 1 月—2017 年 12 月

**项目简介：**

研制背景：

综合电力系统技术是舰船动力平台的一次跨越式发展，代表了舰船动力系统的发展方向。电力推进系统作为大型舰船动力平台中核心和关键模块之一，是整个舰船基本航行功能的保障。项目组根据实战需要，研制成功 XXMW 级推进电机及其变频调速装置，为舰船综合电力系统提供了重要的支撑。

主要创造性成果：

1）首次发明了一种新型高转矩密度感应推进电机，提出三次谐波注入和新型冷却等技术实现了电机的高效运行，解决了传统低速感应电动机转矩密度低、功率因数低和效率不高等缺点。

2）提出了分布式磁路计算方法，实现了注入三次谐波的新型感应推进电机电磁优化设计。

3）提出了大型电机整体强迫式浸泡喷淋混合蒸发冷却技术，拓展了蒸发冷却技术的应用范围。

4）攻克了磁脂密封技术，解决了船用条件下大间隙、大密封线速度和分瓣结构形式的旋转密封难题。

5）提出了一套完整的中压、大容量、多相电力电子变流器的主电路和控制系统的分布式设计方法，提高了推进变频器的功率密度、可靠性和可维护性。

6）提出了一种数据源可切换式高速光纤环网通信拓扑和相应的高性能同步方法，解决了大功率多相变频驱动中同步误差的累积问题。

7）提出了针对舰船应用特点的多相无缝切换与冗余控制策略，满足各种工况下推进分系统的控制性能要求，提高了舰船的机动性和生命力。

成果应用：

该成果为我国舰船综合电力系统的标志性技术之一，已应用于舰船综合电力系统技术演示验证项目、××舰综合电力系统研制等。该成果还可推广应用于豪华游轮、大型渡轮、科考船等大型民用船舶的电力推进，以及机车牵引、采矿机械、盾构机等民用大容量交流传动领域，具有重大的军事及经济效益。

## 3. 纯电动汽车动力电池系统热管理分析与设计优化

**主要完成人：**胡晓松、李隆键、杨亚联

**完成单位：**重庆大学

**项目来源：**部委计划，企业合作项目

**项目时间：**2016 年 9 月—2017 年 1 月

**项目简介：**

该项目研究电动汽车中动力电池包使用过程的生热模型和热管理策略，通过不同充放电倍率、温度、SOC 等参数条件下电池的充放电特性实验，建立了动力电池的生热模型，并在 HWFET、NEDC、FTP 等整车测试循环条件下，对电池的性能进行了模拟分析，并在 FLUNT 环境下，对各电池单元的热分布和流体流场特性进行了 CAE 分析，提出了优化的电池结构，满足了电动汽车在各种严苛运行条件

下的温度均衡和单体电池的性能均衡要求。所提出的方法和结果在某整车厂得到了应用，并协助该企业顺利通过了国家电动汽车生产资质的认证。

### 4. 大功率动力锂电池组状态协同估计关键技术及产业化

**主要完成人：**新能源测控研究团队

**完成单位：**西南科技大学

**项目来源：**省、市、自治区计划

**项目时间：**2017 年 1 月—2018 年 12 月

**项目简介：**

在推动国民经济进步和维系社会安全的同时，复杂工况下特种机器人应用对电源系统的瞬时和持续供电能力提出了更高的要求，高准确度状态预估和性能优化是核心难题。该项目历经多年持续攻关，在国家与省市级项目大力支持下，结合一系列企业委托项目研发，建立了产学研用自主创新体系，率先开展了大功率动力锂电池组状态估计理论方法、关键技术及装备的研究与开发，在多项核心共性技术上取得了突破，形成了一批具有国际水平的技术成果及装备，实现了新能源产业的跨越式发展。主要创新如下：（1）复杂工况下外部可测时变参数特征提取与耦合关系建模理论；（2）基于信息融合的大功率锂电池组状态在线协同估计方法体系；（3）大功率锂电池组状态协同估计系列化装备研制与产业化。该项目充分考虑产品可靠性与功能安全性，以自主创新引领行业科技进步，相关技术已实现技术转化，以锂电池组状态协同估计为突破，取得系列创新性成果，锂电池组 SOC 测定方法获得国家发明专利授权，锂离子电池组关键参数在线监测软件获得软件著作权，相关研究成果发表在 Applied Energy、Journal of Power Sources 和 Energy 等本领域顶级期刊上并出版专著《新能源技术与电源管理》，项目成果整体达到国际先进水平。围绕大功率锂电池组动力应用需求，开发和完善了电池管理系统，在多家配套厂家使用推广和批量配套，一些新型号产品也进入联合研制阶段，将会在其他应用领域进行推广及应用。

### 5. 低温下抑制析锂的锂离子电池交流预热与快速充电方法

**主要完成人：**葛昊、李哲、张剑波

**完成单位：**清华大学汽车工程系

**项目来源：**基金资助

**项目时间：**2014 年 1 月—2017 年 12 月

**项目简介：**

该项目研究了低温充电工况下的析锂。利用核磁共振方法定量检测析锂。结合模拟与实验结果，对析锂机理与析锂判据进行辨析，指出负极局部固液相电势差达到析锂反应平衡电势是析锂发生的指标。

开发了抑制析锂的锂离子电池交流预热方法。锂离子电池在交流电流激励下的有效产热成分只有电池阻抗实部对应的焦耳热；基于等效电路建立了频域产热模型。结合析锂约束条件的频域表述，得出了不同温度下抑制析锂的交流预热电流最大幅值-频率线簇。进一步利用阻抗对温度的敏感性，开发了温度反馈的、抑制析锂的交流预热方法，开发了抑制析锂的锂离子电池直流充电方法。采用热-电化学耦合模型描述低温充电过程。结合析锂约束条件的时域表述，得出了不同温度下抑制析锂的最大充电电流-荷电状态线簇，进而开发了抑制析锂的直流充电方法。

结合开发的交流预热与直流充电方法，组合形成预热-充电规程，并对其进行效用评价。对开发的交流预热方法与直流充电方法抑制析锂的有效性进行了检验。分析讨论了不同预热-充电切换温度时的总时间与总能耗。结果表明，开发的预热-充电规程具有无析锂、快速、低能耗的特点。

该项目研究结果具有较高的学术价值和工程应用潜力，受到了业界的广泛关注。项目进行过程中，相关内容共发表论文 14 篇，其中 SCI 论文 11 篇，共计被引 160 余次。相关内容申请发明专利 3 项，其中已授权 1 项，该授权专利以普通许可方式授权给一家企业。

### 6. 低压供配电设备关键技术研究及研制

**主要完成人：**肖飞、范学鑫、王瑞田、谢桢、揭贵生、杨国润

**完成单位：**中国人民解放军海军工程大学

**项目来源：**部委计划

**项目时间：**2016 年 1 月—2017 年 12 月

**项目简介：**

研制背景：

综合电力系统技术是舰船动力平台的一次跨越式发展，代表了舰船动力系统的发展方向。由于我国舰船综合电力系统开创性地采用了中压直流电制，为适应我国舰船综合电力系统跨越式发展的需求，项目组提出了中压直流电制下分区、分布式供电的直流区域变配电系统，以实现中压直流电制下变配电系统的高功率密度、高可靠性与高开放性，为舰船综合电力系统的应用提供核心技术支撑。

主要创造性成果：

1）在国内首次研制出 MW 级直流区域变配电系统，实现了中压直流供电网至不同电制低压交/直流配电网络的电能传递，解决了中压直流电制的舰船综合电力系统中大容量、高功率密度、高可靠性的变电难题。

2）提出了基于区域异构和设备级联的开放式变配电网络拓扑及其多时间尺度的分层分布控制器设计方法，具有供电冗余性好、重构能力强和配置灵活等优点，提高了舰船变配电网络的供电连续性和可扩展性。

3）提出了中压直流区域变配电系统完备的保护方法，通过变电模块及各种保护装置的协调配合，实现各层级网络的选择性和匹配性保护，提高了变配电系统的安全性。

4）揭示了区域变配电系统中异构电力电子装置互联系统失稳机理，提出了系统稳定性分析方法、稳定判据以及提高系统稳定性的措施，形成了一套完整的直流区域变配电系统稳定性分析理论。

5）提出了一种自适应非线性的直流变换稳压控制策略，解决了中压直流变换器全工况下各种工作模式切换时

稳态与暂态性能之间的矛盾，实现了大功率中压高变比隔离型直流变换。

6）提出了一种比例谐振加状态反馈和滑动平均滤波的控制策略，解决了三相逆变器控制参数的最优整定及输出直流偏置问题，改善了逆变器及组网系统的动静态性能。

成果应用：

该成果为我国舰船综合电力系统的标志性技术之一，已应用于舰船综合电力系统技术演示验证项目、××舰综合电力系统研制等。该成果还可推广应用至其他全电武器装备平台，并可转化应用于交通、柔性高压直流输配电、分布式供电、可再生能源接入、微网系统和智能电网建设等民用领域，具有重大的军事及经济效益。

## 7. 故障条件下电能质量调节器的强欠驱动特性与容错控制研究

**主要完成人：**张晓华、郭源博、周鑫、李林、张铭、李浩洋、夏金辉

**完成单位：**大连理工大学

**项目来源：**基金资助

**项目时间：**2014年1月—2017年12月

**项目简介：**

该项目提出了电网电压/功率器件故障条件下电能质量调节器的故障诊断与容错控制问题，难点是电网故障时电网电压信号的快速同步，以及功率器件故障后容错系统的性能维持。采用低阶FIR滤波器与低阶Kalman滤波器相结合的复合滤波辨识方法，来辨识电网电压正序基波的幅值、相位和频率，提出了一种具备谐波抵抗能力的三相电网电压快速同步方法，提高了典型电网电压故障的检测速度；通过对四开关容错逆变器的参考电压矢量进行补偿，显著提高了容错逆变器的直流电压利用率，进一步提高了功率开关器件故障后系统的带载能力和电气性能，具有较大的实际应用价值。

## 8. 光伏发电电网电能质量治理研究

**主要完成人：**付青、洪瑞江、王东海、邓幼俊、林伟、孙韵林

**完成单位：**中山大学

**项目来源：**省、市、自治区计划

**项目时间：**2018年2月—2018年11月

**项目简介：**

该项目对光伏并网系统的电能质量进行分析研究，建立光伏发电系统的电能质量监控管理平台，提出对负荷电能质量的负荷预测方案，研究直流侧电压波动时逆变器的控制方法，提出对光伏发电电网电能质量综合治理的新型方案，研制对电网电能质量治理的光伏并网逆变系统，形成自主知识产权的较完善的产品。

## 9. 基于不确定干扰估计的LCCL型并网逆变器控制策略

**主要完成人：**叶永强、熊永康

**完成单位：**南京航空航天大学

**项目来源：**其他

**项目时间：**2016年10月—2017年4月

**项目简介：**

LCCL是LCL逆变器的一种变形结构，其既保留了较高的高频谐波抑制能力，又将逆变器对象由三阶系统降为一阶系统，简化了控制器的设计难度。但其降阶特性是以参数匹配为前提的，而在实际应用中硬件参数却是会发生改变的，这就会导致降阶特性不能总是成立。对此项目完成人根据LCCL的特点提出一种基于不确定干扰估计（UDE）的LCCL并网逆变器控制策略，该控制策略通过设计合适的参考模型形式和滤波器结构将UDE控制器的设计转换成了对参数$\alpha$、$\beta$和$k$的设计，等效出一个PI控制器和微分前馈的控制器结构，再根据1.5拍延时等实际需要设定了参数的具体取值范围，最终实现仅通过一个参数的调节就实现了对系统的控制的目的，该工作简化了控制器设计，方便了工程实现。主要研究结果发表在国际权威SCI期刊IEEE Trans. Ind. Electron.，2018上。

## 10. 基于导通角通信技术的智慧城市照明系统研究

**主要完成人：**刘剑滨、李莎、张喆、许轰烈

**完成单位：**无锡太湖学院

**项目来源：**省、市、自治区计划

**项目时间：**2018年9月—2020年8月

**项目简介：**

主要研究内容：

智慧城市照明系统一般由智能云平台、集中控制器、单灯控制器、智能可调光LED驱动电源四部分组成，该项目重点突破的是集中控制器和单灯控制器之间的通信方式。目前，集中控制器和单灯控制器之间常用的通信方式有：无线通信，电磁兼容性差、防雷等级低；有线通信RS485等，单独布线，施工、使用中易损坏，易受平行强电线干扰；电力载波通信，误报率偏高，受线路状况影响大，且电源衰减限制了传输距离。该项目将研究一整套智慧城市照明系统技术，并将首次提出，在集中控制器对单灯控制器进行供电的过程中，对供电电源导通角进行编码，实现利用电源线进行集中控制器和单灯控制器之间的通信。

创新点：

（1）基于导通角的通信

该项目首次提出通过对供电电源的导通角进行编码，实现集中控制器和单灯控制器之间的通信。该通信模式采用电源线通信，无需额外通信线路，无需高频载波，可靠性极高，适用单向、小数据通信。

（2）高集成、高耦合的控制器直流供电方式

单灯控制器和LED智能电源为独立个体，两者的控制部分都需要低压直流供电，常规做法是两类产品都包含AC-DC电源转换电路。该项目开创性地提出，在LED电源恒流输出电路内，增加一个稳压电路，给单灯控制器供电，从而节约一组AC-DC电路。

（3）基于智慧路灯，打造智慧城市节点

充分利用路灯布局广、灯杆物理承载性强、路灯管网成熟的特点，在路灯系统上集成视频监控、屏幕显示、气象站、充电桩等其他需要物理支撑和供电的子系统。通过统一的物理平台、电气平台、通信平台、应用云平台，实现智慧城市的一体化，从而降低实施成本，提升管理效能。

主要技术指标：

1）智能 LED 驱动电源：PFC>0.9，THD<0.3，256 阶亮度可调。

2）集中控制器：额定带载能力 20kW，额定单灯节点 128 个。

3）单灯控制器：额定负载 200W，浪涌 8kV，群脉冲 4kV，静电 10kV。

4）云平台：实现路灯智能控制、视频监控、信息发布、充电管理等功能，预留接口，可升级性强。

5）导通角通信：适用高可靠、小数据；帧长 24bit，数据传输速率 100bit/s 或 4Baud。

获得成果与奖励：

（1）权威论文 2 篇

1）STT-MRAM error correction technology based on LDPC coding，SCI 期刊 AIP ADV，已发表。

2）《微型断路器电动操作系统的电磁兼容性设计》，EI 期刊《电子学报》，录用待刊。

（2）申请或授权相关专利 7 项

1）高可靠电源相线通信发送和接收方法及通信装置，ZL 201811327026.1，实质审查。

2）基于 NB-IOT 的太阳能照明系统及其管理方法，ZL 201810450074.3，实质审查。

3）高可靠电源相线通信装置，ZL 201821840952.4，授权。

4）基于 NB-IOT 的太阳能照明系统，ZL 201820702114.4，授权。

5）一种用于照明线路检测的脉冲发送设备，ZL 201920723575.4，授权。

6）一种用于照明线路检测的脉冲接收设备，ZL 201920723583.9，授权。

7）一种照明线路检测系统，ZL 201920723587.7，授权。

（3）相关奖项 3 项

1）2015 年，中国照明学会，杰出贡献奖三等奖。

2）2016 年，宜兴市人民政府，科技进步三等奖。

3）2018 年，无锡市科学技术协会，优秀软课题。

应用推广：

与江苏宏力照明集团有限公司、无锡英臻科技有限公司、江苏太湖云计算信息技术股份有限公司达成产业化协议，技术合同金额累计 36 万，企业相关产品销售超近 2 亿。

## 11. 开关电源传导 EMI 的仿真预测频率扩展技术

**主要完成人：**陈庆彬、谢静逸、张伟豪、陈为

**完成单位：**福州大学

**项目来源：**其他

**项目时间：**2016 年 6 月—2017 年 3 月

**项目简介：**

该项目研究功率变换传导频段（150kHz～30MHz）EMI 噪声特性仿真。包括对高频段噪声源和噪声路径的获取；PCB 结构的宽频建模；关键电磁元件（差模滤波器、共模滤波器、电感器、功率变压器等）的宽频模型和模型参数的确认；磁心材料宽频磁导率参数的确定；电容器的高频阻抗特性建模与参数测试提取；电容器直流偏压、正弦偏压和正弦半波偏压下参数的确定；分布电磁耦合参数高频模型及参数提取方法。在综合考虑产品实际，确定关键器件和器件间耦合模型及相应参数后，进行系统级建模仿真，完成 150kHz～30MHz EMI 噪声频谱特性分布的仿真。

## 12. 考虑电源噪声的 DDR 信号快速时域分析

**主要完成人：**初秀琴、李玉山、路建民、王君、李桃、王卓超、陈海龙

**完成单位：**西安电子科技大学

**项目来源：**其他单位委托

**项目时间：**2015 年 9 月—2017 年 4 月

**项目简介：**

研究分析在电源噪声存在的前提下，存储器 DDR 的眼图和发生的误码率。

## 13. 锂离子动力电池热设计

**主要完成人：**吴彬、滕冠兴、李哲、张剑波

**完成单位：**清华大学汽车工程系

**项目来源：**自选

**项目时间：**2012 年 1 月—2017 年 6 月

**项目简介：**

聚焦锂离子电池单体（而非电池模块或电池组）在正常状态（区别于热失控状态）下的热问题，从热参数估算、热模拟、热设计三个方面开展了系统性的研究。其中，热参数的估算结果是电池热模拟的重要输入，而电池热模拟是开展热设计的必要手段。

针对层叠式锂离子电池的结构特点，该项目提出了热参数估算方法。通过测量电池被外热源加热后的时域温度响应，建立反映实验过程的传热模型，调整传热模型中的参数以使模拟结果与实验结果的差异最小，实现了比热容、导热系数等多个热参数的原位、同步估算。利用等温量热仪器，开发量热过程中时延环节的修正方法，完成了锂离子电池产热的精确测量。

利用热参数的估算结果，建立了锂离子电池的多维热电耦合模型，电池表面多点的温度测量结果验证了模型的准确性。运用经过验证的热电耦合模型，分析了影响电池温度分布的原因，发现极耳与电芯间的热量交换对电池的温度分布起主导作用。

对电池的热设计进行了优化。首先，优化了同侧和异侧两种极耳布置方案下的电芯长宽比和极耳位置。其次，基于多维热电耦合模型的数值解，建立了针对层叠式电池

的热设计方法，优化了电池的结构尺寸，比较了不同容量电池的热特性，从热特性的角度提出了电池容量上限的确定方法。

研究提出的热参数估算方法和量热方法，已经在各大电芯企业有所应用；提出的热电耦合模型构建方法和热设计方法，也已经应用在某家电芯企业的电池设计过程中。

## 14. 面向燃料电池单体流场设计的水热管理模拟

**主要完成人：**司德春、胡佳音、肖运聪、孙瑛、张剑波

**完成单位：**清华大学汽车工程系

**项目来源：**基金资助

**项目时间：**2016 年 1 月—2017 年 12 月

**项目简介：**

针对燃料电池电堆大面积带来的水、热、电流分布不均及相互耦合问题，该项目开发出既能反映核心材料特性又能进行快速耦合计算的燃料电池电堆单元模型及解法，用于研究单元内水、热、电化学耦合机理，为电堆单元的设计提供理论指导和优化工具。

该项目建立了耦合水、热、电流的实用化燃料电池模型，并开发出快速计算的算法，能够预测电池极化曲线及内部电流密度分布、流场对电池性能的影响、电池内部水分布及电池热特性，并用于进行电池的设计及优化。该项目提出了一种反映核心材料特性的方法，能够预测不同工况下电池的水传输特性及极化曲线。同时，项目开发了分布式 EIS 测量系统原型，用于燃料电池内部反应过程及物质传输的表征和诊断。

项目开发的实用化燃料电池单体模型，通过实验输入，减少模型参数，针对当前燃料电池电堆在大面积情况下水热分布不均的情况，能够快速进行模拟，成本低，可用于电堆的优化设计。另外，项目开发的分布式 EIS 测量装置能够测量燃料电池面内的 EIS 分布，通过 EIS 包含的不同频率下的信息，能够揭示电池内部反应及物质传输情况，可望为电堆在大面积下的水、反应、气体分布情况进行诊断，从而来指导燃料电池的优化设计。

## 15. 深远海风电与柔直的匹配适应控制关键技术的实现与验证

**主要完成人：**陈国栋

**完成单位：**上海电气集团股份有限公司输配电分公司

**项目来源：**省、市、自治区计划

**项目时间：**2016 年 7 月—2018 年 6 月

**项目简介：**

课题研究的总体目标：

1）风电机组与柔直换流站稳定交互：建立风电场与 MMC-HVDC 系统小信号阻抗模型，利用阻抗分析法研究风电场接入 MMC-HVDC 系统的稳定性，揭示风电场与 MMC-HVDC 系统之间的相互作用机理，提出满足并入柔直换流站的风电机组、风电场及满足风电接入的柔直换流站控制需求，阐明次同步振荡在 MMC-HVDC 系统中的分布与传播机制，提出增强稳定性的控制系统设计方法和振荡抑制措施。

2）在分析风电场与柔直换流站相互作用的阻抗模型的基础上，开发了风电场与柔直换流站的协调控制策略，为了验证理论分析的正确性，基于上海电气输配电的柔性直流输电系统的样机进行功能与验证，不断改进协调控制策略，为系统的工程应用打下坚实的理论与实践基础。

研究内容：

1）基于上海电气输配电 MMC-HVDC 实验与仿真系统，对风电机组与柔直的协调控制策略进行编程，并在 RTLAB 柔直仿真系统上进行系统控制仿真。

2）将相关控制策略在 MMC-HVDC 样机上进行研究，获取相关数据，以验证工程实现的可行性，并改进控制策略，为工程实践应用奠定理论与基础。

技术难点：

1）由于是多台风电机组与柔直并网，对仿真验证模型建立与控制系统的搭建提出了挑战，需要建立准确的风电场 RTLAB 模型，进行联合仿真。

2）MMC-HVDC 控制系统的实现，要实现单元的高速通信，对控制系统软硬件的设计提出了挑战。

3）在工程实验室模拟相关控制策略，对相关控制策略的工程实现提出了一定的不可预知的技术难度，需要在工程化应用中突破相关关键技术。

## 16. 时速 350 公里中国标准化动车组“复兴号”对外辐射骚扰机理研究及辐射 EMI 超标整改

**主要完成人：**姬军鹏、高永军、曾光、陈文洁、杨旭、陈恒林、路景杰、管俊青、李金刚、成凤娇

**完成单位：**西安理工大学、中车永济电机有限公司、西安交通大学、浙江大学

**项目来源：**其他单位委托

**项目时间：**2017 年 5 月—2017 年 9 月

**项目简介：**

西安理工大学姬军鹏老师带领的电磁兼容技术创新团队与中国中车永济电机有限公司于 2017 年 5 月开展了“时速 350 公里中国标准化动车组‘复兴号’对外辐射骚扰机理研究及辐射 EMI 超标整改”的科研项目合作。该项目针对中国具有完全自主知识产权的“复兴号”动车组展开电磁干扰研究，建立了可描述动车组电磁干扰特性的整车 EMI 模型，其中包括车底实际布线、设备网络化接地、牵引变流器柜体等高频传导和低频辐射 EMI 模型。基于西安理工大学与西安交通大学联合研发的 2 项技术：数字有源 EMI 抑制技术、可变频带和抑制效果的智能 EMI 滤波技术，整改了“复兴号”中国标准化动车组低频辐射超标的问题，于 2017 年 7 月 13 日在山西省忻州市忻州西站通过了中国铁道科学研究院的测试，达到了国标 GB/T 24338. 3—2009《轨道交通 电磁兼容 第 3-1 部分：机车车辆 列车和整车》的要求，解决了阻碍中国标准化动车组不能全面量产的瓶颈问题。

## 17. 调控一体化模式下高智能综合防误管理系统研发及产业化

**主要完成人：** 付青、陈鸣、王东海、许银亮、邓幼俊

**完成单位：** 中山大学

**项目来源：** 省、市、自治区计划

**项目时间：** 2014 年 1 月—2017 年 3 月

**项目简介：**

该项目的研究重点突破调度令智能分解为操作票技术、操作行为的智能化安全校核判断技术、跨区数据交换的安全机制、异构数据共享互融处理技术、图模一体化技术和智能移动操作终端等多项创新技术，包括采用 HTML5 下 SVG 的先进技术，并在智能移动操作终端采用了基于物联网的先进技术，更加有效地实现“五防”，提高现场作业的安全性和可靠性。将电力调度控制中心、受控站、输电线路各领域的业务数据、防误规则纳入统一的管理平台，实现数据集中管理，并结合多种数据库自动将调度指令分解并自动生成各种操作票，目前已创造经济效益 3 亿多元。

## 18. 先进电源创新科技研究院

**主要完成人：** 付青、邓幼俊、陈鸣、杜晓荣、王东海、周超林、单英浩、耿炫

**完成单位：** 中山大学、天宝电子（惠州）有限公司

**项目来源：** 省、市、自治区计划

**项目时间：** 2014 年 11 月—2018 年 7 月

**项目简介：**

该项目指在共同建设企业研究院，研发电源、光伏逆变器等，开发新产品，创造经济效益。每年投入科研经费近 4000 万元，兼有国家资质 CNAS 实验室，具有先进齐全的电磁检测实验室，获 ETL SEMKO、TUVRH、UL 和美国 CEC 能效检测实验室资格认可。

## 19. 新能源电池电芯干燥系统研究与开发

**主要完成人：** 关玉明

**完成单位：** 河北工业大学

**项目来源：** 其他单位委托

**项目时间：** 2015 年 1 月—2017 年 3 月

**项目简介：**

主要科技内容：

该项目从现有半自动间歇式电芯真空干燥设备入手，针对其自动化程度低、电芯干燥不均匀、手工上下料、密封性能差、不能实时监测等缺点对现有设备进行优化改进，设计成功了一种全自动智能化电芯真空干燥设备。

主要技术创新点：

1）设计了自动上下料装置。该装置主要包括一个运车装置，可以实现与前后工位的对接，实现自动上下料，提高了设备的自动化程度。

2）设计了前后门装置，主要包括一个气缸驱动的闸门，该闸门的启闭可以实现电芯小车的进出，同时特殊的导轨设计可以提高整个干燥筒体的密封性，降低了能源消耗。

3）设计了可检测电芯烘烤质量的侧门窗，可以在完成一个工作流程后对电芯烘干质量进行检测，如果不合格则可以继续干燥，克服了之前不能继续干燥只能报废的缺点，降低了成本。

4）该设备包括两个干燥筒体，可以交替进行工作，节约了工作时间，提高了工作效率。

应用推广与社会效应：

该项目研发的全自动智能型电芯真空干燥设备及其智能控制系统设备具有广阔市场前景。该设备的成功研发与应用，将大幅度提升电芯干燥的质量和效率，促进新能源汽车的普及与发展，有助于清洁能源的应用推广，提升企业的产品技术附加值，有利于企业掌握自主知识产权，提升了企业的市场竞争力，形成一系列具有自主知识产权的技术专利，有效地促进校企合作，为企业培养高级实用人才，大大促进国家制造业的发展，产生良好的经济与社会效益。

## 20. “新型超大功率场控电力电子器件的研制及其应用”项目中子课题“新型高压场控型可关断晶闸管器件的研制与应用”

**主要完成人：** 葛琼璇、吕晓美、张树田、刘洪池、王晓新、张波

**完成单位：** 中国科学院电工研究所

**项目来源：** 国家计划

**项目时间：** 2014 年 1 月—2017 年 3 月

**项目简介：**

该项目研究新型高压场控型可关断晶闸管器件芯片的设计、工艺、制造与测试技术，研制出满足高电压、大电流需求的芯片样片；研究新型高压场控型可关断晶闸管器件的智能化驱动、封装及测试技术，研制出满足高电压、大电流需求且具有智能化低驱动功率特性的器件样片；研究新型高压可关断晶闸管器件的测试技术，研制一套具有自动检测和监控功能的新型高压可关断晶闸管器件测试平台；基于该项目研制的新型高压场控型可关断晶闸管器件，研制了一台 5MVA 三电平大功率变流器样机，推动了基于大功率新型高压场控型可关断晶闸管器件相关技术的跨越式发展和相关产品的产业化。

## 21. 智能高效电动汽车充电管理系统关键技术研发及产业化

**主要完成人：** 付青、周立平、刘晓飞、王东海、竺颖

**完成单位：** 中山大学

**项目来源：** 其他

**项目时间：** 2018 年 1 月—2018 年 12 月

**项目简介：**

该项目针对新能源电动汽车充电管理系统，系统地研究其能效提升理论与方法，高效率绿色电动汽车充电电路，以及高效率的充电电路多机并联技术，已经实现整个充电系统能效提升的 EMS 经济最优提升技术。

# 第六篇　电源标准

# 中国电源学会团体标准 2019 年度工作综述

培育发展团体标准，是发挥市场在标准化资源配置中的决定性作用、加快构建国家新型标准体系的重要举措。2015 年，国务院颁布了《深化标准化工作改革方案》；2016 年，国家质量监督检验检疫总局和中国国家标准化管理委员会印发了《关于培育和发展团体标准的指导意见》，鼓励具备相应能力的社团组织和产业联盟制定满足市场和创新需要的标准，以增加标准的有效供给。

长期以来，由于没有专门的标准委员会针对电源产品进行标准的统筹制定，电源行业标准存在多头制定、缺乏体系规划、更新不及时等问题，难以满足行业发展的需要。

在此背景下，中国电源学会于 2016 年正式启动团体标准制定工作，并初步取得了成效。本着“行业主导、需求为先、系统规划、务实高效”的原则，2019 年度，学会依据《中国电源学会团体标准管理办法》，并针对目前电源行业急需领域和课题，继续开展团体标准工作。

## 一、团体标准建设工作概要

标准化是推动行业规范发展的“助推器”，而团体标准的制定则有助于弥补国家标准立项慢、周期长、种类不齐全等问题。本着“行业主导、需求为先、系统规划、务实高效”的原则，中国电源学会自 2016 年以来围绕电源行业团体标准做了大量扎实有效的工作。针对目前电源行业急需领域和课题，学会每年定期面向行业征集标准提案，得到了学会各专委会以及电源企业、科研院所的广泛关注和积极参与。

自 2018 年 6 月首批 8 项团体标准经立项、起草、公开征集意见、审查、审批等工作程序后成功发布执行以来，各项标准或填补了行业空白，或领行业之先，对于引领行业健康发展意义重大。

2019 年，学会同时开展了三批团体标准的相关工作：

1）完成对 2018 年立项团体标准的审查、审批及发布工作，共发布 8 项团体标准。

2）完成对 2019 年立项团体标准的立项审查、审批工作，共计立项 11 个新标准项目，并组织开展起草工作。

3）启动 2020 年立项团体标准的提案征集工作，并开展相关意见征求。

## 二、2018 年立项团体标准审查及审批工作概要

2018 年立项团体标准共 9 项，2016 年首批团体标准中立项延期完成标准 2 项、修后重审标准 1 项同批进入 2019 年标准审查及审批工作，该 12 项团体标准经格式审查、集中审查会后，共有 8 项团体标准顺利获批，于 2019 年 7 月 31 日成功发布。

1. 格式审查

2019 年 2~3 月，中国电源学会对起草组提交的 11 项团体标准报审稿（初稿）及 2018 年参评修后重审的《高功率大电流四象限变流系统技术规范》（审查中建议更名为《基于晶闸管的聚变电源用四象限整流系统技术规范》）二次报审稿，共 12 项报审稿（初稿）组织进行格式审查。

2. 集中审查会

2019 年 4 月 20~21 日，中国电源学会团体标准评审会议在天津召开。评审专家以及起草组代表共计 30 余人参加会议。会议对学会 2018 年立项的 9 项团体标准及首批团体标准中延期完成标准 2 项、修后重审标准 1 项，共计 12 项团体标准报审稿进行了审查。

评审专家听取了标准起草单位关于标准报审稿的编制情况汇报和说明，从合法性、合理性、可行性、精确性、协调性和先进性等方面对提交的报审稿进行审查、讨论。

最终，共有 8 项团体标准报审稿顺利通过审查。专家组认为，相关标准整体结构合理，内容系统全面，具有较强的现实需求和实用价值，符合当前行业发展要求，有利于推动行业有序发展。同时专家组也就标准的内容侧重、范围、规范用语和准确性等方面提出了修改意见和建议。

3. 审批工作组织

审查会后，通过审查的 8 个团体标准项目根据审查会委员意见及现场会议纪要文件对标准文本进行修改处理，并于 5 月底修改完成。学会团体标准工作办公室于 6 月初至 6 月中旬对于 8 项标准修改稿基于 GB/T 1.1 和审查会专家所提格式修改相关意见进行了三轮格式校对及修改，最终形成标准报批稿，提交学会团体标准领导小组审批。2019 年 7 月 31 日，中国电源学会第二批 8 项团体标准正式获批发布。

附：2019 年发布 8 项团体标准项目及编号

[T/CPSS 1001—2019] 低压混合式动态无功补偿装置

[T/CPSS 1002—2019] 低压有源电压偏差补偿装置

[T/CPSS 1003—2019] 交流输入电压暂降与短时中断的低压直流型补偿装置技术规范

[T/CPSS 1004—2019] 智能变电站电能质量测量方法

[T/CPSS 1005—2019] 中压链式静止无功发生器

[T/CPSS 1006—2019] 锂离子电池模组测试系统技术规范

[T/CPSS 1007—2019] 超级不间断电源

[T/CPSS 1008—2019] 基于晶闸管的聚变电源用四象限整流系统技术规范

## 三、2019 年立项团体标准起草工作概要

2018 年末，中国电源学会面向行业征集标准提案，共接到申报 18 项。经公开征求意见及学会团体标准工作组专家审查，共有 11 项提案于 2019 年初获批立项，涉及电能质量、电化学储能系统、特种电源、开关电源等多个领域，

并于2019年12月完成初稿（征求意见稿）起草及提交，启动征求意见工作。

**（一）审查立项**

2019年2月22日，2018年末所征集新一批18项团体标准提案经公开征求意见、学会团体标准工作组专家审查、学会团体标准领导小组审批，共有11项提案获批立项，涉及电能质量、电化学储能系统、特种电源、开关电源等多个领域。

| 立项号 | 项目名称 | 主要起草单位 |
|---|---|---|
| CPSS(L)2019—001 | 低压壁挂式家用智能稳压装置技术规范 | 广西电网有限责任公司电力科学研究院 |
| CPSS(L)2019—002 | 飞轮储能不间断应急供电电源验收试验技术规范 | 国网北京市电力公司电力科学研究院 |
| CPSS(L)2019—003 | 固态切换开关现场调试与验收规范 | 国网北京市电力公司电力科学研究院 |
| CPSS(L)2019—004 | 用户侧电能质量在线监测终端接入系统技术规范 | 云南电网有限责任公司电力科学研究院 |
| CPSS(L)2019—005 | 聚变失超保护系统爆炸开关测试标准 | 中国科学院等离子体物理研究所 |
| CPSS(L)2019—006 | 聚变失超保护系统直流快速断路器测试标准 | 中国科学院等离子体物理研究所 |
| CPSS(L)2019—007 | 储能电站储能电池管理系统与储能变流器通信技术规范 | 杭州高特电子设备股份有限公司 |
| CPSS(L)2019—008 | 开关电源电子组件降额技术规范 | 深圳市航嘉驰源电气股份有限公司 |
| CPSS(L)2019—009 | 开关电源高加速寿命试验方法 | 深圳市航嘉驰源电气股份有限公司 |
| CPSS(L)2019—010 | 开关电源交流电压畸变抗扰度技术规范 | 深圳市航嘉驰源电气股份有限公司 |
| CPSS(L)2019—011 | 开关电源平均故障间隔时间(MTBF)可靠性技术规范 | 深圳市航嘉驰源电气股份有限公司 |

注：以上立项名称在编制起草过程中根据实际情况部分有修改。

另有前期修后再审共4项标准与2018年度11项标准同批进入工作流程：

• T/CPSS 1005—2016《磁性材料高励磁损耗测量方法》。

• T/CPSS 1006—2016《电动汽车运动过程无线充电方法》。

• CPSS（L）2018—004《电气设备电压暂降及短时中断耐受能力测试方法》。

• CPSS（L）2018—007《锂离子电池模块通用标准接口技术规范》。

**（二）起草过程**

2019年立项11项标准在中国电源学会团体标准领导小组及相关专业委员会指导及组织下组建起草组，在术语定义、技术指标、实验方法、产品性能、存储运输等方面进行大量考察、实验与研讨等工作，在编写过程中会同大专院校、研究机构及相关一线企业进行多次沟通及编制会议，使团体标准制定工作顺利进行。

1. 起草组组建

获得批准立项的11项团体标准由相关专业委员会、标准工作委员会会同发起单位组建标准起草工作组。按照符合利益相关方代表均衡的原则，充分兼顾代表性、广泛性、专业性、先进性，共有上百个单位参加标准编制，共申报编制人员153人。

2. 部分中期起草会议介绍

（1）《低压壁挂式家用智能稳压装置技术规范》起草组工作会议

由中国电源学会电能质量专委会主办，广西电网有限责任公司电力科学研究院牵头负责的《低压壁挂式家用智能稳压装置技术规范》团体标准研讨会，于2019年4月26日在云南滇池温泉花园国际大酒店召开。

参加会议的单位有：广西电网有限责任公司电力科学研究院、山东康润电气股份有限公司、西安爱科赛博电气股份有限公司、电子科技大学、中国石油大学（华东）、国网陕西省电力公司电力科学研究院、南京软核科技有限公司、上海电器设备检测所有限公司、国网河南省电力公司电力科学研究院、华北电力大学、中山侨源电力技术有限公司、南京易司拓电力科技股份有限公司、国网福建省电力有限公司电力科学研究院、国网山西省电力公司电力科学研究院、亚洲电能质量产业联盟、广州供电局有限公司电力试验研究院等，中国电源学会电能质量专委会卓放教授、云南电网有限责任公司电力科学研究院领导到会并发表了重要意见。

会上负责该标准制订任务的主要单位广西电网有限责任公司电力科学研究院主持讨论了该团体标准的制订草案，对标准目录、适用范围、制订进度等进行了确定，形成如下意见：

1）对团体标准目录逐项进行讨论，确立范围、规范性引用文件、术语与定义等11项内容。

2）对标准的适用范围进行了详细的讨论，确立该标准适用于低电压改造空档期、偏远山区及城中村、季节性负荷变化。

3）对标准内调压范围、容量大小、装置功能、指标性能进行明确。

4）确定标准制订进度。计划2019年8月底完成标准初稿制订，进行组内预审；2019年10月底完成标准审查意见的完善；2019年11月向标委会提交标准。

（2）《飞轮储能不间断应急供电电源验收试验技术规范》起草组工作会议

2019年4月26日，在云南昆明召开了《飞轮储能不间断应急供电电源验收试验技术规范》编制启动会，国网北京市电力公司电力科学研究院、中国电源学会、广西电网有限责任公司电力科学研究院、国网福建省电力有限公司电力科学研究院、国网山西省电力公司电力科学研究院、国网重庆市电力公司电力科学研究院、广州供电局有限公司电力试验研究院、北京京电网能科技有限公司、山东鲁能智能技术有限公司、安徽武怡电气科技有限公司等技术人员参加了此次会议。

国网北京市电力公司电力科学研究院王海云向与会技术人员就《飞轮储能不间断应急供电电源验收试验技术规范》前期申报工作进行了介绍。各公司专家也针对飞轮储能不间断应急供电电源验收试验相关工作经验进行了交流。各参编单位技术人员就国网北京市电力公司电力科学研究院前期起草的技术规范的编制架构进行讨论，现场进行编制框架的修改完善，并确定了编制分工，并就国网北京市电力公司电力科学研究院前期起草的编制进度安排进行讨论和补充，确定了7月初形成标准初稿，9月中旬形成标准讨论稿，12月1日前形成征求意见稿和编制说明等关键时间节点。

(3)《固态切换开关现场验收试验技术规范》起草组工作会议

2019年4月26日，在云南昆明召开了《固态切换开关现场验收试验技术规范》编制启动会，国网北京市电力公司电力科学研究院、中国电源学会、国网湖北省电力有限公司电力科学研究院、国网福建省电力有限公司电力科学研究院、云南电网有限责任公司电力科学研究院、国网山西省电力公司电力科学研究院、国网重庆市电力公司电力科学研究院、安徽大学、福州大学、西安交通大学、安徽武怡电气科技有限公司、厦门市供电服务有限公司、北京京电网能科技有限公司等技术人员参加了此次会议。

国网北京市电力公司电力科学研究院汪伟向与会技术人员就《固态切换开关现场验收试验技术规范》前期申报工作进行了介绍。各公司专家也针对固态切换开关现场验收试验的相关工作经验进行了交流。各参编单位技术人员就国网北京市电力公司电力科学研究院前期起草的技术规范的编制架构进行讨论，现场进行编制框架的修改完善，并确定了编制分工，并就国网北京市电力公司电力科学研究院前期起草的编制进度安排进行讨论和补充，确定了8月末形成标准初稿，9月末形成标准讨论稿，12月1日前形成征求意见稿和编制说明等关键时间节点。

(4)《用户侧电能质量在线监测装置接入系统技术规范》起草组工作会议

2019年4月26日，中国电源学会电能质量专业委员会在昆明组织召开了中国电源学会2019年《用户侧电能质量在线监测装置接入系统技术规范》团体标准编制研讨会，成立了编写工作组。

工作组对标准的结构进行了调整，并确定了调整后的标准目录；对标准各部分进行了任务分工，明确了负责单位和负责人。

3. 征求意见组织工作

2019年12月初，各主要起草单位经过数月的广泛调研、充分讨论和认真起草，共有9项团体标准完成征求意见稿，进入征求意见阶段。学会本着科学、严谨、公开、透明的原则，通过学会官网、官微、相关行业媒体及专业委员会等渠道，以定向及公开征求方式向生产单位、企业客户、业内专家等广泛征求意见，力争做到标准先进、可行。此次征求意见参与单位范围广泛、意见的数量与质量较高，共有来自100余家单位的专家及资深从业技术人员提出近600条意见，涵盖标准结构、术语定义、写作规范、参数设定、测量设备、试验方法、考核指标等多个部分。起草单位将于2020年1~3月对于这些意见进行逐一处理，根据处理结果对标准征求意见稿进行修改，形成标准报审稿。

下一步工作安排中，学会团体标准工作办公室计划于2020年上半年完成对于该9项标准及2018年度修后再审4项标准的评审、审批工作的组织与执行。

## 四、启动2020年立项团体标准工作简况

2019年9月，中国电源学会启动新一批团体标准制定，并于2019年11月20日完成了提案征集。本批提案征集共收到26项提案，经团体标准办公室形式审查、各归口专委会预审查、专家评审组函审审查后，学会团体标准工作领导小组对2020年学会团体标准审查立项意见进行审批。根据反馈意见以及《中国电源学会团体标准管理办法》的有关规定，共有15项标准提案获批，于2020年4月1日正式立项。

本次立项的15项团体标准涉及电能质量、信息供电、电动汽车充电站、特种电源、元器件等多个领域，预计2021年完成标准编制工作。

附：2020年立项团体标准列表

| 立项号 | 项目名称 | 发起单位 |
| --- | --- | --- |
| CPSS(L)2020—001 | 电动汽车无线充电系统设备间通信协议(第1部分:近场通信) | 重庆大学 |
| CPSS(L)2020—002 | 电动汽车动态无线充电装置技术规范 | 广西电网有限责任公司电力科学研究院 |
| CPSS(L)2020—003 | 柔性多状态开关装置技术导则 | 国网浙江省电力有限公司电力科学研究院 |
| CPSS(L)2020—004 | 核聚变磁体电源等离子体击穿开关系统设计规范 | 中国科学院等离子体物理研究所 |
| CPSS(L)2020—005 | 聚变电源程序编码规范 | 中国科学院等离子体物理研究所 |
| CPSS(L)2020—006 | 电能质量在线监测装置现场校验技术规范 | 广西电网有限责任公司电力科学研究院 |

（续）

| 立项号 | 项目名称 | 发起单位 |
| --- | --- | --- |
| CPSS(L)2020—007 | 低压直流配用电系统能效与电能质量规划评估方法 | 华南理工大学,深圳供电局有限公司电力科学研究院 |
| CPSS(L)2020—008 | 低压直流配电系统阻抗扫频装置技术规范 | 北京交通大学 |
| CPSS(L)2020—009 | 城市配电网稳态电能质量综合指标评估方法 | 深圳供电局有限公司电力科学研究院 |
| CPSS(L)2020—010 | 民用建筑低压配电网电能质量技术规范 | 深圳供电局有限公司电力科学研究院 |
| CPSS(L)2020—011 | 并联切换型电压暂降治理装置技术规范 | 广东电网有限责任公司电力科学研究院 |
| CPSS(L)2020—012 | 直挂式 10kV 电动汽车充电站 | 青岛鼎信通讯股份公司 |
| CPSS(L)2020—013 | IGBT 驱动器测试技术规范 | 广州金升阳科技有限公司、中车集团西安中车永电电气有限公司、西安理工大学、西安工程大学 |
| CPSS(L)2020—014 | 应用于轨道交通车站的蓄电池设计和管理技术规范 | 上海交通大学 |
| CPSS(L)2020—015 | 信息供电系统电源阻抗特性测试规范 | 科华恒盛股份有限公司、上海千黎电气科技有限公司 |

# 中国电源学会2019年发布团体标准节选

## (范围及部分功能、技术要求)

### 一、低压混合式动态无功补偿装置(T/CPSS 1001—2019)

1 范围

本标准规定了低压混合式动态无功补偿装置(以下简称“装置”)的技术要求、试验方法、检验规则、标志、包装、运输等内容。

本标准适用于50Hz,额定工作电压不超过1000(1140)V的低压配电系统,含有投切开关、电容器、串联电抗器(可选)和电压型变流器可连续动态补偿无功功率的低压装置。

5 功能要求

5.1 控制方式

5.1.1 手动控制

在此控制方式下,装置可采用手动控制对电容组进行投切,人工设定有源组件无功功率输出,且装置能长期稳定输出。

5.1.2 自动控制

在此控制方式下,装置可根据运行模式,自动控制电容组的投切(按照循环工作方式或编码工作方式)及有源组件的无功功率输出,实现动态无功补偿。

5.2 补偿方式

5.2.1 共补补偿

可采用共补补偿方式对平衡的三相无功负荷同时进行补偿。

5.2.2 分补补偿

可采用分补补偿方式对三相不平衡无功负荷分别进行补偿。

5.2.3 共分补补偿

采用共分补补偿的装置应具有共补补偿和分补补偿并存的补偿功能。

5.3 控制功能

5.3.1 无功功率补偿控制

在此运行模式下,装置应能在控制范围内,根据可设置的目标无功功率限值,实时监测跟踪目标点电网无功功率变化而输出相应无功电流。

5.3.2 功率因数补偿控制

在此运行模式下,装置应能在控制范围内,根据可设置的目标功率因数限值,实时监测跟踪目标点功率因数变化而输出相应的无功电流。

5.3.3 电压控制(可选)

在此运行模式下,装置应能在控制范围内,根据可设置的目标电压限值,实时监测跟踪目标点电压而输出相应无功电流。

5.3.4 谐波滤除(可选)

在此运行模式下,装置应能在滤除能力范围内,实时监测跟踪电网目标点谐波变化而输出相应谐波补偿电流。

具体要求由制造商与用户参照T/CPSS 1002—2018协商确定。

5.3.5 三相不平衡补偿(可选)

在此运行模式下,装置应能在补偿能力范围内,实时监测跟踪并主动补偿电网目标点三相电流的基波负序或零序分量,以改善电网中的三相电流不平衡度。

具体要求由制造商与用户参照T/CPSS 1001—2018协商确定。

5.4 保护

5.4.1 交流输入欠压保护(可选)

交流输入电压低于输入电压设定值(不应小于标称电压85%)时,装置应立即保护,并给出告警指示。当电压恢复正常时,装置恢复正常运行。

5.4.2 交流输入过压保护

交流输入电压高于输入电压设定值(不应大于标称电压115%)时,装置应立即保护,并给出告警指示。当电压恢复正常时,装置恢复正常运行。

5.4.3 输出过电流保护

当装置输出电流超过保护电流设定值时,装置应立即保护,并给出告警指示。

5.4.4 谐波超限保护

装置的电流、电压谐波含量超过设定值时,应发出指令切除无源组件,并发出故障信息。

具有抗谐波功能的装置(指无源组件),设定值根据用户的实际情况进行抗谐波设计,以含谐波的电容器总电流不超过1.3倍额定电流为原则选择设定值。

5.4.5 缺相保护

当系统缺相供电时,装置应立即保护,并给出告警指示。

5.4.6 自恢复(可选)

停电后再送电时,装置可自启动,恢复正常运行。

5.4.7 温度保护

装置超温(一般指有源组件中开关模块过温)时,装置应立即保护,并给出告警指示。

5.5 人机界面

5.5.1 显示

装置应具备显示装置,准确显示以下(但不限于)信息:

——电网电压、电网电流、功率因数；
——装置输出电流；
——装置运行状态；
——电容组投切状态；
——电容组投切次数。

5.5.2 指示灯和按钮

装置中的指示灯和按钮的颜色应符合 GB/T 4025—2010 的规定。

5.5.3 参数设置

常用的参数设置包括：工作模式、电流互感器变比、各电容器组容量、电容组投切时间间隔、有源组件容量和保护整定值等。

5.5.4 信息存储（可选）

可存储一段时间内的系统电压、系统电流、三相有功功率、三相无功功率、补偿前后的功率因数、各电容组的投切次数、故障告警信息、操作记录等数据，也可根据用户要求保存相关信息。

5.5.5 通信功能（可选）

装置配置网口或者 RS-485 总线式通信接口，可以实现就地抄录，与其它设备进行信息交换。装置的投退信息、自诊断故障信息、运行告警等信号能够通过远程通信方式发送到上位机。

## 二、低压有源电压偏差补偿装置（T/CPSS 1002—2019）

1 范围

本标准规定了低压有源电压偏差补偿装置（以下简称装置）的术语和定义、功能要求、技术要求、试验方法、检验规则、标志、包装、运输、贮存等内容。

本标准适用于频率 50Hz、额定电压不超过 1000V（1140V）的低压配电网、采用电压源型电力电子变流器结构的串联型电压偏差补偿装置。

4 功能要求

4.1 电压偏差补偿能力

在电网条件规定的工作电压范围内，装置应具有输出补偿电压、并使电压补偿精度满足性能要求的能力。

4.2 其他补偿功能（可选）

4.2.1 电压谐波补偿能力

在电网条件规定的电压畸变范围内，装置具有输出谐波补偿电压、并使负载端电压畸变率满足性能要求的能力。

4.2.2 电压三相不平衡补偿能力（对三相装置）

在电网条件规定的电压三相不平衡范围内，装置具有输出三相不平衡补偿电压、并使负载端电压三相不平衡度满足性能要求的能力。

4.3 补偿状态/旁路状态切换能力

装置应具有在补偿状态/旁路状态间快速切换的能力，当电压偏差量超出限定值（上限值应小于 7%电压偏差，下限值应大于-10%电压偏差）并维持特定时长时，装置切换至补偿状态；相反，当电压偏差量未超出限值时，则装置切换至旁路状态，进入低损耗运行。此外，快速切换能力还用于故障保护和必要的检修。

4.4 保护功能

4.4.1 上电自检功能

装置应具有上电自检功能，自检异常时闭锁全部动作，装置保持旁路状态，并给出告警指示。

4.4.2 输入过电压保护

电网侧输入电压有效值高于过电压设定值（应大于-30%电压偏差）时，装置应从在线补偿状态切换为旁路状态，并给出告警指示。

4.4.3 输入欠电压保护

电网侧输入电压有效值低于欠电压设定值（应小于-40%电压偏差）时，装置应从在线补偿状态切换为旁路状态，并给出告警指示。

4.4.4 输入过频率保护

电网侧输入电压频率高于过频率设定值（应大于 51Hz）时，装置应具有从在线补偿状态切换为旁路状态，并给出告警指示的能力。

4.4.5 输入欠频率保护

电网侧输入电压频率低于欠频率设定值（应小于 49Hz）时，装置应具有从在线补偿状态切换为旁路状态，并给出告警指示的能力。

4.4.6 输出过电压保护

输出电压有效值高于输出过电压设定值（应大于 30%电压偏差）时，装置应从在线补偿状态切换为旁路状态，并给出告警指示。

4.4.7 输入过电流保护

输入电流高于输入过电流设定值时，装置应具有从在线补偿状态切换为旁路状态，并给出告警指示的能力。

4.4.8 输出过电流保护

输出电流高于输出过电流设定值时，装置应具有从在线补偿状态切换为旁路状态，并给出告警指示的能力。

4.4.9 输出短路保护

输出侧出现短路故障时，装置应具有从在线补偿状态切换为旁路状态，并给出告警指示的能力。

4.4.10 超温保护

当装置内部温度超过温度保护设定值时，装置应具有从在线补偿状态切换为旁路状态，并给出告警指示的能力。

4.4.11 旁路开关故障保护

当旁路开关故障时，装置应具有立即停机保护，并给出故障指示的能力。

4.4.12 主电路器件损坏保护

当主电路器件发生损坏，有可能对电网造成危害时，装置应具有立即停机保护，从在线补偿状态切换为旁路状态，并给出告警指示的能力。

4.5 操作、通信功能

装置应具备报警信号输出接口和操作、通信接口，所选装的接口形式和支持的协议由制造商与用户自行商定。

## 三、交流输入电压暂降与短时中断的低压直流型补偿装置技术规范（T/CPSS 1003—2019）

1 范围

本标准规定了交流输入电压暂降与短时中断的低压直

流型补偿装置（以下简称补偿装置）的术语和定义、补偿装置的组成、技术指标要求、功能要求、试验方法、检验规则、标志、包装、运输和贮存等内容。

本标准适用于发生交流输入电压暂降与短时中断导致被补偿装置中直流侧电压下降的补偿装置，被补偿装置直流侧工作电压范围是110~1500V。

5 通用要求

5.1 使用环境条件要求

5.1.1 环境温度：-5~+45℃，相对湿度：5%~90%无凝露。

5.1.2 安装场所不应有超过GB/T 11287—2000规定的严酷等级为1级的振动和冲击。

5.1.3 安装场所应具有防御阳光直射、雨、雪、沙的设施。

5.1.4 安装场所不得有爆炸危险介质，周围介质不含有腐蚀金属和破坏绝缘的气体及导电介质，不允许充满水蒸气及严重的霉菌存在。

5.1.5 安装场所任一方向不超过1.5mT外磁场感应强度。

5.1.6 安装倾斜角度不应大于5°。

5.2 电气输入条件

5.2.1 交流电源

补偿装置的储能装置充电时，输入电源为交流的情况，应满足以下条件：

——三相1000V：允许变动范围 $U_e$ 为-15%~+10%。

——三相660V：允许变动范围 $U_e$ 为-15%~+10%。

——三相380V：允许变动范围 $U_e$ 为-15%~+10%。

——单相220V：允许变动范围 $U_e$ 为-10%~+10%。

——频率偏差：50Hz±2.5Hz。

——电源电压谐波总畸变率：≤8%。

5.2.2 直流电源

补偿装置的输入电源为直流的情况，应满足以下条件：

——DC110V：允许变动范围 $U_e$ 为-10%~+10%。

——DC220V：允许变动范围 $U_e$ 为-10%~+10%。

——电压纹波因数：≤0.5%。

5.3 外观与结构

5.3.1 壳体外表面，一般应喷无炫目反光的覆盖层，表面不得有起泡、裂纹和流痕等缺陷。

5.3.2 所选用的指示灯、按钮、导线和母线的颜色应符合GB/T 4025和GB/T 6995.2的相关要求。

5.3.3 构件应有良好的抗腐蚀性能。

5.3.4 元器件安装布局应经济合理、安全可靠和维修方便。

5.3.5 铭牌参数标志清晰，数据正确。

5.3.6 外壳防护等级不应低于GB/T 4208中IP20的要求。

5.3.7 屏、柜体和功率单元宜采用抽屉式结构，支持不带负荷热插拔。

5.3.8 开关器件和元件的安装要求满足GB/T 7251.1—2013中8.5要求。

5.3.9 母线、连接导线应符合JB/T 5777.2—2002中5.5的规定。

5.4 防护与接地

5.4.1 对直接接触的防护可以依靠补偿装置本身的结构措施，也可以依靠补偿装置在安装时所采取的附加措施，补偿装置说明书应包括相关信息。

5.4.2 对间接接触的防护应在补偿装置内部采用保护电路。保护电路可通过单独装设保护导体来实现，也可利用补偿装置的结构部件（如外壳、框架）来实现。

5.4.3 补偿装置的金属壳体、可能带电的金属件及要求接地的电器元件的金属底座（包括因绝缘损坏可能会带电的金属件）、装设电器元件的门、板、支架与主接地间应保证具有可靠的电气连接，其与主接地点间的电阻值不应大于0.05Ω。

5.4.4 补偿装置内保护电路的所有部件的设计应保证它们足以耐受补偿装置在安装场所可能遇到的最大热应力和电动应力。

5.4.5 接地部位应有明显的接地的标识。

5.5 电气间隙与爬电距离

5.5.1 补偿装置内的元器件应符合各自的标准规定，正常使用条件下应保持其电气间隙和爬电距离。补偿装置内不同极性或不同相的裸露带电体之间以及它们与地之间的电气间隙和爬电距离（爬电比距）不小于表1的规定。

**表1 额定绝缘电压1.5kV及以下的电气间隙和爬电距离**

| 额定绝缘电压/V | 最小电气间隙/mm | 最小爬电距离/mm |
|---|---|---|
| $60<U_i<660$ | 10 | 12 |
| $660\leq U_i\leq 1000$ | 12 | 20 |
| $1000<U_i\leq 1500$ | 20 | 35 |

5.5.2 带电体之间、带电体与裸露导电部件之间、带电体对地的绝缘电阻不小于1000Ω/V。

5.5.3 主电路与主电路直接连接的辅助电路的电压耐受水平应符合表2的规定，雷电冲击耐受水平应符合表3的规定。

5.6 补偿装置可靠性设计要求

5.6.1 补偿装置的某个支路发生内部故障，不应对上级母线及其他支路造成影响。

5.6.2 补偿装置与负荷之间应采取可靠措施，避免负荷端对补偿装置反向供电。

5.6.3 补偿装置应具备输出电压防失控措施，避免对负荷造成影响。

5.6.4 补偿装置在任何时间内不参与、不影响负荷侧任何的逻辑控制，非补偿时间内不应改变负荷原有的供电模式。

**表2 额定绝缘电压1.5kV及以下的耐受电压**

单位为V

| 额定绝缘电压（线-线 交流或直流） | 工频耐受电压（交流有效值） | 耐受电压（直流） |
|---|---|---|
| $U_i\leq 60$ | 1000 | 1415 |
| $60<U_i\leq 300$ | 1500 | 2120 |
| $300<U_i\leq 690$ | 1890 | 2670 |
| $690<U_i\leq 800$ | 2000 | 2830 |
| $800<U_i\leq 1000$ | 2200 | 3110 |
| $1000<U_i\leq 1500$[a] | — | 3820 |

a 仅指直流。

表 3 额定绝缘电压 1.5kV 及以下的雷电冲击耐受电压

单位为 kV

| 补偿装置标称电压（交流有效值或直流） | 雷电冲击耐受电压（1.2/50μs）优选值 |
|---|---|
| $U_i \leqslant 120$ | 4 |
| $120 < U_i \leqslant 220$ | 6 |
| $220 < U_i \leqslant 480$ | 8 |
| $480 < U_i \leqslant 1000$ | 12 |
| $1000 < U_i \leqslant 1500$[a] | 16 |

a 仅指直流。

5.7 补偿装置性能要求

5.7.1 响应时间

补偿装置响应时间不应大于 1ms。

5.7.2 额定补偿时间

电压暂降或短时中断状态下，额定补偿时间不应小于 1s，具体补偿时间与用户协商。

5.7.3 额定补偿直流电压

额定补偿直流电压不应小于 0.85p.u.。

5.7.4 纹波因数

补偿装置输出直流电压纹波因数不应大于 0.5%。

5.7.5 效率

补偿装置效率不应小于 95%。

5.7.6 直流电压补偿精度

直流电压补偿误差应小于设定值的±2%。

5.7.7 温升及过载能力

5.7.7.1 补偿装置各部位温升的极限温升如表 4 所示。

5.7.7.2 补偿装置至少应具有承受持续时间为 1min、大小为额定补偿直流电流 1.2 倍的过电流能力。

5.7.8 噪声

在正常工作条件下，补偿装置及其所属部件运行噪声应小于 70dB。

5.7.9 连续启停补偿可靠性

在额定补偿时间内，发生连续（≥2 次）电压暂降与短时中断，发生间隔大于 5.7.1 要求的时间，补偿装置应能以额定补偿直流电压输出设计容量，补偿装置输出参数满足 5.7.1、5.7.4、5.7.5、5.7.6 和 5.7.7 要求。

5.8 电磁兼容性

5.8.1 补偿装置的静电放电抗扰度应符合 GB/T 17626.2 中 4 级要求。

5.8.2 补偿装置的射频电磁场辐射抗扰度应符合 GB/T 17626.3 中 3 级要求。

5.8.3 补偿装置的电快速瞬变脉冲群抗扰度应符合 GB/T 17626.4 中 4 级要求。

5.8.4 补偿装置的浪涌（冲击）抗扰度应符合 GB/T 17626.5 中 4 级要求。

5.8.5 补偿装置的射频电磁场传导抗扰度应符合 GB/T 17626.6 中 3 级要求。

表 4 补偿装置各部位的极限温升

| 元器件（部件）名称 | | 温升/℃ |
|---|---|---|
| 整流器外壳（含散热器） | | 70 |
| 晶闸管外壳 | | 55 |
| IGBT 外壳 | | 70 |
| 电阻元件表面 | | 25 |
| 变压器、电抗器、电感线圈 | B 级绝缘 | 80 |
| | F 级绝缘 | 100 |
| | H 级绝缘 | 125 |
| 母线连接处 | 无保护层 | 45 |
| | 有锡和铜保护层 | 55 |
| | 有银保护层 | 70 |
| 操作手柄 | 金属材料 | 15[a] |
| | 绝缘材料 | 25[a] |
| 可接触的外壳和覆板 | 金属表面 | 30[b] |
| | 绝缘表面 | 40[b] |

a 装在产品内部的操作手柄（如：事故操作手柄、把手等），因只有门打开后才能被触及且不经常操作，允许其温升比表中的数据高 10℃。

b 除非另有规定，对可以接触，但正常工作时不需要触及的外壳和覆板，允许其温升比表中的数据高 10℃。

## 四、智能变电站电能质量测量方法（T/CPSS 1004—2019）

1 范围

本标准规定了智能变电站合并单元输出的数字信号的频率、电压电流幅值、电压偏差、闪变、电压暂降、短时中断和暂升、谐波、间谐波、不平衡度等电能质量指标的测量方法、测量误差和测量范围。

本标准适用于智能变电站等间隔同步采样的数字信号电能质量参数的测量，其它等间隔同步采样的数字信号电能质量参数的测量，亦可参照使用。

4 总则

4.1 测量方法分类

4.1.1 智能变电站电能质量测量方法参照 GB/T 17626.30—2012 规定，分为 A 类和 S 类。

4.1.2 A 类用于需要精确测量的场合。在测量同一信号时，采用两种都符合 A 类要求的不同的测量装置对任一电能质量参数的测量，都应在所规定的误差范围内得出一致的结果。

4.1.3 S 类用于调查或评估等统计性的场合，测量的电能质量参数可能是所有参数的子集。S 类的处理过程相对于 A 类要求较低。

4.2 测量环节

智能变电站被测量的电气量通过电压/电流互感器进入合并单元，经合并单元处理后，输出数字信号送入测量单元进行电能质量参数计算，整个测量环节如图 1 所示。本标准侧重于应用在测量单元内的电能质量测量方法。

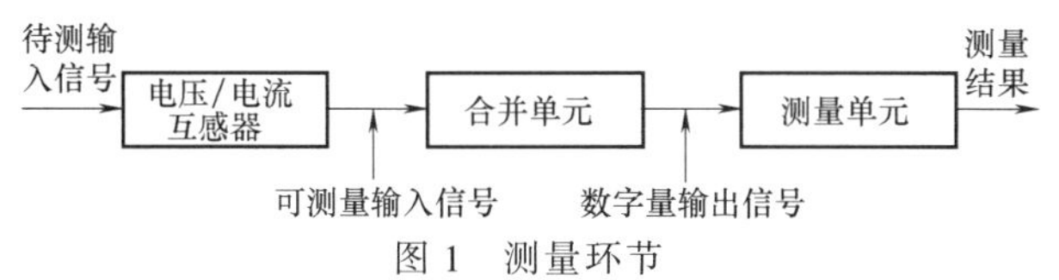

图 1　测量环节

4.3　对电压/电流互感器的要求

本标准中规定的测量误差不考虑电压/电流互感器引入的误差，但其测量的幅值误差和相位误差限值应满足 GB/T 20840 系列标准的规定，详见表 1。

表 1　测量用互感器幅值误差和相位误差限值

| 交流采样模式 | 互感器名称 | 引用标准 | 章节号 | 表号 |
|---|---|---|---|---|
| TMU 模式 | 电流互感器 | GB/T 20840.2—2014 | 5.6.201.4 | 表 201 和表 202 |
| | 电磁式电压互感器 | GB/T 20840.3—2013 | 5.6.301.3 | 表 301 |
| | 电容式电压互感器 | GB/T 20840.5—2013 | 5.6.501.3 | 表 501 |
| ETMU 模式 | 电子式电压互感器 | GB/T 20840.7—2007 | 12.5 | 表 9 |
| | 电子式电流互感器 | GB/T 20840.8—2007 | 12.2 | 表 17 和表 18 |

关于智能变电站交流采样模式以及电压/电流互感器频响特性对测量的影响，附录 A 提供了相关说明。

4.4　对合并单元的要求

4.4.1　同步采样

对于多通道合并单元应能够实现采集器间的采样同步功能，采样的同步误差不应大于±1μs。在外部同步信号消失后，至少能在 10min 内继续满足 4μs 同步精度要求。

4.4.2　抗混叠滤波器

抗混叠滤波器的截止频率和衰减特性对谐波分析精度会产生影响，为满足谐波测量精度要求，采样频率需要远高于测量的谐波频率。参照 GB/T 17626.7—2017 规定，要保证测量范围内的谐波衰减量不超过 3dB，采样频率与截止频率差值频率处滤波器的衰减应大于 50dB。

推荐使用二阶及以上抗混叠（低通）滤波器，其截止频率为采样频率的 1/4。

4.4.3　采样频率

4.4.3.1　合并单元采样频率决定了谐波分析的最高次数，在需要分析到 50 次谐波的应用场景，合并单元采样频率不应低于 12.8kHz。

4.4.3.2　对于合并单元采样频率为 4kHz 的智能变电站，建议其谐波分析次数不超过 20。

4.4.3.3　对于合并单元采样频率为 10kHz 的智能变电站，建议其谐波分析次数不超过 40。

注 1：谐波分析时，推荐采用离散傅里叶变换（DFT），若采用快速傅里叶变换（FFT），则需考虑插值算法带来的误差影响，具体误差要求可见 10.2。

注 2：特别注意，对于采样频率为 4kHz 的合并单元，当该智能变电站存在 40 次及以上谐波时，不可以通过该合并单元测量谐波。

4.4.4　其他

合并单元其他技术要求应满足 DL/T 282—2012 的规定。

4.5　测量累积时间和方法

4.5.1　要求

除闪变和频率外，电能质量指标的累积应使用输入值的 r.m.s. 值进行计算。

4.5.2　10 周波数据

4.5.2.1　在频率计算时间间隔内，根据等间隔同步采样周期和实时频率计算值，计算 10 周波数字量信号长度，计算公式如式（1）所示：

$$N = fix\left(\frac{10}{fT_S}\right) \tag{1}$$

式中　$N$——10 周波数字量信号长度（采样点数）；

$fix$——函数表示“截尾取整”；

$f$——实时频率计算值；

$T_S$——合并单元等间隔同步采样周期。

4.5.2.2　在频率计算时间间隔内，数字量信号长度不足 10 周波时，从下一个频率计算间隔内补充数据至 10 个周波，见图 2 和图 3。

4.5.3　测量累积方法

4.5.3.1　A 类测量

幅值参数测量的基本测量时间间隔对 50Hz 电力系统应为 10 个周波。每隔 10min RTC 计时点，10 周波测量应重新同步一次（见图 2）。

注：智能变电站的 10min RTC 可通过站用时间同步系统获得。

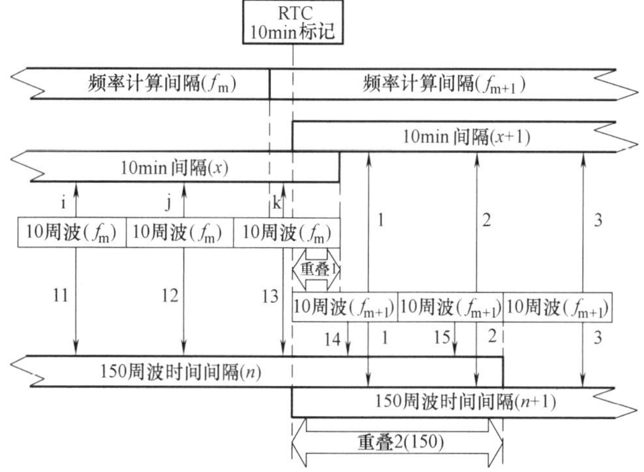

图 2　A 类累积时间间隔的同步

随后在另外 4 个时间间隔内对 10 周波值进行累积：

——150 周波的间隔；

——1min 间隔；

——10min 间隔；

——2h 间隔。

即 10 周波测量应在实时时钟的每个 10min 标记处进行连续、无间隙、可重叠的同步，然后再在以下时间间隔内累积：150 周波，10min（也可选择 1min、3min 或其他间隔），2h。

4.5.3.2　S 类测量

累积时间间隔与 A 类相同。10 周波测量应按图 3 的方式进行再同步。

即 10 周波测量按 10min 间隔进行连续、无间隙、不重叠的同步然后再在以下时间间隔内累积：150 周波，10min（也可选择 1min、3min 或其他间隔），2h。

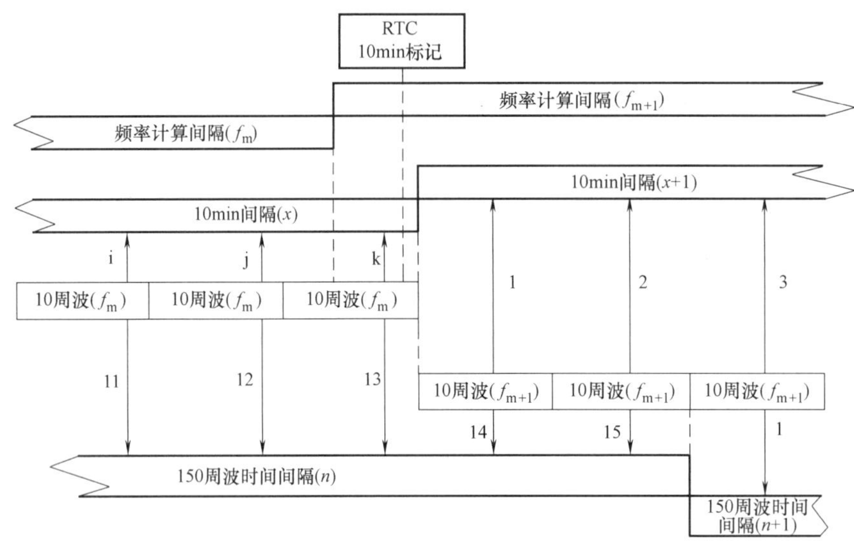


图 3　S 类累积时间间隔的同步

4.5.4　150 周波累积

参照 GB/T 17626.30—2012 的 4.5.2。

4.5.5　10min 累积

参照 GB/T 17626.30—2012 的 4.5.3。

4.5.6　2h 累积

参照 GB/T 17626.30—2012 的 4.5.4。

4.6　标记

4.6.1　在电压发生暂降、短时中断和暂升，抑或电流幅值超过量程时，其他一些参数的测量算法可能产生一个不可靠的结果。因此，使用标记可避免将同一信号事件在不同参数测量中被重复使用，并表明累积值可能是不可靠的。

4.6.2　标记在电压发生暂降、短时中断和暂升时触发，其检测取决于用户所选择的阈值，该选择将决定哪些数据会被标记。

4.6.3　在对电网频率、电压电流幅值、电压偏差、闪变、谐波、间谐波以及不平衡度使用 A 类和 S 类方法进行测量时均适用标记的概念。

4.6.4　如果在给定时间间隔内，有任一值被标记，则包括该值的累积值也应被标记。被标记的值应存储并包括在累积过程中。例如，如果在一个给定时间间隔内，有任一值被标记，则包括该值的累积值也应标记并存储。

## 五、中压链式静止无功发生器（T/CPSS 1005—2019）

1　范围

本标准规定了中压链式静止无功发生器（以下简称链式 SVG）的术语和定义、型号命名及产品分类、功能要求、技术要求、试验方法、检验规则、标志、包装、运输与贮存等要求。

本标准适用于频率 50Hz、电压 3～35kV 的电力系统中，采用三相链式电压源变流器组成的静止无功发生器。

5　功能要求

5.1　控制功能要求

5.1.1　系统无功控制功能

在恒无功控制、无功功率补偿或功率因数控制模式下运行，链式 SVG 在其补偿容量范围内控制系统无功或功率因数达到设定的参考值，实现稳态无功功率、无功电流或功率因数控制的功能。

5.1.2　电压控制功能

在电压控制模式下运行，链式 SVG 应能在其补偿容量范围内控制电网公共连接点或目标考核点电压达到设定的参考范围，实现电压稳定控制功能。

5.1.3　谐波补偿控制功能

该项为可选功能，在谐波补偿控制模式下运行，链式 SVG 应能在其补偿容量范围内补偿系统谐波分量，实现电网公共连接点或目标考核点的电流/电压谐波补偿功能。

5.1.4　三相不平衡补偿功能

该项为可选功能，在三相不平衡补偿控制模式下运行，且在补偿容量范围内，链式 SVG 应能在控制范围内补偿系统不平衡分量，实现电网公共连接点或目标考核点的电流/电压不平衡补偿功能。

5.1.5　电压波动和闪变抑制功能

该项为可选功能，链式 SVG 应能通过快速控制电网公共连接点或目标考核点的电压，补偿次同步分量，实现电压波动和闪变抑制功能。

5.2　保护功能要求

5.2.1　功率单元保护

功率单元应具备以下保护：直流侧过电压保护、通信异常保护、过温保护等。

5.2.2　控制失电保护功能

链式SVG控制系统应具备能在外部控制电源突然失电瞬间保护功率单元而封锁驱动脉冲的功能。

5.2.3　通电自检和告警功能

链式SVG控制系统通电时，控制系统应具有自我检测功能，自检异常时闭锁全部操作，并发出告警信息。

5.2.4　系统过流、过压、欠压和不平衡保护

链式SVG发生系统过流、过压、欠压和不平衡时，控制系统应具有自我检测功能，自检异常时闭锁全部操作，并发出告警信息。

5.2.5　过温保护

链式SVG应具有冷却系统过温保护功能。

5.3　监测与通信功能要求

链式SVG应具备与上位机通信的功能，并可远程监控链式SVG的工作状态。通信接口及通信协议宜符合下列规定：

——当物理接口为RS485接口时，通信协议宜采用标准MODBUS RTU通讯协议。

——当物理接口为以太网接口时，通信协议宜为IEC 60870-5-104通讯规约。

——自动电压控制（AVC）通信功能：链式SVG控制系统应能接受电网调度端或升压站监控系统发出的无功电压控制指令，自动调节其发出或吸收的无功功率，实现对并网点电压的控制功能。链式SVG的控制系统应能与变电站综合自动化通讯联网，接受变电站综合自动化的AVC的控制指令（链式SVG必须能通过AGC/AVC实现远方控制调节），即具有接收和执行变电站综合自动化和电网公司下达的指令所需的四遥（遥控、遥信、遥测、遥调）功能。

注1：通信配线方式：建议采用多芯屏蔽通讯电缆，RS485通讯建议采用双绞线或光纤。

注2：如购货方需链式SVG具备IEC 61850通信规约、多套无功发生器并联运行时，应由链式SVG制造方和购货方协商确定。

5.4　人机交互功能

链式SVG应具有友好的人机界面，提供如下功能：

——工作状态监视功能。

——系统运行参数和系统状态监视功能，能显示主接线图、目标线路的电压、电流、功率因数、无功功率、有功功率，还能显示链式SVG输出侧的电压、电流，显示链式SVG输出电流的波形，显示各个链式功率单元的工作状态和直流电压值。

——运行参数和保护定值设置功能。

——事件显示与记录功能，通过实时和历史数据、曲线显示，显示各类保护动作及故障告警等信息。

——链式SVG应具有6个月以上数据存储功能。

## 六、锂离子电池模组测试系统技术规范（T/CPSS 1006—2019）

1　范围

本标准规定了锂离子电池模组测试系统的术语与定义、技术要求、试验方法、标志、运输和贮存等内容。

本标准适用于直流电压大于等于20V、小于等于750V的电池模组测试设备，被测试对象是锂离子电池模组，以应用于电动汽车的锂离子动力蓄电池包和系统为主。

6　技术要求

6.1　使用条件

6.1.1　正常使用的环境条件

测试系统应在下列环境条件下工作：

a）工作环境温度：0~40℃；

b）空气相对湿度：20%~90%（无凝露）；

c）海拔高度小于等于1000m；当海拔超过1000m时，可根据表1的导则降额使用；

d）空气中应不含有过量的尘埃、酸、碱、腐蚀性及爆炸性微粒和气体；

e）无剧烈震动冲击，垂直倾斜度≤5°。

**表1　高海拔使用条件降额导则**

| 海拔高度/m | 降额系数 |
|---|---|
| 1000 | 1.0 |
| 1500 | 0.95 |
| 2000 | 0.91 |
| 2500 | 0.86 |
| 3000 | 0.82 |
| 3500 | 0.78 |
| 4000 | 0.74 |
| 4500 | 0.70 |
| 5000 | 0.67 |

6.1.2　正常使用的电气条件

若无其他规定，符合本文件的测试系统在下列电气条件下，应能以正常方式运行：

a）谐波电压应不超过GB/T 14549中规定的限制；

b）三相电压不平衡度应不超过GB/T 15543中规定的限制；

c）频率偏差应不超过GB/T 15945中规定的限制；

d）输入电压幅值偏差应在-15%~+15%范围内。

6.2　机体和结构质量

测试系统的结构和机柜本身的制造质量、主电路连接、电气元件安装等应符合下列要求：

a）测试系统有关零部件均应符合各自的技术要求；

b）油漆及电镀应牢固、平整，无剥落、锈蚀及裂痕等现象；

c）内部框架、结构中不得有对生产和维修人员可能造成危险的尖楞、尖角；

d）铭牌、标志、标记应完整清晰、规范、正确；

e）各种开关应便于操作，灵活可靠。

6.3　功能要求

测试系统应具有但不限于以下功能：

a）充电功能：斜坡充电、恒压充电、恒流充电、恒功率充电功能；

b）放电功能：斜坡放电、恒压放电、恒流放电、恒功率放电、恒阻放电功能；

c）充放电转换功能：充电放电自动转换、放电充电自动转换功能；

d）电池模组内阻测量功能：在充放电转换时，可测量电池模组内阻；

e）放电能量回馈电网；

f）工况模拟测试功能。

6.4 性能指标

6.4.1 输出电压范围

5%～100%FSR VDC。

6.4.2 输出电流范围

0.2%～100%FSR ADC 连续可调。

6.4.3 测量精度

电压测量精度≤0.1%FSR，分辨率 1mV；

电流测量精度≤0.1%FSR，分辨率 1mA；

功率测量精度≤0.2%FSR，分辨率 1mW。

6.4.4 控制精度

恒压控制精度≤0.1%FSR；

恒流控制精度≤0.1%FSR；

恒功率控制精度≤0.2%FSR。

6.4.5 转换时间

转换时间不大于 10ms。

6.4.6 电流响应时间

输出电流响应时间不大于 5ms。

6.4.7 输入电流总谐波失真度

额定功率工况下，交流输入电流总谐波失真度不超过 5%。

6.4.8 功率因数

额定功率工况下，交流输入侧功率因数不小于 0.98。

6.4.9 器件允许温升

额定功率工况下，连续工作 4h，功率模块器件的最高温升不超过 45℃，电磁件磁芯和线包温升不超过 70℃。

6.4.10 纹波系数

输出电流纹波的有效值不超过满量程的 1%。

6.4.11 噪声

噪声应不大于 75dB。

6.4.12 峰值效率

额定功率充电峰值效率不低于 90%，额定功率放电回馈效率不低于 85%。

6.4.13 最短工步时间

在对电池模组进行测试的过程中，工步最短切换时间不大于 10ms，即最短充电时间和最短放电时间均应不大于 10ms。

6.4.14 最短采样时间

最短采样时间应不大于 2ms。

6.5 保护功能

6.5.1 输入过欠压保护

输入电压超过输入电压额定值的±15%时，停止测试并报警显示。

6.5.2 输入缺相保护

输入三相电缺相时，停止测试并报警显示。

6.5.3 输出过流保护

输出电流大于量程的 1.05 倍时，停止测试并报警显示。

6.5.4 输出电压保护

输出电压大于量程的 1.05 倍时，停止测试并报警显示。

6.5.5 输出采样断线保护

系统上电后、测试功能启动前/后，断开其中任意一根输出采样线，测试系统应无法启动/停止测试，并报警显示。

6.5.6 电池模组接线保护

上电过压保护：系统上电后、测试功能启动前，检测电池模组端口电压或测试系统输出电压大于电压满量程的 10%以上时或者电池模组负载反接时，测试系统无法启动并报警显示。

反接保护：系统上电后、测试功能启动前，电池模组负载反接时，测试系统无法启动并报警显示。

6.5.7 过热保护

电磁件或功率模块温度超出限值时，停止测试并报警显示。

6.5.8 急停保护

启动前/后按下急停开关时，测试系统无法启动/测试停止，报警并显示。

6.6 通讯

测试系统应具备 CAN 总线、以太网、RS232/RS485 等一种或多种通讯接口，通过通讯接口能够控制设备的启动、停止，测试程序的下发、测试数据的回传、第三方设备的控制和数据读取等。

6.7 安全

6.7.1 绝缘电阻

在正常试验条件下，测试系统输入火线、零线分别与机壳间的绝缘电阻不小于 200MΩ，测试电压 500V，缓升时间 1min。

6.7.2 抗电强度

在正常试验条件下，测试系统输入火线和零线与机壳间应能承受历时 1min 的直流 1000V 电压（缓升时间 1min），试验过程中要保证不击穿，不飞弧，漏电流不超过 20mA。

6.7.3 接地导通电阻

在正常试验条件下，测试系统外壳与安全接地线之间接地电阻不大于 0.1Ω（测试电流 25A）。

6.7.4 外壳防护

符合 GB/T 4208—2008 的规定，外壳防护等级应不低于 IP20。

6.8 电磁兼容

6.8.1　电快速瞬变脉冲群抗扰度

电快速瞬变脉冲群抗扰度应符合 GB/T 17626.4—2008 试验等级 3 的要求，试验结果应符合 GB/T 17626.4—2008 第 9 章中的 b 类要求。

6.8.2　静电放电抗扰度

静电放电抗扰度应符合 GB/T 17626.2—2006 试验等级 3 的要求，试验结果应符合 GB/T 17626.2—2006 第 9 章中的 b 类要求。

6.8.3　浪涌（冲击）抗扰度

浪涌抗扰度应符合 GB/T 17626.5—2008 试验等级 3 的要求，试验结果应符合 GB/T 17626.5—2008 第 9 章中的 b 类要求。

6.8.4　射频场感应的传导骚扰抗扰度

传导骚扰抗扰度应符合 GB/T 17626.6—2008 试验等级 3 的要求，试验结果应符合 GB/T 17626.6—2008 第 9 章中的 b 类要求。

6.9　环境

6.9.1　低温性能

低温性能应符合 GB/T 2423 的要求。

6.9.2　高温性能

高温性能应符合 GB/T 2423 的要求。

6.9.3　湿度性能

湿度性能应符合 GB/T 2423 的要求。

6.10　振动性能

应能承受表 2 所规定的振动要求。

**表 2　震动性能测试要求**

| 项目 | | 数值 |
|---|---|---|
| 共振搜索 | 频率范围/Hz | 5~55 |
| | 扫描速率(oct/min) | ≤1 |
| | 位移幅值/mm | 0.15 |
| 共振保持 | 位移幅值/mm | 0.15 |
| | 时间/min | 10 |
| 振动循环 | 频率范围/Hz | 5~55~5 |
| | 位移幅值/mm | 0.15 |
| | 扫描速率/(oct/min) | ≤1 |
| | 次数 | 2 |

## 七、超级不间断电源（T/CPSS 1007—2019）

1　范围

本标准规定了超级不间断电源装置的技术要求、试验方法、检验规则和标志、包装、运输、贮存。

本标准适用于功率从千瓦级到兆瓦级，能满足重大工程高可靠交流负荷供电要求的各类超级不间断电源装置。

本标准适用于具有下列特征的超级不间断电源装置（以下简称超级 UPS）：

a）输入能够接入多种类型能源的发电单元（包括电网、燃气发电单元、新能源发电单元等）；

b）能够接入多种类型储能单元（包括储电装置、储氢装置等）；

c）输出为三相固定频率的交流电压。

超级 UPS 的基本结构如图 1 所示。

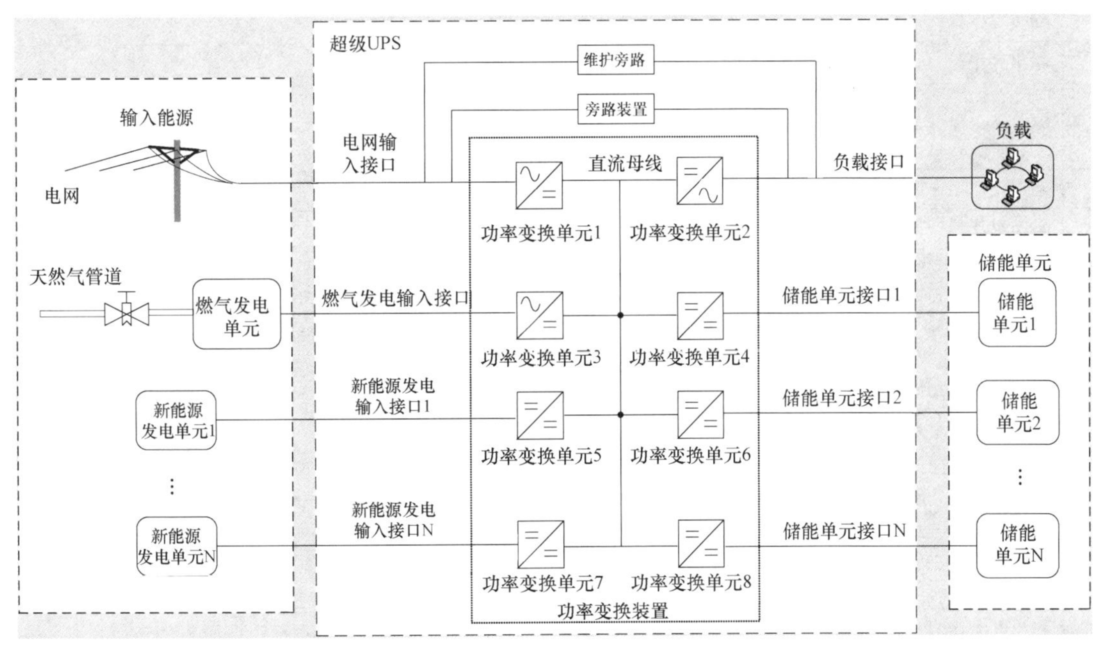


图 1　超级 UPS 基本结构示意图

4　技术要求

4.1　环境要求

4.1.1　温度

工作温度：5~40℃；室外使用的超级 UPS 的工作温度满足 YD/T 1095—2018 中 4.1.1 中的要求。

贮存温度：−25~55℃，不含电池。

4.1.2　相对湿度

工作相对湿度：≤90%（40±2)℃ 无凝露。

贮存相对湿度：≤95%（40±2）℃ 无凝露。

4.1.3　海拔

海拔高度应不超过 1000m；若超过 1000m 时应按 GB/T 7260.3 的规定降容使用。

4.1.4　振动与冲击

振动：振幅为 0.35mm，频率 10～55Hz（正弦扫频），3 个方向各连续 5 个循环。

冲击：峰值加速度 150m/s$^2$，持续时间 11ms，3 个方向各连续冲击 3 次。

容量≥20kVA 的超级 UPS，振动与冲击试验可应用运输试验进行替代。

4.2　外观与结构

机箱镀层牢固，漆面匀称，无剥落、锈蚀及裂痕等现象。

机箱表面平整，所有标牌、标记、文字符号应清晰、易见、正确、整齐。

4.3　电气性能

超级 UPS 的电气性能应满足表 1 要求。

表 1　超级 UPS 的电气性能

| 序号 | 指标项目 | 技术要求 | 备注 |
|---|---|---|---|
| 电网输入接口指标 | | | |
| 1 | 输入电压范围 | 380(1±20%)V | 线电压 |
| 2 | 输入频率范围 | 50(1±4%)Hz | |
| 3 | 输入功率因数 | ≥0.99 | 额定负载 |
| 4 | 输入电流谐波成分 | <5% | 2～39 次,额定负载 |
| 燃气发电输入接口指标 | | | |
| 5 | 输入电压范围 | 380(1±20%)V | 线电压 |
| 6 | 输入频率范围 | 50(1±4%)Hz | |
| 新能源发电输入接口指标 | | | |
| 7 | 输入电压范围 | ≤1500VDC | |
| 8 | 最大输入电流 | ≤125%×额定电流 | |
| 系统输出指标 | | | |
| 9 | 输出有功功率 | ≥额定容量×0.9kW/kVA | |
| 10 | 输出电压稳压精度 | ≤1% | |
| 11 | 输出频率 | (50±0.5)Hz | |
| 12 | 输出波形失真度 | ≤3% | 阻性负载 |
| | | ≤5% | 非线性负载 |
| 13 | 输出电压不平衡度 | ≤3% | |
| 14 | 动态电压瞬变范围 | ≤5% | |
| 15 | 电压瞬变恢复时间 | ≤20ms | |
| 16 | 输出电压相位偏差 | ≤2° | |
| 17 | 正常运行方式效率 | ≥95% | |
| 18 | 燃气发电单元供电运行方式效率 | ≥95% | |
| 19 | 新能源发电单元供电运行方式效率 | ≥95% | |
| 20 | 模式转换时间[a] | ≤5ms | |
| 21 | 备用供电时间 | 根据用户需求定义 | 额定阻性负载 |
| 22 | 频率跟踪速率 | 0.5～2Hz/s | |
| 23 | 频率跟踪范围 | 48～52Hz | |
| 24 | 输出电流峰值系数 | ≥3 | |
| 25 | 过载能力 | 10min | 125%额定阻性负载 |
| 26 | 音频噪声 | 70dB(A) | 400kVA 以上不要求 |
| 27 | 并机负载不均衡度 | ≤5% | |

a　包括正常运行方式、燃气发电单元供电运行方式、新能源发电单元供电运行方式、储能单元供电运行方式相互之间以及旁路运行方式和正常运行方式之间转换的时间。

4.4 维护旁路功能

容量大于 20kVA 的超级 UPS 应具备维护旁路功能，当有对超级 UPS 的维护需求时，应能通过维护旁路开关直接给负载供电。

4.5 遥测、遥信功能

4.5.1 通信接口

有通信功能的超级 UPS 应至少具备一个通讯接口，RS232 或 RS485/422、USB、以太网标准通讯接口等，并提供与通信接口配套使用的通信线缆和各种告警信号输出端子。

4.5.2 遥测

遥测内容至少应包括以下项：电网输入接口电压和频率、燃气发电输入接口电压和频率、新能源发电输入接口电压、储能单元接口输入电压、输出电压、输出电流、输出频率。

4.5.3 遥信

遥信内容至少应包括以下项：电网输入故障、燃气发电输入故障、新能源发电输入故障、功率变换单元故障。

4.6 保护与告警功能

4.6.1 输出短路保护

输出负载短路时，超级 UPS 应自动关断输出，同时发出声光告警。

4.6.2 输出过载保护

输出负载超过超级 UPS 额定功率时，应发出声光告警，超过过载能力时，应转旁路供电。

4.6.3 过温度保护

超级 UPS 机内运行温度过高时，发出声光告警，并转旁路供电。

4.6.4 输出过/欠电压保护

超级 UPS 输出电压高于设定过压值或低于设定欠电压值时，发出声光告警，并转为旁路供电。

4.6.5 风扇故障告警

风扇故障停止工作时，应发出声光告警。

4.6.6 防雷保护

超级 UPS 耐雷电流等级分类及技术要求应符合 YD/T 944—2007 中 4、5 的要求。

4.6.7 储能单元低电压保护

超级 UPS 工作在储能单元供电运行方式，输出接阻性负载，如果系统中只有一个储能单元，当储能单元电压降至欠压保护点、应发出告警、并停止供电。如果系统中具有多个储能单元，当正在运行的储能单元电压降至欠压保护点、应发出告警、关闭欠压储能单元连接的功率变换单元，切换到另一个储能单元供电，直到系统中无其他的储能单元时，发出告警、并停止供电。

4.7 安全要求

4.7.1 一般要求

超级 UPS 的一般安全要求应符合 GB/T 7260.1—2008 和 GB/T 7260.4—2008 的有关规定。

4.7.2 绝缘电阻

用 500V 兆欧表测量受测部分的绝缘电阻，在环境温度为 25℃±10℃ 和相对湿度为 90% 以下的情况下，其值应大于 10MΩ。

4.7.3 接触电流和保护导体电流

超级 UPS 的保护地（PE）对输入的中性线（N）的接触电流应不大于 3.5mA。当接触电流大于 3.5mA 时，保护导体电流的有效值不应超过每相输入电流的 5%，如果负载不平衡，则应采用 3 个相电流的最大值来计算。有特殊要求的在具体产品型号中另行规定。

4.7.4 抗电强度

试验电压为交流电压 2000V（有效值），频率 50Hz±5Hz，试验电压上升至规定值的时间不小于 10s，维持时间 1min，漏电流应小于 10mA，应无击穿及闪络现象；或者 2820V 直流电压，试验电压上升至规定值的时间不小于 10s，维持时间 1min，漏电流应小于 1mA，无击穿、无飞弧。

4.7.5 接地电阻

接地端子或接地接触件与金属外壳的接地螺钉或金属构件间应具有可靠的电气连接，其连接电阻应不大于 0.1Ω。

4.7.6 外壳防护等级

除客户特殊要求外，符合本标准的超级 UPS 的外壳防护等级应达到 IP20 要求。

4.8 电磁兼容限值

超级 UPS 电磁兼容应满足 GB/T 7260.2—2009 的要求。

## 八、基于晶闸管的聚变电源用四象限整流系统技术规范（T/CPSS 1008—2019）

1 范围

本规范规定了基于晶闸管的聚变电源用四象限整流系统的使用条件、技术要求、关键部件、整体结构、加工工艺、试验验证以及其他要求。

本规范适用于脉冲或稳态高功率大电流运行的四象限变流系统，其典型应用为磁约束核聚变磁体电源系统和大电流综合交直流试验系统。具体应用中，该类型变流系统可实现数千安至上百千安的直流电流输出，系统直流电压多为数百伏至数千伏。

本规范也适用于两象限运行的大电流变流系统。

本规范中所述四象限变流系统，多采用晶闸管作为换流器件。

本技术规范不适用于直流输电及静止无功补偿等电网应用。

4 使用条件

4.1 环境条件

变流系统的环境条件主要包括室内/外、海拔（≤1000m）、气温范围（室内：-5~40℃；室外：-10~45℃）、相对湿度范围（15%~无凝露条件下的最大相对湿度）、污秽等级、地震等级等条件。订货商应根据变流系统的实际使用环境，提供上述环境条件。

对于室外运行的设备，除了上述主要环境条件，订货商还要提供相应的雪载、风速、覆冰厚度等条件。

污秽等级的确定，应根据标准 IEC 60071-2 中的相应条款进行，对于特殊的应用条件，可参考 GB/T 16935.1 的相应条款。

设备抗震要求应由需方根据当地历史地震记录给出具体的要求（地震烈度、峰值加速度、动态安全系数等），同时应给出当地地震响应谱及相应的加速度分布。

4.2 冷却条件

4.2.1 冷却介质

订货商需要规定变流系统主要的设备的冷却介质。大型变流系统中，变流桥、旁通单元、直流电抗器和其他交直流连接设备采用水或空气作为冷却介质，变流变压器采用油（油浸式变压器）或空气（干式变压器）作为冷却介质。

4.2.2 冷却水的水质

供应商应提供冷却水的主要参数，冷却水质在溶解性总固体、pH 值、硬度、氯化物、硫酸盐等其他方面的要求，应不低于标准 GB 5749 的相关要求，见表 1。

**表 1 冷却水水质的其他要求**

| 参　数 | 要求值 |
|---|---|
| 溶解性总固体含量/(mg · $L^{-1}$) | ≤1000 |
| pH 值范围 | 6.5≤pH≤8.5 |
| 硬度(以 $CaCO_3$ 计)/(mg · $L^{-1}$) | ≤450 |
| 氯化物/(mg · $L^{-1}$) | ≤250 |
| 硫酸盐/(mg · $L^{-1}$) | ≤250 |

4.2.3 冷却水主要电气参数

不同绝缘电压等级的变流系统，其冷却水的水质和电导率（在 25℃条件下）的选择应符合表 2 中的规定。

**表 2 冷却水的电导率分级和适用的电压等级**

| 水质级别 | 电导率/mS/m | 阀侧额定电压 $U_{vN}$/V |
|---|---|---|
| Ⅰ | 5 | $U_{vN}$≤630 |
| Ⅱ | 1 | 630<$U_{vN}$≤1250 |
| Ⅲ | 0.2 | 1250 <$U_{vN}$≤10000 |
| Ⅳ | 0.05 | $U_{vN}$>10000 |

4.2.4 设备腐蚀和介质品质管理

如果变流系统和其他设备共用冷却水系统的可能，订货商应提供其他共享水路设备的材料属性，以避免变流设备和其他设备之间发生电化学腐蚀的风险。对于水冷湿面中有铜材料的情况，还应注意水冷系统中的溶解氧含量（≤50ppb）。

对于油浸式变流变压器，应对油品材料特性、杂质含量、绝缘性能、可燃性等参数进行规定。

4.2.5 冷却方式

采用水冷方式的变流设备，订货商应给出设备水冷系统的进口水压、出口水压、水温范围、允许流量范围、水管道接口等参数。

对于变流变压器也应考虑变压器的冷却方式或空气循环方式。

对于控制柜等附属设备，如果现场无法满足运行条件，可以考虑加装空调或风扇等降温设备。

4.3 电气条件

4.3.1 电网条件

电网条件包括电网电压及波动范围、电网频率及波动范围、最大过电压倍数/时间及其次数、最大和最小运行模式条件下的系统容量、负荷等级等。如果供需双方没有特殊要求，具体技术指标可以依据 GB/T 3859.1—2013 中 5.3.2 的相应内容。

4.3.2 电能质量要求

订货商应对变流系统引起的电网电压波动、电压闪变、电压不平衡、电压偏差和电网谐波给出具体的规定。若无特殊要求，可以参照标准 GB/T 12325、GB/T 12326、GB/T 14549 和 GB/T 15543 中的相应条款。

4.3.3 抗扰度等级

对于大电流应用环境，应根据实际应用需求规定设备的抗扰度等级，各参量可选择不同的抗扰度等级。

4.4 特殊运行条件

对于特殊运行条件，供需双方应协商根据相关标准进行等效折算。主要的特殊运行条件，标准 GB/T 3859.1—2013 中 5.4 条款给出具体说明。

5 系统配置和设计

5.1 系统运行

5.1.1 系统构成

四象限变流系统通常由交流隔离开关、变流变压器、变流模块、低压交流引线、直流连接排、旁通单元、直流电抗器、直流隔离开关以及控制、测量装置等主要设备和仪器仪表构成。在实际的工程应用中，为了满足更大的直流电流输出和对纹波电流的限制，有时也采用更多的变流器构成 18 脉波、24 脉波等更多脉波数的变流系统。

5.1.2 运行特性

根据变流系统中能量和电流方向关系，变流系统运行区间可以分为四个象限。表 3 给出了变流系统四个运行象限中，直流电压、电流及能量传输方向。直流侧的电压和电流，可以根据负载运行需求，实现直流电压、电流的双向输出。本规范中，变流系统通常运行于整流状态，实现电网向直流负载的单向功率输出，工作于逆变状态的变流系统，实现负载侧能量回馈电网。聚变电源变流系统运行于整流和逆变状态，实现磁体能量和电网之间的双向流动，根据等离子控制的需求，对磁体电流进行控制。

**表 3 四象限运行中直流电压、电流及能量传输方向**

| 象限 | 直流电压 | 直流电流 | 电能传输方向 | 运行状态 |
|---|---|---|---|---|
| Ⅰ | (+) | (+) | 电网→变流系统→直流负载 | 整流 |
| Ⅱ | (-) | (+) | 直流负载→变流系统→电网 | 逆变 |
| Ⅲ | (-) | (-) | 电网→变流系统→直流负载 | 整流 |
| Ⅳ | (+) | (-) | 直流负载→变流系统→电网 | 逆变 |

5.2 系统设计原则

5.2.1 技术条件

不同负载运行特性对变流系统的设计和运行要求各不

相同。变流系统的系统设计应从设计输入条件和系统运行工作制开始，订货商需要提供变流系统的额定电压、额定电流、直流纹波、电压响应时间、系统损耗和变换效率、并联变流桥之间平衡系数等主要运行参数，以及负载特性和运行工作制。对于变流变压器，订货商需要提供各次谐波含量作为变压器设计参考。磁约束核聚变磁体电源系统的负载多为大电感或超导电感，电感值高达亨级。磁约束核聚变运行中，有的磁体负载要求稳定的磁体电流，有的磁体负载处于脉冲功率运行，并且要求输出电压或电流有快速的响应速度。对于大电流的综合交直流试验系统，其运行特性则根据被试设备和具体的而定，系统参数配置时，应充分考虑试验系统所规定的功能范围。

订货商应参考 GB/T 3859.1—2013 中 6.5 给出的工作制等级，提供变流系统的运行工作制，如果在 GB/T 3859.1—2013 中表 14 中难以找到合适的工作制登记，供需双方须协商确定等效工作制并选择相适应的额定电流。

5.2.2　选型原则

大电流变流系统的设计选型时，应遵循如下的基本原则，确保满足上述设计输入的同时，做到变流系统的优化设计：

a）提高变流变压器的容量利用率，并且避免铁芯出现不平衡磁动势；

b）选择合适的变流器拓扑结构，提高并联晶闸管的电气容量；

c）增加变流器的并联数目和直流输出脉波数，增大直流输出并抑制系统谐波；

d）优化控制系统，降低运行损耗。

标准 GB/T 3859.2—2013 中表 1 给出了多种电气连接及其相应的计算因子，可供大电流变流系统电气结构选型时参考。

5.2.3　系统拓扑

图 1 给出了一个 12 脉波四象限变流系统的电气接线图。图中，两个 6 脉波变流桥直流侧经直流电抗器（L1&L2 或 L3&L4）反并联，两组反并联变流桥对分别由两组移相 30°的变流变压器供电，构成一套基于晶闸管的 12 脉波四象限运行高功率大电流变流系统。变流桥直流输出端串接的直流电抗器，用以吸收移相相位差引起的瞬时电压差，平抑变流器之间的脉动环流，因此也称环流电抗器。

如果单个变流单元无法满足直流电压要求，宜采用多个变流单元（如图 1 所示）串联增压。从安全性和可靠性考虑，应避免采用晶闸管直接串联或 6 脉波变流桥直接串联的方式获得更高的直流电压输出。

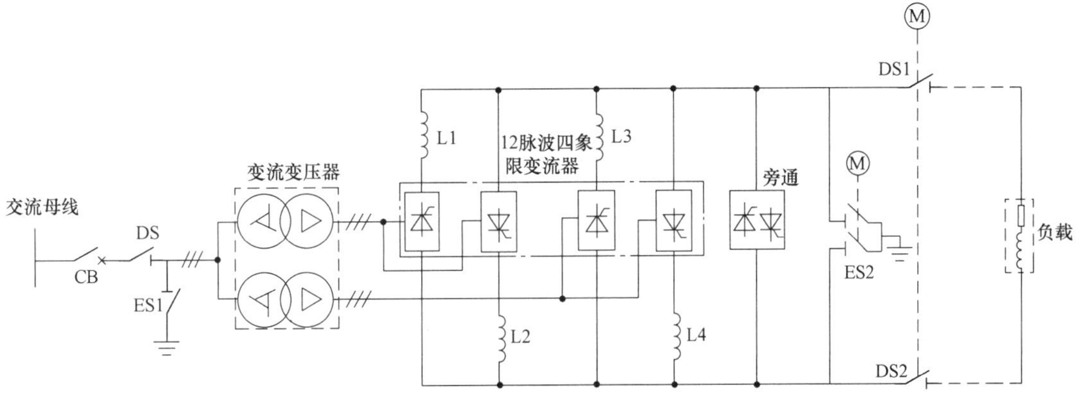


图 1　12 脉波四象限运行变流系统

5.2.4　主要系统参数

变流系统进行系统设计时，应根据设计输入初步确定系统的绝缘等级、额定电流、额定电压、变流桥拓扑、旁通单元拓扑、变流桥连接方式、晶闸管型号、晶闸管并联数目、快速熔断器、直流电抗器阻抗、变流变压器额定容量、变压器连接组别和连接方式、变压器容量、电压比、短路阻抗、导体材料等主要参数或信息。

# 2019 年新发布和新实施的相关国家及行业标准

**室内照明用 LED 产品能效限定值及能效等级**

**标准编号**：GB 30255—2019 **实施日期**：2020/05/01

**发布部门**：国家市场监督管理总局、中国国家标准化管理委员会

**归口单位**：中国国家标准化管理委员会

**标准简介**：本标准规定了室内照明用 LED 筒灯、定向集成式 LED 灯、非定向自镇流 LED 灯的能效等级、能效限定值、显色指数、光通维持率和试验方法。本标准适用于以 LED 为光源、电源电压不超过 AC 250V、频率 50Hz，额定功率为 2W 及以上、光束角>60°的 LED 筒灯，不包括使用集成式 LED 灯的 LED 筒灯。本标准适用于额定电源电压为 AC 220V、频率 50Hz，灯头符合 GU10、B22、E14 或 E27 的要求，PAR16、PAR20、PAR30、PAR38 系列的定向集成式 LED 灯。本标准适用于额定电源电压为 AC 220V、频率 50Hz，额定功率大于或等于 2W、小于或等于 60W 的非定向自镇流 LED 灯，不包括具有外加光学透镜设计的非定向自镇流 LED 灯。本标准不适用于具有耗能的非照明附加功能或具备调光/调色功能的室内照明 LED 产品。

**道路和隧道照明用 LED 灯具能效限定值及能效等级**

**标准编号**：GB 37478—2019 **实施日期**：2020/05/01

**发布部门**：国家市场监督管理总局、中国国家标准化管理委员会

**归口单位**：中国国家标准化管理委员会

**标准简介**：本标准规定了道路和隧道照明用 LED 灯具的能效等级、能效限定值和试验方法。本标准适用于额定电压为 AC 220V、频率 50Hz 的道路和隧道照明用 LED 灯具（包括 LED 光源及其控制装置，不包括可独立安装的互联控制部件或其他与照明无关的功能附件）。

**电热和电磁处理装置的试验方法 第 6 部分：工业微波加热装置输出功率的测定方法**

**标准编号**：GB/T 10066.6—2018 **实施日期**：2019/07/01

**发布部门**：国家市场监督管理总局、中国国家标准化管理委员会

**归口单位**：全国工业电热设备标准化技术委员会（SAC/TC 121）

**标准简介**：GB/T 10066 的本部分规定了测定工业微波加热装置的微波可用输出功率、工作负载功率和有效功率，以及微波加热设备电效率和微波加热装置加热效率的试验方法。本部分仅适用于频率在 300MHz~300GHz 范围内的工业微波加热设备和装置。注：国际上规定的微波加热专用频率是（915±25）MHz、（2450±50）MHz、（5800±75）MHz 以及（22125±125）MHz，常用的是前两个频段。本部分涉及的工业微波加热设备需在正常负载下运行。本部分不适用于家用或类似用途的（包含在 GB 4706.21）、商用的（包含在 GB 4706.90）或实验用（包含在 GB 4793.6）的电器。

**小型风力发电机组 第 3 部分：风洞试验方法**

**标准编号**：GB/T 19068.3—2019 **实施日期**：2020/03/01

**发布部门**：国家市场监督管理总局、中国国家标准化管理委员会

**归口单位**：全国风力机械标准化技术委员会（SAC/TC 50）

**标准简介**：GB/T 19068 的本部分规定了小型风力发电机组在低速风洞中进行试验的要求和方法。本部分适用于输出功率为 10kW 以下小型风力发电机组，其他形式的风能转换装置的鉴定评估也可参考使用。

**风力发电机组 异步发电机 第 2 部分：试验方法**

**标准编号**：GB/T 19071.2—2018 **实施日期**：2019/02/01

**发布部门**：国家市场监督管理总局、中国国家标准化管理委员会

**归口单位**：全国风力机械标准化技术委员会（SAC/TC 50）

**标准简介**：GB/T 19071 的本部分规定了并网、定速型风力发电机组异步发电机的试验方法。本部分适用于并网、定速型风力发电机组单速或双速异步发电机的性能试验。

**变压器、电抗器、电源装置及其组合的安全 第 13 部分：恒压变压器和电源装置的特殊要求和试验**

**标准编号**：GB/T 19212.13—2019 **实施日期**：2020/05/01

**发布部门**：国家市场监督管理总局、中国国家标准化管理委员会

**归口单位**：全国小型电力变压器、电抗器、电源装置及类似产品标准化技术委员会（SAC/TC 418）

**标准简介**：GB/T 19212 的本部分规定了一般用途恒压变压器和一般用途恒压电源装置的安全。带有电子电路的恒压变压器也包括在本部分中。

**电源电压为 1100V 及以下的变压器、电抗器、电源装置和类似产品的安全 第 17 部分：开关型电源装置和开关型电源装置用变压器的特殊要求和试验**

**标准编号**：GB/T 19212.17—2019 **实施日期**：2020/05/01

**发布部门**：国家市场监督管理总局、中国国家标准化管理委员会

**归口单位**：全国小型电力变压器、电抗器、电源装置及类似产品标准化技术委员会（SAC/TC 418）

**标准简介**：GB/T 19212 的本部分规定了开关型电源装置和开关型电源装置用变压器的安全要求。带有电子线路的变压器也包括在本部分中。

**普通电源或整流电源供电直流电机的特殊试验方法**

**标准编号**：GB/T 20114—2019　**实施日期**：2020/01/01

**发布部门**：国家市场监督管理总局、中国国家标准化管理委员会

**归口单位**：全国旋转电机标准化技术委员会（SAC/TC 26）

**标准简介**：本标准适用于额定输出 1kW 及以上的整流电源供电、直流母线或其他直流电源供电的直流电机。本标准给出了用于确定普通电源或整流电源供电的直流电机特性参量的试验方法。本标准不包括特殊应用的直流电机。本标准给出的试验方法是对 IEC 60034-1 和 IEC 60034-2-1 的必要的补充。注：本标准所描述的任一项或全部试验项目都不宜理解为对任何指定电机都要求执行。

**变频调速专用三相异步电动机绝缘规范**

**标准编号**：GB/T 21707—2018　**实施日期**：2019/01/01

**发布部门**：国家市场监督管理总局、中国国家标准化管理委员会

**归口单位**：全国旋转电机标准化技术委员会（SAC/TC 26）

**标准简介**：本标准给出了变频器供电的三相异步电动机的绝缘规范，包括术语和定义、技术要求与检验规则。本标准适用于额定电压为 1140V 及以下变频调速专用三相异步电动机。

**互感器试验导则　第 1 部分：电流互感器**

**标准编号**：GB/T 22071.1—2018　**实施日期**：2019/07/01

**发布部门**：国家市场监督管理总局、中国国家标准化管理委员会

**归口单位**：全国互感器标准化技术委员会（SAC/TC 222）

**标准简介**：GB/T 22071 的本部分给出了电流互感器的试验项目、试验顺序、一般试验条件和试验要求等。本部分适用于 GB/T 20840.1 和 GB/T 20840.2 中所规定的电流互感器的型式试验、例行试验和特殊试验。作为产品验收时的交接试验也可采用本部分给出的试验方法。

**轨道交通　机车车辆设备　电力电子电容器　第 1 部分：纸/塑料薄膜电容器**

**标准编号**：GB/T 25121.1—2018　**实施日期**：2019/07/01

**发布部门**：国家市场监督管理总局、中国国家标准化管理委员会

**归口单位**：全国牵引电气设备与系统标准化技术委员会（SAC/TC 278）

**标准简介**：GB/T 25121 的本部分规定了电力电子电容器的使用条件、质量要求和检验、过负载、安全要求、标识、安装和应用导则。本部分适用于轨道交通机车车辆中使用的电力电子电容器。本部分所涵盖的电容器的额定电压最高到 10000V。使用此类电容器系统的工作频率通常低于 15kHz，而脉冲频率可达到 5 倍～10 倍的工作频率。电容器分为交流电容器和直流电容器。电容器作为部件安装在壳体中。

**轨道交通　机车车辆设备　电力电子电容器　第 2 部分：非固体电解质铝电解电容器**

**标准编号**：GB/T 25121.2—2018　**实施日期**：2019/07/01

**发布部门**：国家市场监督管理总局、中国国家标准化管理委员会

**归口单位**：全国牵引电气设备与系统标准化技术委员会（SAC/TC 278）

**标准简介**：GB/T 25121 的本部分规定了电力电子电容器的使用条件、质量要求和检验、过负载、安全要求、标识、安装和应用导则。本部分适用于轨道交通机车车辆电力电子设备中使用的直流铝电解电容器（单元、模块或组）。注：本部分规定的电容器应用实例是直流滤波电容器。

**轨道交通　机车车辆设备　电力电子电容器　第 3 部分：双电层电容器**

**标准编号**：GB/T 25121.3—2018　**实施日期**：2019/07/01

**发布部门**：国家市场监督管理总局、中国国家标准化管理委员会

**归口单位**：全国牵引电气设备与系统标准化技术委员会（SAC/TC 278）

**标准简介**：GB/T 25121 的本部分规定了双电层电容器的使用条件、质量要求和检验、过负载、安全要求、标识、安装和应用导则。本部分适用于在轨道交通车辆上使用的大功率直流双电层电容器单体及其组成的模块或组。

**轨道交通　机车车辆用电力变流器　第 1 部分：特性和试验方法**

**标准编号**：GB/T 25122.1—2018　**实施日期**：2019/07/01

**发布部门**：国家市场监督管理总局、中国国家标准化管理委员会

**归口单位**：全国牵引电气设备与系统标准化技术委员会（SAC/TC 278）

**标准简介**：GB/T 25122 的本部分规定了机车车辆用电

力变流器的术语和定义、使用条件、一般特性和检验方法。本部分适用于为轨道交通机车车辆的牵引电路和辅助电路（动力车辆、客车及拖车）供电的电力变流器。本部分也可应用于其他牵引车辆（例如无轨电车等）的电力变流器。本部分适用于完整的变流器机组及其配置，包括：半导体器件组件；集成冷却系统；包括电感、电容、变压器、电阻、接触器、开关的集成组件；半导体驱动单元（Semiconductor Drive Units，SDU）及相关传感器；保护电路。本部分包含了下列类型的供电电源：交流接触网；直流接触网；车载电源（例如发电机、蓄电池以及其他电源）。本部分不适用于为半导体驱动单元（SDU）提供电气控制电源的变流器和为变流器工作相关的其他设备（如传感器）供电的变流器。

**轨道交通 机车车辆用电力变流器 第3部分：机车牵引变流器**

**标准编号：**GB/T 25122.3—2018 **实施日期：**2019/07/01

**发布部门：**国家市场监督管理总局、中国国家标准化管理委员会

**归口单位：**全国牵引电气设备与系统标准化技术委员会（SAC/TC 278）

**标准简介：**GB/T 25122的本部分规定了交流传动机车牵引变流器的使用条件、系统构成、主要参数、技术要求、检验方法、检验规则、标志、包装、运输和贮存。本部分适用于交流传动机车牵引变流器，其他类似用途的牵引变流器可参照执行。

**轨道交通 机车车辆用电力变流器 第4部分：电动车组牵引变流器**

**标准编号：**GB/T 25122.4—2018 **实施日期：**2019/07/01

**发布部门：**国家市场监督管理总局、中国国家标准化管理委员会

**归口单位：**全国牵引电气设备与系统标准化技术委员会（SAC/TC 278）

**标准简介：**GB/T 25122的本部分规定了电动车组用牵引变流器的使用条件、系统构成、主要参数、技术要求、检验方法、检验规则、标志、包装、运输和贮存。本部分适用于电动车组牵引变流器，其他类似用途的牵引变流器可参照执行。本部分不适用于城轨车辆用牵引变流器。

**轨道交通 机车车辆用电力变流器 第5部分：城轨车辆牵引变流器**

**标准编号：**GB/T 25122.5—2018 **实施日期：**2019/07/01

**发布部门：**国家市场监督管理总局、中国国家标准化管理委员会

**归口单位：**全国牵引电气设备与系统标准化技术委员会（SAC/TC 278）

**标准简介：**GB/T 25122的本部分规定了城轨车辆牵引变流器的使用条件、系统构成、技术要求、检验方法、检验规则、标志、包装、运输和贮存。本部分适用于城轨车辆牵引变流器。

**风力发电机组 运行及维护要求**

**标准编号：**GB/T 25385—2019 **实施日期：**2020/05/01

**发布部门：**国家市场监督管理总局、中国国家标准化管理委员会

**归口单位：**全国风力机械标准化技术委员会（SAC/TC 50）

**标准简介：**本标准规定了陆上风力发电机组运行和维护相关的安全、人员、设备、环境、管理要求。本标准适用于所有并网型陆上机组的运行维护。

**重要电力用户供电电源及自备应急电源配置技术规范**

**标准编号：**GB/T 29328—2018 **实施日期：**2019/07/01

**发布部门：**国家市场监督管理总局、中国国家标准化管理委员会

**归口单位：**全国电力监管标准化技术委员会（SAC/TC 296）

**标准简介：**本标准规定了重要电力用户的界定和分级、供电电源和自备应急电源的配置原则和主要技术条件。本标准适用于重要电力用户的供电电源及自备应急电源的配置。其他电力用户的供电电源和自备应急电源配置可参照执行。

**飞机混合式远程功率控制器通用要求**

**标准编号：**GB/T 36257—2018 **实施日期：**2019/01/01

**发布部门：**国家市场监督管理总局、中国国家标准化管理委员会

**归口单位：**全国航空器标准化技术委员会（SAC/TC 435）

**标准简介：**本标准规定了飞机混合式远程功率控制器的设计和性能通用要求。混合式远程功率控制器包括一个用于负载开关的电磁装置或电磁/固态组合装置和一个用于控制负载开关装置的固态控制电路。在飞机上，远程功率控制器用于接通和断开电路，并且当负载过载或短路时用以保护线路以及设备。负载开关装置和固态控制电路可以安装于同一装置内，也可以作为两个相互连接的分离单元。注：在可行的前提下，混合式远程功率控制器的接口需尽量与固态功率控制器兼容。

**微电网监控系统技术规范**

**标准编号：**GB/T 36270—2018 **实施日期：**2019/01/01

**发布部门：**国家市场监督管理总局、中国国家标准化管理委员会

**归口单位：**中国电力企业联合会

**标准简介**：本标准规定了微电网监控系统的工作环境、结构及配置、系统功能、性能指标等技术要求。本标准适用于35kV及以下电压等级的新建、改建和扩建微电网。

**微电网能量管理系统技术规范**

**标准编号**：GB/T 36274—2018 **实施日期**：2019/01/01

**发布部门**：国家市场监督管理总局、中国国家标准化管理委员会

**归口单位**：中国电力企业联合会

**标准简介**：本标准规定了微电网能量管理系统的结构及配置、工作环境条件、系统功能、性能指标等技术要求。本标准适用于35kV及以下电压等级的新建、改建和扩建微电网。

**电动汽车充换电设施接入配电网技术规范**

**标准编号**：GB/T 36278—2018 **实施日期**：2019/01/01

**发布部门**：国家市场监督管理总局、中国国家标准化管理委员会

**归口单位**：中国电力企业联合会

**标准简介**：本标准规定了电动汽车充换电设施接入配电网的基本原则和技术要求。本标准适用于接入110kV及以下电压等级电网的电动汽车充换电设施。

**LED应用产品可靠性试验的点估计和区间估计（指数分布）**

**标准编号**：GB/T 36362—2018 **实施日期**：2019/01/01

**发布部门**：国家市场监督管理总局、中国国家标准化管理委员会

**归口单位**：中华人民共和国工业和信息化部（电子）

**标准简介**：本标准规定了LED应用产品可靠性试验的点估计和区间估计的数据获取和处理方法。本标准适用于服从指数分布或近似服从指数分布的LED应用产品的可靠性试验的实验室试验数据处理和现场使用数据处理。

**电动自行车用充电器技术要求**

**标准编号**：GB/T 36944—2018 **实施日期**：2019/07/01

**发布部门**：国家市场监督管理总局、中国国家标准化管理委员会

**归口单位**：全国自行车标准化技术委员会（SAC/TC 155）

**标准简介**：本标准规定了电动自行车用充电器的术语和定义、分类和代号、要求、试验方法、检验规则、标志、说明书、包装、运输和贮存。本标准适用于额定电压不超过250 V的电动自行车用蓄电池充电器。本标准不适用于电动自行车用车载充电器。

**面向老年人的家用电器用户界面设计规范**

**标准编号**：GB/T 36947—2018 **实施日期**：2019/07/01

**发布部门**：国家市场监督管理总局、中国国家标准化管理委员会

**归口单位**：全国家用电器标准化技术委员会（SAC/TC 46）

**标准简介**：本标准规定了考虑老年人需求的家用和类似用途电器的用户界面要素、设计要求及设计评价。本标准适用于考虑老年人需求的器具用户界面的易用性设计。

**光伏建筑一体化系统防雷技术规范**

**标准编号**：GB/T 36963—2018 **实施日期**：2019/07/01

**发布部门**：国家市场监督管理总局、中国国家标准化管理委员会

**归口单位**：全国雷电防护标准化技术委员会（SAC/TC 258）

**标准简介**：本标准规定了光伏建筑一体化系统的直击雷防护、雷电电磁脉冲防护及相关雷电防护装置的检测与维护等要求。本标准适用于新建、改建、扩建光伏建筑一体化系统的防雷设计和施工。既有光伏建筑一体化系统的防雷设计和施工可参照使用。

**风力发电机组 电网适应性测试规程**

**标准编号**：GB/T 36994—2018 **实施日期**：2019/07/01

**发布部门**：国家市场监督管理总局、中国国家标准化管理委员会

**归口单位**：全国风力机械标准化技术委员会（SAC/TC 50）

**标准简介**：本标准规定了风力发电机组电网适应性测试的测试内容、测试设备、测试程序和测试报告内容。本标准适用于并网型风电机组。

**风力发电机组 故障电压穿越能力测试规程**

**标准编号**：GB/T 36995—2018 **实施日期**：2019/07/01

**发布部门**：国家市场监督管理总局、中国国家标准化管理委员会

**归口单位**：全国风力机械标准化技术委员会（SAC/TC 50）

**标准简介**：本标准规定了风力发电机组故障电压穿越能力的技术要求、测试条件、测试内容、测试要求、测试程序和测试报告内容。本标准适用于并网型风电机组。

**冶金用变频调速设备**

**标准编号**：GB/T 37009—2018 **实施日期**：2019/07/01

**发布部门**：国家市场监督管理总局、中国国家标准化管理委员会

**归口单位**：全国变频调速设备标准化技术委员会（SAC/TC 518）

**标准简介**：本标准规定了冶金用变频调速设备的分类与额定值、使用条件、技术要求、试验项目及标志、包装、运输与贮存。本标准适用于额定输入电压为交流 1kV 等级及以下、额定输入频率为 50Hz 或 60Hz，输出电压 1kV 及以下，输出频率小于 300Hz 的高性能、重载型变频调速设备。

**无线充电设备的电磁兼容性通用要求和测试方法**

**标准编号**：GB/T 37132—2018　**实施日期**：2019/07/01

**发布部门**：国家市场监督管理总局、中国国家标准化管理委员会

**归口单位**：全国无线电标准化技术委员会（SAC/TC 79）

**标准简介**：本标准规定了无线充电设备的电磁兼容性要求，包括限值、性能判据和测量方法等。本标准适用于各类无线充电设备，不包括电动汽车无线充电系统。注：在有相关的专用产品或产品类电磁兼容标准的情况下，产品标准或产品类标准在各方面将优先于本标准。

**电动汽车用高压大电流线束和连接器技术要求**

**标准编号**：GB/T 37133—2018　**实施日期**：2019/07/01

**发布部门**：国家市场监督管理总局、中国国家标准化管理委员会

**归口单位**：全国汽车标准化技术委员会（SAC/TC 114）

**标准简介**：本标准规定了由电动汽车用高压大电流线束和连接器组成的高压连接系统的一般要求、电气性能、物理性能、环境适应性、电磁屏蔽效能、试验方法和检验规则。本标准适用于符合 GB/T 18384.3—2015 规定的 B 级电压的电动汽车用高压连接系统。注：连接系统中用于传导非 B 级电压电路的部分可参考使用本标准。本标准不适用于电动汽车传导充电连接装置。

**城市公共设施　电动汽车充换电设施运营管理服务规范**

**标准编号**：GB/T 37293—2019　**实施日期**：2019/10/01

**发布部门**：国家市场监督管理总局、中国国家标准化管理委员会

**归口单位**：中国电力企业联合会

**标准简介**：本标准规定了电动汽车充电站、电池更换站和分散充电设施运营的总体要求、环境要求、标志标识、运营管理要求、服务要求、评价改进。本标准适用于电动汽车充电站、电池更换站和分散充电设施运营管理与服务。

**城市公共设施　电动汽车充换电设施安全技术防范系统要求**

**标准编号**：GB/T 37295—2019　**实施日期**：2019/10/01

**发布部门**：国家市场监督管理总局、中国国家标准化管理委员会

**归口单位**：中国电力企业联合会

**标准简介**：本标准规定了城市公共设施电动汽车充换电设施安全技术防范系统的总体要求，充电站、电池更换站、分散式充电设施和管理与维护等相关要求。本标准适用于新建、改建、扩建的城市公共设施电动汽车充换电设施视频安防监控、入侵报警、出入口控制等安全技术防范系统建设。

**船舶电力谐波滤波器**

**标准编号**：GB/T 37318—2019　**实施日期**：2019/10/01

**发布部门**：国家市场监督管理总局、中国国家标准化管理委员会

**归口单位**：全国船舶电气及电子设备标准化技术委员会（SAC/TC 531）

**标准简介**：本标准规定了船舶电力谐波滤波器的要求、试验方法、检验规则、标志、包装、运输和贮存等要求。本标准适用于工作频率为 50Hz、60Hz，额定工作电压不超过 1000V 的船舶有源电力谐波滤波器。

**电梯节能逆变电源装置**

**标准编号**：GB/T 37319—2019　**实施日期**：2019/10/01

**发布部门**：国家市场监督管理总局、中国国家标准化管理委员会

**归口单位**：全国电力电子系统和设备标准化技术委员会（SAC/TC 60）

**标准简介**：本标准规定了电梯节能逆变电源装置的术语和定义，型号规格和基本参数，技术要求，试验方法，检验规则，以及标志、包装、运输与贮存。本标准适用于电梯节能逆变电源装置。本标准不适用于电梯节能逆变回馈电网的电源装置。

**超级电容器用活性炭**

**标准编号**：GB/T 37386—2019　**实施日期**：2020/02/01

**发布部门**：国家市场监督管理总局、中国国家标准化管理委员会

**归口单位**：全国钢标准化技术委员会（SAC/TC 183）

**标准简介**：本标准规定了超级电容器用活性炭的术语和定义、分类和代号、技术要求、试验方法、检测规则、包装、标志、储存和运输。本标准适用于超级电容器用活性炭。

**光伏发电并网逆变器技术要求**

**标准编号**：GB/T 37408—2019　**实施日期**：2019/12/01

**发布部门**：国家市场监督管理总局、中国国家标准化

管理委员会

**归口单位：**中国电力企业联合会

**标准简介：**本标准规定了光伏发电并网逆变器的分类、环境条件、安全要求、电气性能、电磁兼容性能、标识、文档、包装、运输和储运等相关技术要求。本标准适用于并网型光伏逆变器。

**光伏发电并网逆变器检测技术规范**

**标准编号：**GB/T 37409—2019　**实施日期：**2019/12/01

**发布部门：**国家市场监督管理总局、中国国家标准化管理委员会

**归口单位：**中国电力企业联合会

**标准简介：**本标准规定了光伏发电并网逆变器的外观与结构、环境适应性、安全性能、电气性能、通信、电磁兼容性、效率、标识耐久性、包装、运输和储存方面检测的技术要求。本标准适用于并网型光伏逆变器的型式试验，出厂试验和现场试验也可参照执行。

**地面用太阳能光伏组件接线盒技术条件**

**标准编号：**GB/T 37410—2019　**实施日期：**2019/12/01

**发布部门：**国家市场监督管理总局、中国国家标准化管理委员会

**归口单位：**中国标准化研究院

**标准简介：**本标准规定了地面用太阳能光伏组件接线盒的结构要求和性能要求，以及测试方法。本标准适用于直流电压小于或等于 1500V 且符合标准 GB/T 20047.1—2006 中应用等级Ⅱ的光伏组件用接线盒。安装在组件上用于控制、监视或者类似操作的电子装置，可参考本标准。

**城市轨道交通再生制动能量吸收逆变装置**

**标准编号：**GB/T 37423—2019　**实施日期：**2019/12/01

**发布部门：**国家市场监督管理总局、中国国家标准化管理委员会

**归口单位：**全国城市轨道交通标准化技术委员会（SAC/TC 290）

**标准简介：**本标准规定了城市轨道交通列车再生制动能量吸收逆变装置的使用条件、分类、规格及型号、技术要求、试验方法、检验规则、标志、包装、运输和贮存等。本标准适用于城市轨道交通直流牵引供电系统中以逆变回馈方式吸收列车再生制动能量的装置。

**海上风力发电机组　运行及维护要求**

**标准编号：**GB/T 37424—2019　**实施日期：**2019/12/01

**发布部门：**国家市场监督管理总局、中国国家标准化管理委员会

**归口单位：**全国风力机械标准化技术委员会（SAC/TC 50）

**标准简介：**本标准规定了海上风力发电机组运行和维护相关的安全、人员、设备、环境、管理要求。本标准适用于固定式基础的海上机组运行及维护。漂浮式海上机组可参照使用。

**电解铝行业能源管理体系实施指南**

**标准编号：**GB/T 37482—2019　**实施日期：**2020/03/01

**发布部门：**国家市场监督管理总局、中国国家标准化管理委员会

**归口单位：**全国能源基础与管理标准化技术委员会（SAC/TC 20）

**标准简介：**本标准提出了电解铝企业建立、实施、保持和改进其能源管理体系的系统性指导建议，旨在使企业能够科学、有效地建立、实施、保持和改进能源管理体系，确保其能源绩效目标的实现。本标准适用于各类不同规模的电解铝（不含铝用炭素和铝加工）企业。

**太阳能资源评估方法**

**标准编号：**GB/T 37526—2019　**实施日期：**2020/01/01

**发布部门：**国家市场监督管理总局、中国国家标准化管理委员会

**归口单位：**全国气候与气候变化标准化技术委员会风能太阳能气候资源分技术委员会（SAC/TC 540/SC 2）

**标准简介：**本标准规定了太阳能资源数据基本要求和处理方法、代表年数据订正方法及评估内容要求等。本标准适用于能源、建筑、气象、电力、农业等相关领域太阳能利用的规划、科研和产业中太阳能资源的计算和评估。

**LED 投光灯具性能要求**

**标准编号：**GB/T 37637—2019　**实施日期：**2020/01/01

**发布部门：**国家市场监督管理总局、中国国家标准化管理委员会

**归口单位：**全国照明电器标准化技术委员会（SAC/TC 224）

**标准简介：**本标准规定了电源电压不超过 1000V、以 LED 为光源的投光灯具的性能要求。本标准适用于在建筑、景观、艺术作品、公共场所、体育场馆等使用的灯具。本标准不适用于半峰边角小于 2°的灯具（如探照灯）。本标准不涉及由 GB/T 31897.1—2015 覆盖的使用 LED 灯的灯具。

**光伏与建筑一体化发电系统验收规范**

**标准编号：**GB/T 37655—2019　**实施日期：**2020/01/01

**发布部门：**国家市场监督管理总局、中国国家标准化管理委员会

**归口单位：**中国标准化研究院

**标准简介：**本标准规定了光伏与建筑一体化发电系统

验收的术语和定义，验收的基本要求，以及结构相关工程验收、电气工程验收、系统整体验收等分项验收的内容。本标准适用于新建、改建和扩建的工业、民用建筑与太阳能光伏一体化系统工程，以及在既有工业与民用建筑上安装和改造已安装的光伏系统工程。

**并网光伏电站启动验收技术规范**

**标准编号**：GB/T 37658—2019 **实施日期**：2020/01/01

**发布部门**：国家市场监督管理总局、中国国家标准化管理委员会

**归口单位**：中国电力企业联合会

**标准简介**：本标准规定了光伏发电站启动验收的主要工作、程序和内容。本标准适用于通过35kV及以上电压等级并网，以及通过10kV电压等级与公用电网连接的新建、改建和扩建的光伏发电站的启动验收。

**柔性直流输电用电力电子器件技术规范**

**标准编号**：GB/T 37660—2019 **实施日期**：2020/01/01

**发布部门**：国家市场监督管理总局、中国国家标准化管理委员会

**归口单位**：全国输配电用电力电子器件标准化技术委员会（SAC/TC 413）

**标准简介**：本标准规定了柔性直流输电用电力电子器件的术语和定义、额定值和特性、试验、标志和订货单。本标准适用于柔性直流输电用IGBT-二极管对，柔性直流输电用其他类型的全控型电力电子器件也可参照执行。

**湿热带分布式光伏户外实证试验要求 第1部分：光伏组件**

**标准编号**：GB/T 37663.1—2019 **实施日期**：2020/01/01

**发布部门**：国家市场监督管理总局、中国国家标准化管理委员会

**归口单位**：全国电工电子产品环境条件与环境试验标准化技术委员会（SAC/TC 8）

**标准简介**：GB/T 37663的本部分规定了地面用晶体硅、薄膜光伏组件（聚光光伏组件除外）的户外实证试验要求，包括样品要求、试验条件、安装要求、试验过程、结果处理等。本部分适用于GB/T 4797.1规定的我国“湿热”气候区的分布式光伏发电系统中应用的光伏组件。大型地面光伏电站应用的光伏组件，以及我国“亚湿热”气候区也可参照执行。本部分不适用于双面光伏组件。

**湿热带分布式光伏户外实证试验要求 第2部分：光伏背板**

**标准编号**：GB/T 37663.2—2019 **实施日期**：2020/01/01

**发布部门**：国家市场监督管理总局、中国国家标准化管理委员会

**归口单位**：全国电工电子产品环境条件与环境试验标准化技术委员会（SAC/TC 8）

**标准简介**：GB/T 37663的本部分规定了晶体硅组件封装用背板的户外实证试验要求，包括样品的制备、试验场地、性能测试、户外实证试验以及结果评定。本部分适用于晶体硅组件封装用背板，不包括应用于光伏组件外的其他种类背板。本部分适用于GB/T 4797.1规定的“湿热”区应用的光伏背板。对于“亚湿热”也可参照执行。

**湿热带分布式光伏户外实证试验要求 第3部分：并网光伏系统**

**标准编号**：GB/T 37663.3—2019 **实施日期**：2020/01/01

**发布部门**：国家市场监督管理总局、中国国家标准化管理委员会

**归口单位**：全国电工电子产品环境条件与环境试验标准化技术委员会（SAC/TC 8）

**标准简介**：GB/T 37663的本部分规定了分布式并网光伏系统的户外实证试验要求，包括实证试验的基本要求，以及太阳能资源实证试验、发电效率实证试验、发电运行实证试验和并网性能实证试验的试验方法。本部分适用于GB/T 4797.1规定的“湿热”气候区的通过AC380V电压等级接入电网，以及通过AC10（6）kV电压等级接入用户侧的新建、改建和扩建分布式并网光伏系统，不适用于聚光光伏组件组成的分布式并网光伏系统。大型地面光伏电站，以及“亚湿热带”气候区的并网光伏系统，也可参照执行。

**信息技术 电子信息产品用低功率无线充电器通用规范**

**标准编号**：GB/T 37687—2019 **实施日期**：2020/03/01

**发布部门**：国家市场监督管理总局、中国国家标准化管理委员会

**归口单位**：全国信息技术标准化技术委员会（SAC/TC 28）

**标准简介**：本标准规定了电子信息产品用低功率无线充电器类产品的要求、试验方法、质量评定程序以及标志、包装、运输和贮存。本标准适用于电子信息产品用输出功率不大于30W的电磁感应式无线充电器类产品的设计、生产和交付验收。

**数据中心能源管理体系实施指南**

**标准编号**：GB/T 37779—2019 **实施日期**：2020/03/01

**发布部门**：国家市场监督管理总局、中国国家标准化管理委员会

**归口单位**：全国能源基础与管理标准化技术委员会（SAC/TC 20）

**标准简介**：本标准提出了数据中心按照GB/T 23331—2012建立、实施、保持和改进其能源管理体系的系统性指

导建议。本标准适用于各类固定式数据中心，移动式数据中心可参照执行。

**地面光伏组件背轨粘接用有机硅胶粘剂**

**标准编号**：GB/T 37882—2019　**实施日期**：2020/07/01

**发布部门**：国家市场监督管理总局、中国国家标准化管理委员会

**归口单位**：全国胶粘剂标准化技术委员会（SAC/TC 185）

**标准简介**：本标准规定了地面光伏组件背轨粘接用有机硅胶粘剂的技术要求、试验方法、检验及标志、运输、贮存等。本标准适用于晶体硅光伏双玻组件和薄膜组件的背轨结构粘接用有机硅胶粘剂。本标准不适用于带聚光器的光伏组件。

**地面光伏组件用密封材料　压敏胶粘带**

**标准编号**：GB/T 37888—2019　**实施日期**：2020/07/01

**发布部门**：国家市场监督管理总局、中国国家标准化管理委员会

**归口单位**：全国胶粘剂标准化技术委员会（SAC/TC 185）

**标准简介**：本标准规定了地面光伏组件密封用压敏胶粘带的技术要求、试验方法、检验规则、标志、包装、运输和贮存等。本标准适用于地面光伏组件边框密封用压敏胶粘带。

**风力发电机组　吊装安全技术规程**

**标准编号**：GB/T 37898—2019　**实施日期**：2020/03/01

**发布部门**：国家市场监督管理总局、中国国家标准化管理委员会

**归口单位**：全国风力机械标准化技术委员会（SAC/TC 50）

**标准简介**：本标准规定了风力发电机组吊装作业的安全技术要求。本标准适用于风力发电机组吊装作业的施工安全技术管理。

**高海拔型风力发电机组**

**标准编号**：GB/T 37921—2019　**实施日期**：2020/03/01

**发布部门**：国家市场监督管理总局、中国国家标准化管理委员会

**归口单位**：全国风力机械标准化技术委员会（SAC/TC 50）

**标准简介**：本标准规定了高海拔型风力发电机组适用的外部条件、技术要求、试验方法、检验规则、运输、安装、运行和维护。本标准适用于安装在海拔高度为2000～5000m地区的并网型水平轴风力发电机组。

**风能发电系统　风力发电场可利用率**

**标准编号**：GB/T 38174—2019　**实施日期**：2020/05/01

**发布部门**：国家市场监督管理总局、中国国家标准化管理委员会

**归口单位**：全国风力机械标准化技术委员会（SAC/TC 50）

**标准简介**：本标准提供了风力发电场时间可利用率、服务产出可利用率性能指标的计算框架，描述了数据类别方法，并给出了应用这些数据计算可利用率指标的示例。本标准将GB/Z 35482—2017和GB/Z 35483—2017模型中的术语和定义应用到风力发电场。本标准的基本方法是假设可将整个风力发电场建模为单台风力发电机组，以代表整个风力发电场。该风力发电场为并网点处所有的风力发电机组、功能性服务及风力发电场配套设施组成的集合体。本标准的目的，不是规定时间可利用率和服务产出可利用率的计算方法，也不为功率曲线性能测量提供依据；关于功率曲线测量，见IEC 61400-12。但其附录宜为可利用率指标计算方法提供详例和指南。

**港口船岸连接　第1部分：高压岸电连接（HVSC）系统　一般要求**

**标准编号**：GB/T 38329.1—2019　**实施日期**：2020/07/01

**发布部门**：国家市场监督管理总局、中国国家标准化管理委员会

**归口单位**：全国船舶电气及电子设备标准化技术委员会（SAC/TC 531）

**标准简介**：本部分规定了船上和岸上高压岸电连接（HVSC）系统以及从岸上向船舶输送电力的系统的相关要求。

**光伏发电站逆变器检修维护规程**

**标准编号**：GB/T 38330—2019　**实施日期**：2020/07/01

**发布部门**：国家市场监督管理总局、中国国家标准化管理委员会

**归口单位**：中国电力企业联合会

**标准简介**：本标准规定了光伏发电站逆变器检修、维护、试验等技术要求。本标准适用于光伏发电站。

**光伏发电站运行规程**

**标准编号**：GB/T 38335—2019　**实施日期**：2020/07/01

**发布部门**：国家市场监督管理总局、中国国家标准化管理委员会

**归口单位**：中国电力企业联合会

**标准简介**：本标准规定了光伏发电站的运行控制、巡

视检查、日常维护、异常运行与故障处理等技术要求。本标准适用于大中型光伏发电站。

**超声波电动机及其驱动控制器通用技术条件**

**标准编号**：GB/T 38337—2019 **实施日期**：2020/07/01

**发布部门**：国家市场监督管理总局、中国国家标准化管理委员会

**归口单位**：全国微电机标准化技术委员会（SAC/TC 2）

**标准简介**：本标准规定了超声波电动机及其驱动控制器的术语和定义、分类、运行条件、技术要求和试验方法、检验规则、交付准备和质量保证期。本标准适用于旋转型超声波电动机及其驱动控制器，直线型超声波电动机及其驱动控制器可参照使用。

**宇航用钽电容器用关键材料选用与控制要求**

**标准编号**：GB/T 38346—2019 **实施日期**：2020/07/01

**发布部门**：国家市场监督管理总局、中国国家标准化管理委员会

**归口单位**：全国宇航技术及其应用标准化技术委员会（SAC/TC 425）

**标准简介**：本标准规定了宇航用钽电容器用关键材料的识别、检验、贮存等要求及供方的管理办法。本标准适用于宇航用片式固体电解质钽电容器、宇航用非固体电解质全钽电容器及宇航用金属外壳封装固体电解质钽电容器承制方或供应商的材料控制及供方的管理。其他钽电容器可参照本标准执行。

**太阳能光伏橡胶组件**

**标准编号**：GB/T 38391—2019 **实施日期**：2020/11/01

**发布部门**：国家市场监督管理总局、中国国家标准化管理委员会

**归口单位**：全国橡胶与橡胶制品标准化技术委员会（SAC/TC 35）

**标准简介**：本标准规定了太阳能光伏橡胶组件的结构、技术要求、试验方法、检验规则及标志、包装、运输和贮存。本标准适用于太阳能光伏用橡胶组件。

**微电网 第1部分：微电网规划设计导则**

**标准编号**：NB/T 10148—2019 **实施日期**：2019/10/01

**发布部门**：国家能源局

**归口单位**：全国电压电流等级和频率标准化技术委员会（SAC/TC 1）

**标准简介**：本部分给出了微电网规划设计导则。本部分中的微电网指的是包含中、低压负载和分布式能源（Distributed Energy Resources，DER）的交流电气系统。本部分不涉及直流微电网。微电网分为并网型微电网和独立型微电网。独立型微电网和公用电网没有电气连接；并网型微电网是电力系统的一个受控部分，可以运行于以下两种模式：并网模式；孤岛模式。本部分主要包括以下内容：微电网应用范围、资源分析、发电预测、负荷预测；DER规划和微电网电力系统规划；对于DER、微电网接入配电网、微电网控制、保护和通信系统等的技术要求；微电网项目的评估。

**微电网 第2部分：微电网运行导则**

**标准编号**：NB/T 10149—2019 **实施日期**：2019/10/01

**发布部门**：国家能源局

**归口单位**：全国电压电流等级和频率标准化技术委员会（SAC/TC 1）

**标准简介**：本部分规定了微电网运行与控制导则。所指微电网是包含分布式能源（DER）和负荷的中、低压交流电力系统，不包括直流微电网。微电网分为独立型微电网和并网型微电网。独立型微电网与公用电力系统之间没有电气连接，且仅运行于孤岛模式。并网型微电网可作为一个可控单元与公用电力系统连接并可工作于以下两种模式：并网模式；孤岛模式。本部分提出的导则旨在提高微电网的安全性、可靠性和稳定性。本部分适用于并网型和独立型的交流微电网的运行与控制，包括：运行模式和模式转换；微电网的控制和能量管理系统；通信和监测过程；电储能；保护原则，包括：独立型微电网和并网型微电网的保护、反孤岛保护、同步和重合闸、电能质量；调试、维护和测试。

**电动汽车自用充电设施安装服务认证要求**

**标准编号**：RB/T 008—2019 **实施日期**：2019/07/01

**发布部门**：中国国家认证认可监督管理委员会

**归口单位**：中国国家认证认可监督管理委员会

**标准简介**：本标准规定了电动汽车自用充电设施安装服务的服务要求、服务管理要求、服务认证评价要求等内容。本标准适用于电动汽车自用充电设施安装方规范其安装服务活动，提升其服务质量，也适用于认证机构开展针对安装方提供的安装服务的服务认证活动。

# 第七篇 主要电源企业简介

（同类企业按单位名称汉语拼音字母顺序排序）

# 副理事长单位

## 1. 广东志成冠军集团有限公司

**地址**：广东省东莞市塘厦镇田心工业区
**邮编**：523718
**电话**：0769-87282699
**传真**：0769-87927259
**邮箱**：liux@ zhicheng-champion. com
**网址**：www. zhicheng-champion. com

**简介**：广东志成冠军集团有限公司是一家集科、工、贸、投资于一体的民营高科技企业，始创于1992年8月，注册资金1亿元人民币，占地27万平方米，自有资产逾6.5亿元人民币。

公司设有4个研发机构，3个生产厂区，32个分公司、办事处，有员工1000余名，其中各类专业人才500多名。技术上以国内多所著名高校为依托，致力于电子信息、先进制造、新能源与高效节能等高新技术领域的自主创新，研发、生产、销售不间断电源（UPS）、逆变电源（INV）、应急电源（EPS）、储能电站装置、岸电电源系统、铅酸蓄电池、磷酸铁锂钒电池等，产品广泛应用于多个领域，覆盖70多个国家与地区，是广东省50家装备制造业骨干企业和战略性新兴产业骨干企业之一。

公司通过自主创新，构建和完善了以企业为主体、市场为导向、产学研相结合的技术创新体系，并成功地组建了“广东省企业技术中心”“广东省大功率不间断电源工程研究开发中心”“博士后科研工作站”，先后填补了国家10项产品空白，其中有9项产品被列入国家火炬计划和国家重点新产品。公司已获得116项专利和35项软件著作权，其中发明专利“大容量不间断电源”荣获中国专利金奖，并被国家标准化管理委员会批准为“中国电力电子学标准化技术委员会不间断电源分技术委员会”秘书处承担单位。

公司先后被认定为“国家高新技术企业”“国家火炬计划重点高新技术企业”“国家级创新型试点企业”、首批29家“广东省创新型企业”、50家“广东省装备制造业骨干企业”“广东省百强民营企业”及4A级“标准化良好行为企业”等。

公司大力推广品牌战略。公司提出了“质量第一，信誉为本”的质量方针，在国内同行业中首批通过了ISO 9001质量管理体系认证和ISO 14001环境管理体系认证。连续8年被广东省工商行政管理局评定为“守合同重信用”企业，不间断电源、应急电源、蓄电池产品被评为“广东省名牌产品”，企业注册商标被评为“广东省著名商标”，2010年又被国家工商总局商标局认定为“中国驰名商标”。

**主要产品介绍**：

岸电电源系统

岸电电源系统指具有变频变压能力或具备多频多压能力的船舶岸电，安放于港口码头，为集装箱、客滚船、邮船、客运、干散货船及各种专用船舶等提供供电服务。分为高压（或称中压）船舶岸电和低压船舶岸电。具有V/F分离控制、恒频稳压输出、一键并网、软件逆功率控制等功能；逆变器采用模块化模式和支持多机并联的应用等特点。

**企业领导专访**：

**被采访人：李民英　总工程师**

▶请您介绍公司2019年总体发展情况。企业的核心竞争力有哪些?

公司2019年度总体发展形势良好，原有不间断电源（UPS）、逆变电源（INV）、应急电源（EPS）、储能电站装置、铅酸蓄电池、磷酸铁锂电池等先进电源产品的营收保持平稳增长。另外，得益于2018年公司成功引进了湖南大学罗安院士领衔的“电能绿色变换与控制创新团队”，2019年成功进入海岛特种电源这一军民融合新兴市场领域，并取得了很好的业绩。

公司所取得的成绩，与企业形成的以下几点核心竞争力是分不开的：

1）公司通过自主创新，构建和完善了以企业为主体、市场为导向、产学研相结合的技术创新体系。公司高度重视研发能力，具备独立的产品开发、设计、生产能力。

2）公司大力推广品牌战略。公司一直坚持“质量第一，信誉为本”的质量方针，多项产品被评为“广东省名牌产品”，企业注册商标被评为“广东省著名商标”，2010年又被国家工商总局商标局认定为“中国驰名商标”。

▶新冠肺炎疫情在2020年对企业的主要影响有哪些?企业用什么策略来应对?

新冠肺炎疫情在2020年对公司造成的影响体现在以下几方面：①企业订单下降；②工人复工困难，招工受影响，导致企业人员不足和生产滞后，影响原有订单的交货及新订单的完成；③固定成本负担过重。

为了减少新冠肺炎疫情对公司的影响，一方面，公司出台了一系列疫情防控方案，提高员工的复工率，保障公司员工的身体健康和生命安全。另一方面，加大业务线上化，通过网络、电话等途径积极开拓市场。

## 2. 科华恒盛股份有限公司

**地址：** 福建省厦门市湖里区火炬高新区火炬园马垄路457号
**邮编：** 361006
**电话：** 0592-5160516
**传真：** 0592-5162166
**邮箱：** kehuamedia@ kehua. com
**网址：** www. kehua. com. cn

**简介：** 科华恒盛股份有限公司（以下简称科华恒盛）前身创立于1988年，2010年深圳A股上市（股票代码：002335），是行业首批“国家认定企业技术中心”“国家重点高新技术企业”“国家技术创新示范企业”和全国首批“两化融合管理体系”贯标企业，服务于全球100多个国家和地区的用户。

科华恒盛立足电力电子核心技术，融合人工智能、物联网前沿技术应用，致力于将“数字化和场景化的智慧电能综合管理系统”融入不同场景，提供稳定动力，支撑各行业转型升级，在高端电源、新能源以及云计算基础服务三大领域，为政府、金融、工业、通信、交通、军工、互联网等客户提供安全、可靠的智慧电能综合管理解决方案及服务。

科华恒盛本着“自主创新，自有品牌”的发展理念，组建了以自主培养的4名享受国务院政府特殊津贴专家领衔的1000多人的研发团队，先后承担国家级与省部级火炬计划、国家重点新产品计划、863计划等30余项，参与了90多项国家和行业标准的制定，获得国家专利、软件著作权等知识产权约800多项。

权威调研机构赛迪顾问报告显示，科华恒盛已连续多年保持中国UPS国产品牌市场占有率第一，2018年度科华恒盛中国微模块数据中心国产品牌市场占有率第一、中国储能市场用户侧市场占有率第一。全球调研机构IHS Markit报告显示，科华恒盛2017年工业UPS市场占有率已跃至全球第三、亚洲第一、拉丁美洲第三，以品牌力量引领智慧电能行业发展，启动互联世界。

**主要产品介绍：**

MR系列三进三出UPS

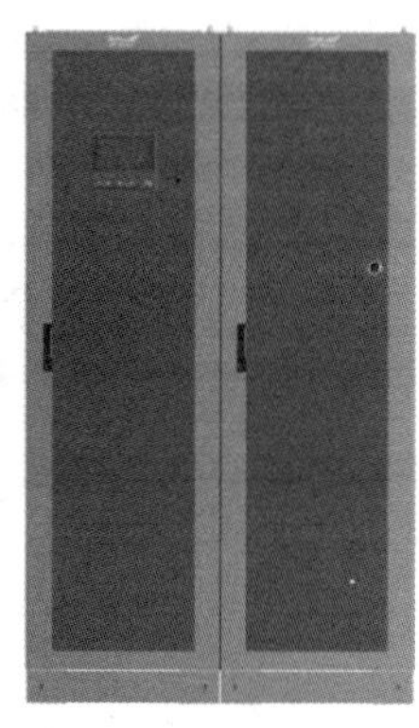

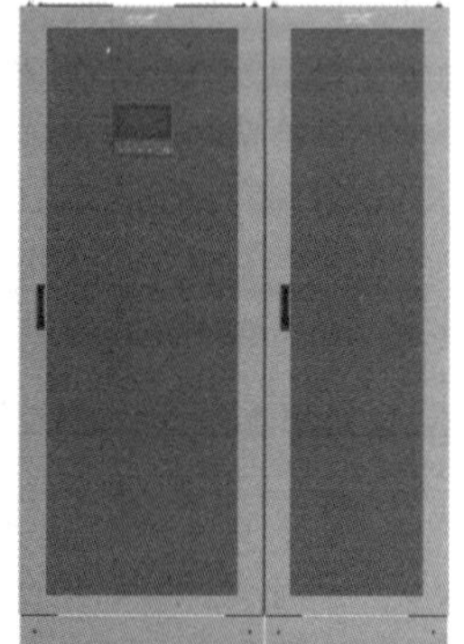

采用模块化设计，支持在线热插拔，可按需灵活扩容，同时节省维护时间。相比上一代MR系列模块化UPS，新一代MR系列模块化UPS功率密度实现巨大突破：单功率模块密度达到80kVA/kW，单机容量可达800kVA/kW；系统可实现8机并联，容量可达6.4MW，满足超大型数据中心、工业等场景的电力保障需求。

**企业领导专访：**

**被采访人：陈成辉　董事长兼总裁**

▶请您介绍企业2019年总体发展情况。企业的核心竞争力有哪些？

2019年公司战略规划进一步优化提升为打造智慧电源综合管理平台。同时，加强渠道业务拓展、提升产品研发效率、优化人才结构等一系列“打粮食，造血液”的战略方针的执行使得公司管理效率得到进一步提升，2019年在公司业务稳定增长的情况下，整体业绩得到大幅提升。

科华恒盛的核心竞争力主要体现以下几方面：

一是始终自主研发和技术积累。经过32年的行业实践，公司有着深厚的技术沉淀，形成了技术核心驱动力，实现各业务板块协调发展，在“技术同源”思路下“同频共振”。

二是坚持以客户为中心的市场经营理念。公司始终坚持以市场为导向，以客户为中心，在经营管理过程中，根据具体问题制定相应解决方案，并复盘总结，以战略定业务、以业务定流程、以流程定组织和制度，提高公司整体运营效率，减少公司运营过程中的无效损耗。在业务的开拓过程中，各平台部门匹配市场端需求，综合考虑成本、效率、人力、财务等因素，制定符合公司战略目标的产品开发计划、市场宣传营销计划、业务模式、竞争策略、用服体系等。

三是卓越一流的供应链体系。公司借助“两化融合”手段，依靠自身数据中心技术，对各地工厂实行平台化、透明化、智能化、精益化管理，疏通产品生产过程中的业务流程计划管理、工艺优化、质量管控等环节；以信息化、表单化、可视化的“三化”管理手段，实现对生产过程中各要素的标准化、规范化、流程化、自动化的“四化”管控。成本管控能力为科华恒盛在市场竞争中取得了成本领先优势。

▶请您介绍企业2020年的发展规划及未来展望。

在全球疫情爆发的背景下，2020年的开端是十分严峻且艰难的，全球经济都面临着大幅下滑的风险。但在危机中总是伴随着机遇，涉及5G、大数据、轨道交通等领域的新基建政策的提出，与公司当前业务体系十分匹配。2020年，公司将继续执行“打粮食，造血液”的战略方针，坚定打造智慧电能综合管理平台的战略目标。

具体发展规划如下：

1）加强新能源、云基础服务、轨道交通等业务海外市场的开拓，打造海外重点区域团队，做好相应市场的调研以及业务模式的设计。

2）进一步提升公司产品研发投入的有效性，在以客户为中心的理念下，通过技术创新、模块化设计等手段，打造具有市场竞争力、综合性能成本优异的产品。

3）完善铁三角销售模式，真正实现以销售牵头，项目交付与技术支持协助的铁三角销售模式，实现对大客户、大项目的有效出击。

4）打造国内重点业务区域团队，针对京津冀、长三角、粤港澳大湾区等区域的国家发展策略，打造与该区域重点发展行业相匹配的业务团队，完成在该区域的战略布局。

▶您对电源行业（或您所在细分行业领域）未来市场发展趋势有什么看法？企业会迎来哪些机遇？如何把握？

2020年初，随着各项利好政策的密集出台，国家持续加大对“新基建”、数字经济、医疗健康的投入力度，无疑是加速释放经济增长潜力的积极信号，这为电源行业2020年的发展开动了新的引擎。科华恒盛“智慧电能综合管理服务”的战略布局也迎来了巨大的市场空间。

目前，科华恒盛在5G基建、城际高速铁路和城际轨道交通、新能源汽车充电桩、大数据中心、工业互联网等“新基建”领域均有出色的市场表现。未来，公司将充分发挥这种高度契合的业务战略优势、技术优势、市场优势，以及在多行业用户场景中运用的经验优势，结合时代新需求，研发推出更先进的云基础服务业务和医疗电源类产品，夯实业务战略布局，为“新基建”提供电气设施整体解决方案和IDC全生命周期综合服务。

## 3. 山特电子（深圳）有限公司

**SANTAK**

**An Eaton Brand**

**地址：**广东省深圳市宝安区72区宝石路8号

**邮编：**518101

**电话：**0755-27572666

**传真：**0755-27572730

**邮箱：**UPSService@ eaton. com

**网址：**www. santak. com. cn

**简介：**山特电子（深圳）有限公司（以下简称山特）根植中国三十余年，凭借雄厚的技术研发实力，可靠的产品品质，完备、快捷、高效的售后服务体系，得到了国内各行业用户的一致肯定，产品已广泛应用于政府、金融、电信、电力、交通、科研院所、制造业及军队等，数以千万的用户正在依靠山特UPS为其设备提供安全、可靠的电源环境。山特于2008年加入伊顿集团，成为伊顿集团的全资子公司，伊顿集团是一家全球知名的动力管理公司，年销售额达到204亿美金，在全球拥有9.9万名员工，产品销往超过175个国家和地区。

**主要产品介绍：**

灵霄系列 UPS PT3000

灵霄系列UPS采用在线双变换架构，其安装方式灵活，适用标准机架式安装或者塔式安装。灵霄系列UPS配置输出负载分类管理、智能通信卡、远程开关机、手动维修旁路及PDU等业界广受欢迎的功能，其配套的电源管理软件IPP/IPM可有效提升IT管理的安全性和便捷性。

**企业领导专访：**

**被采访人：张登　品牌市场营销总监**

▶请您介绍企业2019年总体发展情况。企业的核心竞争力有哪些？

2019年山特持续发挥了渠道的优势，深耕三四线城市，在分销市场上稳步发展，同时在行业和新产品上力求突破。

稳定可靠的产品，成熟的渠道网络，良好的品牌口碑是山特成功的主要因素。

▶请您介绍企业2020年的发展规划及未来展望。

2020年山特将持续深耕下沉市场，在三四线城市和二级渠道持续发力。同时聚焦在新行业、新应用和新产品上，继续稳健地给广大用户群体提供更可靠的产品和电力保障。

▶您对电源行业（或您所在细分行业领域）未来市场发展趋势有什么看法？企业会迎来哪些机遇？如何把握？

随着5G、物联网、边缘计算的进一步发展，分布的算力将会进一步爆发，这给中小型UPS企业提供了新一轮的发展机会，也对UPS提出了新的要求。高功率密度、高性能的UPS将不仅仅是保障电力的设备，也是整个网络中的一环。

▶新冠肺炎疫情在2020年对企业的主要影响有哪些？企业用什么策略来应对？

新冠肺炎短期内会对运营、销售产生巨大的影响。从长期来看，更具实力的公司将可能获得更大的市场份额。在此期间，公司积极恢复产能，并通过渠道合作伙伴继续支持终端市场。

## 4. 深圳市航嘉驰源电气股份有限公司

**Huntkey 航嘉**

**地址：**广东省深圳市龙岗区坂田街道航嘉工业园

**邮编：**518129

**电话：**0755-89606833

**传真：**0755-89606333

**邮箱：**secy4@ huntkey. net

**网址：**www. huntkey. com

**简介：**航嘉机构总部位于深圳，设有深圳市航嘉驰源电气股份有限公司、河源湧嘉实业有限公司、航嘉电器（合肥）有限公司、深圳嘉源锐信管理软件有限公司等主导企业。目前拥有深圳、河源、合肥三地工业园区近百万平方米，在美国、日本等国设有分公司，在巴西、阿根廷、印度等多国拥有合作工厂。自主设计、研发、制造开关电源、计算机机箱、显示器、适配器等IT周边产品，手机等移动电子产品所用的充电器、旅行充等消费周边产品，智能插座、智能小家电、智能LED照明等智能家居产品，充电桩、新能源汽车车载电源（充电机、DC-DC等）。销售网络覆盖世界各地。

航嘉机构创立于 1995 年，深圳市航嘉驰源电气股份有限公司为航嘉机构的核心企业，是从事 IT、消费、小家电领域的产品及其产品所属的电力、电子系统的研发、设计、制造、销售一体化的专业服务企业。公司是国际电源制造商协会（PSMA）会员单位、中国电源学会（CPSS）副理事长单位、高新技术企业。

公司研发技术实力雄厚，其产品中心拥有行业先进的可靠性实验室、材料实验室、功能实验室、光学实验室、仿真实验室、安全实验室、电磁兼容实验室、声学实验室、HALT 等专业实验室和检测中心，专注于研发设计、新材料、实验技术应用、产品功能测试等领域，2012 年公司通过了中国合格评定国家认可委员会（CNAS）认可资格，是深圳市指定的电力电子工程技术中心，拥有德国 TüV 、挪威 Nemko、美国 FCC、国标 9254 授权实验室，具备 TüV、CE、UL 及泰尔等国际认证的能力。

多年来，公司为联想、华为、海尔、中兴、戴尔、Best Buy 等国内外大型企业提供了优质可靠的产品和解决方案，获得了客户的认可和信任。

**主要产品介绍：**

MVP K850

1）额定功率 850W，通过 80PLUS 金牌认证。

2）采用 LLC 谐振、SR 同步整流、DC-DC 设计，稳定长效。

3）全模组设计，标配全黑扁平线，可支持全塔机箱背部走线。

4）支持双 4+4 PIN CPU 供电，支持旗舰主板 CPU 超频供电需要。

5）采用风扇智能起停技术，30%负载下零噪声运行。

**企业领导专访：**

**被采访人：刘茂起　执行总裁**

▶请您介绍企业 2019 年总体发展情况。企业的核心竞争力有哪些？

2019 年公司的经营规模虽然没有得到增长，但经营质量同比得到了极大提升，其中 IVC 创值率达到了 150%，IVC 损益同比增长了 45%以上。公司的客户业务获得了众多优质大客户在管理、交付、服务和质量方面给予的多项顶级大奖；渠道业务也获得了行业、媒体和市场在产品、品牌和创新上的多项大奖；新兴的光触媒业务，更是获得了以钟南山院士命名的“南山奖空净产品十大影响力品牌”。客户、市场和媒体的首肯，为公司新财年的规模增长奠定了良好的基础。基于多年在 IVC 管理、智能制造、研发和品牌上持续苦练内功、精益求精，奠定了航嘉机构在智能制造、研发和品牌上的行业地位，打造出航嘉机构的核心竞争力，赢得了国内外优质大客户、市场和媒体的青睐。

▶请您介绍企业 2020 年的发展规划及未来展望。

2020 年，在经营工作上，航嘉机构将确保经营规模的快速增长和经营质量的合理提升。在管理工作上，将进一步深化 IVC 管理工具——SCEO 系统的应用，灵活运用问题导向、目标导向和结果导向的导向管理法，持续提升管理效率和经营效果。同时，坚持“苦练内功”，确保“强筋固体”；力行“精益求精”，确保“高效创值”；落实“快速响应”，确保“执行到位”。

展望未来，航嘉机构将立足于 Power 开关电源及关联产品，在以 PC 为代表的 IT 计算机领域，以智能手机为代表的 ICT 通信及消费领域，以智能家居为代表的 AIoT 泛家电领域，以汽车电子为代表的 Mpower 领域不断开疆拓土，为客户、用户和社会创造价值。

▶您对电源行业（或您所在细分行业领域）未来市场发展趋势有什么看法？企业会迎来哪些机遇？如何把握？

随着 5G 及大数据技术的发展，未来市场对服务器、数字工作站等会有更大需求。科技让人们对生活更加追求人性化、个性化、智能化和便利化，因此，消费产品需要适应这个方向，相应地，与之配套的电源产品如充电器、适配器、电源也将追求大功率、高密度、集成化和超薄、智能。

传统企业在面临变革的挑战的同时，也面临着产品升级带来的难得机遇。航嘉机构将在专业研发队伍、研发资源、市场引领等方面提前储备，加大投入，适应市场的变化，满足客户与用户的需求。

## 5. 深圳市汇川技术股份有限公司

INOVANCE

汇川技术

**地址：**广东省深圳市龙华新区观澜高新技术产业园内

**邮编：**415000

**电话：**0512-66376666

**传真：**0512-66376666

**邮箱：**zhouli@ inovance. com

**网址：**www. inovance. com

**简介：**深圳市汇川技术股份有限公司（以下简称汇川技术）自成立以来始终专注于电机驱动与控制、电力电子、工业网络通信等核心技术，坚持技术营销与行业营销，坚持为细分行业提供“工控+工艺”的定制化解决方案，实现企业价值与客户价值共同成长。

经过 16 年的发展，公司已经从单一的变频器供应商发展成光机电综合产品及解决方案供应商。

公司是专门从事工业自动化和新能源相关产品研发、生产和销售的国家高新技术企业。掌握了高性能矢量变频技术及矢量变频器、伺服系统、可编程逻辑控制器、编码器、永磁同步电机等产品的核心技术，而且公司还掌握了新能源汽车、电梯、起重机、注塑机、纺织、金属制品、印刷包装、空压机等行业的应用技术。

公司拥有苏州、杭州、南京、上海、宁波、长春、香港等 10 余家分、子公司，截至 2018 年 12 月 31 日，公司有员工 7769 人，其中专门从事研究开发的人员有 2006 人，占员工总数 25.82%。

**主要产品介绍：**

SV660 系列伺服系统

SV660 系列伺服系统是汇川技术开发的高性能中小功率交流伺服产品。该系列产品功率范围为 200W～7.5kW，采用以太网通信接口，支持 EtherCAT 通信协议，配合上位机可实现多套伺服驱动系统的组网运行，适用于半导体制造设备、贴片机、印制电路板打孔机、搬运机械、食品加工机械、机床、传送机械等自动化设备。

**企业领导专访：**

**被采访人：胡年华　汇川大学校长**

▶请您介绍企业 2019 年总体发展情况。企业的核心竞争力有哪些？

2019 年度，公司实现营业总收入 7394275169.22 元，比上年同期增长 25.87%；实现利润总额 1156727436.26 元，比上年同期下降 9.89%；实现归属于上市公司股东的净利润 1046837990.74 元，比上年同期下降 10.29%。

深圳市汇川技术股份有限公司自成立以来始终专注于电机驱动与控制、电力电子、工业网络通信等核心技术，坚持技术营销与行业营销，坚持为细分行业提供“工控+工艺”的定制化解决方案，实现企业价值与客户价值共同成长。主要竞争力体现为：

1）技术优势。作为国内工控产品的领军企业，公司不仅掌握了产品核心技术，还有行业应用技术。凭借技术优势，公司产品的综合毛利率始终保持在 50%左右的水平。

2）走分销但贴近客户，能够及时响应客户需求，以及为客户提供定制化产品。

3）与内资品牌相比的产品方案低成本、采购低成本（不断进行产品设计优化而带来的方案低成本的采购低成本）以及产品维护低成本（良好的质量控制而带来的产品维护低成本），与外资品牌相比的以研发和营销成本为主的管理低成本。

4）行业内较高的品牌知名度与美誉度。

▶您对电源行业（或您所在细分行业领域）未来市场发展趋势有什么看法？企业会迎来哪些机遇？如何把握？

新能源汽车电源会由单体向集成化方向发展。高效率、小体积、低成本是产品发展的趋势。第三代半导体器件会在车载电源中得到越来越多的应用。高 EMC 等级以及功能安全也会逐渐成为基本的产品要求。燃料电池、无线充电的逐步引入会给行业带来更多的机会。

▶新冠肺炎疫情在 2020 年对企业的主要影响有哪些？企业用什么策略来应对？

疫情下，中国企业会发生重大变化，变化的主要动力是倒逼，用户要求提高倒逼、竞争激励倒逼、招人难倒逼。特别是存量的传统制造业，生产方式的改变，不是想不想的问题，是必须的问题。但绝大多数传统制造企业不知该怎么做，也没有足够的资金去做，这时候高性价比的专业方案提供者，会迎来一些机会。汇川技术具备这样的专业能力。

## 6. 台达电子企业管理（上海）有限公司

**地址：**上海市浦东新区民雨路 182 号

**邮编：**201209

**电话：**021-58635678

**传真：**021-68723996

**邮箱：**cs.service@deltaww.com

**网址：**www.delta-china.com.cn

**简介：**台达创立于 1971 年，为全球客户提供电源管理与散热管理解决方案，并在多项产品领域居世界级重要地位。面对日益严重的气候变迁议题，台达秉持“环保 节能 爱地球”的经营使命，运用电力电子核心技术，整合全球资源与创新研发，深耕三大业务范畴，包含“电源及元器件”“自动化”与“基础设施”。

台达总部位于中国台湾，致力于创新研发，每年投入集团营业额的 6%～7% 作为研发费用，研发地点遍布全球。基于对环境保护的承诺，台达不断提高电源产品的转换效率。目前产品转换效率都已达 90%以上，其中先进的通信电源效率超过 98%，光伏逆变器效率高达 98.8%。我们坚信，发展环保节能产品，对台达的业务成长与环境保护的实践均具有正面助益。

台达持续通过多元方式应对不断变化的世界，并积极落实品牌承诺：“Smarter. Greener. Together.”，这不只象征了台达对自身的要求，也代表对股东、客户与员工的承诺。“Smarter”代表台达在电源效率与可再生能源的核心技术能力，“Greener”则是台达创立以来所坚持的“环保 节能 爱地球”的企业经营使命，“Together”是台达的经营哲学，与客户建立长期伙伴关系。

我们深信技术与合作的重要性，借由领先的技术与客户合作，持续创造高效率、可靠的电源和元器件产品以及工业自动化、能源管理系统与消费性商品，为工业客户与消费者提供多元的产品与服务。

近年来，台达陆续荣获多项国际荣誉与肯定。自 2011 年起，台达连续 8 年入选道琼斯可持续发展指数的“世界指数（DJSI World Index）”；亦于 2016 年及 2017 年 CDP

(碳信息披露项目) 年度评比中获得气候变迁“领导等级”的评级; 2011~2018年连续8年入选“中国台湾二十大国际品牌”; 连续四年入选中国社科院“中国外资企业100强社会责任发展指数”前10强等。

台达电子企业管理(上海)有限公司位于上海浦东,为地区运营暨研发中心,主要从事电能有效利用,和计算机、信息、通信、网络、机电、光伏、汽车电子领域,以及太阳能、风能等绿色能源的研究开发和技术支持,配合集团整体策略,运用电源设计与管理的基础,结合相关领域创新技术及软硬件开发,深耕三大业务,使台达逐步从产品制造商转型成为整体节能解决方案的提供商。

**主要产品介绍:**

**数据中心巴拿马电源**

台达携手阿里巴巴推出数据中心巴拿马电源,其功率模块的效率高达98.5%,架构简洁、可靠性高,可确保供电系统五年不间断运行。相比传统数据中心的供电方案,其设备和工程施工量可节省40%,占地面积减少50%。

**企业领导专访:**

**被采访人:周志宏 首席可持续发展官暨发言人**

▶请您介绍企业2019年总体发展情况。企业的核心竞争力有哪些?

台达2019年营收持续稳定增长。台达以电力电子为核心技术,不断投入研发以提升产品的能源转换效率。近年来,台达积极转型升级,以能源为基础,从过去的元器件制造商转型为解决方案提供商,聚焦电源及元器件、自动化及基础建设三大业务。

▶请您介绍企业2020年的发展规划及未来展望。

从元器件制造商走向解决方案提供商,台达在十年前就已定调集团的转型之路,在公司经营团队的带领下,在5G、电动汽车、智能制造的主流趋势上,为企业价值重新镀金。此外,台达看好数据中心、微电网及楼宇自动化的强劲成长动能,并将持续通过并购,积极对泰国、印度等地布局。

台达希望未来是平稳地持续成长,而不是跳跃式的,一步步慢慢积累,布局主要考虑中长期。从长远的发展来看,很多业务板块的市场都很大,例如工业自动化市场规模达2000亿美元,楼宇自动化也有千亿美元的规模。

▶您对电源行业(或您所在细分行业领域)未来市场发展趋势有什么看法?企业会迎来哪些机遇?如何把握?

目前台达研发的投资布局主要聚焦汽车电子、微电网、信息通信技术(ICT)。销售上从解决方案下手,将不同的产品线一起带进去,这样成长的速度才会更快。

5G布局中有些已经比较成熟,如5G电源。以前都是大型集中式电源,现在都是分布式的,因为机站多、信息流量大、传输距离短,建置越来越分散,通信电源我们也已经准备好了,还有一些我们正在构建中,例如天线、光通信、光传输设备,我们最快会在2021年推出新产品。

▶新冠肺炎疫情在2020年对企业的主要影响有哪些?企业用什么策略来应对?

受到新冠肺炎疫情影响,台达2月产能与相关供应链都会受到影响,会机动调整人力,将影响降至最低。各地政府也相继出台扶持政策,减轻企业负担、加大金融支持,台达将配合政策,尽力确保运营恢复正常。

## 7. 阳光电源股份有限公司

阳光电源
SUNGROW

**地址:** 安徽省合肥市蜀山区习友路1699号

**邮编:** 230088

**电话:** 0551-65327878

**传真:** 0551-65327844

**邮箱:** media@ sungrow. cc

**网址:** www. sungrowpower. com

**简介:** 阳光电源股份有限公司(股票代码:300274)(以下简称阳光电源)是一家专注于太阳能、风能、储能、电动汽车等新能源电源设备的研发、生产、销售和服务的国家重点高新技术企业,主要产品有光伏逆变器、风能变流器、储能系统、新能源汽车驱动系统、水面光伏浮体、智慧能源运维服务等,并致力于提供全球一流的清洁电力解决方案。

自1997年成立以来,公司始终专注于新能源发电领域,坚持以市场需求为导向、以技术创新作为企业发展的动力源,培育了一支研发经验丰富、自主创新能力较强的专业研发队伍;先后承担了20余项国家重大科技计划项目,主持起草了多项国家标准,是行业内为数极少的掌握多项自主核心技术的企业之一。

公司核心产品光伏逆变器先后通过UL、TÜV、CE、Enel-GUIDA、AS4777、CEC、CSA、VDE等多项国际权威认证与测试,已批量销往德国、意大利、澳大利亚、美国、日本、印度等60多个国家。截至2019年底,公司在全球市场已累计实现逆变设备装机超过100GW。

公司先后荣获“国家重点新产品”“中国驰名商标”、全球最具融资价值的逆变品牌、全球新能源企业100强、“亚洲最佳企业雇主奖”、国家级“守合同重信用”企业等荣誉,是国家级博士后科研工作站设站企业、国家高新技术产业化示范基地、国家认定企业技术中心、国家级工业中心、福布斯“中国最具发展潜力企业”等,综合实力跻身全球新能源发电行业第一方阵。

未来,公司将秉承“让人人享用清洁电力”的发展使命,立足新能源装备业务,加快光伏发电系统集成及投资建设业务发展,创新拓展清洁电力转换技术领域新业务,不断贴近客户需求,积极参与全球竞争,努力将公司打造成为受人尊敬的全球一流企业。

**主要产品介绍：**

SG225HX

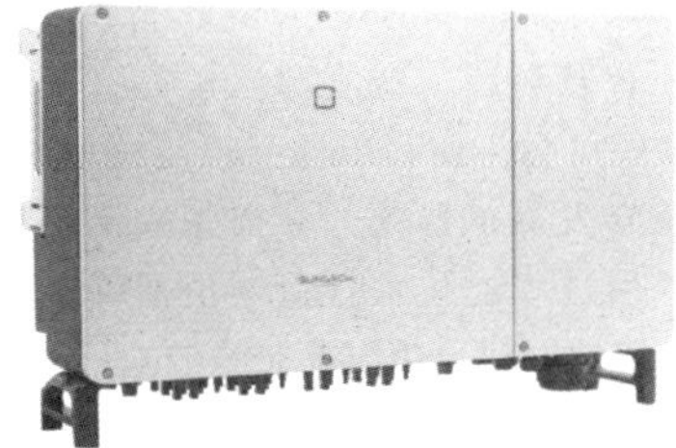

SG225HX 为全球最大功率的 1500V 组串逆变器，由多项核心专利技术打造而成，具有少投资、多发电、高防护、低运维等性能优势，让客户以更少的投资发更多的电，堪称平价上网利器。

**企业领导专访：**

**被采访人：顾亦磊 高级副总裁兼光储事业部总裁**

▶请您介绍企业 2019 年总体发展情况。企业的核心竞争力有哪些？

公司得益于海外光伏市场的布局和发展，2019 年公司光伏逆变器、电站系统集成业务等业务群整体保持增长，光伏逆变器全球发货 17.1GW，较 2018 年继续有所提升。根据 2019 年度业绩快报披露，公司 2019 年营业收入约 135.06 亿元，同比增长约 30.25%。

作为光伏逆变器第一品牌，阳光电源拥有 23 年的逆变技术研发和应用经验，公司高度重视技术创新与产品研发，每年的研发经费高达数亿元，以博士、硕士为主的研发人员占比超过 40%，主持起草了多项国家标准，是行业内为数极少的掌握多项自主核心技术的企业之一。在专利方面，阳光电源累计申请专利超 2000 余件，持有数业内第一。截至 2019 年年底，阳光电源逆变器功率范围涵盖 3～6800kW，产品远销全球 60 多个国家和地区，阳光电源在全球市场已累计实现逆变设备装机突破 100GW，成为全球首家突破“亿”千瓦（100GW）的逆变器企业。

▶您对电源行业（或您所在细分行业领域）未来市场发展趋势有什么看法？企业会迎来哪些机遇？如何把握？

2020 年将是全球新能源市场高速发展的大年，当然还存在许多不确定因素，价格压力持续增加，竞争形势非常严峻。但随着风/光/储成本持续下降，风电、光伏在全球大部分国家已经成为最便宜的能源，风/光/储等新能源正在成为主角，全球平均光伏成本也将持续下降，平价进程有望加快，2020 年光伏市场起步较慢，但市场预计将逐渐恢复增长态势，国内光伏市场将恢复增长，海外光伏市场将持续走强，预计 2020 全球光伏市场规模有望达到 140GW。2020 年，阳光电源一方面充分发挥在技术创新方面的优势，通过不断创新，提升产品竞争力，掌握市场的主动权。另一方面，要高效推进公司全球化布局进程，在牢牢把握住国内市场的同时，加快全球战略部署，不断加大海外业务布局和市场拓展，持续增强国际化能力建设，不断做实、做大、做强海外业务。

▶新冠肺炎疫情在 2020 年对企业的主要影响有哪些？企业用什么策略来应对？

阳光电源严格按照政府的防控防疫要求，指导公司和员工疫情防控工作，全面复工，并已经全面恢复生产，产能和服务基本不受影响，正积极推进全球客户的供应和服务保障工作。虽然一些受疫情影响严重的国家和地区取消或延迟了一些活动和展会，但我们也在创新我们的推广方式，比如通过 webinar 和线上直播等方式推广我们的业务以及发布新产品，并取得了非常好的效果。特殊时期，阳光电源已启动最高级别响应措施，本着对健康安全高度负责的原则，随时跟进国内及国外海关政策的进一步变化，提前做好运输、出口通关计划，并通过销售预测、生产计划以及供应链管理来提高交付能力，尽力保障按照客户需求，及时完成交付，最大化确保客户利益。

## 8. 中兴通讯股份有限公司

ZTE中兴

**地址：**广东省深圳市南山区西丽中兴通讯工业园

**邮编：**518055

**电话：**18575586592

**传真：**0755-26770000

**邮箱：**li.li51@zte.com.cn

**网址：**www.zte.com.cn

**简介：**中兴通讯股份有限公司（以下简称中兴通讯）是全球领先的综合通信解决方案提供商，成立于 1985 年，是在香港和深圳两地上市的大型通信设备公司。公司通过为全球 160 多个国家和地区的电信运营商和政企客户提供创新技术与产品解决方案，让全世界用户享有语音、数据、多媒体、无线宽带等全方位沟通。

中兴通讯拥有通信业界完整的、端到端的产品线和融合解决方案，通过全系列的无线、有线、业务、终端产品和专业通信服务，灵活满足全球不同运营商和政企客户的差异化需求以及快速创新的追求。目前，中兴通讯已全面服务于全球主流运营商及政企客户。

中兴通讯已成为通信能源全球市场最为成功的中国企业和具有全球服务能力的综合网络能源解决方案提供商。作为 5G 供电方案引领者，数据中心主流供应商，中兴通讯持续创新，为全球客户提供高品质的绿色能源解决方案。截至 2019 年年底，中兴通讯能源产品已服务于全球 100 多个国家和地区。

**主要产品介绍：**

-48V 直流电源系列

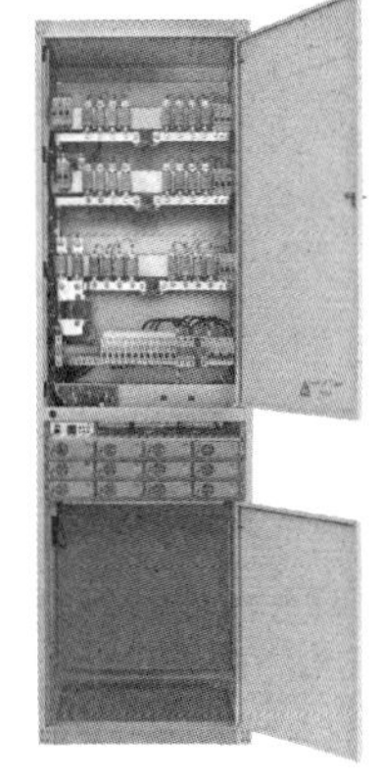

中兴通讯提供全系列的-48V 电源系统，容量从600W~240kW，结构形式包括组合式、嵌入式、壁挂式、分立式等，满足各种容量及各种场景对直流电源的需求。

中兴通讯提供的直流电源系统具备高可靠性、高效率、高功率密度的特点，24 年持续不间断的产品研发投入和市场应用，确保了产品的可靠性。

**企业领导专访：**

**被采访人：马广积 能源产品部总经理**

▶请您介绍企业 2019 年总体发展情况。企业的核心竞争力有哪些？

2019 年中兴通讯能源产品重点聚焦通信行业，保持国内在各大运营商和铁塔的领先地位，通过存量经营和战略突破，巩固并提升通信电源产品在全球主流运营商的市场份额，积极拓展国内新能源汽车市场，与国家电网、南方电网等充电桩建设主流企业合作，提供业界技术领先的充电模块产品。

中兴通讯能源产品的独特优势主要有：

1）全球化市场与服务：我们目前已为全球 160 多个国家和地区的 386 家运营商提供了优质的能源产品及服务，特别是与国际上主流运营商的战略合作渐入佳境。

2）高研发投入带来的技术领先：我们在通信电源整流器、数据中心用高压直流系统及新能源汽车充电模块等产品和方案方面的丰厚积累中不断创新，并保持技术领先。

3）持续努力下建立的品牌优势：2019 年我们再次获得 Datacenterdynamics 亚太区“最佳建设团队”奖，在中国电源学会学术年会暨“第五届中国电源学会科学技术奖”颁奖仪式上，凭借完善的 5G 电源方案和创新的产品技术荣获科技进步一等奖，深得客户、权威机构的认可及好评。

▶请您介绍企业 2020 年的发展规划及未来展望。

2019 我们发展的关键词是——聚焦，聚焦重点客户，聚焦重点市场，聚焦核心方案，聚焦新业务机会。生存与发展并重，务实与创新并重，步伐稳健地在选定领域进行全球拓展，持续保持能源产品经营规模和利润的增长。

▶您对电源行业（或您所在细分行业领域）未来市场发展趋势有什么看法？企业会迎来哪些机遇？如何把握？

任何时候都要相信机遇的存在，旧市场没落后是新市场的兴起，旧技术的退场就有新技术的登台。我们认为 5G 移动通信、大数据应用、智慧城市、新能源汽车等这几个领域将给电源带来新的发展机会，使其市场规模持续增长。把握这些机会就要提前感知发展的脉搏，并要深入而精准地把握客户的核心需求；用过硬的技术打造通信网络能源精品，为客户带来更大价值的同时也为自己带来收获。

▶新冠肺炎疫情在 2020 年对企业的主要影响有哪些？企业用什么策略来应对？

新冠肺炎疫情在 2020 年对我们影响不大，我们在 2 月初已经逐步复工复产，国家加快新基建的建设，给我们带来了更大的机遇。面对这样的局面，我们主要有以下策略：

通信电源以业界领先的核心技术为运营商提供全面的能源建设、能源改造和管理服务，通过对海外主流运营商市场的深耕细作，在不断巩固领先优势的情况下，继续提升产品的进入范围和销售规模；加大数据中心产品的研发投入，紧跟 5G 发展下的数据中心发展需求，持续提升国内通信领域的数据中心市场份额；积极拓展新兴市场，进入国内新能源汽车领域，参与国网、南网充电桩建设，提供技术领先的充电模块产品。

中兴通讯能源产品将基于自身拥有的核心技术和原创动力，继续沿着提升技术水平、产品质量、组织效率这三个方向，力求突破与创新。

▶未来网络对通信电源构建将带来哪些新的变化？

5G 时代已经来临，一些贯穿多年的电源的发展趋势依旧存在，诸如高可靠性、高效率、高功率密度、智能化等，同时也会带来更多的新需求。我们认为，5G 时代对通信电源构建带来的最大影响将是 5G 的网络架构、部署及应用的变化，其对电源系统的架构、与 5G 主设备的融合、面向网络管理及综合成本降低、能效提升、智能化都提出新的要求。中兴通讯极简高效、全模块化、智能化、网络化的通信能源产品将全面满足客户 5G 网络和新型数据中心的建设需求。

# 常务理事单位

## 9. 安徽博微智能电气有限公司

CETC 安徽博微智能电气有限公司
CETC ECRIEEPOWER (ANHIUI) CO.,LTD.

**地址：**安徽省合肥市蜀山区高新区香樟大道 168 号柏堰科技实业园 b3

**邮编：**230088

**电话：**0551-62724772

**传真：**0551-65311615

**邮箱：**syl@ ecthf. com

**网址：**www. ecrieepower. com

**简介：**安徽博微智能电气有限公司是中电博微电子科技有限公司全资子公司，位于合肥国家级高新技术产业开发区。2005 年自主研发出国内第一套高端医疗装备智能供配电系统，目前主要致力于智能电气（UPS、智能医疗电气、智能配电系统）、智能物联（SPD 系统、视觉检测机器人）、汽车电子等产品的研发、生产和销售。

博微智能作为国家高新技术企业拥有国际先进水平的设计研发与电子制造平台，拥有国内先进的电子测试、试验平台，在业内率先提出“绿色、节能、环保”的产品理念，始终执行 RoHS 环保指令，并逐步推行 REACH 管理程序，针对研发设计、生产制造、原材料供应链等制定一整套实施方案，开发出性能国际领先的电源产品和智能供配电系统，为客户提供更完善的智能供配电解决方案。

博微智能率先开发出业界高端水平的智能供配电系统中的核心设备——数字阵列 UPS，功率覆盖范围 10~900kVA，获得软件著作权和实用型专利共 20 多项，已取得泰尔、节能、CQC、广电等权威认证证书。同时，系列产品以其高可靠性已经占据全球高端医疗装备行业市场15%以上的份额。

博微智能已经与全球知名企业建立了战略合作伙伴关系。为更好地服务全球战略客户，海外办事处及仓储中心多达12个，遍布欧美、日本、中亚、东南亚等地区。目前产品广泛应用于医疗装备、工业自动化、公共安全、交通、广电、金融、教育、通信、制造、政府、国防等领域。

**主要产品介绍：**

**数字阵列UPS**

以DSP数字技术为核心，将REC、INV、ARRAYTECH以全数字化技术形成阵列单元，多个阵列单元任意组合形成更大功率的UPS，称之为数字阵列UPS。

**企业领导专访：**

**被采访人：万静龙　董事长**

►请您介绍企业2019年总体发展情况。企业的核心竞争力有哪些？

2019年公司贯彻执行中国电科集团的总体发展思路，转观念，立制度，提能力，始终以客户满意为导向，将产品品质作为企业发展的生命线。

2019年是“十三五”承上启下的关键一年，这一年，我们加大技术研发投入，研发投入达到1200万元人民币，公司稳步推进技术学科建设，整体研发实力得到很大提升，一大批自研项目和军民融合项目纷纷立项，并顺利通过了国家高新技术企业认证；这一年，我们聚焦主责主业，牢记使命，产值突破3亿元人民币，经济效益明显提升，经济结构显著优化；这一年，市场开拓成绩斐然，国内、国际业务平均增长49.70%，尤其国际化业务，市场增长点明显，东南亚、德国、以色列客户产品逐渐进入批量化阶段，优质客户开发陆续进入收获阶段，新兴亿元级产业集群显现，业务板块得到均衡发展，新动能建设顺利起航，并新签首笔大额订单；这一年，公司紧跟行业发展动态，借鉴国内外先进生产经验，全面推行ISO 9001、ISO 14001、OHSAS 18001和IATF 16949等质量管理体系，在主要产品生产线实施LEAN PRODUCTION（精益生产），提高了全员劳动生产率，提升了公司信息化水平。

所有取得的成绩都得益于公司从发展之初逐渐形成的核心竞争力，我认为主要有以下几点：

1）持续对研发的投入。从公司成立之初，累计投入2500万元研发经费，具备独立的产品开发、设计能力，掌握大功率模块化电源核心技术。

2）较多优质的客户资源，并建立了长期的稳定的战略合作关系，这些客户主要为国内、国际知名品牌公司。

3）灵活的股权激励，吸引了一大批有丰富工作经验的人才。目前公司研发、市场人员平均年龄在30岁左右，本科以上学历占98%，其中硕士学历人员占35%。另外，公司还建立了较为齐全的学科人才库。

4）品牌优势。公司属于中电博微电子科技有限公司旗下的全资子公司，成立至今，坚持提供具有军工品质的产品，形成了良好的市场品牌效应。

►请您介绍企业2020年的发展规划及未来展望。

2020年公司将聚焦健康医疗、网络信息安全基础设施和智能制造三大业务板块，为打造多个亿元产业集群奠定坚实基础。

第一，在公司战略层面，全面提升军民融合发展。

第二，在国家“新基建”的全面发展态势下，以模块化UPS产品系列为核心，重点发展数据中心供配电业务。

第三，增加对新动能业务的资源投入，孵化新产业新业态，建立有核心、有支撑的生态化业务发展模式，在“十三五”收官之年，争取实现营业收入5亿元，拥有更加深广的市场影响力和产品辐射度。

►您对电源行业（或您所在细分行业领域）未来市场发展趋势有什么看法？企业会迎来哪些机遇？如何把握？

从技术发展来看，电源行业整体上向高频化、智能化、物联网化发展，当然可靠性和稳定性必须得到保障。高频化会带来成本的降低，会进一步提高功率密度，减小体积和尺寸，其中软开关技术、专用控制芯片、模块化技术应用会越来越广泛。同时由于数字技术和软件技术的发展，智能化和物联网化使得电源系统能够融入到整体大数据里面，这里面可以做很多事情，比如效能的分析，故障的跟踪查找，使用的习惯和风险等。

从产品应用来看，随着社会的发展，人工智能、5G技术的不断成熟，会出现更多的特殊定制产品，然后逐步地会形成行业标准产品，也会涌现出更多系统解决方案需求，更加强调整体系统的应用，进一步减少客户的选型、设计、维护成本。

整体上电源行业竞争会更加激烈，企业分化会拉大，当然不是说所有的企业都去搞物联网，搞系统集成，一些事情还要看企业规模和实力，核心还是电源设备本身，所以企业还是应该练内功，抓竞争力，加强创新，打造属于符合企业特点的产品，这样才能在竞争中生存下来。

安徽博微智能电气有限公司是全球领先的电力电子技术解决方案提供商，是中国电子科技集团的子集团中电博微电子科技有限公司的全资子公司。博微智能始终围绕用户的需求持续创新，与三大供应商和合作伙伴开放交流与合作，不断追求用户体验感的提升，为用户创造价值。

作为一家以技术研发、创新为核心推动的国有技术型企业，最核心的优势是对人才资源的重视和培育。但由于市场整体竞争的加剧，引进和留住行业顶尖技术人才也是公司目前面临的挑战。应对策略我用下面三十二个字来做一个概括：尊重信赖，情感暖人；合理使用，岗位待人；物质激励，待遇留人。

## 10. 安泰科技股份有限公司非晶制品分公司

AT&M
安泰科技

**地址：** 北京市海淀区永丰产业基地永澄北路 10 号 B 区

**邮编：** 100094

**电话：** 010-58712641

**传真：** 010-58712642

**邮箱：** nano@ atmcn. com

**网址：** www. atmcn. com

**简介：** 非晶制品分公司隶属于安泰科技股份有限公司，主要产品为纳米晶带材、铁心制品及磁性器件，从原材料到器件一站化生产，产品类别、品种多，可满足客户多元化需求。分公司产品被广泛应用于电动汽车、高频驱动、电力电气、工业电源、新能源、消费电子、轨道交通等领域，为客户提供先进的节能材料及解决方案。分公司现有员工 300 余人，产品开发科研人员、自动化装备人员占比较大，为公司长远发展打下了坚实基础。

分公司历经 40 多年发展由科研开发到实现大规模稳定化高质量批量化生产：1975 年非晶合金材料的基础研究及工艺试验设备开发、1986 年百吨级中试线、1998 年成立非晶制品分公司、1999 年在河北涿州基地建成千吨级非晶带材线、2003 年在北京永丰产业基地建成年产 500 吨的高精度纳米晶薄带生产线、2010 年在河北涿州基地建成年产 4 万吨的非晶带材生产线、2012 年在北京永丰产业基地开始年产 3000 吨高精度纳米晶带材生产厂的建设。

分公司从事非晶/纳米晶金属材料及制品的产业化及研究开发。分公司依托于国家非晶微晶合金工程技术研究中心（1995 年 12 月国家科委批准建立的国家级非晶中心），是国内非晶、纳米晶软磁材料研发先驱。国家非晶微晶合金工程技术研究中心拥有专业全面、结构合理的研发团队，立足于自主研发，突破非晶纳米晶材料制备核心技术，共取得 50 余项科技成果，荣获国家科技进步二等奖两项，授权专利 51 项，注册商标有 Antainano®、Antaico®、Antaimo®、NANOWPT®、MAGIELD®。

分公司 2006 年获得 ISO 9001：2015、ISO 14001：2015、GB/T 28001—2011 质量体系认证，2013 年滤波器产品通过 TÜV 认证，2015 年通过 ISO/TS 16949：2009，2018 年通过 IATF16949：2016 汽车产品体系认证，2019 年共模电感通过 IATF16949：2016 汽车产品体系认证。分公司体系完善，不断进步，为稳定高质量产品做足准备。

分公司在电动汽车、消费电子方面也有突出贡献。纳米晶共模电感铁心及器件由于高阻抗、抗振性好的优点，被作为 EMC 元件应用到电动汽车上，为国内外知名电动汽车品牌供应非晶、纳米晶零部件产品；用纳米晶宽带制备的无线充电用导磁片由于厚度薄、磁导率高的优点，有效地应用在手机无线充电模块，大批量供应到小米、华为、三星等多个品牌和型号产品中。

**主要产品介绍：**

**纳米晶带材**

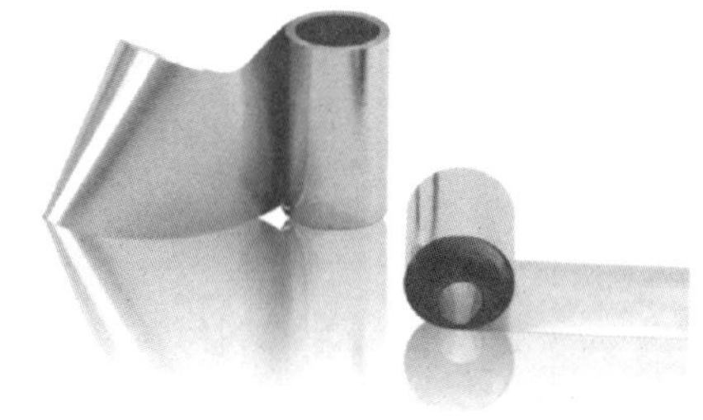

纳米晶带材主要由铁、硅、硼、铜、铌等元素组成，是在 $10^6$℃/s 的冷却速度下制备，经特定退火工艺处理后，获得具有超细尺寸晶粒（约 10nm）的软磁合金材料。其突出优点在于兼备了铁基非晶合金的高饱和磁感应强度和钴基非晶合金的高磁导率和低损耗，能够很好地满足高频低损耗的性能要求。

**企业领导专访：**

**被采访人：刘天成　总经理**

▶请您介绍企业 2019 年总体发展情况。企业的核心竞争力有哪些？

过去的 2019 年，安泰非晶以创新驱动引领市场，扎实推进精细化管理，在新产品迭代、研发平台完善、新客户开发、自动化提升、生产质量管控、与客户战略合作等方面都取得了很好的成绩，公司实现了放量生产向高质量发展；纳米晶材料开发及终端市场不断做强，中间制备过程不断做精，自动化水平大幅提升，与客户的战略合作不断加深，终端客户的国内外龙头企业在公司客户群中的占比越来越高，总体按照公司既定战略规划路线向好发展。

公司的核心竞争力是高端纳米晶材料的高精度制备技术。公司是国内外产量最大的纳米晶材料生产企业，也是国内最早开发非晶、纳米晶材料和产业化的企业，具有国家非晶微晶合金工程技术研究中心，具有深厚的非晶和纳米晶材料开发基础和完整的研发队伍，材料制造和热处理装备完全自主开发设计，目前公司围绕高端纳米晶材料制备技术不断提升公司核心竞争力，发展高端器件产品，为客户量身定制铁心和器件等材料，与大客户形成战略合作，解决了很多终端电源企业的材料瓶颈问题，逐渐从单一材料供应商向提供综合解决方案的战略供应商方向发展。

▶请您介绍企业2020年的发展规划及未来展望。

2020年将继续服务好我们的重点客户，狠抓质量管控和产品生产自动化水平的提升，紧紧围绕新能源汽车和5G市场，尤其是当前提出的“新基建”的几个大方向，我们力争可以在“新基建”的浪潮中，做好材料供应和解决方案，服务好客户，持续提升产品质量，现在更多的企业重视国内材料生产供应商，解决了材料就是解决了终端客户的“卡脖子”问题，期望能更多地参与“新基建”，更多地服务好终端客户。

▶您对电源行业（或您所在细分行业领域）未来市场发展趋势有什么看法？企业会迎来哪些机遇？如何把握？

电源行业逐步向高频化发展，未来的市场发展趋势显而易见，高频化和小型化的发展趋势，以及高端高效电源是未来发展的重点。节能环保是全球认知的可持续发展要求，因此，对于电源行业的发展需求，必定是技术上解决低损耗和高效率的难题。新型电源得益于半导体开关管的迅猛发展，实现了高频化和大功率的设计。因此，对于配套电源行业的非晶、纳米晶材料，必然要以此为目标，具备高频、大功率、低损耗电源所需求的特性指标，这恰恰是非晶、纳米晶材料的制备工艺得天独厚的优势所在。因此，安泰科技开发的超薄超宽非晶、纳米晶材料，得到了电源行业的充分认可，为企业发展带来了更多的发展机遇，充分验证了安泰科技在非晶、纳米晶行业的前沿技术研发的先进性和创新性，为后续开发更好的非晶、纳米晶材料奠定了基础。

▶新冠肺炎疫情在2020年对企业的主要影响有哪些？企业用什么策略来应对？

2020年突如其来的新冠疫情给企业造成了不同程度的影响，在这里我代表我们分公司全体员工向我们的客户、同行们表示慰问。目前公司主要是用工的影响，很多员工因为来自不同省份，因为各种各样的属地疫情管理政策，一时间订单交付紧张，公司一方面做好疫情防控，一方面抓紧推动复工复产，对人员的动态和来京情况进行梳理，统筹资源做好来京人员生活安排和人员隔离，分批实施复工，对客户的需求充分沟通，对客户订单逐个梳理，目前已经逐步化解了订单积压，完成了高质量交付；目前公司逐渐转为常态，复工复产指标基本完成，得益于近几年生产自动化的改造提升，生产机器人和机械手的大量应用，解决了依赖于员工手工劳动的难题，这刚好在疫情期间得到了充分验证，预计今年整体情况不会造成太大影响。

## 11. 北京动力源科技股份有限公司

**地址：**北京市丰台区科技园区星火路8号

**邮编：**100070

**电话：**010-83682266

**传真：**010-83682266

**邮箱：**dpczl@ dpc. com. cn

**网址：**www. dpc. com. cn

**简介：**北京动力源科技股份有限公司（以下简称动力源）成立于1995年，总部坐落在北京中关村科技园丰台园区。作为国内电源行业首家上市企业，于2004年在上海证券交易所主板上市。动力源多年来一直致力于电力电子及信息技术相关产品在绿色能源、智慧能源领域的研发和应用。为保证产品的成本最优、性能稳定、质量可靠，落实“全面优秀”的基本战略，动力源投入大量的人力、物力、财力、智能化设备和先进技术构建研发、测试、生产及供应链等平台，形成了动力源的核心竞争优势。

动力源在数据通信、智慧能源、新能源汽车等领域拥有良好的口碑和市场。旗下拥有北京迪赛奇正科技有限公司、香港动力源国际有限公司、安徽动力源科技有限公司等十家全资子公司。凭借自身产品实力，成为中国铁塔、中国移动、中国联通、中国电信、阿里巴巴、百度、腾讯等国际知名企业的设备主流供应商。所研发的产品广泛应用于国家重点建设项目，包括国家体育场、国家奥林匹克体育中心、上海世博园、港珠澳大桥、北京大兴国际机场等项目。

动力源成立至今，取得了数百个专利、产品认证，得到了客户的一致好评并多次受到科技部、工信部、发改委、北京市政府、中科院及相关行业协会的嘉奖，先后获得“国家高新技术企业”称号、“‘十二五’节能服务产业突出贡献企业”称号、“标准创制突出贡献奖”“国家重点新产品奖”、博士后科学工作站、“守信企业”“北京民营企业科技创新百强”“丰台区文明单位”等奖项与荣誉。

动力源始终以“专注能源动力，创绿色环保世界，做能源利用专家”为使命，致力于功率电子技术的研究与产品的开发和经营，在通信、分布式能源、电动汽车等产业做电能转换与能源利用专家，成为该行业电能效率、质量和安全水平提高的推动者和领导者；以“成为员工和合作伙伴的事业动力”为愿景，为致力于绿色能源和智慧能源事业的有识之士打造事业平台和创业平台，为人类社会在能源利用领域创造绿色之源、智慧之源。

**主要产品介绍：**

**智慧电源系统**

模块化、物联网化、智能化智慧电源系统为5G网络、边缘云计算、数据中心、智能楼宇、智能交通等提供供电运营解决方案；在分布式能源、微网、储能、充换电等领域，通过云平台、解决方案、产品等多层次提供一站式智慧能源服务。涵盖光伏逆变器、功率优化器、备电、双向变流器、风液冷充电模块、大功率充电桩、高效工业电源等。

**企业领导专访：**

**被采访人：王新生　副总裁**

▶请您介绍企业2019年总体发展情况。企业的核心竞争力有哪些？

2019年动力源面对复杂的国内外环境，坚持“聚焦主业”这一战略核心，持续聚焦于数据通信、智慧能源和新能源汽车三大产业中的电能转换与能源利用，以客户需求为导向，以技术创新为驱动，在数据通信、智慧能源及新能源汽车产业中为客户提供从产品到整体解决方案以及完整的全生命周期服务。随着国内5G建设的启动，通信电源行业开始复苏。公司力争开拓海外市场、推进新能源业务发展。2019年公司发展重回上升通道。

动力源专注电力电子技术25年，在多方面都具有明显的核心竞争力：深厚的技术基础、强大的产品开发能力保障了公司技术创新水平的前瞻性；完善的中试验证体系是产品质量保障的重要方面，我公司具有行业先进的中试可制造性和可靠性验证能力；从全球电子产品制造的发展历程来看，生产集中是产业发展的趋势，安徽动力源作为公司主要的生产基地，占地面积广，具有先进的设备和工艺流程，生产能力较强，具备明显的规模优势；另外我们还具有产品、项目经验以及品牌品质等方面的优势。公司得到了客户的一致好评并多次受到科技部、工信部、发改委、北京市政府、中科院及相关行业协会的嘉奖，先后获得“国家高新技术企业”称号、“‘十二五’节能服务产业突出贡献企业”称号、“标准创制突出贡献奖”“国家重点新产品奖”、博士后科学工作站、“守信企业”“北京民营企业科技创新百强”“丰台区文明单位”等奖项与荣誉。

▶您对电源行业（或您所在细分行业领域）未来市场发展趋势有什么看法？企业会迎来哪些机遇？如何把握？

受新冠肺炎疫情的影响，全球经济面临高度不确定，公司的市场机会也面临前所未有的挑战。然而，在危险中往往孕育着机会，动力源25年积累的电源技术和战略聚焦的三大网络建设领域，与国家最近确立的“新基建”重点投资领域不谋而合。

新冠肺炎疫情以特殊的方式推动了整个中国经济的“在线”进程。这意味着对5G、人工智能、大数据、工业物联网、物联网等新基础设施的巨大需求，还可能包括对基于智能、互联和新能源的城际交通、物流和新市政基础设施的投资潜力。疫情过后中国社会和经济一定会取得新的进步，动力源也将跨入新的发展时期。

▶新冠肺炎疫情在2020年对企业的主要影响有哪些？企业用什么策略来应对？

随着国内疫情有效遏制，客户工程建设和生产活动已经启动，供应链配套逐渐复原预示着公司后续业务将加快恢复。公司将积极响应国务院号召，做好公司的电源产品，同全国人民和各大企业通力合作，共渡难关。

## 12. 北京中大科慧科技发展有限公司

中大科慧

**地址：**北京市海淀区东北旺南路29号首农蓝海中心C座5层

**邮编：**100094

**电话：**010-82484848

**传真：**010-82484848-8006

**邮箱：**zdkh@ zdkh. net

**网址：**www. zdkh. net

**简介：**北京中大科慧科技发展有限公司（以下简称中大科慧）成立于2000年，是中关村海淀科技园注册企业、中关村高新技术企业、中关村瞪羚企业、北京市AAA企业，更是数据中心动力安全管控领域的行业推动者、技术引领者和标准制定者。20年来，中大科慧专注于数据中心动力安全技术的研发与应用，致力于数据中心关键信息基础设施的运行安全，成功研发出拥有自主知识产权的IDP动力管控系统，已全面应用于中国工商银行、中国银行、中国建设银行、华夏银行等国有金融单位，公司同时拥有中国国家认证认可监督管理委员会、北京质量技术监督局所认可并授权的CNAS、CMA数据中心动力系统国家实验室检测资质，填补了我国数据中心领域动力运维安全的技术空白。在公司持续的技术服务过程中，成功完成了金融业行业标准与军用相关数据中心动力系统建设和安全检测标准的调研和研究，形成了相关的行业标准，为数据中心机房动力系统的规范化设计与安全运维，提供了全面而坚实的理论和技术支撑。

**主要产品介绍：**

IDP数据中心动力管控系统

IDP（Internet Data Power）数据中心动力管控系统是以保障数据中心动力安全为核心的系统设备，拥有多项国家专利技术和软件著作权，并以此为基础形成了动力系统的国家和行业规范标准。此系统能够对数据中心整体架构进行深度实时监测、评估、预警和治理，保障了数据中心基础设施整体的安全可靠运行。

## 13. 东莞市石龙富华电子有限公司

**地址：**广东省东莞市石龙镇新城区黄洲祥龙路富华电子工业园

**邮编：**523326

**电话：**0769-86022222

**传真：**0769-86023333

**邮箱：**meil. zhai@ fuhua-cn. com

**网址：** www. fuhua-cn. com

**简介：** 东莞市石龙富华电子有限公司（以下简称 UE Electronic）成立于1989年，是全球电源供应商、国家级高新技术企业、中国电源学会常务理事单位。公司集产品研发、制造、销售于一体，引领全球电源技术应用创新，已成长为世界500强及国内外知名企业首选的全球电源品牌。

UE Electronic 于1999年取得了 ISO 9001 质量管理体系认证，2008年取得了 ISO 14001 环境管理体系认证，2013年取得了 OHSAS 18001：2007 职业健康安全管理体系认证；2018年取得 ISO 13485 医疗器械质量体系认证。

UE Electronic 投入巨资整合完善研发试验中心，与德国 TÜV、SGS、华为 2012 试验室对标。UE Electronic 已形成以医疗电源与 I. T. E. 电源为核心，POE 电源、模块化电源、LED 驱动电源为重点及消费类电源 DIY 定制的全球多元化电源产品体系。产品符合国际最新六级能源之星标准，并通过 UL、CSA、TUV-GS、CE、BEAB、C-TICK、PSE-JET、K-MARK、TLC、CCC、IRAM、CB、EMC、FCC、2MOPP 以及可靠度评定等各种认证，得到了业界同行与客户的高度认可。

**主要产品介绍：**

**医疗器械适配器 & 通信电源适配器**

医疗电源功率涵盖 5～350W，符合最新医疗产品安规及 EMC 要求——2MOPP 标准及最新 UL 医疗认证第三版标准，有桌面式、插墙式以及可换插头等多种款式。

I. T. E. 类电源功率涵盖 5～350W，符合六级能效，可广泛适用于资讯/通信类设备、手机充电器、机顶盒等领域。

**企业领导专访：**

**被采访人：翟美玲　营销中心副总经理**

▶请您介绍企业2019年总体发展情况。企业的核心竞争力有哪些？

2019年中国的制造业面临了前所未有的挑战，富华电子专注于研发，精益生产，投入更多的人力进行海外市场的开拓，销售额仍保持稳定增长。公司聚焦医疗电源，严抓品质关，经过30年的沉淀，在国内外医疗器械行业具有一定的品牌知名度。

▶请您介绍企业2020年的发展规划及未来展望。

2020年公司将重点发展网络营销，将公司高品质的医疗电源推给全球有需要的医疗设备厂商，为提升医疗电源平均安全系数贡献一份力量。

▶您对电源行业（或您所在细分行业领域）未来市场发展趋势有什么看法？企业会迎来哪些机遇？如何把握？

看法：作为传统行业的电源行业，经过时间沉淀技术已相当成熟，未来各生产厂家会迎合用户的需求从外观上进一步提升，将电源行业向精品行业发展。

机遇：外观提升势必要求电源厂商从技术上做出创新，也必然会引起供应链结构的一些调整，能够顺应市场要求的厂商才有机会占有更多的市场份额。

把握：电源结构合理布局，挑选有保障高性能的电子元器件，结合不断提升的自动化水平，吸纳行业内的优秀人才。

## 14. 弗迪动力有限公司电源工厂

**地址：** 广东省深圳市坪山新区深汕路1301号坑梓比亚迪一期综合楼

**电话：** 0755-89888888

**传真：** 0755-89888888

**邮箱：** jiang. jingmei@ byd. com

**网址：** www. byd. com. cn

**简介：** 电源工厂隶属于弗迪动力有限公司，成立时间于2007年1月。其研发基地坐落在坑梓工业园，生产基地坐落在深圳坪山工业园、长沙工业园。厂房面积约 47507.37m$^2$，拥有员工1000余名，研发团队占20%以上，其中资深研发技术骨干的平均经验达12年以上。2019年车载类产品完成交付3万台，DC类产品完成交付15万台，充电设施类产品完成交付20万台，漏电保护类产品完成交付6万台。公司年总产值达到15亿元。乘用车/商用车数字电源、充电设备市场占有率达20%。公司通过了中国质量认证中心、IATF 16949：2016 汽车质量管理体系认证，具备 VDA2、VDA6.3 资质审核实施经验。

电源工厂坚持“开放、合作、创新、共享”的八字方针，广泛开展内外部合作，打造核心竞争力的信念，秉承公司“技术为王、创新为本”的发展理念，为公司新能源汽车发展打下夯实的基础。

**主要产品介绍：**

**充配电三合一**

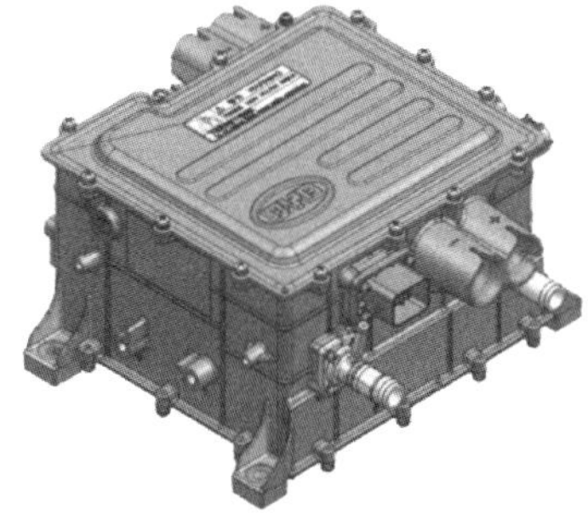

充配电总成 A1 产品集成双向车载充电机、DC-DC 变换器和高压配电模块，搭载在比亚迪纯电动汽车 E1、E2 和 E3 车型上。

## 15. 广州金升阳科技有限公司

金升阳
MORNSUN®

**地址：** 广东省广州市黄埔区科学城科学大道科汇发展中心科汇一街5号

**邮编：** 510663

**电话：** 020-38601850

**传真：** 020-38501272

**邮箱：** sales@ mornsun. cn

**网址：** www. mornsun. cn

**简介**：广州金升阳科技有限公司（以下简称金升阳）于1998年成立，现有2600多名员工，500多名研发人员，申请专利1000多项，其中申请发明专利500多项。公司拥有4家分子公司——美国子公司：MORNSUN America. LLC、德国子公司：Mornsun Power GmbH、怀化子公司：金升阳（怀化）科技有限公司、金升阳科技园；广州金诚潮发展有限公司及5个研发基地——广州、深圳、西安、武汉、长沙。

金升阳作为国家级高新技术企业，已连续四年荣登广东省制造业500强榜且排名稳步提升，是国内集研发、生产、销售于一体的服务全球的电源解决方案提供商，也是拥有强大自主研发和知识产权优势的创新型企业。金升阳自主创立“MORNSUN”品牌，商标已在全球50多个国家与地区注册。公司致力于为工业、医疗、能源、电力、轨道交通、智能交通、智慧城市等领域提供一站式电源解决方案，在行业内率先通过了IATF 16949汽车行业质量管理体系认证，帮助客户提高生产效率和能源效率，同时降低对环境的不良影响。

1. 研产销一体化

1）参与制定了两个标准：NB/T 42039—2014《宽压输入稳压输出隔离型直流-直流模块电源》、NB/T 10285—2019《定压输入非稳压输出隔离型直流-直流模块电源》。

2）拥有6万多$m^2$生产基地，20多条SMT生产线，产能达80kk/年。

3）经销网络覆盖全球，并在亚洲、北美、欧洲拥有较高的市场占有率。

2. 一站式产品采购

1）产品线丰富，大部分获得CE/UL/CB/CSA等认证，旨在提供更合适的产品。

板载类电源解决方案：AC-DC电源模块、DC-DC电源模块、EMC辅助器、隔离变送器、IGBT驱动器、IC、变压器等产品线。

非板载类电源解决方案：机壳开关电源、导轨电源、适配器等产品线。

2）1万多个电源设计及行业应用案例。

3. 全方位技术支持

1）将客户需求快速反馈到从产品选型-设计布局-验证调试等各环节，提供售前售后全方位服务。

2）在北京、上海、南京、西安、武汉、青岛、杭州等地设有办事处，并有资深FAE团队驻办，实现当地及周边城市4小时内现场响应。

金升阳以领先的技术实力为起点、以持续的创新为发展动力，矢志于磁电隔离技术和电源产品的研究与应用。未来，金升阳将一如既往地践行“值得信赖”的宗旨，力争将民族工业品牌推向更广阔的国际舞台，服务世界。

**主要产品介绍：**

**机壳开关电源：35~350W LM/LMF系列**

35~350W LM/LMF系列机壳开关电源广泛应用于工控、LED、路灯控制、电力、安防、通信、智能家居等领域。该系列产品输入电压范围、输出路数、PFC、三防功能可选，满足5000m高海拔应用，可承受AC300V输入浪涌电压5s，且经过CE、CCC、UL认证。

**企业领导专访：**

**被采访人：尹向阳 董事长**

▶请您介绍企业2019年总体发展情况。企业的核心竞争力有哪些？

2019年，金升阳依然在全面发展。虽受市场低迷的经济环境的影响，但销售额仍保持增长；研发团队增加至500多人，分布于武汉、西安、广州、长沙、深圳五大研发基地；第四期厂房投入建设，保障了各产线产品更快更优交付。

金升阳作为创新技术标杆企业，连续4年跻身广东省制造业500强，“创新”仍是企业发展的原动力，包含的核心竞争力如：

1）技术突破，探索求远：不断自我突破，提升电路、工艺、材料技术水平，研发出更符合市场未来需求的电源产品。

2）拓展产品线，方便一站式采购：深挖、细分各行业市场的潜在需求，丰富和升级电源解决方案，如针对充电桩、灯光、环保等行业需求开发的机壳开关电源，行业专业电源如铁路电源、汽车电源、光伏电源、煤矿电源等。

3）营销战略部署，全方位服务：优化本地化服务团队，更快更好地响应客户需求。

▶请您介绍企业2020年的发展规划及未来展望。

2020年，我们采用新技术平台——chiplet SIP（System In Package）系统级集成封装技术的R4系列产品将陆续上市，相信一定可以成为中国制造（Made in China）精品的标志。

▶您对电源行业（或您所在细分行业领域）未来市场发展趋势有什么看法？企业会迎来哪些机遇？如何把握？

2020年全球受新冠肺炎疫情影响，经济增速下滑。电源行业可以政府政策为导向，着眼于新兴行业（如5G通信、环保、储能、充电桩等行业）以及医疗、城际交通等行业的基建。

要想在中国和全球市场竞争中取胜，企业的重点还是要提升综合实力及核心竞争力，不断进行技术创新，制造优秀的产品，服务好客户，让利给客户，才能立于不败之地。

自金升阳成立至今，我们通过改进生产工艺，不断进行技术创新，提高生产效率，降低劳动强度和生产成本。对市场的高标准和高要求，金升阳将根据自身技术路线和市场趋势，不断开发更全面、更可靠的产品，同时着眼于新兴产业的突破，以2~3年的频率维持技术创新，确保先进的技术，配合这些行业的发展去开发相应的电源产品，以满足这些行业的需求，尽我们所能，做好准备，消除市场变化的影响。

▶金升阳的创新理念是什么呢？

金升阳的创新理念是坚持以社会价值先行的共赢，在技术创新的同时进行品牌价值可视化创新，实现客户和企业的双赢。从多个角度和渠道呈现创造的价值，如分享我们的技术创新成果，服务增强，外观设计创新，品牌价值传播。比如说公司的明星产品定压 DC-DC 电源模块，已经从 R1 升级到了 R4，每次升级换代，产品不仅进行了非常多的电路和工艺技术突破，R4 系列更是摒弃传统封装工艺，变身芯片级产品。超小体积的 R4 系列产品非常适用于手持设备、便携设备等对体积要求很高的行业，更加契合用户的实际使用场景和产业技术发展趋势。

## 16. 航天柏克（广东）科技有限公司

**地址：** 广东省佛山市禅城区张槎一路 115 号华南电源创新科技园 4 座

**邮编：** 528051

**电话：** 0757-82207158

**传真：** 0757-82207159

**邮箱：** lxd@ baykee. net

**网址：** www. baykee. net

**简介：** 航天柏克（广东）科技有限公司（以下简称航天柏克）是中国航天科工集团旗下从事尖端电源技术研发的骨干企业，是我国电源技术应用于“高、精、尖”领域的探路者，持续为航天防务、长征五号到长征七号运载火箭、歼 20 战斗机、大飞机及无人机、海上防务、数十条高铁线路等诸多国家重大项目提供高可靠性的电力保障。

航天柏克积极贯彻集团公司“科技强军 航天报国”的发展使命，依托航天的技术优势、军民产业复合型高学历人才优势，重点聚焦电源技术军民两用领域，专业从事研发、生产、销售于一体的军工级、工业级电源、定制化电源等，已形成网络能源、新能源、应急供电系统、行业专用电源、电能质量管理五大业务板块。目前公司围绕智慧城市及大数据、智慧能源、轨道交通、军民融合等战略新兴产业，成立了 9 个行业事业部，形成了 IDC 数据中心、通信电源系统、军工电源系统、海绵城市系统、光储充一体化智慧能源系统、轨道交通智能供电系统等全方位解决方案，致力于将公司打造成国际知名电气企业。

航天柏克组建了省级企业技术中心和省级工程中心，航天二院 6 名院士及一大批国家级突出贡献专家的参与是公司开展尖端技术研发的有力保障。目前，公司拥有专利技术 113 项，参与了 9 项行业标准制定，获得了广东省知识产权示范企业、广东省守合同重信用企业、广东省专利奖、广东省省级企业技术中心、禅城区质量奖企业（首批）、博士后创新实践基地、广东省高效节能型应急电源工程技术研发中心等荣誉与资质，所生产的不间断电源、应急电源产品获得“广东省名牌产品”“广东省高新技术产品”证书。

航天柏克通过了 ISO 9001 质量管理体系认证、CE 认证、节能认证、泰尔认证、消防电子产品强制性认证、国军标质量管理体系认证等，具备军品电源及同源产品二级资质，承担了南京青奥会、广州亚运会 80% 的场馆、港珠澳大桥、广州电视塔、阳江核电站、广州白云机场、海南文昌卫星发射基地、粤赣高速以及武广高铁在内的十多条高铁项目、中国大飞机项目等国家重点工程，是国家轨道交通应急电源基础设施供应的主力军。并与万达、中石化、阿里巴巴、上海宝之云数据中心、万国数据中心等中国 500 强企业建立了战略合作伙伴关系。

航天柏克在全国拥有 85 个营销网点，业务覆盖到了华北、华南、华东、西南、西北五大片区。售后服务网络全面覆盖到全国主要省市，能以行业最快捷的本地化服务，为客户提供个性化、全方位的售前、售中服务和最可靠的售后保障，解决客户的后顾之忧。

**主要产品介绍：**

锂电系列 UPS

- PSM 能量共享功能，市电模式电池可双向工作；
- ECT 自老化功能，还可老化串联其他 UPS 设备；
- 输入信号自定义，通信监控不设限；
- 并机简单方便，双保险+自动均流+动态轮休；
- 100%全 UPS 匹配度；
- APP 科学选型，电池容量配置报价后立即生产。

**企业领导专访：**

**被采访人：叶德智　副董事长兼总经理**

▶请您介绍企业 2019 年总体发展情况。企业的核心竞争力有哪些？

2019 年总体运营情况良好，传统 UPS、EPS 市场需求有所抑制，在航天科工集团的支持下，通过及时调整战略方向，对核心产品做升级创新，加大市场应用性研发投入，开放行业定制电源同类产品，同比 2018 年营业收入增长 50. 3%。公司获得武器装备科研生产单位三级保密资格，C 版武器装备质量管理体系、“三体系”监督审核及锂电池扩项认证、“锂电池”泰尔认证、“知识产权管理体系”认证、CNAS 实验室认可资质证书、BKH-M 系列泰尔认证的复评+换版认证、高新技术企业重新认定等。2019 年度申请专利 16 项，其中发明专利 11 项，已获得授权专利 3 项，其中发明专利 2 项。

核心竞争力 1：国内领先的央企军工品质保障体系

航天柏克依托航天体系的技术优势、体制管理、军民产业复合型高学历人才优势，高效构建军品体系和军标创新体系。航天二院 6 名院士及一大批国家级突出贡献专家的参与是公司开展尖端技术的有力保障，随着人才队伍的搭建，也确保了企业在制度、体系、研发、生产、服务等各个层面的建设。

核心竞争力 2：云共享营销网络构建大防务、大安全航天柏克是航天科工集团积极探索适应新形势的军民融合发展的新模式。公司的一系列电源产品已被航天集团纳入重要战略板块。航天柏克的高端电源产品的加入有效解决了我国国防武器装备依赖进口的问题。随着“和衷共济 协作共赢”航天二院协同营销平台的成立，航天二院各厂所、航天长峰所属子公司共同探讨军民融合，共谋创新发展，对航天柏克民参军的协同创新起到再生的动力。

核心竞争力3：细分行业大功率电源同源产品定制能力

航天柏克坚持创新驱动战略，走高新技术企业的发展道路，组建了省级企业技术中心和省级工程中心，对产品的研发分为前瞻性研发二部、市场应用性研发一部和工程技术支持部，非标产品定制服务一直是公司保持快速发展的核心竞争力，跟进市场需求为客户提供定制化产品和服务。

▶请您介绍企业2020年的发展规划及未来展望。

1. 持续升级UPS全系列产品

航天柏克将通过降低工频UPS的生产成本，完善模块化UPS及高频机等产品的行业应用方案，扩大公司产品在数据中心、电信及银行等诸多领域的应用范围。

2. 提升行业专用电源的定制化水平

大力发展航天柏克专用电源产品在轨道交通及相关具有竞争优势的细分行业业务。

3. 建设新能源产品生产线，布局新能源行业业务

2018年，航天柏克通过与中国铁塔公司的合作，已开始建设锂电池产品生产线。2019年，该业务持续增长。近年来，储能系统的商用已走向成熟。而公司已拥有自主研发的双向变流器产品，通过与自产锂电池的配套，我们将重点布局储能系统业务，同时，根据我国对新建设住宅充电桩产品的政策利好，扩大充电桩产品在新建地产项目中的应用。

4. 依托集团业务优势，发展军工业务

航天柏克将以单兵便携式应急电源、军用车辆、坦克装甲应急启动电源、指挥方仓综合UPS电源、无人机充电电源、直升机便携式应急电源、军用设施新能源储能电站、智慧军营、陆军云模块化数据机房、车载一体化电源等产品的研发为契机（目前已完成样机生产），取得相关军工二证，2020年全力取得武器装备科研生产许可证，促进军工业务发展。

5. 升级EPS产品，发展智慧消防业务

2019年EPS行业发生政策新变化，未来EPS将作为智慧消防核心产品，联合智能疏散指示系统一起拓展业务。

▶新冠肺炎疫情在2020年对企业的主要影响有哪些？企业用什么策略来应对？

疫情对我们的影响也是首当其冲的，航天柏克许多业务是工程项目制的，受疫情影响，工程基本都停工了，致使1~2月份的订单量同比下滑巨大。

面对来势汹汹的疫情，航天柏克积极面对，及时调整了战略规划，由“外攻”转为“内攻”，以体系建设为基础，通过信息化治理，提高经验管理能力，转变互联网运营思维，进而提升服务质量。

## 17. 合肥华耀电子工业有限公司

CETC 合肥华耀电子工业有限公司
ECU ELECTRONICS INDUSTRIAL CO.,LTD.

**地址：**安徽省合肥市蜀山区淠河路88号
**邮编：**230031
**电话：**0551-62731110
**传真：**0551-68124419-0
**邮箱：**sales@ ecu. com. cn
**网址：**www. ecu. com. cn

**简介：**合肥华耀电子工业有限公司（以下简称华耀）于1992年由中国电子科技集团第三十八研究所全资创办，专注于军用和民用电源类产品的研发、生产和销售。早在1996年就通过ISO认证、军方质量体系认证。凭借扎实的发展，现在的华耀已是国家级高新技术企业、国家企业技术中心、安徽省智能供电工程技术研究中心、安徽省产学研示范企业、安徽省技术创新示范企业、安徽省自主创新品牌示范企业、合肥市电源电子工程技术中心。

华耀拥有合肥、上海两大研发基地，相继成立院士工作站和博士后工作站，与南京航空航天大学、中科院等多所高校、科研机构紧密合作，拥有强大的研发及生产能力、标准化生产厂房、标准化作业流程和物料管理体系，以及具有国家第三方监测资格的实验室。20多年的不懈努力，华耀积累了丰富的电源行业经验，所生产的电源产品广泛应用于工业控制、国防安全、LED照明、新能源汽车、医疗、轨道交通等领域，产品销往美国、欧洲、澳大利亚等世界各地，并与多个世界500强公司结成优质合作伙伴关系，品牌和产品在业内具有较高的知名度和美誉度。

未来，华耀将一如既往地秉承“协作、创造、卓越”的核心价值观，致力于打造国际化专业电源品牌和成为国际能源电子专家。

合肥华耀电子工业有限公司是：国内率先提供机载预警雷达批产电源的公司，国内率先提供高空系留气球供配电系统的公司，国内率先提供大型运输机襟缝翼控制电源的公司，国内率先提供小型高频医用高压发生器的公司，国内率先提供受控核聚变（EAST）辅助加热系统兆瓦级电源（PSM）的公司。

**主要产品介绍：**

**DC-DC标准砖模块：**

自主设计 DC-DC 模块电源系列，采用工业标准封装方式和引脚设计，可完全替代同类型进口电源。从 1×1 到标准砖全系列（30~1500W），其产品性能、品质和可靠性均达到业界先进水平。我们能够为分布式供电架构提供标准产品，可满足各种直流电压转换和直流电源的需求，还可根据客户特殊要求提供各种定制方案。

**企业领导专访：**

**被采访人：周伟 副总经理**

▶请您介绍企业 2019 年总体发展情况。企业的核心竞争力有哪些？

2019 年，华耀围绕经营目标，聚焦国防装备、工业控制、电动汽车、医疗环保领域转型升级，持续突破经营发展目标，全年实现销售额与利润的稳定增长。在科技创新方面，聚焦电源关键核心技术研究，创新能力明显增强，授权知识产权 18 项。

作为央企中的电源企业，华耀的优势是品牌公信度高，愿意参与客户前期开发，可快速响应客户需求，可快速在标准产品平台上改制交付。

1）技术优势：国家级技术创新平台上投入研发资源，通过电科集团横向做大，纵向做强。聚焦电源模块化、智能化，建立 AC-DC/DC-DC 核心技术平台，实现技术模块化。

2）产品优势：实施产品领先战略，针对不同行业需求，在电源性能、工艺以及安装方式等细节全面配合客户。华耀已有军工电源、模块电源、医疗高压电源、新能源汽车车载电源、工控系列电源等多领域的精品电源。

3）品控优势：华耀拥有国家认可的第三方测试机构、CNAS/国防实验室，拥有完善的测试标准和测试设备，拥有两大生产基地及世界 500 强精益化生产工厂。

▶请您介绍企业 2020 年的发展规划及未来展望。

2020 年，是“十三五”规划的收官之年，也是谋划布局“十四五”的关键之年，在迎接下一个十年的节点上，我们还是会聚焦主责主业，以电力电子和数字技术为核心，致力于成为高性能电源模块和电能转换设备的供应商，我们将继续秉承“制造安全产品，驱动绿色世界”的使命，紧抓国内自主可控和电科集团协同发展的机遇，在国防装备、工业控制、汽车和医疗领域为客户提供高效率、高可靠的电源产品和服务。

保持战略定力，周密部署业务发展规划，根据业务特点、客户需求合理规划电源产品线，加大产品创新和市场开拓力度，为高质量发展提供核心动力。

▶公司当前面临的难题或挑战是什么？准备用什么策略来应对？

一方面是应对全面国产化的要求，需要各类关键元器件的国产化支持，尤其是芯片。

我们结合集团公司能力，正在研发电源控制芯片，争取在“十四五”期间在核心器件上实现自主可控，建立芯片研发、封装、测试、应用的完整产业链。

另一方面，我们追求的规模经济对产品的批产一致性有较高要求。

我们在计划引进自动化生产设备，优化管理+智能制造双管齐下产生优势，加快全自动化产线的发展进程，大大减少用工数量，提升生产效率，降低单位产品生产成本，建成专业的电源制造基地。

## 18. 鸿宝电源有限公司

HOSSONI 鸿宝®

**地址：**浙江省温州市乐清市柳市镇象阳工业区

**邮编：**325619

**电话：**0577-62762615

**传真：**0577-62777738

**邮箱：**774058299@ qq. com

**网址：**www. hossoni. com

**简介：**鸿宝集团鸿宝电源有限公司（以下简称鸿宝公司）是一家专注于电源领域产品研发、制造、销售、信息及服务一体化的大型高新技术企业。30 多年来，公司拥有上海、浙江两大生产基地、300 余家专业协作工厂、500 余家国内销售代表，产品销往 150 多个国家与地区。公司专业生产各种稳压电源、EPS 应急电源、UPS 不间断电源、变频器、软起动器、变压器、充电器、绿色能源-太阳能/风能并离网逆变器、光伏控制器、铅酸/胶体蓄电池、断路器及 LED 灯具等 60 多个系列、3000 多个品种的电源产品，是国内电源行业的龙头企业。

鸿宝公司作为中国电源学会常务理事单位，在同行业中率先通过 ISO 9001 质量管理体系、ISO 14001 环境管理体系、OHSAS 18001 职业健康安全管理体系认证。所生产的产品先后获得 CE、CB、SEMKO、SASO 等国际产品质量认证，以及 CCC、CQC、TLC 等国内产品质量认证。“HOSSONI 鸿宝”牌商标被认定为“浙江著名商标”，“HOSSONI”牌商标在马德里国际商标体系中 100 多个国家成功注册。

“HOSSONI 鸿宝”牌电源产品连续被省、市评为“质量连续稳定产品”“质量信得过产品”“浙江名牌产品”“浙江出口名牌”；其中微电脑智能型充电器列入国家级“火炬计划”项目并获得市科学技术进步奖；UPS 不间断电源荣获“产品质量国家免检”称号；太阳能/风能并离网逆变器列入浙江省重大项目。所有产品均由太平洋财产保险股份有限公司承保。

鸿宝公司连续被省、市人民政府评定为明星企业、出口创汇先进企业、重合同守信用企业、银行 AAA 信用、百强纳税大户和质量管理先进企业。“HOSSONI 鸿宝”品牌成为品质保证和优质服务体系的象征，在国内外赢得广泛的信誉和褒奖。

鸿宝公司一直对电源技术富有前瞻性理解，孜孜不倦地追求完善的工艺和优质的产品质量，不断推陈出新；一直致力于满足用户不断变化的需求，致力于服务用户、社会、员工，创造共赢价值，维护国内、国际市场良好的电源企业形象；公司秉承“立鸿鹄之志，创电源瑰宝”以及“我们要做最好的电源”的经营理念，逐步成为一个管理科学、技术先进、规模宏大、高效益的现代化名牌企业，“HOSSONI 鸿宝”品牌在世界电源的舞台上熠熠生辉。鸿宝电源与您携手共进，期待与您的合作。

**主要产品介绍：**

SJW 系列微电脑无触点补偿式电力稳压器

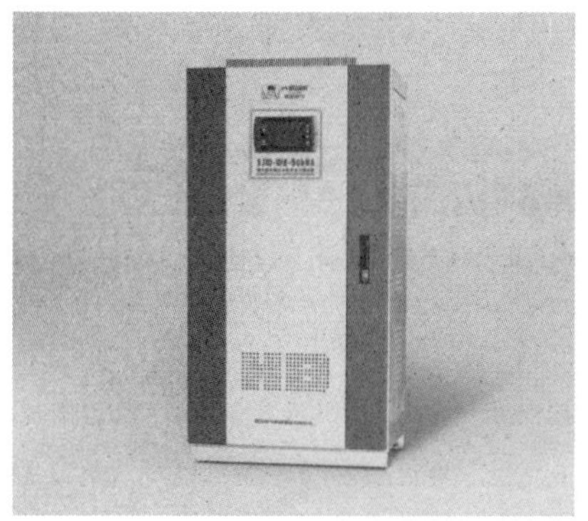

本产品采用高速 DSP 芯片为控制核心，利用计量控制、快速交流采样、有效值校正、电流过零切换和快速补偿稳压等技术，将智能仪表、快速稳压和故障诊断结合在一起，实现了无触点控制，使产品精密、安全高效、节能环保。产品广泛应用于金属加工、生产流水线、电梯、医疗器械、广播电视及大楼照明等需要稳定电压的用电环境中。

**企业领导专访：**

**被采访人：王丽慧　监事长**

▶请您介绍企业 2019 年总体发展情况。企业的核心竞争力有哪些？

2019 年，我国发展面临着国际国内复杂严峻的环境，鸿宝公司在董事会的正确领导下，通过全体员工共同努力，管理人员科学管理，在逆境中稳步前进，品牌知名度有了更大的提高，新产品开发和市场投入进一步扩大，内部管理进一步完善，公司的整体销售也保持了一个平稳发展趋势。

▶您对电源行业（或您所在细分行业领域）未来市场发展趋势有什么看法？企业会迎来哪些机遇？如何把握？

电源行业的需求量一直是比较大的，但是同时现在电源研发企业也很多，这就势必导致竞争激烈和利润下滑。因此，电源行业虽然不能和现在火热的互联网行业相比，但仍然算是个常青行业，同时，在大功率方面，现在电力电子技术和电力系统结合得越来越紧密，将来电力电子在电力系统中的应用（如无功补偿、有源滤波、新能源并网发电等）会是一个新的行业发展点。公司将研发标准产品向市场及客户推广，积极拓展电子行业客户，展示公司研发设计能力、生产规模和质量管理能力。

▶新冠肺炎疫情在 2020 年对企业的主要影响有哪些？企业用什么策略来应对？

2020 年因新冠肺炎疫情的影响，企业面临着种种困难，在政府的大力帮扶下，我们企业自身更是积极应对。在这样的环境下，网络营销作为最为热门的营销模式，已经占据了公司营销市场的半壁江山。我们全面加入这个市场，紧跟时代及环境趋势，进行线上、线下同步衔接。站在信息化时代的前沿，做好网络销售，这对公司的销售及未来发展有着重要作用。

**主要产品介绍：**

DC-DC 电源

## 19. 华东微电子技术研究所

CETC 中国电科

**地址：**安徽省合肥市蜀山区高新技术开发区合欢路 19 号

**邮编：**230088

**电话：**0551-65743712

**传真：**0551-63637579

**邮箱：**info43@ 163. com

**网址：**www. cetc43. com. cn

**简介：**华东微电子技术研究所（中国电子科技集团公司第四十三研究所以下简称 43 所），于 1968 年创建于陕西，1982 年整体搬迁至安徽合肥，现有员工 1500 多人，是我国最早专业从事混合集成电路（HIC）技术研究的国家一类研究所，是我国高可靠混合集成电路专业领域的领军者。

43 所数十年如一日，致力于混合集成电路技术及相关产品的研制与生产，为电子信息系统提供小型化解决方案，服务于国防和民用工程。先后主持制定了 GJB 2438A《混合集成电路通用规范》等 30 余项国家及行业标准，拥有国际水平的设计和工艺平台，具备材料、基板、微组装、封装、试验、验证等完备的研发和生产体系，拥有厚膜混合集成电路、薄膜混合集成电路、多芯片组件（LTCC）、SMT 模块电路、金属封装外壳等 7 条国军标认证研制生产线，拥有国家实验室、国防实验室和军用实验室三项资质认证的混合集成电路及电子元器件检测实验室、微系统安徽省重点实验室、博士后科研工作站等科研平台。

主要产品有 DC-DC、AC-DC、DC-AC 电源模块、EMI 滤波器，电机驱动器，SDC/RDC、DRC/DSC，I/F 变换、F/V 变换器件，电压基准源，精密恒流源，信号处理电路，隔离放大器，微波/毫米波组件以及 MCM、SiP、微系统等专用集成电路，主导产品已形成系列化、标准化，广泛应用于航天、航空、船舶、电子、兵器、通信等高可靠电子设备及工业领域。

50 多年来，43 所为“长征”系列火箭、“神舟”系列飞船、“天宫”飞行器等百余项重点工程做出了突出贡献，部分技术和产品已接近或达到国际先进水平，并荣获国家级科技进步奖和发明奖 300 多项，省、部级科技成果奖 100 多项。同时，43 所积极投身国民经济建设，在新材料、新能源、LED 绿色照明、光电通信、新能源汽车等领域开拓进取，获得国内外市场认可，产品出口 20 多个国家和地区。

43 所主打电源产品分为高功率密度电源，高转换效率、宽输入范围电源，抗辐照电源以及电源系统等几大类，广泛应用于航天、航空、船舶、电子、通信等领域。

**企业领导专访：**

**被采访人：鲁加国　所长**

▶请您介绍企业 2019 年总体发展情况。企业的核心竞争力有哪些？

本所 2019 年总体发展情况良好，全面完成了企业工作目标和任务。核心竞争力有混合集成电路的设计技术、工艺集成技术、检测验证技术以及人才队伍的建设。

▶请您介绍企业 2020 年的发展规划及未来展望。

本所发展规划是“谋发展、勇创新、优管控、强人才、提质量、防风险、抓党建、坚持主责主业”。

▶您对电源行业（或您所在细分行业领域）未来市场发展趋势有什么看法？企业会迎来哪些机遇？如何把握？

未来市场对小体积、高密度、高转换效率、宽电压输入范围、高可靠的需求越来越大，抓住“新基建”的机遇，立足国产需求，大力发展 DC-DC 电源的技术与产品，满足市场需求。

## 20. 南京国臣直流配电科技有限公司

**地址：**江苏省南京市江宁区福英路 1001 号联东 U 谷

**邮编：**211100

**电话：**025-52162458

**传真：**025-84488904

**邮箱：**lizhong@ gc-bank. com

**网址：**www. gc-bank. com

**简介：**南京国臣直流配电科技有限公司成立于 2005 年，位于古都南京的江宁大学城内，是国家级高新技术企业、江苏省民营科技企业、江苏省软件企业和南京市瞪羚企业。公司致力以直流配电技术改善电能质量、提高供电可靠性、消纳新能源、提升用电能效、降低配电成本，为客户提供系列产品和完整的解决方案。

公司拥有多名电力电子、电能质量、电力系统、过程控制等专业的知名专家及顾问团队；自主研发的±1500V 以下的系列电力电子变换器、暂降保护系统、低电压穿越装置、低压直流测控装置、直流一体化配电单元、直流配电抽屉柜、主动式保护装置、电能质量监测装置、电池监视管理系统、直流配电监控系统等系列产品，通过了国家级检验机构的第三方权威检测；产品广泛应用于电力、石油、石化、半导体、煤化工、化纤、新能源、冶金、环保、电子信息等多个行业，为客户带来了极大的社会效益和经济效益。先后获得 50 多项国家专利授权和软件著作权，参与了 10 多项国标、行标、团标的编写和 4 个国家重点研发计划的示范应用，累计发表学术论文 50 多篇，出版著作 4 部；研究成果获中国电源学会科技进步一等奖 1 项、中国电力建设企业科技进步一等奖 1 项、国网总部科技进步三等奖 1 项、江苏省电力公司科技进步奖 1 项。

公司积极参与对外合作和学术交流，是国际供电会议 CIRED 会员单位、国际大电网会议 CIGRE C6 委员/B3. 42 工作组成员、中电联直流配电标委会委员/直流电源技术委员会委员、中国电源学会电能质量专委会委员、中国电工技术学会专家组成员、亚洲电能质量中国合作组成员；与国内多所高校及科研院所建立了紧密的产学研合作，设立了大学生实训基地和研究生联合培养基地。

展望新时代，公司以塑造直流配电国际知名品牌为目标，以品质为本，礼结天下、合作共赢为宗旨；发挥专业、协作、挑战、奉献的精神，为创造绿色、可靠、高效、经济的直流配电技术奋斗。

**主要产品介绍：**

**直流配电系统、电压暂降治理系统**

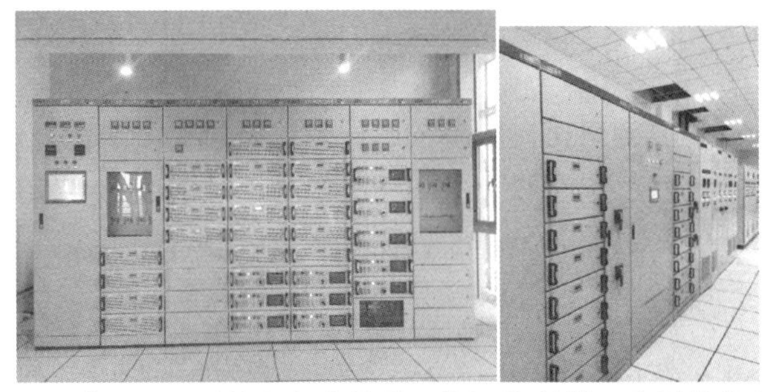

直流配电系统包括变换器、协调控制器、监测保护装置、直流配电柜和管理系统等产品，实现以直流方式的新能源发电、储能、电力传输分配和运行稳定。

电压暂降治理系统包括变换器、储能装置、直流保护、暂降检测装置和管理通信单元等，保障敏感负荷的稳定运行，杜绝经济损失和生产安全事故。

**企业领导专访：**

**被采访人：李忠　总经理**

▶请您介绍企业 2019 年总体发展情况。企业的核心竞争力有哪些？

2019 年公司通过自身努力和客户的支持，呈现了持续快速发展势头，全面完成年初预定的任务。在电压暂降治理领域，2019 年继续保持了市场和技术领先优势；在直流配电方面，2019 年参与了国内大部分的直流配电示范项目，成为公司新的业务增长点，也初步奠定了公司在直流配电领域的行业地位和影响力。

多年来，公司形成了以电力电子、电力系统两大专业相结合的稳定技术队伍，开发了完整的系列化产品，并能针对市场需求进行快速定制方案、研发新品，不断保持技术创新；在工程设计和现场施工、项目调试方面也体现了强大的综合能力。

▶请您介绍企业 2020 年的发展规划及未来展望。

2020 年经济大环境仍不明朗，但公司的发展目标不变，公司将全力稳定并扩大电压暂降治理和直流配电市场。2020 年公司将对产品方案进行全新设计优化，进一步提升其性价比，为开拓市场奠定基础。相信 2020 年公司在 2019 年的基础上，能保持稳步发展，继续稳固市场地位和业内竞争力。

▶您对电源行业（或您所在细分行业领域）未来市场发展趋势有什么看法？企业会迎来哪些机遇？如何把握？

公司从事产品在电源行业里是一个极其细分的领域。电压暂降治理，它是一个刚需市场，需要进一步开拓，总体规模不大，适合我们这样一个中小型公司的发展需求。

直流配电行业虽然是个极富前景的巨大市场，但目前仍处于开拓起步阶段；公司将继续加大投入，专注理论研究和产品技术创新，寻找现阶段适合的应用场景，努力在市场上占得先机。

▶新冠肺炎疫情在2020年对企业的主要影响有哪些？企业用什么策略来应对？

新冠肺炎疫情事发突然，确实对2020年的计划有较大影响。但目前公司现金流充裕，并有存量合同在手，因此不会存在企业生存问题。由于上半年销售市场工作不能正常进行，主要工作重点还是产品优化、新品研发、内部培训和管理提升。乐观估计，下半年市场会有阶段性的爆发，届时生产任务可能吃紧，因此公司上半年也会做一些产品生产预投计划，以平衡全年生产任务。

## 21. 宁波赛耐比光电科技股份有限公司

**地址：**浙江省宁波市鄞州区高新区科达路56号
**邮编：**315100
**电话：**0574-27902725
**传真：**0574-27902591
**邮箱：**chenxing@ snappy. cn
**网址：**www. snappy. cn

**简介：**宁波赛耐比光电科技股份有限公司为国家高新技术企业，始创于2003年8月20日，现有员工300余名，是一家专业从事各种LED灯具、LED光源、LED驱动和相关配件的研发、制造和销售的企业。自2010年以来以开发生产LED电源为主业，产品的外观设计和质量深受全球客户好评。公司于2015年12月在新三板挂牌，2017年7月经中国证监会宁波监管局批准，进入IPO创业板辅导，并计划于2019年正式在创业板上市。公司拥有一支创新型的技术团队，企业的核心竞争力是拥有完整且现代的管理经验和不断推出的新产品。

宁波赛耐比光电科技股分有限公司，一个平均年龄只有35岁的管理团队，积极的、向上的、团结的、合作的，这就是我们。

**主要产品介绍：**

SNP100-VF-1/ SNP100-VF-1S

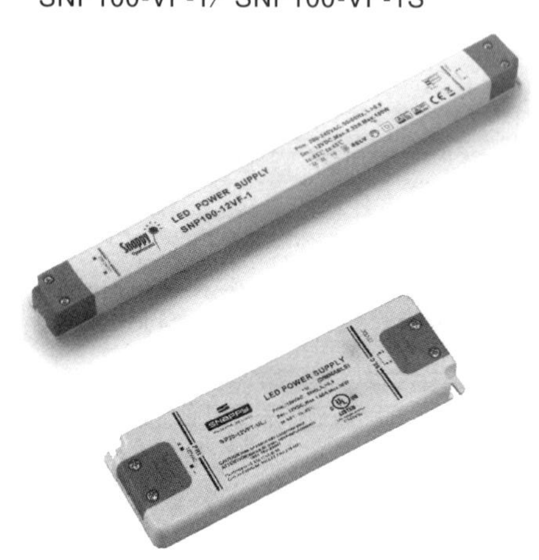


LED驱动电源为长条超薄型设计，厚度仅有18mm，广泛应用在各类广告灯箱、广告牌、霓虹灯等领域。也可以被应用在户内各类橱柜家具线形灯具领域。超薄条形设计可以极大地节省安装的空间。

## 22. 深圳华德电子有限公司

WATT

**地址：**广东省深圳市南山区南海大道蛇口兴华工业大厦五栋A座六楼
**邮编：**518067
**电话：**0755-26693168
**传真：**0755-26693918
**邮箱：**wangg@ watt. com. cn
**网址：**www. watt. com. cn

**简介：**深圳华德电子有限公司建立于1987年，是随经济特区共同发展成长的专业电源技术公司。

公司注重高端电源产品及技术的开发研究，已成规模的电源产品，涵盖了数据通信、医疗设备、工业设备、测量仪器、汽车及工程机械动力控制系统、高端计算机及服务器、民用航空飞行器等领域。

在不断发展和完善产品研发及销售平台的基础上，公司积极地引进国内外先进技术和专利技术，采取自主设计、定制、合作开发等灵活的方式，为全球的客户提供最佳的解决方案、高可靠的产品及优质的服务。

公司不断强化企业的现代化管理水平和体系建设，重视人才，重视质量。以自动化的生产能力和先进的生产工艺使产品品质得到有效的保证。

**主要产品介绍：**

1. WP2162R系列PCB敞开型单通道电源模块

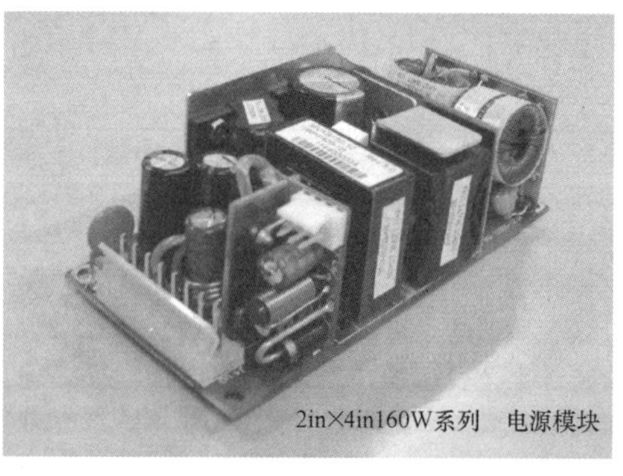

2in×4in160W系列 电源模块

尺寸51mm×102mm×33mm（2in×4in×1. 3in）；
输入电压90~264V/47~64Hz；
额定输出功率160W；
直流输出电压12V、24V、48V可选；
另附12V/1A风扇通道；
整机效率大于90%；具有输出过电流和过电压保护；
安规符合IEC 60601/IEC 60950；
EMC传导符合EN 55022 Class B。

2. WP3362R 系列 PCB 敞开型单通道电源模块

3in×5in360W系列 电源模块

尺寸 76mm×127mm×33mm（3in×5in×1.3in）

输入电压 90～264V/47～64Hz；

额定输出功率 360W；

直流输出电压 12V、24V、48V 可选；

另附 12V/1A 风扇通道；整机效率大于 90%；具有输出过电流和过电压保护；

安规符合 IEC 60601/IEC 60950；

EMC 传导符合 EN 55022 Class B。

3. WP1163R AC-DC 电源模块

尺寸 220mm×108mm×62mm；

采用主动 PFC，支持 100～240V 全球电压；

输出电压 12V，额定功率 1600W，转化效率高达 93%；

保护功能齐全，安全可靠。

## 23. 深圳科士达科技股份有限公司

KSTAR 科士达

股票代码：002518

**地址：**广东省深圳市光明新区高新园 7 号路科士达工业园

**邮编：**518107

**电话：**18797777917

**传真：**0755-86168482

**邮箱：**chenzhuo@ kstar. com. cn

**网址：**www. kstar. com. cn

**简介：**深圳科士达科技股份有限公司成立于 1993 年，是专注于电力电子及新能源领域，产品涵盖 UPS（不间断电源）、数据中心关键基础设施（UPS、蓄电池、精密配电、精密空调、网络服务器机柜、机房动力环境监控）、太阳能光伏逆变器、逆变电源、新能源汽车充电桩（交流充电桩、直流充电桩、直流充电模块、充电桩运营平台）的国家火炬计划重点高新技术企业、国家企业技术中心、国家技术创新示范企业，是具有较大规模的 UPS 研发生产企业及品质阀控式密封铅酸蓄电池制造商，数据中心关键基础设施一体化解决方案提供商，新能源电力转换产品领域厂商。公司产品覆盖亚洲、欧洲、北美洲、非洲 90 多个国家和地区。2010 年 12 月 7 日，公司在深圳证券交易所成功上市（股票代码：002518）。

## 24. 深圳市必易微电子有限公司

**地址：**广东省深圳市南山区万科云城 3 期 8 栋 33 层 3-4

**邮编：**518000

**电话：**0755-82042689

**传真：**0755-82042192

**邮箱：**joe_ hsie@ kiwiinst. com

**网址：**www. kiwiinst. com

**简介：**深圳必易微电子有限公司（以下简称必易微电子）总部位于深圳，在杭州、厦门、上海、中山等地设有子、分公司。

公司拥有半导体设计领域的资深专家和高效的管理团队，主要从事创新型模拟及数模混合集成电路的研发及系统集成。公司高度重视知识产权的开发和保护，拥有多项集成电路和系统应用的国际、国内专利。公司顺应潮流，注重品质，竭力为广大客户及消费者提供完整优异且有竞争力的产品和服务。

科技改善生活。必易微电子尊重人才、重用人才，始终坚持“独特创新、易于使用”的理念，力争成为卓越的受尊重的芯片设计企业，从而引领模拟及混合集成电路设计行业的创新和发展。

**主要产品介绍：**

KP3310

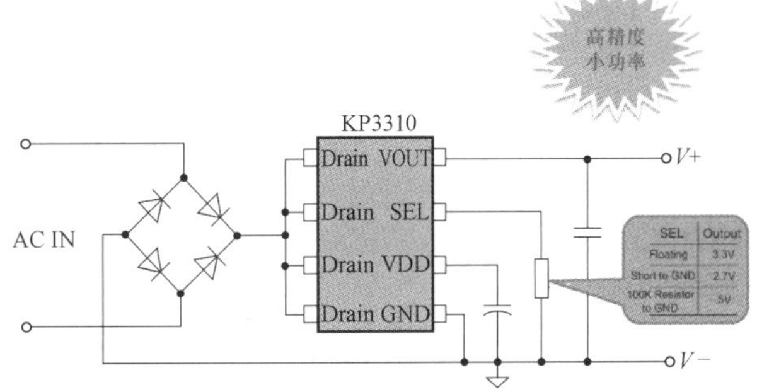


KP3310 是一款紧凑型无电感设计的线性稳压器，该产品使用独特的能量转移技术，使得线性方案能够支持全电压输入，且支持高达 50mA 的电流输出。该产品极大地降低了系统成本，使得整机成本可与阻容降压方案相媲美，但性能远优于阻容降压方案，在一些小型电器和 MCU 供电领域打开了巨大的市场。

**企业领导专访：**

**被采访人：张波　副总经理**

▶请您介绍企业 2019 年总体发展情况。企业的核心竞争力有哪些？

2019 年受中美贸易摩擦的影响，中国的制造业受到了一定的冲击。但作为电子产品企业的上游，必易微电子积极应对，通过创新的产品降低电源管理系统的整体成本，为客户创造了价值，从全年看必易微电子的整体发展良好，继续在新产品和新领域取得突破，全年的营收近 4 亿元人民币。

必易微电子是一家立足长远发展的企业，打造了以人才为核心竞争力的管理模式。研发和管理团队来自于国内外知名企业，通过坚持“独特创新、易于使用”的理念，产生了五大核心技术：高压混合 BCD 工艺开发技术、产品平台化开发技术、创新系统架构技术、高功率密度电源设计技术和超低待机系统控制技术。利用五大核心技术，必易微电子专注于智能照明、快充电源和 IoT 等领域的产品研发，推出了较多颇受好评的电源管理芯片，同时也积累了大批行业优质客户资源，如昕诺飞、欧司朗、欧普照明、九阳、苏泊尔等一线知名企业。

▶请您介绍企业 2020 年的发展规划及未来展望。

2020 年必易微电子将继续拓宽产品应用领域，朝着电机驱动、DC-DC 电源管理领域迈进，力争发展成为同时深度覆盖 AC-DC 和 DC-DC 大电源管理芯片领域的知名芯片企业。

## 25. 深圳市英威腾电源有限公司

**地址：** 广东省深圳市南山区桃源街道长源社区学苑大道 1001 号南山智园 A7 栋 501

**邮编：** 518055

**电话：** 0755-27535034

**传真：** 0755-26782664

**邮箱：** duanxiuhong@ invt. com. cn

**网址：** www. invt-power. com. cn

**简介：** 深圳市英威腾电源有限公司是深圳市英威腾电气股份有限公司（股票代码：002334）的子公司，国家高新技术企业，专注于模块化 UPS 与数据中心关键基础设施一体化解决方案的研发、生产与应用，向全球客户提供高可靠、高品质的产品解决方案与全方位的优质服务。公司凭借专业的研发团队，先进的产品性能，高效的服务团队，一流的生产规模等综合优势，始终处于业界的领先地位。

公司专注于数据中心关键基础设施产品线（高端模块化 UPS、智能 UPS、精密空调、精密智能配电、蓄电池、智能监控、微模块数据中心等），拥有产品的核心技术与 900 多项知识产权专利，产品以高可靠性和高性价比，赢得了广大客户的一致赞誉，产品广泛应用于政府、金融、通信、教育、交通、气象、广播电视、工商税务、医疗卫生、能源电力等多个领域及全球 80 多个国家和地区。

快速为客户提供全方位、专业的解决方案是公司的经营宗旨，持续创新是公司追求的目标。不断推出的具有竞争力的解决方案和优质服务满足了各行各业用户对于数据中心基础设施供电系统高可靠性和绿色智能化的需求。公司将致力于通过技术创新和品牌全球化运营，成长为数据中心基础设施电源及电力电子相关领域受人尊敬的世界级企业。

企业愿景：

成为全球领先、受人尊敬的工业自动化和能源电力领域的产品和服务提供者。

企业价值：

诚信：始终以诚信的心态面对所有的人。

创新：我们不断求索行业技术的发展趋势，不断创新产品为客户带来更大的价值。

坚持：不论商业环境如何快速多变，我们始终坚持对客户、合作伙伴、员工的承诺。

互信：我们致力于与所有的客户达成互信的原则，所有员工的互信亦是企业发展的原动力。

企业使命：

引领电源及电力电子领域科技发展，为创造更可靠、更高效、更节能的产品而不懈努力。

**主要产品介绍：**

**微模块化智能数据中心**

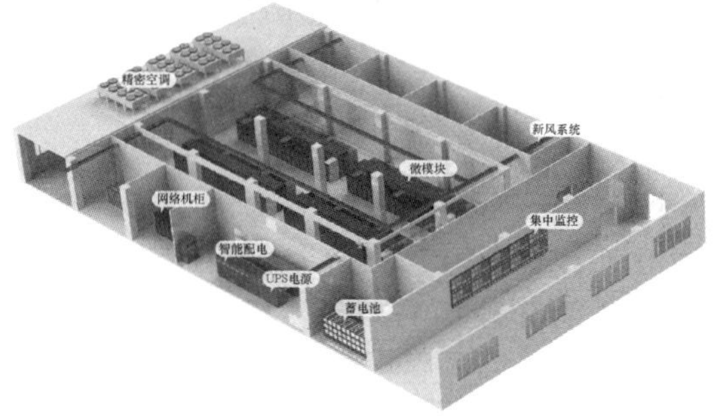


微模块化智能数据中心以客户需求为设计导向，整体建设依据 GB 50174—2017 以及 TIA-942-8-2017 等标准，产品设计以标准化、模块化为设计思路，实现工厂预制化和现场快速拼装部署。

**企业领导专访：**

**被采访人：杨成林　副总经理**

▶请您介绍企业 2019 年总体发展情况。企业的核心竞争力有哪些？

2019 年公司业绩及各项指标仍旧保持持续上升的态势。研发方面，公司拓展延伸了 UPS 电源产品线，同时公司研发设计了一系列极具市场竞争力的数据中心产品，公司上升为具有自主知识产权的全球领先数据中心能源解决方案提供商。市场开拓方面，公司产品已远销到全世界 80 多个国家和地区，在国内市场亦取得了非常可喜的成绩。

公司的核心竞争优势在于强大的创新研发能力、奋发向上积极进取的优秀人才团队和卓越的产品、质量体系。我们清醒地认识到这些竞争力就是我们的立足之本，我们也将在这些方面继续努力。

公司一直处于急速发展的状态，所有的荆棘亦是我们奋力前行的动力，在瞬息万变的市场大潮中，只有通过技术创新、强强联合、资源共享等才能实现共赢和企业的可持续发展，我们相信未来公司必将成为 UPS 电源及数据中心行业的标杆企业。

▶请您介绍企业 2020 年的发展规划及未来展望。

公司目前产品运用到了多个领域，这些均标志着英威腾已成为 UPS 电源行业最主流的企业之一，同时也向市场证明了英威腾电源极强的市场竞争力和企业发展前景。

▶您对电源行业（或您所在细分行业领域）未来市场发展趋势有什么看法？企业会迎来哪些机遇？如何把握？

随着海量数据的爆发，中国企业进入了机遇与挑战并存的云计算和物联网时代，2019 年公司向市场推出了一系列数据中心产品解决方案，一经推出就获得了市场的高度认可，并获得了非常可观的经济效益。未来公司将秉承一贯的创新机制，在以 UPS 电源为基础业务的前提下，加大对数据中心产品的投入，坚持自主创新研发，以适应市场不同用户的需求。

## 26. 深圳威迈斯新能源股份有限公司

**地址：** 广东省深圳市南山区科技园北区高新北六道银河风云大厦 5 楼

**邮编：** 518057

**电话：** 0755-86137021

**传真：** 0755-86137676

**邮箱：** sales@ vmaxpower. com. cn

**网址：** www. vmaxpower. com. cn

**简介：** 深圳威迈斯新能源股份有限公司是电力电子与电力传动解决方案提供商，致力于电力电子与电力传动产品的研发、生产和销售，为客户提供电力电子变换器、嵌入式电源系统、工业应用电源解决方案、电动汽车充电机、电机驱动器等类型产品。公司定位服务于中高端设备集成商和设备制造商。公司以自主知识产权的电力电子技术为基础，以快速响应客户的定制需求为主要经营模式，实现企业价值与客户价值共同成长。

公司拥有六大领域产品：通信与服务器电源、工业应用电源解决方案、电力系统电源、电动汽车/工业电动汽车电力电子应用、医疗激光驱动器。产品广泛应用于新能源汽车、通信、云计算、电力系统、工业自动化、电动汽车、医疗、存储与服务器等高性能与高可靠性领域。

公司获批国家高新技术企业（GR 201144200306），拥有自主知识产权，拥有高端的电力电子变换技术和电源结构工艺技术，高质量的产品设计能力和高水平的技术研究能力。公司拥有业界一流的研发团队，完善的企业流程体系，高效的管理结构，先进的软硬件系统。公司专注于快速响应定制化的需求，为客户提供灵活的电源解决方案，满足全球客户差异化的需求以及快速创新的追求。公司是国内外众多知名企业的供电解决方案的主流供应商。

**主要产品介绍：**

**6. 6kW 二合一充电总成和 6. 6kW 三合一充配电总成**

产品特点：

1）高度集成，包含 OBC、DC-AC、DC-DC、PDU 功能；

2）充电和逆变时，高压和低压功率自动分配；

3）全数字化控制，所有软件在线升级；

4）立体散热结构，体积小、重量轻。

## 27. 深圳英飞源技术有限公司

INFY POWER
英飞源技术

**地址：** 广东省深圳市宝安区石岩街道塘头一号路领亚智慧谷春生楼一楼

**邮编：** 518000

**电话：** 0755-86574800

**邮箱：** sales01@ infypower. cn

**网址：** cn. infypower. com

**简介：** 深圳英飞源技术有限公司（以下简称英飞源）是一家专业从事电能变换及系统解决方案的高科技公司，以电力电子技术和智能控制为核心，专注于电能变换核心技术的研发，产品包括电动汽车充电模块、双向变换电源模块、专用电源等电能变换产品，并为电动汽车充电服务、能源互联网业务、专用设备供电提供专业的解决方案。

作为最早提供电动汽车充电模块的厂商之一，公司技术实力雄厚，研发人员众多，核心研发人员多数来自于国际知名的电源企业，具有深厚的技术功底。2017 年英飞源获得了中兴创投、Softbank Investment、方广资本等知名机构的投资。2019 年，英飞源又获得了知名投资机构长江晨道、招银国际的投资。英飞源聚焦于解决行业痛点和满足客户需求，愿意做行业的铺路石，为客户的发展提供无忧后盾，持续为客户创造最大价值。英飞源的产品以其高可靠性、高性能得到了国内外客户的广泛认可，是电动汽车充电变换领域的先锋。

“以客户需求为导向，以创造价值为核心，努力追求卓越”是英飞源的核心价值观；“匠心、品质、分享、进取”是公司价值观的体现。

**主要产品介绍：**

**电动汽车充电桩充电模块**

REG 系列充电模块是为了满足电动汽车充电应用而专门开发的直流充电模块。满足 CE 安全规范、EN 61000-6-1 和 EN 61000-6-3 CLASS A 电磁兼容标准，是具有国际领先水平的充电模块。

## 28. 石家庄通合电子科技股份有限公司

**石家庄通合电子科技股份有限公司**
Shijiazhuang Tonhe Electronics Technologies Co.,Ltd.

**地址：** 河北省石家庄市高新区漓江道 350 号

**邮编：** 050000

**电话：** 0311-86967416
**传真：** 0311-86080409
**邮箱：** thdz@ sjzthdz. com
**网址：** www. sjzthdz. com
**简介：** 石家庄通合电子科技股份有限公司（以下简称通合电子）是一家致力于电力电子行业技术创新、产品创新、管理创新，集高频开关电源和相关电子产品的研发、生产、销售、运营和服务于一体，为客户提供系统能源解决方案的高新技术企业。

公司成立于 1998 年，并于 2012 年整体变更为股份有限公司，2015 年 12 月 31 日成功在深交所创业板挂牌上市，股票代码为 300491。

公司坐落在石家庄国家高新技术产业开发区，拥有自主产权的研发生产基地。公司首创的“谐振电压控制型功率变换器”技术使谐振式开关电源的全程软开关技术进入了产业化阶段，引领了行业技术潮流。

公司具有成熟的营销体系和客户服务体系，销售网络遍及全国 20 多个省、市、自治区，拥有超过 600 家客户，与国内多家主要电力设备和新能源汽车整车制造商保持长期合作。公司领先的技术优势、可靠的质量保证和卓越的服务品质得到了客户的一致好评。

**主要产品介绍：**

**电动汽车恒功率直流充电模块**

采用最新的技术和工艺，在同等体积下实现了更大的输出电流，更宽的恒功率范围，提高了充电桩的利用率。

**企业领导专访：**

**被采访人：张逾良　副总经理**

▶请您介绍企业 2019 年总体发展情况。企业的核心竞争力有哪些？

2019 年公司继续深耕智能电网、新能源汽车领域的电源产品开发，同时通过并购的方式完成了军工电源领域的布局。企业有一支长期专注电力电子行业的产、研、销队伍，有完善的研发体系、供应链体系和营销体系。

▶请您介绍企业 2020 年的发展规划及未来展望。

2020 年年初的中央经济工作会议中指出要加快 5G 基建、大数据中心、特高压、新能源汽车及充电桩等新基建领域的建设，这是相关电源行业发展的重大利好和机遇，企业应在自身品牌建设、技术能力、产品能力、服务能力等多方面不断努力，切实地为国家建设做出自己的贡献，也就自然把握住了相应的机遇。

▶您对电源行业（或您所在细分行业领域）未来市场发展趋势有什么看法？企业会迎来哪些机遇？如何把握？

新冠肺炎疫情对企业一季度的业绩造成了一定的不利影响，但我们对国家智能电网和充电桩等基础设施建设领域的行业形势是看好的，同时这也是我们修炼内功，提升技术能力、产品能力和管理能力的机会。

## 29. 温州大学

**地址：** 浙江省温州市瓯海区茶山高教园区
**邮编：** 325035
**电话：** 0577-86598000
**传真：** 0577-86597000
**邮箱：** wzdx@ wzu. edu. cn
**网址：** www. wzu. edu. cn
**简介：** 温州大学是浙南闽北赣东地区唯一一所综合性大学，坐落于中国历史文化名城、素有“东南山水甲天下”之美誉的温州。学校由温州师范学院（创办于 1956 年）和原温州大学（创办于 1984 年）于 2004 年合并组建而成，历经“两校合并、七校融合”的沿革变迁，办学源头可追溯至 1933 年创建的温州师范学校。在 86 年的办学历程中，温州大学始终秉承“光大国族、造福人群”的学校精神，自强不息、艰苦创业，成就了今日文脉绵延、奔腾浩荡的发展格局。2019 年 12 月，学校列入浙江省重点建设高校行列。

截至 2019 年 11 月，学校现有茶山和学院路两个校区，占地总面积 1983. 86 亩（1 亩 = 666. 67 平方米）；校舍面积 100. 2 万平方米；教学科研仪器设备总值 7. 2 亿元；校本部馆藏纸质图书 202. 06 万册，电子图书约 184. 35 万册，各类中外文电子期刊和资料数据库 93 个。现有普通全日制在校生 16754 人、教职工 1762 人，有各级各类人才工程入选者 322 人（546 人次），拥有双聘院士、“长江学者”特聘教授、国家“有突出贡献中青年专家”“国家百千万人才工程”国家级人选、国家优秀青年基金获得者等一批高层次人才。

学校在招 43 个本科专业，拥有国家级特色专业建设点 2 个、国家级专业综合改革试点 1 个、教育部卓越工程师教育培养计划试点专业 5 个，通过教育部工程教育专业认证 2 个、师范专业认证 1 个，省级重点（建设）和优势、特色（国际化）专业 37 个。学校于 2003 年成为硕士学位授予单位，现拥有一级学科硕士学位授权点 17 个，硕士专业学位授权点 12 个。2017 年被列为浙江省博士学位授予单位立项建设单位。

学校主持承担国家科技重大专项项目 1 项、国家社科基金重大项目 7 项、国家杰出青年科学基金项目 2 项、国家自然科学基金重点项目 4 项、国家社科基金重点项目 12 项、国家优秀青年科学基金项目 2 项、国家重点研发计划项目国际合作重点专项 3 项、国家重点研发计划项目课题 4 项、国家 973 计划课题 3 项等国家级科研项目 640 项（人文社科 172 项、理工科 468 项）、省部级项目 1127 项（人文社科 524 项、理工科 603 项）。科研成果获得国家科技进步二等奖 1 项，教育部高等学校科学研究优秀成果奖（科学技术）一等奖 1 项、二等奖 4 项，教育部高等学校科学研究优秀成果奖（人文社会科学）二等奖 1 项、三等奖 5 项，中国专利优秀奖 1 项，浙江省自然科学奖一等奖 1 项，浙江省科学技术进步奖一等奖 2 项、二等奖 14 项、三等奖 15 项，浙江省专利优秀奖 1 项，浙江省哲学社会科学优秀成果一等奖 7 项、二等奖 21 项、三等奖 46 项、优秀奖 1 项等省部级以上奖励 121 项。

学校电气工程学科是浙江省一流学科，一级学科硕士学位授权点。学科拥有电气数字化设计技术国家地方联合工程实验室、电气数字化设计技术浙江省工程实验室、浙江省低压电器技术创新服务平台、浙江省低压电器工程技术研究中心、机械工业用户侧光伏微网工程中心等 11 个国家级、省部级科研平台。学科建有浙江省智能电网低压电器技术重点科技创新团队、浙江省海岸工程特种电源技术创新团队、智能电气技术及应用浙江省高校高水平创新团队 3 支省级创新团队。

学校电气工程及其自动化专业获批国家级一流本科专业建设点，并且为教育部卓越工程师教育培养计划专业、浙江省“十三五”特色专业，电气工程及其自动化专业于 2019 年通过了教育部高等教育教学评估中心工程专业评估（认证）。

近年来，电气工程学科相关科研人员获得中国专利金奖 1 项、中国专利优秀奖 1 项；获得教育部高等学校科学研究优秀成果一等奖 1 项、二等奖 2 项，中国机械工业科学技术奖特等奖 1 项，浙江省科技进步奖二等奖 3 项；获得中国产学研合作创新奖 1 项、发明创业特等奖 1 项，并且学科带头人戴瑜兴教授荣获“当代发明家”荣誉称号。

## 30. 温州现代集团有限公司

电能质量优化专家

**地址：**浙江省温州市鹿城区金丝桥路 20 号

**邮编：**325000

**电话：**0577-88835717

**传真：**0577-88845711

**邮箱：**modern@ wzmodern. com

**网址：**www. wzmodern. com

**简介：**温州现代集团有限公司坐落于中国民营经济发源地——温州，是由原创办于 1979 年的温州市精密电子仪器厂经公司化改制，在 1994 年组建成立了温州现代集团有限公司，下辖温州现代电力成套设备有限公司、温州现代电器制造有限公司、上海华陶电器有限公司、苏州现代电工仪器有限公司等几个全资子公司。

公司是电能质量产品［谐波治理/滤波补偿装置、稳压（节电）电源/变频电源、电抗器、CVT 抗干扰电源、零线电流消除器等电能质量综合治理产品］、电源测试设备（调压器、测试台电源）和干式变压器的开发、设计和生产制造专业厂家，JB/T 7620—1994 标准起草单位之一。公司通过 ISO 9001：2008 质量管理体系认证，信息产业部通信设备进网许可认证，航天科技集团环境试验认证，军用抗干扰电源定点生产厂家，浙江省区外高新技术企业，是美国通用电气（GE）公司中国地区稳压电源唯一供应商，美国 EMERSON 公司和上海三菱电梯稳压电源 OEM 商。

公司产品已广泛应用于冶金、通信、国防军工、医疗设备、大型数据中心、精密仪器、实验室、广播电视、楼宇电梯、数控机床、生产流水线、交通设施、金融、教育、工矿企业等国民经济各个领域。

产品已覆盖欧洲、北美洲、澳大利亚等国家及东南亚、拉丁美洲、非洲和中东等发展中国家。

公司始终如一地致力于坚持可靠的产品质量和提高用户满意度，所提供的优质设备和完善的售后服务得到了用户的一致好评。

**主要产品介绍：**

1. LBJ 滤波节电柜

针对直流轧机和中频炉等会产生大量谐波、污染电网，公司生产的滤波节电柜既可提高功率因数，又能抑制谐波，使系统运行稳定，节能效果明显。

2. DFC-CW 零线电流消除器

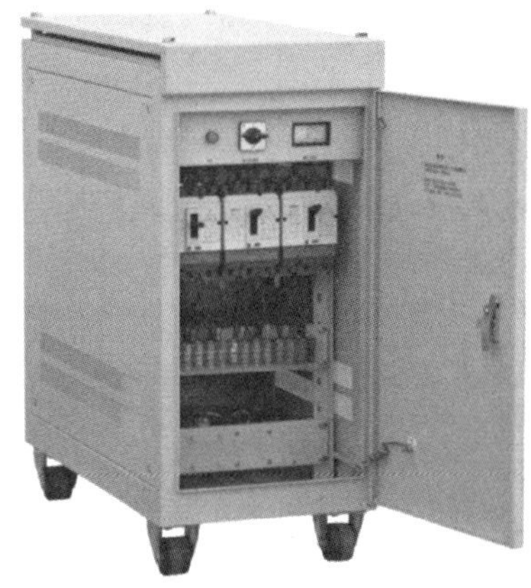

大型场所由于大量使用节能照明灯具、计算机、变频空调器、UPS、EPS 等负载，在节能的同时会产生大量的谐波，公司开发生产的零线电流消除器是解决各行业电气设备在零线电流过大引起的设备故障和安全隐患的高科技产品。

3. SJD-Z 智能化照明稳压节电柜

公司开发生产的新型智能化照明稳压节电柜是根据照明的特性而设计的理想节电产品，大大地减少了照明系统的维护费用，节电率均达 15%~25%，节电效果显著，一次投资长期受益。

4. TJA 抗干扰电源-CVT

TJA 抗干扰电源-CVT 电源集隔离变压器、双向滤波器、宽范围稳压器的优点于一体，输入输出隔离，对电网中的 3~13 次谐波、浪涌冲击、尖峰脉冲、雷击等干扰具有良好的抗干扰能力。目前已广泛应用于航天、航空、核工业、铁路、医院、金融、证券、军工、通信、公安、工矿等需要更高可靠性电源的场合，特别适合与电网谐波污染严重的配电线路中的仪器设备配套使用。

本系列电源产品质量通过航天科技集团（原航天部）检测及产品环境试验，为军用定点专配电源。

## 31. 无锡芯朋微电子股份有限公司

芯朋微电子
**Chipown**
高性能电源及驱动芯片

**地址：** 江苏省无锡市新吴区龙山路 2-18-2401、2402
**邮编：** 214028
**电话：** 0510-85217718
**传真：** 0510-85217728
**邮箱：** sales-xp@ chipown. com. cn
**网址：** www. chipown. com

**简介：** 无锡芯朋微电子股份有限公司（以下简称芯朋微电子）成立于 2005 年，注册资金 8460 万元人民币，是一家从事功率集成电路设计的高科技企业。总部位于江苏省无锡市高新技术开发区，并在苏州和香港设有研发中心，在深圳设有销售服务支持中心，在厦门、中山和南京设立有客户支持实验室。芯朋微电子是国家重点规划布局内的集成电路设计企业、高新技术企业、省民营科技企业、省创新型企业，中国电源学会常务理事单位，设有国家博士后工作站、江苏省功率集成电路工程中心、东南大学研究生联合培养基地、江苏省研究生工作站，无锡外国专家工作室等。

公司具有国内领先的研发实力，特别在高低压集成半导体技术方面更是拥有业内领先的研发团队。公司基于自主研发的“高低压全集成核心技术平台”，致力于研发高集成度、高可靠性、高效低耗的智能绿色电源管理和驱动芯片，主要产品包括 AC-DC、DC-DC、Motor Driver 等。近几年，芯朋微电子的年销售额持续增长，支撑了公司持续加大研发与技术创新力度，发展核心技术，多年研发投入占公司销售收入的 15%以上。

公司在国内智能家电、标准电源、工业电表、移动数码等行业均取得了主流标杆客户认可，年出货 8 亿颗芯片，已成为市场占有率较高的龙头供应商，拥有良好的品牌优势。公司依靠技术优势扩展产品结构，积极开拓各类新型产品应用市场，并提供 AC+DC+Driver 全套电源解决方案，在智能家电市场的行业龙头地位不断巩固和提高；在标准电源市场高速扩张，已成为网通/机顶盒 AC 电源芯片市场占有率领先的品牌。目前在研的新产品主要应用于各类新型工业电源、智能家电、直流电机、移动数码、快速/无线充电器、机顶盒/网关适配器等，市场容量巨大。

公司建立了科技创新和知识产权管理的规范体系，在电路设计、半导体器件及工艺设计、可靠性设计、器件模型提取等方面积累了众多核心技术，芯朋微电子目前累计获得授权美国发明专利 12 项、国内发明专利超 40 项，授权实用新型 10 项，以及超 70 项集成电路布图设计证书；2012 年取得“江苏省知识产权管理规范化示范单位”荣誉称号。公司获得 15 项江苏省高新技术产品认定、2 项国家重点新产品认定，共承担过 2 项国家级科技重大专项、6 项省级科技计划项目及多项市级科技计划项目等。

**主要产品介绍：**

PN8611 超低待机功耗原边反馈交直流转换器

PN8611 超低待机功耗原边反馈交直流转换器、FB 下

偏电阻和电容、VDD 供电二极管、CS 电阻及 650V 高雪崩能力智能功率 MOSFET，用于高性能、外围元器件超精简的充电器、适配器和内置电源。系统可省略耦合器 L431，芯片空载损耗待机小于 50mW，具有逐周期过电流、过电压、开环、过温和输出短路保护功能。

## 32. 西安爱科赛博电气股份有限公司

**地址：** 陕西省西安市高新区信息大道 12 号
**邮编：** 710119
**电话：** 029-88887953
**传真：** 029-85692080
**邮箱：** sales@ cnaction. com
**网址：** www. cnaction. com

**简介：** 西安爱科赛博电气股份有限公司创立于 1996 年，拥有西安、苏州两大研发生产基地，厂房面积 40000m$^2$，员工总人数 450 人。旗下有苏州爱科赛博电源技术有限责任公司（全资）、深圳分公司、北京蓝军电器设备有限公司（控股）。

公司专注于电力电子电能变换和控制领域，为用户提供高端特种电源和有源电能质量控制优化核心产品和解决方案，覆盖发电、供配电、用电全流程，涉及新能源、电力、交通、航空军工、工业、科学研究诸多领域，是相关行业领先的设备制造商和解决方案提供者。

公司成立至今，持续专注于电力电子功率变换和控制领域的研发创新，掌握了电力电子功率变换和控制领域相关的自主知识产权核心技术，共取得和获受理专利 60 项，其中发明专利 20 项，参与国家和行业标准制定近 20 项，参与多项国家重大科学工程和军工重点型号工程，取得包括国家科技进步二等奖在内的多项奖项及领先的科技成果，相关领域技术水平国内领先。

公司采用全流程全要素的 IPD 集成产品开发管理，与西安交通大学共建电力电子联合实验室，很好地完成了从新技术到市场需求的转换，使公司和产品竞争力不断提升。公司将一如既往，继续加速技术创新和应用拓展，持续为客户提供创新产品和解决方案，提升中国技术和产品的竞争力，创建一流中国品牌。

**主要产品介绍：**

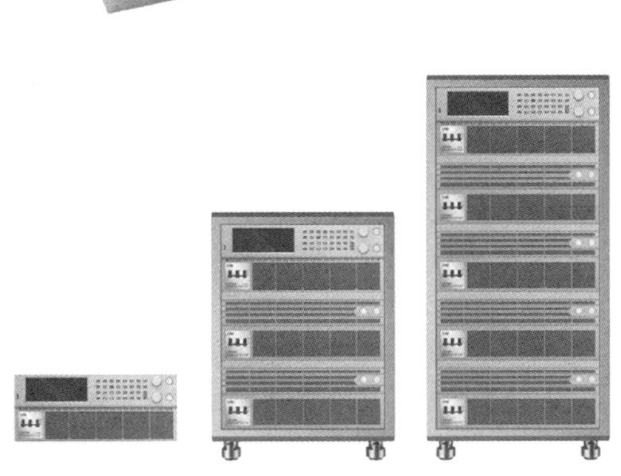

爱科赛博精密测试电源，用于工业和消费电子、航空、军工、IEC 标准测试等不同领域的产品开发、测试、制造。可为用户提供可编程交流电源、可编程直流电源和回馈型电子负载全系列产品和测试解决方案。

PRE 双向可编程交流电源具备了“回收式电网模拟源”的能量回收功能和“可编程交流电源”高基波带宽功能及可编程功能，功率范围从 15～150kVA，并将部分输出指标提升至全新高度，使应用测试更加精准、便捷。

**企业领导专访：**

**被采访人：白小青 董事长/总经理**

▶请您介绍企业 2019 年总体发展情况。企业的核心竞争力有哪些？

公司 2019 年在整体经济环境不佳的情况下，克服困难，稳健经营，主营业务聚焦电源、电能、军工，并落地取得了成效，年度合同突破 4 亿，进一步坚定了信心，为可持续发展奠定了基础。

电能质量产品，中标中移动框招，与南方电网的合同取得突破，地铁站用配电补偿设备中标全国各地 10 余条线路，线路数量跃居行业第一。

精密特种电源产品，亚洲最大机库飞机地面电源系统在北京大兴机场南航基地顺利交付运行，全年机库电源系统中标覆盖国航、南航、东航，稳居行业首位。行业最大功率（低压）电网模拟源和直流模拟源在上海电科新能源实验室投入使用，精密测试电源系列产品发布上市，支撑标准产品市场拓展。

军民融合方面，获得“政府军民融合示范企业”称号，高功率密度电源入围多项军工重点型号，未来增长可期。

企业核心竞争力除继续体现在为行业重点客户提升价值、持续推出创新产品外，技术创新能力持续提升，研发费用占销售收入的比例继续保持10%以上，连续两年超过3000万元，很荣幸我入选了“第四批国家‘万人计划’科技创业领军人才”，西安交大-爱科赛博先进电力电子装备研究中心落地西部科技创新港，产品再获中国电源学会优秀产品创新奖。

▶请您介绍企业2020年的发展规划及未来展望。

2020年，公司将坚决、坚持实施“聚焦、转型”战略，继续聚焦电源、电能、军工核心业务，进一步梳理明确子业务规划，进一步明确重点行业客户群和产品系列，持续深耕重点行业领域，持续研发提高产品核心竞争力，依托核心产品拉动平台建设，支撑平台型业务，定制项目向定制产品转型、项目型向产品/平台型转变取得实质性进展，支撑可持续发展战略目标。

运营方面，重点增产出、降成本、提质量。产出端，加大营销力度，充分挖掘存量业务和存量产品市场潜力，突破销售额，保障完成年度产出目标；研发端，降低产品成本、提高研发效率、提升设计质量，加大产品平台建设力度，提升平台共享度，保障对产出的有力支撑，持续进行关键核心技术预研；内控端，落实优化供应链平台，降低采购成本，切实提高运营质量，降低财务减值，持续改进管理，提高运营效率。

2020年，公司将全力达成“聚焦、转型”战略取得初步成效，持续性价值客户和核心产品、产品平台初步形成，产品型业务占比超过80%；业务规模扩大，业绩增长达标，业绩实现一定“突破”，适时启动对接资本市场。

▶新冠肺炎疫情在2020年对企业的影响主要体现在哪些方面？

1）资金回笼慢。受疫情影响，下游企业资金紧张或复工复产未完全正常，影响货款回收，同比降低30%以上，给企业经营造成一定困难。

将采取更加稳健的经营策略，控制投资性支出和一切非必要性支出；适当调整价格策略和客户信用等级管理策略，提高货款回收率；加强融资筹资力度，适当增加负债；对接政府相关优惠政策，最大程度享受优惠政策，以抵消影响。

2）供应链配套速度和关键核心器件断供风险。上游配套企业或疫情后集中排产或复工复产不足，外协件配套速度明显降低；外购件主要是部分进口器件受国外疫情影响，产能下降，并开始出现涨价，后续存在供应不足甚至断供风险。

加强与主要供应商沟通对接，互相支持、抱团取暖；制定全年长周期供应计划，稳定供应商预期和供货计划；关键进口物料提前备货。

3）客户项目延期实施。公司主要客户为国内高端装备客户，总体需求受疫情影响相对较小，但原计划客户项目普遍延期，给1季度产出造成较大影响。

加强与客户沟通，远程办公和线上营销力度加强及常态化；客户项目实施计划准备工作前置，尤其是设计开发和生产策划；加大研发投入，新产品计划适当提前；内部管理优化工作前置，进一步提高内部运营效率，客户项目下达后缩短供货周期。

## 33. 先控捷联电气股份有限公司

SICON EMI 先控

**地址：**河北省石家庄市裕华区湘江道319号第14、15幢

**邮编：**050000

**电话：**0311-85906057

**传真：**0311-85903718

**邮箱：**wenjing. hao@ scupower. com

**网址：**www. scupower. com

**简介：**先控捷联电气股份有限公司（股票代码：833426，以下简称先控电气）是行业领先的电力电子产品的设计和制造公司之一，始终致力于电力电子产品的研发、生产和推广。先控电气主要为数据中心基础设施、新能源汽车充电和绿色储能这三大业务领域提供完整的解决方案。

公司总部位于河北石家庄，负责产品生产与制造；研发中心位于广东深圳，负责新产品的研发；并在全国设立了27个办事处，负责全国的销售、工程和售前售后服务。公司下设4个全资子公司，分别位于石家庄、北京、香港及上海，并已成为Newfloor架空地板在中国地区的总代理公司。

公司秉承“专注、专业、卓越”的发展理念，完全实现了生产工业化、标准化、专业化和模块化，并通过了ISO9001、ISO14001、OHSAS18001等体系认证。先进的生产工艺在进一步保证产品交货周期的同时更是大大提升了产品品质。目前，公司拥有各项商标、专利和软件著作权共计100多项，先控电气还参与并起草了相关行业标准的制定。公司是中国电源学会常务理事单位、中国电动汽车充电技术与产业联盟理事单位、中国通信标准化协会会员、守合同重信用企业、河北省认定企业技术中心等，连续多年被评为10强企业、十大领军人物、河北省著名商标、河北省知名品牌、河北省中小企业名牌产品、石家庄高新区质量奖、充电设施行业杰出贡献企业、绿色与创新企业、数据中心优秀服务商等，并且获得“改革开放40年·工业铸魂”优秀企业“金鹰奖”、科学技术创新奖、AAA级企业信用等级、优秀解决方案奖、用户信赖产品奖等荣誉。

因为专注，所以专业。先控电气始终保持技术的前瞻性，积极拓展新能源行业和绿色储能行业，开启了产品在创新、绿色、节能、环保、融合、创收的新里程碑。目前数据中心产品主要包括各类不间断电源系统、配电系统、电池柜、服务器机柜、防静电地板、模块化数据中心，除了数据中心产品外，还包括直流充电桩、交流充电桩、直流充电电堆、充电终端、车载充电机、储能电池、双向变流器、BMS管理单元、储能式UPS等多种产品系列。

先控电气产品涉及国家重点项目、数据中心、电力、军事工业、轨道交通、金融、通信、能源、电动汽车充电行业等多个领域，产品覆盖全球50多个国家和地区。先控电气坚持在全球范围内贯彻可持续发展理念，实现社会、环境及利益相关者的和谐共生，为社会造福。

**主要产品介绍：**

**CMS系列大功率模块化UPS、DSM系列高频双变换在线式UPS**

CMS系列模块化UPS系统采用30kVA、50kVA、75kVA不间断电源模块，系统容量范围为30~900kVA。DSM系列UPS系统是一个绿色电源方案，具有高输入功率因数、低谐波失真、高效以及高稳定性和高可靠性等优点，适合精密设备机构，保障关键负载的场景应用。单系统最大功率可达80~400kVA。

**企业领导专访：**

**被采访人：陈冀生 总经理**

▶请您介绍企业2019年总体发展情况。企业的核心竞争力有哪些？

2019年是有挑战的一年，也是有成就的一年，我们延续了16年的光环也打破了传统的思路，使先控品牌逐步走上世界舞台，先控电气从推出第一套模块化UPS至今，已有16年的历史了，从最初的曲高和寡到现在的遍地开花，期间我们一直在不断地改变、创新和突破，始终以容量更大、性能更高、功能更强为主题，在保持原有产品竞争力的同时，2019年我们又发布了为数据中心量身打造的CMS900系列储能式模块化UPS系统。作为数据中心和UPS行业的领跑者之一，先控电气秉承“专注、专业、卓越”的发展理念，一直致力于数据中心和UPS相关产品的研发、生产、销售和服务，为用户提供优质的产品以及全方位服务。希望先控电气再接再厉，以高端技术掌控未来。

▶新冠肺炎疫情在2020年对企业的主要影响有哪些？企业用什么策略来应对？

因疫情影响，全国企业都延迟了开工，公司也推迟了开工日期，因交通管制和下游客户需求减少及上游原料供应不足等原因，公司原本2020年的计划被推迟及改期，这对公司出口及制造造成了很大影响。在此期间公司积极应对，政府也出台了扶持政策，如困难问题申报及抗疫物资的支援及政策支持和社会关注，公司也积极树立企业的品牌形象和责任企业担当，积极应对疫情，在保证人身安全健康的前提下批量复工，实时应对疫情高度重视心态，慢慢调整工作节奏，逐渐挽回损失，减少失业率。公司采用先慢后快策略逐步恢复正常工作。

▶在数据中心建设和运营中，您认为数据中心基础设施要具备哪些特点和优势，才能满足未来业务发展需求？

围绕着数据中心的建设和运营，基础设施最重要的任务就是保证数据设备在高质量的环境下运行工作，要很好地完成这个目标，任务还是非常艰巨的，因为基础设施不仅仅要保障提供高质量的运行环境，还要满足数据业务不断增长和变化的要求，满足建设投资更少、运行成本更低的要求，满足故障查询更快、排除更便捷的要求等。我认为只有基础设施做到标准化、模块化才是实现这一目标的最佳方案，而且不仅仅局限于电源系统，还应包括电池系统、制冷系统、配电系统、机房系统等方面。

## 34. 浙江东睦科达磁电有限公司

**地址：**浙江省湖州市德清县阜溪街道环城北路88号

**邮编：**313200

**电话：**0572-8088064

**传真：**0572-8085880

**邮箱：**kda@ kdm-mag. com

**网址：**www. kdm-mag. com

**简介：**浙江东睦科达磁电有限公司（以下简称KDM）成立于2001年，隶属于上市公司——东睦新材料集团股份有限公司（股票代码：600114），为东睦集团的控股子公司。KDM是全球屈指可数的覆盖从铁粉芯到高性能铁镍磁粉芯等全系列金属磁粉芯的行业领先厂商，公司拥有先进的软磁金属磁粉芯自动化生产线和磁材料研发中心，已通过ISO 9001：2015、ISO 14001：2015和IATF 16949：2016管理体系认证，获得发明和实用专利超过20项。

KDM产品广泛应用于高效率开关电源、UPS、光伏逆变器、新能源汽车车载电源、充电桩、高端家用电器、电能质量、5G通信等领域，产品远销亚洲、欧洲和美洲等。

**主要产品介绍：**

**新一代KNF-H磁心**

KNF-H 产品具有良好的抗直流偏置能力，同时又具有较低的磁心损耗。相比于铁硅材质，KNF-H 可以大大降低产品的磁心损耗；相比于超级铁硅铝材质，产品具有更高的直流偏置能力，除了光伏逆变器以外，KNF-H 磁心也可以用在 UPS、DC-DC 变换器、车载充电机等场合。

**企业领导专访：**

**被采访人：陆庆 市场总监**

▶请您介绍企业 2019 年总体发展情况。企业的核心竞争力有哪些？

2019 年公司年销售额与 2018 年相比增加了 15%，我们在光伏逆变器、车载电源、高性能开关电源、5G 通信等领域的市场占有率有进一步的提升，公司在亚洲、欧洲、美洲等海外市场的布局也有进一步的扩展。

公司的核心竞争力主要有三点：

1）KDM 先进的磁粉芯开发能力为客户提供了一站式磁粉芯材料解决方案，我们的高性能铁镍合金磁心和纳米复合磁心的性能达到国际领先水平。

2）KDM 在金属磁粉芯冲压成型方面处于行业领先地位，可以为客户提供定制化复杂结构的磁粉芯解决方案。

3）KDM 先进的磁粉芯自动化生产工艺为客户提供了高品质和高性价比的金属磁粉芯。

▶请您介绍企业 2020 年的发展规划及未来展望。

公司在 2020 年会推出一系列新型高性能金属磁粉芯以进一步巩固和扩大我们在现有应用和新兴领域的市场，同时考虑到未来市场的增长需求，我们已经规划扩大现有的产能。公司在未来的展望是在全球目标市场领域成为行业先锋。

▶您对电源行业（或您所在细分行业领域）未来市场发展趋势有什么看法？企业会迎来哪些机遇？如何把握？

我们认为随着国家对可再生能源、新能源汽车、5G 通信、大数据等产业的投入不断加大，将来光伏逆变器市场、车载电源市场、UPS、服务器电源、通信电源等领域会有一个很好的发展趋势，我们会针对这些目标市场推出具有竞争力的产品以进一步提升我们的市场占有率，同时我们也在现有海外客户的基础上进一步开拓海外业务，并同时进一步提升我们在国际市场的品牌知名度。

▶新冠肺炎疫情在 2020 年对企业的主要影响有哪些？企业用什么策略来应对？

新冠肺炎疫情对公司的运营主要影响在 2020 年 2 月份，自从当地政府批准复工后我们一边抓防疫，一边抓生产，从 3 月份开始我们基本恢复了以前的产能。目前我们比较担心海外疫情的扩散影响我们的海外业务的发货，公司正在积极与海外客户沟通和协调以把影响减少到最小。

## 理 事 单 位

### 35. 爱士惟新能源技术（江苏）有限公司

爱士惟
AiSWEI

**地址：**江苏省苏州市虎丘区高新区向阳路 198 号 9 栋

**邮编：**215011

**电话：**0512-69370998

**传真：**0512-69370630

**邮箱：**sales. china@ aiswei-tech. com

**网址：**www. aiswei-tech. com

**简介：**爱士惟（原名为“SMA 中国”），原隶属于全球知名的太阳能逆变器研发和制造企业 SMA Solar Technology AG（简称“SMA 集团”），是专业从事光伏逆变器研发和制造的企业集团。在上海、苏州、扬中均设有独立法人主体公司，分别承担商务中心、研发和管理中心、制造中心职能。总部设立在江苏省苏州市高新区，即核心企业爱士惟新能源技术（江苏）有限公司（注册地苏州市高新区向阳路 198 号，注册资本 3.43 亿元人民币，从事逆变器研发和制造的高新技术企业）注册所在地。

基于市场变化，SMA 集团为重整全球业务，于 2018 年 12 月 6 日决定对 SMA 中国进行重组，由以张勇博士带领的 SMA 中国管理层对中国境内包括艾思玛新能源技术（江苏）有限公司、艾思玛新能源技术（扬中）有限公司、艾思玛新能源技术（上海）有限公司在内的公司的股权及业务进行整体收购。

爱士惟将在研发、生产、供应链和客户服务等各业务上继续与 SMA 集团紧密合作，独立运作公司原有业务并积极发展原业务范围之外的新业务、新产品和新市场。

凭借 SMA 集团领先技术的积累和延续，爱士惟参与多项国家标准和国际标准的制定，是中国质量认证中心《户用屋顶光伏系统认证规范》主要起草单位。

目前，爱士惟拥有 1～60kW 全系列光伏并网逆变器产品，产能总计达 2GW，生产的逆变器产品已行销数十个国家和地区，把太阳能带给了全球用户。同时，通过国内外不断完善的售后服务体系，为客户带来了持续稳定的质量保障，以及更多的增值服务。

**主要产品介绍：**

ASW50K-LT /ASW60K-LT

ASW50K/60K 系列光伏逆变器为爱士惟新一代逆变器产品，致力于高可靠性与卓越的性价比体验。该产品功率密度高，综合发电效率高，同时充分考虑客户的使用体验，

安装简便，支持远程监控和维护。特别适用于我国的大型户用屋顶光伏系统和小型的工商业屋顶光伏系统。

## 36. 北京大华无线电仪器有限责任公司

DAHUA
Always Reliable

**地址：** 北京市海淀区学院路 5 号
**邮编：** 100083
**电话：** 010-62937169
**传真：** 010-62937189
**邮箱：** marketing@ dhtech. com. cn
**网址：** www. dhtech. com. cn
**简介：** 北京大华无线电仪器有限责任公司（原国营 768 厂，以下简称大华）始建于 1958 年，是我国最早建成的微波测量仪器大型军工骨干企业，现隶属于北京电子控股有限责任公司。大华专注于测试仪器行业，是军工级测试解决方案供应商。目前大华的电子产品已覆盖大功率直流电源、交流电源、电子负载、单路及多路线性电源等以及自动化测试系统及解决方案，拥有国内一流的研发技术团队，具有国际先进技术水平。大华的电子产品已被广泛应用于军工、科研、高校、通信、工业控制、汽车电子、新能源等领域。

**主要产品介绍：**

DH17800A 系列大功率可编程直流电源

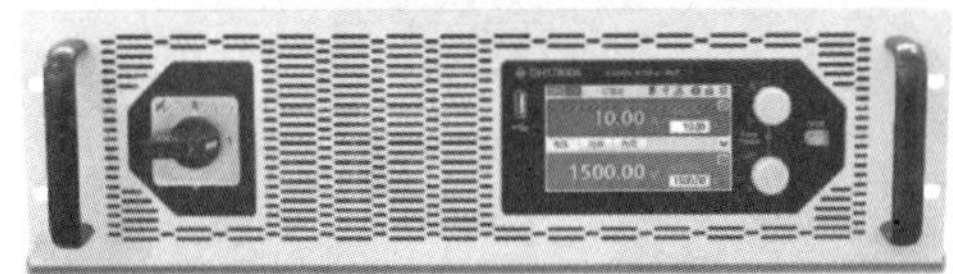

产品为 3U 尺寸，功率为 15kW，高功率密度，节省空间成本，适用于新能源汽车、电池、光伏太阳能、ATE 等领域的测试。其特点①自动量程，三倍宽的输出范围；②127mm（5in）彩色触摸屏；③输出功率可并联扩展至 150kW；④系统启停逻辑控制；⑤支持标准 SCPI 指令；⑥标配 LAN、USB、CAN 总线以及模拟控制接口。

## 37. 北京中科泛华测控技术有限公司

**地址：** 北京市海淀区西小口路 66 号东升科技园 A4 楼
**邮编：** 100192
**电话：** 010-82156688
**传真：** 010-82156006
**邮箱：** sales@ pansino-solutions. com
**网址：** www. pansino-solutions. com
**简介：** 作为国内领先的测控领域高科技企业，北京中科泛华测控技术有限公司致力于发展专业测控技术，为各行业用户提供高品质的测试测量解决方案和成套的检测设备。公司自成立以来，始终坚持“以专业技术为立身之本，诚信服务为承诺，卓越品质为追求，精益求精为精神”，综合实力明显提高，从 1997 年公司成立至今，员工总人数超过 200 人，并实现了利税连年快速增长。

公司在众多关键领域拥有一批具备行业背景的测控技术专家，拥有丰富的测试测量工程经验和多项自主知识产权，主要研制和生产装备保障设备、自动化测试设备、试验数据管理平台、工程教育产品等。公司的核心产品涉及国防军工、电子、汽车、能源、雷达通信及科研教学等行业。

## 38. 成都金创立科技有限责任公司

**地址：** 四川省成都市新都区斑竹园镇斑大路 752 号
**邮编：** 610506
**电话：** 13688396792
**传真：** 028-83948431
**邮箱：** 1084483793@ qq. com
**网址：** www. cdjcl. com
**简介：** 成都金创立科技有限责任公司是一家以等离子技术产业化推广为目标的高科技公司。公司依托大型科研院校和控股企业，科研开发能力较强，技术积累深厚。通过几年的努力，全面掌握了等离子体发生器技术及大功率脉冲电源技术。在环保领域实施以“电弧等离子体技术应用开发”为专项的高科技项目、高压静电除尘专用电源及控制技术；在材料表面改性领域实施真空镀膜电源技术、等离子表面处理专用电源技术，形成了一定的研发能力和生产能力。

公司现有环保、物理、材料、机械、真空、电气、电子等学科各类技术人员，是专业从事低温等离子体技术应用、材料表面改性处理技术设备、大功率开关电源和专用脉冲电源研究生产型高科技企业。公司成功开发生产了大功率开关电源和专用脉冲电源、高压电源、工业生产用微弧氧化设备、等离子抛光技术和成套表面处理设备。可根据用户对材料表面处理的需求，提供整套解决方案或研制非标设备。

公司遵从平等互利、友好合作、坚持服务至上、信誉第一的宗旨，竭诚为科技界、实业界提供技术产品和各种形式的技术服务和合作。

**主要产品介绍：**

等离子体设备

公司目前主要围绕各种类型的等离子体电源及发生器进行研发和生产，同时利用较为领先的逆变电源技术衍生开发了大功率的镀膜电源、微弧氧化电源、高压电源、脉冲电源、高功率电源、车用充电馈电电源共6大类，共60多种型号，这些产品基本上保证了国内不同行业对非标等离子电源的需要。

## 39. 重庆荣凯川仪仪表有限公司

**地址：**重庆市北碚区澄江镇桐林村1号
**邮编：**400701
**电话：**023-68226587
**传真：**023-68221017
**邮箱：**rongkaizqq@ 163. com
**网址：**www. rongkai. com. cn

**简介：**重庆荣凯川仪仪表有限公司（以下简称荣凯川仪）是中国四联重庆川仪旗下的电源科技公司，是一家专业从事电力电子领域产品的生产、销售、研发为一体的高新技术企业。公司现已通过ISO 9001质量体系认证，建立了一套完整的质量监控体系。产品通过国家高新技术产品鉴定，并获得欧盟CE认证、TLC认证、英国NQA质量认证、中国计量中心EMC认证等。

荣凯川仪从事电源产品的研发、设计及生产制造已有40多年的历史，公司从20世纪70年代初开发出国内首台晶闸管逆变器到20世纪90年代引进美国先进电源技术，通过不断消化、吸收、改进，于国内率先推出工业型UPS（不间断电源）及其系统；进入21世纪后公司产品经全面智能化升级改造，现已成为国内最具规模的智能化交直流不间断电源系统领军企业。

荣凯川仪拥有一支有多年从事国内外工业电源研究的技术精英，拥有一批先进的高精尖加工检测设备和先进的自动化流水线和成套产品生产线。目前，公司具备为年产600万t钢铁项目、1200MW机组、60万t合成氨、80万t乙烯、300万t水泥生产线等大型工程提供UPS电源产品的配套能力。先后向北京地铁、重庆地铁、成都地铁、广州地铁、深圳地铁等国内重点工程提供UPS电源装置数万套。在占有国内市场的同时，公司积极拓展海外市场，为印尼、巴西、越南、缅甸等国家重点建设项目提供UPS电源配套产品，奠定了公司在国内外工业制造行业及轨道交通领域电源产品应用市场的主导地位。

面向未来，荣凯川仪将秉承“诚信、品质、人本、创新”的经营理念，以产业报国，造福员工为经营宗旨，以永不间断的创新精神，向“国内最大的绿色、节能、环保电源整体方案提供商”而迈进。

**主要产品介绍：**

工业级UPS

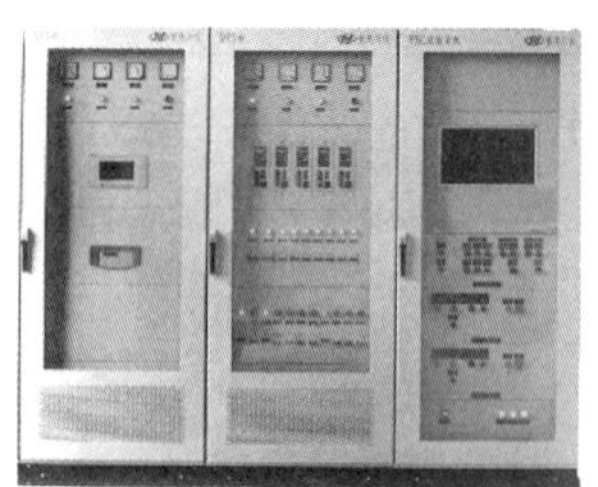
轨道交通专用安全门/屏蔽门电源系统

UPAD智能型交直流不间断电源系统

电力一体化电源系统

工业型UPS

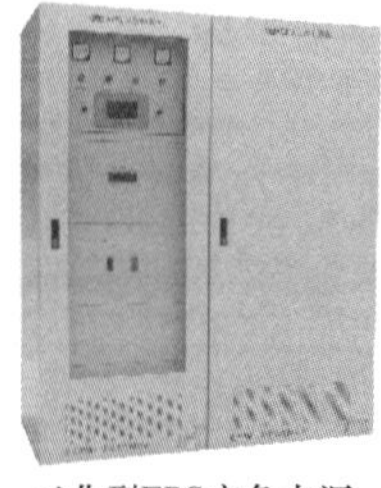
工业型EPS应急电源

触摸式直流屏

荣凯川仪工业级 UPS 是针对恶劣的工业现场环境专门设计的电源系统，所有元器件均采用工业级，大大提高了产品的可靠性和稳定性。主要产品有工业级 UPS、工业 EPS 电源、UPAD 智能型交直流不间断电源系统、轨道交通专用电源系统、触摸式直流屏、电力一体化电源系统等，是工业现场优选的电源产品之一。

## 40. 佛山市杰创科技有限公司

**地址：** 广东省佛山市南海区狮山镇罗村下柏第三工业区兴发路 16 号
**邮编：** 528226
**电话：** 0757-86795444
**传真：** 0757-86798148
**邮箱：** jiechuangkeji@ 163. com
**网址：** www. jc-power. com

**简介：** 佛山市杰创科技有限公司创建于 1996 年，2000 年通过吸收和引进国内外先进的高频开关电源技术开发了目前市面上应用较为广泛的高频开关电源，产品中的主要电子元器件模块以进口大功率绝缘栅双极型晶体管（IGBT）模块为主功率器件，以超微晶（又称纳米晶）软磁合金材料及铁氧体为主变压器磁心，控制系统采用了自主研发的主控 IP 技术，结构上采用了冷轧板面、喷环氧树脂漆技术，提高了设备外表抗氧化、抗酸碱的效果。通过多年的生产实践和客户使用反馈，产品质量有了飞跃提升，在各表面处理如镀铬、镀铜、镀锌、镀镍、镀金、镀银、镀锡、合金电镀等各种电镀场所，以及在国防、冶金、电力、电解、阳极氧化、电铸、电泳、单晶硅加热、PCB 制板等行业得到了大力的推广和应用；从电力应用和原材料上大大降低了客户的生产成本，产品设备体积小、重量轻，是晶闸管体积的一半，节能效果和晶闸管相比能可节省 15%以上，堪称“绿色环保电源”。

本着“杰出品质、创造未来”的企业精神，公司不断向国内外客户提供不同种类的表面处理电源。多年来企业一直坚持技术变革创新，成立至今公司已拥有 20 多项实用新型及发明专利，并且已实际投入到产品使用中，使公司的技术水平始终处于本行业的技术领先前沿，公司坚持以发展作为永恒的主题，倡导“以人为本”的经营管理理念，培育“客源+资本”的核心竞争力，打造市场认可的品牌，注重提升公司价值、满足市场需求，为社会创造财富。

杰创力争：做最适合的整流器，做最值得依赖的供应商。

**主要产品介绍：**

**单晶炉加热电源**

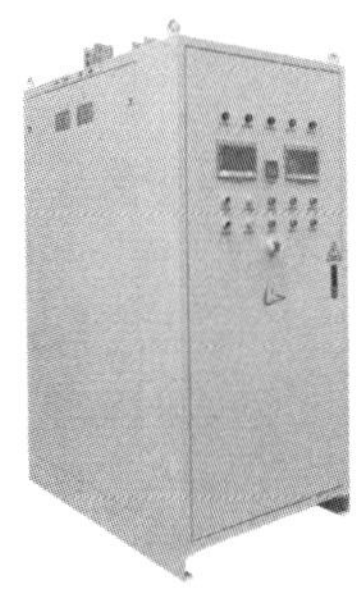

产品主要应用于单晶炉、铸锭炉在高温化料时的辅助加热，可缩短化料时间，稳定温度，增加高功率，减少因功率不足导致的埚底结晶现象，降低炉内氧含量，提高产品质量，高效节能。

## 41. 佛山市顺德区冠宇达电源有限公司

GVE

**地址：** 广东省佛山市顺德区伦教熹涌工业区
**邮编：** 528308
**电话：** 0757-27736306
**传真：** 0757-27725706
**邮箱：** gve01@ gve. com. cn
**网址：** www. gve. com. cn

**简介：** 佛山市顺德区冠宇达电源有限公司是多年专业生产开关电源的中型厂商，工厂面积达 25000 平方米，员工有 1000 多人，产能 250 多万台/月，拥有独立的研发机构，具备生产符合欧洲 RoHS、WEEE 指令产品的系统配置。主要优势产品有中大功率电源适配器/充电器，还生产外置电源、500～5000W 大功率电源，产品通过 UL、FCC、CCC、CQC、CE、GS、CB、KC、PSE、SAA、BIS 等认证，产品三年质保，年返修率小于 0.1%，长期供货于美的、格力、海尔等各大企业客户。

产品理念：101%放心好电源（更好的材料，更高的品质）。

IC 器件选用通嘉、富士、ON、ST 品牌，场效应晶体管选用东芝、富士品牌，肖特基二极管选用富士、京瓷（英达）品牌，电容选用红宝石、尼吉康、万裕品牌。

## 42. 固纬电子（苏州）有限公司

GW INSTEK
固緯電子

**地址：** 江苏省苏州市姑苏区珠江路 521 号
**邮编：** 215011
**电话：** 0512-66617177
**传真：** 0512-66617177-603
**邮箱：** marketing@ instek. com. cn
**网址：** www. gwinstek. com. cn

**简介：** 固纬电子（苏州）有限公司（以下简称固纬电子）成立于 1975 年，深耕中国大陆市场 20 余年，是中国台湾首批电子测试测量仪器领域的上市公司。中国营运总部与制造基地坐落于江苏省苏州市，是全球主要的专业电子测试仪器生产厂之一。固纬电子延续 40 多年信誉与用心经营，分部遍布中国、美国、日本、韩国、马来西亚、印度及荷兰等地，行销服务全球七大洲近 100 个国家和地区。产品阵容一应俱全，包括示波器、频谱分析仪、信号发生器、电源、基础测试测量仪器、智能实验室系统、电力电子开发设计与实训系统（PTS）、电池测试系统、自动测试系统（ATE）以及可靠性环境试验设备、可靠性委托测试验证、录像监控系统等共400多种产品，被广泛应用于电工电子产业的研发设计、生产制造、高校教育实验实训、科研、军工和其他电子相关领域。

固纬电子深耕产业市场，与众多知名企业长期深入合作，研发设计的产品更符合行业测试需求。根据与产业长期的深入合作，固纬电子持续不断精进，提供了大量符合各个产业的测试方案，如电源测试方案、EMC测试方案、汽车电子电源测试方案、手持式设备测试方案等。

**主要产品介绍：**

**ASR-2000系列可编程交流/直流电源、GPT-12000系列电气安全分析仪**

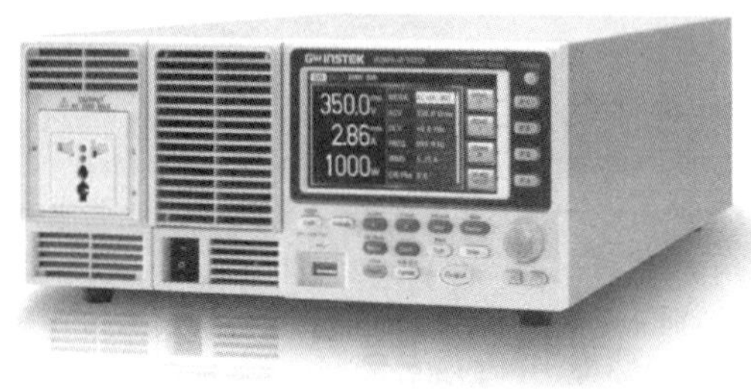


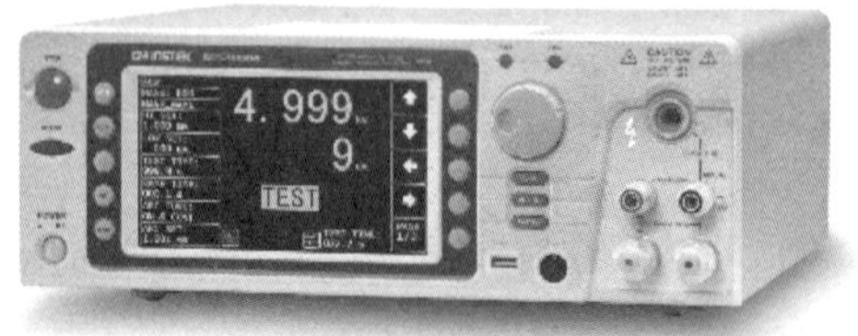


ASR-2000系列可编程交流/直流电源，在AC和DC输出端均提供额定功率输出；9种设定输出波形模式，满足不同电子元器件开发、汽车电气设备和家用电器测试的需求。

固纬旗舰型GPT-12000系列电气安全分析仪是全球率先符合IEC 61010-2-034的安全分析仪。

## 43. 广东创电科技有限公司

创电
CHADI

**地址：** 广东省佛山市南海区桂城瀚天科技城A7号楼2号门三楼、四楼

**邮编：** 528000

**电话：** 0757-86766288

**传真：** 0757-86766800

**邮箱：** liaoh-cd@ gzzg. com. cn

**网址：** www. ups-chadi. com

**简介：** 广东创电科技有限公司成立于1997年，是广州智光电气股份有限公司控股的企业，公司拥有厂房8000m$^2$，员工150人（技术人员60人）。产品完全自主知识产权，包括工业级UPS、模块化UPS、轨道交通电源系统、变频电源、电池无线监控和智能配电系统等，单台UPS功率达1000kVA，可多台并机，产品广泛应用于轨道交通、数据中心、公安、公路、银行、广电、医院、电力、通信、化工、冶炼和国防等领域。

公司是高新技术企业，佛山市“雄鹰计划重点扶持企业”和“品牌企业”，通过了ISO 9001认证，产品通过了泰尔、节能、CE和广电总局认证等。公司以“广东省大功率智能控制电源工程技术研究中心”以及广东省教育厅立项、校企共建的“省研究生培养基地”“省大功率高可靠电能变换与控制科研创新团队”“省高校智能电气装备协同创新中心”和“省高校高端电源系统技术开发中心”等平台为依托，与华南理工大学、佛山科技学院和广州科技贸易学院等高校合作，组建了一支实力雄厚的研发队伍，积累了丰富的技术和工程项目经验。近年承担了国家级科技项目1项、省级7项（重点1项）、市级7项（重点2项），拥有专利50余项，获省、部级科技进步奖一等奖2项、二等奖1项，市科技进步二等奖1项，与华南理工大学等单位合作的“轨道交通大功率高可靠供电系统的关键技术及工程应用”成果，经院士牵头的专家鉴定组鉴定为国际先进水平，在北京、天津、成都等城市地铁线得到广泛应用，并获得2018年度广东省科技进步奖一等奖。

**主要产品介绍：**

**轨道交通电源系统、电池无线监控系统**

广东创电科技有限公司的轨道交通电源应用新型高效、高增益功率变换拓扑和非线性控制方法，先进的同步均流和智能监控技术，及智能配电和蓄电池无线巡检技术，高标准工业级设计，单机功率最大达1000kVA，各项指标基本达到国标一类水平，功率等级和控制技术具有相当优势，有效保证了轨道交通高可靠供电，相关成果获广东省科技

进步一等奖。

## 44. 广州回天新材料有限公司

**地址：**广东省广州市花都区花港大道岐北路6号
**邮编：**510800
**电话：**020-36867996
**传真：**020-36867991
**邮箱：**marketing-gz@ huitian. net. cn
**网址：**www. huitian. net. cn
**简介：**广州回天新材料有限公司是由湖北回天新材料（集团）股份公司投资组建的高新科技企业。湖北回天新材料（集团）股份有限公司是国内胶粘剂的龙头企业，是国内胶粘剂行业首家上市公司（股票代码：300041）。

广州回天新材料有限公司坐落于广州市花都区汽车产业开发区，占地37亩（1亩=666.67平方米），建筑面积1.2万平方米。公司完善并建立了法人治理结构等现代企业管理制度，有完整的科研、生产、质检和销售管理架构，建立健全了先进的质量和环境管理体系，并且已通过ISO 9001：2000、ISO 14001：2004等认证及美国UL、SGS等认证。公司拥有较雄厚的科研力量，中级以上职称的技术人员占总人数的60%左右，硕士研究生占员工总数10%以上。

广州回天新材料有限公司在硅橡胶、UV光固化胶、丙烯酸酯胶、环氧胶等方面的基础研究处于国内领先地位。公司产品广泛应用于LED显示与照明、LCD液晶显示、车灯、电源、电器、医疗、移动终端等行业，与美的、格兰仕、明纬、茂硕、三思、GE、海尔、亿纬锂能、力神、HW等国内外知名企业形成了长期的合作伙伴关系，是国内光学、光电显示、医疗、电器、电工等领域用胶粘剂和密封剂的最大供应商之一。

**主要产品介绍：**

**高导热灌封胶52系列**

高导热灌封胶52系列产品适用于各类对散热有高要求的电源、逆变器等，具有以下特点：

1）导热系数为1.5~3.0W/(m·K)；
2）阻燃等级为UL94V-0，RTI150℃；
3）流动良好；
4）高低温老化稳定性好，硬度变化率低。

## 45. 广州致远电子有限公司

**地址：**广东省广州市天河区车陂路黄州工业区7栋2楼
**邮编：**510660
**电话：**020-28267806
**传真：**020-28267891
**邮箱：**170452219@ 163. com
**网址：**www. zlg. cn
**简介：**广州致远电子有限公司隶属于广州立功科技股份有限公司，由著名嵌入式系统专家周立功教授于2001年创建。注册资金5000万元，是国家级高新技术企业、广东省高端测量与分析仪器工程技术研究中心、广东省高端测量与分析仪器企业技术中心、Intel ECA全球合作伙伴和微软嵌入式系统金牌合作伙伴。

广州致远电子有限公司是国内知名的工业互联网生态系统领军企业，专注于工业领域，从数据采集、通信网络、控制实现到云计算提供有竞争力的专业解决方案，为用户创造价值，并坚持聚焦战略，对高精度数据采集、无线通信、现场总线和嵌入式控制技术持续投入，以用户需求和前沿技术驱动创新，推动行业进步。广州致远电子有限公司每年将营业收入的20%以上投入研发，超过55%的员工从事创新、研究与开发工作，并在多个标准组织任职，为中国工业互联网发展创造价值。

## 46. 国充充电科技江苏股份有限公司

鼎充 TOPOWER 一诺九鼎 安全充畅

**地址：**江苏省扬州市邗江区小官桥路20号
**邮编：**225008
**电话：**0514-87639993
**邮箱：**yjx@ shek. cn
**网址：**www. cdz360. com
**简介：**国充充电科技江苏股份有限公司成立于1999年，是集设计、开发、生产、销售于一体的国家高新技术企业。主要产品为特种大功率直流稳定电源、变频电源以及用于航空航天原子能试验、新型汽车制造、LED产业配套等领域的专用电源和测试仪器等，主要用于科研单位、大专院校、工厂企业、星空探测、航空舰艇、国防、污水处理等单位。在同行业率先通过ISO 9001：2000质量管理体系认证，产品覆盖航天、通信、新能源汽车等领域。公司在上海、南京、扬州设有三个独立研发中心和生产基地。公司以建设中国最安全的“新能源汽车智能充电生态家园”为业务核心，主要经营有：直流充电桩、交流充电桩、电动汽车充电站整体解决方案、充电电源、特种直流电源等产品。

公司拥有10年电动汽车行业配套经验，为全国多家电动汽车充换电站、城市及轨道交通、绿色能源小区、各类停车场提供充电整体解决方案，至今保持5年充电实际零故障案例的纪录，在业内有口皆碑。

## 47. 杭州博睿电子科技有限公司

**地址：** 浙江省杭州市萧山区蜀山街道万源路 1 号

**邮编：** 311201

**电话：** 0571-82616510

**传真：** 0571-82610970

**邮箱：** jmli@ hzbrdz. com. cn

**网址：** www. hzbrdz. com. cn

**简介：** 杭州博睿电子科技有限公司前身为博才电源，始创于 2005 年，现为中国电源学会理事单位，中国电源工业协会常务理事单位，国家三会两盟会员单位，多次承接国家重点攻关项目，公司研发团队主要由多位具有高级专业技术职称的资深科技精英组成，是一家集中大功率 LED 驱动电源、电动汽车智能充电器、智能家居模块电源、工业电源、中大功率电力和通信电源、医疗电源、激光电源，智能控制产品的研发、制造、销售为一体的节能环保产业型高新技术企业。公司所有产品均通过国际、国内安全和标准认证．严格贯彻和执行 ISO 9001/ISO 14001 体系标准，全面导入 6S 工厂管理理念，以及先进的可靠性智能测试系统和失效模型分析，使公司的品牌知名度和产品品质均得到了客户和业界的高度评价，并可按客户的需求进行定制。

## 48. 杭州飞仕得科技有限公司

**地址：** 浙江省杭州市拱墅区祥园路 99 号 1 号楼 7 楼

**邮编：** 310011

**电话：** 0571-88172737

**传真：** 0571-88172737

**邮箱：** fangping. qian@ firstack. com

**网址：** www. firstack. com

**简介：** 杭州飞仕得科技有限公司位于杭州北部软件园，致力于 IGBT 智能驱动器、功率半导体测试装备的研发和销售，是国家高新技术企业、国家双软企业、中国电源学会理事单位、浙江省研发中心、浙江省 AAA 级守合同重信用企业等，公司已成功将智能驱动批量应用于新能源汽车、新能源发电、电力系统、轨道交通等多个高可靠性领域。

公司典型应用案例：亚洲首座海上风电场、央视大国工程专题报道、全球最高海拔风场，龙源那曲风电场、我国首座 1500V 光伏电站、格尔木 30MW 光伏电站、西气东输工程以及装载超 5 万辆电动大巴等。

目前，公司研制的智能化数字式驱动器国内市场占有率超过 85%，并成功进入国际市场。公司已成为器件领域跨国公司英飞凌的战略合作伙伴，为其生产的大容量电力电子器件提供高性能的专用驱动器。

**主要产品介绍：**

**功率模组分析设备**

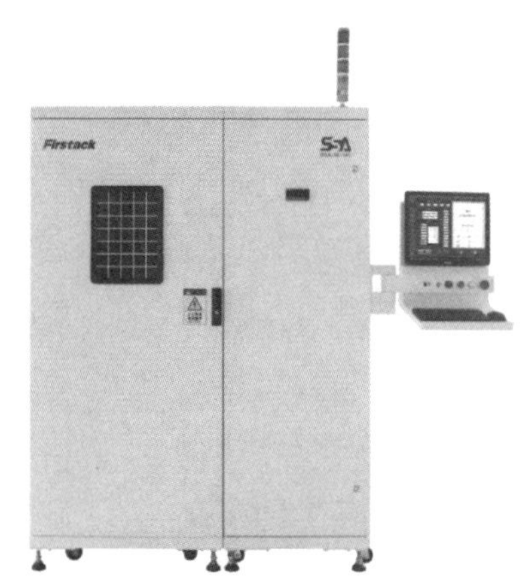


功率模组分析设备是研究真实模组的电气应力、损耗以及极限工况下可靠性的全自动测试设备，定位于服务国内外顶尖终端客户。其集成了智能操作系统、专家诊断系统和防护系统，可基于实际工况，对功率模组的各部分，做完整的 DoE（Design of Experiments）。

## 49. 合肥博微田村电气有限公司

CETC 合肥博微田村电气有限公司
HEFEI ECRIEE-TAMURA ELECTRIC CO.,LTD.

**地址：** 安徽省合肥市蜀山区天智路 41 号华电工业园

**邮编：** 230088

**电话：** 0551-62724855

**传真：** 0551-65311615

**邮箱：** WL@ ecthf. com

**网址：** www. ecthf. com

**简介：** 合肥博微田村电气有限公司位于安徽合肥高新区内，创办于 2000 年 6 月，注册资本 832.65 万美元，是中国电子科技集团第 38 研究所和田村香港有限公司共同投资的高新技术企业。

公司目前的主营产品是各种民用、工业用系列电抗器、EI 变压器、高频变压器、R 型变压器、大功率电抗器、变压器及电感器，自 2008 年开始逐步开发了 MDU/PDU、滤波器、智能充电机、高效逆变器、UPS 等新产品，主要产品通过 CSA、TüV 和 UL 认证，应用于工业装备、新能源、轨道交通、家用电器、医疗设备、智能电网等领域。

公司依靠中国电子科技集团第 38 研究所的人才优势和科研开发能力，采用国际先进技术，将其应用到产品中。与此同时，在企业管理上还得到了田村香港有限公司在品质管理上的全面指导，用先进的生产管理模式生产高品质的产品，现已经成为富士通、大金、夏普、西门子、飞利浦、GE 能源、施耐德、海尔、格力等世界著名企业的合作伙伴。

公司本着“尊重伙伴，激励创新，体现个人价值，承担社会责任”的企业价值观，以人为本，确立了明确的技术路线图，不断开发新技术、新产品、新工艺，通过技术创新来提高企业核心竞争力，先后通过质量管理、环境管理和职业健康安全管理体系认证；通过国家两化融合管理体系评定；获得“国家火炬计划重点高新技术企业”“中国电子元件百强企业第 45 名”等荣誉；组建了省级企业技术中心、省工程研究中心及省级工业设计中心等研发设计平台，并建立了省级博士后科研工作站；申报国家专利 70 余项，目前拥有有效发明专利 2 项及其他知识产权 41 项。

**主要产品介绍：**

**一体成型贴片电感**

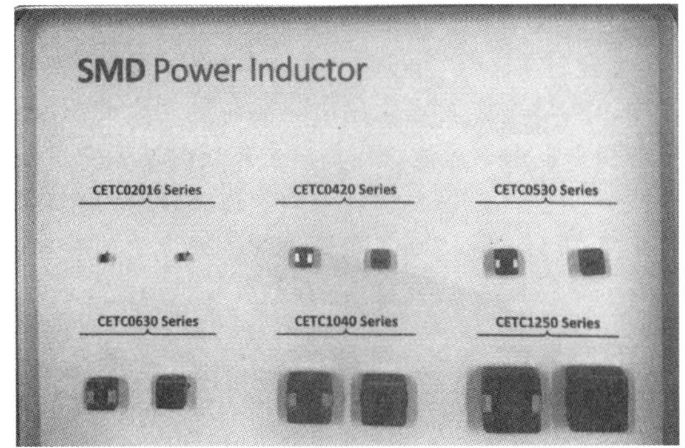


本产品采用新的材料、设计及制造技术，具备高饱和、高频率、低损耗等高性能，可有效解决传统电感器件的电磁干扰、噪声和磁漏等问题。产品已完成批量试产和相关认证工作，为国内外主要 IT 制造企业供应高端电感元件。

## 50. 核工业理化工程研究院

**地址：**天津市河东区津塘路 168 号

**邮编：**300180

**电话：**022-84801274

**传真：**022-84801274

**邮箱：**hlhy_dy@ 163. com

**网址：**www. cnnc. com. cn

**简介：**核工业理化工程研究院系我国大型央企中国核工业集团公司所属的一所自然科学和工业应用研究院，始建于 1964 年，坐落于天津市河东区，目前承担着多项重点科研和生产任务，受到国家高度重视。50 余年来，为我国核工业建设和发展做出了重大贡献。现有在职职工 1100 余人，其中专业技术人员 700 余人，包括研究员和研究员级高级工程师 80 余人，副研究员和高级工程师 300 余人，助理研究员和工程师 300 多人。并有中科院院士 1 人，中国工程院院士 2 人，国家级有突出贡献的中、青年专家 3 人，省部级有突出贡献的中、青年专家 10 人，天津市授衔专家 4 人。

50 多年来，在国家重点攻关科研项目共获科研成果奖 300 余项。其中国家级奖励 27 项，省部级科技进步奖 270 余项，国家专利共计 400 余项。该院长期从事核技术开发研究，已发展成为多学科的综合性研究院；专业涉及基础理论、超净过滤、机械设计与制造、自动化控制、新材料、化工、理化分析、光电技术、科技信息、环境评价、质量保证等；建立了多个装备先进具有现代化水平的试验室，配备了一批高精度仪器、仪表和设备。核工业理化工程研究院在电源技术领域拥有多项核心技术，其中在大功率中频变频器、冗余并联中频变频器、中频感应加热电源、永磁体充磁电源和永磁同步电动机伺服控制器等技术方向都具有较强的科研和生产能力。

## 51. 江苏固德威电源科技股份有限公司

**地址：**江苏省苏州市虎丘区紫金路 90 号

**邮编：**215011

**电话：**0512-62916050

**传真：**0512-62397972

**邮箱：**sales@ goodwe. com

**网址：**www. goodwe. com

**简介：**江苏固德威电源科技股份有限公司（以下简称固德威）成立于 2010 年，是一家新能源的高新技术企业，总部位于苏州，一直专注于太阳能光伏逆变器及智慧能源管理系统的研发、生产和销售。目前员工总数近 1000 人，其中核心研发人员超过 200 人。公司依托已有资源优势，以极致化的光伏产品和服务，引领行业发展。

固德威产品设计源自德国，已研发并网及储能全线十多个系列光伏逆变器产品，功率覆盖 1～80kW，充分满足户用、扶贫、工商业及大型电站需求。全球监控系统能为用户提供灵活的互联网监控方案。其自主开发的各类光伏系统监控产品，如光伏通信箱、通信模块，可与固德威逆变器配合使用。

公司产品通过了几十项相关认证，立足中国，并已大规模销往全球一百多个国家和地区，强劲的市场表现获得了国际认可，成为 IHS 权威排名全球逆变器十强品牌。

固德威凭借稳定可靠的产品质量广受赞誉。在德国 Photon 测试中荣获“双 A”好评；在 2017 年通过工信部品牌列名，成为政府推荐品牌；中高功率段产品均获得中国质量认证中心（CQC）领跑者认证证书。同时，本着对用户负责的态度，固德威也为旗下全线产品购买了产品责任险、错误与疏漏险，确保全球用户的安心使用；全新一代产品外观斩获国际设计大奖——红点奖。不仅如此，固德威还先后荣获“高新技术企业”“省工程技术中心”等荣誉称号。固德威 ES 系列双向储能逆变器更是荣获“高新技术产品”，储能产品技术水平全球领先。

目前，固德威已安装的百万套产品正以其稳定的表现和优异的性能让全世界重新认识中国制造。

**主要产品介绍：**

**光伏逆变器**

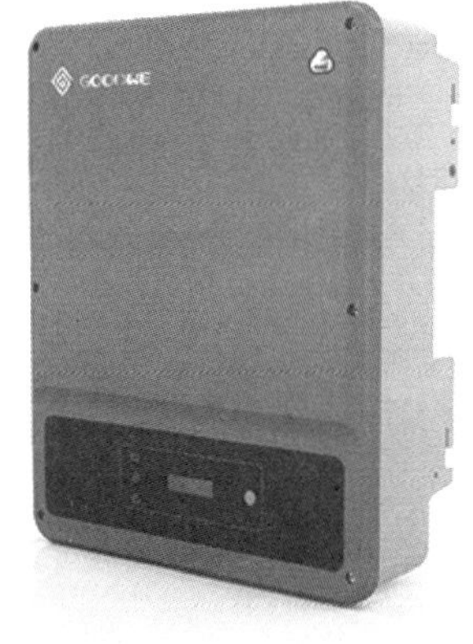

固德威代表产品为 DNS 系列（3.6~6kW）单相双路以及 ES 系列（3.6~5kW）双向储能型光伏逆变器。DNS 系列光伏逆变器采用优化的现代工业设计和全新的硬件拓扑结构，整机散热设计优异，可靠性高。ES 系列双向储能型光伏逆变器既能实现离网和并网发电功能，又能实现电能的双向流动控制。

## 52. 江苏宏微科技股份有限公司

**地址**：江苏省常州市新北区华山中路 18 号
**邮编**：213022
**电话**：0519-85166088
**传真**：0519-85162297
**邮箱**：hygu@ macmicst. com
**网址**：www. macmicst. com

**简介**：江苏宏微科技股份有限公司成立于 2006 年，主要从事功率半导体器件 IGBT、VDMOS、FRED 等芯片及分立器件、模块、模块化整机产品的设计、研发、制造及销售。公司宗旨是自主创新，设计、研发、生产国际一流的 IGBT、VDMOS、FRED、分立器件及其模块，打造民族品牌，成为提供绿色高效节能电子产品和电力电子系统解决方案的专家。

公司现为国家高新技术企业、国家高技术产业化示范基地、新型电力半导体器件领军企业、江苏省著名商标。设有江苏省企业院士工作站、江苏省新型高频电力半导体器件工程技术研究中心、江苏省认定企业技术中心、江苏省博士后创新实践基地；拥有授权专利 90 项，其中发明专利 35 项；获认定高新技术产品 8 种。作为国家 IGBT 和 FRED 标准的起草组长单位之一，已完成 2 项国标的制定。

公司生产的 IGBT、FRED 芯片技术已达国际先进、国内领先水平，打破了国外垄断，填补了国内的空白，现已形成批量生产规模。已开发 IGBT、VDMOS、FRED、晶闸管、整流芯片模块共计 300 余个型号，年产量大于 180 万只，IGBT 已有 30 余种封装种类，电流范围从 10A 到 1000A，电压范围从 600V 到 6500V；产品荣获中国电源学会科学技术奖一等奖及江苏省、市级科学技术进步奖、中国半导体创新产品和技术奖，广泛应用于工业控制、电动汽车充电桩及控制器、家用电器、新能源、照明等领域，产品绝大部分替代国外进口，个别产品在国内的市场份额已经占到了 50%以上。

## 53. 江苏普菲克电气科技有限公司

**地址**：江苏省镇江市京口区姚桥镇瑞江路 36 号
**邮编**：212136
**电话**：0511-87058088
**传真**：0511-87058088
**邮箱**：1257193887@ qq. com
**网址**：www. pfkdq. cn

**简介**：江苏普菲克电气科技有限公司位于江苏省镇江新区，是江苏省民营科技企业、江苏省高新技术企业、镇江园林式单位、“重合同守信用”企业、“AAA”级信用企业。

公司专业从事电能质量治理产品的研发和生产制造，并为各行业用户提供电能质量治理系统解决方案，公司长期与清华大学、上海交通大学等国内一流院校紧密合作，建立了以 2 名博士领衔、20 多名硕士为主要力量的专业、稳定、具有创新精神的研发队伍，产品各项性能指标已达到国内领先、国际先进的水平，公司专业为各用户提供高效、节能、安全的最佳电能质量治理解决方案。

**主要产品介绍**：

**电容、电抗、电感、滤波器、电源测试设备**

低压动态无功补偿及滤波装置（PSVC）：采用智能控制实现全自动化、数字化，自动跟踪综合判别投切滤波补偿组件进行无功功率补偿，并抑制谐波。

低压静止无功发生装置（PSVG）：相比传统无功补偿产品具有响应速度快、补偿精度高、补偿容量大、体积小、可靠性高、结构简单和免维护等优势。

## 54. 江西艾特磁材有限公司

**地址**：江西省宜春市马王塘经济开发区春水路 20 号
**邮编**：336000
**电话**：0795-3669138
**传真**：0795-3669136
**邮箱**：hansom6856@ sohu. com
**网址**：www. etnm. cn

**简介**：江西艾特磁材有限公司成立于 2014 年，是股份制民营企业，专业从事铁硅铝、铁硅、非晶、纳米晶合金软磁磁粉芯及其他复合软磁材料的研发、生产和销售。产品属于新材料领域，主要应用于新能源、电子信息（如 5G 通信）、电动汽车充电桩、太阳能光伏发电等领域。

江西艾特磁材有限公司是国家高新技术企业、中国电源学会女科学家工作委员会秘书处单位、江西省专精特新企业、江西省科技型中小微企业、中国电子元器件行业协会优秀会员单位、中国电子材料协会会员单位；艾特磁材工程中心是公司与中南大学粉冶院磁性材料联合实验室、南昌大学材料科学与工程学院研究生实训基地。

公司通过了 ISO 9001、ISO 14001、OHSAS 18001 三个管理体系认证及监督审核认定。

公司建立了完善的局域网络系统和信息资源开发平台。公司一直从事磁粉芯的研发与应用工作，经过多年的技术沉淀，积累了丰富的研发经验，技术力量较强，产品的科技创新一直在国内同行业处于领先水平。公司坚持开发自主知识产权的核心技术，以市场为导向开发新产品。公司拥有已授权发明专利 6 项，正在受理专利有 15 项，其中实用新型专利 13 项；开发了重点新产品 3 项；自主创新产品 2 项。开发的新产品有 2 项达到国内领先水平，另有 1 项达到国际先进技术水平，其科技成果得到了转化。

**主要产品介绍：**

金属软磁材料及其器件

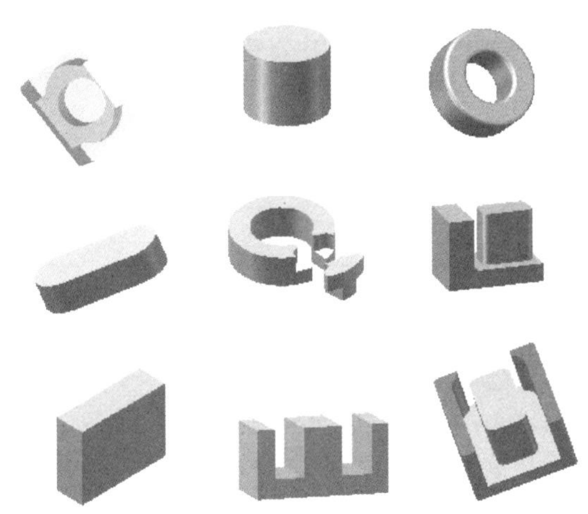

1）应用：Boost 电感、高频交流电抗器、APF（C）电抗器、LLC 谐振电感。

2）材质：铁硅铝（FeSiAl）、铁硅（FeSi）、铁镍（FeNi）、铁镍钼（FeNiMo）、非晶粉芯、纳米晶粉芯。

## 55. 龙腾半导体股份有限公司

Power the Future
LONTEN 龙腾

**地址：** 陕西省西安市西安经济技术开发区明光路 1 号出口加工区

**邮编：** 710021

**电话：** 029-86658666

**传真：** 029-86658666

**邮箱：** sales@ lonten. cc

**网址：** www. lonten. cc

**简介：** 龙腾半导体股份有限公司是一家致力于集新型功率半导体器件研发、生产、销售和服务于一体的高新技术企业。

公司将技术创新视为企业发展的第一驱动力，拥有百余项核心技术专利；参与制定了超结功率 MOSFET 国家行业标准（SJ/T 9014. 8. 2—2018）；运营校企联合新型研发平台（交大-龙腾先进功率半导体技术研究院）。

公司建有一流的器件测试实验室及产品可靠性工程中心，并专注提供高效、可靠、安全的功率器件及高性价比的系统解决方案。

公司愿景是成为领先的功率半导体器件及系统解决方案提供商。

**主要产品介绍：**

高压超结功率 MOSFET、IGBT、屏蔽栅沟槽型（SGT）功率 MOSFET、低压沟槽型功率 MOSFET、高压平面功率 MOSFET 及功率模块

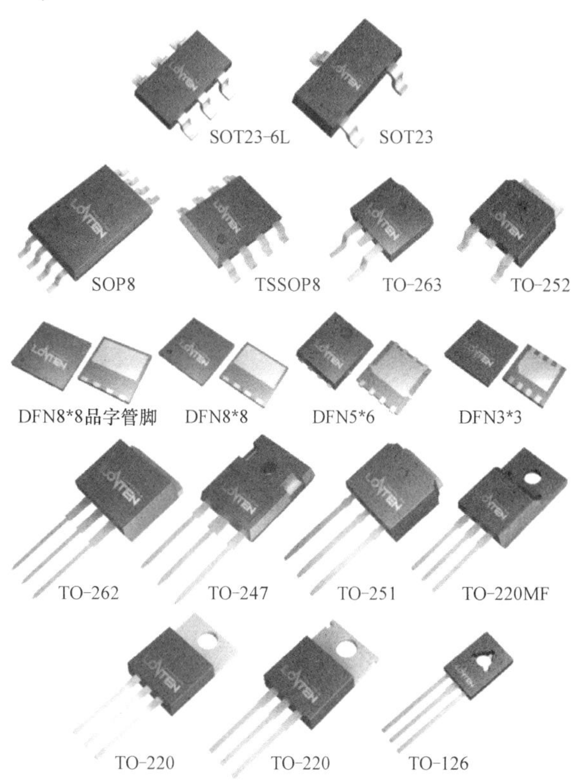


公司已形成高压超结功率 MOSFET、IGBT、屏蔽栅沟槽型（SGT）功率 MOSFET、低压沟槽型功率 MOSFET、高压平面功率 MOSFET 及功率模块等完整的功率器件产品系列。产品已在消费类、工业类、汽车类等领域得到了广泛应用。

## 56. 罗德与施瓦茨（中国）科技有限公司

ROHDE&SCHWARZ

**地址：** 北京市朝阳区紫月路 18 号院 1 号楼（朝来高科技产业园）

**邮编：** 100012

**电话：** 010-64312828

**传真：** 010-64379888

**邮箱：** info. china@ rohde-schwarz. com

**网址：** www. rohde-schwarz. com. cn

**简介：** 罗德与施瓦茨作为一家独立的国际性科技公司，开发、生产以及销售面向专业用户的先进信息和通信技术产品。主要业务领域包括测试与测量、广播电视与媒体、网络安全、安全通信、监测与网络测试，覆盖多个行业及政府单位。集团公司成立 80 多年来，销售与服务网络遍及全球 70 多个国家和地区。截至 2017 年 6 月 30 日，集团公司员工人数约为 10500 多名。2016/2017 财年（2016 年 7 月至 2017 年 6 月），集团公司净营收约 19 亿欧元。公司总部设在德国慕尼黑，在亚洲和美国设有强大的区域中心。

## 57. 明纬（广州）电子有限公司

**地址：** 广东省广州市花都区金谷南路 11 号
**邮编：** 510890
**电话：** 020-37737100
**传真：** 020-37737100
**邮箱：** info@ meanwell. com. cn
**网址：** www. meanwell. com. cn
**简介：** 明纬（广州）电子有限公司成立于 1993 年，隶属于台湾明纬企业股份有限公司（以下简称明纬），负责明纬（MEAN WELL）开关电源产品的研发、制造生产及国内外客户销售服务与技术支持，且为集团制造与采购中心。

明纬为世界标准交换式电源供应器的领导品牌制造商之一，秉持技术扎根的企业精神，每年新增 10% 的新产品，至今可提供 0.5~24000W 完整的电源解决方案，包括 AC-DC 电源供应器、LED 驱动电源、AC-DC 电池充电器、DC-DC 变换器以及 DC-AC 逆变器等；可提供不同档次产品以满足各产业的应用需求，包含 LED 广告牌/照明、工业自动化/工控、信息/通信/商用、医疗、交通运输以及绿色能源产业等。

明纬秉持“您信赖的电源伙伴”的理念，坚持提供最优质的电源产品与服务。经过多年的努力与耕耘，已建构起全球经销通路网络，能快速提供全球在地化服务。

明纬（MEAN WELL）的品牌含意是“怀有善意的”，也是企业的核心价值所在。我们深信，可靠的企业（reliable company）、值得信赖的员工（reliable people）及可信赖的产品（reliable product）是企业的根基。我们以“永无休止的创新与改善，提供最佳性价比的标准电源产品与服务。创造客户、员工、伙伴、社会最大利益”为使命，以“全球标准电源领导品牌制造商，建构永续经营高效能幸福企业”为愿景，并为此持之以恒。

**主要产品介绍：**

**LED 驱动电源、内置机壳型电源**

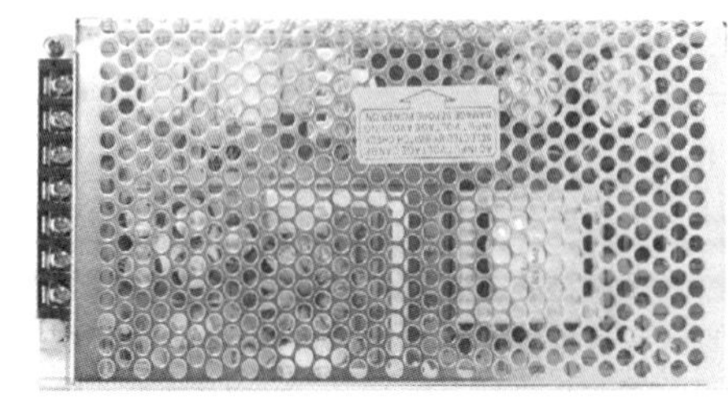

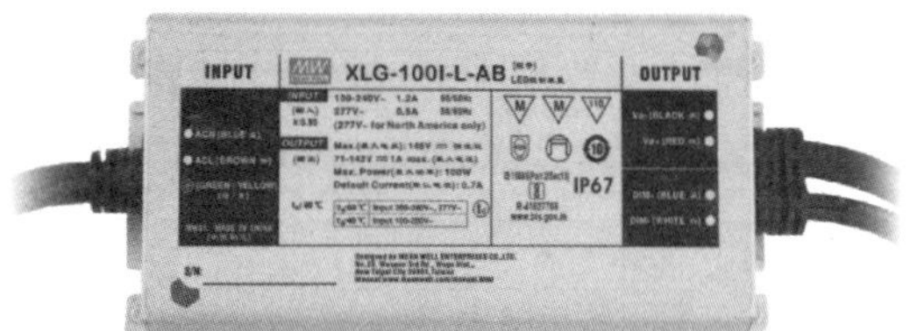


明纬是市面上产品种类较齐全的电源品牌，内置机壳型电源与 LED 驱动电源两大类，是营运成长的基本盘，让明纬站稳全球标准电源的领航地位。针对医疗、绿色能源、安防、交通、信息通信技术、楼宇自动化等产业应用推出了一系列导轨式电源、充电器、DC-AC 逆变器、基板型电源、适配器、DC-DC 模块、模组电源、系统电源等产品。

## 58. 南京中港电力股份有限公司

中港电力
ZG Power Supply

**地址：** 江苏省南京市江宁区东麒路 6 号东山国际企业研发园 C2 栋
**邮编：** 211103
**电话：** 025-69618577-8013/8014
**传真：** 025-69618574
**邮箱：** shayq@ zg-ps. com
**网址：** www. zg-ps. com
**简介：** 南京中港电力股份有限公司是一家以清洁能源汽车产业为核心业务的国家级高新技术企业，拥有汽车级体系认证标准的专业化工厂，秉承“以客户价值为导向，致力清洁能源汽车发展”的理念，致力于为客户提供高可靠性、高效率、高功率密度的电力电子解决方案。公司自 2013 年成立以来，业务快速发展，建立了业界一流的产品研发、测试及制造的软硬件平台，通过了 ISO 9001、ISO 14001、ISO 16949 等体系认证，赢得了北汽新能源、东风日产、长安、江淮、奇瑞、吉利、众泰、知豆等清洁能源汽车整车制造企业的信任与合作。研制开发的清洁能源汽车车载产品广泛应用于纯电动及混合动力乘用车、纯电动商用车、纯电动客车、纯电动专用车等车型。2016 年 10 月，公司完成 B 轮战略融资，北京工业、宝安集团（000009）、清研资本、江苏省高投、北大协同等知名公司成为公司战略股东。公司凭借科学的管理、稳定的质量、可靠的性能和合理的性价比以及周到的售后服务，将追求产品质量和售后服务零缺陷为目标，致力发展成为国内外一流的清洁能源汽车核心零部件供应商。公司使命是聚焦客户需求，提供有竞争力的电力电子解决方案，持续为客户创造最大价值。企业愿景是致力发展成为国内外清洁能源汽车核心零部件供应商的领跑者。

## 59. 南通新三能电子有限公司

THREECON
新三能电子 SUNION ELECTRONIC

**地址：** 江苏省南通市通州区兴仁镇工业园区
**邮编：** 226371
**电话：** 0513-86562926
**传真：** 0513-86561788
**邮箱：** yb@ sunion. cc
**网址：** www. sunion. cc
**简介：** 南通新三能电子有限公司成立于 1995 年，是专业从事电容器研发、制造和销售的国家级高新技术企业，也是东南大学、电子科技大学产学研合作伙伴，校企双方在电容器基础材料研究、电力电子专用电容器研究等领域取得了多项研究成果。

“Threecon”品牌涵盖电力电子薄膜电容器和铝电解电容器两大系列，主要为工业自动化、节能照明、新能源、IT、通信、电能质量、新能源汽车、轨道交通等领域提供配套服务。

优质的品质和满意的服务使公司成功通过 PHILIPS、GE 等国际著名的跨国公司的供应商认证，成为全球供应链采购合格供方。公司还是中国电源学会的理事单位、中国工业电器协会会员单位，产品被授予“质量可信产品”等荣誉称号。

公司严格实行 IATF 16949：2016 体系认证、ISO 14001 体系认证和 QC 080000 体系认证。产品完全符合 RoHS 环保标准、UL 安全认证、CE 欧盟电工委员会安全标准。

公司一贯注重技术创新，获得了“江苏省电容器工程技术中心”等荣誉称号。截至 2018 年，公司拥有发明专利 25 项，实用新型专利 48 项。

公司的目标：成为工业自动化、节能照明、IT、新能源及新能源汽车等产业专用电容器的首选品牌。

**主要产品介绍：**

**固体电解电容器、贴片式铝电解电容器、引线式铝电解电容器、焊针式铝电解电容器、螺栓式铝电解电容器、薄膜电容器**

公司生产的固体电解电容器、贴片式铝电解电容器、引线式铝电解电容器、焊针式铝电解电容器、螺栓式铝电解电容器、薄膜电容器，广泛用于工业自动化、节能照明、新能源、IT、通信、电能质量、新能源汽车、轨道交通等领域。

## 60. 宁夏银利电气股份有限公司

**地址：**宁夏回族自治区银川市西夏区银川经济技术开发区光明路 45 号

**邮编：**750021

**电话：**0951-5045200

**传真：**0951-5019240

**邮箱：**hr@ yinli. com. cn

**网址：**www. yinli. com. cn

**简介：**宁夏银利电气股份有限公司成立于 1992 年，位于宁夏银川（国家级）经济技术开发区光明路 45 号，注册资本 3000 万元，占地面积 2 万多平方米，是一家从事电力电子磁性器件的研发、生产、销售的高新技术企业，是国内同行业中率先将产品覆盖电力电子电磁元件全部应用领域的企业。2015 年 12 月 9 日，公司成功挂牌新三板，股票代码：834654。

公司在国内电力电子行业居于领先地位，产品广泛应用于航空航天、轨道交通、新能源、电能质量、智能电网及新能源汽车等领域。在公司发展的历程中，为中国 CRH3、CRH5、CRH380A 等多型号高铁动车组及数个国产型号的导弹、舰载直升机平台等配套特种变压器，并成功为我国“神舟”系列一至六号载人航天飞船、“天宫一号”空间实验站配套变压器、电感器。公司拥有前景广阔的客户群，与全球规模最大、品种最全、技术领先的轨道交通装备供应商中国中车，光伏风电并网装置市场占有率国内领先的企业特变电、深圳禾望及中国电力装备行业龙头企业许继电气等建立了长期稳定的合作关系。2018 年，公司成功研制出新能源汽车配套汽车级功率电感及变压器，并成立新能源汽车电子事业部，进军新能源汽车电磁元件领域。

公司作为国内少数具有独立正向设计能力的企业之一，产品设计与制造水平赢得了西门子、阿尔斯通、夏弗纳等国际同行的认可。在高铁/地铁和新能源汽车领域，产品已达到甚至超过国外和国内同行的技术水平，获得了行业和客户的认可与好评。

**主要产品介绍：**

**40kW 车载充电机谐振变压器**

该产品主要应用于各种纯电动商用车车载充电机（OBC）中，产品实现了 200kHz 开关频率下的谐振电感与变压器集成设计，大大减少了整机体积和重量，提高了能量密度。经过客户验证测试，产品满载温升稳定，最高温度点为 65℃，性能完胜日本同类产品。

## 61. 赛尔康技术（深圳）有限公司

Salcomp
POWERING THE MOBILE WORLD

**地址：**广东省深圳市宝安区沙井镇新桥芙蓉工业区赛尔康大道

**邮编：**518125

**电话：**0755-27255111

**传真：**0755-27255255

**邮箱：**leon. liu@ salcomp. com

**网址：**www. salcomp. com

**简介：**赛尔康技术（深圳）有限公司 2019 年成为广东领益智造股份有限公司（股票代码：002600）的子公司。赛尔康 1975 年在芬兰成立，在全球各地设有销售中心，在芬兰、中国深圳和中国台北设有研发中心，在广东深圳以及广西贵港、巴西和印度设有生产基地。赛尔康致力于开发和提供最具创新和绿色环保的手机电源适配器产品及其他电源方案。赛尔康在全球手机电源适配器行业处于世界领先地位，公司年度总业绩达到 6.8 亿美元，主要客户涵盖了排名世界前列的手机制造商。赛尔康自主研发的电源产品适用于各类手机（包括智能手机）、无绳电话、蓝牙耳机、平板计算机、数码相框、路由器、机顶盒、POS 机、笔记本计算机等。赛尔康技术（深圳）有限公司位于深圳市宝安区沙井芙蓉工业区，是国家评定的“高新技术企业”，同时赛尔康技术（深圳）有限公司的研发中心是深圳市评定的“企业技术中心”。赛尔康技术（深圳）有限公司现有 6000 多名员工，主要从事销售、研发和制造工作。

## 62. 山顿电子有限公司

SENDON®

**地址**：广东省惠州市惠城区仲恺高新区东江产业园兴德西路2号可立克工业园T2栋4楼

**邮编**：516000

**电话**：0752-2382517

**传真**：0752-2382517

**邮箱**：wangzhen@ sendon. cc

**网址**：www. sendon-china. com

**简介**：山顿电子有限公司成立于2017年，其前身为成立于1984年的山顿国际有限公司，是国内最早从事UPS电源研发、制造和服务的公司之一。山顿电子有限公司是UPS产业的先行者，是国内最早拥有高端电源方案体系的UPS电源厂商。产品广泛应用于金融、工业、交通、通信、政府、国防、医疗、电力、新能源、数据中心等行业，服务全球30多个国家和地区，10多万用户，致力于打造环保节约型能源企业。

公司通过了ISO 9001、ISO 14001和OHSAS 18001认证，产品通过了节能认证和中国泰尔认证中心权威认证。

公司现有员工600余人，在北京、上海和广东有三个现代化的电源生产基地，在全国设立了多家办事处。

山顿电子有限公司以环保节约为设计理念，以电力电子技术为核心，始终致力于数据中心关键基础设施产品(UPS、精密空调、精密配电、蓄电池、动力环境监控)、工业级交流电源产品的研发、制造和一体化解决方案应用开发。

## 63. 上海超群无损检测设备有限责任公司

**地址**：上海市松江区九亭镇松江高科技园区洋河浜路188号

**邮编**：201615

**电话**：021-37633088

**传真**：021-37633078

**邮箱**：sales@ sandt. com. cn

**网址**：www. sandt. com. cn

**简介**：上海超群无损检测设备有限责任公司是在国内外具有领先地位的专业X光设备制造商，在X光领域有超过50年的经验。公司与电源相关的技术产品为高压电源（30~450kV）。公司专业设计、制造的主要产品包括X光实时成像系统、X光实时线扫描系统、高精度高稳度高频X射线源、专用中高频X射线源、X射线管、气绝缘便携式X射线探伤机、油绝缘移动式X射线探伤机、移动式金属陶瓷管X射线探伤机、工业用电源等。产品应用和销售的领域涵盖航空航天、兵器工业、安全检查、摩托车、铸件、医疗卫生、印刷、压力容器管道耐火材料等行业。公司多数产品远销欧美市场，并在某些领域领先欧美竞争对手，获得好评。

## 64. 上海科梁信息工程股份有限公司

**地址**：上海市徐汇区宜山路829号海博1号楼2楼

**邮编**：200030

**电话**：021-54234718

**传真**：021-64851060

**邮箱**：info@ keliangtek. com

**网址**：www. keliangtek. com

**简介**：上海科梁信息工程股份有限公司是国内领先的仿真测试技术提供商。自2007年成立以来，公司以成为“嵌入式测试系统的高端咨询公司”为目标，致力于为中国高端装备制造以及新能源等产业的研发与制造提供专业的嵌入式系统仿真测试产品、仿真测试系统解决方案和技术服务。

公司在控制、能源与信息系统等技术领域深耕十余年，是该领域仿真测试技术与创新应用的领先者。公司以仿真测试技术为基础，结合十余年系统工程的应用实践积累和沉淀的技术，形成了完善的面向工业复杂系统的仿真测试产品体系。

公司业务领域涉及高端装备、智能电网、新能源汽车、轨道交通等多个行业。业务范围覆盖控制系统开发、嵌入式软件测试、系统仿真测试、硬件在环测试、功率级硬件在环等仿真测试设备与系统。公司通过持续的技术探索，对产品过程实施有效管理，公司所交付的产品与系统无论在功能、性能指标方面，以及在服务满意方面都受到客户的普遍好评。

目前，公司拥有GB/T 19001认证，并获得上海市软件企业、上海市科技小巨人企业、上海市专精特新企业、上海市专利工作试点企业、上海市徐汇区企业技术中心等称号。

未来，公司将继续秉持“以客户为伙伴，以创新创造价值”的发展理念，以携手用户共同推动行业发展为己任，竭诚为业界致力于技术创新的用户提供优质产品和真诚服务。

**主要产品介绍**：

**OP5700 仿真机**

OP5700可以完成CPU上最短10μs的实时计算，以及FPGA上亚微秒级的实时计算，并可以通过高速数字IO、模拟IO和被测控制器（DUT）进行实时的信号交互；该产品具有良好的接口扩展性，可以通过PCIe接口扩展CAN、

FlexRay、MIL-STD-1553 等。

## 65. 上海维安半导体有限公司

CYG WAYON

Let's make electronics safer!

**地址：** 上海市浦东新区祝桥镇施湾七路 1001 号

**邮编：** 201207

**电话：** 021-68960650

**传真：** 021-68969990

**邮箱：** zhuwj@ way-on. com

**网址：** www. way-on. com

**简介：** 上海维安半导体有限公司成立于 2008 年，致力于电路保护、功率半导体及模拟 IC 产品的技术研发，公司主要产品包括 ESD & EOS、TVS、TSS、MOSFET、保护 IC 及电源管理 IC；公司拥有一支强大的研发团队，拥有专利 200 余项，其中低压 EOS 防护产品系列技术行业领先；国内首家掌握硅基 ESD&EMI 集成技术，并将高压超结 MOSFET 应用于 5G 智能手机充电器；公司的核心价值观为“以客户为中心，以技术为本，坚持艰苦奋斗的精神”，从客户应用出发，为客户提供专业的产品解决方案，技术的领先优势获得了众多国际客户的认可，主要客户包括三星、LG、华为、中兴、小米、亚马逊、富士康等公司；产品应用领域涵盖 5G 通信、物联网、安防、消费类电子、汽车电子等领域范围。

## 66. 上海远宽能源科技有限公司

ModelingTech

远 宽 能 源

**地址：** 上海市杨浦区隆昌路 619 号城市概念 2 号楼 C12 室

**邮编：** 200090

**电话：** 021-65011357

**传真：** 021-65011629

**邮箱：** info@ modeling-tech. com

**网址：** www. modeling-tech. com

**简介：** 上海远宽能源科技有限公司（以下简称远宽能源）专注于电力与能源行业中的控制与仿真等应用领域，远宽能源的核心研发人员均拥有丰富的电力专业知识与软件开发经验，具备 LabVIEW CLD 与 CLED 认证，有着多年实时仿真系统和建模经验。同时，远宽能源也是美国国家仪器有限公司在电力与能源行业的重要合作伙伴。远宽能源是世界上少数几家掌握电力与电力电子实时仿真核心技术的公司之一，远宽能源的技术核心——StarSim 电力与电力电子仿真软件最大的特点是不仅仅可以如传统的仿真软件一样支持在 PC 上的非实时的离线仿真，还能够在实时 CPU 和 FPGA 组成的硬件平台上直接支持电力与电力电子系统的实时仿真。远宽能源也据此发表了多篇学术论文，取得了一些专利与软件授权，同时也获得了上海市的创新基金立项支持。远宽能源在新能源与电力电子实时仿真与控制领域，如新能源电动汽车的电机控制器硬件在环测试、无功功率补偿系统控制与实时仿真、双馈风力发电系统控制与实时仿真、直流输电系统控制与仿真等领域都有成功的案例。远宽能源已经为国内多家知名的科研单位与院校（如中国电科院、北京电科院、江苏电科院、清华大学、上海交通大学、华中科技大学、华北电力大学、华南理工大学等）提供产品与服务，深受客户的好评。

## 67. 深圳超特科技股份有限公司

超特科技 CHINTE TECHNOLOGY

**地址：** 广东省深圳市宝安区华丰国际商务大厦 516

**邮编：** 518100

**电话：** 0755-23223675

**传真：** 0755-23223675

**邮箱：** szct@ chinte. com. cn

**网址：** www. chinte. com. cn

**简介：** 深圳超特科技股份有限公司是 IT 行业里一家全国性企业，公司以机房一体化解决方案、网络系统集成作为业务主架构，业务涵盖产品研发、生产与销售，工程设计、实施与服务，技术咨询与培训。

**主要产品介绍：**

**微模块**

超特科技 MDCS-C 模块化数据中心解决方案采用高效模块化设计，方案集成了数据中心所有子系统，包括机柜系统、供配电系统、制冷系统、综合布线系统和管理系统等基础设施。

## 68. 深圳可立克科技股份有限公司

**地址：** 广东省深圳市宝安区福海街道新田社区正中工业厂区 7 栋

**邮编：** 518103

**电话：** 0755-29918302

**传真：** 0755-29918005

**邮箱：** 649849500@ qq. com

**网址：** www. clickele. com

**简介：** 深圳可立克科技股份有限公司（以下简称可立克）成立于 2004 年，是一家在电源和磁性元件领域内具有高增长性的高新技术企业，专业从事 LED 照明电源、动力电池充电器、通信电源、适配器、磁性元件等产品的研发设计、生产、销售和服务。公司已拥有数十条电源产品制造生产线和百条以上磁性元件产品生产线，具有年产电源 3500 万只以上、磁性元件 1.6 亿只以上的生产能力。

公司自成立以来，保持了快速发展的态势。产品畅销国内外市场，80%的产品远销欧美、澳大利亚、南美及亚洲等国家和地区，是亚太地区乃至国际市场有影响力的电源和磁性元件厂商之一。公司产品通过全球各国的安规认证，通过 ISO 9001、TS 16949、QC 080000、ISO 14001 及 BABT 的认证。2011 年还通过了 ISO 14064 认证。在技术研发和工艺工程方面，可立克紧跟行业技术前沿，坚持自主创新，兼收并蓄，不断引进吸收先进技术和设计理念，现拥有 100 多人的研发队伍，拥有一整套现代化的电源验证和检测实验室（如 EMI、EMS、HALT 等）；研发中心已成为市级技术中心和广东省工程技术研究中心、广东省工业设计中心，每年获得多项专利。公司于 2010 年被评为广东省著名商标企业，品牌价值在不断提升。

可立克经过近几年的快速发展，于 2015 年 12 月在深圳证交所上市。为了更广更好地开拓市场，满足客户的需求，在 2016 年，可立克在美国成立分公司，以提高服务为宗旨，开拓创新实现跨越式发展。

**主要产品介绍：**

**音响 45W 适配器**

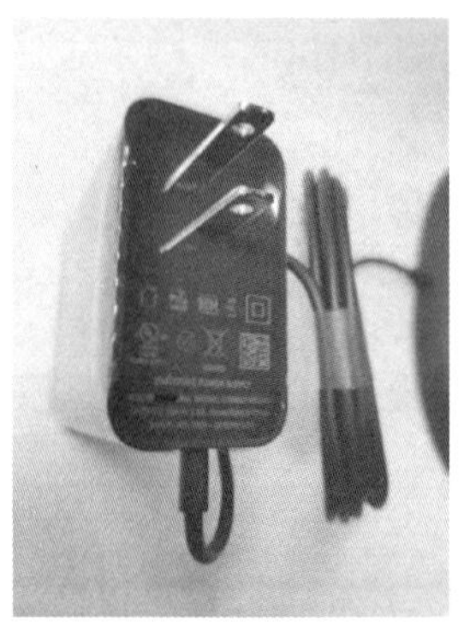

适用于高端音响的一款 45W 适配器，采用智能自适应驱动技术，全范围电压输入，高耐压、高可靠性、输出低纹波、低系统成本，小型化结构，外形亮面美观。

## 69. 深圳罗马仕科技有限公司

**地址：** 广东省深圳市南山区高新科技园北区齐民道 3 号宇阳大厦 4 楼

**邮编：** 518057

**电话：** 0755-88251243

**邮箱：** shifeng@ romoss. com

**网址：** www. 7000mall. com

**简介：** 隶属于七千猫集团的深圳罗马仕科技有限公司（以下简称罗马仕）坐落于中国深圳南山科技园，是一家专注于电源类产品研发、制造、销售的创新型科技企业。

自 2012 年创建以来，罗马仕秉承“电源技术偏执狂”的核心理念，坚持自主创新和全球本土化的产业发展模式，努力将罗马仕打造成为全球电源能源行业的领导品牌。

公司产品涵盖移动电源、无线充电器、适配器、数据线材、排插、iphone 背夹电池、替换电池、车载充电器、汽车启动电源等 9 大品类，拥有自主知识产权，并获得多个国家最受欢迎移动电源奖项及国际认证，在市场上树立了良好的产品形象和品牌信誉。

如今，罗马仕正不断丰富和优化产品品类，不断完善全球市场的营销网络布局，致力于为全球的消费者发现和创造高需求的品质产品，朝着世界一流的科技企业迈进。

## 70. 深圳欧陆通电子股份有限公司

**地址：** 广东省深圳市宝安区西乡街道固戍二路星辉工业厂区厂房一、二、三（星辉科技园 A、B、C 栋）

**邮编：** 518000

**电话：** 0755-33857166

**传真：** 0755-81453432

**邮箱：** yuetian@ honor-cn. com

**网址：** www. honor-cn. com

**简介：** 深圳欧陆通电子股份有限公司成立于 1996 年，主要从事开关电源产品的研发、生产与销售。公司主要产品包括电源适配器和服务器电源等，公司产品广泛应用于办公电子、机顶盒、网络通信、安防监控、音响、金融 POS 终端、电动工具、数据中心等众多领域。

公司在开关电源领域深耕多年，为国家高新技术企业，并设有深圳市企业技术中心、博士后创新实践基地和广东省高能效智能电源及电源管理工程技术研究中心。公司以客户需求为导向，致力于为客户提供可靠、高效、智能的开关电源产品，并在研发创新、生产工艺等方面积累了丰富的技术经验，截至目前，公司拥有 80 项专利技术、40 项软件著作权和多项专有技术。

公司总部位于深圳，同时在多个发达国家和地区设立了分子公司及办事处，主要服务国际知名企业，产品远销美国、欧洲、韩国、日本等国家和地区。公司凭借技术创新、质量控制等优势，树立了良好的市场形象，与众多优质客户展开了业务合作，如 LG、富士康、华为、海康威视、大华股份、惠普（HP）等公司。

公司始终高度重视产品质量，已通过了 ISO 9001：2015 质量管理体系及 QC 080000：2017 有害物质过程管理体系、ANSI/ESD S20. 20：2014 静电防护体系认证，并依据体系实施了完善的质量控制。公司产品通过了 CCC、TISI、UL、FCC、GS、CE 等多国和地区的产品认证。公司未来产品的研究方向趋于集成化、小型化，致力于提供绿色、智能、高效的电源产品，致力于将企业建设成为全国、全球领先的电源行业知名品牌。

**主要产品介绍：**

1300W 数字化钛金效率 CRPS 电源

1）符合 Intel 标准 CRPS 尺寸，功率为 1300W，具有 cold redundancy 功能；

2）满足 90~264V 的交流全电压范围和高压直流 160~340V 的 HVDC 电压范围；

3）半载效率大于 96%，整机效率满足 80plus 钛金牌要求；

4）实现双 DSP 控制，PFC 运用无桥控制模式。

## 71. 深圳青铜剑科技股份有限公司

青铜剑技术 Bronze Technologies

**地址：**广东省深圳市南山区留学生创业大厦二期

**邮编：**518000

**电话：**0755-33379866

**传真：**0755-33379866

**邮箱：**info@ qtjtec. com

**网址：**www. qtjtec. com

**简介：**深圳青铜剑科技股份有限公司是中国 IGBT 驱动领军者，专注于 IGBT 驱动和碳化硅驱动的研发、生产、销售和服务，致力于为客户提供集成化、智能化、自主可控的电力电子解决方案。

公司率先成功研发出大功率 IGBT 驱动 ASIC 芯片，推出 IGBT 标准驱动核、即插即用型驱动器、碳化硅驱动器等全系列产品，以及新能源汽车电驱功率模组、光伏风电多并联集成驱动等解决方案。产品广泛应用于新能源、电动汽车、智能电网、轨道交通、工业控制、国防军工等多个领域，是中国中车、中船重工、国家电网、阳光电源、金风科技、特变电工等三百多家知名企业的核心零部件供应商，并与英飞凌、富士电机、三菱电机等多家国际知名企业建立了战略合作关系。

公司以国家特聘专家为核心，打造了一支实力雄厚的高层次研发团队，完成了包括科技部科技型中小企业技术创新基金等多项国家和省市科技计划项目，累计专利授权近百项，并获批广东省工程技术研究中心。产品通过美国 UL、ISO 9001 和 IATF 16949 认证，荣获"中国专利优秀奖""深圳市专利奖"等荣誉。

**主要产品介绍：**

IGBT 驱动和碳化硅驱动

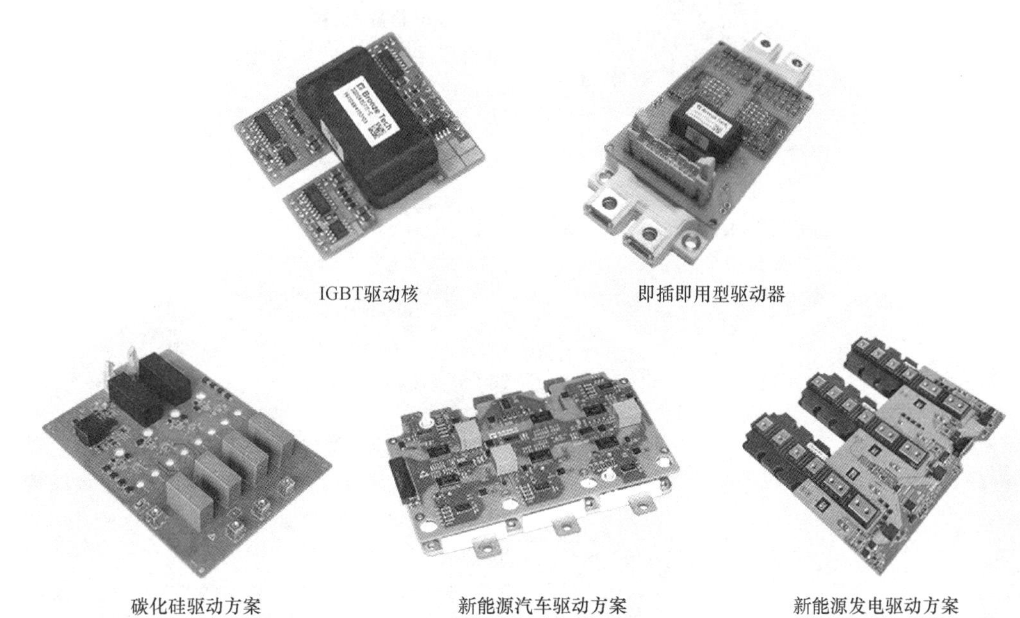

IGBT驱动核　即插即用型驱动器

碳化硅驱动方案　新能源汽车驱动方案　新能源发电驱动方案

公司自主研发的 IGBT 标准驱动核、即插即用型驱动器及碳化硅驱动、新能源汽车驱动和新能源发电驱动产品和方案，可广泛应用于新能源、电动汽车、智能电网、轨道交通、工业控制、国防军工等多个领域。

## 72. 深圳市铂科新材料股份有限公司

**地址：**广东省深圳市南山区高新技术产业园北区朗山路 28

号 2 栋 3 楼

**邮编**：518027

**电话**：0755-26654881

**传真**：0755-29574277

**邮箱**：sales@ pocomagnetic. com

**网址**：www. pocomagnetic. com

**简介**：深圳市铂科新材料股份有限公司为国家认定的高新技术企业。历经多年的磨炼，公司独立自主掌握了铁硅等金属粉芯磁材从粉末研发、制造、绝缘，到成型的全制程体系。基于对金属粉芯材料特性的深度研究，通过与 UPS、太阳能光伏逆变器、新能源汽车等电能变换行业知名企业的深度合作，已完美架构从合金磁粉到粉芯成型、磁元件应用设计的综合服务平台，为电能变换行业客户解决电感磁元件成本、效率、空间等方面的优化问题。

2009 年成立深圳市铂科磁材有限公司，成功研发铁硅铝、铁硅磁粉芯产品并推向市场。

2010 年新生产基地惠州铂科磁材有限公司成立，总占地面积达 120 亩。

2011 年通过 ISO 9001 质量管理体系认证、ISO 14001 环境管理体系认证。

2013 年通过国家高新技术企业认定。

2014 年获中国创新创业大赛全国二等奖，第六届中国（深圳）创新创业大赛新材料十佳。

2015 年公司荣获深圳知名品牌、最具投资价值企业的称号。

公司完成股份制改造，公司更名为深圳市铂科新材料股份有限公司。

2018 年“POCO”牌磁心材料产品荣获“广东省知名品牌产品”。

2019 年公司在深交所成功挂牌（股票代码：300811，股票简称：铂科新材）。

展望未来，公司将持续加大研发投入，积极创新，致力于成为全球领先的金属粉芯生产商和服务提供商，为人类的节能减排、推动绿色能源的发展贡献力量。

**主要产品介绍**：

**NPA 铁硅 3 代系列**

NPA 铁硅 3 代系列是具有超低损耗的金属软磁材料。

性能特点具有均匀分布式气隙，高饱和磁通密度（0. 95T），超低损耗，低磁致伸缩系数，稳定的温度及频率特性。

应用领域：反激变压器，谐振电感（<150kHz），PFC 电感（150～500kHz）。

## 73. 深圳市迪比科电子科技有限公司

**地址**：广东省深圳市龙华新区大浪街道华荣路霖源工业区迪比科

**邮编**：518000

**电话**：18617196920

**传真**：0755-61886160

**邮箱**：1-gm007@ dbk. com. cn

**网址**：www. dbk. com. hk

**简介**：深圳迪比科电子科技有限公司成立于 2004 年 8 月，注册资本 5000 万元，是国家级高新技术企业，是集技术研发、产品设计、生产及销售于一体的现代化高科技电子产品龙头企业。

公司已从最初的传统制造加工企业成长为拥有研发设计、制造，新批发零售、全渠道营销与供应链，及后市场服务和产业生态服务，具有完整产业链优势的复合型企业。目前的业务范围包括移动电源、无线充电器、储能产品及储能方案、车载充电器、HUB 和智能产品、物联网等。客户群遍布全球市场，主要包括连全球知名连锁巨头如沃尔玛、Target、Best Buy、贝尔金、迪卡侬等，以及线上渠道巨头如亚马逊、京东等，3C 企业巨头如富士康、紫米、华硕、联想、爱国者等，知名电商如傲基、泽宝等。公司产品不仅畅销国内市场，50% 以上的产品更是远销美国、欧洲、韩国、日本、中东、南非、东南亚等国家和地区。

公司总部在深圳，公司通过自主研发，掌握了锂电池系列产品领域中的一系列关键生产技术和工艺设计。目前公司已与华南理工大学进行产学合作，研发部门拥有 200 多人的研发工程队伍。近几年公司已拥有 300 多项专利。

**主要产品介绍**：

**便携式储能**

便携式储能电源具有高功率和高容量的特点。整体机身由航空级铝镁合金 CNC 加工制成，保证质感和安全性能。

多功能输出接口兼容所需设备用电需求，同时配备高清液晶屏幕显示，提升了用户交互体验，解决户外聚会、自驾游、户外拍摄、户外作业等室内外应急用电需求。

产品已获得 2019 年“德国红点设计”奖项。

## 74. 深圳市京泉华科技股份有限公司

**地址：** 广东省深圳市龙华区观澜街道桂月路 325 号
**邮编：** 518110
**电话：** 0755-27040111
**传真：** 0755-27040555
**邮箱：** everrise@ everrise. net
**网址：** www. jqh. cc

**简介：** 深圳市京泉华科技股份有限公司成立于 1996 年 6 月，注册资本 6000 万元。是国家和深圳市高新技术企业。公司为客户提供自行研制的电源、磁性器件、特种变压器等产品，同时，还为客户提供上述产品的 ODM 服务和专用产品的开发、研制及配套服务。公司产品广泛应用于商业和个人电子设备上，客户包括 APC、施耐德、伟创力、GE、Sony 等国际知名企业。

公司技术研发中心具有行业内领先的独立 EMI 实验室和传导实验室等，同时拥有如 Chroma 的电子负载仪、变频器、功率分析仪等，美国安捷伦的示波器、数据采集器、EMI 测试仪、3ctest 的自动群脉冲发生器、自动周波跌落测试仪器、ESD 静电测试仪器等先进的可靠性测试设备，完整的实验设施及高素质高技术的研发团队保证了能为顾客提供物超所值的一流产品。

十多年来公司以“开拓进取，诚信务实，树品牌”的经营理念，秉承“公平、公正、合理、竞争”的原则，以满足用户需求为宗旨，先后荣获“国家高新技术企业”“第 24 届中国电子元件百强企业”“广东省著名商标”“深圳市知名品牌”“深圳市高新技术企业”“深圳市企业技术研究中心”“深圳市自主创新百强民营中小企业”“深圳市鹏城减废行动先进企业”等荣誉称号。

## 75. 深圳市商宇电子科技有限公司

**地址：** 广东省深圳市光明新区甲子塘社区森阳科技园 A 栋 401
**邮编：** 518000
**电话：** 13902901805
**传真：** 0755-23282881
**邮箱：** 2885824082@ qq. com
**网址：** www. cpsypower. com

**简介：** 深圳市商宇电子科技有限公司成立于 2011 年，是全球领先的电源设备制造商，从事研发、设计和制造包括 UPS、精密空调、精密配电在内的数据中心动力设备、制冷设备及其相关技术，并提供相应的售后服务。公司通过其遍布全国 28 个省市 30 多个核心代理商点向客户提供服务。公司是国家高新技术企业，中国电源学会理事单位已取得 ISO 9001、ISO 14001、OHSAS 18001 认证，以及泰尔认证、节能认证、CE 认证、广电入网许可证等多项行业认证。自主研发生产的模块化 UPS CPY 系列及绿色高效节能的 HP 系列高频 UPS 获得“数据中心优秀产品奖”；公司产品广泛应用于政府、医疗卫生、金融、通信、教育、广电、能源、军队等各个行业领域，为多个国家重点工程项目提供高效产品，同时公司产品入围金融行业、国税系统、广电行业、互联网行业等。公司拥有 100 多名经验丰富的服务工程师，遍布全国各地的商宇服务网点，为客户提供优质服务。

**主要产品介绍：**

三电频技术高频大功率 UPS

HP3310-200H 系列机型采用先进的 DSP 数字控制技术，能够支持 $N+X$ 并联冗余，智能化充电管理，高效节能，配备丰富的监控和通信接口，拥有优秀的工业环境防护性能，具有可靠性、灵活性、经济性的特点，高效满足现代中小型数据机房的供电需求。

## 76. 深圳市英可瑞科技股份有限公司

**地址：** 广东省深圳市南山区 TCL 国际 E 城 E1 栋 11 楼
**邮编：** 518052
**电话：** 0755-26586000
**传真：** 0755-26545384
**邮箱：** increase@ szincrease. com
**网址：** www. increase-cn. com

**简介：** 深圳市英可瑞科技股份有限公司成立于 2002 年，为国家高新技术企业，2017 年 11 月 1 日在创业板顺利上市（股票代码：300713）。公司专注于电力电子产品的研发、生产和销售，定位于中高端直流电源系统制造商，以拥有自主知识产权为基础，在经营过程中坚持走自主研发、技术创新的道路，为客户提供配套设备及其服务，实现企业价值与客户价值共同成长。

公司成立十多年来，一直在努力建设高素质研发团队，积极担当电源行业技术创新的探索者和实践者，先后获得多项国家发明专利和软件著作权。同时我们坚持制造符合国标和欧美标准的高品质产品，锻造专业化的营销服务精英。目前公司产品广泛应用于汽车、电力、铁路、冶金、通信等领域，业绩案例遍布世界各地。

为了致力于新能源电动汽车的市场开拓，公司自 2011 年开始汽车直流充电模块的开发，目前有 3.5kW、7.5kW、10kW、15kW、20kW 系列共计 50 余款型号的产品；充电桩标准系统从 21~450kW 多个功率等级的覆盖。目前参与的典型项目有北京 APEC 会议中心充电站、首都国际机场充电站，上海交投公交充电站、南京公交充电站、苏州大型充电站等项目，在新能源汽车充电桩领域享有很高的美誉度。

**主要产品介绍：**

**电动汽车充电电源**

公司提供的 20kW、15kW、10kW、7.5kW、3.5kW 系列高频开关充电模块，均为交流电压输入、直流电压输出可调的 AC/DC 模块。模块采用 DSP 数字控制、谐振软开关、有源 PFC 技术，具有多项专利保护；模块具有功率密度高、功率因数高、谐波小、效率高等特点，具备多模块可并联的性能。

## 77. 深圳市智胜新电子技术有限公司

**地址：**广东省深圳市宝安区西乡固戍航城大道安乐工业区 B1 栋

**电话：**0755-29083115

**传真：**0755-83526199

**邮箱：**sale@ zeasset. com

**网址：**www. zeasset. com

**简介：**深圳市智胜新电子技术有限公司成立于 2004 年，是从事大型铝电解电容器和超级电容器研发、生产与销售的科技企业。公司先后荣获“深圳市高新技术企业”和“国家高新技术企业”称号，同时被深圳市政府评为“民营成长工程计划企业”。

公司设有研发中心，研发工程师占公司总人数的 25%，均具有 15 年以上研发工作经验。公司拥有包括发明专利、实用新型专利及软件著作权共 30 项；同时承接了深圳市科创委 2013 年新能源用铝电解电容器关键技术的研发项目。

公司引进欧美、日本、中国台湾等国家和地区的先进生产设备，配备齐全与精密的检测和试验设备；公司已通过了 ISO 9001 质量管理体系、ISO 14001 环境管理体系以及 RoHS 认证和 UL 安全标准的权威认证；同时结合企业“7S”系统的工作落实，在管理环节、制造环节、服务环节等诸多方面实现了标准化、数据化、制度化，确保了产品品质。

公司在以中国大陆为主要销售市场外，与欧美、亚洲诸多厂商保持着长期与良好的合作关系，获得了客商的一致好评。

**主要产品介绍：**

**大型铝电解电容器**（螺栓型、焊针型）

应用领域：新能源设备、变频器、伺服驱动器、光伏逆变器、通信电源、UPS、医疗设备、电焊机、家电以及电动汽车、电力机车和新能源（太阳能、风能）等众多领域，并广泛用于开关电源等军工、民用产品。

## 78. 深圳市中电熊猫展盛科技有限公司

**地址：**广东省深圳市坪山新区龙田街道老坑社区锦绣中路 19 号美讯数码科技园 A 栋 701、B 栋 701、801

**邮编：**518118

**电话：**0755-86238746

**传真：**0755-86238829

**邮箱：**webmaster@ jensin. cn

**网址：**www. jensin. cn

**简介：**深圳市中电熊猫展盛科技有限公司成立于 1996 年，隶属于世界 500 强中国电子集团，是一家集研发、生产、销售为一体的国家级高新技术企业！公司成立至今，专注于高端电源、大功率电源的生产、制造，产品多服务于新能源、监控、金融、电力、医疗、通信等行业。20 多年来，我们坚持为客户提供高品质的电源制造服务，客户多为世界 500 强企业或行业领先企业。公司取得了 ISO 9001、TUV、PSE、CCC 等质量体系认证和安全认证，并获得 DENSO、OKI、NEC、HITACHI、TOSHIBA、川崎重工、国网、南网等知名企业集团供应商资质认定。

工厂建有 5000m$^2$ 高标准、自动化厂房，直接作业人员达到 150 名，拥有松下高速贴片线 4 条，30m 流水线 5 条，月产能可达到 10 万台，同时拥有锡膏厚度测试仪、AOI 自动光学检测系统、全自动电源测试系统、GPIB 测试仪等多种检测设备。

基于对客户需求的精准把握，我们坚持长期的研发投入，且组建了经验丰富、运作高效的研发团队，在深圳和南京均设立有研发中心，申请了多项发明专利，成为产品研发和技术革新的有利保障。公司开发的大功率智能快充模块等产品获得国内先进产品鉴定，高可靠的 ATM 取款机电源、工业机器人电源模块等广泛应用于各领域。

**主要产品介绍：**

工业机器人电源

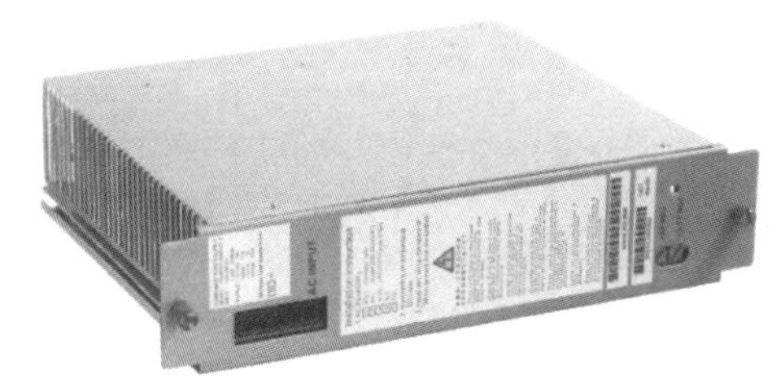

工业机器人电源：完整的保护功能，满足 24 小时不间断工作，长寿命，智能待机，停电维持时间长，智能控制系统，可升级。具有结构紧凑、性能可靠、整机稳压精度高、输出效率高、输入电压范围宽的特点。具备短路、过电流、过电压及过温保护等功能，采用风机散热。符合信息技术设备安全标准。

## 79. 四川爱创科技有限公司

AI-Chance®
爱创科技

**地址：**四川省绵阳市其他安州区安州工业园马安大道

**邮编：**621000

**电话：**15984665776

**邮箱：**646440808@ qq. com

**简介：**四川爱创科技有限公司的业务范围有：电子、通信与自动控制技术研究及应用服务；家用制冷电器具、家用空气调节器、家用通风电器具、其他家用电力器具的制造与销售；照明器具、塑料制品、机械零部件的加工制造和销售；商业、饮食、服务专用设备的制造和销售；保鲜产品（高压静电装置）以及水分子激活技术研究与应用产品开发；其他医疗设备及器械的制造和销售；软件开发；新技术推广服务及应用，信息技术咨询服务；物联网技术的开发及应用；互联网开发及应用；企业形象策划服务；广告的设计制作发布；职业技能培训；仪器仪表修理；货物和技术进出口（法律、法规禁止项目除外，限制项目凭许可证经营）。

**主要产品介绍：**

冰箱变频控制板/电源板

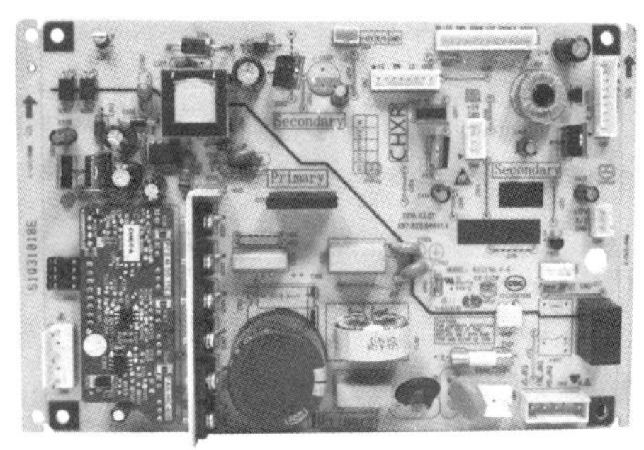

冰箱的变频化趋势发展愈演愈烈，目前市场上所有变频冰箱均采用变频器、电控板独立控制的方式，公司研发的变频电控一体模块解决了分开控制等方面的难题，真正实现了冰箱的解放。目前该系列控制模块已经实现批量且供货近千万只。

## 80. 苏州东灿光电科技有限公司

dsbj

**地址：**江苏省苏州市吴中区东山镇石鹤山路 8 号

**邮编：**215107

**电话：**0512-66520601

**传真：**0512-66520601

**邮箱：**jacky. zou@ dsbj. com

**网址：**www. sz-dsbj. com

**简介：**苏州东灿光电科技有限公司是苏州东山精密制造股份有限公司的一个子公司，苏州东山精密制造股份有限公司是一家上市（股票代码：002384）的高新技术企业，整合精密铸造、芯片封装、智能通信、工业设计及专业研发优势资源，助推企业智慧照明产业化发展，产品集 LED 工业照明、办公照明、道路照明、景观照明及 LED 智慧照明控制等，专业提供高效节能绿色环保产品、物超所值的增值服务及专业的照明解决方案。

**主要产品介绍：**

LED 照明、LED 智慧照明控制等

## 81. 田村（中国）企业管理有限公司

TAMURA

**地址：**上海市黄浦区淮海中路 527 号新国际购物中心 A 座 13 楼

**邮编：**200001

**电话：**021-63879388

**传真：**021-63879268

**邮箱：**zhong. xue@ tamura-ss. co. jp

**网址：**www. tamuracorp. com/global/index. html

**简介：**田村（中国）企业管理有限公司成立于 2003 年（原田村电子（上海）有限公司），是日本田村集团海外最重要的产品研发和市场营销基地，现有员工近百名，其中研发中心员工占总人数一半以上。

田村（中国）企业管理有限公司研发中心成立于 2006 年，主要从事高频开关电源、电感变压器等电子元器件的研发及市场开拓。主要客户遍及全球国际性知名企业，如三菱电机、Sony、丰田、欧姆龙、施耐德、牧田、FANUC、珠海格力等。根据田村集团的战略定位，上海研发中心与日本技术总部具有同等技术研发资质，是日系公司在中国展开高水平技术研发的少数公司之一；特别是通过不断的技术创新，上海技术研发中心正逐步成为国际新能源电源磁元件技术领域研发的开创者和领导者。

公司具有完善的职业培训制度，坚持严谨、规范、高效的技术研发作风，通过严格的 OJT 开发实战训练，给本地员工提供与国际知名企业的世界一流研发队伍进行定期交流的技术平台。

田村集团的母公司——日本田村制作所是一家拥有 90 年历史，早于 20 世纪 70 年代在东京证券交易所上市的机电制造业国际性公司，田村集团在中国主要从事电子材料、电子元件、电路板焊接设备等业务，目前在台湾、香港、深圳、惠州、东莞、上海、苏州、常熟、合肥、北京等地分别设立了大型生产基地、营业部、办事处，并在上海和台北设有两个研发机构。

**主要产品介绍：**

高频电抗器/变压器

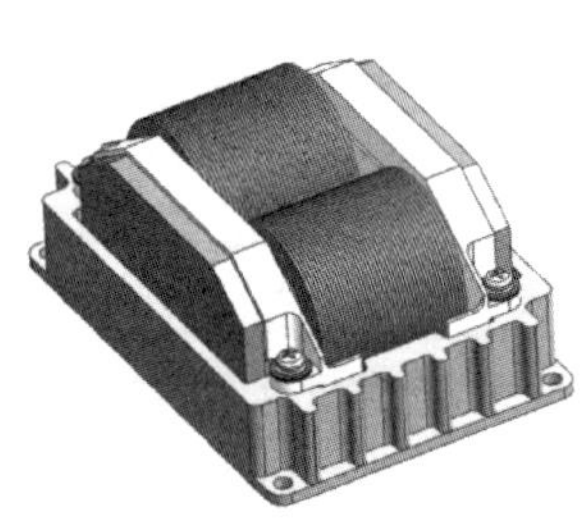

公司主要产品覆盖全部功率等级的光伏逆变器、变频空调器、UPS、充电桩，车载设备等各种高频电抗器、变压器、共模电感等。通过对磁材料、绕线技术的不断创新，形成了世界领先的独特的磁集成技术、混合磁路技术、L-I Trimming 技术、Spike Blocker® 技术等一系列磁元件设计技术。

## 82. 无锡新洁能股份有限公司

**地址：**江苏省无锡市滨湖区高浪东路 999 号 B1 栋 2 层

**邮编：**214131

**电话：**0510-85618058

**传真：**0510-85620175

**邮箱：**info@ ncepower. com

**网址：**www. ncepower. com

**简介：**无锡新洁能股份有限公司成立于 2013 年 1 月，注册资本为 7590 万元，法定代表人为朱袁正先生。公司致力于 MOSFET、IGBT 等国内最新一代功率半导体芯片的研发、设计及销售，并不断延伸产业链自建封装测试厂和研发中心。

公司基于全球半导体功率器件先进理论技术开发领先产品，是国内率先掌握超结理论技术，并量产屏蔽栅功率 MOSFET 及超结功率 MOSFET 的企业之一，是国内较早同时拥有沟槽型功率 MOSFET、超结功率 MOSFET、屏蔽栅功率 MOSFET 及 IGBT 四大产品平台的本土企业之一。凭借先进的技术、丰富的产品种类、可靠的产品质量和较高的客户服务水平，在国内外积累了良好的品牌认知和优质的客户资源。

公司为江苏省高新技术企业，在中国半导体行业协会发布的 2016、2017、2018 年排行榜中，均获“中国半导体功率器件十强企业”称号。公司建有江苏省功率器件工程技术研究中心、江苏省研究生工作站；拥有 97 项专利，其中发明专利 35 项；在 IEEE TDMR 等国际知名期刊中发表论文 11 篇，其中 SCI 收录论文 5 篇。公司已通过 ISO 9001 质量管理体系认证。

目前公司已涉足最新一代 SiC/GaN 的研发设计，未来将进一步依托技术、品牌、渠道等综合优势，结合 8 英寸/12 英寸晶圆先进工艺技术，全力推进高端功率 MOSFET、IGBT 及新材料半导体的研发与产业化，持续布局半导体功率器件最先进的技术领域，以提升公司核心产品竞争力和国内外市场地位。

**主要产品介绍：**

MOSFET、IGBT 等新一代功率半导体器件

公司主要产品有 12～200V 沟槽型功率 MOS（N/P）、30～300V 屏蔽栅功率 MOS（N/P）、500～900V 超结功率 MOS、600～1350V IGBT 及功率模块等，广泛应用于消费电子、汽车电子、工业电子、新能源汽车/充电桩、智能装备制造、物联网、5G、云计算、大数据、轨道交通、光伏新能源等领域。

## 83. 西安伟京电子制造有限公司

Weiking 伟京

**地址：**陕西省西安市高新技术开发区锦业二路 87 号

**邮编：** 710077
**电话：** 029-65660060
**传真：** 029-65660061
**邮箱：** sales@ weiking. com
**网址：** www. weiking. com
**简介：** 西安伟京电子制造有限公司于2004年成立，是一家集电源模块和厚膜混合集成电路类产品研发、生产、销售和服务为一体的高新技术企业，现已形成了通用DC-DC电源模块、高电压输出DC-DC电源模块、低纹波输出DC-DC电源模块、线性稳压器、开关稳压器、电源滤波器、预稳压模块、保持模块、线性放大器、开关放大器及无刷电动机驱动器等产品系列，能够为客户提供小功率军用直流变换的全套解决方案和直流无刷电动机驱动解决方案。产品广泛应用于航天、航空、兵器、船舶等军工领域。
**主要产品介绍：**

气密型高功率密度 DC-DC

WK3828＊＊S-10系列DC-DC电源模块采用混合集成工艺、浅腔式双列直插式金属全密封结构，是航空航天、军用电子等高可靠应用领域的理想选择。产品包含单路输出5V、12V、15V共计3个型号，输出功率均为10W。产品工作频率约为250kHz，具有禁止功能和输出过电流/短路保护功能。

## 84. 西安翌飞核能装备股份有限公司

**地址：** 陕西省西安市高新技术开发区秦岭大道西6号科技企业加速器二区
**邮编：** 710304
**电话：** 029-68065000
**传真：** 029-68065111
**邮箱：** infisrc@ infisrc. com
**简介：** 西安翌飞核能装备股份有限公司成立于2010年，注册资本实缴人民币4000万元，坐落于风景优美的西安高新区国家级科技企业加速器园区内，自有独立厂房，总建筑面积5000m$^2$。公司依托在测控技术、数据处理、智能互联、工业自动化及电力电子技术领域的优势和经验，主要为核能、军工、特种工业提供关键设备及行业解决方案，是集设备研发、制造、销售为一体的创新型技术企业。经过多年积累，公司已经形成由电力电子设备、工业自动化装备、工业及特种机器人装置、测控系统及其关键设备等4个主营方向。在特种工业、电力、安全以及核能细分领域的工业产品均取得多项技术成果，填补了国内空白，实现了多项工艺革新，并成功应用于多个国家重点项目及其他高端定制行业。公司重视科研投入，与国内多所知名高校开展产学研合作，全面提升技术创新、成果转化、人才培养能力。不仅具备了MW级专用电力电子设备、特种工业专用装置及机器人的研发试验能力，同时还拥有业内最专业且具有丰富实践经验的专家团队，累计获得专利百余项。公司是国家级高新技术企业、西安市高新区规模以上企业，通过了质量、环境和职业健康管理体系认证。先后荣获西安高新区2016年度战略性新兴产业明星企业、国家高新区瞪羚企业等荣誉。公司将通过专业领域内持之以恒的不懈追求，致力于成为核能、军工及特种工业领域国内一流的设备及综合解决方案提供商，为提升中国技术和中国实力贡献力量！

## 85. 厦门赛尔特电子有限公司

**地址：** 福建省厦门市翔安区火炬高新区（翔安）产业区翔安西路8001、8067号
**邮编：** 361101
**电话：** 0592-5715838
**传真：** 0592-5715839
**邮箱：** sales@ setfuse. com
**网址：** www. setfuse. com
**简介：** 厦门赛尔特电子有限公司成立于2000年，位于厦门市火炬高新区（翔安）产业区，拥有10000多平方米的研发生产基地。公司专业从事过温、过电压和过电流的电路保护元器件的研发、生产及销售。拥有近百人的实力强大的研发团队，其中包括享受国家津贴的教授及多名硕士、博士生，拥有美国UL授权的目击测试实验室（WTDP）及自动化设备研发中心，是厦门高新技术企业、自主创新企业、国家火炬计划项目承担单位、科技进步奖获奖单位。

公司产品包括温度保险丝、热保护型压敏电阻、线绕电阻、大电流受控熔断器等，其中多项产品均有独立自主知识产权，产品覆盖全国三十多个省市自治区，出口欧美、非洲、东南亚等世界各地，也得到了微软、飞利浦、惠普、摩托罗拉、中国电信、中国移动、华为等国内外众多知名企业的青睐，“SET”品牌获得福建省著名商标称号。

公司秉承“推动全面品管，满足客户需要；持续改善质量，提升竞争能力；共建永续经营，创造全员福利”的质量方针，组建了高效、务实的组织结构体系，本着“参与，成长，共享”的产品研发理念，通过不断的创新，为消费者提供高品质和高品位的电路保护元器件，为用户提供安全可靠的产品及适时方便的服务。
**主要产品介绍：**

**主要产品有合金型温度保险丝（TCO）、压敏电阻（MOV）、热保护型压敏电阻（TMOV）、线绕熔断电阻器（RXF）、热保护型熔断电阻器（TRXF）、浪涌保护器（SPD）、电流保险丝（FUSE）、主动熔断器（iTCO）以及适配器保护单元（PUA）等。**

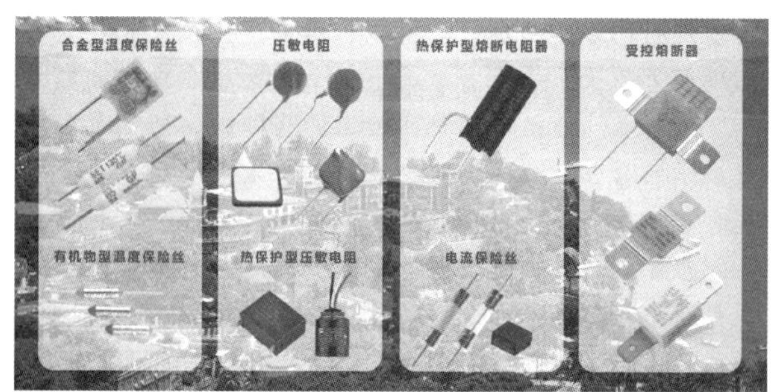


公司产品拥有欧盟、美国、日本、韩国、印度等多国专利及认证，主要用途为保护电路安全。产品主要应用领域：通信、家用电器、新能源汽车、电源系统、浪涌抑制器、安防系统、电动机保护、工业电源、电表、通信电源、光伏逆变器、医疗设备、汽车、铁路、航空、军用设备仪器等领域。

## 86. 厦门市爱维达电子有限公司

**地址：** 福建省厦门市海沧新阳工业区霞阳路 39 号
**邮编：** 361026
**电话：** 0592-8105999
**传真：** 0592-5746808
**邮箱：** market@ evadaups. com
**网址：** www. evadaups. com
**简介：** 厦门市爱维达电子有限公司是一家总部位于福建省厦门市的提供全面电源解决方案及电源保护产品的设计、开发、生产和销售的高科技公司。主要产品有 UPS 电源、太阳能、风能、光伏逆变器、LED 驱动电源、通信电源、氢燃料电池逆变器等，产品功率容量从 0.5～6400KVA。公司已获得“厦门市著名商标”“福建省著名商标”“中国UPS 电源十强企业”“中国通信市场最有影响力行业品牌”“2010 年中国行业信息化值得信赖品牌”等称号并且已连续 6 年被评为厦门市成长型中小企业和纳税大户。

公司已通过了 ISO 9001 质量管理体系认证和 ISO 14001 环境管理体系认证以及 ISO 18000 职业健康安全管理体系认证。公司现有厂房面积 10000 平方米，现有员工 175 人，其中研究开发人员 36 人。

公司在北京、天津、沈阳、乌鲁木齐、西安、西宁、兰州、济南、太原、武汉、长沙、郑州、杭州、南京、南昌、福州、广州、南宁、成都、重庆、昆明、海口等二十五个地方设有驻外分公司或办事处，组成了全国营销和服务网络。

## 87. 英飞凌科技（中国）有限公司

infineon
英飞凌

**地址：** 上海市浦东新区川和路 55 弄 4 号楼 2～4 层
**邮编：** 201210
**电话：** 021-61019001
**传真：** 021-61019001
**邮箱：** info@ infineon. com
**网址：** www. infineon. com/cms/cn/
**简介：** 英飞凌科技（中国）有限公司（以下简称英飞凌）是全球领先的半导体公司。公司致力于打造一个更加便利、安全和环保的世界，在赢得自身成功发展的同时，积极践行企业社会责任。半导体虽不显眼，却已成为我们日常生活中不可或缺的一部分。英飞凌在共建“更加美好未来”的愿景中，发挥着至关重要的作用：我们用先进的微电子科技连接现实和数字世界。英飞凌为您提供全面的半导体解决方案，实现智能出行、高效的能源管理以及安全的数据采集与传输。

英飞凌设计、开发、制造和销售多品类的半导体元器件和系统解决方案。产品主要应用于汽车电子、工业电子、通信与信息技术，以及基于硬件的安全技术等多个领域。产品线包括：标准元器件、针对设备和系统的客户定制化解决方案，以及面向数字、模拟和混合信号应用的特定元器件等。在英飞凌的年营业收入中，有超过 60% 的收入来自功率半导体，近 20% 的收入来自嵌入式控制产品（包括汽车、工业和安全应用的单片机等），其余则来自射频组件和传感器。从营业收入占比看，英飞凌欧洲市场占 30%、亚洲占 57%、美洲则为 13%。

英飞凌拥有四大事业部：汽车电子、工业功率控制、电源管理及多元化市场、数字安全解决方案。

**主要产品介绍：**

**功率控制产品**

裸片、分立式 IGBT、驱动 IC、IGBT 模块、IGBT 模块解决方案（含 IGBT 堆栈）、集成了控制器、驱动器和功率开关的智能功率模块（IPM）、碳化硅 MOSFET 和模块；

分立式低压、中压、高压功率晶体管及低压和高压驱动 IC、控制 IC、ASIC。

## 88. 英飞特电子（杭州）股份有限公司

INVENTRONICS
英飞特电子

**地址：** 浙江省杭州市滨江区江虹路 459 号英飞特科技园 A 座
**邮编：** 310052
**电话：** 0571-56565800
**传真：** 0571-86601139
**邮箱：** harryxu@ inventronics-co. com
**网址：** cn. inventronics-co. com
**简介：** 英飞特电子（杭州）股份有限公司成立于 2007 年 9 月，是一家专业从事 LED 驱动电源研发、生产、销售及技术服务的国家高新技术企业。公司于 2016 年 12 月在深圳创业板上市（股票代码：300582）。公司董事长 Guichao Hua 先生是入选国家“千人计划”的资深行业专家，在国内外享有盛誉。

公司设有省级企业研究院、省级企业技术中心、省级国际科技合作基地、省级院士工作站等科研平台，被评为

“国家知识产权示范企业”“国家专利运营试点企业”，并获得“工业企业知识产权运用标杆”“浙江省科技进步二等奖”等众多荣誉。截至 2019 年 6 月 30 日，公司及子公司共拥有授权专利 234 项，其中包括 22 项美国发明专利、1 项欧洲发明专利和 108 项中国发明专利。

公司总部位于浙江省杭州高新区，生产基地位于桐庐经济开发区，在美国、欧洲、印度设有子公司，且在东南亚、韩国、巴西等地设有办事处。公司产品销往中国、北美、欧洲、日韩、南美、东南亚、中东等全球 80 多个国家和地区。公司产品涵盖 3~1200W 功率、应用于室外和室内不同环境，可满足高低温、雷击、潮湿、腐蚀和电网电压波动等恶劣工作条件，可以实现恒流、可调光、智能控制等特定要求的各类 LED 驱动电源。

公司的安规实验室获得 UL 最高级别的 CTDP 和 TUV CBTL 实验室资格，公司可独立进行 UL 安规测试。

秉承“创新驱动、全球领航”的品牌理念，公司将继续专注于开发高效、高可靠、智能化 LED 驱动电源，以极具特色和差异化的产品继续引领行业发展。

**主要产品介绍：**

EUM 紧凑型可编程电源

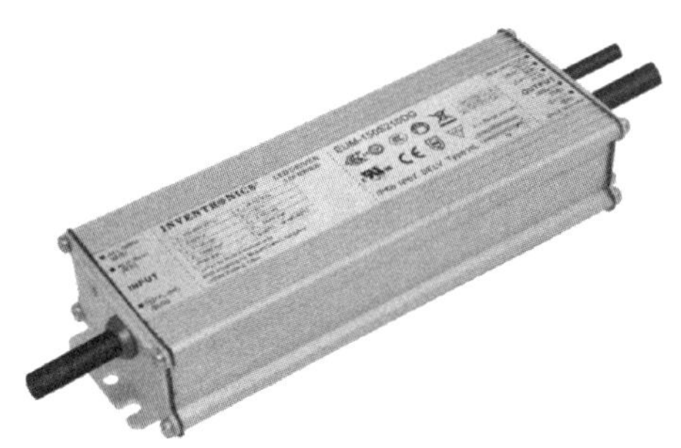

产品采用英飞特独创集成磁性器件设计，外观紧凑小巧，使客户灯具设计更灵活，极大降低了原材料且获得运输成本。产品采用多国认证线材且获得全球十余项安规认证，满足绝大多数国家及地区的应用要求及北美 UL Class P 认证需求。产品具有超高效率、智能可编程、多合一调光控制、高防雷保护、超低谐波失真、高防护等级等特点。

## 89. 浙江德力西电器有限公司

DELIXI
ELECTRIC

**地址：**浙江省温州市乐清市柳市德力西长虹工业城 4 单元

**邮编：**325604

**电话：**0577-62725681（13968784568）

**传真：**0577-62791203

**邮箱：**dy664568@ 126. com

**网址：**www. delixi. com

**简介：**德力西集团（以下简称德力西）是一家集资本运营、品牌运营、产业运营为一体的大型集团，现有员工 21000 余人。集团连续 16 年荣登中国企业 500 强。德力西构建了以电气产业为主业，环保、大健康、交运物联等新兴产业为重点的发展格局。

德力西积极导入卓越绩效模式，坚持以质量创品牌，获得了“中国名牌产品”“全国质量管理奖”“全国文明单位”等荣誉。

德力西依托技术创新不断为客户提供优质产品和服务。德力西经批准设立了博士后科研工作站，用于攻关前沿课题，拥有全国同行生产企业国家企业技术中心，3 次荣获国家科技进步奖。德力西电气产品服务于国防、冶金、交通、石油、化工等十几个重点行业的重大工程及援外项目，成功助力“神舟”“嫦娥”及“北斗”卫星导航系统工程，为我国航天事业做出了贡献，并被评为“天宫一号/神舟八号首次交会对接任务贡献单位”。

德力西努力践行“德报人类，力创未来”的企业使命，累计向社会捐款捐物达两亿多元，用于扶贫济困，支持教育、慈善、环保等事业，获得了“中华慈善突出贡献奖”。

**主要产品介绍：**

交、直流稳压电源

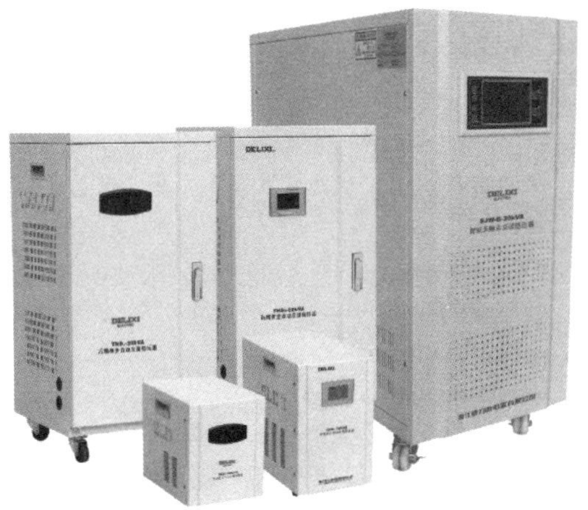

交流稳压器是公司的主打产品之一，调节方式分为接触式和无触点式，均采用单片机技术控制具有输出波形好、反应快、无失电、输入范围宽、适应性强、多功能保护等特点。

广泛用于工业、交通、邮电、通信、国防、铁路、科研等领域，可为大型机电、金属加工、生产流水线、电梯、医疗器械、广播电视、家用电器提供稳定的交流电源。

## 90. 浙江榆阳电子有限公司

**地址：**浙江省嘉兴市桐乡市经济开发区同德路 656 号

**邮编：**314500

**电话：**0573-89817002

**传真：**0573-89807000

**邮箱：**sales@ link-power. cn

**网址：** www. link-power. cn

**简介：** 浙江榆阳电子有限公司为外商独资企业，公司前身杭州池阳电子有限公司创立于 1997 年，于 2010 年在浙江桐乡建立新生产基地（浙江榆阳电子），公司占地面积 42100 平方米，现有员工 800 余人。

公司以国家低碳节能产业政策为指引，立足新能源电子产业方向，目前已形成三大主营产品线：电源驱动线、LED 照明产品线和智能产品线，应用领域遍布通信、公共安全、电机驱动、新能源、医疗电子、智能家居和汽车等行业，在世界范围内为工业和消费市场提供优质、安全、健康舒适的产品及服务。

公司具有明显的区位优势。凤栖梧桐，水乡风韵，世界互联网峰会永久举办地、江南古镇——乌镇便坐落于桐乡，距离公司仅 11 千米；交通便利，宜居乐业，公司距离杭州 50 千米，距上海 145 千米，距苏州 96 千米，距宁波 165 千米，沪杭高铁贯穿于此。

公司一直以客户信任为己任，秉承以人为本的理念，坚持自主创新和精益管理，拥有一支配备精良的高素质研发、品管、工程、制造团队，力求为客户提供高性价比、富有市场竞争力的产品。

## 91. 郑州椿长仪器仪表有限公司

**地址：** 河南省郑州市管城回族区第七大街 188 号

**邮编：** 450000

**电话：** 0371-66866863

**传真：** 0371-66866862

**邮箱：** zzh@ i-hualing. com

**网址：** www. howe-tech. com

**简介：** 郑州椿长仪器仪表有限公司成立于 1992 年，到现在已经有 20 多年，并与 2003 年通过并取得了 ISO 9001：2000 质量管理体系认证证书。从公司成立起，一直以来以持续的创新为发展动力，致力于温度控制系统、磁电隔离技术以及电源产品的研究与应用，不断实现技术的突破和发展，所有产品的硬件软件，都为公司自主研发，具有自主知识产权。截至目前，郑州椿长仪器仪表有限公司已经申请国内外知识产权专利 70 余项，其中发明专利申请 9 项，已成为拥有强大自主研发和知识产权优势的创新型企业，2014 年公司被评为高新技术企业。

郑州椿长仪器仪表有限公司自主创立“HOWE”品牌，历经 20 年的发展，商标已在全球 20 多个国家与地区注册。目前，郑州椿长仪器仪表有限公司在郑州经济技术开发区拥有自己的科技园和生产基地。随着海外订单的不断增加，公司在美国和德国设立了办事处，完善了北美地区和欧盟地区的销售网络。面对未来，郑州椿长仪器仪表有限公司将一如既往地践行“客户至上”的服务宗旨，力争将民族工业品牌推向更广阔的国际舞台，服务世界！

**主要产品介绍：**

LED 电源

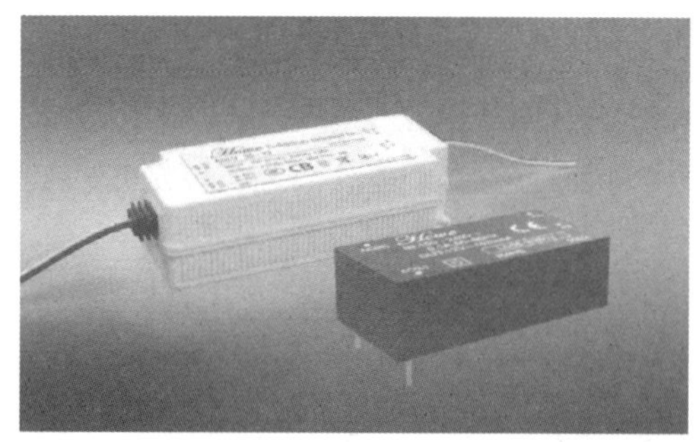

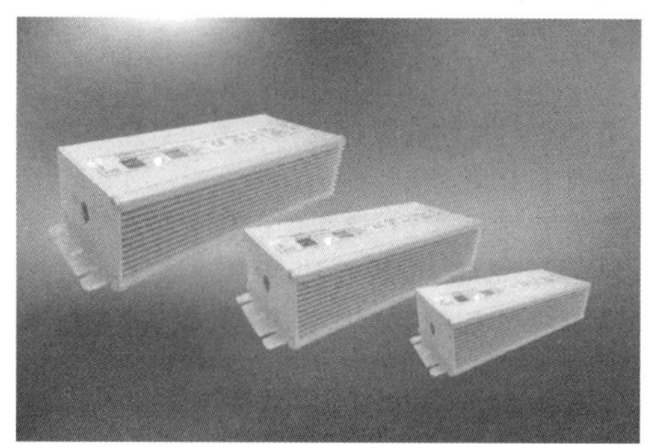

公司电源产品种类齐全，主要系列电源产品型号齐全，以质量稳定、可靠性高、兼容性好等优点深受客户欢迎。根据客户需求不同，产品分别取得 ETL、cETL、FCC、TUV-GS、CE、CB、SAA、BIS、CCC、RoHS 等多国认证，远销北美、欧洲、澳大利亚、东南亚等多个市场。

## 92. 中国长城科技集团股份有限公司

Great Wall 长城电源
中国航天事业合作伙伴
A COOPERATIVE PARTNER OF CHINA SPACE

**地址：** 广东省深圳市宝安区石岩镇宝石东路长城工业区

**邮编：** 518108

**电话：** 0755-26639997

**传真：** 0755-29519395

**邮箱：** yaokw@ greatwall. com. cn

**网址：** www. greatwall. cn

**简介：** 中国长城科技集团股份有限公司是由中国电子信息产业集团有限公司（简称“中国电子”）所属中国长城计算机深圳股份有限公司、长城信息产业股份有限公司、武汉中原电子集团公司、北京圣非凡电子系统技术开发有限公司等四家骨干企业重组整合组成，注册资本 29.4 亿元。1997 年在深交所上市（股票简称长城科技；代码 000066）。中国长城科技集团股份有限公司核心业务覆盖自主可控关键基础设施及解决方案、军工电子、重要行业信息化等领域，是能够做到从芯片、整机、操作系统、中间件、数据库、安全产品到应用系统等计算机信息技术各方面完全自主可控且产品线完整的上市公司。公司相关业务水平处于国内领先地位，掌握众多自主可控和信息安全的核心技术，在军队国防、党政等关键领域和重要行业具有深厚的行业理解、丰富的服务经验、稳定良好的合作关系。公司在中国深圳、长沙、武汉、北京、株洲以及海外设有研发中心和生产基地，占地面积约 130 余万平方米，员工约 1.5 万人。在电源领域，公司自 1989 年开始从事开关电源的研发和制造，具有国内一流的研发团队，具有丰富的技术底蕴。公司在国内电源行业中率先通过了 ISO 9001 认证，荣获首张节能证书，同时公司也是微型计算机电源国家标准的主要起草单位。公司的产品包括服务器电源、台式机电源、通信产品电源、LED 驱动电源及各种适配器。其产品已被浪潮、曙光、同方、富士康，Corsair 等公司选用，产品远销欧美、日韩等国家和地区。

**主要产品介绍：**

服务器电源、PC 电源、通信电源

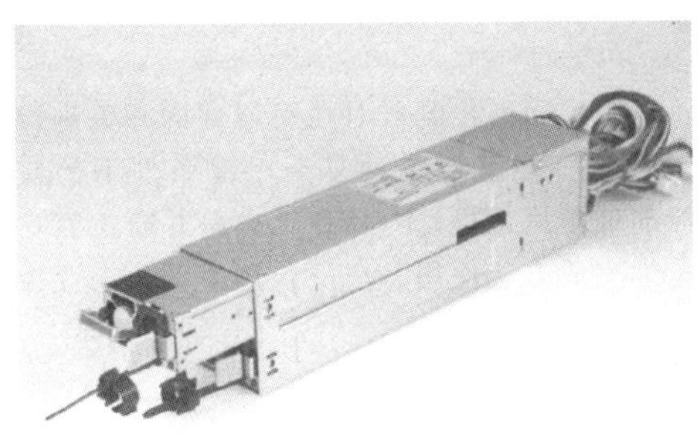

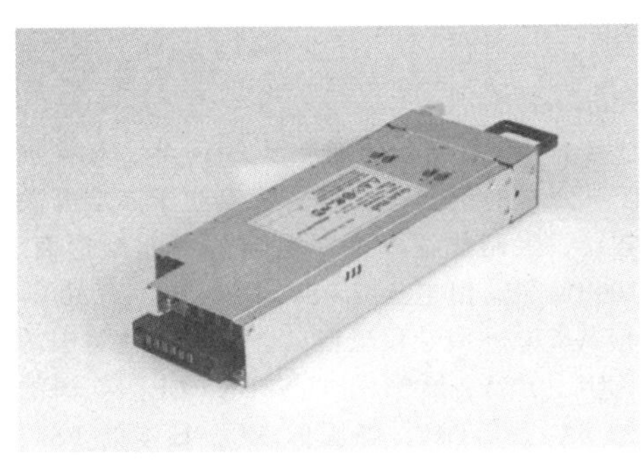

服务器电源功率从 500～3000W，采用数字控制技术，具备智能化功能的冗余模块电源，可广泛应用于服务器、通信等数据中心。产品具备高效率、智能化和小型化的特点，满足信息产业降低系统整体功耗、提升数据处理能力和提高智能调度管理水平的需求。

## 93. 中国船舶工业系统工程研究院

CSSC 中国船舶工业系统工程研究院 SYSTEMS ENGINEERING RESEARCH INSTITUTE

**地址：** 北京市海淀区丰贤东路 1 号
**邮编：** 100094
**电话：** 010-59515644
**传真：** 010-59516400
**邮箱：** public@ seri. cssc. net. cn
**网址：** seri. cssc. net. cn

**简介：** 中国船舶工业系统工程研究院成立于 1970 年，隶属于中国船舶工业集团公司，是我国最早将系统工程理论和方法应用于海军装备技术发展、最早以“系统工程”命名的军工科研单位，也是“智慧海洋”工程的首倡者，拥有国防科技工业目前唯一一个体系级的创新中心，负责国家重大专项工程多项任务，完成了多型舰艇千余台套系统和设备的供货。40 余年来，历经“一次转型、两次跨越、一次探索”的发展历程，发展成为面向系统集成、核心设备研发为主的船舶行业骨干科研单位。

**主要产品介绍：**

SFC690 变频器

SFC690 变频器用于对不同工况下的负载变化进行动态控制和保护，保证推进设备的最佳性能和安全运行。该产品采用交直交结构和风水冷冷却，整流、逆变和制动模块具备谱系化产品线，可通过灵活组合覆盖较多的应用场合。产品容量覆盖 0～4040kVA，电压具有 380V 和 690V 两种规格，符合各种船用要求。

## 94. 珠海格力电器股份有限公司

GREE 格力

**地址：** 广东省珠海市香洲区前山金鸡西路 789 号
**邮编：** 519070
**电话：** 0756-8974023
**传真：** 0756-8668281
**邮箱：** hz@ cn. gree. com
**网址：** www. gree. com

**简介：** 珠海格力电器股份有限公司是一家多元化、科技型的全球工业集团，产业覆盖空调、家电、通信设备等消费品和智能装备、模具、工业制品等工业品，产品远销 160 多个国家和地区。

公司现有近 9 万名员工，其中 1.4 万名研发人员和 3 万多名技术工人，在国内外建有 14 个生产基地及 5 个再生资源基地，覆盖从上游生产到下游回收全产业链，实现了绿色、循环、可持续发展。

公司现有 15 个研究院、96 个研究所、929 个实验室、2 个院士工作站（电机与控制、建筑节能），拥有国家重点实验室、国家工程技术研究中心、国家级工业设计中心、国家认定企业技术中心、机器人工程技术研发中心各1个，同时成为国家通报咨询中心研究评议基地。

经过长期的沉淀积累，目前累计申请国内专利63956项，其中发明专利31500项，国际专利2099项，在2018年国家知识产权局排行榜中，公司排名全国第六，家电行业第一。现拥有28项国际领先技术，获得国家科技进步奖2项、国家技术发明奖2项、中国专利奖金奖4项。格力始终致力于自主创造核心领先技术，不断满足全球消费者对美好生活的向往。据中标院统计发布，自2011年以来，格力顾客满意度、忠诚度连续7年保持行业第一，并于2018年荣获第三届“中国质量奖”。2018年，公司营业总收入突破2000亿元，2019上半年，公司营业总收入达983.41亿元，较上年同期增长6.89%。

**主要产品介绍：**

**开关电源产品**

数字式导轨电源采用微控制器对功率器件的开关进行控制，具有高可靠性，能适应各种复杂工况条件下的应用。同时采用标准件模块化设计，具备无通信并联扩容功能，可更加快速地完成安装使用，广泛应用空调、工业控制领域。

# 会员单位
# 广东省

## 95. 安德力士（深圳）科技有限公司

ANDLESS®

**地址：** 广东省深圳市光明新区公明街道塘尾第三工业区8号10栋7楼

**邮编：** 518107

**电话：** 0755-27956972

**邮箱：** zhqs88@ 163. com

**网址：** www. andless. com. cn

**简介：** 安德力士（深圳）科技有限公司是集研发、生产、销售、服务于一体的机房一体化专业制造商，是全球最具实力的一体化机房设备生产商之一。公司致力于UPS（不间断电源）、精密空调、配电系统、机房网络系统、绿色云数据中心解决方案和环境监控系统开发，主营UPS（不间断电源）、逆变电源、太阳能逆变器、变频器、EPS消防电源、稳压电源、蓄电池、精密空调、配电柜、网络机柜、机房环境监控监测产品、防雷产品、计算机网络设备、计算机外围设备的研发与销售，软件开发、系统集成，机房整体工程施工，国内贸易，货物及技术进出口。凭借着领先的技术、成熟的产品和专业的服务，为用户提供网络区域环境监控、设备管理、数据分析等一体化解决方案。

## 96. 东莞昂迪电子科技有限公司

**地址：** 广东省东莞市凤岗镇碧湖大道39号翼达龙科技园B栋4楼

**邮编：** 523681

**电话：** 0769-81223270

**邮箱：** evan@ angdipower. com

**网址：** www. angdipower. com

**简介：** 东莞昂迪电子科技有限公司成立于2016年，是深圳市麦迪瑞科技有限公司的子公司，是一家专注于高端开关电源、电池充电器、定制化锂电池充电器的专业制造商。产品覆盖30～1000W（输出电压7～84V，输出电流300～10000mA），目前共570种型号和规格，全系列通过美国的UL，加拿大的CUL、CSA，欧洲的TUV/GS、CE，英国的BS，澳大利亚的SAA、C-Tick，韩国的KC，日本的PSE，中国的CCC以及FCC、LVD、EMC、CEC、MEPS、EUP、CB和ROHS、REACH等安规及环保认证；产品广泛用于电动单车、电动平衡车、电动滑板车、电动冲浪板、无人机、UPS、电动四轮车、电动工具、智能家电充电器等，为全球客户提供OEM/ODM服务，生产基地位于东莞市凤岗镇，总面积为5000平方米，现有员工150人。

## 97. 东莞宏强电子有限公司

**地址：** 广东省东莞市南城区宏远路22号

**邮编：** 523087

**电话：** 0769-22414096

**传真：** 0769-22414097

**邮箱：** sj_zhang@ decon. com. cn

**网址：** www. decon. com. cn

**简介：** 成立于1995年的广东宏远集团下属企业东莞宏强电子有限公司主要从事铝电解电容器的研发、生产和销售服务，是广东省高新技术企业。公司通过长期和SAE-MSL合作以及国内外的科研工作，形成了拥有自主知识产权的技术工艺体系和多项发明、实用型专利，培养和造就了大批专业技术人才。公司先后通过了IECQ、ISO 9001质量管理体系认证、ISO 14001环境管理体系认证，产品符合RoHS、Reach相关规定。未来，公司将进一步加强宏远集团下属关联企业的铝箔原材料垂直整合资源，突出专业化、精细化、个性化，使公司成为全球优质铝电解电容器的优秀供应商。

## 98. 东莞立德电子有限公司

地址：广东省东莞市塘厦镇莲湖第一工业区

邮编：523710

电话：13360650136

邮箱：Annie. Su@ l-e-i. com

网址：www. lei. com. tw

简介：东莞立德电子有限公司位于东莞市塘厦镇第一工业区，公司注册资本 8050 万港元，员工总人数近 4000 人。总公司于 2002 年 12 月在台北交易所正式公开上市，全球事业处分布在 10 个不同的地点遍及 6 个国家和地区。东莞立德电子有限公司主要生产和销售变压器、三相变压器、电抗器、整流器、充电器、电源供应器、半导体、元器件专用材料（多层线路板）、新型电子元器件（电子安定器，不间断电源）、锂离子电池、数字放声设备（激光唱机）、宽带接入网通信系统设备（网络卡）、交换设备（交换机）、高端路由器（路由器）、数字音/视频编译码设备、电子专用设备（电源供应器、电磁锁）等各类电子元器件系列产品。

## 99. 东莞市百稳电气有限公司

地址：广东省东莞市常平九江水东深路常平段 306 号

邮编：523000

电话：0769-81184549

传真：0769-86318670

邮箱：13823693076@ 139. com

网址：www. baiwendianqi. com

简介：东莞市百稳电气有限公司是专业从事电力变压器、稳压器、调压器、UPS 的生产型产销公司，并经销和代理国内外名牌 UPS、EPS、除湿机等产品，保证了各行业对优质电源的需要。

公司自建立以来便全面导入 ISO 质量管理体系，严格控制每个程序以保证产品合格率达到 100%。凭借多年完善的管理，公司通过了 ISO 9001：2015 体系的认证，并且产品通过了 CE 认证。

公司目前生产及营业场地 6000 余平方米，有本行业生产经验的员工 50 余人，其中研发及工程技术人员占 50%，并具备了齐全的工装和检测设备，借以保障公司产品完全有能力处于行业领先地位。

全国各地分布有办事机构。现在上海、苏州设立办公地点，并在深圳、厦门、北京等地设立销售售后服务点。以确保公司的售后服务工作能及时到位，充分满足对用户的承诺。

## 100. 东莞市必德电子科技有限公司

地址：广东省东莞市清溪镇浮岗易富路 49 号

邮编：523660

电话：0769-82990950

传真：0769-82990960

邮箱：zicai@ dg-bead. com

网址：www. dg-bead. com

简介：东莞市必德电子科技有限公司是专业生产电感器和相关设备研发制造的科技型企业，公司本着用户的特殊要求就是我们的专业追求，通过不断努力，已成为国内编带磁珠（RH）电感器最具规模的制造商。公司坚持诚信为本、精品立业的企业方针，以产品质量向零缺陷挑战、设备性能向智能化发展作为终极目标，力争为新老客户提供更加优质的产品和服务。

## 101. 东莞市瓷谷电子科技有限公司

地址：广东省东莞市厚街镇宝屯社区宝塘厦宝宏路 29 号 D 栋 3A

邮编：523000

电话：0769-85751860

传真：0769-85750505

邮箱：Ly@ cigu. cc

网址：www. cigu. cc

简介：东莞市瓷谷电子科技有限公司（CGE）位于中国广东省东莞市，公司于 2013 年成立，注册资金 100 万元人民币。是我国专业研发生产陶瓷电容器、薄膜电容器和压敏电阻器的大型民营企业。公司主要研发生产销售中高压陶瓷电容器（CC81/CT81）、安规交流陶瓷电容器（Y1/Y2）、金属膜安规交流电容器（X2）、金属膜电容器（CBB21/CL21）、氧化锌压敏电阻器（ZOV）。公司现有研发生产设备 100 台套，年生产能力 4 亿只。

公司已经通过 ISO 9001：2008 质量管理体系认证，安规交流陶瓷电容器（Y1/Y2）已经通过了中国 CQC、美国/加拿大 CUL、德国 VDE、欧盟 ENEC、国际电工委员会 CB 等产品安全认证；金属膜安规交流电容器（X2）已经通过了中国 CQC、美国/加拿大 CUL、德国 VDE、欧盟 ENEC、韩国 KTL 产品安全认证；氧化锌压敏电阻器（ZOV）已经通过了美国/加拿大 CUL、德国 VDE 产品安全认证。产品环保指标符合 ROHS2. 0 版、REACH、无卤等要求。

公司本着尊重知识和人才、着眼于全球市场、依靠过硬的品质和服务致力于发展民族自主产业，为广大用户提供超值期望的服务理念，大力推广电源类、机电类、光伏驱动类、小家电类和电视机显示器类等电子整机领域的应用，协助终端做好四样事情：“合理选型、合理应用、合理节约、齐全配套”。

## 102. 东莞市捷容薄膜科技有限公司

**地址：**广东省东莞市南城街道建设路南城科技大厦
**邮编：**523073
**电话：**0769-89799128
**传真：**0769-23021717
**邮箱：**jierong2011@ 163. com
**网址：**www. jrbmkj. com
**简介：**东莞市捷容薄膜科技有限公司位于中国广东省东莞市，注册资金500万元人民币，是民营独资企业，主要产品有聚丙烯薄膜、X2安规电容、CBB21金属化薄膜电容、MLCC独石电容、CC高压陶瓷电容、Y1Y2安规电容、CL11涤纶电容。主要客户范围涵盖大功率电源、数字电表、小家电控制板、充电桩、新能源汽车、消防器材等行业。产品已通过UL认证和VDE认证，UL认证证书编号为E503943，VDE认证证书编号为40049911，产品环保指标符合ROHS2.0版指令要求。公司以自主品牌研发为主，全供应链压缩控费，拥有快反能力，有效实现了成本控制、质量把控、高快反能力等经营目标。

## 103. 东莞市金河田实业有限公司

金河田

**地址：**广东省东莞市厚街镇汀山科技工业城
**邮编：**523943
**电话：**0769-85585691
**传真：**0769-85587456
**邮箱：**625614684@ qq. com
**网址：**www. goldenfield. com. cn
**简介：**东莞市金河田实业有限公司（以下简称金河田）成立于1993年，是一家集研发、生产、销售、服务于一体的民营高新技术企业。主要产品有计算机机箱、开关电源、多媒体有源音箱、键盘、鼠标等，是国内主要的电脑周边设备专业制造商之一。

金河田是国家高新技术企业，是中国优秀民营科技企业、广东省民营科技企业、广东省知识产权优势企业、广东省创新型试点企业和东莞市工业龙头企业。金河田自主品牌“金河田”商标是中国驰名商标和广东省著名商标；金河田主导的产品如计算机机箱、开关电源、多媒体有源音箱均为广东省名牌产品。

金河田产品销售和服务网点已覆盖全国各大中城市，并进入了韩国、印度、俄罗斯、阿联酋、德国、巴西、澳大利亚等40多个国家和地区。

## 104. 佛山市禅城区华南电源创新科技园投资管理有限公司

**地址：**广东省佛山市禅城区张槎一路127号1座3层
**邮编：**528000
**电话：**0757-82580666/82208102
**传真：**0757-82503337
**邮箱：**495620638@ qq. com
**网址：**www. hndy. gd. cn
**简介：**1. 精细、集约化的电源产业综合体

华南电源创新科技园大力发展开关电源、逆变器、UPS、EPS等电源电子产业，打造现代电源及节能技术科技园区的标杆，推动电源产业精细化、集约化、国际化，建设集产品研发、生产、检测、展示、交易、人才培训、孵化中心等为一体的电源产业创新基地，成为汇集金融、科技、项目、商务会展等多位一体的电源产业综合体。

2. 优质信誉的电源专业园区

“中国首个电源创业主题园区”“全国现代电源（不间断电源）产业知名品牌创建示范区”“国家现代电源高新技术产业化基地培育单位”“中国电源学会会员单位”“中国电源学会现代电源产业基地”“佛山中德工业服务区生产基地”“禅城区低碳试点园区”。

3. 五大平台提供一体化专业服务

园区已引入科技服务平台、金融服务平台、人才服务平台、招商服务平台、园区合作平台五大平台，为入园企业提供技术升级、人才培养、金融支持、政策引导扶持、合作交流等一体化专业服务。

4. 都市里配套设施齐全的厂房

华南电源创新科技园大力打造、扶持、发展电源电子类产业，以都市型厂房为核心，以总部大楼和商业办公楼为服务载体，配备了会议办公、展厅、会展中心、培训中心、商会协会办公区、银行、自助服务中心、回廊书吧、中西餐厅、酒店、车位、人才公寓、员工饭堂、图书馆、超市、运动及休闲等配套设施。

5. 活性商务、产业空间

华南电源创新科技园是区域内规模最大的主题园区，总占地面积约330亩，建成后总建筑面积达42.6万平方米，分核心区及外延区两部分进行打造。

总部大楼定位为电源企业总部办公、园区服务平台及产业商务配套的功能，目前部分主力商业及区域内的电商龙头开始陆续进驻，包括四星级标准精品酒店 、五星级豪华多功能影院、港台餐饮白领餐厅 、商协会平台 、互联网+电商企业以及创客、创新孵化器等，签约面积超过2.3万平方米 。

2#商业办公楼，建筑面积约3.3万$m^2$，分为南塔（7层）和北塔（9层），一、二层为商业旺铺，三层以上为商务办公，200~3000$m^2$活性商务空间自由组合。

园区都市型厂房，户型为方正的1300平方米和2000平方米空间，拥有独立产权，可租、可售、可按揭，五大服务平台促进产业发展，百强龙头企业率先抢驻。

6. 上市企业与骨干企业的选择

华南电源创新科技园的入园企业总数已经达到202家，累计入园的电源、电子类及其上下游产业的企业达90多家，占园区总企业数的46.5%，其中2015年新增入园企业达 45 家，包括厦门科华、湖南科力远两家上市企业以及佛山电源行业协会中的骨干企业（柏克、新光宏锐、众盈、欧立、飞星、朗博等公司）。

### 105. 佛山市汉毅电子技术有限公司

汉毅
Han Yi

**地址：** 广东省佛山市禅城区岭南大道北 131 号碧桂园城市花园南区 3 座 28 楼

**邮编：** 528000

**电话：** 0757-63223916

**传真：** 0757-83835018

**邮箱：** hanny@ hanny. com. cn

**网址：** www. hanny. com. cn

**简介：** 佛山市汉毅电子技术有限公司创建于 1997 年，现有生产基地 5 处，分别位于佛山市禅城区、佛山市顺德区陈村镇、佛山市顺德区伦教镇、东莞市长安镇、江西省南昌市，现有员工 1000 余人。公司主导产品为开关电源，开关电源年产量达 2000 万件。公司拥有高速插件机 8 台，一个电磁干扰测量室，拥有波峰焊机、红外线温度测试仪、RoHS 光谱扫描仪、耐压测试仪、电参数测量仪、高频示波器、漏电流测试仪、晶体管多功能筛选仪、数字电桥等电子电气测量设备。

公司产品全部为自主研发，拥有自主知识产权，拥有发明专利、实用新型专利 30 余项。公司产品主要用于电子制冷饮水机、净水机、电冰箱、超声波雾化器、数字音响等领域，主要客户有美的、沁园、安吉尔等公司，产品同时出口到德国、荷兰、美国、日本等发达国家。公司自 1999 年以来，一直是美的公司的优秀供应商，同时多次获得沁园公司优秀供应商、质量优胜奖及安吉尔公司的优秀供应商、质量优胜奖等荣誉！

### 106. 佛山市力迅电子有限公司

Netion®

**地址：** 广东省佛山市三水区范湖工业园

**邮编：** 528138

**电话：** 0757-87360282

**传真：** 0757-87360189

**网址：** www. netion. com. cn

**简介：** 佛山市力迅电子有限公司（以下简称力迅）成立于 2001 年，公司位于佛山市三水区乐平镇范湖工业区，总资产 5500 多万元。是专注于电源、电子电力及新能源电力转换领域的高新技术企业。公司主营业务是为全球用户提供高端的电源、电子电力产品和全套电源及电力转换系统集成解决方案，产品涵盖全系列不间断电源（UPS），各种逆变电源、专用电源、蓄电池、机房监控系统、机房温控系统、机房配电系统等。

力迅至今已经通过 ISO 9001 质量体系认证、ISO 14001 环境质量体系认证、OHSAS 18001 职业健康安全管理体系认证，多个系列产品通过中国泰尔认证、欧洲 CE 认证、ROHS 认证、美国 UL 认证、FCC 认证、也取得了国内多个行业入围进网许可。

力迅拥有覆盖全国的营销网络和专业团队，力迅产品至今已在以下政府机构和大型行业成功中标、入围或采用。力迅同时承接着一些国际知名品牌的 OEM/ODM 指定任务，产品销往欧洲、美洲、东南亚、中东、非洲等地。

力迅秉承“领先的技术，钻石的品质，心级的服务”的一贯理念，以“创新不断，动力无限”的专业精神，致力成为全球用户心目中最可信赖的“世界领先的电源专家”。

### 107. 佛山市南海区平洲广日电子机械有限公司

廣日電子機械

**地址：** 广东省佛山市南海区平洲夏西工业区一路 3 号

**邮编：** 528251

**电话：** 0757-87691200

**传真：** 0757-86791244

**邮箱：** windingchina@ 126. com

**网址：** www. windingchina. com

**简介：** 广日电子机械有限公司是中国最大的环形绕线机械制造商之一。专业生产环形变压器绕线机、环形电感线圈绕线机及稳压器、调压器专用绕线机，矩形绕线机/包带机，环形小孔包带机，电力变压器绕线机，EI 型变压器绕线机，环形包绝缘胶带机以及环形线圈匝数/匝比测量仪等产品。

公司已通过德国 TUV 质量体系认证，良好的品质和完善的售后服务已赢得了众多客户的青睐和支持，产品远销东南亚及欧美等国家和地区。

### 108. 佛山市南海赛威科技技术有限公司

SiFirst®

**地址：** 广东省佛山市南海区桂城深海路 17 号瀚天科技城 A 区 7 号楼 6 楼 604 单元

**邮编：** 528200

**电话：** 0757-81220912

**传真：** 0757-81220912

**邮箱：** vivian@ sifirsttech. com

**网址：** www. sifirsttech. com

**简介：** 佛山市南海赛威科技技术有限公司成立于 2009 年，是由佛山市南海区高技术产业投资有限公司投资的佛山市首家集成电路设计企业。公司总部位于佛山市南海区瀚天科技城，在上海设有研发中心，在深圳设有商务中心，在中山和台湾设有办事处。业务覆盖全国，辐射全球。公司拥有一支由留美博士、硕士及国内半导体资深设计专家组成的创新型精英设计团队，他们曾在国内外著名半导公司工作十年以上，具有广泛的理论基础和丰富的实践经验，在模拟与数字混合电路芯片设计领域里领导开发出多款世界一流的芯片产品。

## 109. 佛山市锐霸电子有限公司

**地址：** 广东省佛山市高明区高明大道东898号
**邮编：** 528511
**电话：** 15015803879
**传真：** 0757-88325003-111
**邮箱：** biqunliu@ r-box. com. cn
**网址：** www. r-box. com. cn
**简介：** 佛山市锐霸电子有限公司是一家专业研发、设计、生产、销售LED驱动电源和各种工业开关电源，及为客户订制独家电源方案的制造商，产品主要应用于娱乐舞台灯具、LED商业建筑照明灯具、LED显示屏、工业电源。

公司有资深的研发团队，先进的生产设备（如多条SMT全自动流水线和老化室），专业的检测设备（如Chroma电子负载、自动测试系统ATS、EMC检测实验室）及严谨的生产、检测制程（100%测试、24小时老化），确保产品拥有高可靠性和高性价比，各项技术参数完全符合安规要求和电磁兼容标准。新科技飞速发展的今天，公司将提供更新、更好的科技产品服务于用户。

公司一直致力于产品的创新，不断的努力，以为客户提供高可靠性和高性价比的电源解决方案为使命。

## 110. 佛山市顺德区瑞淞电子实业有限公司

**地址：** 广东省佛山市顺德区北滘镇坤洲工业区
**邮编：** 528312
**电话：** 0757-26666876
**传真：** 0757-26606087
**邮箱：** sales@ recl. cn
**网址：** www. recl. cn
**简介：** 佛山市顺德区瑞淞电子实业有限公司（以下简称瑞淞电子）成立于2005年，是专业从事整流桥器件设计、开发、封装测试和销售的国家高新技术企业。自成立以来，公司销售业绩持续保持高速增长，2018年公司达到年产各类整流器件1.2亿只的规模。

公司产品广泛应用于家用电器、LED照明、通信电源、开关电源、消费电子、机器设备等领域。产品不仅在国内热销，还远销韩国、德国、西班牙、越南、美国、印度、意大利、俄罗斯等多个国家和地区。

公司经过不断努力，建立了严格的质量、环保、安全管理体系，通过了ISO 9001：2015质量管理体系认证，全部产品均获得美国UL安全认证，并符合欧盟最新RoHS和REACH环保要求。公司产品共获得了12项国家授权的专利，其中国家发明专利3项。

未来，公司将涉足SMD器件、MOS器件、芯片制造等全产业链，在快恢复器件、MOS器件、TO-220、TO-3P、模块、功率器件、SMD器件方面扩大投资和生产线规模，根据市场需求开发生产更多产品来满足客户。瑞淞电子立志成为一流的半导体制造企业和客户首选的整流桥供应商。

## 111. 佛山市欣源电子股份有限公司

**地址：** 广东省佛山市西樵科技工业园
**邮编：** 528211
**电话：** 0757-86866051-8002
**传真：** 0757-86816598
**邮箱：** 541290983@ qq. com
**网址：** www. nh-xinyuan. com. cn
**简介：** 佛山市欣源电子股份有限公司（股票代码：839229）位于广东省佛山市南海区西樵科技工业园富达路，是一家集研发、生产、销售及售后服务于一体的高新技术企业。公司拥有广东省电容器工程技术研究开发中心、广东省院士专家企业工作站，能为客户专门设计各种电容器。电容器年生产量达到40亿只左右，具有较强的生产能力和及时供货能力。公司已通过ISO 9001、TS 16949等质量管理体系认证、ISO 14000环境管理体系认证、OHSAS 18001职业健康安全管理体系认证，并获得德国VDE、TUV及美国UL等安全认证。

公司主营产品：

1）全系列薄膜电容器、电容电池模组。

2）柔性锂离子电池。安全、柔性、可快充，适用于各类可穿戴设备、物联网卡等。

3）锂电池负极材料。产品涵盖人造石墨、天然石墨和钛酸锂材料，倍率性能好，安全性能突出，适用于各类高能量密度电池。

## 112. 佛山市新辰电子有限公司

**地址：** 广东省佛山市南海区桂城北约瀚天科技城A1座2入口右边二楼
**邮编：** 528200
**电话：** 0757-86368352
**传真：** 0757-86368353
**邮箱：** 381590039@ qq. com
**网址：** www. maxiups. com
**简介：** 佛山市新辰电子有限公司是联合投资经营的专业电源公司，公司总部及UPS电源基地坐落在风景秀美的古城——佛山市南海区桂城北约工业园H座二楼，是国内专业研究、开发、生产免维护蓄电池直流屏、通信电源屏、交直流稳压电源、逆变电源、变频电源、UPS（不间断电源）、铅酸免维护蓄电池的高科技企业。公司拥有全国性的营销网络，公司设立了 25 个分公司（办事处）或代理商，用户遍及全国各地及各行各业，凭借专业的产品推广经验，完善的电源解决方案，超值的产品服务保障，赢得了国内各行业广大用户的最终信赖。

佛山市新辰电子有限公司的产品是由美国万时国际有限公司提供技术支持。公司一贯致力于高品质产品的推广，凭着成熟的技术，优良的品质，完善的售后服务及高瞻远瞩的营销策略，经过数年的不懈努力，“MAXI 万时”品牌在激烈的市场竞争中脱颖而出，产品质量深得各界用户的认可。

佛山市新辰电子有限公司对电网电力不足、波动大、传输干扰强、频率稳定性能差等现状，研究、生产出完全符合国情、品质优良的电源产品，通过严格标准检测的“MAXI 万时”电源符合国家质量监督检验检疫局的产品质量标准，同时公司通过了 ISO 9001：2015 质量管理体系认证，严格规范的操作和管理保证了公司不断为客户提供良好的服务以尽快融入世界先进模式。持续稳定增长的销售业绩使得公司不断成长，“MAXI 万时”商标成为业内著名商标。凭着一流的技术和过硬的质量，公司在国内拥有较高的品牌知名度和广泛而固定的市场，公司凭着完善的服务网络，使得我们的用户享受着终生优质服务。

佛山市新辰电子有限公司以服务用户为最终理念，从售前电话咨询、现场电力环境勘察、电源产品方案设计，到售后安装调试、产品使用维护、用户技术培训等，均由经验丰富的人员负责。公司在满足用户要求的同时不断挖掘用户新的需求，使用户真正得到高可靠性、可用性的网络整体电源保护方案。通过对中国市场的全面了解、对电源产品的深入研究、对用户满意的整体服务，业务范围广泛涉及金融、银行、证券、交通、民航、海关、税务、教育、邮电、电信、石油、化工等国内重要领域，并赢得了电源保护服务专家的赞誉，产品远销东南亚、中东、南非和欧美等地区。

以“质量第一，用户至上”作为经营理念的新辰电子有限公司真诚希望得到各界朋友的信任和支持，公司本着“团结、奋进、优质、创新”的精神，努力进取，以一片至诚服务于客户，以高质量的产品奉献给社会，回报那些曾给予我们关怀的新老朋友。公司全体同仁热诚希望各届仁人志士光顾，共创属于我们大家庭的未来。

## 113. 广东宝星新能科技有限公司

Prostar 宝星

**地址：** 广东省佛山市南海区罗村联和工业西二区石碣朗大道 1 号
**邮编：** 528226
**电话：** 0757-81285481
**传真：** 0757-81285480
**邮箱：** ups@ prostar-cn. com
**网址：** www. protar-cn. com

**简介：** 广东宝星新能科技有限公司成立于 1998 年，是专业设计、制造不间断电源（UPS）、应急电源（EPS）、稳压器、太阳能组件、太阳能离网/并网系统、太阳能逆变器和全密封免维护电池等电源产品的公司。公司相继在北京、上海、广州、深圳、重庆、天津、南京等 30 多个省、市、自治区成立办事处和维修服务中心，在全国范围内建立了一套完善的销售、服务体系，以保证及时迅速地响应客户的各种需求和服务。经过 20 多年的市场开拓，公司业务迅速发展，销售、物流、服务等机构日益完善。凭借雄厚的技术研发实力，可靠的产品品质，完备、快捷、高效的售后服务，得到了国内各行业用户的一致肯定和好评，产品广泛应用在军工、政府、金融、数据中心、医疗、电信、电力、石化、财税等系统，公司拥有专业资深的光伏工程师团队，丰富的光伏发电方案设计、施工、电站运营经验，可为用户提供全程无忧的分布式光伏发电一站式服务。

“给世界永续光明与快乐”是公司的企业使命，将始终不渝地坚持精益求精改善产品性能和电力电源解决方案给整个世界及其人民的能源需求做出奉献。

## 114. 广东大比特资讯广告发展有限公司

Big-Bit 大比特资讯 Big-Bit Information

**地址：** 广东省广州市天河区黄埔大道西翠园街 36 号 2 楼
**邮编：** 510630
**电话：** 020-37880700
**传真：** 020-37880701
**邮箱：** isc@ big-bit. com
**网址：** www. big-bit. com；www. globalsca. com

**简介：** 历经 12 的创业发展，广东大比特资讯广告发展有限公司已成长为中国电子制造业优秀的资讯提供商。业务范围涉及行业门户网站、平面媒体宣传、市场调查、行业专题研讨会策划、展览展示、人力资源服务等一系列围绕中国电子制造业提升竞争力的服务。

公司旗下拥有以下成熟媒体：

- 大比特商务网　www. big-bit. com/
- 磁性元件与电源网　mag. big-bit. com/
- 半导体器件应用网　ic. big-bit. com/
- 电源供应器网　power. big-bit. com/
- 传感器应用网　sensor. big-bit. com/
- 微电机世界网　emotor. big-bit. com/
- 连接器世界网　conn. big-bit. com/
- 中国电子制造人才网　www. emjob. com
- 《磁性元件与电源》杂志（月刊）

## 115. 广东丰明电子科技有限公司

**地址：** 广东省佛山市顺德区北滘镇工业园环镇东路 1 号
**邮编：** 528311
**电话：** 0757-26601282/18928664200
**传真：** 0757-23608828

**邮箱：** bmsales@ fm-cap. com

**网址：** www. bm-cap. com

**简介：** 广东丰明电子科技有限公司是一家 2004 年成立的港资企业，位于经济发达的珠江三角洲黄金腹地——顺德北滘工业园。公司拥有现代化的工业生产基地，占地面积 3 万多平方米，设备原值近 9000 万元，总投资规模过亿元，员工共有 1000 多名，电容器年生产产能约 7 亿只，公司后续还将不断投资完善生产设备的自动化、技术更新及提升，力争公司人均产能再上新台阶。

公司目前主要生产电力电子电容器、交直流滤波电容器、高频高压谐振电容器、IGBT 吸收电容器及 CBB60、CBB61、CBB65、CBB20、CBB21、CBB80、MKP-X2 型金属化薄膜电容器，产品广泛应用于各类电子设备、变频器、电源及光伏、风电等新能源行业、工业感应加热设备、照明灯具、空调器、电冰箱、洗衣机、电磁炉等家用电器及电力系统中。其中，风扇用电容器、空调风机用电容器、电磁炉专用电容器三大主导产品的产销量连续领先业界多年。

为了增强客户对公司产品的信心，我们已经获得了 CQC、UL、CUL、TuV、VDE、CB 等多项国内外产品认证，通过公司倾力打造的“BM”商标电容器现正销往全国各地电机、电器制造商，远销东南亚、非洲及欧美等国。后续公司还计划专项增资实验室检测硬件的扩充与完善，建立起行业内具有先进水平的产品实验室。

公司以“科技、品质、环保”为核心，秉承“研发的产品市场满意、制造的产品我们满意、交付的产品顾客满意”的质量方针，以“顾客满意”为宗旨，坚持严格的质量管理，全面建立和执行 ISO 9001 质量管理体系和 ISO 14001 环境管理体系，现已发展成为品种齐全、质量可靠、绿色环保、技术先进、配套能力强的规模性企业，赢得了众多合作伙伴的一致好评，并被多家客户评为优秀供应商。

公司全体员工竭诚欢迎广大用户的来电垂询和莅临，一定向您提供最优质的产品、最合理的价格、最佳的合作方式、最热情的服务，为共同的利益而真诚合作！

## 116. 广东金华达电子有限公司

金华达
KINGWOOD

**地址：** 广东省广州市天河区棠下涌东路大地工业区 C 栋 5 楼

**邮编：** 510665

**电话：** 020-38240010

**传真：** 020-38259275

**邮箱：** 13922298699@ 139. com

**网址：** www. 020k. net

**简介：** 广东金华达电子有限公司成立于 1995 年 7 月，总部位于广州市，是一家中外技术合作的高新科技企业，主要从事通信电源、电力电源、汽车照明电源和防雷配电设备的研发、生产、销售、工程设计施工等业务。公司自成立以来致力于打造“金华达”品牌，严格执行“技术领先、质量可靠、服务满意，客户至上”的经营方针，经过近年来的努力，金华达通信、电力电源产品广泛应用于通信、电力、铁路、军队等行业领域。并以优良的品质和服务，赢得了广大客户的信赖。

2003 年金华达与欧洲企业合作共同开发了高级时尚车灯系列——金华达 HID 高压氙气车灯系列，主要用于奔驰、宝马、奥迪等高级汽车前车灯。目前金华达 HID 高压氙气车灯系列的各项技术指标及品质均达到国际中高、国内领先水平，并符合 ECE R98 的近光配光性能要求，为国内车灯的革命注入了新的活力。公司产品热销海内外，并已在全国大部分地区拥有销售、服务网络。

## 117. 广东力科新能源有限公司

**地址：** 广东省东莞市寮步镇横坑石岭工业区横东三路 9 号

**邮编：** 523000

**电话：** 0769-83527566

**邮箱：** Luisa-wang@ szpowtech. com. cn

**网址：** www. szpowtech. com. cn

**简介：** 广东力科新能源有限公司成立于 2015 年，是深圳力科新能源有限公司的全资子公司，总部坐落于琼宇林立的繁华之都——深圳福田 CBD 中心，公司致力于集二次锂电池研发、生产、销售于一体，集中为 3C 电子终端产品、医疗用品和储能基站提供能源解决方案和配套服务。公司秉持“研制最好的产品、提供最好的服务、创建最好的品牌”的管理理念，凝聚了一支拥有 15 年以上电池领域工作经验的高端技术人才和管理团队，打造了由博士、硕士和行业资深专家组成的研发梯队，创建了具有世界一流科研设备的实验室（配有有机仪器、无机仪器、气象色谱-质谱连用仪、扫描电镜、X 射线衍射仪等众多先进仪器）。得益于团队精湛的技术和努力钻研的精神，公司已获得了多项发明专利和数十项国家认证证书。公司已全面通过 ISO 9001 质量管理体系、ISO 14001 环境管理体系以及 OHSAS 18001 职业健康安全管理体系认证，为了进一步提升公司产品的国际竞争力，近年来，公司投入巨资引进了多条行业内领先的现代化全自动生产线，大大地提高了生产效率，可不断为国内外客户提供更优异的品质和个性化的服务。公司注重与国际化接轨，所生产的聚合物锂离子电池、圆柱形锂离子电池均通过 UL1642、UL2054、CB、CE、PSE、KC、BIS、BSMI、GB 31241 等多项国际安全认证和 ROHS、REACH 等环保体系要求，并销往国内 40 多个大中城市及北美、欧洲、东南亚、韩国、日本等国家和地区。

## 118. 广东南方宏明电子科技股份有限公司

SHM

**地址：** 广东省东莞市望牛墩镇牛顿工业园

**邮编：** 523216

**电话：** 0769-22407479

**传真：** 0769-22407481

**邮箱：** officeclerk@ gdshm. com

**网址：** www. gdshm. com

**简介：** 公司始建于1988年，原名为东莞宏明南方电子陶瓷有限公司。2001年经国家批准设立广东南方宏明电子科技股份有限公司。公司位于东莞市望牛墩镇牛顿工业园，是国家高新技术企业、广东省技术创新优势企业、广东省守合同重信用企业等。公司注册商标SHM®荣获“广东省著名商标”称号。公司专业生产各种高品质瓷介电容器、压敏电阻器和热敏电阻器等，年综合生产能力超过30亿只。产品主要用于设备电源、通信器材、计算机、电视机、视听设备、空调、电子厨具、灯具和设备保护装置等，产品远销美洲、欧洲和亚洲各国。在国内市场中，产品被大部分知名大型电子设备生产企业采用，产品品质和服务在行业中享有很高的声誉。公司通过了ISO 9001：2015质量管理体系认证、ISO 14001：2015环境管理体系认证、GJB 9001B—2009中国军工产品质量体系认证、GJB 546B贯彻国军标生产线认证、GB/T 29490—2013知识产权管理体系认证等。产品符合国际、国军标、美国EIA标准和国际电工委员会IEC标准。安规瓷介电容器取得美国UL、德国VDE、欧洲ENEC、加拿大CSA、中国CQC、瑞士SEV、瑞典SEMKO、挪威NEMKO、丹麦DEMKO、芬兰FIMKO和韩国KTC安全质量认证；压敏电阻器取得中国CQC、美国UL和德国VDE安全质量认证；NTC热敏电阻器取得美国UL、加拿大CUL认证；片式压敏电阻器取得美国UL安全质量认证；片式安规电容器取得中国CQC、美国UL、欧洲ENEC、韩国KTC安全质量认证。公司的质量方针是“全员参与、品质先行、真诚服务、顾客满意”。公司的环境方针是“遵守法规，齐心协力，持续改进，预防污染，满足顾客环境要求，造福社会”。公司的知识产权方针是“自主创新，有效运用，加大保护，科学管理”。公司的经营方针是“以市场客户为中心、开拓进取、务实创新、精益管理、控制成本、可持续发展”。

## 119. 广东全宝科技股份有限公司

TOTKING
全宝科技

**地址：** 广东省珠海市斗门区白蕉科技工业园新科一路23号

**邮编：** 519125

**电话：** 0756-6290628

**传真：** 0756-8888756

**邮箱：** info@ totking. com

**网址：** www. totking. com

**简介：** 广东全宝科技股份有限公司（以下简称全宝科技）成立于2002年，是一家专业研发、生产印制电路用金属基导热覆铜板并为客户提供全面导热散热材料解决方案的高科技企业。其旗下全资子公司珠海精路电子科技有限公司为客户提供一站式导热线路板解决方案及专业研发生产金属基导热线路板。经过十多年发展，公司拥有了20000多平方米自建厂房及40000多平方米的在建工业厂房，未来金属基PCB年产能将达到120万平方米！公司坚持研发创新，掌握产品核心技术，已获得40余项专利，且新技术专利在持续申请中。现已形成多个系列的金属基导热覆铜板产品，在高导热、高耐压、高TG、无卤素等高阶产品细分领域的研发生产能力处于业界领先水平，公司获得了高新技术企业认证，通过了IATF 16949、ISO 14001等认证，产品获得了UL/SGS/NQA等专业机构认可，并符合欧盟ROHS、REACH标准，是大中华区率先获得UL全性能认证的企业。公司不断开拓国内及国际市场，产品主要出口欧洲、北美及东南亚地区并获得全球知名品牌客户的一致好评。全宝科技是国内行业领先者之一，作为主要起草人及起草单位承担了行业及国家规范标准的编制工作。2009年参与起草了行业标准CPCA 4105—2010《印制电路用金属基覆铜箔层压板》2014年开始主导编制由中国国家标准化管理委员会立项的国家标准GB/T 36476—2018《印制电路用金属基覆铜箔层压板通用规范》，该标准在2018年6月7日正式发布，于2019年1月1日开始实施。

## 120. 广东顺德三扬科技股份有限公司

Samyang
三扬股份

**地址：** 广东省佛山市顺德区勒流街道富安工业区30-3号

**邮编：** 528322

**电话：** 0757-25563570

**传真：** 0757-25566961

**邮箱：** sales@ kingsunny. com

**网址：** www. samyang. cc

**简介：** 广东顺德三扬科技股份有限公司（以下简称三扬股份）成立于2004年，2015年登陆新三板，如今有四大业务板块，即电源整流设备、拉链机机械设备、智能排产MES/APS系统/制造运营管理MOM系统和工业机器人，涵盖电力电子整流、金属拉链行业和工厂智能制造业，在业内树起品牌，形成口碑。

三扬股份的产品源于强大的创新能力。三扬股份历来重视产品信息化、自动化和智能化的研发，在微电子技术与精密机械制造领域具有多年行业经验，设立有省级工程中心，并获得近二十项发明专利。三扬股份不断优化产品设计、提升产品运行效率与可靠性，以更好地体现“产品自动化、智能化、数据与系统集成”的设计理念。稳定可靠的设计，量身定做的产品，制作工艺先进、测控技术精准，并将系统化管理模式融入自动化生产过程中，是公司研发产品的一套设计理念。

公司信息化管理方面，在生产车间已全面采用无纸化管理，通过自主开发的MOM（制造运营管理）系统，利用公司自主研发的通信硬件及自动化机器人等先进设备，借助工业互联网等技术，帮助企业实现在生产计划、制造执行、采购进度、产能规划、仓储周转的全面透明化、可视化、信息化，全面为客户提供离散型制造业智能制造运营解决方案。

## 121. 广东新成科技实业有限公司

**地址：** 广东省汕头市泰山路珠业北街 2 号
**邮编：** 515000
**电话：** 0754-8813426
**传真：** 0754-8813429
**邮箱：** sc@ xincheng-ic. com
**网址：** www. xincheng-ic. com
**简介：** 广东新成电子科技有限公司成立于 2002 年 7 月，是中国专业制造陶瓷电容器、负温度热敏电阻器、薄膜电容器和压敏电阻器的大型民营科技企业之一，在 2016 年经国家认定为高新技术企业、市级元器件工程技术研究中心，并拥有自主的注册商标证、2 项发明专利、4 项实用新型专利、3 项软件著作权及广东省认定的高新技术产品 4 项，是中国船舶重工集团公司第七一二研究所、江苏大学联合共建的产学研和研究生实习基地长期合作单位。公司主营产品（服务）所属技术领域为电子信息、新型电子元器件、敏感元器件与传感器。公司经过十多年的积累与沉淀，拥有一支高效的管理团队，集研发、生产、营销为一体，自动生产设备已实现规模化生产，产品通过了 ISO 9001 质量管理体系认证，并获颁英国 UKAS 认证证书，全系列产品符合并通过了 SGS 环保要求和中国 CQC、美国 UL/CUL、德国 VDE 及 ENEC 等安规标准。产品被广泛应用于工业电子设备、通信、电力、交通、医疗设备、汽车电子、家用电器、测试仪器、电源设备等领域，产品质量处于国内领先水平。

## 122. 广州德肯电子有限公司

PINTECH 品致®

**地址：** 广东省广州市天河区科学城科学大道 118 号绿地中央广场 B1 栋 1510-1515
**邮编：** 510663
**电话：** 020-82510899/82512448/82512963
**传真：** 020-82512962
**邮箱：** sales@ pintech. com. cn
**网址：** www. pintech. com. cn
**简介：** PinTech 品致是仪器仪表著名品牌，全球示波器探头著名品牌，示波器探头技术标准倡导者，“两点浮动”电压测试创始人，是泰克 Tektronix、德国 Keysight、罗德与施瓦茨 R&S 等示波器厂商探头全球战略合作供应商。“品致 Pintech”商标，“品致”两字取之《易经》坤卦第二章“品物咸亨，至哉坤元”中的“品至”二字，至谐音致，蕴含精雕细琢出精品，视产品的品质为生命之含义。

经过公司员工多年孜孜不倦辛勤的付出与对未来发展规划的愿景，至今公司产品已推出 50 多款，产品不断推陈出新，目前，已获得了多项国际发明专利和技术专利，随着公司技术日益成熟，包括有源差分探头、高压测试棒、高压电表、电流探头、高压放大系统也相继上市，产品销往全球 80 多个国家和地区。

公司目前产品有：有源差分探头、示波器探头、高压测试棒、高频电流探头、电流探头、隔离电流探头、高压电表、高压放大器、信号发生器、示波器、万用表、交流电源、直流电源、直流电子负载、耐压测试仪、功率计等。

## 123. 广州德珑磁电科技股份有限公司

Deloop 德珑磁电 德珑磁电

**地址：** 广东省广州市番禺区石基镇金山村华创动漫产业园 B25 栋 4 楼
**邮编：** 511400
**电话：** 020-31132998
**传真：** 020-31120202
**邮箱：** sales@ deloop. com. cn
**网址：** www. deloopgroup. com. cn
**简介：** 广东德珑磁电科技股份有限公司成立于 2004 年，注册资本 2500 万元人民币，总部设在广州，目前在广州、中山、云浮等地拥有多家全资子公司。

公司是广东省高新技术企业、广州市民营科技企业、广州市科技创新小巨人企业，被认定为广州市企业研发机构和番禺区企业技术研究开发中心，承担广东省广州市多个科技科研攻关项目，获得广州市创新基金和产学研资金的立项支持，并成功申请了数十项发明专利和实用新型专利。

公司致力于电磁器件、磁性材料、绝缘材料的研发与生产，产品属于节能新器件、节能新材料，符合国家发展规划的战略性新兴产业方向，广泛应用于智能家电、新能源、电动汽车、智能电网、节能照明、IT/通信设备等多个领域。

公司现已具有多个生产基地，1000 多名员工，采用国内外先进的自动化制造设备和高效标准的生产线，严格执行 ISO 9001：2015、CQC、UL 等认证，满足欧盟 ROHS 指令等要求。

## 124. 广州东芝白云菱机电力电子有限公司

GTMBU

**地址：** 广东省广州市白云区江高镇神山管理区大岭南路 18 号
**邮编：** 510460
**电话：** 020-26261623
**传真：** 020-26261285
**邮箱：** gtmbu@ gtmbu. com. cn
**网址：** www. gtmbu. com. cn
**简介：** 广东东芝白云菱机电力电子有限公司成立于 2004 年，是由东芝三菱电机产业系统株式会社与广州白云电器设备股份有限公司共同出资组建的高科技公司。2008 年首次通过广东省高新技术企业认定，至今已连续 10 年通过认定，生产的高压低压变频器、不间断电源被认定为广东省高新技术产品。同时公司被认定为广东省守合同重信用企业、广州市安全生产标准化达标企业、广州市清洁生产企业。

公司建有广东省电力电源及变频调速装置工程技术研

究中心、广州市高低压电源工程技术研究开发中心。公司先后承担了广州市关键共性技术研究项目“起重机用变频器”、广州市科技攻关计划项目“6.6kV 高压 IGBT 变频器”、广州市专利技术产业化示范项目“高效节能型高压变频器产业化项目”、广州市白云区科技计划支撑项目“10kV 大容量高压 IGBT 变频器产业化”，被评为广东省自主创新示范企业，荣获了广州市白云区促进专利授权奖二等奖、中国质量评价协会科技创新产品优秀奖等。

公司拥有发明专利 1 项，实用新型专利 32 项，外观设计专利 14 项，计算机软件著作权 1 项。参加《电力工程直流电源设备　通用技术条件及安全要求》（GB/T 19826—2014）标准的修订及《冶金用变频调速设备》（GB/T 37009—2018）标准的编制。

## 125. 广州高雅信息科技有限公司

高能立方
HIECUBE

**地址：**广东省广州市天河区龙洞第三工业区 A8 栋 210
**邮编：**510520
**电话：**020-29019513
**传真：**020-29019513
**邮箱：**hiecube@ foxmail. com
**网址：**www. hiecube. com
**简介：**广州高雅信息科技有限公司坐落于广州市天河区，毗邻广州科学城，是一家集研发、生产、销售及服务于一体的 AC-DC 电源模块的生产厂家。公司拥有专业的研发团队，产品研发经过立项评审、方案评审、样品测试、小批量试验、批量定型等设计论证和工程、制造验证，及各种可靠性试验，全方位保证电源设计质量。

公司生产的 AC-DC 电源模块使用先进的自动化生产设备和工艺，使得产品一致性非常好。公司拥有国际先进测试设备，所有产品均通过初测、老化和终测三次测试，从而保证了电源产品的高可靠性。公司提供 5~36W 中等功率电源模块产品，致力于在中小功率领域提供专业化的产品及服务。服务网络遍及全国 30 多个城市，可满足各地不同客户的供货需求。所生产的电源模块已广泛应用于电力、工业控制、仪器仪表、医疗电子、轨道交通、通信、安防、军工体系等领域。

多年来，广州高雅信息科技有限公司始终秉承着“以创新为本，让品质说话”的原则做事。在这个竞争激烈的时代，公司毅然坚持以高性价比的产品与客户建立稳健的合作关系，脚踏实地一步一步成为电源技术行业的佼佼者。

## 126. 广州华工科技开发有限公司

**地址：**广东省广州市天河区华南理工大学内 28 号楼西侧
**邮编：**510641
**电话：**020-85511281-201
**传真：**020-85511287
**邮箱：**gqgong@ 32163. com
**网址：**www. 32613. com
**简介：**广州华工科技开发有限公司（原名：华南理工大学科技开发公司）是直属于华南理工大学的全资公司，在中国率先引进国外先进电力电子器件，先后成为日本富士电机功率半导体中国代理、日本日立电容器中国代理、日本三社电机半导体中国代理。公司多年来致力于富士功率半导体在中国的推广与应用，是富士电机合作最长、最具实力的代理商。经过二十多年的努力，业务遍及 UPS、变频器、逆变焊机、开关电源、风电、光伏、电动汽车等领域，与国内多家知名企业建立了长期稳定的合作关系，在中国电力电子半导体市场有着广泛的影响力。广州华工科技开发有限公司实力雄厚，重守信誉，每种元件皆为原厂订购，库存充足，质量保证，交货最快，价格最优。公司以用户需求为导向，以产品、技术和服务为依托，为顾客提供完善的技术支持和选型方案。经过多年不懈的努力，同时在富士电机及广大客户的大力支持下，公司经营业务蓬勃发展，在长期的发展过程中，始终坚持“诚信经营，服务至上”的经营理念，不断完善发展，竭诚为广大用户提供最优质的服务。

## 127. 广州华智能源技术有限公司

**地址：**广东省广州市南沙区东涌镇马发街 16 号自编 2 栋 4 楼
**邮编：**511400
**电话：**020-22043698
**传真：**020-82000207
**邮箱：**tanwc@ hozonie. com
**网址：**www. hozonie. com
**简介：**广州华智能源技术有限公司成立于 2017 年，位于广州市南沙区，是一家集科研、生产、销售、服务于一体的智慧电源运营商。公司遵循“共创、共赢、共享”的发展宗旨，坚持“研发创新，制造卓越”的产品理念，秉承“以用户为中心，满足并超越用户需求”的服务理念，践行“健康、价值、责任、合作、创新”的核心价值观，立志成为智慧电源行业的世界一流品牌。公司与广州香港科大霍英东研究院合作研发，在 UPS、EPS、锂电池、BMS、锂电后备系统、锂电馈能系统、锂电储能电站等领域拓展空间，并具备年产 300 万 kWh 锂电池和 200 万 kW 电源系统的生产能力，同时具备储能电站的设计、安装、管理能力。公司的客户包括韩国 KT、SKT、韩国地铁及铁路、储能电站、日本住友财团以及业务遍及国内的小型电动车、UPS 配套锂电池、电信、轨道交通、石油化工、冶金、民航、军队等行业。

公司以广州为中心，在深圳、成都、昆明、西安、北京、郑州、武汉、南宁、长沙、南昌、杭州、南京等地设立了合伙公司、办事处、服务中心、代理商等，并在韩国、日本、菲律宾、印度、加拿大、美国等国发展代理商、OEM、ODM 等合作伙伴。广州华智能源技术有限公司坚持

“以员工为本，让员工成为企业的真正主人”的用人理念，致力于实现“壮大平台、成就员工、造福顾客、奉献社会”的美好愿景。

## 128. 广州健特电子有限公司

JETEKPS健特

**地址：**广东省广州市经济技术开发区科技园4栋2~6楼
**邮编：**510730
**电话：**020-32029926
**传真：**020-32029929
**邮箱：**sales@ jetekcn. com
**网址：**www. jetekps. com
**简介：**广州健特电子有限公司（以下简称广州健特），成立于2008年，拥有一支资深的研究与开发工程师队伍，是一家集研发、设计、生产、和销售为一体的企业，产品广泛应用于军工、铁路、电力、船舶、医疗、通信、自控等领域。公司各系列产品以其出众的高可靠性、高稳定性及高性价比的特点深受各行业客户的喜爱。公司员工有着坚忍不拔、不屈不挠的钻研精神，多年来致力于磁电隔离技术和产品的研发与应用，并创造了高品质的DC/DC系列产品，公司是国内少数同时具有塑封、灌封和包封及同时具有微点焊、激光打标、无铅生产、车间温湿度控制系统的电源厂家之一。与此同时，公司通过了ISO 9001：2008质量管理体系认证、ISO 14001：2004环境管理体系认证。随着各项标准的完善，广州健特成为中国在电源模块研发制造技术与诚信方面最值得信赖的公司之一。广州健特以“技术创新、质量第一”为公司理念，以“诚信为本、用户至上”为原则，不断为客户推出高端技术产品。“制造业的使命是一切以客户的需求为导向，对客户提供最好的产品，以优良的品质及快速负责的工作热忱来获取客户的信赖和支持，并为公司创造利润奠定基石，建立开创永继经营的有利条件，建立符合持续改善品质管理要求”是广州健特务求技术创新、质量第一的品质承诺。公司产品与当前国家重点发展的轨道交通、电动汽车、智能电网、新能源、物联网等新兴行业大量需求关键电子零部件相匹配。产品质量和技术设计符合国际标准，兼容国内外大多数知名品牌，能满足振动、潮湿、高低温等工业级环境下的工作条件。在电力控制、通信器材、仪器仪器、医疗设备、工业控制、汽车电子、安防监控、广电仪器、军工装备等行业得到广泛应用。

广州健特致力于满足客户的个性化要求，及时提供优质的产品；服务网点遍布全国20多个城市，能够为客户提供个性化、全方位、最直接的服务。未来，广州健特将不断努力开拓海外市场，并提供更优质、环保、高性价比的产品与服务。

## 129. 广州科谷动力电气有限公司

**地址：**广东省广州市天河区东圃大马路1号东圃购物中心B座商务区304室
**邮编：**510660
**电话：**020-31602680
**邮箱：**info@ kg-power. net
**网址：**www. efeigu. com/Ser/WEIXIUNENGLI/
**简介：**广州科谷动力电气有限公司是一家主要从事新能源产品、通信电源产品、无线通信产品、机房动力环境系统、储能系统、数据中心监控系统、化成系统的开发、生产、运维和销售的企业。公司坐落于广东省广州市天河区，拥有近1000平方米的办公区域，研发基地近500平方米。其拥有业界领先的产品策划、技术支撑平台和专业的通信能源实验室。

## 130. 广州欧颂电子科技有限公司

OSEN欧芯®

**地址：**广东省广州市越秀区大南路2号合润国际广场26楼
**邮编：**510000
**电话：**020-83309090
**传真：**020-81885936
**邮箱：**2880360350@ qq. com
**网址：**www. osen. net. cn
**简介：**广州欧颂电子科技有限公司是一家集研发、生产、销售、技术服务为一体的中小型高科技民营企业，拥有“欧芯”品牌。公司成立于1999年，成立以来，一直在研科、创新等领域投入巨资，不断开发出新的产品，并建立起了一支技术力量雄厚的科研团队和精英销售管理团队，在各个方面都取得了一定的突破。公司的宗旨是助客户走向成功，让客户体验价值，公司的目标是把中国的半导体产业推向世界，为中国制造走向中国创造贡献一份力量。

公司目前主要生产功放音响配对管、开关晶体管、整流肖特基二极管及场效应管，年生产能力已突破一亿只，产品的质量合格率控制在99.9%以上，且正朝着零不良率目标努力。公司已先后获得ISO 9001、ROHS欧盟环保标准和欧盟CE体系等的认证，现在已与多家大型功放音响、开关电源、电子镇流器、电焊机、逆变器、照明以及雾化加湿器等企业建立了合作伙伴关系，受到了广泛赞誉，也逐渐成为众多知名厂家的首选品牌。公司始终坚持以质量求发展、以科技求创新为发展目标，努力打造出功放音响管、开关晶体管、整流肖特基二极管以及场效应管中的精品。

## 131. 广州市昌菱电气有限公司

**地址：**广东省广州市天河区中山大道西215号A216房
**邮编：**510665
**电话：**020-38915779
**传真：**020-38915769
**邮箱：**shoryo@ cl-ele. com
**网址：**www. cl-ele. com
**简介：**广州市昌菱电气有限公司是一家以供应UPS电源为

核心的电源综合解决方案供应商，是日本三菱 UPS 中国总代理、东芝三菱 TMEIC 品牌 UPS 中国全国代理、日本共立（KYORITSU）双电源转换开关中国代理。

广州市昌菱电气有限公司的主要成员由三菱电机（香港）有限公司原三菱 UPS 中国事业部人员组成。公司拥有包括多名留学生在内的博士、硕士等高级人才，公司董事长原在三菱 UPS 的基干工厂——神户工厂从事技术工作，后调任三菱电机（香港）有限公司三菱 UPS 中国事业部任经理，统管三菱 UPS 在中国的销售和服务工作。其他工程技术人员也在日本三菱 UPS 神户工厂接受过严格的专业训练，多年来一直负责三菱 UPS 在中国的技术支持工作，在三菱 UPS 中国事业的发展过程中发挥了重要作用。

2008 年 5 月，广州市昌菱电气有限公司获得 ISO 认证机构颁发的 ISO 9001：2008 质量管理体系认证证书（证号：11408Q10251R0S），成为 UPS 销售与服务行业少有的通过 ISO 认证的企业。引入国际标准的 ISO 质量管理体系，使公司的管理水平迈上了一个新台阶，为企业提高核心竞争力和进入国际竞争创造了有利的条件。

公司非常重视可持续发展。在提供销售和技术服务的同时，非常重视技术研发工作，目前已在 UPS 技术、LED 照明和其他电源技术领域取得了多项国家专利。

## 132. 广州市锦路电气设备有限公司

**地址：**广东省广州市天河区中山大道 89 号 C211 房

**邮编：**510665

**电话：**020-85566613

**传真：**020-85565253

**邮箱：**cici@ gzkingroad. com

**网址：**www. gzkingroad. com

**简介：**广州市锦路电气设备有限公司努力融合创新，不断开拓进取，永续稳健运营，自 2004 年成立以来，长期致力于 UPS、EPS、机房通信产品及机房节能产品的研发、生产、销售及服务，是国内领先的绿色电源系统集成供应商之一，同时还与国际著名品牌（如美国 3M 公司、美国 PROTEK 公司、法国 SOCOMEC 公司等）展开了深入、密切的合作。

公司产品品质卓越，性能稳定，优质服务于广州亚运会主会场、亚运场馆、广州塔、广州地铁、武汉地铁等行业客户，并荣获客户的一致好评。

公司坚持于“大行业、大客户、大项目、大团队”的营销理念，秉承“开拓，进取，创新”的创业精神，保证产品从研发到售后服务整个环节的高质高效地运转，最大限度地满足客户发展与改进的需求，以“科技创新”的观念不断提升客户的竞争力和赢利能力。

## 133. 海丰县中联电子厂有限公司

**地址：**广东省海丰县金园工业区 A 六座

**邮编：**516411

**电话：**0660-6400997

**传真：**0660-6405708

**邮箱：**eee@ zldyc. com

**网址：**www. zldyc. com

**简介：**海丰县中联电子厂有限公司成立于 1991 年，位于海丰县金园工业区。公司拥有自己的工业园区，占地面积 14600 平方米，自建厂房建筑面积 4 千多平方米；拥有现代化生产流水线 4 条，具有完善的生产、研发和检测设备。公司目前有员工 100 多人，其中科研、工程技术人员 30 多名。

公司为国内电源行业知名高新技术企业及国内较早进入开关电源领域的专业研发生产厂家之一。专业从事各类开关电源、充电机等电源设备的研发、生产和销售，可为客户度身定制各种开关直流稳压电源和充电机等系列产品（电压在 1000V 内，电流在 6000A 内）。公司推出的系列开关电源和系列充电机已在 UPS/EPS、电力自动化、广播电视、仪器仪表、通信系统和工业控制、电镀氧化、元器件老化、部队等行业领域广泛应用，用户遍及全国各地。

公司的产品品种多、种类全，产品详情请登录公司的网站查看。

## 134. 合泰盟方电子（深圳）股份有限公司

**地址：**广东省深圳市龙华新区大浪街道新围第三工业区 L 栋三楼

**邮编：**518109

**电话：**0755-83775613-803

**邮箱：**sj. lin@ sz-hotland. com

**网址：**www. sz-hotland. com

**简介：**合泰盟方电子（深圳）股份有限公司是一家集研发、生产、销售为一体的专业电感制造与服务供应商。

公司从 1999 年开始就致力于电感元件的研制与生产。十多年来，公司坚持以研发创新为中心，在一体成型电感、大电流扁平线电感、SMD 功率电感、NR 电感、共模电感等方面积累了丰富的经验。公司拥有一批稳定敬业的高素质人才，具备先进的生产工艺、雄厚的技术力量、完善的测试手段，公司已通过 ISO 9001、ISO 14001、QC 080000、TS 16949 等认证，全面导入 ERP、MES、SRM 等现代管理手段。拥有十多条全自动化生产线，特别在一体成型电感制作方面，掌握多项核心技术，拥有多项国家发明专利，是国家高新技术企业。2016 年成功挂牌上市。

公司总部坐落在广东深圳龙华新区，紧临深圳北站，以龙华为基地，辐射内地。

公司依靠精湛的技术水平、完善的生产能力，可按客户要求的规格参数定制各类电感，产品已发展为 02、04、05、06、08、10、13、1508、17、22 等多个系列数百个品种，产品广泛应用于高档音响、汽车电子、电视机、计算机、网络通信、手机数码、GPS、军工及航天等领域，是许多世界知名品牌的战略供应商。

公司一贯秉承“品质高要求、供货高效率、服务高标准”的管理理念，以创新、卓越、具有竞争力的产品满足新老客户全方位的需求，携手共进，把合泰盟方电子（深圳）股份有限公司打造为中国知名电子元件供应商而努力奋斗！

## 135. 华为技术有限公司

**地址：**广东省深圳市龙岗区坂田华为基地

**邮编：**518129

**电话：**0755-28780808

**传真：**0755-89550100

**邮箱：**vivian. huhua@ huawei. com

**网址：**www. huawei. com

**简介：**华为技术有限公司（以下简称华为）是全球领先的信息与通信解决方案供应商。华为于 1987 年成立于中国深圳，发展到 2011 年已有将近 12 万员工。华为围绕客户的需求持续创新，与合作伙伴开放合作，在电信网络、终端和云计算等领域构筑了端到端的解决方案优势。华为致力于为电信运营商、企业和消费者等提供有竞争力的综合解决方案和服务，持续提升客户体验，为客户创造最大价值。目前，华为的产品和解决方案已经应用于 140 多个国家，服务全球 1/3 的人口。

华为以丰富人们的沟通和生活为愿景，运用信息与通信领域专业经验，消除数字鸿沟，让人人享有宽带。为应对全球气候变化挑战，华为通过领先的绿色解决方案，帮助客户及其他行业降低能源消耗和二氧化碳排放，创造最佳的社会、经济和环境效益。

## 136. 辉碧电子（东莞）有限公司广州分公司

inventus POWER

**地址：**广东省东莞市清溪镇上元路 23 号

**邮编：**523600

**电话：**0769-87731085

**传真：**0769-87731709

**邮箱：**jegi. zhang@ inventuspower. com

**网址：**http：//inventuspower. com

**简介：**Inventus Power 是一家为全球提供创新电源解决方案的生产制造企业，拥有超过 48 年的卓越经验，将继续以专业的知识，引领设计和制造可再充电电源行业，包括：锂电池包、蓄电池充电器、拓展坞、高效能电源等。合作伙伴主要包括在医疗、军工、政府及商业等 OEM 工业市场。

公司拥有六家具有战略地位的先进制造工厂，具备提供成本效益及大批量生产的能力。拥有近 40 万英尺（1 英尺 = 0. 3048m）以上的制造空间和一整套的内部设计、模具和测试设备，有能力在世界范围内管理从设计到生产的复杂项目。每一个制造工厂都通过了 ISO 9001：2008 认证并且产品都符合 EISA、ROHS 和 CEC 规定要求。

辉碧电子（东莞）有限公司是美资企业 Inventus Power 旗下的独资子公司，总部设在美国芝加哥，于 1987 年 4 月 1 日在东莞市清溪镇建立生产基地，是最先在清溪镇投资的三家外商企业之一。公司现有员工 1400 多人，厂区占地约 3 万平方米。

## 137. 惠州三华工业有限公司

三华

**地址：**广东省惠州仲恺高新区 14 号小区

**邮编：**516006

**电话：**0752-2771196/2771317

**传真：**0752-2771199

**邮箱：**sales@ cnsanhua. com；ywb@ cnsanhua. com

**网址：**www. cnsanhua. com

**简介：**惠州三华工业有限公司主要产品为逆变电源、太阳能/风能并网逆变电源以及 LCD、LED 彩电和计算机显示用电源和适配器、打印机/复印机用电源、新兴医疗器械等高科技含量的产品。公司产品市场前景广阔，销量一直保持全国前三甲。公司通过了 ISO 9001：2000、ISO 14001、CQC、UL、VDE 等认证，被评为广东省高新技术企业、首批国家高新技术企业，是惠州市软件和系统集成行业协会首批会员企业之一。公司是 TCL、索尼、三星、松下、创维、长城、日本 JVC、美国 P&G 等国内外知名企业的合作伙伴，海外销售客户遍及欧洲、北美、日本、巴西、印度及东南亚等地。多年来，一直凭借着稳定可靠的产品质量、极具竞争优势的产品价格、全面及时的售后服务，被三星、松下、长城、TCL 等国际知名公司评为“优秀供应商”“十佳供应商”等荣誉称号。

## 138. 乐健科技（珠海）有限公司

RAYBEN® Technologies

**地址：**广东省珠海市斗门区新青科技工业园西埔路 8 号

**邮编：**519180

**电话：**0756-6320666

**传真：**0756-6320558

**网址：**www. rayben. com

**简介：**乐健科技（珠海）有限公司是 LED 封装散热管理技术领域的领头羊。凭借 20 多年对散热基板的研发、设计与制造经验，成功开发出多款拥有国际专利、以 MHE®（微热交换器）为特色的高导热散热基板，开启了散热基板应用的新纪元。MHE® 301 借鉴金属直导理念，将功率元器件直接焊接在铜柱或铝柱上，并以铜柱或铝柱为散热通道将热量直接导出，实现热量的高效传导。MHE® 901 系列散热基板，利用高导热陶瓷片（AlN、Al2O3、Si3N4 等）局部嵌埋至 FR4，形成耐电压高、导热性能优异且可实现多层线路板设计的复合基板材料。鉴于 MHE® 系列基板在导热与可靠性等方面的出色表现，现已成为高热密度应用

（如 IGBT、SSD 基板）设计的最佳选择。

公司致力于服务全球尖端客户，总部位于香港，已在美国、德国、中国台湾和日本等国家和地区设立分支机构，以便快速响应客户的需求。

## 139. 理士国际技术有限公司

**地址：**广东省深圳市南山区南海大道新保辉大厦 5 楼
**邮编：**518052
**电话：**0755-86036060
**传真：**0755-26951222
**邮箱：**domestic@ leoch. com
**网址：**www. leoch. com
**简介：**理士国际技术有限公司（以下简称理士国际）始建于 1999 年，是专门从事蓄电池的研制、开发、制造和销售的国际化高科技企业，是香港主板上市企业（股票代码：00842. HK）。

经过多年发展，理士国际已成长为全球知名的蓄电池制造商及出口商，现有员工 10000 余人。企业在北美、欧洲、亚太等地设有海外销售公司及仓库，以及在国内设有近 50 个销售公司和办事处，产品销往全球 110 多个国家和地区。

理士国际多年专注于蓄电池领域，为运营商、企业客户和消费者提供有竞争力的解决方案、产品和服务，研发制造的备用型、起动型、动力型全系列蓄电池广泛应用于通信、电力、广电、铁路、新能源、数据中心、UPS、应急灯、安防、园艺工具、汽车、摩托车、高尔夫球车、叉车、电动车、童车等十几个相关行业，年生产能力总和超过 2000 万 kVA · h。在国内广东、江苏、安徽及国外马来西亚、斯里兰卡、印度、越南建有 11 个区域性生产基地，占地面积 132 万平方米，拥有 105 条电池生产线。

理士国际引进了国内外先进的设备和仪器，并与国内知名高校进行持续的技术交流合作，建立了产学研基地，提高了企业自主创新能力，在广东、安徽、江苏建有 3 个专业实验室，技术研发人员达 500 余人，拥有超过 1000 项专利。

## 140. 全天自动化能源科技（东莞）有限公司

APM® 全天科技 APM TECHNOLOGIES

**地址：**广东省东莞市莞城街道联科产业园 7 栋
**邮编：**523960
**电话：**0769-22028588
**传真：**0769-22026771
**邮箱：**mk008@ apmtech. cn
**网址：**www. apmtech. cn
**简介：**全天自动化能源科技（东莞）有限公司（以下简称全天科技）是一家集研发、生产、销售于一体，专注于可编程电源、电子负载及自动化测试系统的高新技术企业（2016—2019 年）。公司拥有完善的产品策划、研发、实验、测试、质量控制系统，已通过 ISO 9001 体系认证。全天科技研发团队由博士、硕士和行业资深专家组成，并通过与国内外科研团队和各重点院校保持长期的战略合作关系，从而在根本上保证了产品和服务处于行业领先地位。用专业技术及科技不断推动创新突破，全天科技至今已申请了多项发明专利，并获得多项实用新型专利、外观专利、软件著作权等专利成果。产品通过 CE、CQC、VDE、SAA、FCC、CSA 等认证。从开始到现在，从过去到未来，公司始终秉持“精益求精、追求卓越”的企业精神，提供客户“全天，24 小时不间断服务”。

## 141. 深圳奥特迅电力设备股份有限公司

奥特迅

**地址：**广东省深圳市南山区科技园北区松坪山路 3 号奥特迅电力大厦
**邮编：**518057
**电话：**0755-26520500
**传真：**0755-26615880
**邮箱：**atcsz@ 163. net
**网址：**www. atc-a. com
**简介：**深圳奥特迅电力设备股份有限公司（以下简称奥特迅）是大功率直流设备整体方案解决商，是直流操作电源细分行业的龙头企业。公司成立于 1998 年，位于深圳高新技术产业园区，是国家级高新技术企业，于 2008 年在深圳证券交易所成功上市，公司销售额连续九年领先同行业并负责起草或参与制定了多项国家及电力行业标准。

奥特迅秉持“拥有自主知识产权，独创行业换代产品”的理念，致力于新型安全、节能电源技术的研发，创新新型电源技术在多领域的应用，研究开发的多项技术填补了国内空白，产品有直流操作电源系列、核电安全电源系列、电动汽车充电站完整解决方案、通信高压直流电源系列。产品主要应用在电动汽车、通信及核电、智能电网、太阳能储能、水电、风能等新能源领域，如在举世瞩目的长江三峡工程、西电东送工程、南水北调工程、岭澳核电站、大亚湾核电站以及全国最大规模的深圳大运中心充电站均有奥特迅的产品在运行。

## 142. 深圳蓝信电气有限公司

**地址：**广东省深圳市宝安区沙井街道南浦路 531 号 7 层 E 区
**邮编：**518104
**电话：**0755-23311001
**传真：**0755-23068500
**邮箱：**lxpower809@ 163. com
**网址：**www. lxpower. com. cn
**简介：**深圳蓝信电气有限公司是一家专业从事电力系统操作电源及电力自动化设备研发、生产、销售和服务的创新型高新技术企业。公司的主要产品有：交直流一体化电源、小容量直流电源、多功能直流电源、电力专用 UPS、蓄电池在线监测系统及变电站综合自动化设备，可应用于各级变电站、开闭所、环网柜、柱上开关和箱式变电站等场合。

公司秉承“诚信、创新、专业、共赢”的理念，始终坚持“质量立企，塑造精品，为顾客创造价值”的经营战略。经过多年的积累和发展，已拥有一批电源及电力自动化领域的技术精英，在国内电源和电力自动化产品等领域占据领先地位，公司产品已达到国内、国际同类产品的领先水平。

公司拥有完整的产品系列，能满足从小容量客户终端到大容量变电站、发电厂的需求。公司自主研发生产的小容量直流电源、多功能直流电源、电力专用 UPS 等产品，具有节约资源、小型化、智能化和高可靠性等特点，获得了广大客户的欢迎和认可，已广泛应用于全国各大电力、铁路、钢铁、煤炭、化工、石油、矿山、交通运输等行业，用户遍及全国各地，并且产品出口到海外。

公司在科研和开发方面的投资占年营业额的 10% 以上，拥有先进的研发、测试、生产仪器设备，集中了电源和电力自动化领域最优秀的行业专家，并与国内多家科研单位和高等院校建立了良好的合作关系，产品不断创新，目前在智能电网相关领域进行了大量科研并取得了丰硕的成果。诚邀合作伙伴，共同为广大用户提供优质的产品和服务。

## 143. 深圳麦格米特电气股份有限公司

MEGMEET

**地址：** 广东省深圳市南山区粤海街道学府路 63 号荣超高新区联合总部大厦 34 层和深圳市南山区科技园北区朗山路资格信息港 5 层

**邮编：** 518057

**电话：** 0755-86600500/86600666

**传真：** 0755-86600999

**邮箱：** megmeet@ megmeet. com

**网址：** www. megmeet. com

**简介：** 深圳麦格米特电气股份有限公司（深交所挂牌上市，股票代码：002851）成立于 2003 年，注册资本 3.13 亿元人民币，是一家以电力电子及工业控制技术为核心的首批国家级高新技术企业。公司以成为全球一流的电气控制与节能领域的方案提供者为愿景，立志做到麦格米特 everywhere。公司业务涵盖工业自动化、轨道交通、新能源汽车、清洁能源、智能家电等多个领域，产品广泛应用于医疗、通信、IT、电力、交通、光伏、油田采油、警用装备、工业焊机、工业微波、变频空调、变频微波、平板显示、户外彩屏、智能卫浴等数十大行业，产品销售覆盖欧美、印度、巴西、韩国、日本等 40 多个国家，共赢得了 800 多家客户的信赖。

公司自成立以来，务实创新，凭借人才与技术优势，取得了快速发展。其中，每年较高强度投入产品研发，研发费用逐年提高，目前已拥有 3000 余名员工，专业研发工程师有 650 余名。同时，公司铸平台促发展，建立了业界一流的产品研发、测试及制造的软硬件平台，现已获得 414 项专利授权（数据截至 2019 年 1 月 4 日），荣获中国电源学会会员单位称号，被评为广东省电源工程技术中心、深圳市技术研究开发中心、深圳市微波能控制技术工程技术研究中心、深圳市知识产权优势企业、深圳市窄间隙焊接技术工程实验室、南山区纳税百强等，在科技创新方面多次摘得深圳市科学技术奖等多个奖项。

## 144. 深圳尚阳通科技有限公司

**地址：** 广东省深圳市南山区高新科技园中区科丰路二号特发信息港 B 栋 601~609

**邮编：** 518057

**电话：** 0755-22953335

**邮箱：** ada. huang@ sanrise-tech. com

**网址：** www. sanrise-tech. com

**简介：** 深圳尚阳通科技有限公司（以下简称尚阳通）是国家高新技术企业、知识产权贯标企业，同时也是中国半导体协会成员、电力电子协会成员、深圳市第三代半导体研究会成员。作为新一代集成电路功率半导体设计公司，尚阳通掌握创新型功率半导体核心技术，拥有自主知识产权和自主品牌。公司自成立至今，专利数量持续快速增长，公司在新一代功率半导体领域累计拥有 150 项自主专利（其中发明专利超过 100 项）和美国专利，是一家专注于新一代功率器件和模拟 IC 开发的设计公司。

尚阳通具有超强的工艺开发及 IC 设计研发实力，不断在器件关键技术领域取得重大突破，产品迭代更新，连续四年蝉联“电子工程专辑”及“国际电子商情”颁发的最佳功率器件奖和优秀 IC 设计团队奖及中国 IC 设计成就奖，尚阳通已经被列为新一代功率半导体技术领航企业。尚阳通主要研发的功率器件半导体产品包括 200~1200V Snow-MOS（Super Junction MOSFET）、30~250V TTMOS（SGT MOSFET，Trench MOS）、650~1350V IGBT 系列以及第三代半导体 SiC 产品。

## 145. 深圳市安托山技术有限公司

**地址：** 广东省深圳市宝安区沙井镇新沙路安托山高科技工业园 6 栋

**邮编：** 518104

**电话：** 0755-33842888

**传真：** 0755-33923833

**邮箱：** salesc@ atstek. com. cn

**网址：** www. atstek. com. cn

**简介：** 深圳市安托山技术有限公司是深圳市安托山投资发展有限公司下属的一家致力于逆变器、光伏发电系统、电子电控产品的开发、生产、销售的高科技企业，产品辐射新能源、通信、电力、工业控制及其他高科技领域，是国家高新技术企业和深圳市高新技术企业。公司已通过 ISO 9001：2008 质量管理体系认证和 ISO 14001：2004 环境管理体系认证。

公司位于深圳市沙井安托山高科技工业园内。安托山集团投资10多亿元人民币建造的安托山沙井高科技工业园，占地28万平方米，总建筑面积86万平方米，有商住楼4栋13个单元，高标准工业厂房21栋，是集工业、研发、商住、商务酒店为一体的大型综合性高科技工业园区。公司拥有数位享受国务院津贴的专家，聚集了电力电子、热学、结构、硬件、软件等多学科的一支梯次配置合理的技术骨干队伍，整个团队具有强大的新产品开发和快速响应能力。

公司在设计、工艺和设备等方面均达到国际先进水平，生产工艺机械化、自动化程度高；并配备有一级实验室，引进了国际先进检测设备，建立了完备的试验、检测系统，确保了产品保持国际国内领先水平。产品选用经过长期验证的、高可靠性的元器件，以精细的工艺流程，100%的受控过程，经过严格完备的测试与评审，制造出了高品质和高可靠性的ATSTEK精品。

公司本着精益求精的原则，顺应产品绿色潮流，响应人类社会与自然环境的和谐发展，走可持续性发展的道路，在规范的管理体系运行下，以良好的质量、合理的价格来满足专业用户的需求。根据客户提出的产品性能指标，公司会以最快、最好、最到位的解决方案，为客户提供优质的服务。

## 146. 深圳市柏瑞凯电子科技有限公司

PolyCap®柏瑞凯

**地址：** 广东省深圳市龙华新区清祥路1号宝能科技园7栋A座4楼

**邮编：** 518111

**电话：** 0755-33086600

**传真：** 0755-33692186

**邮箱：** polycap@ polycap. cn

**网址：** www. polycap. cn

**简介：** 柏瑞凯（PolyCap）电子科技有限公司（以下简称柏瑞凯）是一家总部位于深圳市的国家级高新技术企业，专注于新型固态电解质铝电容器的研制、生产和销售，拥有完备且先进的固态铝电容器制造技术和国内最大规模的生产线，产品系列齐全。产品工作电压范围涵盖2.5~300V，最长工作寿命可达（105℃）20000h，最高工作温度可达135℃，产品技术指标处于国际先进水平。

公司高度重视科技创新，积极实施产品和制造技术创新，已申请21项国家专利，获授权发明专利24项，立志打造具有较强创新能力的高科技民族品牌。

公司先后通过ISO 9001：2008质量管理体系认证及ISO 14001：2004环境管理体系认证。

公司生产基地位于江西省赣州市经济开发区，赣州市柏瑞凯工业园总占地面积80亩，一期工程于2016年7月竣工启用，达到月产90000kpcs高质量固态铝电容器；2020年第4季度二期厂房投产建设完成后，赣州生产基地产能将达到月产200000kpcs高质量固态铝电容器。

公司愿景：成为全球固态铝电容器主要制造商之一。

## 147. 深圳市比亚迪锂电池有限公司

**地址：** 广东省深圳市龙岗区宝龙工业城宝坪路1号

**邮编：** 518116

**电话：** 0755-89888888-53256

**传真：** 0755-89643262

**邮箱：** Fu. cejian@ byd. com

**简介：** 深圳市比亚迪锂电池有限公司（以下简称比亚迪锂电）成立于1998年，是比亚迪股份有限公司的全资子公司。现有产品主要包括锂离子电池、聚合物电池、磷酸铁锂电池、硅铁模块、UPS、DPS和通信电源等，广泛应用于手机、电动汽车、通信基站、光伏路灯、储能基站、轨道交通等领域。2009年，锂离子电池总销量超过5亿只，在全球手机电池领域，市场占有率位居前列。

比亚迪锂电2010年开始和国内运营商紧密合作，配套通信基站-48V开关电源、48V整流模块、通信UPS以及48V通信用电池产品，2014年为中国移动研发供应HVDC336V高压直流设备。2014—2016年相继中标中国电信、中国移动、中国联通等集团招标项目，同时双方高层签订多项战略合作项目。公司一直致力于清洁能源的研发应用，旨在减少环境污染，保护家园，造福人类。新能源汽车、太阳能路灯、家庭能源等产品已广泛应用于国内外各行业。为了解决城市日趋严重的交通拥堵，公司于2016年斥巨资建设云轨试验线，随着10月13日通车而低调进入云轨交通领域。将云轨修到人员密集区域（如商场、学校、医院、小区门口），可提高出行效率、增加居民幸福感，促进城市发展社会和谐进步，此目标与Build Your Dreams（BYD）的企业宗旨相适应。

## 148. 深圳市创容新能源有限公司

**地址：** 广东省深圳市松岗街道燕川北部工业园研发中心楼7层

**邮编：** 518107

**电话：** 0755-29948998

**传真：** 0755-29948906

**邮箱：** sales@ csdcap. com

**网址：** www. csdcap. com

**简介：** 深圳市创容新能源有限公司专业生产销售全系列金属化薄膜电容、各种工业大电容、X2安规电容及CBB电容等。公司自2001年创立以来，凭借全套先进的进口设备和精湛的生产工艺以及全面推行国际质量体系，使产品以优异的品质在电力电子行业、新能源汽车、风能发电、太阳能发电等行业，以上乘的服务和极具竞争力的价格赢得了广大客户良好的声誉和口碑。

## 149. 深圳市东辰科技有限公司

**地址：** 广东省深圳市宝安区宝城 68 区留仙二路鸿辉工业区 2 号厂房

**邮编：** 518101

**电话：** 0755-26632038

**传真：** 0755-26633000

**邮箱：** market@ dctec. com. cn

**网址：** www. dctec. com. cn

**简介：** 深圳东辰科技有限公司成立于 2004 年，注册资本 3068 万元人民币，是专注于 Dctec 品牌高频开关电源的研发、生产与销售的高科技企业。公司坚持以服务客户为己任，立足于自主研发，专业从事高频开关电源的定制服务。

公司聚集和培养了大量电源行业的精英，组成了强大的研发、生产、品控和管理队伍。拥有 10000 多平方米的研发与生产基地，员工近 300 人。于 2005 年 3 月顺利通过 ISO 9001 质量管理体系认证，从 2006 年 3 月开始导入 ROHS 管理体系，多数产品通过了 UL、TUV、CE 、CSA、CCC、PCT、EK、IRAM、NOM 等多项认证，并获得了数十项发明专利。

公司现有 600 余种 AC/DC、DC/DC、DC/AC 客户定制产品的种类和系列，功率覆盖 2~10000W 等级，广泛应用于移动通信、网络通信、服务器、金融 ATM、工业控制、医疗设备、高速铁路、新能源以及其他高科技领域。欢迎广大客户来电咨询，我们将为您提供专业的参考建议和解决方案。

## 150. 深圳市飞尼奥科技有限公司

Fineio

**地址：** 广东省深圳市南山区桃源街道大园工业区 7 栋 1 楼

**邮编：** 518052

**电话：** 0755-82838425

**传真：** 0755-82838444

**邮箱：** hr-fineio@ fineio. com

**网址：** www. fineio. com

**简介：** 深圳市飞尼奥科技有限公司是一家集创新、高新技术、代理贸易为一体的企业，公司成立之初为德国 INF INEON 公司代理商、INF INEON 中国区第三方设计公司及战略合作伙伴，公司拥有国内顶尖的自主研发设计方案，包括家电、工业加热、直流电机等，客户覆盖全国 20 多个省市。公司有优秀的工程团队及销售团队，能为客户提供全方位的更加贴心的配套服务。

## 151. 深圳市港特科技有限公司

港特科技
KTRANSFORMERS

**地址：** 广东省深圳市宝安区松岗街道燕川社区广田路永建鸿工业园 2 栋

**邮编：** 518105

**电话：** 0755-29095011/29095012/29095055

**传真：** 0755-29095058

**邮箱：** ktt@ kttchina. com

**网址：** www. kttchina. com

**简介：** 深圳市港特科技有限公司具有十余年丰富的变压器研发、生产经验，已成为电源行业知名的优质供应商，公司始终坚持“诚信是企业的生命，创新是公司的灵魂”的企业发展理念。公司引进了先进的生产与检测设备，以完善的品质管理、严格的生产工艺要求以及优质的售后服务，以更专业的技术研发使之不断的创新突破。

## 152. 深圳市航智精密电子有限公司

**地址：** 广东省深圳市宝安区宝源路华源科技创新园 B 座 538

**邮编：** 518100

**电话：** 18123717656

**邮箱：** service@ hangzhicn. cn

**网址：** www. hangzhicn. cn

**简介：** 深圳市航智精密电子有限公司是一家致力于高精度电流传感器、高精度电测仪表的研发、生产、销售及方案定制的技术先导型企业。公司着力打造直流领域精密电流传感器及精密电测仪表的知名品牌，打破国外企业市场垄断的现状，力争发展成为国际领先的直流系统领域精密电子的领军企业。

## 153. 深圳市皓文电子有限公司

HAWUN
皓文电子

**地址：** 广东省深圳市南山区学苑大道 1001 号智园 A5 栋 5 楼

**邮编：** 518000

**电话：** 0755-26805439

**传真：** 0755-26696592

**邮箱：** sales@ hawun. com

**网址：** www. hawun. com

**简介：** 深圳市皓文电子有限公司（以下简称皓文电子）是一家专业从事电源产品设计、生产和销售的企业。公司成立于 2001 年，总部位于深圳市南山智园，在深圳和成都分别设有研发中心，工厂位于深圳市光明新区，办公及研发面积有 4000 多平方米，工厂面积近 5000 平方米。皓文电子先后通过 ISO/GJB 9001 质量管理体系认证，具备相关保密资质，并被评为国家级高新技术企业，专利及软件著作权均超过 20 项，产品广泛应用于军工、铁路、通信、工业控制及新能源等领域。皓文电子经过多年的技术积累，拥有高素质的专业设计团队和先进的技术开发平台，技术实力达到世界领先水平。皓文电子一直致力于设计和生产具有高可靠性、高效率的电源产品，产品具有高功率密度、宽范围、高电压输入、系列化等特点，并广泛应用于雷达、无人机、加固计算机、电台、导弹、火控和通信设备等国防项目。皓文电子坚持自身不断创新，努力成为提供高端可靠开关电源产品和服务的领先供应商，为国防事业的发展贡献最坚实的力量。

## 154. 深圳市禾望电气股份有限公司

**地址：**广东省深圳市南山区西丽镇官龙村第二工业区 11 栋
**邮编：**518000
**电话：**0755-86026786
**传真：**0755-86114545
**邮箱：**hopewind@ hopewind. com
**网址：**www. hopewind. com
**简介：**深圳市禾望电气股份有限公司（股票代码：603063）专注于新能源和电气传动产品的研发、生产、销售和服务，主要产品包括风力发电产品、光伏发电产品和工业传动产品等，拥有完整的大功率电力电子装置及监控系统的自主开发及测试平台。公司通过技术和服务上的创新，不断为客户创造价值，现已成为国内新能源领域最具竞争力的电气企业之一。

## 155. 深圳市核达中远通电源技术股份有限公司

**地址：**广东省深圳市龙岗区宝龙街道宝龙社区宝龙二路 36 号
**邮编：**518116
**电话：**0755-32886829
**传真：**0755-33229850
**邮箱：**yeshunli@ vapel. com
**网址：**www. vapel. com
**简介：**深圳市核达中远通电源技术股份有限公司隶属于广东核电集团，是国家核准认定的高新技术企业，20 多年专业致力于 VAPEL 品牌高频开关电源的研发、生产和销售。公司已通过 ISO 9001 质量管理体系认证、ISO 14001 环境管理体系认证和 TS 16949 汽车行业质量管理体系认证。是北汽福田、海马、宇通、长春一汽、长安汽车、华为、中兴、诺基亚、爱立信、惠普等国内外知名企业的优秀供应商。

公司总部设在深圳，拥有 80000 多平方米的开发和生产基地。现有员工 1900 多人，其中有 400 多名的研发队伍，具有强大的新产品开发和快速响应能力。公司每年研发投入占上年销售收入的 10%左右。公司巨资建设了各种国际标准实验室，配置国际先进的实验设备，采用国际先进的测试手段，进行各种元器件应力分析、高低温及其循环试验、振动试验、冲击试验、交变湿热试验、安规测试、EMC 测试、MTBF 分析试验、FMEA 分析试验、加速老化试验和 HALT 实验等，保证了 VAPEL 品牌电源产品的高可靠性。电源产品通过 UL、TUV、CE、CSA、CCC、TLC 等国内外的产品安规认证，其中 TUV 达到 ACT 水平，UL 达到 CT-DP 水平。现有 8000 余种 AC/DC、DC/DC、DC/AC 标准产品、非标准产品、客户定制产品的种类和系列，功率覆盖 2~15000W 等级，广泛应用于新能源、通信、电力、工业控制、仪器仪表、医疗、铁路、军工等高科技领域。自主研发设计的电动汽车交直流智能充电桩满足低速车、乘用车、物流车、大巴车、装备车等所有车型和各种充电方式。模组化全系列宽电压车载充电机、车载转换电源满足所有电动汽车车载充电机应用和所有车型的电源转换。公司是国内较全面的电动车电源、充电桩研发、生产、销售厂家。

## 156. 深圳市华天启科技有限公司

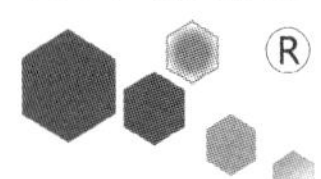


**地址：**广东省深圳市宝安区松岗镇罗田社区井山路 14 号
**邮编：**518105
**电话：**0755-27103658
**传真：**0755-81751932
**邮箱：**szhuaqi@ 163. com
**网址：**www. huatianqi. com
**简介：**深圳市华天启科技有限公司是一家专业从事集有机硅胶粘剂、导热硅胶片、电子灌封胶等产品研发，生产和销售于一体的高科技企业。公司成立于 2007 年，坐落在美丽的鹏城，占地面积 10000 平方米，建有 6000 平方米生产厂房和 1000 平方米工程研发中心，公司主导的“华天启”品牌单双组分胶粘剂、导热硅脂、硅胶片等系列产品已享誉海内外，产品质量及售后服务深受客户的欢迎和好评。公司是一家国家高新技术认证企业，有多项研发专利，公司通过了 ISO 14001 认证与 ISO 9001 认证。产品通过了 UL、TUV、ROHS、RVHC 等各项认证。公司广泛开展同中科院等知名研究所及大学的合作，确保产品的技术领先性，并以雄厚的技术实力，先进的生产工艺，齐全的检测手段，完善的生产销售管理使产品有了坚固的质量保证，不断扩大产品应用领域。历年来，公司多次被客户评为优秀供应商。公司的产品类型有：粘接密封类胶粘剂、敷形类胶粘剂、灌封类胶粘剂、导热类胶粘剂、硅胶片等，产品囊括了单组分室温硫化硅橡胶、双组分室温硫化硅橡胶、双组分加成型硅橡胶、导热硅脂（散热膏、传温油）、有机硅树脂等胶粘剂，以及导热硅胶片、导热双面胶等产品。

## 157. 深圳市捷益达电子有限公司

**地址：**广东省深圳市南山区蛇口招商大厦 401
**邮编：**518067
**电话：**0755-26675418
**传真：**0755-26811099
**邮箱：**jeidar@ 163. com
**网址：**www. jeidar. cn
**简介：**1993 年成立的深圳市捷益达电子有限公司（以下简称捷益达），是集研发、生产、销售、服务于一体的电源专业制造商，是获得我国政府认定的国家高新技术企业、深圳市高新技术企业、深圳市双软企业和深圳市自主创新企业。

捷益达在我国多个省市建立了办事与服务机构，并在海外多个国家建立了品牌经销商和服务商，具备年产电源15万台的生产能力。目前产品有商用UPS电源、工业用UPS电源、通信用逆变电源、光伏并离网逆变电源、电力专用UPS电源、蓄电池及动环监控产品。23年来，捷益达产品以先进的技术、高可靠的品质、高性价比以及突出的服务，赢得了各行业用户的好评。捷益达在持续推动品牌建设的战略下，以自主创新，掌握产品的核心技术，走国际化、标准化、规范化的管理之路。在产品的研发和制造上，公司始终围绕着："高可靠的根本理念"，采用国际先进技术和制造工艺精益求精。在捷益达，我们以客户为至尊，珍惜所有为企业付出努力的员工，以及与我们一起携手合作的伙伴。"真诚、互信、沟通、合作"，我们愿与您携手同行！

## 158. 深圳市金威源科技股份有限公司

Goldpower 金威源

**地址：** 广东省深圳市坪山新区大工业区聚龙山片区金威源工业厂区A栋第1~3层，B2栋第1~5层

**邮编：** 518118

**电话：** 0755-84636021

**传真：** 0755-83432651

**邮箱：** info@ goldpower. com. cn

**网址：** www. gold-power. com

**简介：** 深圳市金威源科技股份有限公司（以下简称金威源）成立于2001年，总部位于深圳，是集自主创新研发、生产、销售、安装、加工于一体的国家高新技术企业，拥有自建创新产业园区8万平方米，同时也是科技创新孵化器园区。

金威源一直以来非常重视技术创新，技术团队都是由博士、硕士组建的，拥有百余项核心自主知识产权；被广东省科学技术厅认定为"广东省新能源汽车充电系统工程技术研究中心"，拥有3000多平方米的独立研发办公场地，设有投入超千万的大型现代化共享实验室，包含966标准半电波暗室、电磁屏蔽室、环境标准测试等。

金威源专注于电力电子及其控制技术的研究与应用，坚持创新驱动，在设计中构建质量优势、成本优势。在通信、电力、电动汽车、轨道交通、金融自助设备、商业显示（LED）、新能源等众多领域构筑了端到端整体解决方案优势，为中兴、华为、中国电信、中国移动、中国联通，印度信实公司等国内外知名企业提供有竞争力的电源技术解决方案、产品和服务。

金威源旗下有20多个著名品牌，如Goldpower、云电、Supersonic、狗刨网、超音速、电王快充、电王充电等。

## 159. 深圳市巨鼎电子有限公司

深圳市巨鼎電子有限公司
SHENZHEN JUDING ELECTRONICS CO.,LTD.

**地址：** 广东省深圳市宝安区宝田一路231号凤凰岗第三工业区B5栋

**邮编：** 518102

**电话：** 13600193824

**传真：** 0755-26974522

**邮箱：** lin_bai74@ hotmail. com

**网址：** www. judingpower. com

**简介：** 深圳市巨鼎电子有限公司是一家专业的高频开关电源制造商，成立于1998年，一直专注于开关电源的研发、生产、销售与服务，致力于为客户提供高品质的、高可靠的电源产品和完美的电源解决方案。

公司的产品包括AC-DC一次电源、DC-DC二次电源、ADAPTER适配器电源、DC-AC逆变电源、PFC功率因素校正电源及UPS（不间断电源）等六大系列，1000多种标准与非标电源产品，单机电源功率涵盖0.5~5000W等级范围。

公司产品目前在国内电子检测设备和银行监控等应用领域处于领先地位，其中集中供电电源成为入围多家银行监控工程的产品。

"高质求生存，低价赢客户，优服促发展"是公司的经营宗旨。制造高品质、高可靠性的电源产品仅仅是我们迈出的第一步，为每一个客户提供最完美的电源解决方案才是我们的最终目标。

"创新源于专业制造，放心自在'巨鼎电源'"！

每一个产品，我们，巨鼎人，都将为您精诚打造！

## 160. 深圳市康奈特电子有限公司

**地址：** 广东省深圳市龙华新区观湖街道松元厦社区大布头路321号

**邮编：** 518110

**电话：** 0755-28199177

**传真：** 0755-28168210

**邮箱：** szcnntxue@ 126. com

**网址：** www. szcnnr. com

**简介：** 深圳市康奈特电子有限公司（CNNT）具有20多年的电连接器产品、电子接口产品定制开发与生产经验，同时致力于各类新能源电连接口与电子接口的研发与生产，凭借多年的OEM/ODM连接器制造经验、先进的管理模式、完善的工艺设施及精细的模具加工技术和装备，加之雄厚的经济实力，创立了自己的连接器品牌"CNNT"。产品包括印制电路板接线端子（ERTB系列）、组合式接线端子（PLTB系列）、通用导轨接线端子（DRTB系列）、功率型接线端子（BRTB系列）、穿墙式接线端子（QCTB系列）、贯通式接线端子（DSTB系列）、变压器接线端子（TFTB系列）、新能源汽车专用接线端子（HSTB系列、EVC系列）、母线系统及其他电气辅件产品。公司生产的各系列产品可满足各行各业的不同电气连接需求。

## 161. 深圳市库马克新技术股份有限公司

**地址：**广东省深圳市宝安区石岩街道塘头宏发工业园 3 栋 2 楼
**邮编：**518108
**电话：**13692135862
**传真：**0755-81785108
**邮箱：**business@ cumark. com. cn
**网址：**www. cumark. com. cn
**简介：**深圳市库马克新技术股份有限公司（以下简称库马克）是一家专注于电力电子传动及其自动化领域产品研发、生产和销售的国家级高新技术企业。公司创立于 2001 年 3 月 19 日，证券代码：831251，公司的主要产品有：高压变频器（250～20000kW/3. 3kV/6kV/10kV）、中低压变频器（0. 37～1250kW/220V/380V/690V）、防爆变频器（710～6600kW/3. 3kV/6kV/10kV）及行业定制特种变频器。依靠优异的技术和多年的行业应用经验，根据各行业工艺需求，可为用户提供高效可靠的自动化完整解决方案。公司的产品可广泛应用于工业、交通、物流、仓储、航空、市政、智能家居、新能源等各个领域。

库马克是深圳市知名品牌、广东省特种变频工程技术研究中心、深圳市重点民营企业。

库马克不断推进改革，形成了科研支持产业、产业反哺科研的良性机制，成为行业典范；作为建立了现代企业制度的高科技企业，库马克通过产业优化、重组，为企业植入新机制、新技术，取得了经济和社会的双重效益。

## 162. 深圳市鹏源电子有限公司

深圳市鹏源电子有限公司
Forever Power Shenzhen Advantage Power Limited

**地址：**广东省深圳市福田区新闻路侨福大厦 4F
**邮编：**518034
**电话：**0755-82947272
**传真：**0755-82947262
**邮箱：**sales@ szapl. com
**网址：**www. szapl. com
**简介：**深圳市鹏源电子有限公司（以下简称鹏源电子）是一家专业为新型能源产品提供核心电子零件的代理商，既提供包括各类 IGBT、MOSFET、快速二极管、整流桥、晶闸管、碳化硅二极管、场效应管和控制 IC 等关键的半导体器件，也提供薄膜电容器、铝电解电容器、电流传感器和高压直流继电器等产品，能为功率变换的各个环节提供关键的元器件。

公司不仅拥有专业的销售工程师团队，能为客户提供正确、高效和经济的元器件方案，同时还拥有业界领先的宽禁带半导体应用实验室，能为客户提供高效率的技术支持。公司先后完成针对电动汽车、光伏逆变器等相关应用的几十个项目的研发，形成了几十项专利技术和软件著作权。鹏源电子也与相关的科研院校展开深入的合作，是华南理工大学的研究生培养基地。公司代理的产品包括 Littelfuse、wolfspeed、Tamura、YM、TE、Potens、HJC、AgileSwitch、纳芯微等。

## 163. 深圳市瑞必达科技有限公司

**地址：**广东省深圳市宝安区福海街道桥头社区富桥第二工业区北 A3 幢
**邮编：**518103
**电话：**0755-33850600
**传真：**0755-29912756
**邮箱：**guoguiyuan@ rbdpower. com
**网址：**www. rbdtech. com
**简介：**深圳市瑞必达科技有限公司（以下简称瑞必达）是瑞达国际集团旗下的全资子公司，成立于 2004 年，是一家集研发、制造、销售和服务于一体的国家级高新技术企业，产品远销 40 多个国家和地区，公司在电力电子领域耕耘十多年，主营智能家居解决方案及军工、储能系统，具体产品有超级电容储能系统、轨道交通储能系统、多功能家具、汽车座椅、医疗床等的控制器、电源，细分行业内名列国内前三。

瑞必达始终坚持“专注、高效、创新、共赢”的经营理念，秉持追求极致的工匠精神，为客户提供卓越的产品和解决方案。公司通过了 ISO 9001、ISO 14001 体系认证，相关产品通过了 TUV、CB、CE、UL、FCC、PSE、GS、CCC、EMC 等各项国际安全规范认证。

经过十年多的发展，瑞必达先后被评为广东省质量检验协会理事单位、中国电源学会会员单位、深圳知名品牌、医疗电源十年新兴品牌。目前，公司已与国内外多家最具实力的客户建立了长期稳定的战略合作关系。

## 164. 深圳市瑞晶实业有限公司

深圳市瑞晶实业有限公司

**地址：**广东省深圳市南山区西丽镇丽山路民企科技园 3 栋 6 楼
**邮编：**518055
**电话：**0755-88860609
**传真：**0755-26515068
**邮箱：**zhen. xiuping@ rjsz. net
**网址：**www. rjsz. net
**简介：**深圳市瑞晶实业有限公司成立于 1997 年，是一家集科、工、贸于一体的民营股份制企业，坐落于深圳市内著名的大型工业区——西丽红花岭工业区，毗邻深圳著名学府——深圳大学，以及西部风景旅游点（西丽湖度假村、动物园）等，工业区内配套完善，交通十分便利。

公司目前主要从事开关电源类产品的研制、开发和生产。现公司拥有 10000 平方米生产平台，1000 名员工和一批专业技术骨干，生产装配线 20 条及 4 台 SMT 自动贴片机，各种专业电子测试仪器，信赖性测试设备，及可同时 BURN—IN 20000pcs 的老化室。日平均产能 35k，峰值产能可达到 50k。2005 年的年产值已超过亿元大关。

1999 年公司开始为国内外主流通信设备及相关厂商提供各类规格的开关电源、工业电源、LED 驱动电源。主要客户包括深圳中兴通讯股份有限公司、福建星网锐捷通讯股份有限公司、德赛电子（惠州）有限公司及韩国 LG 等大型厂商。

2006 年中国电子科技集团公司（CETC）第九研究所（原信息产业部电子九所）与公司合资合作，资产整合后注册资本为 959 万元，现今公司是国有控股的军转民形式的股份制科技企业，依托于九所这一强大技术后盾，致力于发展成为国内一流的电源产品研制、生产、销售一体化的专业公司。

2009 年，深圳市瑞晶实业有限公司成为深圳市 LED 产业标准联盟核心会员单位（该联盟是深圳市计量院与标准局牵头创建），积极参加深圳市 LED 产业标准的制定工作，并已成为深圳市有关 LED 产业中电源产品核心生产厂家。

## 165. 深圳市三和电力科技有限公司

**地址：**广东省深圳市南山区西丽镇官龙村第二工业区 6 号厂房 1~3 楼

**邮编：**518000

**电话：**0755-26749992

**传真：**0755-26749991

**邮箱：**samwha2002@ vip. 163. com

**网址：**www. samwha-cn. com

**简介：**深圳市三和电力科技有限公司是一家立足于深圳的高科技企业，主要从事以电力节能为中心的高科技产品的研发、制造，同时与大专院校联合承担科研开发课题。凭借多年的研发和生产经验，公司在无功补偿、滤波方面积累了丰富的经验，多项技术引领行业发展，公司受国家委托参与了多个国家行业标准的起草和制定工作。公司的核心技术：供电系统的无功补偿技术和智能型控制；供电系统高、低压谐波治理；供电系统的稳定性分析；电容器装置的安全运行；柔性输电技术 SC、SVC、SVG、APF、UPFC 系统。

稳定的产品质量、专业化的咨询、一流的服务，使我们每天都迈向新的高度。

## 166. 深圳市实润科技有限公司

**地址：**广东省深圳市福田区彩田路中银大厦 B 座 9A-9E 室

**邮编：**518026

**电话：**0755-83517204

**传真：**0755-82468308

**邮箱：**alex@ sprintek. com. cn；rafael@ sprintek. com. cn

**网址：**www. sprintek. com . cn

**简介：**深圳市实润科技有限公司是一家专业的电力电子器件代理商。以“成就你我”的心为来自全球的电子元器件生产厂家和中国的设计工程师们架起一座畅通的“桥梁”，一直致力于产品线拓展和新项目推广是我们不断发展的基石。依托深圳地区近 30 多年的高速发展，现已成为我国范围内，工业领域值得信赖的合作伙伴。我们的产品线包括：碳化硅二极管、快恢复二极管、肖特基二极管、桥式整流器、三相整流桥、高压硅堆、整流二极管、IGBT、MOSFET、SIC MOSFET、整流二极管模块、快恢复二极管模块、肖特基二极管模块、可控硅模块、三相整流模块、隔离光耦、驱动光耦、高速光耦、电流传感器、电压传感器、IGBT 驱动器、安规电容、电解电容、薄膜电容器、电力薄膜电容、平面电感、平面变压器以及高压直流继电器等。在科技与市场日新月异的今天，公司将不断地扩展更多的产品线，挖掘更新的市场机会，和我们的供应商和客户伙伴一起成长。积累成实，润泽万物，成就你我！

## 167. 深圳市思科赛德电子科技有限公司

**地址：**广东省深圳市光明新区新坡头工业区 3 栋

**邮编：**518106

**电话：**0755-28769022

**传真：**0755-28769522

**邮箱：**yangmeng@ sceddz. com

**网址：**www. sceddz. com

**简介：**深圳市思科赛德电子科技有限公司专业从事接线端子的研发、生产和销售，是亚太地区较大的接线端子制造商之一。公司总部位于深圳，2014 年在苏州设立分厂，全公司现共有员工 1000 余人。公司通过了 ISO 9001：2008 质量管理体系认证、ISO 4000 环境管理体系认证，产品通过 UL、CUL、CE、VDE、CQC 等安规认证，且符合 ROHS、REACH 欧盟环保标准，公司拥有富恶化 UL、VED 标准的实验室。公司始终坚持“众和德厚、诚接天下”的核心理念，用科学技术打造品牌，用真诚服务塑造信誉，持之以恒，锐意进取，把最好的产品和服务奉献给广大客户。

## 168. 深圳市斯康达电子有限公司

**地址：**广东省深圳市宝安区福永镇吉安泰工业园三栋

**邮编：**518103

**电话：**0755-26016812

**传真：**0755-26016813

**邮箱：**skonda@ skonda. com. cn

**网址：**www. skonda. com. cn

**简介：**深圳市斯康达电子有限公司是国家级高新技术企业，专注于 SKONDA 品牌的市场开拓。多年来公司凭借优质的测试方案和过硬的产品品质，以及良好的客户服务，积累并得到大量行业客户的认可。主营业务包含：OBC/DD测试系统，充电桩测试系统，电动汽车测试系统，电源测试系统，PCBA测试系统，电子负载，回馈式负载，交流电源，直流电源，双向电源，自动测试系统集成、生产测试自动化方案、技术服务等，并与众多世界知名仪器企业合作，已成为电源和电子产品完整测试方案的供应商。

公司秉承以市场为导向，以成为测试领域知名企业为远景目标。依靠研发创新为核心力，凭借丰富的行业经验，运用先进的技术，开发出适应市场需求的产品。产品被广泛应用于家电、电机、电动工具、开关电源、医疗电子、信息通信、灯具照明、电子元器件、低压配电、电池检测、新能源等众多领域。

高科技技术型企业持续发展的核心竞争力源于技术领先，创新的技术原动力是拥有高素质、专业级人才。深圳市斯康达电子有限公司90%以上员工，具备大学本科以上学历，30%以上员工具备研究生学历。由他们组成的研发、营销和售后服务团队，具备非常高的创造力、开拓力和职业素养。开发出独特、精准和稳定的测试设备，提供最完整、全面的解决方案，服务好每一位客户，正是斯康达人一直追求的价值目标。

过硬的品质和优质的服务是我们对客户的承诺，打造中国知名测试仪器品牌是我们的不懈追求！

## 169. 深圳市威日科技有限公司

**地址：**广东省深圳市龙华新区大浪街道英泰工业园5栋三楼A区

**邮编：**518109

**电话：**0755-28133003

**传真：**0755-29787957

**邮箱：**vr2008@126.com

**网址：**www.weiri.net.cn

**简介：**深圳市威日科技有限公司/深圳市兆伟科技开发有限公司位于深圳宝安区龙华二线拓展区内，是以开发生产电子元件检测仪器和元件数控自动生产设备为主的高科技型公司。现公司有：精密LCR测试仪、精密直流电阻测试仪、变压器综合参数测试仪、直流叠加程控恒流源、磁性材料功耗测试仪、绝缘耐压安规测试仪器、无刷电机程控绕线机、CNC自动排线式绕线机、无刷电机数控驱动器九大类别30余种型号产品，公司还正在研制开发电容纹波测试仪、精密电解电容测试仪、高频功率计、开关电源综合参数测试仪等新产品。公司的所有产品在研发时都要收集国内外最新的相关产品进行详细研究，综合各家之所长，并加上公司独创的电路及根据从广大用户收集来的意见改进的电路，形成既有先进性又符合用户需求的独创产品。

## 170. 深圳市新能力科技有限公司

**地址：**广东省深圳市宝安区67区留仙二路中粮商务公园3栋303A

**邮编：**518101

**电话：**0755-83409828

**传真：**0755-83417621

**邮箱：**sinoly@sinoly.com

**网址：**www.sinoly.com

**简介：**深圳市新能力科技有限公司自1999年成立以来，就全身心致力于绿色直流电源、直流储能、节能技术及计算机控制技术的研究、开发和生产，是国家科技部、财政部、深圳市科技局和财政局重点扶持的高科技企业。

公司产品现包括：地铁屏蔽门电流系统、智能照明系统、模块化直流不间断电源、电力高频开关电源模块、微机高频开关电源监控器、智能电力参数仪表、智能电能表、电能质量谐波分析仪表、电力操作电源小系统、BZW系列壁挂电源和XPZM微机控制高频开关直流系统。公司产品分别通过了电力工业部电力设备及仪表检测中心和国家继电器检测中心的严格检验，并通过英国赛瑞SIRA的认证及ISO 9001：2000认证。

作为国内电力操作电源系统解决方案服务商，本公司产品自成体系，为客户提供全方位的多种电力操作电源产品和解决方案。公司秉承“创新、合作、服务、双赢”的经营理念；坚持“全员参与、制造优质产品，坚持改进，满足客户需求”的方针政策；崇尚“求实创新，质量第一；用户至上，服务社会”的服务宗旨；以可靠的质量、优质的性能、互惠的价格、殷实的服务与社会各界广大用户共进步、同发展。

## 171. 深圳市兴龙辉科技有限公司

GD GOLDEN™ DRAGON

**地址：**广东省深圳市龙岗区横岗镇西坑村西湖工业区19栋

**邮编：**518002

**电话：**0755-89737829/89737228/89737666

**传真：**0755-89737108/89737118

**邮箱：**admin@unitefortune.com

**网址：**www.gd-battery.com

**简介：**深圳市兴龙辉科技有限公司成立于1998年，是一家专门从事设计、制造镍氢电池、锂电池、聚合物电池的企业，产品广泛应用于数码摄像机、PDA、手机、无绳电话等。

自公司成立以来，始终坚持“技术第一，品质卓越，顾客至上”的原则。其先进的品质检测设备及严格的质量管理体系确保金龙电池在生产过程中品质更完善，性能更稳定。

经过多年的研究与发展，凭借良好的产品品质与不断的技术创新，金龙品牌电池已逐渐成为国内电池业的畅销产品。其产品同时远销美国、欧洲、东南亚、中东等国家与地区。

我们热烈欢迎新老客户来公司参观与指导，并期待着与您进一步的合作！

## 172. 深圳市优优绿能电气有限公司

地址：广东省深圳市光明区玉塘街道田寮社区同观路华力特工业园第1栋3楼
邮编：518000
电话：18816747853
邮箱：humz@ uugreenpower. com
网址：www. uugreenpower. com
简介：深圳市优优绿能电气有限公司（以下简称优化绿能）拥有专业的电力电子研发团队，核心研发人员均来自Emerson和Eltek等知名企业，近20年的直流电源技术积累，通过创新设计，打造专门用于超级充电桩的30kW、20kW、15kW超级充电模块系列。公司聚焦于汽车充电桩的核心组件及整体解决方案，主要生产充电桩所使用的电源模块、充电桩监控模块及充电桩运营管理平台等产品。目前，公司在充电桩电源模块方面，拥有业内最全面的产品系列，保持技术与产品的领先地位，独家量产30kW超级充电模块，并具备业界领先的工作效率。

优优绿能作为一家新能源科技公司，已获得“国家高新技术企业”认定、国家知识产权管理体系认证、ISO 9001：2015质量管理体系认证等。公司专注于电力电子技术创新，定位高端充电设备核心零部件的研发、制造和销售，解决客户的痛点，与客户一起成长，共同推动绿色能源和低碳经济的电动汽车行业向前发展。

目前优优绿能的产品广泛应该用于国内外，并与美国、德国、韩国、泰国、印度等客户进行深度合作。

## 173. 深圳市长丰检测设备有限公司

地址：广东省深圳市宝安区沙井街道沙四高新科技园C栋一层
邮编：518104
电话：0755-82598840
邮箱：cfzhou17@ 126. com
网址：www. chfkjchian. com
简介：深圳市长丰检测设备有限公司是一家专业从事研发、生产、销售电源老化、气候温湿度环境试验设备的厂家，在国内分设二家公司，深圳市长丰检测设备有限公司及东莞市长丰仪器有限公司。

## 174. 深圳市振华微电子有限公司

地址：广东省深圳市南山区高新技术工业村W1-B栋2楼
邮编：518057
电话：0755-26525998-882
传真：0755-26520788
邮箱：shzjg11@ 163. com
网址：www. zhm. com. cn
简介：深圳市振华微电子有限公司于1994年成立，隶属于中国振华（集团）科技股份有限公司，地址位于深圳市高新技术工业村。公司注册资本6810万元，总资产为2. 14亿元，共有员工500人。

公司主要产品为厚膜混合集成电路、高压直流电源系统，有独立的研发中心及可靠性实验室。

公司于1994年被评为深圳市首批高新技术企业，先后获得信息部军工电子质量先进单位，信产部军工电子质量年活动先进单位，总装备部、国防科工委、信息产业部“十五”军用电子元器件科研生产先进单位，2010年被评为国家级高新技术企业。

公司申报专利50项，已授权33项，其中实用性专利31项，发明专利2项。

## 175. 深圳市知用电子有限公司

CYBERTEK
Test & Measurement

地址：广东省深圳市龙岗区黄阁北路天安数码城4栋A1702
邮编：518100
电话：0755-86628000
传真：0755-86368000
邮箱：cybertek@ cybertek. cn
网址：www. cybertek. cn
简介：深圳市知用电子有限公司（CYBERTEK）是一家专注于专业测试仪器领域的高科技公司。公司开发的高性能高频电流/电压探头和传感器、高精度电流互感器、全数字化电磁兼容接收机及专业测量附件等产品系列，广泛用于电子产品研发生产的各领域，性能全面达到世界先进水平。公司掌握高频电流探头核心科技，打破了国外公司的长期技术垄断格局。公司创始人及其开发团队在精密传感器、数字信号处理、射频技术等方面经过长期的技术积累，拥有相关的知识产权和专利以及核心专业技术能力。公司的研发生产体系在ISO 9000质量管理体系的管理下，产品通过了各种认证和各国家权威计量单位的计量。通过提供各类高性能的测量和测试解决方案，为我们的客户快速研发生产高可靠高性能低成本的产品提供强有力的保障，从而使客户实现产品与服务的增值。

## 176. 深圳市中科源电子有限公司

**地址：** 广东省深圳市光明新区新湖街道楼村社区世峰科技园 D 栋

**邮编：** 518106

**电话：** 0755-23427658

**传真：** 0755-23429958-808

**邮箱：** vike@ szcpet. com

**网址：** www. szcpet. com

**简介：** 深圳市中科源电子有限公司（以下简称 CPET）致力于电源、家电、灯具老化设备、自动化设备、测试仪器、软件产品等多类相关产品的研发、制造、销售与服务，在华东与华南设有营销服务机构，在国内拥有 40 多家合作伙伴，是业界典范的老化测试设备制造商。

CPET 始终以技术创新为发展的原动力，公司非常重视对研发的投入，现已获得发明专利与软件著作权 50 多项，被评为深圳市双软企业、深圳市优秀软件类企业、深圳市高新技术企业、国家级高新技术企业等。

CPET 产品广泛应用于电源的研发设计、生产测试、电池、LED 照明、家电、光伏、电力新能源等行业。

CPET 已服务于全球上千家客户，如飞利浦、三星、松下、视源、雷士 、三雄极光、兆驰、茂硕、比亚迪、英飞特、鸣志等知名企业，CPET 在国内外市场上享有较高的品牌知名度和美誉度。现在 CPET 在产品创新上不断获得成功，但 CPET 人从未停下前进的脚步，以客户为中心不断追求着更好的技术、品质、服务、价值为经营理念。

让我们共同见证中国创造。

## 177. 深圳市卓越至高电子有限公司

**地址：** 广东省深圳市龙岗区龙城街道新联社区嶂背一村园湖路横二巷 18 号 3 楼

**邮编：** 518126

**电话：** 0755-89395358/13828861046

**传真：** 0755-22640117

**邮箱：** andrew. zhao@ excellenttop. com. cn

**网址：** www. etopower. com

**简介：** 深圳市卓越至高电子有限公司是一家优秀的国家高新企业、电源解决方案供应商，拥有十余年的电源研发、制造经验，公司致力于以“卓越质量，高效服务”为宗旨，竭诚为客户提供最优质的产品和服务。公司电源产品系列包括：通用标准工业开关电源产品、LED 驱动电源产品、安规适配器充电器、标准模块电源产品、标准仪器电源产品、特种定制电源产品等，产品广泛用于通信、IT 和 AV 类电子、电力电子、自动化控制、铁路、军工、医疗等行业。公司重视技术、重视人才，不断强化内部管理，狠抓产品质量。公司的产品 100% 经过高温老化，符合 CCC、CE、GS、KCC、SAA、UL 等多个国家权威机构的安全认证。经国家对外贸易经济合作部批准，拥有对外经营权。在保证内销的同时公司产品也大量销往欧美、日本、印度、中东等国家和地区。

为了保证及时交货，公司一直保持标准品库存，为您解决燃眉之急。如果您不能从公司的产品目录上找到合适的电源解决方案，或者您无法在市场上找到合适规格的产品，请联系我们，公司强大的研发队伍和多年不同行业的研发经验一定能按您的需求为您开发定制出您满意的产品。

公司奉行“诚信、严谨、创新、高效”的理念，坚持以顾客满意为中心、以环境友好为己任、以安全健康为基点、以品牌形象为先导的价值观，一如既往地为国内外顾客提供优质的技术服务和电源产品。

## 178. 深圳欣锐科技股份有限公司

 SHINRY 欣锐科技

**地址：** 广东省深圳市南山区学苑大道 1001 号南山智园 C1 栋 14 层

**邮编：** 518055

**电话：** 0755-86261588

**传真：** 0755-86329100

**邮箱：** evcs@ shinry. com

**网址：** www. shinry. com

**简介：** 欣锐科技（全称：深圳欣锐科技股份有限公司，股票代码：300745）自 2006 年初进入新能源汽车产业，专注新能源汽车高压“电控”解决方案（其主要技术集中在车载 DC-DC 变换器和车载充电机，统称为车载电源），欣锐科技拥有车载电源原创性核心技术的全部自主知识产权，在车载电源和大功率充电领域积累了丰富的研发和生产经验，拥有业界领先的研发创新能力及工程制造能力，产品技术水平居行业前列。

## 179. 深圳易通技术股份有限公司

**地址：** 广东省深圳市宝安区石岩街道龙腾社区光辉路 16 号第二工业区厂房 3 栋一层、二层、三层

**邮编：** 518100

**电话：** 0755-83704966

**传真：** 0755-29467335

**邮箱：** 1546441228@ qq. com

**网址：** www. eton-tech. com

**简介：** 深圳易通技术股份有限公司（股票代码：839972）成立于 2002 年，于 2016 年 7 月由深圳市易网通通信技术有限公司改制而来，是一家集研发、制造、销售于一体的科技企业。公司自主研发户外一体化机柜、机柜空调、智能门禁系统、通信机房、智能果皮箱、智能电源等产品。公司以“通信领域综合节能解决方案”为主体，同时利用公司多年在通信电子和物联网方面积累的专业和经验，在智慧环卫行业协同发展。智能一体化产品的智能空气调节系统、机柜热交换节能系统、变频空气调节系统、一

体化开关电源系统、智能门禁系统等均为中国铁塔采用，并成功成为中国铁塔的入围供应商。公司专注于为国内外产品结构升级的智能化提供专业全面的综合节能解决方案。

优良的名声及商誉。深圳易通技术股份有限公司产品质量可靠，已通过 ISO 9000、ISO 14000、OHSAS 18000 等管理体系的认证。户外机柜产品已取得泰尔认证，公司所有产品均通过第三方检测，且 CE、FCC 等相关证书齐全。产品类型全面，可确保快速高效地达到国家节电、节能的目的，实现“绿色通信”的最终目标。以品质、服务、精益求精来赢得顾客满意。

## 180. 深圳中瀚蓝盾技术有限公司

**地址：** 广东省深圳市南山区西丽街道松白路南岗第一工业区 3 栋 2 楼

**邮编：** 518000

**电话：** 0755-83021690

**传真：** 0755-83021987

**邮箱：** sales@ hz-tech. com. cn

**网址：** www. hz-tech. com. cn

**简介：** 深圳中瀚蓝盾技术有限公司专注于电源行业。以模块电源为核心，公司产品覆盖超算、航空航天、军工、船舶、激光技术、工业控制等应用领域，主要客户包括中国电子科技集团公司、中国航天科工集团有限公司、中国兵器工业集团有限公司、中国船舶重工集团公司等军工集团下属研究所。

公司自主研发设计的系列电源，具有高可靠性、高功率密度、重量轻、效率高、多种保护功能等特点，能满足各种环境要求。公司拥有先进的研发中心和生产试验检验中心。集聚了设计经验丰富的世界级电源行业专家和专业技术高超的工程技术人员，配备了包括全自动电源测试系统在内的精良先进的测试仪器，以及全套的电源加工生产和各种环境筛选试验设备。公司成立三年之际，中标当年全军最大的军工电源订单：8 万只 1kW DC-DC 电源模块，并顺利完成交付，无模块不良现象发生，产品质量及性能得到客户一致认可。

公司通过了 GB/T 19001—2016 及 GJB 9001C—2017 质量管理体系认证，拥有完善的质量管理体系，产品设计开发完全按照军品标准进行，确保了每台电源的可靠性、可追溯性及质量的稳定性。用军工技术打造优质电源，以可靠质量赢得用户信赖。

## 181. 维沃移动通信有限公司

**地址：** 广东省东莞长安镇乌沙步步高大道 283 号

**邮编：** 523860

**电话：** 076938816888

**邮箱：** lidahuan@ vivo. com

**网址：** www. vivo. com. cn

**简介：** 维沃移动通信有限公司（以下简称 vivo）成立于 2010 年 6 月 7 日，在东莞、深圳、南京分别设立了研发中心，公司致力于有绳电话、无绳电话、数字无绳电话、音乐手机、智能手机等各类通信产品的研究、开发、生产和销售。

vivo 是步步高旗下年轻而有活力、科技、亲和力的智能手机品牌。vivo 专为时尚、年轻群体打造拥有卓越外观、专业级音质享受、极致影像、愉悦体验的智能产品和服务；并将敢于追求极致、创造惊喜作为 vivo 的持续追求。

公司始终恪守以本分、诚信为企业核心价值观，致力于为消费者提供具有高度行业差异化和极致用户体验的移动通信产品与服务，建立高度风格化的强大品牌，成为更健康更长久的世界一流企业！

欢迎进入公司官方网站 http：//www. vivo. com. cn/，详细了解公司及产品信息。

## 182. 协丰万佳科技（深圳）有限公司

**地址：** 广东省深圳市龙岗区平湖街道良安田社区良白路 179 号

**邮编：** 518111

**电话：** 0755-84687810

**传真：** 0755-84688817

**邮箱：** trm1@ hipfunggroup. com

**网址：** www. hipfunggroup. com

**简介：** 协丰万佳科技（深圳）有限公司是香港协丰公司在内地投资兴建的企业，公司在中国的加工生产基地主要向客户提供各种电子产品加工生产服务，完全有能力满足各种 OEM 客户的需求和各种复杂产品的加工要求。

公司于 2002 年 5 月积极地引进无铅焊接技术，现今完全有能力生产无铅产品，目前公司的生产设备可以满足欧洲市场。

此外，公司还加强了环境管理体系，参与了一些客户的“绿色伙伴”计划，并根据 ROHS 指示减少、逐渐停止或随后禁止采购和使用破坏环境的物质。

公司在亚洲和美国都设有采购办事处，在澳门设立了一个办事处以满足一些特别客户的需求，具有稳定的人力资源、国际最新和专门的生产设备、良好的质量控制、与相关方保持互利的合作与信任，使公司与来自日本、美国、欧洲及澳大利亚等大型公司客户保持着良好的商业合作关系。

## 183. 亚源科技股份有限公司

**地址：** 广东省深圳市龙岗区横岗街道马六路 10 号
**邮编：** 518115
**电话：** 0755-28607677
**传真：** 0755-28600134
**邮箱：** inquiry@ apd. com. tw
**网址：** www. apd. com. cn
**简介：** 全球电子产业发展趋势快速变迁，质量要求提高、研发生产时程缩短，已是大势所趋。亚源集团深耕电力电子技术二十余年，凭借高质量与弹性化生产设计能力，已成为特定应用领域的技术领导者。在全球电信基础建设高速发展的浪潮中，亚源集团的电源产品，已在各国网通设备中具有可观的市场。在全球医疗设备市场中，亚源集团已成为一线大厂的重要伙伴。在迅速发展的各项电子外围设备市场中，亚源集团供应的优质产品，早已成为不可或缺的高能效可靠组件。

坚实的关键技术能力。凭借着精益求精的工程师精神，以及对于技术与质量的执着，亚源集团长年投注高比例的研发资源，累积专业技术能力。如今，在自动化设计、产品安全耐受度，以及 EMC 等关键技术，亚源集团皆已成为业界的领先者。

永无止境的质量追求。客户的信赖来自于公司永无止境的质量追求。面对电源产品严格的安规要求，亚源集团对质量的执着未曾松懈。多年来，各大产品线的稳定可靠质量，已赢得客户一致信赖。

亚源集团持续创新的脚步从不停歇，近年已投入太阳光电变流器领域。未来，将持续深耕网通、医疗电源领域，开发更多样化的客制电源产品，为企业发展带来崭新动能。

## 184. 伊戈尔电气股份有限公司

EAGLERISE
伊戈尔电气股份有限公司
EAGLERISE ELECTRIC & ELECTRONIC (CHINA) CO.,LTD.

**地址：** 广东省佛山市南海区简平路桂城科技园 A3 号
**邮编：** 528200
**电话：** 0757-86256765-888
**传真：** 0757-86256886
**邮箱：** sales@ eaglerise. com
**网址：** www. eaglerise. com
**简介：** 伊戈尔电气股份有限公司始创于 20 世纪 90 年代，总部位于中国佛山，现有 2 个生产基地、2 个研发中心，拥有标准厂房 120000 平方米，员工约 2100 余人，致力于向全球市场提供最优质的电力、电源及电源组件产品和解决方案，主要产品系列有 LED 驱动器、开关电源、电源变压器、电感器、特种变压器、电抗器、配电变压器共七大类 400 余个品种，广泛应用于照明、电力、新能源、工控等行业。伊戈尔电气股份有限公司坚持以市场为导向，以客户为中心，在日本、美国、德国分别设有驻外机构，在全球范围内围绕着有价值的客户群，建立并发展着互惠互利的良好合作关系。

## 185. 英富美（深圳）科技有限公司

**地址：** 广东省深圳市福田区深南中路 307 号南光捷佳大厦 720 室
**邮编：** 518033
**电话：** 0755-36905610
**传真：** +886-02-28084990
**邮箱：** info@ infomatic. com. sg
**网址：** www. infomatic. com. sg
**简介：** 自 2008 年从台湾翘慧事业股份有限公司的软件事业部门分立出来，新加坡英富美有限公司（INFOMATIC PTE. LTD.）提供大中华与东南亚地区学校与企业客户关于电力电子仿真的多种解决方案。

由于中国地区市场成长快速，于 2018 年在深圳另外再成立英富美（深圳）科技有限公司，提供当地华文使用者更贴切与即时的产品服务。

公司目前代理瑞士 Plexim 与 Imperix 的电力电子系统仿真与快速原型设计相关软硬体产品，提供客户从离线仿真到在线实时仿真，从设计验证到搭建实物平台的完整解决方案。

## 186. 中山市电星电器实业有限公司

**地址：** 广东省中山市阜沙镇聚福街 1 号科博科技产业园
**邮编：** 528434
**电话：** 0760-28132828
**传真：** 0760-28161013
**邮箱：** sales@ kebopower. com
**网址：** www. kebopower. com
**简介：** 中山市电星电器实业有限公司成立于 1984 年 9 月，坐落于美丽发达的珠江三角洲地区，是一家有 27 年发展历史的民营出口企业。公司主要生产交流稳压器和不间断电源，集注塑、五金加工、丝印、插元件和装配于一体，并拥有专业的研发团队和与时俱进的营销团队，销售范围遍布全球 93 个国家和地区，产品质量和服务得到全球客户的高度肯定和信赖。公司秉承“质量为本、管理立业、以客为尊、持续改进”的企业文化和精神，不断发展壮大，并业绩逐年增长！

## 187. 中山市景荣电子有限公司

**地址：** 广东省中山市小榄镇工业大道中绩东二民诚东路 9 号 6 栋 902 卡
**邮编：** 528415
**电话：** 0760-22582168
**邮箱：** sales3@ kreco. com. cn
**网址：** www. kreco. com. cn
**简介：** 一站式智能电源采购平台。中山市景荣电子有限公司（商标 KRECO®）是一家经国家外经贸委批准享有进出口经营权，主营开关电源适配器、线性电源适配器、高档充电器及相关客户定制化产品的出口公司，并可为客户提供各种智能化的电源产品整体解决方案。产品全部按照全球最新国际化标准设计并规模化生产。

7国认证、最新标准、国际接轨。产品皆获得7国认证及CB证书，客户可自由选择，悉数通过最新、最全面、最严格的安规检测标准，符合国际最新的CoC和DoE 6级节能规范。（7国包括中国、美国、德国、日本、韩国、英国、澳大利亚）

精准定位产品，规模化量产。OEM生产工厂占地约20000平方米，包括9条生产线，有100个熟练的员工，月产值60万的生产能力是您定单交期的有力保障。同时公司也拥有强大的设计研发团队负责新产品研发和设计，专设品管部门负责产品品质检验和控制。

及时、专业、高效的销售服务。公司奉行“诚信（正直、诚实）”的核心价值观，以“走出去服务客户，工贸结合塑造自己的品牌”为己任，专业提供客户定制化的智能电源解决方案和产品。我们的产品销售到世界上60个国家和地区，并为他们提供专业的销售服务。

## 188. 珠海格力新元电子有限公司

**地址：**广东省珠海市斗门区龙山工业区龙山二路东8号

**邮编：**519110

**电话：**0756-5789888

**传真：**0756-5789800

**邮箱：**xinyuanscb9@ cn. gree. com

**网址：**www. gree-jd. com

**简介：**珠海格力新元电子有限公司创建于1988年，是一家专业从事电子元器件及电控组件的研发、生产、销售及服务的高新技术企业，是全球知名家电企业——珠海格力电器股份有限公司的全资子公司。

公司坐落于美丽的南海滨城——珠海，占地近10万平方米，现有员工1300余人，年销售额超过12亿元。产品主要有铝电解电容器、金属化薄膜电容器、IPM（智能功率模块）、家用电器及工业用控制器，产品广泛应用于新能源汽车、光伏/风电逆变器、智能电网、工业焊机、UPS电源、变频器、伺服器等工业领域及空调、冰箱、洗衣机、环保照明等消费类市场。

公司以格力“成就百年世界品牌”愿景为指引，以提升中国电子工业基础为己任，坚定不移地执行“生产优质产品，争创优良服务，追求顾客满意，实现持续改进”的质量方针，秉承“忠诚、友善、勤奋、进取”的格力精神，以“掌握核心科技”为理念，不断地进行科技创新与管理创新。

公司拥有实力雄厚的技术研发、服务团队，试验、检测资源丰富，技术研发费用投入持续增加。截至目前，公司拥有各项专利30余项，各产品系列不断扩充完善。通过了包括TS 16949在内的管理体系认证及VDE、UL、CQC等系列产品认证。公司先后获得“AAAA级标准化良好行为企业”“中国电子元件行业百强企业”“AAA企业信用评级”“广东省名牌产品”“高新技术产品”等荣誉。

放眼未来，珠海格力新元电子有限公司将依托“格力”这个优质平台，与更广大客户携手合作，共同践行“让世界爱上中国造”！

## 189. 珠海科达信电子科技有限公司

**地址：**广东省珠海市香洲区梅华西路1089号2栋601

**邮编：**519070

**电话：**0756-8658523

**传真：**0756-8620978

**邮箱：**marinasun@ qq. com

**网址：**www. zhcodasun. com

**简介：**珠海科达信电子科技有限公司是专业致力于交流稳压器及相关动力设备的研制、生产和销售的高新技术企业，拥有着一大批多年从事电源开发的专业技术人员，不断创新，为用户提供最符合国情电网环境的优质电源产品，并提供动力系统的全方位技术解决方案。

秉承“科技为先，诚信为本”的企业理念，以满足用户的需求为己任。1997年自主研制开发出国内第一台“晶闸管步进调压式无触点电力稳压器”，先后获得8项国家专利。该产品一经推出，其卓越的技术性能即受到广大用户的认可和欢迎，并得以迅速推广使用。几年来，它倡导了“无触点”稳压技术新概念，在信息产业部及各省份的选型检测中连续名列榜首，一度成为替代传统机械稳压器的最佳产品。

多年来，公司不仅重视产品的质量，更看重对用户的服务，为用户提供技术咨询、产品配套、精心选型及完善的售前、售中、售后全方位的服务。用优异的产品质量和完善的售后服务来赢得各方用户的信赖。

目前公司生产的稳压器在全国二十几个省、市、自治区应用于国防、广电、通信、金融、民航、医疗、厂矿等不同行业。

## 190. 珠海山特电子有限公司

**地址：**广东省珠海市唐家湾镇哈工大路1号-1-C102

**邮编：**519000

**电话：**0756-3388866

**传真：**0756-3388877

**邮箱：**ata@ ataups. com

**网址：**www. ataups. com

**简介：**珠海山特电子有限公司是目前国内具有较完整产品系列的不间断电源（UPS）和免维护蓄电池生产制造企业之一。ATA是珠海山特电子有限公司的自主品牌。

公司的产品主要有不间断电源（UPS）、逆变器、稳压电源以及免维护蓄电池。其中不间断电源有后备式、高频在线式、工频在线式、在线互动式等几大系列100余种规格；免维护蓄电池有用于世界各种型号汽车的电池以及广泛用于通信、电力、消防等各个行业用的2~24V电池。以上产品能够满足世界不同用户的要求，并可根据客户要求设计生产，接受OEM订单。

公司采用先进的设备进行生产，通过ISO 9001质量管理体系认证，并大力引进世界著名企业的管理理念，以确保满足用户对高品质产品的要求。

ATA品牌的系列产品广泛用于金融证券、医疗、通信、教育、交通等各个领域，并大量出口至东南亚、中东、南非和欧美等世界各个地区。

## 191. 珠海市海威尔电器有限公司

WiER

**地址：** 广东省珠海市高新区创新海岸科技二路10号2楼
**邮编：** 519000
**电话：** 0756-3620097
**邮箱：** sales100@ wierpower. com
**网址：** www. wierpower. com
**简介：** 珠海市海威尔电器有限公司是专业从事模块电源研发、生产、销售和提供解决方案的高新技术企业。致力于为工业、医疗、能源、电力、轨道交通等行业客户提供所需的电源模块，帮助客户提高生产效率和能源效率，同时降低对环境的不良影响。公司具有经验丰富的技术管理队伍，完善的品质管理体系，生产制程严格按照ISO 9001：2015的标准执行。

公司的产品主要分为DC-DC电源模块、AC-DC电源模块、EMC滤波器、工业信号隔离模块。

电源模块和工业信号隔离模块广泛应用于轨道交通、智能汽车、医疗器械、军工等领域，能够为客户提供个性化、全方位、最直接的电源方案和信号隔离方案。

海威尔电器有限公司位于环境优美的广东省珠海市高新区创新海岸，创建于2003年，公司多年来秉承“勤恳、踏实、共赢”的经营理念，业绩逐年递增，稳步发展，同时赢得了业界良好的信誉和口碑。

未来，我们将不断努力，将电源模块和工业信号隔离模块推向更广阔的舞台。

## 192. 珠海泰坦科技股份有限公司

**地址：** 广东省珠海市石花西路60号泰坦科技园
**邮编：** 519015
**电话：** 0756-3325899
**传真：** 0756-3325889
**邮箱：** titans@ titans. com. cn
**网址：** www. titans. com. cn
**简介：** 泰坦全称为中国泰坦能源技术集团有限公司，为香港联交所主板上市企业（股票代码：2188），包括珠海泰坦科技股份有限公司、珠海泰坦自动化技术有限公司、珠海泰坦新能源系统有限公司、北京优科利尔能源设备公司等企业，公司以电力电子为主要行业定位，集科研、制造、营销于一体，围绕发电、供电、用电的各类用户，运用先进的电力电子和自动控制技术，解决电能的转换、监测、控制和节能的需求，通过技术创新和新技术新产品的推广应用取得企业的发展。公司成立于1992年9月，总部设在风景优雅的珠海市石花西路泰坦科技园。公司拥有专业化、高素质的员工团队和雄厚的研发实力，以及覆盖全国的营销和技术服务网络。

公司研制和营运的主要产品有：电力直流产品系列、电动汽车充电设备、电网监测及治理设备、风能太阳能发电系统等产品。

## 193. 珠海泰特微电子股份有限公司

HUGEIC泰芯半导体

**地址：** 广东省珠海市香洲区唐家湾镇金唐路1号港湾一号科创园港11栋3楼
**邮编：** 519080
**电话：** 0756-3666670
**传真：** 0756-3666670
**邮箱：** wuyajie@ huge-ic. com
**网址：** www. huge-ic. com
**简介：** 珠海泰特微电子股份有限公司成立于2016年，是一家拥有全球领先技术的芯片设计初创公司，公司总部位于珠海并在深圳设立了市场和销售中心、在美国硅谷设立了射频研发中心。公司不仅拥有一支经验丰富的电力电子方案设计团队，而且还有一支超过10年芯片研发经验的技术支持团队。虽然成立不久，但是公司在处理器、电力电子、嵌入式、混合信号等方面有着深厚的技术积累。

公司专注于集成电路设计，主要从事低功耗无线物联网通信、工业实时控制处理器等系统级芯片的研发和销售，为智能电网、充电桩、电机控制、数字电源等产品提供具有竞争力的专业芯片、解决方案和方便进行二次开发的软件平台。

公司向来以“科技创新，写意人生”为宗旨，秉承“诚信、敬业、责任、创新”的企业精神，不断提升产品品质、服务和性价比，为共同构建安全、便携、稳定、轻松的高品质生活而不懈努力！

## 194. 专顺电机（惠州）有限公司

CSEpower

**地址：** 广东省惠州市博罗县石湾镇鸾岗村大牛路润万家工业园
**邮编：** 516127
**电话：** 0752-6928301

**传真：** 0752-6928311

**邮箱：** csc@ csepower. com

**网址：** www. csepower. com

**简介：** 专顺电机在台湾成立于 1978 年，是一家致力于变压器设计和制造的专业厂商并在变压器行业取得了骄人的成绩。2002 年成立了专顺电机（惠州）有限公司，工厂位于中国惠州市石湾镇，占地面积 60000 多平方米，现有员工 1500 多人。为更好地服务客户需求，还在苏州、菲律宾、印度设立生产服务点。公司的主要产品包括电源变压器、UPS 变压器、环形变压器、自耦变压器、三相变压器、高频变压器、线圈、非晶电抗器等。经过多年的努力公司已成为许多全球知名品牌客户的一级供货商。

公司始终以质量和创新的理念来经营管理，通过了 UL 认证（Class B. F. H. N. R）及 TUV、ISO 9001 认证并且全面执行 RoHS 标准。公司既有欧洲研发团队，也有经验丰富的管理人员和高效熟练的员工。公司现代化设备使我们成为变压器行业的先驱，并为客户提供物美价廉的产品。

完善的质量体系，严格的原材料和生产质量检测以及优质的售后服务，树立了客户对公司产品的信心，在国内外市场享有较好的信誉，期待与您的真诚合作！

# 北京市

## 195. 北京柏艾斯科技有限公司

PAS 柏艾斯

**地址：** 北京市顺义区林河工业开发区林河大街 28 号

**邮编：** 101300

**电话：** 010-89494921

**传真：** 010-89494925

**邮箱：** ayu@ passiontek. com. cn

**网址：** www. passiontek. com. cn

**简介：** 北京柏艾斯科技有限公司（以下简称柏艾斯）是一家专业的电参数隔离测量方案提供商，公司成立于 2004 年，经过多年的高速发展，现拥有完善的生产体系、研发体系、质量保证体系及高素质的销售及客服队伍。公司员工均经过严格的专业技术培训，拥有强大的技术开发、生产和销售的实力。

公司早在 2005 年就已顺利通过了 ISO 9000 质量管理体系认证并严格执行，部分产品通过了 CE、RoHS 等国内外权威认证。柏艾斯掌握多种电测量技术、拥有数十项专利技术、如电磁隔离技术、霍尔零磁通技术、磁通门技术、柔性罗氏线圈技术等。

PAS 系列产品型号齐全，包含霍尔电流传感器、霍尔电压传感器、电流变送器、电压变送器、功率变送器、漏电流变送器、开关量变送器以及智能电量变送器等产品。

柏艾斯亦可提供 OEM 和 ODM 服务，并获得了用户的一致好评，使企业在日趋激烈的市场竞争中更具优势。

## 196. 北京北创芯通科技有限公司

北京北创芯通科技有限公司
Beijing Creative Chip Expert Technology Co., Ltd

**地址：** 北京市经济技术开发区运成街 2 号泰豪智能大厦 B 座 401

**邮编：** 100176

**电话：** 010-56928318

**传真：** 010-56928318

**邮箱：** sales@ rtcce. com

**网址：** www. rtcce. com

**简介：** 北京北创芯通科技有限公司是一家专业从事电力及电力电子实时半实物仿真、电力系统分布式同步测控、无人平台智能感知识别系统的高科技公司，成立于 2009 年。目前已有自主品牌 SpaceR 的多个系列近 20 款产品投入批量生产，如分体式/一体式实时仿真平台、嵌入式实时仿真控制器、FPGA 小步长实时仿真平台、变电站无线同步测控系统、主动配电网微型同步相量测量单元、智能配电单元、无人平台智能感知识别控制系统、电网异物激光清除器等。

公司与多家高校和科研机构在技术合作、人才交流等方面建立了长期伙伴关系。公司技术团队拥有丰富的行业经验，已参与并完成了电力系统、电力电子、自动化控制、信息安全等领域的多项创新科技项目。公司秉持锐意进取、合作共赢的精神创建开放式平台，助力电力能源、工业控制、海军船舶、兵器军工、航空航天、教育科研等领域项目研发和产品设计，帮助客户创新、提高市场竞争力。

## 197. 北京创四方电子股份有限公司

TransFar

**地址：** 北京市朝阳区酒仙桥北路甲 10 号院 201 号楼 C 门三层

**邮编：** 100015

**电话：** 010-57589000

**传真：** 010-57589168

**邮箱：** bingzi@ trans-far. cn

**网址：** www. trans-far. cn

**简介：** 北京创四方电子股份有限公司（股票名称：创四方，股票代码：838834）是一家专业致力于各类精密电磁器件、精密电量传感器、新能源电抗器和特种变压器及 AC-DC、DC-DC 模块电源的高新技术企业，公司总部位于北京市朝阳区中关村电子城 IT 产业园，集开发、生产和销售及配套为一体，拥有“BingZi 兵字”和“TransFar 创四方”两大自有品牌，产品覆盖全国并远销海外。公司自从 1992 年诞生第一款全封闭式变压器以来，产品品种和业务规模得到快速的发展。公司拥有占地面积 80 余亩，建筑面积 34000 平方米的福建生产基地。

经过多年的发展，公司汇聚了一批高素质的专业技术人才，在各类产品上都能实现有针对性的专业性设计和高品质制造。所有产品都具有结构布局合理、隔离耐压高、散热好、环境适应能力强等显著优点，可广泛应用于工业控制系统、电力电子装置、充电桩、电动汽车、环保、医疗、新能源、交通等不同行业复杂的使用环境中。

公司的设计将以市场需求为导向，不断创新，关注客户并努力为客户创造价值，与业界同仁携手并进，共同为电子元器件市场和电力电子行业的繁荣与发展做出应有的贡献。

## 198. 北京航天星瑞电子科技有限公司

**地址：** 北京市大兴区北京经济技术开发区万源街 18 号 425 室

**邮编：** 100176

**电话：** 010-67878915

**传真：** 010-67888906

**邮箱：** xrpower08@ 163. com

**网址：** www. xrpower. com

**简介：** 北京航天星瑞电子科技有限公司是一家高新技术企业，位于北京经济技术开发区。公司致力于航空航天及各种军用领域测控电源设备以及民用测控电源的设计、开发、生产、服务，是中国电源学会会员单位。

公司成立之初就确立了高技术、高质量、高可靠的产品策略，并始终以“宽一寸、深百里”的经营理念在所处的电源行业中精耕细作，立志成为国内电源行业的著名企业。同时公司以“以人为本、诚信于心”的管理理念对待员工和客户，努力体现企业的社会价值，成为一个广受尊重的企业。

公司主要产品包括程控直流电源、程控中频交流电源、大功率直流电源、军品定制电源。此外，还可根据用户需求设计专用电源，提供军用测控系统供配电解决方案。

公司拥有军品研制生产资质。

我们渴望与客户一起为国家的国防事业的发展做出贡献！

## 199. 北京恒电电源设备有限公司

**地址：** 北京市海淀区温泉路 26 号

**邮编：** 100086

**电话：** 010-62451119

**传真：** 010-62451121

**邮箱：** wuchao@ hendan. com. cn

**网址：** www. hendan. com. cn

**简介：** 北京恒电电源设备有限公司是北京恒电创新科技有限公司的全资子公司，是我国最早研发、生产 UPS 的高新技术企业之一，也是我国最早研发、生产新能源电源的企业之一。公司成立于 1993 年，注册资金 2000 万，在北京海淀区拥有自己的生产基地。

恒电电源自主研制、开发、制造了恒电牌（HENDAN）系列电源产品并获得 ISO 9001、TUV、CE 等国际认证。2003 年被国家发改委列入“可再生能源项目”合格供应商名单。多种产品取得国家“金太阳”认证。从 20 世纪 90 年代第一台 HENDAN 牌电源问世到今天，恒电在电源领域拥有 20 多年的研发、生产经验，在新能源领域也已经拥有 15 年以上的经验。凭借丰富的行业积累，恒电多年来不断为客户提供完整、满意的解决方案，以及细致入微的全面的咨询及定制化服务。

公司产品在金融、证券、邮电、通信、国防、医疗、铁路、交通、税务、教育、电力、水力等国内外重点行业领域里都有应用。并且，公司的新能源产品被广泛应用于金太阳工程、三江源自然保护区生态移民工程、光明工程及供电到乡工程等新能源和地域性扶贫项目中。

宏扬民族工业，打造恒电品牌，恒电电源要以高品质的产品、系统化的管理、周到全面的服务成为中国及世界电源品牌的佼佼者。

## 200. 北京汇众电源技术有限责任公司

**地址：** 北京市海淀区上地七街一号 3 号楼 208 室

**邮编：** 100085

**电话：** 13381097896

**传真：** 010-62974057

**邮箱：** Huizhong_gyj@ 163. com

**网址：** www. huizhong. com. cn

**简介：** 北京汇众电源技术有限责任公司始建于 1986 年，位于海淀区上地七街一号，自有土地 10000 平方米，有三栋科研及生产大楼，建筑面积 23500 平方米。30 年来一直致力于电源产品的设计、开发、生产和服务，获得了丰富的工艺理念、可靠的技术储备和全系统质量管理经验，建立了一支稳定可靠的职工队伍。2008 年，获国家科技进步奖一等奖。

产品包括：模块电源、车载电源、逆变电源、军用微电路电源和高精度定制电源。主要应用于航天、航空、船舶、兵器、铁路通信、电力等领域。

**资质认证：**

1）武器装备质量管理体系认证证书；
2）军工保密资格证书；
3）武器装备科研生产许可证；
4）武器装备承制资格单位证书；
5）TS 16949 汽车行业管理体系认证。

## 201. 北京机械设备研究所

**地址：** 北京市海淀区永定路 50 号（142 信箱 208 分箱）

**邮编：** 100854

**电话**：010-88527004
**传真**：010-68386215
**邮箱**：m15027842488@ 163. com
**简介**：航天科研系统是我国最大的科研系统之一。中国航天科工集团（即原中国航天工业总公司）第二研究院是航天科研系统中的一个重要的、多学科及专业的综合性科研单位，有两弹一星功勋奖章获得者黄纬禄、6名中国工程院院士、2000多名高级科研人员和4000多名中级科研人员。其中既有我国电子界、宇航界的老前辈，又有实践经验十分丰富的中、青年科技专家。

航天二院不仅承担多种类型飞行器系统的总体、控制、制导、探测、跟踪、动力及地面系统的设计与生产，还承担空间高科技产品的研制；不仅承担国内重大科研项目，还承担着外贸出口任务。研究院采用现代科学的系统工程管理方法，把众多的研究所与生产厂有机地组成一体。近年来，共获国家与国防科工委各种发明奖以及重大科技成果奖数千项。

航天二院拥有现代化的科学研究设备，尤其是电子和光学仪器设备大都是全国一流的；拥有世界先进水平的计算机系统与控制系统仿真实验室；有863高科技技术等多个国家重点实验室，可为科研工作提供先进的研究与测试手段。

## 202. 北京金自天正智能控制股份有限公司

**地址**：北京市丰台区科学城富丰路6号
**邮编**：100070
**电话**：010-56982559
**邮箱**：aritimext@ 163. com
**网址**：www. aritime. cn
**简介**：北京金自天正智能控制股份有限公司拥有雄厚的技术力量和丰硕的业绩，承担了多项国家重点科技攻关和863项目，获得国家发明奖、科技进步奖、省部级奖等科研成果300多项，授权发明专利69项、实用新型专利47项、软件著作权164项。具有承接大型、复杂自动化工程的综合能力。

公司控股子公司上海金自天正信息技术有限公司、成都金自天正智能控制有限公司、北京金自能源科技发展有限公司、北京阿瑞新通科技有限公司；天津武清分公司；涿州和天津分公司。基本上形成了服务客户的市场布局，对公司总体业务的发展发挥了重要作用。

## 203. 北京京仪椿树整流器有限责任公司

**地址**：北京市丰台区东滨河路2号
**邮编**：100040
**电话**：010-88681651
**网址**：www. chunshu. com
**简介**：北京京仪椿树整流器有限责任公司始创于1960年，总部位于北京市丰台区，隶属于北京控股集团有限公司，注册资金7284万元，是中国较早生产电力电子器件和电力电子变流装置的高科技企业。

公司目前拥有市级企业技术中心、博士后科研工作站以及北京市优秀创新工作室，与清华大学、北京交通大学等院校通过产学研合作研发新产品。早在2000年和2008年已分别通过了质量管理体系认证和武器装备质量管理体系认证；2019年通过ISO 9001：2015和GJB 9001C-2017质量管理体系换版认证。公司是中国电器工业协会电力电子分会的副理事长单位。

公司产品秉承“优质环保、高效节能”的发展方向，主营产品有节能型电解电镀电源、科研院所试验电源、兆瓦级电弧加热电源、污水处理电源、特种气体制备电源、次氯酸钠发生器电源、中频感应加热电源、多晶硅还原炉电源、氢化炉电源、单晶炉电源、铸锭炉电源等系列产品。凭借雄厚的技术实力、领先的生产工艺及高效的管理团队，一直坚持不懈地努力为客户提供集设计、研发、制造、服务于一体的最佳解决方案。

公司为航天科技集团提供了大型的单套电源系统；在国内较早实现了MW级开关电源在多晶制备直流系统的应用，并推广到多个行业；拥有自主知识产权30余项，连续两年获得北京市科学技术奖。

## 204. 北京晶川电子技术发展有限责任公司

**地址**：北京市丰台区南三环东路23号1号楼6层西段办公601、602号
**邮编**：100078
**电话**：010-67695050-876
**邮箱**：jingchuan@ igbt. cn
**网址**：www. igbt. cn
**简介**：北京晶川电子技术发展有限责任（以下简称晶川）公司成立于1996年3月，成立初期就开始在中国市场上推广分销原德国西门子电子零件集团的工业电力电子器件，主要分销经营产品是西门子商标的IGBT模块和IGBT分立器件。晶川侧重把原西门子公司具有竞争力的电力电子器件介绍给国内客户，现晶川在中国市场上授权分销的品牌英飞凌（半导体）、EPCOS（无源元件）、VAC（磁性元器件）均源于原西门子电子零件集团。

1996~2006年，晶川专注于在中国市场上分销经营原西门子商标、现英飞凌商标的IGBT模块，自2007年开始实行多元化分销产品，多元化市场战略。

现主要分销产品为英飞凌工业电力控制事业部（IPC）产品：各种芯片、封装、功率等级的IGBT模块（600~

6500V，6~3600A）；IGBT、FRD 分立器件；驱动 IC；SiC 功率器件；IPM（600V，6~30A）；工业电机控制 MCU。

英飞凌汽车电子事业部（ATV）产品：晶川自 1998 年英飞凌 IGBT 模块开始进入中国电动汽车应用市场，到 2009 年授权分销英飞凌汽车电子（ATV）事业部全线产品。英飞凌 ATV 不但有电动汽车专用的汽车级 IGBT 模块和驱动 IC，还有传统汽车从传感（半导体传感器）、运算（MCU）到执行（功率 MOS 及 PIC），十分全面的汽车半导体产品系列。

英飞凌双极型公司产品：英飞凌双极型公司系英飞凌与西门子再次合资成立的公司，主要产品是大功率电力二极管、晶闸管（SCR）、光触发晶闸管（LTT），电压从 1200~9500V，电流从 100~6000A，品种多，型号全，包括平板式和模块型双极型电力半导体器件。

EPCOS 无源电子元件：铝电解电容、电力电容（膜电容）、IGBT 吸收电容，2009 年开始分销经营 EPCOS 汽车电子元件的全线产品，如高温铝电解、电感器、变压器。

PI 公司 IGBT 驱动产品：2000 年左右晶川开始分销经营原瑞士 Concept 中大功率、中高压 IGBT 驱动板，现为美国 PI 公司 IGBT 驱动板，2016 年开始分销经营 PI 公司 iD-river 驱动 IC。

晶川现已是 Infineon、EPCOS、PI 相关产品在中国最大的授权分销商，经营型号齐全，现货多，交期短。

德国 VAC 纳米晶磁性元器件：VAC 磁平衡式闭环电流传感器，温漂小，适合高温应用，精度高，响应速度快；共模电感；IGBT 驱动变压器；高频功率变压器磁心均具有磁导率高、体积小、耐高温的共同特点。

法国美尔森（Mersen）电气保护元件：快速熔断器；散热器，尤其是中高端水冷散热器竞争力强；复合母排（Busbar）。

韩国 LS 产电（LSIS）低压电器：接触器、断路器、继电器，LS 超级电容。

台湾光宝（Liteon）光电器件：IGBT 驱动光耦，隔离光耦，仪器仪表显示 LED。

美国霍尼韦尔（Honeywell）导热硅脂：具有温升低、可靠性高等性能优势。

北京晶川电子技术发展有限责任公司设有工业电力电子与汽车电子两大事业部，与授权分销的英飞凌 IPC 与 ATV 两大事业部相对应，最核心的分销经营产品是英飞凌 IGBT 模块。

IGBT 是绝缘栅双极型晶体管的英文缩写，它是功率 MOS 和双极型（GTR）晶体管优势互补的一种新型复合型功率开关晶体管，于 20 世纪 80 年代初理论出现，到 90 年代初开始产品化。晶川创始人周文定先生于 1982 年开始系统学习半导体器件物理，1990 年以后开始专注于 IGBT 应用技术研究与市场推广，是 IGBT 中国应用市场的开拓者，30 多年围绕晶体三极管耕耘。IGBT 广泛应用于能源电力、工业制造、交通运输等三大国民经济核心领域，是硅晶体时代中大功率能量变换与运动控制的关键功率半导体器件，具有节能、省材、高效利用新能源的主要功效。

晶川坚持技术服务促进贸易发展；坚持其授权分销产品对客户负责，与客户共赢共发展的经营原则。在北京设有电力电子应用方案研发中心、IGBT 应用可靠性实验室（办公面积超过 5000 平方米），致力于为客户提供有效的技术支持与售后技术服务；在成都投资建设有成都晶川电力电子工业园（建筑面积超过 4 万多平方米），支持客户创业创新；并在上海、深圳、武汉、西安、成都、重庆、青岛、南京、苏州、杭州设有客户服务联络处。

晶川成立 20 多年，公司名称没有发生任何变化，围绕工业电力电子与汽车核心零部件分销经营没有变化，大力促进中国节能减排以及充分利用新能源，建设生态文明的战略没有变。变化的是晶川的业务不断增加，授权分销的产品种类、品牌不断增加，进一步服务客户的能力不断增强。

晶格动力，川流不息，绿色低碳，健康未来！

## 205. 北京力源兴达科技有限公司

**地址：** 北京市海淀区西三旗建材城中路 12 号院 27 号楼

**邮编：** 100096

**电话：** 010-82922202

**传真：** 010-82926631

**邮箱：** hr@ liyuanxingda. com. cn

**网址：** www. liyuanxingda. com. cn

**简介：** 北京力源兴达科技有限公司成立于 2001 年 3 月 30 日，注册资本 2500 万元，注册地址为北京市昌平区科技园区超前路 37 号 6 号楼 4 层 1201 号，经营地址为北京市海淀区西三旗建材城中路 12 号院 27 号楼。2009 年 12 月成为北京市高新技术企业，分别于 2012 年 10 月 30 日、2015 年 11 月 24 日通过北京市高新技术企业复审。2013 年 1 月 28 日成为中关村高新技术企业，2016 年 1 月 28 日通过中关村高新技术企业复审。公司主要开发设计、生产制造各种交流/直流变换器（AC/DC）、直流/直流变换器（DC/DC）、直流/交流变换器（DC/AC），电容和电池充电等中小功率（3~3000W）的模块化高频开关电源产品。公司研发团队开发了电力系统、工业自动化系统、通信系统、铁路信号及铁路通信、仪器仪表、军用车载电源（电池）、机载电源（发电机）、舰载电源（发电机）等各类设备，可提供高稳定性的供电、转换电压、实现供电保护功能。多年来保持研发队伍稳定，和军工企业、科研院校建立了合作机制，不断开发新技术、新工艺，保证产品的技术质量，使公司产品始终保持行业领先地位。公司拥有从业人员 198 人，其中大专以上学历占总人数的 50%以上。本科以上学历 52 人，占总人数的 26%，大专学历 53 人，占总人数的 27%；公司研发人员主要毕业于电力电子、电气自动化、测控技术与仪器、电子科学技术信息等专业，具有专业技术教育背景，大力加强了公司的研发技术力量，通过研发人员的努力工作，使公司研发出质量稳定、技术先进的电源产品，得到了用户的肯定。公司研发实行项目负责制度，发挥了研发技术人员的积极性、探索性及自主空间发展，保证了研发人员的稳定性，使研发项目顺利进行。公司在发展过程中，取得了1项实用新型专利，40项软件著作权，2项发明专利在申请过程中。取得的证书有质量管理体系认证证书、武器装备质量体系认证证书、安全生产标准化三级企业证书、三级保密资格单位证书等，目前正在申请武器装备科研生产许可证及装备承制单位资格证书。

## 206. 北京落木源电子技术有限公司

**地址**：北京市西城区校场口街一号，6号楼一层

**邮编**：100120

**电话**：010-51653700

**邮箱**：pwrdriver@ pwrdriver. com

**网址**：www. pwrdriver. com

**简介**：北京落木源电子技术有限公司是国内较早从事IGBT驱动技术开发的公司，独立创新的发明专利技术始于1995年，目前拥有多项核心技术，在高电压、大电流、高频率、高效率等方向具有显著优势。公司产品应用在高压变频器、风电变流器、逆变焊机、电动汽车、感应加热、电力系统、电能质量改善等高端领域，同时也在通信、冶金化工、医疗器械、家电设备等工业领域有大量应用。公司客户数量以每年30%以上的速度增长，是优秀的IGBT驱动技术解决方案供应商。

## 207. 北京铭电龙科技有限公司

**地址**：北京市顺义区中关村顺义园林河大街21号

**邮编**：101300

**电话**：010-89493662/89493772

**传真**：010-89491003

**邮箱**：whl6688@ 126. com

**网址**：www. mdlkj. cn

**简介**：北京铭电龙科技有限公司注册于北京市中关村顺义园，是集研发、生产、销售于一体的高科技企业，在国内开关电源及电源解决方案等领域处于领先地位，主要生产有军品电源、工业电源、车载电源、通信电源、LED驱动电源等高可靠的电源产品，生产车间拥有成套先进的生产设备和检测仪器，公司通过国军际GJB 9001B—2008认证。

公司拥有一支超强研发能力的专业团队，在高压电源、超宽输入电压电源、数字电源、软开关谐振、LLC谐振、全桥移相软开关等开关电源技术前沿领域，取得了巨大成果，填补了国内的技术空白，并申请了具有完全知识产权的专利，使公司处于遥遥领先的地位。公司拥有34个大系列，几千个型号的成熟产品供客户选择，公司的系列电源产品已广泛应用于通信、铁路、航天航空、车载设备、电力设备等，取得了广大客户的认可，多个型号已列装。

除上述众多产品与服务外，北京铭电龙科技有限公司尊重客户需求，给客户提供完整的技术解决方案和定制产品，只需客户提出具体的需求，公司将提供整套的技术解决方案和定制产品。

## 208. 北京群菱能源科技有限公司

**地址**：北京市大兴区亦庄经济技术开发区科创十四街汇龙森科技园33号楼B座6层

**邮编**：100176

**电话**：010-56532068

**传真**：010-56532088

**邮箱**：bjqunling@ 163. com

**网址**：www. bjqunling. com

**简介**：北京群菱能源科技有限公司（以下简称群菱能源）是专业致力于新能源检测及系统集成、高校电气实验室建设、电动汽车充电站检测及系统集成、电源测试设备研发与制造的高科技生产型企业，公司注册资金10888万，目前拥有员工200多名，其中包括60多人的研发团队，由行业内知名专家、教授以及一批有开拓创新精神的博士、硕士组成。得益于多年能源检测领域不断地研究与探索，群菱能源在新能源及充电设施检测、配电网/微电网仿真动态模拟试验平台、蓄电池维护测试等相关行业拥有核心竞争力。

凭借优质的产品与服务，群菱能源获得“2018年度充电设施行业杰出贡献企业”“2018年度国家电网有限公司专利奖”“2018年度新能源最具潜力价值企业奖”“2018年度中国储能产业最佳智能装备供应商”金桩奖“2018年度充电桩零部件优秀品牌企业”，2017年荣获“中国机械工业科学技术奖三等奖”“南方电网公司科技进步奖二等奖”“GES2017年度最佳微网实验系统供应商”等20多项国内外大奖，顺利通过“国家高新技术企业”“中关村高新技术企业”“ISO 9001”“GB/T 19001”质量管理体系“国军标质量管理体系”等10多项认证。

## 209. 北京森社电子有限公司

**地址**：北京市朝阳区双桥西里7号院内20幢

**邮编**：100121

**电话**：010-85361516

**传真**：010-85368977

**邮箱**：2850326117@ qq. com

**网址**：www. bjsse. com. cn

**简介**：北京森社电子有限公司是专业设计、生产、销售（霍尔）电流、电压传感器/变送器（即宇波模块）的高新技术企业，公司前身是北京七零一厂传感器事业部。

20世纪80年代初，公司在国内率先开展了霍尔技术的研究。1989年，通过引进国外先进的闭环霍尔传感器技术，研制生产了（霍尔）电流、电压传感器/变送器，目前已生产了上千个品种，可测量直流、交流及脉冲电流或电压，电流量程从10mA~100kA；电压量程从10mV~10kV，产品覆盖了工业及军工应用的各个领域。

1999年，宇波模块的设计、生产及服务通过ISO 9001

质量管理体系认证。

2004年，北京七零一厂国企改制，正式注册成立北京森社电子有限公司。

2012年，全面贯彻执行国军标GJB 9001B—2009标准，取得武器装备质量体系认证证书。

2018年，参与起草国家行业标准《核聚变装置用电流传感器检测规范》，并于2018年6月6日发布实施。

## 210. 北京韶光科技有限公司

**地址：** 北京市海淀区知春路108号豪景大厦B座2002室

**邮编：** 100086

**电话：** 北京总部电话：010-62105512

深圳办：0755-83980566

上海办：021-54641492

南京办：025-84409203

**传真：** 010-62102958

**邮箱：** xuyp@ shaoguang. com. cn；xhd@ shaoguang. com. cn

**网址：** www. shaoguang. com. cn

**简介：** 北京韶光科技有限公司成立于1998年，是国内较早从事代理仙童功率器件产品的公司，公司主要致力于半导体器件的推广，如MOFET、IGBT单管和模块及超快恢复二极管和模块。公司还代理美格纳、东芝、瑞萨及南京晟芯半导体IGBT、MOS、FRD单管和模块产品（适应半导体国产化的趋势），晟芯半导体产品由原美国知名半导体厂商工程师设计，单管产品由原仙童代工厂等代工生产，晟芯的质量管控贯穿在产品实现的整个过程当中，尤其是增加了晟芯自己的二次测试步骤，确保交付到客户手中的产品有100%的质量保证。公司代理的产品主要应用于充电桩、开关电源（AC-DC、DC-DC）、逆变电源、UPS/EPS电源、通信电源、车载电源、电焊机、特种电源、马达控制器、高频感应加热、纺织机械、仪器仪表等。公司在北京、深圳、南京、上海、佛山、成都设有办事处，公司各办事处都设有技术支持部门，技术实力雄厚，可以给客户提供技术解决方案，解决客户的技术难题。公司在北京、上海、南京、深圳均设有库房，备有大量的现货库存，价格极具竞争性，并且可为客户配套服务。以质量和诚信占有市场是公司始终坚持的宗旨。

以创新和共赢求发展。光阴如织，时间似箭，世界在变，商海也在剧变，唯一不变的是，我们对事业永恒的追求。挑战与机遇同在，我们时刻充满自信。

## 211. 北京世纪金光半导体有限公司

**地址：** 北京市亦庄经济技术开发区排干渠西路17号

**邮编：** 100176

**电话：** 010-56993369

**传真：** 010-56993389

**邮箱：** sales@ cengol. com

**网址：** www. cengol. com

**简介：** 北京世纪金光半导体有限公司是一家快速成长、致力于第三代半导体功能材料和功率器件研发与生产的国家级高新技术企业，也是国内首家贯通碳化硅全产业链的综合半导体企业。公司核心管理团队都来自于世界500强企业，具有丰富的大企业实战管理经验。公司已承担国家科研项目70余项，其中国家科技重大专项8项，12项成果处于国内同类技术领先水平，5项成果达到国际先进水平。

公司坚持以“持续降低能耗”为己任，以“自主创新和源头创新”为根本，创新性地解决了高纯碳化硅粉料提纯技术、6英寸碳化硅单晶制备技术、高压低导通电阻碳化硅SBD、MOSFET材料、结构及工艺设计技术等。目前已完成从碳化硅功能材料生长、功率元器件和模块制备、行业应用开发和解决方案提供等关键领域的全面布局。

## 212. 北京索英电气技术有限公司

索英电气
SOARING

**地址：** 北京市海淀区永丰产业基地永捷北路3号永丰科技企业加速器（一区）A座

**邮编：** 100094

**电话：** 010-58937318

**传真：** 010-58937315

**邮箱：** soaring@ soaring. com. cn

**网址：** www. soaring. com. cn

**简介：** 北京索英电气技术有限公司（以下简称索英电气）创立于2002年，是国内节能测试和储能微网领域的专业公司。公司主要业务包括提供高效回馈型节能电子负载、蓄电池充放电测试系统、储能双向变流器以及储能微网系统解决方案、EPC工程等交钥匙型技术服务。分别面向电源生产领域客户，电池制造及应用、研究领域客户，新能源领域客户，并能实现不同产品和业务间的应用集成。索英电气拥有多项核心专利及高新技术企业、研究机构等资质，是国家重点新产品、火炬计划、科技支撑计划、863计划等课题承担单位，公司管理体系和产品已通过ISO 9001、ISO 14001、G59、TUV、金太阳等国内外认证。索英电气是绿色发展的践行者，自主研发的节能回馈电子负载和蓄电池充放电测试系统，为全球众多电源、电池生产制造企业提供了回馈式的老化及电池性能测试服务。今天，已有众多的世界500强企业、政府组织、重点大学、研究机构等选择了索英电气作为重要供应商及共赢伙伴。未来，索英电气亦将秉持“专业价值服务创新”的经营理念，努力将公司打造成为受人尊敬的全球一流企业。

## 213. 北京汐源科技有限公司

SYOURCE

**地址：** 北京市朝阳区建国路15号院甲1号4-101

**邮编**：100024

**电话**：010-89943450

**传真**：010-65747411

**邮箱**：sales@ syource. com

**网址**：www. syource. com

**简介**：北京汐源科技有限公司专业从事胶粘剂电子半导体材料及配套相关设备，拥有专业的技术人员，在电源、新能源、光通信、半导体、汽车电子等行业可为客户提供一站式解决方案。代理经销汉高、LORD、3M、道康宁、诺信等品牌产品，与多家电源、新能源、航空航天、军工单位合作。

在技术快速发展的今天，公司视客户的需求超过一切。专注品质，用心服务。公司通过了 ISO 9000 认证，拥有自主品牌，响应习主席的号召，自主研发高性能电子材料，填补了国内部分技术空白，促进了国内科技创新及军民融合发展。公司致力于帮助客户提高生产力并降低成本。

经销产品包含导热材料、导电材料、绝缘材料、三防涂敷、结构粘接、灌封设备、点胶设备及涂敷设备等。

## 214. 北京新雷能科技股份有限公司

**新雷能®**

**地址**：北京市昌平区科技园区双营中路 139 号

**邮编**：102200

**电话**：010-81913666

**传真**：010-81913612

**邮箱**：webmaster@ suplet. com

**网址**：www. xinleineng. com

**简介**：北京新雷能科技股份有限公司成立于 1997 年，是专业从事芯片电源、模块电源、定制电源、大功率电源及嵌入式电源系统研发的北京市高新技术企业，深圳证券交易所创业板上市企业（股票代码：300593）。公司可为客户提供从芯片级电源、模块电源、定制电源到系统级电源的全套解决方案。产品包括微电路 DC-DC、AC-DC 模块电源，厚膜混合集成电路 DC-DC 模块电源，微电子 DC-DC 芯片封装式电源，大功率风冷、液冷电源，铁路专用电源，电力专用电源，CPCI/VPX 电源，POE 电源，电源逆变器、滤波器，通信整流器及嵌入式电源系统，集成电路等。产品广泛应用于航天、航空、通信、铁路、电力、安防等领域。公司长期坚持“科技领先”的发展战略，累计拥有发明专利 26 项、实用新型专利 21 项、软件著作权 36 项。被北京市经信委评为“北京市企业技术中心”，被北京市发改委审定为航空航天级电源及整机系统关键技术“北京市工程实验室”。公司工程实验室可按照国家相关标准在厂内全流程进行元器件和产品的筛选、环境可靠性试验，同时对在研产品进行元器件电应力降额、热应力降额、热成像分析、环路稳定性分析以及 EMC、安规、电性能、雷击浪涌等测试，保证产品设计可靠性。

## 215. 北京银星通达科技开发有限责任公司

**地址**：北京市西城区北三环中路甲 29 号华尊大厦 A 座 403 室

**邮编**：100029

**电话**：010-82021883/82021884

**传真**：010-62034689

**邮箱**：yxtd@ silverst. com

**网址**：www. silverst. com

**简介**：北京银星通达科技开发有限责任公司前身创建于 1994 年 5 月，是北京市高新技术企业。公司自成立以来，始终致力于国际知名品牌电源产品在国内市场的推介工作，是国内外各知名品牌 UPS 电源、特种电源、蓄电池、机柜、发电机以及相关电子产品的销售、服务代理商；是专业从事各行业数据中心机房建设、UPS 供配电、制冷、监控等系统整体解决方案提供商；是中央国家机关政府采购中心、北京市政府采购中心信息类产品协议供货商。公司与各大知名检测中心合作，具有国家质量监督部门批准的对机房环境、基础设施检测资质，可为数据中心提供设计规划、竣工验收、等级评定、测试鉴定等服务项目。公司通过了 ISO 9001 质量管理体系认证，并历年被北京市工商行政管理局评为“守信企业”、被北京市企业评价协会评为“北京市信用企业”，并获得“中国电源行业诚信企业”证书。公司秉承“和谐、求实、敬业、创新”的理念，力争成为用户最信赖的基础设施解决方案、电源供电系统专家。公司的“IDC 采购商城”已入围中央国家机关政府采购中心电子卖场，商城坚持“专业的技术、可靠的方案、精湛的服务”，持续为新老用户提供更优质的产品解决方案与服务。

## 216. 北京英博电气股份有限公司

**英博电气**

**地址**：北京市丰台区南四环西路 188 号 10 区 2 号

**邮编**：100070

**电话**：010-63805588

**传真**：010-82600608

**邮箱**：marketing@ in-power. net

**网址**：www. in-power. net

**简介**：北京英博电气股份有限公司（以下简称英博电气）成立于 2004 年 3 月，是中外合资的高新技术企业，公司总部设立在北京市中关村高新技术产业园，目前在全国设有 2 个研发中心、4 个全资及控股子公司和 25 个办事处，构建了覆盖全国的营销和服务网络。英博电气历经多年发展，已成为集新能源和电力电子技术研发、设备制造、工程服务于一体的高科技企业。英博电气视创新为企业发展之本，以客户需求为导向，提供让客户满意的产品及服务为宗旨，面对新的发展机遇，英博电气已构建电力电子、电能质量、储能器件、新能源4大业务板块，聚焦轨道交通、数据通信、半导体、市政基建、汽车制造、钢铁冶金、轻工业、石油化工等多个核心行业，为客户提供新能源和电力电子技术的整体解决方案。英博电气作为国家电能质量标准委员会成员、中国节能协会节能服务产业委员会成员、中国电源学会成员，为推动行业技术与标准的发展做出了巨大贡献，被列为首批工信部推荐工业节能服务公司，并被评为国家重点火炬计划高新技术企业、国家重点高新技术企业、电能质量十佳企业、北京市创新型企业等。同时，公司先后通过了 ISO 9001、ISO 14001、OHSAS 18001 体系和中国质量认证中心的 CCC 认证。

## 217. 北京元十电子科技有限公司

**地址：** 北京市顺义区北小营镇北府环附路11号
**邮编：** 101300
**电话：** 010-69497802
**传真：** 010-69497995
**邮箱：** bjys668@ 139. com
**网址：** www. fac. com
**简介：** 北京元十电子科技有限公司是一家专注于电子元件技术开发、应用推广的企业，主要产品包括混合型超级电容、电容模组、工业电解电容器。产品应用领域广，包括工业电源、新能源、自动化控制等领域。公司可以按照客户要求设计开发关联产品。

## 218. 北京长城电子装备有限责任公司

**地址：** 北京市海淀区学院南路30号
**邮编：** 100082
**电话：** 010-62250747
**传真：** 010-62250376
**邮箱：** bgwr@ China. com
**网址：** www. bgwr. com. cn
**简介：** 北京长城电子装备有限责任公司位于北京市海淀区中关村科技园区，坐落在学院南路30号，是中国船舶重工集团的成员单位之一，现为国家高新技术企业和中关村高新技术企业、北京市企业技术中心。公司注册资本20725.83万元，占地面积36000平方米，建筑面积52000平方米，正式员工500余人。

现公司主要从事以船舶电子配套为主的相关研制生产业务，公司在特种电源、水下通信、电控系统、汽车电子产品等领域具有完整的科研生产能力。在仪器仪表、通信设备、机电设备、海洋工程设备等方面，公司拥有完善的整机组装部门及相应的流水生产线，拥有 SMT、波峰焊、组装生产线以及相关数控机械加工设备，同时具备机电电子产品环境测试与可靠性试验检测测试能力（经 CNAS、DILAC、国防实验室及国家计量认证），能够独立承接环境与可靠性以及应力筛选等多项试验。

公司通过了 GJB 9001C、GB/T 19001、GB/T 14000、GB/T 28001 和 TF 16949 等体系认证。公司成立40余年以来，坚持“不正不选、不精不做、不优不休”的质量方针，使公司的产品及服务持续地满足用户的需要。

## 219. 北京智源新能电气科技有限公司

zyxn 智源新能

**地址：** 北京市大兴区金苑路26号 A613
**邮编：** 100000
**电话：** 13439289923
**传真：** 010-62947495
**邮箱：** zoujia911@ 126. com
**网址：** www. zyxndq. com
**简介：** 北京智源新能电气科技有限公司是一家致力于电力电子电能变换和控制领域的国家级高新技术企业，主要提供提升配网电能质量的设备的相关技术和解决方案，目前产品有有源电力滤波器、低压静止无功发生器、配网三相不平衡、有源前端、微电网系统等。在低压配网直流输电、机车能量回馈等方面有深厚的技术储备。

公司以技术研发作为企业生存发展之本，研发实力是公司核心竞争力。目前掌握电力电子功率变换和控制领域相关的自主知识产权和核心技术，共取得和获受理专利4项，其中发明专利2项，软件著作权10项。由清华教授、专家和博硕士组成的核心研发团队共18人。公司坚持产学研相结合，与清华大学、中国矿业大学、兰州理工大学、北方工业大学等高等院校积极开展合作，积累了比较丰富的产学研管理经验，取得了众多技术成果。

## 220. 北京中天汇科电子技术有限责任公司

**地址：** 北京市昌平区沙河镇七里渠育荣教育园区（北门）
**邮编：** 102206
**电话：** 010-80707609
**传真：** 010-80707609-8009
**邮箱：** sun-zthk@ sohu. com
**网址：** www. zthk. com. cn
**简介：** 北京中天汇科电子技术有限责任公司系一家专业的电力电子制造企业，具有18年生产开关电源的历史。产品累计生产达数万余台，广泛应用于通信设备、广播发射、电力自动化、EPS（应急电源）等多个行业。

中天汇科公司注册于北京中关村昌平科技园区，是中国电源学会的团体会员，并取得了高新技术企业认证。公司下设开发部、生产部、销售部、质管部等部门，并拥有一批高新技术人才，其中具有大专学历以上的人员（含高级职称）占员工的60%。

公司自创业以来以诚为本，坚持以科技为先导，与中国矿业大学紧密合作采取校企协作，以知名教授及高级工程师为技术后盾，不断地研制出各种新型的电力电子产品。

公司已通过 ISO 9001：2000 质量管理体系认证，产品安全及电气性能完全符合信息产业部 YD/T 731—2000《通用高频开关整流器》，并通过了北京市产品质量监督检验所及国家电力科学院等权威部门的检测。

## 221. 华康泰克信息技术（北京）有限公司

**地址：**北京市海淀区上地中关村软件园 10 号楼 205

**邮编：**100094

**电话：**010-82826018

**传真：**010-82826233

**邮箱：**xuxiaomei@ wahcom. cn

**网址：**www. wahcom. cn

**简介：**华康泰克信息技术（北京）有限公司（以下简称华康泰克）2010 年注册成立，性质为有限责任公司。公司地处于石景山区八大处高科技园区，是一家集技术开发、生产销售和技术服务为一体的高科技企业，注册资金为 5000 万元。

公司自成立以来，一直致力于工程系统以及电力解决方案的开发与研究，公司主要承接机房工程、配电及 UPS 系统工程、音频及视频会议系统、计算机系统集成等工作。公司近年来经过不懈努力，凭借自身的技术力量推出多元化、全系列的工程系统解决方案，同时根据不同客户的需求，采用革新与演进，继承和发展相结合的策略，为用户提供各种全面的工程解决方案。

公司拥有一支专业技术服务队伍，多位工程师通过数据中心应用环境集成设计顾问证书，能够及时修复和解决高技术、高难度的不间断电源故障问题，受到客户的一致好评。2010 年成立了质量管理委员会，任命管理者代表组织标准化小组。并在产品实现过程中严格实施，坚持内部评审和管理评审，确保体系运行有效。严格挑选、优先合格供方；坚持配套设备、原材料、元器件入库前 100%检验制度；严把生产过程质量关、系统集成测试关、产品出厂检验关，实现了产品质量的持续稳定、安全可靠。

公司将保持诚信经营理念，不断提高质量管理水平，确保质量管理体系持续、有效运行，确保产品质量稳中有升，努力为客户提供更加优良、稳定可靠、安全的产品，提供更加及时、周到、优质的服务，力争成长为行业的积极推动者和领跑者！

## 222. 深圳市合派电子技术有限公司

HEPAI 合派

**地址：**北京市昌平区定泗路国际信息产业基地高新四街 6 号院 1 号楼 502 室

**邮编：**102206

**电话：**010-56290816

**邮箱：**sales@ hepaipower. com

**网址：**www. hepaipower. com

**简介：**深圳市合派电子技术有限公司成立于 2012 年。公司长期专注于成长型电源应用市场，是一家能提供全方位轨道交通电源、军工电源解决方案及相关产品的应用创新型公司。

公司在北京、深圳、香港、武汉、天津等城市拥有分支机构，快速响应本区域客户需求。先后获得军标质量体系认证、国家高新技术企业认定，并取得多项技术专利、软件著作权。

公司专注于国家基础产业的快速成长领域，长期与全国高精尖科研院所、各大高校及知名企业密切合作，建立了全方位技术研发团队、完备的产品体系，拥有庞大的高端客户群体以及高效的信息化运营系统。并与 VICOR、博大、幸康、皓文等全球众多顶级电源品牌结为长期战略合作伙伴，在提供全方位技术支持的同时，可依据客户的电气要求、复杂环境、电磁兼容、特殊行业标准等，提供专属定制型产品的深度研发服务，充分满足客户的特殊应用要求。

随着公司规模不断发展壮大，面对电源在轨道交通领域、军工领域的国产化需求，投入大量人力、物力、财力，致力于自主知识产权的产品研发工作，相关国产化产品跻身同行业领先水平。

## 223. 威尔克通信实验室

威尔克 WLLC

**地址：**北京市海淀区学院路 40 号研 7 楼 B 座 300-507 号

**邮编：**100191

**电话：**010-62301146

**传真：**010-62301146

**邮箱：**jczx@ chinawllc. com

**网址：**www. chinawllc. com

**简介：**威尔克通信实验室是公正权威的国家第三方信息通信实验室，从事网络信息安全服务、软件及信息系统评测、第三方委托检测验收、工业和信息化部电信设备进网认证检测、泰尔认证检测、行业/企业标准制定、新领域项目课题合作研究等检测评估和技术服务。

实验室前身为 1990 年成立的邮电部数据通信产品质量监督检验中心，隶属于数据通信科学技术研究所（1972 年成立），并作为国家数据通信工程技术研究中心的依托单位，是我国第一家从事数据通信的标准编制、产品进网检测、技术研究、支撑政府的国家机构。2003 年经信息产业部批准在信息产业部数据通信产品质量监督检验中心基础上组建了中国威尔克通信实验室/北京通和实益电信科学技术研究所有限公司，成为独立法人单位、国家高新技术企业和中关村高新技术企业。

实验室开展的电源类产品泰尔认证/委托测试业务涵盖通信系统用户外机柜、通信用高频开关整流器、通信用高频开关电源系统、通信用不间断电源、通信用配电设备、传输设备用电源分配列柜、通信用直流-直流变换设备、通信用逆变设备、通信用交流稳压器、通信用直流-直流模块电源、室外型通信电源系统、无触点交流稳压器、通信用240V直流供电系统、通信设备用电源分配单元（PDU）等。

## 224. 新驱科技（北京）有限公司

**地址：** 北京市海淀区丰智东路13号9012室

**邮编：** 100094

**电话：** 010-85820665

**邮箱：** infor@ innodrivetech. com

**网址：** www. innodrivetech. com

**简介：** 新驱科技（北京）有限公司（以下简称新驱科技）是国内领先的仿真、设计及测试方案供应商，旨在为用户提供最先进的设计方法、设计流程以及相应的设计工具，以帮助用户提升产品质量，降低成本。其总部位于北京，在深圳、武汉设有分支机构。

新驱科技专注于电力电子应用领域，坚持基于模型的设计理念，携手美国POWERSIM公司、美国SYNOPSYS公司、瑞士Typhoon-Hil公司、日本Myway公司为用户提供涵盖理论设计、离线仿真、快速原型、硬件在环、产品测试、质量优化的全流程开发方案，与此同时，依靠专业的技术团队与多年的电力电子开发经验积累，新驱科技能为用户提供专业的技术咨询、团队培训与仿真外协服务。

新驱科技始终承诺为用户带来最新的设计方法，最优的技术服务，愿以最大的努力，与用户一同成功。

主要产品：美国POWERSIM公司的PSIM仿真软件、美国Synopsys公司的Saber仿真软件、西班牙Power Smart Control公司的SmartCtrl电源设计软件、瑞士Typhoon公司的Typhoon HIL仿真器、日本Myway公司的Export4快速原型控制器及DSP硬件开发板、应用控制器。

## 225. 中科航达科技发展（北京）有限公司

**地址：** 北京市大兴区黄村镇兴华大街绿地财富中心D座712

**邮编：** 100085

**电话：** 010-82758895

**传真：** 010-82758895-8002

**邮箱：** xy@ bjzkhd. com；wxq@ bjzkhd. com

**网址：** www. bjzkhd. com

**简介：** 中科航达科技发展（北京）有限公司（以下简称中科航达）注册于北京市海淀区中关村科技园北区，依托于中科院以及中关村科技园强大的科研平台，以及多年积淀的雄厚技术背景，专注于铁路、电力、军工以及公网、专网等高端通信设备所需要的整体化电源提供方案的设计、研发、生产以及产品销售，为信息产业、国防电力以及铁路系统提供全方位、高品质的电源方案。

主要产品包括满足于通信交换、基站、电源系统、监控传输设备、铁路信号、铁路通信、工业自动化控制、电力监控以及传输系统的自动化控制、航空、航天和军工等领域特殊要求的高功率密度模块电源以及模块拼装化多输出系统电源产品。

一体化、智能化、低能耗是中科航达电源产品发展的终极目标，通过为铁路电力以及军工行业服务所积累的近二十年的设计经验，目前已为国内主流设备厂家提供了全面、系统、智能化的电源解决方案。凭借强大的技术创新以及强大的市场开发能力，树立GJB 9001B—2009质量管理体系思想作为管理核心，以完备的市场体系作为技术支持和服务保障，为客户提供全面、迅捷、智能化的电源解决方案。

# 上海市

## 226. 艾普斯电源（苏州）有限公司

**地址：** 上海市徐汇区古美路1515号19号楼1203室

**邮编：** 200233

**电话：** 021-54452200

**传真：** 021-54451502

**邮箱：** qin. zhang@ acpower. net

**网址：** www. preenpower. com

**简介：** 艾普斯电源（苏州）有限公司成立于1989年，为一家横跨两岸、世界领先的交流及直流电源供应器制造商，专注于电力电子领域，运用电源转换的核心技术拓展市场，致力发展电源相关解决方案（Total Power Solutions），主力产品为交流电源供应器、直流电源供应器、能馈型电网模拟电源、航空军用电源及稳压电源、UPS、测试解决方案等，客户涵盖世界500强与主要认证机构。艾普斯电源20多年来以研发+生产+销售+售前/售后服务，经营自有品牌，2010年更以新品牌“Preen”（Power & Renewable Energy）踏入新能源产业。

## 227. 昂宝电子（上海）有限公司

**地址：** 上海市张江高科技园区华佗路168号商业中心3号楼

**邮编：** 201203

**电话：** 021-50271718

**传真：** 021-50271680

**邮箱：** andrew_lin@ on-bright. com

**网址：** www. on-bright. com

**简介：**昂宝电子（上海）有限公司（以下简称昂宝电子）坐落在中国国家级信息技术产业基地——上海浦东张江高科技园区，是一家从事高性能模拟及数模混合集成电路设计的企业。

公司专注于设计、开发、测试和销售基于先进的亚微米 CMOS、BIPOLAR、BICMOS、BCD 等工艺技术的模拟及数模混合集成电路产品，以通信、消费类电子、计算机及计算机接口设备为市场目标，致力成为世界一流的模拟及混合集成电路设计公司。

昂宝电子拥有一批来自国内外顶尖半导体设计公司的资深专家组成的核心技术团队，既有在模拟及混合集成电路领域多款成功产品的开发经验，也带来了新的活创新思维。核心技术团队的数位成员来自美国的著名半导体公司，拥有超过 40 项美国专利。通过将这支资深的技术专家队伍与本地优秀的设计人才相结合，昂宝电子为客户提供高品质、具有成本竞争力的半导体精品芯片、解决方案以及优良的服务。在这竞争日益激烈的市场中，昂宝电子坚持以创新、务实、高效、共赢为经营理念，为您提供最适合的半导体解决方案，是您最佳的策略合作伙伴。

主要产品涵盖：电源管理 IC、高速、高精度数/模或模/数转换器、无线射频 IC 及混合信号的系统级芯片（SoC）。

## 228. 登钛电子技术（上海）有限公司

DENSITY POWER

**地址：**上海市浦东新区张江高科技园区蔡伦路 1690 号 2 号楼 302 室

**邮编：**201203

**电话：**021-50875986

**传真：**021-50876659

**邮箱：**sam. zuo@ densitypower. com

**网址：**www. densitypower. com

**简介：**登钛电子技术（上海）有限公司（Density Power）致力于全球领先的“高效、安全、可靠”的电源转换器及 EMC 滤波器的研究、生产、销售和服务，并为客户提供电力电子变换器、高可靠性应用电源的整体解决方案。公司拥有雄厚的技术背景、研发实力和经验丰富的管理团队。公司已通过 ISO 9001 和 IATF 16949 认证，并被认定为国家高新技术企业。

“以技术驱动为核心，以客户满意为宗旨”，公司拥有业界一流的技术和管理团队，完善的管理流程体系，先进的研发、测试、生产设备和系统平台。公司拥有多项专利技术和软件著作权以及具有自主知识产权的先进的自动化电源测试系统、全自动电源热性能测试系统、可靠性测试和验证平台、高效节能型能量回馈老化测试系统等。

登钛电子（Density Power）的产品主要包括：DC-DC 模块电源、AC-DC 电源、EMC 滤波器产品等，并为客户提供专业的定制化服务和整体解决方案。产品广泛应用于轨道交通、电力、汽车电子、工业控制、医疗设备、半导体测试设备以及仪器仪表等高可靠性的应用领域。

## 229. 美尔森电气保护系统（上海）有限公司

MERSEN

Eldre | Ferraz Shawmut | m.schneider | R-Theta

**地址：**上海市松江区书山路 55 弄 6、7、8 号

**邮编：**201611

**电话：**021-67602388

**传真：**021-67760722

**邮箱：**liuxiong. mao@ mersen. com

**网址：**www. ep-cn. mersen. com

**简介：**美尔森电气保护系统（上海）有限公司作为世界领先的电气保护专家，为市场提供高品质的、安全可靠且不断创新的产品和符合客户需求的解决方案，从而帮助客户优化他们的电力效率，满足不同客户的需求。公司拥有世界上最全面的中低压熔断器产品及熔断器底座、浪涌保护器、散热冷却产品、大电流隔离开关、低压接触器以及叠层母排等，广泛应用于电力控制、输配电、大功率低压配电和电力电子等领域。

## 230. 敏业信息科技（上海）有限公司

**地址：**上海市浦东新区锦绣东路 1999 号 523 室

**邮编：**201206

**电话：**021-8788771

**传真：**021-68788771

**邮箱：**yanjun@ myemc. net. cn

**网址：**www. myemc. net. cn

**简介：**公司成立于 2010 年，以黄敏超博士为引领的国际化 EMC 专家团队，在上海、武汉和深圳创办了 EMC 诊断测试中心，为国内外企业提供 EMC 诊断测试、技术服务及培训业务。公司的技术服务行业领域覆盖医疗、通信、电动汽车、家电、电力、新能源发电、照明和军工等。EMC 技术服务已为国内外近百家知名企业提供了电磁兼容整改服务，同时获得了相关领域的多项专利。

公司推出一站式 EMI 诊断测试系统以及 EMC 诊断测试集成方案，帮助快速诊断 EMC 问题的原因以及相关物料选型，大幅度地节省 EMC 问题的解决时间，目前已进入军工、家电、通信、物联网、照明和高校等行业。

**主营业务：**

1. EMC 技术服务

1）EMC 整改服务；

2）EMC 诊断测试；

3）EMC 正向设计。

2. EMC 培训

1）EMC 实操培训公开课；

2）企业定制 EMC 培训；

3）EMC 技术沙龙；

4）EMC 视频课程。

3. 一站式 EMI 诊断测试系统的功能概述

1）噪声源定位；
2）电磁噪声诊断；
3）插入损耗测试；
4）差共模分离；
5）滤波器仿真设计。

## 231. 上海大周信息科技有限公司

**地址：** 上海市闵行区漕宝路 1788 号 108A
**邮编：** 201101
**电话：** 021-64959258
**邮箱：** sales@ greatzhou. com
**网址：** www. greatzhou. com
**简介：** 上海大周信息科技有限公司致力于成为顶尖的直流微电网关键产品提供商以及 1500V 以下工业直流微电网系统集成服务商。

公司成立于 2010 年，总部位于上海漕河泾高科技开发区。公司长期关注电力电子、新能源发电与微电网领域的相关技术发展，尤其看好直流电技术路线。

公司主要服务于能源互联网范畴下的新能源发电、储能及储能设备测试、工业节能、科研实验等领域，用户包括电网公司、发电集团、电力装备企业、工矿企业、售电公司及领域内的科研机构和高校等。

公司自成立以来，充分发挥长期与前沿科技紧密接触的优势，站在科技与工业的交汇处，敏锐观察未来趋势，并结合工业需求，充分利用上海信息便利和科研人才众多的优势，为用户提供完备的相关产品及系统服务。

## 232. 上海谷登电气有限公司

谷登电气
GOODEN

**地址：** 上海市长宁区新华路 543 号 10 楼 C 座
**邮编：** 200052
**电话：** 021-62813011
**传真：** 021-32813010
**邮箱：** gddy@ sh-gddy. com
**网址：** www. sh-gddy. com
**简介：** 上海谷登电气有限公司是一家集研发、生产、销售于一体的现代化企业。谷登公司所生产的产品，有着严格的质量检测手段，配备先进的试验设备，对质量层层把关。公司通过了 ISO 9001 质量管理体系认证，生产的仪器、仪表等产品均已通过国家有关检测机构认可，并取得了证书。同时由 Auger Certificationg&Testing Service LTD. 检测达到 CE 认证，出口欧洲。

上海谷登电气有限公司主要产品包括：变频电源、直流电源、开关电源、稳压器、稳压电源、低压变压器、隔离变压器、UPS 等，其中自主研发的高精度大功率无触点智能稳压电源，获得了国家专利证书（专利号：1228994）。产品广泛应用于冶金、石化、电力、建筑、市政、环保、国防、水利等行业，部分产品与成套设备一起出口。

公司的宗旨是：以人为本，诚信经营。

## 233. 上海航裕电源科技有限公司

**地址：** 上海市松江区车墩镇联营路 615 号 9 号楼 403
**邮编：** 201611
**电话：** 021-67285228
**传真：** 021-67285228
**邮箱：** hypower@ hypower. cn
**网址：** www. hypower. cn
**简介：** 上海航裕电源科技有限公司始创于 2009 年，是一家专业研发生产各类航空航天、国防军工以及科研开发实验室测试用精密交直流电源的创新型公司。

多年来，公司坚持为用户提供高品质电源产品及技术服务，并且不断投入各类电源的技术研发，在线性和开关电源领域均有技术突破。应用领域覆盖航空、航天、机载、舰载、兵器、船舶、雷达、通信、轨道交通、新能源汽车、电动工具、低压电器检测、传感器开发、电容电感元器件开发测试以及其他科研领域，在需要高可靠性电源的应用场合发挥着不可或缺的作用。

## 234. 上海华翌电气有限公司

SHANGHAI 华翌电气

**地址：** 上海市杨浦区翔殷路 128 号 1 号楼 B 座 123-124 室（上海理工大学国家大学科技园）
**邮编：** 200433
**电话：** 021-35072926
**传真：** 021-56688889
**邮箱：** 13901680595@ 139. com
**网址：** www. huayi-power. com
**简介：** 上海华翌电气有限公司成立于 1999 年，是一家专业生产直流电源、EPS、消防照明及设备专用 EPS、UPS（不间断电源）的企业。公司共有员工 100 多人，其中工程技术人员 30 多人。公司总部位于上海理工大学国家科技园，主要从事研发、设计、销售及售后服务及部分生产。二分部位于军工路 2390 号，主要从事产品制造加工，三分部位于青浦区天一路 451 号，主要从事结构制造。制造采用日本进口的数控冲床、数控折弯机、数控剪板机、数显铜排加工机、低压开关实验台、耐压实验仪、恒温箱、模拟负载箱、CL312 三项电能表现场校验仪、CHXLW 微电阻测试仪、LBO-522 日本 LEADER 示波器、HSI801 电涌绝缘测试仪、QT2 型半导体管特性图示仪、HF2811C 型 LCR 数字电桥等先进加工、检测设备。

企业具有先进的生产、检测手段和国内一流的制造技术，企业一直以“质量为本，科技立业”为宗旨，把产品的质量视为企业的生命，公司按 ISO 9001 标准建立了质量管理体系，2002年获得了该质量体系认证证书，2003年7月获得中国国家强制性产品3C认证证书，公司获得公安部消防产品合格评定中心颁发的消防应急灯具专用应急电源国家强制性产品认证证书及消防设备应急电源国家强制性产品认证证书，开发的GZTW智能型系列直流电源柜1998年在香港获得世界华人发明博览会银质奖。并于2003年加入中石化总公司战略合作伙伴。公司生产的直流电源、EPS、消防照明及设备专用EPS、UPS、智能照明控制柜、交流稳压电源、电机分批自启动柜及低压开关柜MAS（MNS）在燕山石化、安庆石化、新疆塔河石化、扬子石化、中石化仪征化纤、天津石化、泰州东联石化、镇海石化、四川维尼纶厂、青岛炼化、青岛石化、济南石化、海南炼化、茂名石化、中原油田、中海油、中化集团泉州石化、中化集团南京南化、海宁供电局、上海南桥50万V变电站、上海宝钢、宝钢湛江基地、武钢武汉基地、武钢广西防城港基地、首钢水城钢厂基地、上海国际博览中心等国家重点工程中获得一致好评，被中国石化总公司及中海油公司、中化集团公司、冶金、电力等国家重点企业选为资源市场成员厂。

## 235. 上海吉电电子技术有限公司

**地址：** 上海市闵行区华漕镇纪展路288号

**邮编：** 201107

**电话：** 021-52964208

**传真：** 021-52964207

**邮箱：** 252027138@ qq. com

**网址：** www. jd-ele. com

**简介：** 上海吉电电子技术有限公司成立于2005年，是全球诸多著名半导体、电子元器件、工控产品生产企业在亚太地区的重要代理商，已通过ISO 9001和邓白氏体系认证。在北京、深圳、沈阳、南京、株洲、重庆、香港等重点城市以及日本、新加坡都设有分公司。

公司坚守“品质第一，诚信经营，精益服务”的企业宗旨，多年来活跃并成长于电梯、EV新能源汽车、电力新能源、轨道交通、FA工业自动化以及智能系统等领域；与众多世界知名电子制造商和研发机构结为战略合作伙伴，优选最新技术产品，助力高科技制造企业提升科技含量和市场竞争力，实现合作的最大价值。

公司拥有优秀的销售团队、产品设计与技术开发团队以及专业的生产制造团队，为客户定向研发、制造专用设备与产品；采用与国际接轨的先进的企业经营管理系统，高效优质地进行企业运营与供应链管理；公司致力于推广节能高效、绿色环保的产品，与环境和谐共存、推动持续发展。

我们秉承企业的社会责任，连续五年被评为“上海市民营百强企业”“上海市先进企业”。公司未来将不断开拓新领域、提升技术新能级，不懈追求零缺陷执行与流程创新，为中国智能制造2025做出新贡献。

## 236. 上海君研电子有限公司

**地址：** 上海市青浦区新丹路359号5栋2楼

**邮编：** 201706

**电话：** 021-52265908

**邮箱：** shjunyan@ 189. cn

**网址：** www. shjunyan. com

**简介：** 上海君研电子有限公司成立于2003年，多年来一直致力于电流检测类产品的开发生产，产品有各类电流互感器、零序电流互感器、直流电流传感器、交流电流传感器、电流开关、高精度交直流电流互感器，广泛应用于各类电测仪表、电源、断路器、马达保护、电气火灾监控、电气反馈控制、充电桩、光伏/风能/氢能等交直流检测、监测、计量等场合。

上海君研推出的JYFG系列高精度交/直流电流互感器区别于霍尔式电流传感器，采用磁通门技术，主要面向高精度交/直流电流及脉冲电流的测试和测量领域，具有高精度、高带宽及高稳定性等特点，且能够实现一次、二次电流的电气隔离。带有工作正常指示和自我保护归零的功能，具有较高的安全性，更好地满足了用户的需求。

JYFG电流传感器的量程从10μA~10kA，精度从$1\times10^{-6}\sim1000\times10^{-6}$。同时，可针对用户的需求，提供产品定制化服务，满足不同的应用场景。

## 237. 上海科锐光电发展有限公司

CREE

**地址：** 上海市普陀区真北路958号天地科技广场1号楼16层

**邮编：** 200333

**电话：** 021-52658800

**传真：** 021-52831810

**邮箱：** Frank. Wei@ cree. com

**网址：** www. cree. com

**简介：** 上海科锐光电发展有限公司（以下简称科锐）（美国纳斯达克上市股票代码：CREE）是Wolfspeed功率和射频（RF）半导体、照明级LED的创新者。科锐的Wolfspeed产品组合包括碳化硅（SiC）材料、功率器件、射频器件，广泛应用于电动汽车（EV）、快速充电、逆变器、电源、电信、航空航天等领域。科锐的LED产品组合包括蓝光和绿光LED芯片、高亮度LED和照明级大功率LED，广泛应用于室内和室外照明、显示屏、交通及特种照明等领域。

## 238. 上海科泰电源股份有限公司

**地址：** 上海市青浦区天辰路1633号

**邮编**：201712
**电话**：021-59758000
**传真**：021-69758500
**邮箱**：sales@ cooltechsh. com
**网址**：www. cooltechsh. com
**简介**：上海科泰电源股份有限公司于2002年在青浦工业园成立。公司立足于发电设备制造，逐步向集团化、多元化产业发展。公司于2008年完成股份制改造，并于2010年在深圳证券交易所正式挂牌上市（股票代码：300153）。

电力设备制造是公司的主业。位于上海青浦的电力设备成套厂房面积约8万平方米，拥有大、中、小功率自动化组装流水线，6间设备测试台位及配备国际一流设备的钣金车间，产品包括标准型机组、静音型机组、移动发电车、拖车型机组、集装箱型机组、方舱型机组、中低压输配电产品等电力设备整体解决方案，并具有混合能源、分布式电站等新型电力系统的设计、制造和运维能力。标准化、智能化、环保性、高品质是公司电力设备产品的主要特点。

公司控股子公司上海精虹新能源科技有限公司是一家集新能源汽车动力系统研发、生产、销售和服务于一体的高科技企业，专注于为车企提供新能源汽车核心零部件解决方案。同时，公司具有完整成熟的储能电池单元及储能系统解决方案，基于完善的资源优势，响应国家号召践行动力电池的二次梯度利用，在储能单元应用及推广方面积极创新。

近年来，公司被评为上海市高新技术企业2018—2019年上海市民营制造业100强企业、上海市实施卓越绩效管理先进企业、AAA资信等级企业、中国电器工业最具影响力企业、上海市专利工作示范企业并获得了上海市五一劳动奖状等诸多荣誉。“科泰电源（COOLTECH）”被评为“2016—2017年度推荐出口品牌”，得到了社会各界的广泛认可。

展望未来，公司将依托主业优势，多元发展的战略。其中电力设备制造板块，向上游配套件制造和下游以混合能源、分布式电站为代表的新型电力系统应用延伸，实行全产业链制造；新能源板块，定位为新能源汽车核心零部件制造和储能系统整体解决方案供应商。以储能为纽带将电力设备和新能源连为一体，双向促进，协同发展，共同打造一流品质，一流服务，绿色发展，环境友好，以人为本，安全第一，科学规范，智慧运营的中国制造企业。

## 239. 上海雷卯电子科技有限公司

Leiditech

**地址**：上海市浦东区康杉路518号A栋202室
**邮编**：200120
**电话**：021-50828806
**传真**：021-50477059
**邮箱**：sale2@ leiditech. com
**网址**：www. leiditech. com
**简介**：上海雷卯电子科技有限公司于2011年成立，品牌为LEIDITECH，研发团队由留美博士组建，主要研发生产防静电TVS/ESD以及其他EMC元器件，用于保护电源正常工作。公司围绕EMC电磁兼容服务客户，自建免费实验室为客户测试静电（30kV）、雷击（8/20，10/1000）、汽车抛负载（7637 5a/5b）和元器件的对比测试（电容，Vb，Vc）等。公司紧跟国内外技术，不断创新EMC保护方案，为国产化替代提供可信赖方案。

## 240. 上海全力电器有限公司

全力电源

**地址**：上海市普陀区金沙江路891号
**邮编**：200062
**电话**：021-62535836
**传真**：021-62558838
**邮箱**：querli@ querli. com
**网址**：www. querli. com
**简介**：上海全力电器有限公司是中国电源学会会员单位，是一家专业从事集各种交直流电源研究、开发、生产、销售于一体的综合性企业。

公司创办以来，一贯坚持“以质量求生存，以科技求发展”的发展纲领，不断引进和吸收国内外新技术、新工艺、新器件，产品品质不断提高，功能不断完善，性能更加可靠。全力人本着“追求永无止境”的理念，不断创新、努力开拓，先后取得中国电工产品安全认证（长城认证）、ISO 9001认证，并由中国人民保险公司承担质量责任保险。经过十年拼搏和奋斗，现已发展成为具有多项国内领先技术，以高科技为基础的初具规模的电源生产基地。目前公司生产的产品主要有精密净化交流稳压器、直流稳压电源、逆变电源、各种充电机、调压器、变压器等十大系列300多种规格，年产各种产品达十万台（套），产品畅销全国近100个城市，部分产品远销国际市场，深受国内外用户的好评。

## 241. 上海申睿电气有限公司

Shen Rui Electric
申睿电气

**地址**：上海市宝山区长逸路15号复旦软件园B栋1209-1211室
**邮编**：200441
**电话**：18516606048
**传真**：021-65682881
**邮箱**：xiangwei. zeng@ sre-power. com
**网址**：www. sre-power. com
**简介**：上海申睿电气有限公司是由一家归国留学人员创办的国家高新技术企业，成立于2014年，专注于高端定制电源的研发、销售和生产。在工业电源、直流电机控制、电梯、打印机、激光投影和 LED 驱动等行业有广泛的应用，是富士康、伟创力、台达、捷普、美国易达、英国欧捷等众多大客户的合格供应商。公司 70%以上的电源产品外销欧美。在新能源行业的太阳能发电和风力发电业务，聚焦于全系统的主控部分研发和生产。上海申睿电气有限公司是上海嘉定区小千人企业获得者，获“创业新锐”称号及“上海市创新创业人才资助企业”“享受外企待遇企业”等荣誉称号，是变频器行业协会和中国电源学会的会员单位。公司的产品线已涵盖机顶盒电源、平板电脑适配器、医疗电源、工业电源、电机驱动电源、LED 室内/外照明驱动电源、通信电源、激光光源驱动及电源、风力发电、光伏发电等诸多领域。

## 242. 上海申世电气有限公司

**地址：**上海市嘉定区北和公路 68 号
**邮编：**201807
**电话：**021-59160872
**传真：**021-39968137
**邮箱：**runzi@ runzi. cc
**网址：**www. runzi. cc
**简介：**上海申世电气有限公司主要从事电抗器系列、功率电阻系列、制动单元等电力电子产品的研发、制造、销售及服务。产品应用的领域包括：变频传动、光伏发电、风力发电、无功补偿等。公司严格执行 ISO 9001 标准，是精细化管理、傻瓜式作业的极力倡导企业，全过程实现产品质量的稳定控制。

## 243. 上海文顺电器有限公司

WENSHUN
Automatic Electric Power Test Solution

**地址：**上海市浦东新区沈梅路 290 号
**邮编：**201318
**电话：**021-50864311
**传真：**021-64293473
**邮箱：**idfx@ 163. com
**网址：**www. sh-wenshun. com
**简介：**上海文顺电器有限公司是一家专业从事非标负载和电力测试设备研发和制造的企业，致力于电力负载测试领域，为用户提供多元化的解决方案，公司始终坚持引进国内外先进技术、集成创新、自主研究、合作开发的发展战略。公司拥有一支技术全面的高素质研发及生产队伍，坚持以客户需求为导向，为追求用户体验，产品均可按用户需求进行定制设计。

公司的产品现已应用于发电机发动机组、UPS、新能源汽车充电桩、太阳能、铁道机车、军工科研院所等行业内的各个领域，是各类产品研发和出厂检验中不可或缺的专用仪器。

## 244. 上海稳利达科技股份有限公司

**地址：**上海市嘉定区高石公路 2439 号
**邮编：**201816
**电话：**8008203007
**传真：**021-63533418
**邮箱：**sales@ wenlida. com
**网址：**www. wenlida. com
**简介：**上海稳利达科技股份有限公司（以下简称“稳利达”）成立于 1995 年，是专业生产稳压器、变压器、节电器、无源（有源）谐波滤除装置、太阳能逆变器等系列产品的大型生产厂商及电源系统服务供应商。目前公司正致力于绿色、环保、节能、安全的新能源产品的开发。以“行业专用稳压器”“变压器”“谐波滤除装置”“节能产品”为基础，努力将公司创建为国内新能源产品制造现代企业。多年来，公司以先进的技术、优异的产品、稳定的质量和一流的服务，在市场上赢得了良好的美誉度。产品远销欧美、东南亚、中东、非洲等世界各地。

公司现有：上海嘉定和浙江嘉善两处标准型生产基地和研发中心。

先后成立：北京、广州、青岛、济南、长春、沈阳、西安、重庆、成都、苏州、新疆分公司与办事处。

公司荣获：泰尔产品认证证书、国家广播入网认定证书、CCC 认证、ISO 14001 环境管理体系认证、ISO 9001 质量管理体系认证、太阳能产品认证证书、高新成果转化证书、CE 证书、SGS 认证供应商、SONCAP 认证等一系列认证。

公司客户：华为、中兴、海尔、海信、中国移动、中国石油、百超、斗山、三菱重工、海德堡、梅兰日兰、上海明珠、娃哈哈、胜利油田、中国英利、时风集团、临工机械、正泰集团、朝阳轮胎、上海宝钢等知名企业。

企业资质：国家工业和信息产业部“稳压器”行业标准起草单位。

## 245. 上海香开电器设备有限公司

**地址：**上海市松江区香车路 299 号
**邮编：**201611
**电话：**021-61556222
**传真：**021-69787227
**邮箱：**3279693437@ qq. com
**网址：**www. xkaitech. com
**简介：**上海香开电器设备有限公司（以下简称上海香开）坐落在交通便利、环境优美的国家级经济技术开发区——松江车墩工业园，是一家集 EPS、UPS、消防巡检柜的生产、销售和安装服务于一体的无区域性股份制企业。

上海香开自创立以来，一直践行“科技创新，以质量求生存，以服务求发展”的经营方针，所生产的 EPS、UPS、消防巡检柜等产品广泛服务于民用建筑、工矿企业、消防、交通设施、金融设施、电力系统和人防设施等各行业。

近来，上海香开优质高效地完成了中国电信湖北东西湖运营中心、南京南站、上海第一人民医院南院、南昌红谷滩绿地中央广场、北京民航空管局、西安唐延路隧道、平顶山博物馆、甘肃酒泉发电厂、世博中国国家馆改造等众多国家大中型项目，并受到客户的广泛赞誉。

## 246. 上海伊意亿新能源科技有限公司

**地址：**上海市闵行区漕河泾开发区新骏环路 138 号 5 幢 401 室

**邮编：**201114

**电话：**021-52213028

**传真：**021-52213028

**邮箱：**info@ 3e-powersystem. com

**网址：**www. techmation. com. cn

**简介：**上海伊意亿新能源科技有限公司成立于 2016 年，与意大利 EEI S. P. A 公司同属于弘讯科技的子公司，负责 EEI S. P. A 公司在亚洲市场的产品推广销售以及售后服务。

EEI 创立于 1978 年，在电力电子、自动化系统、制造技术以及能源领域有着丰富的经验。在过去的 40 余年中，EEI 持续发展壮大，公司产品涵盖工业、能源、物理以及医疗应用等领域，目前现有员工近 100 人，有超过 3000 个 EEI 的系统在世界各地运行着。EEI 拥有自己的研究设施，其于 1996 年成为意大利科学研究部核批的“研究实验室”。

EEI 设计和提供应用于各类能源系统的静态转换器，为可再生能源领域提供创新解决方案，旨在为客户提供最好性能、最先进的产品，主要应用领域包括：太阳能发电、风能发电、储能、水力发电以及智能电网。

## 247. 上海鹰峰电子科技股份有限公司

EAGTOP
all for you,all for inverter

**地址：**上海市松江区唐明路 258 号

**邮编：**201617

**电话：**021-57842298

**传真：**021-57847517

**邮箱：**zhaozhanglong@ eagtop. com

**网址：**www. eagtop. com

**简介：**上海鹰峰电子科技股份有限公司（以下简称鹰峰电子）是以专业研发、生产电力电子无源器件为发展方向的高新技术企业，是国内领先的无源器件解决方案供应商。主要产品有薄膜电容器、电抗器、叠层母线、水冷散热器、相变热管散热器、电阻器等，公司先后通过了 SQC ISO 9001：2008 质量管理体系认证和 ISO/TS 16949—2009 质量管理认证体系。

鹰峰电子不断致力于产品的开拓与创新，为新能源汽车，光伏，风力发电，轨道交通，工业传动等行业客户提供极具竞争力的无源器件综合解决方案和服务，持续了解客户需求，配合客户共同研发，提升用户体验，为用户创造最大价值。

## 248. 上海瞻芯电子科技有限公司

INVENTCHIP

**地址：**上海市浦东新区南汇新城镇海洋一路 333 号 8 号楼 3 楼

**邮编：**201306

**电话：**021-60870175

**传真：**021-60870172

**邮箱：**huasheng. gong@ inventchip. com. cn

**网址：**www. inventchip. com. cn

**简介：**上海瞻芯电子科技有限公司（以下简称“瞻芯电子”）是一家由海归博士领衔的碳化硅（SiC）高科技芯片公司，于 2017 年 7 月在上海临港科技城园区成立。

瞻芯电子团队由海归博士领衔，从海内外齐集了一支经验丰富的 SiC 工艺及器件设计、SiC MOSFET 驱动芯片设计、电力电子系统应用、市场推广、产品运营等方面高素质核心团队。

公司致力于开发以碳化硅为核心的、高性价比的功率半导体器件和驱动控制 IC 产品，为电源和电驱动系统的小型化、轻量化和高效化，提供完整的半导体解决方案。

## 249. 上海正远电子技术有限公司

正远EMC中心
Mickey Solution

**地址：**上海市浦东新区锦绣东路 1999 号 524 室

**邮编：**201206

**电话：**021-60487428

**邮箱：**yanjunsc@ foxmail. com

**简介：**上海正远电子技术有限公司成立于 2010 年，并创办了上海正远 EMC 整改及培训中心，以黄敏超博士为引领的 20 位国际化电磁专家团队，全球率先创办上海 EMC 整改与培训中心，为国内外企业提供 EMC 整改以及工程师培训服务。公司的技术服务地域从北美、欧洲到国内各大主要城市，行业领域覆盖医疗、通信、电力、新能源发电、电动汽车、照明、军用、航天和家电等。

EMC 整改业务已为国内外数百家知名企业提供 EMC 整改服务，如 DELTA、SALVI、INVENTRONICS、上海电气集团、宁波远东照明、阳光电源、方太集团等。

电磁兼容培训业务中，2016 年全球首创“EMC 实操培训”业务，真正让工程师在操作专用仪器和工具中进行实际样机 EMC 整改学习，掌握电磁兼容的实际诊断和整改技能。目前已完成 3000 多人次的电磁兼容理论培训，实操培训学员已超过 60 人。参加的工程师来自多个行业，如通信、医疗、家电、电动汽车、轨道交通、光伏发电、风能发电、航运、航天和军用等；地域有深圳、广州、北京、天津、成都、重庆、苏州、无锡、杭州、宁波和上海多地；同时也在各地高校进行研究生的授课培训，如浙江大学、上海交大、上海海事大学、北京交通大学、北京工业大学、电子科技大学和重庆大学。

公司主营：EMC 理论及实操培训、EMC 整改服务、EMC 企业专家定制服务、EMC 正向设计服务、EMC 设计评审及 EMC 设计规范

## 250. 上海众韩电子科技有限公司

上海众韩CKB

**地址**：上海市虹口区欧阳路 196 号法兰桥创意园区 10 号楼 308 室

**邮编**：200081

**电话**：021-55159880

**传真**：021-55159881

**邮箱**：ckb@ ckb-sh. com

**网址**：www. ckb-sh. com

**简介**：上海众韩电子科技有限公司成立于 2007 年，现有员工 50 多名，总部位于上海，在沈阳、天津、郑州、威海、苏州、广州等地设有办事处。公司授权代理韩国三和长寿命高纹波电解电容、韩国 AUK 高压 MOSFET、威海东兴高频变压器、中国台湾禾伸堂高容高压 MLCC、美国 SSO 光耦继电器等产品，可为您提供产品选型咨询。

## 251. 上海灼日新材料科技有限公司

**地址**：上海市松江区长塔路 85 号

**邮编**：201617

**电话**：021-51872995

**传真**：021-51872995

**邮箱**：4381505@ qq. com

**网址**：www. jorle. net

**简介**：上海灼日新材料科技有限公司致力于环氧树脂、有机硅、聚氨酯等新材料的研发、生产和销售，一直以电子封装材料为主要研发方向，着重开发电子、电气、电力、太阳能及其他行业所需要的各类特殊封装材料。

“科技，点燃灼日的魅力”，上海灼日新材料科技有限公司是勇于追求、不断超越、积极创新的企业，公司将始终不渝地以诚信为纽带，建构信任的桥梁，与您携手，同步世界。

## 252. 思源清能电气电子有限公司

Sieyuan

**地址**：上海市闵行区华宁路 3399 号

**邮编**：201108

**电话**：021-61610996

**传真**：021-61610996

**邮箱**：fsy. 204582@ sieyuan. com

**网址**：www. sieyuan. com

**简介**：思源清能电气电子有限公司是由国内知名的专业研发和生产输配电及控制设备的高新技术企业、国家重点火炬计划企业思源电气（股票代码：002028）投资设立的、专注于大功率电力电子设备研发、制造、销售的电力高新技术企业，为国家智能电网产业、大中型变电站及工矿企业提供优秀的高低压电力电子产品系列及电能质量综合治理解决方案，其产品范围包括中高压链式动态无功补偿及谐波治理装置 SVG、有源电力滤波装置（APF）、低压动态无功补偿装置（SVG、TSVG）、充电桩、储能变流装置、超级电容装置、轨交专用整流变频设备、能量回馈装置等。产品应用范围覆盖发、输、变、配、用等各个环节，如发电系统、电力系统、电气化铁道及城市轨道交通、煤矿、冶金、港口、商业楼宇、充电站、储能站等。

## 253. 伊顿电源（上海）有限公司

EAT•N
Powering Business Worldwide

**地址**：上海市长宁区临虹路 280 弄 3 号楼

**邮编**：200335

**电话**：021-52000099

**传真**：021-52000300

**邮箱**：CPSDAPACCommunication@ Eaton. com

**网址**：www. eaton. com. cn

**简介**：伊顿是一家全球领先的动力管理公司，年销售额达 204 亿美元。公司提供各种节能高效的解决方案，以帮助客户更有效、更安全、更具可持续性地管理电力、流体动力和机械动力。伊顿致力于利用动力管理技术和服务，提高人类生活品质和环境质量。伊顿在全球拥有约 9.9 万名员工，产品销往超过 175 个国家和地区。

自 1993 年进入中国以来，伊顿通过并购、合资和独资的形式在中国市场持续稳步增长，旗下所有业务集团——电气、宇航、液压和车辆都已在中国制造产品和提供服务。2004 年伊顿把亚太区总部从香港搬至上海。伊顿大中国区目前拥有 29 个主要的生产制造基地，超过 10000 名员工、6 个研发中心。

伊顿公司旗下的伊顿电气集团百年来一直致力于电力应用安全，为客户提供包括整体方案前期规划、产品配置和售后服务在内的一站式服务，更有丰富的产品系列涵盖电源品质、输入输出配电、机柜、制冷和机房气流管理、电力监控和管理，为客户提供高效、安全、可靠的整体解决方案。

## 254. 中达电通股份有限公司

**地址**：上海市浦东新区民夏路 238 号
**邮编**：201209
**电话**：021-58635678
**传真**：021-58630003
**邮箱**：jue. yang@ deltaww. com
**网址**：www. deltagreentech. com. cn
**简介**：1992 年中达电通股份有限公司（以下简称中达电通）成立于上海，自营业以来，保持着年均增长 26%的高速发展，为工业级用户提供高效可靠的动力、视讯、自动化及节能应用解决方案。在工业自动化领域市场占有率位居前列，同时也是视讯显控及网络通信基础设施方案的重要厂商。

中达电通整合母公司台达集团优异的电力电子及控制技术，持续引进国内外性能领先的产品，在深入了解客户营运环境的基础上，依据各行各业工艺需求，提出完整解决方案，为客户创建竞争优势。秉持“环保、节能、爱地球”的经营使命，在绿色能源、节能减排、楼宇节能的技术领域，陆续开展多项新应用。

为满足客户对不间断运营的需求，中达电通在全国有 71 个分支机构及 11 个维修中心。依靠训练有素的技术服务团队，中达电通为客户提供个性化、全方位的售前、售中服务和最可靠的售后保障。

20 余年深耕，在 1300 多名员工的努力下，中达电通 2017 年的营业额约 38 亿人民币。未来，中达电通更将不断推陈出新，藉由与客户的紧密合作，共同开创更智能、更环保的未来。

中达电通——可靠的工业伙伴！

# 江苏省

## 255. 百纳德（扬州）电能系统股份有限公司

**地址**：江苏省仪征市新集镇工业集中区创业路 10 号
**邮编**：211403
**电话**：0514-80857711
**传真**：0514-80857711-821
**邮箱**：online@ bnd-ups. com
**网址**：www. bnd-ups. com
**简介**：百纳德（扬州）电能系统股份有限公司（以下简称百纳德）为国内领先的备用、应急电源系统解决方案供应商，国家认定的高新技术企业，其在南京设立了产品研发中心。公司生产和销售自主开发的 UPS/EPS、交直流稳压电源、精密净化电源、直流电源、逆变器、铅酸免维护蓄电池等全系列电源及相关产品。

自百纳德创立以来，公司的产品和服务得到了政府、轨道交通、高速公路、金融、科研高校、医疗、石油化工、广电、电力、军队、工矿和其他系统用户的一致认可。为用户提供性能优良、质量可靠、价格合理、服务一流的产品，既是百纳德人一直不变的承诺，也是公司持之以恒的努力。公司按用户的需求，为客户量身定制适合的产品和技术解决方案，超越用户的期望提供超值的产品和服务。

百纳德人坚持“创新”与“服务”相结合，相信只有不断开发技术先进、性能优良、质量可靠的产品，才能在激烈的市场竞争中立于不败之地。因此，公司不仅非常重视自身技术人才的引进与培养，而且特别注重与高等院校、科研机构的合作。公司的研发中心目前拥有 22 名本行业资深开发工程师，下设信息部、研发部、工艺部、试验室和技术部。到目前为止，获得了 11 项专利证书。2013 年，公司成为南京理工大学教授柔性进企业定点单位和研究生实习基地，双方合作成立了联合研发中心。2016 年，公司又与南京航空航天大学合作，共同开发国内外技术领先的 UPS 系统，并对现有产品进行全面技术升级。

公司倡导“海纳百川、以德为先”的企业文化，以“严谨细致、高效卓越”为管理理念，以“为用户提供超值的产品和服务”为经营宗旨。百纳德人以千方百计满足和超越用户的期望为工作目标，从售前方案选型、免费提供技术支持，到售中现场考察、检测用电环境、设备安装调试，再到设备售后 3 年免费保养维护、产品使用情况定期跟踪，公司以一丝不苟的严谨细致，为用户提供优质的产品和服务。正是凭借十几年不变的承诺与实践，如今百纳德已成为一个值得信赖的知名品牌，一个受人尊敬的企业。

## 256. 常熟凯玺电子电气有限公司

**地址**：江苏省苏州市常熟市高新技术产业开发区金麟路 16 号 3B
**邮编**：215500
**电话**：0512-52956256
**传真**：0512-52956230
**邮箱**：kxeeg@ kxeeg. cm
**网址**：www. kxeeg. com
**简介**：常熟凯玺电子电气有限公司成立于 2014 年 9 月，注册资本人民币 3000 万元，拥有科研及生产性设备 1600 万元，科研及生产场地 2000 余平方米，位于上海交通大学常熟科技园，上海凯玺电子电气有限公司为其控股方。目前公司已通过 ISO 9001、ISO 14001、CE、MSDS 等体系认证。合法授权使用上海凯玺电子电气有限公司的“凯玺”商标，是江苏省民营科技企业（第 EC20150314 号）、常熟领军人才高科技创新型企业、中国电源学会会员单位。

公司以人才为基石，创新为引领，精益生产，追求卓越，打造高端电源明星企业。专门从事各型不同频率的高端电源、射频集成电路、新型微波元器件与系统、工程软件类产品的生产、销售及新技术研发。

公司与多个国内外优秀大学及大型专业科研单位有着

良好的互补合作关系。现有主要技术人员：中国科学院院士 1 名，正副教授 4 名，博士 3 名，硕士 2 名，高级工程师 2 名，工程师 7 名，会计师 1 名，ISO 9000 内审员 6 名。已申请国家发明专利 2 项，享有授权专利 1 项。

“可靠、绿色、优秀、强大”是我们的信条！

## 257. 常州市创联电源科技股份有限公司

创联电源
CHUANGLIAN POWER SUPPLY

**地址**：江苏省常州市钟楼区童子河西路 8 号
**邮编**：213023
**电话**：0519-85215050
**传真**：0519-85215252
**邮箱**：li. jg@ cl-power. com
**网址**：www. cl-power. com
**简介**：常州市创联电源科技股份有限公司（以下简称创联电源）成立于 2000 年 3 月，公司位于长江下游金三角地区重要的中心城市——江苏常州。公司占地面积 20000 平方米，注册资本 2800 万元，拥有员工 600 余人。创联电源专业从事 LED 显示屏电源、照明亮化电源、工业控制电源等产品的研发、制造与销售，公司拥有先进的自动化生产线，包括 ROHS 生产线、AI 自动插件生产线、SMT 贴片生产线等，日生产电源 3.5 万多台，年产各类电源超过 1300 万台，公司所有产品均进行了 24h 满载高温老化测试，产品老化一次合格率大于 99%，年返修小于 2‰，确保了产品出厂品质。

创联电源广泛应用于 LED 显示屏、工业控制、广告标识、景观亮化、安防监控、楼宇照明、实验室、金融、电力、通信、医疗、机床设备、磨边设备、交通、航运、停车、游戏机等多个领域，同时也可根据客户需求，针对规格尺寸、功率、电压、电流等参数进行产品定制，最大限度地满足客户需求。创联电源产品大部分都通过了 3C/UL/CE/CB/FCC/KC/BIS 等各国认证，除了满足国内市场的需求，创联电源还远销欧洲、美洲、非洲、中东及东南亚 50 多个国家和地区。创联电源一直致力于打造卓越的产品品质，公司拥有 3 个研发项目组共 40 多人的研发团队，配备有一整套国际先进的测试仪器与设备，以年销售额 2% 的研发经费投入建设了行业领先的试验室，公司及产品分别荣获高新技术企业、高新技术产品称号。

创联电源拥有遍布全国的销售网络，通过完善的质量跟踪与售后服务体系，能快捷、周到地为客户提供全方位服务。

经过 20 年的稳步发展与市场验证，创联已经成为国内最具规模的品牌电源研发制造基地、电源行业标杆企业！创联人一直秉持创新驱动，联合发展的理念，以产品创新、品质优良、服务优先的经营理念不断推动开关电源领域的技术革新与进步，以对合作伙伴负责、对行业负责、对社会负责的态度，为城市添光彩，为光源提供恒久动力源。

## 258. 常州市武进红光无线电有限公司

HGPOWER® 红光

**地址**：江苏省常州市武进青洋路桂阳路 1 号
**邮编**：213176
**电话**：0519-86733545 86732495
**传真**：0519-86731270
**邮箱**：ww@ hgpower. com
**网址**：www. hgpower. com
**简介**：常州市武进红光无线电有限公司成立于 1998 年，一直致力于交换式电源产品的开发及生产。目前公司已成为国内知名的开关电源生产基地，拥有先进的生产工艺和完善的品质保证体系，主要产品全部通过 CCC、UL、CE、GS、FCC 认证，并通过 ISO 9001：2008、ISO 14000：2004、GJB 9001B：2015、TS 16949：2015 等质量管理体系认证。

目前公司产品广泛应用于家电、通信网络、LED 驱动、电动汽车充电、模块电源等领域，公司现有固定资产 15000 万元，厂房及宿舍面积达 50000 平方米，生产能力达开关电源 2 万台/天。

公司拥有一支作风严谨、高素质的研发队伍，可以灵活高效地为客户提供全面的电源解决方案。

创一流品质，持续不断推出高效、节能、绿色电源产品，打造中国电源品牌是我们的宗旨。

## 259. 赫能（苏州）新能源科技有限公司

**地址**：江苏省苏州市太仓市经济开发区禅寺路洙泾弄 68 号
**邮编**：215400
**电话**：0512-53986668
**传真**：0512-53985398
**邮箱**：745195970@ qq. com
**网址**：www. helnon. com
**简介**：赫能（苏州）新能源科技有限公司是一家以新能源、UPS（不间断电源）、EPS（应急电源）、消防巡检柜、火灾探测设备、光伏并网逆变器、汽车充电桩、直流屏、交直流稳压电源等研究、开发、生产、经营、销售推广等多行业发展的高新企业。公司坐落于历史文化名城和 5A 级风景旅游城市苏州，苏州是国家高新技术业产地，长江三角洲重要的中心城市之一。

公司生产的系列产品广泛应用于工业、金融、通信、教育、交通、地产、广播电视、医疗卫生、能源电力等各个行业领域。现已经全面通过 ISO 9001：2015 质量管理体系认证、ISO 14001：2015 环境管理体系认证、TLC 泰尔认证、CE 等认证。产品通过国家质量检测检验部门的多项权威认证。

公司自成立以来，一直秉承“筑显赫品质，创绿色能源”的经营理念，为广大客户提供优质产品和服务，公司产品畅销全国各大城市，业务涉及国内和海外，我们的目标是：“创品牌企业，致力于成为智慧能源领导者”，使公司成为技术领先、管理科学、设备先进、服务优良的全球智慧能源、电源制造商。

## 260. 镓能国际半导体有限公司

GaNPOWER

**地址：** 江苏省苏州市工业园若水路 388 号纳米技术国家大学科学园 F0411 室

**邮编：** 215000

**电话：** 13472720575

**邮箱：** information@ iganpower. com

**网址：** www. iganpower. com

**简介：** 镓能国际半导体有限公司是由全球化合物半导体仿真器领域独角兽公司——加拿大科光量子半导体有限公司创始人兼董事长李湛明博士联合加拿大工程院院士、电力电子领域著名专家、美国电工与电子学会会士、加拿大皇后大学刘雁飞教授和多伦多大学终身教授吴伟东教授以及功率器件半导体界资深专家傅玥博士强强联合共同创立。公司主要产品为 650V 及 1200V 氮化镓功率器件及先进系统解决方案

## 261. 江苏坚力电子科技股份有限公司

**地址：** 江苏省常州市钟楼区钟楼开发区香樟路 52 号

**邮编：** 213023

**电话：** 0519-86926679

**传真：** 0519-86965903

**邮箱：** 373046085@ qq. com

**网址：** www. jsczjianli. com

**简介：** 江苏坚力电子科技股份有限公司是中国规模与研发实力并举的 EMI/EMC 电源滤波器制造商。自 20 世纪 60 年代生产滤波器以来，积累了近 60 年的专业制造经验，是中国电源滤波器和谐波治理领域的领导者，能为您提供和解决各种 EMI/EMC 问题的方案和产品，并为电能的安全、高效、可靠的利用积极贡献我们的力量。在国内同行业中率先通过了 ISO 9001 质量管理体系认证、ISO 14001 环境管理体系认证、OHSAS 18001 职业健康与安全管理体系认证、TS 16949 汽车行业质量管理体系认证。先进的测试设备和严格的品质管理形成了我们的独特优势，历年来坚力产品主要品种已先后通过 UL、CSA 和 VDE 等国际安规认证。产品应用于各种仪器仪表、医疗设备、电力电源、通信电源、驱动及控制设备等，多次为国家重点工程如电子方舱、运载火箭、考察船等配套。公司产品畅销海内外，拥有国内外各领域的优秀客户。能在 4~6 周内为客户提供 0.5~2000A 各种规格的单相、三相交流电源滤波器、直流电源滤波器、电抗器、谐波滤波器等。专业的研发团队可为客户设计和制造各种特规滤波器，以帮助您的设备有效地抑制沿电源线传输的电磁干扰，满足电磁兼容（EMC）规范的要求

## 262. 江苏生杰电气有限公司

生杰
JSSJ

**地址：** 江苏省无锡市惠山区洛社镇藕杨路 9 号

**邮编：** 241154

**电话：** 0510-85520207

**邮箱：** 18921524505@ 163. com

**网址：** www. jssjdqjt. com

**简介：** 江苏生杰电气有限公司位于国家旅游胜地、美丽的太湖之滨——无锡市，是一家专门从事新能源汽车充电桩、智能高频直流电源系统、智能交直流一体化电源系统、通信电源系统、UPS、蓄电池管理系统及工业联网通信模块和设备产品的研发、生产和销售及技术服务的科技企业。

公司有着完善的质量保证体系及环境管理体系。并率先通过国家最新的质量管理体系认证 GB/T 19001—2016、ISO 9001—2015 及环境管理体系认证 GB/T 24001—2016、ISO 14001—2015；公司严格按质量管理体系组织生产，产品质量稳定；有严格的售后服务标准和规范的服务流程，重视现场运行人员培训和信息沟通，信守故障抢修时限承诺。

公司自成立以来，凭借过硬的技术、可靠的产品、周到的服务和认真做事的企业文化，赢得了客户的一致信赖，先后与国家电网、中粮集团、马钢集团、中国石化、沙钢集团、晋煤集团、上汽集团、古井集团、南钢集团等国内著名企业达成深度合作。

以客户满意为中心，质量第一，信誉第一，贴近客户，适应市场公司经营管理的基本方针，责任意识、竞争意识、敬业创新是公司的企业精神。

## 263. 江苏兴顺电子有限公司

SEMITEC®

**地址：** 江苏省泰州市兴化市昭阳工业园二区宏泰路 18 号

**邮编：** 225700

**电话：** 13338883596

**传真：** 0523-83234146

**邮箱：** shenqi@ jsxingshun. com

**网址：** www. semitec. co. jp

**简介：** 江苏兴顺电子有限公司系日本 SEMITEC 独资企业，地处江苏省兴化市昭阳工业园二区，主要产品有热敏电阻、压敏电阻、温度传感器，广泛应用于现代通信、工业交通、家用电器、汽车电子及办公自动化等领域。近几年来公司充分发挥日本 SEMITEC 敏感元件所具有的国际领先水平的优势，拥有具有国内领先水平和国际先进水平的全自动化生产线及各类检测试验设备，产品通过美国 UL、加拿大 CSA、德国 VDE 和中国 CQC 认证，公司为国内较大的集研发、生产和销售于一体的 NTC 热敏电阻和压敏电阻的制造商，并已成为索尼、松下、佳能、LG、三星、台达、冠捷、海信、格力、长虹、长城、TCL、康佳等国内外知名企业的

主要供应商。公司近期的发展目标是建成 SEMITEC 的重要生产基地。

## 264. 江苏中科君芯科技有限公司

**地址：** 江苏省无锡市新吴区菱湖大道 200 号中国传感网国际创新园 D2 栋五层

**邮编：** 214135

**电话：** 0510-81884888

**传真：** 0510-85381915

**邮箱：** cas-igbt@ cas-junshine. com

**网址：** www. cas-junshine. com

**简介：** 江苏中科君芯科技有限公司是一家专注于 IGBT、FRD 等新型电力电子芯片研发的中外合资高科技企业。公司聚焦在 IGBT 及配套 FRD 等电力电子器件的开发，包括芯片、单管、模块等产品形式。同时，公司立足于雄厚的研究实力，可针对客户做定制化技术开发服务。

公司优势：公司由中国科学院微电子所和中国物联网研究发展中心的两个研究团队和电子科技大学研究团队组成，聚集了国内领先的 IGBT 研发团队。作为国内业界的领军者，公司是国内率先开发出沟槽栅场截止型（Trench FS）技术并真正实现量产的企业。

## 265. 雷诺士（常州）电子有限公司

雷诺士® | Reros®

**地址：** 江苏省常州市新北区华山中路 38 号

**邮编：** 213001

**电话：** 0519-85190886

**传真：** 0519-85190886

**邮箱：** xinhua@ rerosups. com

**网址：** www. rerosups. com

**简介：** 雷诺士（常州）电子有限公司是国内知名电源设备制造商，是集设计、生产、销售、服务于一体的高科技股份制企业。公司总部及科研生产基地坐落于常州国家级高新技术开发区，毗邻上海、南京，是国内电源设备制造重点企业之一。目前公司拥有两大生产基地、4 个生产厂区、工厂占地面积 35000 平方米。

公司长期从事电源产品的制造与销售，在产品的电源设计、制造工艺、出厂检验、开通调试等方面具有丰富的经验。主要产品有：UPS（不间断电源）、EPS（应急电源）、精密空调、精密配电柜、稳压电源、电池以及机房一体化集成配套设备，为国内多家知名品牌 UPS 厂商提供 OEM 服务，相关产品已经出口到包括欧美在内的 80 多个国家和地区。公司产品具有个性化、智能化、环保化、品质高等性能特点。同时公司具备强大的技术研发实力，能根据用户需求，量身定制非标电源产品，以满足特殊供电环境的需求。

公司已通过 ISO 9001 质量管理体系认证、ISO 14001 环境管理体系认证以及 ISO 18001 职业健康与安全管理体系认证。相关产品已经连续入围“中央政府采购网”“国税总局采购平台”，企业获得“江苏省高新技术企业”“绿色与创新企业”“江苏省 UPS 研发机构”“中国通企业协会会员”“中国电源学会会员单位”“最具用户满意度品牌”等荣誉称号。雷诺士产品广泛应用于医疗卫生、政府机关、税务金融、电力、教育、铁路、冶金、科研、消防、交通、国防、航空航天、广电等重要领域，在各个行业发挥着电力保护神的重要作用。

## 266. 溧阳市华元电源设备厂

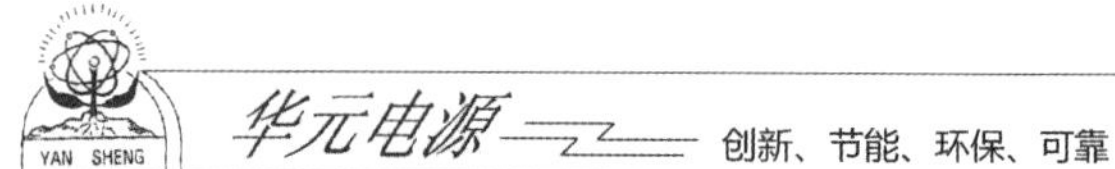


**地址：** 江苏省溧阳市昆仑开发区民营路 3 号

**邮编：** 213300

**电话：** 0519-87383088/18502511682/13961170588

**传真：** 0519-87383088

**网址：** www. huayuan-power. com. cn

**简介：** 溧阳市华元电源设备厂是江苏省民营科技型企业。该厂长期坚持研发和生产高效、可靠、环保、创新型电源，满足用户的需求，受到了用户的欢迎。该厂研制生产的产品已广泛应用于工业、交通、通信、化工、电光源、新能源、高能物理、军工等领域。该厂拥有多项专利技术和专有技术，产品还出口至欧美、日本、中东、东南亚等国家和地区。该厂的特大功率开关电源、高效低压大电流电源、电光源驱动电源等在国内外具有独特的技术优势。

## 267. 南京泓帆动力技术有限公司

泓帆动力
SAILING DEEP

**地址：** 江苏省南京市江宁区诚信大道 885 号

**邮编：** 210000

**电话：** 025-52168511

**传真：** 025-52168511

**邮箱：** info@ sailingdeep. com

**网址：** www. sailingdeep. com

**简介：** 南京泓帆动力技术有限公司致力于深度掌握控制系统 MBD 和机电设计 MBD 技术，为学院、科研机构和制造企业提供全面的高效工具链和完整工作流的技术服务。目前主要从事智能电网领域电力电子设备和运动控制领域高性能控制平台和开发平台的研制。

## 268. 南京瑞途优特信息科技有限公司

rtunit®
让开发变得简单！

**地址：** 江苏省南京市江宁区诚信大道 998 号星光名座 4 栋 320 室

**邮编：** 210000

**电话：** 025-52458092

**邮箱：** hellodsp@ vip. 163. com

**网址：** www. rtunit. com

**简介：** 南京瑞途优特信息科技有限公司致力于机电系统与电力电子系统控制相关的技术开发和产品设计，同时开发和销售研发所需的开发平台和实验仪器，主营半实物仿真系统和电力电子功率产品。公司立足于自主创新，拥有一支高素质、高水平、技术全面、结构合理的团队，能够积极满足用户的应用需求，提供定制化开发与专业的工程服务。公司依托东南大学电气工程学院的背景，同时与国内多所知名院所保持密切合作，努力将最先进的技术转化到实际产品中来，推动中国新能源和节能技术的快速发展。

## 269. 南京时恒电子科技有限公司

**地址：** 江苏省南京市江宁区湖熟镇金阳路 18 号

**邮编：** 211121

**电话：** 025-52121868

**传真：** 025-52122373

**邮箱：** export@ shiheng. com. cn

**网址：** www. shiheng. com. cn

**简介：** 南京时恒电子科技有限公司（以下简称“时恒电子”）为中国电子元件行业协会（CECA）理事单位、敏感元器件与传感器分会常务理事和中国电源学会会员单位，《电子元件与材料》期刊常务理事单位。公司为江苏省科技型中小企业、江苏省民营科技企业，建有经江苏省科学技术厅批准的江苏省 NTC 热敏陶瓷材料工程技术研究中心，授权和受理专利 70 项，其中发明专利 30 项，具有很强的研发实力。

2018 年 11 月 26 号，被评选为“南京市优秀民营企业”，受到南京市委、市政府表彰。

南京时恒电子科技有限公司是集研发、生产、销售于一体的民营科技企业，产品有 NTC 热敏电阻器 、NTC 温度传感器、PTC 热敏电阻器和氧化锌压敏电阻器等敏感元器件，其中 NTC 热敏电阻器系列产品涵盖了浪涌抑制、温度补偿、精密测温、温度控制等应用，是国内专业生产 NTC 热敏电阻器及其温度传感器的骨干企业。

时恒电子通过了 ISO 9001 质量管理体系认证、IATF 16949 质量管理体系认证、ISO 14001 环境管理体系认证、GB/T 29490—2013 知识产权管理体系认证、GB/T 23001—2017 两化融合管理体系认证，为 AAA 信用等级企业；公司商标被认定为“南京市著名商标”“江苏省著名商标”；公司产品被南京市人民政府授予“南京名牌产品”称号，作为行业重点企业，被行业协会指定参与了国家“十三五”规划的起草。

公司拥有 25000 平方米的现代化生产厂房、全套的自动化生产设备、完善的专项测试仪器，具有生产各类敏感电子元器件 20 亿只以上的年生产能力。全部产品均按欧盟 RoHS 指令实现了环保生产。主要产品均通过 CQC 标志认证、德国 TUV 认证和美国 UL、C-UL 安全认证，汽车级 MF52、MF51、MF58 通过 AEC-Q200 检测，MF58 系列产品通过 UL 标准中 10 万次耐久测试。时恒电子紧跟国际发展动态，不断研发出具有国际先进水平的新产品，公司高新技术产品有 8 个，江苏省重点推广应用的新技术新产品 4 个，南京市新兴产业重点推广应用新产品 5 个。

## 270. 南京天正容光达电子销售有限公司

 **南京天正容光达电子销售有限公司** 

**地址：** 江苏省南京市江宁区天册路 6 号

**邮编：** 211103

**电话：** 025-52290531

**传真：** 025-85313313

**邮箱：** gybsales@ tzrgd. com

**网址：** www. tzrgd. com

**简介：** 南京天正容光达电子销售有限公司是国内薄膜电容器行业历史最悠久、产销规模和综合实力最强的企业之一，主导产品为“南容”牌全系列薄膜电容器，目前年产值 6000 万～7000 万元。

公司 1958 年建厂，1974 年开始薄膜电容器的研发和生产，是国内最早从事薄膜电容器制造的先驱企业。

2004 年改制成立南京天正容光达电子（集团）有限公司。

2011 年，在南京江宁科学园占地 80 余亩、总投资上亿元的新园区正式投入使用。

2018 年成立南京天正容光达电子销售有限公司。

## 271. 南京研旭电气科技有限公司

研旭
YAN XU

**地址：** 江苏省南京市浦口区浦口高新区新科一路 6 号

**邮编：** 210032

**电话：** 025-58747116

**传真：** 025-58747106

**邮箱：** njyanxu@ vip. qq. com

**网址：** www. njyxdq. com

**简介：** 南京研旭电气科技有限公司是一家集研发、生产、销售于一体的科技型企业，着力于嵌入式领域、电气领域进行上下游产品的研发、生产、销售。公司团队研发实力雄厚，有多名博士、博士后、博导、教授共同参与产品研发以及方案定制。公司以嵌入式开发平台为基础，陆续开发出了各种工业应用产品，包括智能微电网科研系统、光伏和风力新能源系列工业变流器及故障检测类智能仪表等。

## 272. 苏州锴威特半导体股份有限公司

**地址：** 江苏省张家港市杨舍镇沙洲湖科创园 A1 幢 9 层

**邮编：** 215600
**电话：** 0512-58979952
**传真：** 0512-58979952
**邮箱：** shenzh@ convertsemi. com
**网址：** www. convertsemi. com
**简介：** 苏州锴威特半导体股份有限公司坐落于张家港市高新技术开发区，是国家高新技术企业、江苏省科技小巨人、苏州瞪羚专精特新培育企业、张家港领军人才示范企业。

公司专注于智能功率器件与功率集成芯片的研发、生产和销售，同西安电子科技大学微电子学院合作建有功率器件研究生联合实训研发中心，围绕第三代功率半导体展开合作研究。公司拥有 70 多项专利，产品广泛应用于智能家电、工业控制、智能电网和新能源汽车等领域。

公司目前已形成高压、高可靠性功率 MOSFET 及集成 FRD 的高压 MOSFET、SiC SBD、SiC MOSFET、Photo Mos、Photo Triac、IGBT、IPM 功率模组等八大产品系列，产品已取得国内 100 多家客户的使用和认可。

## 273. 苏州纽克斯电源技术股份有限公司

纽克斯
LUMLUX

**地址：** 江苏省苏州市相城区黄埭镇春兰路 81 号
**邮编：** 215143
**电话：** 0512-65907797
**传真：** 0512-65907792
**邮箱：** fei. wang@ lumlux. com
**网址：** www. lumlux. cn
**简介：** 苏州纽克斯电源技术股份有限公司是一家专业致力于大功率驱动电源和智能控制系统研发、生产与销售的高新技术企业。公司拥有 14 年专业研发、制造驱动电源的经验，现拥有现代化办公楼 20000 多平方米，配备完善的研发生产及质量控制体系，建有专业研发、测试实验室，各类专业员工 400 多名，其中技术研发人员 90 余人。公司产品种类齐全，应用范围覆盖道路照明、夜景照明、植物照明及隧道照明。公司产品拥有完善的国内外质量体系认证，拥有发明专利 8 项，实用新型专利 100 多项，实验室 2010 年获得北美认证的 CSA 授权。苏州纽克斯目前已成为中国照明学会室外照明专业委员会委员单位，农业照明委员会的副主任单位，交通照明专委会副主任单位，电光源专业委员会委员单位。

伴随世界节能产业的发展，纽克斯将继续秉承"诚信、敬业、高效、共赢"的企业理念，携手有志于节能事业的合作伙伴，为建设绿色环保的人性化照明环境而努力，以智能电源共创美好未来！

## 274. 苏州市申浦电源设备厂

**地址：** 江苏省苏州市吴中区角直镇凌港村角胜路（胜浦大桥南 100 米）
**邮编：** 215127
**电话：** 0512-65043983
**邮箱：** 515596668@ qq. com
**网址：** www. sz-spdy. com
**简介：** 苏州市申浦电源设备厂坐落于美丽富饶的长江三角洲，南临苏沪机场路，北靠 312 国道，交通便利，环境优美。该厂技术先进，实力雄厚，是集科研、生产于一体的专业企业。

该厂专业生产 BT-33 型多功能大功率晶闸管触发板、BT-1 型多功能恒流压调节板、整流器、晶闸管调压器、直流调速器、电子负载、充电机、恒流源及各种规格晶闸管调压变流设备、普通硅整流设备、大功率高频开关电源、贵金属电镀用脉冲电源、铝氧化用大功率脉冲电源、蓄电池生产测试用大功率充放电电源、大功率直流电机调速装置及其他蓄电池生产测试用相关设备。

该厂的市场营销策略是：优质低价，服务快捷，相同档次的产品我们的价格达到最低。

我们将以一流的创业精神、全新的质量观念、优质的服务态度和精诚的团结信念广结中外朋友，共谋事业发展。

## 275. 苏州西伊加梯电源技术有限公司

**地址：** 江苏省苏州市工业园杏林街 78 号新兴产业工业坊 11 号厂房 1 楼 B 单元
**邮编：** 215121
**电话：** 0512-65072152
**传真：** 0512-65072153
**邮箱：** info@ cet-power. cn
**网址：** www. cet-power. cn
**简介：** 西伊加梯（CE+T）集团成立于 1937 年，总部位于比利时，并在英国、卢森堡、美国、中国、印度先后设立了分公司。1985 年进入电信设备制造领域；1990 年开发出世界上第一台大功率可并联逆变电源系统。长期以来，CE+T 在大功率可并联逆变电源产品领域始终保持国际领先地位，是欧美主要电信营运商和电信设备制造商的长期合作伙伴。

2016 年，西伊加梯电源赢得了谷歌小盒子挑战赛的冠军。

西伊加梯电源拥有独特的 TSI 技术和升级版的 ECI 技术。公司主要产品为模块化逆变器及其集成系统、模块化 UPS 及其集成系统。

模块化逆变器产品功率范围从 500VA ~ 20kVA 不等，直流输入电压为 24V/48V/110V/220V，交流输出电压为 120V/230V，产品系列为 Bravo、Media、Nova、Veda 等，集成系统的功率范围从 10 ~ 225kVA。

模块化 UPS 产品 Agil，交流输入电压为三相 380V/400V/415V，直流输入电压为 ± 204V，交流输出为单相 230V 或三相 380V，功率为 20kVA，集成系统的功率范围从 40 ~ 640kVA。

## 276. 太仓电威光电有限公司

EPE
電威光電有限公司
ETHER POWER
ELECTRONICS TECHNOLOGY CO.,LTD.

**地址：** 江苏省苏州市太仓市城厢镇新毛管理区新港西路66号
**邮编：** 215414
**电话：** 0512-53425558
**传真：** 0512-82776898
**邮箱：** epe@ powerepe. com
**网址：** www. powerepe. com
**简介：** 太仓电威光电有限公司是一家专业研发与生产舞台灯光电源、车用HID电源、LED驱动电源的江苏省高新技术企业。公司通过自身的研发能力及先进的生产技术、先进的生产设备和齐全的试验、检验、测试设施，加上严格的产品监控措施，在2004年通过了ISO/TS 16949质量管理体系认证和ISO 14001环境管理体系认证。

公司以优质的产品、良好的信誉和完善的服务赢得了国内外客商的普遍赞誉。公司占地37亩，注册资本3600万元，拥有10000平方米的现代化厂房，拥有一个现代化的研发中心和一个现代化的实验室，为了确保产品的高可靠性，自建实验室，对产品进行各项环境测试、老化测试、高低温测试和电磁兼容测试，从而确保了公司产品的安全、可靠。

公司坚持“不断以高性能、高可靠的产品服务于市场”的经营理念，其国内外市场不断得到扩大，产品遍布美国、南美、俄罗斯、大洋洲等地区。

## 277. 扬州凯普科技有限公司

KPR

**地址：** 江苏省扬州市高邮市高邮镇工业园区戴庄路
**邮编：** 225600
**电话：** 0514-84540882
**传真：** 0514-84540883
**邮箱：** service@ yzkprdz. com. cn
**网址：** www. kpr-c. com
**简介：** 扬州凯普科技有限公司是一家专业致力于军用高储能密度、超高压干式薄膜电容器的研发、制造、营销和服务的国家高新技术企业。

公司通过引进国内外先进制造和试验设备，自主研发及与高校科研院所合作，通过“储能薄膜电容器研发中心”“高压大功率薄膜电容器工程技术中心”等研发平台，获得了多项自主知识产权的专利技术（其中发明专利5项），公司取得了GJB 9001B体系认证并有效运行，产品获得“省高新技术产品”“江苏新产品新技术”多项认定，并通过“国家火炬计划”的立项，进入工信部和国防科工局《民参军技术与产品推荐目录》，产品经国家质量监督检验中心检测，符合IEC 61071和JB/T 8168—1999标准，各项技术指标均达到国际先进水平，并先后获得中国电源协会及省、市科技进步奖等多项奖励。

公司以市场需求与科技发展为导向，以一流的品质、完善的服务为依托，获得了全球客户的信赖，产品广泛应用于电力（超高压）、军工院所（脉冲功率），并可根据客户的设计要求提供个性化定制产品。

## 278. 越峰电子（昆山）有限公司

**地址：** 江苏省昆山市黄浦江北路533号
**邮编：** 215337
**电话：** 0512-57932888
**传真：** 0512-50369559
**邮箱：** info@ acme-ferrite. com. tw
**网址：** www. acme-ferrite. com. tw
**简介：** 越峰电子材料股份有限公司成立于1991年9月5日，是台湾聚合化学（USI）转投资企业。总公司设在中国台湾台北市，在我国和马来西亚策略性布局了4个生产基地。1994年在台湾桃园成立了台湾观音厂，2000年在江苏昆山成立了越峰电子（昆山）有限公司，2005年在广东增城成立了越峰电子（广州）有限公司，2009年在马来西亚怡宝成立了越峰马来西亚厂。越峰电子材料股份有限公司于2005年2月17日在台湾柜台买卖中心正式上柜，股票代码为8121。

公司主要业务为锰锌及镍锌软磁铁氧体磁铁心的研发、制造及销售，公司已经通过ISO 9001、ISO 14001和IATF 16949认证。越峰公司为台湾最大锰锌铁氧体专业制造商，传承了欧洲先进技术，专业生产软磁铁氧体磁铁心，为中国三大软磁铁氧体磁铁心制造商之一。铁氧体磁铁心是电感类被动电子元器件的主要材料，广泛应用于3C、网络通信、工业自动化、云端伺服、汽车电子、电动汽车及新能源工业等相关行业，是电子业的上游供货商。

公司致力于电子原材料的研发，秉持市场与技术的开发策略，不断自我提升能力，不论在技术研发、市场营销还是经营管理上均居行业领先地位，在汽车电子、网络通信及云端伺服行业获得了国际品牌大厂的认可，在我们设定的市场区域内成为行业领导者。

## 279. 张家港市电源设备厂

**地址：** 江苏省张家港市长安中路599号
**邮编：** 215600
**电话：** 0512-58683869
**传真：** 0512-58674019
**邮箱：** zjgpower@ hotmail. com
**简介：** 江苏省张家港市电源设备厂位于风景秀丽、美丽富饶的长江三角洲畔的新兴城市——张家港市，这里紧靠苏锡常沪等发达地区，交通便捷。

工厂始创于1983年，主要生产通信电源、高频开关稳压电源、直流稳压恒流电源、逆变电源、变频电源、交流稳压电源、UPS（不间断电源）和中频电源等各种电源，是集开发、生产、销售、工程设计施工等多种业务于一体的专业工厂。产品以体积小、重量轻、效率高、智能化程度高、维护操作方便等诸多优点赢得了用户的一致好评。

工厂通过了 ISO 9001 质量管理体系认证，形成了完备的质量管理体系（原材料采购、物料管理、产品制造与质量控制、生产技术工艺与设备管理、产品储运等）。我们将紧随国际电力电子技术的发展步伐，不断研发更高性能的电源系列产品，以高标准、高品质、高性价比来满足广大用户的要求，同时我们也为客户量身定做电源产品来满足用户的特殊需求。

# 浙江省

## 280. 阿里巴巴（中国）有限公司

**地址：** 浙江省杭州市西湖区西斗门路 3 号天堂软件园 A 幢 10 楼 G 座

**邮编：** 310000

**电话：** 13923700073

**邮箱：** lianheng. lh@ alibaba-inc. com

**网址：** www. alibabagroup. com/cn/global/home

**简介：** 阿里巴巴集团的使命是让天下没有难做的生意。

公司旨在赋能企业，帮助其变革营销、销售和经营的方式，提升其效率，为商家、品牌及其他企业提供技术基础设施以及营销平台，帮助其借助新技术的力量与用户和客户进行互动，并更高效地进行经营。

公司的业务包括核心商业、云计算、数字媒体及娱乐以及创新业务。除此之外，公司的关联方蚂蚁金服为我们平台上的消费者和商家提供支付和金融服务。围绕着我们的平台与业务，一个涵盖了消费者、商家、品牌、零售商、第三方服务提供商、战略合作伙伴及其他企业的数字经济体已经建立起来。

## 281. 杭州奥能电源设备有限公司

**地址：** 浙江省杭州市拱墅区莫干山路 1418-29 号奥能电源

**邮编：** 310000

**电话：** 0571-88966622-8019

**传真：** 0571-88966989

**邮箱：** chenxl@ on-eps. com

**网址：** www. on-eps. com

**简介：** 杭州奥能电源设备有限公司是一家集开发、生产、销售、服务于一体的国家高新技术企业和软件企业，专业生产逆变电源、UPS、高频开关电源、电力用智能一体化电源、高压直流（HVDC）电源系统、新能源电动汽车充换电系统等系列产品及一体化解决方案的主流供应商。

“质量第一，客户至上”是公司的经营理念，公司奉献给用户的不仅是品质优良的产品，同时也是优质、可靠、及时的服务。随着企业的不断发展，公司已全面贯彻执行 ISO 9001 质量管理体系并顺利通过认证。

客户的满意是我们永远的追求！

创一流企业是我们最终的目标！

企业使命：致力于为社会节能做出贡献，并在此过程中，为全体员工追求物质与精神两方面幸福搭建平台。

企业愿景：成为行业内极具实力和倍受尊敬的企业。

核心价值观：创造价值、创造快乐、守正出奇、敬业爱岗、分享共赢。

发展理念：做大、做专、做快、做强。

员工管理理念：以人的发展为本。

## 282. 杭州精日科技有限公司

**地址：** 浙江省杭州市滨江区长河路 351 号拓森科技园 4 号楼 2 楼

**邮编：** 310000

**电话：** 0571-85198193

**传真：** 0571-85198193-807

**邮箱：** sales@ cn-power. cn

**网址：** www. cn-power. cn

**简介：** 杭州精日科技有限公司是一家专业从事电源类产品研发、生产、销售、服务的高新技术企业，由杭州亚探能源科技有限公司与杭州源谷电子有限公司共同出资组建。

精日科技——精益求精、日新月异！公司成立之初就确立了高技术、高品质、高精度、高可靠、多功能的产品策略，不惜花重资从国外引进行业内的先进技术，并利用杭州亚探能源本身多年来从事航空航天、军工电源产品研发的技术经验与优势，经过多年的研发与可靠性试验认证，推出了多个系列的高品质直流测试电源，希望通过我们的努力给国内测试电源行业带来超高性价比的高端产品，为振兴民族工业做出贡献！

## 283. 杭州快电新能源科技有限公司

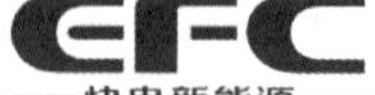


**地址：** 浙江省杭州市滨江区秋溢路 500 号 1 号楼 2 楼

**邮编：** 310053

**电话：** 0571-87700871

**传真：** 0571-87700502

**邮箱：** yejun@ efastcharge. cn

**网址：** www. efastcharge. cn

**简介：** 杭州快电新能源科技有限公司（以下简称杭州快电）是一家专注于电力电子产品和新能源技术的高科技企业，

公司坐落于风光秀丽的钱塘江南岸杭州滨江高新技术产业开发区，公司主要业务为面向行业应用的电源一体化系统、新能源电动汽车充换电系统、电力电源和储能装置的研发设计、生产制造以及系统集成和服务，向客户提供从前端设备到后端系统的完整解决方案。

杭州快电成立之初，就立志为电力能源行业贡献技术先进、质量稳定的产品，致力于为各行业提供高效稳定的电源产品和电源管理平台的整体解决方案，为新能源汽车制造商、新能源汽车车主、充电设施运营商提供充电设备、充电系统以及充电运营整体解决方案，为客户提供一站式服务。公司长期扎根于交直流电源产品领域，并与浙江大学、武汉大学、国网电科院等国内知名高校院所建立了合作研究机制，在电源设备的关键技术上具有深厚的技术底蕴，拥有多个发明专利和软件著作权。经过多年的快速发展，杭州快电如今已拥有一个自动化生产基地以及高新技术研发中心，在全国各个主要城市设有销售与服务办事处，已经在智能电网、工业电源、电动汽车充换电、电力电源和储能领域具备了很强的自主开发、生产、服务优势。同时，公司在电源系统的行业应用中积累了丰富的建设和服务经验，在新能源电动汽车领域中也形成了对充电设备、充电站整体建设、充电运营等产业链的全覆盖。

近年来，杭州快电先后引入一系列质量管理体系来持续提高企业管理水平，确保产品质量和服务水平，公司具有 ISO 9001 质量管理体系、OHSAS 18001 职业健康安全管理体系以及 ISO 14001 环境管理体系认证证书，产品均已通过国家权威检测机构的认证测试。公司几年来不断总结产品投运期间的各种使用经验，坚持改进升级，不断优化产品设计，持续提高产品性能。杭州快电的电源一体化解决方案和电动汽车充换电解决方案，以时尚的外观、良好的用户体验揽获客户青睐，合作伙伴遍布全国，远销海外。

杭州快电将与合作伙伴一道，利用先进的技术创造零污染的绿色生活方式，不断为中国的新能源战略助力。

## 284. 杭州乐充电子有限公司

**地址：** 浙江省杭州市萧山区萧山经济技术开发区桥南区块鸿达路 356 号

**邮编：** 310000

**电话：** 0571-85090568

**传真：** 0571-85090568

**邮箱：** sunia. jiang@ lecpower. com

**网址：** www. lecpower. com

**简介：** 杭州乐充电子有限公司是一家致力于为新能源充电领域提供高效率、高功率密度、智能化、高可靠性的电力电子解决方案、产品及服务的高新技术企业，是中国电源学会团体会员、浙江省新能源汽车产业联盟会员、浙江省汽车工业技术创新协会团体会员。

公司依托于多位来自世界 500 强企业的技术及管理专家，拥有原创性核心技术的自主知识产权，在新能源汽车充电管理系统、解决方案等方面积累了丰富的技术及市场应用经验。公司自主研发、生产的新能源汽车车载充电机、车载直流变换器（DC）、大功率直流充电桩、闪充充电器等产品，受到客户高度认可和广泛好评。公司高度注重品质管控，严格执行严苛的专业测试/验证流程（SVT、应力分析、热测试评估、软件测试、电磁兼容测试分析、DVT、可靠性测试及安规测试等）。

公司拥有丰富的研发及产业经验，生产基地先后获得 TS 16949：2016、ISO 14001：2015、ISO 9001：2015 等体系认证；拥有 40000 多平方米的新能源产业基地，员工有 1200 多人，14 条全自动化 SMT 生产线，30 多条组装流水线，拥有业界国际领先的生产制造设备，公司产品及服务遍及全球各地。

## 285. 杭州铁城信息科技有限公司

**地址：** 浙江省杭州市拱墅区祥园路 108 号 A 座 5 楼

**邮编：** 310012

**电话：** 0571-88192882

**邮箱：** 67434608@ qq. com

**网址：** www. tccharger. com

**简介：** 杭州铁城信息科技有限公司创建于 2003 年 12 月，致力于打造专业电动汽车车载充电机及 DC/DC 转换器等新能源汽车主要零部件研发、生产、销售的国家高新技术企业。公司秉承“以责任求发展，以信誉赢天下”的经营理念，开拓创新、锐意进取，开发出一系列具有高技术水准的产品，当前产品市场占有率为 40%，我们一直以引领行业内优质产品为发展方向，并因此成为行业内的标杆型企业。

## 286. 杭州祥博传热科技股份有限公司

XENBO 祥博传热 —1998—

**地址：** 杭州市萧山经济技术开发区启迪路 198 号信息港小镇 D 座 7 楼

**邮编：** 311200

**电话：** 0571-82308151

**传真：** 0571-82308081

**邮箱：** xenbo@ xenbo. com

**网址：** www. xenbo. com

**简介：** 杭州祥博传热科技股份有限公司（以下简称祥博传热）是一家集电力电子热管理系统产品研发、制造、销售及技术服务于一体的国家高新技术企业，公司已于 2017 年 3 月 6 日正式在新三板挂牌上市，股票代码为 871063。

祥博传热成立的研发中心——杭州祥博电力电子传热高新技术研究开发中心是杭州市级高新技术研发中心，重点研发用于特高压直流输电、柔性直流输电、轨道交通、新能源汽车、光伏、风电等装置的散热技术和产品。研发队伍及技术支持由一支来自散热器行业及相关领域从业多年的专家及博士、硕士专业人才组成。祥博传热凭着专业的技术团队和创新的技术理念先后承担了国家火炬计划项目、科技部创新基金项目、浙江省重大科技专项、萧山区重点科技项目等各级科技项目的研发任务，科研成果丰硕，掌握了行业内最前沿的工艺和生产技术。近年来，祥博传热已取得40余项专利技术，并研发了数十项省级新产品和新技术。凭着强大的技术研发和创新能力祥博传热已成为了行业的引领者，祥博是《电力半导体器件用散热器》和《静止无功补偿装置水冷却设备》的起草单位，并参与制定了《柔性直流输电设备监造技术导则》等行业标准。

祥博传热的产品和技术广泛应用于直流输电、新能源汽车、风力发电、轨道交通、电能质量治理等领域。多年来祥博传热以技术研发为基础，以客户需求为导向，以满足市场为目标，实现了个性化技术服务。凭着扎实的技术实力，祥博传热进入了国内输变电行业、机车行业所需的高端市场，同时也满足了欧美及中东市场对高端产品的需求。祥博传热已与中国电科院、许继集团、西安西电、荣信集团、南瑞继保、中国中车、ABB、BOMBARDIER等国内外知名企业建立了稳定的业务合作关系。祥博传热在安徽省绩溪县建有占地面积33300平方米的专业生产基地，装备了国际领先的真空钎焊和搅拌摩擦焊等生产线，并配备了先进的检测设备，能满足各类中高档散热设备的生产加工，是中国电力半导体器件用散热器行业最具竞争力的企业，是国内首家搅拌摩擦焊通过EN15085焊接体系认证的单位。祥博传热专注于散热技术的创新发展，立志成为该行业的引领者与资源的整合者，引领世界大功率半导体散热器的科技进步，“创精湛传热技术，树百年祥博品牌”是祥博人的追求和目标。

## 287. 杭州易泰达科技有限公司

**地址：** 浙江省杭州市上城区钱江路58号太和广场3幢15楼

**邮编：** 310008

**电话：** 0571-85464125

**传真：** 0571-85464128

**邮箱：** sales@ easi-tech. com

**网址：** www. easi-tech. com

**简介：** 杭州易泰达科技有限公司是国内领先的电源、电机和驱动器设计工具解决方案提供商，长期为国防军工、航空航天、铁道船舶、汽车、工业自动化、家电、电梯、石油化工、新能源等行业提供产品与咨询服务，能够提供涉及电子产品设计各个方面（如电磁场、电路、温升、结构应力、电磁兼容性）问题的仿真软件产品。

公司专注于以电源、电机及其控制系统为主的机电系统的仿真软件开发及电机、控制器技术的产品研发，是国内重要的电磁场仿真软件供应商。公司以系统建模与仿真技术为纽带，为客户提供电力电子及电源高效设计的高性能仿真平台SIMetrix/SIMPLIS，从电力电子、开关电源、变频驱动、旋转电机到负载机构的电路、机械、磁场、温升等多物理场耦合机电系统专业仿真平台Portunus、电机快速优化设计与分析平台EasiMotor以及“CAE+互联网+云计算”仿真工具革命性解决方案EasiMotor Online。我们致力于切实解决用户难题并不断改进用户体验，通过专业的技术知识和服务流程，为客户提供经济、高效、可靠的解决方案和专业的咨询服务，以帮助客户实现技术创新、提高效益和增强竞争力。

## 288. 杭州远方仪器有限公司

EVERFINE远方

**地址：** 浙江省杭州市滨江区滨康路669号

**邮编：** 310053

**电话：** 0571-86699998

**传真：** 0571-86673318

**邮箱：** emc@ emfine. cn

**网址：** www. emfine. cn

**简介：** 杭州远方仪器有限公司是远方光电（股票代码：300306）的全资子公司，专业从事电磁兼容（EMC）& 电子测量仪器的研发及EMC实验室整体解决方案的提供，是国内较早独立进行全系列电磁兼容测试仪器研发的国家重点高新技术企业公司。建有企业院士工作站、博士后工作站、省企业技术中心、省研发中心等科研平台，并多次承担国家高技术研究发展计划（863计划）课题和省市级重大科技攻关项目，拥有国内外发明专利30余项，2013年被评为福布斯潜力上市公司100强企业（排名第四）。

经过多年的技术发展与积累，公司的EMC& 电子测量仪器已远销全球70多个国家和地区，应用于LED和照明、家用电器、电动工具、低压电器、医疗器械、国网电力、通信、广播音视频、汽车电子、军工等领域，客户包括中国科学院、中国计量院（NIM）、ETL国际认证实验室、中检集团、深圳计量院、广东省出入境检验检疫局、清华大学、浙江大学、四川大学、飞利浦、三星、松下、西门子、海尔、美的、TCL等国内外检测认证机构、跨国企业、研究所及高校。

## 289. 杭州之江开关股份有限公司

**地址：** 浙江省杭州市萧山区萧清大道4518号

**邮编：** 311234

**电话：** 0571-82867931

**邮箱：** fx@ hzk. com. cn

**网址：** www. hzk. com. cn

**简介：** 杭州之江开关股份有限公司是杭申集团下属的重点骨干企业，是集高低压成套开关设备和高低压电器元件、智能电子仪表、电工材料等研发、生产、销售、服务于一体的现代化企业。

公司前身始创于1966年，经过50年的发展，总资产达5.5亿元，总注册资本为1.25亿元，现有员工500人，公司位于杭州，拥有“杭申电气”品牌，产品被广泛应用于电力、钢铁、石化、铁道、煤炭、城建、教育等领域以及三峡工程、山西大同电厂、北京地铁项目、杭州萧山国际机场等一大批国家重点工程。同时，产品还远销东南亚。

## 290. 杭州中恒电气股份有限公司

**地址：**浙江省杭州市滨江区东信大道69号
**邮编：**310053
**电话：**0571-56532188
**传真：**0571-86699755
**邮箱：**zhangning@ hzzh. com
**网址：**www. hzzh. com
**简介：**杭州中恒电气股份有限公司（股票代码：002364，以下简称中恒电气）自1996年创立以来，始终秉承“至诚至精，中正恒久”的企业价值观，以“致力于创新应用电力电子和互联网技术，为用户提供世界一流的产品”为使命，稳健务实，精简高效，快速成长。中恒电气一直专注于主营业务，围绕两大业务板块深耕细作。在电力信息化板块，为电网企业、发电（含新能源）企业、工业企业的“自动化、信息化、智能化”建设与运营提供整体解决方案；在电力电子产品制造板块，为客户提供通信电源系统、高压直流（HVDC）电源系统、电力操作电源系统、新能源电动汽车充换电系统等产品及电源一体化解决方案。

中恒电气始终以市场为导向，不断发掘客户的需求，坚持技术驱动，持续创新，不断为客户创造新的价值，为客户提供增值服务，是行业的领军企业。国家电网、南方电网、中国移动、中国电信、腾讯、阿里巴巴、百度、戴尔等企业都是公司长期合作的核心客户。

“守拙出奇，恒久致远”，中恒人既坚守自己的信念，也善于抓住时代机遇，依托自身深厚的电力行业背景，以及跨界的技术优势，实现从软件和设备供应商向智慧能源综合解决方案服务商的升级，逐步将产业重点转向能源互联网，完成公司跨领域的产业整合。

## 291. 弘乐集团有限公司

HONLE

**地址：**浙江省乐清市柳市镇象阳产业功能区
**邮编：**325604
**电话：**0577-61762777
**传真：**0577-61755177
**邮箱：**linfor@ honle. com
**网址：**www. honle. com
**简介：**弘乐集团有限公司是国内知名的电源供应商，是中国电源学会会员。公司自创立以来，一贯坚持“科技是第一生产力”的理论导向，以品牌战略为先导，凭着对电源技术前瞻性的理解，以完善的工艺和对品质的孜孜追求，为各行各业的精密设备提供安全稳定的电力供给保障，在国内外市场上树立了美好形象。

公司以“弘扬和谐，乐享世界”的企业精神为核心，先后推出稳压电源、精密净化电源、直流电源、逆变电源、调压器等系列多种电源产品，实行供、销一体化。公司在电源的品种、质量、规模和管理模式等方面已得到了完善，使公司产品质量达到先进技术水平，畅销全国，部分出口国外，深受广大客户的好评。

公司始终以“质量求生存，创新求发展”的方针，通过了ISO 9001质量管理体系认证，公司产品由中国人民保险公司承保。

## 292. 宁波博威合金材料股份有限公司

boway 博威合金

**地址：**浙江省宁波市鄞州经济开发区宏港路288号
**邮编：**315145
**电话：**400-9262-798
**传真：**0574-83064819
**邮箱：**sales@ pwalloy. com
**网址：**www. pwalloy. com
**简介：**宁波博威合金材料股份有限公司创建于1993年，注册资本627219708人民币，拥有博威云龙、博威滨海、博威尔特（越南）三大工业园区，占地面积36.44万平方米，员工3000余人，其中博士、硕士及以上学历的专业研发人员有49人。公司于2011年1月在上交所主板上市（股票代码：601137），历经多年发展，现已成为中国首批创新型企业、国家技术创新示范企业、中国重点高新技术企业、国际有色金属加工协会（IWCC）董事单位和技术委员会委员，拥有博士后科研工作站、国家认可实验室、国家认定企业技术中心和国家地方联合工程研究中心。根据公司战略，公司建起“新材料”“新能源”“资本合作”三轮驱动的产业格局，近年来完成新材料创新项目50多项，目前已申报65项发明专利，其中授权国家发明专利37项，美国发明专利1项。公司主导或参与我国有色合金棒、线21项国家标准、5项行业标准的编制，推动我国有色合金材料产业快速发展。

## 293. 浙江艾罗网络能源技术有限公司

**地址：**浙江省杭州市西湖区西溪路525号浙大科技园A西506
**邮编：**310007
**电话：**0571-56260099
**传真：**0571-56075753
**邮箱：**guohuawei@ solaxpower. com
**网址：**www. solaxpower. com

**简介**：浙江艾罗网络能源技术有限公司是国内并网逆变器、储能系统的重要生产厂家，公司的注册商标“SolaX Power”品牌在可再生能源领域已经经营了近 10 年，公司自 2011 年开始，每年都参加至少 5 次以上的国际大型光伏产品展览会，如德国的 Intersolar 展会、上海的 SNEC 展会、澳大利亚、英国等国的展会，并通过德国 *Photon* 杂志以及行业网络等媒体对“SolaX Power”品牌进行广泛宣传，进一步提升了公司产品的国际知名度。其中 17kW 机器取得 Photon 双 A 证书。自 2011 年起借助浙江大学的科技实力研发、生产、销售逆变器，产品推广至全世界，主要遍布欧盟、澳大利亚及东南亚等地区。并且在英国、荷兰、澳大利亚设有仓库及售后服务中心，借助浙大桑尼在全球的销售渠道将公司的产品推向更广阔的市场。我们的宗旨是为我们的客户提供一个更加先进，更加可靠、安全、经济的光伏产品和能源系统方案，满足世界日益增长的能源需求。2014 年浙江艾罗网络能源技术有限公司独立自主研发并率先推出储能机 X-Hybrid（3kW、3.7kW、5kW），至 2019 年 12 月，我们的产品有单相机 700W～8kW、三相机 5～17kW 和单相储能机 3～5kW、三相储能机 5～10kW。以“SolaX Power”为品牌的光伏逆变器产品远销 47 个国家，积累了 100 多个行业客户，这些有“SolaX Power”品牌逆变器等产品先后成功运用于国内外的很多家庭，这些标志性项目的完成，巩固了公司在业内的地位，取得了良好的业绩和品牌效应。

## 294. 浙江创力电子股份有限公司

**地址**：浙江省温州市龙湾区高新技术产业园区 F 幢 2 楼
**邮编**：325013
**电话**：0577-86557922
**传真**：0577-86557923
**邮箱**：gulitao@ makepower. cc
**网址**：www. makepower. cc

**简介**：浙江创力电子股份有限公司成立于 1996 年，发展至今已成为一家集科技、工贸于一体的高科技企业。目前，公司是在国内通信行业从事微电子技术开发与推广应用及系统整合的知名企业，是专门从事各类数据测量、传输及设备自控、信息技术等产品的设计、开发、生产及系统整合的高新技术企业。

通过多年的经营发展，公司已通过国家高新技术企业和浙江省软件企业的认定，2005 年被接纳为中国电源学会、中国通信电源标准协会会员单位。自 2002 年以来，公司一直坚持贯彻各类国际先进体系标准，先后通过了 ISO 9001 质量管理体系、ISO 14001 环境管理体系、OHSAS 18001 职业健康安全管理体系、ISO 20000-1 信息技术服务管理体系、ISO 27001 信息安全管理体系的认证。

公司管理规范，质量保证体系完善，公司管理层创新意识和开拓能力强，有较强的新产品研究攻关能力，从事新产品生产的条件、项目实施所需的设施基本具备，原材料的来源、供应渠道有可靠保障，环境保护措施达标，劳动保护与安全健康管理工作实际有效。自成立以来，企业已获得各类专利 151 项，其中发明专利 4 项，另有计算机软件著作权 21 项，企业牵头或参与行业标准制定达 30 余项。

## 295. 浙江大维高新技术股份有限公司

**地址**：浙江省金华市金东区曹宅镇西工业园区
**邮编**：321031
**电话**：18357961215
**传真**：0579-82158853
**邮箱**：dowaygroup@ 163. com
**网址**：www. zjdoway. com

**简介**：浙江大维高新技术股份有限公司（原名金华大维电子科技有限公司）成立于 2003 年 7 月 24 日，是一家以高压电力电子智能控制技术为核心，依托能量智能优化软件和大功率高压电力电子技术，研发、设计、生产和销售智能高压供电控制装置，不断拓展高端应用领域并实现产业化的高新技术企业。注册资金 5500 万元，位于金义经济走廊的中心位置——金华市金东区曹宅镇西工业园区，目前为国家高新技术企业、省电子信息行业百家重点企业、省“隐形冠军”企业、省成长性科技型百强企业。

公司有两家全资子公司：杭州大维软件有限公司和金华大维环保工程有限公司；股份公司下辖第一至第六个事业部和财务部、制造部、人力行政部、企业研究院等职能机构，现有员工 197 人（其中本科以上学历占 60%以上），占地 63 亩，其中智慧化工厂建设用地 40 亩，将于 2020 年建设完成投产使用，届时将响应国家中国制造 2025 要求，成为金华市乃至浙江省智慧化工厂示范性建筑。

公司目前为浙江省专利示范企业、浙江省“守合同重信用”企业、浙江省创新型示范中小企业、浙江省“隐形冠军”企业、金华市高成长标杆企业、金华市“三名”试点企业、金华市学习型企业、金华市数字经济标杆企业、金华市创新型企业、中国环保产业协会电除尘委员会常委单位、机械工业标准化委员会大气净化设备分技术委员会委员单位，建有浙江省企业研究院、浙江省博士后工作站、浙江省企业技术中心、高新技术企业研发中心，持有住建部机电工程总承包和环保工程专业承包三级资质、住建部大气污染和水污染治理设计乙级资质、省环境污染工程总承包和环境污染防治工程专项承包甲级资质，中国环保产业协会行业企业信用等级 AAA 级。

公司经过多年的研发投入，目前形成了以大功率高压电力电子技术、能量智能优化软件技术为核心的软硬件技术平台，结合高稳定性工业通讯及互联技术和整机制造工艺，研发、设计、生产高频高压供电控制装置、脉冲高压供电控制装置和等离子高压供电控制装置三大类产品。公司产品目前主要应用于工业领域的粉尘超低排放、等离子多种污染物协同脱除和高盐易结垢废水脉冲浓缩零排放等方面。在面临综合、复杂的应用场景时，将产品与相应的工艺装置相配合，为客户提供综合性的环保整体解决方案，目前终端客户主要集中在国内各省份及东南亚地区的燃煤发电厂、垃圾发电厂、生物质电站、危废处理中心和燃气分布式能源等企业。

公司企业研究院共有科技人员 70 余人，研发流程体系和实验设施完备，研发投入比重高，年平均 R&D 经费投入约占销售收入的 8.5%以上，已承担包括国家创新基金、浙江省重大科技专项等在内的各类科技计划 30 余项，研发完成的产品荣获浙江省名牌产品、浙江省装备制造业重点领域首台（套）产品等各类省、市级奖项 15 余项，累计获得授权各类专利 123 项，其中授权发明专利 16 项，获得国内商标注册 10 项，参与制定行业标准 4 项、国家标准 1 项，主导制定“浙江制造”标准 1 项。公司历来重视技术创新工作，依托浙江大学、华电电力科学研究院等资源丰富的高校院所，建有省级企业研究院、省级博士后工作站、省级高新技术企业研发中心、省级企业技术中心、市级院士工作站等科研机构，同时，产学研共同研制的产品也给公司带来了良好的经济效益。同时借助相关资源，公司现已与中科院相关院士建立密切联系，希望在不久的将来能够通过努力组建院士工作站，为公司的科研提供有力的技术保障。

未来，公司将以高频高压供电控制装置、脉冲高压供电控制装置和等离子高压供电控制装置等三大类产品为基础，立足于粉尘超低排放、等离子多种污染物协同脱除和高盐废水脉冲浓缩零排放等应用领域，巩固产品在工业节能减排、超低排放、零排放治理领域优势地位的基础上，持续加强现有技术和负载侧高压谐振供电技术、高压脉冲磁压缩能量回收技术、智能人机交互控制技术等方面的研发和创新，通过资本化运作、人才资源整合，积极寻求并开发高性能电控产品在更多领域，包括国防军事、海洋探测、医疗等领域的应用，将公司打造成为具有自主知识产权、国际化、具有强大竞争力的高端智能供电控制装置的民族品牌企业。

## 296. 浙江海利普电子科技有限公司

**地址：**浙江省海盐县武原镇新桥北路 339 号

**邮编：**314300

**电话：**0573-86169999

**传真：**0573-86158001

**邮箱：**holipmarketing@ holip. com

**网址：**www. holip. com

**简介：**浙江海利普电子科技有限公司（以下简称海利普）成立于 2001 年，于 2005 年纳入丹佛斯（Danfoss）旗下，成为其全资子公司。丹佛斯是丹麦大型的跨国工业制造公司，创立于 1933 年。丹佛斯以推广应用先进的制造技术，并关注节能环保而闻名，是制冷和空调控制、供热和水控制以及传动控制等领域处于世界重要地位的产品制造商和服务供应商。

历经十余载翻天覆地的变化，海利普已发展成一家集研发、生产、销售于一体的高新技术企业，同时也是国内较早拥有省级变频研发中心的企业。海利普是目前国内重要的变频器生产厂家之一，其核心产品 HLP 系列变频器广泛应用于空压机、包装、印刷、纺织、印染、石油、化工、建筑、建材、橡胶、塑料、造纸、食品、饮料、环保、水处理、机床等行业，先后被列入“国家重点新产品”（2002. 7—2005. 7）、“国家火炬计划项目”（2002. 7—2005. 7），并被授予“浙江省名牌产品”等荣誉。

为了持续推进丹佛斯“中国第二故乡市场”的首要战略，海利普作为丹佛斯中国的核心成员，因地制宜地开展了一系列重要行动计划；同时也进一步巩固了海利普在国产变频器行业的重要地位。如今，海利普已经成为丹佛斯亚太地区的制造以及物流中心，海利普所在的生产基地——海盐工业园区已成为丹佛斯全球重要的工业园区，年生产量可达 180 万台变频器。

## 297. 浙江宏胜光电科技有限公司

**地址：**浙江省乐清市柳市镇柳黄路 2285 号 5 楼

**邮编：**325604

**电话：**0577-61676211

**传真：**0577-61676212

**邮箱：**9029226@ qq. com

**网址：**hosgd. 1688. com

**简介：**浙江宏胜光电科技有限公司创立于 2010 年 3 月，是一家集开发、设计、生产、销售、服务于一体的高科技专业化电源制造企业。

公司重视人才的培养与引进，以人为本的理念，拥有一批高素质专业人才。公司拥有员工 200 余人，其中高级技术人员 10 多人，专业管理人员 20 余人，质检人员 10 余人；年产量达 200 多万台电源，厂房面积 5000 余平方米；公司注册资金 1020 万元，是国内最具规模的开关电源专业制造企业之一。

本公司以产品质量为方针，注重产品的研发，技术的更新；同时公司引进全自动插件机、自动化生产流水线，采用精确完善的检测设备，筛选优质的进口电子元器件；产品经过 100%烧机老化、耐压检测，合格率高达 99%以上，通过先进的管理和流程，铸就高品质的电源产品。

公司主要产品：防水电源、防雨电源、AC-DC 单组及多组开关电源、超薄型、小体积、导轨型、大功率开关电源、DC-DC 开关电源、充电开关电源、适配器开关电源、逆变器开关电源等上千种电源规格产品。另外，公司可快速开发各种非标电源及特殊定做规格电源产品，以满足客户对不同产品的需要。产品广泛应用于 LED 亮化工程、LED 显示屏、监控设备、医疗设备、工控自动化、电力通信等领域。

企业宗旨：服务员工、服务顾客、服务社会。

企业方针：技术创新；质量创新，服务创新。

企业口号：全力打造中国电源第一品牌。

本公司竭诚欢迎各界朋友前来考察、洽谈、合作、共图发展！

## 298. 浙江暨阳电子科技有限公司

暨阳电子

**地址**：浙江省诸暨市暨阳街道大侣路 60 号

**邮编**：311800

**电话**：0575-87327588

**传真**：0575-87995599

**邮箱**：wangyang@ zjjiyangdz. com

**网址**：www. zjjiyangdz. com

**简介**：浙江暨阳电子科技有限公司是一家集研发设计、生产制造、销售服务于一体的专业磁环电感元件生产企业。由浙江菲达集团公司（股票代码：600526）与诸暨斯通电子有限公司实行股份制合作成立而来，现注册资金为 3500 万元。暨阳电子磁环电感产品专注为电源系统、电源适配器、LED 照明、消费电子、新能源汽车、光伏电源等领域提供最适合的电感配套解决方案。公司拥有 20 年的自动化设备研发经验，目前拥有发明专利 3 项、其他专利 15 项。其自主研发的磁环全自动绕线机、自动上锡机、全自动检测机，均填补了国内磁环全自动化生产制造的空白，是真正实现了磁环电感全自动化生产的制造企业。公司现有员工 135 人，其中研发技术人员 15 人，工厂厂房总面积为 1 万平方米。目前拥有全自动绕线机 200 台，可日绕线 100 万只，日产电感 70 万只，具备大批量稳定供货的能力。公司已通过 ISO 9001 质量管理体系认证。

## 299. 浙江巨磁智能技术有限公司

**地址**：浙江省嘉兴市南湖区昌盛南路 36 号智慧产业创新园四号楼 201 室

**邮编**：314000

**电话**：0573-82660267

**传真**：0573-82660100

**邮箱**：liang. chen@ magtron. com

**网址**：www. magtron. com. cn

**简介**：浙江巨磁智能技术有限公司（以下简称浙江巨磁）是一家专业从事智能传感器芯片技术开发与应用的高科技公司，为全球智能磁电传感产业发展提供极具创新的 SoC 单芯片级别解决方案。将创新产品带给智能交通、汽车、新能源、机器人、运动控制、轨迹追踪等多个行业和应用。

公司核心开发基于巨磁阻（GMR）及磁通门（Fluxgate）传感集成的单芯片 SoC 产品，为业界带来全球首发 Quadcore 集成 FPGA 可编程及 DSP 的电流传感器 SoC 芯片，可实现任意电流等级，任意增益以及真正的零漂移，单芯片封装芯片 MS 系列产品将优化光耦放大器或互感器等采样方式，将电阻变为更加智能，彻底改变使用电流传感器昂贵以及光耦电路匹配负责等现状，而全集成可编程的传感器模块 JCB、MX 等系列，将为节省客户成本，实现任意电流增益，为客户提供便捷的定制服务。全球首款集成磁通门以及安全自检功能单芯片 Self-Check 的剩余电流检测芯片方案 MT 系列，以及其各个功率段漏电流传感模块（RCMU），为新能源电动汽车，充电站以及光伏逆变器提供一种超高性价比的产品方案，已经成为行业众多领先厂家应用开发的不二选择。

## 300. 浙江琦美电气有限公司

QME® 琦美电气 QIMEI ELECTRC

**地址**：浙江省乐清市北白象象塔南路 63 号

**邮编**：325604

**电话**：0577-62898207

**传真**：0577-62897207

**邮箱**：284687208@ qq. com

**网址**：www. qmdianqi. com

**简介**：浙江琦美电气有限公司坐落在享有三山之一的雁荡山脚下、同时坐拥极富盛名的中国“电气之都”柳市。公司是一家专业从事高科技电源电子产品的研发、生产及销售于一体化企业。公司技术实力雄厚，积多年与欧洲知名电气公司、国内知名高院校的合作技术成果和经验，研发并制造国内外领先的高科技电源系列产品。

经过多年克难攻坚，公司在国内外已形成以省市为办事处的经销网络，产品用户遍及全国各地，如智能建筑、消防、交通、体育中心、地铁、电信、军工、银行、工厂、证券、医院等各个用电单位及居民楼。公司主要生产双电源、稳压电源、EPS 消防应急电源系列、UPS 不间断电源系列、消防巡检柜，电气火灾监控系统、消防监控系统、蓄电池、应急电源变压器、直流配电柜、变频恒压供水控制柜、智能软启动控制柜、自耦减压起动柜、逆变电源、直流屏、智能操控电源、智能高频电源模块、变频电源系列等电源产品。

琦美电气将继续以“科技创新、机制创新、管理创新、营销创新”的理念，坚持以人为本，打造和谐企业，始终如一的走“以质量立厂、以科技兴业”的发展道路，不断投入新产品研发，全力进行新产品推广，更加完善售后服务保障机制，努力满足客户对产品功能、质量和服务的需求。琦美人把“追求卓越、回报社会”视为自己的奋斗目标，在前进的道路上积极进行改革创新，不断调整产品结构，实施品牌战略，真诚与国内外客商及社会人士携手并进，引领科技，共创辉煌！售优质产品、保一流服务、是所有琦美人永远不变的服务承诺！

## 301. 浙江腾腾电气有限公司

**地址：** 浙江省温州市鹿城轻工产业园区创达路 28 号
**邮编：** 325019
**电话：** 0577-56968888
**传真：** 0577-56556999
**邮箱：** hr@ ttnpower. com
**网址：** www. tinglang. cn；www. ttnpower. com
**简介：** 浙江腾腾电气有限公司系国家高新技术企业、浙江省科技型中小型企业、浙江省级企业技术研究开发中心、浙江省专利示范企业，是中国电源学会会员单位、中国电器工业协会会员单位。公司成立于 1994 年，是一家集研发、生产、销售各种规格光伏离网发电系统、智能交直流稳压电源、UPS、EPS、智能家居、电脑万年历等产品为一体的现代化电气行业翘楚。在公司 100 多类 1000 余种研发产品中，共覆盖家庭、工业、农业、消防、通信、医疗等诸多领域，销售网点 500 多处遍及全国各地，办事机构延伸到莫斯科、法兰克福、洛杉矶、迪拜、拉各斯等国际大都市，产品畅销全球 50 多个国家和地区。目前，新研发的 3D 打印设备即将投产，产品系列包含从单头单色打印到多头多色打印，材质包含打印塑料及打印金属；GPRS 智能路灯控制系统，通过网络控制调节，为现在普遍使用的路灯系统节省 40%以上的电能；IGBT 智能高频电子式稳压电源产品为各领域高、精、尖设备的必备配套产品，此项科技产品的研发成功将是国际上高端电源产品中的一次革命。此外，公司正在与西北工业大学合作研发的大功率激光电源、伺服电动机等等高科技系列产品。

## 302. 浙江长春电器有限公司

**地址：** 浙江省嘉兴市桐乡市高桥经济园区 2 幢
**邮编：** 314515
**电话：** 0573-87533046
**传真：** 0573-87536088
**邮箱：** info@ ccele. com
**网址：** www. ccele. com
**简介：** 浙江长春电器有限公司位于杭嘉湖平原的中心，举世闻名的钱江大潮观潮圣地和中国皮革之都——海宁市，东邻上海西靠杭州，航空、高铁、公路四通八达。公司始建于 1974 年，历史悠久，公司产品主要生产 DS12、DS14、DS16、QDS8 系列直流快速断路器，DM4、DM8G 系列磁场断路器，HD18 系列电动、手动隔离刀开关以及交流、直流成套设备等产品。产品适用于矿山开采、金属冶炼、城市电车、轻轨、地铁的牵引、过载保护及发电机组的励磁保护。

浙江长春电器有限公司拥有一支优秀的员工队伍，技术力量雄厚，生产设备齐全，检测仪器先进，生产能力强大，能够满足广大用户的需求。公司致力发展绿色环保系列产品，企业通过 ISO 9001：2008 质量体系认证。并坚持“以质量求生存、以信誉求发展、质量第一、信誉至上、诚信为本、客户为先”的宗旨，积极进取、开拓创新，做客户满意的产品，为广大用户服务。

## 303. 中川电气科技有限公司

**地址：** 浙江省乐清市经济开发区纬六路 219 号
**邮编：** 325600
**电话：** 0577-62772888
**传真：** 0577-62779168
**邮箱：** scb099@ zc-xf. com
**网址：** www. zc-xf. com
**简介：** 中川电气科技有限公司成立于 1997 年，总部位于浙江省乐清市。是国内领先的智能消防应急疏散指示系统供应商，是国家级高新技术企业、浙江省 AAA 级纳税信用企业、中国消防协会消防电子分会委员单位。专注于智能型消防应急疏散指示产品、EPS 消防应急电源、UPS 不间断电源、稳压电源等产品的研发、生产、销售和服务。经过二十几年的发展，现已成为国内智能应急疏散系统和电源行业的龙头企业之一。公司现有员工 300 多人，其中大专学历员工占 50% 以上。产品广泛应用于机场、高铁车站、大型商业综合体、展览馆、体育馆等重要公众场合以及移动数据中心等关键部门。企业在同行业中率先通过 ISO 9001、ISO 14001、OHSAS 18001 体系认证，并与国内高等院校、消防研究所展开技术合作，将每年的销售收入 5% 以上投入到新产品研发和技术创新中，加强了技术和产品的领先地位，已累计取得设计专利 60 多项。

# 山东省

## 304. 海湾电子（山东）有限公司

**地址：** 山东省济南市高新技术开发区孙村片区科远路 1659 号
**邮编：** 250104
**电话：** 0531-83130301
**传真：** 0531-83130303
**邮箱：** mk_ king@ gulfsemi. com
**网址：** www. gulfsemi. com
**简介：** 海湾电子（山东）有限公司（以下简称海湾电子）是以专业玻璃钝化及玻球封装技术，提供电子照明、LED 照明、LED 电源供应器、工业类电源、仪器仪表等业界广泛使用的整流器件；20 多年来直接服务于各领域的国际知名公司（如 Samsung、Philips、GE、Emerson、Delta、Pana-

sonic、Sharp 等）及国内各电源行业的龙头企业。

长期以来，海湾电子依托二极管最先进的玻璃球钝化工艺技术，已完整开发了 PHILIPS 原 BYV、BYM、BYT 等系列产品，满足业界对高性能、高可靠性产品的需求；海湾电子又相继引进了外延、玻璃钝化技术，已替代原 SANKEN、ON SEMI、TOSHIBA、IR 等知名公司的系列产品，满足业界对高频率、低 VF、高效整流的需求；海湾电子还大量开发了肖特基，高性能桥堆等系列产品，满足各个领域的整流方案。

## 305. 华夏天信智能物联股份有限公司

**地址**：山东省青岛市黄岛区海西路 2299 号
**邮编**：266000
**电话**：0532-89056132
**邮箱**：pingfan. bu@ chinatxiiot. com
**网址**：www. chinatxiiot. com
**简介**：华夏天信智能物联股份有限公司是拥有自主知识产权及核心技术的高新技术企业，是能源行业工业物联网技术的引领者之一。公司以自主开发且具有国际领先水平的智慧矿山操作系统平台为核心，建立了包括感知执行层、网络传输层、操作系统平台层、智能应用 App 层的能源工业物联网四层架构体系。公司应用云计算、大数据、物联网、人工智能、信息物理系统（CPS）等相关前沿技术，定制开发了系列化的软硬件产品，致力于为能源行业具体应用场景提供智慧化转型升级、新旧动能转换的整体解决方案，重塑能源领域的经营决策和生产管理方式。基于相关通用技术，以矿山的深度应用为基础，逐步向油气开采等其他能源领域拓展。

## 306. 济南晶恒电子有限责任公司

**地址**：山东省济南市历下区和平路 51 号
**邮编**：250013
**电话**：400-055-0531
**传真**：0531-86947096
**邮箱**：zhangxy@ jinghenggroup. com
**网址**：www. jingheng. cn
**简介**：1958 年，济南晶恒电子（集团）有限责任公司（以下简称晶恒集团）的前身济南市半导体元件实验所成立，成为中国首批自行研发生产二极管的单位。60 多年来，晶恒集团为国家历次火箭、导弹、卫星、航天器的研制提供了大量优质、可靠的半导体器件。

济南晶恒集团是一家综合性多元化的集团企业，拥有自主知识产权的芯片设计能力和年产二极管晶圆 100 万片、半导体分立器件 100 亿只、引线框架 40 亿只、开关电源 6 万台的能力。

晶恒集团拥有先进的生产设备和自动化流水线；从芯片、框架到半导体器件成品，产业链完备。产品包含全系列肖特基管、快恢复、超快恢复管，全系列 TVS 管、稳压管，全系列触发管和各式桥类整流器，MOS 管、集成模块等。晶恒集团在不断丰富产品的同时，建立了完善的质量保障体系，凭借国家军工级检验中心和国家二级计量中心，以及国内最全、类型最多的高精度检测设备，在质量管控和产品检定上达到国际先进水平。

公司产品应用于各大行业，如汽车、电源，家电，电表、安防、通讯、照明、太阳能等多个领域，远销世界各地，与多家国际知名公司保持密切合作。

## 307. 临沂昱通新能源科技有限公司

昱通新能源

**地址**：山东省临沂市罗庄区新华路中段
**邮编**：276000
**电话**：0539-7109391
**传真**：0539-7109391
**邮箱**：wushichao@ ytxny. cn
**网址**：www. ytxny. cn
**简介**：临沂昱通新能源科技有限公司是专业从事电子变压器、电源滤波器、电感器、开关电源产品及 Mn-Zn、Ni-Zn 软磁铁氧体产品生产的高新技术企业。公司的产品广泛用于家电、通信、汽车、计算机、太阳能及绿色照明等行业。

公司拥有 76000 平方米的现代化、高标准的工业园区，拥有先进的生产设备，强大的研发团队和完善的品质管理体系。先后获得了 ISO 9001、ISO 14001 和 TS 16949 等管理体系认证，公司一贯坚持以质量求生存，以信誉求发展的宗旨，经过不懈努力，以高质量、高效率赢得了国内外客户的一致好评。

在全球电子元器件行业对品质要求越来越高、交货速度要求越来越快的今天，公司将会再接再厉，本着合作共赢的经营理念，以优质的产品、良好的信誉，竭诚为广大客户提供更优更高的产品和服务。

## 308. 青岛鼎信通讯股份有限公司

**地址**：山东省青岛市高新区华贯路 858 号
**邮编**：266109
**电话**：0532-55523196
**邮箱**：zonggongban@ topscomm. com
**网址**：www. topscomm. com
**简介**：青岛鼎信通讯股份有限公司于 2008 年成立，2016 年 10 月在上海证交所挂牌上市（股票代码：603421），拥有完全自主知识产权的国产工业级系列芯片，通过自主结构设计，实现全产业链自动化制造，产品广泛应用于电力物联网、综合能效管理、电力信息通信、电弧故障保护、智慧消防等领域。

## 309. 青岛航天半导体研究所有限公司

**地址**：山东省青岛市高新区新悦路 87 号
**邮编**：266114
**电话**：0532-85718548
**传真**：0532-85718548
**网址**：www. qdsri. com

**简介**：青岛航天半导体研究所有限公司，原为创建于 1965 年的青岛半导体研究所，2011 年年底，青岛市国资委与中国航天科工集团对其进行了重组，性质为全资国有。

公司现有职工 310 人，占地面积 96022 平方米，拥有 21975 平方米的工业厂房（含净化厂房 4000 平方米）和 11105 平方米的后勤保障楼。公司是我国高可靠电子元器件研究与生产定点单位，为国家重点工程承担配套研制生产任务已有 50 多年的历史，产品主要用于航空、航天、兵器、船舶、电子、石油和工业控制等领域。

公司通过了 GJB 9001A—2001 质量管理体系认证，被认定为高新技术企业、青岛市企业技术中心等。厚膜混合集成电路生产线年生产能力为 5 万只，微电路模块（SMT）生产线年生产能力为 5 万只，电力电子器件生产线年生产能力为 50 万只。

1）信号变换类混合集成电路产品：（V/F、I/F、F/V、V/I、C/V）转换器、滤波器、加速度计伺服电路、陀螺解调电路、单片集成电路、运算放大器等。

2）电源功率类产品：中小功率 DC-DC、DC-AC、高低压电源模块；Interpoint、Victor 兼容产品；二、三相陀螺电源、功率模块、尖峰浪涌抑制器等。

3）电力电子类产品：中小功率整流器件、晶闸管、MOSFET 功率器件、晶体管、IGBT 模块、固态继电器等。

4）压力、振动、温度传感器等。

## 310. 青岛威控电气有限公司

VECCON

**地址**：山东省青岛市即墨市大信镇天山三路 42 号
**邮编**：266000
**电话**：13792896685
**传真**：0532-82530096-3008
**邮箱**：wenjuan. miao@ veccon. com. cn
**网址**：www. veccon. com. cn/

**简介**：青岛威控电气有限公司始创于 2006 年，是一家专门从事煤矿用防爆变频器、智能微电网系统、储能 PCS 和特种变频器研发、制造，为矿山、可再生能源发电、储能等行业提供系统解决方案和产品的专业化公司。公司是国家高新技术企业、山东省守合同重信用企业、青岛市大功率变频器工程研究中心、青岛市矿用防爆变频器技术研发中心、青岛市企业技术中心、青岛市智能微网专家工作站、青岛市专精特新示范企业、即墨市工业设计中心、青年文明号，并荣获“德勤-青岛明日之星”等称号，通过了国家 ISO 9001 质量体系认证，2015 年 4 月 23 日，公司在青岛蓝海股权交易中心正式挂牌，成功登陆价值优选版。

公司拥有一支高学历、高素质的专业化员工队伍，博士、硕士及本科学历员工人数占公司总人数的 50% 以上。建有高度协同的、包括 PLM、ERP、MES 等的数字化管理系统，被认定为青岛市信息化和工业化深度融合示范企业。公司拥有完备的软、硬件研发能力，是国内煤矿隔爆变频器组件核心供应商，公司自主研发的煤矿用两象限、四象限防爆变频器，性能先进，质量可靠，销量稳定，市场占有率达到 40% 以上，产品性能已达到国内领先水平，公司自主研发的 3300VAC 系列矿用三电平变频器，是国内首套研发并投入现场使用的煤矿生产核心设备，经科技局、经信委专家联合鉴定，性能已达到国际先进水平，比肩西门子、ABB 等跨国企业。

公司顺应国家政策号召，响应国家推进节能减排，实现能源可持续发展的宏远目标，积极向风力发电储能，风、光、电融合的智能微电网等领域进行拓展，致力于“清洁能源”“智能电网”方面产品的研究，并取得了较好的社会效应和环境效应，协同研发了国内第一个风储互补演示验证系统，公司研发的针对铅酸、锂电、全钒液流电池、锌溴电池、飞轮等化学、物理储能系统的 PCS、DC-DC 变换器等，已在英利集团 863 课题“园区智能微电网关键技术研究与集成示范”、国家电网辽宁电力科学研究院风光储微电网系统、中科院大连化学物理研究所的全钒液流电池系统等项目中投入并验收通过。公司研发的智能微电网系统，已获得国家科技部中小企业创新基金扶持。公司目前正在承担《国家重点研发计划“智能电网技术与装备”重点专项 2017》“10MW 级液流电池储能技术”项目（编号 2017YFB0903500）中，多模式运行三电平 PCS 设备的研制工作。

在企业发展壮大的同时，公司始终坚持“责任、创新、协助、共赢”的核心价值观，践行“以人为本、管理规范、专业敬业、预防为主、开拓创新、永续经营”的质量理念，从客户的价值实现出发，遵循价值管理的规律，打造与客户一体的价值管理链条，是公司对“践行良知、恒以致远”宗旨的具体实现。公司始终坚持企业效益与社会效益并重，携手同行，共同推动企业和行业的健康发展。

## 311. 青岛云路新能源科技有限公司

**地址**：山东省青岛市即墨区蓝村镇火车站西
**邮编**：266232
**电话**：0532-82599910
**传真**：0532-82593000
**邮箱**：kaifa-ht@ yunlu. com. cn
**网址**：www. yunlu. com. cn

**简介**：青岛云路新能源科技有限公司成立于 2007 年，其前身为成立于 1996 年的青岛云路电气有限公司，目前专业从事电磁器件的研发、制造、销售和服务，是国家火炬计划重点高新技术企业。

1. 公司组织结构

公司拥有青岛、珠海、合肥三大生产基地；下设珠海、合肥两家子公司，在青岛城阳设立分公司一家。

2. 公司产业板块结构

公司主要包括家电磁性器件、工业新能源磁性器件、汽车磁性器件三大产业板块。主要产品有微波炉变压器、变频空调电抗器、PFC 电感、EMI 滤波器、光伏变流器专用滤波水冷电抗器、光伏逆变器配套变压器、超高压水冷饱和电抗器、一体成型贴片电感、模块电源等 1000 余种电磁器件产品，2018 年总销售额达 20 亿元。其中，微波炉变压器的生产能力和市场占有率位居世界前三强，变频空调电抗器连续 12 年排名国内前列，市场占有率长期保持在 60%以上。

3. 公司研发能力

公司建有山东省企业技术中心一个，设有总面积 1800m$^2$ 的家电、工业及新能源电磁器件研发中心、汽车级磁性元器件实验中心，新建磁性微电子器件研发实验室一个，配套大型仪器设备 100 余台/套。公司拥有一支以国家千人计划、万人计划专家为核心的专业研发队伍，博士、硕士、本科学历的研发人员达到 100 余名，研发团队具有丰富的研发经验和领先的自主创新能力。公司承担多项省市级重点项目，拥有有效授权专利 100 余项，曾获中国专利山东明星企业称号。

4. 公司产品应用客户及认证

公司主要客户为国内外一线家电、新能源品牌企业，产品出口到亚洲、欧洲、北美洲等数十个国家和地区。

公司先后通过 ISO 9001、ISO 14001、IECQ QC080000、UL、CCEE、TüV、CQC、IAFT 16949 等多项体系认证。

公司在致力于为客户提供精湛一流产品和服务的同时，也让全球两亿以上的用户在使用产品中享受“节能、环保、安全、高效”的快乐。

云路秉承“为人、为学，建设智慧云路”的企业理念，创新务实，以客户、投资方、合作方及社会共赢为宗旨，打造国内最大、世界领先的电磁器件产、学、研基地，做国内外同行先进技术的领跑者。

## 312. 山东艾瑞得电气有限公司

**地址**：山东省济南市高新技术开发区工业南路 44 号

**邮编**：250017

**电话**：13370513108

**传真**：0531-83166186

**邮箱**：yanjifeng0806@ 126. com

**网址**：www. sderid. com

**简介**：山东艾瑞得电气是按照股份公司制度规范设立的科技型企业，注册资金 1100 万元，总部设于济南市高新区，成立至今已设立东北、华南、华东三个办事处。

公司致力于现代电力电子技术和产品的研发、制造、销售和服务，主要在电源及小环境供电系统整体解决方案；主营产品有 ERD 系列 UPS、EPS 应急电源、智能节能系列稳压稳频电源、逆变电源等多种产品。

公司目前在国内已设立东北、华南、华东三个办事处，利用区域销售网络完成对目标地区的覆盖，保持快速市场反应能力，以及快速的售前支持能力和本地化售后服务支持能力；同时，加强专业销售队伍和技术支持工程师等配套力量，使之更专业化、系统化、高效化地满足市场订单与项目服务的需求。

公司自成立之后相继获得各级认证，并通过了 ISO 9001：2008 版的质量体系认证。ERD/S 系列稳压电源、EPH/L 不间断电源（UPS）、AND/S 逆变电源等产品在国内得到社会各界广泛认同。在基础交通、政府机关、通信、金融、证券、军队、电力、广电、教育、石油化工、医疗卫生、制造等行业拥有大量的用户和广阔的市场。

## 313. 山东东泰电子科技有限公司

**地址**：山东省淄博高新区民祥路以南青龙山路西侧

**邮编**：255100

**电话**：13969398332

**邮箱**：dtt@ dtkj. com

**网址**：www. dtkj. com

**简介**：山东东泰电子科技有限公司公司成立于 2002 年，专业生产锰锌软磁铁氧体磁粉及磁心，从材料开发、磁粉生产、磁心生产到磁心喷涂，有一条比较完整的生产链。公司有两个工厂：岭子工厂，厂房面积 12000 平方米；高新区工厂，厂房面积 6000 平方米。总产能为磁粉 4000 吨/年，磁心 3000 吨/年。

2011 年，公司在德国成立产品应用开发办公室，进行大磁心的应用开发推广。2016 年 1 月开始，与欧洲权威研究机构开始合作，进行高端新材料的开发。

## 314. 山东镭之源激光科技股份有限公司

**地址**：山东省济南市高新技术开发区颖秀路智慧大厦二楼

**邮编**：250000

**电话**：0531-88190005

**传真**：0531-88190005-814

**邮箱**：2881582438@ qq. com

**网址**：www. laserpwr. com

**简介**：山东镭之源激光科技股份有限公司是一家专业从事电源设备的开发、设计、生产和销售，并为客户提供技术咨询、培训、安装、维修等售前、售后服务的高新技术企业。公司下辖全资子公司两家，分公司一家，拥有总资产超 1 亿元，员工 100 余人，年生产各类电源 10 万多台套。公司于 2015 年 9 月 30 日在全国中小企业股转系统上市（股票代码 833611）。

公司主要产品为激光电源、医疗美容电源系统，系综合利用激光器放电特性和电气电子信息技术的集成创新供电产品及解决方案，包括气体激光电源（如 $CO_2$、氦氖、CO 等）、固体激光驱动电源（如半导体、YAG 等）、高压电源、开关电源以及其他特种电源一体化解决方案。定制化、智能化、安全性、稳定性是公司产品的主要特点。

我们通过十五年持续的研发投入，不断提升创新能力的同时，凭借在行业内领先地位和技术优势，积极参与各种学术研讨。申请并授权了多项专利，并先后获得 ISO9001 质量体系认证、欧盟国家 CE 认证等。

多年来，公司坚持“以客为主，甘当配角；竭诚服务，精益求精”的经营宗旨，视质量为生命，诚意接受广大用户的监督，并真诚希望能够成为您事业成功的助手。

## 315. 山东山大华天科技集团股份有限公司

HOTEAM山大华天

**地址：**山东省济南市高新技术开发区颖秀路 2600 号
**邮编：**250101
**电话：**0531-88879010
**传真：**0531-88878999
**邮箱：**huatianwth@ 126. com
**网址：**www. huatian. com. cn
**简介：**山东山大华天科技集团股份有限公司创立于 1991 年，2000 年改制为股份有限企业，注册资本 6000 万元。公司主要从事电力电子产品的研发、制造和销售，核心技术均由公司自主研发，主要业务领域包括电能质量综合治理产品、应急电源与智能消防电子产品、机房工程总包等三大类业务，主要产品包含有源电力滤波器、动态无功补偿装置、静止无功发生器、智能电能质量优化装置、能馈负载、再生制动能量逆变回馈装置、电力负荷智能分配装置、应急电源、消防应急照明与疏散指示系统、电气火灾监控系统、消防设备电源监控系统、防火门监控系统等。

公司拥有省级企业技术中心、山东省电能质量控制工程中心、山东省电能质量控制工程实验室三大技术创新平台，科研成果丰硕。先后通过了 ISO 9001 质量管理体系认证、ISO 14001 环境管理体系认证、OHSAS 18001 职业健康安全管理体系认证，公司产品通过了 CCC、CQC、CE 认证。公司承担多项国家级、省市级科技项目，拥有知识产权 100 余项，多次荣获国家和省部级科技进步奖，公司产品获国家重点新产品、山东名牌等荣誉；“山大华天”被认定为山东省著名商标。

## 316. 山东省纽特动力科技有限公司

**地址：**山东省济南市槐荫区美丽路 158 号
**邮编：**250000
**邮箱：**info@ newteqdynamics. com
**网址：**www. newteqdynamics. com
**简介：**山东纽特动力科技有限公司于 2018 年成立，位于济南市槐荫区德迈信息产业园内。公司注册资本 1000 万元人民币。创始团队由多名海归博士组成，从业经验丰富。公司得到了山东济南当地政府的大力支持。公司倡导工程师文化，鼓励科技创新。公司目前专注于为未来能源交通运输领域的新兴需求提供精准解决方案。产品目前涵盖大功率 DC-DC 变换器，双向隔离 DC-DC 变换器，商务车辆的非动力用储能及功率转换产品等。

## 317. 山东圣阳电源股份有限公司

**地址：**山东省济宁市曲阜市圣阳路 1 号
**邮编：**373100
**电话：**0537-4438666
**传真：**0537-4428475
**邮箱：**sydy@ sacredsun. cn
**网址：**www. sacredsun. cn
**简介：**山东圣阳电源股份有限公司（简称“圣阳股份”，股票代码 002580）创建于 1991 年，2011 年在深交所中小板上市。公司目前拥有总资产 20 亿元，员工 2000 余人，下属 4 家全资子公司，市场地位居国内行业前列，是全球同业知名企业之一。是国家级高新技术企业，拥有国家认定企业技术中心。公司在面向海内外市场，向客户提供储能电源、备用电源、动力电源和系统集成电源产品和解决方案。

## 318. 山东天岳电子科技有限公司

**地址：**山东省济南市槐荫区美里湖办事处邹庄南
**邮编：**250118
**电话：**15910105929
**邮箱：**huangzhicheng@ sicc. cc
**网址：**www. sicc. cc
**简介：**山东天岳电子科技有限公司成立于 2012 年 12 月 20 日，位于济南市槐荫工业园内，公司于 2013 年在美国加利福尼亚硅谷组建研发团队，致力于第三代半导体碳化硅芯片、器件及应用装备的研发、生产。目前可批量供应大功率碳化硅基 SBD、碳化硅基 MOSFET 和功率模块，器件主要型号包括 SBD：650~1200V、2~60A；MOSFET：1200V，30~160mΩ。功率模块解决方案包括：3~110kW 全碳化硅电机驱动、15~120kW 充电模块、11~80kW 光伏逆变器模块解决方案。产品广泛应用于光伏、风能、新能源汽车，白色家电等行业。

公司以客户为核心，拥有资深的技术开发团队以解决各种客制化需求的能力，拥有优秀的运营团队提供最专业的服务。

# 安徽省

## 319. 安徽首文高新材料有限公司

**地址：**安徽省宿州市经济开发区金泰二路

**邮编：**234000

**电话：**0557-3250935

**传真：**0557-3256788

**邮箱：**sales@ swmagnetic. com

**网址：**www. swmagnetic. com

**简介：**安徽首文高新材料有限公司是一家专业从事金属磁粉芯系列产品研发、生产和销售的高新技术企业。首文公司由中国首钢国际贸易工程公司（简称“中首”）和安徽博文集团共同出资成立，并由中首公司控股。公司成立于2010年6月，项目整体规划占地面积约240亩，其中包括一期厂房7000平方米、办公楼6000平方米、科研楼等。公司位于安徽省宿州市经济技术开发区，配备了一流的生产、研发和检测设备，并拥有一支经验丰富、技术实力雄厚的科研队伍，核心技术人员均在磁性材料领域工作多年。公司采用现代化的管理体系，按照国际化标准进行生产过程中的管控，从而保证了产品的稳定性和先进性，并先后顺利通过了RoHS认证以及ISO 9001认证。同时，首文公司与宿州市人民政府、合肥工业大学于2011年6月合作成立了磁性材料工程技术研究院。

公司所有产品均符合国际质量标准，并始终致力于为用户提供高性能的产品以及优质的服务，满足用户的不同需求。我们期待与您携手，共创未来。

## 320. 安徽中鑫半导体有限公司

**地址：**安徽省宣城市郎溪县经济开发区分流东路

**邮编：**213000

**电话：**0519-69806757

**传真：**0519-83660336

**邮箱：**czzg88@ vip. 163. com

**网址：**www. cz-zg. com，cn

**简介：**安徽中鑫半导体有限公司成立于2010年，是一家民营技术企业。公司占地面积30亩，一期厂房面积达到了5000平方米，内有全套的二极管自动生产线。公司有员工200余人，其中研发人员为18人，具有多年的生产经验。公司有自主品牌“ZG”商标。公司主要生产各种型号的二极管，产品远销国内外。公司具备强劲的技术开发能力，先进的技术设备，完善的检测手段以及全面的售后服务，通过了ISO 9001：2000认证，SGS环境认证及CTI认证，从而为客户提供优质的产品和高效的服务。公司以市场需求与科技发展为导向，本着“质量第一，用户至上”和以科技为依托，以信誉求发展，获得了广大客户的信赖。产品广泛应用于照明、通信、家电、电源、工业控制、汽车电子、绿色能源、军事装备等各个领域，并可根据客户的需求定制产品。

## 321. 合肥海瑞弗机房设备有限公司

HAIRF® 海瑞弗

**地址：**安徽省合肥市长丰双凤经济开发区辉山路以东

**邮编：**231131

**电话：**0551-63358563

**传真：**0551-6335856

**邮箱：**445733446@ qq. com

**网址：**www. hairf. com. cn

**简介：**合肥海瑞弗机房设备有限公司是全球领先的机房制冷系统及关键电源系统供应商。公司旗下主要产品为机房精密空调、UPS、免维护铅酸蓄电池、STS、智能配电系统、雷电防护产品等。

公司采用机房精密空调解决方案、交流不间断电源解决方案、直流不间断电源解决方案、低压配电解决方案、动力环境集中监控解决方案组成了一体化的IXC/IDC机房动力系统整体解决方案。

公司专业的系统工程师以及国际化的销售和服务团队遍及墨西哥、俄罗斯、巴基斯坦、阿尔及利亚、印度尼西亚和中国，为四大洲三十多个国家的用户保驾护航。充分满足用户的售前技术支持、设备现场安装调试以及后期设备运行维护、备件供应等全方位的服务需求。

## 322. 合肥科威尔电源系统股份有限公司

**地址：**安徽省合肥市高新区望江西路4715号沪浦工业园2栋

**邮编：**230088

**电话：**0551-65837951

**传真：**0551-65837953-6006

**邮箱：**yan. wang@ kewell. com. cn

**网址：**www. kewell. com. cn

**简介：**合肥科威尔电源系统股份有限公司（Hefei Kewell Power System Co.，Ltd.）是一家专注于测试设备制造的高新技术企业，崇尚自主创新，依托电力电子技术平台，融合软件仿真算法与测控技术，为众多行业提供专业、可靠、高性能测试电源和系统。

公司总部位于安徽合肥，在北京、上海、深圳、西安、南京共设立五个分公司。目前产品主要应用于新能源发电、电动车辆、燃料电池及功率器件等工业领域。

公司注重研发团队的建设及技术创新，坚持“产、学、研”合作，自成立以来便长期与合肥工业大学开展多项校企合作，并设立“科威尔奖学金”。同时公司积极联合电源行业内公益组织在浙江大学、南京航空航天大学、华中科技大学、西安交通大学及西安理工大学等多所高校发放奖学助学金，助力电力电子学科未来电源精英人才建设。

“专业、价值、服务”是公司的核心文化，科威尔电源致力于以专业的产品和服务为客户、公司及员工创造价值！

## 323. 合肥联信电源有限公司

**地址**：安徽省合肥市高新区玉兰大道61号联信大楼

**邮编**：230088

**电话**：0551-65323322

**传真**：0551-65313339

**邮箱**：hflx88@ 163. com

**网址**：www. lianxin. net

**简介**：合肥联信电源有限公司（以下简称联信）位于合肥国家高新技术开发区，成立于1997年9月，注册资金1.05亿元，连续五年通过中国消防协会AAA信用企业认定。联信以打造应急电源第一品牌为目标，坚持走自主研发与科技创新之路，产品有消防应急照明电源、消防设备动力电源、节能型不间断电源、交直流电源、轨道站台门电源等，广泛运用于文化场馆、医疗卫生、商业综合、学校教育、数据机房、高速交通、高铁地铁、煤化石化和机场车站等各种项目的重要负载，包括应急照明、疏散指示、消防泵、喷淋泵、冷却水泵、排烟风机、消防电梯和防火卷帘门等。联信参与15个城市地铁电源投标，中标和配套上海、武汉、广州、深圳、杭州、合肥地铁项目。

产品应用于首都体育馆等20个场馆，国家非典实验室等100多个医院，北京交通大学50多所院校，南京禄口等12个机场，安粮城市广场等50多个综合体，绩黄高速50多条公路隧道，以及石化煤化40多个乙二醇、甲醇项目运行。

作为合肥市应急电源工程研究中心，联信向用户提供最优质的500VA—500KVA全系列350个品种应急电源产品。自主创新电源主机模块化抽屉式工艺设计，延长主机寿命受到用户欢迎，全国最大功率500KVA光纤传输应急电源，良好运行多年；应急照明集中控制系统获得国家发明专利证书；与中科大建立紧密的战略合作关系，主编四项工信部产品行业标准。公司成熟、先进、适用、安全、可靠的应急电源产品，行销全国各地！

## 324. 合肥通用电子技术研究所

**地址**：安徽省合肥市高新区玉兰大道机电产业园

**邮编**：230088

**电话**：0551-65842896

**传真**：0551-65317880

**邮箱**：api_power@ 126. com

**网址**：www. apii. com. cn

**简介**：合肥通用下辖通用电子技术研究所和通用电源设备有限公司，位于合肥市高新区机电产业园内，本公司采用科研和生产相结合的方式，科技研发有效地保证了产品技术的领先地位，专业化的生产及时高效的将研发成果转化为电源产品。

公司坚持走“专业定制”之道，秉承“造电源精品，创世界品牌”的企业目标，致力于解决系统设备的馈电问题，为广大客户提供性能稳定的开关电源。从研发生产到服务一次性通过了GJB9001A-2001标准的认证，目前电源在业内以性能稳定而著称，并受到广大客户的青睐和好评，通用电源已广泛应用到自动控制、军工兵器、智能办公、医疗设备以及科研实验等领域，并累计向业界提供了120多万台高品质电源。

合肥通用拥有两条生产线，两条装配线，两条产品老化线，一条产品测试线和高低温老化房等，引进国外先进的测试仪、频谱分析仪、多功能电子负载、存储示波器等检测仪器。本着“效益源于质量，质量源于专注”的企业宗旨，严把质量关，强化细化过程管理，精雕细琢，成就完美。

## 325. 马鞍山豪远电子有限公司

**地址**：安徽省马鞍山市当涂县大陇口新街118号

**邮编**：243155

**电话**：0555-6271518

**传真**：0555-6271518

**邮箱**：hy1288@ 126. com

**网址**：www. haoyuandianzi. com

**简介**：马鞍山豪远电子有限公司是一家集各类电源变压器、稳压电源、逆变电源、开关电源等产品的开发、设计、制造、销售、服务于一体的民营高科技企业。公司自1997年成立至今，一直秉承以客户为中心，以产品质量为根本的指导思想，在激烈的市场竞争中站稳了脚跟，取得了骄人的成绩。公司先后通过了ISO 9001：2000国际质量管理体系认证、中国质量认证中心CQC认证、欧盟CE认证、环保认证、部分产品已通过UL认证，并荣获国家3.15诚信承诺单位、2006年全国产品质量稳定合格企业、百家知名品牌企业等，经过公司员工的辛勤努力，公司赢得了海内外客商的一致赞誉和好评，产品出口世界各地。

根据公司发展需要，2003年10月公司投资一千多万元在安徽马鞍山建成了占地22亩规模庞大的马鞍山豪远电子工业园，形成了以上海总公司为窗口，以马鞍山为生产基地的集团化发展模式。

公司不仅仅是生产产品，更着重于品质与信誉，“以客户为中心，以品质为先驱”是公司的宗旨，希望能成为您信赖的合作伙伴。

## 326. 宁国市裕华电器有限公司

RUVA®

**地址：** 安徽省宣城市宁国市振宁路 31 号
**邮编：** 242300
**电话：** 0563-4183768
**传真：** 0563-4012888
**邮箱：** czy@ ngyh. com
**网址：** www. ngyh. com

**简介：** 宁国市裕华电器有限公司是一家专注于薄膜电容器研发、设计、生产、销售及售后服务于一体的国家级高新技术企业，拥有国际先进水平的薄膜电容器生产设备和高精度的试验、检测设备。公司已荣获安徽省名牌产品、安徽省著名商标、省认定企业技术中心等荣誉，先后通过 ISO 9001 管理质量体系认证、ISO 14001 环境管理体系认证、TS 16949 质量管理体系认证、武器装备质量管理体系认证，主导产品薄膜系列电容器先后通过 CQC、德国 VDE、TUV、美国 UL、加拿大 CSA 等国际权威认证。

自 1997 年成立以来，公司坚持以市场需求为导向、以技术创新作为企业发展的动力源，培育了一支研发经验丰富、自主创新能力极强的专业研发队伍，拥有多个国家发明及实用新型专利。公司是全国电力电子电容器标准化技术委员会委员单位、全国能源行业无功补偿和谐波治理装置标准化技术委员会委员单位，上述两项标准起草单位。

目前公司的薄膜电容器产品已在光伏发电逆变器、风力发电变流器、无功补偿及谐波治理（SVG）、冰箱压缩机等领域取得了骄人的市场业绩，公司更将下一步市场目标锁定到高铁、城铁及新能源汽车（混合动力及纯电动汽车）、国家直流输电工程领域的薄膜电容器。今后我们在技术上进一步提升，牢牢把握产品占据市场前沿技术制高点，不断加大高端智能制造设备的投入，以期在未来的新能源产品领域，处于行业领先位置。

“科学管理、追求卓越、竭诚服务、遵信守约”是企业的经营宗旨，争创一流的产品和一流的服务，是公司努力追求的目标；致力于智能电网、电力新能源等新领域是公司未来发展的方向，前进中的裕华电器愿与各界朋友携手共进，共创美好明天。

## 327. 天长市中德电子有限公司

**地址：** 安徽省天长市天冶路 98 号
**邮编：** 239300
**电话：** 0550-7304948
**传真：** 0550-7306809
**邮箱：** zdec@ zdec. cn
**网址：** www. zdec. cn

**简介：** 天长市中德电子有限公司成立于 2005 年 1 月。公司通过专业化的研发、设计、生产组织体系及以客户为中心的营销服务体系，致力于为客户提供优质的软磁产品及系统整体解决方案。公司所有制性质为民营有限责任公司，注册资本 7886 万元。公司顺应新材料、新能源领域发展趋势，谨遵“实业回馈社会”的企业愿景，牢记对顾客、员工、社会的责任，目前已成为国内软磁行业前十名的企业。

公司位于安徽省天长市天冶路 98 号和经济开发区经七路纬一路交叉口，公司生产厂地 74000 余平方米，研发试验室 2000 平方米，试验检测设备 70 多台套。通过 ISO 9001：2015 质量管理体系认证和 ISO 9001：2015 环境管理体系认证。2016 年 10 月被再次认定为国家高新技术企业，2016 年被评为天长市“二十强企业”，2015 年 9 月被认定为安徽省技术中心企业。2014 年 10 月被认定为滁州市创新型企业、两化融合企业。2014 年 12 月公司注册商标“盛德”字母图形商标被安徽省工商局评为安徽省著名商标。

## 328. 中国科学院等离子体物理研究所

**地址：** 安徽省合肥市蜀山区蜀山湖路 350 号（合肥市 1126 信箱）
**邮编：** 230031
**电话：** 0551-65591322
**传真：** 0551-65591310
**邮箱：** chunhuang@ ipp. ac. cn
**网址：** www. ipp. cas. cn

**简介：** 中国科学院等离子体物理研究所电源及控制研究室主要从事脉冲电源的研究、开发、运行和维护工作，并为托克马克核聚变装置的运行提供电源。

近年来，本研究室致力于高功率脉冲电源技术、超导储能技术、二次换流技术、大功率直流发电机励磁控制等方面的研究，并取得了较为成熟的研究成果和实践经验。研究所主要承担了 EAST、HT-7、HT-6B、HT-6M 等托卡马克装置的磁体电源及辅助加热电源的设计、运行和维护等课题。

目前，研究所拥有一套自主设计的直流断路器型式试验设备，该试验系统主要由四台脉冲发电机组成，该电机单台额定输出电流 50kA，额定电压 500V 。多年来，研究所已依据国家标准、欧洲标准和 IEC 标准，多次为众多国内及外企断路器厂家进行型式试验。

研究所的大功率电气设备检测中心于 2017 年 5 月获得中国合格评定国家认可委员会（CNAS）认可。检测范围为：高温超导电流引线电流实验、直流隔离开关短时耐受电流实验和温升试验、直流电抗器暂态故障电流试验和温升试验、半导体开关过电流能力试验和额定电流试验、半导体变流器辅助装置和控制设备性能检查、半导体变流器轻载试验和功能试验、半导体变流器额定电流试验、半导体变流器过电流能力试验、直流母排动热稳定试验和温升试验、封闭母线动热稳定试验和温升试验、L 类直流断路器额定短路分断及关合能力试验、直流开关柜短时电流耐受试验。

截至目前，研究所曾先后获得国家及省部级科技奖 17 次，105 项国家技术专利。此外，还招收相关专业的硕士和博士研究生，至今已培养出两百多名位硕士、博士毕业生，他们大都在国内外高新技术领域的科研院校和企业表现出色。研究所现有在读硕博士研究生 41 名。

同时，研究所还与众多企业、国际科研院所和组织保持着紧密的交流和合作，如 ABB 变流器公司、中日核心大学项目、美中磁约束装置研讨组、德国马普学会、通用原子能公司核聚变工作组等。

# 河北省

## 329. 保定科诺沃机械有限公司

**地址：**河北省保定市高阳县庞口农机市场中区 14 栋 10 号
**邮编：**071504
**电话：**0312-6854777 6856777
**传真：**0312-6853699
**邮箱：**pangdun_pd@ 163. com
**网址：**www. pdnjpj. cn
**简介：**保定科诺沃机械有限公司是专业生产充电机、蓄电池、起动机的企业，公司已通过 ISO 9001：2008 国际质量体系认证，由清华电力系教授指导研究，拥有先进的检测和生产设备，和国内众多电动三轮车厂配套，产品行销国内 27 个省市及中东、东南亚等国家和地区。公司以优异的质量、合理的价格、良好的服务赢得了海内外广大客户的青睐。

多年来公司被评为中国电源学会会员单位，省、市、消费者信得过单位，省、市守合同、重信用单位等众多荣誉称号。

大鹏一日同风起，扶摇直上九万里！跨入新世纪，公司全体员工以不断创新、赶超一流的气势，奋力开拓、积极进取，为您创造更满意的产品．提供更优质的服务。我们愿与广大新老朋友携手发展、共创辉煌！

## 330. 北京华信康源电气有限公司

**地址：**河北省廊坊市固安县北开发区卫星导航港 H4-1-3
**邮编：**065599
**电话：**010-61240513
**传真：**010-61240513
**邮箱：**hxkysales@ 163. com
**网址：**www. wellelect. com
**简介：**北京华信康源电气有限公司拥有先进的技术、优秀的研发团队和多年的经验，专注于研发、销售高频开关电源和工控系统。产品涵盖电镀电源、电力电源、通信电源、大功率和特大功率电源等诸多类型。子公司映河（廊坊）科技有限公司秉承华信康源之先进技术和多年经验，将高效的制作工艺、严格的标准和科学的管理理念付诸于高频开关电源的研发和生产中，以工匠之精神打造更加优质的产品。

公司始终坚持“创新、诚信、高效”的公司经营理念，在平等互利、诚实互信的基础上不断满足客户需求，提供先进可靠的产品和优质的服务。产品已广泛应用于航空航天、电力、通信系统、PCB 电镀、半导体电镀和五金电镀等诸多领域，部分产品已出口马来西亚、新加坡和俄罗斯等国家，受到客户一致好评；

华信康源将以积极的行动、热忱的服务和负责任的态度，期待与您的合作！

## 331. 盾石磁能科技有限责任公司

**地址：**河北省石家庄市桥西区西三环西岭集团大院
**邮编：**050000
**电话：**13383156950
**邮箱：**qiuzhiqiang@ dscnkj. com
**网址：**www. dscnkj. com
**简介：**盾石磁能科技有限责任公司成立于 2014 年，公司收购源于欧洲最大铀浓缩公司 URENCO 的飞轮技术公司 KT-Si，将世界领先的碳纤维复合材料高速飞轮技术引入国内，具有完全自主知识产权，并实现国产化。公司是国家高新技术企业，在国内建有完备的产品研发、生产制造及测试平台以及成熟的技术团队，是全球唯一商业化生产大功率、快充放、碳纤维复合材料高速飞轮的企业。

2017 年，GTR 飞轮储能系统获得国家铁路产品质量监督检测中心、中国电力科学院电力工业电力设备及仪表质量检验测试中心权威检测认证。2018 年，GTR 飞轮列入河北省重大技术装备首台套目录。2018 年，产品通过 ISO 9001 质量管理体系认证。2019 年，公司通过 GB/T 29490—2013 知识产权管理体系认证。2019 年，公司“GTR 飞轮储能装置在城市轨道交通应用”项目通过工信部评价，认为技术处于国际先进水平。

盾石磁能科技公司在飞轮技术平台的基础上研发的 GTR 飞轮储能系统、ORC 超低温余热发电系统、磁悬浮离心式鼓风机，三大高端系列产品将广泛应用于先进轨道交通、电力装备、新材料、节能环保、高端装备等行业。

## 332. 河北汇能欣源电子技术有限公司

**地址：**河北省石家庄市鹿泉经济开发区御园路 99 号光谷科技园区 B1 栋
**邮编：**50051
**电话：**0311-67361830

**传真**：0311-67368590

**邮箱**：hnxy04@ 163. com

**网址**：www. xypower. net

**简介**：河北汇能欣源电子技术有限公司于 2004 年 8 月注册成立，地址位于石家庄市鹿泉经济开发区御园路 99 号光谷科技园 B1 栋，是一家拥有着以享受国家津贴的电源专家为代表的科研队伍，以国家级产品可靠实验室为依托，以军用特种高频电源为核心产品的研发、生产、销售、服务为一体的高新技术企业。

公司先后取得及荣获河北省高新技术企业、河北省软件企业、河北省军民融和型企业、质量管理体系认证、武器装备生产三级保密资格单位认证、A 类装备承制单位资格认证，并编入《中国人民解放军装备承制单位名录》。

公司结合多项核心成熟知识产权并引进国内外先进技术，开发生产了多个系列、百余种型号的电源产品，其具有功率密度高、可靠性高、转换效率高、稳压范围宽、抗震性强等特点。广泛配套使用于雷达、航空管制、电子对抗、加速器等军用设备，用户遍及电子、航空航天、船舶、整机工厂等企业和科研机构。

依托可靠技术发展至今，公司产品已成为军工开关电源领域内最强的生产企业之一。公司将继续秉承专业、敬业、务实、创新的发展理念，以技术创新、产品研制、人才培育等市场竞争优势和丰厚的技术力量，不断地为国防发展、社会稳定和企业建设提供更加强有力的技术支持和人才保障。

## 333. 河北远大电子有限公司

**地址**：河北省沧州市沧县薛官屯工业园区

**邮编**：061037

**电话**：0317-4881666

**传真**：0317-4889185

**邮箱**：ydgs8@ 163. com

**网址**：www. czyuanda. com

**简介**：河北远大电子有限公司始建于 1996 年，位于河北省沧州市薛官屯乡工业园区，是生产各种非标准电源、电子变压器、电源变压器、煤矿防爆变压器、变频变压器、电抗器、交流电源、交流稳压电源的专业公司。厂区面积 23300 平方米，厂房建筑面积 16800 平方米，有 7 个车间，1 个研发中心。

公司拥有变压器、电源专业人才、员工 130 人，其中研发人员 18 人，技术人员 20 人，销售人员 8 人，拥有先进的设备和雄厚的技术力量。以及遍及山东、山西、河南、河北、北京、上海、陕西、东北三省等十几个省市的销售网络，煤矿防爆变压器已占到全国市场 65%的份额。

公司荣获纳税功臣称号；获得河北省科技型中小企业称号。并于 2002 年获得了 ISO 9001：2000 质量管理体系认证，2009 年获得了 CE 产品质量认证，公司生产的电源变压器、牵引变压器、控制变压器、高压限流变压器、变频变压器、煤矿防爆变压器、电抗器等产品，随机销往美国、日本、中东等地，并获得了广泛认可和赞誉。创造 100%高可靠、高品质产品是远大公司的质量方针。

公司广交各界朋友，竭诚为客户服务，为客户加工定制特殊产品。公司正在进行的技术开发的新产品主要有三大项：①SH15 系列非晶合金铁心电力变压器；②SHM 系列全密封电力变压器；③干式电力变压器。其空载损耗比普通变压器的降低约 70%，节能效果十分显著。干式电力变压器也获得了广泛的应用，既环保又安全。该项目 2014 年 1 月份正式投产。

我们与客户共同努力，创造一个实现双赢的美好合作环境！

## 334. 唐山尚新融大电子产品有限公司

**地址**：河北省唐山市滦南县职业教育中心实训基地

**邮编**：063500

**电话**：0315-4166302

**传真**：0315-4166301

**邮箱**：creativemix@ 126. com

**网址**：www. creativemix. cn

**简介**：唐山尚新融大电子有限公司创立于 2008 年 4 月，公司分为电力电子事业部、军品及标准事业部、定制批产事业部；三大事业部。公司致力于为军用电源电路、UPS、智能电网、轨道交通、光伏并网逆变器、通信电源提供磁性元器件系统化解决方案。是国内少数同时具备金属磁粉心、非晶纳米晶磁心、平面变压器、电感器、MIL-STD-1553B 总线变压器、平面磁集成滤波器，研制、生产力的综合性科技企业。已通过 ISO 9001 及 GJB 9001B—2009 国军标质量体系认证，通过武器装备制造单位三级保密认证。公司依托磁电结合核心竞争力，为广大客户提供感性器件解决方案！

# 湖南省

## 335. 湖南东方万象科技有限公司

**地址**：湖南省长沙市芙蓉区万家丽北路 569 号银港水晶城 E4 栋 304 房

**邮编**：410016

**电话**：0731-88156696

**传真**：0731-88156695

**邮箱**：470798290@ qq. com

**简介**：湖南东方万象科技有限公司成立于 2006 年 7 月，注册资金 508 万元，是计算机机房辅助设备（不间断电源系统、开关电源、低压配电系统、环境监控系统、设备监控系统、机房精密空调）的专业服务商和设备供应商，以向客户提供最好、最专业的服务为宗旨，面向通信、银行、保险、证券、外企、军队系统以及科研院所等重要部门的交换机房、电脑机房和仪器设备机房提供全线产品及其相关的售前售后技术服务。

## 336. 湖南丰日电源电气股份有限公司

**地址：** 湖南省浏阳市工业园

**邮编：** 410331

**电话：** 0731-83281148

**传真：** 0731-83281113

**网址：** www.fengri.com

**简介：** 湖南丰日电源电气股份有限公司是国内最早生产蓄电池和直流电源、电气成套设备的专业企业之一，产品注册的“丰日”牌为中国驰名商标。

公司是国家高新技术企业，成立了化学电源研发中心，并与中南大学等高等大专院校长期合作，共同进行电池、电源新产品的开发创新。拥有 56 项国家级专利，3 项国际专利。

丰日产品经全国 20 余省市通信、电力、铁路、广电、部队、工矿企业等行业数千家单位的多年使用，并与德国西门子、日本东芝公司、美国 GE 公司、法国阿尔斯通、美国 EMD 公司、加拿大庞巴迪等大公司长期合作配套，以其质量稳定、价格合理、服务周到赢得了用户的一致好评和信赖。

公司坚持贯彻“诚信服务顾客、产品件件质优、管理持续改进、铸造丰日品牌”的质量方针，致力于不断革新产品技术，优化生产工艺，严格产品的过程控制。公司通过了 ISO 9001 质量体系和 ISO 14001 环境体系、GB/T 28001—2001 职业健康安全管理体系认证。

## 337. 湖南华鑫电子科技有限公司

**地址：** 湖南省湘潭市雨湖区二环线

**邮编：** 411100

**电话：** 0731-52338338

**传真：** 0731-52328738

**邮箱：** 2355842968@qq.com

**网址：** www.hnhxdz.com

**简介：** 湖南华鑫电子科技有限公司位于风景秀丽的湘江河畔、伟人毛泽东的故乡——湘潭市，是一家集电源产品研发、生产、销售于一体的科技实体公司，拥有一支专业、资深的研发团队和管理队伍。公司旗下产品有“开关电源”、“电源适配器”两大类别。产品广泛应用于工业自动化，LED 照明、显示、城市亮化及通信，医疗，矿山等领域。

公司拥有高标准的现代化生产设备设施，先后通过 ISO 9001—2008 国家质量体系认证、国家强制 CCC 质量认证、欧盟国际 CE，韩国 KC 质量认证，并于 2008 年正式吸纳为中国电源学会会员单位。

公司自成立就确立“诚信开拓市场、品质巩固市场、服务决胜市场”的经营方针和诚信、敬业、创新、卓越的企业精神。不断进取，以高度严谨的敬业态度，致力于成为全球最大的电源供应商。

## 338. 湖南科瑞变流电气股份有限公司

KORI 科瑞变流

**地址：** 湖南省株洲市天元区株洲（国家）高新技术开发区黑龙江路 629 号

**邮编：** 412007

**电话：** 0731-28891155

**传真：** 0731-28895831

**邮箱：** dsq@kori.cn

**网址：** www.kori.cn

**简介：** 专注于大功率半导体变流设备的研发、设计、制造与服务，是集科研、生产、国际贸易为一体的高端装备制造与服务的科技型企业。已逐步发展为国内整流行业最具规模、技术力量最强的企业之一，也是少数几家具备超大功率整流器制造能力的骨干企业之一。

公司率先通过了欧盟 CE、俄罗斯 GOST、武器装备、ISO 国际质量、环境、职业健康安全等质量管理体系认证。现有厂房建筑面积 2.5 万平方米，固定资产 1.2 亿元，员工 200 余人，集中了众多长期从事大功率半导体变流器、电力及电气自动化工程的优秀科技人才，并有一支由教授、高级工程师带队组成的研发、设计团队。系国家高新技术企业和国家软件企业，拥有完全自主知识产权的核心技术。获各项专利 112 项，软件著作权 39 项，荣获省市科技进步奖 3 项，省级科技成果 1 项，并承担了国家火炬计划项目和国家重点新产品的研制开发。

产品广泛应用于国内外冶金、化工、造纸、电力、交通、石油、矿山、能源、军工、科研等行业，远销五大洲的 30 多个国家及地区。各项技术指标均居于国际先进水平，以出众的品质和优良的服务深得用户的信赖和赞誉，是向全球提供高性价比的工业变流装置主要制造商之一。

## 339. 湖南晟和电源科技有限公司

**地址：** 湖南省长沙市其他高新开发区桐梓坡西路 468 号威胜科技园二期工程 11 号厂房 1-8 号

**邮编：** 410205

电话：0731-88619957
传真：0731-88619957
邮箱：seehre@ seehre. com
网址：www. seehre. com
简介：湖南晟和电源科技有限公司成立于 2016 年，是一家专业从事电源整体解决方案研发与应用的高新技术企业。公司重点关注仪器仪表、新能源、轨道交通、音视频、通信、PoE、适配器、充电器等行业客户需求，并为其提供专业而完整的电源技术服务及相关配套产品。公司成立以来，已与威胜集团等行业标杆企业建立了长期战略合作关系，并得到了合作伙伴的高度认可。公司位于长沙高新区，自成立以来，坚持以市场需求为导向，引进多项国内外先进的生产及试验设备，并与多家高校科研院所展开合作。依托于高水平、高学历的专业研发队伍，已成功申报多项自主知识产权的专利技术，所研发的技术解决方案和专业产品在众多领域得到了广泛应用。公司重视产品与服务质量，在同行业中率先通过了 ISO 9001 质量管理体系认证，并按照体系要求运行及持续改进，提升内部管理水平。未来，公司将秉承“电源解决方案与服务专家”的使命，坚持“至诚致精，合作共赢”的经营宗旨，积极倡导电源技术创新，为客户提供优质的电源产品和解决方案，力争成为电源行业标杆。勇于进取，敢于探索，奋力拼搏，大胆创新，相信现在和未来，每一位客户都将因享用我们的电源产品和服务而持久受益！

## 340. 长沙竹叶电子科技有限公司

地址：湖南省长沙市岳麓区高新区尖山路 39 号中电软件园 5 栋 601 室
邮编：410000
电话：0731-85149001
传真：0731-85144728
邮箱：cszydz@ sina. com
网址：www. cszydz. com. cn
简介：长沙竹叶电子科技有限公司是位于美丽的岳麓山旁、尖山湖畔中电软件园内的一家民营企业。2010 年由长沙市工商局批准成立，注册资本 1000 万元。公司拥有各类技术管理人才 35 人，技术人员 8 人，拥有发明专利 1 项，在申请发明专利 3 项，软件著作权 2 项。2017 年公司通过了国家保密局三级保密资质，国军标体系认证，武器装备承制资格认证，且已被列入湖南省 2017 年第二批拟认定高新技术企业名单。公司主要为客户提供模块电源、滤波器的定制和研发服务。公司不断完善科研生产条件、整合优势资源，踏实为客户提供电源最优解决方案。目前产品已广泛应用于航天、航空、铁路、通信、雷达发射、接收系统、船舰系统、无人机、医疗、纺织、新能源以及装备、弹载系统、加固计算机、军用通信交换机等高可靠性行业。企业宗旨：成为全国特种电源行业的一流服务商。

# 天津市

## 341. 安晟通（天津）高压电源科技有限公司

地址：天津市东丽区华明大道 20 号五楼
邮编：300000
电话：022-58714976
传真：022-58714976
邮箱：tianjinanshengtong@ 163. com
网址：WWWW. anshengtong. cn
简介：安晟通（天津）高压电源科技有限公司坐落于天津市北方创业园，公司长期致力于高压电源研发、设计，生产工作，产品涉及稳压电源、恒流电源、脉冲电源、专用特种电源等各类军、民两用电源及相关产品，在现有的产品中有多项产品局国内外领先地位，应用领域覆盖军工、航空、航天、兵器、机载、雷达、船舶、通信、科研及仪器仪表、工业控制等众多领域。主要产品有充放电类高压电源、静电纺织设备高压电源、静电喷涂电源、X 射线电源、低压系统供电模块、臭氧高压电源、X 光管高压电源、高压点火电源、电子枪高压电源、等离子高压电源、高精密度模块电源。我们长期与国内多个高校建立横向竖向联合，拥有一支活力四射积极向上并富有创新精神的专业技术团队，为公司的技术研发提供了保证。

公司注册资金 300 万元，企业奉行“以顾客为关注焦点，并根据客户要求量体裁衣”，研制各种高低压电源。“科技领先，优质服务，遵信守约”是公司的企业理念。

公司遵循以人为本、以客户为中心、以市场为导向、以创新为手段的经营思想，依托于科技，以先进、科学、严谨、务实的管理为基础，以规范化、标准化、合理化、高效率为原则、努力建造现代企业制度，力求早日跻身世界先进科技企业的行列。

## 342. 东文高压电源（天津）股份有限公司

地址：天津市河西区洞庭路 24 号 C 座
邮编：300220
电话：022-24311577
传真：022-24311533
邮箱：sales@ tjindw. com
网址：www. tjindw. com
简介：东文高压电源（天津）股份有限公司，是国家级高新技术企业，坐落于天津市河西区洞庭路 24 号 C 座，占地 4000 多平方米，注册资金 1000 万元，在职员工百余人。公司创办于1998年，以高压电源为核心产业，研发生产了近千余种军、民两用高压电源。公司产品主要应用于惯性导航、雷达通信、电子对抗、等离子推进及变轨、电磁脉冲、声呐、核探测、激光测距、超声探伤、高端医疗分析和高端精密分析仪器，应用领域覆盖航空、航天、船舶、兵器、仪器仪表、通信、工业控制等领域。

公司已取得军工科研生产的全部四个资质。迄今为止共申请专利140余项，已获授权专利120余项，其中发明专利40余项，并且有多项产品在国家科技部及天津市立项，获得资金支持。

## 343. 天津奥林佰斯特自动化技术有限公司

**地址：**天津市津南区双港镇恒泽产业园1-2-101（恒生科技园南门）
**邮编：**300350
**电话：**022-88231457
**传真：**022-88245175
**邮箱：**aolinbst508@126.com
**网址：**www.albst.cn

**简介：**天津奥林佰斯特自动化技术有限公司成立于2008年，一直以来，公司以“至信至诚，至高至远”为经营理念，以“急客户所急，想客户所想，客户需求，我们的动力”为服务目标。客户涉及行业汽车，化工，医药、机器人装配等众多行业。

公司代理韩国FINE SUNTRONIX电源产品，并建立常规品现货库存。FINE SUNTRONIX专门生产高可信性、高效率通信用、产业用开关电源的企业。FINESUNTRONIX生产AC-DC开关电源、DC-DC电源模块等600余种标准开关电源，满足客户要求的各种定制规格（Customized Specification）开关电源等1000余种开关电源，以及Solid State Relay、Noise Filter等电力电子配件。FINE SUNTRONIX引进了适合多品种少量生产和变品种变量生产的模块方式（Cell type）生产系统，能够灵活应对客户。FINE SUNTRONIX所生产的标准产品有长达五年的质保期。

2020年我们将一如既往地为广大客户提供贴心的服务，让我们共同努力，一起创造美好明天！

## 344. 天津市华明合兴机电设备有限公司

**地址：**天津市东丽区华明镇南坨工业园区
**邮编：**300300
**电话：**022-84901298
**传真：**022-84900608
**邮箱：**tjhmhx@126.com
**网址：**www.tjhmhx.com

**简介：**天津市华明合兴机电设备有限公司坐落于天津华明高新区，毗邻天津滨海国际机场。公司紧紧抓住国家电力事业建设飞速发展的契机，依靠科技力量，研发生产与低压电器配套相关的高端产品，在国内同行业中居于领先水平，受到用户的广泛赞誉，被称为“低压电器制造专家”。

天津市华明合兴机电设备有限公司成立于1997年，占地面积14000平方米，建筑面积7600平方米，现有员工150余人，其中工程技术人员35人。公司自成立以来，已形成具有自主知识产权的核心技术，顺利通过ISO 9001国际质量体系的认证。公司主要产品有：电源自动转换开关、电涌保护器、微型断路器、塑壳断路器、电弧保护断路器、自复式过欠电压保护器、控制与保护开关电器、应急电源、电气火灾监控产品、低压电器成套等系列产品，广泛应用于军事基地、重点工业、公安消防、高层楼宇、公益设施等相关行业。产品畅销东北、华北、西北、中南地区和津京两市，销售网络覆盖国内20多个省市自治区。

## 345. 天津市鲲鹏电子有限公司

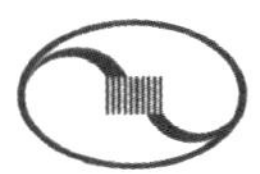

**地址：**天津市静海县静海经济开发区金海道18号
**邮编：**301600
**电话：**022-68687673
**传真：**022-68680568
**邮箱：**kunpeng_vip@126.com
**网址：**www.tj-kp.cn

**简介：**天津市鲲鹏电子有限公司创建于1984年，厂区面积23000余平方米，建筑面积18000余平方米，毗邻京沪高速，环境优美，交通便利。

公司现有资深设计人员14人，其中高级人才6名。具有国内、国外同行业先进生产设备100余台套，其中电脑自动绕线机28台，R型绕线机6台，大型自动箔式绕线设备5套，真空浸漆流水线2条，全自动真空环氧浇注设备、干燥设备2套及与生产配套机械冲压设备18台套，各种检测仪器55台套。

公司主要产品有EPS、UPS、变频电源、专用单相、三相变压器，电抗器，其中SB三相隔离变压器最大可做到25000kVA；单相、三相电源变压器、R型变压器；环型变压器；单相、三相C型变压器；各种高频开关变压器和电感器，及按客户要求加工定制各种特殊变压器。

公司生产电力系统配电变压器已获得国家认证。生产SB10、S11、S13、S15等系列油浸变压器、干式变压器、非晶合金变压器和配套电抗器。功率30~25000kVA。在2012年国家质检总局的质量抽查中，产品质量全部达标，获得好评。

公司年产各类变压器、电源模块、稳压电源55万台套以上，铁路智能综合信号电源系统1200台套，产品行销全国。广泛应用于科研、电子、能源、交通、医疗、安防，家用电器、节能产品、光伏风能发电等领域。

企业通过ISO 9000：2008质量管理体系认证和ISO 14000环境管理体系认证。产品通过CQC认证和CE认证。及国家大型企业优秀供应商认证。

2011 年公司获得科技型企业称号，2013 年、2016 年、2019 年获得国家高新技术企业称号承接国家科技研发项目，已获得专利 19 项其中发明专利 3 项。多次为国家重点工程和出口项目配套，在国内同行业中居领先地位。

鲲鹏人愿与您携手共进，创造美好未来！

## 346. 中色（天津）特种材料有限公司

**地址：**天津市西青区中北镇汽车工业园区紫光路 86 号

**邮编：**300393

**电话：**022-87181874

**传真：**022-87181803

**邮箱：**cnmctjjs@ 163. com

**网址：**tjzs. cnmc. com. cn

**简介：**中色（天津）特种材料有限公司（以下简称“中色特材公司”）是隶属于中国有色矿业集团有限公司的全资子公司。公司坐落于中国有色集团天津新材料产业园内，占地 17 万平米，年设计产能 5. 5 万吨，形成了以特种有色金属新材料生产加工和技术研发相结合的大型有色金属加工企业。

公司配备有国内先进的铝挤压、铝熔铸、铝深加工及铜加工设备及国际先进的产品理化检测和分析设备，具有国内一流的有色金属新材料研发中心和产品质量理化检测中心，得到多家世界 500 强企业的技术认证，产品达到国际先进水平。

公司主要产品包括高精度铝合金工业型材及深加工产品，高精度无氧铜深加工产品，特种稀贵金属深加工制品等。项目建成后将形成国内一流的铝合金散热器系列产品、新型电动汽车用高精度铝合金电机壳系列产品、高速列车用铝合金车体材料系列产品、铝合金工业型材系列产品、移动通讯直放站特种箱体材料、电动汽车充电新型箱体散热器、特种铝合金齿轮泵体材料、新型 LED 照明设备散热器；风力发电设备及电力电子设备用的高精度无氧铜母线加工系列产品、高强度黄铜线产品与铜基合金、铜合金焊材系列产品；以及石油化工设备用镍及镍合金材料，新型电池和激光设备专用特种材料等。

# 湖北省

## 347. 武汉泰可电气股份有限公司

**地址：**湖北省洪山区珞狮南路 519 号明泽丽湾 1 栋 C 单元 14 层

**邮编：**430070

**电话：**027-87227071/2

**传真：**027-87227071/2

**邮箱：**gba8786@ 163. net；124707646@ qq. com

**网址：**www. tkdl. net

**简介：**武汉泰可电气股份有限公司（以下简称“泰可电气”）是在 2015 年 1 月新三板上市企业（股票代码 831921）、国家级高新技术企业、软件企业。公司从事电力行业高压输电线路在线监测系统、感应电源及通信系统、无线能量传输系统、变电站微机防误闭锁系统、配网设备等电力装备的生产制造、安装调试服务，是集研发、生产、销售和服务为一体的经济实体。泰可电气自 2000 年成立以来，依托武汉大学等多所国内一流高等院校的支持，自主研发了多项新型高科技产品并拥有完全的知识产权，企业已通过了 ISO 9001：2008 国际质量管理体系认证。企业目前拥有员工 30 多人，50% 的员工为技术研发人员，90% 的员工具备大学以上学历，在经营实践中立足电力行业、服务电力生产，积累了丰富的行业经验，赢得了业内普遍赞誉和客户信赖。

## 348. 武汉武新电气科技股份有限公司

**地址：**湖北省武汉市黄陂区武湖工业园立山路

**邮编：**430345

**电话：**400-827-1995

**传真：**027-82341251

**邮箱：**fsaagd@ 163. com

**网址：**www. woostar. cn/

**简介：**武汉武新电气科技股份有限公司是专注电力电子变换与控制装备研发及应用的国家高新技术企业，成立于 1995 年，位于武汉“长江新城”核心区，占地 4 万余平米。公司于 2015 年登陆“新三板”（股票代码 832349）。

公司致力于为商业伙伴提供电能质量控制装备［SVG（静止无功发生器）、APF（有源滤波）、LBD（有源不平衡补偿）、MEC（电能质量综合优化模块）等］、微电网控制装备与系统（光伏发电与电动汽车充电系统）、智能配网成套电气设备及智慧能源管理云平台解决方案，用户遍及各地，在行业内享有较高盛誉。

公司拥有 100 余人的研发技术团队，先进的高、低压电力电子全载试验平台，立足自主创新，获得数十项专利及软件版权，并与清华大学、华中科大有着紧密的合作关系，是中国电源学会会员单位。公司坚持产品领先战略，先后获国家火炬计划项目、中央预算内电能质量产业化投资项目，获批省工程研究中心等五个省级研发平台、省著名商标等荣誉；产品通过了 3C 认证、CGC 认证、CQC 认证、零电压穿越及电网适应性等多项国内外产品认证及检验，并参与行业标准制定，力求持续领先。

公司电气坚持亲近客户的经营理念，提供基于赋能模式的快速响应和远程服务，持续为商业伙伴带来超值回报，以崭新形象与商业伙伴共谋发展。

## 349. 武汉新瑞科电气技术有限公司

**地址：** 湖北省武汉市东湖新技术开发区财富一路 8 号

**邮编：** 430205

**电话：** 027-87166123

**传真：** 027-87166933

**邮箱：** bob_wang@ 126. com

**网址：** www. newrock. com. cn

**简介：** 武汉新瑞科电气技术有限公司成立于 2000 年，位于武汉市东湖开发区东二产业园内，是集研发、生产、销售为一体的高新技术企业。公司占地 13 亩，拥有现代化的生产厂房和专业的生产及检验设备，现有员工 70 余人，是中国电源学会会员单位，武汉电源学会秘书处挂靠单位，拥有 ISO 9001：2000 质量管理体系认证，是多家军工企业的合格分承制方。公司设有三个事业部：电子元器件事业部、特种变压器事业部及电源事业部。公司在温州、深圳等地设立办事处，并在香港成立子公司，服务遍及全球客户。

公司的电子元器件事业部一直致力于功率半导体及其配套的电力电子元器件的代理销售，包括 IGBT 模块、晶闸管、整流桥、LEM 传感器、台湾 SUNON 风扇、铃木电解电容等；特种变压器事业部长期为广大科研院所及电源设备厂家设计、生产多种特殊用途和特殊要求的变压器和电感产品；电源事业部主要生产特种用途的逆变电源、充电机等电源产品。

## 350. 武汉永力科技股份有限公司

**地址：** 湖北省武汉东湖新技术开发区流芳园南路 19 号永力产业园

**邮编：** 430223

**电话：** 027-87927990 87927991 87927992

**传真：** 027-87927916

**邮箱：** yl@ ylpower. com

**网址：** www. ylpower. com

**简介：** 武汉永力科技股份有限公司成立于 2000 年 9 月，位于武汉“中国光谷”，是一家专业从事电源技术的研究和应用的高新技术企业。公司拥有移相式全桥软开关变换技术、三相有源功率因数校正技术、大功率恒流并联均流技术、射频环境的抗干扰技术、计算机控制技术等多项核心技术及专利，可为客户量身定制 AC-DC、DC-DC、DC-AC 系列电源产品。

公司产品具有体积小、重量轻、效率高、可靠性强、绿色环保等显著特点，特别是大功率通信发射机电源、干扰发射机电源、雷达发射机电源、船舶压载水环保处理设备配套电源等产品，其电磁兼容性、抗干扰能力和环境适应性方面，多项指标优于国内同类产品，获得了用户的广泛好评，被重点应用于军队武器装备系统、重大国防科研项目及中央预算内投资项目。

公司是多家科研院所及企业的军用装备、民用设备配套物资合格供方。公司致力于将科技与应用工程完美结合，为客户提供最有竞争力的产品技术解决方案。

# 四川省

## 351. 成都航域卓越电子技术有限公司

**地址：** 四川省成都市高新区科园二路 10 号航利中心 3-1-401

**邮编：** 610000

**电话：** 18782003128

**邮箱：** 18782003128@ 163. com

**网址：** www. 18782003128. com

**简介：** 成都航域卓越电子技术有限公司是以军用大功率高压直流变换电源研发和生产为主，集设计、生产、销售、外贸为一体的企业，是国内专业从事军用装备系统高功率密度二次电源的生产制造商。公司主营产品为 DC-DC 和 AC-DC 变换电源及军用电子器件，产品广泛应用于国内军用、民用航空飞行器，装甲车、军舰等领域，主要产品长期装列部队，以“高效率、高功率密度、高可靠性”的产品特点获得业内一致认可。公司成立于 2012 年，自成立以来，始终致力于不断提升公司研发和经营管理综合实力，创建了一支以行业技术专家为核心，由高级工程师、研发工程师、测试工程师和中高层管理人员等组成的，具有丰富经验、创新意识的专业团队。

公司始终坚持以“打造中国军用大功率高压直流变换电源一流企业”作为企业发展目标。

## 352. 成都顺通电气有限公司

**地址：** 四川省成都市龙泉驿区界牌工业园区

**邮编：** 610100

**电话：** 028-84854598

**传真：** 028-84859059

**邮箱：** cdstdq@ vip. 163. com

**简介：** 成都顺通电气有限公司坐落在国家级成都经济技术开发区内，是一家通过了 ISO 9001 质量管理体系认证，并专业致力于直流电源系统、低压成套开关设备、消防应急电源系统的研究、开发、生产和销售的高新技术企业。公司与电子科大、佛山大学等高校紧密长期合作，成立了电子科大顺通电气技术研发中心。现拥有了成熟的产品研发、生产组织、市场营销和服务的能力，并能根据顾客的要求提供个性化的成熟的产品解决方案。

公司自行研发的具有自主知识产权的消防应急电源系

统已一次性通过了国家消防电子产品质量监督检验中心（沈阳）的型式检验，并取得了国家公安部消防评定中心（北京）颁发的产品型式认可证书；公司生产低压成套开关设备（SP 系列产品）已通过了中国质量认证中心的型式检验，并取得了中国国家强制性产品认证证书（CCC 产品认证）；公司生产的 GZDW 微机型高频开关直流电源系统也已一次性通过了国家继电器质量监督检验中心的型式检验，并取得了 GZDW 微机型高频开关直流电源系统产品型号使用证书及四川省经委颁发的产品鉴定证书及已取得国家知识产权局的专利证书，同时被艾默生网络能源有限公司认证为电力电源合作厂等，使顺通公司的电源产品具备了推向市场，服务社会的良好条件。

## 353. 四川厚天科技股份有限公司

厚德能电气
HOU DE NENG ELECTRIC

**地址：**四川省天府新区仁寿视高经济开发区

**邮编：**610200

**电话：**028-85186517

**传真：**028-85186517

**邮箱：**hdn@ sc-hdn. com

**网址：**www. sc-hdn. com

**简介：**四川厚天科技股份有限公司致力于电力电子技术研究，专注于电能质量治理领域和新能源领域，公司聚集了一批国内电力系统及自动化、计算机和自动控制领域的专家和研究人员。公司立足于自主开发，积极跟踪和掌握电力电子科技技术的发展，与国内相关高校和研发机构、团体有良好的合作关系。

公司是高新技术企业，研发团队由研发经验丰富的教授、博士、硕士、专业研发人员等组成。在大功率电力电子应用和供配电成套设备领域不断创造佳绩，并不断成长和壮大。产品涉及电力、石油、煤炭、机械、冶金等行业的电能质量服务和供配电成套设备等。

公司产品涉及 35kV 及以下配电、电能质量、优化控制与节能降耗整体解决方案；柔性交流输配电装置技术；输配电系统稳定性分析、电能质量咨询、治理服务；电动汽车的整体充电方案和太阳能逆变设备的研发和制造。

公司有较强的成套配套能力，有先进的调试、测试仪器、高压试验设备和数控冲、剪、切等机床，可以完整地完成从研发、设计、生产、调试、测试、成套等所有的产品制作流程。

## 354. 四川英杰电气股份有限公司

INJET 英杰电气

**地址：**四川省德阳市旌阳区金沙江西路 686 号

**邮编：**618000

**电话：**0838-6930000

**传真：**0838-2900985

**邮箱：**injet@ injet. cn

**网址：**www. injet. cn

**简介：**四川英杰电气股份有限公司成立于 1996 年，是一家专业的工业电源设计及制造企业，是国家高新技术企业，四川省首批百家优秀民营企业。公司于 2020 年 2 月 13 日在深交所创业板上市（股票代码 300820），下属两家全资子公司，拥有省级技术中心，院士专家工作站等研究平台。

20 多年来，公司始终以自主研发、持续创新为核心，以“提供优质的创新产品和服务为客户创造更大价值”为使命，公司专注于以功率控制电源、特种电源为代表的工业电源设备的研发，形成了以光伏新能源用多晶硅、单晶硅和以半导体、光纤、玻璃玻纤为代表的新材料领域，以及冶金、机械制造、石油化工、电化学等传统工业领域的电源解决方案。并集中力量陆续研发了单晶炉电源、铸锭炉电源、硅芯炉电源、多晶硅还原炉电源、核岛调功设备、蓝宝石炉电源、系列功率控制装置等功率控制设备，以及可变编程直流电源等特种电源产品，并不断提升公司产品的技术水平，具备了同国外领先厂商直接竞争的能力，有效满足了各行业的应用。

# 福建省

## 355. 福州福光电子有限公司

**地址：**福建省福州市马尾区马江路 18 号 M9511 工业园 4# 楼五层东侧（自贸试验区内）

**邮编：**350000

**电话：**0591-83305858

**传真：**0591-83375868

**邮箱：**compangy@ fuguang. com

**网址：**www. fuguang. com

**简介：**福州福光电子有限公司成立于 1993 年，逐步由单一的商贸企业，发展成为专注于仪器仪表的研发、制造、生产、销售，并提供全套测试维护解决方案的高科技企业。产品涉及电源维护、线路线缆、通信网络等工业测试设备领域，销售服务网络覆盖全国各省份和地市，客户遍及移动、电信、联通、电力、铁路、石化、广电、部队及各企业专网等，目前公司注册资金 3600 万元，年仪表销售额近 2 亿元。产品品牌更远销美国、俄罗斯、意大利、西班牙、加拿大、泰国、马来西亚等全球 30 多个国家和地区。

## 356. 厦门市三安集成电路有限公司

厦门市三安集成电路有限公司
Xiamen Sanan Integrated Circuit Co., Ltd.

**地址：**福建省厦门市同安区洪塘镇民安大道 753-799 号

**邮编：**361009

**电话：**0592-6300232

邮箱：clark_li@ sanan-ic. com

网址：www. sanan-ic. com

简介：厦门市三安集成电路有限公司位于厦门市火炬（翔安）高新技术开发区内，项目总规划用地 281 亩，总投资额 30 亿元。公司是涵盖微波射频、高功率电力电子、光通讯等领域的化合物半导体制造平台；具备衬底材料、外延生长以及芯片制造的产业整合能力，拥有大规模、先进制程能力的 MOCVD 外延生长制造线。

## 357. 厦门兴厦控恒昌自动化有限公司

地址：福建省厦门市集美区汽车工业城（三期）灌口南路 598 号

邮编：361023

电话：0592-6368300

传真：0592-6368308

邮箱：liping-feng@ hcxec. com

网址：www. hcxec. com

简介：厦门兴厦控恒昌自动化有限公司是一家致力电力系统配网自动化设备研发、生产、销售和服务的高新技术企业。公司汇聚了各类专业人才，吸收消化国内外先进技术，将专注于在智能电网、节能减排等绿色能源建设方面提供更先进、更环保、更可靠完善的全套智能电气解决方案。

自公司成立以来，致力于持续自主研发创新，先后开发了拥有自主知识产权并获得多项国家专利的各类产品，如户外柱上智能断路器、户外智能分界负荷开关、智能交直流一体化电源系统、新型插框式直流电源屏、小微分布式电源装置、基于总线布置方案的电动机保护装置等。目前广泛应用在各类发电厂、冶金、石化和矿山、国家电网、南方电网、云数据中心、轨道交通、通信行业、城镇建设等领域。公司严格按照 ISO 9001 质量管理体系和 ISO 14000 环境管理体系要求运作，良好的企业信誉、产品质量和售后服务深得用户信赖，赢得了许多中外客商的好评。

厦门兴厦控恒昌自动化有限公司将秉承“科技创新，顾客满意”的理念，以新技术、高质量的产品和服务为客户创造价值。

# 广西壮族自治区

## 358. 广西吉光电子科技有限公司

JICON
吉光电子 | ELECTRONICS TECHNOLOGY

地址：广西壮族自治区贺州市平安东路

邮编：542899

电话：0774-5132000

传真：0774-5132111

邮箱：jiconoffice@ jicon. net

网址：www. jicon. net

简介：广西吉光电子科技有限公司通过 ISO 9001 质量管理体系、ISO 14001 环境管理体系和 GB/T 29490—2013 企业知识产权管理规范认证的高新技术企业、国家知识产权优势企业和自治区企业技术中心，注册资金 1.25 亿元。

公司一直致力于铝电解电容器的研发、生产和销售，产品覆盖全系列引线式、焊针式和螺栓式铝电解电容器，产品各项性能指标稳定可靠，质量水平居于国内领先地位，部分产品达到国际先进水平，广泛应用于工业变频器、通信电源、UPS 电源、工业焊机、家用电器、电子消费品、汽车电子、风能和太阳能等领域。

经过 30 多年的发展，公司拥有注册商标 2 个，软件著作权 1 件，共申报专利 40 件（发明专利 12 项，实用新型 28 项）。

公司将始终坚持“专业、创新、健康、价值”的企业精神和“为顾客创造价值”的经营理念，把“创一流品牌，建一流公司”作为企业的发展目标，力争把广西吉光电子科技有限公司打造成为技术、产品和服务输出的一流品牌和一流公司。

## 359. 广西科技大学

地址：广西壮族自治区柳州市城中区东环大道 268 号

邮编：545006

电话：0772-2685979

传真：0772-2687698

邮箱：zhxh76@ 126. com

网址：www. gxust. edu. cn

简介：广西科技大学是一所以工为主，专业涵盖工、管、理、医、经、文、法、艺术、教育等 9 大学科门类，直属广西壮族自治区政府管理的普通高等学校。学校坐落在南中国古人类“柳江人”的发祥地、广西工业支柱和广西第二大城市——柳州市。学校现有东环、柳石和柳东 3 个校区，占地面积近 4000 亩；设 16 个二级学院，1 个学部，19 个研究所（中心），2 个直属附属医院，81 个本专科专业；现有教职工 1800 多人，全日制在校学生 29000 余人。学校现有硕士学位授权一级学科 9 个，二级学科 1 个，7 个硕士专业学位授权点，3 个博士学位授予权立项建设学科。

中国电源学会团体会员单位主要依托电气与信息工程学院（以下简称“学院”），学院具有良好的师资队伍，现有教授 19 人，副教授 38 人，具有博士学位 20 余人，在读博士的教师 10 余人。现有“控制科学与工程”一级学科硕士点和“控制工程”专业学位硕士点，开设电气工程及其自动化、自动化、测控技术与仪器、轨道交通信号与控制、机器人工程等 7 个本科专业，现有在校全日制本科生

1800 多名，全日制硕士研究生 120 多名。建有教育部工程研究中心 1 个，广西区重点实验室 1 个，广西高校重点实验室 1 个等科研平台。

## 360. 桂林斯壮微电子有限责任公司

**地址：**广西壮族自治区桂林市国家高新区信息产业园 D-8 号
**邮编：**541004
**电话：**0773-5858088 5852696 5825199 5852939
**传真：**0773-5855299 2183788
**邮箱：**gsme@ gsme. com. cn；sales@ gsme. com. cn
**网址：**www. gsme. com. cn

**简介：**桂林斯壮微电子有限责任公司以设计、开发、生产各种高性能半导体功率器件为主营业务，目前主要产品有低导通电阻和低栅电荷密度的功率场效应晶体管（Low Rdson、LowQg MOSFET）及低导通电压的肖特基二极（LowVF）、开关二极管、稳压二极管等桂微牌产品，产品广泛应用于开关电源适配器 UPS、逆变器变频器、移动通信基站、智能家居产品、物联网硬件产品、汽车电子产品、安防系统、智能手机及其附属产品、计算机及其附属产品、小型视听多媒体终端产品等消费类电子信息产品、家用电器、工业自动化控制设备等。

“桂微牌”产品不断提高专业水平，为客户提供高性能和低成本的优质产品，推行“精益求精、卓越品质、客户满意”的品质政策，努力成为客户必备的优质供应链伙伴。

# 河南省

## 361. 洛阳隆盛科技有限责任公司

隆盛科技 ROSEN ROSEN TECHNOLOGY

**地址：**河南省洛阳市西工区凯旋西路 25 号
**邮编：**471009
**电话：**400-0379-613
**传真：**0379-63917137
**邮箱：**rosen. rosen@ 163. com
**网址：**www. rosen-tech. com

**简介：**洛阳隆盛科技有限责任公司成立于 1996 年 4 月，位于驰名中外的十三朝古都——洛阳，是中国航空工业集团公司洛阳电光设备研究所下属的一家全资子公司。公司成立 20 多年来，专注于设计和制造高效率、高可靠性的电源产品，已经形成了定制电源、模块电源、标准电源、系统电源和 DC-DC 变换器五大电源专业方向，成为国内军品电源领域颇具影响的综合性电源企业。

公司现有员工 330 余人，配套完善的研发、生产、调测以及环境试验中心，总面积约 8000 平方米，年生产能力达近万台套。公司作为河南省的高新技术企业，具备全套的军工产品生产与服务资质。目前已拥有应用于航天、航空、兵器、船舶、雷达、机车、通讯等多个领域 10 余种各具优势和特色的系列产品，并持续为 510 多家用户以及多项国家重点工程提供数万台套电源产品，受到军方和用户的一致好评。

“怀凌云之志，铸稳定之源”，隆盛人秉承“用军工技术打造优质电源，以可靠质量赢得用户信赖”的理念，依托成熟的航空技术和多年的电源研发经验，不断努力开拓和超越自我，竭诚为每一位客户提供优质的产品和真诚的服务。

## 362. 郑州科能达科技有限公司

**地址：**河南省郑州市高新区莲花街电子电器产业园西区工业厂房 10 号楼 2 单元 4 楼
**邮编：**450001
**电话：**18703633559
**传真：**0371-55890092
**邮箱：**2116770532@ qq. com
**网址：**www. zzknd. cn

**简介：**郑州科能达科技有限公司是河南省高新技术企业、河南省软件企业、河南省优秀民营企业，是我国较早专业从事消防应急电源、大功率高频开关直流电源和远程监控系统软件的研发、生产、销售和技术服务的骨干企业。公司拥有 EPS 自主知识产权研发，并与许继集团建立了长期合作伙伴关系，成为许继集团民用 EPS 应急电源供货商。公司产品涵盖了通信、电力、网络、军工、广播电视、交通、税务等多个行业的电源供给。先后为国家最重要的政府机关、部队、中国电信、中国联通、全国各地电网、铁路、科研单位等直接客户提供产品和服务，深得客户的信赖。

公司销售网络遍布全国各地，先后在部分大省市建立办事处，负责售前方案设计、技术支持、售中技术沟通及售后全方位的服务。聚焦客户关注的问题和需求，提供有竞争力的产品和优质的服务，不断满足用户的不同需求，提升客户的竞争力和赢利能力是科能达公司永远的使命。为客户服务是科能达存在的唯一理由，客户需求是科能达发展的原动力，高可靠性、高性价比、高品质服务是我们永恒追求的目标！

## 363. 中国空空导弹研究院

**地址：**河南省洛阳市西工区解放路 166 号
**邮编：**471099

**电话：** 0379-63383147

**传真：** 0379-63937441

**邮箱：** zhangguoqiang8386@ 163. com

**简介：** 中国空空导弹研究院隶属于中国航空工业集团，坐落于古都洛阳，是国家专业从事空空导弹、发射装置、地面检测设备和机载光电设备及其派生型产品研制开发及批量生产的研究发展基地，是国家重点科研院所之一。研究领域覆盖导弹总体设计与制导、自动控制、无线电、红外、激光、微波、计算机、通信、精密机械、火箭发动机、信号处理、机械设计与制造等。

研究院下属的伺服系统事业部致力于先进伺服系统、电源系统的研制开发，可为用户提供伺服系统、电源系统及相关测试系统的技术开发和产品研制服务，现有设计人员近百名，硕士及以上学历 70 余人，博士 5 人，高级职称 40 余人，专业覆盖机械结构、电力电子、软件工程、联合仿真与试验评估等技术领域，拥有各类设计开发工具及试验测试设备 500 余台套，在伺服系统、电源系统以及相关测试设备等方面具有雄厚的技术实力和广泛的合作意愿。经过 50 余年的发展，事业部在伺服系统、电源系统设计制造和测试评估领域积累了丰富的经验，并收获了丰硕的成果。研究院先后承担了 20 余项国家重大科研装备项目伺服系统和电源系统的研制工作，获国家科学技术进步二等奖、国防科技技术进步一等奖多项，集团科技成果奖二十余项，拥有专利二十余项，主编了国军标及航标多项。

# 陕西省

## 364. 陕西柯蓝电子有限公司

CRiANE 柯蓝电子

**地址：** 陕西省西安市高新区草堂科技产业基地秦岭大道西 2 号科技企业加速器 11 号楼 3C

**邮编：** 710075

**电话：** 029-65659353

**传真：** 029-65659354

**邮箱：** Luhuan@ xaguanggu. com

**网址：** www. criane. com

**简介：** 陕西柯蓝电子有限公司成立于 2003 年 12 月，是一家专业从事通信测试维护系列设备的设计、开发、生产、销售、维修和技术服务的公司。公司现位于西安高新技术产业开发区草堂科技产业基地秦岭大道西 2 号科技企业加速器 11 栋楼 3C。公司注册资金为 1000 万元。公司产品主要包括通信用蓄电池测试维护类仪表、光纤通信测试维护类仪器仪表、后备电源油机测试维护设备、集中化智能化的监测系统等，并具有完全自主产权。公司是一家拥有核心技术、前沿技术、管理正规、质量可靠、信誉良好的国内规模较大、品种较齐全的通信设备智能检测、信号传输、光缆测量设备行业的领先企业。

公司对售出产品一律实行半年内包换新机，五年内免费维修，终身技术服务等服务政策。柯蓝电子产品已经在全国各电信运营商、电力系统、通信专网、石油煤炭、金融系统、交通系统、公安系统及大型工矿企业、全军各军区、各兵种等行业领域广泛应用。

相信通过我们的创新和努力，将更好地为用户提供更优质的产品、先进的技术和全面的服务！

## 365. 陕西中科天地航空模块有限公司

**地址：** 陕西省西安市阎良区阎良航空基地航空四路中小企业园 A3 栋

**邮编：** 710089

**电话：** 029-81662836

**传真：** 029-81662837

**邮箱：** zktd268@ 126. com

**网址：** www. sxzktd. cn

**简介：** 陕西中科天地航空模块有限公司成立于 2011 年 3 月，公司注册资金 2000 万元，是一家专业从事军用 DC-DC、DC-AC 变换器研发、生产的高科技企业。公司长期致力于产品的研发，拥有授权专利 18 件（发明专利 1 件、实用新型专利 11 件，外观专利 6 件）等一系列微电路模块的自主知识产权，产品的设计制造满足 SJ 20668—1998《微电路模块总规范》的要求，电路的试验方法和程序按 GJB 548B—2005《微电子器件试验方法和程序》进行。公司产品已经获得国家武器装备质量体系认证和 GB/T 19001—2008/ISO 9001：2008 标准要求建立并实施的质量管理体系认证等多项认证。公司已取得三级保密资格证书，省、市高新技术企业证书。中科天地人始终依靠严格标准、严格过程控制，绝不放过一个缺陷来保证产品的可靠性。经过不断地创新与改进，产品质量一直稳中求进，受到了广大客户的一致好评。近几年来，公司军用 DC-DC、DC-AC 变换器等产品参与了国家航空航天、兵器领域多个重点项目，为国家航空、航天、大运、战车、基站雷达、兵器、计算机系统、测量系统、仪表、设备信号电源，提供精准、可靠的电源。

## 366. 西安灵枫源电子科技有限公司

**地址：** 陕西省西安市雁塔区雁翔路 99 号

**邮编：** 710049

**电话：** 13096923051

**邮箱：** znn@ xjtu. edu. cn

**网址：** www. hvpulse. cn/

**简介：** 西安灵枫源电子科技有限公司是一家专业研发和销

售高压脉冲电源及放电装置的科技公司，其中，公司所开发的单极性方波正脉冲和负脉冲以及双极性方波正负脉冲的全部参数，如脉冲的上升/下降沿、幅度、频率、占空比，输出脉冲数等全部可调，是一种性能独特的高压脉冲源。

公司技术背景为西安交通大学电子物理与器件教育部重点实验室，在各种特殊高压脉冲波形的控制和 MOSFET 器件驱动等方面有 20 余年的技术积累，为使多年的研究成果能够为更多的研究人员服务，在自用的若干技术基础上开发了系列脉冲源，欢迎选购和技术交流。

# 其他

## 367. 大连芯冠科技有限公司

**地址：**辽宁省大连市高新技术产业园区信达街 57 号工业产业设计园 7 号楼

**邮编：**116023

**电话：**0411-39056676

**邮箱：**xg@ xinguanchn. com

**网址：**www. xinguanchn. com

**简介：**大连芯冠科技有限公司是一家由海外归国团队创立的半导体高新技术企业，2016 年 3 月 17 日成立于大连高新区，注册资本 8503 万元。公司采用整合设计与制造（IDM）的商业模式，主要从事第三代半导体硅基氮化镓外延材料及电力电子器件的研发、设计、生产和销售，产品应用于电源管理、太阳能逆变器、电动汽车及工业马达驱动等领域。公司已建成首条 6 英寸硅基氮化镓外延及功率器件晶圆生产线。2019 年 3 月，公司在国内率先推出符合产业化标准的 650V 硅基氮化镓功率器件产品（通过 1000 小时 HTRB 可靠性测试），并正式投放市场。公司已与国内多家半导体功率器件及下游电源厂商展开深入合作，开发基于氮化镓器件的新一代各类电源产品，包括新能源汽车车载充电机、数据中心服务器电源和高端电机驱动等。

公司自成立以来得到了国家、省、市各级政府的认可和支持，包括第八批中国海创工程一等奖、2017 年大连市科技人才创业支持计划、2017 年辽宁省第十一批“百千万人才工程”、2018 年第七届中国创新创业大赛先进制造行业总决赛优秀企业以及国际第三代半导体专业赛南部赛区第一名、2018 年“兴辽英才计划”创新领军。

## 368. 航天长峰朝阳电源有限公司

**地址：**辽宁省朝阳市双塔区龙泉大街北段 333A 号

**邮编：**122000

**电话：**0421-2732351

**传真：**0421-2828501

**邮箱：**htdy4nic@ 163. com

**网址：**www. 4nic. com. cn

**简介：**航天长峰朝阳电源有限公司是北京航天长峰股份有限公司（股票代码 600855）的全资子公司，注册资本 11760 万元，公司位于辽宁省朝阳市双塔区龙泉大街北段 333A 号，厂区占地面积 16 万平方米，建筑面积约 54000 平方米。

航天长峰朝阳电源有限公司前身是朝阳市电源有限公司成立于 1986 年，是国内电源行业的专业科研生产企业，具有 33 年的电源设计和研制生产经验，公司为高新技术企业，拥有两个省级研发中心，即省科技厅批准组建的辽宁省企业工程技术研究中心及省经信委批准组建的企业技术中心，拥有多项自主知识产权支撑电源产品技术体系，以“4NIC 朝阳电源”及“CASIC 中国航天科工集团”为品牌，生产三十多个系列上万余品种军民两用稳压电源，产品广泛应用于航空、航天、兵器、船舶、机载、弹载、雷达、机车、通信、工控及科研等领域，尤其在高可靠性的军工领域发挥着不可替代的作用，为国家的国防建设和经济建设做出了卓越贡献。

公司在国内主要城市设有 30 个办事处，实施“朝阳电源就在您身边”服务理念，奉行“以顾客为关注焦点，量体裁衣做电源”的经营战略，满足个性化需求。

## 369. 力高仪器有限公司

**地址：**香港新界沙田火炭山尾街 31-35 号华乐工业中心二期 E 座 5 楼 2 室

**电话：**+852-27640603

**邮箱：**hong@ miko. com. cn

**网址：**www. miko-kings. com

**简介：**力高仪器有限公司（以下简称“力高”）创建于 1980 年。力高是一家以香港及内地为基地之先进电子仪器代理公司。在过去岁月中，力高全力从事电子测试仪器销售行业。

公司应用范围广泛覆盖电信、电源、数据通信、无线通信技术、音响及教育等各类市场。

## 370. 勤发电子股份有限公司

**地址：**台湾省新北市汐止区大同路一段 239 号 11 楼

**邮编：**221

**电话：**+886-2-26478100

**传真：**+886-2-26478200

**邮箱：** helen@ chinfa. com
**网址：** www. chinfa. com
**简介：** 勤发电子自1985年创立以来，是一家取得ISO 9001、UL、TUV认证的公司，在秉持着不断地创新思考、成为世界级全方位解决方案的翘楚、满足客户的需求及长期经营的理念。所有交换式电源供应器产品皆自行研发设计与生产，不论在技术研发、质量稳定度或降低成本上，以多年的经验来满足客户对于交换式电源供应器的各种要求，并追求更卓越效能的交换式电源供应器。

AC-DC power module：3~40W. AC-DC DIN Rail mountable power supply：5~960W. DC-DC DIN Rail mountable power supply：15~40W. AC-DC DIN Rail compact size power supply：120~480W. AC-DC enclosed power supply：20~150W. Battery charger：30W&60W. DC UPS controller：30A. Redundant module：10A&20A.

## 371. 山西艾德尔电气设备有限公司

**地址：** 山西省长治市高新区太行北路188号
**邮编：** 046000
**电话：** 0355-2073733
**邮箱：** zhaowenjin@ ideal. onaliyun. com
**网址：** www. sxideal. com
**简介：** 山西艾德尔电气设备成立于2016年，主要产品分两块：①PDM的研发、设计、生产和销售；②三社SIC MOSFET的代理销售以及功率组建的设计和生产。

## 372. 天水七四九电子有限公司

**地址：** 甘肃省天水市泰州区双桥路14号
**邮编：** 741000
**电话：** 0938-8631053
**传真：** 0939-8214627
**网址：** www. ts749. cn
**简介：** 天水七四九电子有限公司是由原天水永红器材厂改制重组的高新技术企业。公司前身国营永红器材厂1969年始建于甘肃省秦安县，1995年整体搬迁至甘肃省天水市。公司占地面积16675平方米，总资产1.15亿元，拥有各种仪器仪表768台套。现有职工306人，专业技术人员95人。公司是国内最早研制生产集成电路的企业之一，主要产品有：单片集成电路、混合集成电路、电源模块（包括厚膜化电源）三大类产品600多个品种，产品以其优良的品质广泛应用于航空、航天、兵器、船舶、电子、通信及自动化领域。曾为“长征系列”火箭、“风云”卫星、“嫦娥”探月工程、“神舟”号宇宙飞船等多个重点工程提供过高质量的产品，曾荣获“省优”“部优”及“国家重点新产品”称号。

## 373. 中国科学院近代物理研究所

**地址：** 甘肃省兰州市南昌路509号
**邮编：** 730000
**电话：** 0931-4969563
**传真：** 0931-4969560
**网址：** www. impcas. ac. cn
**简介：** 中国科学院近代物理研究所创建于1957年，以重离子核物理基础研究和相关领域的交叉研究为主要方向，相应发展加速器物理与技术及核技术。60多年来，中科院近代物理研究所已成为国际上有较高知名度的中、低能重离子物理研究中心之一。与此同时，兰州重离子加速器（HIRFL）也发展成为我国规模最大、加速离子种类最多、能量最高的重离子研究装置，主要技术指标达到国际先进水平。

中国科学院近代物理研究所电源室负责兰州重离子加速器（HIRFL）励磁电源系统以及供配电系统的设计、运行、维护工作。60多年来，近代物理研究所电源技术在大功率高稳定度直流稳流电源技术，大功率脉冲开关电源技术，以及特种电源技术方面形成自己鲜明的特色。研究所电源技术由直流输出发展到脉冲输出，由慢脉冲发展到快脉冲，由模拟控制发展到全数字控制，电源性能不断提高，满足了重离子加速器的发展需要。

# 会员企业按主要产品索引

## 通用开关电源（92）

18. 固纬电子（苏州）有限公司
19. 广东金华达电子有限公司
20. 广州金升阳科技有限公司
21. 广州科谷动力电气有限公司
22. 广州市昌菱电气有限公司
23. 海湾电子（山东）有限公司
24. 杭州博睿电子科技有限公司
25. 杭州精日科技有限公司
26. 杭州乐充电子有限公司
27. 杭州铁城信息科技有限公司
28. 合肥博微田村电气有限公司
29. 合肥华耀电子工业有限公司
30. 合肥通用电子技术研究所
31. 河北汇能欣源电子技术有限公司
32. 湖南华鑫电子科技有限公司
33. 湖南科瑞变流电气股份有限公司
34. 湖南晟和电源科技有限公司
35. 华东微电子技术研究所
36. 辉碧电子（东莞）有限公司广州分公司
37. 惠州三华工业有限公司
38. 镓能国际半导体有限公司
39. 溧阳市华元电源设备厂
40. 罗德与施瓦茨（中国）科技有限公司
41. 明纬（广州）电子有限公司
42. 全天自动化能源科技（东莞）有限公司
43. 赛尔康技术（深圳）有限公司
44. 陕西中科天地航空模块有限公司
45. 上海谷登电气有限公司
46. 上海吉电电子技术有限公司
47. 上海申睿电气有限公司
48. 上海维安半导体有限公司
49. 上海正远电子技术有限公司
50. 深圳华德电子有限公司
51. 深圳可立克科技股份有限公司
52. 深圳蓝信电气有限公司
53. 深圳麦格米特电气股份有限公司
54. 深圳欧陆通电子股份有限公司
55. 深圳市柏瑞凯电子科技有限公司
56. 深圳市航嘉驰源电气股份有限公司
57. 深圳市皓文电子有限公司
58. 深圳市核达中远通电源技术股份有限公司
59. 深圳市金威源科技股份有限公司
60. 深圳市京泉华科技股份有限公司
61. 深圳市巨鼎电子有限公司
62. 深圳市库马克新技术股份有限公司
63. 深圳市瑞必达科技有限公司
64. 深圳市瑞晶实业有限公司
65. 深圳市威日科技有限公司
66. 深圳市新能力科技有限公司
67. 深圳市知用电子有限公司
68. 深圳市中电熊猫展盛科技有限公司
69. 深圳市卓越至高电子有限公司
70. 深圳威迈斯新能源股份有限公司
71. 深圳易通技术股份有限公司
72. 深圳英飞源技术有限公司
73. 思源清能电气电子有限公司
74. 四川爱创科技有限公司
75. 四川英杰电气股份有限公司
76. 苏州东灿光电科技有限公司
77. 台达电子企业管理（上海）有限公司
78. 太仓电威光电有限公司
79. 天津奥林佰斯特自动化技术有限公司
80. 天津市华明合兴机电设备有限公司
81. 威尔克通信实验室
82. 武汉永力科技股份有限公司
83. 协丰万佳科技（深圳）有限公司
84. 亚源科技股份有限公司
85. 张家港市电源设备厂
86. 浙江德力西电器有限公司
87. 浙江宏胜光电科技有限公司
88. 浙江榆阳电子有限公司
89. 中国长城科技集团股份有限公司
90. 中山市景荣电子有限公司
91. 珠海市海威尔电器有限公司
92. 珠海泰坦科技股份有限公司

UPS（72）

1. 艾普斯电源（苏州）有限公司
2. 安徽博微智能电气有限公司
3. 百纳德（扬州）电能系统股份有限公司
4. 北京动力源科技股份有限公司
5. 北京恒电电源设备有限公司
6. 北京韶光科技有限公司
7. 北京银星通达科技开发有限责任公司
8. 北京元十电子科技有限公司
9. 登钛电子技术（上海）有限公司
10. 东莞市百稳电气有限公司
11. 盾石磁能科技有限责任公司
12. 佛山市力迅电子有限公司
13. 广东宝星新能科技有限公司
14. 广东创电科技有限公司
15. 广东志成冠军集团有限公司
16. 广州东芝白云菱机电力电子有限公司
17. 广州华智能源技术有限公司
18. 广州市昌菱电气有限公司
19. 广州市锦路电气设备有限公司
20. 杭州奥能电源设备有限公司
21. 杭州精日科技有限公司
22. 航天柏克（广东）科技有限公司
23. 航天长峰朝阳电源有限公司
24. 合肥海瑞弗机房设备有限公司
25. 合肥联信电源有限公司

26. 赫能（苏州）新能源科技有限公司
27. 弘乐集团有限公司
28. 鸿宝电源有限公司
29. 湖南东方万象科技有限公司
30. 湖南丰日电源电气股份有限公司
31. 华康泰克信息技术（北京）有限公司
32. 华为技术有限公司
33. 辉碧电子（东莞）有限公司广州分公司
34. 科华恒盛股份有限公司
35. 雷诺士（常州）电子有限公司
36. 厦门市爱维达电子有限公司
37. 厦门市三安集成电路有限公司
38. 山东艾瑞得电气有限公司
39. 山东山大华天科技集团股份有限公司
40. 山顿电子有限公司
41. 山特电子（深圳）有限公司
42. 上海谷登电气有限公司
43. 上海华翌电气有限公司
44. 上海香开电器设备有限公司
45. 深圳奥特迅电力设备股份有限公司
46. 深圳科士达科技股份有限公司
47. 深圳蓝信电气有限公司
48. 深圳市比亚迪锂电池有限公司
49. 深圳市捷益达电子有限公司
50. 深圳市京泉华科技股份有限公司
51. 深圳市商宇电子科技有限公司
52. 深圳市新能力科技有限公司
53. 深圳市英威腾电源有限公司
54. 深圳市振华微电子有限公司
55. 深圳市中电熊猫展盛科技有限公司
56. 四川厚天科技股份有限公司
57. 苏州西伊加梯电源技术有限公司
58. 威尔克通信实验室
59. 先控捷联电气股份有限公司
60. 伊顿电源（上海）有限公司
61. 英富美（深圳）科技有限公司
62. 长沙竹叶电子科技有限公司
63. 浙江艾罗网络能源技术有限公司
64. 浙江德力西电器有限公司
65. 浙江琦美电气有限公司
66. 浙江腾腾电气有限公司
67. 郑州科能达科技有限公司
68. 中川电气科技有限公司
69. 中达电通股份有限公司
70. 中兴通讯股份有限公司
71. 重庆荣凯川仪仪表有限公司
72. 珠海山特电子有限公司

## 新能源电源（光伏逆变器、风力变流器等）（64）

1. 安泰科技股份有限公司非晶制品分公司
2. 北京柏艾斯科技有限公司
3. 北京北创芯通科技有限公司
4. 北京恒电电源设备有限公司
5. 北京索英电气技术有限公司
6. 北京元十电子科技有限公司
7. 常州市创联电源科技股份有限公司
8. 东莞立德电子有限公司
9. 广东宝星新能科技有限公司
10. 广东创电科技有限公司
11. 广东顺德三扬科技股份有限公司
12. 广州华智能源技术有限公司
13. 杭州博睿电子科技有限公司
14. 杭州铁城信息科技有限公司
15. 航天柏克（广东）科技有限公司
16. 合肥科威尔电源系统股份有限公司
17. 湖南晟和电源科技有限公司
18. 华为技术有限公司
19. 江苏固德威电源科技股份有限公司
20. 科华恒盛股份有限公司
21. 乐健科技（珠海）有限公司
22. 明纬（广州）电子有限公司
23. 南京国臣直流配电科技有限公司
24. 南京中港电力股份有限公司
25. 宁夏银利电气股份有限公司
26. 赛尔康技术（深圳）有限公司
27. 厦门市爱维达电子有限公司
28. 厦门市三安集成电路有限公司
29. 上海申睿电气有限公司
30. 上海稳利达科技股份有限公司
31. 上海伊意亿新能源科技有限公司
32. 上海远宽能源科技有限公司
33. 深圳科士达科技股份有限公司
34. 深圳麦格米特电气股份有限公司
35. 深圳青铜剑科技股份有限公司
36. 深圳市安托山技术有限公司
37. 深圳市东辰科技有限公司
38. 深圳市航智精密电子有限公司
39. 深圳市皓文电子有限公司
40. 深圳市禾望电气股份有限公司
41. 深圳市核达中远通电源技术股份有限公司
42. 深圳市捷益达电子有限公司
43. 深圳市康奈特电子有限公司
44. 深圳市威日科技有限公司
45. 深圳市中电熊猫展盛科技有限公司
46. 深圳威迈斯新能源股份有限公司
47. 深圳英飞源技术有限公司
48. 石家庄通合电子科技股份有限公司
49. 四川厚天科技股份有限公司
50. 苏州东灿光电科技有限公司
51. 台达电子企业管理（上海）有限公司
52. 田村（中国）企业管理有限公司
53. 武汉泰可电气股份有限公司

54. 先控捷联电气股份有限公司
55. 亚源科技股份有限公司
56. 阳光电源股份有限公司
57. 伊戈尔电气股份有限公司
58. 英富美（深圳）科技有限公司
59. 浙江艾罗网络能源技术有限公司
60. 浙江腾腾电气有限公司
61. 中达电通股份有限公司
62. 中色（天津）特种材料有限公司
63. 中兴通讯股份有限公司
64. 珠海格力电器股份有限公司

## 模块电源（63）

1. 安晟通（天津）高压电源科技有限公司
2. 北京创四方电子股份有限公司
3. 北京航天星瑞电子科技有限公司
4. 北京汇众电源技术有限责任公司
5. 北京铭电龙科技有限公司
6. 北京群菱能源科技有限公司
7. 北京韶光科技有限公司
8. 北京新雷能科技股份有限公司
9. 北京银星通达科技开发有限责任公司
10. 常州市武进红光无线电有限公司
11. 登钛电子技术（上海）有限公司
12. 东文高压电源（天津）股份有限公司
13. 广州高雅信息科技有限公司
14. 广州健特电子有限公司
15. 广州金升阳科技有限公司
16. 广州致远电子有限公司
17. 杭州奥能电源设备有限公司
18. 杭州博睿电子科技有限公司
19. 航天长峰朝阳电源有限公司
20. 合肥华耀电子工业有限公司
21. 河北汇能欣源电子技术有限公司
22. 湖南晟和电源科技有限公司
23. 华东微电子技术研究所
24. 华为技术有限公司
25. 辉碧电子（东莞）有限公司广州分公司
26. 惠州三华工业有限公司
27. 乐健科技（珠海）有限公司
28. 雷诺士（常州）电子有限公司
29. 洛阳隆盛科技有限责任公司
30. 明纬（广州）电子有限公司
31. 南京中港电力股份有限公司
32. 勤发电子股份有限公司
33. 青岛航天半导体研究所有限公司
34. 山东镭之源激光科技股份有限公司
35. 山顿电子有限公司
36. 陕西中科天地航空模块有限公司
37. 上海维安半导体有限公司
38. 深圳市安托山技术有限公司
39. 深圳市航智精密电子有限公司
40. 深圳市皓文电子有限公司
41. 深圳市核达中远通电源技术股份有限公司
42. 深圳市金威源科技股份有限公司
43. 深圳市三和电力科技有限公司
44. 深圳市新能力科技有限公司
45. 深圳市英威腾电源有限公司
46. 深圳市振华微电子有限公司
47. 深圳中瀚蓝盾技术有限公司
48. 石家庄通合电子科技股份有限公司
49. 思源清能电气电子有限公司
50. 四川英杰电气股份有限公司
51. 苏州西伊加梯电源技术有限公司
52. 天津市鲲鹏电子有限公司
53. 天水七四九电子有限公司
54. 武汉泰可电气股份有限公司
55. 武汉永力科技股份有限公司
56. 西安伟京电子制造有限公司
57. 协丰万佳科技（深圳）有限公司
58. 张家港市电源设备厂
59. 长沙竹叶电子科技有限公司
60. 中国空空导弹研究院
61. 中科航达科技发展（北京）有限公司
62. 中兴通讯股份有限公司
63. 珠海市海威尔电器有限公司

## 通信电源（58）

1. 北京动力源科技股份有限公司
2. 北京汇众电源技术有限责任公司
3. 北京新雷能科技股份有限公司
4. 北京中天汇科电子技术有限责任公司
5. 东莞昂迪电子科技有限公司
6. 东莞市石龙富华电子有限公司
7. 佛山市顺德区冠宇达电源有限公司
8. 广东金华达电子有限公司
9. 广东顺德三扬科技股份有限公司
10. 广州市锦路电气设备有限公司
11. 杭州中恒电气股份有限公司
12. 合肥联信电源有限公司
13. 湖南丰日电源电气股份有限公司
14. 华康泰克信息技术（北京）有限公司
15. 华为技术有限公司
16. 惠州三华工业有限公司
17. 科华恒盛股份有限公司
18. 雷诺士（常州）电子有限公司
19. 勤发电子股份有限公司
20. 厦门市爱维达电子有限公司
21. 山东镭之源激光科技股份有限公司
22. 山顿电子有限公司
23. 上海科泰电源股份有限公司
24. 上海申睿电气有限公司

25. 上海维安半导体有限公司
26. 深圳奥特迅电力设备股份有限公司
27. 深圳华德电子有限公司
28. 深圳可立克科技股份有限公司
29. 深圳麦格米特电气股份有限公司
30. 深圳欧陆通电子股份有限公司
31. 深圳市安托山技术有限公司
32. 深圳市柏瑞凯电子科技有限公司
33. 深圳市比亚迪锂电池有限公司
34. 深圳市东辰科技有限公司
35. 深圳市航嘉驰源电气股份有限公司
36. 深圳市核达中远通电源技术股份有限公司
37. 深圳市金威源科技股份有限公司
38. 深圳市巨鼎电子有限公司
39. 深圳市瑞晶实业有限公司
40. 深圳市英可瑞科技股份有限公司
41. 深圳市英威腾电源有限公司
42. 深圳市卓越至高电子有限公司
43. 深圳威迈斯新能源股份有限公司
44. 深圳易通技术股份有限公司
45. 苏州东灿光电科技有限公司
46. 苏州西伊加梯电源技术有限公司
47. 台达电子企业管理（上海）有限公司
48. 威尔克通信实验室
49. 武汉永力科技股份有限公司
50. 亚源科技股份有限公司
51. 长沙竹叶电子科技有限公司
52. 浙江榆阳电子有限公司
53. 中达电通股份有限公司
54. 中国长城科技集团股份有限公司
55. 中科航达科技发展（北京）有限公司
56. 中山市景荣电子有限公司
57. 中兴通讯股份有限公司
58. 珠海市海威尔电器有限公司

## 特种电源（57）

1. 安徽博微智能电气有限公司
2. 安晟通（天津）高压电源科技有限公司
3. 安泰科技股份有限公司非晶制品分公司
4. 北京北创芯通科技有限公司
5. 北京创四方电子股份有限公司
6. 北京大华无线电仪器有限责任公司
7. 北京航天星瑞电子科技有限公司
8. 北京恒电电源设备有限公司
9. 北京汇众电源技术有限责任公司
10. 北京京仪椿树整流器有限责任公司
11. 北京铭电龙科技有限公司
12. 北京长城电子装备有限责任公司
13. 常州市创联电源科技股份有限公司
14. 成都金创立科技有限责任公司
15. 东文高压电源（天津）股份有限公司
16. 佛山市顺德区冠宇达电源有限公司
17. 广东创电科技有限公司
18. 广东顺德三扬科技股份有限公司
19. 广东志成冠军集团有限公司
20. 杭州飞仕得科技有限公司
21. 杭州精日科技有限公司
22. 杭州快电新能源科技有限公司
23. 杭州远方仪器有限公司
24. 航天柏克（广东）科技有限公司
25. 航天长峰朝阳电源有限公司
26. 合肥华耀电子工业有限公司
27. 合肥科威尔电源系统股份有限公司
28. 河北汇能欣源电子技术有限公司
29. 核工业理化工程研究院
30. 湖南科瑞变流电气股份有限公司
31. 乐健科技（珠海）有限公司
32. 溧阳市华元电源设备厂
33. 南京国臣直流配电科技有限公司
34. 山东镭之源激光科技股份有限公司
35. 山东山大华天科技集团股份有限公司
36. 陕西中科天地航空模块有限公司
37. 上海航裕电源科技有限公司
38. 深圳华德电子有限公司
39. 深圳青铜剑科技股份有限公司
40. 深圳市皓文电子有限公司
41. 深圳市禾望电气股份有限公司
42. 深圳市振华微电子有限公司
43. 深圳市卓越至高电子有限公司
44. 深圳英飞源技术有限公司
45. 深圳中瀚蓝盾技术有限公司
46. 四川英杰电气股份有限公司
47. 苏州市申浦电源设备厂
48. 太仓电威光电有限公司
49. 武汉泰可电气股份有限公司
50. 武汉新瑞科电气技术有限公司
51. 武汉永力科技股份有限公司
52. 西安爱科赛博电气股份有限公司
53. 西安灵枫源电子科技有限公司
54. 西安伟京电子制造有限公司
55. 西安翌飞核能装备股份有限公司
56. 浙江大维高新技术股份有限公司
57. 中科航达科技发展（北京）有限公司

## 稳压电源（器）（41）

1. 艾普斯电源（苏州）有限公司
2. 安晟通（天津）高压电源科技有限公司
3. 百纳德（扬州）电能系统股份有限公司
4. 北京大华无线电仪器有限责任公司
5. 东莞市百稳电气有限公司
6. 东文高压电源（天津）股份有限公司
7. 盾石磁能科技有限责任公司

8. 佛山市汉毅电子技术有限公司
9. 佛山市顺德区冠宇达电源有限公司
10. 广州德肯电子有限公司
11. 广州金升阳科技有限公司
12. 海丰县中联电子厂有限公司
13. 杭州精日科技有限公司
14. 杭州远方仪器有限公司
15. 航天长峰朝阳电源有限公司
16. 合肥通用电子技术研究所
17. 河北汇能欣源电子技术有限公司
18. 弘乐集团有限公司
19. 鸿宝电源有限公司
20. 惠州三华工业有限公司
21. 江苏宏微科技股份有限公司
22. 马鞍山豪远电子有限公司
23. 山东艾瑞得电气有限公司
24. 山东镭之源激光科技股份有限公司
25. 上海谷登电气有限公司
26. 上海华翌电气有限公司
27. 上海全力电器有限公司
28. 上海稳利达科技股份有限公司
29. 深圳欧陆通电子股份有限公司
30. 深圳市巨鼎电子有限公司
31. 苏州市申浦电源设备厂
32. 天津市鲲鹏电子有限公司
33. 温州现代集团有限公司
34. 协丰万佳科技（深圳）有限公司
35. 张家港市电源设备厂
36. 浙江德力西电器有限公司
37. 浙江腾腾电气有限公司
38. 中川电气科技有限公司
39. 中山市景荣电子有限公司
40. 珠海科达信电子科技有限公司
41. 珠海山特电子有限公司

## 其他（41）

1. 保定科诺沃机械有限公司
2. 北京北创芯通科技有限公司
3. 北京机械设备研究所
4. 北京索英电气技术有限公司
5. 北京英博电气股份有限公司
6. 北京中大科慧科技发展有限公司
7. 成都金创立科技有限责任公司
8. 东莞市石龙富华电子有限公司
9. 盾石磁能科技有限责任公司
10. 佛山市禅城区华南电源创新科技园投资管理有限公司
11. 弗迪动力有限公司电源工厂
12. 固纬电子（苏州）有限公司
13. 广东大比特资讯广告发展有限公司
14. 广东全宝科技股份有限公司
15. 杭州飞仕得科技有限公司
16. 杭州祥博传热科技股份有限公司
17. 杭州易泰达科技有限公司
18. 湖南东方万象科技有限公司
19. 湖南科瑞变流电气股份有限公司
20. 江苏固德威电源科技股份有限公司
21. 美尔森电气保护系统（上海）有限公司
22. 宁波博威合金材料股份有限公司
23. 上海超群无损检测设备有限责任公司
24. 上海雷卯电子科技有限公司
25. 上海灼日新材料科技有限公司
26. 深圳罗马仕科技有限公司
27. 深圳市迪比科电子科技有限公司
28. 深圳市华天启科技有限公司
29. 深圳市汇川技术股份有限公司
30. 深圳市思科赛德电子科技有限公司
31. 深圳市兴龙辉科技有限公司
32. 深圳欣锐科技股份有限公司
33. 温州大学
34. 武汉泰可电气股份有限公司
35. 武汉武新电气科技股份有限公司
36. 浙江巨磁智能技术有限公司
37. 浙江榆阳电子有限公司
38. 浙江长春电器有限公司
39. 中国科学院等离子体物理研究所
40. 中国科学院近代物理研究所
41. 中国空空导弹研究院

## EPS（38）

1. 百纳德（扬州）电能系统股份有限公司
2. 北京动力源科技股份有限公司
3. 北京银星通达科技开发有限责任公司
4. 常州市武进红光无线电有限公司
5. 成都顺通电气有限公司
6. 东莞市百稳电气有限公司
7. 广东宝星新能科技有限公司
8. 广东志成冠军集团有限公司
9. 广州华智能源技术有限公司
10. 广州市锦路电气设备有限公司
11. 航天柏克（广东）科技有限公司
12. 合肥联信电源有限公司
13. 赫能（苏州）新能源科技有限公司
14. 鸿宝电源有限公司
15. 科华恒盛股份有限公司
16. 雷诺士（常州）电子有限公司
17. 南京国臣直流配电科技有限公司
18. 赛尔康技术（深圳）有限公司
19. 山东艾瑞得电气有限公司
20. 山东山大华天科技集团股份有限公司
21. 上海华翌电气有限公司
22. 上海香开电器设备有限公司

23. 深圳华德电子有限公司
24. 深圳市捷益达电子有限公司
25. 深圳市商宇电子科技有限公司
26. 深圳市英威腾电源有限公司
27. 深圳易通技术股份有限公司
28. 深圳英飞源技术有限公司
29. 四川厚天科技股份有限公司
30. 天津市华明合兴机电设备有限公司
31. 英富美（深圳）科技有限公司
32. 浙江艾罗网络能源技术有限公司
33. 浙江德力西电器有限公司
34. 浙江琦美电气有限公司
35. 浙江腾腾电气有限公司
36. 郑州科能达科技有限公司
37. 中川电气科技有限公司
38. 重庆荣凯川仪仪表有限公司

## 照明电源、LED 驱动电源（38）

1. 常州市创联电源科技股份有限公司
2. 常州市武进红光无线电有限公司
3. 东莞立德电子有限公司
4. 东莞市石龙富华电子有限公司
5. 佛山市汉毅电子技术有限公司
6. 佛山市南海赛威科技技术有限公司
7. 佛山市锐霸电子有限公司
8. 广东金华达电子有限公司
9. 海湾电子（山东）有限公司
10. 杭州博睿电子科技有限公司
11. 合肥华耀电子工业有限公司
12. 湖南华鑫电子科技有限公司
13. 溧阳市华元电源设备厂
14. 马鞍山豪远电子有限公司
15. 明纬（广州）电子有限公司
16. 宁波赛耐比光电科技股份有限公司
17. 赛尔康技术（深圳）有限公司
18. 厦门市爱维达电子有限公司
19. 上海吉电电子技术有限公司
20. 上海申睿电气有限公司
21. 上海稳利达科技股份有限公司
22. 深圳麦格米特电气股份有限公司
23. 深圳市安托山技术有限公司
24. 深圳市比亚迪锂电池有限公司
25. 深圳市东辰科技有限公司
26. 深圳市航嘉驰源电气股份有限公司
27. 深圳市金威源科技股份有限公司
28. 深圳市巨鼎电子有限公司
29. 深圳市中电熊猫展盛科技有限公司
30. 深圳市卓越至高电子有限公司
31. 苏州东灿光电科技有限公司
32. 太仓电威光电有限公司
33. 亚源科技股份有限公司
34. 伊戈尔电气股份有限公司
35. 英飞凌科技（中国）有限公司
36. 英飞特电子（杭州）股份有限公司
37. 浙江榆阳电子有限公司
38. 中国长城科技集团股份有限公司

## 变频电源（器）（33）

1. 艾普斯电源（苏州）有限公司
2. 北京大华无线电仪器有限责任公司
3. 北京航天星瑞电子科技有限公司
4. 北京京仪椿树整流器有限责任公司
5. 广东创电科技有限公司
6. 广州德肯电子有限公司
7. 广州东芝白云菱机电力电子有限公司
8. 海湾电子（山东）有限公司
9. 杭州铁城信息科技有限公司
10. 杭州远方仪器有限公司
11. 合肥科威尔电源系统股份有限公司
12. 核工业理化工程研究院
13. 勤发电子股份有限公司
14. 青岛威控电气有限公司
15. 全天自动化能源科技（东莞）有限公司
16. 山东艾瑞得电气有限公司
17. 上海谷登电气有限公司
18. 上海航裕电源科技有限公司
19. 上海众韩电子科技有限公司
20. 深圳市康奈特电子有限公司
21. 深圳市库马克新技术股份有限公司
22. 深圳市知用电子有限公司
23. 四川爱创科技有限公司
24. 苏州市申浦电源设备厂
25. 台达电子企业管理（上海）有限公司
26. 天津市鲲鹏电子有限公司
27. 西安爱科赛博电气股份有限公司
28. 伊戈尔电气股份有限公司
29. 英富美（深圳）科技有限公司
30. 张家港市电源设备厂
31. 浙江海利普电子科技有限公司
32. 中达电通股份有限公司
33. 珠海泰坦科技股份有限公司

## 功率器件（31）

1. 北京韶光科技有限公司
2. 北京世纪金光半导体有限公司
3. 大连芯冠科技有限公司
4. 广东新成科技实业有限公司
5. 广州华工科技开发有限公司
6. 广州科谷动力电气有限公司
7. 广州欧颂电子科技有限公司
8. 桂林斯壮微电子有限责任公司
9. 济南晶恒电子有限责任公司

10. 镓能国际半导体有限公司
11. 江苏宏微科技股份有限公司
12. 乐健科技（珠海）有限公司
13. 龙腾半导体股份有限公司
14. 南京时恒电子科技有限公司
15. 青岛航天半导体研究所有限公司
16. 厦门市三安集成电路有限公司
17. 上海吉电电子技术有限公司
18. 上海科锐光电发展有限公司
19. 上海瞻芯电子科技有限公司
20. 上海众韩电子科技有限公司
21. 深圳青铜剑科技股份有限公司
22. 深圳尚阳通科技有限公司
23. 深圳市飞尼奥科技有限公司
24. 深圳市康奈特电子有限公司
25. 深圳市鹏源电子有限公司
26. 深圳市实润科技有限公司
27. 苏州锴威特半导体股份有限公司
28. 无锡芯朋微电子股份有限公司
29. 无锡新洁能股份有限公司
30. 武汉新瑞科电气技术有限公司
31. 珠海格力电器股份有限公司

## 蓄电池（29）

1. 百纳德（扬州）电能系统股份有限公司
2. 保定科诺沃机械有限公司
3. 北京柏艾斯科技有限公司
4. 北京银星通达科技开发有限责任公司
5. 佛山市力迅电子有限公司
6. 福州福光电子有限公司
7. 广东宝星新能科技有限公司
8. 广东力科新能源有限公司
9. 广东志成冠军集团有限公司
10. 广州市昌菱电气有限公司
11. 广州市锦路电气设备有限公司
12. 合肥海瑞弗机房设备有限公司
13. 赫能（苏州）新能源科技有限公司
14. 鸿宝电源有限公司
15. 湖南丰日电源电气股份有限公司
16. 辉碧电子（东莞）有限公司广州分公司
17. 理士国际技术有限公司
18. 山东圣阳电源股份有限公司
19. 上海香开电器设备有限公司
20. 深圳科士达科技股份有限公司
21. 深圳市比亚迪锂电池有限公司
22. 深圳市商宇电子科技有限公司
23. 先控捷联电气股份有限公司
24. 浙江艾罗网络能源技术有限公司
25. 浙江创力电子股份有限公司
26. 浙江琦美电气有限公司
27. 中川电气科技有限公司
28. 珠海山特电子有限公司
29. 珠海泰坦科技股份有限公司

## 电源测试设备（26）

1. 艾普斯电源（苏州）有限公司
2. 北京柏艾斯科技有限公司
3. 北京北创芯通科技有限公司
4. 北京大华无线电仪器有限责任公司
5. 北京群菱能源科技有限公司
6. 北京森社电子有限公司
7. 北京中科泛华测控技术有限公司
8. 固纬电子（苏州）有限公司
9. 广州德肯电子有限公司
10. 广州致远电子有限公司
11. 杭州飞仕得科技有限公司
12. 杭州远方仪器有限公司
13. 合肥科威尔电源系统股份有限公司
14. 江西艾特磁材有限公司
15. 罗德与施瓦茨（中国）科技有限公司
16. 敏业信息科技（上海）有限公司
17. 全天自动化能源科技（东莞）有限公司
18. 陕西柯蓝电子有限公司
19. 上海航裕电源科技有限公司
20. 上海科梁信息工程股份有限公司
21. 上海正远电子技术有限公司
22. 深圳市知用电子有限公司
23. 深圳市中科源电子有限公司
24. 威尔克通信实验室
25. 西安爱科赛博电气股份有限公司
26. 中国空空导弹研究院

## 直流屏、电力操作电源（26）

1. 安徽博微智能电气有限公司
2. 北京柏艾斯科技有限公司
3. 北京恒电电源设备有限公司
4. 北京智源新能电气科技有限公司
5. 成都顺通电气有限公司
6. 杭州奥能电源设备有限公司
7. 杭州快电新能源科技有限公司
8. 杭州中恒电气股份有限公司
9. 合肥联信电源有限公司
10. 湖南丰日电源电气股份有限公司
11. 美尔森电气保护系统（上海）有限公司
12. 南京国臣直流配电科技有限公司
13. 勤发电子股份有限公司
14. 厦门兴厦控恒昌自动化有限公司
15. 上海大周信息科技有限公司
16. 上海香开电器设备有限公司
17. 深圳奥特迅电力设备股份有限公司
18. 深圳蓝信电气有限公司
19. 深圳市三和电力科技有限公司

20. 深圳市商宇电子科技有限公司
21. 深圳市英可瑞科技股份有限公司
22. 石家庄通合电子科技股份有限公司
23. 浙江琦美电气有限公司
24. 郑州科能达科技有限公司
25. 重庆荣凯川仪仪表有限公司
26. 珠海泰坦科技股份有限公司

## 电子变压器（22）

1. 北京创四方电子股份有限公司
2. 东莞立德电子有限公司
3. 东莞市必德电子科技有限公司
4. 广州德珑磁电科技股份有限公司
5. 合肥博微田村电气有限公司
6. 河北远大电子有限公司
7. 江苏宏微科技股份有限公司
8. 临沂昱通新能源科技有限公司
9. 马鞍山豪远电子有限公司
10. 宁夏银利电气股份有限公司
11. 青岛云路新能源科技有限公司
12. 上海全力电器有限公司
13. 深圳可立克科技股份有限公司
14. 深圳市港特科技有限公司
15. 深圳市京泉华科技股份有限公司
16. 深圳市库马克新技术股份有限公司
17. 天津市鲲鹏电子有限公司
18. 温州现代集团有限公司
19. 武汉新瑞科电气技术有限公司
20. 中色（天津）特种材料有限公司
21. 珠海市海威尔电器有限公司
22. 专顺电机（惠州）有限公司

## 电容器（22）

1. 北京英博电气股份有限公司
2. 北京元十电子科技有限公司
3. 东莞宏强电子有限公司
4. 东莞市瓷谷电子科技有限公司
5. 东莞市捷容薄膜科技有限公司
6. 广东丰明电子科技有限公司
7. 广东南方宏明电子科技股份有限公司
8. 广东新成科技实业有限公司
9. 广州华工科技开发有限公司
10. 南京天正容光达电子销售有限公司
11. 南通新三能电子有限公司
12. 宁国市裕华电器有限公司
13. 上海鹰峰电子科技股份有限公司
14. 上海众韩电子科技有限公司
15. 深圳市柏瑞凯电子科技有限公司
16. 深圳市创容新能源有限公司
17. 深圳市鹏源电子有限公司
18. 深圳市三和电力科技有限公司
19. 深圳市实润科技有限公司
20. 深圳市智胜新电子技术有限公司
21. 扬州凯普科技有限公司
22. 珠海格力电器股份有限公司

## 半导体集成电路（20）

1. 昂宝电子（上海）有限公司
2. 北京铭电龙科技有限公司
3. 佛山市南海赛威科技技术有限公司
4. 桂林斯壮微电子有限责任公司
5. 湖南晟和电源科技有限公司
6. 济南晶恒电子有限责任公司
7. 镓能国际半导体有限公司
8. 江苏宏微科技股份有限公司
9. 青岛航天半导体研究所有限公司
10. 厦门市三安集成电路有限公司
11. 上海吉电电子技术有限公司
12. 上海瞻芯电子科技有限公司
13. 深圳市必易微电子有限公司
14. 深圳市鹏源电子有限公司
15. 深圳市实润科技有限公司
16. 苏州锴威特半导体股份有限公司
17. 无锡芯朋微电子股份有限公司
18. 无锡新洁能股份有限公司
19. 珠海格力电器股份有限公司
20. 珠海泰特微电子股份有限公司

## 电抗器（19）

1. 北京创四方电子股份有限公司
2. 北京英博电气股份有限公司
3. 东莞立德电子有限公司
4. 江苏坚力电子科技股份有限公司
5. 马鞍山豪远电子有限公司
6. 敏业信息科技（上海）有限公司
7. 宁夏银利电气股份有限公司
8. 青岛云路新能源科技有限公司
9. 上海申世电气有限公司
10. 上海稳利达科技股份有限公司
11. 上海鹰峰电子科技股份有限公司
12. 深圳市铂科新材料股份有限公司
13. 深圳市京泉华科技股份有限公司
14. 深圳市三和电力科技有限公司
15. 田村（中国）企业管理有限公司
16. 温州现代集团有限公司
17. 伊戈尔电气股份有限公司
18. 浙江东睦科达磁电有限公司
19. 专顺电机（惠州）有限公司

## 滤波器（19）

1. 北京新雷能科技股份有限公司
2. 北京英博电气股份有限公司

3. 北京智源新能电气科技有限公司
4. 登钛电子技术（上海）有限公司
5. 广州德珑磁电科技股份有限公司
6. 广州金升阳科技有限公司
7. 江苏坚力电子科技股份有限公司
8. 江西艾特磁材有限公司
9. 临沂昱通新能源科技有限公司
10. 青岛云路新能源科技有限公司
11. 山东山大华天科技集团股份有限公司
12. 陕西中科天地航空模块有限公司
13. 上海申世电气有限公司
14. 上海鹰峰电子科技股份有限公司
15. 上海正远电子技术有限公司
16. 四川厚天科技股份有限公司
17. 唐山尚新融大电子产品有限公司
18. 温州现代集团有限公司
19. 西安爱科赛博电气股份有限公司

## 电焊机、充电机、电镀电源（19）

1. 保定科诺沃机械有限公司
2. 北京华信康源电气有限公司
3. 北京京仪椿树整流器有限责任公司
4. 北京群菱能源科技有限公司
5. 北京韶光科技有限公司
6. 东莞昂迪电子科技有限公司
7. 广东顺德三扬科技股份有限公司
8. 海丰县中联电子厂有限公司
9. 杭州奥能电源设备有限公司
10. 杭州快电新能源科技有限公司
11. 杭州铁城信息科技有限公司
12. 南京中港电力股份有限公司
13. 宁波赛耐比光电科技股份有限公司
14. 上海全力电器有限公司
15. 深圳市振华微电子有限公司
16. 深圳威迈斯新能源股份有限公司
17. 石家庄通合电子科技股份有限公司
18. 四川英杰电气股份有限公司
19. 苏州市申浦电源设备厂

## 电源配套设备（自动化设备、SMT设备、绕线机等）（18）

1. 北京群菱能源科技有限公司
2. 北京森社电子有限公司
3. 佛山市南海区平洲广日电子机械有限公司
4. 固纬电子（苏州）有限公司
5. 广州科谷动力电气有限公司
6. 广州市昌菱电气有限公司
7. 江苏固德威电源科技股份有限公司
8. 深圳市航智精密电子有限公司
9. 深圳市康奈特电子有限公司
10. 深圳市库马克新技术股份有限公司
11. 深圳市新能力科技有限公司
12. 深圳市知用电子有限公司
13. 深圳市中科源电子有限公司
14. 思源清能电气电子有限公司
15. 四川爱创科技有限公司
16. 唐山尚新融大电子产品有限公司
17. 天津市华明合兴机电设备有限公司
18. 浙江创力电子股份有限公司

## 电感器（17）

1. 安泰科技股份有限公司非晶制品分公司
2. 东莞市必德电子科技有限公司
3. 广州德珑磁电科技股份有限公司
4. 合肥博微田村电气有限公司
5. 临沂昱通新能源科技有限公司
6. 敏业信息科技（上海）有限公司
7. 宁夏银利电气股份有限公司
8. 青岛云路新能源科技有限公司
9. 上海众韩电子科技有限公司
10. 深圳可立克科技股份有限公司
11. 深圳市铂科新材料股份有限公司
12. 深圳市航智精密电子有限公司
13. 唐山尚新融大电子产品有限公司
14. 田村（中国）企业管理有限公司
15. 武汉新瑞科电气技术有限公司
16. 浙江东睦科达磁电有限公司
17. 专顺电机（惠州）有限公司

## 磁性元件/材料（17）

1. 安徽首文高新材料有限公司
2. 安泰科技股份有限公司非晶制品分公司
3. 东莞市必德电子科技有限公司
4. 广州德珑磁电科技股份有限公司
5. 江西艾特磁材有限公司
6. 临沂昱通新能源科技有限公司
7. 敏业信息科技（上海）有限公司
8. 上海正远电子技术有限公司
9. 深圳市铂科新材料股份有限公司
10. 深圳市鹏源电子有限公司
11. 深圳市威日科技有限公司
12. 唐山尚新融大电子产品有限公司
13. 天长市中德电子有限公司
14. 田村（中国）企业管理有限公司
15. 越峰电子（昆山）有限公司
16. 浙江东睦科达磁电有限公司
17. 专顺电机（惠州）有限公司

## PC、服务器电源（14）

1. 北京新雷能科技股份有限公司
2. 东莞市金河田实业有限公司
3. 海湾电子（山东）有限公司

4. 山顿电子有限公司
5. 上海维安半导体有限公司
6. 深圳欧陆通电子股份有限公司
7. 深圳市柏瑞凯电子科技有限公司
8. 深圳市东辰科技有限公司
9. 深圳市航嘉驰源电气股份有限公司
10. 深圳易通技术股份有限公司
11. 四川爱创科技有限公司
12. 协丰万佳科技（深圳）有限公司
13. 长沙竹叶电子科技有限公司
14. 中国长城科技集团股份有限公司

## 电阻器（9）

1. 东莞市瓷谷电子科技有限公司
2. 东莞市捷容薄膜科技有限公司
3. 广东南方宏明电子科技股份有限公司
4. 广东新成科技实业有限公司
5. 江苏兴顺电子有限公司
6. 南京时恒电子科技有限公司
7. 厦门赛尔特电子有限公司
8. 上海申世电气有限公司
9. 上海鹰峰电子科技股份有限公司

## 机壳、机柜（6）

1. 安徽博微智能电气有限公司
2. 东莞市百稳电气有限公司
3. 弘乐集团有限公司
4. 先控捷联电气股份有限公司
5. 伊顿电源（上海）有限公司
6. 中色（天津）特种材料有限公司

## 胶（4）

1. 北京汐源科技有限公司
2. 广州回天新材料有限公司
3. 上海灼日新材料科技有限公司
4. 深圳市华天启科技有限公司

## 绝缘材料（2）

1. 北京汐源科技有限公司
2. 深圳市华天启科技有限公司

## 风扇、风机等散热设备（1）

中色（天津）特种材料有限公司

# 第八篇　电源重点工程项目应用案例及相关产品

# 2019 年电源重点工程项目应用案例

## 1. 北京大兴国际机场电源保障项目

**参与单位：**

科华恒盛股份有限公司

地址：厦门火炬高新区火炬园马垄路 457 号

电话：0592-5900256

网址：www. kehua. com. cn

**主要产品：**

高端电源、云计算基础服务及产品、新能源产品

**项目概况：**

9 月 25 日，被英国《卫报》评为“新世界七大奇迹”之首的北京大兴国际机场正式通航。作为智慧电能综合管理解决方案提供商，科华恒盛股份有限公司（简称科华恒盛）为北京大兴国际机场的航站楼、飞行区提供高端电源解决方案，电力及能源综合监控解决方案，助力其演绎“透明机场”的多场景实践。

**产品应用概况/解决方案：**

机场作为综合交通运输系统的重要基础设施，任何事故都有可能造成重大的政治、经济影响。北京大兴国际机场对运行保障能力有着极高的要求，必须要能保障目前世界上所有机型客机的安全运行。此外，根据规划，该机场正式通航后 2025 年旅客吞吐量预计达 7200 万人次，远期规划旅客吞吐量为 1 亿人次以上。这背后是对机场能源基础、能源管理业务的严峻挑战。

针对北京大兴国际机场能耗特点，科华恒盛技术工程团队为其制定智慧电能综合管理解决方案为飞行区电力调度系统、飞行区电能计量、视频及语音系统，航站楼电力调度及能源管理、能源计费系统提供综合监控解决方案；为飞行区灯光站提供高端电源解决方案。

科华恒盛综合能源监控解决方案可以帮助机场运营人员实时掌握各系统详尽的运行信息，分析现状，发现趋势，轻松实现对一级负荷供电系统智能化、高效化的管理。

**产品优势及应用成果：**

科华恒盛为北京大兴国际机场提供的产品方案结合了公司多年来在电气行业积累的自动化经验和集成实力，根据飞行区、航站区电力监控系统特点，借助计算机、通信及自动控制领域的先进应用技术，将电力系统在线、离线数据以及用户数据进行信息集成整合，构建完整的电力自动化系统，完成各类情况下对电力系统的监测、控制、保护，以及用电和电气管理的现场控制。

方案极大程度地降低了机场运营成本，优化了能效管理，有力对潜在风险进行主动式预防和控制，将“电力安全”落实于每一个环节。

## 2. 中电朝阳 500MW 光伏发电平价上网示范项目

**参与单位：**

阳光电源股份有限公司

地址：安徽省合肥市高新区习友路 1699 号

电话：0551-65327878

E-mail：sunwenhua@ sungrowpower. com

网址：www. sungrowpower. com

**主要产品：**

SG136TX

**项目概况：**

该项目由中国电力国际发展有限公司投建、阳光电源提供逆变器解决方案，该项目是全国率先达到单体容量最大的光伏平价上网试点项目。项目于 2019 年 12 月 24 日顺

利并网发电，为后续平价上网项目的大规模建设积累了经验，具有重大示范效应。

**产品应用概况/解决方案：**

针对该项目典型的复杂山地地形特点，阳光电源股份有限公司推出1100V系统单机功率最大的组串式逆变器SG136TX，相同容量电站可以减少逆变器数量，进而减少交流线缆、交流配电的使用数量，降低现场施工成本和后期运维成本。另外，科学地提高容配比设计，根据当地辐照度、项目组件、地形等实际情况，最终按照1.2倍容配比设计，大幅降低LCOE，同时对子阵灵活性、组件串联及倾角、支架间距等整个系统方案进行了深度优化设计，以最优的系统搭配组合，实现工程建设成本和运维成本最优。

**产品优势及应用成果：**

SG136TX采用12路MPPT设计，每两个组串接入一路MPPT，可以降低地形遮挡导致的组串失配影响，提升电站发电量。同时集成PLC通信，无需专门布线即可实现设备的通信与管理，并拥有专利PID防护与修复功能，可以在白天防护PID效应、夜间逆变器停止工作时段内修复发生的PID效应，保护组件可靠运行，进一步减少系统发电损失。据测算，该项目综合降本0.2元/Wp以上，综合收益提升15%以上，最终实现了平价上网。阳光电源股份有限公司从青海格尔木首个大型“领跑者”平价上网光伏电站，到中电朝阳第一批光伏平价上网试点项目，平价路上，阳光电源股份有限公司用20余年的经验积累与技术创新，参与并见证了一个又一个里程碑事件，引领着中国光伏产业向高质、高效迈进。

### 3. 腾讯清远T-Base数据中心

**参与单位：**

中兴通讯股份有限公司

地址：深圳市南山区西丽中兴通讯工业园

电话：18575586592

E-mail：li.li51@zte.com.cn

网址：www.zte.com.cn

**主要产品：**

中兴通讯ZEGO仓储式全模块数据中心

**项目概况：**

腾讯T-Base是集群部署、一体交付、超高效率的园区级整体产品化数据中心。物理上分为多个T-Block功能方仓，多个T-Block方仓按照预定的设计可在现场快速拼装就位，形成一个完整的大型或超大型数据中心。

（1）项目亮点

园区级模块化的设计和建造理念贯通IT机架、暖通、配电、管理、办公等各专业。

大量设备安装和连接在工厂预制，实现机电工程任务产品化。

新建轻钢结构厂房，快速施工。

应用高压直流和间接蒸发冷却，提升能效水平，降低PUE。

智能机器人巡检，提升运维效率。

（2）客户价值

采用新建轻钢结构厂房，预制化T-Block等设计和建造方式，节约了工期，满足了快速部署的需求。

模块化设计、分期部署和弹性扩容的特点，帮助客户减轻了投资压力。

采用间接蒸发冷却技术、HVDC供电等技术使数据中心整体PUE降低。巡检机器人的引入提升了运维效率。

**产品应用概况/解决方案：**

中兴通讯ZEGO仓储式全模块数据中心是一种面向全部系统模块化、预制化的数据中心基础设施解决方案，满足模块化、标准化、智能化的行业趋势。腾讯清远项目是该项解决方案的成功应用。

（1）仓储式全模块数据中心设计示例

仓储式全模块数据中心包含的功能模块详见附件图片。

各子系统采用模块化、统一规范的设计，根据场景需求选择并构建。

（2）应用场景

现有仓储空间改造为数据中心，充分利用现有资源。

新建轻钢结构厂房构建数据中心，采用全新设计和建造。

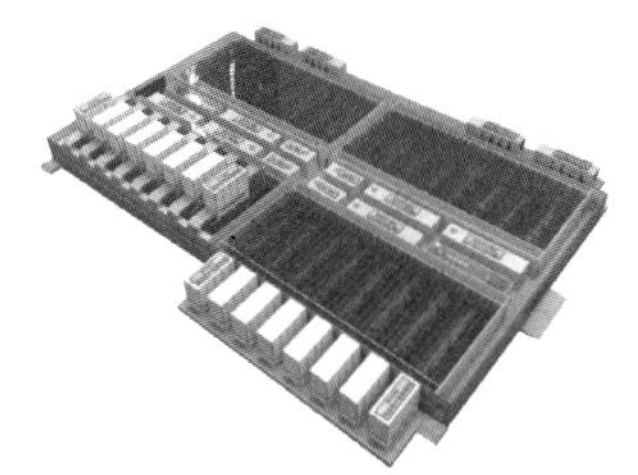

| IT | IT仓 | *HVDC/UPS |
|---|---|---|
| 供配电 | 低压配电仓、中压配电仓、柴发并机仓、柴发仓 | *电池柜或电池仓 |
| 暖通 | 空调或者空调仓(选配)、水处理仓(选配) | |
| 监控 | 监控仓 | |
| 附属 | 办公仓(选配) | |

*根据集中式或者分布式的供电布局，HVDC/UPS，蓄电池(柜或仓)可能与IT仓并列，也可能与低压配电仓并列。

**产品优势及应用成果：**

（1）亮点

快速部署：产品模块化带来设计和生产的便利，大量组装在工厂完成，减少现场施工量，总建设时间减少40%。

灵活扩展：标准模块化设计，按需分期部署灵活扩容，减小投资压力。

低OPEX：采用HVDC、市电直供、蒸发冷却、冷热通道隔离、优化气流组织等技术和系统方案，整体PUE降低至1.3。

（2）应用成果

以全模块产品理念，预制集装箱形态及模块化拼接方式打造的腾讯西部项目经工信部24小时不间断带载实测PUE≤1.10，标志着我国在绿色数据中心建设方面达到国际领先水平。腾讯清远、怀来T-Base数据中心完成全模块的大规模部署实践，引领行业技术创新。

## 4. 无线充电用高性能纳米晶导磁片产品开发

**参与单位：**

安泰科技股份有限公司非晶制品分公司

地址：北京市海淀区永丰基地永澄北路10号B区

电话：010-58712641　传真：010-58712642

网址：www. atmcn. com/fjjssyb

E-mail：nano@ atmcn. com

**主要产品：**

非晶/纳米晶带材、非晶/纳米晶铁心、非晶/纳米晶器件

**项目概况：**

近年来随着无线充电技术和功能的推广，充电功率越来越大，短短一年时间，功率实现了翻倍的增长，大功率快充需要纳米晶导磁片具有较强的抗饱和能力，所以对具有较高饱和磁感应强度和高密度的纳米晶带材需求越来越大。

本项目基于优化的快速凝固技术，实现了饱和磁感应强度1.4T，叠片系数大于0.84的纳米晶带材的批量制备，该技术目前处于国际领先水平。

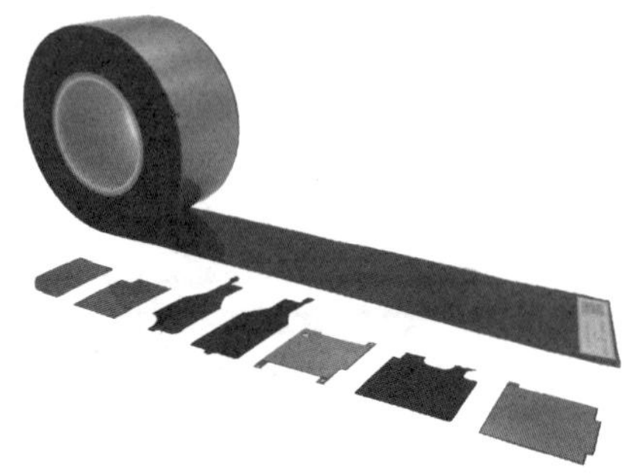

**产品应用概况/解决方案：**

无线充电产业链分为接收和发射两个部分，接收端上下游产业链分为芯片、磁性材料、传输线圈、模组制造、系统集成；发射端分为芯片、线圈模组、方案设计。现在市场上的解决方案中，纳米晶带材主要应用于无线充电的接收端，配合传输线圈一同实现高效率电磁转换的目的。

公司产品现已在小米、华为以及三星等多个品牌的多个型号产品上获得了成功应用，例如华为P系列、Mate系列手机，小米9、小米10等。近两年，无线充电的速度产生了质的变化，无线充电功率已由5W提高至30W，如2018年初发布的小米MIX2S，无线充电功率只有7.5W，2019年华为Mate30无线充电功率达到27W，小米10达到30W。

无线充电手机对充电模组的要求越来越高，电感值、阻抗值、抗饱和电流值、厚度限制等，比如需满足产品升级需要，通过增加带材的有效厚度，并且降低材料损耗。首先，通过改变热处理工艺，增加初始磁导率，再经碎化降损后，材料可以在保持较高磁导率的同时减少损耗。另外，为了达到抗饱和的应用要求，需要提高带材的厚度，但由于受产品总厚度上限的限制，只能提高带材的有效厚度，提高带材表面平整度，提高密度，提高叠片系数。最新产品抗饱和电流要求提高至5A以上，提高常规带材密度已经很难做到，需要提高带材饱和磁感应强度，进而提升抗饱和能力。针对以上应用的需求，解决方案如下：

通过调整带材成分，降低非晶化形成元素含量，提高铁元素含量，完成对$B_s$的提升，同时保证带材损耗保持与1k107B同一水准。通过调整带材的生产工艺，添加喷带过程气体保护工艺，完成带材密度的调整。

**产品优势及应用成果：**

第一，手机、平板电脑等产品的无线充电接收端总厚度要求约为100μm，因此具有较小厚度的非晶、纳米晶带材在尺寸设计上具有先天的优势；第二，为提高无线充电的效率，要求导磁材料具有较高的磁导率，而非晶、纳米晶材料的高磁导率特性与此要求契合；第三，当无线充电效率提高时，导磁片中磁性材料的工作点会由低变高，具有更大饱和磁感应强度和更高密度的非晶、纳米晶软磁合金带材会具有更好的抗饱和能力。

具有更高密度、更大饱和磁感应强度的非晶、纳米晶软磁合金带材的导磁片解决方案已成功应用于华为P系列、Mate系列、小米等手机，提升了无线充电效率。目前，国内外多款手机计划进一步提升了无线充电功率，已经在实验40W超级快充，电流要求6.5A甚至更高，本项目涉及的高饱和磁感应强度、高密度带材将获得更大的舞台，纳米晶软磁合金带材市场将迎来新一轮的拉动。

## 5. 北京大兴国际机场应急电源

**参与单位：**

北京动力源科技股份有限公司

地址：北京丰台科技园区星火路8号

电话：010-83682266-832

E-mail：dpczl@ dpc. com. cn

网址：www. dpc. com. cn

**主要产品：**

可并联模块化应急电源

**项目概况：**

2019年9月25日，北京大兴国际机场正式通航，中国再次成为世界瞩目的亮点，北京大兴国际机场于2014年12

月开工建设，在不到5年的时间里完成了预定的建设任务，被誉为“新世界七大奇迹”之首的钢铁凤凰终于展翅“飞翔”，成为全球第一大单体航站楼建筑工程，创造了多项世界第一，为中国制造添上了浓重的一笔色彩。北京动力源科技股份有限公司（简称动力源）应急电源荣幸成为北京大兴国际机场应急电源的供应商，为北京大兴国际机场的安全运行保驾护航！

**产品应用概况/解决方案：**

可并联模块化应急电源是动力源集20年电力电子技术及产品的研发、制造经验推出的模块化应急电源产品，业内领先的高性能DSP全数字控制与可并联冗余的模块化设计为用户提供可靠、安全、高效、灵活扩展的应急供电解决方案。

在北京大兴国际机场项目中，动力源应急电源用于为机场的消防和应急照明灯具提供交流应急供电电源，单台电源功率分别为3kW、10kW、20kW，满足了北京大兴国际机场消防应急供电的使用要求，为北京大兴国际机场的安全运行提供了用电保障。

**产品优势及应用成果：**

动力源模块化应急电源产品已经广泛应用在各个行业的交流应急供电领域，在产品应用中突出体现了模块化设计所带来的更可靠、更简便的产品特性，得到了市场和客户的认可，产品具有高效、柔性、安全、智能等优势。

电源模块化设计，逆变充电一体化，减少系统配电复杂度，增强系统可靠性。

电源后备运行，市电优先供电，最大限度地减少了用户用电耗损。

模块化，可并联，$N$+1冗余，灵活升级扩容模块体积小，重量轻，支持热插拔，方便用户安装、维护。

积木式设计，功率模块可并联，积木式搭接，实现单、三相系统按需扩展；电池积木式配置，可根据用户容量和后备时间灵活配置电池组数。

切换时间≤3ms，保证切换时用户设备不断电，用户使用更安心、可靠。

全面的保护机制，标配多项电压、电流、电池保护及异常报警功能，具备开机自检及自动年月检。

具有输出分路检测和保护功能，任一分路故障不影响其他分路的正常输出。

支持历史故障记录保存10年，系统参数不会因断电而丢失。

LCD显示屏，支持触摸屏显示，信息直观丰富、便于用户操作、使用、维护。

智能监控，RS485通信接口，支持FAS、BAS，远程监控，设备状态用户随时掌握。

支持电池容量和内阻检测，方便用户对电池的管理和维护电池充电电流可设，满足不同容量电池的充放电需求。

## 6. 河北高速公路ETC项目

**参与单位：**

航天柏克（广东）科技有限公司

地址：广东省佛山市禅城区张槎一路115号华南电源创新科技园4座

电话：13590661399

E-mail：lxd@ baykee. net

网址：www. baykee. net

**主要产品：**

高速ETC门架系统一体化解决方案

**项目概况：**

河北省取消高速公路省界收费站ETC工程项目，主要有24条路段高速公路主线建设ETC门架系统608套。

**产品应用概况/解决方案：**

航天柏克（广东）科技有限公司中标河北省取消高速

公路省界收费站 ETC 工程，此次中标项目为户外综合机柜整体解决方案，该方案集 UPS、配电、锂电池、空调、监控和标准机架于一体，具有六大产品关键设计，自制 UPS、锂电池、空调等核心关键设备，可靠性非常高，可适应全国各省 ETC 建设要求，杜绝受外部环境及雷雨等恶劣气候影响，保障系统稳定安全地运行。

该方案满足 YD/T 1537—2015、YD/T 5186—2010、QZTT 2013—2016 等通信系统室外一体化机柜设计规定，根据 ETC 门架系统设备机架占比和电池后备时间，匹配单柜、双柜、三柜共三种一体化产品。

**产品优势及应用成果：**

该产品具有防盗防尘、防水防腐、蓄电能力强、实时监控、智能预警等特点；支持大功率供电、智慧远程供电，同时可实现不间断供电零时间切换，解决了公路行业机电系统三相平衡难、负载离散分布的问题，为设备的安全运行提供了保障。

关键设计一：一体式空调

该产品配备的空调是专为户外机柜冷却而设计的一款制冷产品，适用于机柜内部发热量大、内部电子设备对环境温度敏感的情况，功能齐全，具有可靠性高、安装简单、通电后即可工作、无需复杂调试等特点。

关键设计二：磷酸铁锂电池

Baykee 磷酸铁锂电池专为通信电源、UPS 后备设计，产品配置 1~6 套 51.2V 100AH 电池，确保 UPS 后备时间不低于 4 个小时。

关键设计三：在线式机架 UPS

Baykee 系列 UPS 为全智能型纯在线式，将传统的 DC192V 整流电压调整为 DC48V，与锂电池组完美匹配，满足不同门架系统的设备用电需求。

## 7. 100MW 光热电站阵列追日镜面导轨电源项目

**参与单位：**

合肥华耀电子工业有限公司

地址：安徽省合肥市蜀山区湃河路 88 号

电话：0551-62731110 传真：0551-68124419＊0

网址：www. ecu. com. cn

E-mail：sales@ ecu. com. cn

**主要产品：**

导轨电源

**项目概况：**

该项目应用于百兆瓦级、亚洲领先、单体聚光规模最大、吸热塔最高、建设周期最短、可 24 小时连续发电的敦煌 100MW 级熔盐塔式光热电站。

**产品应用概况/解决方案：**

合肥华耀电子工业有限公司自主研发的 12000 余台华耀导轨电源同时开机，助力我国百兆瓦级、亚洲领先、单体聚光规模最大、吸热塔最高、建设周期最短、可 24 小时连续发电的敦煌 100MW 级熔盐塔式光热电站顺利并网发电。该电站年发电量可达 3.9 亿 kW · h，完全达到产后预计将产生超过 4 亿元人民币的发电收入，年减排量及消耗过剩产能量带来的环保效益相当于造林 1 万亩。

合肥华耀电子工业有限公司的电源作为其唯一电源提供方，承担着阵列追日镜面的能源驱动供给和智能网络电源供给的光荣任务。坐落于敦煌戈壁，围绕 260m 高吸热塔的 12000 多台定日镜下安装的每套华耀导轨电源，全力负责驱动定日镜电机工作和控制系统供电。

**产品优势及应用成果：**

合肥华耀电子工业有限公司自主研发的这套导轨电源方案，是公司的导轨高端系列产品，已拥有两项国家发明专利，获得省内工业精品、工业设计奖等多项荣誉，凝聚了公司数位电源工程师的心血。这样的拳头产品，在服务于国家光热发电项目领域的过程中，可保证在“-40℃超低温，+80℃超高温，强风和异常负载”等恶劣高海拔气候环境下，提供稳定的供电输出，保障智能控制系统的正常供电和有效运作，保障每块追日镜面准确定位和供热效率，且可适配全球输入电压。

作为唯一内资电源品牌，华耀与台达、欧姆龙、明纬、菲尼克斯、魏德米勒、TDK、穆尔普尔世等数家行业龙头企业同台竞技，凭借对产品超强的技术能力和品质保障，最终成为该项目唯一的电源方案提供方，获得项目方和市场的高度认可。

## 8. 辽宁清河发电有限责任公司给煤机电压暂降治理系统

**参与单位：**

南京国臣直流配电科技有限公司

地址：南京市江宁区福英路1001号联东U谷南京国际港9号楼

电话：13914780733 传真：025-84488904

网址：www.gc-bank.com

E-mail：767357615@qq.com

**主要产品：**

电压暂降、直流配电

**项目概况：**

清河电厂于2012年在1号机组给煤机、9号机组给煤机，共安装了14套电压暂降治理装置并投入运行，解决了火电厂辅机低电压跳闸引起非计划停炉的问题，提高了电力系统的稳定性。给煤机电压暂降治理装置每套装置功率为5.5kW，采用一拖一就的安装方式供电，配置灵活，接线简单便捷。

**产品应用概况/解决方案：**

电网电压跌落到90%以内时，电压暂降治理装置不起动，处于热备用状态。当电压跌落到20%~90%范围内电压暂降治理装置瞬时起动工作，维持变频器直流母线电压在DC500V左右，保证给煤机变频器系统正常运行。当电网电压恢复时，变频器自动转换由电网供电。当MFT动作时，电压暂降治理装置自动退出，恢复热备用状态。系统主要由公司研发的VSP（电压暂降保护模块）、监测系统、控制回路、馈线回路等组成，该方案设备体积小，可就地摆放，便于施工安装。

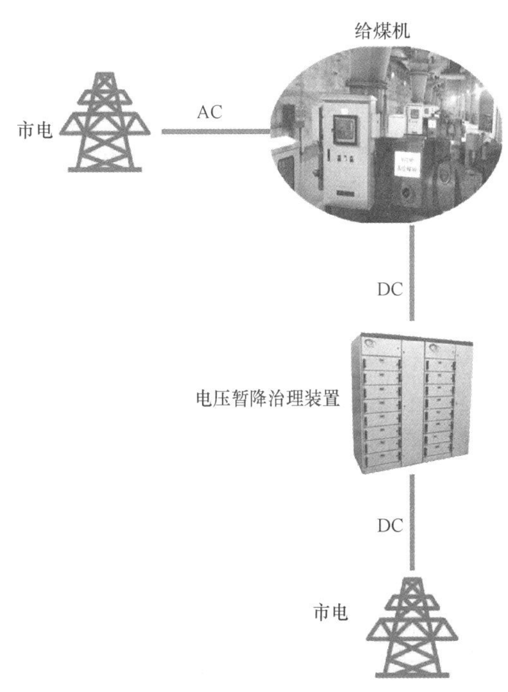

**产品优势及应用成果：**

1）热备用冗余供电的工作方式，不对原来的供电回路进行更改，对生产工艺设备无安全隐患，安全可靠性高。

2）微秒级切换，速度快。

3）可根据用户设备分布情况实现分散式和集中式供电，输入输出电压等级、支撑时间均可根据实际需求灵活配置。

4）输入、输出全隔离，避免用户设备与电压暂降保护装置相互影响。

5）系统自带多种保护和自检功能，实现免维护运行。

6）高功率密度，节约安装空间。

7）智能控制，提供多种接口，实现数据的远传与通信。

8）抽屉化结构，支持热插拔，维护方便。

9）可并机使用，具有良好的扩展性和互换性。

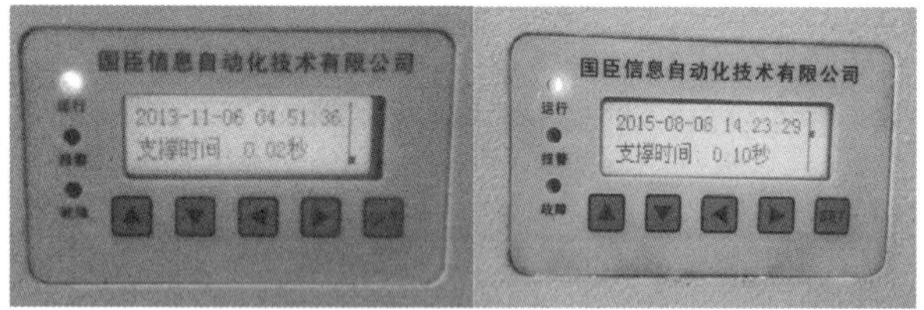


## 9. 中美低碳建筑与社区创新实验中心（建科院未来大厦）楼宇直流配电

**参与单位：**

南京国臣直流配电科技有限公司

地址：南京市江宁区福英路1001号联东U谷南京国际港9号楼

电话：13914780733　传真：025-84488904

网址：www. gc-bank. com

E-mail：767357615@ qq. com

**主要产品：**

电压暂降、直流配电

**项目概况：**

中美中心是中美政府间国际科技创新合作的重点项目，项目示范工程的落点，其中5000m$^2$办公空间将进行直流供电建筑与智能微网整合应用研究，包括直流供电系统、直流用电设备、智能微网控制技术等。本期直流配电工程主要针对深圳建科院承担的中美国际创新合作项目示范的需求，包括中美中心R3模块区域直流供电系统，以及相应的分布式电源和直流用电电器等组成的建筑直流配用电系统。

**产品应用概况/解决方案：**

本方案基于直流配电技术，充分利用楼宇建筑自身空间，最大程度实现能源自给。并通过储能的合理化布置以及用电负载的直流化选型或改造，建设完成直流配电楼宇。详细如下：

1）该建筑面积为5000m$^2$，负荷容量为345kW，覆盖空调、照明、插座、安防、应急照明、充电桩以及数据中心；电源包括150kW光伏、480AH蓄电池以及市政电源630kVA变压器（AC380V）。

2）直流母线电压等级：±DC375V（750V极间电压），DC48V。

3）直流主接线形式：采用双极式母线架构。

4）供电拓扑结构：±DC375V电压等级采用放射型，DC48V电压等级采用星形结构。

5）系统接地形式：采用中线（M线）IT（悬浮）经高电阻接地形式，设备外壳PE接地。

6）保护配置：母线保护、绝缘监测保护、直流支路一体化保护和主动式保护等。

**产品优势及应用成果：**

楼宇直流配电解决了交流网存在的电能质量问题，无电压闪变、频率波动、高次谐波污染等问题。由于光伏、风电等新能源发电以直流为主，更方便接入直流电网，降低分布式发电的接入难度。同时直流配电更便于储能直接接入，优质实现谷储峰用电并解决电网暂降和中断时的问题，保证电网故障时为重要负荷可靠供电。而且建筑用电设备使用的是直流电，省去中间多次变化环节，提高供电效率，节约用电成本。

直流配电为楼宇建筑充分利用可再生能源，减少建筑单位面积能耗，降低用电成本，提高用电安全和可靠性，提供了新的探索思路，也为中低压直流配电技术提供了新的应用场景。

## 10. 英威腾电源UPS模块机RM系列应用体育场

**参与单位：**

深圳市英威腾电源有限公司

地址：深圳市南山区桃源街道长源社区学苑大道1001号南山智园A7栋501

电话：0755-27535034 传真：0755-26782664

网址：www. invt-power. com. cn

E-mail：duanxiuhong@ invt. com. cn

**主要产品：**

英威腾 UPS 产品

**项目概况：**

2019 年 9 月 8 日晚，古都郑州奥林匹克体育中心体育场内华灯璀璨、流光溢彩，灯光效果令人赞叹。全场灯光由 40 多套英威腾 UPS 产品高负载运行承担供电重任，圆满地完成了第十一届全国少数民族传统体育运动会开幕式用电保障工作。

**产品应用概况/解决方案：**

根据此次开幕式大型活动的特殊用电需求，对灯光、舞美、音响、威亚等专业电气设备采用深圳英威腾电源有限公司（简称英威腾）明星产品，RM 系列模块化 UPS 担任此次保电工作，并多次进行了大负载状态下的电源切换测试，确保安全用电万无一失。

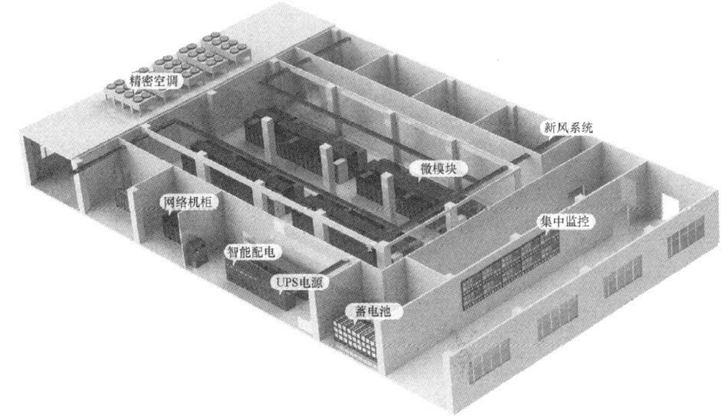


**产品优势及应用成果：**

RM 系列模块化 UPS 是位居业界前列的全数字化电源产品，集中了电力电子与自动控制领域先进的技术成果，拥有近 30 项专利，使得关键设备的供电可靠性、可用性、可维护性得到了突破性的提高。RM 系列模块化 UPS 结合了传统塔式机型的技术特点与现代机房模块化的需求，在实现模块化设计的同时，保证了系统的高可靠性。该系列产品各项性能指标均达到国际水平，拥有极高的性价比，符合各行业高可靠供电的需求。

通过此次高规格、高强度的用电考验，更加验证了英威腾 UPS 产品的高品质和强大技术实力。英威腾电源必将再接再厉，不断提升产品品质与技术水平，力争成为受人尊敬的数据中心能源解决方案提供商。

## 11. 厦门国际会展中心四期场馆项目

**参与单位：**

北京英博电气股份有限公司

地址：北京市丰台区南四环西路 188 号 10 区 2 号

电话：010-63805588

E-mail：marketing@ in-power. net

网址：www. in-power. net

**主要产品：**

电容器、电抗器、有源滤波器、无功补偿装置、储能变流器、电压暂降产品

**项目概况：**

作为中国电影的三大奖项之一，中国电影金鸡奖从 1992 年创办了第一届，今年已是第 28 届，是行业内地高水平的电影奖项。

2019—2029 年，未来 10 年金鸡奖将全部在厦门举办。本次厦门将用科技与艺术完美融合，呈现出一场独具厦门特色的视听盛宴。11 月 17 日晚举办的特别节目“沙滩钢琴音乐会×无人机表演”为这场盛会的开幕做足了预热。1200 架无人机，宛如黑夜中的舞蹈家，在琴声与歌声中悠然起舞，亦如一出精美大戏，惊艳了鹭岛夜空。

本次金鸡百花电影节将在厦门国际会展中心四期场馆举办，该场馆占地面积为 22000m$^2$，建筑面积为 45300m$^2$，内部配套舞台灯光、音响、舞台机械控制系统等设施，兼具临时演艺场馆用途。

作为电能质量明星企业的北京英博电气股份有限公司（简称英博电气），其电能质量产品本次也是C位出道，大量的应用在这些灯光闪耀的场馆中，为金鸡奖百花电影节的电力保障奉献出了一份自己的力量。

对于厦门国际会展中心来说，需要承接大量的演出活动，舞台灯光、音响、空调、舞台机械控制系统等负载需要常年不断的开启。因此会造成大量的谐波污染。

**产品应用概况/解决方案：**

严重的谐波会引起电网电能质量的恶化，造成不好的后果。

1）加速设备老化，缩短设备使用寿命。

2）影响舞台音响效果和视频画面清晰度。

3）造成通信干扰，影响信号传输，造成舞台机械设备控制失灵、故障率增加，造成演出损失。

4）严重时可能造成电气火灾，具有极大的安全隐患。

早在2008年，厦门国际会展中心就已经使用了英博电气产品，时隔11年，依然运行稳定。2017年，金砖国家峰会也是在厦门召开，开会地点就在厦门国际会展中心四期对面，金砖会议的核心酒店——厦门国际会议中心酒店，同样也使用了英博电气电能质量产品，目前依然运行良好。

这次面对这些问题，当然不例外，使用英博电气明星产品有源滤波器BLUEWAVE及电容电抗前来治理。

当BLUEWAVE有源滤波器投入运行后后，有效地抑制了系统的谐波污染，电压电流波形畸变都得到明显改善，极好地提升了系统电能质量，改善了系统工作电源的质量，为配电网络中的各个负载提供理想的电源支持，能显著提高用电设备工作的可靠性，提高用电设备的工作效率，释放系统容量冗余，消除系统安全隐患，让系统在配电安全方面迈上一个新的台阶。

**产品优势及应用成果：**

（1）谐波滤除功能

1）最高可滤除到50次谐波。

2）在系统容量范围内，对目标谐波的有效滤波能力达到97%。

3）系统可提供两种滤波模式：①针对50次以内谐波自动全部滤除；②单次谐波选择滤除模式。

在单次谐波选择滤除模式下，可以在50次以内的所有奇数次谐波中任意选择24种谐波同时滤除，并且可以设置每一种谐波的滤除比例；具有快速的谐波补偿能力（响应时间≤5ms）。

（2）无功补偿功能

1）系统具备无功补偿能力，即功率因数调整能力

2）系统提供两种无功补偿方式：①设置无功补偿百分比（设备容量的比例）；②设置需要达到的功率因数。

（3）平衡三相负载

平衡三相负载，避免单相过载，提升变压器有效使用容量。

（4）其他基本功能

1）CT可以根据用户的选择安装在负载则或者是电网侧，设备能够自动检测CT的极性。

2）通过设定，可以选择优先补偿谐波还是无功。

3）系统噪声小于60dB。

4）系统的防护等级达到IP20。

5）能够承受10ms的2.5倍过载。

## 12. StarSim 实时仿真器助力工业风机控制器低穿测试

**参与单位：**

上海远宽能源科技有限公司

地址：上海市杨浦区隆昌路619号城市概念2号楼C12室

电话：021-65011357　　传真：021-65011629

网址：www.modeling-tech.com

E-mail：info@modeling-tech.com

**主要产品：**

实时仿真平台HIL、快速控制原型RCP、实时仿真创新教学

**项目概况：**

国内某知名的风电逆变器厂家利用远宽能源StarSim FPGA Solver实时运行双馈风机模型，下图为风机逆变器DSP控制器的半实物仿真测试系统照片，图左边的白色机箱是实时运行双馈风机模型的实时仿真器，图右边的柜子里是真实风机变流器的DSP控制器。实时仿真器和控制器通过真实的IO信号构成闭环，具体系统框图如下。

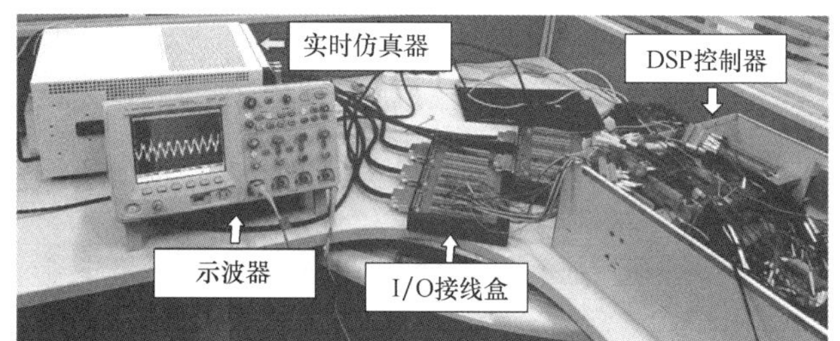


双馈风机实时仿真系统

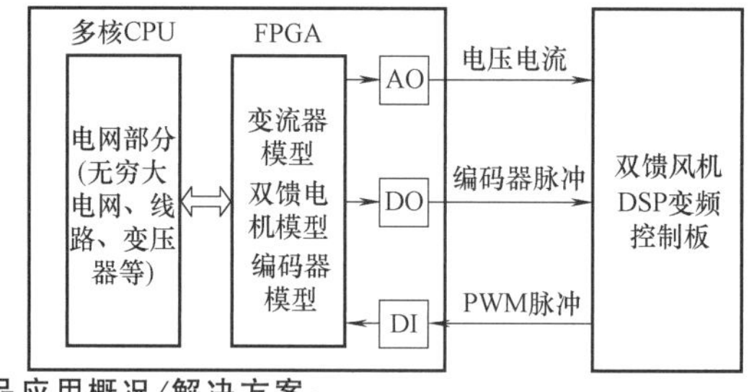


**产品应用概况/解决方案：**

用户可以利用StarSim HIL软件载入自己搭建的风力发电以及电网部分的模型，并与逆变器DSP控制器通过物理接线闭环运行，StarSim实时仿真器的特点是利用FPGA实现任意拓扑、任意工况和1μs小步长仿真，这几个特点对于准确的仿真整个低电压穿越的过程是非常重要的。第一，因为1μs的小步长仿真对比几十μs的大步长平均值仿真，其仿真结果更接近真实波形，不会去平滑掉一些高频的脉动；第二，因为在电压穿越过程中可能会出现一些非正常工况，如闭锁PWM脉冲让变流桥工作在不控整流或者高阻状态，这样只适用于正常工况的大步长平均值模型就无法对故障过程进行准确的仿真。

**产品优势及应用成果：**

测试过程验证

以下是 DSP 控制器工作在满载 1500kW 时，双馈风机低电压穿越三相电网电压实验，实验测试的是最有挑战的电压跌落到额定值的 20%且持续 625ms 的工况。

下图是测试构成中录得的实验过程中的三相定子电流，可以看到 DSP 控制器在系统短暂过电流后很快就将电机定子电流控制在了比较小的数值；然后电压跌落结束后，电流短暂过流后，系统很快又恢复稳定。验证了变流器的 DSP 控制器应对低电压穿越中最严格的测试工况的能力，同时实时仿真可以在模型中方便地改变网侧的跌落值和持续时间，很容易进行标准中要求的其他工况的实验与验证。

利用半实物仿真平台可以任意搭建和载入模型的优势，可以方便地解决在进行低电压穿越测试时风机和低电压穿越测试装置的搭建困难问题，在实物测试之前可以进行充分的试验，有效地提高待测控制器的可靠性。同时，将大功率的实验转为信号级的实验，既能提高实验时人员的安全性，又能够减少实验时会带来的器件损毁，因此基于半实物仿真的低电压穿越测试可以作为配合实物测试的有效试验手段。

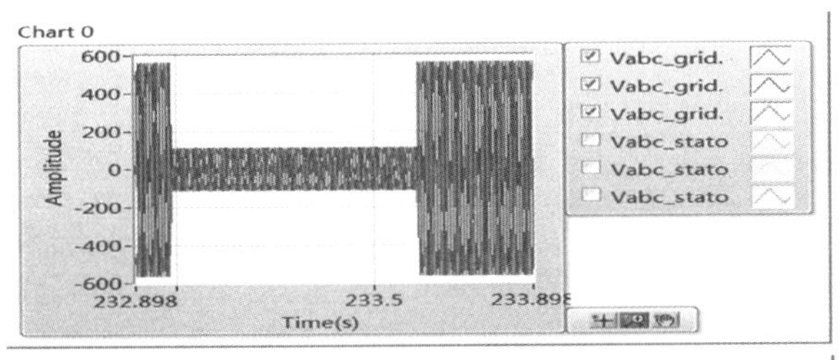


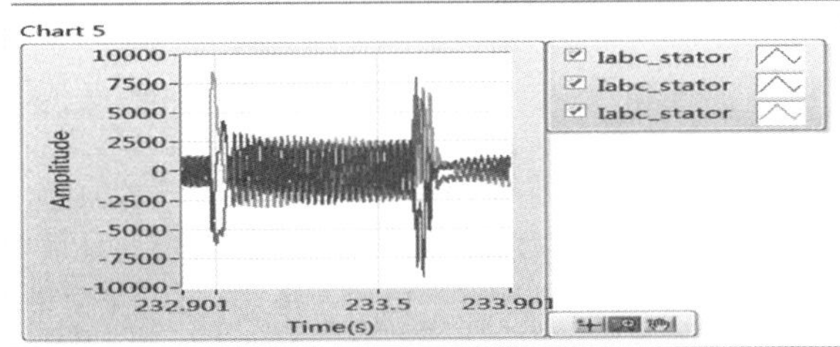


## 13. 华中科技大学附属协和医院项目

**参与单位：**

深圳超特科技股份有限公司

地址：深圳市宝安区华丰国际商务大厦 516

电话：400-808-5676 传真：0755-23223675

网址：www. chinte. com. cn

E-mail：szct@ chinte. com. cn

**主要产品：**

微模块、UPS

**项目概况：**

华中科技大学同济医学院附属协和医院有 4 个院区，分别位于湖北省武汉市汉口解放大道 1277 号，武汉市航空路 13 号，武汉市汉口邬家墩 156 号，武汉经济技术开发区神龙大道 58 号，始建于 1866 年，是一所三级综合医院，是武汉市医保定点医院。超特科技为该医院提供超特 SU-A33500G、500kVA 模块化 UPS 2 套。

**产品应用概况/解决方案：**

华中科技大学同济医学院附属协和医院有 4 个院区，分别位于湖北省武汉市汉口解放大道 1277 号，武汉市航空

路 13 号，武汉市汉口邬家墩 156 号，武汉经济技术开发区神龙大道 58 号，始建于 1866 年，是一所三级综合医院，是武汉市医保定点医院。超特科技为该医院提供超特 SU-A33500G、500kVA 模块化 UPS 2 套、液晶显示面板，通过 LCD 选择开关，方便查阅 UPS 工作状态，即电池是否正常、输入/输出电压值、输入/输出频率值、电池电压值、输出功率情况等各种重要参数，为该院提供可靠的、安全的电力保障。

**产品优势及应用成果：**

1）真正的在线 UPS，纯正弦波输出，应用双转换纯在线 IGBT 技术、体积小、噪声低、坚固耐用。

2）液晶显示面板，通过 LCD 选择开关，方便查阅 UPS 工作状态，即电池是否正常、输入/输出电压值、输入/输出频率值、电池电压值、输出功率情况等各种重要参数。

3）输入电压范围很宽，允许有 25%的变化均可满负载工作，减少电池放电机会，有效地延长寿命。

4）充电电流 5～15A 可调，满足长时间供电系统充电要求，特别为中国电网设计。

5）具有强大的负载启动功能，可直接电池状态下开机，供给输出。

6）输入/输出完全隔离，抗干扰能力强，抗冲击能力强，安全可靠。

7）标配 RS232 通信接口，选配 SNMP 卡，可实现远程监控。

## 14. 商宇 UPS 成功中标中国铁塔气象雷达 UPS 采购项目

**参与单位：**

深圳市商宇电子科技有限公司

地址：深圳市光明区甲子塘社区森阳科技园 A 栋 401

电话：13902901805

E-mail：2885824082@ qq. com

网址：www. cpsypower. com

**主要产品：**

产品涵盖 UPS、蓄电池、精密配电、精密空调、网络服务器机柜、机房动力环境监控等数据中心关键基础设施

**项目概况：**

深圳市商宇电子科技有限公司（简称商宇）UPS 凭借性能优异、稳定可靠、高效节能的 UPS 产品，成功中标中国铁塔股份有限公司佛山市分公司 2019 年第二批气象雷达 UPS 采购项目。

商宇 UPS 产品的中标，充分展示了商宇品牌在产品设

计方案及技术研发方面的行业竞争优势，商宇将不断精进产品及服务，为广大新老客户和行业带来更多性能优异、品质可靠、服务卓越的 UPS 产品及数据中心解决方案。

此次入围产品为商宇 GP 系列 6~200kVA UPS 及配套商宇铅酸蓄电池，是针对高端用电场合，采用全新的全数字化控制技术、一体化的设计理念研制出的新一代智能 UPS，它采用在线式双变换拓扑架构设计，完全隔离了电网对负载设备的干扰，稳定性能显著提高。

**公诚管理咨询有限公司**

地址：佛山市禅城区魁奇一路电信大楼东8楼　邮编：528000　电话：(0757) 83932426　传真：(0757) 83833850

**成交通知书**

深圳市商宇电子科技有限公司：

按照采购文件载明的评审方法和标准，中国铁塔股份有限公司佛山市分公司 2019 年第二批气象雷达 UPS 采购项目（项目编号：2019-002-JT-FS，采购代理机构编号：06-04-04D-2019-D-D19181C02）采购小组对各响应人提交的《响应文件》进行了详细评审，根据评审结果，贵公司确定为本项目的成交人。

采购人将按照采购文件和《应答文件》内容与贵公司签订合同。

采购代理机构：公诚管理咨询有限公司

日期：2019 年 12 月 30 日

回执

致公诚管理咨询有限公司：

我司已收悉贵司关于项目的《成交通知书》，共 1 张，内容清楚。我司承诺按要求签订商务合同并履行相关义务。

供应商名称：深圳市商宇电子科技有限公司（盖章）

日期：2019.12.30

**产品应用概况/解决方案：**

GP 系列是商宇倾力打造的工频在线式大功率 UPS，它采用先进的 DSP 数字控制技术、完备的监控功能、智能化电池管理、绿色节能环保等一系列优异特性，实现了从模拟到数字化的跨越，更人性化，性能也更加安全可靠，为各行业客户提供了安全可靠的不间断电源保障，赢得了合作客户的高度认可与肯定。

**产品优势及应用成果：**

中国铁塔 2019 年气象雷达 UPS 项目招标的成功入围，凸显了商宇 UPS 设备的技术实力和核心竞争力。公司坚信并承诺，定将本项目建设成为该行业一流品质的样板工程，商宇将一如既往地提供可靠的产品和优质的服务，并协助客户提供完善的不间断电源供电系统整体解决方案。商宇 UPS 性能优异，稳定可靠，历年来服务于政府、通信、电力、能源化工、金融、教育、数据中心、军工、医疗、互联网、制造业等各行业，产品品质与售后服务在行业内获得一致好口碑。

作为中国市场上的知名 UPS 厂商，行业内的知名品牌，深圳市商宇电子科技有限公司是专注于电力电子及新能源领域，产品涵盖 UPS、蓄电池、精密配电、精密空调、网络服务器机柜、机房动力环境监控等数据中心关键基础设施的国家高新技术企业。

未来，商宇 UPS 还将持续不断地加大海外营销服务网络建设力度，加速布局全球营销网络体系，致力通过技术创新和品牌全球化运营，迈进数据中心关键基础设施供应商之列，成长为电力电子行业领域具有全球产业影响力的电源企业。

## 15. 第二届全国青年运动会亮化工程

**参与单位：**

英飞特电子（杭州）股份有限公司

地址：浙江省杭州市滨江区江虹路 459 号英飞特科技园 A 座

电话：0571-56565800　传真：0571-86601139

网址：cn. inventronics-co. com

E-mail：harryxu@ inventronics-co. com

**主要产品：**

LED 驱动电源

**项目概况：**

第二届全国青年运动会于 2019 年 8 月 8 日在山西太原开幕，这也是新中国成立以来在山西省举办的规模最大、规格最高的综合性体育赛事。为了迎接这一体育盛事的到来，山西省在场馆建设、生态治理、人员接待等方面做好了充分的准备。英飞特电子（杭州）股份有限公司为二青会主体建筑亮化研发、生产高性能的 LED 驱动电源，助力点亮、点美全国二青会。

**产品应用概况/解决方案：**

英飞特电子（杭州）股份有限公司 EBV 系列 LED 驱动电源产品（窄压输入恒压防水系列）是专为建筑照明、装饰照明以及标识照明等场景而设计的恒压驱动器产品。该系列产品具有较高的防尘防水性能（IP67），较大的输入电压范围（AC 176~305V），以及超高的功率因数。高效及良好的散热性能极大地提高了产品的可靠性，有效延长了使用寿命。此外，该系列产品还提供防浪涌保护、防过电流/过电压/短路/过温保护等全方位功能，保证产品的无障碍运转。

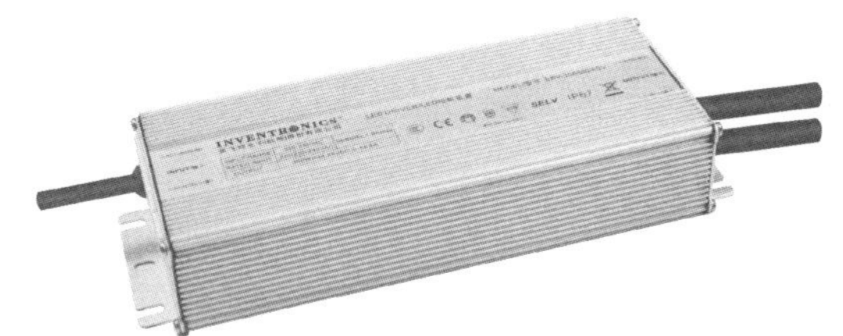

**产品优势及应用成果：**

1）产品的效率高达 94.5%。

2）产品具备恒压输出特性。

3）产品输入电压范围：AC176～305V。

4）产品具备良好的防雷保护：线对线（差模）4kV，线对地（共模）6kV。

5）产品拥有全方位保护，包含过电压保护、短路保护、过温保护等。

6）产品防水防尘性能良好，高达 IP67；7. SELV；产品通过 FCC、CE、ENEC、CB 等多项安规认证。

## 16. 长沙理工大学多生态能源互联网

**参与单位：**

南京研旭电气科技有限公司

地址：南京市浦口高新区新科一路 6 号

电话：025-58747116　传真：025-58747106

网址：www. njyxdq. com

E-mail：njyanxu@ vip. qq. com

**主要产品：**

新能源科研仿真平台、功率硬件模组 YXPHM、嵌入式工控板卡、工业电力变流器、机电检测系统

**项目概况：**

该项目为南京研旭电气科技有限公司（简称研旭）与长沙理工大学共建项目，旨在建立一套完整的多生态能源互补的能源互联网科研项目，项目以风光储等常见分布式能源为主，辅以各种负载、线路阻抗等搭建出一套可完整自愈的微电网系统框架。

项目配置是一个包含光伏、风电、储能、智能用电、可控模拟负载等多种能源形式的互联网实验平台，进行相关的科研与教学实验。后期会在此基础上接入其他能源设备，不仅仅限于电能，而是多生态能源的组合。

**产品应用概况/解决方案：**

研旭研制的开放式多源互联网创新实验平台以研旭多端口能源路由器为系统核心，可包容多类能源输入，具备多种产出与输运形式的“区域能源互联网”系统，具有以下特点：

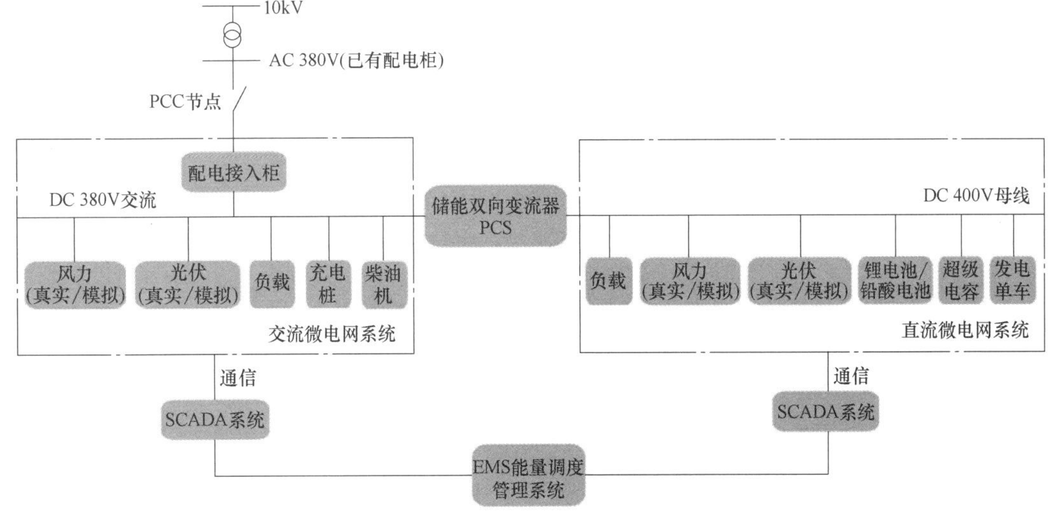

1）包容多种能源资源输入，具有多种产出功能。

2）构建“互联网+”智慧能源系统的重要支撑。

3）建立多能流的状态监测和安全评估机制。

4）复杂可变的多能流网络的最优控制方式。

基于目前高校实验室场地和安全的考虑，南京研旭推出以小型微电网的风光储等分布式能源为基础，不断扩展和融合多种分布式能源的建设方案，可承担科技型电力电子、信息通信、电力系统、策略调度、电能质量等科研工作。

**产品优势及应用成果：**

项目特点优势：

1）引入数字和物理相结合的仿真理念，既具备真实的DSP控制器，同时又增加了快速原型控制器（RCP），实现了PRCP的混合控制。用户既可以使用实际控制器通过C代码进行控制，又可以使用RCP控制器通过Simulink模型直接控制。

2）此项目中RCP控制器不单单是独立的单机使用（大多数的RCP控制器是脱系统使用单独验证算法使用），而是参与并融入到整个微电网系统中，根据时间尺度的不同，用户可以选择通过通信层或者就地端控制。

3）组态化的SCADA监控系统，研旭组态的SCADA系统首次亮相，用户可以根据需求自行拖拽元件组成完整拓扑系统，图形化的操作界面，二次开发更为便捷。告别了繁琐的底层驱动，在后期新增设备节点时，不用过多地关注底层相关信息，不用关注每台设备该如何与之通信，有强大的通信管理机制，屏蔽所有设备的底层操作过程。

4）开源的调度控制策略，采用Labview软件编写，整体的调度策略可以组合更改，组态式图形化的界面操作可随意搭配，用户可基于原有框架开发各种应用。

5）开放部分一次侧设备的软硬件资料，包括板级硬件图样以及软件驱动源代码、算法源代码等，RCP控制部分开放Matlab的控制模型。提供完整的基础开发平台，提供详细而丰富的培训课程，使用户可快速地入门并掌握整体系统，大大提高了科研实验的效率。

微电网仿真平台核心功能：

通过多年的技术积累和用户反馈，研旭在微电网领域拥有大量的技术积累和开放式开源服务的经验。

1）电力电子：电力电子变流环节均自主研发，硬件拓扑和控制功能均可按要求定制。

2）半实物仿真：自主研发的RCP快速原型控制器，实现数字物理混合仿真。

3）通信调度：主控平台自主研发，通信规约底层封装、上层统一，调度策略可替换。

4）开源服务：完整地提供硬件和软件的开源资料，以及相应的培训和售后。

5）大数据监控：具备云端构架，可将整体物联系统接入，随时随地监控。

## 17. ETC门架系统户外一体化智能机柜

**参与单位：**

深圳易通技术股份有限公司

地址：深圳市宝安区石岩街道光明路16号第二工业区3栋

电话：0755-83704966

E-mail：limingwei@eton-tech.com

网址：www.eton-tech.com

**主要产品：**

户外一体化智能机柜

**项目概况：**

ETC门架系统户外一体化智能机柜需要吊装在露天的高速公路上，也可以安装在门架旁。一体化机柜需适应各种复杂气候环境：暴晒、防尘、防水、防潮湿、防霉变、防盐雾、防锈，要抗风和抗振。

ETC门架系统户外一体化智能机柜也叫ETC户外一体化智能机柜（简称“ETC一体化机柜”），其主要为门架车道控制机、工业交换机、收费系统PC等设备提供一体化收容和为门架设备提供可靠供备电，保障路侧关键生产设备的可靠运行。根据业务需求选择合适空间的户外机柜。

为了给高速公路收费系统提供可靠的支撑，户外柜将配置通信开关电源、UPS及电池设备、空调设备、配电设备、网络传输设备、环境监控设备及其配套传感器设备。

**产品应用概况/解决方案：**

柜体采用1.5mm厚冷轧钢板构成，前开门，门上安装嵌入式智能恒温精密空调，整体美观、维护方便、恒温。柜门采用三点式防盗锁，具有高防盗性。机柜有防水、防尘、防晒、防腐蚀设计，具备完善的远程智能控制、管理功能，可满足室外恶劣环境的使用要求。

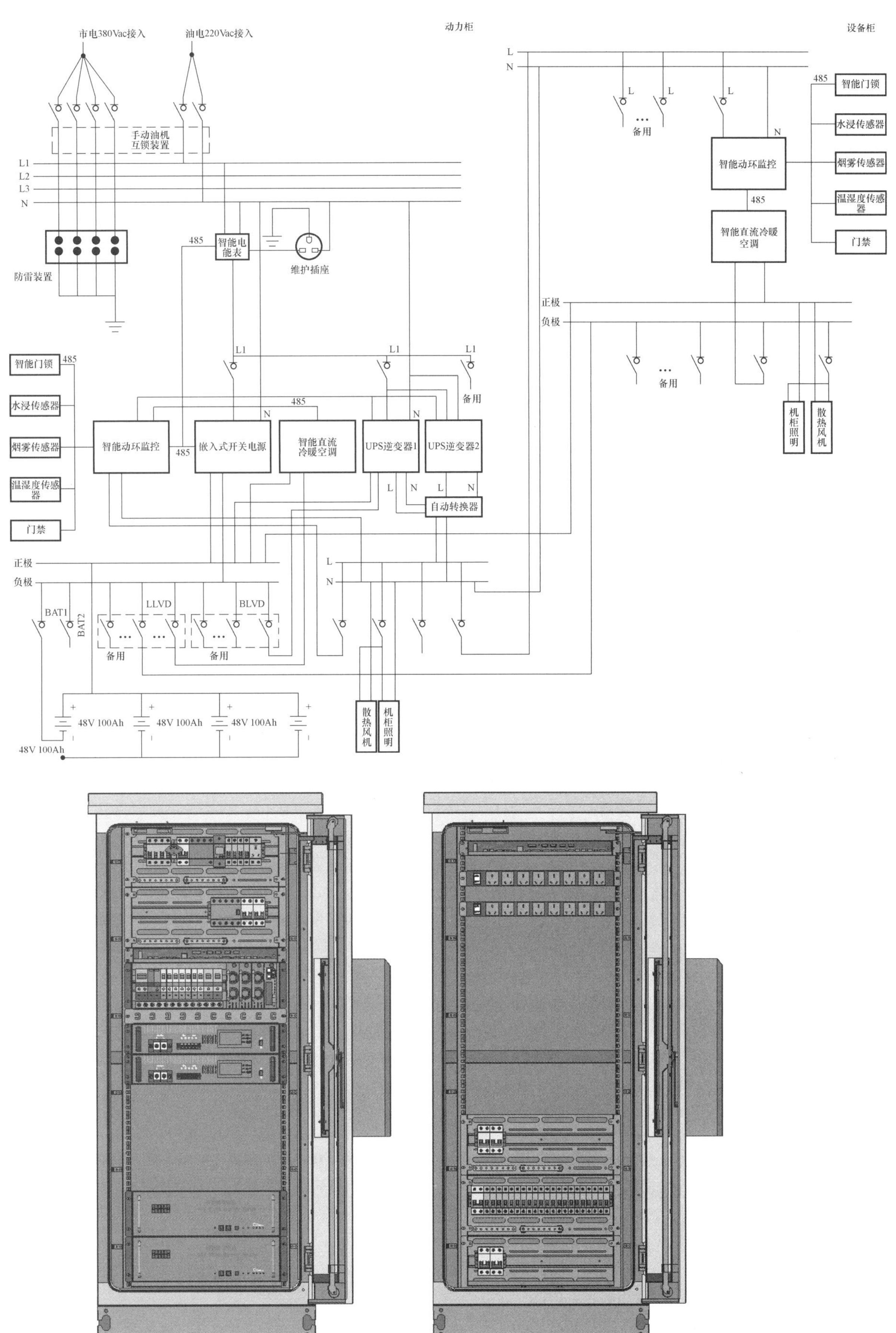
市电380Vac接入
油电220Vac接入
动力柜
设备柜
手动油机互锁装置
L1
L2
L3
N
L
防雷装置
485
智能电能表
维护插座
智能门锁
水浸传感器
烟雾传感器
温湿度传感器
门禁
智能动环监控
嵌入式开关电源
智能直流冷暖空调
UPS逆变器1
UPS逆变器2
自动转换器
备用
正极
负极
BAT1
BAT2
LLVD
BLVD
48V 100Ah
散热风机
机柜照明

产品特点：

1）机柜没有从外部直接拆卸的，影响安全和使用的结构；柜体结构紧凑，安装简便，密封性能极好，防护等级达到 IP55。

2）机柜采用 50mm 厚美化芯板，隔热性能良好，导热系数<0.472W/($m^2$ · K)。

3）机柜门采用内嵌式结构，门缝间隙紧凑。门开角度>110°，柜门含有限位结构，限位装置在门处于“打开”状态时具有限位作用。机柜门锁采用拉杆加锁片三点式结构机械智能锁，结构牢固，防盗性能强。

4）机柜采用底部进、出线方式。机柜内部合理布局，走线美观；机柜侧边设有防腐涂层的接地铜排和零线铜排。

5）机柜门上安装有嵌入式空调，恒温运行，从而延长机柜内电子设备的使用寿命。

**产品优势及应用成果：**

ETC 门架系统户外一体化智能机柜提供配套的一体化监控系统。在解决方案层面采用先进、可靠的动环系统产品，实现以下 4 个目标：

1）提供稳定可靠的动力环境监控系统。

2）为运维管理提供有效的信息。

3）具有可扩展性，可与第三方平台对接。

4）节省运维管理费用，达到短期投资长期受益的目的。

本项目产品具备极佳的稳定性，单台设备可确保无故障运行超过 10 年，动环监控作为整套系统的数据采集对接设备，考虑到监控对象，采用单一连接，稳定可靠。

## 18. 上海源深体育场项目

**参与单位：**

苏州纽克斯电源技术股份有限公司

地址：苏州市相城区黄埭镇春兰路 81 号

电话：0512-65907797　传真：0512-65907792

网址：www.lumlux.cn

E-mail：fei.wang@lumlux.com

**主要产品：**

LED 驱动电源

**项目概况：**

上海源深体育场（上港足球俱乐部主场）位于上海市浦东新区，总占地面积 160000$m^2$。场内拥有 400m 跑道和 8500$m^2$ 草皮足球场，场内灯光照明系统采用 DALI 智能调光配合 1000W 大功率电源使用。

**产品应用概况/解决方案：**

该项目采用 1000W 大功率电源配合客户智能控制系统，以达到单灯控制、实现可调光控制功能，系统结构简单，通信稳定可靠。

系统可根据场馆内照度要求，对灯具进行动态调整，实现场馆内亮度达标的情况下，降低用电量。

同时控制系统自动巡检灯具运行状态，实时上报，便于日常的维护管理。接线简单，节省人工，减少接线点从而减少产品的故障率，提高产品的稳定性。全方位的保护，包括防雷、输入欠电压、输入过电压、输出过电压、输出短路及产品过温等保护，保证了此系列产品的无障碍运转。

**产品优势及应用成果：**

1）单台大功率电源产品灯具相对于传统多台小功率产品组合而成的大功率灯具，在成本和接线上更具优势。

2）性价比高，单台电源成本比普通多台小功率电源成本更有优势，节省安装空间。

3）接线简单，节省人工，减少接线点从而减少产品的故障率，提高产品的稳定性。

4）电源自带多种智能调光功能，可根据客户实际需求随意组合使用，从而达到智能控制的目的。

5）多种调光控制可选：0～10V，PWM，时控，终端通信控制，智能控制数字接口，提供编程、控制、查询等功能。

6）超高的效率，紧凑的外壳设计，良好的散热，极大地提高了产品的可靠性延长了产品的寿命。全方位的保护，包括防雷、输入欠电压、输入过电压、输出过电压、输出短路及产品过温等保护，保证了此系列产品的无障碍运转。

## 19. 敏东一矿 110kV 变电所自动无功补偿装置采购

**参与单位：**

武汉武新电气科技股份有限公司

电话：400-827-1995　传真：027-82341251

网址：www. woostar. cn

E-mail：274401558@ qq. com

**主要产品：**

高压 SVG 、低压 SVG、充电桩 、集中式光伏逆变器。

**项目概况：**

敏东一矿地面 110kV 变电所，双回路电源。一回引自伊敏变电站 110kV 侧母线段，采用 LGJ-240 型钢芯铝绞线架空线路，线路长度为 32km。另一回引自五牧场变电所 110kV 侧母线段，采用 LGJ-240 型钢芯铝绞线架空线路，线路长度为 21km。两回路 110kV 电源经所内两台分列运行的 20000kVA 主变，变为 10kV，供所内单母线分二段运行方式的 10kV 配电室。所内 10kV 无功补偿室现安装两套 TSC 型无功补偿装置，分别并联在二段 10kV 母线侧，补偿容量为两套×5700kvar。

此设备安装至今始终无法正常投入运行，导致敏东一矿功率因数长期在 0.73，达不到电网要求，存在电能损耗较为严重，供电质量较差，影响主井提升能力等问题。通过此次改造需将该矿功率因数由 0.73 提高到 0.95 以上，此项目已在 2019 年初列入 2019 年专项资金计划。

**产品应用概况/解决方案：**

项目中使用两套武汉武新电气科技股份有限公司高压 SVG WXHSVG-6M-10kV 产品替换之前无法使用的高压 TSC 产品。以电网进线无功功率及母线电压作为控制目标，动态跟踪电网电能质量变化，并根据变化情况动态补偿无功输出，实现敏东一矿 110kV 变电所在任意负载下的高功率因数运行。动态无功补偿装置（SVG 方式）额定补偿容量为两套×6000kvar，具备进线无功运行模式、功率因数运行模式、电压无功综控制运行模式、SVG 恒输出模式等运行模式。成套装置应采用先进进口的全控型器件 IGBT，其开关频率不低于 500Hz。装置主回路元器件的选用应留有足够的电压、电流裕度，元器件应有良好的 $dv/dt$，$di/dt$ 特性。控制屏采用柜式结构，柜体选用优质“三防”产品，抗强电磁干扰能力强，有国家权威机构出具的电磁兼容试验报告。

**产品优势及应用成果：**

（1）响应速度快

1）瞬态响应时间小于 200μs。

2）总响应时间小于 5ms，特别适合补偿冲击性负载和治理电压闪变现场。

（2）无功补偿效果好

1）补偿后功率因素≥0.99；

2）采用先进的控制算法：DDQ+重复+PR；

3）采用进口光纤通信模块，通信信号高速可靠同时有效隔离高压单元；

4）采用独特的三级直流电压控制方案，使得总的直流电压、不同相间的直流电压和每一相内的直流电压都等于设定值，有效地保证了装置的整体运行安全；

5）采用 FPGA 作为装置的保护芯片，使得系统在任何情况下都可以得到有效的保护，永远不会死机。

（3）装置损耗低：<0.8%

（4）波形质量好：THDi<2%

现场安装设备满足客户要求，成功并网，最终功率因数补偿到 0.99，满足电网考核要求。

# 2019年电源产品主要应用市场目录

| 产品名称或规格型号 | 上市时间 | 公司名称 | 2019年度销售额 | 技术特点 | 产品图片 |
|---|---|---|---|---|---|
| 1. 金融/数据中心 | | | | | |
| 高压直流供电系统 | 2017年 | 科华恒盛股份有限公司 | 未统计 | 创新形成了自适应算法的功率因数校正技术；采用多重抗扰技术的CAN通信架构，实现大规模电源系统的高可靠并联运行；采用智能休眠算法的节能技术，实现高压直流系统的经济、可靠运行 |  |
| ZEGO微模块数据中心 | 2009年 | 中兴通讯股份有限公司 | 未统计 | 采用模块化架构设计，具有绿色节能，建造灵活，管控智能的特点，是当前室内大中型数据中心建设的主流选择 |  |
| DC-DC模块电源 全砖1500W | 2016年 | 合肥华耀电子工业有限公司 | 未统计 | 最新全砖1500W DC-DC模块电源效率高达94%，具备逻辑控制功能、并联功能；另具备齐全的保护功能与优异的散热性能；引脚与封装可兼容进口模块 | 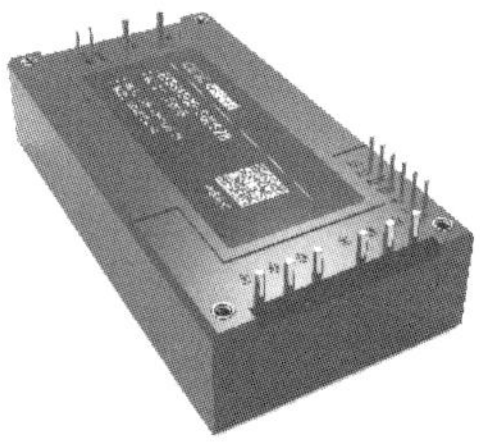 |
| DC-DC模块电源 1/2砖500W | 2016年 | 合肥华耀电子工业有限公司 | 未统计 | 最新1/2砖功率高达500W，兼备高效率与高功率密度，具备逻辑控制功能与并联功能，另具备齐全的保护功能；引脚与封装可兼容进口模块 |  |
| RM系列10～600kVA机架式模块化UPS | 2011年 | 深圳市英威腾电源有限公司 | 2330427万元 | 功率范围：10～600kVA；支持功率模块：10kVA/15kVA/20kVA/25kVA/30kVA/40kVA；转换效率：96%；10.4英寸彩色大触摸LCD显示屏；采用集成封装IGBT模块；热插拔静态旁路监控模块；智能化电池管理方案 |  |
| HT33系列10～500kVA塔式UPS | 2011年 | 深圳市英威腾电源有限公司 | 978221万元 | 功率范围：60～500kVA，转换效率：96%；三进三出纯在线双变换式产品，输入功率因数高达0.99，输入谐波电流小于3%，整机效率大于95%，绿色环保，高效节能 | 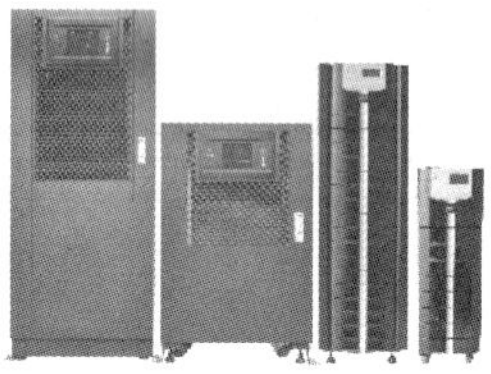 |

（续）

| 产品名称或规格型号 | 上市时间 | 公司名称 | 2019 年度销售额 | 技术特点 | 产品图片 |
|---|---|---|---|---|---|
| 1. 金融/数据中心 | | | | | |
| 铁镍磁心 | 2008 年 | 浙江东睦科达磁电有限公司 | 4300 万元 | 超低磁心损耗和高直流偏置能力，特性处于国内领先 | |
| MDCS-C 双排模块化系统 | 2017 年 | 深圳超特科技股份有限公司 | 587 万元 | 随着云计算与移动互联网的快速发展，传统数据中心面临建设周期长、初期投资高、低负载下效率低、高负载下扩容难、管理效率差等诸多挑战，难以满足业务的高速增长需求 | |
| UPS | 2015 年 | 深圳超特科技股份有限公司 | 758 万元 | 真正实现在线双转换；运用 DSP 技术的高性能机器；宽市电输入范围 190～520V；输出频率可选择性调整为 50Hz/60Hz；ECO 模式提供节能效果（ECO）紧急电源关闭（EPO）兼容发动机供电；充电器容量扩展到 8A 可运行更长时间；SNMP + USB + RS-232 多重监控；三段式可扩展充电设计以确保电池更优越的表现；有旁路维护设计 | |
| 1300W 数字化 CRPS 电源 | 2019 年 | 深圳欧陆通电子股份有限公司 | 未统计 | 1）整机效率 80plus 白金；<br>2）保持时间满足 Intel 规范要求；<br>3）双 DSP 数字化控制；<br>4）外壳输出端的导向斜边设计；<br>5）满足客户空载损耗限制要求；<br>6）雷击满足 EN61000-4-5 标准 | |
| 数字化 BBU 电源 | 2019 年 | 深圳欧陆通电子股份有限公司 | 未统计 | 1）充电电流连续可调；<br>2）具有预冲、横流、恒压模式充电；<br>3）DSP 数字化充放电管理；<br>4）电池包为 3S1P/3S2P 的可选结构设计；<br>5）固件在线升级功能 | |
| 1600W DC-DC PDB 电源 | 2019 年 | 深圳欧陆通电子股份有限公司 | 未统计 | 1）5V/60A 超高电流输出；<br>2）DC-DC 双路驱动控制模式；<br>3）上下板对锁设计工艺；<br>4）输出功率可实现 1600W 输出，并支持双模块冗余并机 | |

（续）

| 产品名称或规格型号 | 上市时间 | 公司名称 | 2019 年度销售额 | 技术特点 | 产品图片 |
|---|---|---|---|---|---|
| 1. 金融/数据中心 | | | | | |
| 1300W 数字化通信电源 | 2019 年 | 深圳欧陆通电子股份有限公司 | 未统计 | 1）雷击 CM：+/-6kV，DM：+/-6kV<br>2）侧向风流系统散热设计<br>3）多路输出隔离设计<br>4）超低温环境下可以满足正常工作<br>5）外壳卡点设计，减少螺钉数目<br>6）晶体散热采用 bondply 设计 |  |
| 2000W 双环控制 DSP CRPS 电源 | 2019 年 | 深圳欧陆通电子股份有限公司 | 未统计 | 1）执行 DSP 定频调压策略<br>2）保持时间大幅度提升<br>3）增益曲线持续水平化，效率多点持续平稳<br>4）输出纹波平滑，峰峰值缩小<br>5）主变压器集成谐振电感策略 |  |
| 1300W 数字化钛金效率 CRPS 电源 | 2019 年 | 深圳欧陆通电子股份有限公司 | 未统计 | 1）半载效率>96%，整体钛金牌效率<br>2）双 DSP 数字化控制<br>3）PFC 采用无桥技术<br>4）EMI classA<br>5）外壳采用避位孔设计 |  |
| HP3330H | 2019 年 | 深圳市商宇电子科技有限公司 | 未统计 | 高效节能，智能充电管理 | |
| GP3360K | 2019 年 | 深圳市商宇电子科技有限公司 | 未统计 | 全数字技术，高可靠性拓扑结构 |  |

（续）

| 产品名称或规格型号 | 上市时间 | 公司名称 | 2019 年度销售额 | 技术特点 | 产品图片 |
|---|---|---|---|---|---|
| 1. 金融/数据中心 | | | | | |
| 金融机电源 | 2018 年 | 深圳市中电熊猫展盛科技有限公司 | 1800 万元 | 小型化、高功率密度、有源 PFC、软开关全桥拓扑等电路，实现一体化的方案；软开关全桥拓扑关键技术，开关频率高、重量轻、体积小、EMI 噪声小 |  |
| 服务器电源 | 2018 年 | 深圳市中电熊猫展盛科技有限公司 | 1000 万元 | 小型化、功率密度高，高可靠的短路、过温、过电流等保护功能 |  |
| 有源滤波器 BLUEWAVE | 2008 年 | 北京英博电气股份有限公司 | 未统计 | 有源滤波器持续产生补偿电流，抵消谐波成分和负载无功电流，使电网中仅有基波电流；有源滤波器能够瞬时适应负载及系统谐波含量幅值的变化 | 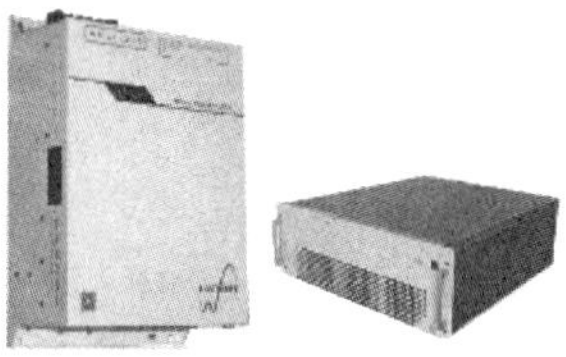 |
| 电容器 UHPC | 2008 年 | 北京英博电气股份有限公司 | 未统计 | UHPC 型电容器具有自愈功能，用特殊金属合金制造的电极被真空附着在聚丙烯膜层介质上，另外还加了一层特殊的防护层，以便改善耐受能力 |  |
| 有源电力滤波器 | 2015 年 | 北京智源新能电气科技有限公司 | 未统计 | 针对工业领域特点推出的专用性电能质量治理设备，具有高稳定性，高可靠性，散热效果优秀，且从容应对任何复杂的工业现场，自动根据负载特性匹配算法和功能，实现完全自适应，所有标配的产品具备智能网联物联网功能 |  |
| 静止无功发生器 | 2015 年 | 北京智源新能电气科技有限公司 | 未统计 | 针对工业领域特点推出的专用性电能质量治理设备，具有高稳定性，高可靠性，散热效果优秀，且从容应对任何复杂的工业现场，自动根据负载特性匹配算法和功能，实现完全自适应，所有标配的产品具备智能网联物联网功能 |  |

（续）

| 产品名称或规格型号 | 上市时间 | 公司名称 | 2019 年度销售额 | 技术特点 | 产品图片 |
|---|---|---|---|---|---|
| 1. 金融/数据中心 | | | | | |
| GTR 飞轮动态 UPS | 2019 年 | 盾石磁能科技有限责任公司 | 未统计 | 飞轮储能装置相对于其他类型的产品具有高安全、长寿命、快速响应、免维护等明显技术特点 |  |
| 2. 工业/自动化 | | | | | |
| 核级不间断电源（1E 级 K3 类 UPS） | 2016 年 | 科华恒盛股份有限公司 | 未统计 | 采用了独特双风道设计、模组化工艺设计、抗震柜体技术可靠性高，便于维护；采用了无主从自适应并机技术，环流小、均流好、并机可靠性高；采用 12 脉冲整流技术及全桥逆变技术，输入电流谐波小，输出动态性能好，产品效率高 |  |
| 导轨高效率经济型 | 2019 年 | 合肥华耀电子工业有限公司 | 未统计 | 经济型、超薄设计的全新系列导轨电源，功率涵盖 45~240W，满足宽范围输出可调；具备过载、过电压、过温/短路等保护功能，安全可靠 |  |
| 电压暂降治理系统 | 2006 年 | 南京国臣直流配电科技有限公司 | 9000 万元 | 独创的直流型治理方案，拥有广泛的业绩和可靠的运行表现 | 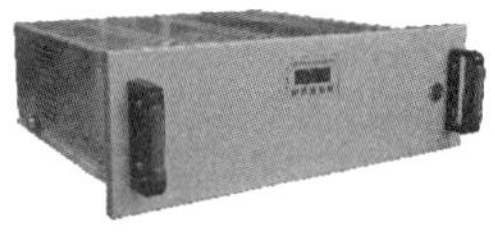 |
| 电压暂态高级监测仪 | 2008 年 | 南京国臣直流配电科技有限公司 | 1000 万元 | 快速暂态事件识别，事件数据记录与回放 | 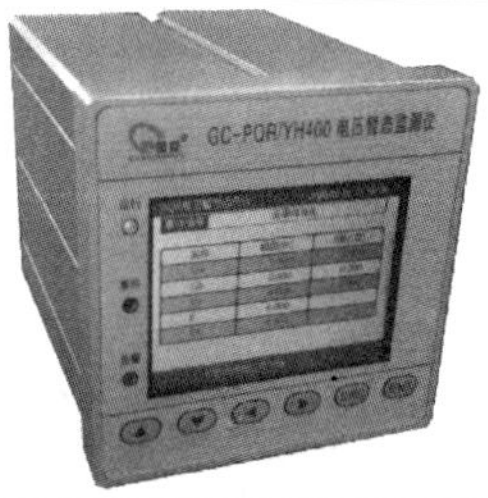 |
| 一体化直流保护装置 | 2015 年 | 南京国臣直流配电科技有限公司 | 1000 万元 | 一二次融合的继电保护产品，能实现对直流系统的故障快速识别和切除，保障系统安全 | 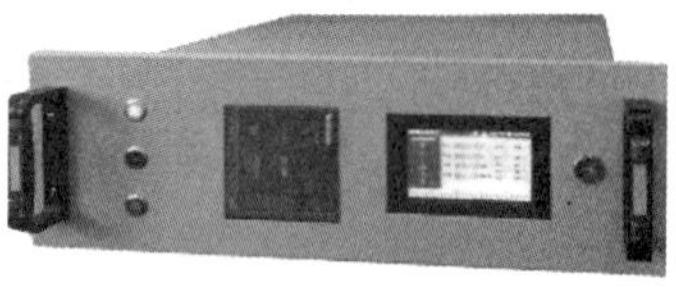 |
| KP3114 | 2019 年 | 深圳市必易微电子有限公司 | 200 万元 | 市电输入的 Buck Converter，集成 700V 高压 MOSFET，直流输出电压范围可调：>2V，带载能力可达 300mA，动态负载切换响应快 | 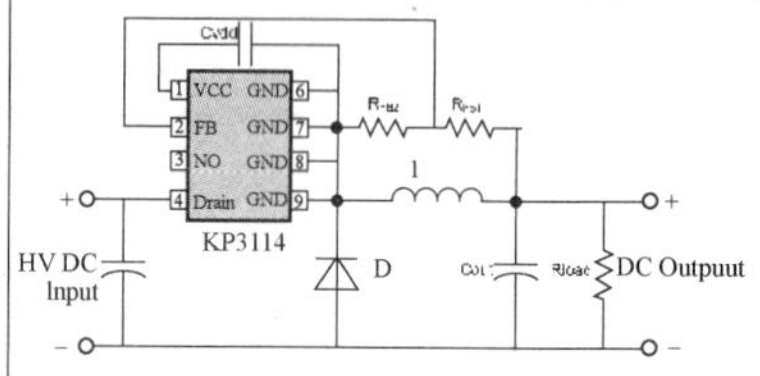 |

（续）

| 产品名称或规格型号 | 上市时间 | 公司名称 | 2019 年度销售额 | 技术特点 | 产品图片 |
|---|---|---|---|---|---|
| 2. 工业/自动化 | | | | | |
| DH27600 系列大功率可编程直流电子负载 | 2018 年 | 北京大华无线电仪器有限责任公司 | 未统计 | 800W～50kW 功率覆盖，选择丰富，内置 LIST 序列编程功能，可设置负载变化曲线，标配多种接口，方便通信控制 | |
| 电抗器 | 2000 年 | 合肥博微田村电气有限公司 | 22978.56 万元 | 1）电流：0～5000A；<br>2）容量：0～1000kvar；<br>3）工作频率：50/60Hz，开关频率：1.5～10kHz；<br>4）环境温度：-25～+55℃，工作温度：-25～+40℃；<br>5）温升<125K；<br>6）冷却方式：AN/AF/IW；<br>7）噪声：<65dB（50Hz，1m） | |
| 低压动态无功补偿及滤波装置（PSVC） | 2017 年 | 江苏普菲克电气科技有限公司 | 4350 万元 | 采用智能控制实现全自动化、数字化，自动跟踪综合判别投切滤波补偿组件进行无功功率补偿并抑制谐波，使得部分谐波流入补偿回路，使系统安全可靠，提高配电质量 | |
| 低压静止无功发生装置（PSVG） | 2017 年 | 江苏普菲克电气科技有限公司 | 3980 万元 | PSVG 系列静止无功发生装置是新一代补偿性能优良的无功补偿设备装置，相比传统无功补偿产品具有响应速度快、补偿精度高、补偿容量大、体积小、高可靠性、结构简单和免维护等优势 | |
| 即插即用驱动器 | 2019 年 | 深圳青铜剑科技股份有限公司 | 未统计 | 该系列产品集成了完整驱动电路需要的所有要素，用户无需增加外围电路即可投入使用，大幅提升 IGBT 性能和可靠性 | |
| 工业机器人电源 | 2019 年 | 深圳市中电熊猫展盛科技有限公司 | 2500 万元 | 寿命长，具备智能待机等特点；停电维持时间长，能在停电状态下提供记录和保存各种数据的时间；电源自带软件智能控制系统 | |

（续）

| 产品名称或规格型号 | 上市时间 | 公司名称 | 2019 年度销售额 | 技术特点 | 产品图片 |
|---|---|---|---|---|---|
| 2. 工业/自动化 | | | | | |
| 模块电源 | 2015 年 | 郑州椿长仪器仪表有限公司 | 未统计 | 产品电源范围宽，种类齐全，性能可靠 | 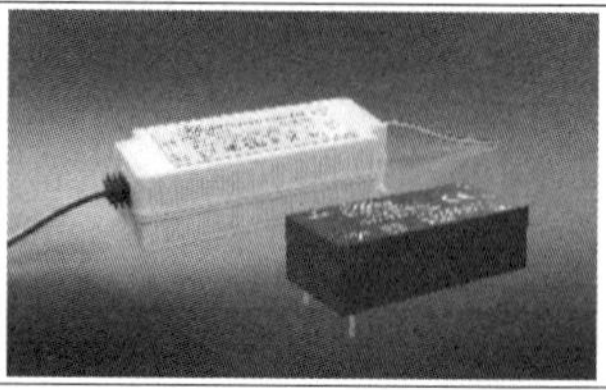 |
| 大功率射频源 | 2014 年 | 常熟凯玺电子电气有限公司 | 未统计 | 1）采用全固态优化设计，风冷、小尺寸、高可靠性、长寿命；<br>2）全动态范围内精确地显示正向和反向功率；<br>3）采用功率闭环控制电路，电源输出稳定；<br>4）设备采用 VFD 数字显示，状态、数值清晰明了；<br>5）具有多种控制模式，可实现本地操作，具有模拟控制接口、RS232/RS485 通信端口；<br>6）设备具有过电压、过热、反射过大故障报警，并通过 LED 显示相应的故障信息 |  |
| 直流电源 | 2015 年 | 常熟凯玺电子电气有限公司 | 未统计 | 采用特有自动功率控制技术，能使功率源在不同设定的功率输出状态下，都达到最佳的功率稳定度 | 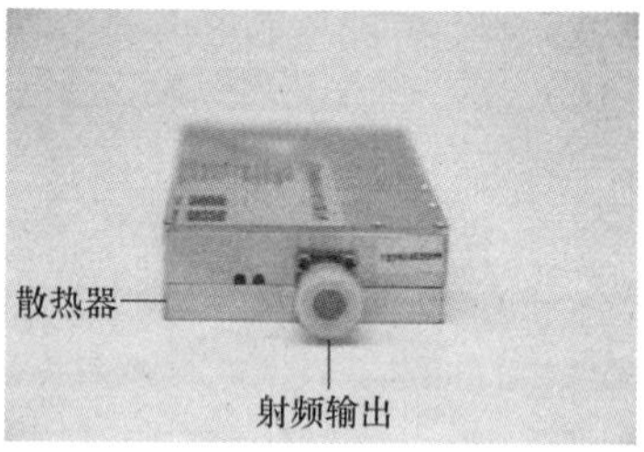 散热器<br>射频输出 |
| 压敏电阻 | 2011 年 | 东莞市捷容薄膜科技有限公司 | 1000 万元 | 压敏电阻通流量大，防雷击 |  X2-184K MPX/MKP<br>40/110/56/B 66150004<br>275VAC 305VAC 310VAC |
| DMS 系列可编程电源 | 2019 年 | 杭州精日科技有限公司 | 未统计 | 高功率密度业内首款 1/2 1U-1500W 机型 |  |
| DS 系列可编程直流电源 | 2019 年 | 杭州精日科技有限公司 | 未统计 | 高功率密度国内首款 1/2 标准 1U-3000W 机型 |  |
| BS 系列可编程直流电源 | 2019 年 | 杭州精日科技有限公司 | 未统计 | 高功率密度业内首款 1/2 标准 2U-10kW 机型 |  |

（续）

| 产品名称或规格型号 | 上市时间 | 公司名称 | 2019 年度销售额 | 技术特点 | 产品图片 |
|---|---|---|---|---|---|
| 2. 工业/自动化 | | | | | |
| 可编程交流电源 | 2009 年 | 上海航裕电源科技有限公司 | 200 万元 | 采用开关电源技术设计，可提供纯净正弦波输出，标准输出频率为 45～70Hz，可选 25～300Hz，输出功率在 1～900kVA，输出电压：L-N 0～150V(rms)/300V(rms) | 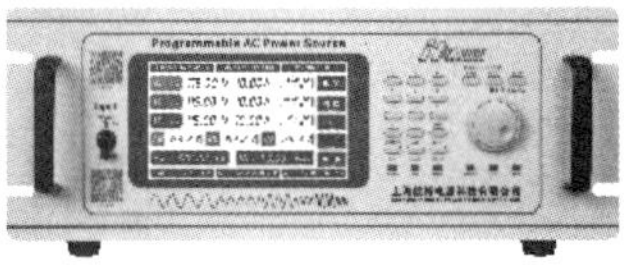 |
| 航空航天 & 国防军工电源 | 2011 年 | 上海航裕电源科技有限公司 | 180 万元 | 输出电压：DC 0～30V/40V/50V/80V/300V/350V/400V，输出电流：DC 0～5000A，输出功率 2.5kW/5kW/10kW/15kW，20～300kW，适用于航空航天、国防军工等应用领域 | 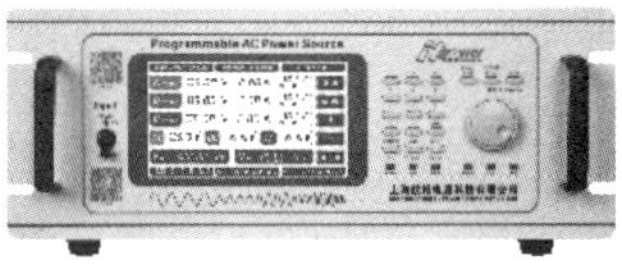 |
| 可编程直流电源 | 2016 年 | 上海航裕电源科技有限公司 | 400 万元 | 具有高性能、高精度、高功率密度特点。输入标配 PFC，功率因素高达 0.99，并且电源输入单相 220V/三相 380V 可选 | 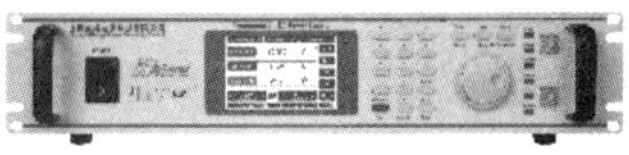 |
| 电容器测试电源 | 2017 年 | 上海航裕电源科技有限公司 | 120 万元 | 输出带宽：20Hz～20kHz，输出功率：7500VA，输出电压：30V(rms)，输出电流：250A(p)，直流偏置：0～500V，适用于薄膜电容器特性测试领域 |  |
| 智能电网测试电源 | 2018 年 | 上海航裕电源科技有限公司 | 100 万元 | 输出频率与市电同步，调频模式 45～70Hz，相位差 0°～359.99°可调三相相位差，电压独立可调，适用于电力仪表标定应用领域 | 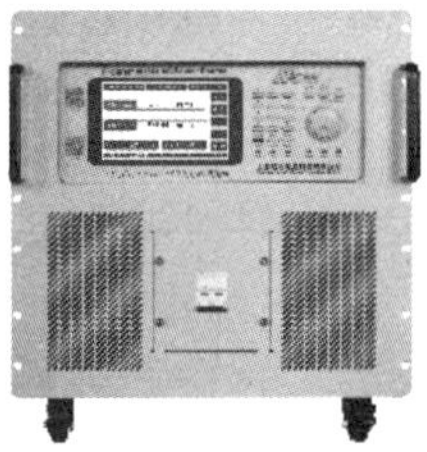 |
| 医疗开关电源 WS45-1DAC | 2018 年 | 上海吉电电子技术有限公司 | 未统计 | 单相、全电压范围输入；具备完整保护功能；通过医疗类安规认证(2MOPP) |  |
| 交流电源 | 2016 年 | 深圳市斯康达电子有限公司 | 328.78 万元 | 控制精确；3 倍额定电流冲击承受 2s；输出状态调节电压；测量功能；在线监测功能；黑匣子功能；电压分档功能；多组快捷键 |  |

（续）

| 产品名称或规格型号 | 上市时间 | 公司名称 | 2019 年度销售额 | 技术特点 | 产品图片 |
|---|---|---|---|---|---|
| 2. 工业/自动化 | | | | | |
| 可编程双向直流电源 | 2016 年 | 深圳市斯康达电子有限公司 | 235.28 万元 | 具有反序检测、过电流、过电压、过载和短路保护功能；恒压恒流功能；电源负载双模式运行；具有手动控制和程序控制功能 | 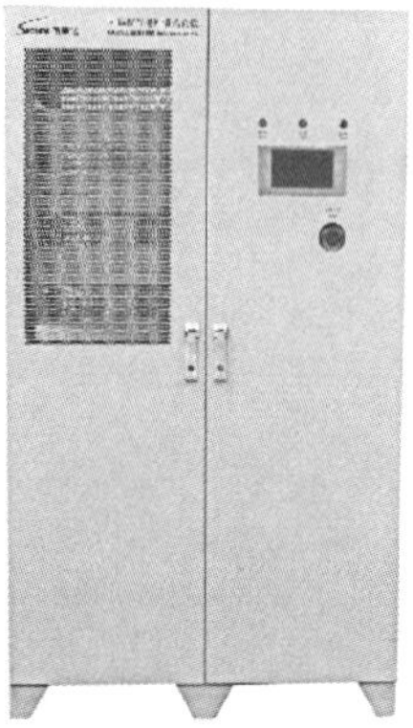 |
| 程控直流电源 | 2016 年 | 深圳市斯康达电子有限公司 | 161.19 万元 | 定功率架构；可并联多台电源；可编程模拟特殊电压变化波形；远程电压补偿；完善保护功能；全彩色 LCD 屏数字键盘；ARM 控制技术 |  |
| 3. 制造、加工及表面处理 | | | | | |
| 大功率微弧氧化电源 | 2015 年 | 成都金创立科技有限责任公司 | 未统计 | 采用先进的开关电源技术，具有体积小、效率高、运行稳定、噪声低、对电网干扰小等优点；具有手动、单片机控制及触摸屏控制方式。通过 RS485 端口对电源进行远程控制；可设定多条工艺曲线，以保证产品质量的稳定性；电源频率、正负电压幅值及脉冲宽度均可独立连续调节，具有较宽的可调范围 |  |
| KWBW25N120S2E1 | 2016 年 | 江苏中科君芯科技有限公司 | 未统计 | 采用最新沟槽场截止型 IGBT 芯片，良好的参数一致性，低开关损耗，易于并联使用，高可靠性和热稳定性 |  |
| KWBW40N120S2E1 | 2016 年 | 江苏中科君芯科技有限公司 | 未统计 | 采用最新沟槽场截止型 IGBT 芯片，良好的参数一致性，低开关损耗，易于并联使用，高可靠性和热稳定性 |  |
| KWRFF40R12SWM | 2017 年 | 江苏中科君芯科技有限公司 | 未统计 | 采用最新沟槽场截止型 IGBT 芯片，良好的参数一致性，低开关损耗，易于并联使用，高可靠性和热稳定性 | 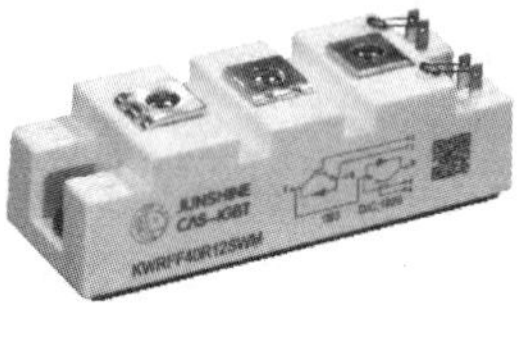 |

（续）

| 产品名称或规格型号 | 上市时间 | 公司名称 | 2019年度销售额 | 技术特点 | 产品图片 |
|---|---|---|---|---|---|
| 3. 制造、加工及表面处理 | | | | | |
| KWRFF50R12SWM | 2017年 | 江苏中科君芯科技有限公司 | 未统计 | 采用最新沟槽场截止型IGBT芯片，良好的参数一致性，低开关损耗，易于并联使用，高可靠性和热稳定性 | |
| KWRFF75R12SWM | 2017年 | 江苏中科君芯科技有限公司 | 未统计 | 采用最新沟槽场截止型IGBT芯片，良好的参数一致性，低开关损耗，易于并联使用，高可靠性和热稳定性 | |
| KWRFF100R12SWM | 2017年 | 江苏中科君芯科技有限公司 | 未统计 | 采用最新沟槽场截止型IGBT芯片，良好的参数一致性，低开关损耗，易于并联使用，高可靠性和热稳定性 | |
| KWRFF150R12S | 2017年 | 江苏中科君芯科技有限公司 | 未统计 | 采用最新沟槽场截止型IGBT芯片，良好的参数一致性，低开关损耗，易于并联使用，高可靠性和热稳定性 | |
| KWKFF150R12S | 2017年 | 江苏中科君芯科技有限公司 | 未统计 | 采用最新沟槽场截止型IGBT芯片，良好的参数一致性，低开关损耗，易于并联使用，高可靠性和热稳定性 | |
| 激光电源 | 2001年 | 山东镭之源激光科技股份有限公司 | 3008.7万元 | 内含主动式PFC电路，实现更高功率因数，满足全球通用输入电压范围（AC90~264V，50/60Hz）；有效抵御电网电压大幅度变化对输出电流的影响；功率更强劲 | 增强型激光电源 |
| 半导体电源 | 2015年 | 山东镭之源激光科技股份有限公司 | 230.59万元 | 可以通过上位机设置工作参数；多种控制方式，本地控制、以太网控制、远程控制；可以同时多路输出 | 大功率半导体激光电源 |

（续）

| 产品名称或规格型号 | 上市时间 | 公司名称 | 2019年度销售额 | 技术特点 | 产品图片 |
|---|---|---|---|---|---|
| 4. 充电桩/站 | | | | | |
| 智能充电模块 | 2015年 | 中兴通讯股份有限公司 | 未统计 | 具有全段恒功率输出、高效、超高功率密度、稳定、可靠、超强环境适应能力等优势 | |
| 液冷及多媒体充电系统 | 2018年 | 北京动力源科技股份有限公司 | 未统计 | 液冷30kW充电模块产品具有功率密度高、防护等级高、效率高、环境适应性强、寿命长等特点，可在室外恶劣环境中应用，综合性能指标达到国际先进水平；配套液冷模块推出了快速直流充电系统，支持远程启停群控需求、车辆识别，即插即充 | |
| REG | 2016年 | 深圳英飞源技术有限公司 | 35000万元 | REG系列充电模块是为了满足电动车充电的应用而专门开发的直流充电模块；满足CE安全规范，EN61000-6-1和EN61000-6-3 CLASS A电磁兼容标准，是具有国际领先水平的充电模块 | |
| DH17800A系列大功率可编程直流电源 | 2019年 | 北京大华无线电仪器有限责任公司 | 未统计 | 3U尺寸容纳15kW功率，电压最高为1500V，电流最大为510A；较高的功率密度，节省空间成本 | |
| 变压器 | 2000年 | 合肥博微田村电气有限公司 | 19412.02万元 | 1）最大泄漏电流：<0.1mA；<br>2）绝缘材料耐温等级：≥200℃；<br>3）过温设计：有感温快、高可靠的温度开关防止过温；<br>4）最大耐压值：≥5000V | |
| 新能源汽车驱动 | 2019年 | 深圳青铜剑科技股份有限公司 | 未统计 | 从产品设计到生产交付遵循汽车级产品要求，具有宽温度工作范围、整体设计紧凑、高精度的采样及宽输入电源等功能 | |

（续）

| 产品名称或规格型号 | 上市时间 | 公司名称 | 2019 年度销售额 | 技术特点 | 产品图片 |
|---|---|---|---|---|---|
| 4. 充电桩/站 | | | | | |
| 微电网储能系统 | 2018 年 | 北京智源新能电气科技有限公司 | 未统计 | 国内为数不多实现微电网系统内电力电子变换装置全型号覆盖，具有风光柴储一体化的微电网电站建设经验，是国外指定微电网系统核心供货商和研发分支机构 | 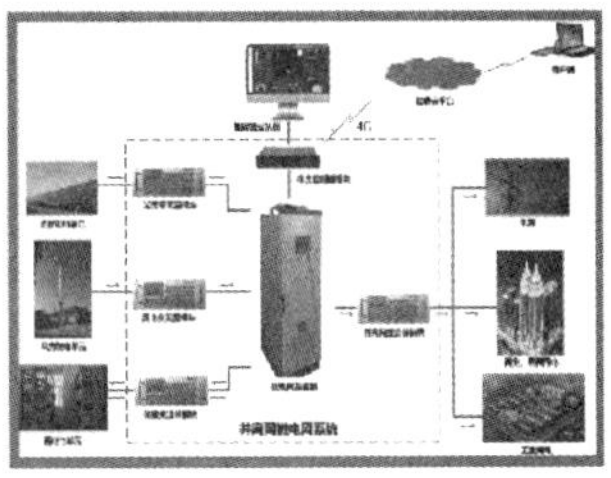 |
| KWKFF300R12SA | 2018 年 | 江苏中科君芯科技有限公司 | 未统计 | 高性能超大电流密度 IGBT(DCS-IGBT)芯片产品，同类产品还有面向新能源汽车应用 1200V450A Econodual 模块、1200V600A Econodual 模块 | 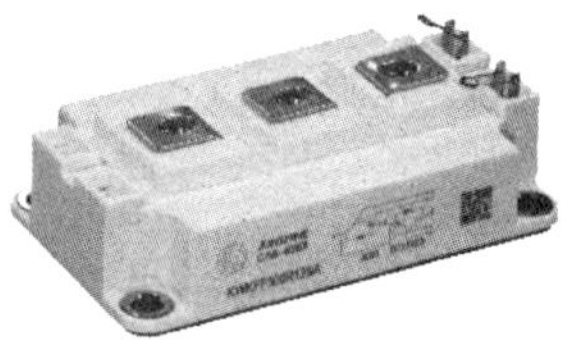 |
| KWBW60N65F1 | 2019 年 | 江苏中科君芯科技有限公司 | 未统计 | 采用沟槽栅场截止(Trench+FS)技术，低 $V_{ce}$，开关曲线平滑，易于并联使用 |  |
| 碳化硅肖特基二极管 | 2019 年 | 上海瞻芯电子科技有限公司 | 未统计 | 零反向恢复电流、零正向恢复电压、高频工作、开关特性不受温度影响 |  |
| 5. 新能源 | | | | | |
| SG225HX | 2019 年 | 阳光电源股份有限公司 | 未统计 | SG225HX 最高效率高达 99%，智能风冷，支持大功率双面组件接入，12 路 MPPT，搭配跟踪系统，内置 PID，可扩展储能 | 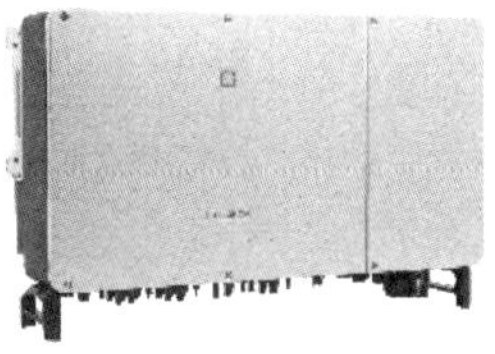 |
| SG136TX | 2019 年 | 阳光电源股份有限公司 | 未统计 | 12 路 MPPT 设计，复杂应用场景提升发电量；支持组串二汇一接入，节省直流线缆成本；整机 IP66 防护等级，防腐等级 C5 设计 | 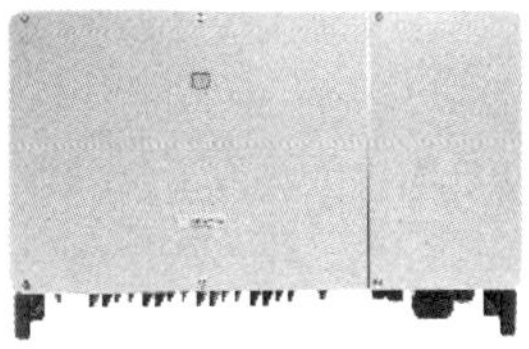 |

（续）

| 产品名称或规格型号 | 上市时间 | 公司名称 | 2019年度销售额 | 技术特点 | 产品图片 |
|---|---|---|---|---|---|
| 5. 新能源 | | | | | |
| 功率优化器 | 2016年 | 北京动力源科技股份有限公司 | 未统计 | 组件级 MPPT 调节，效率高；电源线载波通信实现组件状态监控；还可用于光伏储能系统中对直流电池充电；输出电压和串联数量可变 |  |
| 50kWACDC 储能模块 | 2016年 | 北京动力源科技股份有限公司 | 未统计 | DSP 全数字控制，转换效率达 98.6%以上；标准模块化设计，扩展方便，电池分组控制；并网、离网运行模式快速切换 |  |
| 光伏逆变器 | 2016年 | 北京动力源科技股份有限公司 | 未统计 | 两路独立 PC 输入，电压范围宽，适应复杂环境；支持远程监控，多种通信；多机并联智能电网适应，自然冷却，噪声低，可靠性高 | 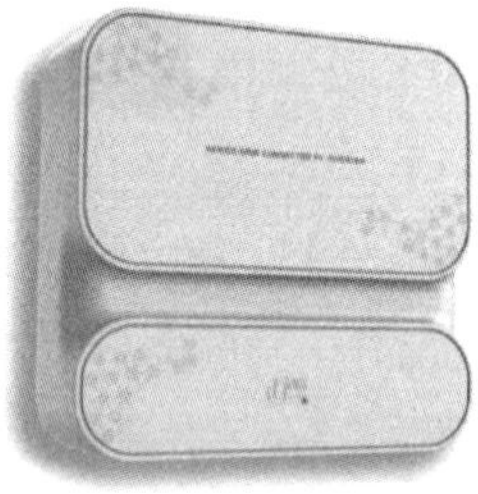 |
| 后备式 UPS 系列电源 | 2016年 | 北京动力源科技股份有限公司 | 未统计 | 适用于一切对电源干扰敏感，需稳定可靠净化的不间断正弦波甲流输出的系统；采用成熟数控电路、模块化智能控制逆变器、功率因数矫正技术、智能风冷、自主均流技术 | 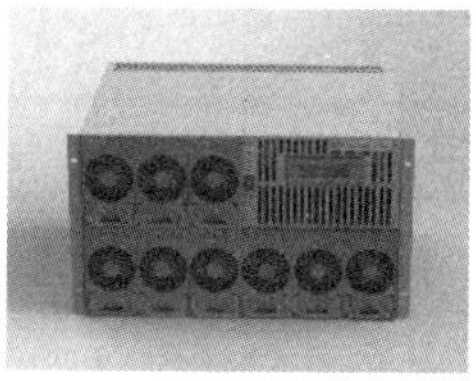 |
| 第三代充配电三合一产品 | 2019年 | 弗迪动力有限公司电源工厂 | 未统计 | 第三代集成电源技术大批量生产、功率集成技术、集成 mcu 技术、碳化硅技术的成熟使用 | 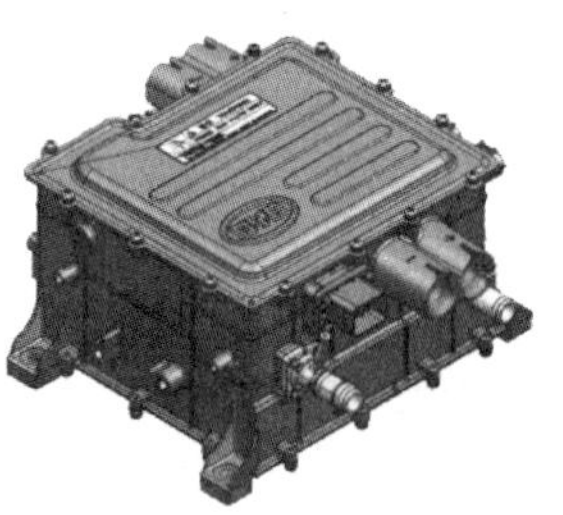 |
| 第四代充配电三合一产品 | 2020年 | 弗迪动力有限公司电源工厂 | 未统计 | 成本低、体积小、性能更优 | 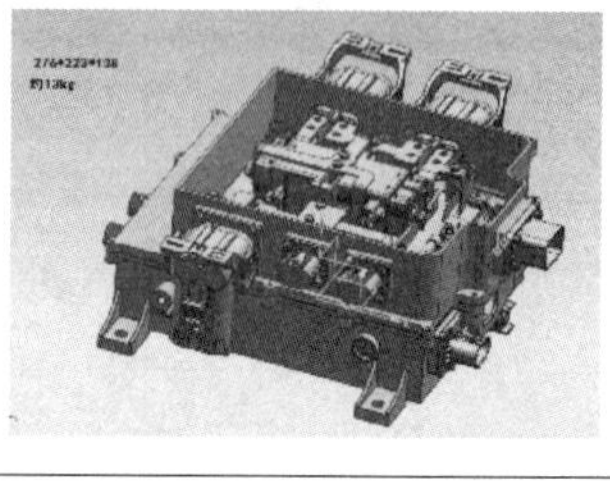 |

（续）

| 产品名称或规格型号 | 上市时间 | 公司名称 | 2019 年度销售额 | 技术特点 | 产品图片 |
|---|---|---|---|---|---|
| 5. 新能源 | | | | | |
| 6.6kW 二合一充电总成 | 2018 年 | 深圳威迈斯新能源股份有限公司 | 未统计 | 高度集成、全数字化、体积小、重量轻、成本低 | |
| 6.6kW 三合一充配电总成 | 2019 年 | 深圳威迈斯新能源股份有限公司 | 未统计 | 高度集成(含 PDU)、全数字化、体积小、重量轻、成本低 | |
| 铁硅磁心 | 2011 年 | 浙江东睦科达磁电有限公司 | 4700 万元 | 高 $B_s$ 值，具有极强的抗直流偏置能力，高性价比，适合光伏，UPS，车载等领域 | |
| 单晶炉加热电源 | 2014 年 | 佛山市杰创科技有限公司 | 未统计 | 采用自主研发专利高效水冷散热器，并联均流技术，更节能、高效 | |
| 新能源发电驱动 | 2019 年 | 深圳青铜剑科技股份有限公司 | 未统计 | 新能源发电驱动方案涵盖 1200 ~ 3300V，NPC1 及 NPC2，单管到多并联等应用，具有高可靠性、高性价比特点 | |
| NPA 铁硅系列磁心 | 2018 年 | 深圳市铂科新材料股份有限公司 | 未统计 | 具有超低损耗的金属软磁材料 | |

（续）

| 产品名称或规格型号 | 上市时间 | 公司名称 | 2019 年度销售额 | 技术特点 | 产品图片 |
|---|---|---|---|---|---|
| 5. 新能源 | | | | | |
| NPN-LH 铁硅系列磁心 | 2019 年 | 深圳市铂科新材料股份有限公司 | 未统计 | 更低损耗，更高效率，更优性能 |  |
| EVS 系列电池模拟器 | 2014 年 | 合肥科威尔电源系统股份有限公司 | 未统计 | 本产品（EVS 系列）是一款高精度能量可回馈直流电源，可仿真模拟电池输出特性；EVS-F 系列是一款专用于燃料电池领域的测试电源，产品可以通过设置燃料电池的电流面积、极限电流密度、串联数等参数，模拟燃料电池的输出特性 | 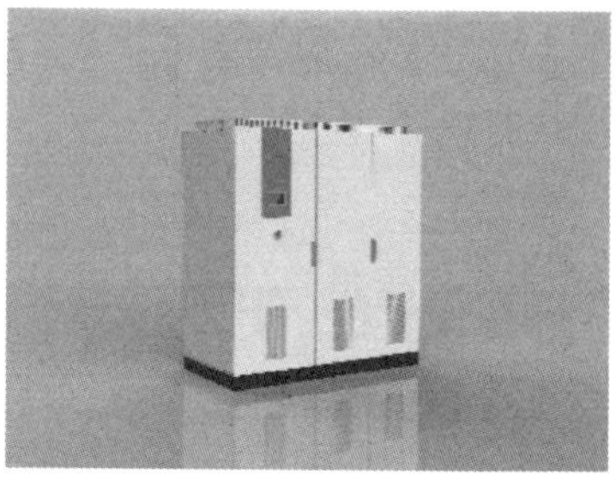 |
| 高精度可编程直流电源 | 2018 年 | 合肥科威尔电源系统股份有限公司 | 未统计 | KDC 系列是一款采用移相全桥软开关技术的高压型高频直流电源；KDC-IV 是在 KDC 产品的基础上扩展了光伏阵列 IV 模拟功能，可以复现不同光照强度和环境温度下不同功率的太阳能电池阵列的 IV 和 PV 特性，并记录负载运行工况 |  |
| 模拟电网电源 | 2012 年 | 合肥科威尔电源系统股份有限公司 | 未统计 | 本产品是一款高精度、可编程的交流电源，包括 KACL 和 KAC 两大系列；KACL 系列产品具有多种编程模式，可模拟电网中电压和频率的扰动特性；KAC 系列产品在 KACL 系列的基础上扩展了能量可回馈、谐波叠加、低电压穿越及闪变等功能，同时在精度及电压响应等性能指标方面更优，可以满足光伏并网逆变器、储能变流器、风电变流器及充电桩等行业的研发测试要求 |  |
| 电池包充放电测试电源 | 2015 年 | 合肥科威尔电源系统股份有限公司 | 未统计 | EBD 系列产品是一款具备高动态响应和能量可回馈等特性的直流电源，同时具备电池测试分析软件功能；EBDH 系列产品在动态响应及电压电流精度方面具有更优越的性能 | 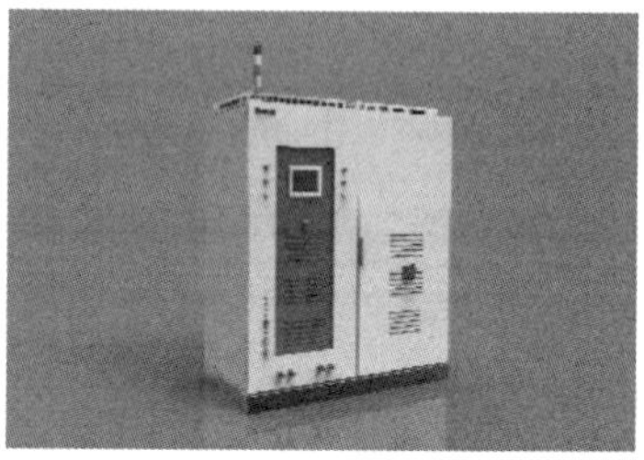 |

（续）

| 产品名称或规格型号 | 上市时间 | 公司名称 | 2019 年度销售额 | 技术特点 | 产品图片 |
|---|---|---|---|---|---|
| 6. 传统能源/电力操作 | | | | | |
| 阻抗扫面仪 | 2019 年 | 上海科梁信息工程股份有限公司 | 未统计 | 电力电子设备阻抗扫描仪以硬件在环测试技术为核心，将接口信号采集、信号自动编码、模型动态交互等功能集于一体，完成电力电子设备的接口测试、通信测试、功能逻辑测试和阻抗特性测试 |  |
| 电机模拟器 | 2019 年 | 上海科梁信息工程股份有限公司 | 未统计 | 所模拟电机可工作在电动和发电状态亦具备电池模拟的功能，提供直流电源；一套设备即可替代传统电机对拖台架中的驱动电功能融合：所模拟电机可工作在电动和发电状态；兼具电池模拟的功能，提供直流电源；一套设备即可替代传统电机对拖台架中的驱动电机、负载电机以及负载变频器（或者测功机） |  |
| 三相不平衡调节器 | 2017 年 | 北京智源新能电气科技有限公司 | 未统计 | 国内较早实现国家电网挂网企业，设备具备高稳定性，高可靠性；且实现远程物联网功能，高度智能化，自动化，实现免调试，免维护 |  |
| 闭环霍尔电流传感器 CHB-500SG | 2004 年 | 北京森社电子有限公司 | 未统计 | 大功率激光电源及应用；广东地区覆盖率为 80% |  |

（续）

| 产品名称或规格型号 | 上市时间 | 公司名称 | 2019 年度销售额 | 技术特点 | 产品图片 |
|---|---|---|---|---|---|
| 6. 传统能源/电力操作 | | | | | |
| 闭环霍尔电压传感器 CHV-25p/ * | 2004 年 | 北京森社电子有限公司 | 未统计 | 大功率激光电源应用；广东地区覆盖率为 80% |  |
| 7. 电信/基站 | | | | | |
| -48V 直流电源系列 | 1994 年 | 中兴通讯股份有限公司 | 未统计 | 行业领先的峰值效率和功率密度，新一代室外 PAD 电源助力 5G 创新 |  |
| BK48 系列便携式锂电储能系统 | 2019 年 | 航天柏克（广东）科技有限公司 | 未统计 | 1）智能集成型设计<br>2）防防尘，强制风冷<br>3）移动便携拉杆箱设计<br>4）配置光伏 MPPT<br>5）先进 BMS 电池管理系统<br>6）高性能锂电池内置，持久放电<br>7）双向充放电一体化设计 |  |
| BK-BFP 系列通信后备及 UPS 用锂离子电池组 | 2019 年 | 航天柏克（广东）科技有限公司 | 未统计 | 1）100%全 UPS 匹配度，通用性强大<br>2）安全防护，双倍升级<br>3）柜式设计，节省 3 倍空间<br>4）红预警-蓝放电-绿充电，状态一目了然<br>5）App 科学选型，池容量配置报价立即生产 |  |
| DH1799 系列可编程系统直流电源 | 2019 年 | 北京大华无线电仪器有限责任公司 | 未统计 | 1U 标准机架体积，750W～1.5kW，配置多种通信接口，非常适合用于电镀、真空热处理等小电压大电流的应用场合 |  |

（续）

| 产品名称或规格型号 | 上市时间 | 公司名称 | 2019 年度销售额 | 技术特点 | 产品图片 |
|---|---|---|---|---|---|
| 7. 电信/基站 | | | | | |
| ETG 超低损耗气雾法铁硅铝系列 | 2019 年 | 江西艾特磁材有限公司 | 283 万元 | 超低损耗，针对 5G、高频化电源应用 | 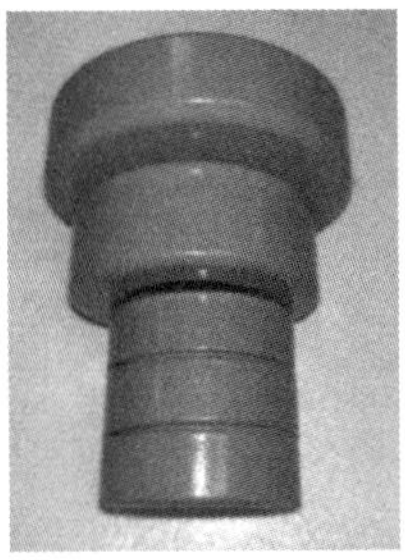 |
| ETH 铁镍系列 | 2018 年 | 江西艾特磁材有限公司 | 179 万元 | 性能等同于国外产品，替代进口，广泛用于高端电源，5G、服务器电源 | 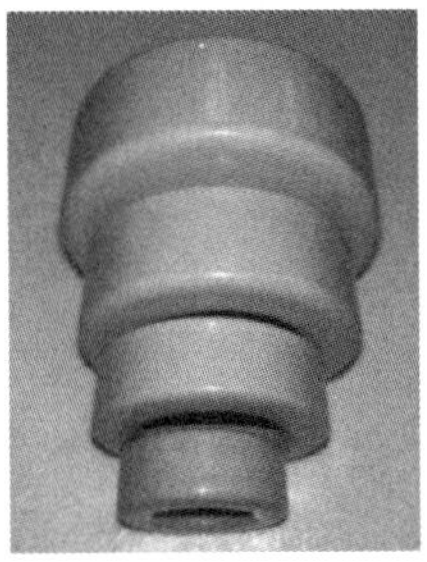 |
| EQ 系列、EG 系列、EI 系列、HI 系列等异形磁心 | 2019 年 | 江西艾特磁材有限公司 | 122 万元 | 相比传统环形磁心，便于实现自动化生产作业，综合成本更优 |  |
| 网络电源适配器 | 2019 年 | 深圳欧陆通电子股份有限公司 | 未统计 | 具有 USB 与 RJ45 网络数据转换传输功能，Ⅵ能效标准，采用 TYPE-C 接口形式及 OVP、OCP、OTP 保护功能，传输速度可达 100Mbit/s |  |
| 超小型 65W Type-C PD 快充电源 | 2019 年 | 深圳欧陆通电子股份有限公司 | 未统计 | 产品是一款 65W Type-C PD 轻型便携快充电源，采用了 GaN（氮化镓）器件技术，支持 PPS、QC4.0、PD3.0 协议，可自动识别终端用户产品并且智能匹配输出电压；具有高功率密度、体积小、低温升等优点 |  |

（续）

| 产品名称或规格型号 | 上市时间 | 公司名称 | 2019 年度销售额 | 技术特点 | 产品图片 |
|---|---|---|---|---|---|
| 7. 电信/基站 | | | | | |
| 65W Type-C PD 电源 | 2019 年 | 深圳欧陆通电子股份有限公司 | 未统计 | 全电压输入的桌面型 USB TYPE C PD 适配器，采用 USB Type-C 输出接口连接器，支持 PD 3.0 协议，五段输出电压，具有体积小，温度低，效率高，性能稳定等优点 |  |
| 100W type-C PD 电源 | 2019 年 | 深圳欧陆通电子股份有限公司 | 未统计 | 全电压输入的桌上型 USB TYPE C 适配器，提供 PD 100W 最大输出功率，支持 PD3.0 协议、五段输出电压，具有充电快速、体积小、效率高、性能稳定等优点 |  |
| PLC 电力猫 | 2019 年 | 深圳欧陆通电子股份有限公司 | 未统计 | 内置式 PLC 子母路由电源，成为宽带网络接入“最后一公里”问题最具竞争力的解决方案之一。满足Ⅵ级能效/CoC V5 tier2 标准，工作寿命可达 5 年 |  |
| IGBT 驱动核 | 2019 年 | 深圳青铜剑科技股份有限公司 | 未统计 | 驱动核驱动功率从 1～4W，峰值电流从±8～±35A，客户针对驱动核进行简单外围电路设计即可发挥驱动核性能 |  |
| 碳化硅驱动 | 2019 年 | 深圳青铜剑科技股份有限公司 | 未统计 | 碳化硅材料具有高温、高频、高效、高功率密度的特点；青铜剑技术针对不同厂家碳化硅器件配套推出碳化硅驱动方案 | 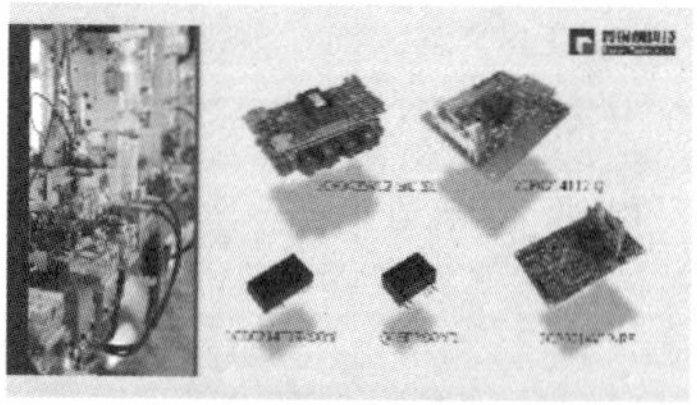 |
| UPS-MXG33 10kS | 2018 年 | 佛山市新辰电子有限公司 | 未统计 | 1）高频在线三进三出，输出可接不平衡负载，输入三相始终保持负载均衡<br>2）支持 $N+X$ 关联冗余<br>3）有强大的可扩展功能接口：RS232、RJ485、SNMP 卡、环境监控卡、干节点卡等<br>4）支持手机智能监控卡，可通过手机 App 实时监控 UPS 各项数据 |  |

（续）

| 产品名称或规格型号 | 上市时间 | 公司名称 | 2019 年度销售额 | 技术特点 | 产品图片 |
|---|---|---|---|---|---|
| 7. 电信/基站 | | | | | |
| 功率型热敏电阻 | 2011 年 | 江苏兴顺电子有限公司 | 3744 万元 | 秉承日本石塚电子产品品质优势 | 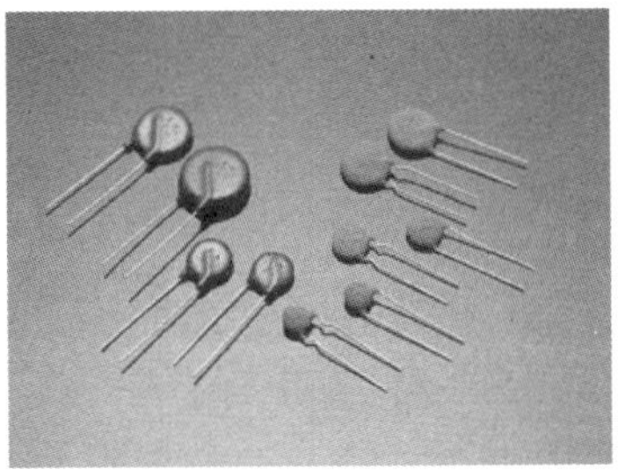 |
| 温度传感器 | 2011 年 | 江苏兴顺电子有限公司 | 10319 万元 | 秉承日本石塚电子的品质优势 | 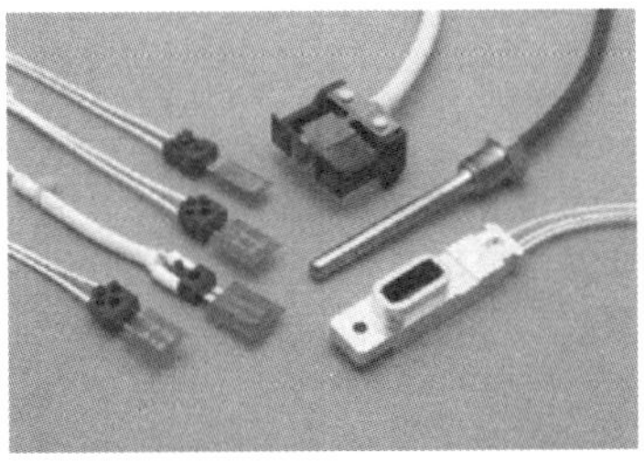 |
| 开关电源 WS25-1DAC | 2018 年 | 上海吉电电子技术有限公司 | 未统计 | 宽工作温度范围可达 85℃；超长失电保持时间；高浪涌设计 |  |
| 移动通信开关电源 WS700-1AAC | 2017 年 | 上海吉电电子技术有限公司 | 未统计 | 全球通用输入电压范围；带 PFC；满足移动通信电源要求 |  |
| 8. 照明 | | | | | |
| KP1511 | 2019 年 | 深圳市必易微电子有限公司 | 100 万元 | 临界导通模式下的 Boost PFC 控制器，集成高压启动电路，启动速度快待机低，无需辅助绕组供电和消磁检测电路，驱动功率可达 200W | 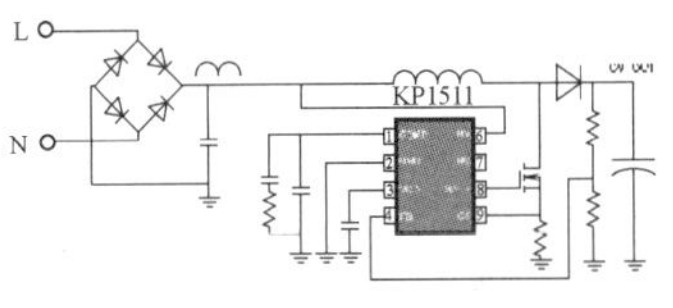 |
| LED 电源 | 2015 年 | 郑州椿长仪器仪表有限公司 | 未统计 | 产品电源范围宽，种类齐全，性能可靠 | 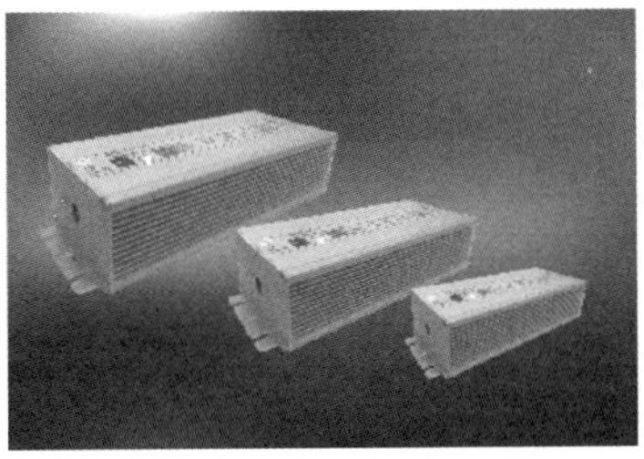 |

（续）

| 产品名称或规格型号 | 上市时间 | 公司名称 | 2019 年度销售额 | 技术特点 | 产品图片 |
|---|---|---|---|---|---|
| 8. 照明 | | | | | |
| 安规电容 | 2011 年 | 东莞市捷容薄膜科技有限公司 | 2000 万元 | 安规电容独立开发能力，小体积优势明显 | 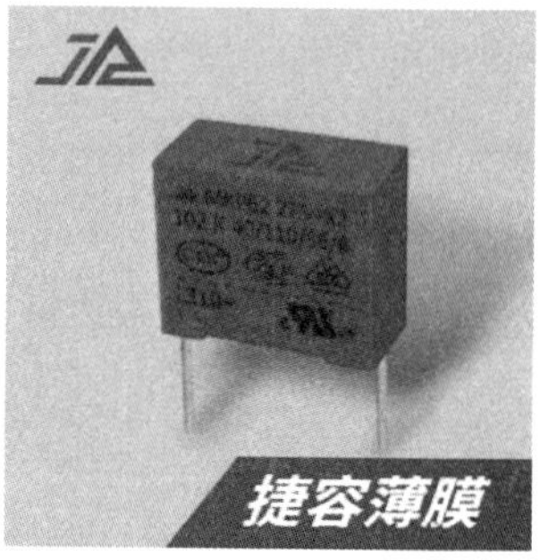 |
| 高导热低热阻汽车用 K 系列金属基覆铜板及线路板 | 2018 年 | 广东全宝科技股份有限公司 | 未统计 | 超低热阻、高耐热性及高绝缘层可靠性，符合汽车用电子材料测试要求 | 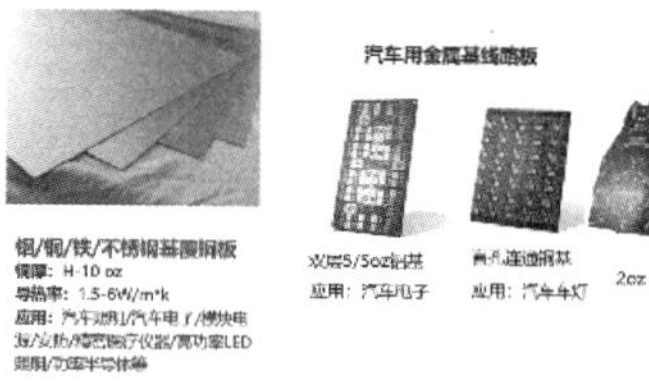 |
| LED 控制装置 WS35-1BAC | 2018 年 | 上海吉电电子技术有限公司 | 未统计 | 通过 LED 驱动器 3C 认证；全球通用输入电压范围，高耐受突入电压；最高运行温度可达 85℃ |  |
| EP8035DC-USB | 2004 年 | 太仓电威光电有限公司 | 500 万元 | 数字通信控制，超薄型设计 | 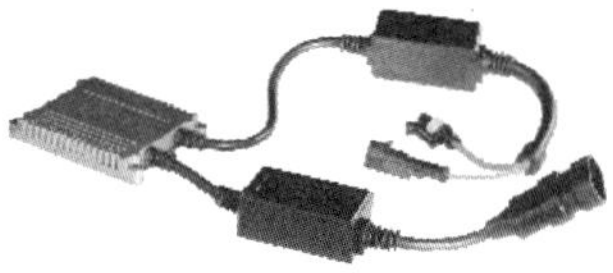 |
| EP81500AC-F1 | 2007 年 | 太仓电威光电有限公司 | 450 万元 | 舞台智能照明，电子式镇流器 |  |
| 9. 轨道交通 | | | | | |
| 非晶/纳米晶材料及制品 | 2000 年 | 安泰科技股份有限公司非晶制品分公司 | 24200 万元 | 兼备铁基非晶合金的高饱和磁感应强度 $B_s$ 和钴基非晶合金的高磁导率、低矫顽力和低损耗 | 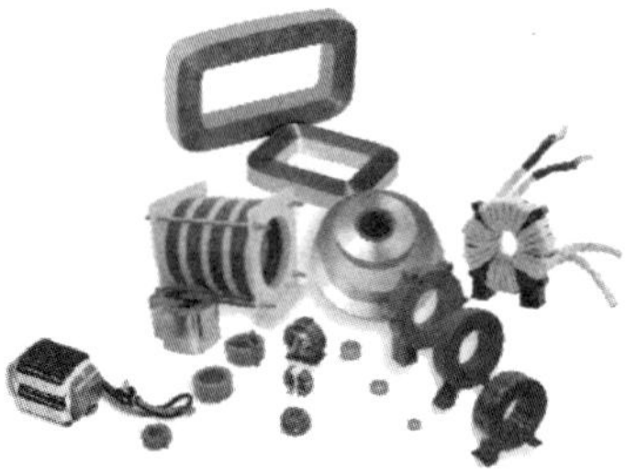 |

（续）

| 产品名称或规格型号 | 上市时间 | 公司名称 | 2019 年度销售额 | 技术特点 | 产品图片 |
|---|---|---|---|---|---|
| 9. 轨道交通 | | | | | |
| 高速 ETC 专用 UPS HS-KRH 在线机架式 UPS | 2019 年 | 航天柏克（广东）科技有限公司 | 1000 万元 | 高频双变换纯在线机架式设计，超高效 ECO 模式、绿色节能、智能化三段式电池充电技术，延长电池使用寿命，机架式应用设计，高性能结构组合，安装维护方便，高输出电压精度（±1%），输出波形失真度<2%（线性负载） | 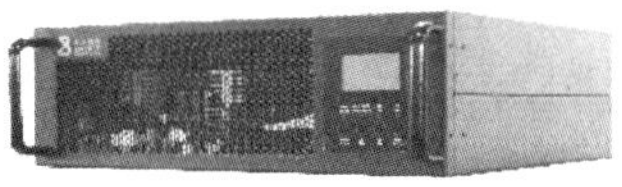 |
| 高速 ETC 专用 UPS HS/R 高效机架式 UPS | 2019 年 | 航天柏克（广东）科技有限公司 | 未统计 | 高功率因数，带载能力强，直流防反接设计，提高系统安全可靠性强大电池回充，提供 10～60A 充电电流，智能缓起功能，平稳接入不同电池组，并机简单，支持单相/三相两种并机模式 |  |
| GTR 飞轮型再生制动能量回收装置 | 2014 年 | 盾石磁能科技有限责任公司 | 未统计 | 飞轮储能装置相对于其他类型的产品，具有高安全、长寿命、快速响应、免维护等明显技术特点 |  |
| 铁路通信开关电源 ILOCK | 2017 年 | 上海吉电电子技术有限公司 | 未统计 | 全球通用输入电压范围；带 PFC；满足铁路信号电源需求 |  |
| 10. 车载驱动 | | | | | |
| 水冷三合一车载电源 | 2018 年 | 北京动力源科技股份有限公司 | 未统计 | 集车载充电机和 DCDC 电源变换器于一体；输出电压可定制，CAN 总线方式通信支持整车故障诊断；全数字化控制系统；转换效率高 | 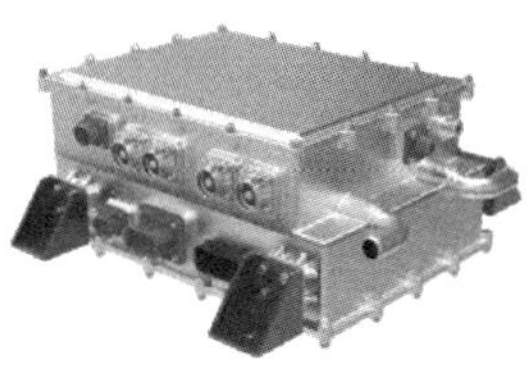 |
| 六合一控制器 | 2018 年 | 北京动力源科技股份有限公司 | 未统计 | 由电机控制器、油泵 DCAC、气泵 DCAC、DCDC、高压配电盒和绝缘检测模块高度集成，功能齐全减少整车接线；算法优异、安全高效 |  |

（续）

| 产品名称或规格型号 | 上市时间 | 公司名称 | 2019 年度销售额 | 技术特点 | 产品图片 |
|---|---|---|---|---|---|
| 10. 车载驱动 | | | | | |
| 车载 DC-DC 转换器 3kW | 2019 年 | 合肥华耀电子工业有限公司 | 未统计 | 小体积设计搭载 97%的转换效率；输出功率为 3kW；200~720V 宽范围电压输入；采用国际先进的数字模拟混合控制技术，输入与输出完全电气隔离，更加安全可靠 |  |
| 碳化硅 MOSFET 驱动芯片 | 2019 年 | 上海瞻芯电子科技有限公司 | 未统计 | 集成负压、DESAT 功能、35V 供电；4A 拉灌电流能力 |  |
| 碳化硅 MOSFET | 2020 年 | 上海瞻芯电子科技有限公司 | 未统计 | 低导通电阻、快开关速度、快速反向恢复 |  |
| 碳化硅功率模块 | 2020 年 | 上海瞻芯电子科技有限公司 | 未统计 | 高电流密度、低导通电感、低开关损耗 |  |
| 11. 计算机/消费电子 | | | | | |
| KP3310 | 2018 年 | 深圳市必易微电子有限公司 | 1000 万元 | 市电输入直接输出高精度 5V、3.3V、2.7V 直流电压，集成 650V 高压 MOSFET，负载电流可高达 50mA，外围无磁性元器件 | 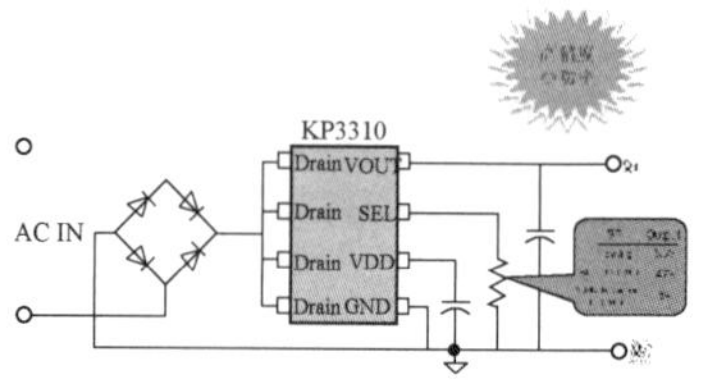 |

（续）

| 产品名称或规格型号 | 上市时间 | 公司名称 | 2019年度销售额 | 技术特点 | 产品图片 |
|---|---|---|---|---|---|
| 11. 计算机/消费电子 | | | | | |
| KP4124X | 2019年 | 深圳市必易微电子有限公司 | 300万元 | 集成40V低压MOSFET的同步整流芯片，适用于断续模式、临界模式的反激变换器，可工作在副边高端整流和低端整流两种电路结构中，效率业界领先 | Low Side配置(VDD自供电) KP4124X GND Drain 8 GND Drain 7 VDD Drain 6 Vo Drain 5；Low Side配置(VDD自供电) Drain Vo Drain VDD Drain GND Drain GND KP4124X；Low Side配置(输出直供VDD) Drain Vo Drain VDD Drain GND Drain GND KP4124X |
| 动力电池充电器 | 2019年 | 深圳欧陆通电子股份有限公司 | 未统计 | 该产品采用高效的拓扑PFC+LLC方案，输入电压范围宽为AC 85~276V，能效标准高于欧洲DOE VI，低噪声，同时还具有良好的防水性能，充电曲线经过优化，快速充电的同时可更好的保护电池，延长电池使用寿命 | |
| 快充电源 | 2019年 | 深圳欧陆通电子股份有限公司 | 未统计 | 全电压输入的插墙型USB-A QC3.0充电器，支持QC2.0，3.0协议，输出电压为3.6~12.0V，具有体积小、温度低、效率高、性能稳定等优点 | |
| 开板内置电源 | 2019年 | 深圳欧陆通电子股份有限公司 | 未统计 | 产品采用同步整流输出，输出效率高，可以达到DOE VI能效标准，具有低压大电流输出，内置交流输入过电压保护，过温保护功能 | |
| ATX电源75~250W | 2019年 | 深圳欧陆通电子股份有限公司 | 未统计 | 采用MICRO ATX外壳，标准ATX 20PIN+SATA接口输出，输出峰值电流大，持续时间长，内置交流过电压、过温、过电流、过载保护功能，内置风扇控制电路 | |

（续）

| 产品名称或规格型号 | 上市时间 | 公司名称 | 2019年度销售额 | 技术特点 | 产品图片 |
|---|---|---|---|---|---|
| 12. 环保/节能 | | | | | |
| 岸电电源系统 | 2018年 | 广东志成冠军集团有限公司 | 未统计 | 大功率、逆变器采用模块化模式、支持多机并联的应用、绿色环保 | |
| 大功率等离子电源 | 2015年 | 成都金创立科技有限责任公司 | 未统计 | 等离子体射流温度可达3000~10000℃的高温，并且能量集中、无二次污染等技术优势；将电弧等离子体炬安装在专门设计的处置炉内，可维持炉内温度1200~2000℃，炉内固体垃圾在超高温度下得到彻底的分解，有机物转化为清洁燃气，而无机物熔融成无害化的玻璃体熔渣 | |
| 低温等离子电源 | 2015年 | 成都金创立科技有限责任公司 | 未统计 | 用于产生低温等离子的专用电源，该电源可以在大气条件下配合专用发生器产生辉光放电现象，从而产生浓度较高的低温等离子体，该发生器可用于有机废气，恶臭气体的分解处理，用途广泛 | |
| 大功率高频开关电源 | 2000年 | 佛山市杰创科技有限公司 | 未统计 | 采用自主研发专利高效水冷散热器，并联均流技术，更节能、高效 | |
| 锂电池充电器 | 2019年 | 深圳可立克科技股份有限公司 | 未统计 | 输入电压AC 100~240V 50Hz/60Hz，输出电压18V 输出电流15A | |

（续）

| 产品名称或规格型号 | 上市时间 | 公司名称 | 2019 年度销售额 | 技术特点 | 产品图片 |
|---|---|---|---|---|---|
| 13. 航空航天/安防 | | | | | |
| 模块电源 | 2010 年 | 深圳市振华微电子有限公司 | 15000 万元 | 高功率密度模块电源 |   |
| 驱动电源 | 2010 年 | 深圳市振华微电子有限公司 | 10000 万元 | 特种规格驱动电源 |  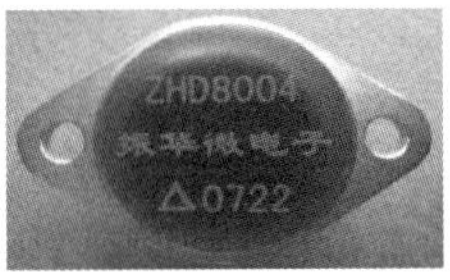 |
| 中线安防控制器（SNP） | 2018 年 | 西安爱科赛博电气股份有限公司 | 未统计 | 该装置以并联方式接入配电箱，通过实时检测系统的电流分量，通过换流电路实时产生系统所需要的电流注入配电系统中，实现智能净化，从而消除中线电流。同时装置本身具有抗干扰功能，运行时也不会危及配电系统，具有高稳定性及可维护性，SNP 系列产品消除中线电流，消除火灾隐患，为配电系统的消防安全保驾护航 | 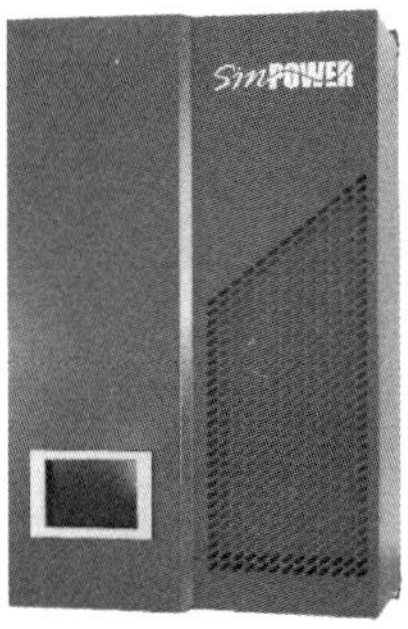 |
| 14. 通用产品 | | | | | |
| 模块化 UPS | 2017 年 | 广东志成冠军集团有限公司 | 未统计 | 输入功率因数高、体积小、容量扩展性好、效率高、热插拔、电池节数动态可调、绿色环保、可靠性高 | 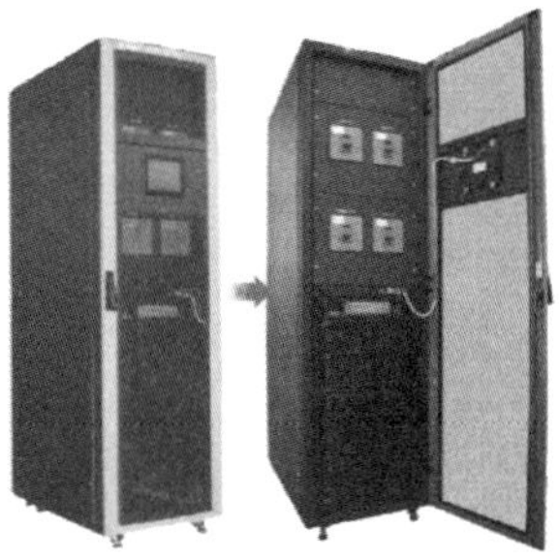 |
| 磷酸铁锂电池 | 2014 年 | 广东志成冠军集团有限公司 | 未统计 | 体积小，能量密度大，可定制，智能电池均衡管理，可靠性高 | 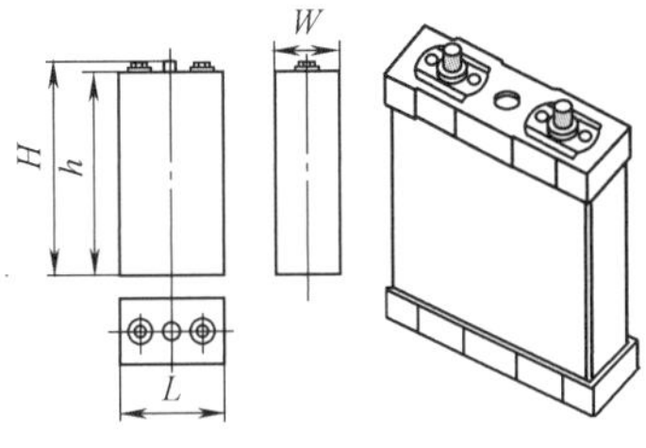 |

（续）

| 产品名称或规格型号 | 上市时间 | 公司名称 | 2019 年度销售额 | 技术特点 | 产品图片 |
| --- | --- | --- | --- | --- | --- |
| 14. 通用产品 | | | | | |
| 高频机 UPS | 2013 年 | 广东志成冠军集团有限公司 | 未统计 | 体积小，效率高，输入功率因数高，超宽输入电压范围，完善的保护功能，可靠性高 | |
| 工频机 UPS | 2010 年 | 广东志成冠军集团有限公司 | 未统计 | IGBT 整流，DSP 全数字化控制，效率高，智能管理，可靠性高 | 电力UPS系统组屏图 |
| SJW-WB50-800kVA | 2015 年 | 鸿宝电源有限公司 | 未统计 | 1）反应速度最快可达 40ms<br>2）LCD 液晶显示运行和故障参数实现了无触点控制，使产品精密、安全高效、节能环保 | |
| PRE 系列双向可编程交流电源 | 2019 年 | 西安爱科赛博电气股份有限公司 | 未统计 | PRE 双向可编程交流电源具备了回收式电网模拟源的能量回收功能和可编程交流电源高基波带宽功能及可编程功能，功率范围 15 ~ 150kVA，并将部分输出指标提升至全新高度，使应用测试更加精准、便捷 | |
| PDC 系列高精度可编程直流电源 | 2019 年 | 西安爱科赛博电气股份有限公司 | 未统计 | PDC 系列高精度可编程直流电源以极高的功率密度、灵活的配置在工业、实验室、OEM 应用中有更好的表现 | |
| ibook 系列有源电力滤波器 | 2019 年 | 西安爱科赛博电气股份有限公司 | 未统计 | ibook 系列有源滤波器是爱科赛博采用全新 SIC 技术研发的一款超高功率密度的产品，具有体积小、噪声低、应用灵活等优点，应用领域包括医院、数据中心、现代建筑、剧院/影院等公共建筑领域 | |

（续）

| 产品名称或规格型号 | 上市时间 | 公司名称 | 2019 年度销售额 | 技术特点 | 产品图片 |
|---|---|---|---|---|---|
| 14. 通用产品 | | | | | |
| 动态电压治理设备(DVR) | 2018 年 | 西安爱科赛博电气股份有限公司 | 未统计 | 动态电压治理设备(DVR)是爱科赛博研发的一款治理电压暂降的产品,它可以快速调整电压,保护用户的设备免受电能质量事件,如电压暂降和暂升的困扰;目前有两种模式,即不带储能和带储能(支撑 500ms 的储能柜)并可以满足不同客户需求 | |
| 电源适配器 | 2019 年 | 深圳可立克科技股份有限公司 | 未统计 | 输入电压为 220VAC 50Hz,输出电压为 19V 输出电流为 11.58A | |
| 薄膜电容 | 2011 年 | 东莞市捷容薄膜科技有限公司 | 1000 万元 | 薄膜电容独立开发,体积小 | |
| 无源防拆全天候车辆电子标签 | 2013 年 | 深圳市振华微电子有限公司 | 3000 万元 | 智能交通管理领域 | |
| 15. 电源配套产品 | | | | | |
| WD500K | 2018 年 | 深圳市航嘉驰源电气股份有限公司 | 1200 万元 | 产品使用高效的 LLC 谐振方案,EMI 效果好,主板兼容性强,高效率,符合 80PLUS 金牌认证,多国安全标准 | |

（续）

| 产品名称或规格型号 | 上市时间 | 公司名称 | 2019 年度销售额 | 技术特点 | 产品图片 |
|---|---|---|---|---|---|
| 15. 电源配套产品 | | | | | |
| MVP K850 | 2019 年 | 深圳市航嘉驰源电气股份有限公司 | 600 万元 | 1)高转换效率,节能省电<br>2)多路大电流输出,支持多路高端显卡以及磁盘阵列供电需求<br>3)性能稳定,使用寿命长,5 年质保,放心使用<br>4)采用风扇智能启停技术,可以带来更安静使用体验<br>5)模组线材设计,方便根据需求插拔使用,也可根据实际需求 MOD | |
| UES06WZ | 2019 年 | 东莞市石龙富华电子有限公司 | 未统计 | 可换插脚 | |
| UES350DZ | 2020 年 | 东莞市石龙富华电子有限公司 | 未统计 | 超薄型;IP22 防水等级 | |
| 冰箱变频电控板 | 2013 年 | 四川爱创科技有限公司 | 20243 万元 | 一款产品,三天快速匹配,一步更新控制参数,兼容市面上所有压缩机,完美匹配各类冰箱产品 | |
| 开关电源 | 2007 年 | 四川爱创科技有限公司 | 17954 万元 | 行业领先的成熟应用 | |
| EUM-150SxxxDG | 2019 年 | 英飞特电子(杭州)股份有限公司 | 1329.03 万元 | 1)效率高达 93.5%<br>2)集成三种时控调光方式,兼容性强<br>3)高防雷保护<br>4)超低谐波失真<br>5)IP66 & IP67<br>6)满足全球安规认证需求 | |

（续）

| 产品名称或规格型号 | 上市时间 | 公司名称 | 2019年度销售额 | 技术特点 | 产品图片 |
|---|---|---|---|---|---|
| 15. 电源配套产品 | | | | | |
| EUD系列（符合最新的CSA051技术标准） | 2018年 | 英飞特电子（杭州）股份有限公司 | 未统计 | 1）效率高达95%<br>2）LED模组提供过温保护功能<br>3）多种调光控制<br>4）光衰补偿<br>5）高防雷保护<br>6）IP67且适用于UL干燥，潮湿及多水环境<br>7）Class2&SELV | 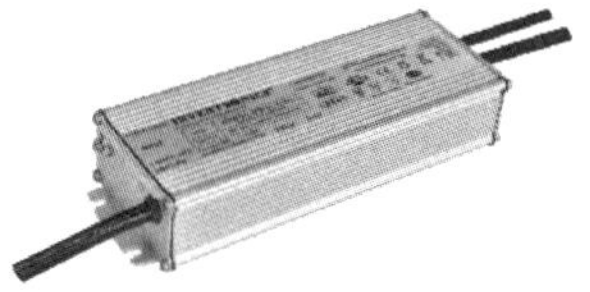 |
| 高导热高耐压电源用S系列金属基覆铜板及线路板 | 2010年 | 广东全宝科技股份有限公司 | 未统计 | 高导热、高耐压及高绝缘层可靠性，符合电源行业可靠性测试要求 | 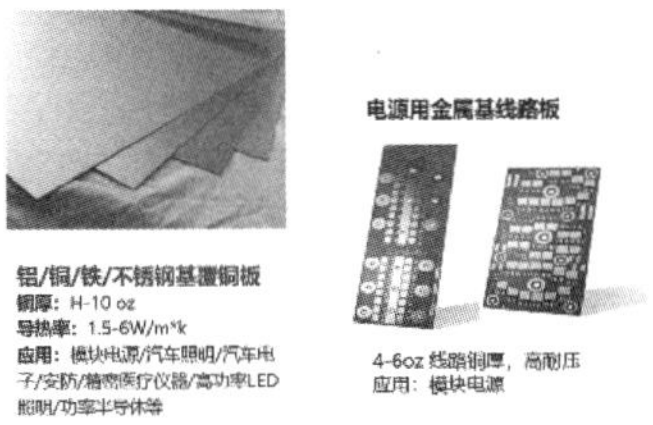 |
| R型电源变压器 | 2002年 | 马鞍山豪远电子有限公司 | 500万元 | 性能好、质量优 |  |
| E型电源变压器 | 2002年 | 马鞍山豪远电子有限公司 | 1500万元 | 性能好、质量优 | 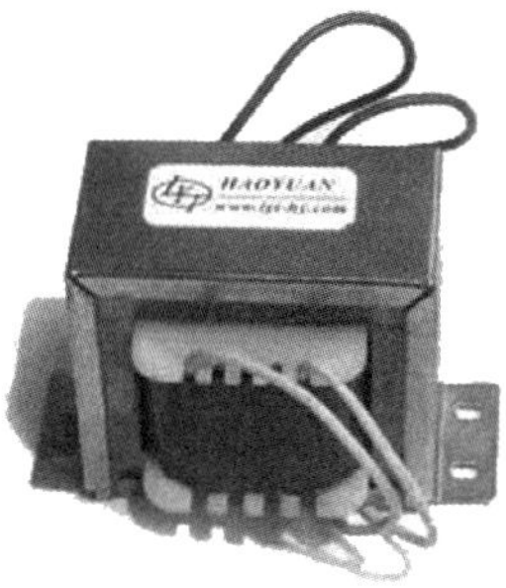 |
| 环形变压器 | 2002年 | 马鞍山豪远电子有限公司 | 1000万元 | 性能好、质量优 |  |

（续）

| 产品名称或规格型号 | 上市时间 | 公司名称 | 2019年度销售额 | 技术特点 | 产品图片 |
|---|---|---|---|---|---|
| 15. 电源配套产品 | | | | | |
| 组件及系统电源 | 2018年 | 深圳市振华微电子有限公司 | 3000万元 | 特种领域装备配套系统电源 | 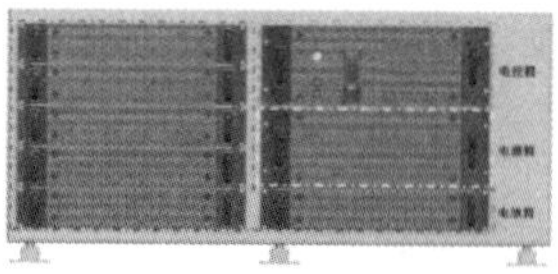   |

广东志成冠军集团有限公司
地址：东莞市塘厦镇田心工业区
邮编：523718
电话：0769-87282699
传真：0769-87927259
网址：www.zhicheng-champion.com
E-mail：liux@zhicheng-champion.com

# 岸电电源系统

2019年销售额：1000万元

## 产品简介：

岸电电源系统是指具有变频变压能力或具备多频多压能力的船舶岸电，安放于港口码头，为集装箱、客滚船、邮船、客运、干散货船及各种专用船舶等提供供电服务，分为高压（或称中压）船舶岸电和低压船舶岸电。

## 产品创新性：

具有V/F分离控制；恒频稳压输出；一键并网，软件逆功率控制；逆变器采用模块化模式和支持多机并联的应用等特点。

## 产品面向市场：

特种行业，港口。

## 主要参数：

高压岸电电源主要指标

| 型号 | 参数 | CP-SPS1600H | CP-SPS2000H | CP-SPS3000H | CP-SPS5000H |
|---|---|---|---|---|---|
| 岸侧输入 | 额定输出容量/kVA | 1600 | 2000 | 3000 | 5000 |
| | 输入电压 | 10kV，50Hz，三相 | | | |
| | 电压范围 | 10kV±10% | | | |
| | 频率范围 | 50Hz±5% | | | |
| | 输入谐波 | THD≤3% | | | |
| | 脉冲输入 | 36路脉冲输入 | | | |
| 船侧输出 | 输出电压 | 6.6kV±2%（0~100负载）三线三相制 | | | |
| | 输出频率 | 60Hz±0.5% | | | |
| | 输出容量/kVA | 1600 | 2000 | 3000 | 5000 |
| | 输出电流/A | 140 | 175 | 262 | 437 |
| | 过载能力 | 110负载1h，150%60s，180%瞬时保护 | | | |
| | 效率 | 96% | | | |
| | 岸侧与船侧接入方式 | 带电连接或不带电连接 | | | |
| 其他 | 噪声 | <60dB（A） | | | |
| | 冷却方式 | 强迫分冷 | | | |
| | 运行环境 | 温度0~50℃，相对湿度≤98%，能适应极强盐雾及海洋性气候 | | | |
| | 海拔 | <1000m | | | |

# 高压直流供电系统

科华恒盛股份有限公司
地址：厦门火炬高新区火炬园马垄路457号
邮编：361006
电话：0592-5160516
传真：0592-5162166
网址：www.kehua.com.cn

## 产品简介：

科华恒盛股份有限公司自主研发高压直流供电系统由供配电系统、机柜系统、监控系统组成。功率部分采用标准模块化设计，可灵活配置系统容量，根据系统容量的不同分为组合式和分体式，其中组合式系统最大容量为210kW，分体式系统最大容量为720kW。2019年，高压直流供电系统关键技术的研究及应用荣获第五届中国电源学会科技进步奖一等奖。

## 产品创新性：

科华恒盛股份有限公司高压直流供电系统采用自适应功率因数校正算法和智能休眠算法，电网侧指标高，适应能力强，系统运行经济、可靠。

● 采用自适应算法的功率因数校正技术，实现大规模并联情况下电网侧的优异指标与高适应性，满载THDI小于3%，半载THDI小于5%。

● 采用低冲突数据流控制与实时竞争机制结合的软件抗扰技术，以及适应多种总线架构的硬件抗扰技术等多重抗扰技术的CAN通信架构，实现大规模电源系统的高可靠并联运行。

● 采用智能休眠算法的节能技术，通过分析负载波动规律、电池健康状况、电网可靠性，结合功率模块的运行特点控制功率模块休眠，使系统工作在最佳效率，从而达到经济运行的目的。

## 产品面向市场：

金融/数据中心，电信/基站。

## 主要参数：

| 主要技术指标 | | 高压直流电源系统 |
|---|---|---|
| 输入特性 | 电流谐波含量 | 满载≤3%<br>半载≤5% |
| | 输入电压波形失真度 | 2.31% |
| | 输入频率及变动范围 | 缺相保护40~66Hz |
| 输出特性 | 输出电压范围 | 185~290V可调 |
| | 输出电流等级 | 400~1200（组合式）<br>400~1200（分立式） |
| | 输出限流 | 额定电流×（20%~110%） |
| | 稳压精度 | ≤±0.2% |
| | 纹波 | ≤0.13% |
| | 效率 | 96.6%（满载）<br>97.0%（半载） |

SANTAK
An Eaton Brand

山特电子（深圳）有限公司
地址：广东省深圳市宝安区72区宝石路8号
邮编：518101
电话：0755-27572666
传真：0755-27572730
网址：www.santak.com.cn
E-mail：UPSService@eaton.com

# 灵霄系列不间断电源PT3000

2019年销售额：422万元

## 产品简介：

灵霄系列UPS 采用在线双变换架构，可提供标准的正弦波输出。其安装方式灵活，适用标准机架式安装或者塔式安装。灵霄系列UPS 注重为各种环境的应用提供丰富的选配件及智能管理方案，配置输出负载分类管理、智能通信卡、远程开关机、手动维修旁路及PDU等广受业界欢迎的功能。其配套的电源管理软件IPP/IPM 不仅能满足传统的电源管理需求，更深度兼容各种虚拟化服务器平台，可有效提升IT管理的安全性和便捷性。

## 产品创新性：

低损耗，高功率密度

● 更高的效率，更小的体积。全系列输出功率因数为1，10kVA双转换模式效率高达95%，机架式安装时高度2U，深度小于600mm。

输出负载分类管理

● 可对不同的负载进行分级管理，更重要的负载优先获得后备能源的支持。

友好的环境适用性

● 全系列采用有源功率因数校正技术，对电网无污染。低噪声设计，1~3kVA噪声低于40dB，达到办公环境的标准。电路板防尘防腐喷漆工艺，适应更恶劣的环境应用。50℃高温环境测试，拓展应用场景。多种输入输出配置方式，可根据现场实际情况将输入输出调整为单相或者三相。机架式安装或塔式安装随意转换。

## 产品主要面向市场：

金融/数据中心，电信/基站，工业/自动化，制造、加工及表面处理，照明，轨道交通，计算机，消费电子，特种行业。

## 主要参数：

| 产品型号 | PT 1K/2.2K/3K | PT 6K/6KS/10K/10KS31 | PT15KS | PT20KS |
|---|---|---|---|---|
| 输出 | | | | |
| 额定容量 | 1kVA/2.2kVA/3kVA | 6kVA/10kVA | 15kVA | 20kVA |
| 输出功率因数 | 1 | | | |
| 输出额定电压 | 220V/230V/240V | | 单相220V/230V/240V，三相380V/400V/415V | |
| 输出电压精度 | ±1% | | | |
| 额定输出频率 | (50/60±0.1) Hz | | | |
| 输出制式 | 单相三线 | | 单相三线，三相五线 | |
| 输出电压总谐波失真THDV（线性负载） | ≤1% | | | |
| 波峰因数比 | ≥3 | | | |
| 在线双转换模式效率 | 92%/93%/94% | 95% | 96% | |
| 经济模式效率 | 97%/98% | 98% | 99% | |
| 过载能力 | 125%，10分钟 | | | |

# HKA09020045-2V

深圳市航嘉驰源电气股份有限公司
地址：深圳市龙岗区坂田街道航嘉工业园
邮编：518129
电话：0755-89606833
网址：www.huntkey.com
E-mail：secy4@huntkey.net

2019年销售额：1000万元

## 产品简介：

高度电子化的现代社会，很多人拥有不止一两件数码设备，手机、平板电脑、游戏机、相机等都需要及时充电，而且当下越来越多的笔记本电脑加入USB-C PD供电，大家对多端口大功率充电器的需求越来越高。深圳市航嘉驰源电气股份有限公司的这款95W充电器具备一个USB-C端口与两个USB-A端口，USB-C端口支持87W PD输出，能满足大多数笔记本电脑的供电，特别是苹果设备的充电需求。两个USB-A端口提供单路5V/1.2A，双路5V/1.6A的充电功率，完美解决了数码产品多的问题。同时此款电源通过了USB-IF认证，可为市场上主流的笔记本电脑和绝大多数手机充电。

## 产品创新性：

产品采用了堆叠结构、红铜散热、CCM PFC、功率集成等多种创新技术。其中功率集成技术将一个连续模式(CCM) PFC控制器、栅极驱动器和600 V功率MOSFET集成在一个薄型功率封装中。不需要额外的PFC开关管，PFC电感不需要额外的辅助绕组，PFC电路大为简化，极大地缩小了产品尺寸。

通过这些创新技术，此款产品在输出功率为95W的情况下，做到了整机高达8.7W/in$^3$的高功率密度，便携式折叠PIN设计，多端口输出。是当前尺寸最小的1C+2A，95W，PD充电器。

## 产品面向市场：

计算机，消费电子，数码设备。

## 主要参数：

输入电压：AC 90~264V
输入频率：50/60Hz
输出功率：95W
输出电压：USB-C 5V/3A，9V/3A，15V/3A，20V/4.35A
USB-A 5V1.2A（单端口）
USB-A 5V1.6A（双端口）
输出效率：≥88%
产品尺寸：76.5mm×76.5mm×30.5mm

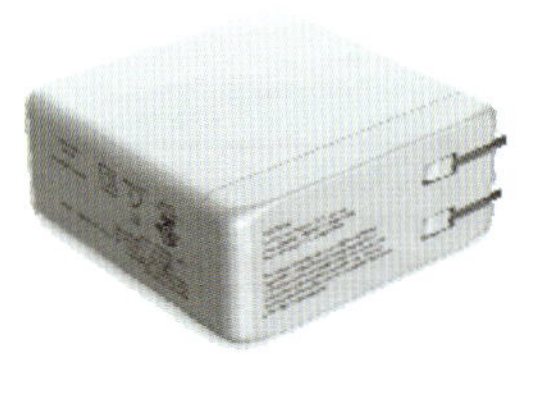

INOVANCE
汇川技术

深圳市汇川技术股份有限公司（苏州汇川联合动力系统有限公司）
地址：江苏省苏州市吴中区天鹅荡路52号
邮编：215100
电话：0512-62856735
网址：http://automotive.inovance.cn/

# PC31

## 产品简介：

PC31为DCDC加OBC的二合一电源产品，已经取得国际知名客户定点，目前正在同步开发中。其体积小，安装位置灵活；轻量化，具备高功率密度；适用范围广，可用于纯电或混动车型。

## 产品创新性：

- 全车规设计，高可靠性；
- 支持UDS诊断，CAN FD通信；
- 支持AUTOSAR定制开发；
- 支持功能安全定制开发。

## 产品面向市场：

新能源。

## 主要参数：

OBC额定功率：6.6kW（充电）/3.3kVA（放电）
DCDC额定功率：3kW
EMC：Class 3
效率：95%@OBC，96%@DC

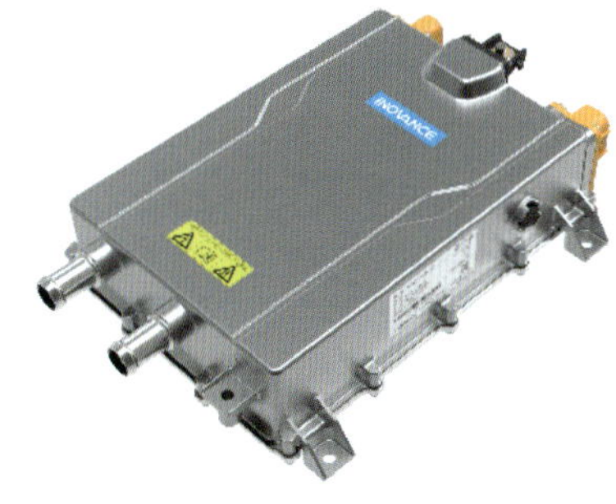

# Q80SV系列 150W 超宽范围输入轨道交通DC-DC变换器

**台达电子企业管理（上海）有限公司**
地址：上海市浦东新区民雨路182号
邮编：201209
电话：021-58635678
网址：www.delta-china.com.cn/
E-mail：dcdc@deltaww.com

## 产品简介：

Q80SV系列具有超宽的输入电压范围（14.4~170V稳态，12~14.4V及170~200V瞬态1s），多个输出电压可选择（5V、12V、15V、24V、54V），输出功率为150W。产品广泛应用于各类轨道交通电子设备中，功率转换效率高达90%，产品的工作温度范围为-40～+105℃，能在极端高温环境下工作。

Q80SV系列具有多种保护功能，比如过电压保护、过电流保护、过温保护、输入欠电压保护。产品除了符合UL60950-1和62368-1安全标准，同时还符合EN50155轨道行业标准，以及满足EN45545-2防火阻燃性及烟雾毒性安全标准。

## 产品创新性：

14.4~170V超宽输入电压范围，可以同时满足24V/36V/48V/72V/110V等多种轨道交通输入电压的应用需求，实现一器转换与多板兼容的灵活变压应用。

## 产品面向市场：

轨道交通。

## 主要参数：

| 技术参数 | | Q80SV05030 | Q80SV12013 | Q80SV15010 | Q80SV24006 | Q80SV54003 |
|---|---|---|---|---|---|---|
| 输入电压范围 | 稳态 | DC14.4～170V | | | | |
| | 瞬态 | 12～14.4V/s，170～200V/s | | | | |
| 效率 | 110V（in）满载 | 88.3% | 90.0% | 89.5% | 89.3% | 89.1% |
| 输出电压 | | 5V±1% | 12V±1% | 15V±1% | 24V±1% | 54V±1% |
| 输出电流 | | 0～30A | 0～12.5A | 0～10.0A | 0～6.3A | 0～2.8A |
| 原副边隔离电压 | | DC 4242V | | | | |
| MTBF | | $5.97\times10^5$h | | | | |
| 重量 | | 88g | | | | |
| 海拔 | | 5000m | | | | |
| 保护功能 | | 过电压保护，过电流保护，过温保护，输入欠电压保护 | | | | |
| 安全标准 | | UL60950-1、62368-1、EN50155、EN45545-2 | | | | |

**阳光电源 SUNGROW**

**阳光电源股份有限公司**
地址：安徽省合肥市高新区习友路1699号
邮编：230088
电话：0551-65327878
网址：www.sungrowpower.com
E-mail：sunwenhua@sungrowpower.com

# SG225HX

## 产品简介

SG225HX为全球大功率的1500V组串逆变器，由多项核心专利技术打造而成，具有少投资、多发电、高防护、低运维等性能优势，让客户以更少的投资发更多的电，堪称平价上网利器。

## 产品创新性：

● 该产品最大输出功率为248kW，是目前全球大功率的1500V组串逆变器，新品电压等级和功率的提高，也使得系统逆变器、变压器等设备的投资成本大幅度降低。

● 通过创新的电路拓扑、高集成度的半导体模块以及专利控制算法等先进技术，同等功率下，新品体积更小、重量更轻，非常适合安装维护困难的复杂应用环境。

● 沿用了阳光电源的智能风冷技术，可将逆变器内部环境温度及核心部件温度降低10～25℃，低温升、长寿命。

● 新品最大效率为99%，12路MPPT设计，可保障光伏电站在各种复杂应用场景中提升发电量。

● 整机IP66防护和C5防腐的高防护等级设计，可轻松应对各种恶劣环境，故障率更低，运维成本降低。

## 产品面向市场：

新能源。

## 主要参数：

| 产品型号 | SG225HX |
|---|---|
| 输入（直流） | |
| 最大输入电压 | 1500V |
| 最小输入电压/启动电压 | 500V/500V |
| 额定输入电压 | 1080V |
| MPPT电压范围 | 500~1500V |
| 满载MPPT电压范围 | 860~1300V |
| MPPT数量 | 12 |
| 每路MPPT最大输入组串数 | 2 |
| 最大输入电流 | 312A（12×26A） |
| 输入端子最大允许电流 | 30A |
| 最大直流短路电流 | 480A（12×40A） |
| 输出（交流） | |
| 额定输出功率 | 225kW |
| 最大输出功率 | 247.5kW |
| 最大输出视在功率 | 247.5kW |
| 最大输出电流 | 178.7A |
| 额定电网电压 | 3/PE，800V |
| 电网电压范围 | 640~920V |
| 额定电网频率 | 50Hz/60Hz |
| 电网频率范围 | 45～55Hz/55～65Hz |
| 总电流波形畸变率 | <3%（额定功率下） |
| 直流分量 | <0.5%In |
| 功率因数 | >0.99（额定功率下） |
| 功率因数可调范围 | 0.8超前～0.8滞后 |
| 谐电相数/输出端相数 | 3/3 |
| 效率 | |
| 最大效率 | 99.01% |
| 中国效率 | 98.52% |

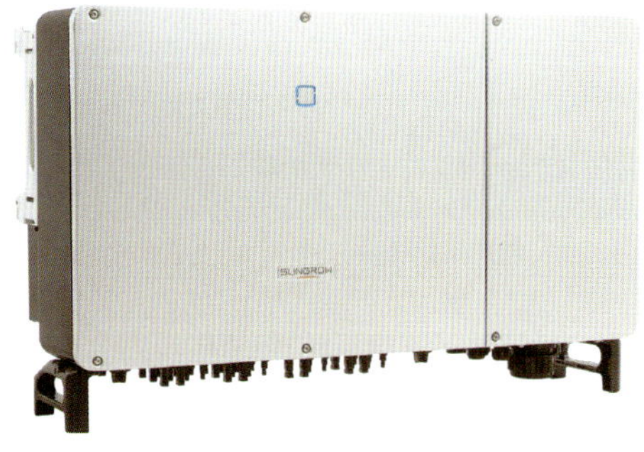

# −48V直流电源系列

**中兴通讯股份有限公司**
地址：深圳市南山区西丽留仙大道中兴通讯工业园
邮编：518055
电话：+8618575586592
网址：www.zte.com.cn
E-mail：Li.li51@zte.com.cn

## 产品简介：

中兴通讯提供全系列的−48V电源系统，容量从600W～240kW，结构形式包括组合式、嵌入式、壁挂式、分立式等，可满足各种容量及各种场景对直流电源的需求。

中兴通讯股份有限公司提供的直流电源系统具备高可靠性、高效率、高功率密度的特点。产品经过严格的实验室检验和长期的市场应用，24年持续不间断的产品研发投入和市场应用，确保了产品的可靠性。全系列产品的峰值效率均达到96%以上，节省能耗。3000W的模块功率密度达50W/in$^3$，为行业领先水平。

## 产品创新性：

- 新一代3000W的模块峰值效率高达98.1%，行业领先；
- 新一代3000W的模块功率密度高达50W/in$^3$，行业领先；
- 新一代室外pad电源，IP防护等级达到IP66，行业领先；
- 铁塔共享电源，具备多用户计量、多用户下电管理等功能。

## 产品面向市场：

电信/基站。

## 主要参数：

| 参数 | 描述 |
|---|---|
| 产品版本号 | ZXDU68 T601（V5.0R09M01） |
| 系统配置 | |
| 整流器 | ZXD3000，最大配置12个 |
| 监控型号 | CSU501B |
| 交流输入 | |
| 输入制式 | 三相五线制（L1/L2/L3/N/PE） |
| 输入电压范围 | 相电压AC 85～295V（AC 176~295V可带满载） |
| 交流防雷 | C级，通流量$I_{max}$=40kA（8/20μs） |
| 输入功率因数 | 额定负载条件下，输入功率因数≥0.998 |
| 直流输出 | |
| 最大输出电流 | 600A |
| 效率 | ≥94%（50%～100%负载率） |
| 额定输出电压 | −58～−43.2V可调 |
| 直流防雷 | 15kA防雷模块 |
| 工作环境 | |
| 工作温度范围 | −40~+75℃ |
| 储存温度范围 | −40~+85℃ |
| 尺寸重量 | |
| 尺寸($W$×$D$×$H$) | 600mm×400mm×1600mm |
| 重量 | 约73kg（不包含整流器的重量） |

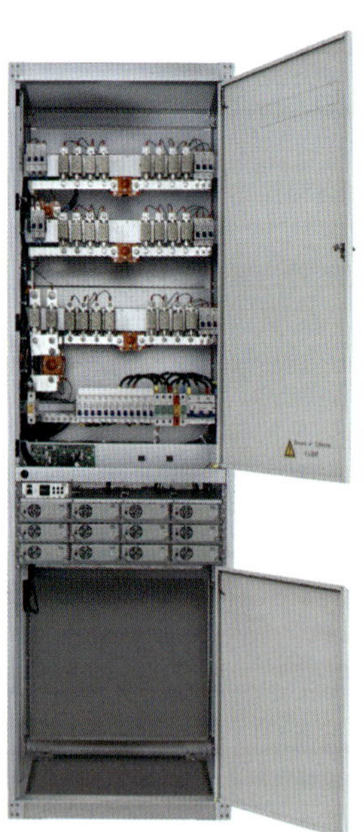

**安泰科技股份有限公司非晶制品分公司**
地址：北京市海淀区永丰基地永澄北路10号B区
邮编：100094
电话：58712641
传真：58712642
网址：www.atmcn.com/fjjssyb/
E-mail：nano@atmcn.com

# 纳米晶带材

2019年销售额：11018万元

## 产品简介：

Antainano®纳米晶带材主要由铁、硅、硼、铜、铌等元素组成，在$10^6$℃/s的冷却速度下制备，经特定退火工艺处理后，获得具有超细尺寸晶粒（约10nm）的软磁合金材料。

此类新型金属功能材料的显著特点是：生产制造流程短，一步成型，节约能耗；其突出优点在于兼备了铁基非晶合金的高饱和磁感应强度（$B_s$）及钴基非晶合金的高磁导率和低损耗，能够很好地满足高频低损耗的性能要求。主要用于制作高端共模电感、高频变压器、各类电流互感器以及高端磁放大器等产品；相关铁心器件主要应用于新能源汽车电能管理系统、驱动系统、手机无线充电模块、轨道交通、除尘电源、光伏发电并网逆变器、数字电子产品、电网中的智能电表等，以满足电力电子技术向高频、大电流、小型化、节能等发展趋势的要求。

## 产品创新性：

- 高饱和磁感/高磁导率/低损耗；
- 超薄:厚度可达14μm；
- 超宽:宽度最大可达80mm。

## 产品面向市场：

轨道交通，充电桩/站，车载驱动，新能源，消费电子，环保/节能，工业电源，电力电气。

## 主要参数：

| 材料牌号 | 居里温度 | 晶化温度 | 密度/(g/cm$^3$) | 电阻率/(μΩ·cm) | 饱和磁感应强度/T | 饱和磁致伸缩系数 |
|---|---|---|---|---|---|---|
| 1K107系列 | 约570℃ | 约530℃ | 7.20 | 120 | 1.25 | $<1\times10^{-6}$ |
| 低磁导 | 约560℃ | 约510℃ | 7.20 | 120 | 1.10~1.30 | $<1\times10^{-6}$ |

# 燃料电池DC-DC变换器

2019年销售额：2000万元

北京动力源科技股份有限公司
地址：北京丰台科技园星火路8号
邮编：100070
电话：010-83682266
网址：www.dpc.com.cn
E-mail：dpczl@dpc.com.cn

## 产品简介：

DC-DC变换器作为氢燃料电池发动机系统的关键部件，用于将燃料电池输出的低压直流电升压为高压直流输出，为电动汽车提供电能，同时为动力电池充电。

DC-DC变换器通过多燃料电池发动机输出功率的精确控制，实现整车动力系统之间的功率分配以及优化控制，可适配多种电池类型。

## 产品创新性：

- 输入端与输出端电气隔离；
- 系统瞬态响应快速良好；
- 谐振软开关技术，升压变比高达1∶12；
- 功率密度高达96%以上；
- 安全高效、智能灵活。

## 产品面向市场：

车载驱动，新能源。

## 主要参数：

| 技术参数 | | | | | | |
|---|---|---|---|---|---|---|
| 型号 | DFD30-60 | DFD36-120 | DFD40-90 | DFD50-110 | DFD65-180 | DFD80-200 |
| 额定工作点 | 60V×500A | 120V×300A | 80V×487A | 110V×470A | 180V×360A | 200V×400A |
| 输入电压范围/V | DC 60~120 | DC 120~240 | DC 80~160 | DC 80~180 | DC 170~300 | DC 130~300 |
| 最大输入电流 | 550 | 300 | 487 | 470 | 420 | 420 |
| 输入额定功率（最大功率）/kW | 30 | 36 | 40 | 50 | 65 | 80 |
| 输出电压范围 | 匹配整车动力电池电压范围,额定电压范围DC 250~750V（支持定制） | | | | | |
| 额定点效率 | 98% | | | | | |
| 辅电输入电压/V | DC 10~36 | | | | | |
| 保护功能 | 输入过、欠电压保护，输入过电流保护，输出过、欠电压保护，过温保护，通信保护等 | | | | | |
| 隔离端口 | FC输入、高压输出、低压输出、辅电输入，通信口 | | | | | |
| 防护等级 | IP67 | | | | | |

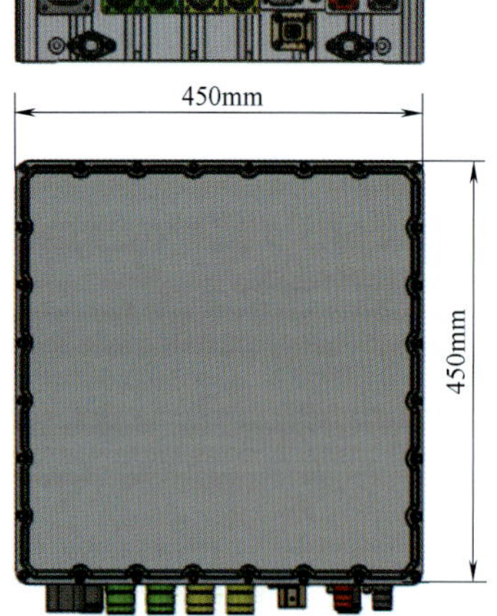


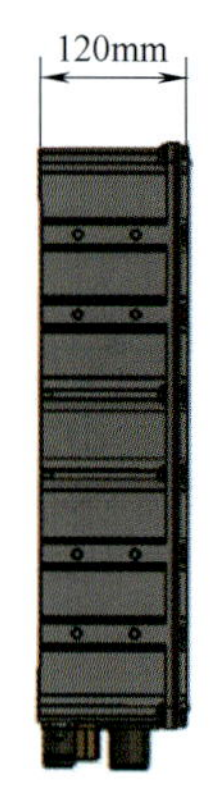


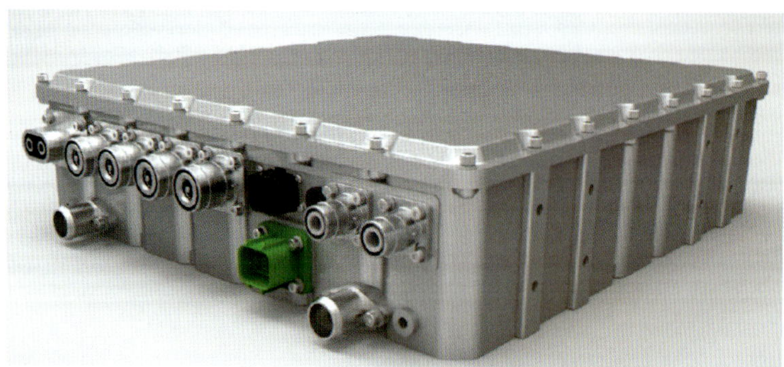

**东莞市石龙富华电子有限公司**
地址：广东省东莞市石龙镇新城区黄洲祥龙路富华电子工业园
邮编：523326
电话：0769-86022222
传真：0769-86023333
网址：www.fuhua-cn.com
E-mail：meil.zhai@fuhua-cn.com

# 医疗电源适配器+通信电源适配器

2019年销售额：8.8亿元

## 产品简介：

医疗电源功率涵盖5~350W，符合最新医疗产品安规及EMC要求——2MOPP标准及最新UL医疗认证第三版标准，有桌面式、插墙式以及可换插头等多种款式。

I.T.E.类电源功率涵盖5~350W，符合六级能效，可广泛适用于资讯/通信类设备、手机充电器、机顶盒等领域。

## 产品创新性：

引领医疗电源适配器技术前沿，最高防水要求为IP22， 2MOPP，宽输入电压范围AC80~264V等。

## 产品面向市场：

金融/数据中心，电信/基站，工业/自动化，车载驱动，新能源，消费电子。

## 主要参数：

医疗电源待机功耗小，效率高，符合能源之星第六代标准；符合2MOPP标准；产品均符合IEC60601-1，部分产品符合IEC60601-1-11，可达IP22；平均无故障时间可达10万小时；I.T.E.电源涵盖5～350W，符合IEC62368标准；同时能效满足LEVEL VI&COC V5 TIER2，雷击高达6kV。

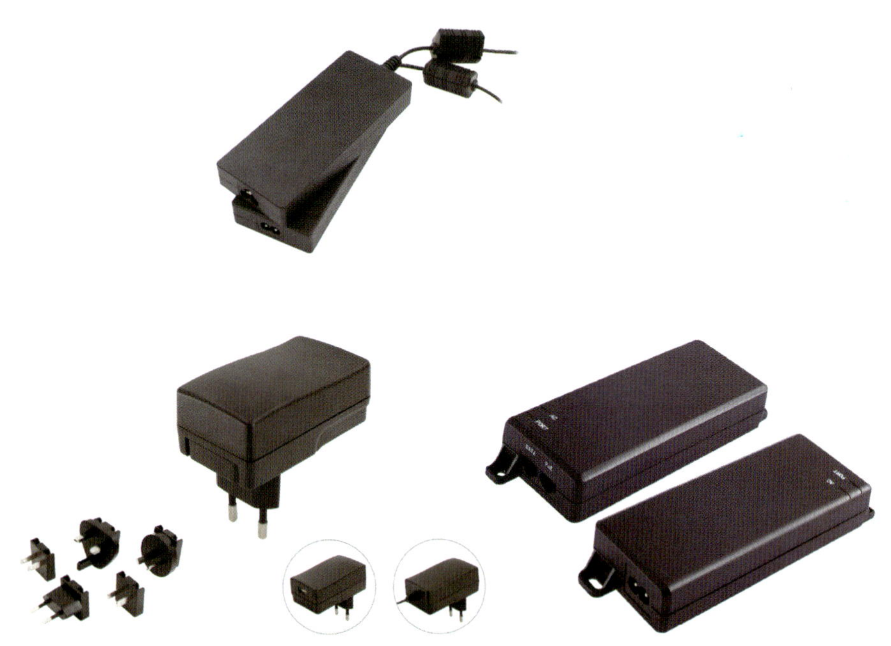

# 充配电三合一产品

**弗迪动力有限公司电源工厂**
地址：深圳市坪山新区深汕路1301号坑梓比亚迪一期综合楼
电话：0755-89888888
传真：0755-89888888
网址：www.byd.com.cn
E-mail：jiang.jingmei@byd.com

## 产品简介：

充配电总成A1产品集成双向车载充电机、DC-DC变换器和高压配电模块，搭载在BYD纯电动汽车 E1、E2和E3车型上。产品主要有4个功能：

- 充电：将电网的220V交流电转换成高压直流电给动力电池充电（OBC）；
- 放电：将高压直流电转换成220V交流电，给车内一般家用负载供电（双向OBC）；
- 低压供电：将高压直流电转换成低压直流电，给整车低压负载及蓄电池供电（DC-DC ）；
- 高压配电：通过铜排、接触器、保险等器件，将动力电池的高压直流电供给整车高压电器（高压配电模块）。

## 产品创新性：

- 平台化设计：通过拓扑集成减少功率器件，可兼容200～800V电压平台，快速适配整车，缩短开发周期，减少开发成本；
- 集成MCU：软件算法优化创新，采用单DSP控制，设计简洁，高效；
- 碳化硅技术成熟应用，成本低、体积小、性能优。

## 产品面向市场：

新能源。

## 主要参数：

| 项目 | | 6.6kW双向+DC-DC |
|---|---|---|
| 基本参数 | 电池电压范围/Vt | DC 200~460 |
| | 交流输入电压/V | 电压范围AC 85～265V，频率45～65Hz，额定220/50Hz |
| | 唤醒方式 | CP/CC/CAN |
| AC-DC | 交流最大输入电流/A | 32 |
| | 输出功率/kW | 6.6 |
| | 满载充电电压范围/V | DC 300~450 |
| | 最高效率 | >95% |
| DC-AC | 车外-输出功率/kVA | 3.3 |
| | 输入电压范围/V | DC 290~460 |
| | 输出电压/V | AC 220 |
| | 最高效率 | >94% |
| DC-DC | 额定输出电压/V | DC 13.8±2% |
| | 输出电压范围/V | DC 9~16 |
| | 输出电流/A | 额定160，峰值200 |
| | 最高效率 | >95% |

**广州金升阳科技有限公司**
地址：广东省广州市黄埔区科学城科学大道科汇发展中心科汇一街5号
邮编：510663
电话：02038601850
网址：www.mornsun.cn
E-mail：sales@mornsun.cn

# 电源模块及开关电源

2019年销售额：70667万元

## 产品简介：

- 机壳开关电源：35~350W LM/LMF系列
- AC-DC电源模块：1~240W
- DC-DC电源模块：0.25~250W、非隔离K78系列
- 隔离收发模块：CAN、485、232
- IC：电源芯片、接口芯片、接触器节电控制芯片

## 产品创新性：

DC-DC定压R4系列：采用国际最新chiplet SIP系统级集成封装技术，体积减小80%，综合解耦了体积、外观、表贴化封装、高性能和高可靠五者健的制衡，集合电路技术、工艺技术、材料技术的综合优势产品。

非隔离DC-DC电源K78-R4系列：采用国际最新chiplet SIP系统级集成封装技术，超小体积，减少焊点，简化客户生产过程，具有远程控制、输出电压调节、低待机功耗等功能。

## 产品面向市场：

电信/基站，工业/自动化，照明，轨道交通，充电桩/站，车载驱动，传统能源/电力操作，新能源，安防，环保/节能。

## 主要参数：

| | 国内平均水平 | | 国际平均水平 | | |
|---|---|---|---|---|---|
| 参数 | R1 | R2 | R3 | R3S | R4 |
| — | | | | | |
| 满载效率（%） | 76 | 80 | 84 | 83 | 87 |
| 静态功耗/mW | 145 | 100 | 25 | 90 | 35 |
| 容性负载/uF | 220 | 220 | 2400 | 2400 | 2400 |
| 隔离电容/pF | 15 | 15 | 15 | 33 | 8 |
| 短路保护 | 无 | 可持续、自恢复 | | | 可持续、自恢复 |
| 工作温度范围 | -40~85℃ | -40~105℃ | | | -40~105℃ |
| ESD | ±6kV | ±8kV | ±4kV | ±4kV | ±8kV |
| 可靠性 | — | — | AEC-Q100 | 工艺缺乏长期可靠性 | AEC-Q100 |
| 尺寸/mm×mm×mm | 12.7×11.2×6.25 | 12.7×11.2×7.25 | 13.2×11.4×7.25 | 10.6×7.5×4 | 7×9×3.1 |
| 占板面积/mm² | 142.2 | 142.2 | 150.5 | 79.5 | 63 |
| 封装工艺 | 常规工艺（灌封/塑封） | | 常规工艺（灌封） | 埋磁工艺 | 行业最新的高度集成的系统级封装 |

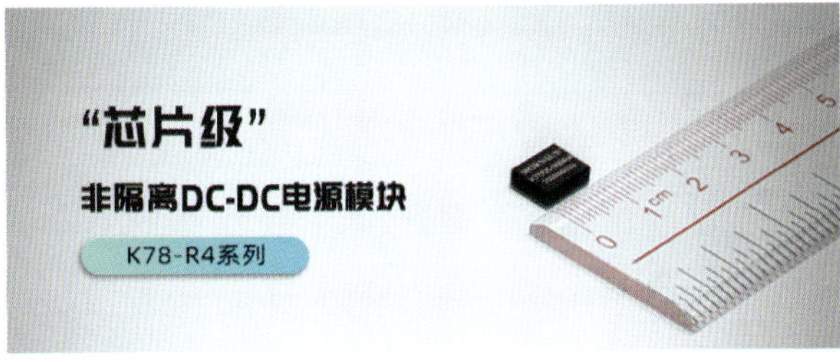


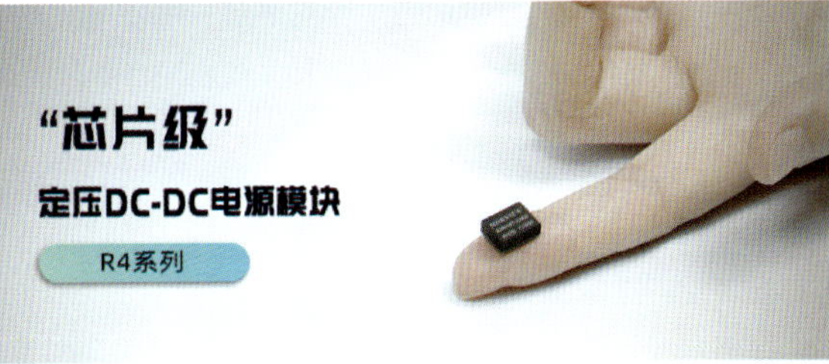

# 高速ETC门架G(S)系列户外一体化机房

2019年销售额：8000万元

航天柏克（广东）科技有限公司
地址：广东省佛山市禅城区张槎一路115号华南电源创新科技园4座
邮编：528051
电话：0757-82207158
网址：www.baykee.net
E-mail：lxd@baykee.net

## 产品简介：

基于ETC门架系统设备安装需求，集UPS、配电、锂电池、空调、监控和标准机架于一体，满足YD/T 1537—2015、YD/T 5186—2010、QZTT 2013—2016等通信系统室外一体化机柜设计规定，根据ETC门架系统设备机架占比和电池后备时间，匹配单柜、双柜、三柜共三种一体化产品。

## 产品创新性：

- 高度自制，机柜空调、UPS、锂电池。
- 军工工艺：高度防火，无砂眼，无漏氟风险，九级抗震。
- 整机经过严格振动模态分析，避免功共振。
- 机柜内部完全封闭，空调效能最大。
- 监控系统自带GPS定位系统，柜门配置电子锁，支持远程控制。

## 产品面向市场：

电信/基站，轨道交通，航空航天，特种行业。

## 主要参数：

| 名称 | 型号 | 设备描述 | 数量 | 单位 |
|---|---|---|---|---|
| 柜体 | G-YT1-R800 | 采用基材厚度1.5mm，框架2.0mm厚焊接而成，内尺寸*W*800mm×*D*1050mm×*H*1900mm，内置标准机架、照明、接地排、电子门禁锁，同时垂直线缆管理、承重层板、滑动导轨、应急排风、针孔摄像头、GPS定位器等，整柜防护等级IP55 | 1 | 个 |
| 高速ETC专用UPS电源 | HS/R-3kVA | 机架式后备电源，高度2U，支持锂电池DC 48V，功率因数1，单台可3kW长期工作可靠运行，支持最大扩充6台并机 | 1 | 台 |
| 锂电池（4小时后备） | BK48100 | 机架式锂电池包，48V100A·h高度3U，自带BMS系统，监测锂电池电压、电流、内阻、温度、容量等各种状态参数，配置防盗功能 | 2 | 套 |
| 配电单元 | PD-6kVA | 输入双路支持发电机接入，主路带自动重合闸功能，下设交流、直流输出支路，配置智能交直流浪涌保护器、漏电保护器、火灾报警器等 | 1 | 套 |
| 机柜空调 | BK-RAC800 | 一体化交流空调无外机，制冷功率800W，嵌入式安装，可与应急排风系统联动，防护等级IP55，噪声小于600B | 1 | 台 |
| 机柜空调 | BK-RDC600 | 一体化直流空调无外机，制冷功率600W，嵌入式安装，可与应急排风系统联动，防护等级IP55，噪声小于600B | 1 | 台 |
| 监控系统 | IMDS-GS | 含1U监控主机，对整柜进行电能管理、电能监测、供电监测、门禁管理、门磁监测（防盗）、锂电池、后备电源、防盗监控抓拍等，支持远程管理、移动端管理，同时提供标准通讯协议和接口供第三方监控 | 1 | 套 |

CETC 合肥华耀电子工业有限公司 ECU ELECTRONICS INDUSTRIAL CO.,LTD.

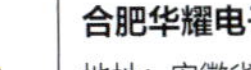

合肥华耀电子工业有限公司
地址：安徽省合肥市蜀山区淠河路88号
邮编：230031
电话：0551-62731110
传真：0551-68124419*0
网址：www.ecu.com.cn
Email：sales@ecu.com.cn

# 特种电源及系统集成供电解决方案

2019年销售额：45200万元

## 产品简介：

合肥华耀电子工业有限公司可提供从配电到AC-DC、DC-DC变换的系统集成供电解决方案，这套电子设备供配电电源系统可根据用户的用电特点、需求和整机的架构方式实现供配电方案的最优化设计，达到精简的供电解决方案，实现成本优化。同时，电源系统的软件化、智能化程度高，具备高效率、高功率因数、高可靠性、电磁兼容性好、拓展性好、动态响应快等优点。

## 产品创新性：

- 采用集中整流、分散稳压，降低损耗，电源和负载做到高度集成化。
- 高效率：最高效率可到90%，高功率因数：≥0.95。
- 高可靠性、谐波含量低、电磁兼容好、拓展性好、动态响应快。
- 精简的供电解决方案，实现成本优化。

## 产品面向市场：

航空航天，安防，环保/节能，特种行业。

## 主要参数：

整体构架：系统配电：智能化。

AC-DC，DC-DC变换：负载高度集成化，效率≥90%，高功率因数≥0.9，高可靠性，电磁兼容性好，拓展性好，谐波含量低。

系统控制平台：数据信号采集，软件化、智能化控制功能，实现远程控制。

## 主要用途：

- 满足客户的定制化需求。
- 控制智能化、触摸显示功能，实现远程控制。
- 重量、空间优化，兼容性好。
- 实现成本优化，达到最高的性价比。

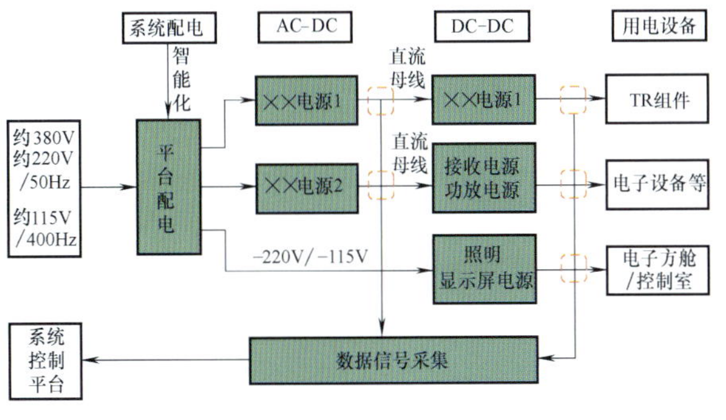

# DJW、SJW-WB系列微电脑无触点补偿式电力稳压器

2019年销售额：20310万元

鸿宝电源有限公司
地址：浙江省乐清市象阳工业区
邮编：325619
电话：0577-62762615
传真：0577-62777738
网址：www.hossoni.com
E-mail：774058299@qq.com

## 产品简介：

SJW系列微电脑无触点补偿式电力稳压器采用高速DSP芯片为控制核心，利用运算计量控制技术、快速交流采样技术、有效值校正技术、电流过零切换技术和快速补偿稳压技术，将智能仪表、快速稳压和故障诊断结合在一起，实现了全无触点控制，使得产品精密安全、高效、节能、环保。

产品广泛应用于工业、交通、邮电、国防、铁路、科研等领域的大型机电设备、金属加工设备、生产流水线、电梯、医疗器械、刺绣轻纺设备、空调、广播电视、家用电器及大楼照明等需要稳定电压的用电环境中。

## 产品创新性：

采用DSP芯片作为主控核心全数字化控制；采用电力电子器件全无触点调压，稳压精度可达±1%，响应速度可高达40ms，有效功率可达99%；采用过零电流切换技术使得输出波形无畸变无断流无浪涌等。

## 产品面向市场：

金融/数据中心，电信/基站，工业/自动化，制造、加工及表面处理，照明，轨道交通，传统能源/电力操作，新能源，计算机，消费电子。

## 主要参数：

说明附表：

| 产品型号： | SJW-WB***VA | |
|---|---|---|
| 额定容量： | 50~1000kVA | |
| 相数： | 三相 | |
| 输入稳压范围： | □220V □380V □400V<br>其他： | □±15% □±20% □±25% □±30%<br>其他： |
| 输出电压： | □220V □380V □400V 其他： | |
| 稳压精度： | □±1% □±3% □±5% （可设置） | |
| 效率： | ≥98% | |
| 频率： | 50Hz/60Hz | |
| 响应时间： | <40ms | |
| 绝缘等级： | E级 | |
| 绝缘电阻： | 整机对地绝缘电阻>5MΩ | |
| 绝缘强度： | AC2500V/min无飞弧放电、无击穿 | |
| 输出波形： | 输出波形无畸变，无谐波增量 | |
| 瞬时过载能力： | 2倍额定电流 | |
| 显示方式： | LCD显示 | |
| 工作方式： | 长期连续运行 | |
| 保护功能： | 过载、过电压、欠电压、短路、缺相、相序、过温 | |
| 散热方式： | 强迫风冷 | |

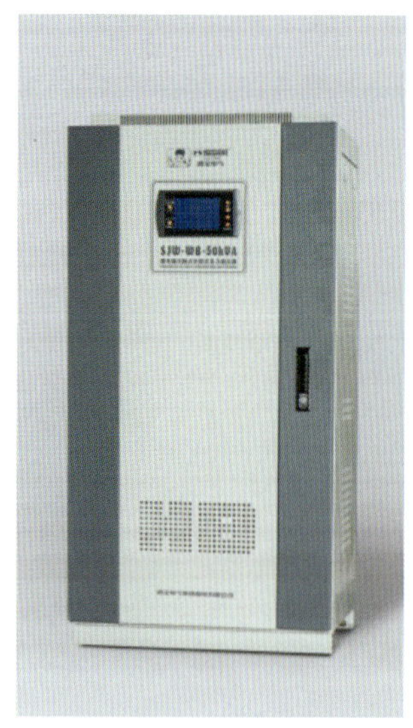

**华东微电子技术研究所**
地址：安徽省合肥市蜀山区合欢路19号
邮编：230088
电话：0551-65743713
网址：www.cetc43.com.cn
E-mail：info43@163.com

# DC-DC电源

2019年销售额：1326.53万元

## 产品简介：

抗浪涌DC-DC变换器现有输出功率为6W、20W、40W、65W四大系列的厚膜混合集成抗浪涌电源产品。

## 产品创新性：

全系列产品主要采用单端反激式电路拓扑，外形结构采用双列直插及扁平式金属全密封。

## 产品面向市场：

工业/自动化。

## 主要参数：

输入电压范围为15～50V，并可承受80V/1s的浪涌电压，产品的启动电流小。前端有抗浪涌模块，产品体积小，输出功率大，可同时承受80V/50ms、8V/50ms的浪涌电压。

# 电压暂降治理系统

2019年销售额：8000万元

南京国臣信息自动化技术有限公司
地址：江苏省南京市江宁区福英路1001号联东U谷9号楼
邮编：211100
电话：025-52162458
传真：025-84488904
网址：www.gc-bank.com
E-mail：meizhonghua@gc-bank.com

## 产品简介：

本产品基于先进的电力电子技术、储能技术、信号快速检测技术，当电网发生电压暂降时，实现对敏感工艺和设备的快速保护，保障其稳定连续运行。本产品已广泛应用在各种工业自动化生产线，最长运行时间超过10年，为用户挽回了大量的经济损失，保障了生产安全。经过10多年的发展和不断升级，本产品已成为业内成熟、应用广、性价比高的产品。

## 产品创新性：

首次提出基于直流支撑的技术路线，并得到成功应用；模块化设计、集散式布局，便于安装和运行维护；首次完整地提出直流系统的故障类型及演化关系，并研制了相应的直流保护产品，确保整个系统的安全运行。

## 产品面向市场：

工业/自动化，制造、加工及表面处理，特种行业。

## 主要参数：

| 设备种类 | 直流型电压暂降治理装置（VSP） | | | |
|---|---|---|---|---|
| 型号 | GC-SGS/VSP-22MA | | GC-SGS/VSP-22MD | |
| 功率 | 2.2～22kW | 30～45kW | 5.5～355kW | 400～500kW |
| 尺寸 | 1600mm×800mm×800mm（一面柜） | 2260mm×600mm×800mm（两面柜） | 2260mm×800mm×800mm（两面柜） | 2260mm×1000mm×800mm（三面柜） |
| 输入 | AC 76~420V（不带储能） | | DC 160~500V（带储能） | |
| 输出 | DC 500V±5%可调 | | DC 480V±5%可调、DC 750~1150V可调 | |
| 保护深度 | 0.2pu（电压暂降） | | 0pu（电压中断） | |
| 支撑时间 | 1～60s | | 1~300s | |
| 防护等级 | IP40~54 | | IP40~52 | |
| 切换时间 | ≤200μs | | | |
| 效率 | ≥98% | | | |
| 其他功能 | 自检功能、告警和事件记录功能、短路保护、过电流保护、变频器联锁、数据通信（RS485、MODBUS） | | | |
| 环境温度 | -20～+55℃ | | -10～+40℃ | |

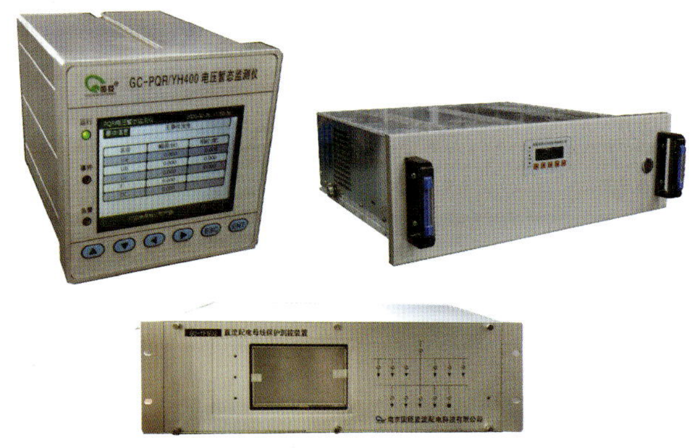

**深圳市必易微电子有限公司**
地址：深圳市南山区万科云城3期8栋33层3-4
邮编：518000
电话：0755-82042689
网址：www.kiwiinst.com
E-mail：joe_hsie@kiwiinst.com

# KP3110

2019年销售额：1000万元

## 产品简介：

KP3310是一款紧凑型无电感设计的线性稳压器，该产品使用独特的能量转移技术，使得线性方案能够支持全电压输入，且支持高达50mA的电流输出。该产品极大地降低了系统成本，使得整机成本可与阻容降压相媲美，但性能远优于阻容降压，在一些小型电器应用和MCU供电领域打开了巨大的市场。

## 产品创新性：

本产品突破了传统LDO的效率限制，可直接市电输入转为直流低压输出，在待机状态下损耗极小，是高精度小电流供电的高性价比方案。

超低系统成本：无电感、大电解设计
外围极简，典型电路只需3个器件
高精度 5V 、3.3V、2.7V输出
支持全压输入：AC85~305V
内置650V高压MOSFET
小于35mV待机
低纹波、低EMC噪声
内部集成完备的保护方式： 短路保护(SLP)、输出欠电压保护(UVP)、过热保护(OTP)、雷击、浪涌保护

## 产品面向市场：

工业/自动化，新能源，计算机，消费电子，安防。

## 主要参数：

输入电压：AC 85~305V，输出电压外部电阻可调：5V、3.3V、2.7V，输出电压精度：±3%，内置MOSFET耐压：650V，待机功耗：<35mW，芯片封装：SOP-8或DIP8。

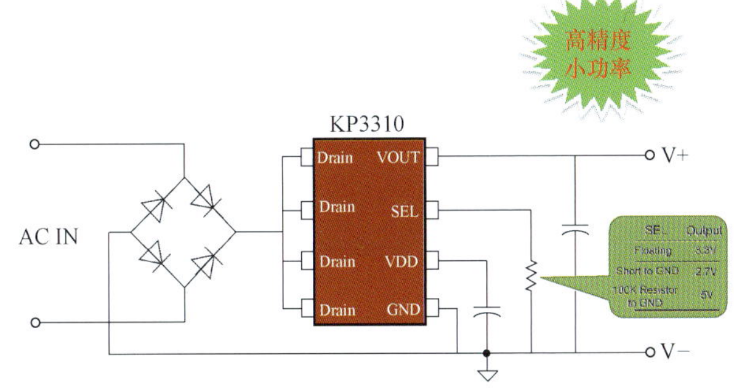


3.3V35mA线性、负载调整率

输出电压/V

负载电流/mA

AC 110V
AC 220V

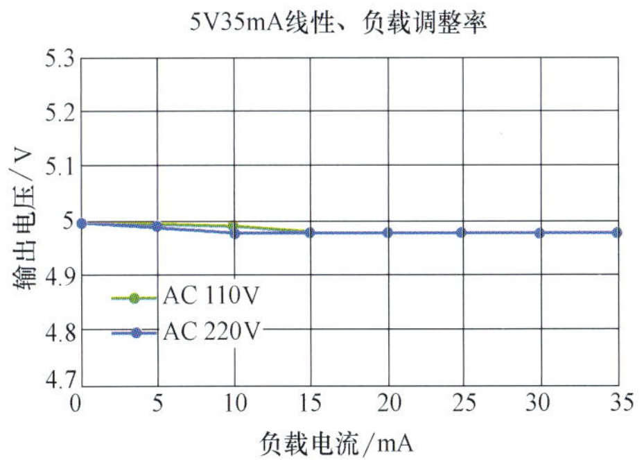

# 微模块化智能数据中心

2019年销售额：43745.58万元

深圳市英威腾电源有限公司
地址：深圳市南山区桃源街道长源社区学苑大道1001号南山智园A7栋501
邮编：518000
电话：18270822771
传真：26782664
网址：www.invt-power.com.cn/
E-mail：chinasales@invt.com.cn

## 产品简介：

英威腾微模块数据中心以客户需求为设计导向，整体建设依据GB 50174—2017数据中心设计规范/TIA-942数据中心电信基础设施标准等，产品设计以标准化、模块化为设计思路，实现工厂预制化和现场快速拼装部署。在建设数据中心基础设施投入时，前期无需将物理基础设施投入一步到位。相反，在初期建设中只需部署所需规模的数据中心，后期随着业务的增长，可以随时灵活部署与调整，确保按需规划数据中心基础设施，从而保证数据中心的效率在整个生命周期中始终达到最高，能耗最小，最终实现高效率运行。各个子系统到整体架构以及封闭冷热通道、模块化UPS、列间制冷、自然冷却联动等多种节能技术的联合应用真正实现绿色节能高效运行。

## 产品创新性：

深圳市英威腾电源有限公司微模块数据中心单机架装机容量可达6～10kW，传统数据中心单机架装容量在3～5kW，因此采用微模块建设数据中心可效降低机房的占地面积，节省40%以上的利用空间。采用标准化、模块化的架构设计，极大降低初期建设成本，节省资源，有效提高资源利用率，可实现总体运营成本降低10%左右。

## 产品面向市场：

金融/数据中心，电信/基站，工业/自动化，制造、加工及表面处理，航空航天，安防。

## 主要参数：

腾智系列：IT120C
系统整体：双排单模块尺寸（宽×深）：3600mm×$L$（$L$<15m）
　IT机柜数量：双排最大IT机柜数量36个
　支持功率：3～21kW（单机柜）
　工作环境温度：0～40℃
　工作环境湿度：5%～90%
配电系统：电压制式：三相，380V/400V/415V
　输入频率：50Hz/60Hz
　智能PDU：ePDU可选配10A/16A/32A单相（8～24位插孔）
散热系统：行级空调容量：12～35kW
　制冷方式：风冷
　空调进出风方式：前出风后回

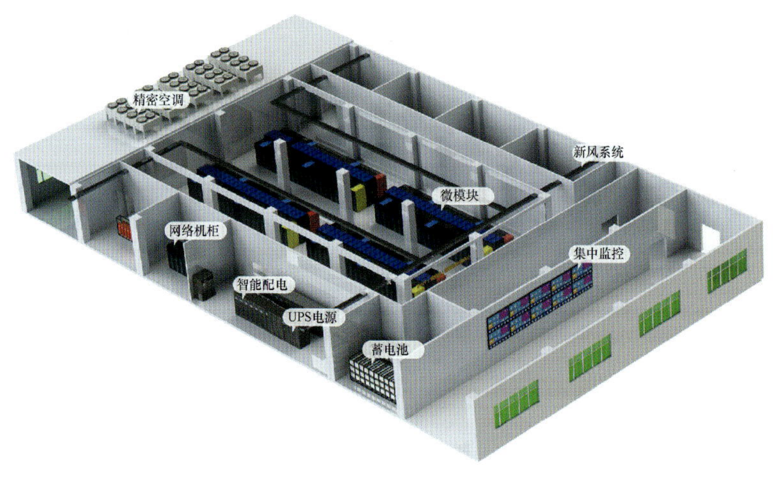

**深圳威迈斯新能源股份有限公司**
地址：深圳市南山区科技园北区高新北六道银河风云大厦5楼
邮编：518057
电话：0755-86137021
网址：www.vmaxpower.com.cn
E-mail：sales@vmaxpower.com.cn

# 6.6kW二合一充电总成

2019年销售额：73100万元

## 产品简介：

- 高功率密度，具有OBC、DC-DC和DC-AC三种功能；
- 在充电和逆变模式下，高压输出和低压输出功率可自由分配；
- 全数字控制，所有软件在线升级，维护方便；
- 体积小、重量轻、成本低。

## 产品创新性：

- 深度电路及器件集成；
- 自动功率分配；
- 全数字化控制；
- 立体散热结构。

## 产品面向市场：

车载驱动，新能源。

## 主要参数：

OBC输出功率：6.6kW
DC-AC输出功率：6.6kVA
DC-DC输出功率：2.5kW
AC电压：AC 85~265V/45~65Hz
HV电压：DC 230~450V
LV电压：DC 9~16V
冷却方式：液冷
重量：5kg
容量：3.8L

# REG系列充电模块

2019年销售额：35000万元

**深圳英飞源技术有限公司**
地址：广东省深圳市宝安区石岩街道塘头一号路领亚智慧谷春生楼一楼
邮编：518000
电话：0755-86574800
传真：518000
网址：cn.infypower.com
E-mail：sales01@infypowe.cn

## 产品简介：

REG系列充电模块是为了满足电动车充电应用而专门开发的直流充电模块。满足CE 安全规范， EN61000-6-1 和 EN61000-6-3 CLASS A电磁兼容标准，是具有国际领先水平的充电模块。

## 产品创新性：

该模块具有恒功率范围宽、效率高、功率因数高、功率密度高、可靠性高等优点。

## 产品面向市场：

充电桩/站，新能源。

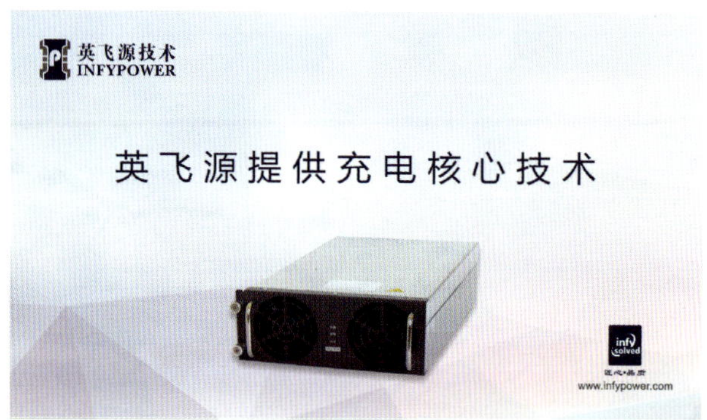

石家庄通合电子科技股份有限公司
地址：石家庄高新区漓江道350号
邮编：050000
电话：0311-86967416
传真：0311-86080409
网址：www.sjzthdz.com
E-mail：thdz@sjzthdz.com

# 电动汽车恒功率直流充电模块

## 产品简介：

采用最新的技术和工艺，在同等体积下实现了更大的输出电流，更宽的恒功率范围，提高了充电桩的利用率。

## 产品创新性：

通过电路结构、绕制件工艺等微创新，在同等尺寸下解决了宽范围恒功率带来的散热和可靠性问题，同时外形尺寸、通信协议、接插件等均满足国网最新六统一设计规范的要求。

## 产品面向市场：

新能源。

## 主要参数：

| | | |
|---|---|---|
| 交流输入 | 输入电压 | 额定电压AC 380V；三相无中线；工作范围AC 275~485V |
| | 输入频率 | （50±5）Hz |
| | 输入功率因数 | ≥0.99 |
| | 输入过电压保护 | AC 495±5V |
| | 输入欠电压保护 | AC 270±5V |
| 直流输出 | 输出额定功率 | 20kW |
| | 输出电压范围 | DC 200~750V |
| | 输出电流范围 | 2~60.6A |
| | 输出恒功率区间 | 输出DC 330~750V时，输出恒功率20kW |
| | 峰值效率 | ≥96% |
| | 软起动时间 | 3~8s |
| | 短路保护 | 自行回程保护 |
| | 稳压精度 | ≤±0.5 |
| | THD | ≤4% |
| | 稳流精度 | ≤±1% |
| | 均流不平衡度 | ≤±5% |
| 工作环境 | 工作温度 | -30~+75℃ |
| | 相对湿度 | ≤95%无凝露 |
| | 海拔 | ≤2000m，2000m以上考虑降膜 |
| 产品特性 | 散热方式 | 风冷 |
| | 待机功耗 | <10W |
| | 通信总线协议 | CAN |
| | 地址设置 | 数码屏显示按键操作 |
| | 模块尺寸（不含把手） | 长×宽×高：460mm×218mm×84mm |
| | 重量 | ≤13kg |
| | MTBF | 500000h |

# PN8611超低待机功耗原边反馈交直流转换器

2019年销售额：200万元

无锡芯朋微电子股份有限公司
地址：江苏省无锡市新吴区龙山路2-18-2401、2402
邮编：214028
电话：0510-8217718
网址：www.chipown.com
E-mail：sales-xp@chipown.com.cn

## 产品简介：

PN8611集成超低待机功耗原边控制器、FB下偏电阻和电容、VDD供电二极管、CS电阻及650V高雪崩能力智能功率MOSFET，用于高性能、外围元器件超精简的充电器、适配器和内置电源。PN8611为原边反馈工作模式，可省略光电耦合器TL431。内置高压启动电路，可实现芯片空载损耗（AC230V）小于50mW。在恒压模式，采用多模式技术提高效率并消除音频噪声，使得系统满足Ⅵ级能效标准，内置输出线补偿功能使系统获得较好的负载调整率。该芯片提供了极为全面的智能保护功能，包含逐周期过电流保护、过电压保护、开环保护、过温保护和输出短路保护等。

## 产品创新性：

- 高集成度：仅两颗外围，一颗供电电容，一颗调节输出电压的反馈电阻；
- 高恒压恒流精度：利用CP trim和FT trim技术，实现CC/CV 3%精度；
- 高可靠性：精准实现变压器open/short保护以及市电欠、过电压保护；
- 高转换效率：多工作模式轻松满足COC V5 Tier 2能效标准；
- 卓越EMC性能：独特抖频技术改善传导，分段驱动改善辐射。

## 产品面向市场：

消费电子。

## 主要参数：

| 交直流隔离式原边反馈开关电源转换芯片（AC-DC PSR SMPS Converter） | | | | | | | | | |
|---|---|---|---|---|---|---|---|---|---|
| 产品 | 特性 | 开关电压 | 备用电源 | $R_{DS(on)}$ | VDD工作电压 | 输出功率 | CC/CV精度 | 封装 | 备注 |
| PN8611 | CC/CV PSR转换器 | 650V | <50mW | 3.6Ω | 10~30V | 12W | ±5% | SOP8 | 充电/适配器 |

**西安爱科赛博电气股份有限公司**
地址：陕西省西安市高新区信息大道12号
邮编：710119
电话：029-88887953
传真：029-85692080
网址：www.cnaction.com
E-mail：sales@cnaction.com

# PRE系列 双向可编程交流电源

2019年销售额：800万元

## 产品简介：

PRE双向可编程交流电源具备了回收式电网模拟源的能量回收功能和可编程交流电源高基波带宽功能及可编程功能，功率范围为15~150kVA，并将部分输出指标提升至全新高度，使应用测试更加精准、便捷。

## 产品创新性：

高功率密度、高精度、一档恒定功率输出、直流输出功率不降额、输出范围宽、内置测试标准。

## 产品面向市场：

金融/数据中心，工业/自动化，制造、加工及表面处理，充电桩/站，车载驱动，传统能源/电力操作，新能源，计算机，消费电子，航空航天，特种行业。

## 主要参数：

- 全功率回馈，真正双向、交直流四象限输出功能；
- 谐波扩展至100次@50Hz/60Hz、25次@400Hz；
- 输出电压可扩展至L-N/AC450V@40~70Hz，无需增加升压变压器；
- 输出基波频率提升至5000Hz；
- 恒功率曲线输出，无需设置高、低压档位；
- 交流、直流、交直流输出模式；
- 单相、三相（三相联动）、分相输出模式；
- 可编程输出阻抗；
- 兼容SCPI的RS-232， USB 和以太网。

# CMS系列数据中心UPS电源

2019年销售额：11283.7万元

先控捷联电气股份有限公司
地址：石家庄高新区湘江道319号第14、15幢
邮编：050000
电话：1311-85906057
传真：0311-85903718
网址：www.scupower.com
E-mail：wenjing.hao@scupower.com

## 产品简介：

CMS系列工业级模块化UPS电源是先控电源遵循“节能、绿色、环保”的新概念而推向市场的一款高端模块化UPS产品，采用了平均电流控制整流技术、顺位主从同步控制技术、多级分散式控制技术和三阶正弦波逆变等多项新概念技术，在大幅提高设备的可用性和可靠性的基础上降低了设备的投资、运营、维护成本。它仅具有并联冗余的特性，可以完全取代传统的1+1、2+1并机系统。

## 产品创新性：

● 冗余性CMS统称为并联冗余电源，由系统监控、静态开关以及一至多个功率模块构成，模块可采用热插拔模式随意进行扩充、更换。所有功率模块平均负担系统负载，各并联模块皆为内置冗余的智能型独立个体，无需系统监控对并联系统集中控制。

● 扩展性结构极具弹性，模块的设计概念是在系统运行时可随意移除和安装而不影响系统的运行及输出，使投资规划实现随需扩展。

● 可用性：系统具有超强的并联功能，其平均无故障时间值（MTBF）是传统UPS的1.5倍，平均无重大故障值（MTBCF）是传统UPS系统的3倍。

● 灵活性：系统的电池组（±240V）由系统中所有UPS模块共享（包括充电和放电）。系统采用灵活的电池接入方式，减少了电池电压和数量，提高了电池组的使用寿命。

● 安全性：统一的功率模块采用三相五线输入。无论输出的负载是否平衡，输入市电的零线均无电流、无电压，因此可以满足各类关键设备对零地电压的安全要求。

● 维护性：采用了模块热插拔技术，单体模块可任意在线投入或退出并联单元，无需停电操作。

## 产品面向市场：

金融/数据中心，电信/基站，工业/自动化，制造、加工及表面处理，照明，轨道交通，充电桩/站，车载驱动，传统能源/电力操作，计算机，消费电子，航空航天，安防，环保/节能，特种行业。

## 主要参数：

● 系统容量范围30~900kVA，功率模块有30kVA、50kVA、75kVA三种。
● 最多可四套系统并机使用。
● 整机效率大于96%，逆变效率大于98%。
● 输入功率因数大于0.99。

CMS-900/75kVA系统

**浙江东睦科达磁电有限公司**
地址：浙江省湖州市德清县阜溪街道环城北路882号
邮编：313200
电话：0572-8085881
网址：www.kda.com.cn
E-mail：rd3@kda.com.cn

# KAM-AF磁心

2019年销售额：300万

## 产品简介：

KAM-AF磁心是针对高频应用开发的新型磁性材料。相比于传统的铁硅铝，损耗只有其三分之一，主要应用频率在100～500kHz，主要市场为服务器电源、车载OBC电源等。

## 产品创新性：

产品采用气雾化制粉工艺，超细的粉末颗粒和低含氧量，使得产品具有极低的磁心损耗，从而达到较小高频损耗的目的。

## 产品面向市场：

金融/数据中心，电信/基站，车载驱动。

## 主要参数：

磁导率：14～60$\mu$
磁心损耗：100mW/cm$^3$@50kHz/1000Gs
直流叠加特性%$\mu$：50%@100 Oe

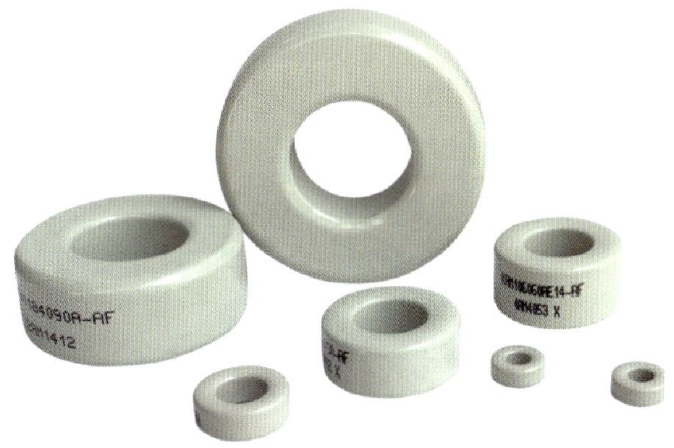

# 超小型65W Type-C PD快充电源

深圳欧陆通电子股份有限公司
地址：深圳市宝安区西乡街道固戍二路星辉工业厂区厂房一、二、三（星辉科技园A、B、C栋）
邮编：518000
电话：0755-33857166
传真：0755-81453432
网址：www.honor-cn.com
E-mail：yuetian@honor-cn.com

## 产品简介：

超小型65W Type-C PD快充电源是一种轻型超便携电源，支持多种快充协议，包括USB-PD 3.0、PPS、QC 4.0等，可自动识别终端用户产品并且智能匹配输出电压；采用了行业领先的GaN（氮化镓）器件技术，具有高可靠性、高功率密度、体积小、低温升等特点。使用Type-C接口，解决广大用户针对不同产品的的电源需求，使一款产品可以满足笔记本电脑、手机、平板电脑、音箱、网络电视、相机等多种终端的充电需求。产品外形简约时尚，重量轻，便携性强，可定制多国转换插头，使用环境具有多样性。

## 产品创新性：

- 产品采用QR-GaN技术和同步整流SR技术，EMI滤波电路设计及平面变压器设计，使用技术欧陆通已申请专利。
- 使用智能识别芯片与保护电路，包括过温保护、过电流保护、过电压保护等功能，保证用户安全使用。
- 采用全新的产品结构理念，模块化生产工艺设计，提高生产效率。
- 在92%高转换效率下，产品体积比同功率产品减少1/2，功率密度达16.4W/in$^3$。
- 可定制国际转换插头，兼容多区域安规，满足全球用户的需求。

## 产品面向市场：

电信/基站，计算机，消费电子，安防。

## 主要参数：

输入电压：90~264V
输出电压：5V/3A、9V/3A、12V/3A、15V/3A、20V/3.25A
输出功率：65W
工作效率：COC V5 T2，空载功率75mW@5V输出
体积：$L$63.9mm×$W$35mm×$H$29mm
净重：115g

**东莞市必德电子科技有限公司**
地址：东莞市清溪镇浮岗易富路49号
邮编：523660
电话：13711959668
网址：www.dg-bead.com
E-mail：zicai@dg-bead.com

# 插件磁珠，插件电感

2019年销售额：3500万元

## 产品简介：

采用高损耗铁氧体材料，易于安装至印制电路板，用途广泛，可满足多种需要。可用于各路数字仪器的数字信号整形和数据线的高频噪声对策。

## 产品创新性：

- 封装型电感BDPK系列电感具有优越的印制电路板自稳定性。
- BDPQ1214系列为大电流电感。

## 产品面向市场：

工业/自动化，制造、加工及表面处理，照明，充电桩/站，车载驱动，传统能源/电力操作，新能源，安防，环保/节能。

## 主要参数：

| NO. | TYPE | Core Size | Lead Configuration | Lmpedance（Ω）min | |
|---|---|---|---|---|---|
| | | | | 25MHz | 100MHz |
| 1 | FBS | RH2.5×3×0.8 | T52/T26/ST/F/VT/RT/UT/VB/RB/UB | 15 | 30 |
| 2 | | RH3.5×3×0.8 | | 25 | 45 |
| 3 | | RH3.5×6×0.8 | | 45 | 60 |
| 4 | | RH3.5×9×0.8 | | 50 | 80 |
| 5 | | RH3.5×14×0.8 | | 100 | 140 |
| 6 | FBD | RH2.5×3×0.8 | WT/WB | 30 | 60 |
| 7 | | RH3.5×3×0.8 | | 50 | 90 |
| 8 | | RH3.5×6×0.8 | | 90 | 120 |
| 9 | | RH3.5×9×0.8 | | 100 | 160 |
| 10 | | RH3.5×14×0.8 | | 200 | 280 |

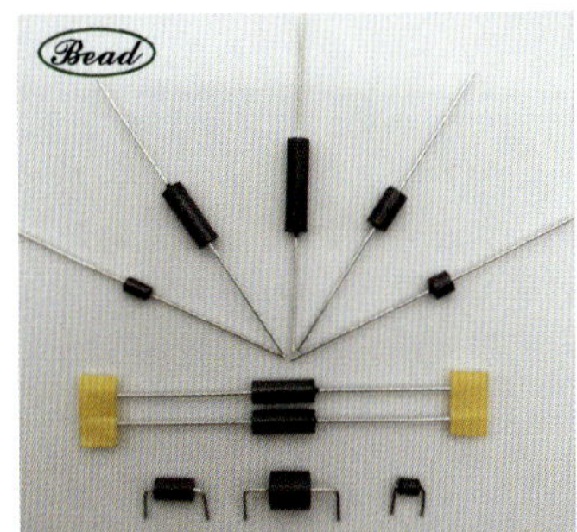

# 安规电容

2019年销售额：2000万元

东莞市捷容薄膜科技有限公司
地址：东莞市南城区建设路16号南城科技园1712
邮编：523073
电话：0769-89799128
网址：www.jrbmkj.com
E-mail：jierong2011@163.com

## 产品简介：

安规电容是指电容器失效后不会导致电击，不危及人身安全的安全电容器。安规电容通常只用于抗干扰电路中的滤波作用，它们用在电源滤波器里，起到电源滤波作用，分别对共模、差模干扰起滤波作用。出于安全和EMC考虑，一般在电源入口建议加上安规电容。

## 产品创新性：

小体积：0.33μF以下容量的可以做到脚距7.5mm。
高性能：大电流谐振电路应用，阻容降压电路充放电700V/1000次以上。

## 产品面向市场：

电信/基站，工业/自动化，制造、加工及表面处理，照明，轨道交通，充电桩/站，车载驱动，传统能源/电力操作，新能源，计算机，消费电子，航空航天，安防，环保/节能，特种行业。

## 主要参数：

容量范围：0.0022~3.3μF
容量误差：J值（±5%），K值（±10%）
认证电压：AC250V/275V/300V/305V/310V
通过认证：CQC/UL/VDE/ENEC/IEC60384-14标准
温度范围：-40~110℃
防火等级：B级

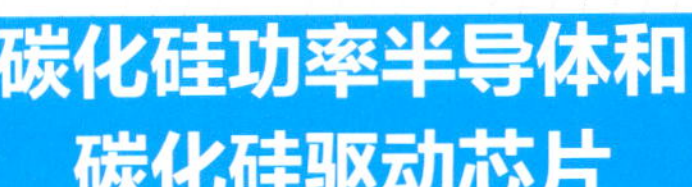

# 碳化硅功率半导体和碳化硅驱动芯片

INVENTCHIP

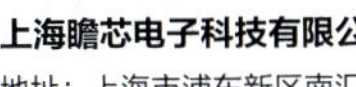

**上海瞻芯电子科技有限公司**
地址：上海市浦东新区南汇新城镇海洋一路333号8号楼3楼
邮编：201306
电话：021-60870175
传真：021-60870172
网址：www.inventchip.com.cn
E-mail：huasheng.gong@inventchip.com.cn

## 产品简介：

1200V SiC MOSFET、1200V SiC SBD、Low Side Gate Driver IC

## 产品创新性：

国内领先的6寸碳化硅MOSFET
国际领先的8引脚集成负压，DESAT功能碳化硅MOSFET驱动芯片
国内领先的6寸碳化硅肖特基二极管

## 产品面向市场：

金融/数据中心，电信/基站，轨道交通，充电桩/站，车载驱动，传统能源/电力操作，新能源，环保/节能。

## 主要参数：

| 产品型号 | $V_{DS}$ | $R_{DS}$ | 封装 |
|---|---|---|---|
| IV1Q12080T3* | 1200V | 80mΩ | TO-247-3L |
| IV1Q12080T4* | 1200V | 80mΩ | TO-247-4L |
| IV1Q12160T3* | 1200V | 160mΩ | TO-247-3L |
| IV1Q12160T4* | 1200V | 160mΩ | TO-247-4L |
| IV1Q12050T3* | 1200V | 50mΩ | TO-247-3L |
| IV1Q12050T4* | 1200V | 50mΩ | TO-247-4L |

| 产品型号 | 特征 | 通道 | 延迟/ns | $V_{CC}$ | 拉/灌/$I_{out}$ | 封装 |
|---|---|---|---|---|---|---|
| IVCR1401D | 35V 4A SiC和IGBT 8引脚集成负压偏置驱动器 | 1 | 45 | 35 | 4/4 | SOIC-8 |
| IVCR1401DP | 35V 4A SiC和IGBT 8引脚集成负压偏置驱动器 | 1 | 45 | 35 | 4/4 | SOIC-8(EP) |
| IVCR2401D | 25V 4A拉、灌电流 双通道驱动器 | 2 | 45 | 25 | 4/4 | SOIC-8 |
| IVCR2401DP | 25V 4A拉、灌电流 双通道驱动器 | 2 | 45 | 25 | 4/4 | SOIC-8(EP) |
| IVCR2403D* | 25V 4A拉、灌电流 双通道驱动器 | 2 | 15 | 24 | 4/4 | SOIC-8 |
| IVCR2404D* | 25V 4A拉、灌电流 双通道驱动器 | 2 | 15 | 24 | 4/4 | SOIC-8 |
| IVCR2405D* | 25V 4A拉、灌电流 双通道驱动器 | 2 | 15 | 24 | 4/4 | SOIC-8 |
| IVCR2406D* | 24V 4A拉、灌电流 双通道驱动器 | 2 | 15 | 24 | 4/4 | SOIC-8 |
| IVCR2203D* | 24V 2A拉、灌电流 双通道驱动器 | 2 | 15 | 24 | 2/2 | SOIC-8 |
| IVCR2204D* | 24V 2A拉、灌电流 双通道驱动器 | 2 | 15 | 24 | 2/2 | SOIC-8 |
| IVCR2205D* | 24V 2A拉、灌电流 双通道驱动器 | 2 | 15 | 24 | 2/2 | SOIC-8 |
| IVCR2206D* | 24V 2A拉、灌电流 双通道驱动器 | 2 | 15 | 24 | 2/2 | SOIC-8 |
| IVCR1406N3A* | 24V 2A拉、灌电流 单通道驱动器 | 1 | 15 | 24 | 4/4 | DFN-6 |
| IVCR1407S* | 24V 4A拉、灌电流 单通道驱动器 | 1 | 15 | 24 | 4/4 | SOT-23-5 |
| IVCR1801S* | 24V 8A/4A拉、灌电流 单通道驱动器 | 1 | 15 | 24 | 8/4 | SOT-23-6 |
| IVCR1802N3A* | 24V 8A/4A拉、灌电流 单通道驱动器 | 1 | 15 | 24 | 8/4 | DFN-6 |

# 静止无功发生器SVG

2019年销售额：1500万元

**武汉武新电气科技股份有限公司**
地址：武汉市武湖工业园立山路
邮编：430345
电话：400-827-1995
传真：027-82341251
网址：www.woostar.cn
E-mail：274401558@qq.com

## 产品简介：

WX-HSVG作为新一代的无功补偿产品，采用牵引级IGBT功率器件、H桥级联的方式直接通过升压变接入电网，运用先进的数字控制算法实现快速跟踪补偿负载无功的目的，是低中高压领域先进的无功补偿产品。广泛运用于光伏、风电、轨道交通、金属冶炼、化工等行业。

## 产品创新性：

1.响应速度快

● 瞬态响应时间小于200μs；

● 总响应时间小于5ms，特别适合补偿冲击性负载和治理电压闪变现场。

2.无功补偿效果好

● 补偿后功率因数≥0.99；

● 采用先进的控制算法：DDQ+重复+PR；

● 采用进口光纤通信模块，通信信号高速可靠同时有效隔离高压单元；

● 采用独特的三级直流电压控制方案，使得总的直流电压、不同相间的直流电压和每一相内的直流电压都等于设定值，有效地保证了装置的整体运行安全；

● 采用FPGA作为装置的保护芯片，使得系统在任何情况下都可以得到有效的保护，永远不会死机。

3.装置损耗低：＜0.8%

4.波形质量好：THDI＜2%

## 产品面向市场：

工业/自动化，传统能源/电力操作，环保/节能。

## 主要参数：

| 项目 | | 项目描述 |
|---|---|---|
| 电气规格 | 额定电压 | 380V、600V～35kV |
| | 接线方式 | 三相三线 |
| | 频率/Hz | 50±5 |
| | 额定容量 | 0.01～100Mvar |
| | 功率因数校正 | >0.95 |
| | 效率 | ≥99% |
| | 响应时间 | <5ms |
| | 系统THDI | <2% |
| 通信方式 | 通信接口 | RS485、网口、USB、CAN |
| | 通信协议 | Modbus |
| 环境规格 | 海拔 | 低于1000m，高于1000m时降额使用，升高100m降额1% |
| | 环境温度 | -35～+60℃ |
| | 相对湿度 | 5%~95%之间，无凝露 |
| 结构 | 防护等级 | IP30（可定制） |
| | 颜色 | 7047灰白（可定制） |
| | 冷却方式 | 智能风冷/水冷 |

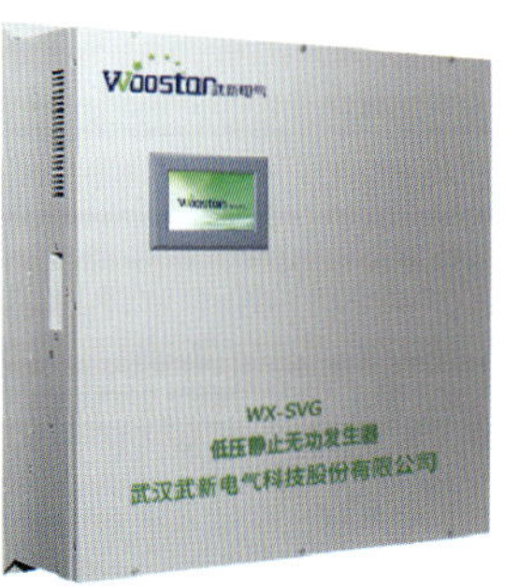